三つ星の授業 あります。

算数

計算・文章題

東大卒プロ算数講師
小杉 拓也

［動画授業］
栗原 慎
(市進学院)
大谷 知仁
(市進学院)

授業動画の一覧はこちらから

http://gakken-ep.jp/extra/kami_calculation/00.html

Gakken

はじめに

―第１志望校合格のための決定版！―

「算数をもっと得意にして，第１志望校に合格したい！」

これは，すべての中学受験生とその親御さんにとって，切実な願いです。

算数が苦手で，克服したいと懸命に努力している生徒がいます。また，算数は得意だけど，もっと成績を伸ばしたい生徒もいます。そんな，すべての中学受験生にとって―

「第1志望校合格のために最も役に立つ参考書」をつくりたい。

その一心で，入試算数の全範囲を網羅する参考書（全2冊）をつくりました。多くの入試算数の参考書が，すでに世に出ています。そんななか，**中学受験生のために「これまでにはなかった」そして「これからもない」最高の参考書**にしたいという思いだけで，この本を執筆しました。

徹底的にかみくだいた解説になるようこだわったため，執筆に2年半以上，さらにその後の制作に2年以上もの歳月がかかりました。そして，当初は１冊の予定でしたが，想定外のボリュームになり「計算，文章題編」「図形編」の2冊になりました（「図形編」は2018年に刊行予定）。

こうした経緯をたどりながらも，学研さんの強力かつ多大なるご助力もいただき，入試算数の「決定版」ともいえる本を完成させることができました。受験生にとって，**受験当日まで肌身離せないパートナーになる参考書**になったと自負しています。

「『わからない』を『わかる』にする」ことを繰り返すなかで，できる問題が増えていきます。すると，「苦手でつまらなかった」算数が，「好きで楽しく，得意に」なっていきます。その結果，成績は上がっていきます。そして，成績を伸ばせば，第1志望校への合格はどんどん近づきます。

「この本のおかげで合格できた！」そんな嬉しいお知らせが，たくさん届くことを心待ちにしています。

東大卒プロ算数講師　　　小杉　拓也

『中学入試　三つ星の授業あります。』の7つの強み

中学入試合格にいちばん役に立つ本にするために，この本には，次の「**7つの強み**」をもたせました。

1 徹底的にかみくだいて「なぜ？」「どうして？」に答える！

この本では，**すべての問題を徹底的にかみくだいて，解説をていねいにわかりやすくすることに**，とことんこだわっています。私自身の15年以上の指導経験と，多数の参考書の執筆経験から，「どのように教えればいちばんわかりやすいか」を考えぬいてつくりました。

また，**線分図や面積図などの図を，従来の参考書にはないくらい豊富に使用**しています。それによって，さらに「わかりやすさ」を追求しました。

そして，**子どもの「なぜ？」「どうして？」に答えることも徹底**しました。例えば，つるかめ算を，面積図をかいて解ける子は多いです。しかし，子どもに「どうして，その面積図で解けるの？」と聞くと，答えられる子どもは多くはありません。

解き方や公式を覚えれば，簡単な問題は解けることもあります。でも，応用問題を解くとなると，そうはいきません。「なぜ，その図を使って解けるのか」といった本質的な理解が必要になるからです。

この本では，解き方や公式を丸暗記するのではなく，**応用問題にも対応できるよう本質まで深く理解してもらえる解説**を心がけました。

2 厳選した問題を通して，基礎力から応用力まで無理なく伸ばせる！

本書に収録した例題や練習問題は，「入試でよく出題される基礎的な問題」「点差がつきやすい応用問題」「合否を分ける発展問題」をそれぞれ厳選しました。

この本は，**中学受験を目指す4年生～6年生を対象**にしています。

基礎から応用まで少しずつステップアップする構成にしたため，**基礎力から，応用力まで無理なく伸ばす**ことができます。

また，各項目末には，Check 問題（例題の類題）を掲載しています。

本文の解説を読んだ後に，Check 問題を解くことによって，**実力の確認や反復学習に**

よる学力の定着をはかることができます。

3 すべての例題に塾の先生の動画授業付き！

すべての例題の解説に，塾の先生の動画授業がついているので，あなただけの個別指導の授業を受ける感覚で見ることができます（動画授業を担当しているのは市進学院で中学入試対策をしている経験豊富な実力派の先生たちです）。

この本の動画マーク（ ）がついた部分は，YouTube でパソコンやスマートフォンから動画授業が視聴できます。自分なりに例題を解いてから動画授業をみて解説を聞いたり，動画授業をみた後に本で確認して反復学習したり，というように，さまざまな使い方ができます。

ページにある QR コードをスマートフォンやタブレットで読み取れば，直接 YouTube にアクセスできます。パソコンで動画を見たいときは，YouTube の検索窓で「三つ星の授業 計算・文章題」と「動画番号」を入力して検索してください。

例　三つ星の授業 計算・文章題　動画1　検索

4 子どもなら「自学自習」ができる！　親なら「教え方」が学べる！

この本では，先生と生徒が会話しながら進んでいくので，わかりやすい授業を受ける感覚で，子どもが楽しく自学自習できます。

また，お父さん，お母さんが読めば，「どのように教えればいちばんわかりやすいか」が具体的にわかります。そして，「子どもがどんなところで疑問をもつか？」や「子どもがどんなところで間違えやすいか？」もスムーズに把握することができます。

さらに，各章には，親子どちらの視点からでも楽しめるコラムも掲載しました。

5 読むのは「わからないところだけ」でも「初めから」でもOK！

この本は，さまざまな使い方ができます。

塾や自習でわからなかったところを，調べて読むのも，おすすめの方法です。もくじや，巻末のさくいんを見て，学びたいところのページを調べて読めば，わからなかったところが，わかるようになるでしょう。

「塾の先生は，忙しそうで質問しづらい」と感じたことはありませんか？　そんなときに，この本が**「質問に答えてくれる先生」の代わり**をしてくれます。

　また，イチから学習したい人は，この本を初めから読んで学ぶのもいいでしょう。本書は「**初めから順に最後まで読めば，すべて理解できる**」構成にしました。ですから，初めから通して読めば，中学入試の算数(計算・文章題)を一通り学ぶことができます。

6 別冊には「問題集」と「くわしい解答」つき！

　別冊の問題集(Check 問題の再掲)は，**入試算数の総まとめの問題集**としてとして使うことができます。今まで習ったところの総復習や，苦手な単元を見つけて克服するために活用することをおすすめします。別冊の問題集で間違えた問題は，解答や，本冊の対応する例題の解説をみて理解し，**解けるようになるまで反復学習**しましょう。

　また，**別冊の解答も，説明や途中式をはぶかず，「くわしく，わかりやすい解説」**になるように心がけました。

7 算数の成績を上げる「ポイント」と「コツ」がぎっしり！

　入試算数の各単元には「**ここだけはおさえなければならない**」「**これだけ理解できれば問題が解ける**」というポイントがたくさんあります。それらを「ポイント」や「コツ」として，各所に掲載しました。

　また，子どもは算数の「ウラ技」が好きなものです。算数を楽しみながら得意になるために**塾でも教えてくれないようなウラ技**も，多数収録しています。

もくじ

登場キャラクター紹介

・ユウト
ハルカの双子の兄。元気で声が大きく、野球が得意な小学生男子。ちょっとおっちょこちょいな面もある。

・お父さん
ユウトとハルカのお父さん。理系で数学は得意だが、中学入試を経験したことがないため、独特な解き方に戸惑っている。コラムで登場する。

・お母さん
ユウトとハルカのお母さん。文系で自身は算数や数学に苦手意識があるが、子どもたちには中学入試で成功してほしいと思っている。コラムで登場する。

・ハルカ
ユウトの双子の妹。元気で、てきぱきしている小学生女子。バレーボールが得意。

・先生（小杉　拓也）
塾の先生や家庭教師として、15 年以上の指導経験があるプロ算数講師。今回、ユウトくんとハルカさんを教えることになった。「いちばんわかりやすい教え方」を、日々研究している。

第1章

約数と倍数

これから中学入試のための算数をわかりやすく教えていくよ。よろしくね。

「よろしくお願いします。」

中学入試のための算数では，小学校で習う算数をさらに広く深く学んでいくんだ。

「広く深くですか？」

うん，そうだよ。小学校で習う算数をもとにして，いろいろなことを考えていくんだよ。
まずは，約数と倍数について見ていこう。

約数(やくすう)の求(もと)め方

まずは約数について学んでいくよ。約数では，わり算がたくさん出てくるから，計算ミスをしないようにね。

説明の動画はこちらで見られます

まずはじめに，整数(せいすう)について確認(かくにん)しておこう。**整数**というのは，小数でも分数でない数，たとえば，**0，1，2，3，……のような数**のことだよ。0.2 や 0.8，$\frac{1}{3}$ や $5\frac{5}{6}$ は，整数ではないね。

「0 と，0 に 1 ずつたしていった数が整数ということですね。」

うん，そうだよ。あと，偶数(ぐうすう)，奇数(きすう)についても確認しておこう。**偶数は 2 でわりきれる整数**で，**奇数は 2 でわりきれない整数**だよ。また，**偶数は一の位(くらい)が 0，2，4，6，8 である整数**で，**奇数は一の位が 1，3，5，7，9 である整数**ともいえる。たとえば，23 は偶数，奇数のどちらかな？　ハルカさんわかる？

「23 の一の位は 3 だから，奇数です。」

そうだね。ではユウトくん，18 は偶数，奇数のどっち？

「18 は偶数だと思います。一の位が 8 だから！」

うん，OK。ここまでわかったら，いっしょに次の例題(れいだい)を解(と)いていこう。

[例題]1－1　つまずき度

次の数の約数(やくすう)をすべて書き出しなさい。

(1)　20　　(2)　120

整数，偶数，奇数の意味は確認したけど，今度は約数という言葉が出てきたね。では，ハルカさんに質問(しつもん)だよ。20 は何でわりきれるかな？

「20 は 2 でわりきれます。20÷2＝10 になるわ。ほかにも 4 でわりきれるわ。20÷4＝5 ね。」

うん，そうだね。2 や 4 のように 20 をわりきることができる整数を「20 の約数」というんだ。つまり，**約数とは，ある整数をわりきることのできる整数**のことだよ。では，20 の約数をすべて言ってくれるかな？

「うーん……。1，2，4，5，20 だと思います。」

おしい！　あと 1 つあるんだ。**約数をすべて書き出す問題では，1 つか 2 つ忘れてしまうことが多い。**こういうまちがいをさけるために，**オリを使う方法**を教えよう。

「オリを使う方法？」

まず，次のように，オリをかこう。横に長く 1 本の線を引いて，それを少しずつたてに区切っていけばいい。動物園にあるオリのようになるね。

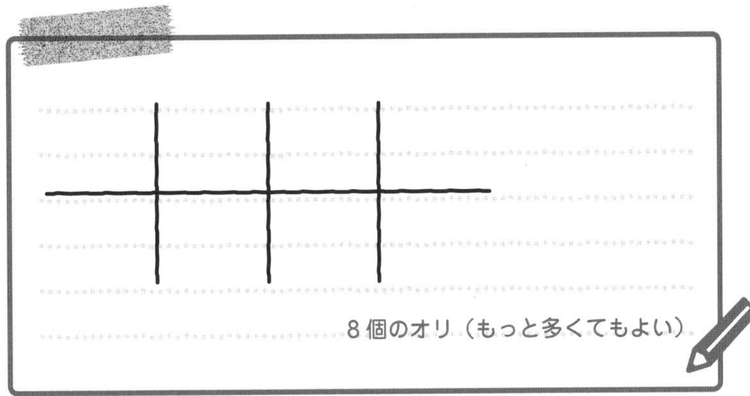

オリは何個でもいいんだけど，多めにかくようにしよう。ここでは 8 個のオリをかいたよ。

次に，**「かけたら 20 になる組み合わせ」を，オリの上下に書き入れていこう。**どんな数でもいちばん小さい約数は 1 だから，まずは 1 と 20 をオリの上下に次のように書くんだ。

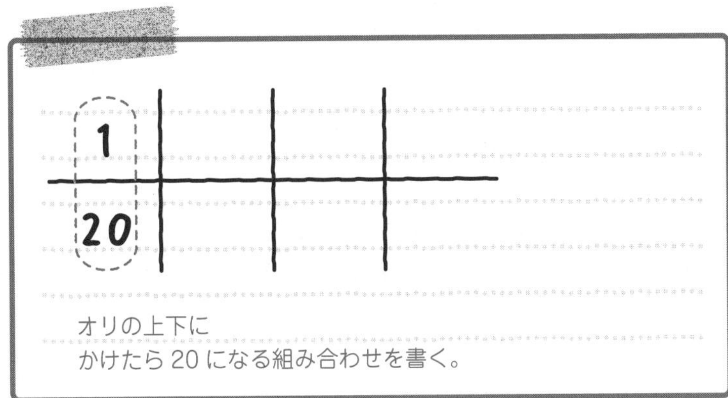

1 の次の 20 の約数は 2 だね。2×10＝20 だから 2 の下には 10 を書こう。

2 の次の 20 の約数は 4 だね。4×5＝20 だから，4 の下には 5 を書こう。

4 の次の 20 の約数は 5 で，5×4＝20 だから 5 と 4 を上下のオリに入れたくなるんだけど，4 も 5 ももう書き入れてあるから，書かなくていいんだ。

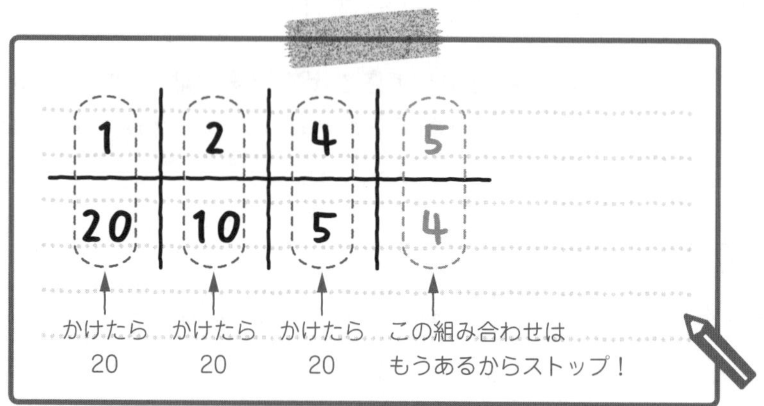

オリの中に入った数が，20 の約数だよ。だから，答えは次のようになる。

1，2，4，5，10，20…答え　[例題]1-1（1）

もし，オリがたりない場合は，オリをさらにかきたしながら，約数を書き出していけばいいんだ。

「ところで，どうしてこの方法で約数を求めることができるんですか？」

20 の約数とは，20 をわりきることのできる整数のことだよね。たとえば

2×10＝20

ということは

20÷2＝10

20÷10＝2

となり，わりきれるから，2 も 10 も 20 の約数ということになるんだ。

つまり，**「かけると，その数になる 2 つの数の全組み合わせ」を求めれば約数がわかる**んだ。

「だから，**『かけたら 20 になる組み合わせ』**を探していけばいいんですね！」

そういうことだよ。オリを使う方法だと，1 から順に上下に 2 つずつセットで探していくから，半分の手間で**「約数の書きもれや重なり」を減らすことができる**んだ。おすすめの方法だよ。

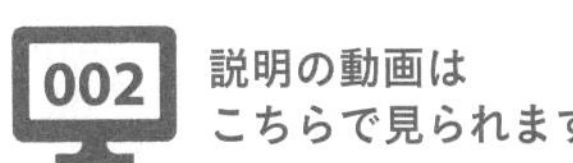

では(2)の120の約数を求めていこう。これもオリを使う方法で解けばいいよ。では，ユウトくん，できるところまでやってみよう。

「かけたら120になる数を，上下に書いていくんですよね。えーと……，

1	2	3	4	5						
120	60	40	30							

このあとどうなるんだろう？」

5×○＝120となる○を求めたいんだね。暗算でパッと出てこない場合は120÷5を計算しよう。120÷5＝24だから，○は24だよ。

暗算で下のオリに書きこむ数がわからなかったら，上のオリに書きこんだ数でわって，商(わり算の答え)を下のオリに入れればいいんだ。

「わかりました。えーと，上に6を入れると，6×20＝120だから下に20を書き入れて，上に8を入れると……，わかんないから120÷8を計算して，下の数は15だ。えーと……，これで合っていますか？

1	2	3	4	5	6	8	10	12
120	60	40	30	24	20	15	12	10
				↑ 120÷5＝24		↑ 120÷8＝15	↑ ストップ	

」

うん，正解だよ。書きもれを減らすために上のオリに入れる数は，小さい整数から順に調べていこうね。

1，2，3，4，5，6，8，10，12，15，20，24，30，40，60，120

…答え ［例題］1-1 (2)

Check 1　つまずき度 😵😵😵😵😵　➡解答は別冊 p.44 へ

次の数の約数をすべて書き出しなさい。

(1)　36　　(2)　60

1 02 素数とは？

素数って何だろう。素数と約数は深い関係があるよ。

説明の動画は
こちらで見られます

次は，素数について学習していこう。

「ソスウ？　一体どういうものなんですか？」

たとえば，3 の約数は何かな？

「えっと，3 の約数は 1 と 3 です。」

そう，3 の約数は 1 と 3 だけだね。また，7 の約数は 1 と 7 だけだ。3 と 7 のように，**1 とその数しか約数がない数を素数というよ。約数が 2 つだけの数が素数ということもできる。****1 は素数ではない**ので注意しよう。

また，偶数はどれでも，1 と 2 でわりきれるよね。だから，2 以外の偶数は素数ではないんだ。**偶数で素数なのは 2 だけ**なんだよ。

素数の意味と性質をまとめておくね。

Point 素数の意味と性質

- 1 とその数しか約数がない(約数が 2 つだけ)
- 1 は素数ではない
- 偶数の素数は 2 だけである

さっき，「3 と 7 は素数だ」と言ったね。そして「2 も素数」と教えた。2 と 3 と 7 のほかにはどんな数が素数かな？

「うーん……，5 は，1 と 5 の 2 つしか約数がないから素数ですね！
あとは……，11 も素数ですよね？」

そうだね。では，素数についての例題を 1 つ解いてみよう。

［例題］1-2　つまずき度 😵😵😵😵😵

1から30までの整数について，素数をすべて書き出しなさい。

まず，ハルカさん，1から9までの数の中の素数を，全部言ってみてくれるかな？

「2，3，5，7ですね。」

正解(せいかい)だよ。では，10から30までの数の中の素数はわかる？

「うーん……。」

2けたの整数で，素数を調べるときは，奇数(きすう)を調べていこう。**偶数である素数は2だけ**だからね。そして，**2けたの奇数の中では，3の倍数，5の倍数，7の倍数以外(いがい)の数が素数**なんだ。

「2けたの整数の中では，3，5，7の倍数じゃない奇数が素数なのね。まず，11は，3の倍数でも5の倍数でも7の倍数でもないから……。」

うん。そのように奇数を1つずつ確(たし)かめながら，10から30までの整数で，素数をすべて書き出してみよう。

「えっと……，11，13，17，19，23，29が素数ということかしら。」

そうだね。だから，1から30までの素数は，次のようになるよ。

2，3，5，7，11，13，17，19，23，29…答え　［例題］1-2

Check 2　つまずき度 😵😵😵😵😵　➡解答は別冊 p.44 へ

30から40までの整数について，素数をすべて書き出しなさい。

1 03 素因数分解のやり方

素因数分解。何だか，とっつきにくそうな言葉だけど，そんなに難しくないよ。かたの力をぬいていっしょに取り組もう。

004 説明の動画はこちらで見られます

[例題]1-3　つまずき度

20を素数の積の形で表しなさい。

ユウトくん，積ってなんだかわかるかな？

「積は，かけ算の答えのことです。」

うん，そうだね。つまり，この問題は，20を素数のかけ算の形で表しなさいっていう問題なんだ。たとえば，6は素数の2と3をかけた形だから

$$6=2\times 3$$

と表すことができるね。また，18は素数の2と3と3をかけてできるから

$$18=2\times 3\times 3$$

と表せるよ。

「あれ？　3が2個あるけどいいんですか？」

いいんだよ。**18＝2×9ではダメ。**9は素数の3と3の積だから，素数ではないね。18は2と3と3の積ってこと。

「同じ数が何個あっても，素数であればいいんですね。」

うん，そうだよ。18＝2×3×3のように，**数を素数の積の形で表すこと**を**素因数分解**というよ。

では，[例題]1-3の20を素因数分解してみよう。次のような方法で，素因数分解をすることができるよ。

素因数分解の方法

❶　まず，次のように書いてみよう。

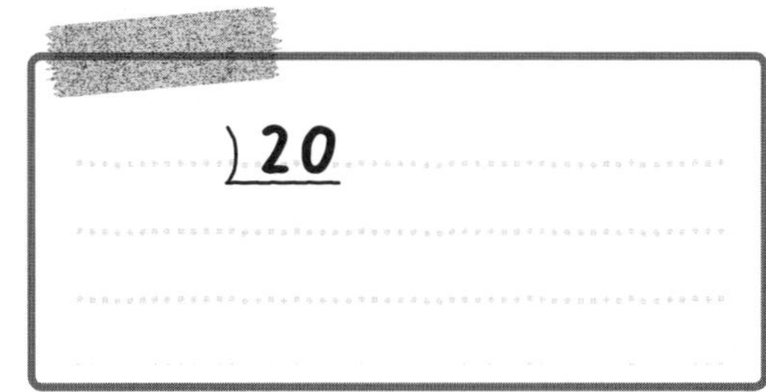

「なんだか，わり算の筆算の上下を逆（ぎゃく）にしたような形ですね。」

そうだね。

❷　20 をわれるいちばん小さい素数を考えよう。20 をわれるいちばん小さい素数は 2 だね。そして 20÷2＝10 だから，2 と 10 を次のように書こう。

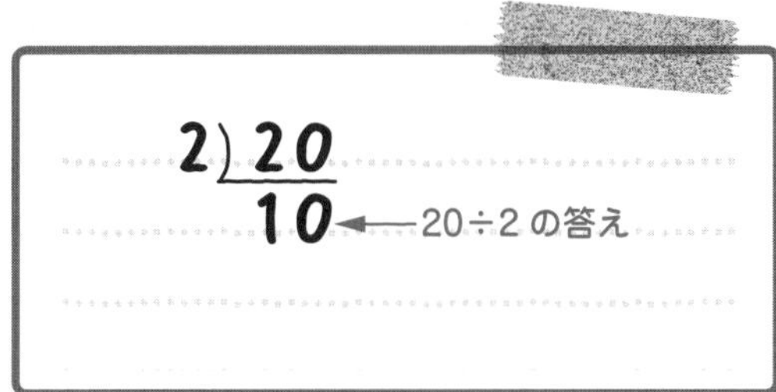

❸　10 をわれるいちばん小さい素数を考えよう。10 をわれるいちばん小さい素数は 2 だね。そして 10÷2＝5 だから，2 と 5 を次のように書こう。

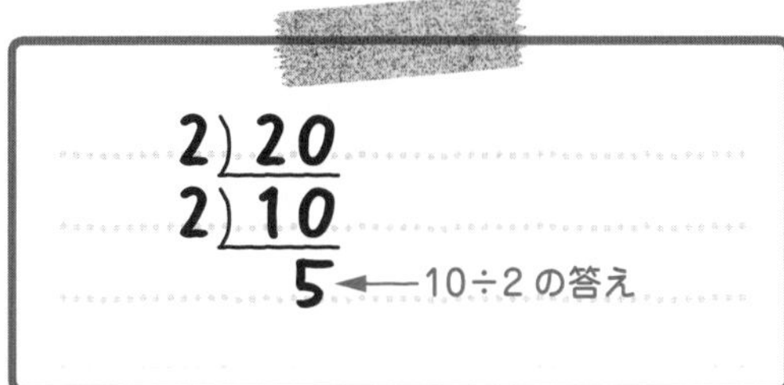

❹　5 は素数だから，ここで素因数分解は終わりだよ。

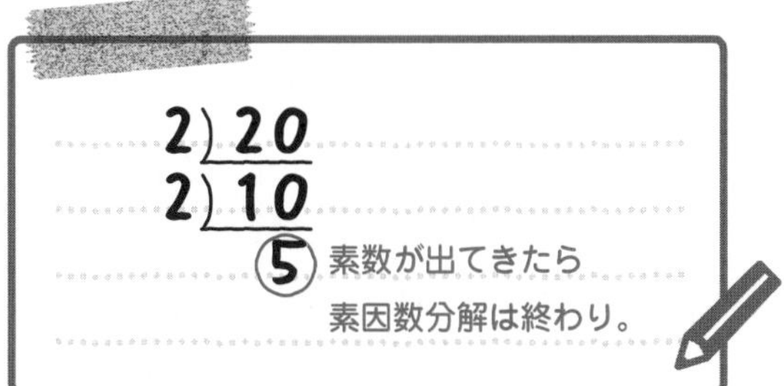

このように，数を素数でわっていって，**答えに素数が出てきたら，そこで素因数分解は終わり**なんだ。

そして素因数分解が終わったら，**L 字形のかけ算に直そう。**

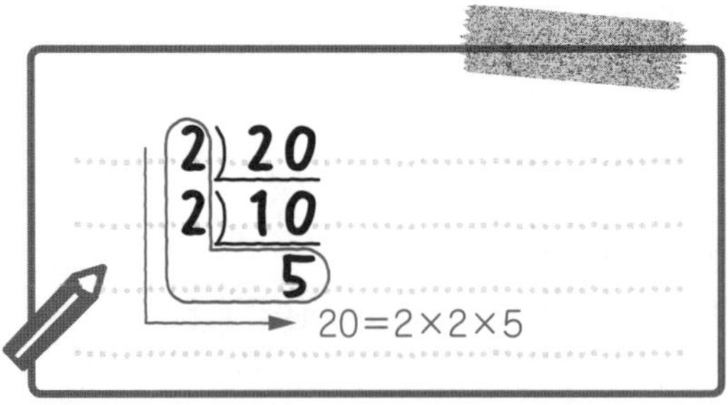

これで 20 を 2×2×5 と素数の積の形に表すことができたね。

20＝2×2×5…答え　[例題]1-3

下のチェック問題を解いて，自分で素因数分解をやってみよう。

Check 3　つまずき度 ●○○○○　➡解答は別冊 p.44 へ

次の数を素数の積の形で表しなさい。

(1)　21　　(2)　60

公約数と最大公約数

2つの数に共通な約数を考えよう。そこから見えてくるものがあるんだ。

説明の動画は
こちらで見られます

[例題]1-4　つまずき度 ☹☹☺☺☺

次の問いに答えなさい。

(1)　12と18の公約数をすべて書き出しなさい。

(2)　12と18の最大公約数を答えなさい。

公約数については，問題を解きながら説明していくよ。では，(1)を解いていこう。まず，12の約数は何かな？　ユウトくん，約数はどうやって求めるんだっけ？

「オリを使って求めるんですね！　かけたら12になる組み合わせを，オリの上下にすべて書き入れていくと

1	2	3
12	6	4

1，2，3，4，6，12ですね。」

そうだね。ではハルカさん，18の約数は何かな？

「はい。同じように，かけたら18になる組み合わせを，オリの上下にすべて書き入れていくと

1	2	3
18	9	6

1，2，3，6，9，18です。」

その通り。12の約数と18の約数のどちらにもふくまれている数は何だろう？

「えっと……，1，2，3，6です。」

そうだね。この**どちらにもふくまれている 1，2，3，6 が，12 と 18 の**公約数**なんだ。**つまり，**2 つ以上の整数に共通な約数を，それらの整数の公約数**というんだよ。そして，公約数の 1，2，3，6 の中でいちばん大きい 6 を**最大公約数**というんだ。つまり，**公約数の中でいちばん大きい数が最大公約数**ということだね。わかりやすく書くと，次のようになる。

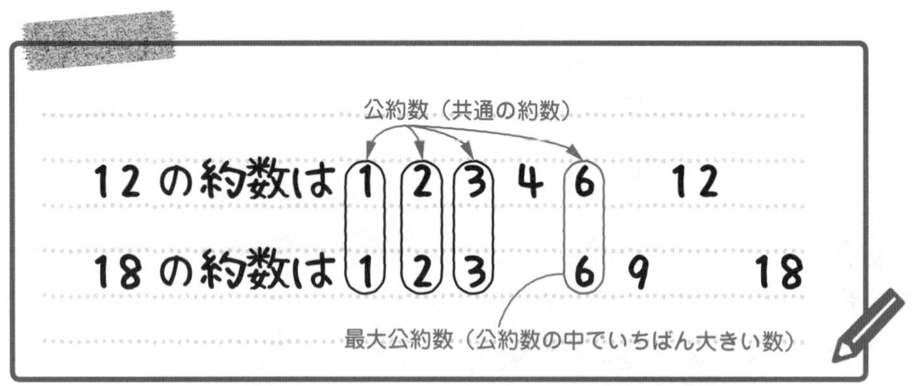

12 と 18 の公約数は 1，2，3，6… 答え ［例題］1−4（1）

12 と 18 の最大公約数は 6… 答え ［例題］1−4（2）

説明の動画はこちらで見られます

さて，約数や公約数を調べるときは，ベン図（数の集まりを図で表したもの）という図をかくと，さらに理解が深まるよ。

「べんず……ですか？」

12の約数　4　12　1,2　3,6　18の約数　9　18
公約数

そう。イギリスの数学者のジョン・ベンという人が考えたからベン図というんだ。12 の約数と 18 の約数，さらに公約数をベン図にかくと，右のようになるよ。**2 つの円の重なった赤い部分が 12 と 18 の公約数を表している**んだ。

ここで 12 と 18 の公約数に注目してみよう。1，2，3，6 が，12 と 18 の公約数だね。ところで，12 と 18 の最大公約数である 6 の約数は何かな？

「オリを使って求めます！　かけたら 6 になる組み合わせをオリの上下にすべて書き入れていくと

1	2
6	3

6の約数は1，2，3，6です。」

そうだね。

12と18の公約数は **1，2，3，6**

12と18の最大公約数である **6** の約数も **1，2，3，6**

つまり，**「12と18の公約数」と「12と18の最大公約数である6の約数」は，同じ1，2，3，6**である，ということだ。

「へぇ～，同じ1，2，3，6になったのは偶然(ぐうぜん)ですか？」

これは偶然じゃないよ。**2つの数の公約数は，その2つの数の最大公約数の約数と同じになる**んだ。これは大切なことだから，しっかりおさえておこう。

Point 公約数と最大公約数の関係(かんけい)

2つの数の 公約数 と
同じになる
その2つの数の 最大公約数の約数 は同じ。

例 **12と18の公約数は1，2，3，6**

12と18の最大公約数6の約数は1，2，3，6

Check 4　つまずき度 ●●○○○　➡解答は別冊 p.44へ

次の問いに答えなさい。

(1)　20と30の公約数をすべて書き出しなさい。

(2)　20と30の最大公約数を答えなさい。

(3)　右のベン図を完成(かんせい)させなさい。

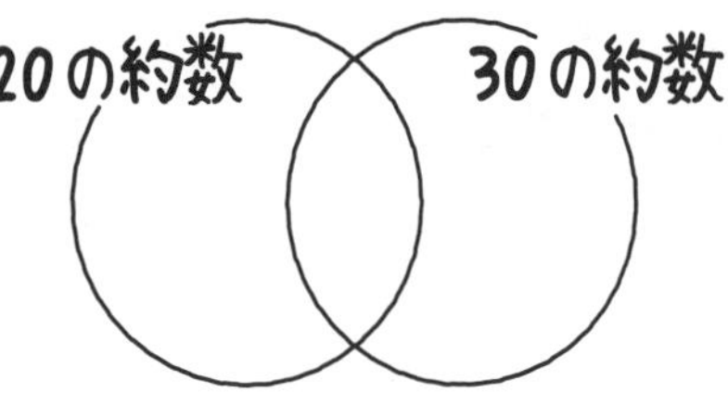

1 05 最大公約数と公約数の求め方

1 04で最大公約数と公約数を求めたけど，もっとすばやく求める方法があるんだ。

説明の動画はこちらで見られます

最大公約数と公約数を求めるときに，1 04では，それぞれの数の約数を書き出して，共通の約数を探したね。でも，約数を全部書き出すのは時間がかかるし，書きもれをするおそれもある。じつは，**もっとすばやく求める方法**があるので紹介しよう。

では，次の問題を見てくれるかな？

[例題]1-5　つまずき度 ×××××

次の問いに答えなさい。

(1)　24と36の最大公約数を求めなさい。

(2)　24と36の公約数をすべて書き出しなさい。

(1)の24と36の最大公約数を求める方法をさっそく教えよう。

最大公約数の求め方

❶　まず，右のように書いてみよう。
1 03で学んだ素因数分解と似ているね。

❷　24と36をわれる1以外のできるだけ小さい数を考えよう。それは2だね。
24÷2=**12**，36÷2=**18**だから，それを右のように書こう。

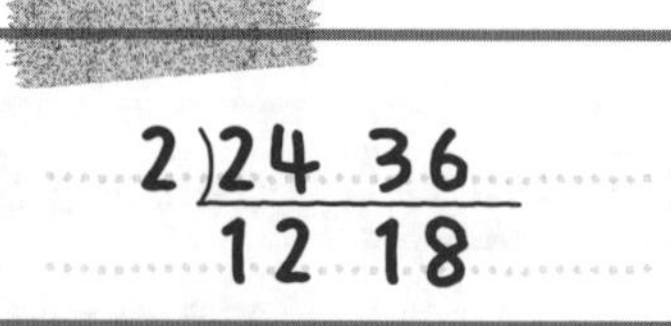

❸　12と18をわれる1以外のできるだけ小さい数を考えよう。それは2だね。
12÷2=**6**，18÷2=**9**だから，それを右のように書こう。

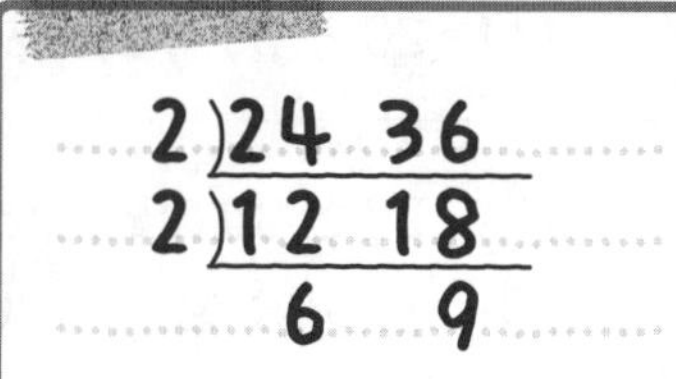

❹ 6と9をわれる1以外のできるだけ小さい数を考えよう。それは3だね。

6÷3＝2，9÷3＝3だから，それを右のように書こう。

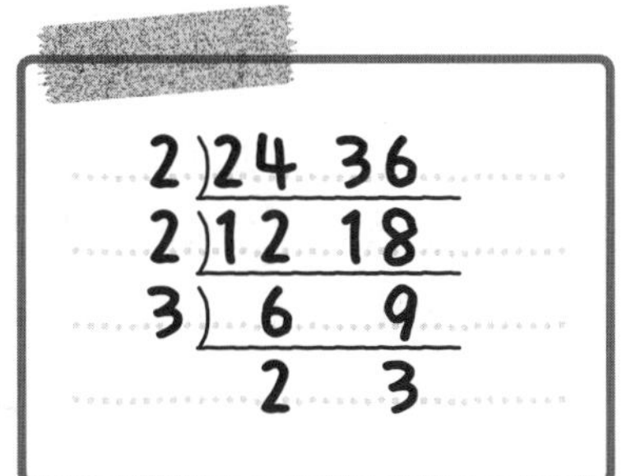

❺ 2と3をわれる1以外のできるだけ小さい数を考えよう……なければ，ここでストップだ。ストップしたら，左にならんだ数をすべてかけよう。

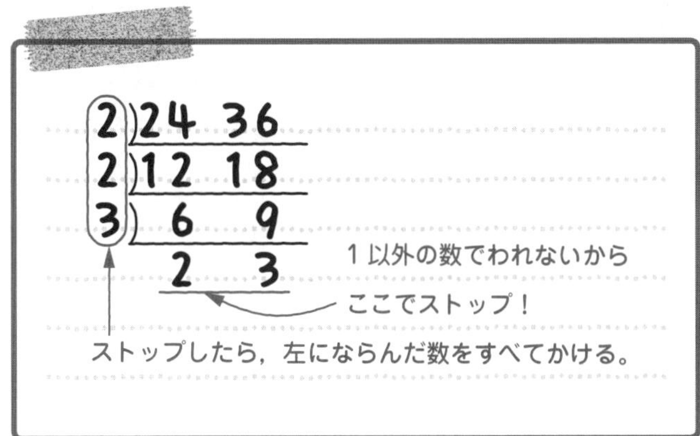

2×2×3＝12　だね。

この12が，24と36の最大公約数というわけだ。**最大公約数をすばやく求めるこの方法を「連除法（れんじょほう）」という**よ。連除というのは「ならべてわっていく」という意味だ。「**はしご算**」とか「**すだれ算**」とよぶこともあるよ。

「この方法に慣（な）れたら速く解（と）けそうですね！」

12…答え ［例題］1-5 (1)

説明の動画はこちらで見られます 

では，次に(2)の「24と36の公約数をすべて書き出しなさい」という問題にいこう。ハルカさん，どうやって解く？

「［例題］1-4 (1)のように，24と36の公約数をみつければいいんですか？」

たしかにそれでも解けるけど，時間がかかる。(1) で 24 と 36 の最大公約数が 12 ということがわかったから，それを利用しよう。1 04 の最後に，**「2 つの数の公約数は，その 2 つの数の最大公約数の約数と同じになる」**ということを教えたよね。

この性質をこの問題にあてはめてみると，次のようになるね。

2つの数の公約数 ＝ その2つの数の最大公約数 の 約数

↓　　　　↓

24と36の公約数 ＝ 24と36の最大公約数12 の 約数

「あ，そっか！　24 と 36 の公約数は，12 の約数と同じになるんですね。」

うん，その通り。では，12 の約数は何かな？

「オリを使う方法で求めます！

1	2	3
12	6	4

1，2，3，4，6，12 です！」

はい，正解！　よくできたね。

1，2，3，4，6，12…答え　[例題]1-5 (2)

2 つ以上の整数の公約数をすべて求めるときは

① **連除法で最大公約数を求める。**

② **最大公約数の約数を，オリを使う方法で求める。**

の 2 つの手順で求めるのが，すばやいやり方なんだ。

Check 5　つまずき度 ●●○○○　➡解答は別冊 p.45 へ

次の問いに答えなさい。

(1)　28，56，70 の最大公約数を答えなさい。

(2)　28，56，70 の公約数をすべて書き出しなさい。

1 06 約数の応用問題

約数，公約数，最大公約数などを使ったさまざまな問題にチャレンジしていくよ。ここまでの内容をしっかり理解してから読もう。

説明の動画はこちらで見られます

[例題]1-6 つまずき度 ●●●○○

次の問いに答えなさい。

(1) 75をわりきることのできる整数をすべて書き出しなさい。

(2) 81をわると6あまる整数をすべて書き出しなさい。

(3) みかんが81個あります。何人かの子どもに同じ数ずつ分けたところ，6個あまりました。子どもは何人ですか。考えられる人数をすべて答えなさい。

(1)の「75をわりきることのできる整数」ってどんな数だろう？ **ある整数をわりきることのできる整数が約数**であることを思い出せばわかるね。

つまり，(1)は**75の約数**を求める問題ということだ。ハルカさん，75の約数はどう求めるんだっけ？

「オリを使って求めます！ かけたら75になる組み合わせを，オリの上下にすべて書き入れていくと

1	3	5
75	25	15

1，3，5，15，25，75…答え [例題]1-6 (1)」

はい，よくできました。ポイントをまとめておくからチェックしよう。

Point □をわりきることのできる数とは？

□をわりきることのできる数 ⇒ □の約数

例 「30をわりきることのできる数」とは「30の約数」のこと。

説明の動画はこちらで見られます

では，(2)の「81をわると6あまる整数をすべて書き出しなさい」という問題はどうだろう？

「(1)はわりきることのできる整数だから，約数(やくすう)を求(もと)めればよかったけど，(2)はあまりが出るのね。どうすればいいのかしら……。」

うん，そこでなやんでしまうよね。この**あまりをどう考えるか**がポイントなんだ。「81をわると6あまる整数」を□として，式に表すと次のようになる。

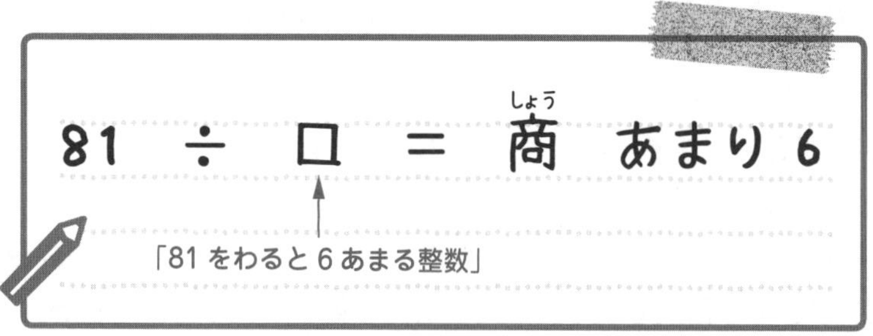

次に，上の式を変形(へんけい)しよう。わられる数の81からあまりの6をひいて，次のように式を変形できるんだ。

(81−6) ÷ □ = 商
75 ÷ □ = 商

わり算をしたら6あまるのだから，**はじめに6をひいた数をわれば，わりきれる**ということだね。

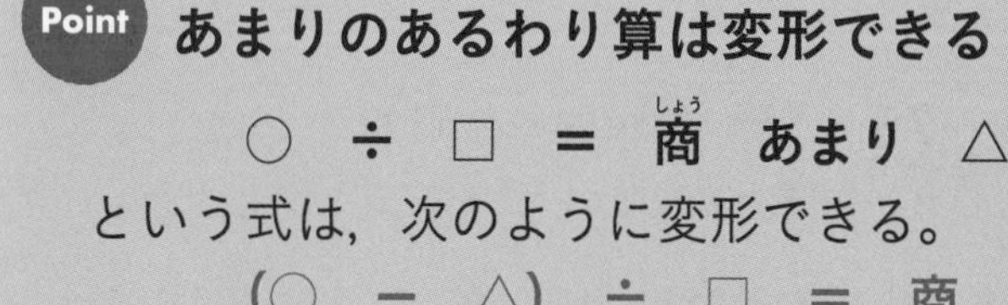

あまりのあるわり算は変形できる

○ ÷ □ = 商(しょう) あまり △

という式は，次のように変形できる。

(○ − △) ÷ □ = 商

「75÷□＝商」という式から，□を求めることができるよ。□は，**75をわりきることのできる数**ということだね。75をわりきることのできる数というのは，どんな数だろう？

「75 をわりきることのできる数は，**75 の約数**です。つまり (2) は (1) と同じ答えですね！　だから答えは，1，3，5，15，25，75 だ！」

おしい！　考え方はいいんだけど，(2) の答えは，1，3，5，15，25，75 ではないんだ。なぜだかわかるかな？

「えっ？　1，3，5，15，25，75 が答えじゃないんですか？　なぜ？」

もともとは，次の式だったよね。

81　÷　□　＝　商　あまり 6

あまりのあるわり算の場合，**あまりの数はわる数より小さい**，という決まりがあるんだ。たとえば，ある数を 3 でわったとき，あまりが 5 になることはないよね。ここではあまりが 6 なので，わる数の□は 6 より大きい。つまり，75 の約数の 1, 3, 5，15，25，75 のうちで，**あまりである 6 より大きい数が答え**になるんだ。

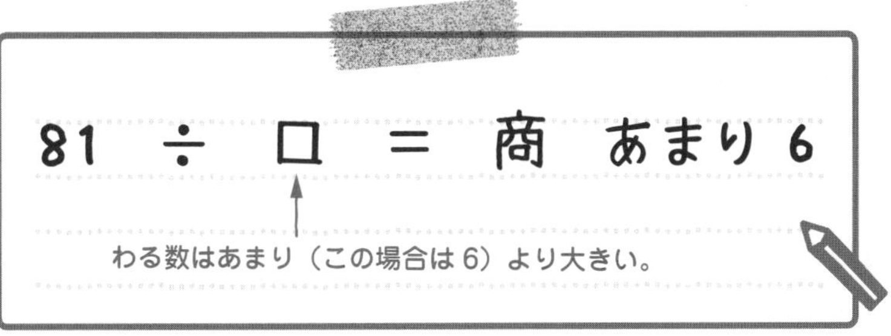

だから，答えは 15，25，75 だよ。

15，25，75… 答え ［例題］1-6 (2)

「わたしも，ユウトと同じまちがいをしてました……。」

ここはまちがえやすいところだよ。気をつけよう。**わる数があまりより小さくなることはない**んだ。あまりよりも小さい数を答えにしないようにね。

説明の動画は
こちらで見られます

では，(3) の問題はどうかな？

「うーん。あっ！　先生，よく考えると (2) の問題と同じじゃないですか？」

うん，その通り。よく気づいたね。『みかんが 81 個(こ)あって，何人かの子どもに同じ数ずつ分けたら 6 個あまった』つまり，81 を子どもの人数でわったら 6 あまった，ということだよ。式にすると次のようになる。

81 ÷ 子どもの人数 ＝ 商 あまり 6

(2)の式は

81 ÷ □ ＝ 商 あまり 6

だったね。

つまり，(2)と(3)は同じ考え方で解けるんだ。だから答えはどうなるだろう？

「はい！ 答えは
15人，25人，75人…答え [例題]1-6 (3)」

よくできました。では，次の例題に進もう。

説明の動画はこちらで見られます

[例題]1-7 つまずき度 ●●●○○

次の問いに答えなさい。

(1) 90と108をある整数でわると，両方ともわりきれました。ある整数のうち，最も大きい整数を求めなさい。

(2) 90個のりんごと，108個のみかんを何人かの子どもに等しく分けたところ，どちらもちょうど分けることができました。子どもの人数は最も多くて何人ですか。

(1)で「90と108をある整数でわると，両方ともわりきれました。」とあるね。ある整数を□とすると

90÷□＝商（あまりなし）

108÷□＝商（あまりなし）

ということだ。まず，**90÷□＝商**から，□がどんな数だとわかるかな？ □は「90をわりきることができる数」ということがヒントだよ。

「えっと…90をわりきることができる数だから，□は90の約数です。」

うん，そうだね。同じように，**108÷□＝商**から，□が108の約数であることがわかるね。つまり，ある整数は，90の約数でもあり，108の約数でもある数ということだ。では，**90の約数でもあり，108の約数でもある数**ってどんな数だろう？

「**90 と 108 の公約数です！**」

うん，そうだね。この例題では，**「ある整数のうち，最も大きい整数**を求める」のだから 90 と 108 の公約数の中で，最も大きい整数，つまり **90 と 108 の最大公約数**を求めればいいということだ。

では，90 と 108 の最大公約数は何だろう？　ユウトくん，1 05で学んだ連除法を使って答えを出してごらん。

「えーと，90 と 108 を同時にわっていくから……

```
2)90 108
3)45  54
3)15  18
   5   6
```

5 と 6 は同時にわれないから，ここでストップ。

左にならんだ数をすべてかけるから，答えは，2×3×3＝18 です！

18… 答え ［例題］1-7 (1)」

正解！　よくできました。

では，(2)はどうかな？

「うーん……わかった！　(2)は(1)と同じ考え方で解けるんじゃないですか？」

その通り，よく気づいたね。90 個のりんごと，108 個のみかんを分けるのだから，90 と 108 を子どもの人数でわる，ということだね。つまり，式にすると

90÷子どもの人数＝商

108÷子どもの人数＝商

となる。これは，(1)の

90÷□＝商

108÷□＝商

と同じ関係だね。だから，子どもの人数は 90 と 108 の公約数となる。

そして，最も多い人数を求めるのだから，90 と 108 の最大公約数を求めればいいことになり，答えは

18 人…答え［例題］1-7 (2)

では，もう１問やってみよう。

013 説明の動画はこちらで見られます

［例題］1-8　**つまずき度**

次の問いに答えなさい。

(1)　65 をわると２あまり，90 をわると６あまる数をすべて書き出しなさい。

(2)　65 個のカキと，90 個のナシを何人かの子どもに等しく分けようとしたら，カキは２個あまり，ナシは６個あまりました。考えられる子どもの人数をすべて書き出しなさい。

「なんだか難しそうです……。」

心配することはないよ。順序だてて考えていけばきちんと解けるからね。

まず，(1) の「65 をわると２あまる数」ってどんな数だろう？［例題］1-6 (2) で習ったことを思い出してみてね。「２あまる」ということは，「２をひけばわりきれる」ということがヒントだよ。

「『65 をわると２あまる数』は，65－2＝63 で，**63 の約数のことですね。**」

その通り。では，「90 をわると６あまる数」ってどんな数？

「えっと，同じように考えて，90－6＝84 で，**84 の約数**です。」

そうだね。つまり，「65 をわると２あまり，90 をわると６あまる数」というのは，「63 の約数でもあり，84 の約数でもある」ということだから，**63 と 84 の公約数**だ。

では，63 と 84 の公約数を求めてみよう。すべての公約数を求めるには，1 04 で習った**「２つの数の公約数は，その２つの数の最大公約数の約数と同じになる」**ことを使えばいいんだ。

↓　　　　　↓

63と84の公約数＝63と84の最大公約数□の約数

つまり，**63と84の公約数を求めるためには，まず63と84の最大公約数□を求めればよい**ということだね。さて，ユウトくん，最大公約数はどうやって求めるんだっけ？

「連除法を使います！　63と84を同じ数でわっていって……

```
3 ) 63  84
7 ) 21  28
     3   4
```

3と4は1以外の数でわれないから，ここでストップ。

左にならんだ数をすべてかけるから

$3 \times 7 = 21$

63と84の最大公約数は21です。」

そうだね。つまり，21の約数を調べればいいんだ。ハルカさん，21の約数は何かな？

「オリを使う方法で求めるんですね。かけたら21になる組み合わせをオリの上下にすべて書き入れていくと

1	3
21	7

21の約数は1，3，7，21です。」

うん，そうだね。これは1 05で学んだ2つ以上の整数の公約数をすべて求めるときの2つの手順

① 連除法で最大公約数を求める。

② 最大公約数の約数を，オリを使う方法で求める。

の通りだね。

でも，1, 3, 7, 21 をそのまま答えにすると×になっちゃうんだ。なぜかわかる？

「うーん……，わからないです。」

これはさっき［例題］1-6 の(2)でやったよ。**わる数はあまりより大きい**，という決まりを思い出そう。

「あっ，そうか！　わる数はあまりの２と６より大きいから，答えは７と21 です。」

うん，その通り。わる数はあまりより大きい，という性質(せいしつ)を忘(わす)れないようにしよう。あまりの２と６のうち，大きいほうの６よりも大きい数を答えにする必要があるんだ。だから答えは 7，21 だよ。

7，21…答え［例題］1-8　(1)

「(1)は難(むずか)しかったです……。」

そうだね。はじめは難しく感じるかもしれない。でも，この問題をすらすら解(と)けるようになれば，約数の応用(おうよう)にずいぶん強くなったといえるから，何度も練習して解けるようになろうね。

では(2)にいこう。(2)の問題を式に表すと，次のようになるね。

65 個のカキ÷子どもの人数＝商　あまり 2

90 個のナシ÷子どもの人数＝商　あまり 6

考えられる子どもの人数は，どのように求めればいいだろう？　もうわかるかな。

「(1)と同じ解き方ですね！」

その通り。(1)の「65 をわると 2 あまり，90 をわると 6 あまる数をすべて書き出しなさい。」と同じ考え方で解けるよ。だから答えは 7 人，21 人になるんだ。

7 人，21 人…答え［例題］1-8　(2)

Check 6 つまずき度 ●●●○○ ➡解答は別冊 p.45 へ

次の問いに答えなさい。

(1)　45 をわりきることのできる整数をすべて書き出しなさい。
(2)　65 をわると 5 あまる整数をすべて書き出しなさい。
(3)　みかんが 65 個(こ)あります。何人かの子どもに同じ数ずつ分けたところ，5 個あまりました。子どもは何人いますか。考えられる人数をすべて答えなさい。

Check 7 つまずき度 ●●●○○ ➡解答は別冊 p.45 へ

次の問いに答えなさい。

(1)　78 と 52 をある整数でわると，両方ともわりきれました。ある整数のうち，最(もっと)も大きい整数を求めなさい。
(2)　78 個のりんごと，52 個のみかんを何人かの子どもに等しく分けたところ，どちらもちょうど分けることができました。子どもの人数は最も多くて何人ですか。

Check 8 つまずき度 ●●●●○ ➡解答は別冊 p.45 へ

次の問いに答えなさい。

(1)　101 をわっても 341 をわっても 5 あまる数をすべて書き出しなさい。
(2)　101 本のボールペンと，341 本のえんぴつを何人かに等しく分けたら，どちらも 5 本あまりました。何人に分けましたか。考えられる人数をすべて書き出しなさい。

1 07 倍数の求め方

約数の次は，倍数について見ていくよ。倍数とは何か，まずはしっかりおさえよう。

説明の動画はこちらで見られます

さて，ここからは倍数について学んでいくよ。まずは，例題をやってみよう。

[例題]1-9 つまずき度

7の倍数を小さい順に5つ書き出しなさい。

7を1倍，2倍，3倍，……のように整数をかけていくと，次のようになるね。

7	14	21	28	35	42	49 ……
↑	↑	↑	↑	↑	↑	↑
7×1	7×2	7×3	7×4	7×5	7×6	7×7

これらの7，14，21，28，35，42，49，…が**7の倍数**だよ。つまり，**ある整数を1倍，2倍，3倍，……した数をもとの数の倍数という**んだ。

「じゃあ，7の倍数って，いーっぱいあるっていうことですか？」

うん，よく気づいたね。約数の個数は決まっていたよね。でも，ある数の倍数というのは限りなく，つまり無限にあるんだ。

問題にもどろう。7の倍数を小さい順に5つ書き出せばいいから，答えはハルカさん，何になるかな？

「はい！　答えは

7，14，21，28，35… 答え [例題]1-9」

よくできました。

では，次の問題にいこう。

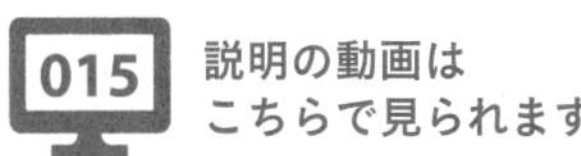

[例題]1-10　つまずき度

次の問いに答えなさい。

(1)　1から20までの整数の中に，3の倍数は何個(なんこ)ありますか。

(2)　1から50までの整数の中に，3の倍数は何個ありますか。

(3)　100から200までの整数の中に，5の倍数は何個ありますか。

まず，(1)を解(と)いていこう。1から20の数を書いてみるよ。

1 2 3 4 5 6 7 8 9 10 11 12 13 14 15 16 17 18 19 20

次に1から20の中で，3の倍数に①，②，③，……と番号をふっていこう。

「3の倍数だから，いちばん小さいのは3で，次は6で…えっと…。こんな感じでいいですか？」

1 2 3 4 5 6 7 8 9 10 11 12 13 14 15 16 17 18 19 20

（3に①，6に②，9に③，12に④，15に⑤，18に⑥）

うん，そうだね。これで，1から20までの整数の中で，3の倍数は何個かわかるよね？

「はい！　1から20の中に，①から⑥まで3の倍数があるから，答えは**6個**…答え　[例題]1-10 (1)」

よくできました。

では，(2)に進もう。今度は，1から50までの整数で3の倍数の個数を調べる問題だね。

「えー，50まで書くのは大変(たいへん)です……。」

そうだよね。1から50まで全部書くのは大変だから，別(べつ)の方法(ほうほう)で解(と)こう。ここで，(1)の1から20のときを思い出してみよう。1から20は次の通りだったね。

このように，3つの数につき1個，3の倍数がある。ということは，1から50の中に，3つの数のまとまりがいくつあるか調べれば，3の倍数の個数を求めることができるね。1から50の中に3つの数がいくつあるか調べるためには**50を3でわればよい**から，ユウトくん計算してくれるかな？

「はい！　50÷3=16あまり2
あまりが出ちゃったけど……，答えは16個ですか？」

答えは16個で正解だよ。あまりの2は何を表しているかわかるかな？

「うーん……，わかりません。」

「商（わり算の答え）16，あまり2」の意味は，**3の倍数が16個あって，2つの数があまる**ということだ。次のようになるということだよ。

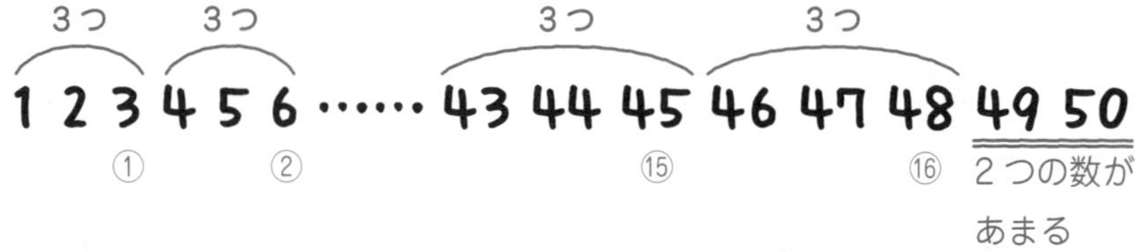

「1から●までの整数の中に，☆の倍数は何個ありますか」という問題では，(2)と同じように解けばいいから，**●÷☆の商がそのまま答えになる**んだ。

16個 … 答え ［例題］1-10 (2)

説明の動画は
こちらで見られます

では，(3)にいこう。100から200までの整数の中に，5の倍数は何個あるかな？これも計算で求めてみよう。ユウトくん，解ける？

「はい！　200−100=100，それから，100÷5=20で20個です！」

うーん，みんながよくするミスをしてしまったね。その方法だとまちがいなんだよ。(1)の「1から20までの整数の中に，3の倍数は何個ありますか。」のような問題では，3の倍数は次のようにはじめから3つずつならんだね。

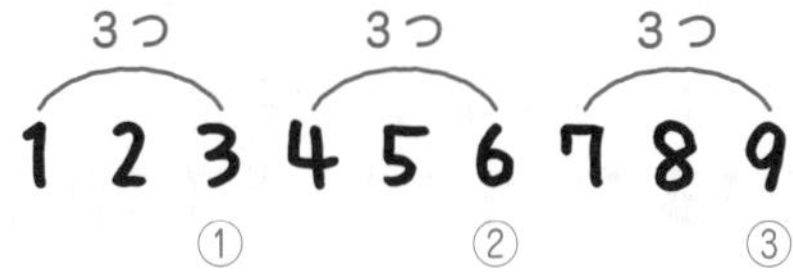

でも，この問題では**「1 から」**ではなく**「100 から」**の倍数の個数を求める問題だ。同じように，5 の倍数に①，②，③……と番号をふってみると，次のようになる。

はじめが 5 つの
グループではない

5 つ　　5 つ

100 101 102 103 104 105 106 107 108 109 110……

①（100）　②（105）　③（110）

「**1 から**」の場合は，同じ数ずつはじめからならんだけど，「**100 から**」の場合は，はじめが 1 つで，次からが 5 つずつとなっているね。つまり，1 より大きい数から始まる場合は，はじめから同じ個数ずつならぶとは限(かぎ)らないんだ。だから，**同じ解き方で解くことができない**ということだね。

では，この問題の解き方を解説(かいせつ)するね。「100 から 200 までの整数の中で，5 の倍数は何個あるか」を求める問題では，**100 より 1 小さい 99 までの数も考えてみる**んだ。

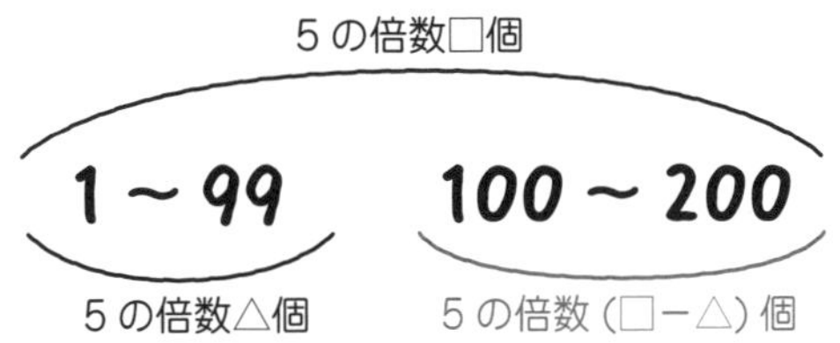

上の図のように，1 から 200 までの 5 の倍数の個数を□個，1 から 99 までの 5 の倍数の個数を△個としよう。**□から△をひけば，100 から 200 までの 5 の倍数の個数が求められる**んだ。

「1 から 200 にふくまれる 5 の倍数の数□個から，
1 から 99 にふくまれる 5 の倍数の数△個をひくと，
100 から 200 にふくまれる 5 の倍数の個数がわかるということね。」

そういうことだよ。ではハルカさん，まず，□は何個かわかるかな？

「1 から 200 までの 5 の倍数の個数は
$200 \div 5 = 40$
で□は 40 です！」

そうだね。ではユウトくん，△は何個かわかるかな？

「1 から 99 までの 5 の倍数の個数は

99÷5=19 あまり 4

で△は 19 です！　□から△をひけば，100 から 200 までの 5 の倍数の個数が出てくるから，

40−19=21

で答えは 21 個です。

21 個… 答え ［例題］1-10　(3)」

よくできたね。はじめ，ユウトくんが求めた 20 個と答えがちがうのがわかるよね。

(2) のように「1 から●までの整数の中に，☆の倍数は何個ありますか」という問題では，●÷☆の商がそのまま答えになるからラクチンだね。

でも，(3) のような「●から●までの整数の中に，☆の倍数は何個ありますか（●は 1 以外の数)」の場合は，(3) で解説したように，「1 から●までにある☆の倍数」の個数を求めてから「1 から (●−1) までにある☆の倍数」の個数をひかないと，まちがえることがあるので注意しよう！

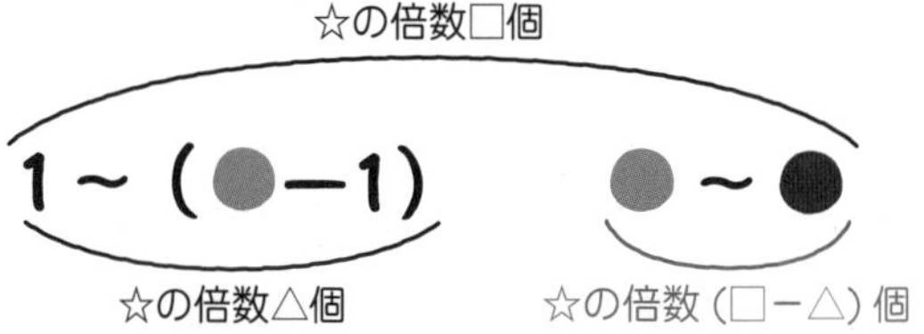

Check 9　つまずき度 ●○○○○　➡解答は別冊 p.46 へ

37 の倍数を小さい順に 3 つ書き出しなさい。

Check 10　つまずき度 ●●○○○　➡解答は別冊 p.46 へ

次の問いに答えなさい。

(1)　1 から 200 までの整数の中に，11 の倍数は何個ありますか。

(2)　400 から 800 までの整数の中に，8 の倍数は何個ありますか。

公倍数と最小公倍数

約数に公約数があったように，倍数にも公倍数があるんだ。

説明の動画は
こちらで見られます

[例題]1-11　つまずき度

次の問いに答えなさい。

(1)　1から50までの整数について，6と8の公倍数をすべて書き出しなさい。

(2)　6と8の最小公倍数を答えなさい。

では，(1)から。まず，1から50までの整数で，6の倍数と8の倍数を書き出してみよう。

「6の倍数は，6，12，18，24，30，36，42，48で，
8の倍数は，8，16，24，32，40，48ですね。」

そうだね。いま，ユウトくんが書いてくれたものを，次のように整理しよう。

6の倍数	6	12	18	24	30	36	42	48
8の倍数	8	16		24		32	40	48

こう書くと，6の倍数と8の倍数で**24と48が共通**であることがわかるね。この24と48を，6と8の**公倍数**というんだ。つまり，**2つ以上の整数に共通な倍数を，それらの整数の公倍数**というんだよ。ここでは1から50までを調べたけど，50以上も調べると，6と8の公倍数はもっとたくさん見つかるよ。そして，**公倍数の中で，いちばん小さい数を最小公倍数**というんだ。6と8の最小公倍数は何かな？

「公倍数の中でいちばん小さい数だから，24が最小公倍数ね。」

その通り。(1)，(2)の答えは，次のようになるね。

1から50までの整数について，6と8の公倍数は，**24，48**…答え ［例題］1-11（1）

6と8の最小公倍数は，**24**…答え ［例題］1-11（2）

018 説明の動画はこちらで見られます

6の倍数（ばいすう）と8の倍数，さらに公倍数をベン図で表すと，次のようになるよ。

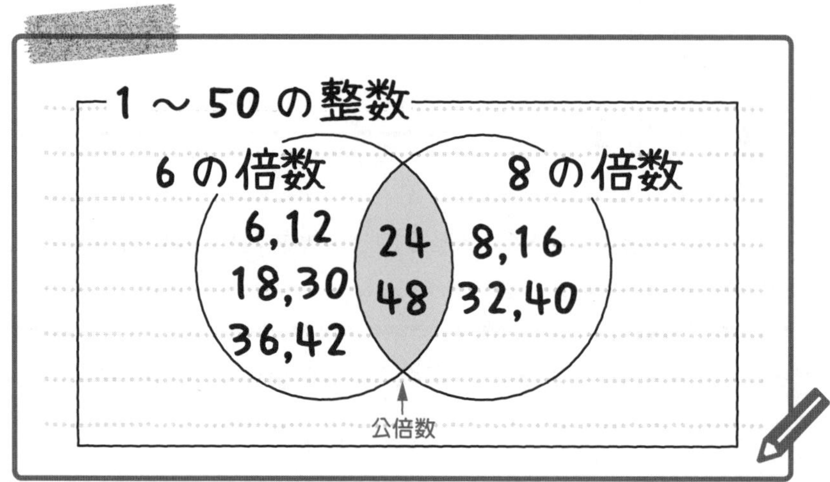

2つの円の重なった赤い部分が6と8の公倍数を表しているんだ。

ここで，6と8の公倍数に注目してみよう。50以上の数も調べてみると，6と8の公倍数は

24，48，72，96，120，……

と続（つづ）いていくよ。一方，6と8の最小公倍数（さいしょうこうばいすう）である24の倍数は何かな？

「24の倍数は，24×1，24×2，24×3，……を計算していけばいいから
24，48，72，96，120，……
と続いていきます。」

そうだね。

6と8の公倍数は，**24，48，72，96，120，……**
6と8の最小公倍数である24の倍数も，**24，48，72，96，120，……**

つまり，**「6と8の公倍数」と「6と8の最小公倍数である24の倍数」は同じ 24，48，72，96，120，……**である，ということだ。

2つの数の公倍数は，その2つの数の最小公倍数の倍数と同じになるんだ。大切なことだから，きちんとおさえておこう。

「公約数(こうやくすう)にも同じような性質(せいしつ)がありましたよね？」

そうだね。**2つの数の公約数は，その2つの数の最大公約数(さいだいこうやくすう)の約数と同じになる**という性質があったね。**この2つの性質をセットでおさえておこう。**

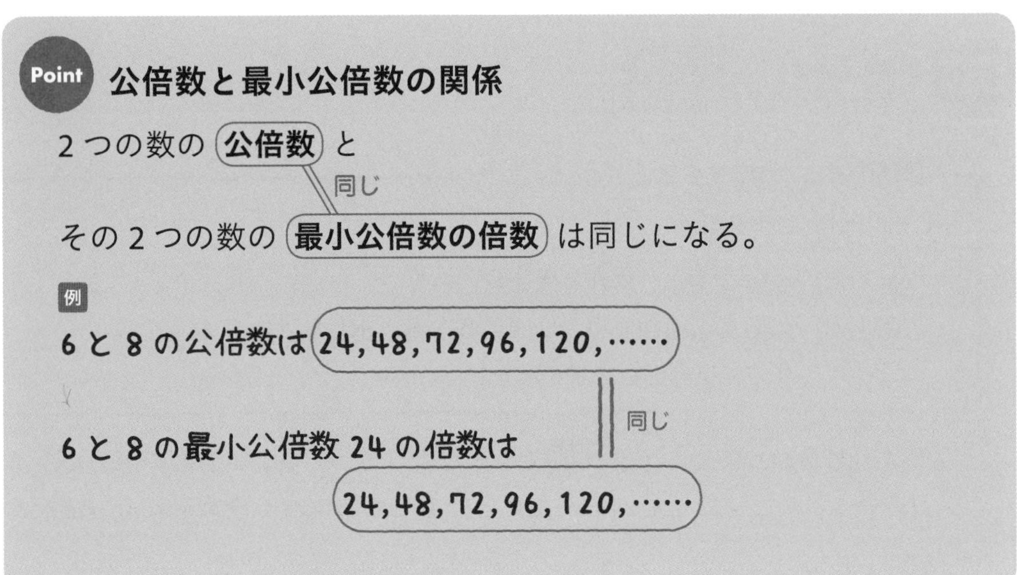

Check 11 つまずき度 ➡解答は別冊 p.46 へ

次の問いに答えなさい。

(1)　1から100までの整数について，10と15の公倍数をすべて書き出しなさい。

(2)　10と15の最小公倍数を答えなさい。

(3)　右のベン図で，(ア)，(イ)，(ウ)にあてはまる数を，それぞれすべて書き出しなさい。

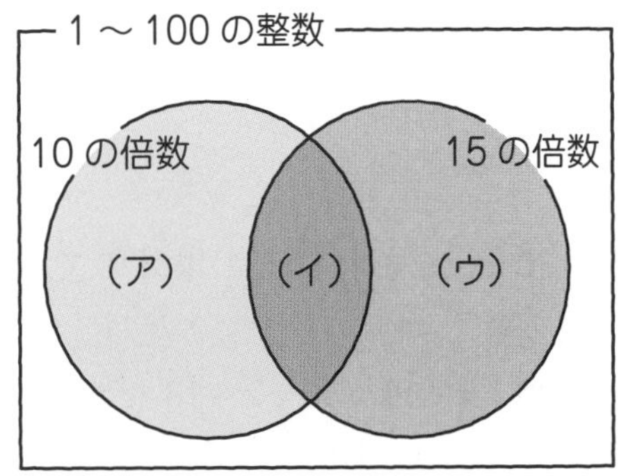

最小公倍数と公倍数の求め方

最大公約数を連除法で求めたように，最小公倍数も連除法ですばやく求めることができるんだ。

説明の動画はこちらで見られます

[例題]1−12　**つまずき度** 😵😵😵😵😵

次の問いに答えなさい。

（1）　30 と 36 の最小公倍数を求めなさい。

（2）　30 と 36 の公倍数を小さい順に 5 つ書き出しなさい。

（3）　5 と 6 の最小公倍数を求めなさい。

では，(1) を解いていこう。1 08 でやったように，1 つずつ倍数を求めて，最小公倍数を力ずくで出す方法もあるんだけど，もっとすばやく求められる方法があるんだ。

「最大公約数を求めるときは連除法を使いましたよね。」

うん，最小公倍数も最大公約数と同じように，連除法で求めることができるんだ。仕上げのかけ算が少しちがうんだけどね。では，さっそく (1) の「30 と 36 の最小公倍数の求め方」について解説していこう。

最小公倍数の求め方

❶　まず，右のように書いてみよう。

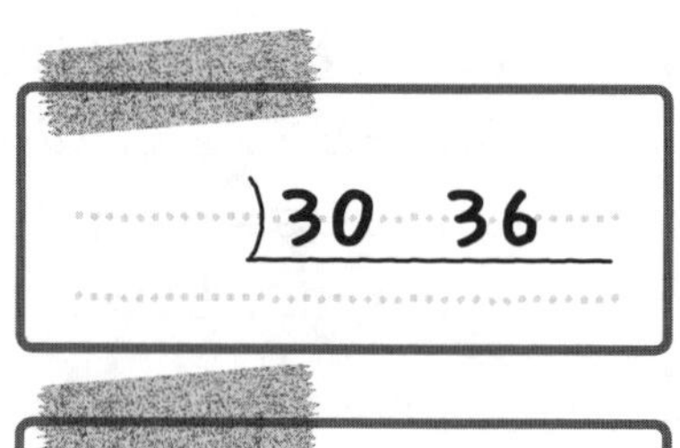

❷　30 と 36 をわれる 1 以外のできるだけ小さい数を考えよう。それは 2 だね。

30÷2＝**15**，36÷2＝**18** だから，それを右のように書こう。

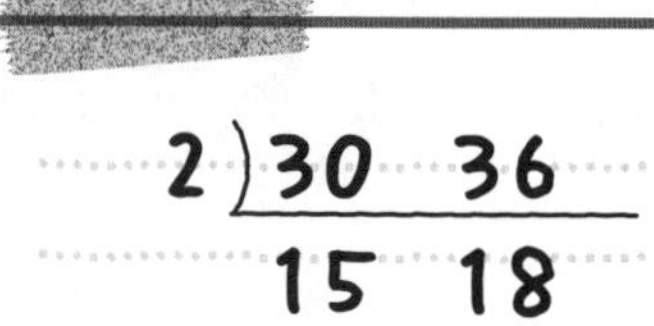

❸ 15 と 18 をわれる 1 以外のできるだけ小さい数を考えよう。それは 3 だね。

15÷3=**5**，18÷3=**6** だから，それを右のように書こう。

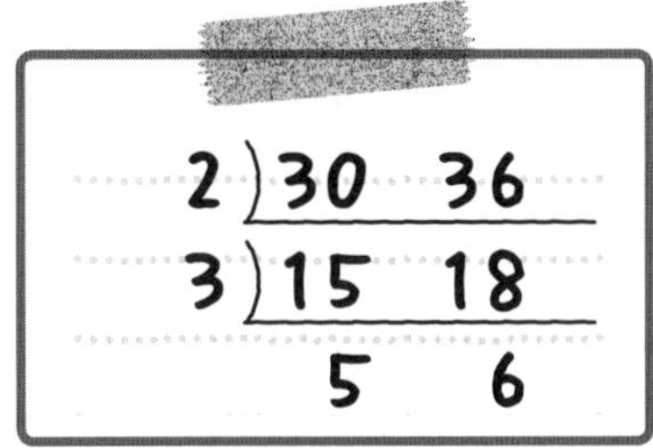

❹ 5 と 6 をわれる 1 以外のできるだけ小さい数を考えよう……なければ，ここでストップだ。ここまでは最大公約数の求め方と同じだね。そして，ここからが少しだけちがうところ。ストップしたら，次のように **L 字形にかけ算をする**んだ。

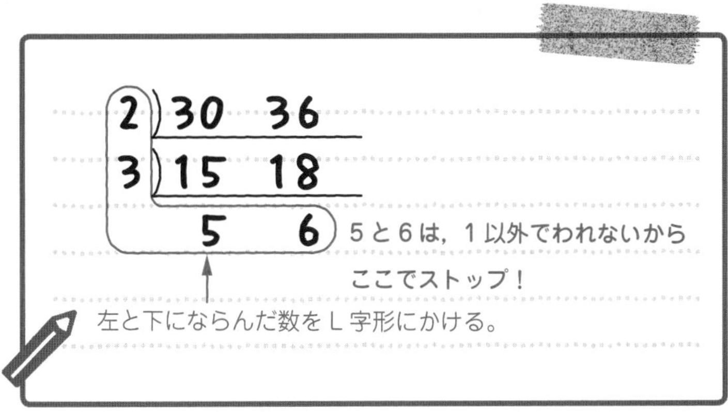

2×3×5×6=180 だから，この 180 が，30 と 36 の最小公倍数だ。

「左の数だけをかけると最大公約数，L 字形にかけると最小公倍数が求められるのね。連除法って便利だわ！」

そう，便利な方法なんだ。でも，2 つの方法を混同しないようにしようね。

180 … 答え [例題]1-12 (1)

説明の動画は こちらで見られます

では，次に (2) にいこう。(1) で 30 と 36 の最小公倍数は 180 ということがわかったから，それを利用するんだ。1 08 で **「2 つの数の公倍数は，その 2 つの数の最小公倍数の倍数と同じになる」** と教えたよね。

(2) で，この性質をあてはめてみると，次のようになる。

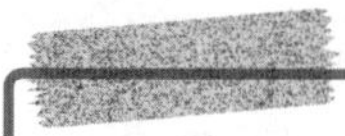

2つの数の公倍数＝その2つの数の最小公倍数の倍数

↓　↓

30と36の公倍数＝30と36の最小公倍数180の倍数

「ということは，30と36の公倍数は180の倍数と同じになるんですね。」

そう。だから180の倍数を小さい順に5つ答えればOKだよ。

180，360，540，720，900…答え［例題］1－12（2）

では，(3)にいこう。「5と6の最小公倍数を求めなさい。」という問題だ。

「連除法で求めればいいんですね？　えーっと，あれ？　5と6は1以外でわれないんですけど……。こういう場合はどうすればいいのですか？」

5と6のように**1以外でわれないときは，この2つの数をかけると最小公倍数になる**んだ。5×6＝30で，30が最小公倍数だね。

30…答え［例題］1－12（3）

連除法で，1以外でわれないときの最小公倍数

）5　6　←1以外でわれない

このようなときは，5と6をそのままかけて5×6＝30が最小公倍数。

説明の動画はこちらで見られます

［例題］1－13　つまずき度

12と18と20の最大公約数と最小公倍数を，それぞれ求めなさい。

ここでは，**3つ以上の最小公倍数の求め方を解説しよう。**

3つ以上の数の最大公約数と最小公倍数の求め方

❶ まず，連除法の形を書こう。

❷ 次に，12 と 18 と 20 をわれる 1 以外の整数を考えよう。それは 2 だね。
12÷2＝**6**，18÷2＝**9**，20÷2＝**10** だから，それを次のように書こう。

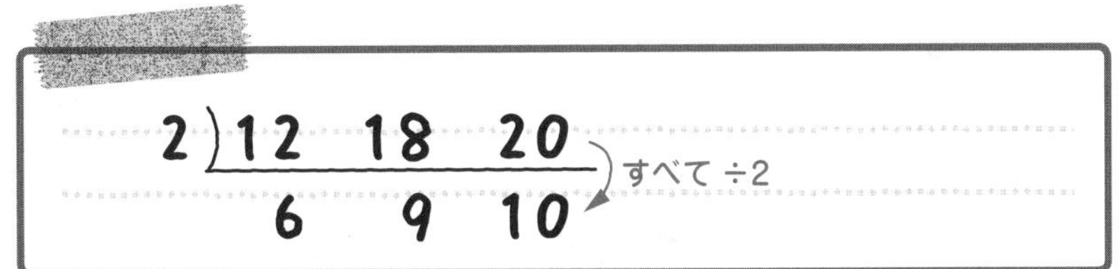

❸ 次に，**6** と **9** と **10** の 3 つの数をわれる 1 以外の整数を考えよう。もうないね。**最大公約数を求めるときはここでストップ**だ。左の数は 2 だけだから，最大公約数は **2** だ。

❹ **最小公倍数を求める場合は，ここでストップしない**んだ。6 と 9 と 10 の 3 つの数のうち，どれか 2 つをわることができれば，そのまま続けてわっていくんだ。ここでは，6 と 10 がどちらも 2 でわれるね。6÷2＝**3**, 10÷2＝**5** だから，それを次のように書こう。9 は 2 でわれないから，**そのまま 9 を下ろそう。**

2)12 18 20
2) 6 ÷2 9 10 ÷2
3 9 5
÷2 できないから，そのまま下ろす。

❺ 次に，3 と 9 と 5 のうち，3 と 9 はどちらも 3 でわれるね。3÷3＝**1**，9÷3＝**3** だから，それを次のように書こう。3 でわれない **5 は，そのまま下ろすよ。**

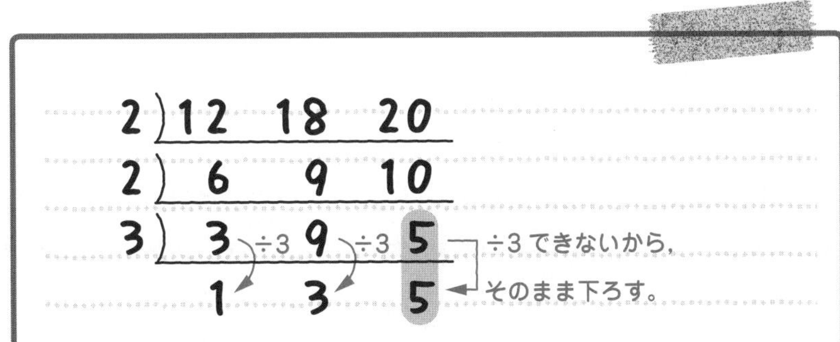

❻ **1と3と5は，どの2つも1以外でわれない**ね。だから，わるのはここでストップだ。そして，**L字形にかけ算をすると最小公倍数が求められる**よ。

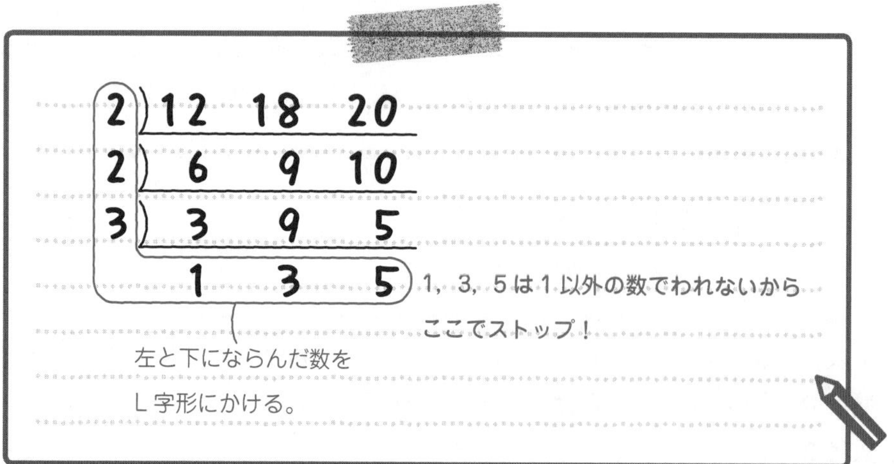

2×2×3×1×3×5＝180だから，この180が，12と18と20の最小公倍数なんだ。

最大公約数…2，最小公倍数…180 … 答え ［例題］1−13

「3つの数の最小公倍数を見つける連除法のやり方を忘れちゃいそう……。ちゃんと復習します。」

Check 12　つまずき度 ●●○○○　➡解答は別冊 p.47 へ

次の問いに答えなさい。

(1) 36と48の最小公倍数を求めなさい。

(2) 36と48の公倍数を小さい順に5つ書き出しなさい。

(3) 3と7の最小公倍数を求めなさい。

Check 13　つまずき度 ●●●○○　➡解答は別冊 p.47 へ

45と50と60と75の最大公約数と最小公倍数を，それぞれ求めなさい。

1 10 倍数の応用問題

ここまでの内容をしっかり理解できたら，倍数，公倍数，最小公倍数などを使ったさまざまな問題にチャレンジしよう。

説明の動画はこちらで見られます

[例題]1-14　つまずき度 ●●●○○

1から100までの整数について，次の問いに答えなさい。

(1)　3でわりきれる数は，何個ありますか。

(2)　5でわりきれる数は，何個ありますか。

(3)　3でも5でもわりきれる数は，何個ありますか。

(4)　3でも5でもわりきれない数は，何個ありますか。

(1)の「3でわりきれる数」とはどんな数だろう？

「3でわりきれる数は，小さい順に言うと，3，6，9，12，……
あっ，3の倍数と同じだわ。」

よく気づいたね。「3でわりきれる数」は「3の倍数」のことなんだ。つまり，1から100までに3の倍数が何個あるか，っていうことだね。

「それなら解けます！　100÷3＝33あまり1で，答えは33個です！」

33個… 答え [例題]1-14 (1)

うん，よくできたね。では，次にいこう。同じように，(2)も解けるはずだよ。

「はい。『5でわりきれる数』は『5の倍数』のことだから
100÷5＝20で，答えは20個です。」

20個… 答え [例題]1-14 (2)

うん，そうだね。「5でわりきれる数」は「5の倍数」だ。ちなみに，「5をわりきることのできる数」というとどんな数かな？

「**『5をわりきることのできる数』**は……，5を何かの数でわったときに，あまりがないということだから……，**『5の約数』**です！」

うん，そうだね。つまり，「□でわる」と「□をわる」のように**「で」と「を」がちがうだけで大きく意味がちがってくる**んだ。日本語の意味を理解しながら注意して解こう。

「“で”わりきれる数」と「“を”わりきることのできる数」

□でわりきれる数　⇒　□の**倍数**
□をわりきることのできる数　⇒　□の**約数**

例　「10でわりきれる数」とは「10の**倍数**」のことだから
10，20，30，……である。
「10をわりきることのできる数」とは「10の**約数**」のことだから
1，2，5，10である。

説明の動画は
こちらで見られます

では，(3)に進もう。**「3でも5でもわりきれる数は，何個ありますか」**という問題だね。「3でも5でもわりきれる数」とはどんな数だろう。ここでベン図をかいて考えてみよう。

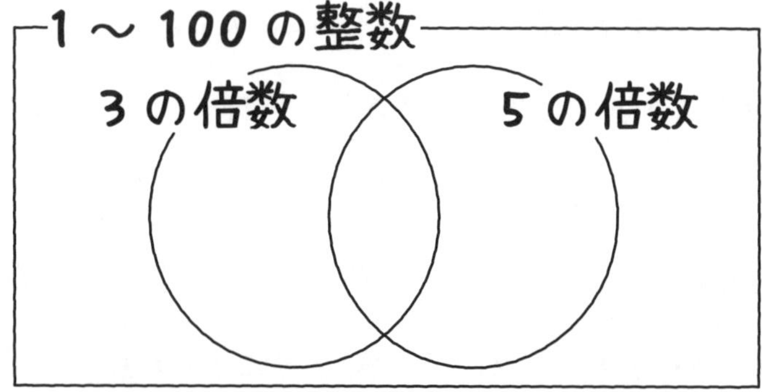

このベン図で，「3でも5でもわりきれる数」はどこかな？

「3でも5でもわりきれるのだから，3の倍数と5の倍数が重なっているところじゃないかしら。」

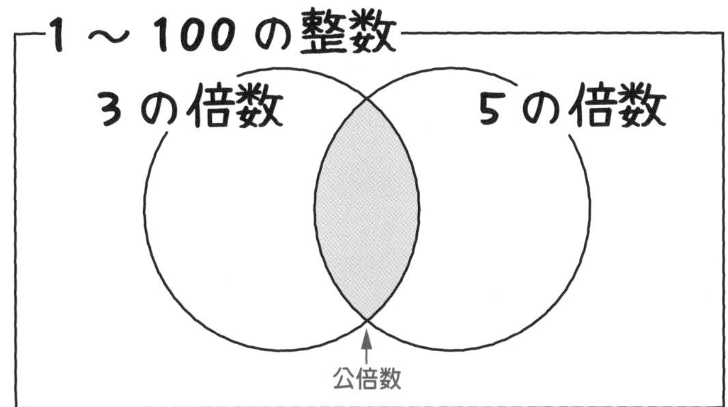

そうだね。図の赤い部分が，**「3 でも 5 でもわりきれる数」**だ。3 の倍数と 5 の倍数が重なっているから，**「3 の倍数でもあり 5 の倍数でもある数」**ということだね。これはどんな数だろう？

「『3 の倍数でもあり 5 の倍数でもある数』だから，**『3 と 5 の公倍数』**です！」

うん，そうだね。3 と 5 の公倍数だ。つまり，(3) は**「1 から 100 までの整数の中に，3 と 5 の公倍数は何個あるか」**というのと同じ問題だということだね。では，3 と 5 の公倍数は，どのように求めればいいかな？**「2 つの数の公倍数は，その 2 つの数の最小公倍数の倍数と同じになる」**ということを思い出せばわかるね。

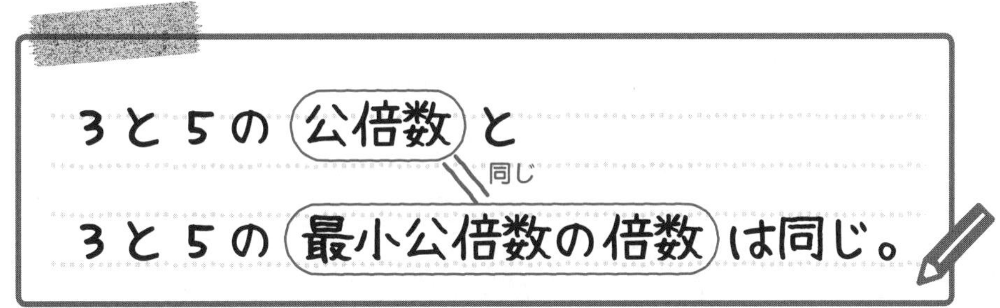

「つまり，まず 3 と 5 の最小公倍数を求めればいいんですね。3 と 5 の最小公倍数は，連除法で求めると……，あれ？　1 以外でわれないよ。」

1 以外でわれないときの最小公倍数はどうなるんだっけ？

「こういう場合は，たしか 3 と 5 をそのままかければいいのよ。だから

$3 \times 5 = 15$

で，最小公倍数は 15 よ。」

) 3　5 ← 1 以外でわれない

3×5＝15 が 3 と 5 の最小公倍数

そうだね。これで，3と5の最小公倍数は15とわかった。つまり，**3と5の公倍数は15の倍数**ということがわかったね。(3)は「**1から100までの整数の中に，15の倍数は何個あるか**」というのと同じ問題ということだよ。ユウトくん，求められるかな？

「はい！　1から100までの整数の中に，15の倍数は

100÷15＝6あまり10

で，答えは6個です！」

よくできました。「1から100までの中に，3でも5でもわりきれる数」は6個あるということだね。

6個… [例題]1-14 (3)

説明の動画はこちらで見られます 024

では，(4)の「(1から100までの整数について)3でも5でもわりきれない数は何個ありますか。」という問題に進もう。

まず，もう一度ベン図をかいて，ベン図を次のように，(ア)から(エ)の4つの部分に分けてみるよ。

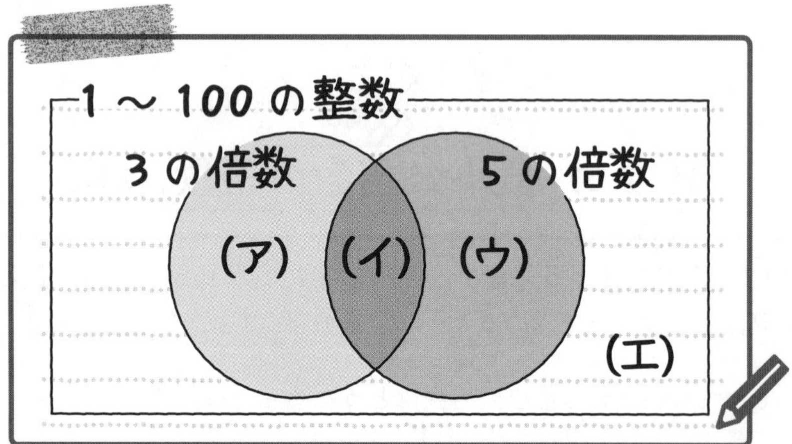

(ア)から(エ)の中で，「3でも5でもわりきれない数」にあたる部分はどこかな？

「えっと……，3の倍数でも5の倍数でもないのだから……，(エ)です。」

そうだね。だから，(エ)にあてはまる数が何個か求めればいいということだ。(エ)を求めるためには，(ア)と(イ)と(ウ)の合計を，全体の100個からひけばいいね。

「(1)で3の倍数が33個，(2)で5の倍数が20個と求めました。33+20は53で，(ア)と(イ)と(ウ)の合計は53個ですね。ということは100－53で，(エ)は47個だ！」

よくやりがちなミスをしてしまったね。下のようなベン図で表すと，3の倍数は(ア)＋(イ)で，5の倍数は(イ)＋(ウ)だから，3の倍数と5の倍数の個数をたしちゃうと，(イ)の部分を2回たすことになってしまうんだよ。

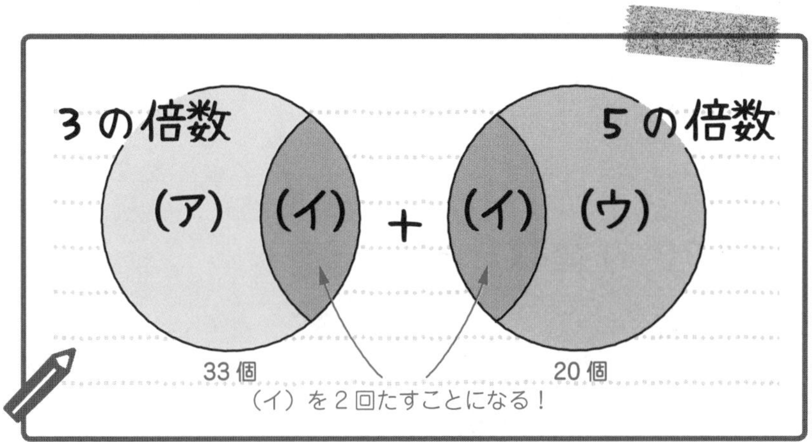

だから，**3の倍数と5の倍数をたしたものから，(イ)の部分をひかないといけない**んだね。図で表すと，次のようになるよ。

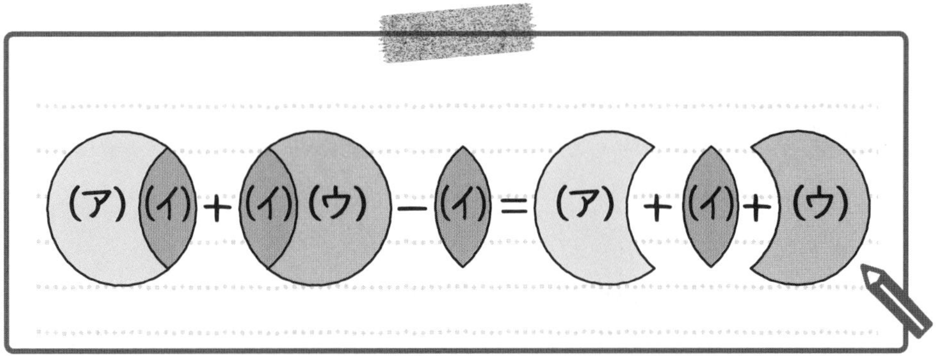

ユウトくん，(ア)と(イ)と(ウ)の合計を求めてから，(エ)を求めてごらん。

「(3)で(イ)は6個と求めました。だから

33＋20－6＝47

(ア)と(イ)と(ウ)の合計は47個ですね。全体は100個あるから，全体から47個をひいて

100－47＝53

答えは，53個だ！」

よくできたね。53個が正解だ。図と式をあわせて表すと，次のようになるよ。

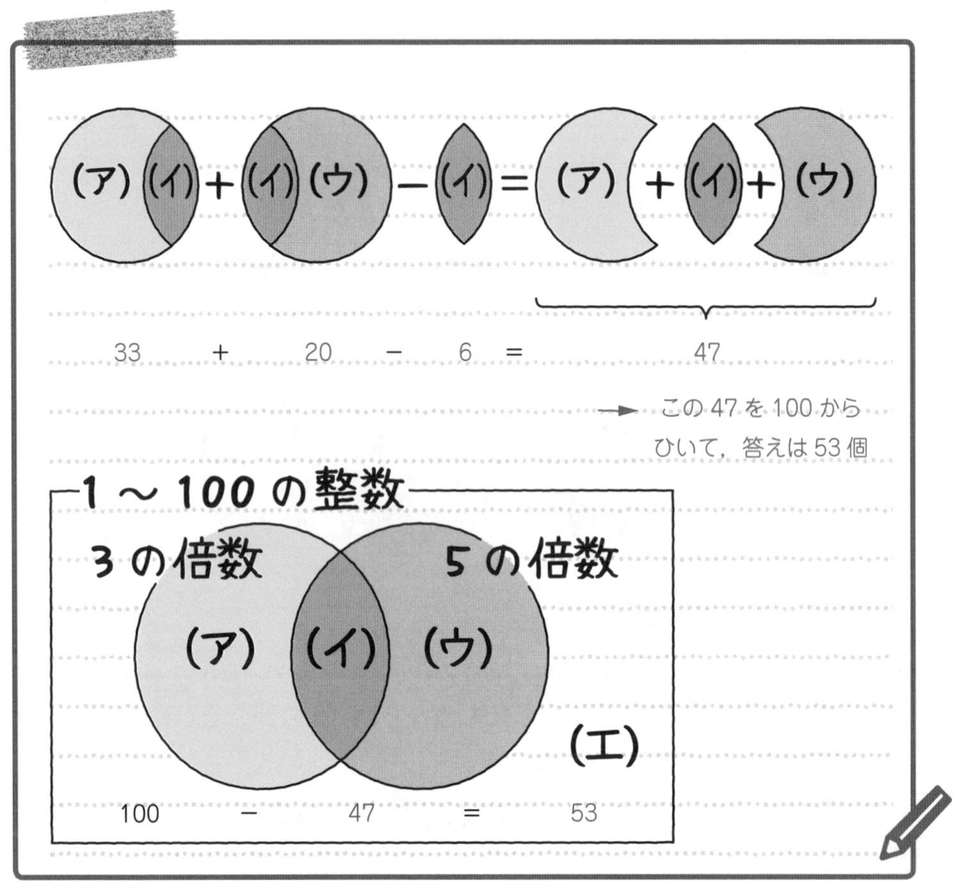

53個…答え [例題]1-14 (4)

ユウトくんが計算したように

100－(33＋20)＝47

としてしまうミスに気をつけよう。**ベン図をもとに考えて，2回たしてしまった部分の1回分をひく**というのをおさえておこう！　正しい式は

100－(33＋20－6)＝53 だ。

では，倍数の最後の問題をやってみよう。

説明の動画は
こちらで見られます

[例題]1-15　つまずき度

次の問いに答えなさい。

(1)　3でわっても4でわっても1あまる2けたの整数を，小さい順に5つ書き出しなさい。

(2)　3でわっても4でわっても1あまる数で，200に最も近い整数を求めなさい。

「どうやって考えるんですか？」

(1)の**3でわっても4でわっても1あまる数**とはどんな数か見ていくよ。「3でわっても4でわっても1あまる数」とは「3でわっても1あまり，4でわっても1あまる数」といいかえることができるね。では，「3でわって1あまる数」というのはどんな数かな？

「えっと……，『3でわって1あまる数』は3の倍数に1たした数です。」

うん，そうだね。同じように，「4でわって1あまる数」は4の倍数に1たした数だ。つまり，「3の倍数に1たした数でもあり，4の倍数に1たした数でもある」ということだね。これをいいかえると，「**3と4の公倍数に1たした数**」ということになる。

「うーん，頭がこんがらがってきそうです……。」

少しややこしいよね。ここまでをまとめると，次のようになるよ。

3でわっても4でわっても1あまる数
||
3でわっても1あまり，4でわっても1あまる数
↓　↓
3の倍数＋1　　4の倍数＋1
↘　↙
3と4の公倍数に1たした数

３と４の公倍数なら，３でも４でもわりきれるよね？　その公倍数に１をたしたら，３でわっても１あまるし，４でわっても１あまるってことだ。

「わかりました！」

「３と４の公倍数に１たした数」を求めればいいということはわかった。では，**「２つの数の公倍数は，その２つの数の最小公倍数の倍数と同じになる」**ということを使って答えを出そう。３と４の最小公倍数はいくつかな？

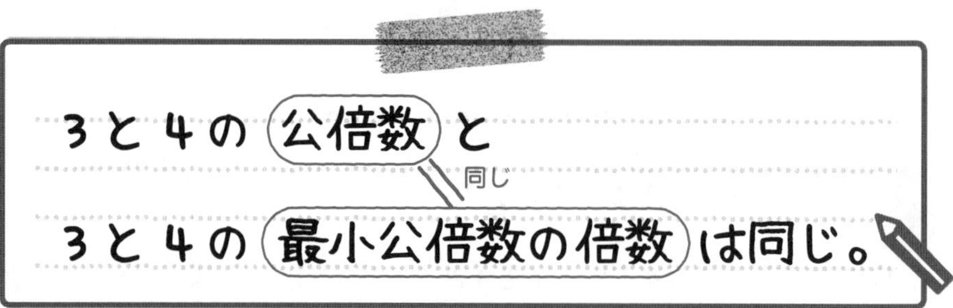

「３と４は１以外にわれないから，３と４の最小公倍数は３×４＝12ね。
つまり，３と４の公倍数は12の倍数ってことだわ！」

うん，そうだね。３と４の公倍数は12の倍数なので，**「３と４の公倍数に１たした数」**は**「12の倍数に１たした数」**だ。だから，12の倍数に１たした数を小さい順に５つ答えればいいよ。

「12の倍数を小さい順に５つ書くと12，24，36，48，60
それぞれに１をたして，答えは
13，25，37，49，61…答え　[例題]1-15（1）」

そうだね。すべて，３でわっても１あまるし，４でわっても１あまる２けたの整数になっているから，確かめてみてね。

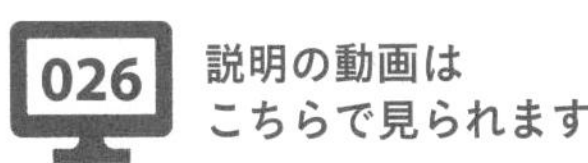

では，次にいこう。(2)の「3でわっても4でわっても1あまる数で200に最も近い整数」はどのように求めればいいかな？

「さっきの(1)のときと同じで，1つずつコツコツと求めればいいのかな？
13，25，37，49，61，73，85，……」

コツコツ求めることもできるけど，それだと時間がかかるし，計算ミスもしやすいね。計算で求める方法はないかな？

「まず，200に近い3と4の公倍数(12の倍数)を求めるんじゃないかしら？」

$200 \div 12 = 16$ あまり8

200までの整数の中に12の倍数が16個あるってことだから

$12 \times 16 = 192$

で，それに1をたして，答えは193かしら。」

いい考え方だね。でも，それで本当に合っているかな？　この問題が出たときに，193を答えにしてしまう人は多いんだけど，注意しなければならないことがあるんだ。それは，**200に最も近い整数を求めるのだから，答えは200より大きい数になるかもしれない**ということなんだ。

「あっ！　ということは，$12 \times 17 + 1 = 205$ で，193と205だと，205のほうが200に近いから，答えは205だ！」

205…答え　[例題]1-15 (2)

うん，そういうことなんだ。200より大きい数が答えになるかならないか，確かめてみる必要があるってことだね。**「最も近い」などの表現があったら，大きい数の場合もあるから，引っかからないように注意しよう。**

Check 14

つまずき度 😵😵😵😵😵

➡解答は別冊 p.47 へ

1から200までの整数について，次の問いに答えなさい。

(1) 10でわりきれる数は，何個(なんこ)ありますか。

(2) 15でわりきれる数は，何個ありますか。

(3) 10でも15でもわりきれる数は，何個ありますか。

(4) 10でも15でもわりきれない数は，何個ありますか。

Check 15

つまずき度 😵😵😵😵😵

➡解答は別冊 p.47 へ

次の問いに答えなさい。

(1) 6でわっても9でわっても5あまる2けたの整数を，小さい順(じゅん)に3つ書き出しなさい。

(2) 6でわっても9でわっても2あまる数で，300に最(もっと)も近い整数を求めなさい。

COLUMN

中学入試算数のウラ側 1

算数の文章問題には国語力が必要!?

「ユウトもハルカも，文章問題を苦手にしているみたい。どうしたら得意になるのかしら？」

「もうちょっと国語力をみがけばいいんじゃない？　算数の文章問題を解くには，まず，文章をきちんと読み取ることが大切だからね。」

「でも，国語力ってどうやったらのびるのよ？」

「うーん……。いっぱい本を読むとか？」

たしかに，国語力というのはとても大事な学力ですね。すべての科目の基本であるともいえますから。ところでお母さん。算数に必要な国語力って具体的に何だと思いますか。

「算数に必要な国語力……。あらためてそう聞かれると難しいですね。読解力などでしょうか？」

はい，そうですね。ただ，読解力という表現は少しあいまいですね。

「では，具体的にどのような国語力が必要なのでしょうか？」

説明しましょう。約数と倍数を教える途中で出てきたのですが，

「6 をわりきることのできる数」は「6 の約数」です。

一方，

「6 でわりきれる数」は「6 の倍数」です。

つまり，「6 をわる」と「6 でわる」のちがいで，意味が大きくちがうのです。

「きちんと読み取らないといけませんね。」

そうです。文法の話になりますが,「を」と「で」はどちらも助詞です。ですから，助詞をきちんと区別できないお子さんの場合,「6 をわりきることのできる数」と「6 でわりきれる数」を混同して，まちがってしまうことがあります。

「うちの子もそうかも……。」

つまり，算数に必要な国語力のひとつとして，**助詞の使い分けを理解する力**が求められるのです。日本語の助詞にはあいまいさがあり，「学校へ行く」「学校に行く」や，「成績が良い人」「成績の良い人」のように，同じように使われる助詞もあるのでややこしいですが，きちんと使い分けられる感覚を身につける必要があります。

「どのようにすれば助詞の使い分けを身につけられるのですか？」

はい，まずは，ふだんの日常会話から気をつけてみてください。たとえば，次の会話。

母「今日は何を食べたの？」⟶ 子「今日はアイス食べた」

お母さんは助詞の「を」をきちんと使っていますが，お子さんは「を」をぬかして「アイス食べた」と言ってしまっています。このようなときに，できるだけ「アイスを食べた」というように，助詞を使って話すように促せばよいわけです。

「えーっ『アイス食べた』じゃダメなの？」

ダメではないんだけど，できるだけ省略しないで言うように心がけたほうが国語力がつくんだよ。

「ふーん，そんなものなのかぁ。」

「なるほど。ふだんから気をつけてみます。」

算数で，助詞の区別が求められるのは，約数・倍数の単元だけではありません。たとえば，あとで習う「割合」がそうです。次の例題を見てください。

問題 □にあてはまる数を求めなさい。

❶ 6は$\frac{1}{2}$の□倍

❷ 6の$\frac{1}{2}$は□

❶と❷では，助詞の「は」と「の」が入れかわっているだけですが，□にあてはまる数はちがいます。❶は$6\div\frac{1}{2}$を計算して□に12が入ります。❷は$6\times\frac{1}{2}$を計算して□に3が入ります。割合を苦手とするお子さんが多い1つの理由が「助詞を区別できず，つまずいている」ということなのです。日常会話や国語の勉強で，助詞の使い方を意識してみるとよいでしょう。

第2章

いろいろな計算

計算力は，算数の基本だよ。

「計算を得意にしたいです！　でも，ときどき計算ミスしちゃうんだよなぁ。」

「私もたまにしちゃいます。」

計算ミスはできるだけ少なくしたいものだね。どのようにすれば，計算ミスが少なくなるかも考えながら教えていくよ。計算力を伸ばすことが，算数を得意にする第一歩なんだ。

「よし，計算名人になれるように，がんばるぞ！」

「私もがんばっちゃう！」

うん，その意気だ。速く正確に計算できるように，いっしょに学んでいこう。

2 01 小数のかけ算

小数のかけ算は筆算するのが基本だよ。小数の筆算のやり方をしっかりマスターしよう！

説明の動画はこちらで見られます

まず，小数のかけ算について学んでいこう。

「小数のかけ算？　なんだか難しそう……。」

そんなに難しくないよ。整数どうしのかけ算の筆算ができれば，あとはちょっとだけコツをつかめばできるようになるからね。では，さっそく始めてみよう。

［例題］2-1　**つまずき度** ●○○○○

次の計算をしなさい。

（1）3.28×5.7

（2）0.035×0.58

では，（1）を計算してみよう。3.28×5.7は筆算するんだよ。かけ算の筆算をするときは，**いちばん小さい位の数をたてにそろえて書こう。**

そして，小数点がついていない328×57を筆算するように計算していくんだ。

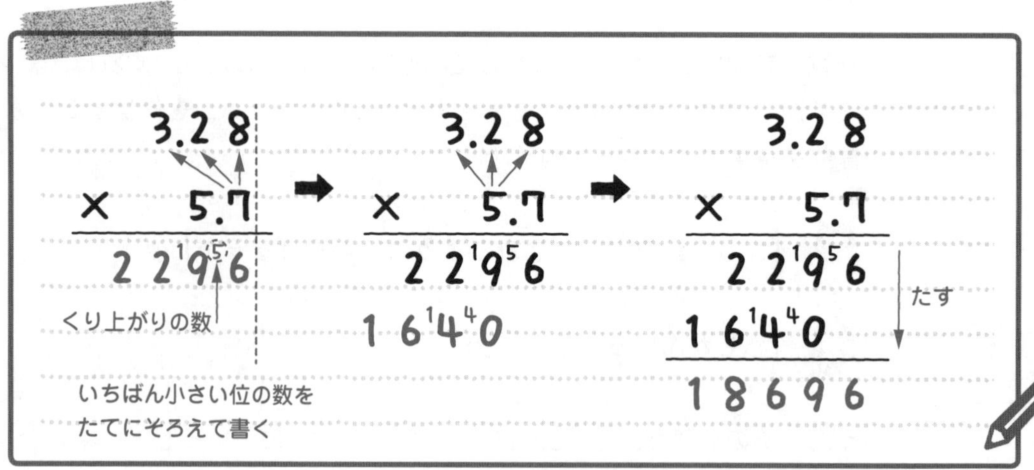

次に，かける数の3.28と5.7に注目して，小数点以下の数字が何個あるか考えよう。3.28の小数点以下の数字は**2個**，5.7の小数点以下の数字は**1個**だね。

その**2個**と**1個をたす**と2+1で**3個**になる。その**3個ぶんだけ積の小数点を左に移せば答えが求められるよ。**

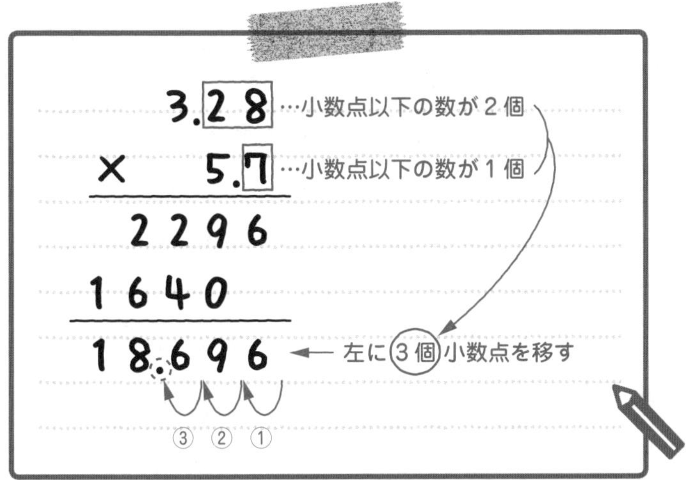

ところで，3.28の小数点以下の**2個**と5.7の小数点以下の**1個**をたした**3個**ぶんだけ，答えの小数点をずらす理由はわかるかな？

「……うーん，わからないです。」

328を0.01倍すれば3.28になるね。同じように57を0.1倍すれば5.7になる。0.01倍と0.1倍をかけるのだから，答えは0.01×0.1で0.001倍しなければならないということなんだよ。

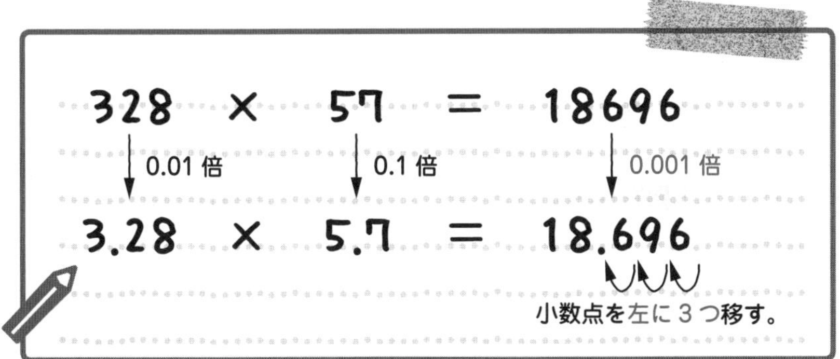

0.001倍するということは小数点を左に3つ移すことと同じだから，328×57を計算してから，積の小数点を左に3つ移せばいいんだね。

18.696… 答え [例題]2-1 (1)

説明の動画は
こちらで見られます

では，(2) にいこう。0.035×0.58 も，**いちばん小さい位の数をたてにそろえて書こう。**

そして，小数点はついていないものと考えて，35×58 を筆算するように計算していくんだね。

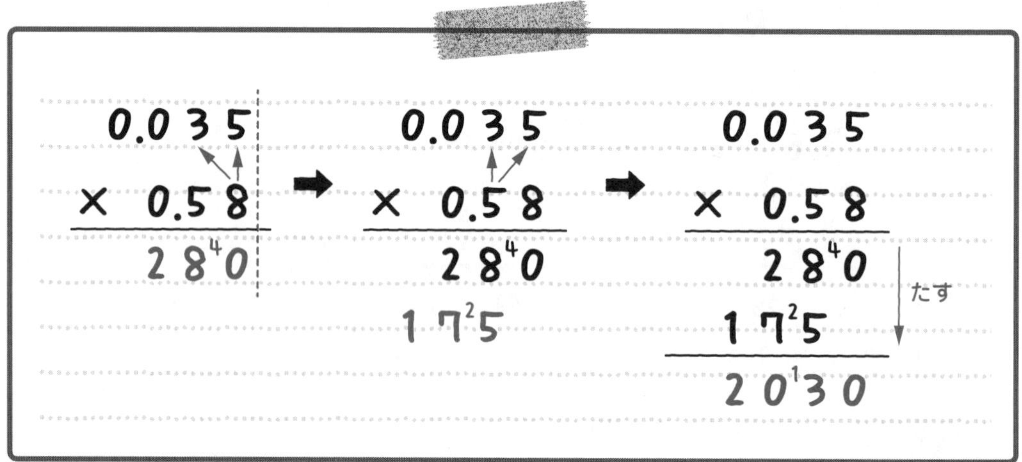

次に，かける数の 0.035 と 0.58 に注目して，小数点以下の数字が何個あるか考えよう。0.035 の小数点以下の数字は **3 個**，0.58 の小数点以下の数字は **2 個**だね。

その 3 個と 2 個をたすと 3+2 で **5 個**になる。その **5 個ぶんだけ，積の小数点を左に移せば答えが求められるよ。**

「あれっ，でも 4 個しか数字がないから，4 個しか左に動かせないですよ。」

うん，こういうときは**必要なぶんだけ 0 をつけ加えればいい**んだ。次を見てごらん。

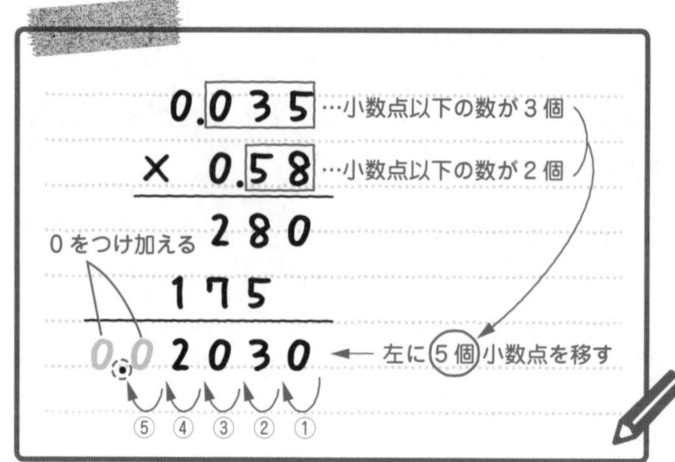

「なるほど！　0をつけ加えればいいんですね。答えは，0.02030かな。」

数の大きさとしては0.02030でも正しいんだけど，いちばん小さい位の0は消さないと減点(げんてん)されることもあるので，消しておこう。

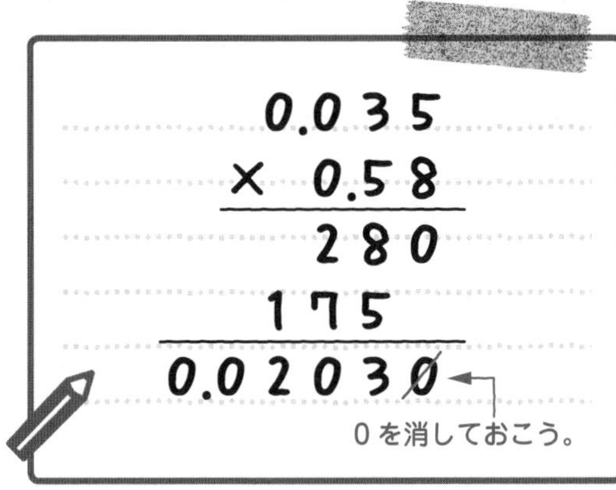

だから，答えは0.0203だ。

0.0203 … 答え [例題]2-1 (2)

Check 16　つまずき度 ●○○○○

➡解答は別冊 p.48 へ

次の計算をしなさい。

(1)　7.09×8.97

(2)　0.092×0.75

2 02 小数のわり算

小数のわり算も筆算で計算しよう。まずは，わりきれるまで続(つづ)ける筆算について見ていくよ。

説明の動画は
こちらで見られます

[例題]2-2　つまずき度 ☹☺☺☺☺

次の計算をわりきれるまでしなさい。

(1)　3÷4

(2)　51.33÷5.9

では，まず(1)にいこう。3÷4 で，**わられる数**と**わる数**は何かな？

「3 を 4 でわるんだから……3 がわられる数で，4 がわる数ですね。」

その通り。**「÷」の前にある 3 がわられる数**で，**「÷」のうしろにある 4 がわる数**ということをおさえておこう。これから，この「わられる数」と「わる数」という言葉が何回も出てくるからね。

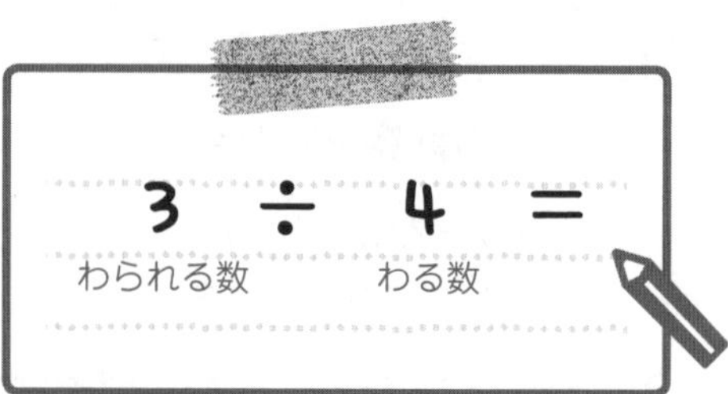

3÷4 は，わられる数の 3 よりわる数の 4 のほうが大きいね。だから 3÷4 の答えは 0.……になりそうだ。(1)の 3÷4 を計算するために，次のような筆算を書こう。

$4\overline{)3}$

まず，3 を 4 でわることはできないから，3 の上に 0 を書こう。

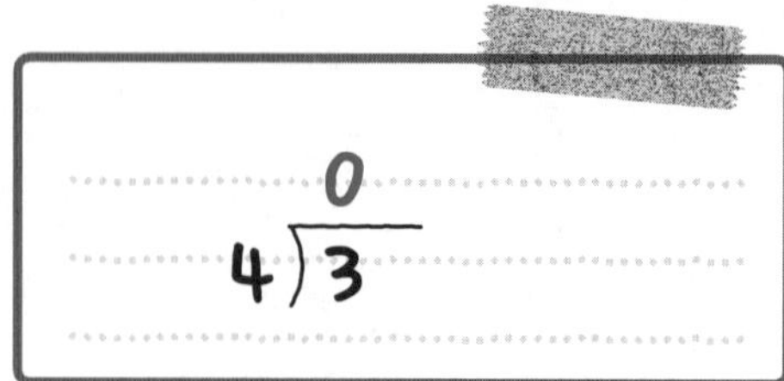

次に，大事なポイントなんだけど，わられる数の**3の右に0があるものとして考えよう。**3に0を1つつけると30になるね。

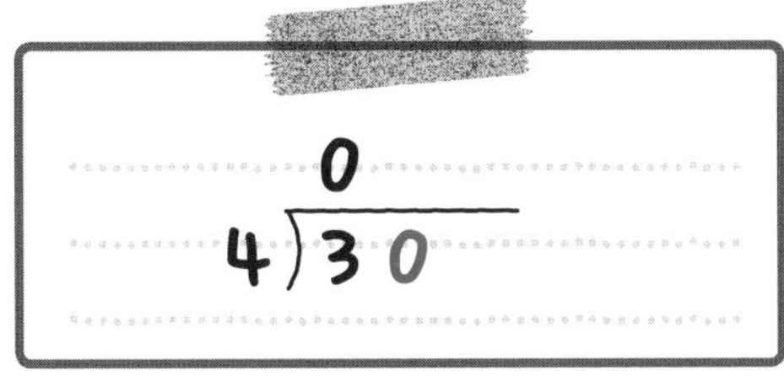

30を4でわると何になるかな？

「30を4でわったら，『7あまり2』になりますね。」

そうだね。だから0の上に商（しょう）（わり算の答え）の7を書こう。そして，わる数の4にこの7をかけて28とする。

そして，30から28をひいて2を書こう。

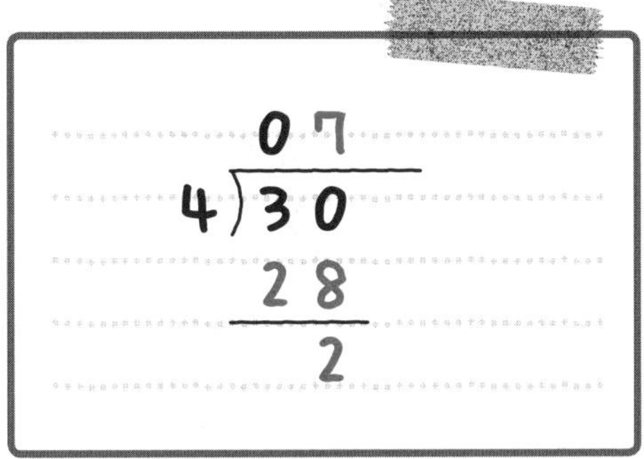

まだ，わりきれないから，**30のあとにさらに0をつけて，300にする**んだ。

そして，この0を，次のようにおろしてこよう。

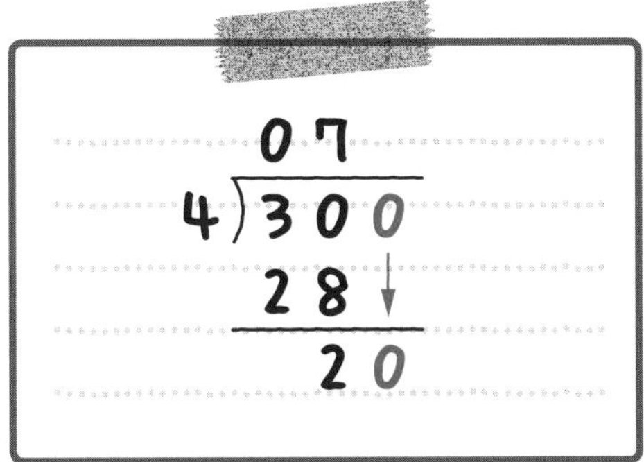

20を4でわると5になるね。だから，07のうしろに5を書こう。わる数の4とこの5をかけて20として，20の下に書き，20から20をひいて0とするんだよ。ひいて，0になったらわりきれたということだ。

```
   075
4)300
  28
  ---
   20
   20
  ---
    0
```

そして，わられる数の**3の小数点が，3のすぐうしろにある**ことに注目しよう。**この小数点を上にあげて**，答えを0.75とするんだ。この小数点のつけ方も大事なポイントだよ。

「最後に商に小数点をつけて答えを求めるんですね。」

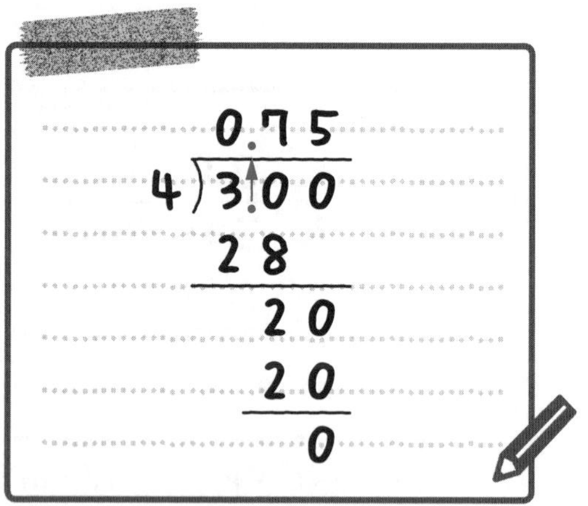

うん，そういうことだよ。商に小数点をつけるのを忘れないようにしようね。

0.75… 答え ［例題］2-2 (1)

030 説明の動画はこちらで見られます

(2)に進む前に確認しておきたいことがあるんだ。たとえば，8÷2の商は？

「簡単！　4です。」

そうだね。では，8÷2のそれぞれの数を10倍した80÷20の商は？

「えっと……，80÷20も4です！」

うん，正解。では，8÷2のそれぞれの数を100倍した800÷200の商は？

「800÷200も4ね。全部同じ答えになっておもしろいわ。」

うん，ハルカさんの言う通り，全部同じ答えになるんだ。ここからわかることは，**わり算は，わられる数とわる数に同じ数をかけても商は変わらない**，ということだよ。これをおさえておこう。

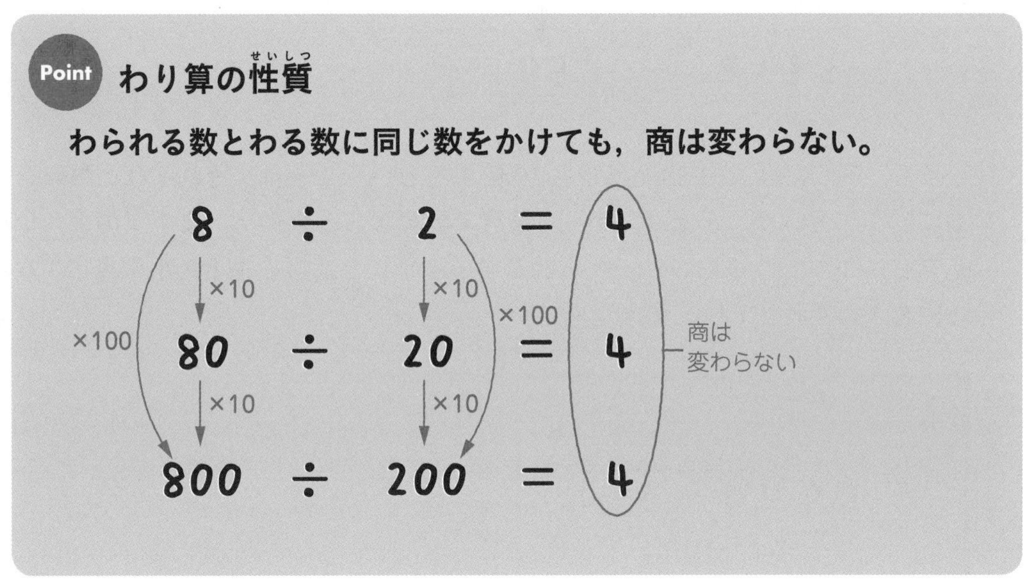

では，これをふまえて(2)に進もう。(2)は51.33÷5.9だから，小数÷小数の計算だね。51.33÷5.9を次のように筆算しよう。

5.9)51.33

わる数の5.9は小数だね。51.33÷5.9のように，わる数(5.9)が小数の計算では，**わる数を整数に直す**ことを考えよう。

「小数を整数に直すってことですか？　どうすればいいんですか？」

5.9を10倍すると，小数点が1つ右に移動して，整数の59になるね。

5.9.　10倍すると小数点が1つ右に移動

注意してほしいのは，わる数だけ10倍すると答えがちがってきてしまうことなんだ。ここで，**わり算は，わられる数とわる数に同じ数をかけても商は変わらない**，という性質を使うよ。**わられる数とわる数を，どちらも10倍すれば商は変わらないんだね。**

「ということは，51.33 も 5.9 と同じように，10 倍するんですね。」

51.33　÷　5.9
↓×10　　↓×10
513.3　÷　59

うん，そうだよ。51.33 も 5.9 も 10 倍するということは，それぞれ小数点を 1 つ右に動かすということだ。だから，筆算で計算するときには，まず次のように小数点を右に 1 つずつ移動させてから計算するようにしよう。**もとの小数点は，ななめの線を入れて消しておこう。**

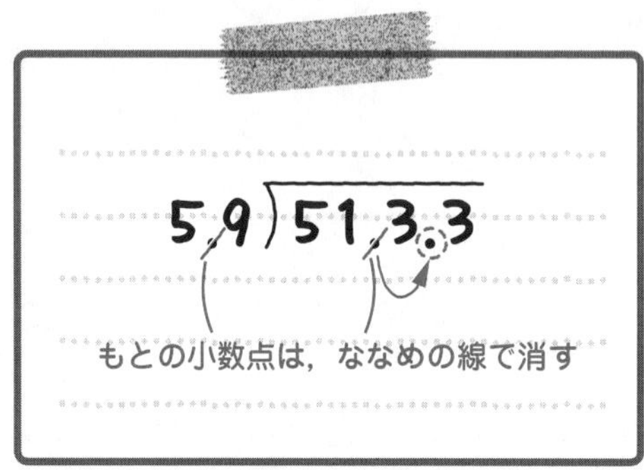

「わられる数の 513.3 には小数点がまだ残っていますよ，いいんですか？」

わられる数には小数点が残っていてもいいんだよ。
では，筆算で計算していこう。まず，513÷59 をするんだね。513÷59 の商(わり算の答え)は何になるかな？

「513÷59 は，えーっと……，9 ぐらいでしょうか。」

513÷59 の商を 9 にすると，次のように 513 より大きくなっちゃうよ。

　　　　9
5.9)51.3.3
　　531　←　513 より大きいのでひけない

「あっちゃー。ってことは 8 ですか？」

そうだね。商に 8 を書いて 59×8 を計算しよう。472 になるから，この 472 を 513 からひこう。513－472＝41 だね。

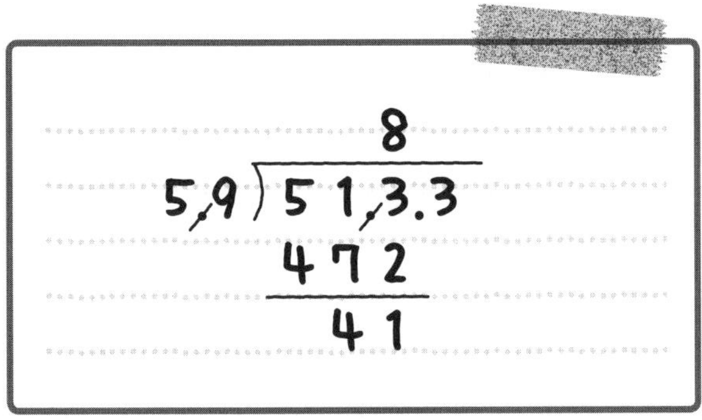

それから，51.33 の小数第二位の 3 をおろしてきて 413 としよう。

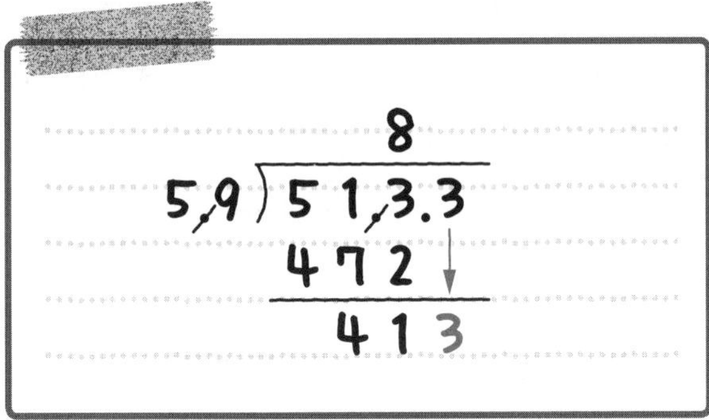

413 を 59 でわると，商は何になるかな？

「えっと，6 かなぁ。」

6 にすると 413 から 354 をひいて，59 になっちゃうね。**あまりは，わる数の 59 より小さくならないといけない**から，あまりが 59 で，わる数と同じになるのはおかしいね。

86
5.9）51.33
472
413
354
59

わる数

あまりはわる数の 59 より
小さいはずだからおかしい

「……ってことは 7 かぁ。」

うん，そうだね。59×7 を計算すると 413 になって，これでわりきれた。

```
         8 7
5,9 ) 5 1,3.3
      4 7 2
      -----
        4 1 3
        4 1 3
        -----
            0
```

そして，**最後に小数点をつけよう。**移動したあとの小数点をそのまま上にあげて，小数点をつければいいからね。答えは8.7になるよ。

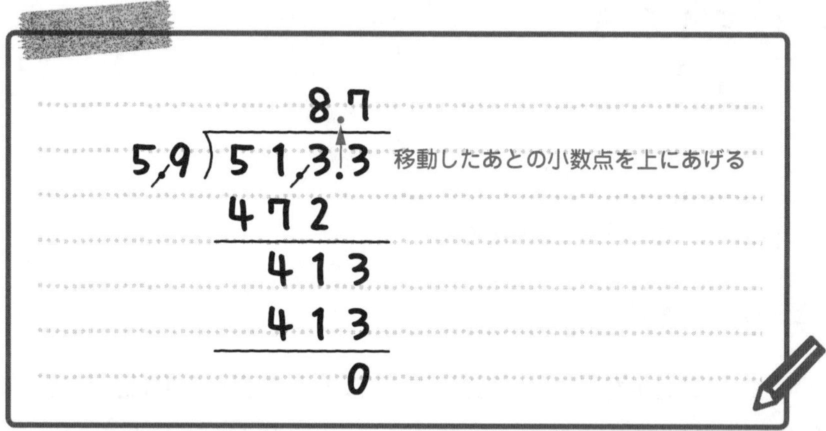

移動する前の小数点ではなく，移動したあとの小数点を上にあげることに気をつけよう。

8.7 … 答え　[例題]2-2　(2)

Check 17　つまずき度 😵😵😵😵😵　➡解答は別冊 p.48 へ

次の計算をわりきれるまでしなさい。

(1)　0.5÷8

(2)　15.81÷1.55

2 03 あまりのある小数のわり算

あまりのある小数のわり算では，あまりの小数点をどこにつけるかがポイントだよ。

説明の動画は
こちらで見られます

次の例題は，あまりのある小数のわり算だよ。

[例題]2−3　つまずき度

次の問いに答えなさい。

(1)　9÷7を商は小数第一位まで求めて，あまりも答えなさい。

(2)　0.55÷0.6を商は小数第二位まで求めて，あまりも答えなさい。

では，(1)をいっしょにやっていこう。まず，次のように9÷7を筆算にしよう。

7)9

まずは9÷7をして，「1あまり2」になるから，右のように書こう。商を小数第一位まで求めるのだから，さらにわっていく必要があるね。

さらにわっていくためには，どうすればいいのかな？

「9の右に0があると考えて，0をおろしてくるのね。」

うん，そうだね。9の右に0があると考えて0をおろしてくると，右のようになる。

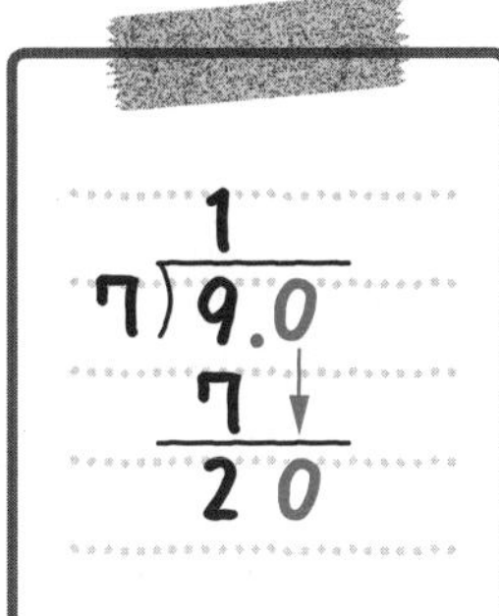

20を７でわると「２あまり６」になるから，２を上に書こう。それから，7×2＝14。その14を20からひいて６だね。

９のすぐ右にある小数点を上にあげると，商(しょう)は1.2になるよ。**この問題では，商を小数第一位(い)まで求(もと)めればいいのだから，ここでストップだ。**

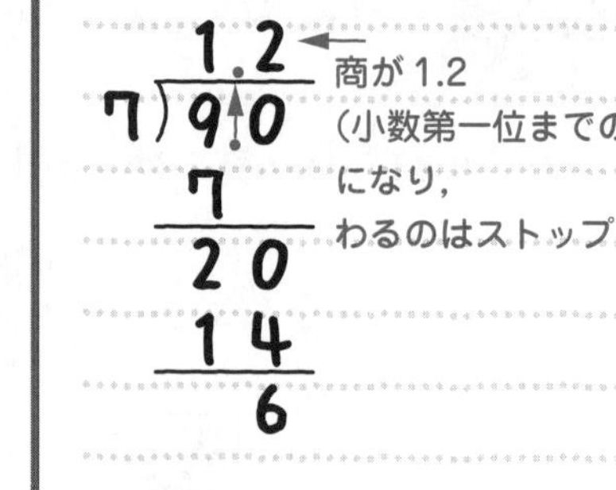

「じゃあ，答えは，『1.2あまり６』ですか？」

ここで，**あまりを６としてしまうとまちがい**なんだ。なぜなら，わられる数の9.0の０は小数第一位だね。右のように，筆算をたての線で分けると**６は小数第一位の位(くらい)である**ことがわかるでしょ。

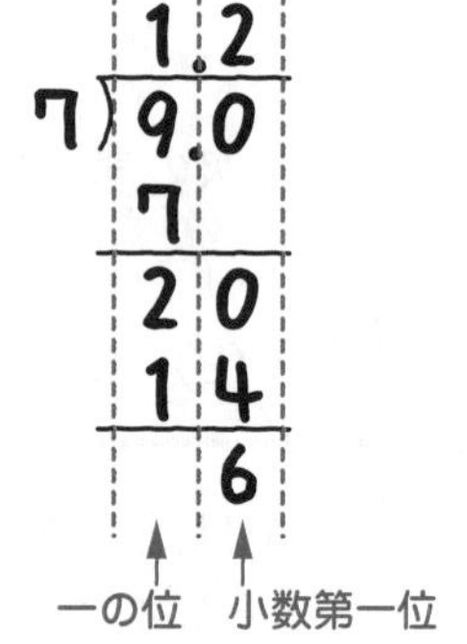

だから，9.0の小数点をそのままおろしてきて，６の左に小数点をつけよう。それから小数点の左に０をつけたして0.6としよう。この**0.6があまりになる**んだ。

だから，答えは「1.2あまり0.6」だよ。あまりの小数点は，わられる数のもとの小数点にそろえて打つ**ところがポイント**だよ。ここはつまずきやすいところだから気をつけよう。

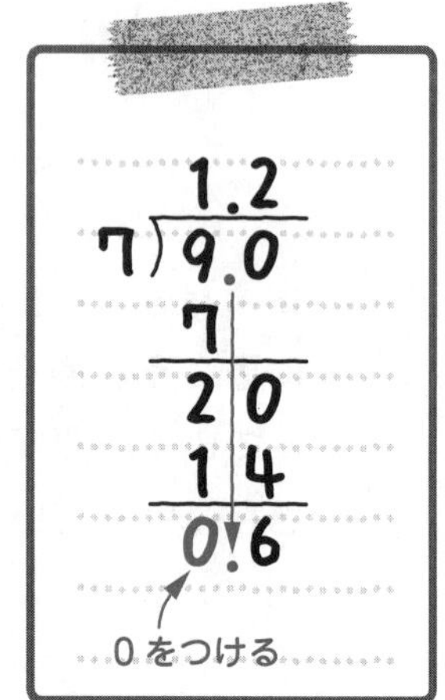

1.2あまり0.6…答え　[例題]2-3　(1)

説明の動画は
こちらで見られます

(2) に進む前に，1つ確認(かくにん)しておこう。5÷2をあまりのある計算で求めるとどうなるかな。

「5÷2＝2あまり1です！」

そうだね。では，5÷2をそれぞれ10倍した50÷20はどうかな？

「うーん……50÷20＝2あまり10です。」

うん，その通り。では，5÷2をそれぞれ100倍した500÷200はどうかな？

「500÷200＝2あまり100です！」

うん，そうだね。ここで，あまりに注目すると，次のように10倍，100倍になっていることがわかる。

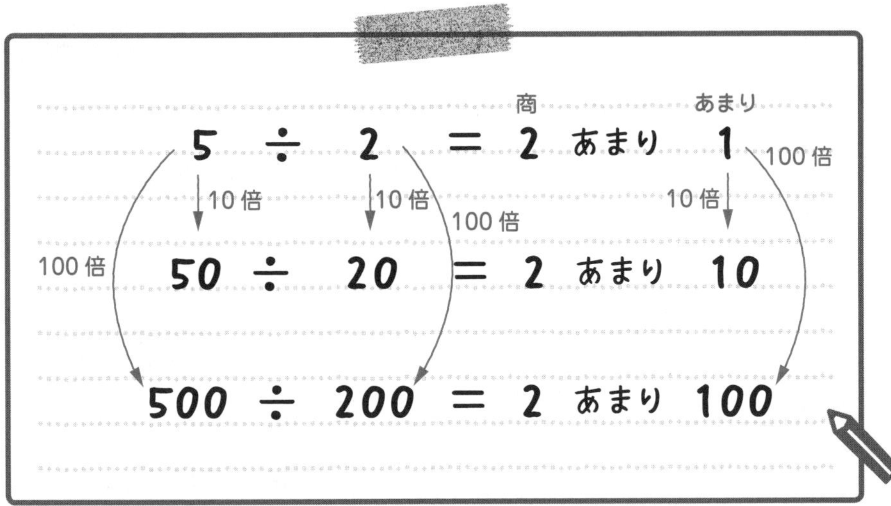

「あっ，ほんとだ！」

わり算では，**わられる数とわる数を10倍，100倍すると，商（答え）は変(か)わらないけど，あまりは10倍，100倍になる**ことをおさえておこう。

では，(2)に進むよ。「0.55÷0.6 を，商は小数第二位まで求めて，あまりも答えなさい。」という問題だ。0.55÷0.6 を，次のように筆算に書こう。

0.6) 0.5 5

わる数の 0.6 は小数だから，整数に直したいね。わられる数とわる数をそれぞれ何倍すればいいだろう？

「0.6 を整数に直したいんだから，10 倍すればいいわ。」

そうだね。10 倍すれば，0.6 の小数点が右に 1 つ動いて 6 になる。

0.55 も 10 倍して小数点を 1 つ右に動かすから，筆算は右のようになるね。もとの小数点はななめの線を入れて消しておこう。

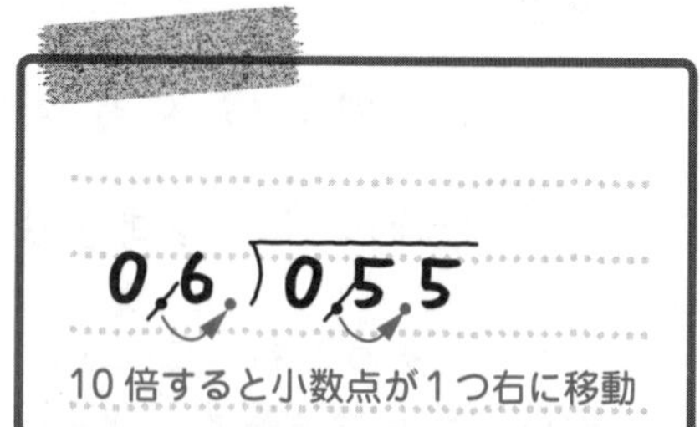

これで，0.55÷0.6 が 5.5÷6 になったね。では，筆算していこう。5 は 6 でわれないから，商の一の位に 0 を書こう。

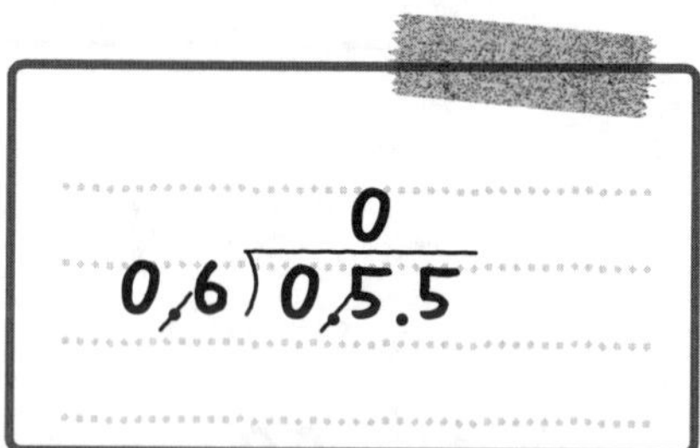

次に，55 を 6 でわるんだね。55 を 6 でわると「9 あまり 1」になるから，9 を商の小数第一位に書こう。そして，**5.5 の小数点を上にあげて 0.9** としよう。6×9＝54 で，55 から 54 をひいて 1 となるね。

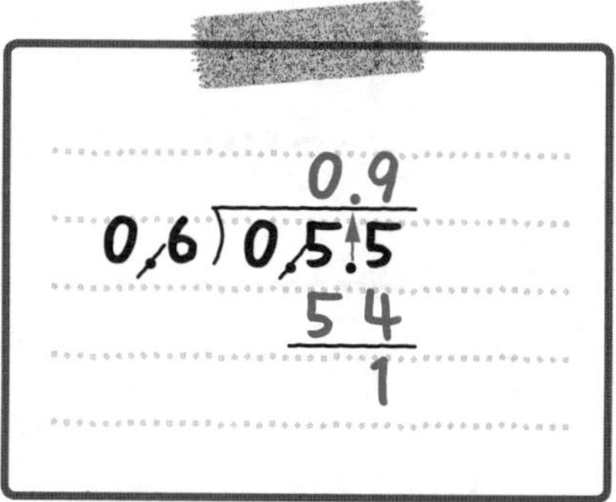

ここまでで，商は 0.9 と求められたけど，この問題は，商を小数第二位まで求めないといけないね。どのように続けていけばいいかな？

「5.5 の右に 0 をつけて，さらにわっていきます！」

そうだね。5.5 の右に 0 をつけて，0 を下におろそう。これで小数第二位の商も求めていけるね。

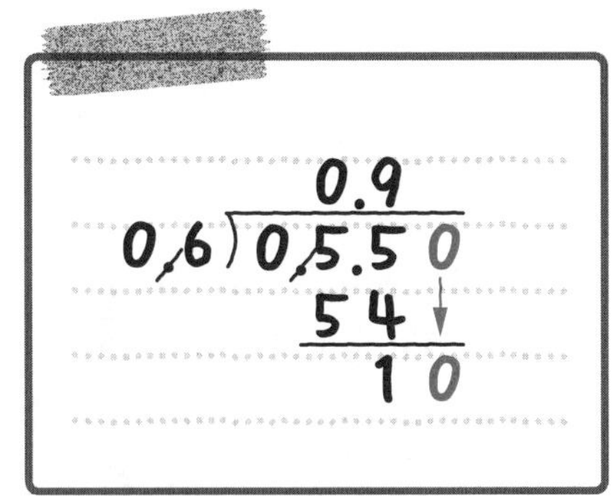

10 を 6 でわると「1 あまり 4」になるから，商の小数第二位に 1 を書こう。6×1=6 で下に 6 を書いて，10−6=4 となるね。

これで商を小数第二位まで求めることができた。きちんとたてにそろえて考えよう。**慣れるまでは，次のようにたてに線を引いて考えたほうがいいよ。**位がずれると答えをまちがえてしまうからね。

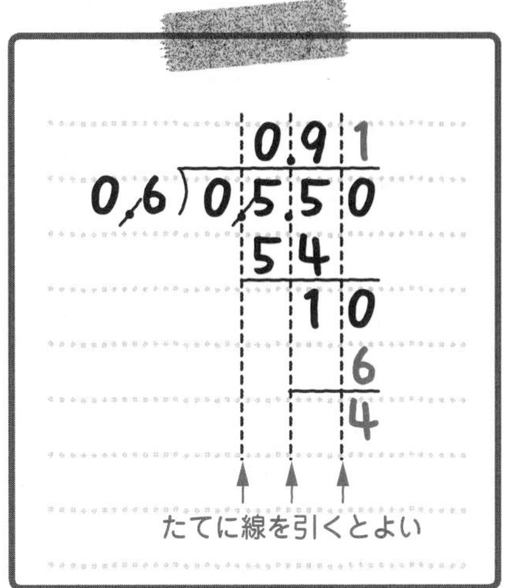

さて，商は 0.91 と求められたけど，ユウトくん，あまりは何になるかな？

「これはさっき(1)でまちがえたところだな。今度はまちがえないぞ。小数点をおろしてあまりにするから，0 を 2 つつけたして，0.04 があまりです！」

そうかな？　あまりは 0.04 で正しいか，ちょっと確かめてみようか。
わり算の答えの確かめ(検算)は，次の式でできたね。

わられる数=わる数×商+あまり

ユウトくん，ちょっとやってみて。

「ええっと，わる数が 0.6 で，商が 0.91，あまりが 0.04 だから
0.6×0.91+0.04=0.546+0.04=0.586
あれっ，わられる数が 0.55 にならないや。どうして？」

ユウトくん，今回の場合，あまりを0.04にするのはまちがいなんだ。

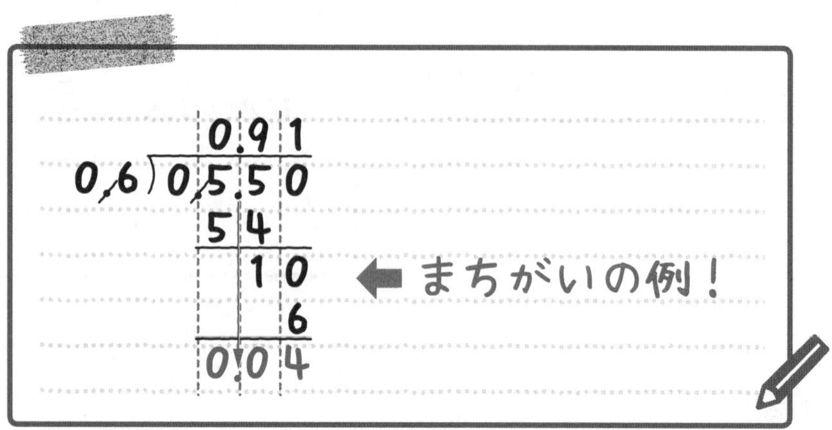

「えっ，何で？『あまりは4』って答えずに，小数点をつけて答えたのに……。」

(1)の場合はそれでよかったけど，(2)ではわる数が0.6で小数だったから，筆算をする前に10倍して，小数点を移動したよね？ **小数点を移動してからわり算の筆算をする場合は，あまりの小数点の位置に注意しなければいけない**んだ。

「どのように注意するんですか？」

ここで，(2)を計算する前に確認した，次のことを思い出してほしい。**わられる数とわる数を10倍，100倍したら，あまりの数も10倍，100倍**になったね。

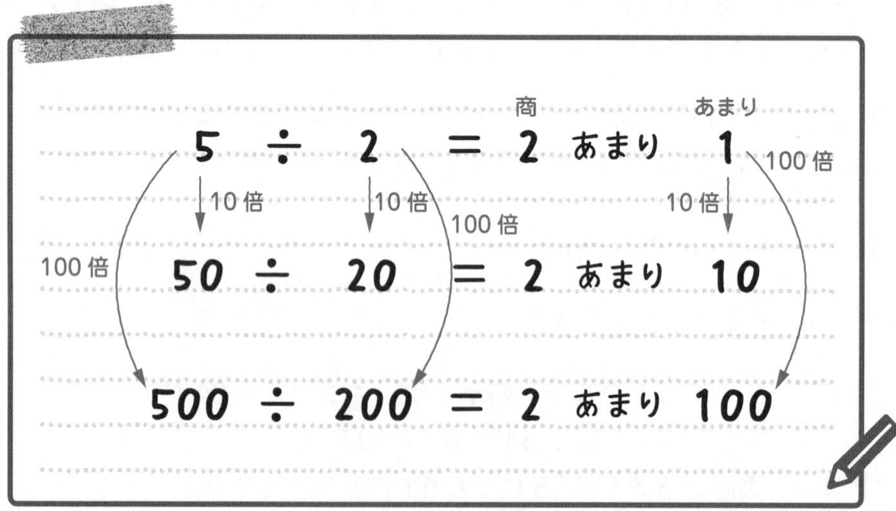

0.55÷0.6の筆算をする前に，**わられる数とわる数を10倍したから，10倍した5.5の小数点をおろすと，あまりも10倍になってしまうんだ。**ここは多くの人がまちがえてしまうところだから注意しよう。

「これはゼッタイひっかかっちゃう……。気をつけます。」

筆算では，**小数点を動かす前の 0.55 の小数点を下におろして，あまりを求めないといけない**んだよ。0.55 の小数点をおろして，0 を 3 つつけて，あまりは 0.004 となる。位がずれないように，たての線を引いて，正しいあまりを求めるようにしよう。正しい筆算は次のようになるよ。

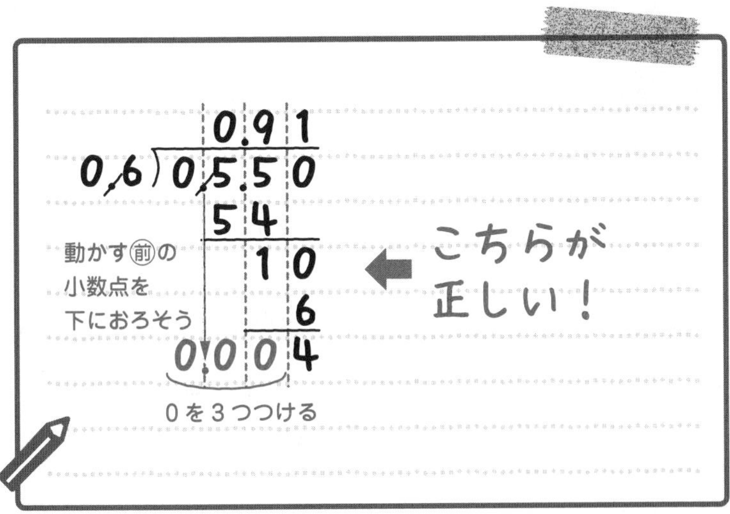

答えは「0.91 あまり 0.004」だね。
ユウトくん，検算してみて。

「0.6×0.91＋0.004＝0.546＋0.004＝0.55
合ってます。」

0.91 あまり 0.004 … 答え [例題]2-3 (2)

Check 18 つまずき度 😵😵😵

➡解答は別冊 p.48 へ

次の問いに答えなさい。

(1) 3÷11 を，商は小数第一位まで求めて，あまりも答えなさい。
(2) 8÷0.15 を，商は一の位まで求めて，あまりも答えなさい。

2 04 分数のたし算とひき算

分数のたし算，ひき算では，通分と約分というのがキーワードになるよ。しっかりおさえて，得意にしていこう。

033 説明の動画はこちらで見られます

分数の計算に入る前に言葉の確認だけしておこう。

- $\frac{1}{2}$ や $\frac{5}{7}$ のように，分子が分母より小さい分数を**真分数**という。
- $\frac{2}{2}$ や $\frac{4}{3}$ のように，分子が分母と同じか，分母より大きい分数を**仮分数**という。
- $1\frac{1}{2}$ や $25\frac{5}{6}$ のように，整数と真分数の和でできている分数を**帯分数**という。

この 3 つの分数をきちんと区別できるようにしておこう。

[例題]2-4　つまずき度 ●●●●●

次の計算をしなさい。

(1)　$\frac{1}{2}+\frac{1}{5}$　　　(2)　$4\frac{1}{6}-2\frac{4}{15}$

では，(1)の $\frac{1}{2}+\frac{1}{5}$ の計算のしかたをいっしょに考えていこう。この式は，1 を 1 m の紙テープにたとえて表すと，次のようになるよ。

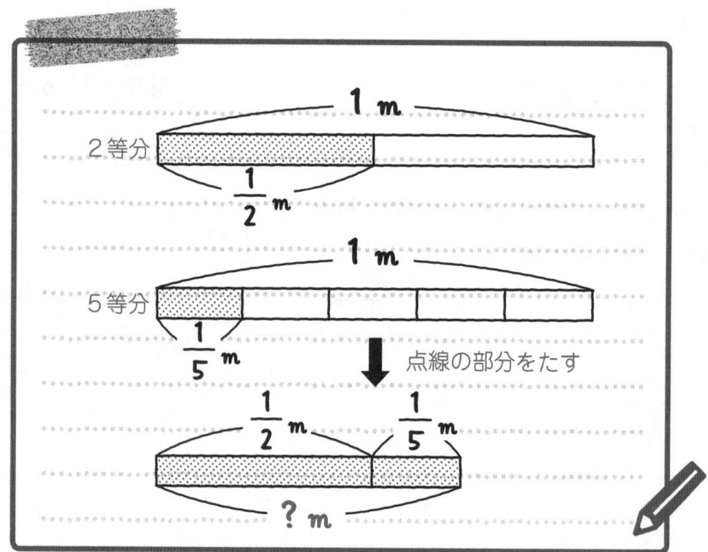

$\frac{1}{2}$ m と $\frac{1}{5}$ m を合わせて何 m になるか，というのと同じ問題だ。

「$\frac{1}{2}$ m と $\frac{1}{5}$ m を合わせて何 m か……うーん。」

分母がちがうから $\frac{1}{2}$ と $\frac{1}{5}$ をそのままの形でたすわけにはいかないね。$\frac{1}{2}$ m と $\frac{1}{5}$ m を合わせて何 m になるか調べるために，**紙テープを 10 等分して考えよう。** $\frac{1}{2}$ m は，1 m の紙テープを 10 等分したうちのいくつぶんと等しいかな？

「$\frac{1}{2}$ ってことは半分だから……，10 等分したうちの 5 つぶんと等しいです。」

そうだね。10 等分したうちの 5 つぶんと同じだから，$\frac{1}{2}$ m は $\frac{5}{10}$ m に等しい。$\frac{1}{5}$ m は，1 m を 5 等分したうちの 1 つぶんだから，10 等分したうちの 2 つぶんだよね。だから $\frac{1}{5}$ m は $\frac{2}{10}$ m に等しい。10 等分したうちの 5 つぶんと 2 つぶんをたすのだから，10 等分したうちの 7 つぶん，すなわち $\frac{7}{10}$ m になる。

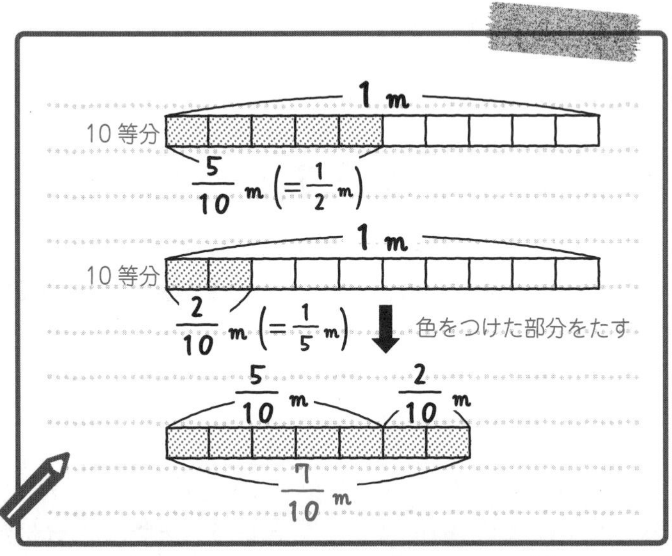

でも，毎回このように紙テープを書いて求めるのは大変だね。だから，分数のたし算のやり方を，次のようにマスターしよう！

$\frac{1}{2}$ と $\frac{1}{5}$ の分母を何の数にそろえるかがわかれば計算できるね。ここで，$\frac{1}{2}$ と $\frac{1}{5}$ の分母と分子を 2 倍，3 倍，4 倍，……していくと，次のようになる。

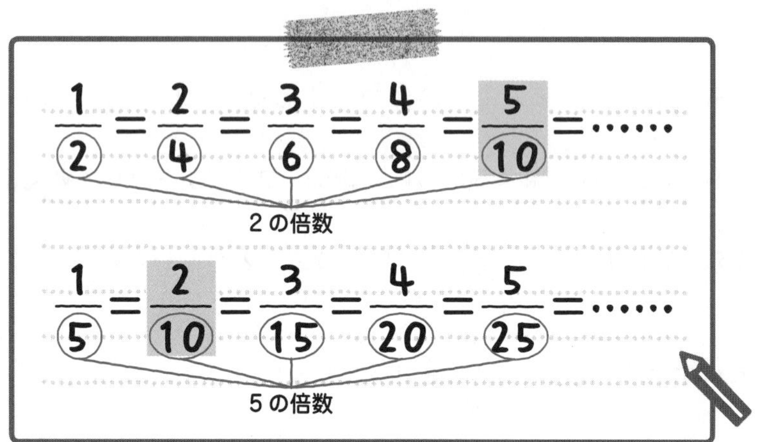

$\frac{1}{2}$ の分母を見てみると，2，4，6，8，10，……と 2 の倍数（ばいすう）になっているね。一方，$\frac{1}{5}$ の分母を見てみると，5，10，15，20，25，……と 5 の倍数になっている。2 の倍数と 5 の倍数の共通（きょうつう）の倍数で最（もっと）も小さい数の 10 に分母をそろえればいいんだね。

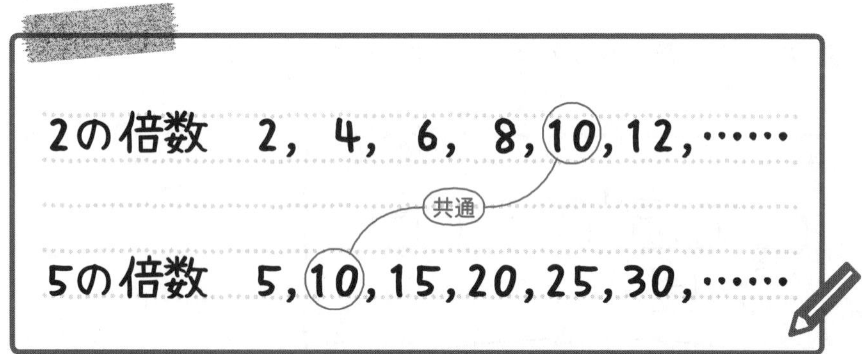

ところで，2 の倍数と 5 の倍数の共通の倍数，つまり **2 と 5 の公倍数の中でいちばん小さい数**を何といったかな？

「2 と 5 の最小公倍数（さいしょうこうばいすう）です！」

そうだね。2 と 5 の最小公倍数だ。つまり，**分母がちがう分数のたし算では，分母を最小公倍数にそろえてから計算すればよい**，ということだよ。**分母がちがう分数を，分母が同じ分数に直すことを通分（つうぶん）という**から覚（おぼ）えておこう。

$\frac{1}{2}+\frac{1}{5}$ では，通分して分母を 2 と 5 の最小公倍数の 10 にそろえればいい。ここで，分数には次の性質（せいしつ）があることもおさえておこう。

Point 分数の性質

分母と分子に同じ数をかけても，分母と分子を同じ数でわっても，分数の大きさは変（か）わらない。

$$\frac{\triangle}{\bigcirc}=\frac{\triangle\times☆}{\bigcirc\times☆}$$ ←分母と分子に☆をかけても分数の大きさは同じ

$$\frac{\triangle}{\bigcirc}=\frac{\triangle\div☆}{\bigcirc\div☆}$$ ←分母と分子を☆でわっても分数の大きさは同じ

この性質をもとに $\frac{1}{2}$ の分母を 10 にすると，何になるかな？

「分母が 2 から 10 に 5 倍になるから，分母と分子を 5 倍して $\frac{1}{2}=\frac{1\times5}{2\times5}$ で $\frac{5}{10}$ になりますね。」

そうだね。では，$\frac{1}{5}$ の分母を 10 にすると，何になるかな？

「分母が 5 から 10 に 2 倍になるから，分母と分子を 2 倍して $\frac{1}{5}=\frac{1\times2}{5\times2}$ で $\frac{2}{10}$ になります！」

その通り。それで，$\frac{5}{10}$ と $\frac{2}{10}$ の分母はそのままで，分子どうしをたして $\frac{7}{10}$ とすればいいんだ。まとめると，次のようになるね。

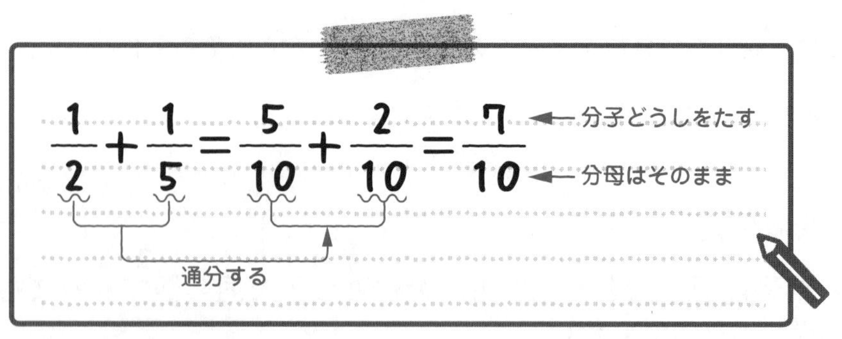

$\frac{7}{10}$ …  答え ［例題］2-4 (1)

034 説明の動画はこちらで見られます

では，(2)の $4\frac{1}{6}-2\frac{4}{15}$ に進もう。

 「わぁ，帯分数（たいぶんすう）どうしのひき算だ。ややこしそう！」

帯分数の計算でもしっかり順番（じゅんばん）に考えていけば，正しい答えを求（もと）めることができるからね。では，この計算はどのようにすればいいと思う？

 「まず，どちらも仮分数（かぶんすう）に直します！」

どちらも**仮分数に直してから計算することもできるけど，計算がややこしくなってしまうことがある**から，もっとラクなやり方で計算しよう。

 「ラクなやり方って，どんなやり方ですか？」

先に，$4\frac{1}{6}$ と $2\frac{4}{15}$ の分数部分を通分するんだよ。分母は何にそろえればいいかな？

 「6と15の最小公倍数（さいしょうこうばいすう）にそろえればいいんですね。えっと……。」

最小公倍数はどうやって求めればよかったかな？

「あっそうだ，連除法ですね！

$$\begin{array}{r|rr} 3 & 6 & 15 \\ \hline & 2 & 5 \end{array}$$

L 字形にかける

L 字形にかければいいから……3×2×5 で，最小公倍数は 30 です。」

うん，そうだね。だから，分母を 30 でそろえよう。次のようになるよ。

$$4\frac{1}{6}-2\frac{4}{15}=4\frac{1\times5}{6\times5}-2\frac{4\times2}{15\times2}=4\frac{5}{30}-2\frac{8}{30}$$

ここで，$\frac{5}{30}-\frac{8}{30}$ が計算できればいいんだけど，5 から 8 はひけないね。こういうときは，$4\frac{5}{30}$ の**整数部分の 4 から 1 を借りてくるという方法**を使おう。

「$4\frac{5}{30}$ の整数部分の 4 から 1 を借りてくる？　どういうことですか？」

うん。つまり $4\frac{5}{30}$ の整数部分の 4 から 1 減らして 3 にして，その分の 1 を $\frac{5}{30}$ にたすということなんだ。1 は $\frac{30}{30}$ と等しいから，$\frac{5}{30}$ に $\frac{30}{30}$ をたして $\frac{35}{30}$ にすればいいんだよ。

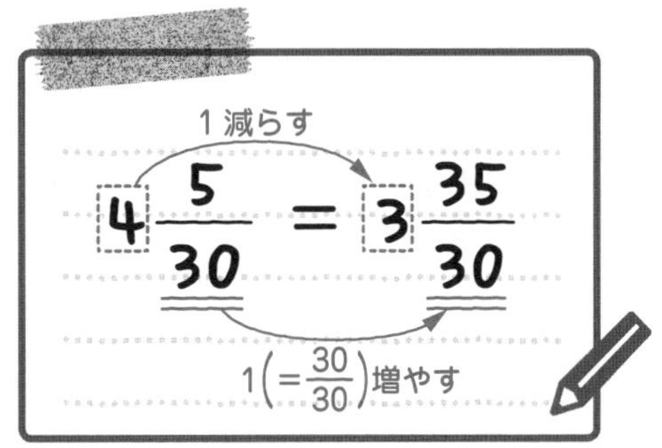

これで，$4\frac{5}{30}$ を $3\frac{35}{30}$ に変形できた。この変形を利用すると，次のようになる。

$$4\frac{5}{30}-2\frac{8}{30}=3\frac{35}{30}-2\frac{8}{30}$$

$3\frac{35}{30}-2\frac{8}{30}$ は，次のように計算できるよ。

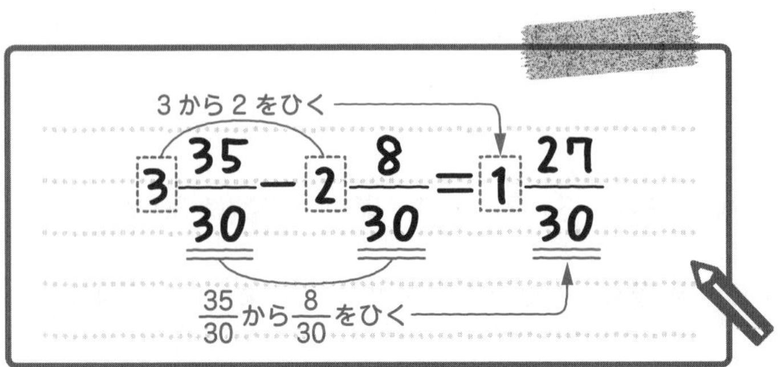

つまり，整数どうしをひいて，3－2＝1，分数どうしをひいて，$\frac{35}{30}-\frac{8}{30}=\frac{27}{30}$ で，その答えを合わせて $1\frac{27}{30}$ と求められるんだね。

 「じゃあ，答えは $1\frac{27}{30}$ ですね！」

いや，$1\frac{27}{30}$ を答えにすると，残念ながらバツになってしまうんだよ。なぜかわかるかな？

 「えっ，何でですか？」

分母と分子を同じ数でわれるとき，できるだけ簡単な分数にする必要があるんだ。これを**約分**というよ。$\frac{27}{30}$ の 30 と 27 は，何かでわれないかな？

 「30 も 27 も 3 でわれるわ。」

そうだね。30 も 27 も 3 でわれるから，

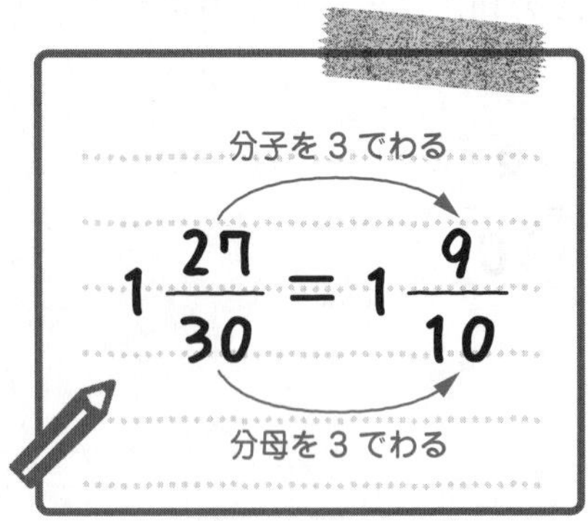

これで答えが $1\frac{9}{10}$ と求(もと)められたわけだね。**約分のし忘(わす)れは，よくあるミスだから，本当に注意するようにしよう。**ここまでの流れをまとめると，次のようになるよ。

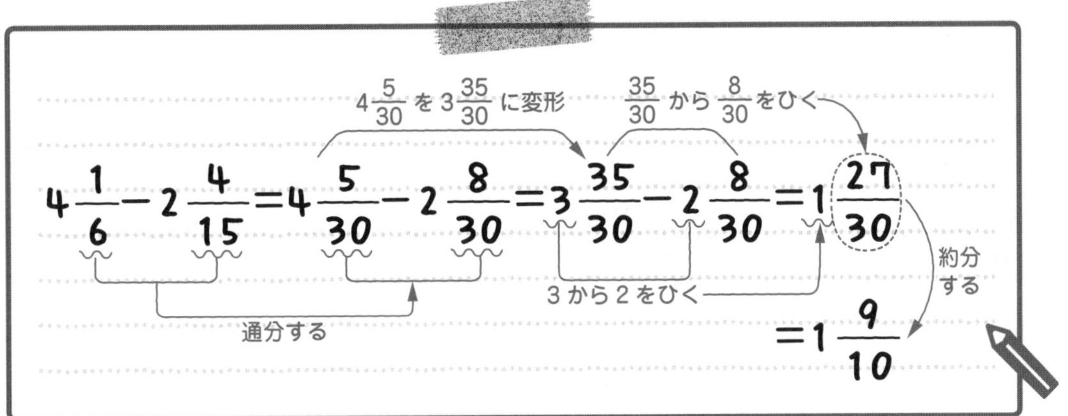

「わかりました。ところで，帯分数(たいぶんすう)の $1\frac{9}{10}$ を，仮分数(かぶんすう)の $\frac{19}{10}$ にして答えにするのはまちがいですか？」

まちがいではないよ。ただ，中学入試(にゅうし)や模試(もし)などでは，念(ねん)のため帯分数を答えにしておいたほうが安心だ。

$1\frac{9}{10}$ …答え [例題]2-4 (2)

Check 19 つまずき度 ⊗⊗⊗⊗⊗

➡解答は別冊 p.48 へ

次の計算をしなさい。

(1) $2\frac{2}{3}+1\frac{1}{2}$

(2) $3\frac{3}{20}-1\frac{11}{15}$

2 05 分数のかけ算とわり算

ここでは「かける時に約分する」というのがポイントになるよ。

035 説明の動画はこちらで見られます

[例題]2-5　つまずき度 😵😐😐😐😐

次の計算をしなさい。

(1)　$\frac{1}{2}\times\frac{1}{5}$　　　(2)　$\frac{1}{36}\times 8\frac{4}{7}$

(3)　$\frac{2}{3}\div\frac{5}{6}$　　　(4)　$7\frac{7}{8}\div 3\frac{1}{16}$

(1), (2) は分数のかけ算で, (3), (4) は分数のわり算だ。では, (1) の $\frac{1}{2}\times\frac{1}{5}$ から解説していこう。

$\frac{1}{2}\times\frac{1}{5}$ ということは, $\frac{1}{2}$ m の紙テープがあり, その $\frac{1}{5}$ 倍ということだね。だから, 1 m の紙テープを 2 等分した 1 つぶんを, さらに 5 等分した 1 つぶんということになる。

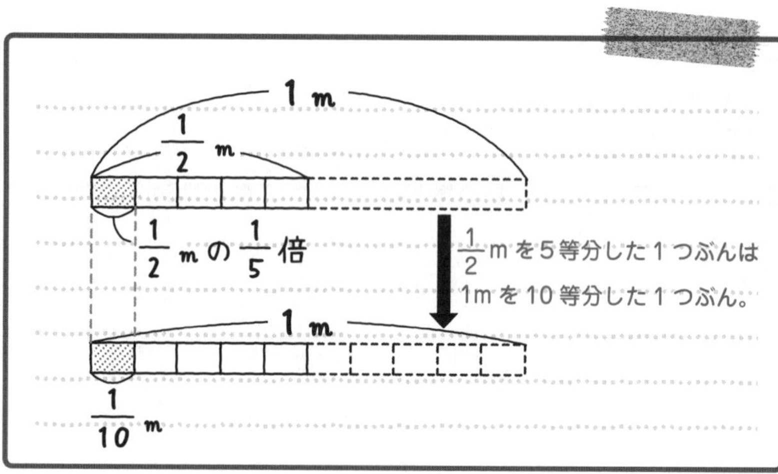

図で見ると，$\frac{1}{2}\times\frac{1}{5}=\frac{1}{10}$ であることがわかるね。

ただ，毎回紙テープを考えながら解（と）くのは大変（たいへん）だから，計算のしかたを教えよう。**分数のかけ算は，分母どうし，分子どうしをかけ算すればよい**んだよ。

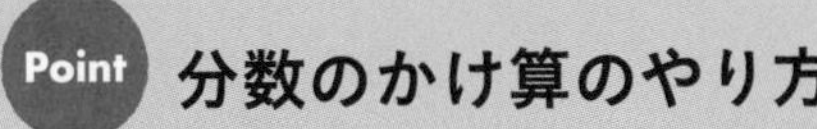

Point 分数のかけ算のやり方

分数のかけ算では，**分母どうし，分子どうしをかける。**

$$\frac{○}{□}\times\frac{☆}{△}=\frac{○\times☆}{□\times△}$$

例 $\frac{1}{2}\times\frac{1}{5}=\frac{1\times1}{2\times5}=\frac{1}{10}$

$\frac{1}{10}$ … 答え ［例題］2-5 (1)

036 説明の動画はこちらで見られます

では，(2)の $\frac{1}{36}\times8\frac{4}{7}$ に進もう。

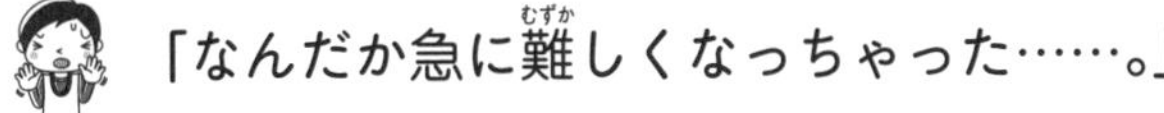

「なんだか急に難（むずか）しくなっちゃった……。」

ユウトくん，不安（ふあん）になることはないからね。一歩一歩進めていけば，ちゃんと解けるよ。$\frac{1}{36}\times8\frac{4}{7}$ では，$8\frac{4}{7}$ が帯分数（たいぶんすう）だね。**かけ算やわり算では，まず帯分数を仮分数（かぶんすう）に直す**んだ。帯分数の $8\frac{4}{7}$ を仮分数に直せるかな？

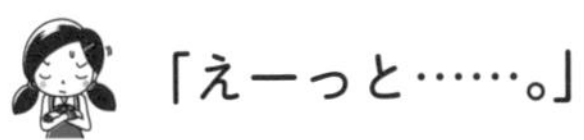

「えーっと……。」

$8\frac{4}{7}$ は $8+\frac{4}{7}$ ということだ。8 を分母が 7 の分数にすると，$\frac{7}{7}$ の 8 個(こ)ぶんで

$8=\frac{7\times8}{7}=\frac{56}{7}$ だから，$8\frac{4}{7}$ は $\frac{56+4}{7}=\frac{60}{7}$ に直せるよ。

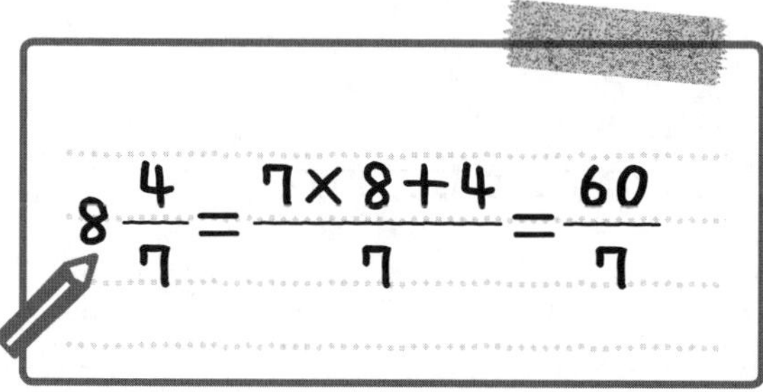

これで，$\frac{1}{36}\times8\frac{4}{7}$ を $\frac{1}{36}\times\frac{60}{7}$ と直せたね。ここからどう計算すればいい？

「分母どうし，分子どうしをかけるんですよね。えっと，36×7 と 1×60 を計算するから……。」

$$\frac{1}{36}\times\frac{60}{7}=\frac{1\times60}{36\times7}$$ ←― まちがいではないが計算が大変

ユウトくん，たしかに分母どうし，分子どうしをかければ答えが求(もと)められるんだけど，計算が大変だよね。**分母どうし，分子どうしをかけるときに，約分(やくぶん)できれば約分する**ようにすれば，計算がラクになるよ。

「かけるときに約分する？　どういうことですか？」

分数の分母と分子を同じ数でわって，簡単(かんたん)な分数にするのが約分だったよね。$\frac{1\times60}{36\times7}$ をそのままかけ算して大きな数の分数にする前に，分母と分子で約分できるものがないか，まず探(さが)すんだ。36 と 60 は何かでわれないかな？

「36 と 60 は偶数(ぐうすう)だから……，2 でわれます！」

そうだね。36 と 60 を 2 でわると，18 と 30 になる。18 と 30 は何かでわれるかな？

「18 と 30 も偶数だから，2 でわれます！」

そうだね。18 と 30 を 2 でわると，9 と 15 になる。9 と 15 は何でわれるかな？

「9 と 15 は 3 でわれます！」

うん。9 と 15 を 3 でわると, 3 と 5 になる。3 と 5 はもうわれないから，ここでストップだ。順々（じゅんじゅん）にわっていった流れは右のように表せるね。

$$\frac{1\times 60}{36\times 7}$$

60 →(÷2) 30 →(÷2) 15 →(÷3) 5

36 →(÷2) 18 →(÷2) 9 →(÷3) 3

このように，順々に小さい数でわって約分するのもまちがいではないんだけど，一気に約分する方法（ほうほう）があるんだ。36 と 60 は，実は 12 でわりきれる。36 と 60 を 12 でわると，3 と 5 になって 1 回で約分できるんだ。これで，$\frac{1\times 60}{36\times 7}=\frac{1\times 5}{3\times 7}$ となり，分母が 21，分子が 5 で $\frac{5}{21}$ と答えが求められるね。

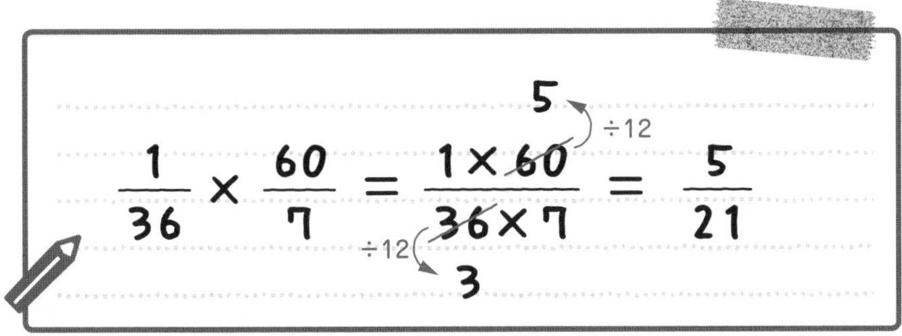

$$\frac{1}{36}\times\frac{60}{7}=\frac{1\times 60}{36\times 7}=\frac{5}{21}$$

「12 でわれたんだぁ。気づかなかった。」

うん。はじめから 12 でわれることに気づくと，計算が早くなるよね。36 と 60 が 12 でわれることを見つける方法があるんだよ。

「どんな方法ですか？」

実は，**36 と 60 の最大公約数（さいだいこうやくすう）が 12** なんだ。連除法（れんじょほう）で確（たし）かめるとわかるね。

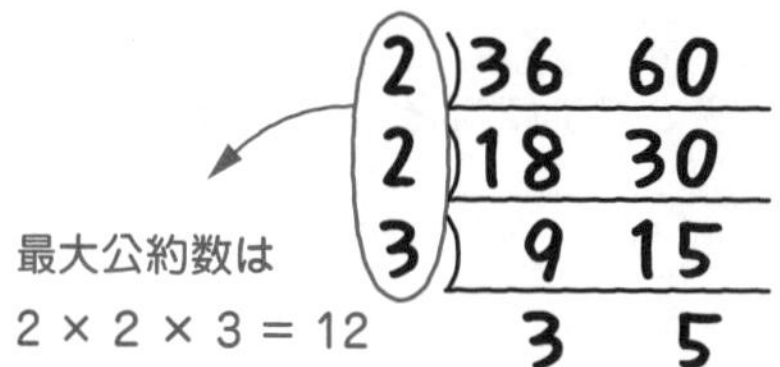

約分したい数の最大公約数でわると一気に約分できる，ということなんだ。それぞれの数をわりきることができる最大の数が最大公約数だから，最大公約数でわると１回で約分できるんだ。知っておくと計算が早くなるから，しっかりおさえておこう。

「連除法は 2 04 でも使ったし，大事なんですね。」

そうだね。**分数の通分では最小公倍数が必要**だし，**分数の約分では最大公約数が必要**になるからね。慣れたら，簡単な計算では連除法を使わなくても通分，約分ができるようになるよ。

では，$\frac{1}{36}\times 8\frac{4}{7}$ の計算の流れをまとめておくよ。

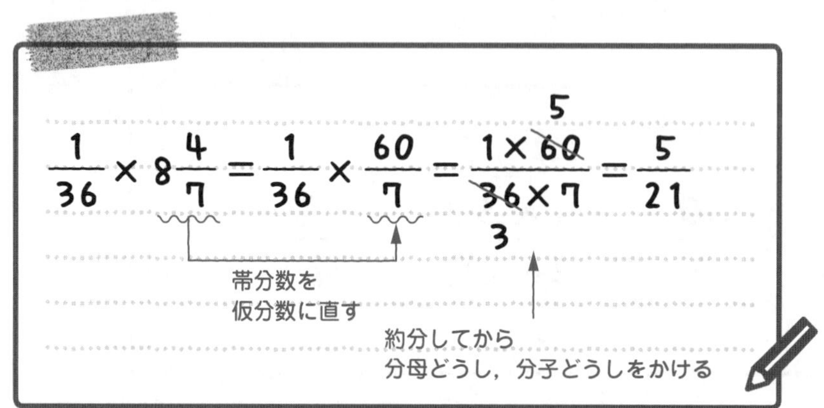

$\frac{5}{21}$ … 答え ［例題］2-5 (2)

説明の動画は
こちらで見られます

では，分数のわり算にいこう。(3) に進む前に知っておいてほしい言葉があるんだ。それは，逆数という言葉だよ。

「逆数？」

うん。逆数とは，ざっくりいうと**「分数の分母と分子をひっくり返したもの」**だよ。たとえば，$\frac{2}{3}$ の逆数は $\frac{3}{2}\left(=1\frac{1}{2}\right)$ だ。ところで，この $\frac{2}{3}$ と $\frac{3}{2}$ をかけあわせると，

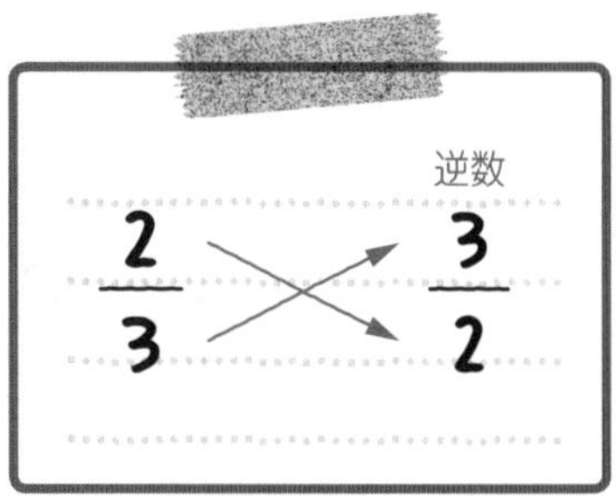

$$\frac{2}{3}\times\frac{3}{2}=1$$

となる。このように，**2つの数をかけた答えが1になるとき，一方の数をもう一方の数の逆数**というんだ。これが逆数の本当の意味だよ。

ハルカさん，$\frac{3}{7}$ の逆数は何かな？

「$\frac{3}{7}$ の分母と分子を入れかえればいいから $\frac{7}{3}$ です！」

うん，そうだね。では，8の逆数は何かな？

「えっ，8の逆数？　8の分母と分子を入れかえるってどうするんだろう？」

「8を $\frac{8}{1}$ に直して考えればいいんじゃない？　$\frac{8}{1}$ の分母と分子を入れかえて $\frac{1}{8}$ になるわ。」

ハルカさん，よくできたね。8の逆数は $\frac{1}{8}$ だ。8を $\frac{8}{1}$ に直して考えればわかるね。

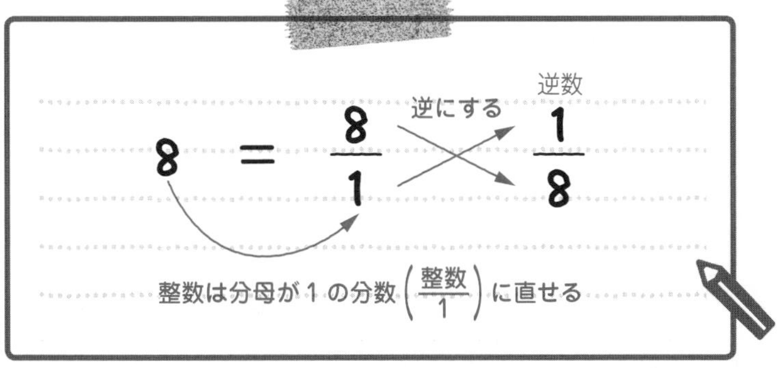

これをふまえて，(3)の $\frac{2}{3}\div\frac{5}{6}$ を計算していこう。分数のわり算だね。**分数のわり算では，わる数の逆数をかければいい**んだ。

分数のわり算のやり方

分数のわり算では，わる数の逆数をかける。

$$\frac{○}{□}\div\boxed{\frac{☆}{△}}=\frac{○}{□}\times\boxed{\frac{△}{☆}}=\frac{○\times△}{□\times☆}$$

わる数 ──→ 逆数

（その理由については，「中学入試算数のウラ側 2」を参照）

つまり，$\frac{2}{3}\div\frac{5}{6}$ の，わる数の $\frac{5}{6}$ を，逆数の $\frac{6}{5}$ に直して，$\frac{2}{3}\times\frac{6}{5}$ を計算すればいいんだ。

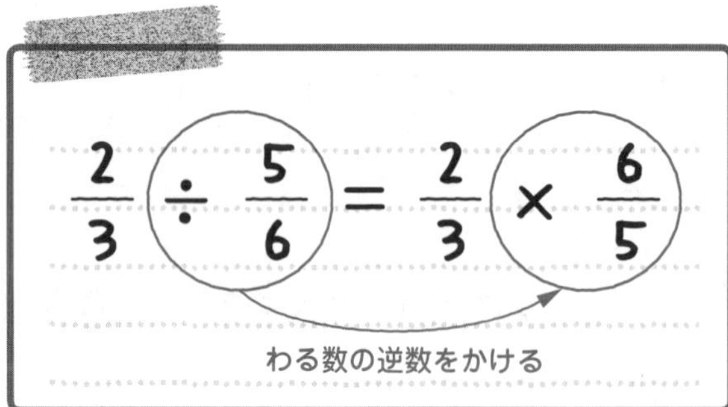

$\frac{2}{3}\times\frac{6}{5}$ では，3 と 6 が約分できる。計算の流れをまとめると次のようになるよ。

$$\frac{2}{3}\div\frac{5}{6}=\frac{2}{\cancel{3}_{1}}\times\frac{\cancel{6}^{2}}{5}=\frac{4}{5}$$

わる数の逆数をかける

$\frac{4}{5}$ … 答え [例題]2-5 (3)

説明の動画は
こちらで見られます

(4)の $7\frac{7}{8}\div3\frac{1}{16}$ に進もう。まず，これはどう計算すればいいと思う？

「帯分数を仮分数に直すのかな？」

うん, ユウトくん, その通りだ。**まず帯分数を仮分数に直す**と, 次のようになるよ。

$$7\frac{7}{8}\div3\frac{1}{16}=\frac{63}{8}\div\frac{49}{16}$$

7×8+7=63
3×16+1=49

次に，どうすればいいかな？　**分数のわり算では，わる数の逆数をかければいいんだったね。**

「えっと，$\frac{49}{16}$ の逆数は $\frac{16}{49}$ だから，$\frac{63}{8}\div\frac{49}{16}$ を $\frac{63}{8}\times\frac{16}{49}$ にするんですね。」

その通り。わる数の分母と分子をひっくり返して，$\frac{63}{8}\times\frac{16}{49}$ にするんだね。ここで，**すぐに分母どうし，分子どうしをかけてしまうと計算が大変になるから，まず約分しよう。** 8 と 16 はどちらも九九の 8 の段にあるから 8 でわれるね。63 と 49 はどちらも九九の 7 の段にあるから 7 でわれる。次のように約分して計算できるね。

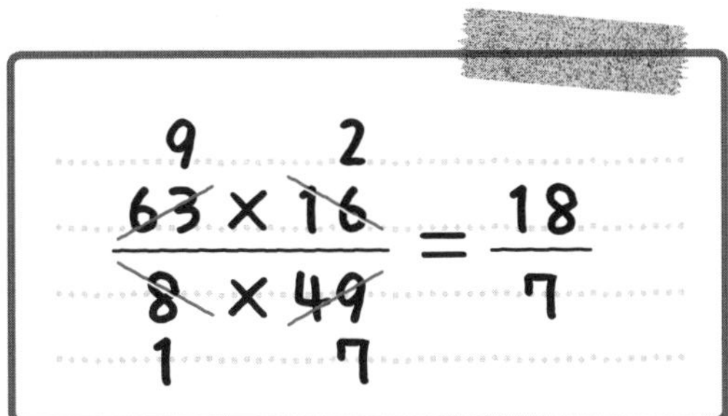

$$\frac{\overset{9}{\cancel{63}}\times\overset{2}{\cancel{16}}}{\underset{1}{\cancel{8}}\times\underset{7}{\cancel{49}}}=\frac{18}{7}$$

仮分数の $\frac{18}{7}$ が求められたけど，これを帯分数に直して，答えにしよう。仮分数を帯分数に直すには，分子の数の中に分母の数がいくつぶんあるか考えよう。**分子を分母でわって，商が整数部分，あまりが分子になる**よ。

$\frac{18}{7}$ は 18 を 7 でわって，「2 あまり 4」だね。だから $\frac{18}{7}=2\frac{4}{7}$ になるんだ。

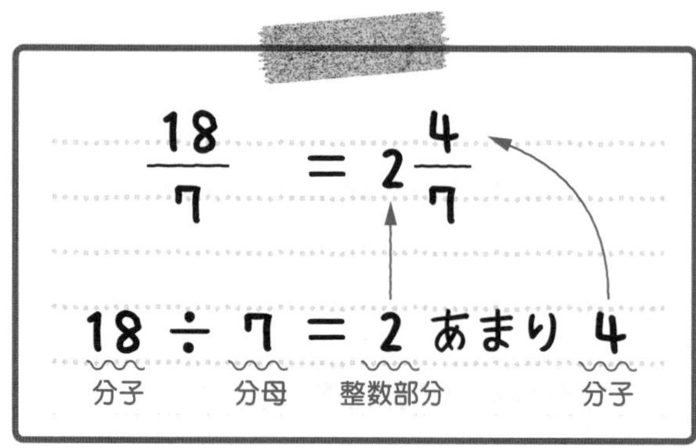

計算の流れをまとめておこう。

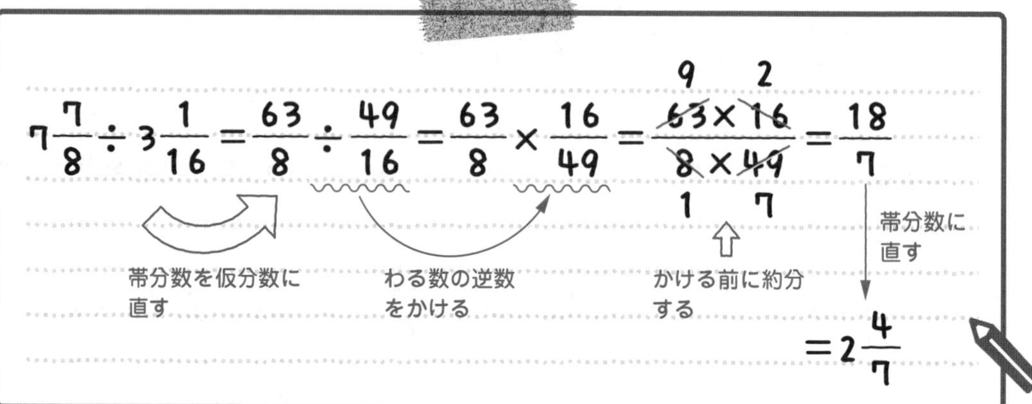

$2\frac{4}{7}$ … 答え ［例題］2-5　(4)

Check 20　つまずき度　➡解答は別冊 p.49 へ

次の計算をしなさい。

(1)　$\frac{10}{11} \times \frac{2}{5}$　　(2)　$7\frac{1}{2} \times 7\frac{1}{5}$

(3)　$\frac{5}{18} \div \frac{1}{20}$　　(4)　$4\frac{2}{5} \div 3\frac{3}{10}$

中学入試算数のウラ側 2

わる数が分数のときのギモン

「整数でわるのはイメージしやすいのですが，分数でわるのはどうイメージをすればいいのでしょうか？」

わり算には，大きく分けて次の2つの意味があります。

❶　わられる数をわる数で等分するといくつになるか。

❷　わられる数にわる数はいくつふくまれるか。

たとえば，20÷5＝4というわり算で説明しましょう。

❶の場合は「20個のアメを5人で同じ数ずつぶんけたら，1人ぶんは何個になりますか？」という意味です。1人ぶんは4個になりますね。

❷の場合は「20の中に5はいくつふくまれますか？」という意味です。4つですよね。

分数でわる場合，❶の意味ではイメージしにくいので，❷の意味で考えるようにしましょう。$3\div\frac{1}{2}$なら，3という数には$\frac{1}{2}$が6つふくまれる（1に$\frac{1}{2}$が2つふくまれるので3には6つふくまれる）から，$3\div\frac{1}{2}=6$となります。

「何となくイメージできました。もう1つ質問なのですが，分数のわり算で，わる数の逆数をかけるのはどうしてなのですか？」

その質問を子どもにされたときに困ってしまう大人は多いようです。いくつか答え方があるのですが，その中の1つをお教えしましょう。

まず，わり算というのは，わられる数とわる数に同じ数をかけても答えが変わりません。

15個のアメを3人の子どもに，同じ数ずつ分けると1人5個もらえます。アメの数が2倍の30個になったとしても，分ける子どもも2倍の6人になったら，1人あたり5個という数は変わりませんよね。

$$15\div3=5$$
$$\underset{15\times2}{30}\div\underset{3\times2}{6}=\underset{\text{答えは変わらない}}{5}$$

この「**わられる数とわる数に同じ数をかけても答えは変(か)わらない**」ことを使います。

$\frac{4}{5}\div\frac{3}{7}$ で考えましょう。$\frac{4}{5}$ と $\frac{3}{7}$ に同じ数をかけますが，わる数 $\frac{3}{7}$ が 1 になるように，それぞれに $\frac{3}{7}$ の逆数(ぎゃくすう)の $\frac{7}{3}$ をかけましょう。“÷1” に直すと，わられる数がそのまま答えになりますからね。

$$\frac{4}{5}\div\frac{3}{7}$$

$$=\left(\frac{4}{5}\times\frac{7}{3}\right)\div\underbrace{\left(\frac{3}{7}\times\frac{7}{3}\right)}_{1}$$

← わられる数とわる数に $\frac{7}{3}$ をかける

$$=\frac{4}{5}\times\frac{7}{3}$$

逆数のかけ算になる

となります。逆数のかけ算になりましたね。わる数を 1 にするために，わられる数とわる数に同じ数（わる数の逆数）をかけたというところがポイントです。以上(いじょう)が，分数のわり算で，わる数の逆数をかける理由なのです。

「そういうことだったのですね。よくわかりました！」

小数と分数の変換(へんかん)

小数を分数に直したり，分数を小数に直したりすることは，計算の中でよく使うから，しっかり練習しよう。

説明の動画はこちらで見られます

［例題］2-6　つまずき度 😵😵😵😵😵

次の小数を分数に直しなさい。

（1） 0.5　　（2） 1.6　　（3） 10.28

小数を分数に直すには，$0.1=\frac{1}{10}$，$0.01=\frac{1}{100}$，$0.001=\frac{1}{1000}$，……であることを利用(りよう)するよ。では，(1)にいこう。

0.5 は 0.1 が 5 つ集まってできた数だ。$0.1=\frac{1}{10}$ だから，0.5 は $\frac{1}{10}$ が 5 つ集まってできた数ということもできる。数直線で表すと，次のようになるね。

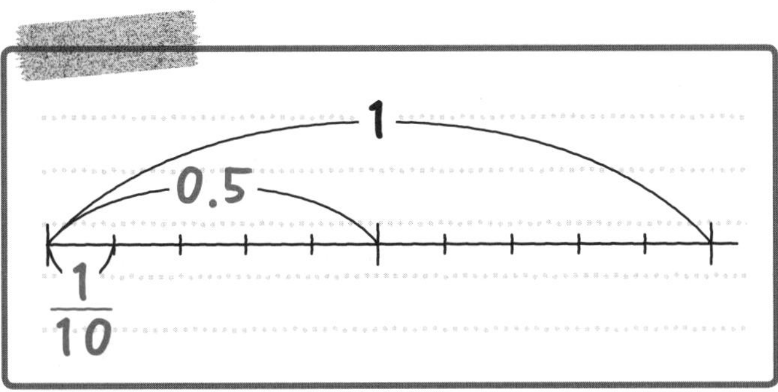

$\frac{1}{10}$ が 5 つ集まってできた分数は何かな？

「$\frac{1}{10}$ が 5 つだから，$\frac{5}{10}$ です！」

そうだね。$\frac{5}{10}$ をそのまま答えにしていいかな？

「えっと，$\frac{5}{10}$は，5で約分(やくぶん)できます。$\frac{5}{10}=\frac{1}{2}$ですね。」

うん，$\frac{5}{10}$を約分して$\frac{1}{2}$にするんだ。0.5は$\frac{1}{2}$に直せるということだね。

<u>$\frac{1}{2}$</u>…答え ［例題］2-6 (1)

では，(2)に進もう。1.6を数直線で表すと，次のようになるね。

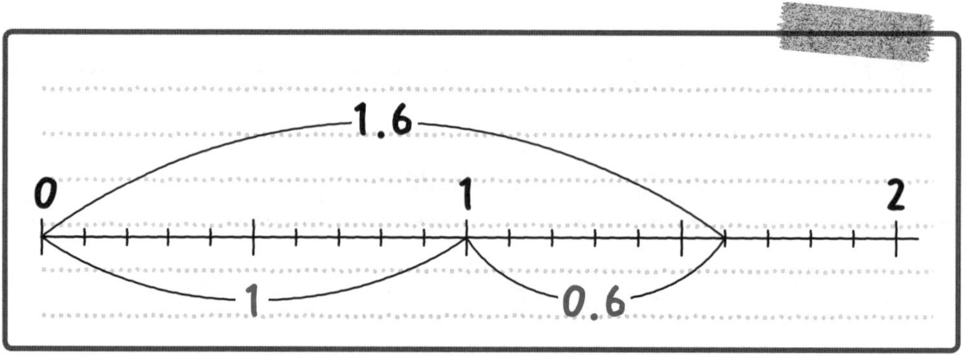

数直線でもわかる通り，1.6は整数の1に小数の0.6をたした数だ。だから，1.6を分数に直すと，帯分数(たいぶんすう)の整数部分が1になって$1\frac{○}{□}$という形になる。あとは，分数部分の$\frac{○}{□}$を求(もと)めればいいんだね。$\frac{○}{□}$はどうやって求められるかな？

「1.6=1+0.6だから，小数の0.6を分数に直したものが$\frac{○}{□}$になるのかしら。」

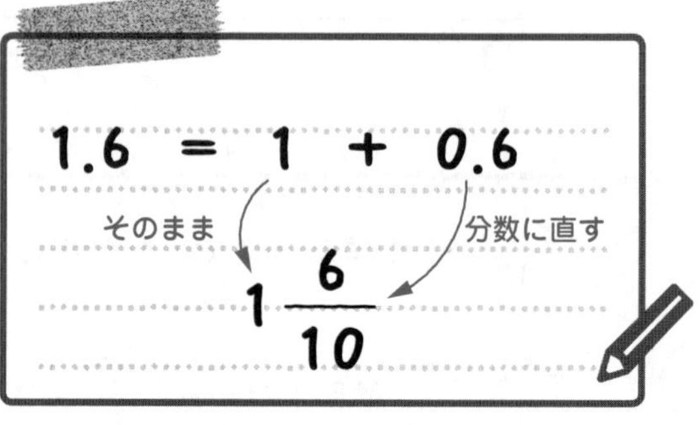

その通り。0.6を分数に直したものが$\frac{○}{□}$になるんだ。0.6は0.1が6つ集まったものだね。$0.1=\frac{1}{10}$だから，0.6は$\frac{1}{10}$が6つ集まった数だよ。つまり，$0.6=\frac{6}{10}$だ。この$\frac{6}{10}$に整数部分の1をつけて$1\frac{6}{10}$となる。

でも，$1\frac{6}{10}$のまま答えにしたらバツになるよね？　なぜかわかる？

「約分するんですね！　1 $\frac{6}{10}$ の分母と分子は 2 でわれるから 1 $\frac{3}{5}$ です！」

うん，正解。最後の約分を忘れないようにするのが，大事だよ。

1 $\frac{3}{5}$ … 答え　[例題]2-6　(2)

さて，(1) と (2) のように，いちいち数直線をかくのは大変だね。1.6 なら 1＋0.6 に分解して，0.6 を $\frac{6}{10}$ に直して 1 $\frac{6}{10}$＝1 $\frac{3}{5}$ と求めたけど，この流れをできるだけ頭の中でできるように練習しておこう。

では，(3) の 10.28 を分数に直そう。10.28＝10＋0.28 だから，帯分数の整数部分は 10 と求められるね。あとは，小数部分の 0.28 を分数に直せばいいんだ。0.28 は 0.01 がいくつ集まってできた数かな？

「えっと，0.28 は 0.01 が 28 個集まってできた数です。」

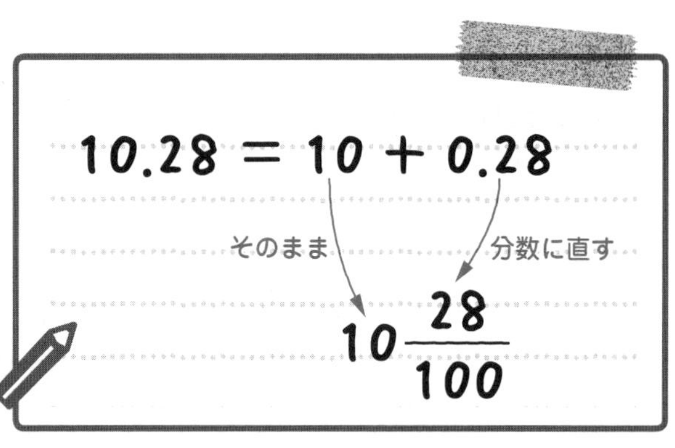

そうだね。0.28 は 0.01 が 28 個集まってできた数で，0.01＝$\frac{1}{100}$ だから，$\frac{28}{100}$ だ。

そして，最後は約分だね。10 $\frac{28}{100}$ の分母と分子はそれぞれ 4 でわれるから，約分すると 10 $\frac{7}{25}$ となる。

10 $\frac{7}{25}$ … 答え　[例題]2-6　(3)

040 説明の動画はこちらで見られます 

[例題]2-7 つまずき度 ●○○○○

次の分数を小数に直しなさい。

（1） $\frac{4}{5}$　　（2） $7\frac{3}{4}$

次は，分数を小数に直す問題だ。(1)の $\frac{4}{5}$ を小数に直そう。

分数を小数に直すには，分子を分母でわればいいんだ。

「分子を分母でわったら小数に直せるのは，どうしてですか？」

その理由を $\frac{4}{5}$ を例に解説しよう。たとえば，4 m の紙テープがあったとする。この紙テープを５人で等しく分けるときに，１人分の紙テープの長さを求めるには，どのように計算すればいいかな？

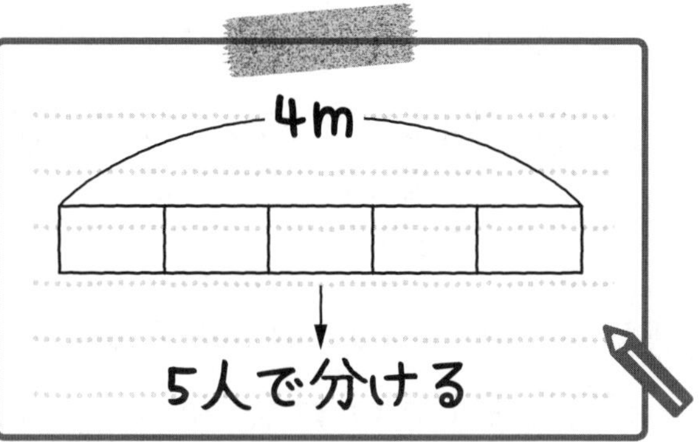

「4 m の紙テープを５人で等しく分けるんだから，4÷5 で１人分の長さが求められるわ。」

そうだね。では，4÷5 を計算してみよう。まず，答えを分数で出してみようか。答えを分数で出すために，4 を $\frac{4}{1}$ に，5 を $\frac{5}{1}$ に直すよ。4÷5 を計算すると，次のようになるね。

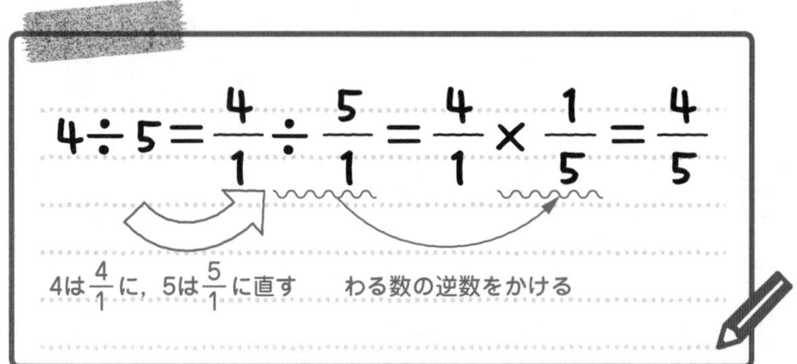

これで，1 人分の長さは $\frac{4}{5}$ m ということがわかった。

つまり，4÷5 と $\frac{4}{5}$ は等しいんだ。4÷5 は $\frac{4}{5}$ の「**分子÷分母**」になっているね。わり算と分数の関係を記号で表すと，次のようになるよ。

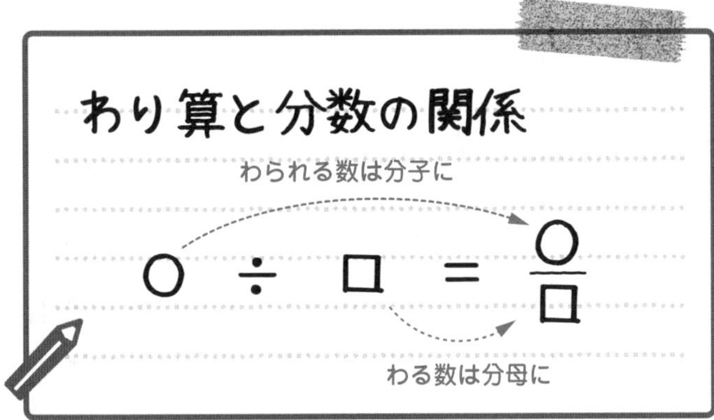

だから，4÷5 の答えを小数で求めれば，$\frac{4}{5}$ を小数に直せるということなんだ。4÷5 の答えを小数で求めるには，右のように筆算をすればいいね。

$$\begin{array}{r} 0.8 \\ 5\,\overline{)\,4.0} \\ 4\,0 \\ \hline 0 \end{array}$$

筆算をすると，4÷5＝0.8 だね。これで，$\frac{4}{5}$ を小数に直すと 0.8 であることがわかった。まとめると次のようになるよ。

分数を小数に直すには，分子÷分母を計算すればよいことをおさえておこう。

0.8 … 答え [例題]2-7 (1)

説明の動画は
こちらで見られます

では，(2)の $7\frac{3}{4}$ を小数に直そう。$7\frac{3}{4}=7+\frac{3}{4}$ だね。だから，７に $\frac{3}{4}$ を小数に直したものをたせば答えは求められる。$\frac{3}{4}$ を小数に直すにはどうすればいいかな？

「$\frac{3}{4}$ の分子の３を分母の４でわります！」

そうだね。3÷4 を筆算で求めると右のようになり，3÷4＝0.75 だから，７に 0.75 をたして，答えは 7.75 だよ。

```
    0.75
4)3.00
   28
   ---
    20
    20
   ---
     0
```

7.75… 答え ［例題］2−7 (2)

小数を分数に直したり，分数を小数に直したりする方法を見てきたけど，変換するたびに計算するのは少し大変だよね。だから，よく出てくる変換は，まるごと暗記してしまうといいんだ。

次の分数と小数の変換は，覚えることをおすすめするよ。

Point よく出てくる分数と小数の変換

次のものは，すべて覚えておこう。

$\frac{1}{2}=0.5$

$\frac{1}{4}=0.25$　$\frac{3}{4}=0.75$

$\frac{1}{5}=0.2$　$\frac{2}{5}=0.4$　$\frac{3}{5}=0.6$　$\frac{4}{5}=0.8$

$\frac{1}{8}=0.125$　$\frac{3}{8}=0.375$　$\frac{5}{8}=0.625$　$\frac{7}{8}=0.875$

上の分数と小数の変換は，**分数から小数に直すのも，小数から分数に直すのも，どちらもできるように暗記しておこう。**

「$\frac{3}{8}$=0.375 とか覚えられるかなぁ……。」

たしかに，分母が 8 の分数を小数に直すと，0.375 などの覚えにくそうな小数になってしまうね。でも，よく見てごらん。次のように，下 2 けたが 25，75 の 2 種類しかないんだ。

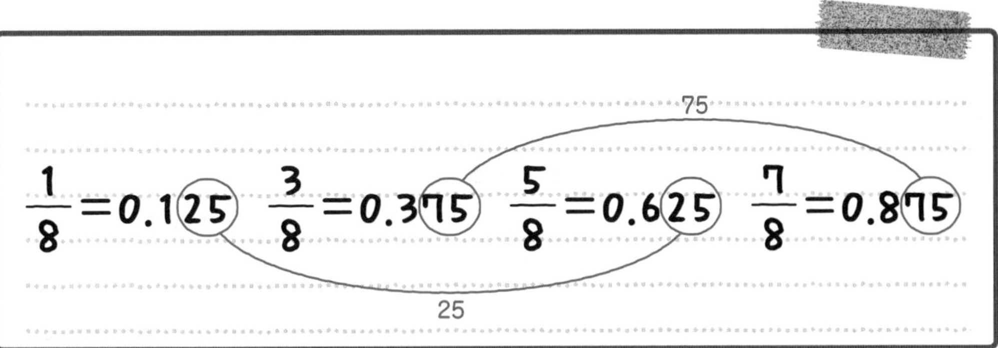

「あっ，ほんとだ！」

だから，そんなに覚えるのが大変というわけでもないよ。$\frac{1}{8}$ を小数に直すときに，そのたびに計算して求めるのと，暗記して求めるのでは問題を解く速さがかなりちがってきちゃうからね。今のうちに覚えるようにしよう。

Check 21　つまずき度 ●○○○○　➡解答は別冊 p.49 へ

次の小数を分数に直しなさい。

(1)　21.2　　(2)　1.005

Check 22　つまずき度 ●○○○○　➡解答は別冊 p.49 へ

次の分数を小数に直しなさい。

(1)　$\frac{3}{20}$　　(2)　$3\frac{7}{8}$

2 07 計算の順序と工夫

たし算・ひき算・かけ算・わり算が混じった式の計算の順序はわかるかな？ また，長い式の計算の工夫のしかたもここでマスターしよう。

説明の動画は こちらで見られます

たし算，ひき算，かけ算，わり算をまとめて四則というよ。4つあるから四則なんだ。計算問題では，四則の混じったものが出題されることがあるから，そういう場合の計算の順序をまずは確認していこう。

[例題]2-8　つまずき度

次の計算をしなさい。

(1)　$3+5\times9-6\div3$

(2)　$(4+5\times2)-9\div3$

(3)　$12+[42-\{8\times(5-3)-2+4\times2\}]$

「何だか大変そうな計算ですね。前から順に計算すればいいんですか？」

ふつうは前から順に計算するんだけど，このように四則が混じっているときは，そうでないことが多い。例題をやる前に，四則の混じった計算の順序について，まとめておくよ。

Point　四則の混じった計算の順序

四則の混じった計算では，次のルールで計算しよう。

❶　**かけ算やわり算は**，たし算やひき算より**先に計算する。**

❷　かっこのある式は，**かっこの中を先に計算する。**

❸　かっこの中で四則の混じっている場合は，**かけ算やわり算から計算する。**

❹　大かっこ[　　]，中かっこ{　　}，小かっこ(　　)がある場合，**小かっこ(　　)　⇒　中かっこ{　　}　⇒　大かっこ[　　]の順に計算する。**

(1) の 3＋5×9－6÷3 からやっていこう。Pointの❶の通り，かけ算とわり算から先に計算するよ。まずはユウトくん，この式の中で，かけ算のところとわり算のところを答えて。

「5×9 と 6÷3 です！」

そうだね。だから，まずは 5×9 と 6÷3 から計算しよう。次のようになるね。

3＋5×9－6÷3＝3＋45－2
（5×9 → 45，6÷3 → 2）

これより，3＋45－2 を計算すればいいとわかる。計算すると，答えは 46 になるよ。

46…答え［例題］2-8 (1)

続(つづ)いて (2) の (4＋5×2) －9÷3 を計算していくよ。Pointの❷の通り，かっこのある式の場合は，かっこの中を先に計算するよ。

(4＋5×2)－9÷3
（4＋5×2：かっこの中を先に計算する）

かっこのついた (4＋5×2) は，どこから計算するかな？

「Pointの❸にある通り，かけ算やわり算から計算するんですよね。だから，5×2 から計算します！」

そうだね。だから，次のようになるね。

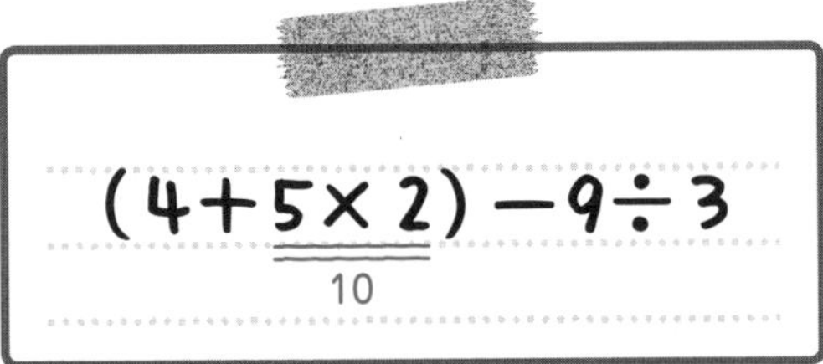

かっこの中の答えが 14 だから，
14－9÷3 となるけど，もう大丈夫だよね。9÷3 を先に計算するよ。

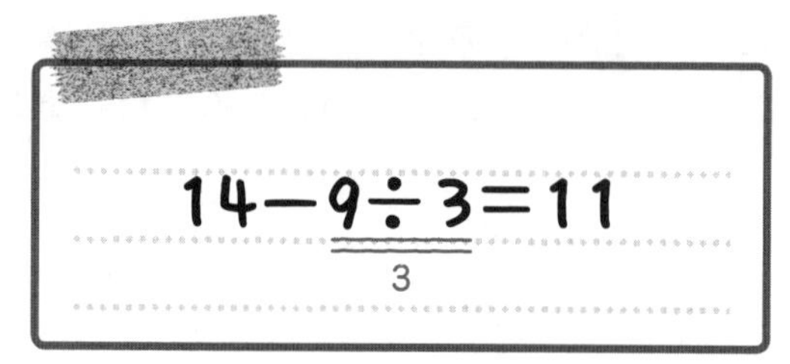

だから答えは，11 … 答え　[例題]2-8　(2)

説明の動画は
こちらで見られます

最後に，(3)の 12＋[42－{8×(5－3)－2＋4×2}] だ。

「いろんな形のかっこがあるよ……。大変そう。」

あせらずに，順を追って計算するのが大事だよ。まずは，かっこの種類について説明しておくね。かっこの中にかっこがある場合は，すべて同じ(　　)で表すと区別できないんだ。試しに，(3)の問題をすべて(　　)で表すと，次のようになるよ。

12＋(42－(8×(5－3)－2＋4×2))

区別できないから×

「このかっこはどこまでを囲っているのか」がわかりにくいよね。だから，中かっこ{　　}や，大かっこ[　　]を使うんだよ。

「いろいろなかっこを使う理由が，ちゃんとあるんですね。」

そうだね。計算をするときは Point の❹にある通り，小かっこ(　　)から順に計算するよ。

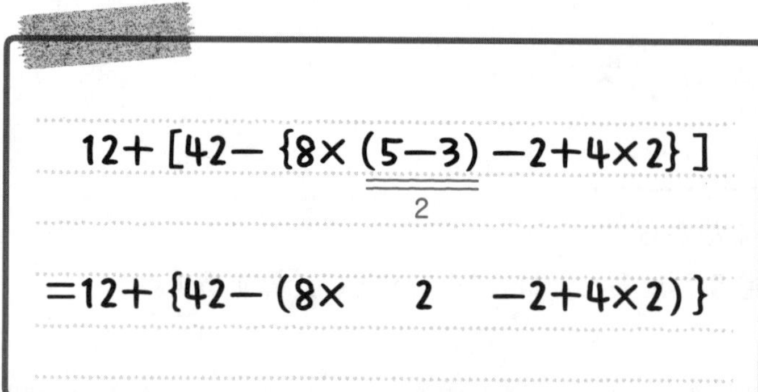

上のように，大かっこは中かっこに，中かっこは小かっこになることに気をつけよう。そして，また小かっこの中を計算するんだ。四則が混じっているときは……。

「かけ算やわり算を先に計算します！」

そうだね。次のようになるよ。

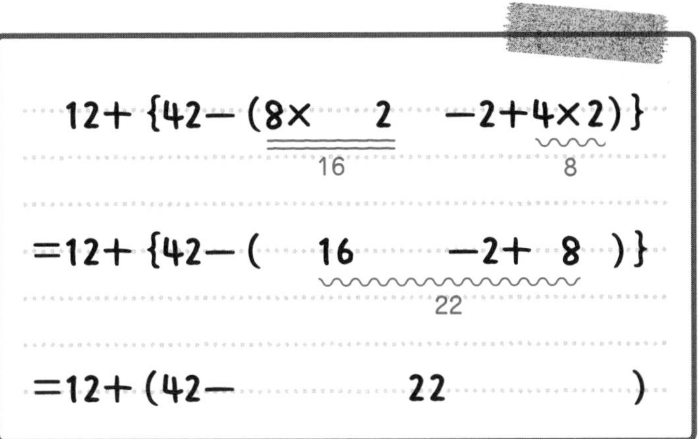

あとは難しくないね。小かっこの中を先に計算して 20。そして，12＋20＝32 となるよ。

32…答え ［例題］2-8 (3)

順を追って説明したからできたと思うけど，自力で計算してもまちがえないように復習しようね。

「たしかに。自分でやったらまちがえそう……。ちゃんと復習します。」

説明の動画はこちらで見られます

では，もう 1 問やってみよう。

［例題］2-9 つまずき度 ●○○○○

次の計算をしなさい。

(1)　7＋15－9＋3＋5

(2)　77＋14＋23＋86

(3)　2×13×5

(4)　25÷2×4÷10

では，まず(1)から計算してみよう。ユウトくん，計算してみて。

「これはたし算とひき算だけだから，前から順に計算すればいいんですよね？
7＋15＝22 で，22－9＝13 で，13＋3＝16 で，16＋5＝21 だから，21 です。」

うん，合っているね。でも，もっと簡単に計算できるんだよ。(1) の式を，次のようにならべかえてみよう。

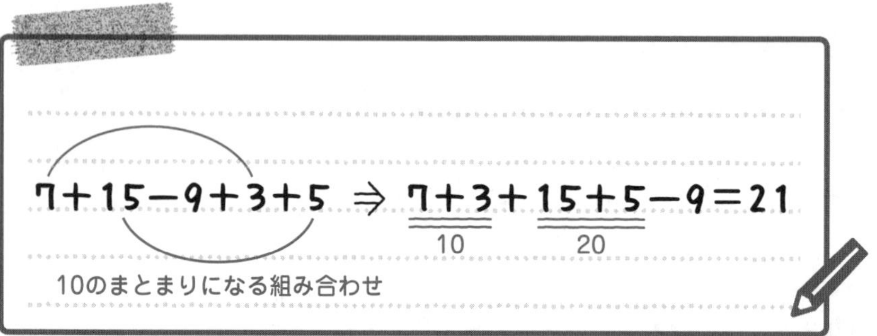

こうすると，10＋20－9＝21 とすぐに計算できるでしょ？

「えっ！　計算の順序を変えてしまっていいんですか？」

いいんだよ。たとえば，1＋3＋9 も 1＋9＋3 も同じ 13 でしょ？　**数をたすときは順序を変えてもいいから，10 や 100 などのまとまりをつくると計算しやすいんだ！**　これが計算を工夫するということだよ。

もちろん，－9 のところはひき算だから，たし算にしちゃダメだよ。最後に 9 をひこう。

21 … 答え　[例題]2-9 (1)

では，(2) の 77＋14＋23＋86 だ。

「これはくり上がりが多くてまちがえそう……。」

これも計算を工夫しよう。順番をならべかえたら暗算でできるよ。

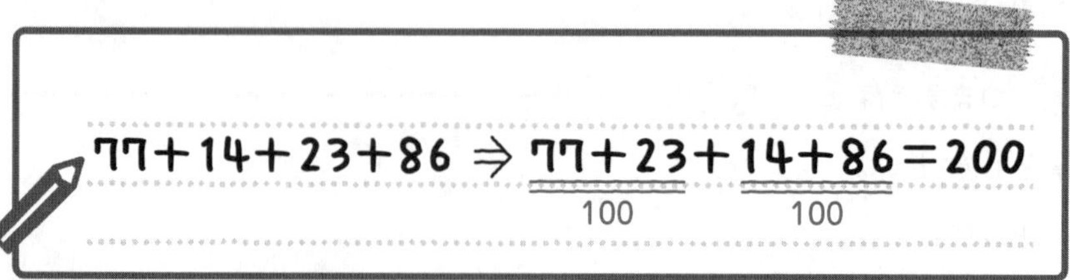

200 … 答え　[例題]2-9 (2)

「すごい！　これからは，計算の工夫をちゃんとします！」

ユウトくん，ところで，6＋8＋4÷2 は，どうやって計算するかな？

「6＋4＋8÷2 にして計算します。そうすれば 10 がつくれるから！」

それはまちがいだ。**かけ算とわり算は先に計算するのがルール**だったよね？6＋8＋4÷2 は，まずは 4÷2＝2 を計算して，6＋8＋2 にするんだよ。

「あ，そうか……。いつでも使えるわけじゃないんだな。気をつけないと。」

そうだよ。たし算だけなら順序を入れかえても OK だ。6＋8＋2 は 8＋2＋6 と同じだから，答えは 16 になるね。

説明の動画は
こちらで見られます

では，(3) の 2×13×5 にいこう。これも，次のようにすぐに計算できるよ。

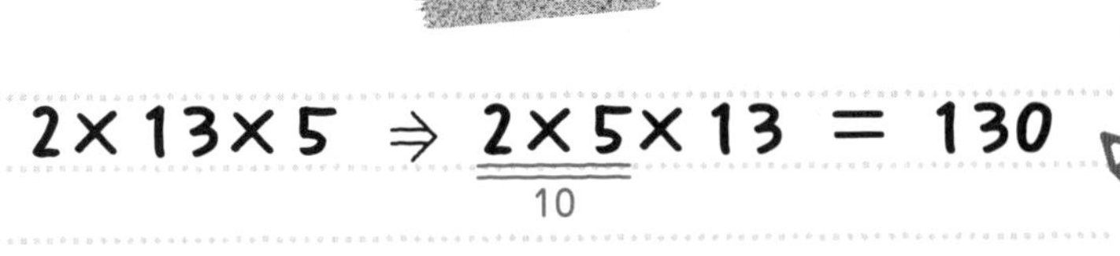

かけ算では，かけられる数とかける数を入れかえても，積は同じになるよね。たとえば，3×5 も 5×3 も同じ 15 になる。かけ算は順序を変えても同じ数になるんだ。答えが 10 や 100 になる計算を先にすると，ラクに計算ができるんだよ。

130…答え ［例題］2-9 (3)

「たし算だけじゃなく，かけ算も順序を変えていいんですね。これからは意識するようにします。」

では最後に，(4) の 25÷2×4÷10 だ。

かけ算とわり算だけの式の場合は，分数の形にして考えるのがいいんだよ。わる数を下（分母），かける数を上（分子）にする分数の形にして，あとは約分してしまうんだ。次のようになるよ。

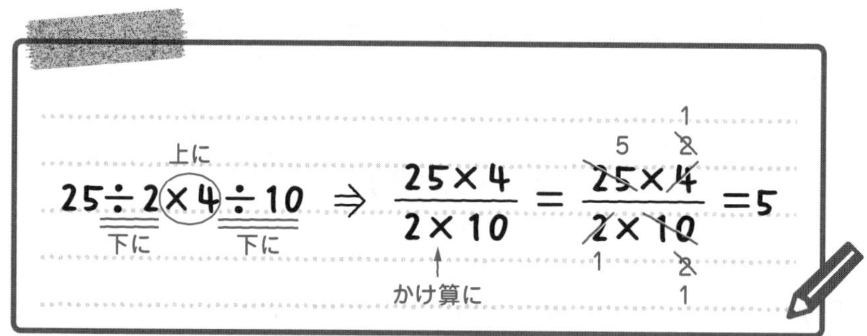

5…答え ［例題］2-9 (4)

ここでは四則の混じった計算の順序と，計算の工夫のしかたについて説明したよ。

まずは，四則の混じった計算の順序を完ペキに理解しよう。

計算の工夫については，問題によって使える場合と使えない場合があることを理解しよう。そして，できるだけ使えるように，練習したほうがいい。スピードもあがるし，計算が簡単にできたらミスも減るからね。

Check 23 つまずき度 ●●○○○ ➡解答は別冊 p.50 へ

次の計算をしなさい。

(1) 11－2×4＋12÷4

(2) (12－3×2)＋6÷2

(3) 5×[3＋{5×(8－6)－7＋12÷6}]

Check 24 つまずき度 ●●○○○ ➡解答は別冊 p.50 へ

次の計算をしなさい。

(1) 14－8＋7＋6＋3

(2) 42＋75＋58＋25

(3) 5×19×2

(4) 18÷15×20÷6

COLUMN

中学入試算数のウラ側 3

「平方数」を暗記，暗算しよう！

ある数を 2 回かけることを**平方**というよ。そして，ある整数を平方した数を**平方数**という。たとえば 3 を 2 回かけると 3×3＝9 で，5 を 2 回かけると 5×5＝25 なので，9 や 25 は平方数だ。ほかにも平方数はあるかな？

「8×8＝64 だから，64 も平方数ですか？」

その通り。「1×1＝1」から「9×9＝81」までの平方数は九九で覚えているね。10×10＝100 だから，100 が平方数であることもすぐわかるだろう。では「11×11＝」「12×12＝」……以降の平方数は暗記しているかな？

「えっ，暗記していないです。」

できれば，**19×19 までの平方数は暗記しておいたほうがいい**よ。なぜなら，平方数を求める計算は文章題でも図形の問題でもけっこう出てくるからね。たとえば，「1 辺 16 cm の正方形の面積を求めなさい」という問題では，「16×16」の計算が必要になる。筆算をしてもいいけど，テスト中は時間との戦いにもなるから，あわてないためにも覚えておくことをおすすめするよ。

＊ 11~19 の平方数

11×11＝121　12×12＝144　13×13＝169　14×14＝196　15×15＝225
16×16＝256　17×17＝289　18×18＝324　19×19＝361

「わかりました。がんばって覚えます。」

もし暗記がどうしてもできないときは，これらを筆算しないで**すぐに求める**方法もあるよ。**おみやげ算**という方法だ。

「おみやげ算？」

うん，たとえば「16×16＝」を例に解説しよう。

❶　16×16の「右の16の，一の位の6」をおみやげとして，「左の16」にわたす。すると，16×16が22×10になる。

❷　22×10を計算して220

❸　その220に「おみやげの6」を2回かけた，6×6＝36をたして，220＋36＝256。これが16×16の答えである。

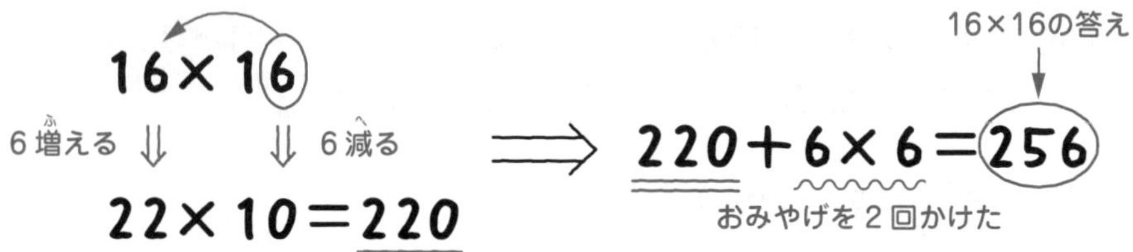

「この方法なら，筆算しないでもすぐに計算できそう！」

そうだよね。慣れたら暗算もできるよ。この方法のいいところは，「21×21」「55×55」など，**2けたの整数の平方ならどの計算にも使える**ことだ。ためしに，「25×25＝」を解いてみよう。

❶　25×25の「右の25の，一の位の5」をおみやげとして，「左の25」にわたす。すると，25×25が30×20になる。

❷　30×20を計算して600

❸　その600に「おみやげの5」を2回かけた，5×5＝25をたして，600＋25＝625。これが25×25の答えである。

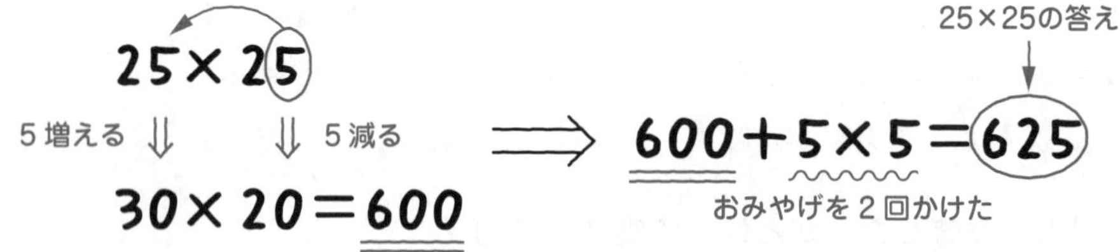

「25×25＝625がすぐに計算できた！　おみやげ算ってすごい！」

おみやげ算がけっこう使える方法であることに気づいてくれたかな？　2けたの整数の平方の計算が出てきたら，このおみやげ算をやってみよう。

□を求める計算

□を求める計算は入試でよく出題される。とても大切なところなのでくわしく解説していくよ！

046 説明の動画はこちらで見られます

次の例題のような問題は，中学入試の大問1によく出題されるよ。はじめに計算問題を出題する学校は多いんだ。**計算問題は確実に全問正解しておきたい**ところだね。ここで習う「□を求める問題」は，計算問題の中でも，よく出題されるから，練習していこう。

［例題］2-10　つまずき度 😵😵😐😐😐

次の□にあてはまる数を求めなさい。

(1)　$3\frac{8}{9}\div\square=\frac{7}{12}$　　(2)　$\frac{1}{5}+\square\times3.5=2\frac{1}{15}$

(3)　$\left\{\square\times\left(10\frac{3}{8}-2\right)-7\frac{2}{3}\right\}\div5.25=\frac{2}{3}$

ここで，たとえ話をするね。(1) の問題に挑戦した 3 兄弟がいたとしよう。この 3 兄弟は，**(1) $3\frac{8}{9}\div\square=\frac{7}{12}$ の□を求めるとき**に，次のように言ったんだって。

□は $3\frac{8}{9}\times\frac{7}{12}$ で求められるよ。

□は $3\frac{8}{9}\div\frac{7}{12}$ で求められるんだ。

□は $\frac{7}{12}\div3\frac{8}{9}$ で求められるよ。

太郎くん，次郎くん，三郎くんの 3 人の中で，1 人だけ正しいことを言っているよ。だれが正しいと思う？

「うーん，だれだろう……。太郎くんのような……，次郎くんのような……。」

3 人のうち，1 人だけが正しく，2 人がまちがっているんだけど，まちがった 2 人は求める式がちがうのだから，答えもちがってきちゃうよね。

□を求める問題では，□を求めるための計算方法をまちがえて，まちがった答えを出してしまう人が多いんだ。だから，□を求めるためにどんな計算をすればいいか，理解しなければいけないんだね。

「どんな計算をすればいいか，どうすればわかるんですか？」

「**簡単な例で考える**」という方法をおすすめするよ。もう一度問題を見てみよう。

$$3\frac{8}{9} \div \square = \frac{7}{12}$$

ここで，「簡単な例で考える」方法を使おう。たとえば，$3\frac{8}{9}$ と $\frac{7}{12}$ を，それぞれ整数の 6 と 3 にして

$$6 \div \square = 3$$

という簡単な形にするとどうだろう。6÷□＝3 の□を求めることはできるかな？

「6 を何でわれば 3 になるかってことだから……，□は 2 です！」

そうだね。6÷□＝3 の□は 2 だ。この 2 は，どんな計算で求められる？

「6÷3＝2 で求められます！」

そうだね。6÷□＝3 の□は，6÷3 を計算すれば求められる。つまり，**わられる数の 6 を商の 3 でわれば□が求められるんだね。**

わられる数　わる数　商

6 ÷ □ ＝ 3

6 ÷ 3 ＝ 2

だから，$3\frac{8}{9} \div \square = \frac{7}{12}$ も**わられる数の $3\frac{8}{9}$ を商の $\frac{7}{12}$ でわれば□が求められる**とわかるんだ。$3\frac{8}{9} \div \frac{7}{12}$ を計算すれば□が求められるということだよ。

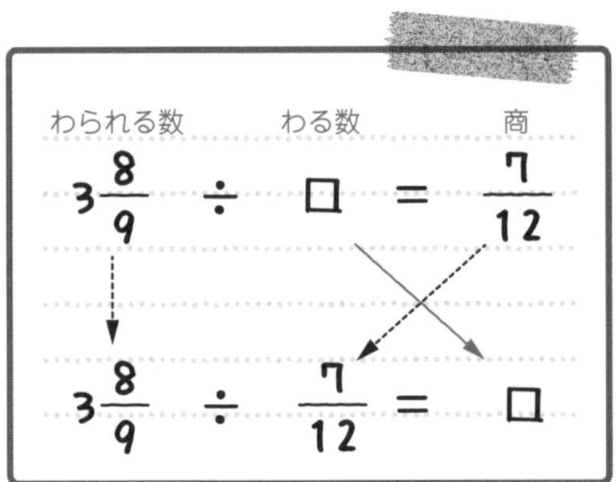

このように，□をどのような計算で求めるのかわからなかったら，**簡単な例で調べてみて，それと同じ方法でもとの式の□を求めるといい**よ。

□の求め方を調べる方法

どのような計算で□を求めるのかわからなくなったら，
簡単な例で考えて，□を求める計算方法を調べる。

$6 \div \square = 3$

↑ 6÷3で求められるから……

⇨

$3\frac{8}{9} \div \square = \frac{7}{12}$

↑ $3\frac{8}{9} \div \frac{7}{12}$ で求められる！

「『□は $3\frac{8}{9} \div \frac{7}{12}$ で求められる』と言っていた次郎くんが正しかったんだ。」

そうだね。次郎くんが正しく，太郎くんと三郎くんの計算方法は残念(ざんねん)ながらまちがっていたということだ。では，$3\frac{8}{9} \div \frac{7}{12}$ を計算して□を求めよう。

$$3\frac{8}{9} \div \frac{7}{12} = \frac{35}{9} \div \frac{7}{12} = \frac{35}{9} \times \frac{12}{7} = \frac{\overset{5}{\cancel{35}} \times \overset{4}{\cancel{12}}}{\underset{3}{\cancel{9}} \times \underset{1}{\cancel{7}}} = \frac{20}{3} = 6\frac{2}{3}$$

帯分数を仮分数に直す　　わる数の逆数をかける　　かける前に約分する　　仮分数を帯分数に直す

これで□が $6\frac{2}{3}$ と求められたね。

$6\frac{2}{3}$ … 答え　[例題]2-10 (1)

説明の動画はこちらで見られます

では，(2)の $\frac{1}{5}$＋□×3.5＝2 $\frac{1}{15}$ に進もう。(2)の式はたし算とかけ算が混じっているね。このように**四則が混じってた式の□を求める計算では**，まず，$\frac{1}{5}$＋□×3.5 を**ふつうに計算するときに，どういう順序で計算するか考えよう。**＋(たす)と×(かける)では，どちらを先に計算するんだっけ？

「×(かける)を先に計算します。」

そうだね。＋(たす)と×(かける)では，×を先に計算するんだ。**＋と×の下に計算の順序の番号をふる**と，右のようになるね。

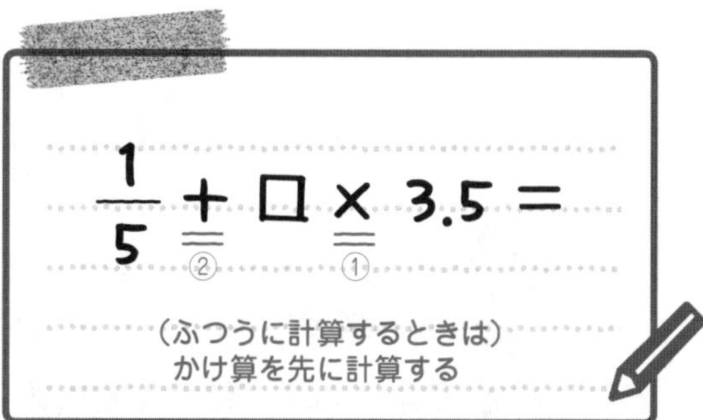

そして，**計算の順序の番号をふったあと，(求めたいところにたどりつくまで)番号のいちばん大きいものを残して，それ以外のものは大きな四角で囲んで考える**んだ。この場合は，番号のいちばん大きい②の＋は残して，①の×とまわりの数を次のように大きな四角で囲もう。

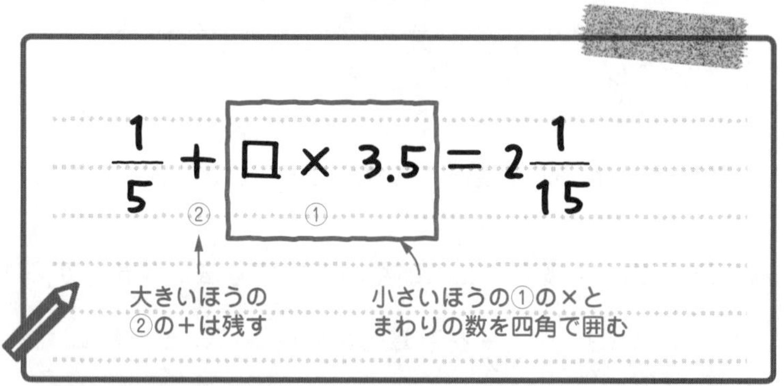

そして，赤い四角の中の□×3.5を**まとまりと考える**と，次のようになるね。

$$\frac{1}{5}+\square=2\frac{1}{15}$$

これで，$\frac{1}{5}$＋□＝2 $\frac{1}{15}$ という式に変形できたね。□を求めるために，どういう計算をすればいいかな？

「えっと……，簡単な例で考えてみればいいのね？」

うん，そうだ。$\frac{1}{5}+□=2\frac{1}{15}$ の分数部分を整数に直した簡単な例で考えればいいんだね。たとえば，2＋□＝5 という例で考えてみよう。□は 3 だね。この 3 はどうやって求められるかな？

「5－2=3 で求められるわ。」

そうだね。2＋□＝5 の□は，5－2 で求められる。つまり，$\frac{1}{5}+□=2\frac{1}{15}$ の□も $2\frac{1}{15}-\frac{1}{5}$ を計算すれば求められるということだ。

$$2+□=5$$

↑ 5－2で求められるから……

⇨

$$\frac{1}{5}+□=2\frac{1}{15}$$

↑ $2\frac{1}{15}-\frac{1}{5}$ で求められる！

$2\frac{1}{15}-\frac{1}{5}$ を計算すると，次のようになる。

$$2\frac{1}{15}-\frac{1}{5}=2\frac{1}{15}-\frac{3}{15}=1\frac{16}{15}-\frac{3}{15}=1\frac{13}{15}$$

$2\frac{1}{15}$ を $1\frac{16}{15}$ に変形

通分する

これで，$\frac{1}{5}+□=2\frac{1}{15}$ の□は，$1\frac{13}{15}$ であることが求められたね。ここで，もともと□の中には，次のように，□×3.5 が入っていたことを思い出そう。

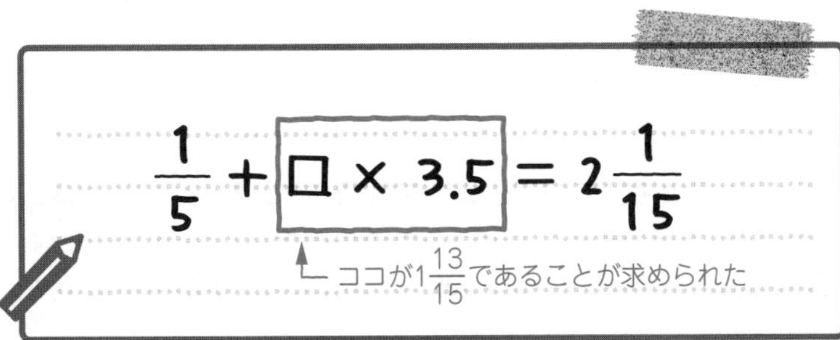

つまり，□×3.5＝$1\frac{13}{15}$であることがわかる。そして，この□×3.5＝$1\frac{13}{15}$の□にあてはまる数が答えになるということだ。□×3.5＝$1\frac{13}{15}$の□にあてはまる数はどうやって求めればいいかな？

「これも簡単な例で考えてみればいいのかな。」

うん，そうだ。たとえば，□×2＝6という例で考えてみよう。□は３だね。この３はどうやって求められるかな？

「6÷2＝3で求められます！」

そうだね。□×2＝6の□は，6÷2で求められる。つまり，□×3.5＝$1\frac{13}{15}$の□も$1\frac{13}{15}$÷3.5を計算すれば求められるということだ。

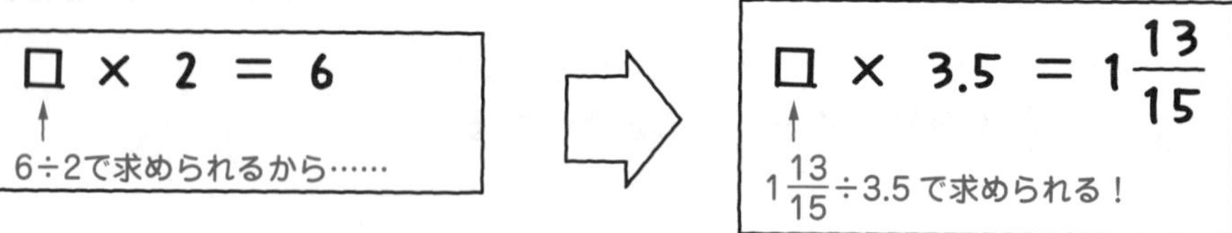

$1\frac{13}{15}$÷3.5は，分数÷小数の計算だね。このように，分数と小数の混じった計算では，どちらも分数にそろえて計算するのがいいのかな。それとも小数にそろえるのがいいのかな。どっちだと思う？

「うーん，どっちだろう……。」

分数と小数の混じった計算では，ふつうは小数を分数に直して計算するのがいいよ。

「なぜ，小数にそろえて計算するのはダメなんですか？」

分数を小数に直すとき，うまくわりきれることもあるんだけど，$1\frac{13}{15}$÷3.5の計算で，$1\frac{13}{15}$を小数に直すと1.86666……とずっと６が続いてわりきれないんだ。

$1\frac{13}{15}$を小数に直す

分子の13を分母の15でわると……

わりきれない！

$$
\begin{array}{r}
0.8666\cdots \\
15\overline{)13.0000} \\
\underline{120} \\
100 \\
\underline{90} \\
100 \\
\underline{90} \\
100 \\
\vdots
\end{array}
$$

→ 1.8666…　これに1をたして

わりきれなければそのあとの計算ができない。**せっかく筆算をして小数に直そうとしたのに，筆算した時間がムダになってしまうんだ。それなら，はじめから分数に直して計算したほうがいい**よね。コツとしてまとめておくね。

分数と小数の混じった計算のコツ

分数と小数の混じった計算では，ふつうは**小数を分数に直して計算する**のがよい。

でも，例外(れいがい)もあって，分数を小数に直して計算したほうがよいときもあるんだ。

「例外ってどんなときですか？」

それはね，**たし算やひき算で，分数を小数にすぐに直せるとき**だよ。たとえば，$\frac{3}{4}+0.2$という計算は，$\frac{3}{4}=0.75$であることを暗記していれば，式を小数にそろえたほうが速く計算できる。分数にそろえる場合と小数にそろえる場合を比(くら)べると，次のようになるよ。

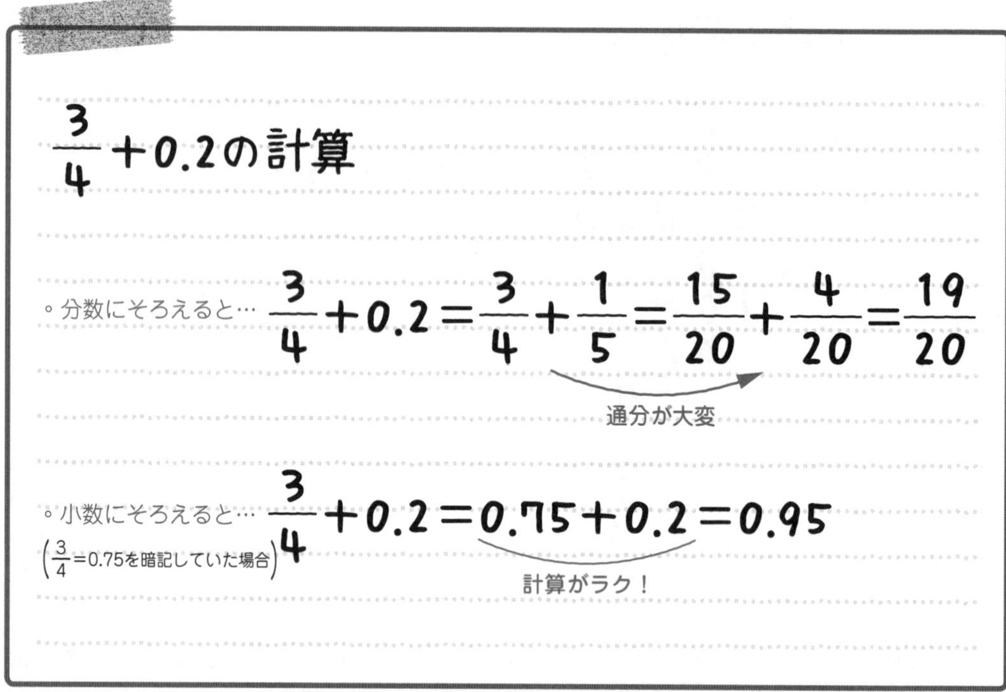

「ほんとだ！ $\frac{3}{4}+0.2$は，分数より小数にそろえたほうが速く計算できますね。」

うん。でも，これは例外(れいがい)だよ。分数がすぐ小数に直せるたし算やひき算のときは小数にしよう。

さて，話をもとにもどすと，$1\frac{13}{15}\div3.5$ の $1\frac{13}{15}$ は，小数に直そうとしてもわりきれないから，小数の 3.5 を分数に直して計算しよう。ユウトくん，計算してみて。

「はい！

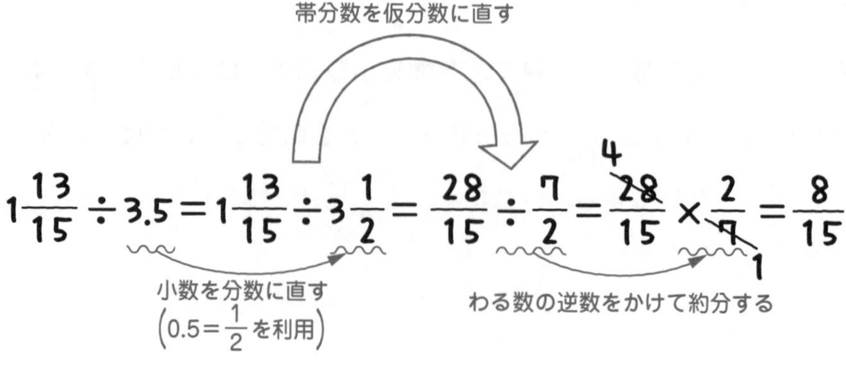

$\frac{8}{15}$ です！」

うん，そうだね。だから，答えの□は $\frac{8}{15}$ だ。

$\frac{8}{15}$ … 答え ［例題］2-10 (2)

長くなったから，解き方の流れをまとめておこう。

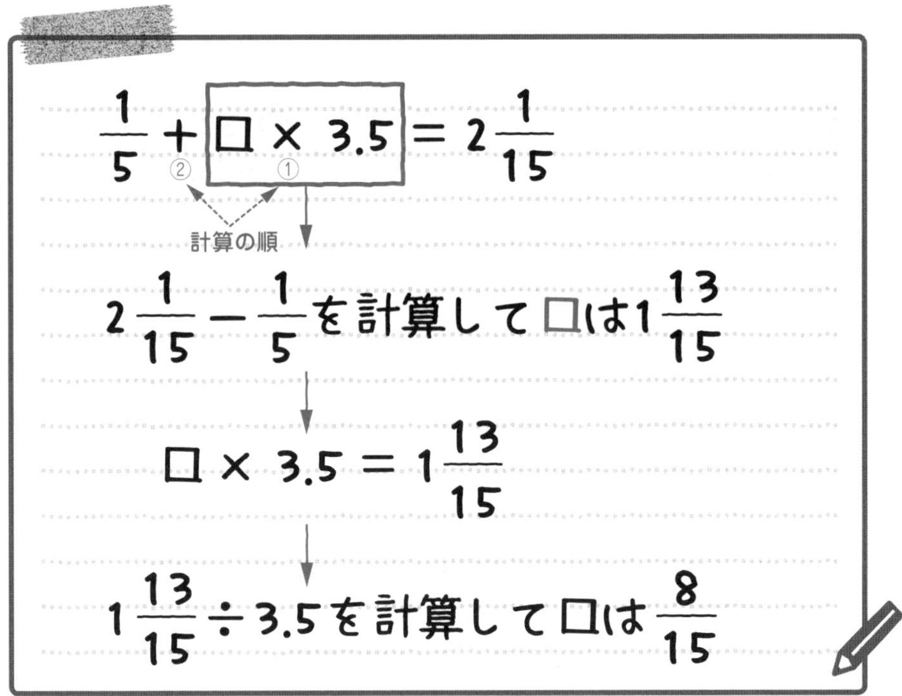

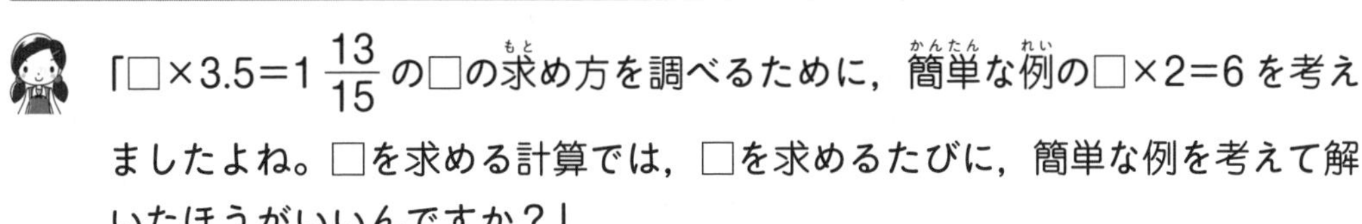

「$□\times3.5=1\frac{13}{15}$ の□の求め方を調べるために，簡単な例の $□\times2=6$ を考えましたよね。□を求める計算では，□を求めるたびに，簡単な例を考えて解いたほうがいいんですか？」

慣れないうちや，どう計算すれば□が求められるかわからないときは，簡単な例を使って考えたほうがいいね。慣れてくると，簡単な例を使って考えなくても，どのように計算すれば□が求められるか自然に身についてくるよ。

説明の動画はこちらで見られます

では，(3)に進もう。

$$\left\{□\times\left(10\frac{3}{8}-2\right)-7\frac{2}{3}\right\}\div5.25=\frac{2}{3}$$

「ひぇー，難しそう！」

うん，一見難しそうだね。でも，順序よく解いていけば (1) や (2) と解き方は変わらないよ。実際の中学入試では，このくらいのレベルの問題が出題されることが多いんだ。では，さっそく解いていこう。何から始めればいいと思う？

「えっと…まず，計算の順序を考えればいいのかしら。」

うん，そうだね。

$$\left\{\square\times\left(10\frac{3}{8}-2\right)-7\frac{2}{3}\right\}\div5.25=\frac{2}{3}$$

これを**ふつうに計算するときに，どういう順序で計算するか考えればいい**んだ。この計算には，小かっこ（　）と中かっこ｛　｝があるね。**小かっこと中かっこでは，小かっこを先に計算する**んだったね。

そして，かけ算やわり算は，たし算やひき算より先に計算するんだった。

これをもとに，**＋，－，×，÷の下に計算の順序の番号をふる**と，次のようになる。

$$\left\{\square\underset{②}{\times}\left(10\frac{3}{8}\underset{①}{-}2\right)\underset{③}{-}7\frac{2}{3}\right\}\underset{④}{\div}5.25=\frac{2}{3}$$

そして，**計算の順序の番号をふったあと，（求めたいところにたどりつくまで）番号のいちばん大きいものを残して，それ以外のものは大きな四角で囲んで考える**んだったね。この場合は，番号のいちばん大きい④の÷は残して，①②③のまわりの数字を，次のように大きな四角で囲もう。

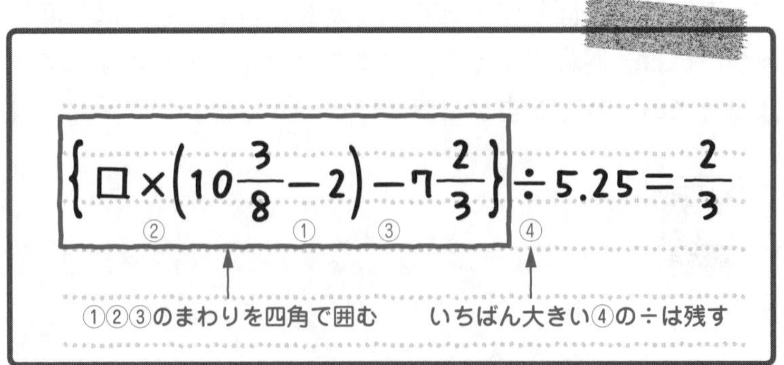

そして，赤い四角の中身の$\left\{\square\times\left(10\frac{3}{8}-2\right)-7\frac{2}{3}\right\}$をまとまりと考えるんだね。

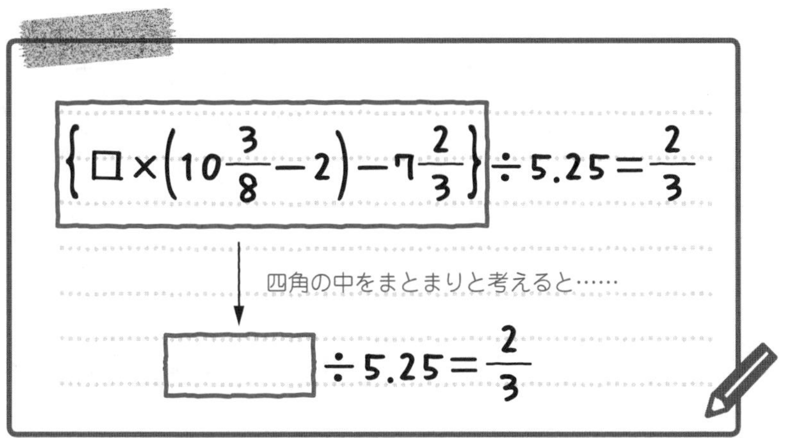

これで，□÷5.25＝$\frac{2}{3}$ という式に変形（へんけい）できたね。□を求めるために，どういう計算をすればいいかな？

「簡単（かんたん）な例（れい）で考えるんですよね。」

うん。□÷5.25＝$\frac{2}{3}$ の小数と分数の部分を整数に直した簡単な例で考えればいいんだね。たとえば，□÷2＝3 という例で考えてみよう。何を 2 でわれば 3 になるか考えると，□は 6 だね。この 6 はどうやって求められるかな？

「3×2＝6 で求められます！」

うん，そうだね。□÷2＝3 の□は，3×2 で求められる。つまり，□÷5.25＝$\frac{2}{3}$ の□も，$\frac{2}{3}$×5.25 を計算すれば求められるということだ。

$\frac{2}{3}$×5.25 は分数×小数の計算だけど，小数と分数のどちらにそろえて計算すればいいんだっけ？

「分数を小数に直すとわりきれないときがあるから……，分数にそろえて計算します！」

うん，その通り。$\frac{2}{3}$×5.25 を分数にそろえて計算すると，次のようになる。

$$\frac{2}{3}\times 5.25=\frac{2}{3}\times 5\frac{1}{4}=\frac{2}{3}\times\frac{21}{4}=\frac{\overset{1}{\cancel{2}}\times\overset{7}{\cancel{21}}}{\underset{1}{\cancel{3}}\times\underset{2}{\cancel{4}}}=\frac{7}{2}=3\frac{1}{2}$$

仮分数に直す

小数を分数に直す
$\left(0.25=\frac{1}{4}\text{を利用}\right)$

かける前に
約分する

これで，$\square\div 5.25=\frac{2}{3}$ の□は，$3\frac{1}{2}$ であることが求められた。ここで思い出そう。

もともと□の中には，次のように $\square\times\left(10\frac{3}{8}-2\right)-7\frac{2}{3}$ が入っていたね。

$$\left\{\square\times\left(10\frac{3}{8}-2\right)-7\frac{2}{3}\right\}\div 5.25=\frac{2}{3}$$

ココが $3\frac{1}{2}$ であることが求められた。

つまり，$\square\times\left(10\frac{3}{8}-2\right)-7\frac{2}{3}=3\frac{1}{2}$ であることがわかる。そして，ここからは，また**同じことをくり返して求めていく**んだ。

計算の順序の番号をふったあと，（求めたいところにたどりつくまで）番号のいちばん大きいものを残して，それ以外のものは大きな四角で囲んで考えるんだったね。今回は，番号のいちばん大きい③の－は残して，①②のまわりの数字を，次のように大きな四角で囲むよ。

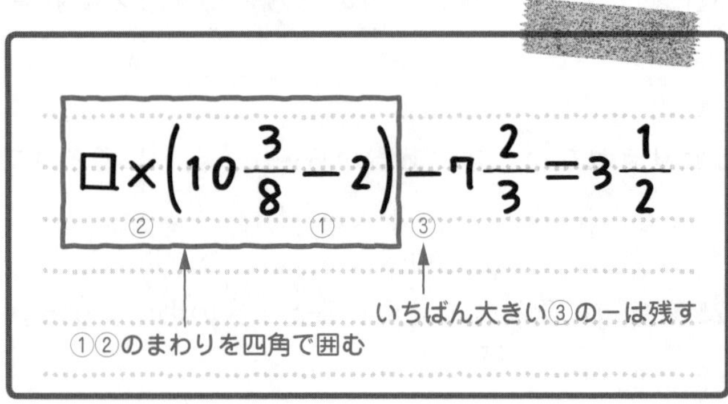

そして，赤い四角の中の $\square\times\left(10\frac{3}{8}-2\right)$ をまとまりと考えると，次のようになる。

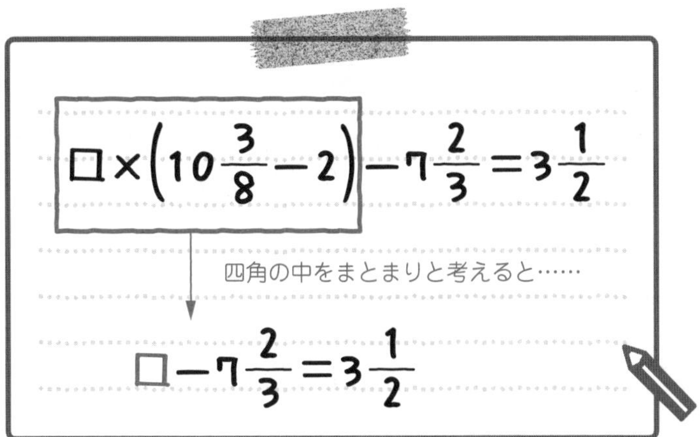

これで，$\square-7\frac{2}{3}=3\frac{1}{2}$ という式に変形（へんけい）できたね。□を求めるために，簡単（かんたん）な例（れい）で考えればいいんだったね。簡単な例は思いつくかな？

「$\square-7\frac{2}{3}=3\frac{1}{2}$ の分数の部分を整数に直した簡単な例で考えればいいんだから……，□−2=3 という例はどうかしら？」

うん，いいね。□−2=3 の□は 5 だ。この 5 は 3+2 で求められるね。つまり，$\square-7\frac{2}{3}=3\frac{1}{2}$ の□は，$3\frac{1}{2}+7\frac{2}{3}$ を計算すれば求められるということだ。

$$3\frac{1}{2}+7\frac{2}{3}=3\frac{3}{6}+7\frac{4}{6}=10\frac{7}{6}=11\frac{1}{6}$$

通分する

$\frac{7}{6}=1\frac{1}{6}$ なので，10に$1\frac{1}{6}$をたす

これで，$\square-7\frac{2}{3}=3\frac{1}{2}$ の□は，$11\frac{1}{6}$ であることが求められた。もともと□の中には，次のように$\square\times\left(10\frac{3}{8}-2\right)$が入っていたね。

$$\boxed{\square\times\left(10\frac{3}{8}-2\right)}-7\frac{2}{3}=3\frac{1}{2}$$

ココが$11\frac{1}{6}$と求められた

つまり，$\square\times\left(10\frac{3}{8}-2\right)=11\frac{1}{6}$ であることがわかる。

説明の動画は
こちらで見られます

だんだんシンプルな形になってきたね。もうひとふんばりすればゴールだよ。では，同じことをくり返そう。この計算の×と－の下に計算の順序の番号をふると，次のようになるね。

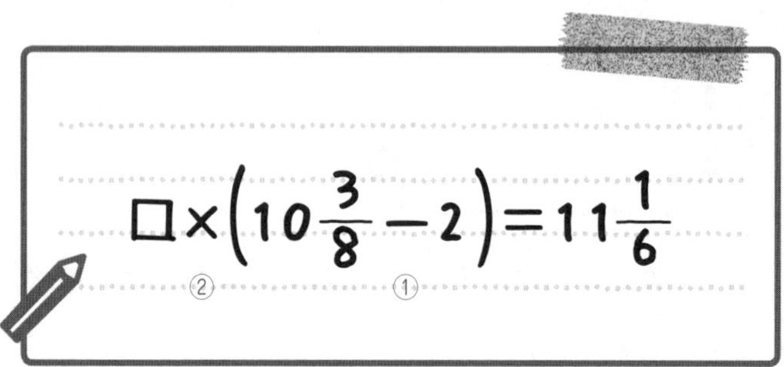

$$\square \times \left(10\frac{3}{8}-2\right)=11\frac{1}{6}$$

②　①

ここで，いままでなら，計算の順序の番号のいちばん大きいものを残して，それ以外のものは大きな四角で囲んで考えたね。

でも，今回はそれをすると解けなくなってしまう。①のまわりの数を大きな四角で囲んで，四角の中身を消すと，次のようになってしまうんだよ。

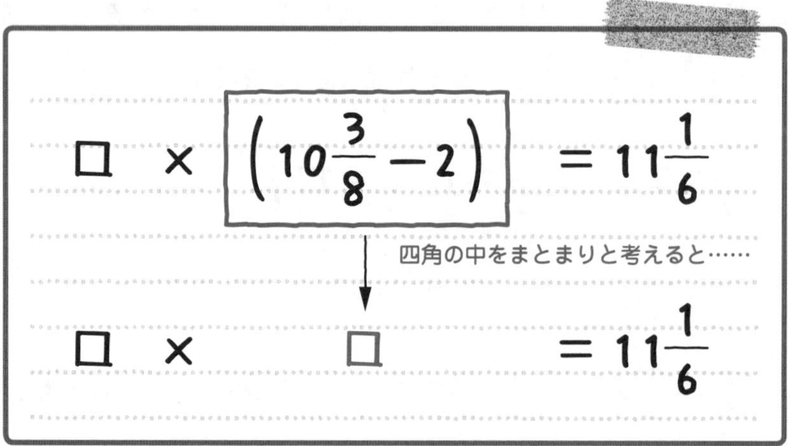

$$\square \times \left(10\frac{3}{8}-2\right)=11\frac{1}{6}$$

$$\square \times \square = 11\frac{1}{6}$$

このように，$\square \times \square = 11\frac{1}{6}$という意味のわからない式になってしまうんだ。なぜ，こんなことが起きるのか？　もとの式を見てみよう。

$$\square \times \left(10\frac{3}{8}-2\right)=11\frac{1}{6}$$

②　①

この式をよく見ると，①の小かっこの中の$\left(10\frac{3}{8}-2\right)$という式は，このまま計算できるんだね。このような場合は，先に，小かっこの中の$\left(10\frac{3}{8}-2\right)$の計算をするべきなんだ。$10\frac{3}{8}-2=8\frac{3}{8}$だから，次のようになるということだよ。

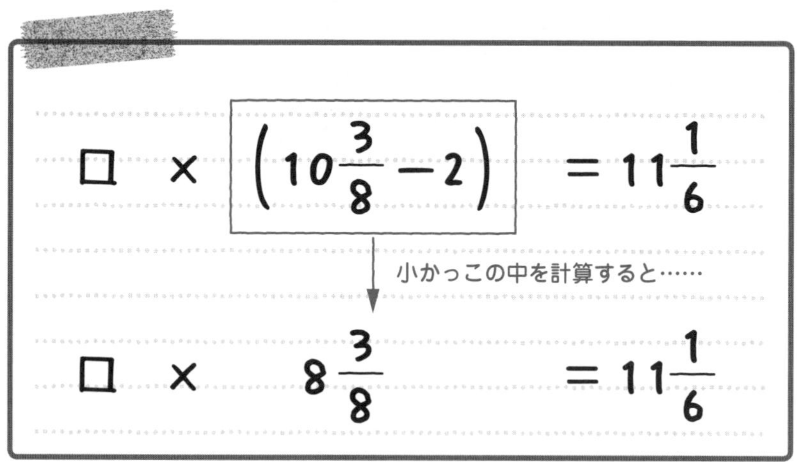

このように，$\square\times8\frac{3}{8}=11\frac{1}{6}$という式に変形できるんだ。

「でも，先生は『番号のいちばん大きいものを残して，それ以外のものは大きな四角で囲んで考える』って言いましたよね？　どうして，今回はちがうんですか？」

たしかにそう言ったね。ただし，「**求めたいところにたどりつくまで**」なんだよ。求めたいところにたどりつくまでは，この方法を使って，使えなくなったら，このように先に計算すべきところを計算する必要があるんだ。

「基本的にはこの方法でやって，終わりに近くなって使えなくなったら，ふつうに計算するんですね。」

その通り。さて，(3) のもとの式はついに，$\square\times8\frac{3}{8}=11\frac{1}{6}$という形まで簡単になった。この□，つまり答えを求めよう。□を求めるためには，どうすればいいかな？

「簡単な例で考えて……。□×2=6 の例で考えると，□は 6÷2=3 と求められます。だから，$\square\times8\frac{3}{8}=11\frac{1}{6}$の□は，$11\frac{1}{6}\div8\frac{3}{8}$を計算すればいいんですね！」

そうだね。そして，$11\frac{1}{6}\div8\frac{3}{8}$ を計算すると，次のようになる。

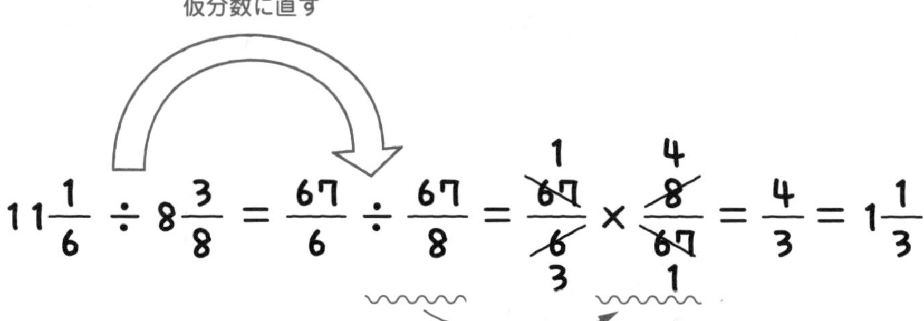

$$11\frac{1}{6}\div8\frac{3}{8}=\frac{67}{6}\div\frac{67}{8}=\frac{\overset{1}{\cancel{67}}}{\underset{3}{\cancel{6}}}\times\frac{\overset{4}{\cancel{8}}}{\underset{1}{\cancel{67}}}=\frac{4}{3}=1\frac{1}{3}$$

これにより，(3)の答えが $1\frac{1}{3}$ と求（もと）められるんだ。

$1\frac{1}{3}$ …答え［例題］2-10 (3)

「ふぅ，大変（たいへん）だったわ。」

最初（さいしょ）は大変に感じるかもしれないけど，練習していくと少しずつ慣（な）れてくるよ。はじめは，あせらず，落ち着いて 1 つ 1 つ解（と）いていこう。

「はい！　練習していきます！」

慣れてくると，計算の順（じゅん）に番号をふったり，大きな四角で囲（かこ）んだりしなくても解けるようになってくるからね。ゆっくり解くことから始めて，少しずつ計算のスピードを上げていくようにしよう。

Check 25　つまずき度 ●●○○○　➡解答は別冊 p.50 へ

次の□にあてはまる数を求めなさい。

(1)　$\square\times0.45=2\frac{2}{5}$

(2)　$3.12-\square\div\frac{3}{23}=2.2$

(3)　$5\frac{1}{8}-\left\{2.875-1\frac{1}{7}\div(\square+2)\right\}=2\frac{3}{4}$

2 09 単位換算

単位換算を苦手としている人は多いようだね。得意になるコツを教えよう。

説明の動画は
こちらで見られます

単位換算とは，**ある単位を別の単位にかえること**だよ。たとえば，2 m は何 cm かな？　1 m＝100 cm であることをもとに考えればすぐわかるね。

「1 m＝100 cm だから，2 m＝200 cm です！」

そうだね。ユウトくんがしてくれたように，たとえば，2 m を 200 cm に直すことを単位換算というんだ。ハルカさんは，単位換算は得意かな？

「m と cm とか，そういう簡単な単位ならわかるんですけど，mL（ミリリットル）とか ha（ヘクタール）とかになると，こんがらがっちゃって……。」

m や cm などのふだんよく出てくる単位換算ならわかるけど，mL や ha などの単位換算を苦手としている人は多いようだ。単位換算を苦手としている人は，おもに次の 2 つの理由で苦戦していることが多いようだね。

＊単位換算を苦手とする人が多い 2 大理由！

その 1：単位の種類が多く，**単位どうしの関係を覚えられない。**

その 2：単位どうしの関係を覚えたとしても，**単位換算をするときに小数点の位置などをまちがってしまう。**

「たしかに。単位がいっぱいあるからごちゃごちゃになるのと，計算をまちがっちゃうんだよなぁ。」

そうだよね。でも，単位換算は算数の入試問題の計算問題などでよく出るし，得意にしておきたいところだ。単位換算が苦手な 2 大理由を克服する方法を学んでいこう。まず「**これだけ知っていれば，単位換算の問題で約 9 割取れる（10 問中約 9 問正解できる）レベル**」まで教えていくよ。

「お願いします！」

まず，単位換算が苦手な2大理由の1つ「単位がたくさん出てきて，単位どうしの関係を覚えられない」ということについてだけど，単位換算でまず覚えておくべきなのは，次の2つの関係なんだ。

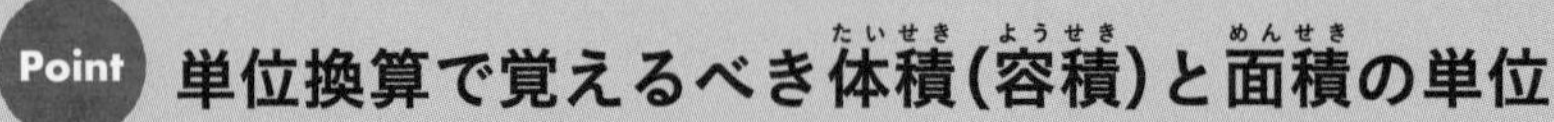

Point 単位換算で覚えるべき体積(容積)と面積の単位

❶ 体積(容積※)の単位
1000倍ずつ大きくなる！

※容積とは，入れ物の中にいっぱいに入る水の体積のこと。

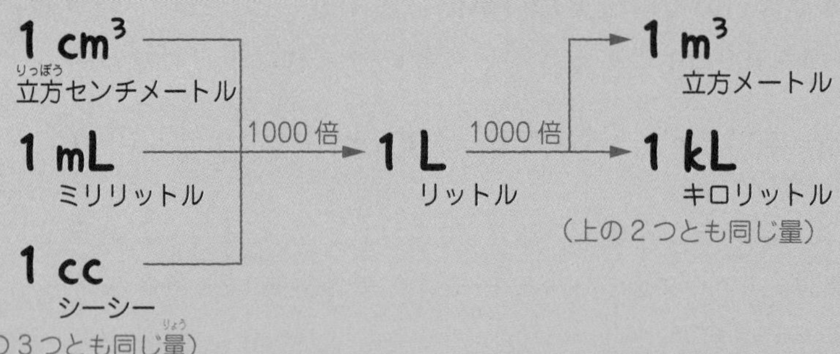

❷ 面積の単位
100倍ずつ大きくなる！

$1\ m^2$（平方メートル） —100倍→ 1 a（アール） —100倍→ 1 ha（ヘクタール） —100倍→ $1\ km^2$（平方キロメートル）

覚え方は**「体積は1000倍ずつ，面積は100倍ずつ」**
（ただし，面積の単位 $1\ cm^2$ の10000倍が $1\ m^2$ なので，注意すること）

「えっ！　まずこの2つの関係を覚えるだけでいいんですか？　もっとたくさんの単位があると思うんですけど……。」

まず，この2つの関係をおさえよう。この2つの関係は，何も見なくても書けるように暗記することをおすすめするよ。

Pointの❶は，体積（容積）の単位の関係だ。まず，おさえてほしいのは，**$1\ cm^3$ と 1 mL と 1 cc はすべて同じ量**であることだ。次に，これらを**1000倍すると1 L**になる。そして，**1 Lを1000倍すると1 kL，または $1\ m^3$** になることをおさえておこう。**1 kLと $1\ m^3$ は同じ量だ。**

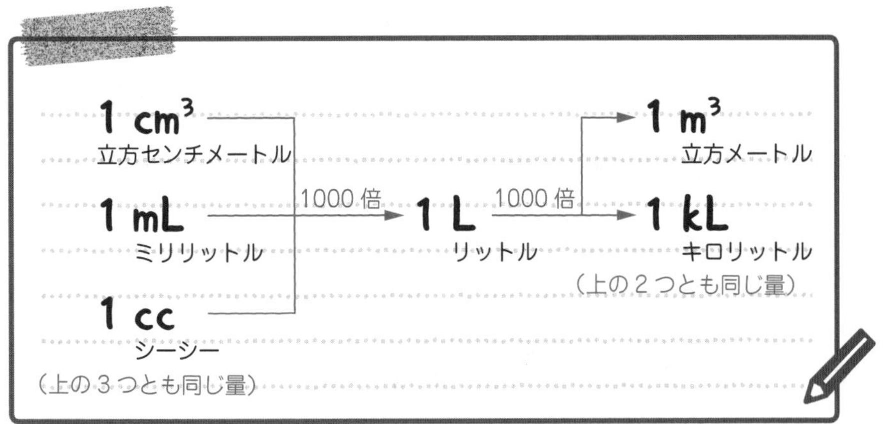

Point の❷は，面積の単位の関係だ。**1 m² を 100 倍すれば 1 a になり，1 a を 100 倍すれば 1 ha になり，1 ha を 100 倍すれば 1 km² になる**という単位の決まりも，丸ごと覚えてしまおう。

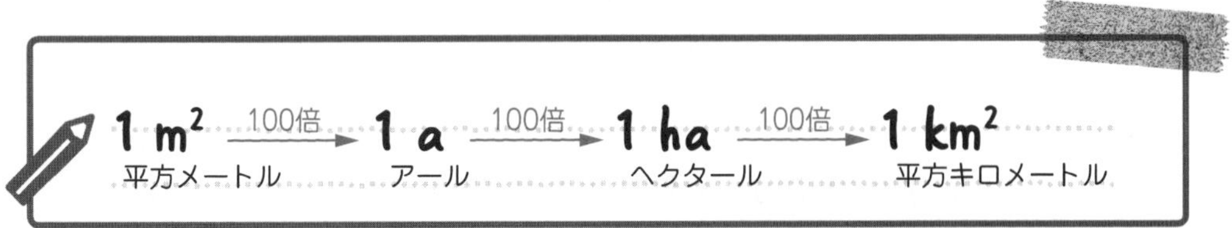

体積は 1000 倍ごとに単位が変（か）わり，面積は 100 倍ごとに単位が変わるから「**体積は 1000 倍ずつ，面積は 100 倍ずつ**」という合言葉で覚えておいてもいいね。

「『体積は 1000 倍ずつ，面積は 100 倍ずつ』これなら覚えられそう！」

うん。また，容積の単位の関係で，1 mL を 1000 倍すれば 1 L になり，1 L を 1000 倍すれば 1 kL になる，という関係は，次のポイントをおさえておけば，そこから導（みちび）くことができるよ。

Point　k(キロ)と m(ミリ)の意味

k(キロ)という言葉は 1000 倍を表し，

m(ミリ)という言葉は $\frac{1}{1000}$ 倍を表す。

たとえば，1 km＝1000 m だね。**k（キロ）は 1000 倍を表す**から，**1 m の 1000 倍が 1 km（キロメートル）**ということだ。また，**m（ミリ）は $\frac{1}{1000}$ 倍を表す**から，**1 m の $\frac{1}{1000}$ 倍は 1 mm（ミリメートル）**になるんだよ。1 m＝1000 mm ということだね。

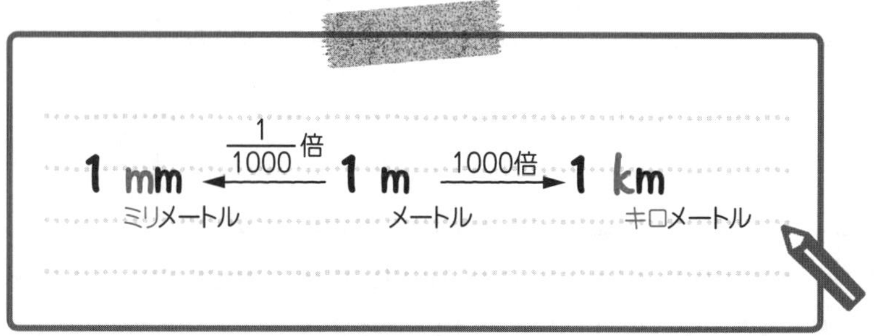

このように，「k（キロ）は 1000 倍を表し，m（ミリ）は $\frac{1}{1000}$ 倍を表す」ということを知っておくと，次の単位の関係を導くことができるんだ。

Point　k(キロ)と m(ミリ)を使った単位の関係

k(キロ)は 1000 倍，m(ミリ)は $\frac{1}{1000}$ 倍を表すと知っていると，次の単位の関係を導ける。

- 長さの単位　1 km（キロメートル）＝ 1000 m（メートル），1 m（メートル）＝ 1000 mm（ミリメートル）
- 体積の単位　1 kL（キロリットル）＝ 1000 L（リットル），1 L（リットル）＝ 1000 mL（ミリリットル）
- 重さの単位　1 kg（キログラム）＝ 1000 g（グラム），1 g（グラム）＝ 1000 mg（ミリグラム）

k（キロ）と m（ミリ）の意味を知っていれば，これだけの単位の関係をまとめて導けるんだ。**1 L＝1000 mL などの関係を覚えなくても導ける**，ということだね。

説明の動画は
こちらで見られます

「暗記しなくても導ける」単位の関係はほかにもあるよ。たとえば，次の❶〜❸の単位の関係はすべて，暗記しなくても導けるものだね。

Point 暗記しなくても導ける単位の関係

・面積の単位 ❶ $1\ \mathrm{m}^2 = 10000\ \mathrm{cm}^2$
平方メートル　平方センチメートル

❷ $1\ \mathrm{km}^2 = 1000000\ \mathrm{m}^2$
平方キロメートル　平方メートル

・体積の単位 ❸ $1\ \mathrm{m}^3 = 1000000\ \mathrm{cm}^3$
立方メートル　立方センチメートル

「❶〜❸をどうやって導くんですか？」

では，❶の $1\ \mathrm{m}^2 = 10000\ \mathrm{cm}^2$ の導き方を教えよう。

まず，右のように正方形をかいてくれるかな？　そして，この正方形の面積を $1\ \mathrm{m}^2$ としよう。

$1\ \mathrm{m}^2$

ハルカさん，この正方形の1辺は何 m かな？　正方形の面積は，(1辺)×(1辺)で求められることをもとに考えてみよう。

「(1辺)×(1辺)を計算したら $1\ \mathrm{m}^2$ っていうことね。1×1=1 だから，1辺は1mかしら。」

その通り。$1\ \mathrm{m} \times 1\ \mathrm{m} = 1\ \mathrm{m}^2$ だから，この正方形の1辺は1mだ。そして，1m＝100cm だから，さっきの正方形に，次のように書きたしてみよう。

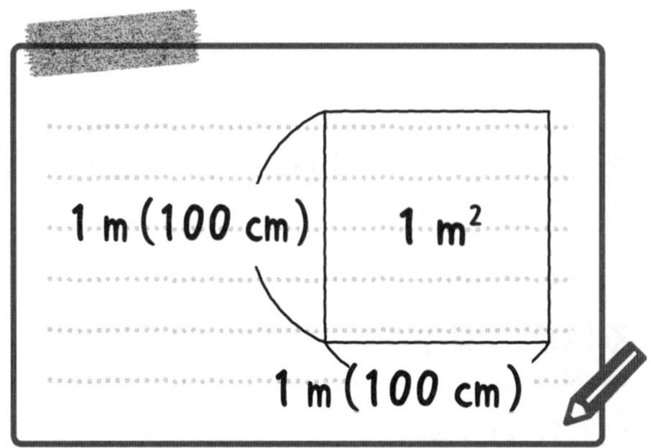

1 m^2 の正方形の 1 辺(へん)は 100 cm であることがわかるね。**正方形の面積(めんせき)は (1 辺) × (1 辺) で求(もと)められるから，100 (cm) × 100 (cm) を計算すれば，1 m^2 が何 cm^2 かわかる。** ユウトくん，計算してくれるかな？

「100×100＝10000 だから……，1 m^2＝10000 cm^2 ですね！」

そうだね。これで，1 m^2＝10000 cm^2 と導(みちび)けたんだ。

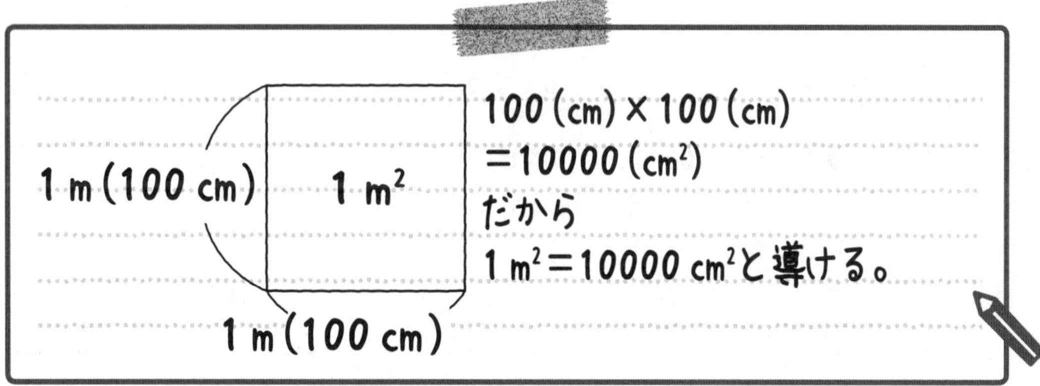

1 m^2 が何 cm^2 であるかを暗記しなくても，または忘(わす)れてしまっても，1 m＝100 cm から，1 m^2＝10000 cm^2 であることを導くことができるんだね。テスト中でも，1 m^2 の正方形をかいて調べれば，1 m^2＝10000 cm^2 であることがすぐわかるよ。

❷の 1 km^2＝1000000 m^2 も同じように導けるんだ。今度は面積が 1 km^2 の正方形をかいて考えてみればいいんだね。

正方形の面積は (1 辺) × (1 辺) で求められるから，1×1＝1 より，この正方形の 1 辺は 1 km だ。1 km×1 km＝1 km^2 ということだね。そして，1 km＝1000 m だから，さっきの正方形に，次のように書きたしてみよう。

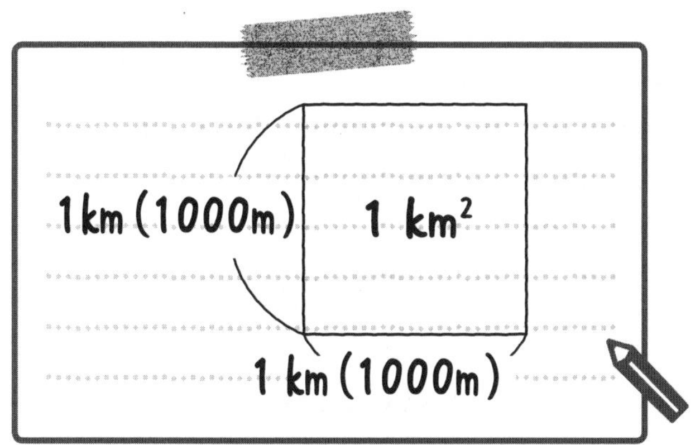

1 km^2 の正方形の1辺は 1000 m であることがわかる。**正方形の面積は(1 辺)×(1 辺)で求められるから，1000(m)×1000(m)を計算すれば，1k m^2 が何 m^2 かわかる**ね。ハルカさん，計算してくれるかな？

「1000×1000＝1000000 だから……，1 km^2＝1000000 m^2 ですね。」

その通り。これで，1 km^2＝1000000 m^2 と導けたんだ。

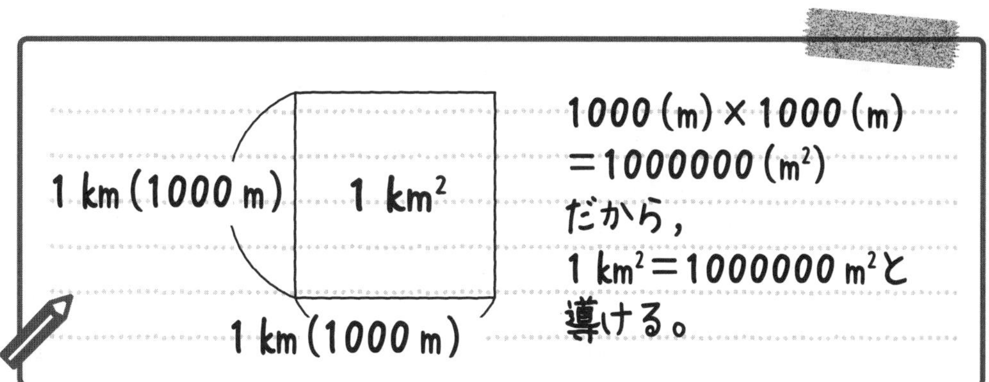

最後に，体積の❸の 1 m^3＝1000000 cm^3 の導き方も説明するよ。まず，右のように立方体をかいて，その体積を 1 m^3 としよう。立方体とは，右のように6つの同じ大きさの正方形で囲まれた立体のことだ。ユウトくん，この立方体の1辺は何 m かな？

立方体の体積は(1 辺)×(1 辺)×(1 辺)で求められることをもとに考えてみよう。

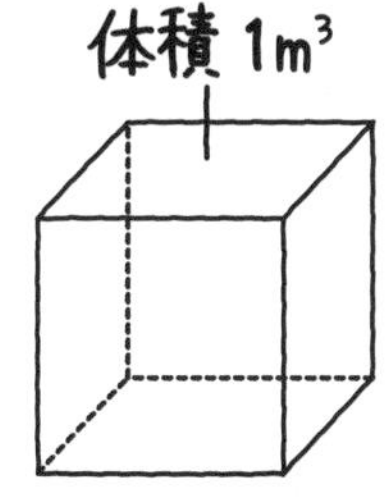

「(1 辺)×(1 辺)×(1 辺)を求めたら 1 m^3 なんだよね……，1×1×1=1 だから，1辺は 1 m かな？」

そうだね。1 m×1 m×1 m＝1 m^3 だから，この立方体の1辺は 1 m だ。そして，1 m＝100 cm だから，さっきの立方体に，次のように書きたしてみよう。

1 m^3 の立方体の 1 辺は 100 cm であることがわかるね。立方体の体積は(1 辺)×(1 辺)×(1 辺)で求められるから，**100 (cm) ×100 (cm) ×100 (cm) を計算すれば，1 m^3 が何 cm^3 かわかる**。ユウトくん，計算してくれるかな？

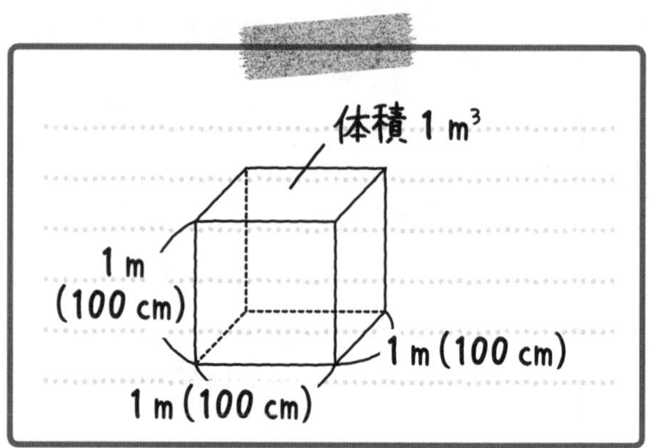

「100×100×100＝1000000 だから……1 m^3＝1000000 cm^3 ですね！」

そうだね。これで，1 m^3＝1000000 cm^3 と導(みちび)けたわけだ。

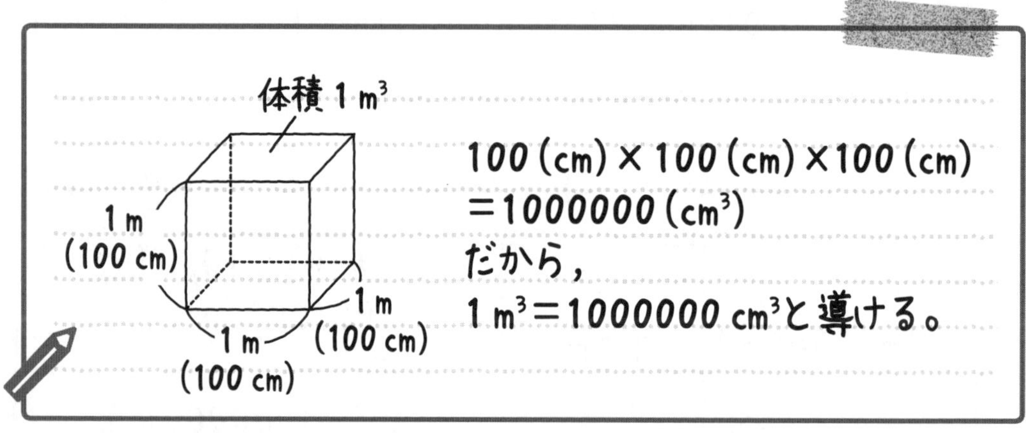

いままで見てきたように，単位(たんい)の関係(かんけい)は丸暗記しなければいけないものもあるけど，単位の意味がわかれば，導ける関係も多いということだね。すべて丸暗記しようとせずに，導けるものは導いて，単位の関係をおさえるようにしよう。

おさえておくべき単位の関係をまとめておくよ。

Point 中学入試(にゅうし)でおさえておくべき単位の関係

長さ，面積(めんせき)，体積(たいせき)，重さの単位で，以下の関係(かんけい)をおさえよう！

・ 長さの単位

1 mm →(10倍) 1 cm →(100倍) 1 m →(1000倍) 1 km

1 mm →(1000倍) 1 m

・ 面積の単位

1 cm^2 →(10000倍) 1 m^2 →(100倍) 1 a(アール) →(100倍) 1 ha(ヘクタール) →(100倍) 1 km^2

・ 体積(容積(ようせき))の単位

1 mL(＝1 cm^3)(＝1 cc) →(100倍) 1 dL(デシリットル) →(10倍) 1 L →(1000倍) 1 kL(＝1 m^3)

1 mL →(1000倍) 1 L

・ 重さの単位

1 mg →(1000倍) 1 g →(1000倍) 1 kg →(1000倍) 1 t(トン)

説明の動画は
こちらで見られます

では，いままで見てきた単位の関係を使って，単位換算(たんいかんさん)の問題を解(と)いていこう。

[例題]2-11 つまずき度 ●●○○○

次の□にあてはまる数(かず)を求めなさい。

(1)　35 ha＝□ a

(2)　120 cm^3＝□ L

では，(1)「35 ha＝□ a」の□にあてはまる数を考えていこう。ha と a は何の単位だったっけ？

「ha も a も面積の単位です！」

うん，面積の単位だね。単位換算（たんいかんさん）の問題を解くとき，**まずは基本（きほん）の単位の関係（かんけい）を思い出そう。**この問題では，**1 ha＝100 a** という基本の単位の関係を思い出せばいいんだ。この基本の関係から，ha を a に直すには何倍すればよいことがわかるかな？

「1 ha＝100 a だから，ha を a に直すには 100 倍すればいいんですね！」

1 ha＝100 a
100倍する

そうだね。ha を a に直すには 100 倍すればいいんだ。これをもとに考えて，35 ha を a に直すと，次のようになるよ。

35 ha＝ 3500 a
100倍する

3500 … 答え ［例題］2-11 (1)

このように，**単位換算の問題は「基本の関係から導（みちび）く」ことがポイント**だ。

(1) の問題なら，まず**「1 ha＝100 a」という基本の関係から，ha を a に直すには 100 倍すればよい**ことがわかる。だから，35 を 100 倍して 3500 a と求めればいいんだね。

「はじめに，基本の関係を思い出して解（と）くんですね。」

そういうことだよ。**すべての単位換算の問題は，この「基本の関係から導く方法（ほうほう）」で解くことができる**んだ。「基本の関係から導く」というのを合言葉にしよう。

「『基本の関係から導く』が合言葉ね！」

うん。では，(2) に進もう。「120 cm^3＝□ L」の□にあてはまる数を求める問題だよ。(2) も，**基本の関係から導いて解こう。**cm^3 と L には，**1000 cm^3＝1 L** という基本の関係がある。1000 cm^3＝1 L をもとに考えると，cm^3 を L に直すには何でわればいいかな？

「1000 cm^3＝1 L だから，cm^3 を L に直すには 1000 でわればいいんですね！」

$$1000\ \text{cm}^3 = 1\ \text{L}$$

1000でわる

その通り。cm^3 をLに直すには1000でわればいいんだ。(2)では，120 cm^3 が何Lか求めればいいんだね。どうすればいいかな？

「cm^3 をLに直すには1000でわればいいんだから，120÷1000＝0.12(L)が答えね。」

$$120\ \text{cm}^3 = \boxed{0.12}\ \text{L}$$

1000でわる

その通り。(2)も，「1000 cm^3＝1 L」という基本の関係から導いて解くことができたね。(1)と(2)のように，**基本の単位から，何倍すればよいのか(何でわればよいのか)を導いて解くのが，単位換算のコツ**だよ。このコツをおさえれば，小数点の位置などをまちがえるミスを減らすことができるからね。

0.12…答え［例題］2-11 (2)

説明の動画はこちらで見られます

では，次の例題に進もう。単位換算をふくむ計算問題に挑戦だ。

［例題］2-12　つまずき度 😵😵😵😵😵

次の□にあてはまる数を求めなさい。

(1)　0.05 ha－1.35a＋57000 cm^2＝□ m^2

(2)　7200 mL ＋2.3 L －0.008m^3＝□ cm^3

「うわー，なんだこりゃ！　こんなの解けるかなぁ。」

一見難しそうに見えるよね。でも，1つずつ単位をそろえて，そのあとに計算すれば解けるから，慣れるとそんなに難しくないよ。これも中学入試の算数でよく出る問題だから得意にしていこう。では，(1)にいくよ。

$0.05\ \text{ha} - 1.35\ \text{a} + 57000\ \text{cm}^2 = \square\ \text{m}^2$

この式の□にあてはまる数を求める問題だね。

「式に出てくる単位が全部ちがいますね。」

そうだね。式に出てくる単位は全部ちがう。**答えの単位は m² だから，それぞれの単位をすべて m² に直してから計算すればいい**んだ。

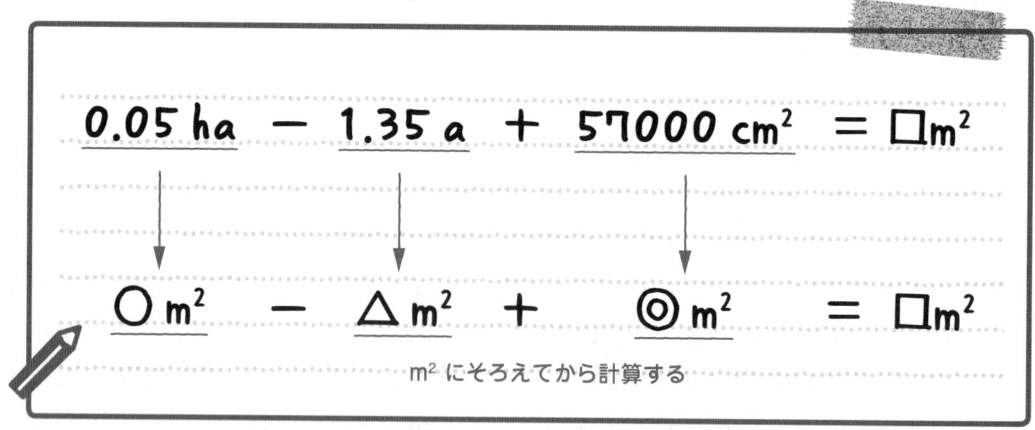

では，まず0.05 haを m² に単位換算しよう。単位換算での合言葉は何だったかな？

「『基本の関係から導く』ですね！」

その通り。では，ha と m² の基本の関係を考えよう。1 ha は何 m² かな？

「えっと，なんだったっけ……，うーん。」

ちょっと難しかったかな。では，1 ha は何 a かだったらわかるかな？

「これならわかります。1 ha＝100 a ですね！」

そうだね。1 ha＝100 a だ。そして，a と m² の関係は，1 a＝100 m² だよ。

「1 a＝100 m²」「1 ha＝100 a」から，1 ha は，100×100＝10000 m² であることがわかる。1 ha＝10000 m² という関係をもとに 0.05 ha が何 m² か求めよう。ハルカさん，求めてくれるかな？

「はい。『1 ha＝10000 m²』から考えると，ha を m² に直すには 10000 倍すればいいのね。だから，0.05 も同じように 10000 倍すると，0.05×10000＝500(m²) と求められるわ。」

$1\ \mathrm{ha}=10000\ \mathrm{m}^2$, $0.05\ \mathrm{ha}=\boxed{500}\ \mathrm{m}^2$

10000倍する　　10000倍する

その通り。これで，「0.05 ha＝500 m^2」と単位を直すことができたね。では，問題にもどろう。

(1)　0.05 ha－1.35 a＋57000 cm^2＝□ m^2

(1) の 0.05 ha は 500 m^2 に直せたから，次に 1.35 a が何 m^2 になるか求めよう。1 a＝100 m^2 であることをもとにすると，1.35 a は何 m^2 になるだろう？　ユウトくん，求めてくれるかな？

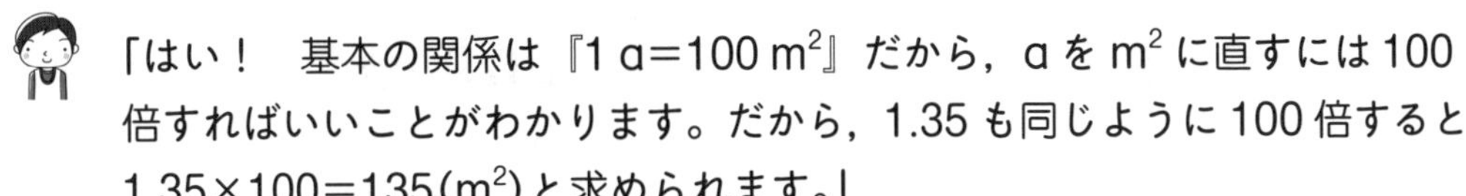

「はい！　基本の関係は『1 a＝100 m^2』だから，a を m^2 に直すには 100 倍すればいいことがわかります。だから，1.35 も同じように 100 倍すると，1.35×100＝135(m^2) と求められます。」

$1\mathrm{a}=100\ \mathrm{m}^2$, $1.35\mathrm{a}=\boxed{135}\ \mathrm{m}^2$

100倍する　　100倍する

その通り。これで，「1.35 a＝135 m^2」と単位を直すことができた。次に，57000 cm^2 が何 m^2 になるか求めよう。10000 cm^2＝1 m^2 であることをもとにすると，57000 cm^2 は何 m^2 になるかな？　ハルカさん，求めてみよう。

「はい。基本の関係『10000 cm^2＝1 m^2』から考えると，cm^2 を m^2 に直すには 10000 でわればいいのね。だから，57000 も同じように 10000 でわると，57000÷10000＝5.7(m^2) と求められるわ。」

$10000\ \mathrm{cm}^2=1\ \mathrm{m}^2$, $57000\ \mathrm{cm}^2=\boxed{5.7}\ \mathrm{m}^2$

10000でわる　　10000でわる

その通り。「57000 cm^2＝5.7 m^2」だね。これで，(1) の式を，次のようにすべて m^2 の単位にそろえることができた。

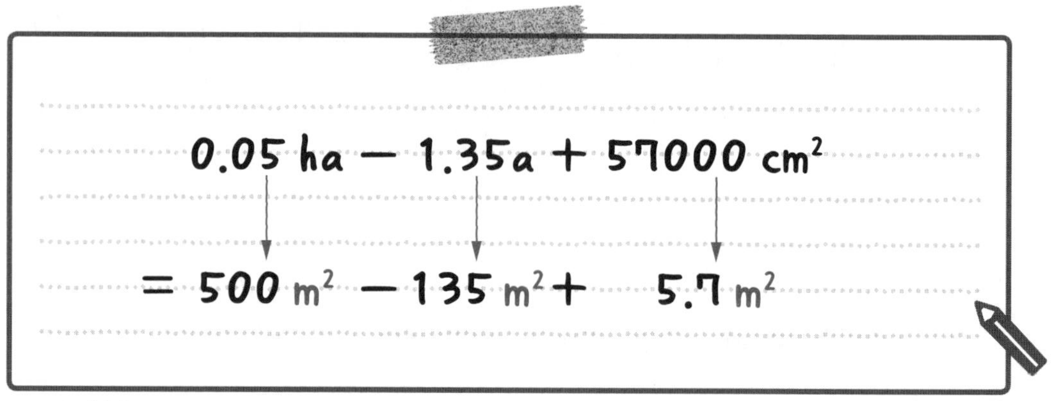

同じ単位にそろえたら，数どうしを計算していいよ。計算すると，次のようになる。

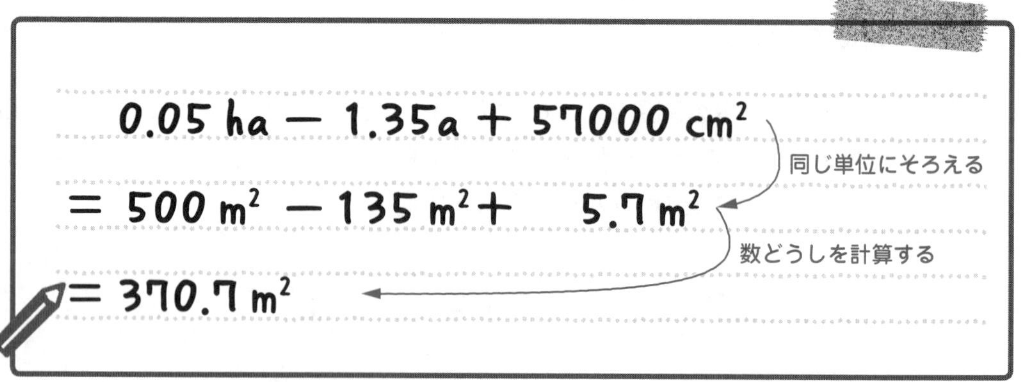

370.7 … 答え [例題]2−12 の(1)

説明の動画はこちらで見られます

では，(2)の 7200 mL ＋2.3 L −0.008 m^3＝□ cm^3 に進もう。

(2) は，答えが「□ cm^3」となっているから，単位を cm^3 にそろえてから計算すればいいね。まず，7200 mL が何 cm^3 か求めよう。1 mL＝1 cm^3 であることをもとに考えると，7200 mL は何 cm^3 かな？

「1 mL と 1 cm^3 は同じ体積ってことだから，7200 mL＝7200 cm^3 です！」

そうだね。「7200 mL＝7200 cm^3」だ。次に，2.3 L が何 cm^3 か求めよう。

1 L＝1000 cm^3 であることをもとに考えると，2.3 L は何 cm^3 かな？　ハルカさん，求めてみよう。

「はい。基本の関係『1 L＝1000 cm^3』から考えると，L を cm^3 に直すには 1000 倍すればいいのね。だから，2.3 も同じように 1000 倍すると，2.3×1000＝2300(cm^3)と求められるわ。」

$$1\ \text{L} = 1000\ \text{cm}^3,\quad 2.3\ \text{L} = \boxed{2300}\ \text{cm}^3$$

1000倍する　　1000倍する

うん，「2.3 L＝2300 cm^3」だね。では次に，0.008 m^3 が何 cm^3 か求めよう。1 m^3＝1000000 cm^3 であることをもとに考えると，ユウトくん，0.008 m^3 は何 cm^3 かな？

「任せてください！　基本の関係は『1 m^3＝1000000 cm^3』だから，m^3 を cm^3 に直すには 1000000 倍すればいいことがわかります。だから，0.008 も同じように 1000000 倍すると，0.008×1000000＝8000(cm^3) と求められます。」

$$1\ \text{m}^3 = 1000000\ \text{cm}^3,\quad 0.008\ \text{m}^3 = \boxed{8000}\ \text{cm}^3$$

1000000倍する　　1000000倍する

うん，その通り。「0.008 m^3＝8000 cm^3」だ。これで，(2) の式の単位をすべて cm^3 にそろえることができたね。

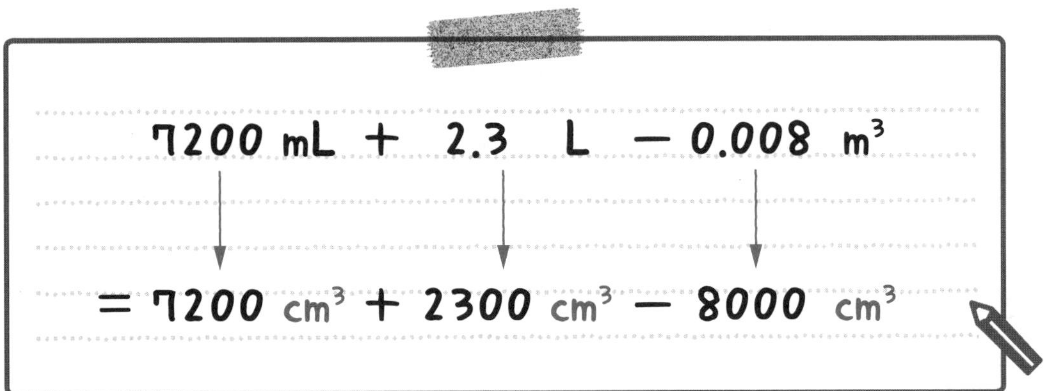

同じ単位にすべてそろえたら計算できるんだね。計算してみよう。

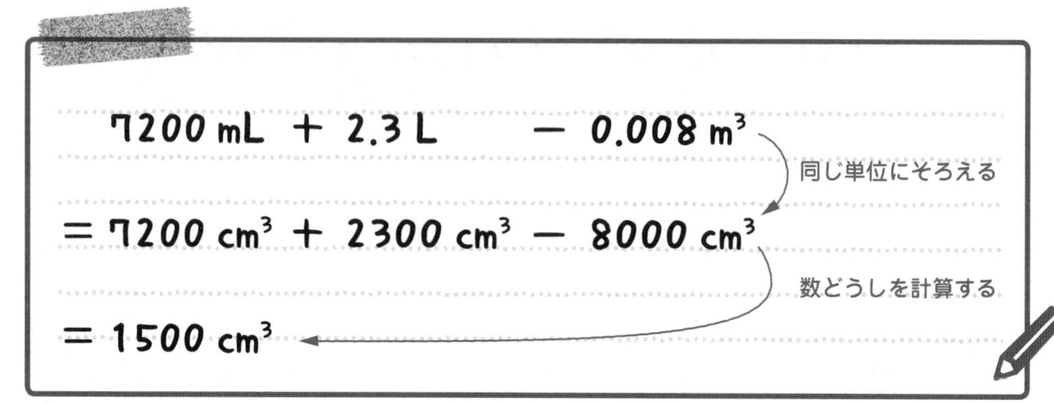

1500 … 答え [例題]2-12 (2)

[例題]2-12 のような単位換算をふくんだ計算問題は，単位をそろえて計算することが基本だよ。ミスをしないように，落ち着いて計算しよう。

Check 26　つまずき度 ●●○○○　➡解答は別冊 p.51 へ

次の□にあてはまる数を求めなさい。

(1)　60000 cm＝□ km

(2)　0.038 ha＝□ m^2

Check 27　つまずき度 ●●●○○　➡解答は別冊 p.51 へ

次の□にあてはまる数を求めなさい。

(1)　0.02 kL＋70 dL－5900 mL＝□ L

(2)　80000 mg＋540 g＋0.007 t＝□ kg

第3章

和と差に関する文章題

この章では文章題がたくさん出てくるよ。

「文章題，苦手なんだよなぁ。」

「私もそんなに得意じゃないわ。」

文章題を苦手にしている人は多いようだね。実際の入試では，文章題が多く出題されるし，得意になっておきたいところだ。文章題を得意にするためにさまざまなコツを教えていくね。

3 01 和差算

大小 2 つの数の和と差がわかっているとき，その和と差を使って，2 つの数を求めることができるんだ。

説明の動画は
こちらで見られます

[例題]3−1　**つまずき度**

りんごとみかんが合わせて 30 個あります。りんごはみかんより 6 個多いです。りんごとみかんはそれぞれ何個ありますか。

この問題では，りんごとみかんの個数の和（たし算の答え）が 30 個で，りんごとみかんの個数の差（ひき算の答え）が 6 個だとわかっているね。このように，大小 2 つの数の和と差がわかっているとき，それをもとにして，それぞれの個数を求める問題を**和差算**というよ。和差算は，**線分図**をかいて求めるんだ。

「線分図？　線分図ってどんな図ですか？」

数や量を線の長さで表した図のことを線分図というんだ。では，さっそく [例題]3−1 のりんごとみかんの関係を線分図に表していこう。りんごはみかんより多いのだから，次のように，りんごの線をみかんの線より長くかこう。

そして，「りんごとみかんが合わせて 30 個」だから，**和の 30 個**を書きこもう。

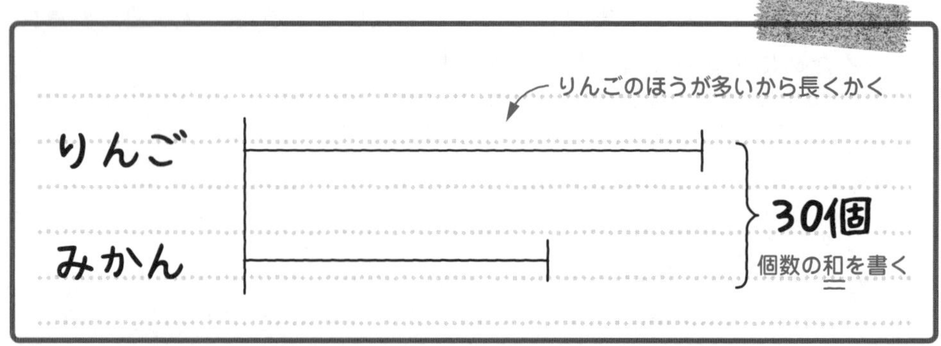

そして，「りんごはみかんより 6 個多い」のだから，**差の 6 個**を線分図に書きこもう。

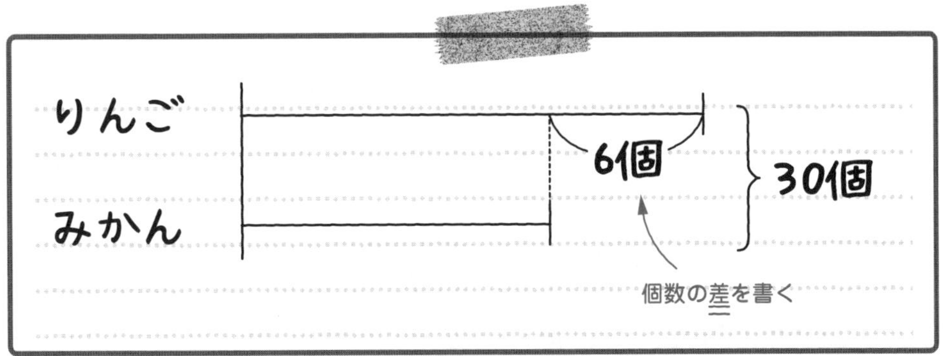

これで，線分図は完成だ。このように，**問題文にあるすべての数を線分図に書きこむ**ようにしよう。そうすることで，線分図だけを見て答えを導くことができるからね。

さて，問題文にある和の 30 個と，差の 6 個を線分図に書きこむことができたね。

では，解いてみよう。りんごとみかん，どちらの個数から求めてもいいんだけど，今回は多いほうのりんごの個数から求めよう。**和差算では，求めたいほうの量にそろえて解く**んだよ。今回は，りんごを先に求めることにしたから，みかんの個数をりんごの個数にそろえよう。

りんごはみかんより 6 個多いから，差の 6 個分のみかんを増やすと個数はそろう。 差の 6 個分のみかんを増やすと，線分図は次のようになるよ。

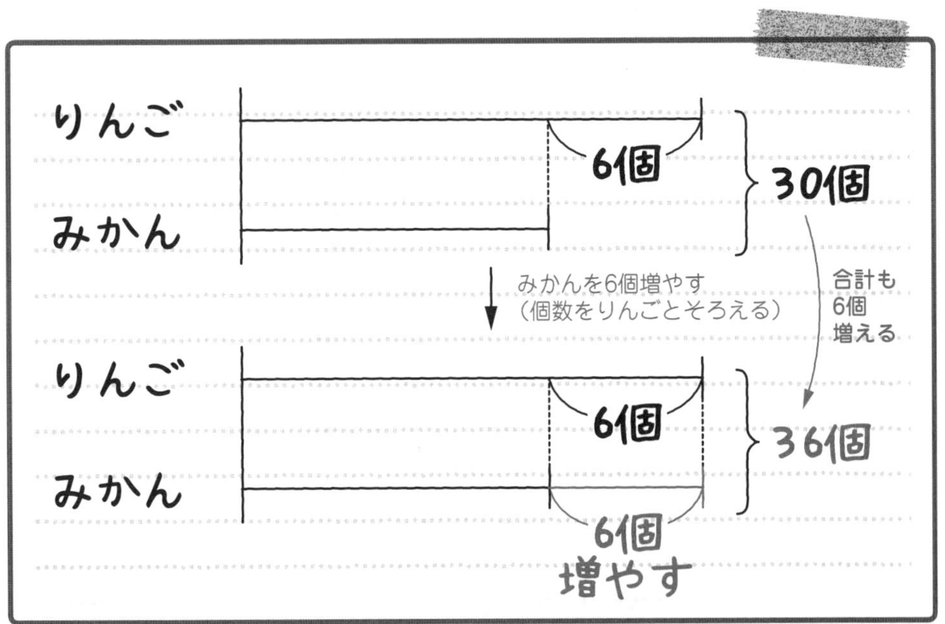

みかんが 6 個増えるから，**個数の合計も 6 個増えて，30＋6＝36（個）になる**ことに気をつけよう。差の 6 個分のみかんを増やすと，合計は 36 個になり，みかんの個数はりんごの個数と同じになった。だから，**合計の 36 個を 2 でわると，りんごの個数が求められる**んだ。

ユウトくん，りんごの個数を求めてくれるかな？

「はい！ 36÷2=18で，りんごは18個ですね。」

そうだね。りんごは18個だ。そして，みかんはりんごより6個少ないから，みかんの個数は，18－6＝12(個)と求められるね。

みかんの個数は，30－18＝12(個)と求めることもできるよ。

りんご18個，みかん12個…答え ［例題］3-1

りんご18個を求めるために必要な式は，次のようになるよ。

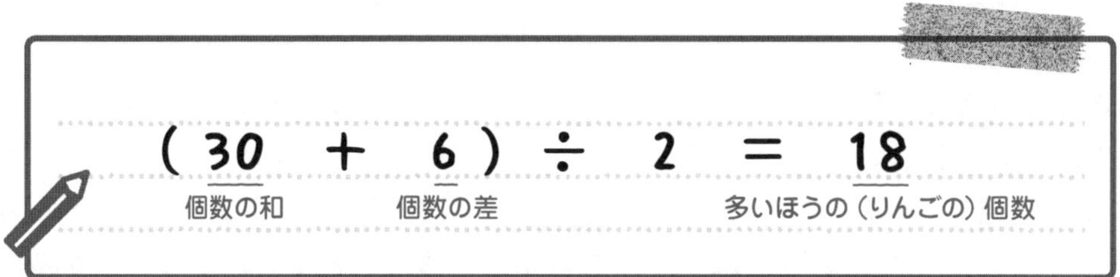

つまり，**和差算では，和と差をたしたものを2でわれば，多いほうの個数が求められる**ということだ。

説明の動画はこちらで見られます

別解 ［例題］3-1

さっきは先にりんごの個数を求めたけど，先にみかんの個数を求める別解があるから紹介するよ。まず，線分図をかいてみよう。

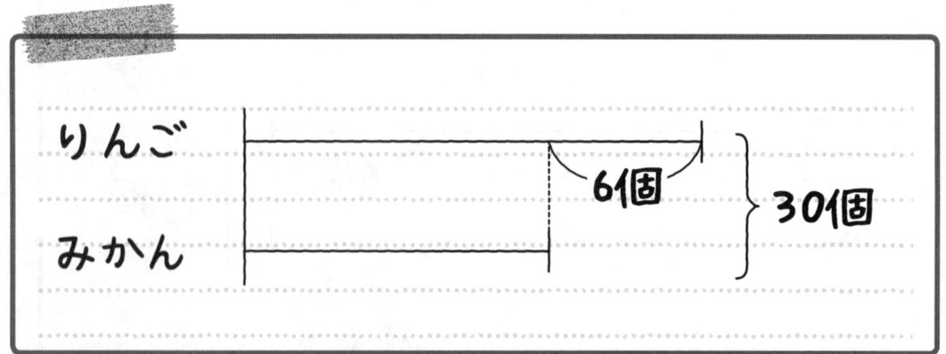

さっきの解き方ではりんごの個数にそろえて解いたけど，別解ではみかんの個数にそろえて解いてみよう。**和差算では，求めたいほうの量にそろえて解く**んだったね。**差の6個分をりんごから減らせば，みかんの個数にそろうね。**

差の6個分をりんごから減らすと，線分図は次のようになるよ。

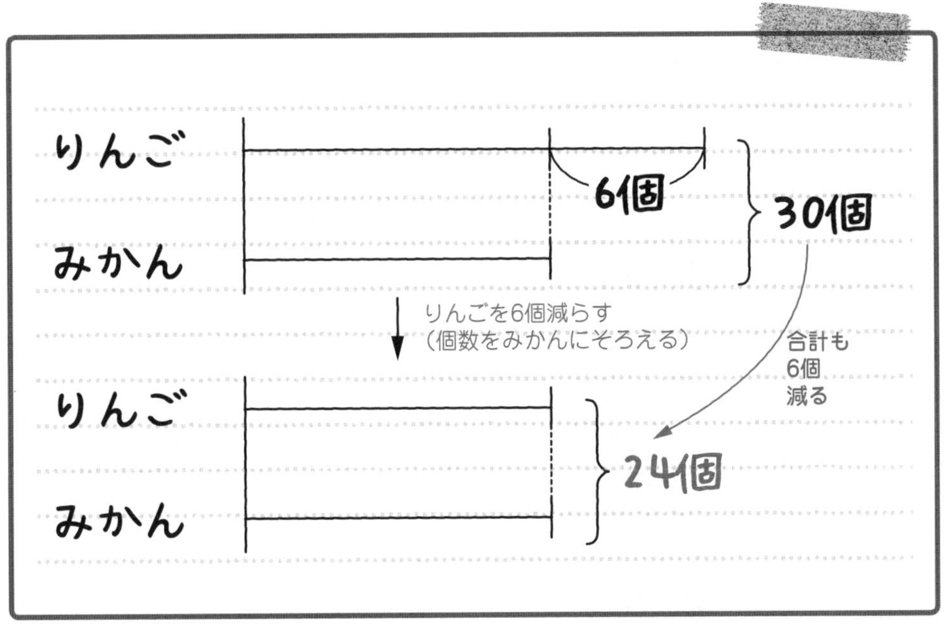

差の 6 個分のりんごを減らすと，合計は 30−6＝24(個)になり，りんごの個数はみかんの個数と同じになるね。だから，**合計の 24 個を 2 でわると，みかんの個数が求められる**んだ。

ハルカさん，みかんの個数を求めてくれるかな？

「はい。24÷2＝12 で，みかんは 12 個ですね。」

その通り。みかんは 12 個だ。りんごはみかんより 6 個多いから 12＋6＝18 で，りんごが 18 個と求められるね。

りんご 18 個，みかん 12 個 … 答え ［例題］3−1

みかん 12 個を求めるために必要な式は，次のようになる。

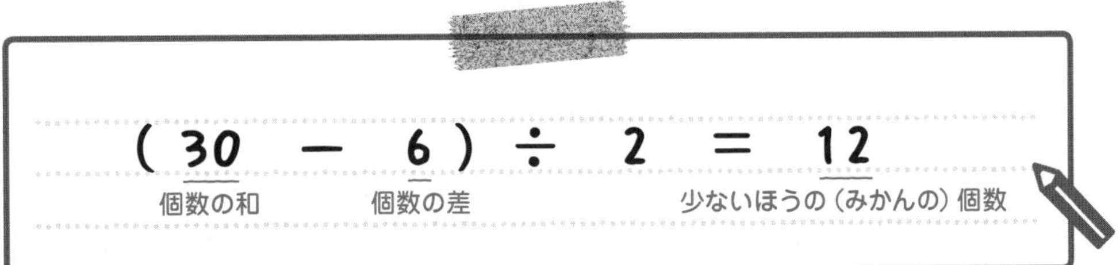

つまり，**和差算では，和から差をひいたものを 2 でわれば，少ないほうの個数が求められる**ということだ。

そして，先ほどは**和と差をたしたものを 2 でわれば，多いほうの個数が求められる**ことも習ったね。これをポイントとしてまとめておくよ。

Point 和差算の求め方

２つの数の和と差がわかっているとき

大きいほうの数＝（和＋差）÷２
小さいほうの数＝（和－差）÷２

実際の入試問題では，**和差算はほかの問題と組み合わせて出題されることが多い**んだ。**和と差がわかっていれば，和差算で２つの数をそれぞれ求めることができる**，ということをおさえておこう。

057 説明の動画は こちらで見られます

［例題］3-2　つまずき度

Ａくん，Ｂくん，Ｃくんがいます。ＡくんはＢくんより３才年下，ＢくんはＣくんより５才年上で，３人の年令の和は37才です。Ｃくんは何才ですか。

この問題も線分図をかいて解くよ。線分図に表すと，次のようになる。

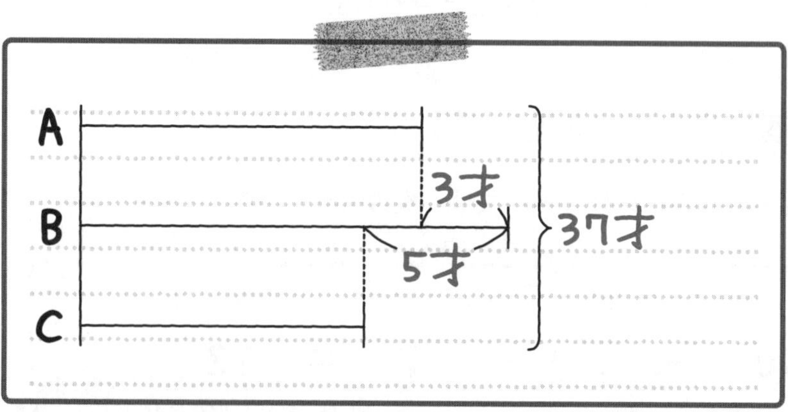

Ｃくんの線分図はいちばん短いから，３人の中でいちばん年下であることがわかるね。**和差算では，求めたいほうの量にそろえて解く**のだから，この場合は**Ｃくんの年令にそろえればいい**んだ。Ｃくんの年令にそろえるためには，Ａくん，Ｂくんがそれぞれ Ｃくんより何才年上か調べないといけないね。

「問題文に書いてあるから，ＢくんはＣくんより５才年上ね。」

そうだね。Bくんは C くんより 5 才年上だ。次に，Aくんは C くんより何才年上かを知りたいよね。次の図を見てみよう。

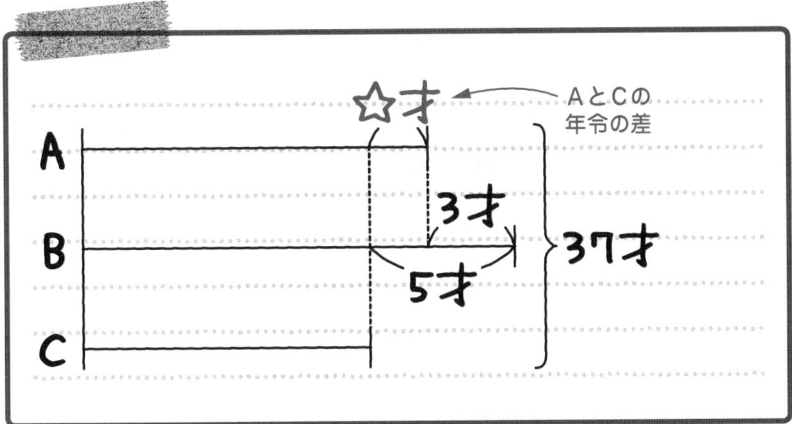

上の図の「☆才」が A くんと C くんの年令の差だよ。何才差だろう？

「あっ！　☆才は 5 才と 3 才の差になってる！　ということは，5−3=2 で，A くんと C くんの年令の差は 2 才ですね。」

うん，そうだよ。線分図で見ると，A くんが C くんより 2 才年上であることがわかるね。年令の差がわかったから，C くんの年令にそろえてみよう。線分図で考えると，次のようになるよ。

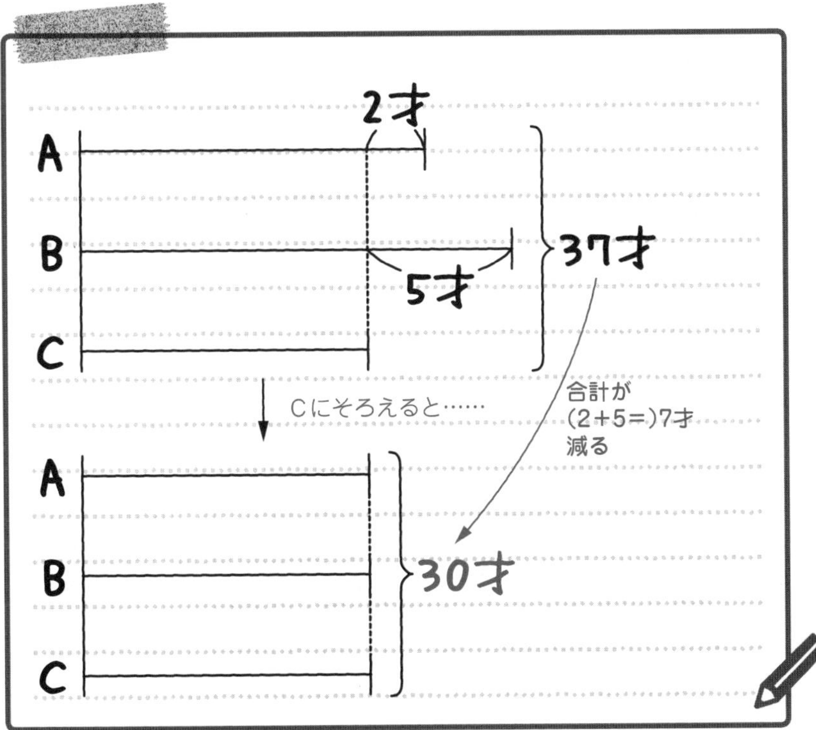

Ｃくんの年令（ねんれい）にそろえるから，合計が 37－(2＋5)＝30（才）になるよ。そして，合計の 30 才を 3 でわれば，Ｃくんの年令が求（もと）められるね。30÷3＝10 で，Ｃくんは 10 才だ。

10 才…答え　[例題]3-2

この例題（れいだい）でも，「**求めたいほうの量（りょう）にそろえて解（と）く**」のがポイントだったね。

ところで，このような問題を解き終わったとき，時間があるなら「確（たし）かめ」をしてみるといいだろう。

Ａくんは C くんより 2 才年上だから 12 才。

Ｂくんは C くんより 5 才年上だから 15 才。

3 人の年令の和は 12＋15＋10＝37 才となり，問題文と数が合う。このように確かめることで答えに自信をもてるよね。

Check 28　つまずき度 ●○○○○　➡解答は別冊 p.52 へ

Ａ，Ｂ 2 つのおもりがあります。Ａ とＢの重さの和は 6 kg で，Ａ はＢより 1.2 kg 重いそうです。Ａの重さは何 kg ですか？

Check 29　つまずき度 ●●○○○　➡解答は別冊 p.52 へ

Ａくん，Ｂくん，Ｃくんの 3 人の所持金の合計は 4700 円です。Ａくんの所持金はＢくんの所持金より 800 円多く，Ｃくんの所持金はＡくんの所持金より 500 円少ないです。Ｃくんの所持金はいくらですか。

3 02 分配算

分配算も線分図を使って解くよ。線分図を使った解き方にもっと慣れていこう。

説明の動画は
こちらで見られます

[例題]3-3　つまずき度

75個のおはじきを姉と妹の2人で分けました。姉は妹の4倍のおはじきをもらいました。姉は何個もらいましたか。

このように，合計の数が決まっているものを，分けたり配ったりする問題のことを**分配算**というよ。

姉のほうが，多くのおはじきをもらったんだね。この問題でも，線分図をかいて考えていくよ。まず，数の少ない妹の線分図をかいてみよう。そして，山型に線をかいた部分を「**1山**」としよう。

妹のおはじきの量が「1山」ということだね。次に，妹の線分図の上に，姉の線分図をかいてみよう。どのように線分図をかけばいいと思う？

「姉は妹の4倍のおはじきをもらったのだから，妹の4倍の長さの線分図をかけばいいんじゃないかしら。」

その通りだね。姉は妹の4倍のおはじきをもらったのだから，「1山」を4つ，つまり「4山」ぶんの線分図をかけばいいということだ。次のような線分図になるね。姉と妹のおはじきの合計が75個だから，それもわかるようにかいておこう。

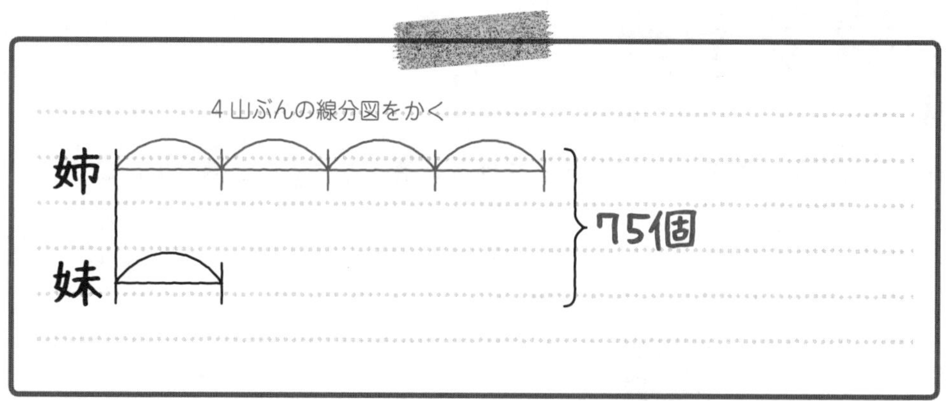

さて，合計の75個は「山」いくつぶんになるかな？

「1，2，3，4，5で5つの山があるから『5山』ぶんが75個だと思います。」

そうだね。姉の4山と妹の1山をたして「5山」ぶんが75個だね。

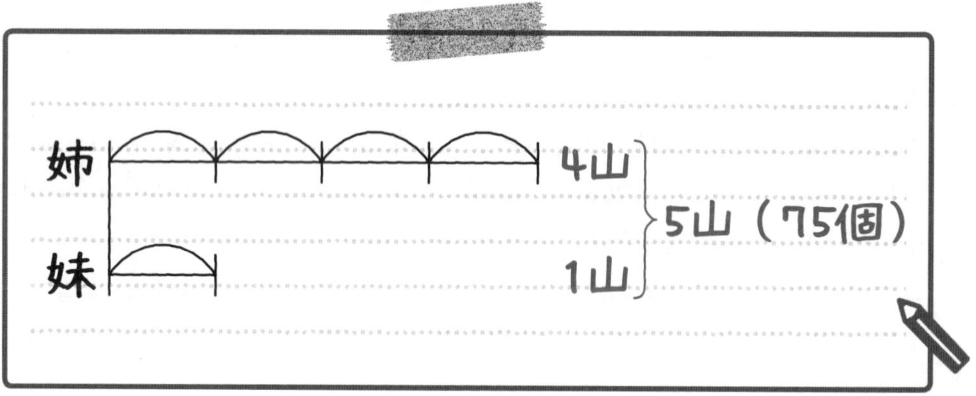

ということは，「1山」ぶんはいくつかな？

「『5山』ぶんが75個だから，75÷5=15で，『1山』ぶんは15個よ。」

そうだね。「1山」ぶんは15個だ。だから妹のおはじきは15個だね。この問題は姉のおはじきの数を求める問題だから，どのように出せばいいかな？

「姉は『4山』だから，15×4=60で，60個です。」

そう。姉妹合わせて75個だから，75個から妹の15個をひいて75−15=60（個）と求めることもできるね。

60個…答え [例題]3-3

この問題では，数の少ない妹のおはじきの量を「1山」として考えたね。これが分配算を解くときのコツでもあるから，まとめておくね。

分配算を解くときのコツ

数の少ないほうを「1 山」と考えるとうまく解ける場合が多い。
つまり，**「数の少ないほうをもとにして考えるとよい」**ということ。

059 説明の動画はこちらで見られます

[例題]3-4　つまずき度

兄弟合わせて 1100 円持っています。兄のお金は弟のお金の 3 倍より 140 円多いです。兄は何円持っていますか。

これも線分図で考えよう。兄弟のどちらを「1 山」として考えればいいのかな？

「少ないほうを『1 山』として考えるんですよね。兄と弟では弟のほうが少ないから，弟のほうを『1 山』として考えればいいのね。」

そうだね。弟のほうを 1 山として考えればいい。まず，弟の線分図をかこうか。

次に，兄の線分図もかこう。**兄のお金は弟のお金の 3 倍より 140 円多い**のだから，**「3 山」に 140 円をつけたした線分図**をかけばいいね。
合計額（ごうけいがく）の 1100 円も書いておこう。

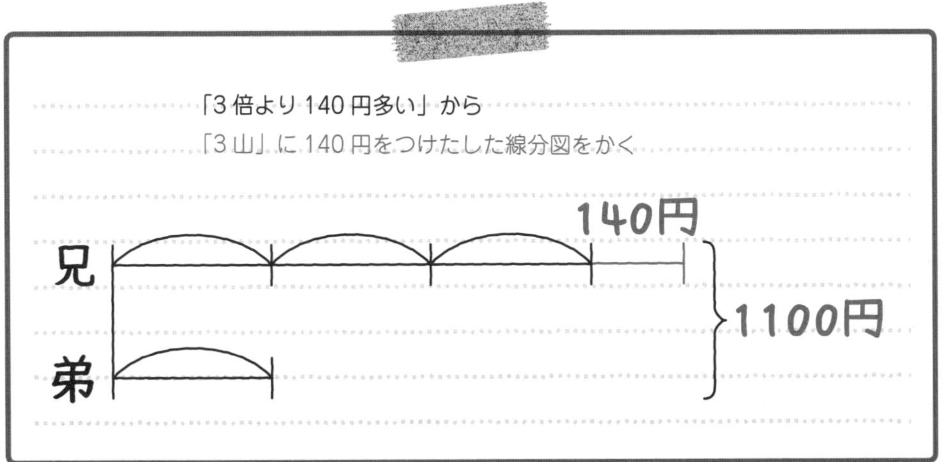

兄の「3 山」と弟の「1 山」をたした「4 山」ぶんに 140 円をたした金額（きんがく）が 1100 円ということだね。ということは，**1100 円から 140 円をひいた金額が「4 山」ぶんの金額**ということになる。

「1100－140＝960 で，960 円が『4 山』ぶんの金額(きんがく)ってことですね！」

うん，その通り。線分図で表すと，次のようになるね。

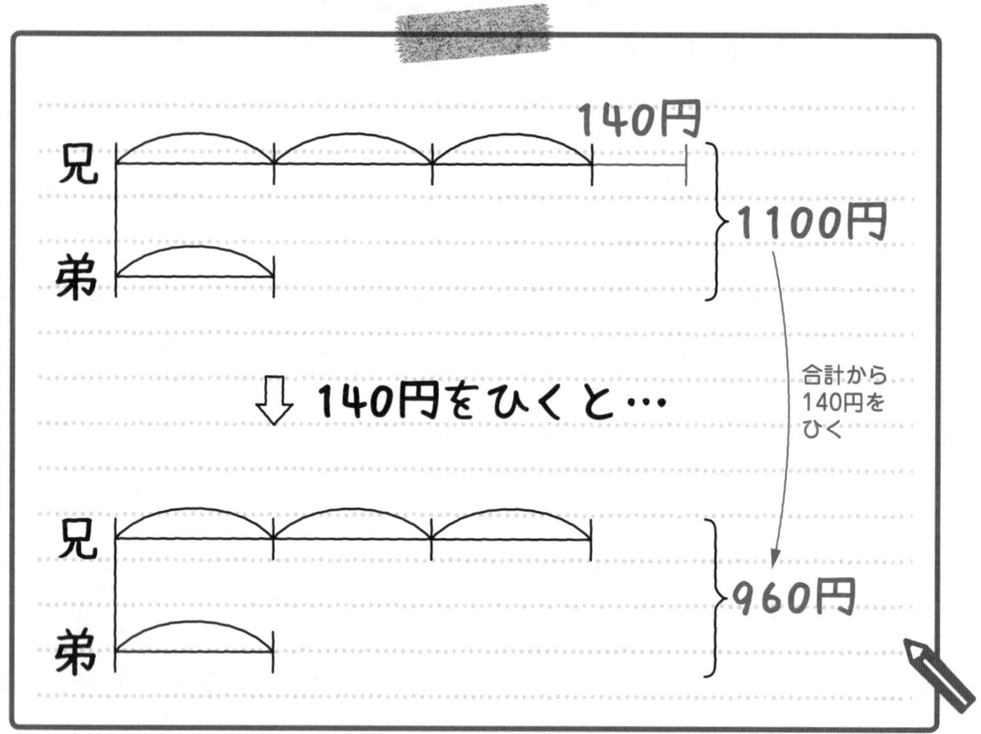

「4 山」ぶんの金額が 960 円だから「1 山」ぶんの金額はどのように求(もと)められるかな？

「『4 山』ぶんの金額が 960 円だから，『1 山』ぶんの金額を求めるには……，960 円を 4 でわればいいのね！
　960÷4＝240 で，240 円が『1 山』ぶんの金額よ。」

うん，そうだね。960 円を 4 でわった 240 円が「1 山」ぶんの金額だ。つまり，弟は 240 円持っているということだね。「兄のお金は弟のお金の 3 倍より 140 円多い」のだから，兄のお金はどう求めればいいかな？

「弟のお金を 3 倍して 140 円たせばいいんですね。
　240×3＋140＝860 だから，兄は 860 円だ！」

うん，正解(せいかい)。2 人の合計が 1100 円だから 1100 円から 240 円をひいて 860 円と求めてもいいよ。

860 円…答え　［例題］3-4

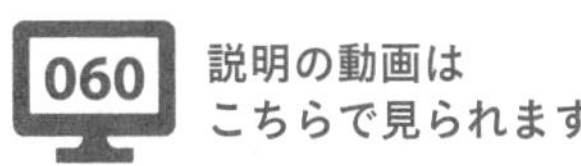

[例題]3-5　つまずき度

A，B 2つの数があります。AはBの4倍で，AとBの差は27です。Bはいくつですか。

これも同じく線分図をかいて考えるといいよ。線分図は分配算を解くうえで強力な武器になるということだね。さて，問題を見てみよう。ユウトくん，A，Bのどちらを「1山」として考えればいいのかな？

「**少ないほうを『1山』として考える**んですね。AはBの4倍で，Bのほうが小さい数ってことだから……，Bを『1山』と考えます！」

そうだね。Bを1山として考えればいいんだ。そして，**「AはBの4倍」だから，Aは「4山」の線分図をかけばいい**ね。

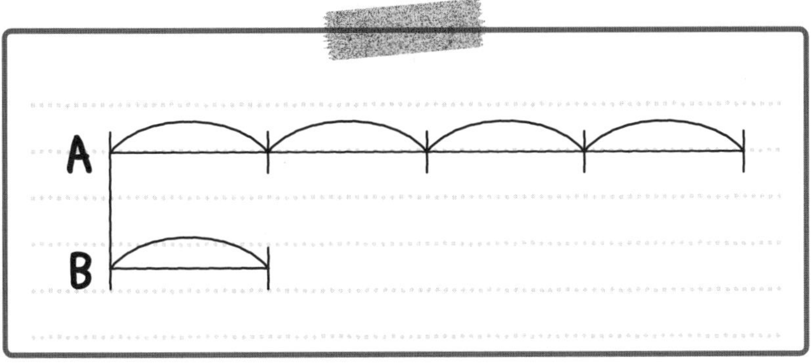

ここからがポイントだ。問題文に「AとBの差は27」と書いてあるね。AとBの差の27も線分図に書きこもう。AとBの差が27ということだから，線分図の次の部分が27になるということだね。

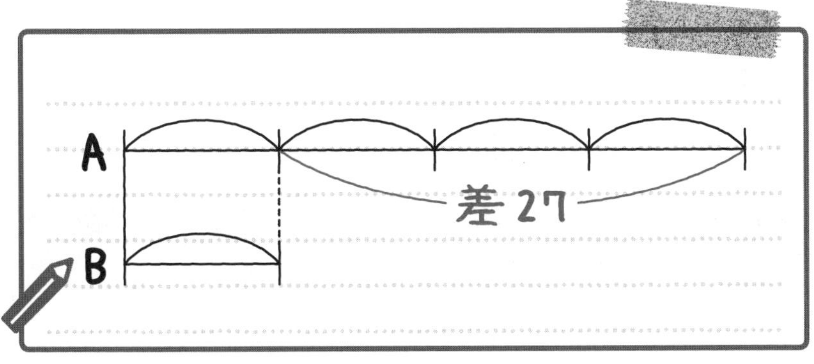

ここで線分図を見ると，何かに気がつかないかな？

「あっ！『3山』ぶんが27だ。」

そうだね。線分図を見ると「3山」ぶんが27であることがわかる。「3山」ぶんが27であることがわかれば，「1山」ぶんがいくつか求(もと)められるね。

「27÷3＝9だから，『1山』ぶんは9ね。」

その通り。「1山」ぶんは9，つまり，Bが9ということが求められるね。

9…答え ［例題］3−5

説明の動画はこちらで見られます

［例題］3−6 つまずき度 ☹☹☺☺☺

父，母，子3人の年令(ねんれい)の合計は80才です。父の年令は子の年令の5倍で，母の年令は子の年令の4倍です。母の年令は何才ですか？

いままでの分配算は2つの数や量(りょう)を比(くら)べる問題だったけど，今回の問題は**3つを比べる問題**だ。さて，この問題はどうやって考えればいいと思う？

「線分図をかいて考えます！」

その通り。「分配算は線分図をかいて解(と)く」ということが定着(ていちゃく)してきたようだね。次に考えるのは，だれの年令を「1山」とするか，だ。

ハルカさん，だれの年令を「1山」とすればいいのかな？ 3つ以上(いじょう)の数を比べるときも，**いちばん少ない数を「1山」と考えよう。**

「はい。いちばん少ない数を『1山』として考えればいいんだから……，いちばん若(わか)いのは子ね。子の年令を『1山』と考えます。」

そうだね。いちばん若い，子の年令を1山として考えればいいんだ。

そして，**「父の年令は子の年令の5倍」**だから，**父の年令は「5山」の線分図をかけばいい**ね。一方，**「母の年令は子の年令の4倍」**だから，**母の年令は「4山」の線分図をかけばいい。**いままでの問題は2本の線分図だったけど，この問題は3本の線分図になるね。合計の80才も書いておこう。

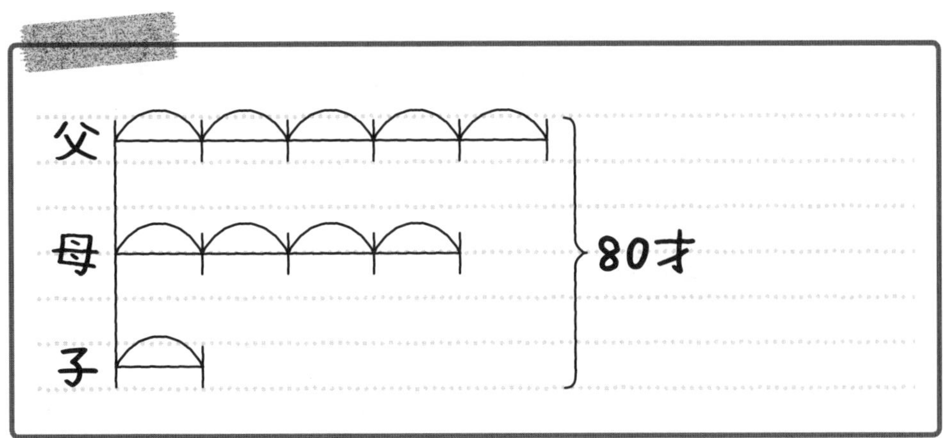

「うわぁ，3本の線分図だ。解(と)けるかなぁ……。」

ユウトくん，**線分図が何本になっても基本的(きほんてき)な解き方は同じ**だから，おそれることはないよ。父と母と子の「山」をたすと5（山）＋4（山）＋1（山）で合計「10山」であることがわかるね。つまり，「10山」ぶんが年令の合計の80才と等しいということだ。

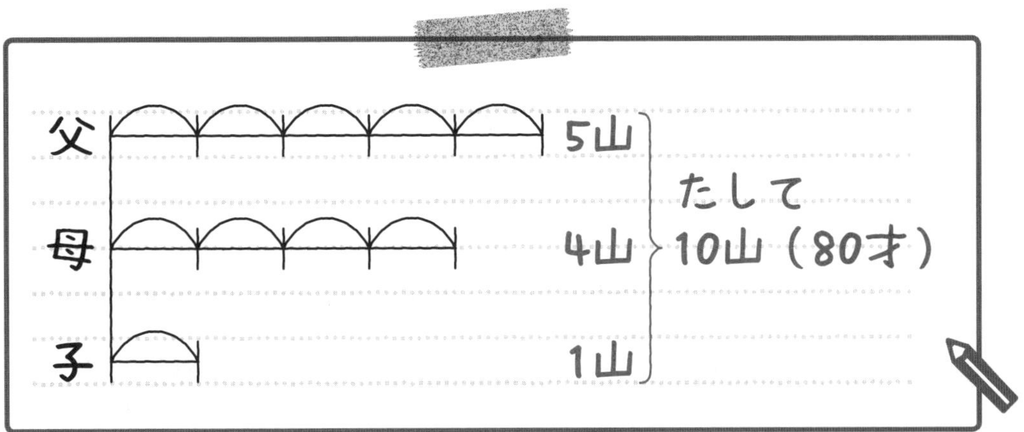

「10山」ぶんが80才であることがわかれば，「1山」ぶんが何才か求められるね。

「80÷10＝8だから『1山』ぶんは8才です。つまり，子の年令が8才ということですね！」

ユウトくん，その通りだね。子の年令が8才だ。「母の年令は子の年令の4倍」だから，8才を4倍すれば母の年令が求められる。8×4＝32で，母の年令は32才とわかるね。

32才…答え ［例題］3-6

説明の動画はこちらで見られます

［例題］3-7 つまずき度

195枚の画用紙をA，B，Cの3人で分けました。Aの枚数はCの枚数の2倍で，Bの枚数はCの枚数の3倍より15枚少なくなりました。Bの枚数は何枚ですか？

この問題も3つの量を比べる問題だね。

「3本の線分図をかくということですね！」

そうだね。3本の線分図をかくということだ。**いちばん少ない量を「1山」として考えればいい**んだけど，A，B，Cの3人の中でいちばん少ない枚数であるのはだれかな？

「えっと……，『Aの枚数はCの枚数の2倍で，Bの枚数はCの枚数の3倍より15枚少なく』……，だれがいちばん少ないんだろう……。」

「Aの枚数はCの枚数の2倍」だから，AとCではCのほうが枚数が少ないね。「Bの枚数はCの枚数の3倍より15枚少ない」のだから，ほとんどの場合はBよりCのほうが枚数が少ないと考えられる。だから，3人の中でCの枚数がいちばん少ないと考えられるね。

「Cを『1山』と考えればいいんですね！」

そうだね。Cを「1山」と考えればいい。

そして，**「Aの枚数はCの枚数の2倍」**だから，**Aは「2山」の線分図をかけばいいね**。一方，**「Bの枚数はCの枚数の3倍より15枚少ない」**のだから，**Bは「3山」より15枚少ない線分図をかけばいい**。合計の195枚も書いておこう。

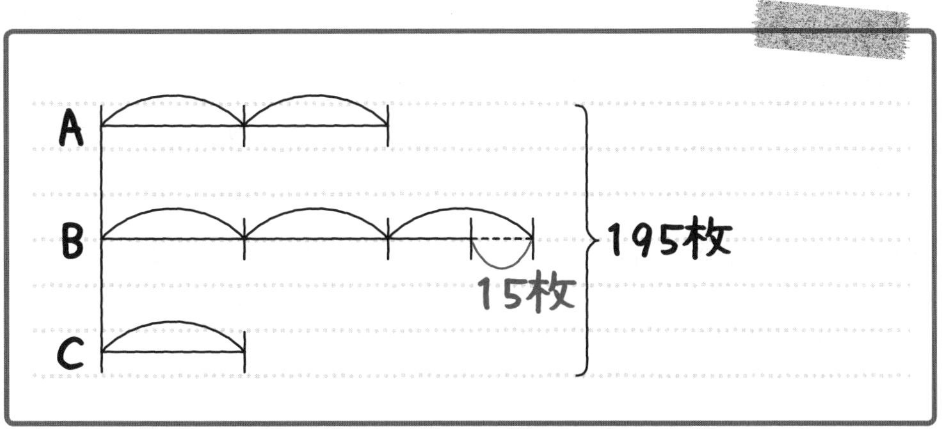

Bは「3山」より15枚少ないのだから，**15枚増やせば「3山」にできる**，ということもわかるね。**Bを15枚増やすと，合計の195枚も15枚増えて195＋15＝210で，210枚になる**ね。

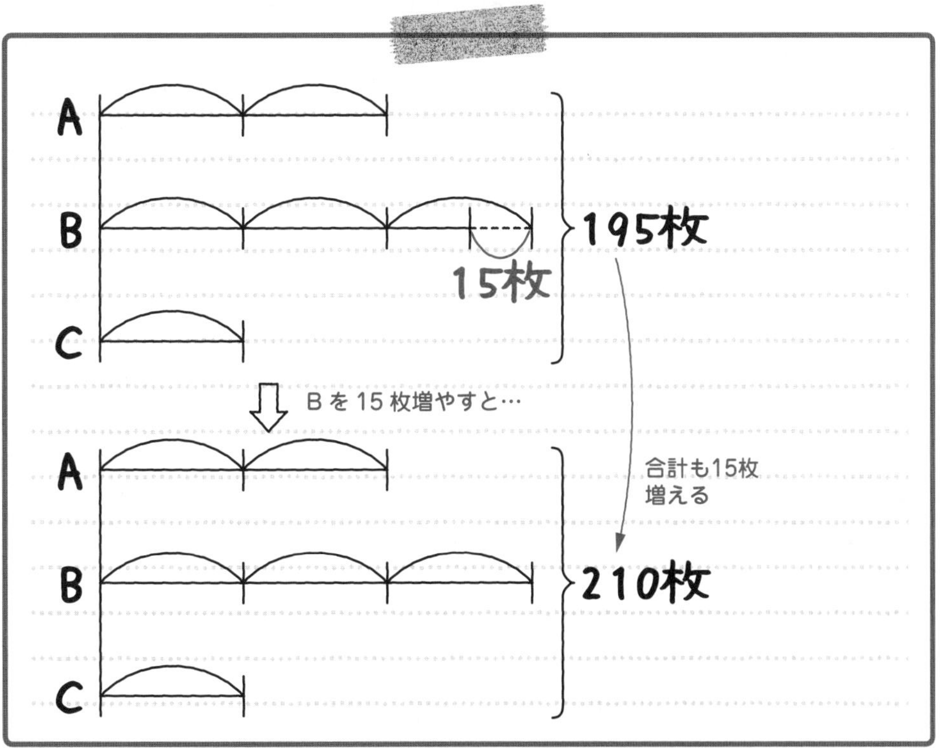

ここで，AとBとCの「山」をたすと2(山)＋3(山)＋1(山)で合計「6山」だね。つまり，**「6山」ぶんが，増やしたあとの合計の210枚と等しい**ということだ。

「6山」ぶんが210枚であることがわかれば，「1山」ぶんが何枚か求められるね。

「210(枚)を6(山)でわればいいんですね。
210÷6＝35だから，『1山』ぶんは35枚です。つまり，Cの枚数が35枚ということですね。」

そうだね。Cの枚数が35枚だ。「Bの枚数はCの枚数の3倍より15枚少ない」のだから，35枚を3倍して15枚をひけば，Bの枚数が求められる。

35×3－15＝90

で，Bの枚数は90枚と求められるね。

90枚…答え ［例題］3-7

この問題は少しややこしかったから，「確かめ」をしてみよう。Aの枚数はCの枚数の2倍だから，35×2＝70(枚)だね。3人の枚数の合計はどうなるかな？

「70＋90＋35＝195(枚)で……問題文に書いてある合計と合いました！」

そうだね。このように「確かめ」を行うことで，自分の答えが確実なものだとわかるんだ。「確かめ」で数が合わないときは，どこかでまちがっているということだから，解き直そう。

Check 30 つまずき度 ●○○○○ ➡解答は別冊 p.52へ

兄と弟がお金を出し合って900円のプラモデルを買いました。兄が出したお金は，弟が出したお金の5倍です。兄が出したお金はいくらですか。

Check 31 つまずき度 ●●○○○ ➡解答は別冊 p.52へ

83cmのテープを2つに切ったら，一方は他方の4倍より8cm長くなりました。短いほうのテープは何cmですか。

Check 32 つまずき度 ●●○○○ ➡解答は別冊 p.53 へ

兄の貯金額(ちょきんがく)は弟の貯金額の 3 倍で，兄は弟より 5400 円多く貯金しています。兄の貯金額はいくらですか。

Check 33 つまずき度 ●●○○○ ➡解答は別冊 p.53 へ

A，B，C 3 つの整数があります。A，B，C の合計は 534 で，A は B の 3 倍，C は B の 2 倍です。A はいくつですか。

Check 34 つまずき度 ●●●○○ ➡解答は別冊 p.53 へ

10 円玉，50 円玉，100 円玉が合わせて 80 枚あります。50 円玉の枚数は 10 円玉の枚数の 3 倍で，100 円玉の枚数は 10 円玉の枚数の 2 倍より 8 枚多いです。50 円玉は何枚ありますか。

3 03 消去算

2つの数のうち，1つを消して解いていく消去算。まずは簡単な例題から解いていこう。

063 説明の動画はこちらで見られます 

[例題]3-8　つまずき度

ノート1冊と消しゴム4個の代金は310円で，同じノート2冊と消しゴム3個の代金は370円です。このノート1冊と消しゴム1個の値段はそれぞれ何円ですか。

「合計の代金しかわかっていないのに，それぞれの値段って求められるんですか？」

たしかに，この問題では何個ずつか買ったときの合計の代金しかわかっていない。でも，これから習う**消去算**を使えば，それぞれの値段も求められるんだよ。

まず，問題文に書いてある「ノート1冊と消しゴム4個の代金は310円」と「ノート2冊と消しゴム3個の代金は370円」を，次のように表そう。

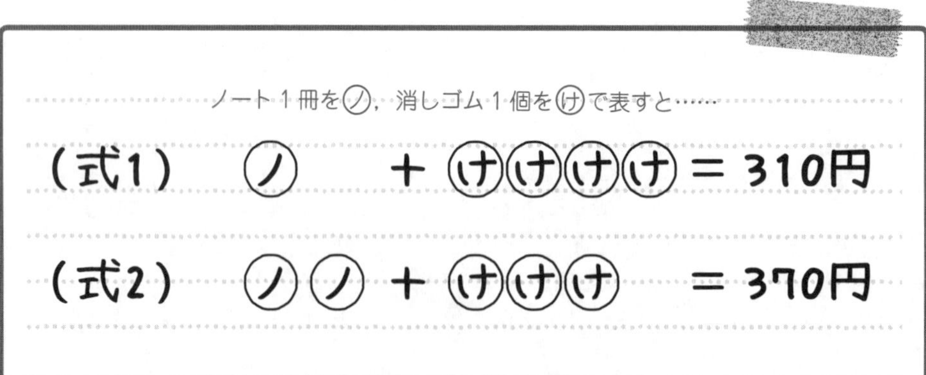

消去算では，**2つのうちのどちらかの数をそろえることによって解く**んだ。ここでは，ノートか消しゴムのどちらかの個数をそろえたい。

「ノートは1冊と2冊で冊数がちがうし，消しゴムも4個と3個で個数がちがうけど，どうやって個数をそろえるんですか？」

それぞれ個数はちがうよね。でも個数をそろえる方法があるんだ。ここでは，ノートの冊数に注目しよう。ノートは 1 冊と 2 冊だから，1 冊のほうを 2 倍すれば 2 冊になるね。つまり，**(式 1)全体を 2 倍すれば，ノートが 2 冊の式をもう 1 つつくれて，ノートの冊数をそろえることができる**んだ。(式 1) 全体を 2 倍した式を (式 3) として書いてみよう。

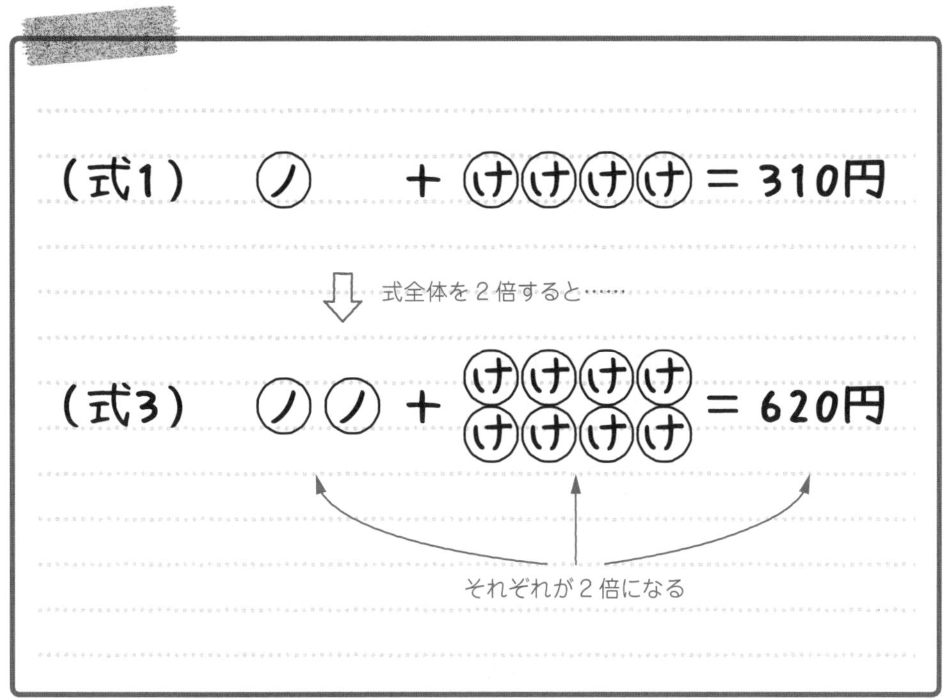

式全体を 2 倍するから，**ノートの冊数だけでなく，消しゴムの個数も代金も 2 倍になることに注意**しよう。消しゴムは 4×2 で 8 個に，代金は 310×2 で 620 円になったね。ここで，(式 3) と (式 2) を比べてほしいんだ。

(式3) ノノ + けけけけ けけけけ = 620円

(式2) ノノ + けけけ = 370円

(式 3) と (式 2) ではノートの冊数は同じだね。だから，(式 3) 全体から (式 2) 全体をひくと，ノートは消えることになる。

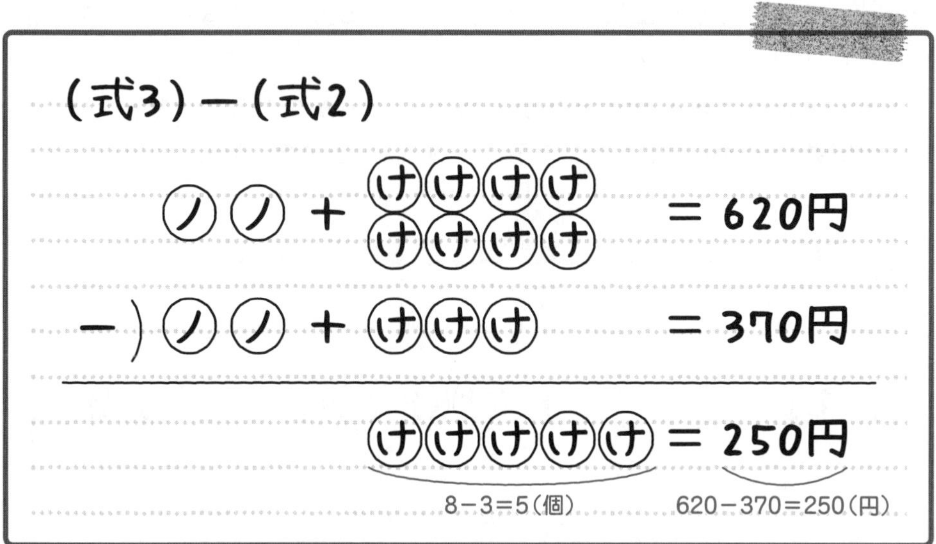

消しゴムは8個から3個をひいて5個。その5個の値段が620−370=250(円)になるというわけだ。消しゴム5個の値段が250円だから，消しゴム1個の値段は，250÷5=50(円)と求められるね。

そして，「ノート1冊と消しゴム4個の代金は310円」だから，310円から消しゴム4個分の値段をひけば，ノート1冊の値段が求められるよ。ハルカさん，求めてくれるかな？

「はい。310−50×4=110だから，ノート1冊の値段は110円ね。」

よくできました。答えが求められたね。

ノート1冊110円，消しゴム1個50円…答え [例題]3-8

このような解き方を消去算というよ。**消去とは，「消してなくすこと」という意味**だけど，[例題]3-8ではノートを消して，消しゴムだけにして解いたね。このように一方を消して解くから消去算というんだよ。

説明の動画はこちらで見られます

別解 [例題]3-8

さっきはノートを㋨，消しゴムを㋘として，1つずつ書いていって求めたけど，この方法だと，それぞれの個数が多いときに書くのが大変になるね。

「たしかに『ノート100冊と消しゴム200個が……』みたいな問題だと，多すぎて書けないですね。」

そうだよね。個数が多くなっても解けるように，**ノート１冊の値段を①とおき，消しゴム１個の値段を[1]とおいて解いてみよう。**

たとえば, ノート２冊なら②, 消しゴム８個なら[8]と表せるよ。この方法で,「ノート１冊と消しゴム４個の代金は310円」と「ノート２冊と消しゴム３個の代金は370円」を表すと，次のようになる。

（式1） ① ＋ [4] ＝ 310
ノート1冊　消しゴム4個

（式2） ② ＋ [3] ＝ 370
ノート2冊　消しゴム3個

そして，前の解き方と同じように，ノートの冊数をそろえるため,（式１）全体を２倍して（式３）としよう。

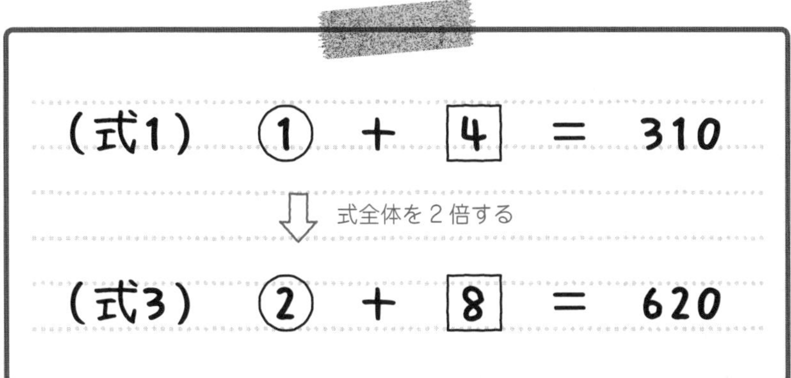

このあと,（式３）から（式２）をひくんだったね。（式３）から（式２）をひくと，次のようになるよ。

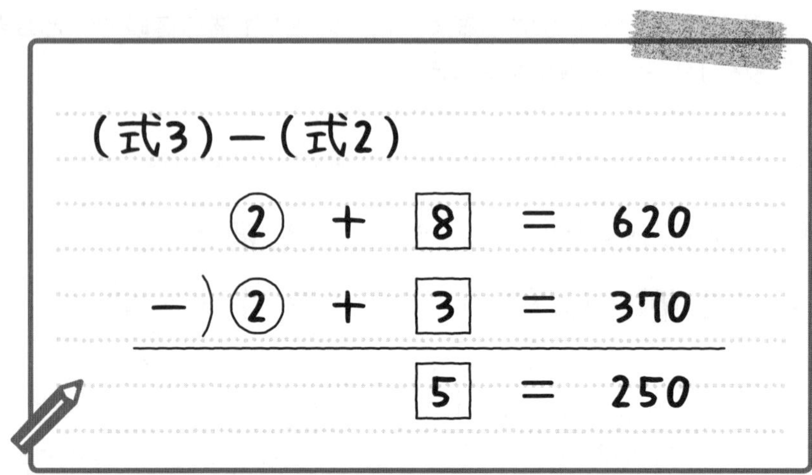

5＝250が残ったね。これは消しゴム5個が250円ということを表すから，消しゴム1個は250÷5で50円だ。「ノート1冊と消しゴム4個の代金は310円」だから，ノート1冊の値段は，310－50×4で110円と求められるね。

ノート1冊110円，消しゴム1個50円…答え [例題]3-8

「この方法ならどんなに数が多くても大丈夫ですね！」

そうだね。個数を①や1で表すから，個数が多い消去算でも問題なく解けるよ。だから，慣れたらこちらの別解のほうで解くようにしよう。

説明の動画はこちらで見られます

[例題]3-9 つまずき度 ●●○○○

科学館の入館料は大人3人と子ども7人で1740円，大人2人と子ども3人で960円でした。大人1人と子ども1人の入館料はそれぞれ何円ですか。

[例題]3-8の別解の方法で解いてみよう。この場合は，**大人1人の入館料を①，子ども1人の入館料を1とおいて解くよ。**

「科学館の入館料は大人3人と子ども7人で1740円」，「大人2人と子ども3人で960円」という関係を式に表すと，次のようになる。

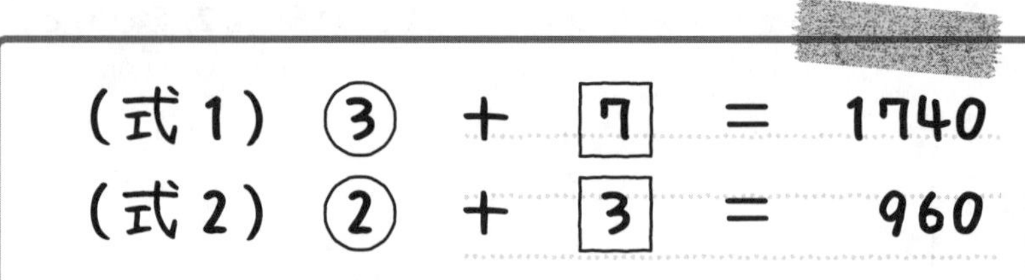

消去算では，**2つのうちのどちらかの数をそろえることによって解いていく**から，この例題も大人か子どものどちらかをそろえて解いていきたいね。どちらをそろえればよいと思う？

「[例題]3-8 では，ノートの冊数を2倍してノートの冊数をそろえたけど，今回の例題は2倍や3倍しても数をそろえることができないわ……。」

たしかに今回の例題は，一方を2倍，3倍，4倍，……としてもそろえることができそうにないね。こういう場合は，**(式1)(式2)ともにそれぞれ何倍かして，一方の数をそろえる**ことを考えよう。ここで，大人の人数に注目しよう。(式1)では大人は③で，(式2)では大人は②だね。(式1)の③を2倍すると⑥になり，(式2)の②を3倍すると⑥になる。つまり，**⑥でそろえることができる**んだ。

「⑥にそろえられるのか！　でも，⑥にそろえられるっていうのは，なぜわかるんですか？」

(式1)の③を何倍かしたものと，(式2)の②を何倍かしたものを等しくしたいんだよね。③と②をそれぞれ2倍，3倍，4倍，……としていくと，次のようになる。

(式1)の大人は3の倍数で，(式2)の大人は2の倍数で，それを共通の数にそろえたいのだから，**2と3の公倍数にそろえればいい**んだ。

「倍数で習ったことが役に立つんですね。」

そうだね。2と3の公倍数の6と12で等しくなっているね。だから，⑥でも⑫でもそろえられるんだけど，**数が小さいほうがラクに計算できるから，公倍数の中でいちばん小さい最小公倍数の⑥にそろえた**ということなんだ。つまり，このような場合の**消去算では，最小公倍数に数をそろえて解くとよい**ということだね。

では，(式1)を2倍，(式2)を3倍して，大人の人数を⑥にそろえよう。次のようになるよ。

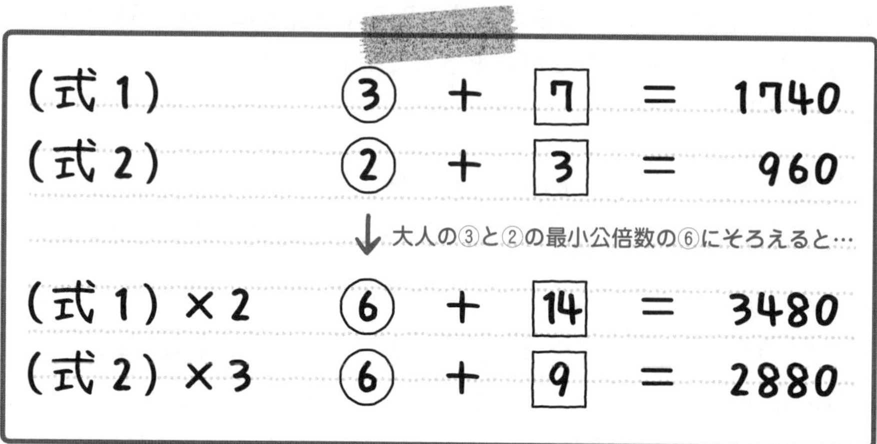

大人の人数を⑥にそろえることができた。

(式 1)の代金が 1740×2＝3480(円)，(式 2)の代金が 960×3＝2880(円)になっているね。そして，上の式から下の式をひけば，大人の人数が消えて，次のように表すことができる。

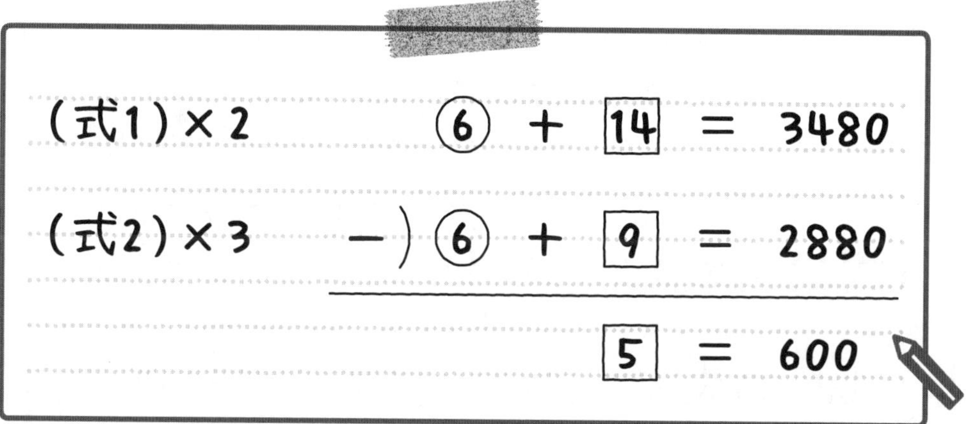

[5]＝600 が残(のこ)ったね。これは子ども 5 人の入館料(にゅうかんりょう)が 600 円ということを表すから，子ども 1 人の入館料は 600÷5＝120 で 120 円だ。[1]＝120 ということだね。ここで，(式 2)を見てみよう。

(式 2)　② ＋ [3] ＝ 960

[1]＝120 だから，[3]は 120×3＝360 で 360 だ。だから，この式の[3]を 360 におきかえると，次のようになる。

(式 2)　② ＋ 360 ＝ 960

②に 360 をたせば 960 になるということだから，960 から 360 をひけば②が求(もと)められるね。960－360＝600 で②＝600 だ。これは，大人 2 人の入館料が 600 円ということだから，大人 1 人の入館料は 600÷2＝300 で 300 円とわかるね。

大人 1 人 300 円，子ども 1 人 120 円 … 答え ［例題］3-9

066 説明の動画は こちらで見られます

別解 ［例題］3-9

「ところで，先生の解(と)き方では，大人の人数を⑥にそろえて解いたけど，子どもの人数をそろえて解くこともできるんですか？」

うん，**子どもの人数をそろえて解くこともできる**よ。子どもの人数は7と3だから，7と3の最小公倍数(さいしょうこうばいすう)の21にそろえると，次のようになるよ。

(式 1)	③	＋	7	＝	1740
(式 2)	②	＋	3	＝	960

↓ 子どもの7と3の最小公倍数の21にそろえると…

(式 1)×3	⑨	＋	21	＝	5220
(式 2)×7	⑭	＋	21	＝	6720

下の式から上の式をひくと，こうなるね。

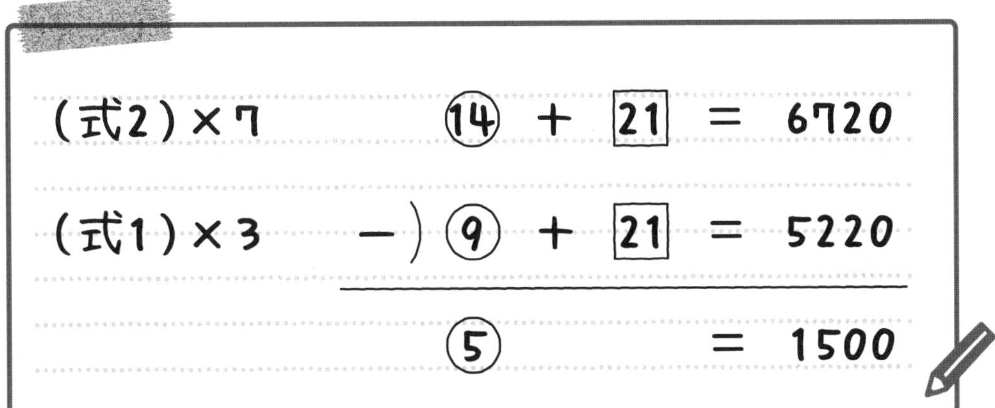

⑤＝1500 だから 1500÷5＝300 で①＝300 で，大人 1 人 300 円と求められるね。300×2＝600 で，②＝600 だから，(式 2)の②に 600 を入れると

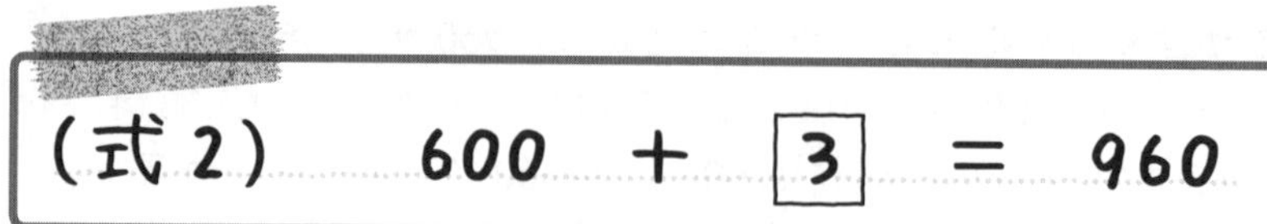

となる。960－600＝360だから[3]＝360となり，360÷3＝120で[1]＝120と求められる。大人1人300円，子ども1人120円と求められたから，大人にそろえて解いたときと同じ答えになったね。

大人1人300円，子ども1人120円…答え　[例題]3-9

「じゃあ，好きなほうにそろえて解けばいいの？」

できれば，**計算がラクになるほうで解いたほうがいい**ね。そのほうが**素早く正確に解ける**からね。大人を⑥にそろえたときは（式1）を2倍，（式2）を3倍して解いたけど，子どもを[21]にそろえたときは（式1）を3倍，（式2）を7倍して解いたね。7倍したから代金の合計が6720円と大きい数になった。**大きい数になるほど計算がややこしくなることが多い**から，この例題の場合は，大人を⑥にそろえて解くほうがおすすめだよ。

「わかりました。計算はラクなほうがいいです！」

そうだよね。ふつう，大きい数の計算ほど時間がかかったり，ミスしやすくなったりするから，素早く正確に解けるほうにそろえて解いていくようにしよう。

消去算では計算がラクなほうにそろえよう

③ ＋ [7] ＝ 1740
② ＋ [3] ＝ 960

⑥にそろえると…計算がラク ⟶ **素早く正確に計算しやすい**
[21]にそろえると…計算が大変 ⟶ **ケアレスミスしやすく計算に時間がかかる**

説明の動画は
こちらで見られます

[例題]3-10　つまずき度

ボールペン1本の値段(ねだん)はえんぴつ1本の値段より80円高いです。ボールペン1本とえんぴつ5本の代金は500円です。ボールペン1本とえんぴつ1本の値段はそれぞれいくらですか。

この例題も①や[1]とおいて解いていこう。何を①，[1]とおけばいいかな？

「ボールペン1本の値段を①，えんぴつ1本の値段を[1]とおきます。」

そうだね。**ボールペン1本の値段を①，えんぴつ1本の値段を[1]とおいて解いていこう。**「ボールペン1本の値段はえんぴつ1本の値段より80円高い」というのを（式1），「ボールペン1本とえんぴつ5本の代金は500円」というのを（式2）に表すと，次のようになるよ。

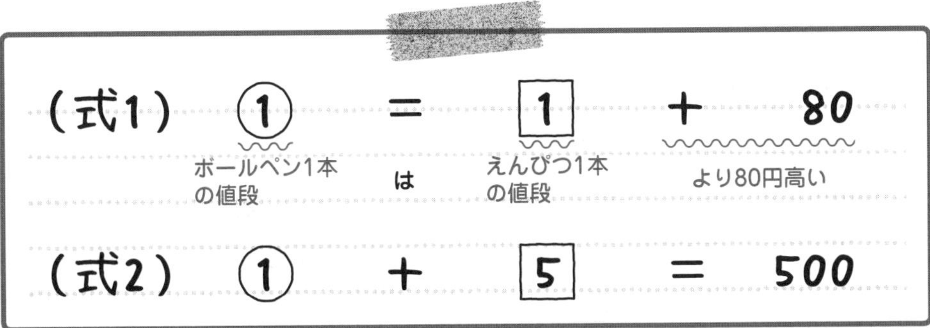

（式1）と（式2）で①の部分が同じだね。（式1）で①は[1]＋80と等しいから，（式2）の**①の部分を[1]＋80におきかえても成り立つ**ということになる。

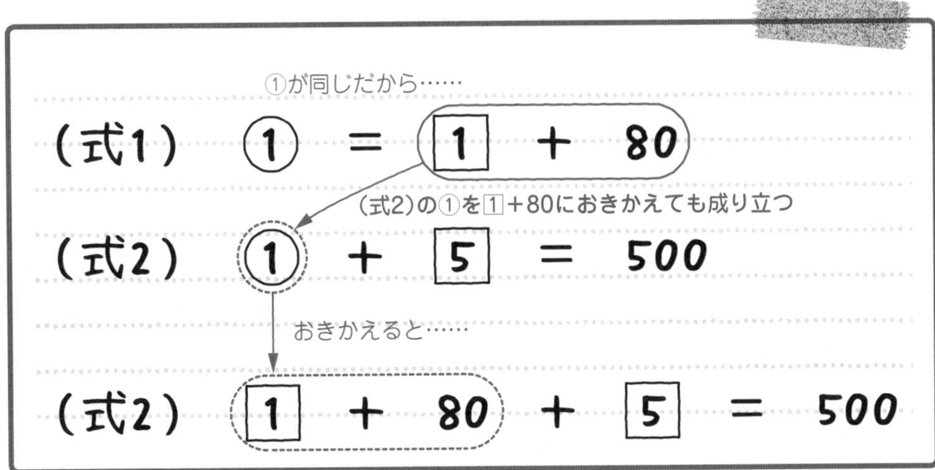

（式 2）の①の部分を[1]＋80 におきかえると，（式 2）が[1]＋80＋[5]＝500 という式になるね。[1]はえんぴつ 1 本の値段，[5]はえんぴつ 5 本の値段だから，[1]と[5]をたすとえんぴつ 6 本の値段ということになり，[6]となる。だから，
[1]＋80＋[5]＝500 の式は，[6]＋80＝500 と変形できる。

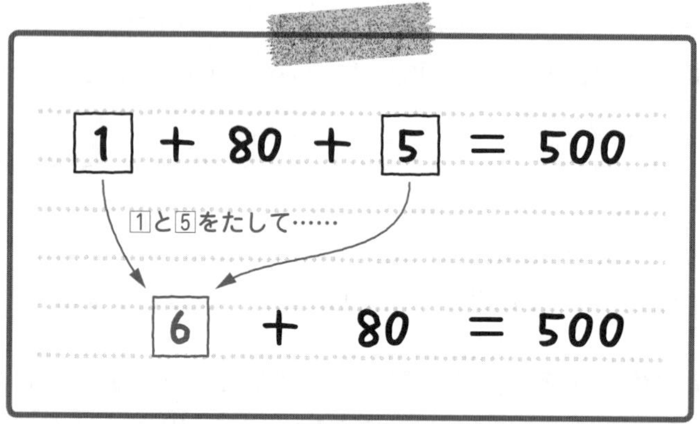

[6]＋80＝500 の式は，[6]に 80 をたすと 500 になるということだ。

[6]は 500−80＝420 で，[6]＝420 となる。

えんぴつ 6 本の値段が 420 円ということだから，420÷6＝70 で，えんぴつ 1 本の値段は 70 円と求められるね。

えんぴつ 1 本の値段は 70 円と求められたけど，ボールペン 1 本の値段は何円になるかな？

「問題文で『ボールペン 1 本の値段はえんぴつ 1 本の値段より 80 円高い』とあるから，70＋80＝150 で，ボールペン 1 本の値段は 150 円です！」

はい，その通り。これでボールペン 1 本とえんぴつ 1 本のそれぞれの値段が求められたね。

ボールペン 1 本 150 円，えんぴつ 1 本 70 円…答え [例題]3−10

説明の動画はこちらで見られます

[例題]3−11　つまずき度 ●●○○○

ケーキ 1 個の値段はプリン 2 個の値段より 20 円高いです。ケーキ 2 個とプリン 5 個の代金は 1390 円です。ケーキ 1 個とプリン 1 個の値段はそれぞれいくらですか。

この問題では，**ケーキ 1 個の値段を①，プリン 1 個の値段を[1]とおいて解いていこう。**

「ケーキ 1 個の値段はプリン 2 個の値段より 20 円高い」を（式 1），「ケーキ 2 個とプリン 5 個の代金は 1390 円」を（式 2）に表すと，次のようになる。

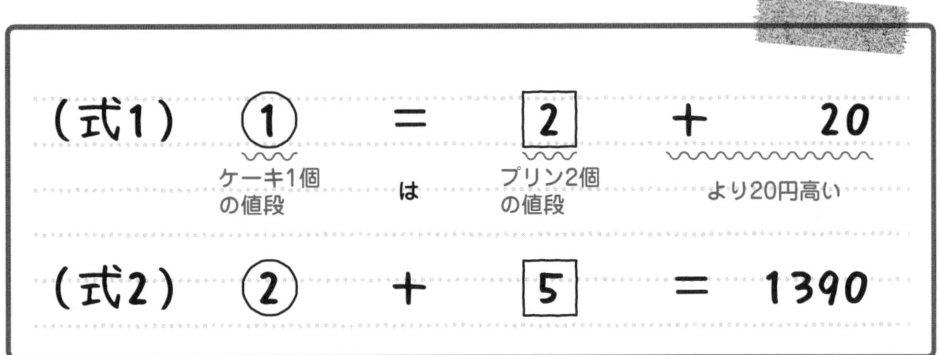

[例題]3-10 では①が同じだったからすぐにおきかえられたけど，今回は①と②だから，すぐにおきかえることはできないね。ここで，**（式 1）全体を 2 倍すると，①を 2 倍して②となるからおきかえることができそう**だ。だから，（式 1）全体を 2 倍してみよう。

（式1） ① ＝ 2 ＋ 20

↓ 式全体を 2 倍する

（式1）×2 ② ＝ 4 ＋ 40

（式 1）×2 と（式 2）で②の部分が同じになったね。（式 1）×2 の②は，4＋40 と等しいから，（式 2）の②の部分を4＋40 におきかえても成(な)り立つということになる。

②が同じだから……

（式1）×2 ② ＝ 4 ＋ 40

（式2）の②を4＋40におきかえても成り立つ

（式2） ② ＋ 5 ＝ 1390

おきかえると……

（式2） 4 ＋ 40 ＋ 5 ＝ 1390

これで，(式2)が4＋40＋5＝1390という式に変形(へんけい)したね。4はプリン4個(こ)の値(ね)段(だん)，5はプリン5個の値段だから，4と5をたすとプリン9個の値段ということになり，9となる。だから，4＋40＋5＝1390の式は，9＋40＝1390と変形できる。

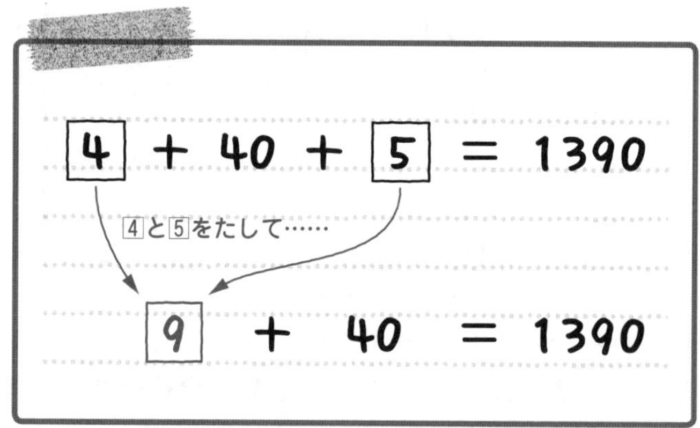

9＋40＝1390の式は，9に40をたすと1390になるということだ。

9は1390－40＝1350で，9＝1350となる。

プリン9個の値段が1350円ということだから，1350÷9＝150で，プリン1個の値段は150円と求(もと)められるね。

プリン1個の値段は150円と求められたけど，ケーキ1個の値段はどのように求めればいいかな？

「問題文に『ケーキ1個の値段はプリン2個の値段より20円高い』とあるわ。だから，150×2＋20＝320で，ケーキ1個の値段は320円です。」

はい，その通り。これでケーキ1個とプリン1個のそれぞれの値段が求められたね。

ケーキ1個320円，プリン1個150円…答え [例題]3-11

Check 35　つまずき度 ●○○○○

➡解答は別冊 p.53 へ

トマト3個とレモン1個の代金は440円で，同じトマト2個とレモン3個の代金は480円です。このトマト1個とレモン1個の値段はそれぞれ何円ですか。

Check 36　つまずき度 ●●○○○　➡解答は別冊 p.54 へ

お茶 4 本とジュース 7 本の代金は 1380 円で，同じお茶 6 本とジュース 5 本の代金は 1300 円です。このお茶 1 本とジュース 1 本の値段はそれぞれ何円ですか。

Check 37　つまずき度 ●○○○○　➡解答は別冊 p.54 へ

スイカ 1 個の値段はメロン 1 個の値段より 170 円安いです。メロン 3 個とスイカ 1 個の代金は 3030 円です。メロン 1 個とスイカ 1 個の値段はそれぞれ何円ですか。

Check 38　つまずき度 ●●○○○　➡解答は別冊 p.54 へ

おもり A 1 個の重さはおもり B 4 個の重さより 35 g 軽いです。おもり A 3 個とおもり B 2 個の重さの合計は 1225 g です。おもり A 1 個とおもり B 1 個の重さはそれぞれ何 g ですか。

3 04 つるかめ算

和差算や分配算は線分図で解いたけど，つるかめ算は面積図で解くよ。
面積図とは何か？　それは読んでからのお楽しみ！

説明の動画は
こちらで見られます

[例題]3-12　つまずき度

ツルとカメがいます。頭の数を合わせると全部で 10，足の数の合計が 28 本です。このとき，カメは何匹いますか。

ところで，ツル 1 羽の足と，カメ 1 匹の足ってそれぞれ何本かな？

「ツル 1 羽の足は 2 本で，カメ 1 匹の足は 4 本です。」

そうだね。「ツルは 2 本の足，カメは 4 本の足を持っていて，足の合計が 28 本」ということだ。このツルとカメの足のように，ちがう数ずつ（2 本と 4 本）のものを合わせたときの，合計の数（28 本）がわかっているような問題を，**つるかめ算**というんだ。

ツルとカメの問題が代表的な例だから「つるかめ算」というけど，たとえば，

“1 個 30 円のチョコレートと，1 個 50 円のビスケットを合わせて 60 個買ったら，合計の金額が 2500 円になりました。ビスケットを何個買いましたか。”

というような問題もつるかめ算なんだよ。

チョコレートは 1 個 30 円，ビスケットは 1 個 50 円で，それぞれちがう金額だ。そして，合わせた金額は 2500 円とわかっている。ツルとカメの「足の数」にあたるものは，それぞれの「金額」ということだよ（この問題は Check 39 としてのっているから，あとで自分で解いてみよう）。

では，話をもとにもどそう。ツル 1 羽の足は 2 本，カメ 1 匹の足は 4 本ということから，[例題]3-12 は解けるかな？

「うーん……，2 本と 4 本の足の組み合わせを順に考えていくのかなぁ。」

順に考えて解くこともできるね。まず，ツル 10 羽とカメ 0 匹のとき足の合計本数が何本になるか調べて，その後，ツル 9 羽とカメ 1 匹，ツル 8 羽とカメ 2 匹，……と順に足の合計本数を調べていけば，答えを見つけることはできるだろうね。

でも，毎回そうやって求めるのは時間もかかるし，数が大きくなると大変になっちゃうよね。そこで，**面積図**で解く方法を教えよう。

「面積図って何ですか？」

面積図とは，問題に書かれている内容を長方形（の面積）におきかえた図のことだよ。たとえば，ツルが 3 羽いると足の合計は何本になる？

「ツル 1 羽の足は 2 本だから 2×3 で，足の合計は 6 本ですね。」

うん，そうだね。**1 羽あたりの足の本数の 2 本に，何羽かの 3 をかけて，足の合計は 6 本と求めることができる**ね。つまり，□×○＝△という関係が成り立つということだ。これは，長方形の面積を求めるときにも使うね。

（1 羽あたりの足の本数）×　（○羽）　＝（足の合計本数）
（たての長さ）　　×（横の長さ）＝（長方形の面積）

ということは，

（1 羽あたりの足の本数）を（たての長さ）

（○羽）を（横の長さ）

とすれば，（足の合計本数）は（長方形の面積）で表せるということだ。面積図で表すと，次のようになるね。

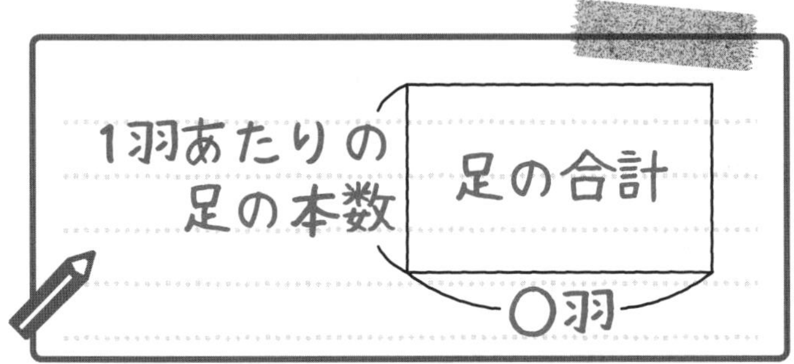

これをふまえて［例題］3-12 にもどろう。「ツルとカメがいます。頭の数を合わせると全部で 10，足の数の合計が 28 本です。このとき，カメは何匹いますか。」という問題だったね。

まず，ツルに注目しよう。ツルは**(1羽あたりの足の本数が)2本**で，何羽いるかはわからないから**○羽**としよう。そうすると，右のような面積図がかけるよ。**面積は，ツルの足の合計を表している**。これを図1としよう。

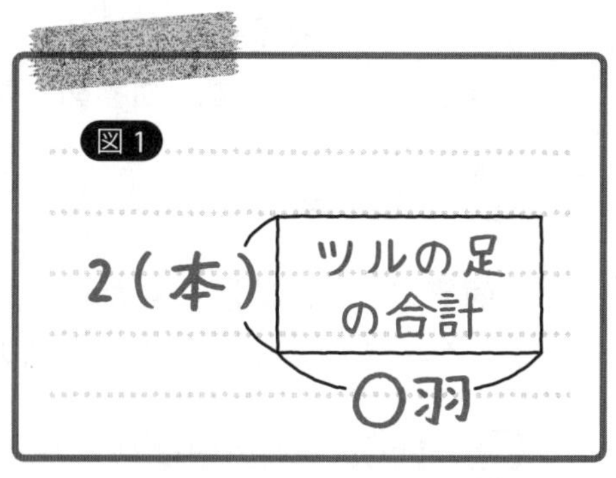

次に，カメに注目しよう。カメは**(1匹あたりの足の本数が)4本**で，何匹いるかはわからないから**□匹**としよう。そうすると，右のような面積図がかけるよ。**面積は，カメの足の合計を表している。**これを図2とするよ。

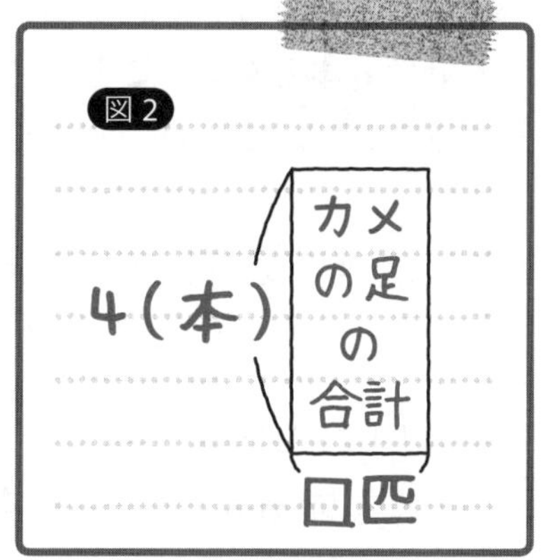

そして，図1と図2を合体させちゃうんだ。「えいっ！」って合体させると，図3のような面積図になるよ。これが**つるかめ算の面積図**なんだ。

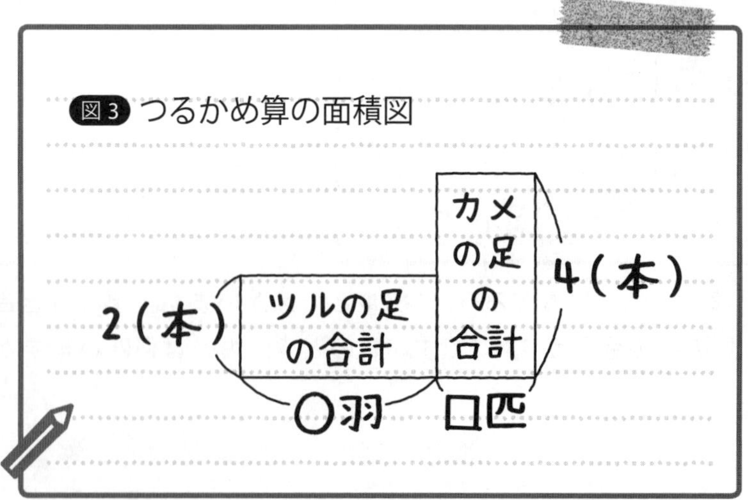

面積図をかくとき，○と□はどちらが多いかわからないから，横の長さは適当でかまわないよ。

長方形を2つ組み合わせた面積図になったね。2つの長方形の面積は，それぞれツルの足の合計と，カメの足の合計を表すから，図3の**つるかめ算の面積図の面積はツルとカメの足の合計を表す**，**つまり28本ということになる**ね。

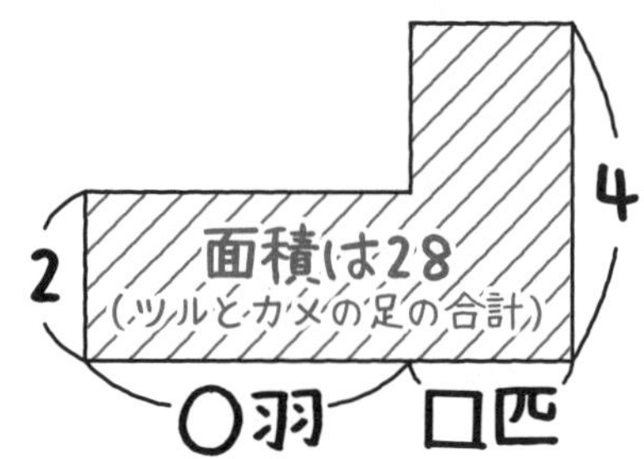

ところで，ツルが○羽，カメが□匹だったね。これをもとに考えると，この面積図の下の辺(へん)の**○と□の合計**の数が何になるかわかるかな？

「○と□の合計っていうことは…ツルとカメの頭の数が合わせていくつかっていうことだから，10ね。」

そうだね。ツルとカメの頭の数が合わせて10というのは問題文に書いてあるよね。右のように，下の辺に10を書きこもう。

つるかめ算の面積図の下の辺は，合計で何匹（羽）か記入する，ということだね。これで，問題文に出てくる数をすべて面積図に書きこめたね。これで**面積図が完成(かんせい)だ。線分図のときも問題文に出てくる数をすべて書きこむのが大事だったけど，面積図もそれが大事だよ。**

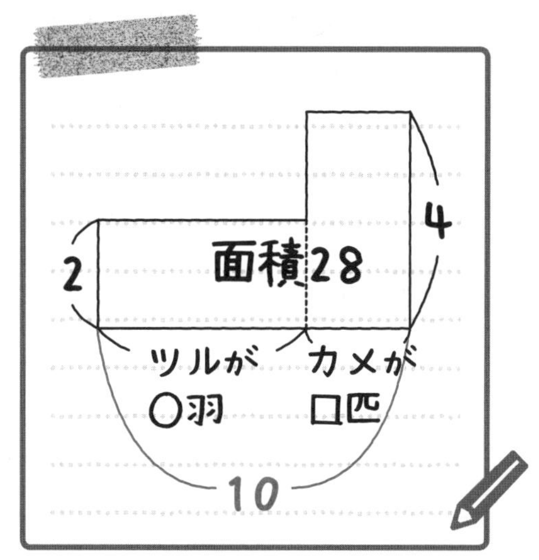

この面積図をもとに，カメが何匹か求(もと)めよう。カメが何匹か求めるために，面積図に右のように補助線(ほじょせん)をひいてほしいんだ。**補助線というのは，図形の問題を解(と)きやすくするために，与(あた)えられた図形に自分でひく線**のことだよ。

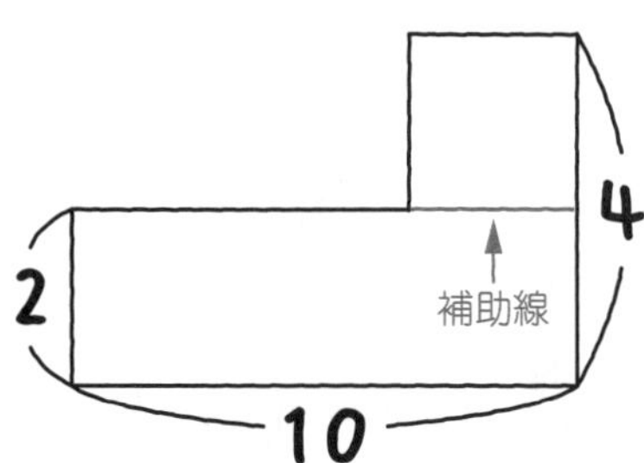

補助線(ほじょせん)をひくと面積図(めんせきず)全体が上下 2 つの長方形に分けられるよ。

そして，下の長方形は，たてが 2 で横が 10 だから，2×10＝20 で，面積は 20 とわかるね。

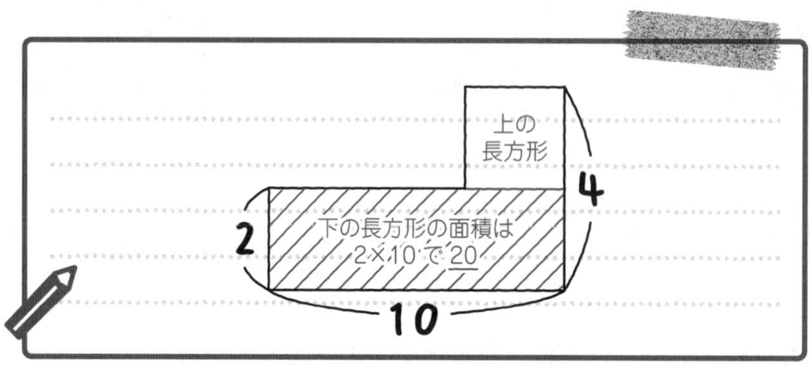

上の長方形の面積は，全体の面積から下の長方形の面積をひけば求(もと)められるね。全体の面積が 28 で，下の長方形の面積が 20 だから，28－20＝8 で，上の長方形の面積は 8 と求められる。

上の長方形（面積が 8）のたての長さは，カメの足の 4 本からツルの足の 2 本をひいて，4－2＝2 で，2 と求められるね。

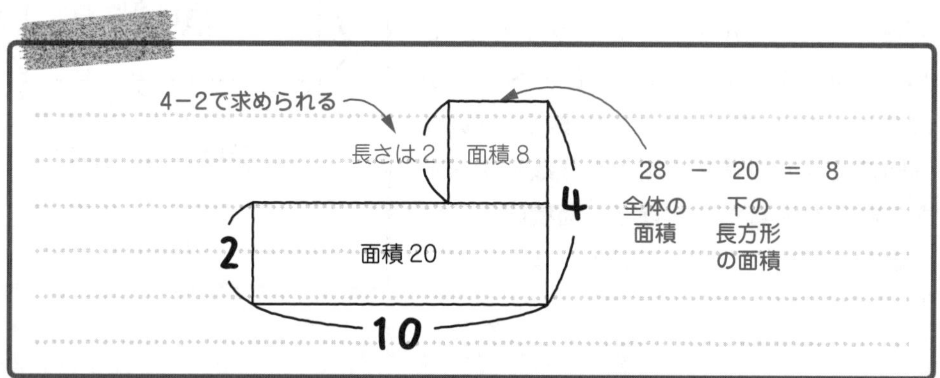

そうすると，上の長方形（面積が 8）の横の長さ，つまり，カメが何匹(なんびき)かわかるよ。**（長方形の面積）÷（たての長さ）＝（横の長さ）**の式で求めることができるね。上の長方形の面積が 8 で，たての長さが 2 だから，ユウトくん，計算してくれるかな？

「8÷2＝4 だから，カメは 4 匹ですね。」

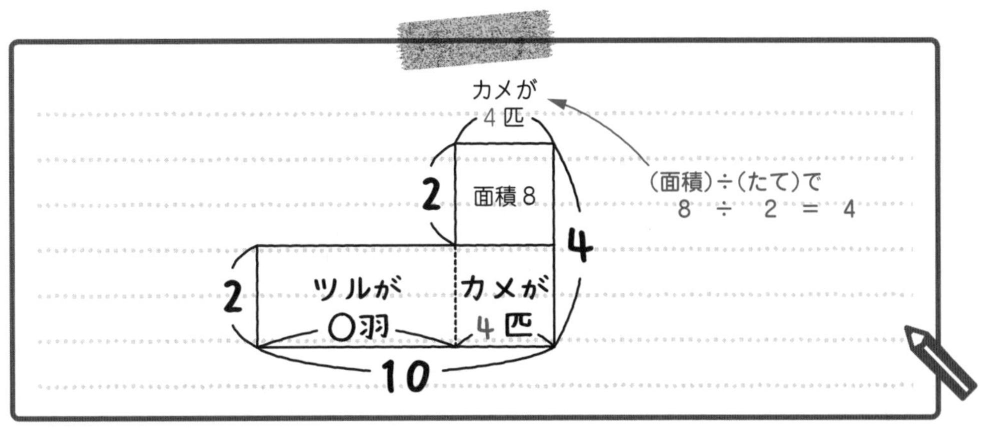

うん，そうだね。カメは4匹だ。答えが求められたね。

4匹…答え [例題]3-12

別解 [例題]3-12

別解（べっかい）があるので見ておこう。同じ面積図をもとにして解（と）いていくんだけど，今回の解き方では，次のように補助線をひくんだ。

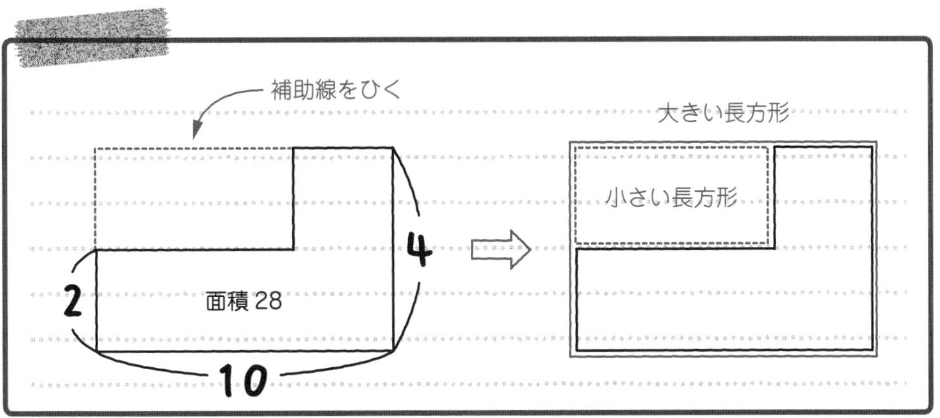

このように補助線をひくと，大きい長方形と小さい長方形ができるね。

まず，大きい長方形の面積は，たてが4で横が10だから4×10＝40で40と求められる。

次に，小さい長方形の面積は，大きい長方形の面積40からもとの面積図全体28をひいたものだから，40－28＝12で，12と求められるね。

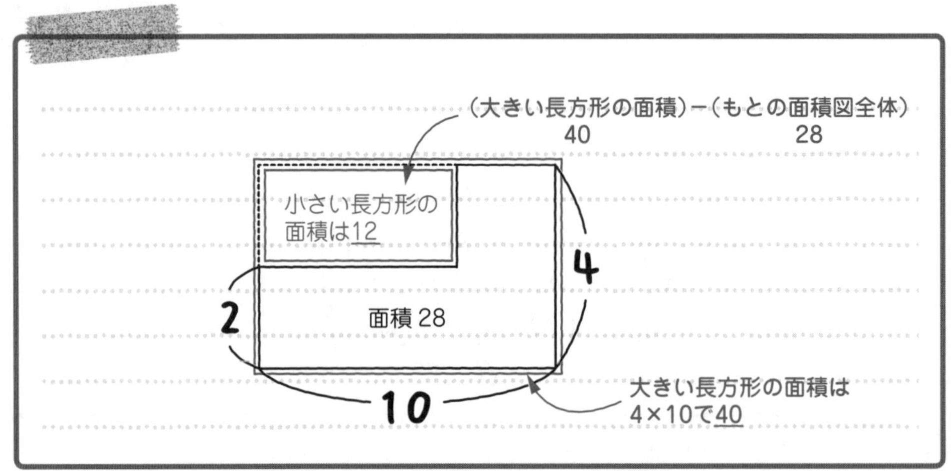

小さい長方形のたての長さは，カメの足の 4 本からツルの足の 2 本をひいて，4−2=2 で，2 とわかる。

そうすると，小さい長方形（面積 12）の横の長さ，つまり，ツルが何羽か求められるよ。**（長方形の面積）÷（たての長さ）=（横の長さ）**の式で求められるね。小さい長方形の面積が 12 で，たての長さが 2 だから，ハルカさん，計算してくれるかな？

「12÷2=6 だから，ツルは 6 羽ですね。」

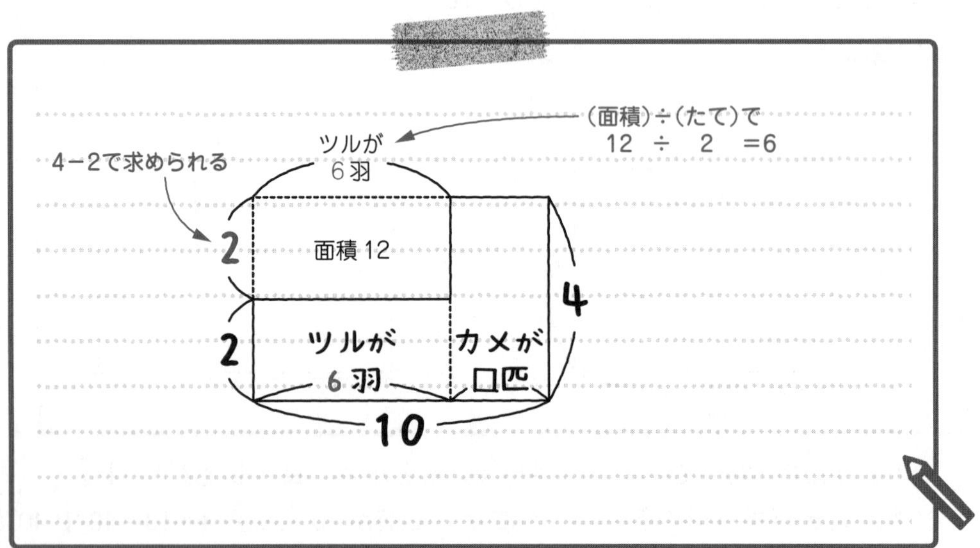

うん，その通り。ツルは 6 羽で，ツルとカメが合わせて 10 なのだから，10−6=4 で，カメは 4 匹と求められるわけだね。

4 匹… 答え ［例題］3-12

つるかめ算の2つの解き方を紹介したけど，どうだった？

「順に説明されるとわかったけど，自力で解くのは難しいかも。」

何回か読んで理解したら，**同じ問題でいいから解説を読まずに自分で解いてみよう。読んで「解けた気になる」のはダメ**だよ。それでは力はつかないからね。

「わかりました。やってみます。」

Check 問題もがんばって解いてみてね。

Check 39　つまずき度 ☹☹☹☹☹

➡解答は別冊 p.54 へ

1個30円のチョコレートと，1個50円のビスケットを合わせて60個買ったら，合計の金額が2500円になりました。ビスケットを何個買いましたか。

中学入試算数のウラ側 4

つるかめ算を消去算で解く

「先ほどの［例題］3−12 のつるかめ算なんですが……。」

はい，何でしょう。

［例題］3−12　つまずき度

ツルとカメがいます。頭の数を合わせると全部で 10，足の数の合計が 28 本です。このとき，カメは何匹いますか。

「面積図で解くより，中学校で習った連立方程式で解きたくなってしまうんですよ。ツルが x 羽，カメが y 匹とおいて…。でも，子どもに教えるときは面積図で教えるほうがいいんですか？」

いえ，連立方程式で教えてもいいんですよ。ただ，x や y を使うのはおすすめしないですね。そのかわり，消去算は連立方程式そのものなので，「つるかめ算は消去算でも解けるんだよ」というように，子どもに語りかけて別解として教えるのはアリだと思います。では，実際に解いてみましょうか。

（例題　3ー12）を消去算で解く

ツルの数を①，カメの数を[1]とおくと，問題より次の 2 つの式が成り立ちます。

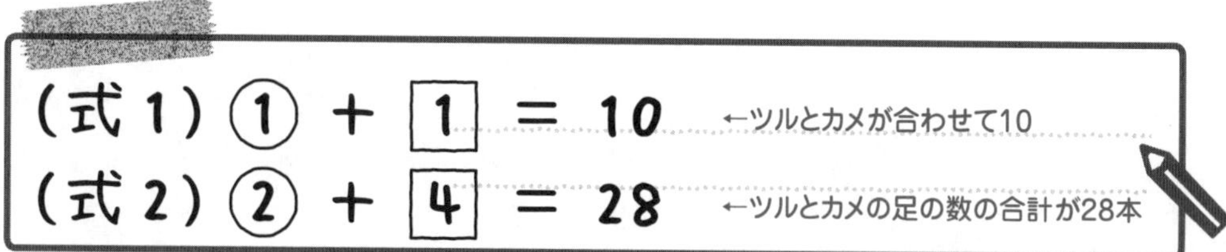

(式 2) 全体を 2 でわると①＋[2]＝14 となりますから，これから (式 1) をひくと，次のようになります。

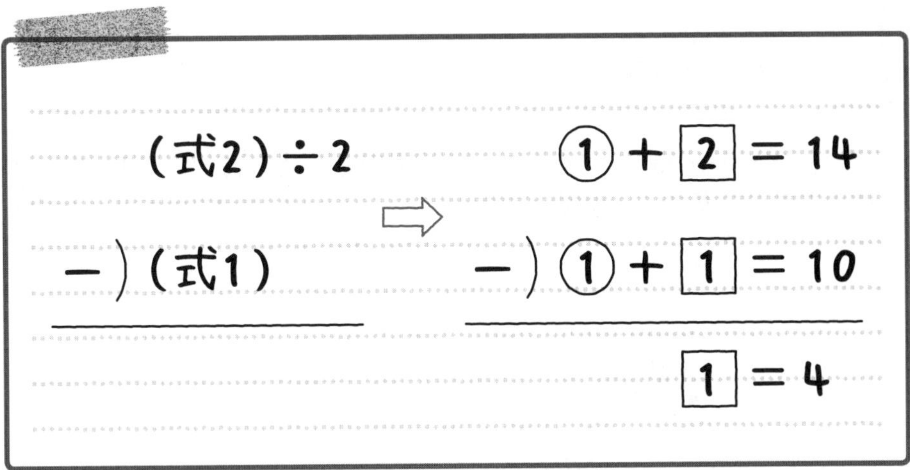

[1]＝4，すなわちカメが４匹と求められるわけです。子どもによっては，面積図よりこちらの解き方のほうが理解しやすい場合もあるかもしれませんね。

「なるほど。そのように教えればいいんですね。」

3 05 弁償算

失敗したら弁償しなきゃいけないなんて，ちょっと緊張するよね。
でも，文章題の中での話だから，安心してね。

説明の動画は
こちらで見られます

[例題]3-13　つまずき度

Aさんは90個のガラスのコップを運ぶ仕事をしました。こわさずに1個運ぶごとに160円もらえますが，コップをこわしてしまうと160円もらえないだけでなく，1個につき250円ひかれます。仕事が終わった後，Aさんは10710円をもらいました。こわさずに運んだコップは何個ですか。

「ガラスのコップってこわれやすそう！　1個こわしたら250円，お給料からひかれちゃうなんて大変な仕事ですねー。」

「私だったらビクビクして何個もこわしちゃいそう。」

そうだよね。1個運ぶごとに160円もらえるけど，1個こわすと250円もひかれるから，慎重に運ばないといけない仕事だね。この問題は**弁償算**というものだよ。

「べんしょうざん？」

うん。弁償というのは，人に損をさせたとき，その損をうめるためにお金などを出すことをいうよ。**弁償算を解くポイントは，もし1個もこわさずに全部運べたら，いくらもらえるかを考えること**だ。1個もこわさずに全部運べたら，Aさんはいくらもらえるかな？」

「全部で90個あって，1個運ぶごとに160円もらえるんだから……
160×90＝14400で，14400円もらえるはずよ。」

そうだね。1個もこわさずに全部運べたら14400円もらえる。でも，実際は10710円しかもらえなかったんだね。その差を求めると

14400－10710＝3690(円)

1個もこわさずに全部運べたときに比べて3690円の差があるということだ。

「3690円をこわしたときの罰金(ばっきん)の250円でわれば，こわした個数が求められるんじゃないのかなぁ。3690÷250＝14.76，あれ？　整数ではわりきれないぞ。」

ユウトくん，「3690円をわる」という考え方は正しいんだけど，250円でわるところがまちがっているんだ。

ここでよく考えてみよう。**1個のコップを，こわさずに運んだときと，こわしてしまったときとで，もらえる金額(きんがく)の差**はいくらになると思う？

「えっと，こわさずに運ぶと160円もらえて，失敗(しっぱい)すると250円ひかれて……，うーん。」

次のように，線分図で考えてみるとわかるよ。

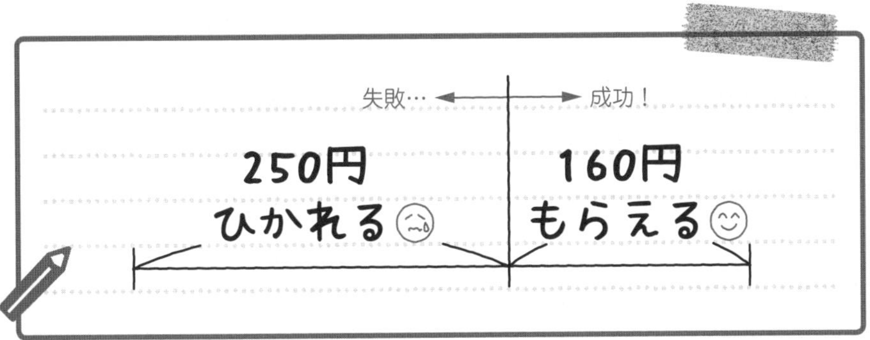

「あっ，わかった！　250＋160＝410で，410円の差があるんですね。」

そうだよ。成功(せいこう)したら160円もらえるはずが，失敗すると250円ひかれるんだから，1回の成功と失敗の差は410円なんだ。ガッカリ度合いが大きいよね。

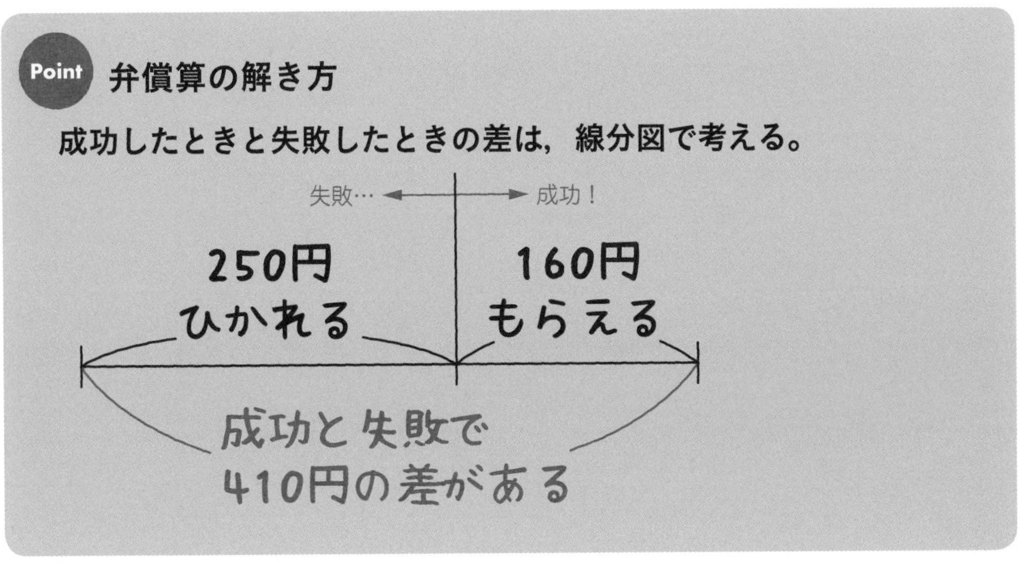

いま，何回か失敗してしまって，全部こわさずに運んだときとのもらえるお金の差が3690円ということだから，**3690円を1回の成功と失敗の差の410円でわれば，こわしてしまったコップの数(失敗の数)を求めることができる**んだね。ハルカさん，計算してくれるかな？

「はい！　3690÷410＝9で，こわしてしまったコップは9個ね。
この問題は，こわさずに運んだコップを求める問題だから，90個からこわしたコップの9個をひいて，90－9＝81で，答えは81個だわ。」

81個…答え　[例題]3-13

ハルカさん，よく気づいたね。こわしてしまったコップが9個と求められたからといって，9個を答えにしないように気をつけよう。こわさずに運んだコップを求める問題だから，90個からこわしてしまった9個をひいて答えにするんだね。

Check 40　つまずき度 ●●●○○

➡解答は別冊 p.55 へ

たけるくんはカードを30枚持っています。クイズに正解するとカードが3枚増え，不正解だとカードが2枚減ります。クイズに15問答えたあと，カードは40枚になっていました。何問正解しましたか。

3 06 差集め算・過不足算

差集め算・過不足算は，差に注目して解こう。

説明の動画はこちらで見られます

[例題]3-14　つまずき度

50円のえんぴつと80円のボールペンを同じ本数ずつ買ったところ，えんぴつとボールペンの代金の差は270円になりました。えんぴつとボールペンをそれぞれ何本ずつ買いましたか。

50円のえんぴつと80円のボールペンを**1本ずつ買うと代金の差は80−50=30で30円になる**ね。50円のえんぴつと80円のボールペンを2本ずつ買うと代金の差は何円になるかな？

「50円のえんぴつ2本の代金は50×2=100(円)，
80円のボールペン2本の代金は80×2=160(円)だから，
2本ずつ買ったときの代金の差は，160−100=60で，60円になるわ。」

そうだね。では，3本ずつ買ったときの代金の差は何円になるかな？

「50円のえんぴつ3本の代金は50×3=150(円)，
80円のボールペン3本の代金は80×3=240(円)だから，
3本ずつ買ったときの代金の差は，240−150=90で90円になります！」

その通り。**1本ずつ買うと30円の差，2本ずつ買うと60円の差，3本ずつ買うと90円の差と，差が30円ずつ大きくなっている**のがわかるね。

	1本ずつ	2本ずつ	3本ずつ	……	□本ずつ
えんぴつの代金	50円	100円	150円	……	50×□（円）
ボールペンの代金	80円	160円	240円	……	80×□（円）
代金の差	30円	60円	90円	……	270円

（30円→60円：+30円，60円→90円：+30円）

つまり，**買う本数が2倍，3倍，4倍，……になると，代金の差も2倍，3倍，4倍，……になる**ことがわかる。このように，「1つあたりの差」や「全体の差」に着目して解く問題を**差集め算**というんだ。

では，何本ずつ買ったときに代金の差が270円になるのか，考えよう。

買った本数	1本ずつ	⇨	□本ずつ
代金の差	**30円**		**270円**

1本ずつ買ったときの代金の差が30円，全体の代金の差が270円なのだから，270÷30＝9で，1本ずつ買ったときに比べて差が9倍になっているね。**買う本数が2倍，3倍，4倍，……になると，代金の差も2倍，3倍，4倍，……になる**のだから，1×9＝9で，9本ずつ買えば，代金の差は270円になることがわかる。

「30円の差が9つぶん集まって，270円になったんですね！」

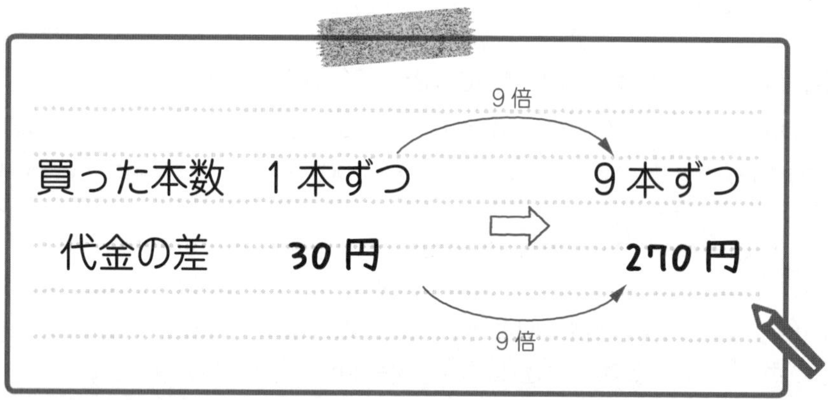

だから，答えは「9本ずつ」だね。

9本ずつ…答え [例題]3-14

差集め算では，「1つあたりの差」と「全体の差」を比べて解くことがポイントだよ。[例題]3-14 では，「1つあたりの差」が30円，「全体の差」が270円で，270÷30＝9で9本ずつと求めたね。「全体の差」を「1つあたりの差」でわれば，「個数」が求められるということだ。

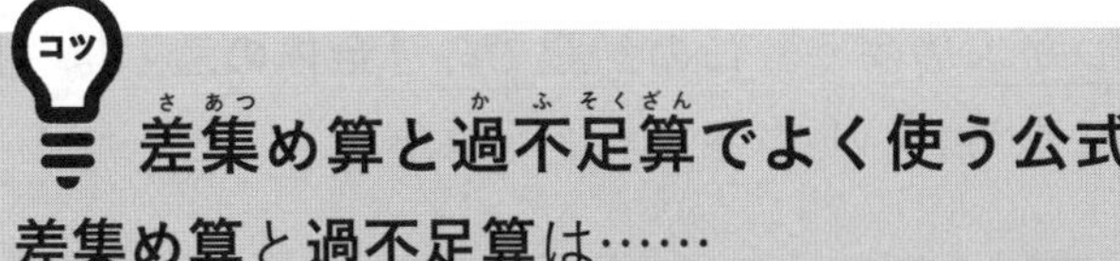

差集め算と過不足算でよく使う公式

差集め算と過不足算は……

(全体の差)÷(1 つあたりの差)=(個数)

という公式を使うと解ける問題が多い。

「過不足算って何ですか？」

過不足算については [例題]3-17 ～ [例題]3-20 で説明するよ。まずは，差集め算をあと 2 問やってみよう。

説明の動画はこちらで見られます

[例題]3-15　つまずき度 ●●○○○

箱の中に，白い玉と赤い玉が同じ個数ずつ入っています。この箱の中から，白い玉 5 個と赤い玉 8 個を同時に取り出す作業を何回かくり返すと，白い玉は 18 個，赤い玉は 6 個残りました。このとき，次の問いに答えなさい。

(1)　この作業を何回くり返しましたか。

(2)　はじめ，箱の中には白い玉が何個ありましたか。

(1) は，作業の回数を求める問題だ。[例題]3-14 で，**「1 つあたりの差」と「全体の差」を比べて解くことがポイント**と言ったね。この問題も，それがポイントになるよ。[例題]3-15 での**「1 つあたりの差」は，「1 回の作業で取り出される白い玉と赤い玉の個数の差」**になる。「1 回の作業で取り出される白い玉と赤い玉の個数の差」はいくつかな？

「1 回の作業で白い玉は 5 個，赤い玉は 8 個取り出されるから……，『1 回の作業で取り出される白い玉と赤い玉の個数の差』は 8−5=3(個)ですね！」

そうだね。「1 回の作業で取り出される白い玉と赤い玉の個数の差」は 3 個だ。

次に，**「全体の差」がいくつか**求めよう。この例題での**「全体の差」は「残った白い玉と赤い玉の個数の差」**になる。ハルカさん，いくつかな？

「白い玉は18個，赤い玉は6個残ったのだから，『残った白い玉と赤い玉の個数の差』は18−6=12で，12個ね。」

そうだね。「残った白い玉と赤い玉の個数の差」は12個だ。

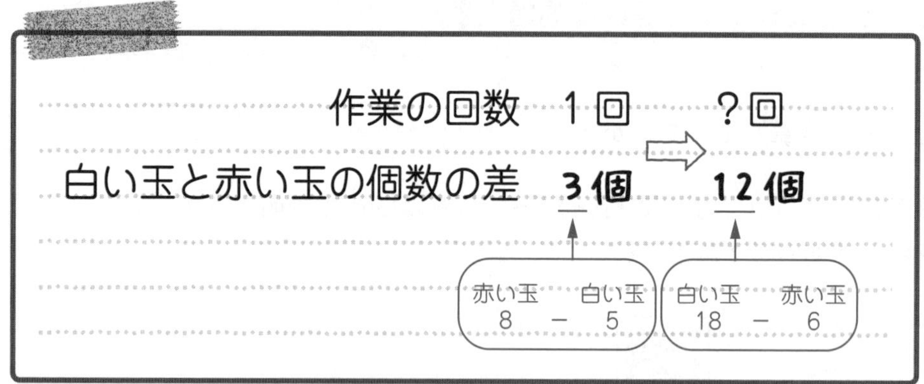

作業1回あたりにつき個数の差が3個で，作業を何回かしたあとの個数の差が12個になったのだから，12÷3=4で，作業を4回したことがわかる。

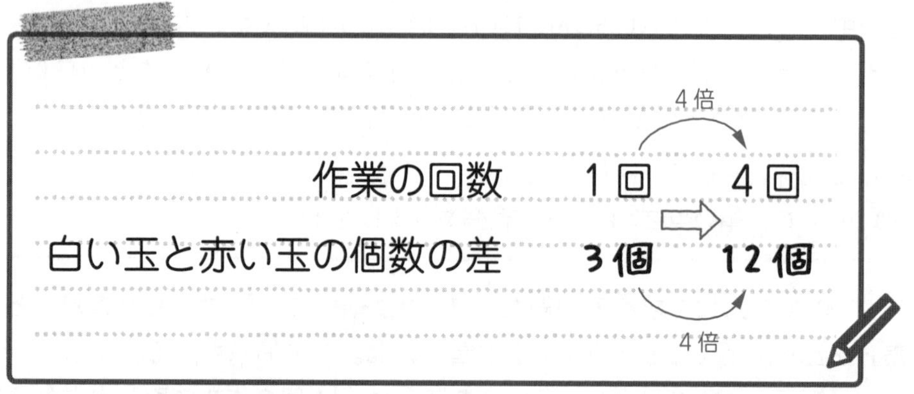

4回…答え［例題］3-15 (1)

(1)でも，次の公式を使って解いたのがわかるかな。

(全体の差)÷(1つあたりの差)=(個数)

この問題では回数

(全体の差)が12個，(1つあたりの差)が3個だから12÷3=4(回)と求めたんだ。この公式は，差集め算や過不足算を解くときに欠かせない公式なんだよ。

では，(2) に進もう。(1) で作業の回数が 4 回と求められたね。作業 1 回につき，白い玉を 5 個ずつ取り出したのだから，作業 4 回では 5×4＝20（個）の白い玉を取り出したことがわかる。20 個の白い玉を取り出したあとに，箱には 18 個の白い玉が残っていたのだから，はじめ，箱の中には 20＋18＝38（個）の白い玉が入っていたということだね。

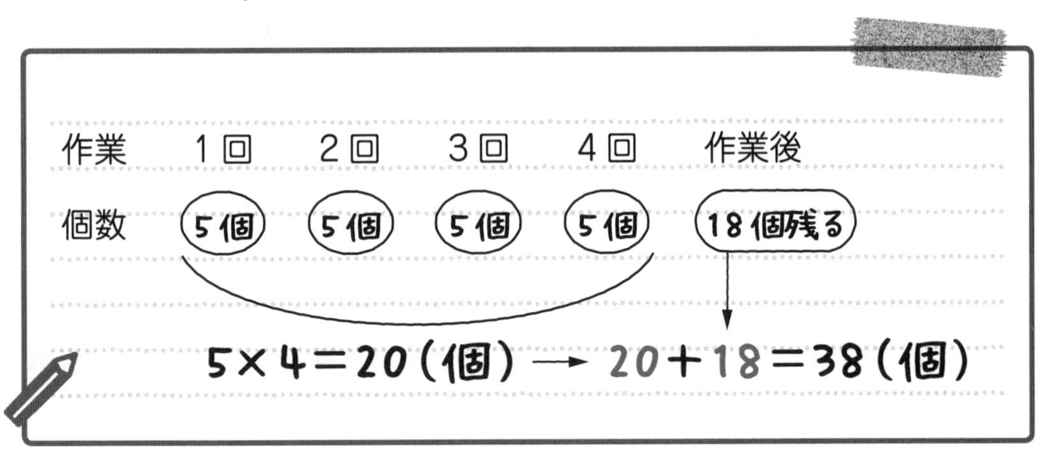

38 個…答え [例題]3-15 (2)

では，もう 1 問だけ差集め算をやってみよう。

説明の動画はこちらで見られます

[例題]3-16 つまずき度 ●●●○○

1 個 80 円のリンゴをいくつか買う予定で，ちょうど買える金額を持っていきました。ところが，1 個 100 円に値上がりしていたので，予定より 2 個少ない個数しか買えず，おつりもありませんでした。持っていった金額はいくらでしたか。

「これも差集め算なんですか？　『全体の差』が読み取れないんですが……。」

うん，これも差集め算だよ。ちゃんと説明していくね。

リンゴが値上がりしていたので，予定より 2 個少ない個数しか買えなかった，ということだね。買う予定だった個数と，実際に買った個数がちがったわけだけど，**「1 個 100 円に値上がりしたあと，予定と同じ個数を買おうとしたら，いくらたりないか」**を考えてほしいんだ。

＊実際は……

1 個 100 円に値上がりしていたので，予定より 2 個少ない個数しか買えなかった。

合計□円
予定
80 円　80 円　……　80 円　80 円　80 円
値上がり後
100 円 100 円　……　100 円
2個少ない
合計□円

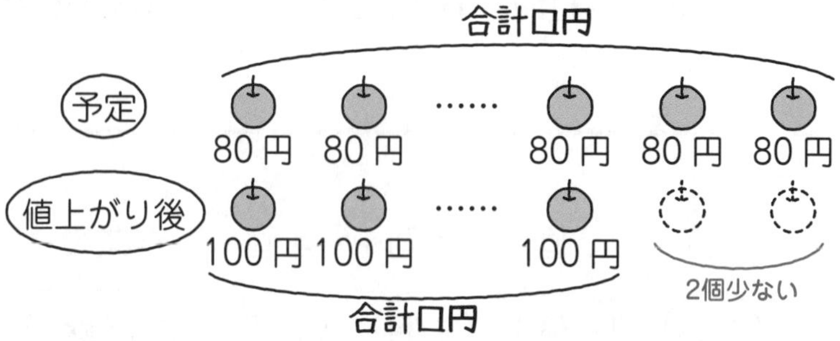

＊もしも……

1 個 100 円に値上がりしたあと，予定と同じ個数を買おうとしたら，いくらたりないか，考える。

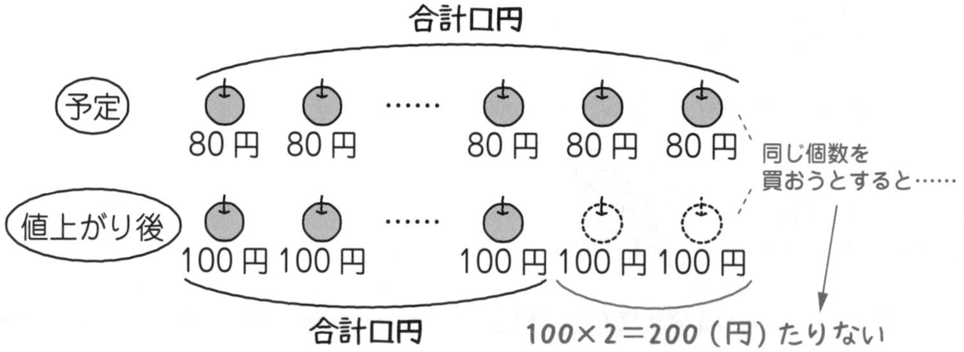

合計□円
予定
80 円　80 円　……　80 円　80 円　80 円
同じ個数を
買おうとすると……
値上がり後
100 円 100 円　……　100 円 100 円 100 円
合計□円
100×2＝200 (円) たりない

実際は，予定より 2 個少ない個数しか買えなかったけど，もし 1 個 100 円に値上がりしても，予定と同じ個数を買おうとしたら，**2 個分の金額がたりない**ことになるね。つまり，100×2＝200 で，**200 円たりない**ということだ。

リンゴ 1 個あたりの金額の差は 100－80＝20 (円)，そして，同じ個数を買おうとしたときの合計の代金の差が 200 円になったということだね。

買った個数	1 個ずつ	⇨	□個ずつ
代金の差	**20 円** 100－80		**200 円**

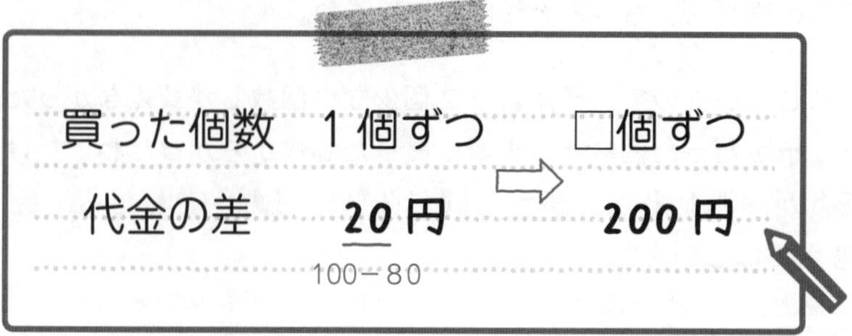

「『1つあたりの差』が20円，『全体の差』が200円ということですね。“予定と同じ数を買ったとすると……”という考え方をしたから，『全体の差』がわかったのか！」

そうだね。「1個80円のリンゴと1個100円のリンゴを同じ数だけ買ったら差が200円になった」という問題と同じになったでしょ？　この例題(れいだい)も，次の公式を使えば，予定の個数が求(もと)められるね。

(全体の差)÷(1つあたりの差)＝(個数)

全体の差が200円で，1つあたりの差が20円だから，200÷20＝10で，予定の個数は10個と求められる。この問題は，はじめに持っていた金額を求める問題だね。ハルカさん，はじめに持っていた金額を求めてくれるかな？

「はい。予定の個数が10個とわかって，はじめ80円のリンゴを買う予定だったのだから，80×10＝800で，答えは800円です。」

その通り。答えは800円だね。

800円…答え　[例題]3-16

ここまでで差集め算はおしまい。次の例題から過不足算(かふそくざん)をやってみよう。

075 説明の動画はこちらで見られます

[例題]3-17　つまずき度 ●●○○○

ボールペンを何人かの子どもたちに同じ本数ずつ配ります。1人3本ずつ配ると22本あまり，1人5本ずつ配ると4本あまります。このとき，次の問いに答えなさい。

(1)　子どもは何人いますか。

(2)　ボールペンは全部で何本ありますか。

この例題のように，分け方を変(か)えることで，あまりの数が変わったり，不足(ふそく)したりするときに，その差を使って解(と)く問題を**過不足算**(かふそくざん)というんだ。

過不足算の問題でも，次の公式が力を発揮(はっき)するよ。

(全体の差)÷(1つあたりの差)＝(個数)

1 人 3 本ずつ配ると 22 本あまり，1 人 5 本ずつ配ると 4 本あまった。あまった本数は，22 本と 4 本だね。あまった本数を線分図で表すと，次のようになるね。

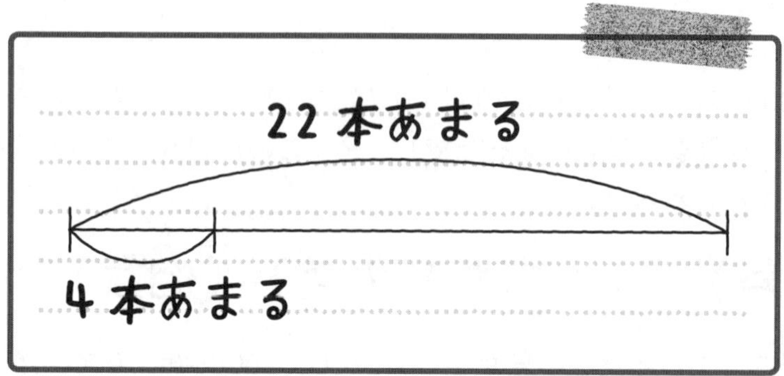

つまり，22 本あまったときと，4 本あまったときで，22−4＝18（本）の差があるということだ。この 18 本が**「全体の差」**にあたる。

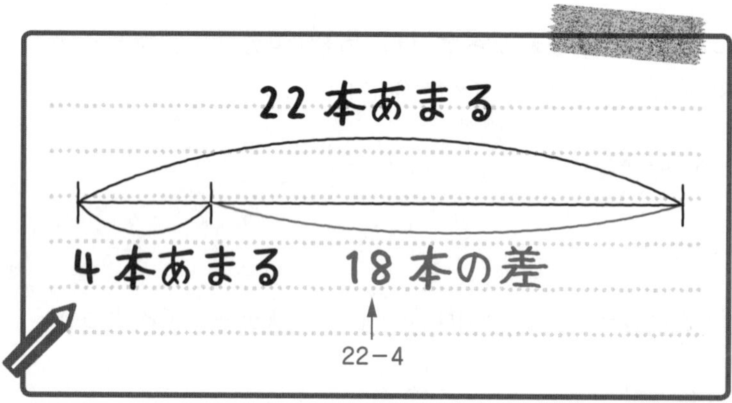

一方，子ども 1 人がもらう本数は 3 本の場合と 5 本の場合があるから，1 人あたりの差は，5−3＝2（本）となる。**「1 つあたりの差」**が 2 本ということだね。

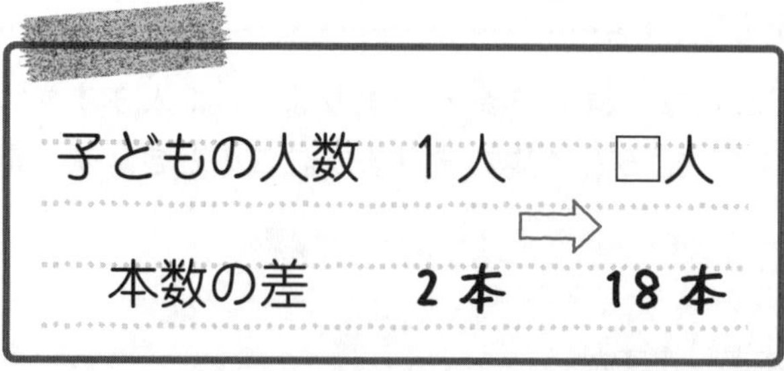

子ども 1 人あたりのもらう本数の差が 2 本のとき（2 本ずつ多く配るとき），何人の子どもがいれば本数の差が 18 本になるか（全体で 18 本多くボールペンが配られるか）考えればいいわけだから，18÷2＝9 で子どもの人数は 9 人と求められるね。**（全体の差）÷（1 つあたりの差）＝（個数）**の公式でいえば，（全体の差）が 18 本，（1 つあたりの差）が 2 本で，18÷2＝9（人）と求めることができたというわけだ。

9 人… 答え ［例題］3-17 （1）

(2) はボールペンの全部の本数を求める問題だね。(1) で子どもの人数が 9 人と求められた。1 人 3 本ずつ配ると 3×9＝27(本)。このとき，22 本あまるんだから，全部で，27＋22＝49(本)と求められるね。

49 本…答え ［例題］3−17 (2)

「1 人 5 本ずつ配ると 4 本あまる」ことをもとにボールペンの本数を求めることもできるよ。ユウトくん，求めてくれるかな？

「はい！　えっと……子ども 9 人に配った本数は 5×9＝45(本)で，この 45 本にあまった 4 本をたして，45＋4＝49(本)で同じになりました！」

その通りだね。当然だけど，どちらで確認しても同じ 49 本になる。もし，同じ答えにならなければ，どこでまちがえたのか見直さないといけないね。テストなどで時間に余裕があるときは，このようにもう一方の方法で解いて確かめよう。

説明の動画は
こちらで見られます

［例題］3−18　つまずき度

アメを何人かの子どもたちに同じ個数ずつ配ります。1 人 9 個ずつ配ると 25 個不足し，1 人 6 個ずつ配っても 7 個不足します。このとき，次の問いに答えなさい。

(1)　子どもは何人いますか。

(2)　アメは全部で何個ありますか。

［例題］3−17 とよく似た問題だ。［例題］3−17 では**どちらの場合でもあまった**けど，今回の例題では，**どちらの場合でも不足する**んだね。1 人 9 個ずつ配ると 25 個不足し，1 人 6 個ずつ配っても 7 個不足するのだから，不足した個数は，25 個と 7 個だね。不足した個数を線分図で表すと，次のようになる。

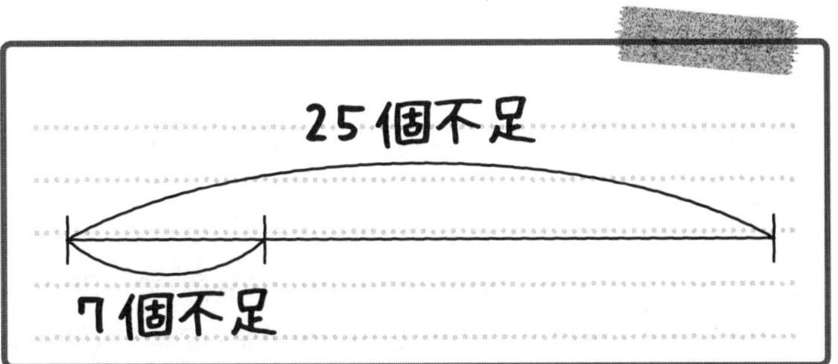

つまり，25 個不足したときと，7 個不足したときで，25−7＝18(個)の差があるということだ。この 18 個が**「全体の差」**にあたる。

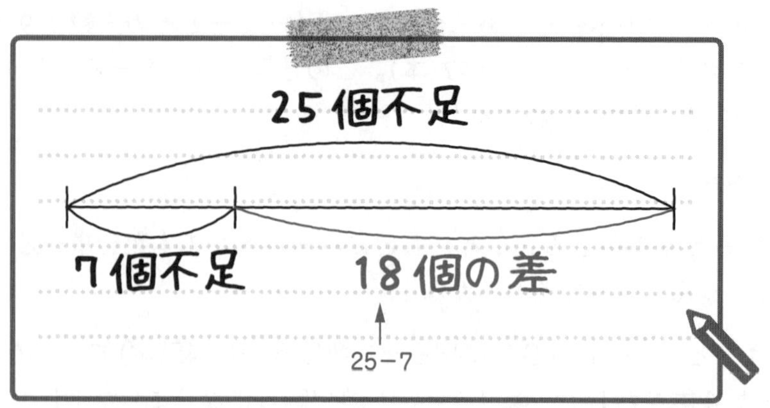

一方, 1人がもらう個数は9個の場合と6個の場合があるから, 1人あたりの差は, 9−6=3(個)ということになる。**「1つあたりの差」**が3個ということだね。

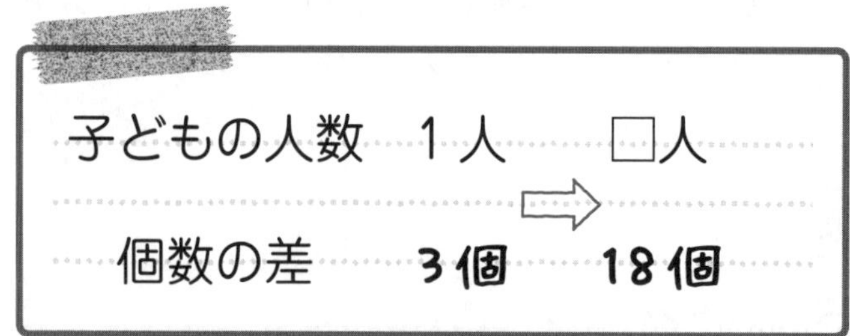

子ども1人あたりがもらう個数の差が3個のとき, 何人の子どもがいれば全体の個数の差が18個になるか考えればいいわけだから, 18÷3=6で子どもの人数は6人と求められるね。**(全体の差)÷(1つあたりの差)=(個数)**の公式でいえば, (全体の差)が18個, (1つあたりの差)が3個で, 18÷3=6(人)と求められるわけだ。

6人…答え [例題]3−18 (1)

(2)はアメ全部の個数を求める問題だね。(1)で子どもの人数が6人と求められた。1人9個ずつ配ると25個不足するんだから, 子ども6人に配るのに必要な個数は9×6=54。54個必要だけど, 25個たりなかったのだから, 54から25をひいて54−25=29で, アメは29個と求められるね。

29個…答え [例題]3−18 (2)

「1人6個ずつ配っても7個不足する」ことをもとにアメの個数を求めることもできるよ。ハルカさん, 求めてくれるかな？

「はい。子ども6人に配るのに必要な個数は, 6×6=36(個)で, 36個必要だけど, 7個たりなかったんだから, アメは全部で, 36−7=29(個)ね。」

その通り。同じ29個になったね。

[例題]3−19 つまずき度

お楽しみ会を開くのに，参加者(さんかしゃ)たちから費用(ひよう)を集めます。1人250円ずつ集めたら500円不足し，1人350円ずつ集めたら1100円あまりました。このとき，次の問いに答えなさい。

(1) お楽しみ会の参加者は何人ですか。

(2) お楽しみ会を開くためにかかる費用の合計は何円ですか。

これも [例題]3−17 ，[例題]3−18 とよく似た問題だ。[例題]3−17 は，**どちらの場合もあまる問題**，[例題]3−18 は，**どちらの場合も不足する問題**だったけど，今回の例題(れいだい)は，**一方の場合では不足し，もう一方の場合ではあまる問題**だね。

これも基本的(きほんてき)な解(と)き方は，いままでと同じだよ。1人250円ずつ集めたら500円不足し，1人350円ずつ集めたら1100円あまったんだね。500円の不足と1100円のあまりに注目して線分図をかこう。**不足とあまりは逆(ぎゃく)の意味だから，不足は線分図の左側(ひだりがわ)に，あまりは線分図の右側にかこう。**

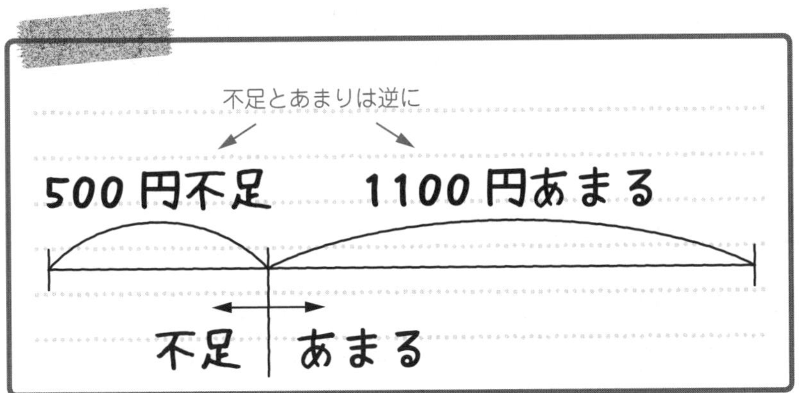

つまり，500円の不足と1100円のあまりで，500＋1100＝1600(円)の差があるということだ。この1600円が**「全体の差」**にあたる。

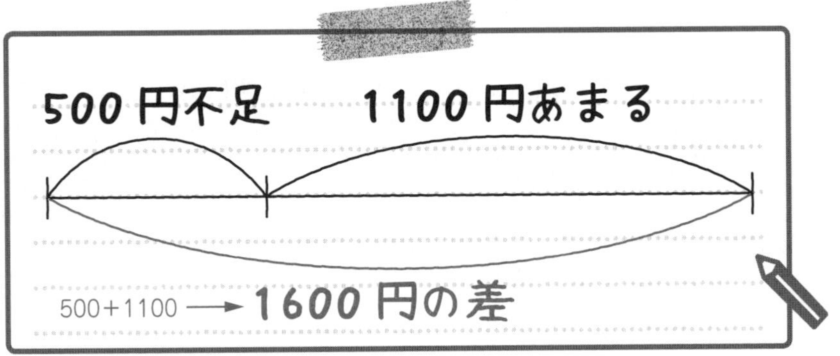

一方，参加者１人につき，250円ずつ集める場合と，350円ずつ集める場合があるから，1人あたりの差は，350－250＝100(円)ということになる。**「1つあたりの差」**が100円ということだね。

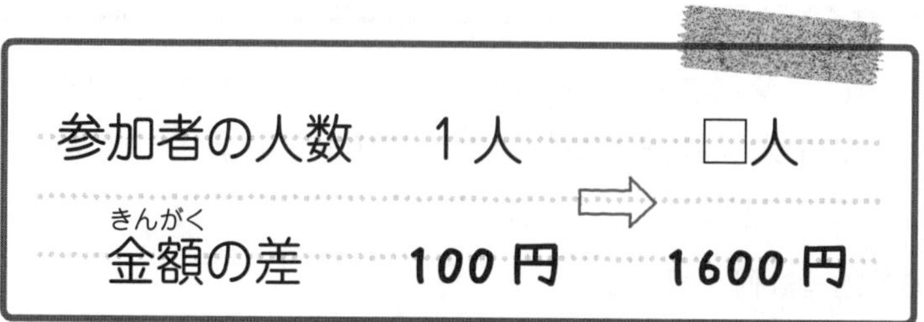

参加者1人あたりの金額の差が100円のとき，何人の参加者がいれば金額の差が1600円になるか考えればいいわけだから，1600÷100＝16で参加者の人数は16人と求められるね。**(全体の差)÷(1つあたりの差)＝(個数)**の公式でいえば，(全体の差)が1600円，(1つあたりの差)が100円だから，1600÷100＝16(人)と求めることができたというわけだ。

16人…答え　[例題]3-19 (1)

(2)はお楽しみ会を開くためにかかる費用の合計を求める問題だね。(1)で参加者の人数が16人と求められた。1人250円ずつ集めたら500円不足するんだから，参加者16人から集めた金額は250×16＝4000(円)。4000円集めても500円不足したのだから，4000＋500＝4500(円)がお楽しみ会を開くためにかかる金額の合計だとわかるね。

4500円…答え　[例題]3-19 (2)

「1人350円ずつ集めたら1100円あまる」ことをもとにお楽しみ会を開くためにかかる金額の合計を求めることもできるよ。ユウトくん，求めてくれるかな？

「はい！　1人350円ずつ集めたら1100円あまるんだから，参加者16人から集めた金額は，350×16＝5600(円)。5600円集めたら1100円あまるんだから，5600－1100＝4500(円)です！」

そうだね。やはり4500円で一致したね。では，次の例題にいこう。

説明の動画は
こちらで見られます

[例題]3-20　つまずき度

長いすに子どもたちがすわります。1脚に7人ずつすわると4人すわれません。また，1脚に9人ずつすわると，6人だけすわった長いすが1脚と，だれもすわらない長いすが1脚できます。このとき，次の問いに答えなさい。

(1)　長いすは全部で何脚ありますか。

(2)　子どもは何人いますか。

この「長いす」の過不足算は苦手にしている人がけっこう多いんだよ。

「『1脚に9人ずつすわると，6人だけすわった長いすが1脚と，だれもすわらない長いすが1脚できる』っていうところがよくわからないわ。」

うん，その部分で頭をなやませる人が多いようだね。でも，「長いすを満席にする」ということを基準に考えて，**「長いすが満席になって，○人がすわれずにあまる」とか「長いすを満席にするには，□人がたりない」などと考えると，これまで解いてきた例題と同じ解き方で解ける**んだよ。まず，「1脚に7人ずつすわると4人すわれません」というのは，言いかえると「長いすが満席になって，4人がすわれずにあまる」ということだね。

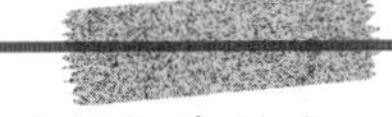

1脚に7人ずつすわると4人すわれません

↓言いかえると……

1脚に7人ずつすわると，長いすが満席になって4人がすわれずにあまる

「これはほぼ同じ意味だからわかります。問題は次の部分なんだよなぁ……。」

そうだね。問題は「1脚に9人ずつすわると，6人だけすわった長いすが1脚と，だれもすわらない長いすが1脚できる」という部分だ。この様子は**長いすと子どもを上から見た図にかいてみるとよくわかるよ。**

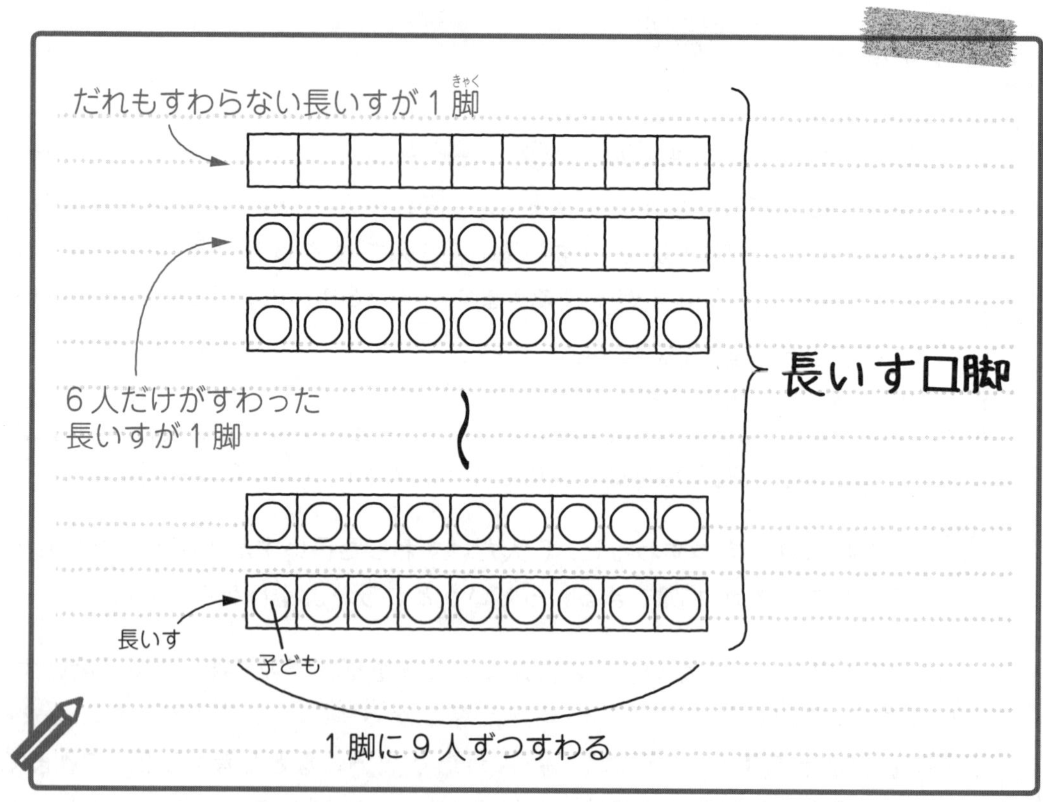

このように図にすると「1脚に9人ずつすわると，6人だけすわった長いすが1脚と，だれもすわらない長いすが1脚できる」という様子がわかるね。

「そういうことだったんですね。なんとなくわかってきたかも。」

うん，このように図に表して考えると理解できる人が多いんだ。つまり，1脚に9人ずつすわって，長いすを満席にするには，あと何人たりないかな？

「図で見ると，3+9=12で12席が空いているから，12人必要です。」

そうだね。6人だけすわった長いすでは9−6=3で3席空いていて，だれもすわらない長いすでは9席空いているから，合わせて3+9=12（席）空いているね。長いすを満席にするには，12人がたりていないってことだ。

1脚に9人ずつすわると，6人だけすわった長いすが1脚と，だれもすわらない長いすが1脚できる

↓言いかえると……

1脚に9人ずつすわると，長いすを満席にするには12人がたりない

ここまでの内容をまとめると，次のようになるよ。

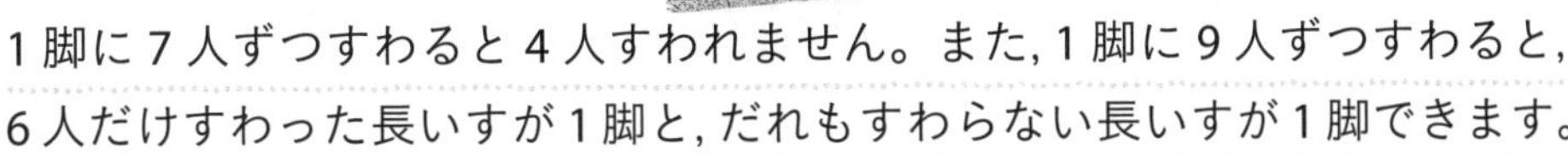
1脚に7人ずつすわると4人すわれません。また, 1脚に9人ずつすわると, 6人だけすわった長いすが1脚と, だれもすわらない長いすが1脚できます。

↓言いかえると……

1脚に7人ずつすわると，長いすが満席になって4人がすわれずにあまる

1脚に9人ずつすわると，長いすを満席にするには，12人がたりない

このように問題を変形すると，いままで解いてきた過不足算と同じ解き方で解くことができるんだ。

1脚に7人ずつすわると，長いすが満席になって4人がすわれずにあまる。そして，1脚に9人ずつすわると，長いすを満席にするには12人がたりないんだね。4人のあまりと12人の不足に注目して，線分図をかこう。**不足とあまりは逆の意味だから，不足は線分図の左側に，あまりは線分図の右側にかこう。**

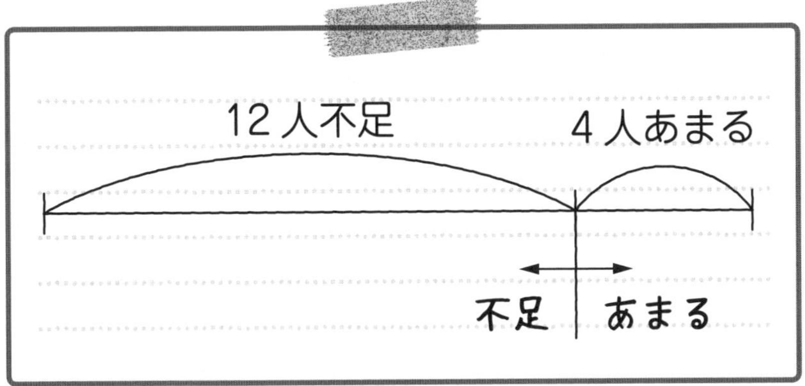

つまり，4人のあまりと12人の不足で，4＋12＝16（人）分の差があるということだ。この16人分が**「全体の差」**にあたる。

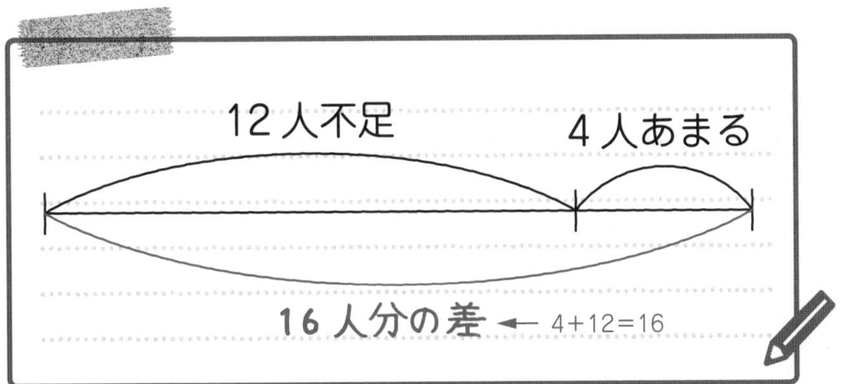

一方，長いす1脚に7人すわる場合と，9人すわる場合があるから，長いす1脚にすわる人数の差は，9－7＝2（人）ということになる。**「1つあたりの差」**が2人ということだね。

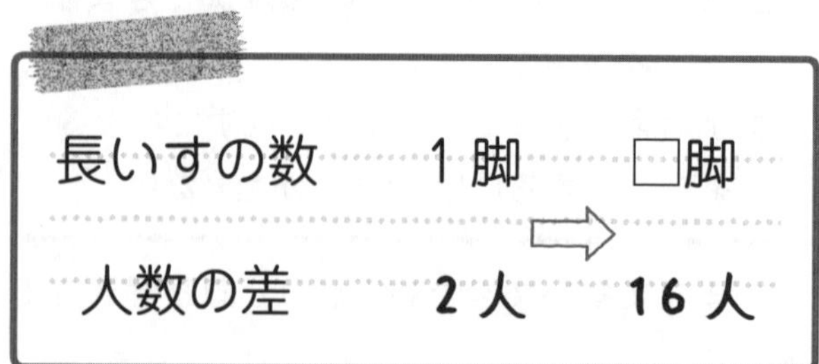

1脚にすわる人数の差が2人のとき，何脚あれば人数の差が16人になるか考えればいいわけだから，16÷2＝8で，長いすの数は8脚と求められる。

（全体の差）÷（1つあたりの差）＝（個数）の公式でいえば，（全体の差）が16人，（1つあたりの差）が2人だから，16÷2＝8（脚）と求めることができたというわけだね。

8脚…答え　［例題］3-20（1）

（2）は子どもの人数を求める問題だね。（1）で長いすの数は8脚と求められた。「1脚に7人ずつすわると4人すわれない」ことをもとに，子どもの人数を求めよう。8脚の長いすに1脚に7人ずつすわるのだから，7×8＝56で，56人の子どもが長いすにすわれる。でも，4人の子どもがすわれないということは，すわることができた56人にすわれない4人をたして56＋4＝60（人）の子どもがいるということだ。

60人…答え　［例題］3-20（2）

「1脚に9人ずつすわると，長いすを満席にするには12人がたりない」ことをもとに子どもの人数を求めることもできるよ。ハルカさん，求めてくれるかな？

「はい。8脚の長いすに1脚9人ずつすわるのだから，9×8＝72（人）分の席があるのね。でも満席にするには12人たりないということは
72－12＝60で60人の子どもがいるということだわ。」

その通り。やっぱり60人になったね。「長いす」の過不足算を解くコツをまとめておこう。

「長いす」の過不足算を解くコツ

「長いす」の図をかいて，**「何人がすわれずにあまるか，満席にするのに何人たりないか」**はっきりさせる。

あとは線分図を使ったの過不足算と同じように解ける。

Check 41　つまずき度　➡解答は別冊 p.55 へ

30 円のみかんと 100 円のりんごを同じ個数ずつ買ったところ，みかんとりんごの代金の差は 350 円になりました。みかんとりんごをそれぞれ何個ずつ買いましたか。

Check 42　つまずき度　➡解答は別冊 p.55 へ

箱の中に，白い玉と赤い玉が同じ個数ずつ入っています。この箱の中から，白い玉 11 個と赤い玉 9 個を同時に取り出す作業を何回かくり返すと白い玉はなくなり，赤い玉は 24 個残(のこ)りました。このとき，次の問いに答えなさい。

（1）　この作業を何回くり返しましたか。

（2）　はじめ，箱の中には白い玉が何個ありましたか。

Check 43　つまずき度　➡解答は別冊 p.56 へ

1 冊(さつ) 150 円のノートを何冊か買う予定で，ちょうど買える金額(きんがく)を持っていきました。ところが，1 冊 90 円に値下(ねさ)がりしていたので，予定より 6 冊多く買えて，おつりはありませんでした。はじめに持っていたお金は何円ですか。

Check 44　つまずき度　➡解答は別冊 p.56 へ

みかんを何人かの子どもたちに同じ個数(こすう)ずつ配ります。1 人 3 個ずつ配ると 35 個あまり，1 人 6 個ずつ配ると 2 個あまります。このとき，次の問いに答えなさい。

（1）　子どもは何人いますか。

（2）　みかんは全部で何個ありますか。

Check 45

つまずき度 ●●○○○

➡解答は別冊 p.56 へ

カードを何人かの子どもたちに同じ枚数(まいすう)ずつ配ります。1 人 18 枚ずつ配ると 21 枚不足(ふそく)し，1 人 14 枚ずつ配っても 5 枚不足します。このとき，次の問いに答えなさい。

(1) 子ども何人いますか。

(2) カードは全部で何枚ありますか。

Check 46

つまずき度 ●●○○○

➡解答は別冊 p.57 へ

おはじきを何人かの子どもたちに同じ個数ずつ配ります。1 人 7 個ずつ配ると 17 個不足し，1 人 4 個ずつ配ると 7 個あまります。このとき，次の問いに答えなさい。

(1) 子どもは何人いますか。

(2) おはじきは全部で何個ありますか。

Check 47

つまずき度 ●●●●○

➡解答は別冊 p.57 へ

長いすに子どもたちがすわります。1 脚(きゃく)に 6 人ずつすわると，2 人だけすわった長いすが 1 脚と，だれもすわらない長いすが 7 脚できます。また，1 脚に 4 人ずつすわると，だれもすわらない長いすが 1 脚できます。このとき，次の問いに答えなさい。

(1) 長いすは全部で何脚ありますか。

(2) 子どもは何人いますか。

中学入試算数のウラ側 5

過不足算をマルイチ算で解く

「先ほどの [例題]3-19 の過不足算は，中学校で習う方程式でも解けますよね？」

[例題]3-19 つまずき度

お楽しみ会を開くのに，参加者たちから費用を集めます。1人250円ずつ集めたら500円不足し，1人350円ずつ集めたら1100円あまりました。このとき，次の問いに答えなさい。

(1) お楽しみ会の参加者は何人ですか。

(2) お楽しみ会を開くためにかかる費用の合計は何円ですか。

はい，方程式でも解けます。

「でも方程式をそのまま使ったら，中学入試で減点されることもあるらしいし……，子どもに方程式のような解法で教えるのは難しいですか？」

方程式のような解法で教えることもできますよ。方程式に類似したものとして，**マルイチ算**と呼ばれている解法があります。「マルイチ算は方程式の小学生版である」と言えばわかりやすいでしょうか。

[例題]3-19 を方程式で解く場合，お楽しみ会の参加者を x 人としますよね。でも，マルイチ算ではお楽しみ会の参加者を①とするんです。

方程式 → お楽しみ会の参加者を x 人とする

マルイチ算 → お楽しみ会の参加者を①人とする

求めたいものを①とするのでマルイチ算と呼ぶんですよ。方程式では，x の2倍や3倍を $2x$, $3x$ というように表しますが，マルイチ算では，①の2倍や3倍を②，③というように表します。表し方がちがうだけで，方程式とマルイチ算の本質は同じものととらえてもよいでしょう。

このマルイチ算は入試算数のいたるところで使われています。消去算もマルイチ算の連立方程式版ということができるでしょう。では，[例題]3-19 をマルイチ算で解いてみますね。

[例題]3-19 をマルイチ算で解く

(1)　お楽しみ会の参加者を①人とおくと，250円ずつ集めた合計金額は $250\times①=\textcircled{250}$，350円ずつ集めた合計金額は $350\times①=\textcircled{350}$ と表せる。

1人250円ずつ集めたら500円不足するのだから，お楽しみ会を開くためにかかる費用の合計は，$\textcircled{250}+500$(円)

1人350円ずつ集めたら1100円あまったのだから，お楽しみ会を開くためにかかる費用の合計は，$\textcircled{350}-1100$(円)

お楽しみ会を開くためにかかる費用の合計を $\textcircled{250}+500$ と $\textcircled{350}-1100$ の2通りで表すことができたので

$$\textcircled{250}+500=\textcircled{350}-1100$$

と表せる。

「あとは方程式を解くように解けばいいんですか？」

いいえ，ちがいます。中学数学の方程式ならば，ここから等式の性質や移項を使って解くのですが，そのためには負の数(マイナスの数)についての理解が必要な場合があります。負の数は中学校で習うため，ここでは使えませんので，小学生にもわかるように線分図で解きます。線分図なら負の数の理解は不要です。

「小学校の勉強の範囲で教えなきゃいけないですもんね。」

そうですね。大人が小学算数を教えにくい理由の1つが，「方程式を使ってはダメ」ということですから，大人にとってはめんどうですが，わかってくださいね。

$\textcircled{250}+500=\textcircled{350}-1100$ を線分図で表すと，次のようになります。

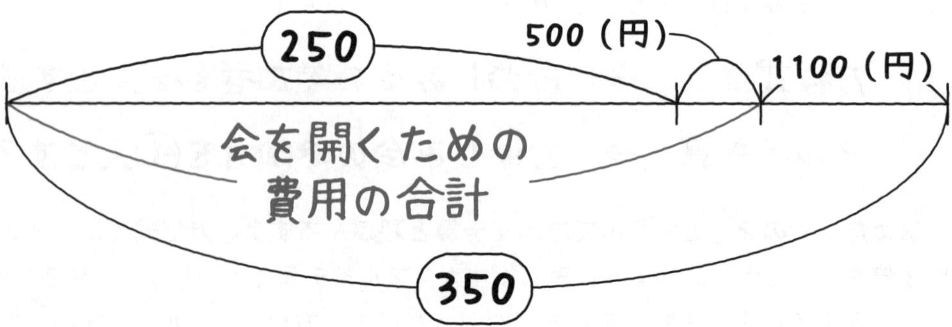

$\textcircled{350}$ から $\textcircled{250}$ をひいた $\textcircled{350}-\textcircled{250}=\textcircled{100}$ の部分が，$500+1100=1600$(円)となっています。

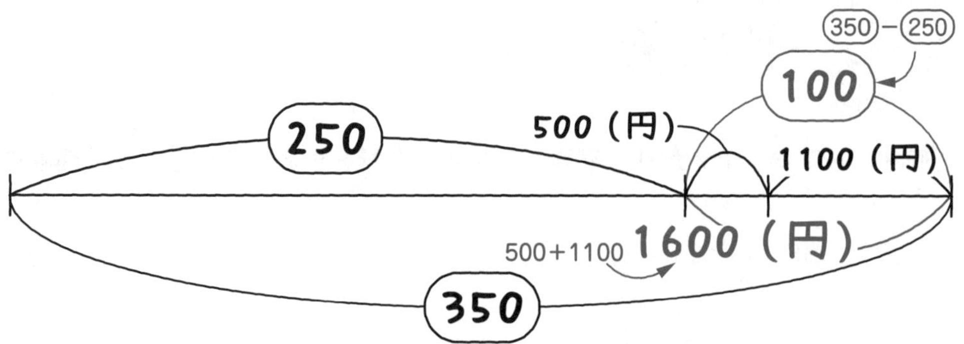

100＝1600ということは，お楽しみ会の参加者①人の100倍が1600ということだから，①は，1600を100でわって1600÷100＝16（人）と求(もと)められます。

(2)　お楽しみ会を開くためにかかる費用の合計は，250＋500（円）です。

①＝16なので，250＝16×250＝4000（円）

だから，お楽しみ会にかかる費用の合計は，250＋500＝4000＋500＝4500（円）と求められます。

このようにマルイチ算で解けるわけです。マルイチ算の本質は方程式と同じなので，入試(にゅうし)算数のさまざまな問題を解くときにマルイチ算は強力な武器(ぶき)になります。

「なるほど。この方法(ほうほう)なら子どもにも教えられそうです。」

平均算

合計と個数から平均を求めたり，平均と個数から合計を求めたりするような問題を平均算というよ。

079 説明の動画はこちらで見られます

平均とは，**いくつかの数や量を，等しい大きさになるように均したもの**だよ。つまり，**平らに均す**という意味だ。

均すというのは，デコボコをなくして平らにすることだよ。たとえば，立方体の積み木を，右のように積み重ねたとしよう。

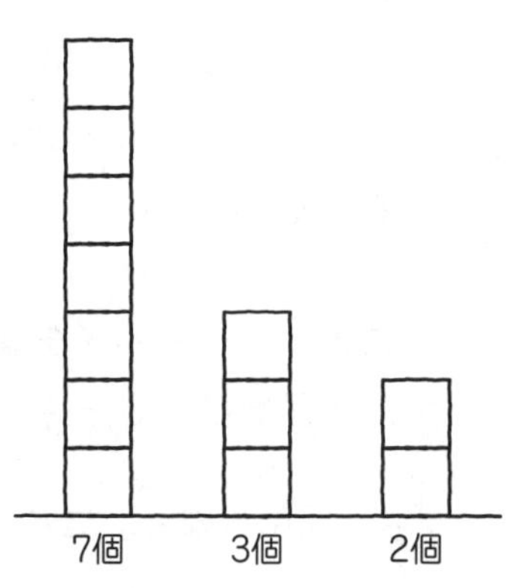

7個，3個，2個と積み木が積まれている。高いものと，低いものがあって，高さがデコボコだね。このデコボコの積み木の高さをそろえることを「均す」というんだ。どうすれば，この3つの高さをそろえられるかな？

「あっ，わかったわ。7個の積み木から3個とって，それを，1個と2個に分けて移せば，高さがそろうと思うわ。」

その通り。右のように，積み木を移すことによって，すべて4個ずつになって高さがそろった。はじめ，7個，3個，2個と積まれていたね。この**「7個，3個，2個」の平均が4個**ということなんだ。では，どうすれば計算で平均を求められると思う？

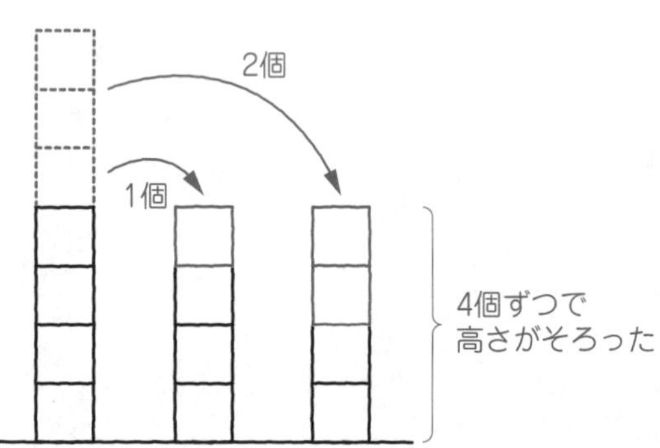

「えっと……，まず合計を求めればいいんですか？」

その通り。積み木の例では，7個，3個，2個の合計をまず求めよう。7個，3個，2個の合計は，7＋3＋2＝12(個)だ。

これを3つに分けるのだから，平均は12÷3＝4(個)と求められるんだ。

つまり，**「平均＝合計÷個数」**で求められるんだよ。そして，平均，合計，個数の関係は，右のように面積図に表すことができる。

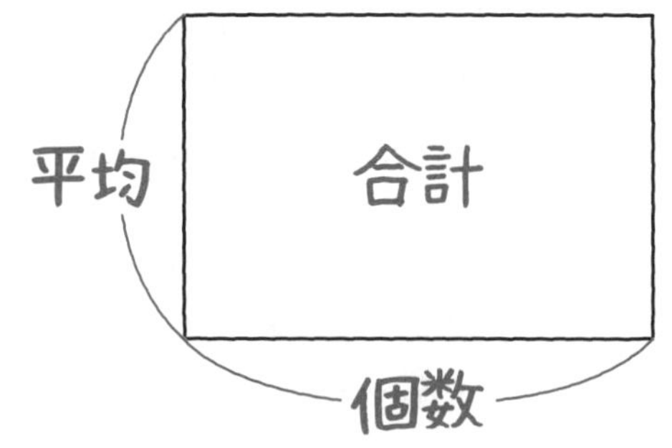

長方形の面積図において，たてが平均，横が個数で，面積が合計を表すんだよ。この面積図から，次の3つの関係が導ける。

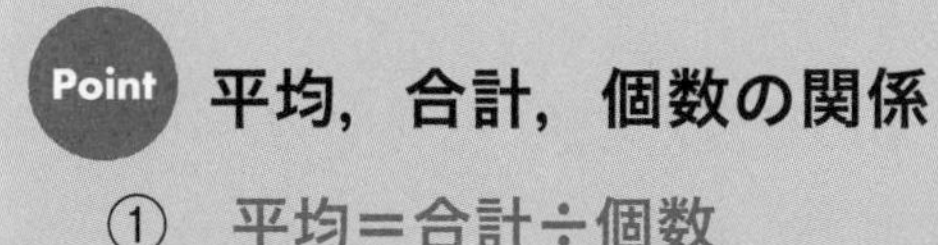

平均，合計，個数の関係

① 平均＝合計÷個数
② 合計＝平均×個数
③ 個数＝合計÷平均

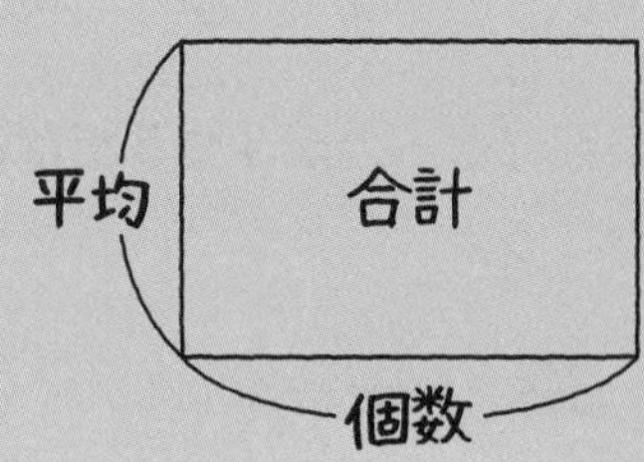

この3つの関係をおさえておこう。では，これをもとに，さっそく例題を解いていくよ。

説明の動画はこちらで見られます

[例題]3-21 つまずき度 ●○○○○

次の問いに答えなさい。

(1) あるクラスの月曜から金曜までのテストで，満点をとった人数は，次の表のようになりました。1日に平均何人が満点をとりましたか。

曜日	月	火	水	木	金
人数(人)	3	2	4	0	3

(2) にんじんが8本あり，1本の平均の重さは201 g です。にんじん8本の重さの合計は何 g ですか。

(3) Aさんは，何科目かのテストを受けて，合計点が288点になりました。1科目の平均点が72点のとき，Aさんは全部で何科目のテストを受けましたか。

では，(1) からいこう。平均を求める問題だね。**「平均＝合計÷ 個数」**だから，まず合計を求めよう。月曜から金曜までの人数の合計は，3＋2＋4＋0＋3＝12（人）だね。この 12 人を個数でわればいいんだけど，個数は何かな？

「えっと……，月，火，水，木，金の 5 つの曜日があるから，個数は 5 のような気もするわ。でも，木曜が 0 人だから，木曜をのぞいて個数は 4 かしら。うーん……。」

たしかに，木曜は 0 人だけど，このように**数量が 0 になる場合も，個数に入れる**から注意しよう。だから，個数は，月，火，水，木，金の 5 つだ。合計が 12 人で，個数が 5 だから，平均は 12÷5＝2.4（人）なんだ。

「2.4 人？　人数なのに，小数になるのは変だと思いますけど……。」

人数は整数になるのがふつうだけど，平均では小数になってもいいんだ。これも，おさえておこう。

2.4 人 … 答え［例題］3–21 (1)

では，(2) にいくよ。にんじんが 8 本あり，1 本の平均の重さが 201 g のとき，にんじん 8 本の重さの合計は何 g か求める問題だ。合計を求めるのだから，**「合計＝平均×個数」**の公式を使うんだね。ハルカさん，求めてくれるかな？

「はい。平均が 201 g で，個数が 8 本だから，合計は 201×8＝1608（g）です。」

その通り，にんじん 8 本の重さの合計は 1608 g だね。

1608 g … 答え［例題］3–21 (2)

(3) にいくよ。何科目かのテストを受けて，合計点が 288 点になり，1 科目の平均点が 72 点のとき，全部で何科目のテストを受けたか求める問題だ。

「これは，個数を求める問題ですか？」

その通り。合計と平均から，個数（科目数）を求める問題だね。平均点が 72 点ということは，「すべての科目が 72 点だった」と考えても，合計が同じということだよ。**「個数＝合計÷平均」**の公式を使って求めればいい。合計が 288 点で，平均が 72 点だから，個数（科目数）は，288÷72＝4（科目）と求められる。

4 科目 … 答え［例題］3–21 (3)

説明の動画は
こちらで見られます

では，次の問題にいってみよう。

[例題]3-22　つまずき度 ●●○○○

次の問いに答えなさい。

(1)　あるクラスでテストをしたところ，男子 18 人の平均点は 62 点で，女子 22 人の平均点は 74 点でした。このとき，クラス全体の平均点は何点ですか。

(2)　いままで 3 回テストを受けて，その 3 回の平均点は 75 点でしたが，4 回目のテストを受けて，全 4 回の平均点が 77 点になりました。4 回目のテストで何点をとりましたか。

(1) から解いていこう。男子 18 人の平均点が 62 点で，女子 22 人の平均点が 74 点のとき，クラス全体の平均点が何点か求める問題だ。男子は人数が 18 人で，平均点が 62 点だから，**「合計＝平均×人数(個数)」**の公式から，男子の合計点を求めてくれるかな？

「はい。男子の合計点は，62×18＝1116(点)です。」

その通り。男子の合計点は 1116 点だ。

女子は人数が 22 人で，平均点が 74 点だから，**「合計＝平均×人数(個数)」**の公式から，女子の合計点は，74×22＝1628(点)と求められる。これで，男子の合計点と女子の合計点がそれぞれわかったけど，ここからどう求めればいいかな？

「男子の合計点と女子の合計点をたせば，クラス全体の合計点が求められると思います。」

うん，そうだね。男子の合計点は 1116 点で，女子の合計点は 1628 点だから，クラス全体の合計点は，1116＋1628＝2744(点)だ。

そして，クラス全体の人数は，18＋22＝40(人)だね。**「平均＝合計÷人数(個数)」**だから，**クラス全体の合計点の 2744 点を，クラス全体の人数の 40 人でわれば，クラス全体の平均点が求められる**。ハルカさん，求めてくれるかな？

「はい。クラス全体の平均点は 2744÷40 で……，68.6 点ね。」

その通り。

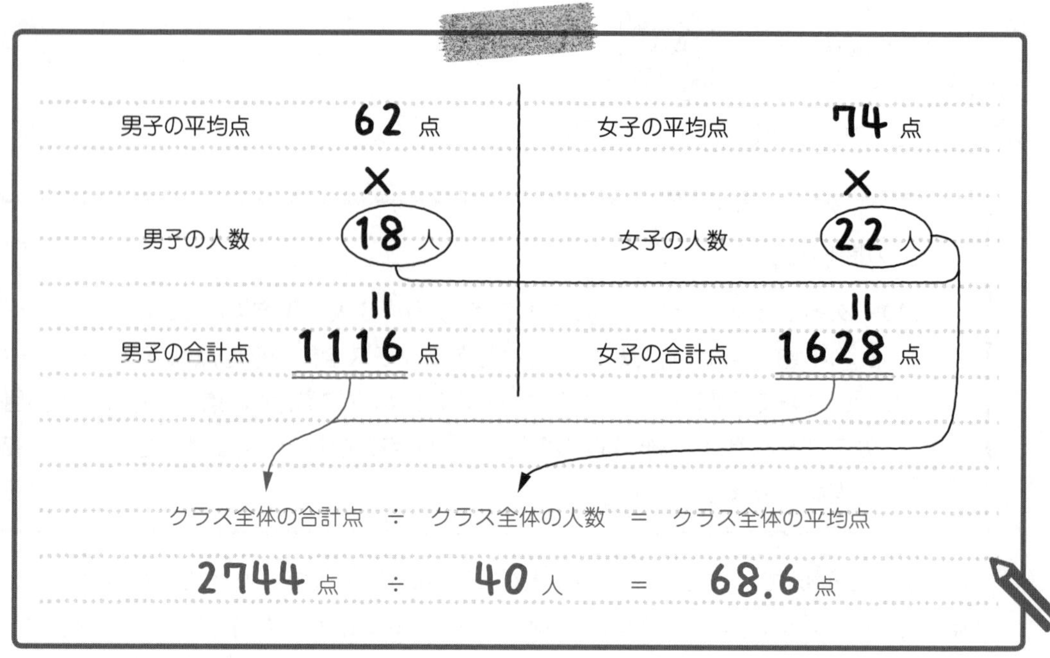

68.6点 … 答え ［例題］3-22（1）

（2）にいこう。まず，いままで3回テストを受けて，その3回の平均点が75点だったのだから，3回の合計点が求められる。**「合計＝平均×回数（個数）」**だから，3回の合計点は，75×3＝225（点）だ。

「4回目のテストを受けて，全4回の平均点が77点になったんだから，全4回の合計点も出せそうですね！」

うん，そうだね。4回目のテストを受けて，全4回の平均点が77点になったのだから，**「合計＝平均×回数（個数）」**より，全4回の合計点は，77×4＝308（点）だ。

3回目までの合計点が225点で，全4回の合計点が308点だから，4回目のテストで，308－225＝83（点）とったとわかるね。

83点 … 答え ［例題］3-22（2）

説明の動画はこちらで見られます

［例題］3-23　つまずき度

いままで何回かのテストを受け，その平均点は71点でした。今回のテストで91点をとったので，平均点は76点になりました。テストを全部で何回受けましたか。

平均，合計，個数のうち，どれか2つがわかっていれば，もう1つは公式から求めることができるけど，この問題では，平均しかわかっていないね。ちなみに，**この問題では，「テストを受けた回数」が個数にあたる**よ。

「平均しかわかっていないのに，どうやって求めればいいのかしら。」

このように，**情報(じょうほう)が少ない平均の問題は，面積図(めんせきず)を使えば解けることが多い**よ。平均，合計，個数の関係(かんけい)は，次のように面積図に表すことができたね。

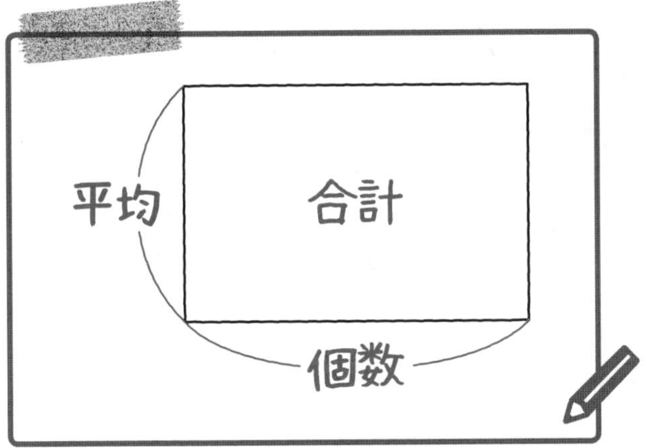

これをもとに，[例題]3-23 を面積図に表していくんだ。**いままで，□回のテストを受けたとしよう。**いままで□回のテストを受け，その平均点は71点だったんだね。それを面積図に表すと，次のようになる。

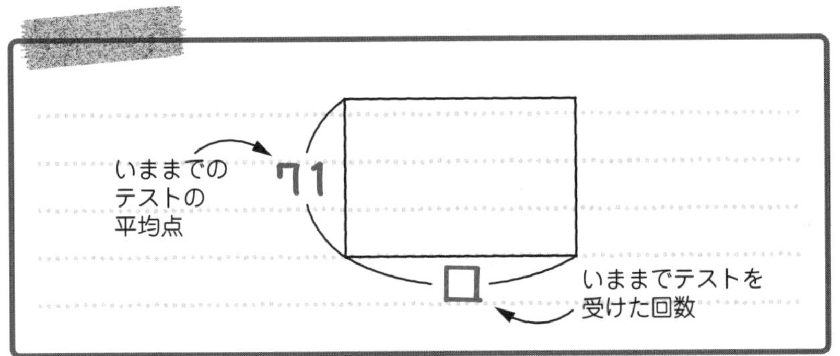

さらに，今回のテストで91点をとったんだね。これを，先ほどの面積図の右に加(くわ)えよう。**今回1回のテストで91点をとった**のだから，横が1で，たてが91の長方形を，次のように加えればいい。**今回のテストの回数が1回であることがポイント**だ。

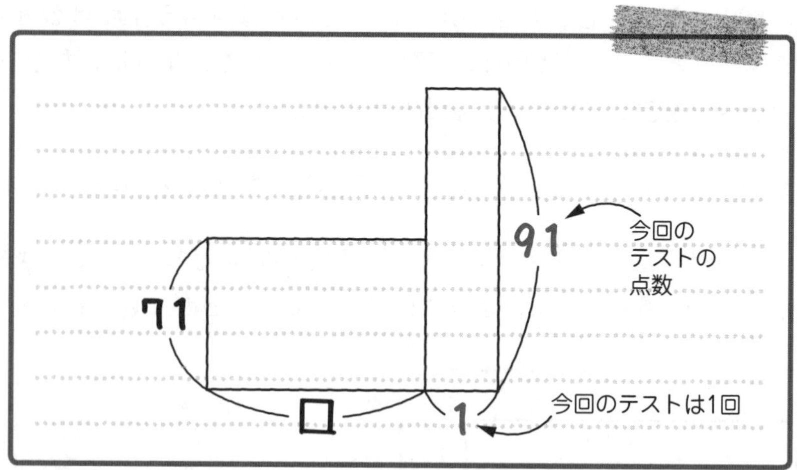

そして，今回のテストを合わせた平均点が 76 点になったんだね。平均とは，**「デコボコをなくして平らにする」**ことだった。**出っぱっている部分をへこんでいる部分に移して平らに均すと，76 点になったという意味だ。**これを，面積図に加えると，次のようになる。

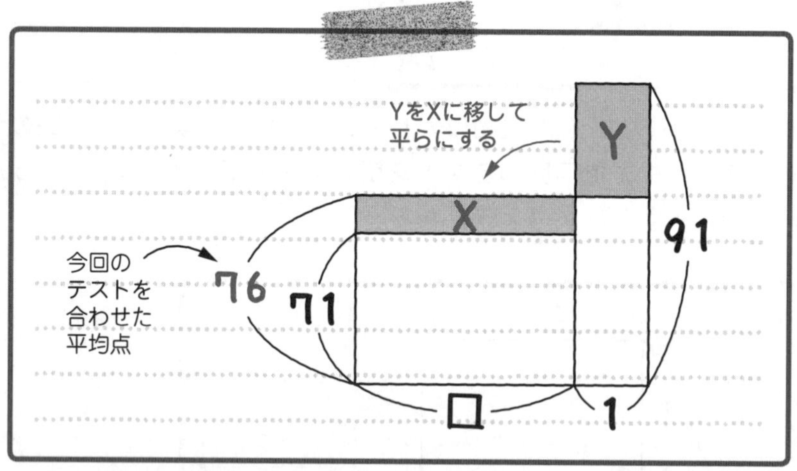

出っぱっている Y の部分を，へこんでいる X の部分に移すことで，平らにしたんだね。だから，X と Y の面積は等しい。

X の長方形のたての長さは 76－71＝5 で，Y の長方形のたての長さは 91－76＝15 だ。

これにより，Y の面積は，15×1＝15 と求められる。だから，X の面積も 15 ということだ。

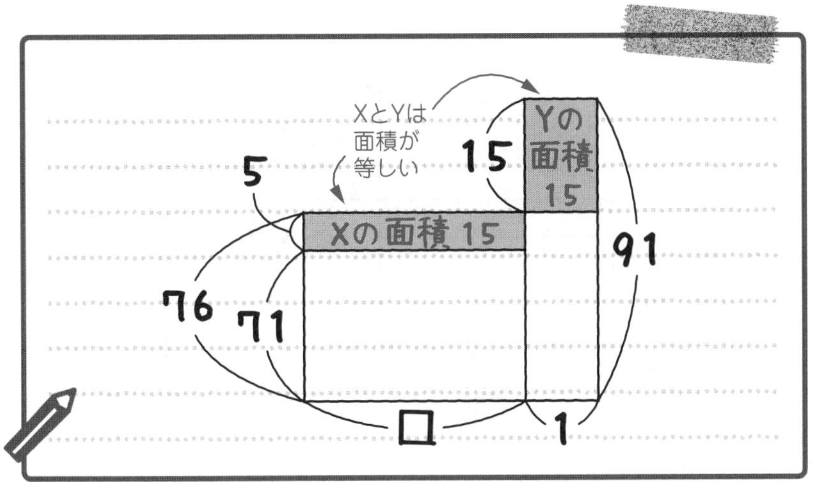

そして，X の横の長さ（図の□）は，15÷5=3 と求められる。つまり，□が 3 ということだよ。

「ということは，答えは 3 回ですね。」

いや，ちがうよ。**答えは 3 回じゃないから注意**しよう。**「テストを全部で何回受けましたか」だから，最後（さいご）の 1 回ぶんを入れて，3+1=4(回)が答えになる**んだ。

「なるほど。□を求める問題ではないですもんね。」

4 回 … 答え ［例題］3-23

平均算のときのこの形の面積図は，これから何度も出てくるから，**形を覚（おぼ）えてかけるようにするといいよ。**

説明の動画は
こちらで見られます

別解 ［例題］3-23（すでに比（ひ）を習った人向け）

すでに比を習った人向けだけど，比を使った次のような別解（べっかい）もあるよ。比を習っていない人は，読み飛ばしてもらっていいからね。途中（とちゅう）までの解（と）き方は同じだから，途中から説明（せつめい）するよ。

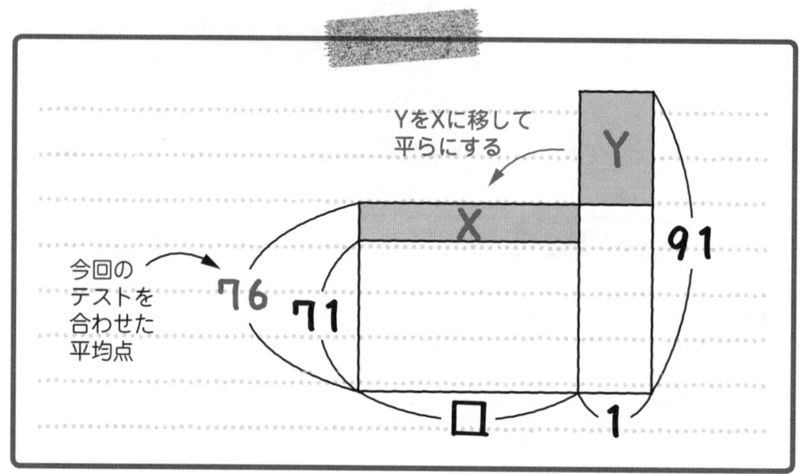

Xのたての長さは，76－71＝5で，Yのたての長さは，91－76＝15だから，Xと Yのたての長さの比は，5：15＝①：③である。

XとYの長方形の面積は等しいから，たての長さの逆比が，横の長さの比になる。だから，XとYの横の長さの比は△3：△1である。

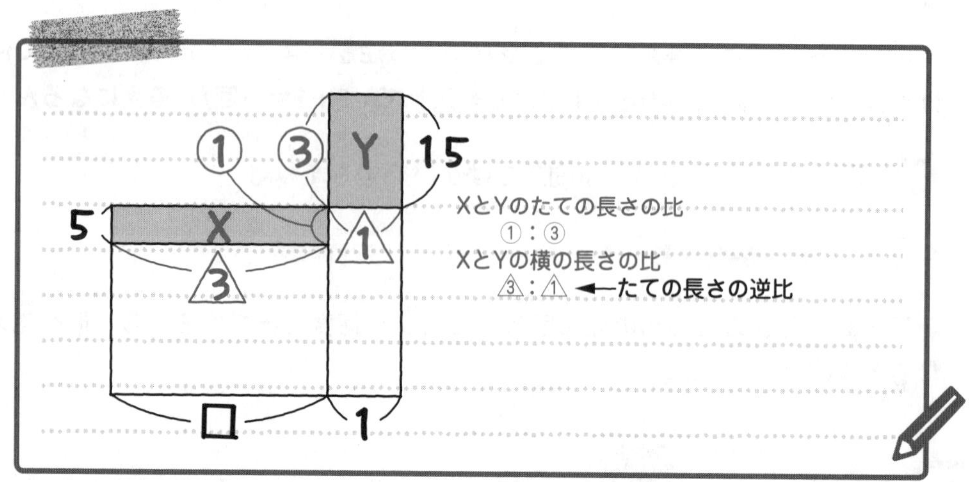

Yの横の長さがテスト1回分で，これが比の△1にあたる。Xの横の長さ（図の□）は比の△3にあたるので，テスト3回ぶんである。だから，全部で3+1＝4（回）と求められる。

4回…答え ［例題］3-23

XとYの長方形の面積は等しいから，たての長さの逆比が，横の長さの比になることを利用するのがポイントだよ。このように，比を使って平均算を解くこともできるから，比を習ったなら，この解き方もマスターしよう。

では，次の例題にいくよ。

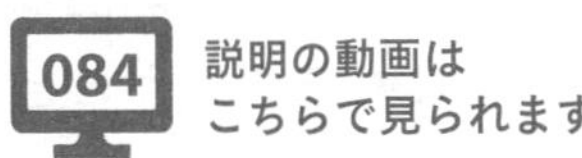

[例題]3-24　**つまずき度** ☹☹☹☹☹

ある試験で，受験者全体の平均点は68点でした。受験者のうち，不合格者75人の平均点が60点で，合格者の平均点は83点でした。このとき，合格者の人数は何人ですか。

「いろんな平均点が出てきて，なんだか意味がわかりにくいわ。」

たしかに，いろんな平均点が出てくるから，最初に簡単に説明しておこう。中学入試を想像すると，わかりやすいよ。中学を受験した結果，受験者は，合格者と不合格者に分かれるね。この問題では，合格者の平均点は83点で，不合格者75人の平均点が60点なんだ。そして，合格者と不合格者を合わせた受験者全体の平均点は68点ということなんだよ。

合格者だけの平均点は83点
不合格者だけの平均点は60点
→ 受験者全体の平均点は68点

「そういうことなのね。わかりました。」

この問題も面積図を使って解いていこう。まず，不合格者75人の平均点が60点だから，次の図1のように面積図で表せる。

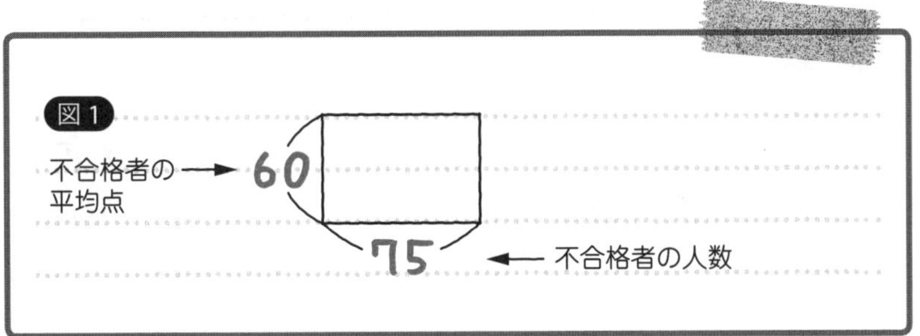

次に，合格者の平均点は83点なんだね。**合格者の人数を□人とおこう。** 図1の面積図に，合格者の面積図を加えると，図2のようになる。

そして，受験者全体の平均点は68点だから，それも図3のように加えよう。**出っぱっている部分をへこんでいる部分に移して平らにすると，68点になる**ということだ。

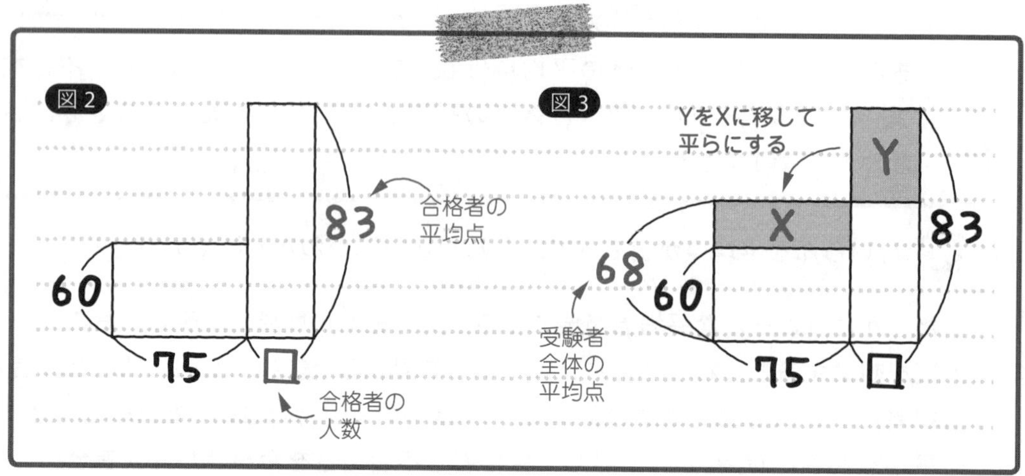

出っぱっているYの部分を，へこんでいるXの部分に移すことで，平らにしたんだね。だから，**XとYの面積は等しい**。

Xのたての長さは，68－60＝8で，
Yのたての長さは，83－68＝15だ。

これにより，Xの面積は，8×75＝600と求められる。だから，Yの面積も600ということだよ。

そして，Yの横の長さ（図の□）は，600÷15＝40と求められる。つまり，合格者が40人ということだよ。

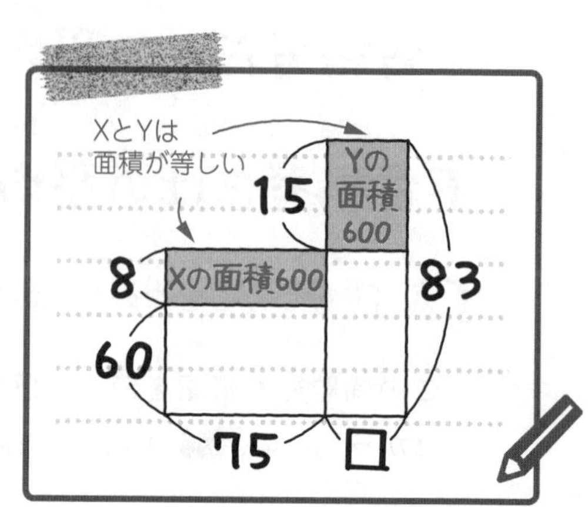

40人…答え ［例題］3-24

このように，面積図をかいて，XとYの長方形の面積が等しいことを利用すれば，解けることが多いよ。ところで，この問題も，比を使って解く別解があるから，見ておこう。

説明の動画は
こちらで見られます

別解 ［例題］3-24（すでに比を習った人向け）

今回も，比を習っていない人は，読み飛ばしてもらっていいよ。途中までの解き方は同じだから，途中から説明するね。

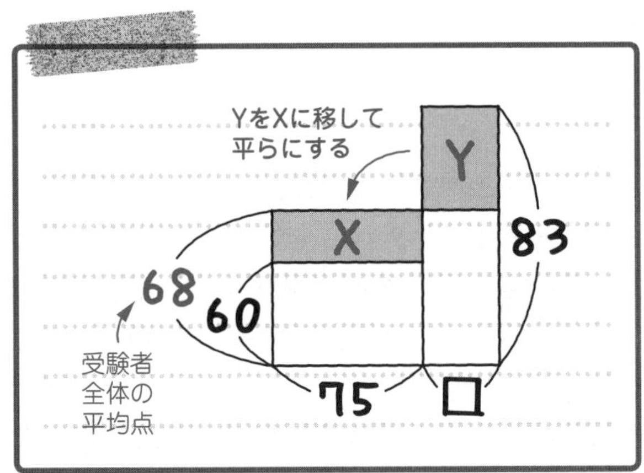

Xのたての長さは，68－60＝8で，Yのたての長さは，83－68＝15だから，Xと Yのたての長さの比は，⑧：⑮である。

XとYの長方形の面積は等しいから，たての長さの逆比(ぎゃくひ)が，横の長さの比になる。だから，XとYの横の長さの比は△15：△8である。

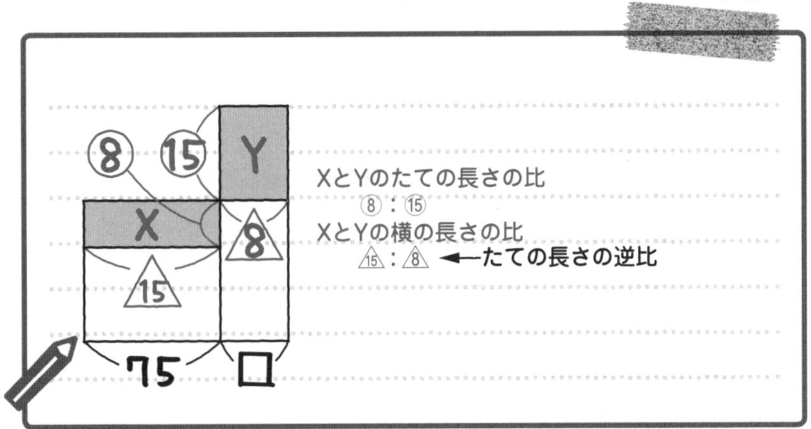

Xの横の長さが75人で，これが比の△15にあたるから，比の△1は，75÷15＝5(人)にあたる。Yの横の長さ(図の□)は，比の△8にあたるので，5×8＝40(人)と求められる。

40人…答え ［例題］3-24

今回の別解も，**XとYの長方形の面積は等しいから，たての長さの逆比が，横の長さの比になることを利用する**のがポイントだよ。

では，次の例題(れいだい)にいくよ。

説明の動画は
こちらで見られます

[例題]3-25 つまずき度 😵😵😵😵😐

180人の受験者が，ある試験を受けて，受験者全体の平均点は63点になりました。受験者のうち80人が合格し，合格者の平均点は，不合格者の平均点より，18点高い点数でした。このとき，合格者の平均点は何点ですか。

[例題]3-24 とよく似た問題だけど，解き方は少しちがうんだ。いままでの問題と同じように面積図をかくと，次の 図1 のようになる。もう，この面積図には慣れたかな？

「合格者の平均点は，不合格者の平均点より18点高い」のだから，18(点)も図に書きこもう。

180人の受験者のうち80人が合格したから，不合格者は，180－80＝100(人)だ。

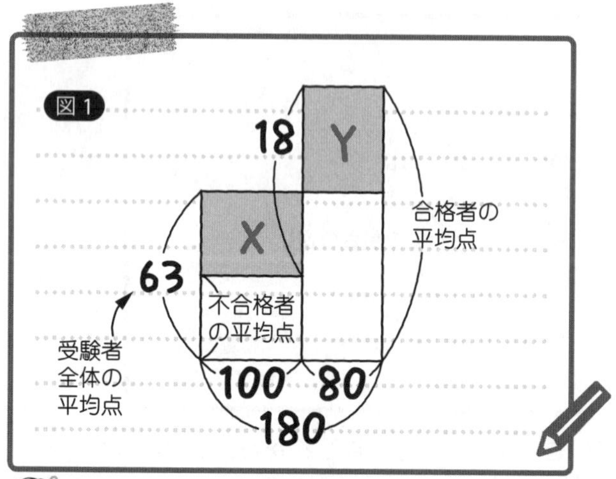

「あれ？　Xの長方形もYの長方形も，面積が求められないですね。」

そうだね。いままでの例題では，XかYどちらかの長方形の面積を求めることができた。でも，今回は，どちらの長方形の面積も求めることができないね。この問題では，**面積図に補助線を引いて解いていけばいいんだ。** 図2 のように，Xの長方形の下の辺を，右にのばした補助線を引こう。

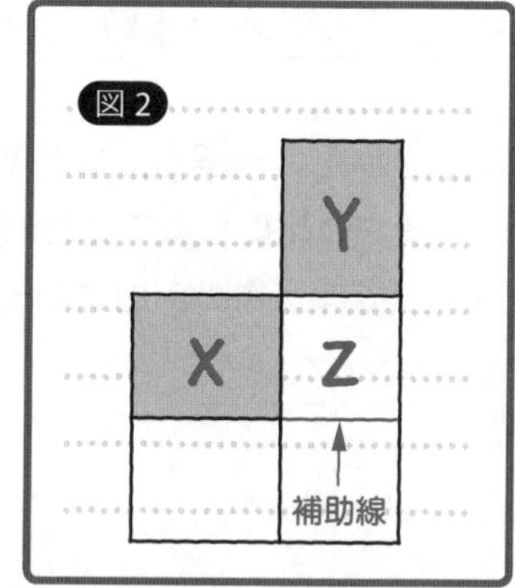

図のように，補助線によって新しくできた長方形をＺとするよ。**ＸとＹの長方形の面積は等しい**ね。ということは，それぞれにＺの部分をたした，**Ｘ＋Ｚの長方形とＹ＋Ｚの長方形の面積も等しい**んだ。

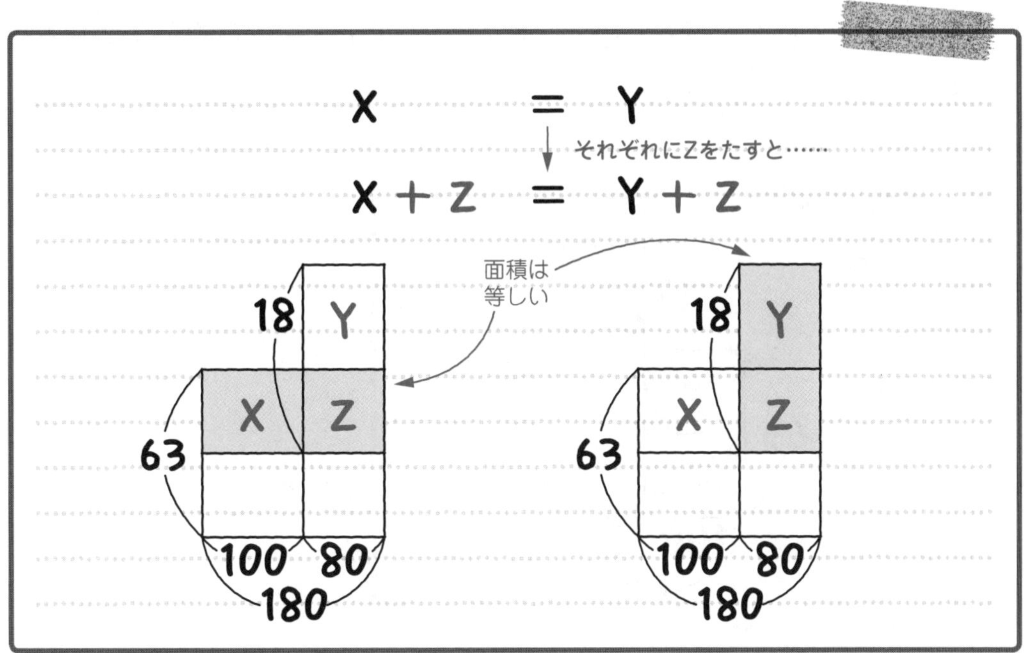

Ｙ＋Ｚの長方形に注目すると，たての長さが 18（点）で，横の長さが 80（人）だから，Ｙ＋Ｚの長方形の面積は，18×80＝1440 だよ。だから，Ｘ＋Ｚの長方形の面積も 1440 だ。

Ｘ＋Ｚの長方形の横の長さは 180（人）だから，たての長さは，1440÷180＝8（点）と求められる。だから，長方形Ｙのたての長さは，18－8＝10（点）で，合格者の平均点は 63＋10＝73（点）と求められるんだ。

73 点…答え ［例題］3-25

ＸもＹも面積が求められないから，面積図に補助線を引いて，Ｘ＋ＺとＹ＋Ｚの長方形の面積が等しいことに注目して，解けばいいんだね。

この例題も，比(ひ)を使って解く別解(べっかい)があるよ。

説明の動画は
こちらで見られます

別解 [例題]3-25（すでに比を習った人向け）

今回も，比を習っていない人は，読み飛ばしてもらっていいからね。比を使う解き方では，補助線を引かなくても解けるんだ。

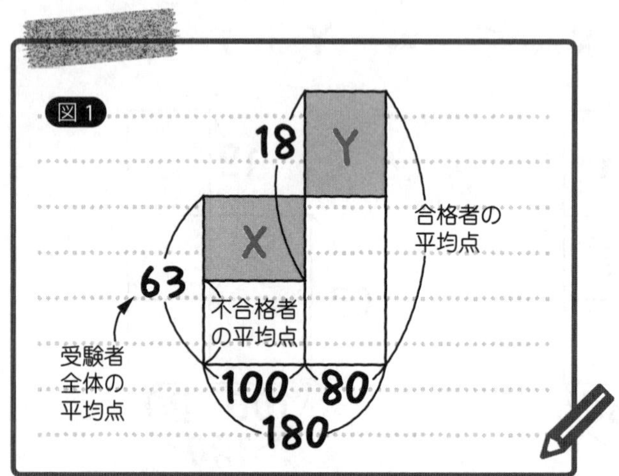

X と Y の長方形の横の長さの比は，100：80＝5：4である。

X と Y の長方形の面積は等しいから，横の長さの逆比がたての長さの比になる。だから，X と Y の長方形のたての長さの比は④：⑤である。

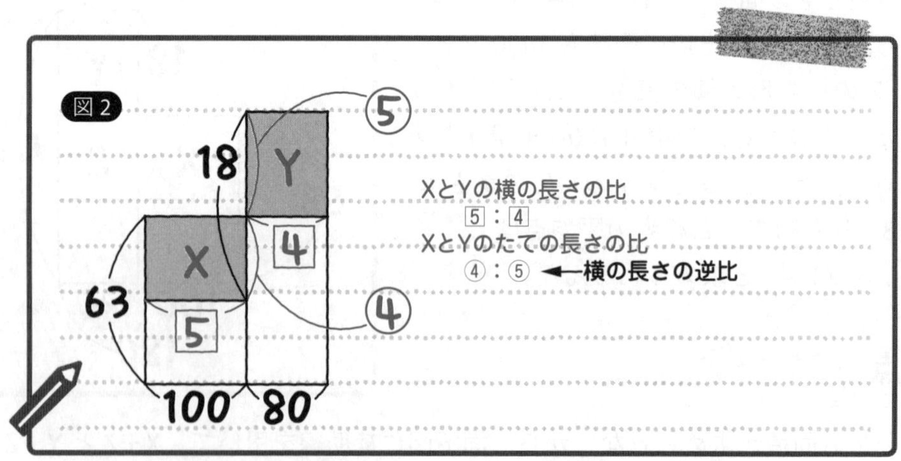

X と Y の長方形のたての長さの比の合計④＋⑤＝⑨が 18 点にあたるから，①は，18÷9＝2（点）である。だから，⑤は，2×5＝10（点）となる。よって，合格者の平均点は 63＋10＝73（点）と求められる。

73 点 … 答え [例題]3-25

比を使った解き方のほうがシンプルだから，比を習ったら，こちらの解き方で解くほうがおすすめだよ。

Check 48 つまずき度 ●○○○○ ➡解答は別冊 p.58 へ

次の問いに答えなさい。

(1) ある家の先週のお客さんの来客数は，次のようになりました。

曜日	日	月	火	水	木	金	土
来客数(人)	1	3	0	2	5	0	3

先週，1日に平均何人の来客がありましたか。

(2) Aさんは，5科目の試験（しけん）を受けました。1科目の平均点が62.4点のとき，5科目の合計点は何点ですか。

(3) きゅうりが何本かあり，全部の重さの合計は511 g です。1本の平均の重さが102.2 g のとき，きゅうりは何本ありますか。

Check 49 つまずき度 ●●○○○ ➡解答は別冊 p.58 へ

次の問いに答えなさい。

(1) 6つの数A，B，C，D，E，Fがあり，6つの数の平均は35です。A，B，C，Dの平均が38のとき，EとFの平均を求めなさい。

(2) いままで5回テストを受けて，その5回の平均点は81点でした。6回目のテストで93点をとると，全6回のテストの平均点は何点になりますか。

Check 50 つまずき度 ●●●○○ ➡解答は別冊 p.58 へ

いままで何回かのテストを受け，その平均点は65点でした。今回のテストで83点をとったので，平均点は67点になりました。テストを全部で何回受けましたか。

Check 51

つまずき度

➡解答は別冊 p.59 へ

ある試験で，受験者全体の平均点は 65 点でした。受験者のうち，不合格者 77 人の平均点が 61 点で，合格者の平均点は 79 点でした。このとき，合格者の人数は何人ですか。

Check 52

つまずき度

➡解答は別冊 p.60 へ

125 人の受験者が，ある試験を受けて，受験者全体の平均点は 75 点になりました。受験者のうち 50 人が合格し，合格者の平均点は，不合格者の平均点より，20 点高い点数でした。このとき，合格者の平均点は何点ですか。

3 08 集合算

集合算はベン図を使って解こう！　ところで，ベン図って覚えてるかな？

説明の動画は
こちらで見られます

[例題]3-26　つまずき度 ●●●○○

41人のグループで，AとBの2問のクイズを行いました。Aのクイズができた人は24人，Bのクイズができた人は26人，A，Bどちらのクイズもできた人は15人いました。このとき，次の問いに答えなさい。

(1)　Aのクイズだけできた人は何人ですか。

(2)　A，Bどちらのクイズもできなかった人は何人ですか。

Aができた人の集まりと，Bができた人の集まりの関係を考えていく問題だね。このように集まりどうしの関係を考える問題を，**集合算**というよ。では，(1)にいこう。Aのクイズだけできた人は何人か求める問題だね。

「えっと，Aのクイズができた人は24人いて，Bのクイズができた人は26人で……，えっと，どうやって解くのかしら。」

頭の中だけで考えて解こうとすると，こんがらがってくるよね。集合算の問題を解くときに役に立つのが，**ベン図**なんだ。1 04 でやったよね。

では，ベン図のかき方を教えながら解いていくよ。この例題で，グループ全体の人数は41人だね。まず，右のように長方形をかこう。この**長方形の内部が，グループの人数の41人を表す**よ。

グループ全体
41人

Aのクイズができた人は24人だね。この24人を表す円を長方形の内部に，右のように加(くわ)えよう。

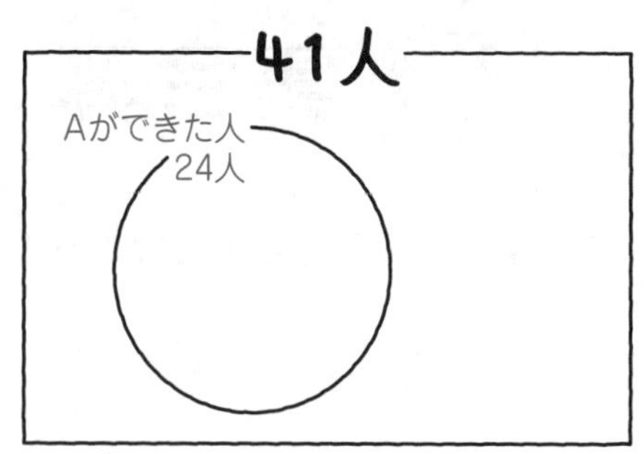

Bのクイズができた人は26人だ。この26人を表す円を長方形の内部に，右のように加えよう。**A，Bどちらのクイズもできた人もいるから，Aのクイズができた人の円と重なるようにしてかく**んだよ。

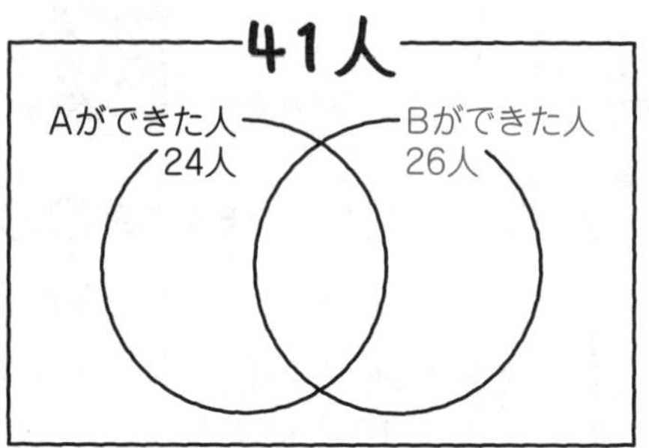

これで，ベン図は完成(かんせい)だ。このように，**それぞれの集まりを円で表したのがベン図なんだ。**頭の中だけで考えると混乱(こんらん)しそうな問題も，ベン図に表すと一目でスッキリわかるようになるよ。2つの円をかくことによって，ベン図は，次のア，イ，ウ，エの部分に分けられる。

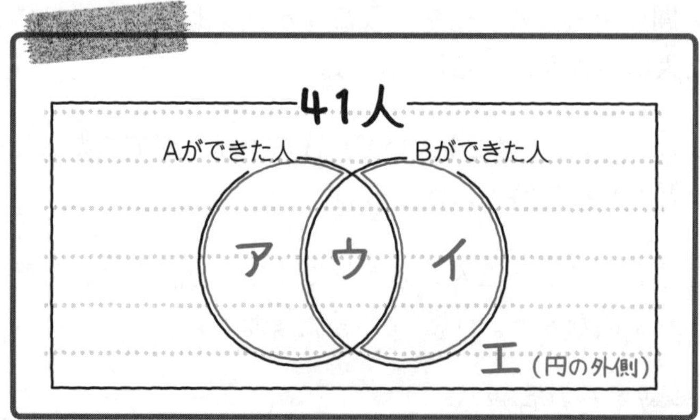

ア，イ，ウ，エは，それぞれ次の集まりを表すよ。

ア……Aのクイズだけできた人の集まり

イ……Bのクイズだけできた人の集まり

ウ……A，Bどちらのクイズもできた人の集まり

エ……A，Bどちらのクイズもできなかった人の集まり

(1)は，Aのクイズだけできた人は何人か求めたいのだから，**アの部分の人数が何人か求めればいいんだ。**Aのクイズができた人は24人だね。つまり，アとウの部分を合わせた人数が24人ということだ。そして，A，Bどちらのクイズもできた人は15人だね。つまり，ウの部分の人数が15人ということだ。だから，24人から15人をひいた，24−15＝9(人)が，アの部分(Aのクイズだけできた人)の人数なんだ。

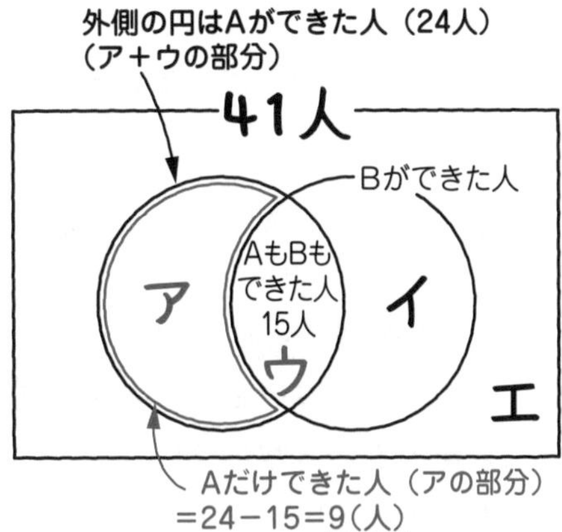

9人…答え [例題]3−26 (1)

説明の動画はこちらで見られます

(2)にいこう。A，Bどちらのクイズもできなかった人が何人か求める問題だ。

「エの部分の人数を求めればいいのね。」

そういうことだよ。エの部分の人数を求めるには，**全体の人数の41人から，ア，イ，ウを合わせた人数をひけばいい。**

「ということは，ア，イ，ウを合わせた人数をまず求めればいいんですね。」

うん，そうだね。ア，イ，ウを合わせた人数をまず求めよう。(1)より，アの人数は，9人だ。そして，イ，ウを合わせた部分は，Bの問題ができた人の集まりだから26人だよ。だから，ア，イ，ウを合わせた人数は，9＋26＝35(人)と求められる。

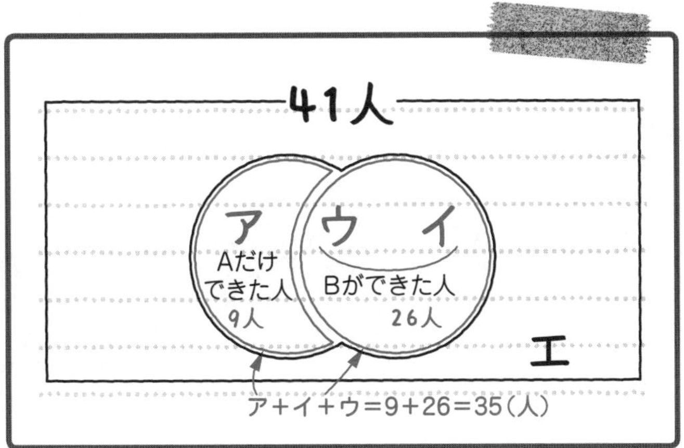

全体の人数の 41 人から，ア，イ，ウを合わせた人数の 35 人をひいて，41－35＝6（人）が，エの部分（A，B どちらの問題もできなかった人）の人数だとわかるんだ。

6 人… 答え ［例題］3−26 （2）

別解 ［例題］3−26 （2）

ア，イ，ウを合わせた人数を求めるのに，もうひとつの方法があるよ。A のクイズができた人数の 24 人と，B のクイズができた人数の 26 人をたすと，24＋26＝50（人）となる。

「50 人って，全体の人数の 41 人をこえちゃっていますね。」

うん。なぜこえるかというと，ア＋ウの部分（A のクイズができた人）の人数と，イ＋ウの部分（B のクイズができた人）の人数をたしたから，**ウの部分が重なっているから**なんだ。だから，50 人からウの部分の 15 人をひけば，ア，イ，ウを合わせた人数が 50－15＝35（人）と求められる。

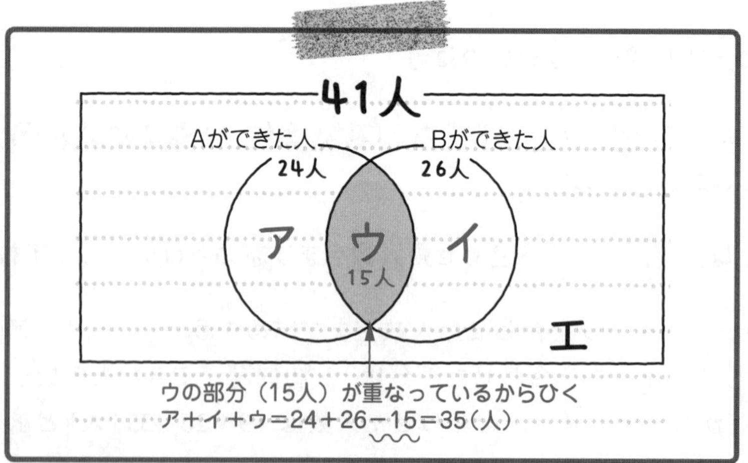

エの部分（A，B どちらの問題もできなかった人）の人数は，41－35＝6（人）と求められるんだよ。

6 人… 答え ［例題］3−26 （2）

では，次の問題だ。

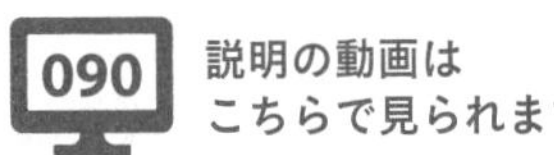

[例題]3-27　つまずき度

　43人の学生にアンケートをしたところ，通学に電車を使う人は15人，バスを使う人は10人，電車もバスも使わない人は24人でした。このとき，次の問いに答えなさい。

(1)　通学に電車もバスも使う人は何人いますか。

(2)　通学に電車だけを使う人は何人いますか。

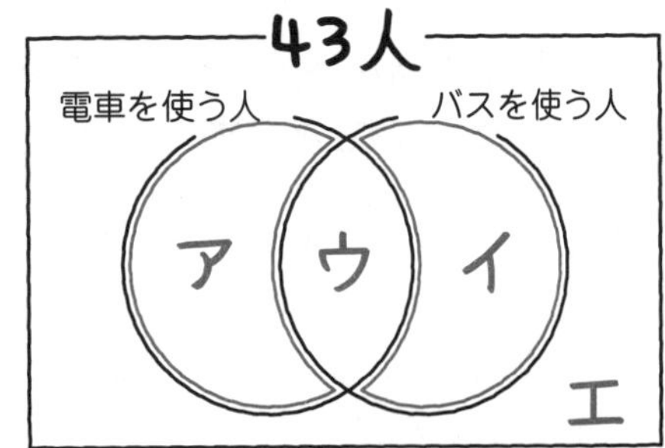

　この例題(れいだい)もベン図を使って考えよう。ベン図を使って表すと，右のようになる。

　やはり，ア，イ，ウ，エの部分に分けられたね。ア，イ，ウ，エは，それぞれ次の集まりを表すよ。

ア……**電車だけを使う人の集まり**

イ……**バスだけを使う人の集まり**

ウ……**電車もバスも使う人の集まり**

エ……**電車もバスも使わない人の集まり**

「(1)は，通学に電車もバスも使う人が何人か求めるのだから，ウの部分の人数を求めればいいんですね。」

　そういうことだよ。(1)では，通学に電車を使う15人，バスを使う10人，電車もバスも使わない24人をまずたそう。15＋10＋24＝49(人)となるね。

「全体の人数の43人をこえてしまったわ。」

　そうだね。なぜクラスの人数をこえたかというと，ア＋ウの部分(電車を使う人)と，イ＋ウの部分(バスを使う人)と，エの部分(どちらも使わない人)の人数をたしたので，**ウの部分が重なっているから**なんだ。さっき [例題]3-26 (2)の別解でやったね。

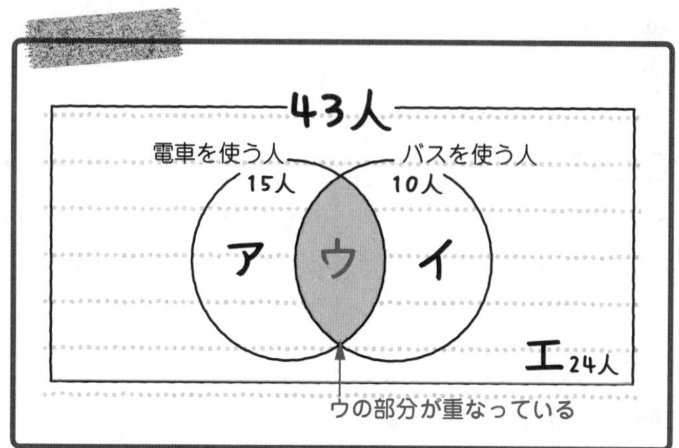

ウの部分が重なっているから，49 人から，クラスの人数の 43 人をひけば，ウの部分の人数が求(もと)められる。つまり，49－43＝6（人）が，ウの部分の人数（電車もバスも使う人数）だと求められる。

6 人… 答え［例題］3-27（1）

（2）にいこう。通学に電車だけを使う人は何人か求める問題だよ。アの部分の人数を求めればいいんだ。

アの部分の人数を求めるには，ア＋ウの部分（電車を使う人）の人数から，ウの部分（電車もバスも使う人）の人数をひけばいい。だから，15－6＝9（人）と求められるよ。

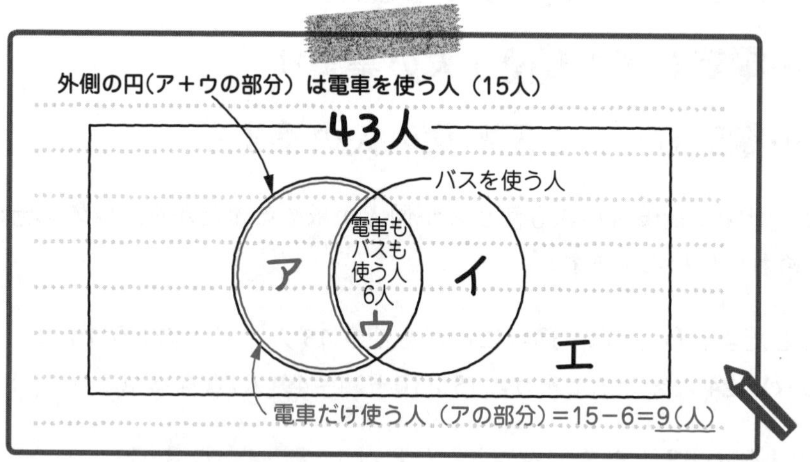

9 人… 答え［例題］3-27（2）

説明の動画は
こちらで見られます

[例題]3-28 つまずき度 😵😵😵😵😑

39人のクラスで，クラス会をしました。クラス会で，AとBの2問のクイズをして，Aのクイズができた人は30人，Bのクイズができた人は27人でした。このとき，次の問いに答えなさい。

(1) A，Bどちらのクイズもできた人は，最も多くて何人ですか。
(2) A，Bどちらのクイズもできた人は，最も少なくて何人ですか。

(1)からいこう。この問題もベン図で考えることはできるんだけど，線分図を使って解くこともできるから，先にそちらの方法を教えよう。

「どんな線分図ですか？」

次のような線分図だよ。まず，Aのクイズができた30人を表すと，次のようになる。

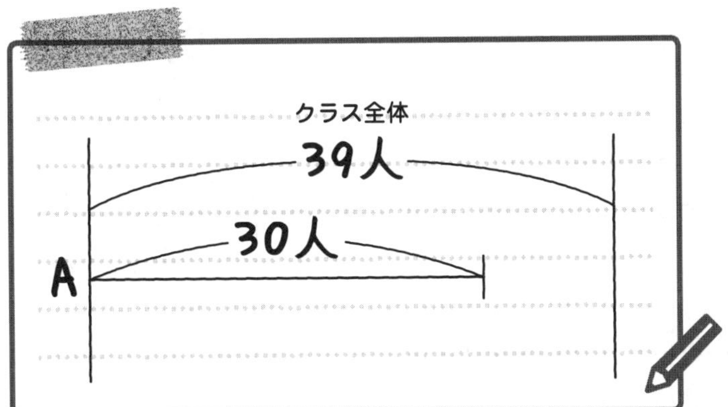

線分図のはしからはしまでが，クラス全体の39人を表している。そして，Aのクイズができた30人の線をかいたんだ。Aのクイズができた30人の線の下に，Bのクイズができた27人の線をかきこもう。

「Aの線の下のどこに，Bの線をかけばいいのかしら？」

(1)は，A，Bどちらのクイズもできた人が，**最も多くて何人か**求める問題だ。だから，**「Bの線をどこにかけば，A，B2本の線の重なる部分が最も長くなるか」**を考えてかけばいいよ。Bのクイズができた27人の線を，次のように左からかけば，A，B2本の線の重なる部分が最も長くなるんだ。

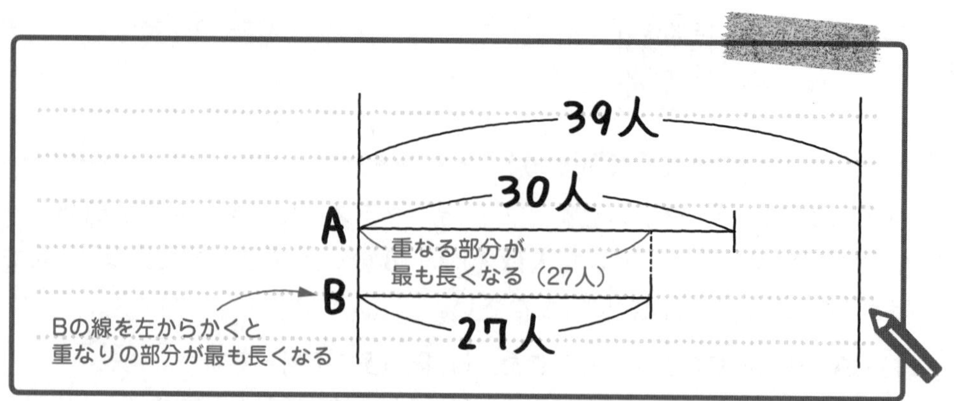

この線分図のときに，A，Bどちらのクイズもできた人は，最も多くなるんだ。A，B2本の線の重なる部分が，A，Bどちらのクイズもできた人の人数だから，最も多くて27人と求められる。**Bのクイズをできた人が全員，Aのクイズもできたときに，A，Bどちらのクイズもできた人の人数が，最も多くなる**ということもできるよ。

27人…答え　[例題]3-28　(1)

別解　[例題]3-28　(1)

(1)を，ベン図を使って解くこともできる。さっきも言った通り，**Bのクイズをできた人が全員，Aのクイズもできたときに，A，Bどちらのクイズもできた人の人数が，最も多くなる。**この状態を，ベン図を使って表すと，右のようになる。

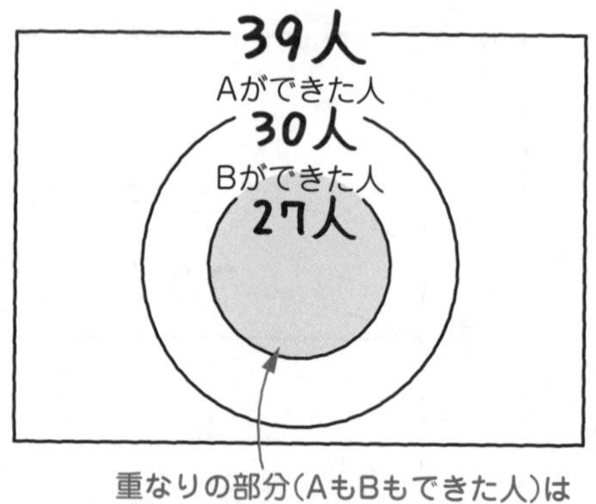

つまり，**Aができた人の円の中に，Bができた人の円がすっぽり入ったときに，どちらもできた人の人数は最も多くなる**んだ。

27人…答え　[例題]3-28　(1)

説明の動画は
こちらで見られます

(2)にいこう。A，Bどちらのクイズもできた人が，最も少ないときの様子を線分図に表すと，次のようになる。

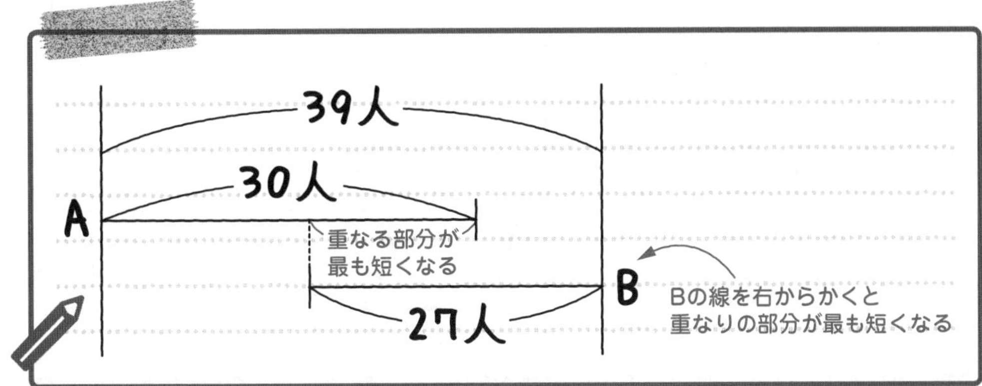

つまり，**Bのクイズができた27人の線を右からかいたときに，A，B 2本の線の重なる部分が最も短くなり，どちらもできた人の人数は最も少なくなる**んだ。

上下2本の重なる部分の人数は，30＋27－39＝18(人)(A，Bどちらもできた人の人数)と求められるよ。

「え？　なんで30＋27－39で，重なった部分の数がわかるの？」

下の図を見てごらん。これは右からかいた27人の線分図の，Aと重なっていないところを，Aにくっつけたものだ。点線の部分をAに移(うつ)したんだね。こうすると30＋27＝39＋(重なる部分)になっているのがわかるでしょ？

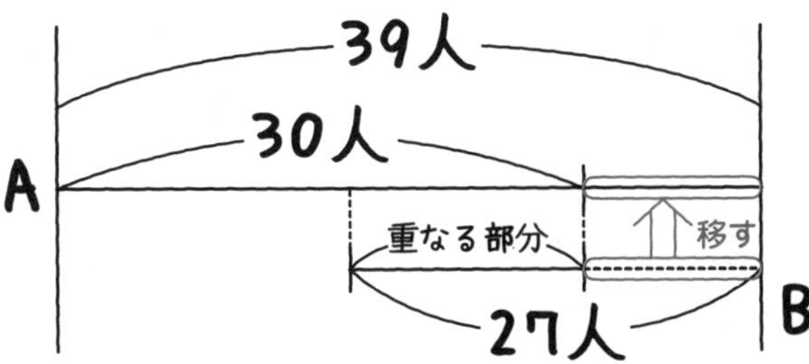

「たしかに！　だから，30＋27－39で重なる部分がわかるんだ。」

18人…答え　[例題]3-28 (2)

別解 [例題]3-28 (2)

(2)も，ベン図を使って解けるよ。**どちらもできた人の人数が最も少なくなるのは，どちらもできなかった人の人数が0人のときき**なんだ。ベン図でその様子を表すと，右のようになる。

A，Bどちらのクイズもできた人の人数は，30＋27－39＝18(人)と求めることができる。

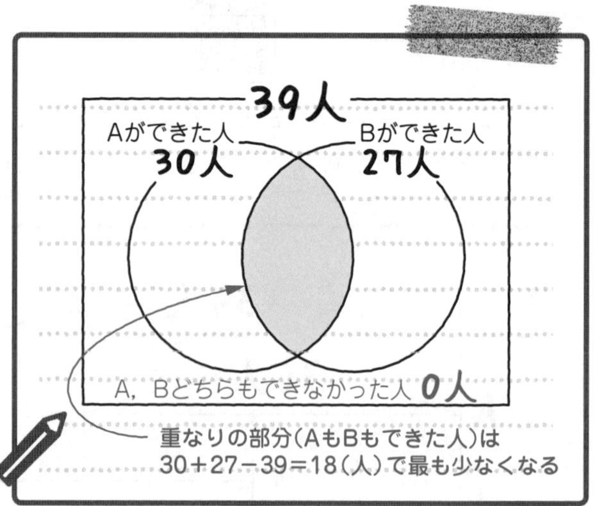

18人…答え [例題]3-28 (2)

Check 53 つまずき度 ●●●○○ ➡解答は別冊 p.60へ

40人のグループで，AとBの2問の算数のテストを行いました。Aの問題ができた人は25人，Bの問題ができた人は23人，A，Bどちらの問題もできた人は12人いました。このとき，次の問いに答えなさい。

(1) Bの問題だけできた人は何人ですか。

(2) A，Bどちらの問題もできなかった人は何人ですか。

Check 54 つまずき度 ●●●○○ ➡解答は別冊 p.61へ

41人にアンケートをとったところ，通学に電車を使う人は20人，バスを使う人は23人，電車もバスも使わない人は11人でした。このとき，次の問いに答えなさい。

(1) 通学に電車もバスも使う人は何人いますか。

(2) 通学にバスだけを使う人は何人いますか。

Check 55 つまずき度 ●●●●○ ➡解答は別冊 p.61へ

43人でパーティーを行い，AとBの2問のクイズをしました。Aのクイズができた人は15人，Bのクイズができた人は18人でした。このとき，A，Bどちらのクイズもできなかった人は，何人以上何人以下ですか。

第4章

割合

「割合って難しいイメージがあります……。」

割合に苦手意識を持っている人は多いようだ。でも，基礎からきちんと学べば，得意になれるよ。ところで，ユウトくんもハルカさんも，すでに割合の考え方をこれまでの学習で使っているんだ。

「えっ，どういうことですか？」

たとえば，3の2倍は6だよね。「3の2倍は6」というとき，すでに割合の考え方を使っているんだ。

「えっ，どの部分が割合なんですか？」

くわしくは，次のページから解説していこう。

割合とは

3は2の何倍だろう？　比べられる量が，もとにする量の何倍にあたるかを表した数が割合だよ。

説明の動画は
こちらで見られます

「3の2倍は6」というとき，これを式に表すとどうなるかな？

「3×2＝6って表します。」

そうだね。「3の2倍は6」は「3×2＝6」と表せる。この関係を上下にならべて書いてみるよ。

3　の　2倍　は　6

3　×　2　　＝　6

こう書くと，**「の」と「×」が同じ**で，**「は」と「＝」も同じ**であることがわかるね。まず，これをおさえておこう。

ところで，「3の2倍は6」は「6は3の2倍」といいかえることもできるね。
「6は3の2倍」を式に表すと

6　は　3　の　2倍

6　＝　3　×　2

となるね。やはり，**「の」と「×」が同じ**で，**「は」と「＝」も同じ**だ。

「6＝3×2って，答えが左で，式が右にある。変なの。」

ふつうは3×2＝6のように，＝の左に式が，＝の右に答えがあるから，6＝3×2は変だと思うかもしれない。でも，こういう式もこれからときどき出てくるから，慣れていこう。

まとめると**「○の□倍は△」「△は○の□倍」という 2 つの文では，「の」は「×」を表し，「は」は「=」を表す**んだ。ただし，このことはこれら 2 つの文で言えることで，ほかの文では成り立たないこともあるから注意しよう。

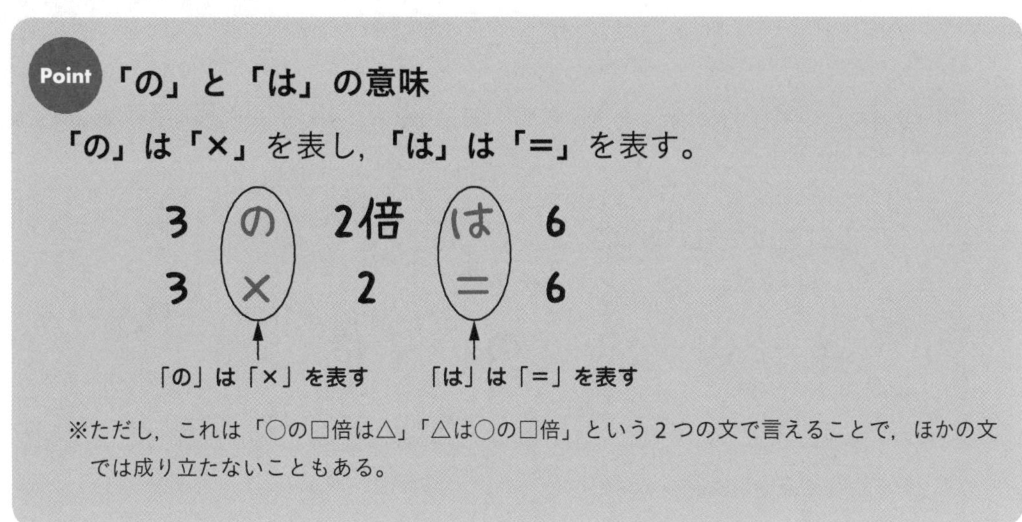

「3 の 2 倍は 6」というとき，「2 倍」の部分を「割合」というよ。つまり「～倍」で表される部分を「割合」というんだ。

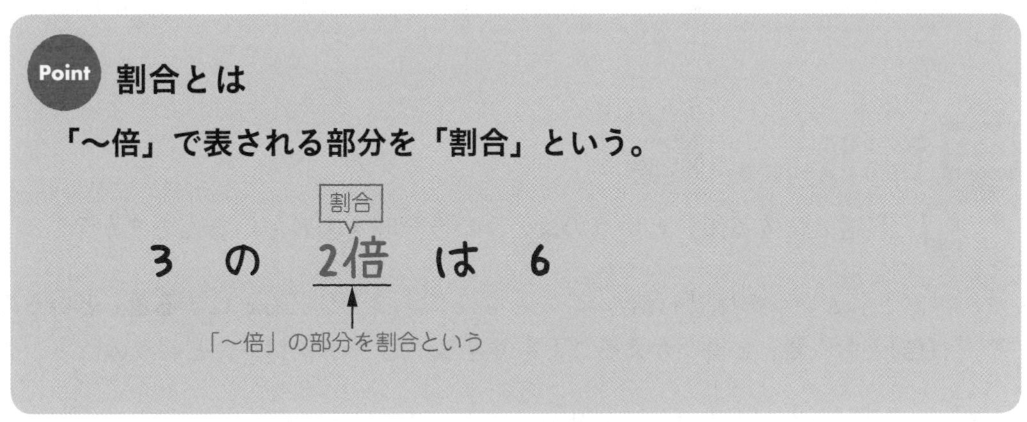

そして，「3 の 2 倍は 6」の「3」を，**もとにする量**というよ。「○は□の～倍です」や「□の～倍は○です」という文では，**「の」の前の□が「もとにする量」なんだ。**

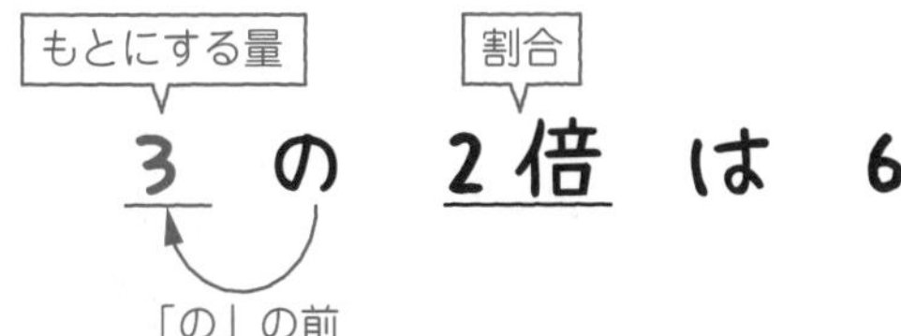

もとにする量とは

「○は□の〜倍です」や「□の〜倍は○です」という文では，「の」の前の□が「もとにする量」となる。

※ただし，「○は□の〜倍です」や「□の〜倍は○です」以外の文では，「の」の前が「もとにする量」になるとは限らないので，注意すること。

・「○は□の〜倍」の場合

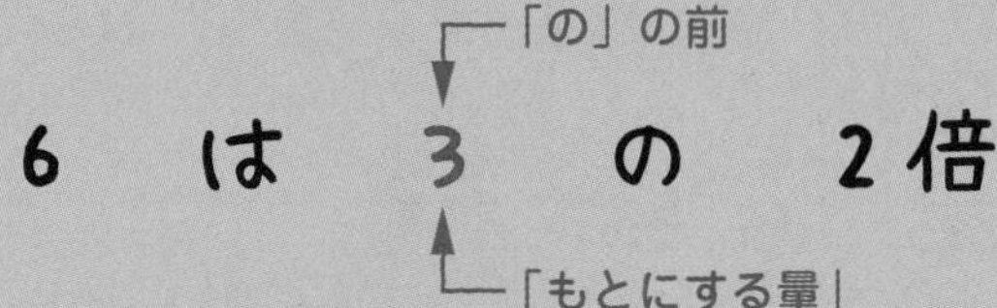

・「□の〜倍は○」の場合

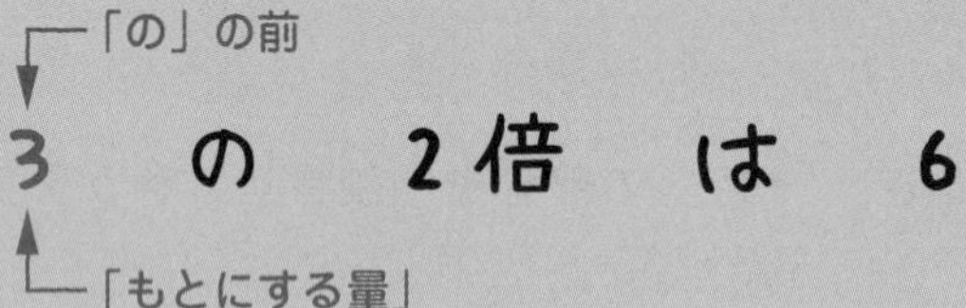

説明の動画は
こちらで見られます

「『もとにする量』というのはどういう意味を表しているんですか？」

「もと」というのは「1(倍)」のことなんだ。つまり，**「もとにする量」というのは，「1(倍)とおく量」と言いかえることもできる。**「3の2倍は6」というのは

「3を1(倍)として，6を比べると(6は)2倍になる」
（3をもとにして）

と言いかえることもできるんだよ。

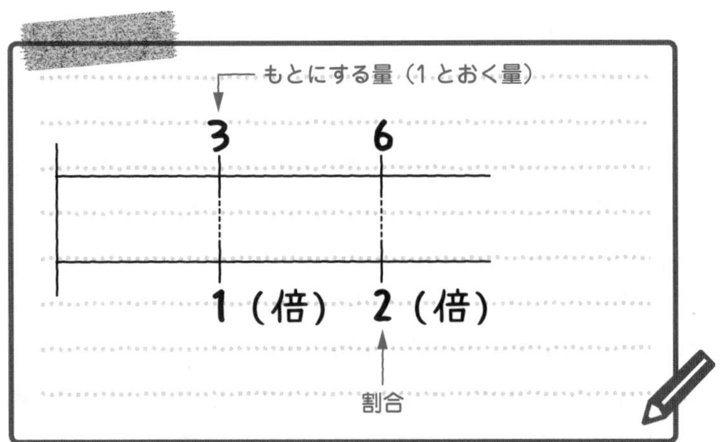

「3の2倍は6」の「6」を比べられる量というよ。もとにする量の3に比べられるから，比べられる量というんだ。まとめると，**「3の2倍は6」の「3」を「もとにする量」,「2(倍)」を「割合」,「6」を「比べられる量」**というんだよ。つまり，**「もとにする量」を1(倍)とおいたときに，「比べられる量」が何倍になるかが，割合の意味**なんだ。

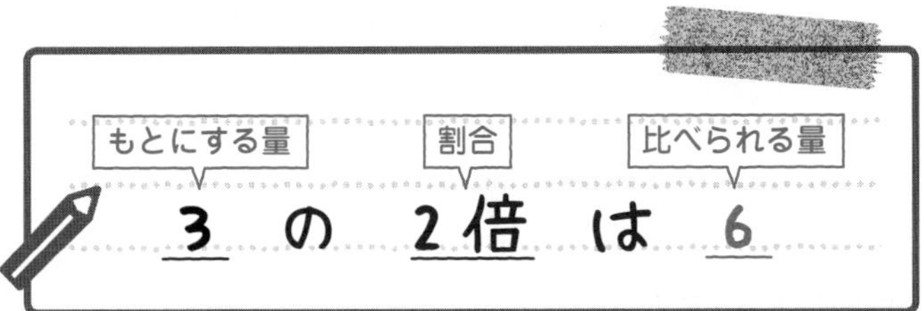

前に言ったことのくり返しになるけど，「3の2倍は6」は3×2=6と表すことができたね。つまり，「もとにする量」の3と「割合」の2をかけると「比べられる量」の6になるということだ。

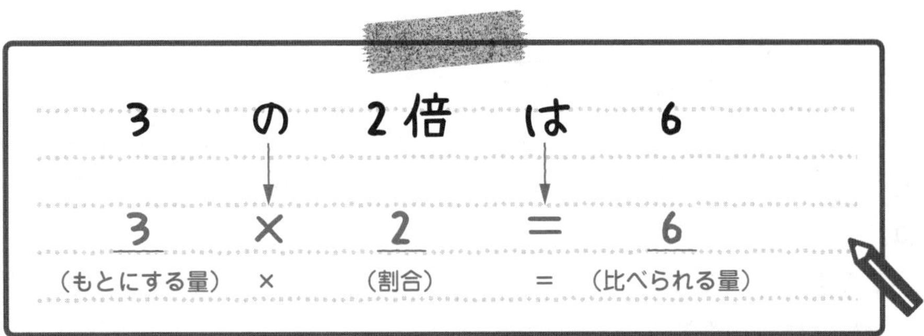

そして，この**「もとにする量」と「割合」をかけると「比べられる量」になるという関係はどんな場合においても成り立つ**からおさえておこう。この関係は長方形の面積を求める関係とも似ているんだ。

「えっ，長方形の面積？　どんな関係があるんですか？」

「もとにする量」と「割合」をかけると「比べられる量」になる関係を式で表すと次のようになるね。

もとにする量　×　割合　=　比べられる量

2 つの量をかけて答えを求めるという関係は，長方形の面積を求めるときも同じだよ。長方形のたての長さと横の長さをかけて面積を求めるのだからね。2 つの式をならべて書くと，次のようになる。

もとにする量　×　割合　　　　=　比べられる量
横の長さ　　　×　たての長さ　=　長方形の面積

ここで，長方形のたての長さを「割合」として，横の長さを「もとにする量」とおくと，長方形の面積は「比べられる量」となるね。これを面積図で表すと，次のようになるよ。

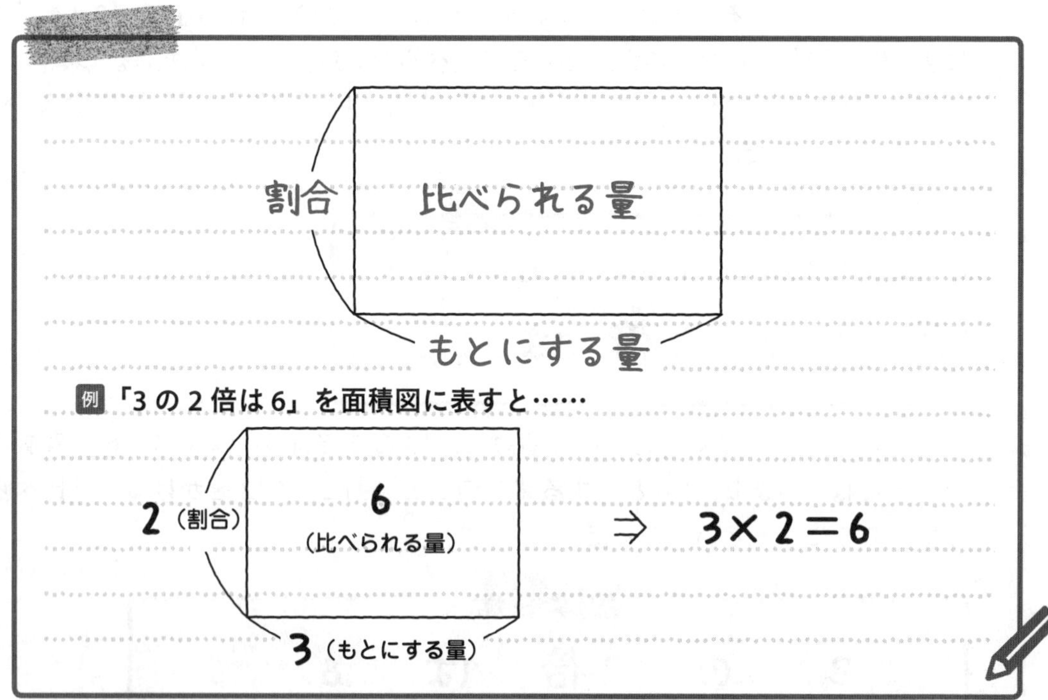

この面積図を見ると，「もとにする量×割合＝比べられる量」であることがよくわかるね。

では，この面積図をもとに考えると，「もとにする量」がわからない場合は，どのように求めればいいかな？

「長方形の横の長さは，面積をたての長さでわればいいから，『比べられる量』を『割合』でわれば『もとにする量』が求められます！」

そうだね。**「比べられる量÷割合＝もとにする量」**ということだ。では,「割合」がわからない場合は，どのように求めればいいかな？

「長方形のたての長さは，面積を横の長さでわればいいから…『比べられる量』を『もとにする量』でわれば『割合』が求められます。」

その通り。**「比べられる量÷もとにする量＝割合」**ということだ。ここまでで，3つの大事な式が出てきたよ。これらの3つの式を**割合の3用法**（ようほう）というんだ。ポイントとしてまとめておこう。

Point　割合の3用法

割合の3用法とは，次の3つの式のことをいう。

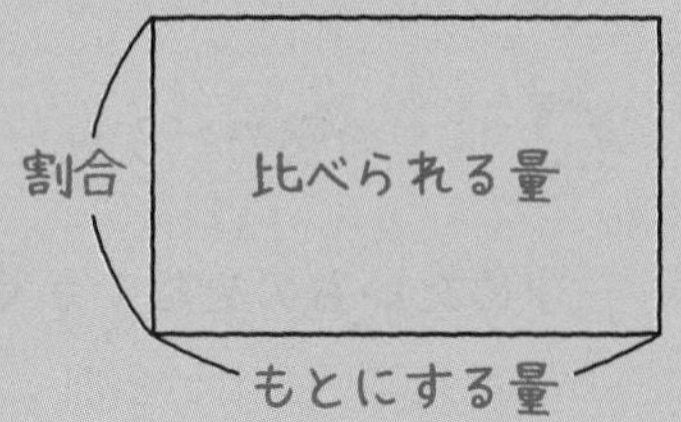

比べられる量　÷　もとにする量　＝　割合
もとにする量　×　割合　＝　比べられる量
比べられる量　÷　割合　＝　もとにする量

この割合の3用法を使って割合の問題を解（と）くことが多いから，きちんとおさえておこう。

説明の動画はこちらで見られます

「じゃあ，割合の3用法の式は丸暗記しておいたほうがいいんですか？」

式を丸暗記する必要（ひつよう）はないよ。長方形の面積図の「割合」「もとにする量」「比べられる量」の関係を覚（おぼ）えておけば，そこから割合の3用法を導（みちび）けるからね。長方形のたてと横は入れかわってもよいから，**長方形の面積が「比べられる量」になることだけおさえておけば，割合の3用法を導けるね。**

または，「く・も・わ」の図で，割合の3用法を覚えてもいいよ。

「『く・も・わ』の図？」

うん。「く・も・わ」というのは，それぞれ「**く**らべられる量」「**も**とにする量」「**わ**りあい」の頭文字（かしらもじ）をとったものなんだ。「く・も・わ」の図とは，次のような図だよ。

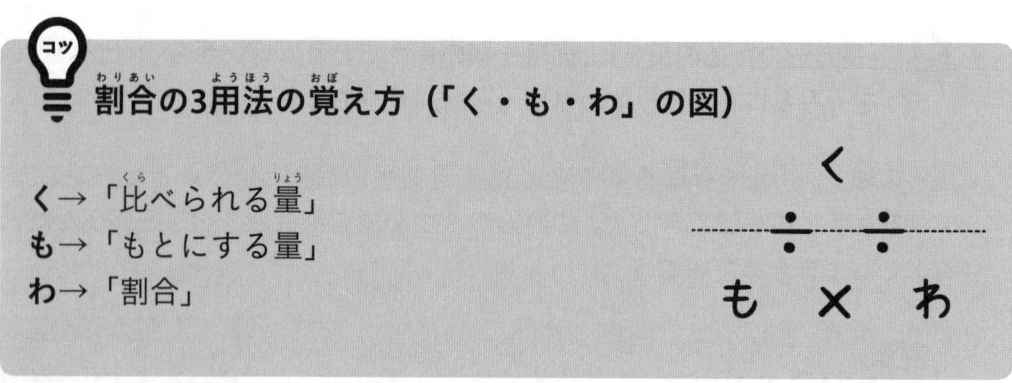

「この図でどうやって割合の３用法を覚えるんですか？」

求めたいものを指でかくせば，求め方がわかるんだ。

たとえば，「比べられる量」の求め方を調べたいときは，「く」を指でかくせばいいんだ。「く」を指でかくすと「も×わ」，つまり「もとにする量×割合」で「比べられる量」が求められることがわかるね。

例 「比べられる量」を求めるには　→　「く」を指でかくす

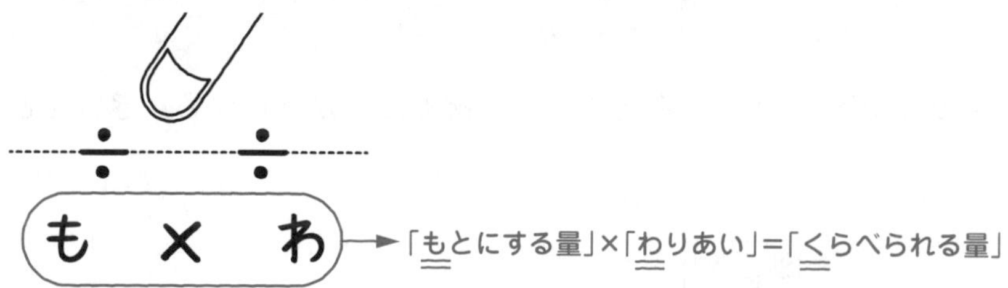

「もとにする量」の求め方を調べたいときは，「も」を指でかくそう。「も」を指でかくすと「く÷わ」，つまり「比べられる量÷割合」で「もとにする量」が求められることがわかる。

例 「もとにする量」を求めるには　→　「も」を指でかくす

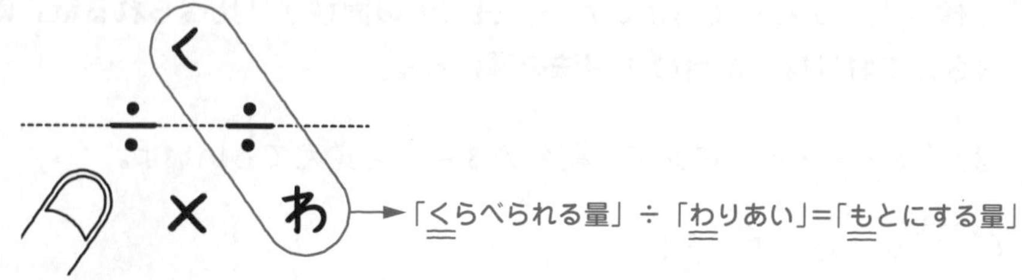

「割合」の求め方を調べたいときは，「わ」を指でかくせばいい。「わ」を指でかくすと「く÷も」，つまり「比べられる量÷もとにする量」で「割合」が求められることがわかるね。

例 「割合」を求めるには → 「わ」を指でかくす

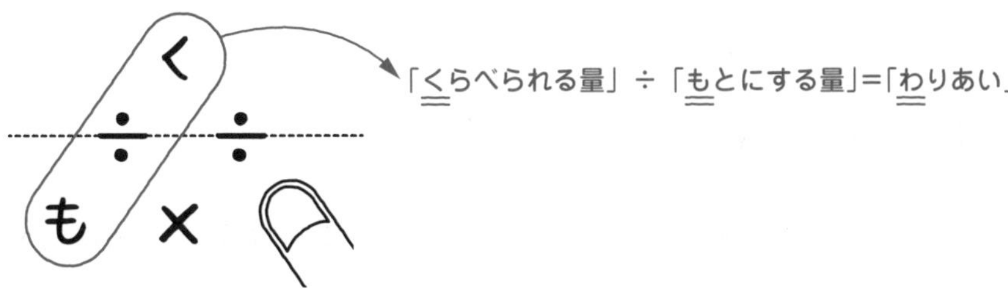

「へぇ～，おもしろい！」

「く・も・わ」の図で割合の 3 用法が導けるということだね。でも，慣れてきたら，このような覚え方を利用しなくても，3 用法を自由自在に使えるようになるよ！そうなるように練習していこう。

「はい！」

説明の動画は
こちらで見られます

では，いままで習ったことをふまえて割合の問題を解いてみよう。

[例題]4-1　つまずき度

次の□にあてはまる数をそれぞれ求めなさい。

(1)　55 の 3 倍は□です。
(2)　8 人の□倍は 56 人です。
(3)　37.5 kg は□ kg の 0.25 倍です。
(4)　15 L の□倍は 60 dL です。
(5)　□円は 180 円の $\frac{5}{36}$ です。
(6)　□時間の $5\frac{1}{7}$ 倍は 0.75 時間です。

(1)は「55 の 3 倍は□です。」という問題だ。**「の」は「×」を表し，「は」は「＝」を表す**ことをもとに考えると，次のように式に表すことができるね。

55 の 3倍 は □

↓

55 × 3 ＝ □

つまり，55×3 を計算すれば□が求められるということだ。ユウトくん，計算してくれるかな？

「はい！　55×3＝165 です！」

165 … 答え ［例題］4-1 (1)

はい，よくできました。割合の 3 用法を使って解くこともできるから，別解として見ておこう。

別解 ［例題］4-1 (1)

55 の 3倍 は □

もとにする量　割合　比べられる量

比べられる量は，長方形の図でいうと面積にあたるんだった。だから，「もとにする量×割合＝比べられる量」を計算して，55×3＝165 と求めることができるね。

165 … 答え ［例題］4-1 (1)

では，(2)に進もう。(2)の「8 人の□倍は 56 人です。」という問題だ。**「の」は「×」を表し，「は」は「＝」を表す**ことをもとに考えると，次のように式に表すことができるね。

8人 の □倍 は 56人

↓

8 × □ ＝ 56

つまり，8×□＝56 という式の□を求めればいいということだね。□はどうやって求めればいいかな？　2 08 でやったように，**□を求める計算で迷ったときは簡単な例で考えればいい**んだね。たとえば 2×△＝6 なら，6 を 2 でわれば△が 3 と求められることを利用しよう。

「ということは……，8×□＝56 の□は，56 を 8 でわれば求められるのね。56÷8＝7 で，□は 7 です。」

7…答え [例題]4-1 (2)

その通り。

別解 [例題]4-1 (2)

8人 の □倍 は 56人
もとにする量　割合　比べられる量

割合を求める問題ということだね。「比べられる量÷もとにする量＝割合」だから，56÷8＝7 と求められる。

7…答え [例題]4-1 (2)

では，(3)の「37.5 kg は□ kg の 0.25 倍です」を解いてみよう。

「あれ？　割合の部分が小数になってる。」

割合は小数や分数になることもあるんだ。**小数や分数で表された割合の場合も，整数の割合と同じように計算していけばいい**からね。

「37.5 kg は□ kg の 0.25 倍です。」を，**「は」は「＝」を表し，「の」は「×」を表す**ことをもとに考えると，次のように式に表すことができるね。

37.5 kg　は　□ kg　の　0.25 倍

↓

37.5　＝　□　×　0.25

つまり，37.5＝□×0.25 という式の□を求めればいいんだね。□はどうやって求めればいい？　これも簡単な例で考えよう。たとえば 6＝△×3 なら，6 を 3 でわれば△が 2 と求められることを利用しよう。

「37.5＝□×0.25 の□は，37.5 を 0.25 でわれば求められるんですね！ 37.5÷0.25＝150 で□は 150 だ！」

よくできたね。

150…答え [例題]4-1 (3)

別解 [例題]4-1 (3)

37.5 kg は □ kg の 0.25 倍

比べられる量　もとにする量　割合

もとにする量を求める問題ということだね。
「比べられる量÷割合＝もとにする量」だから，37.5÷0.25＝150 と求められるよ。

150 … 答え [例題]4-1 (3)

097 説明の動画はこちらで見られます

次は(4)の「15 L の□倍は 60 dL です。」という問題だ。

「『の』は『×』で，『は』は『＝』だから，『15 L の□倍は 60 dL です』は，15×□＝60 って表せるのかな。」

ユウトくん，そうしてしまうとまちがいなんだ。(4)の「15 L の□倍は 60 dL です」では，L と dL の 2 つの単位が出てきているね。このような場合は**単位をそろえてから計算する**んだ。L と dL のどちらにそろえても解けるけど，ここでは，単位を L にそろえよう。60 dL を L に直すと何になるかな？

「10 dL＝1 L だから，60 dL は 6 L ね。」

そうだね。60 dL は 6 L だから，「15 L の□倍は 60 dL です」は「15 L の□倍は 6 L です」と直せる。このように単位をそろえると，次のようになるね。

15 L　の　□倍　は　6 L

↓

15　×　□　＝　6

つまり，15×□＝6 という式の□を求めればいいんだね。まずは割合の 3 用法を使わずに考えると，□はどうやって求めればいいかな？　たとえば 2×△＝6 なら，6 を 2 でわれば△が 3 と求められることを利用しよう。

「2×△＝6 の△を求めるのと同じように計算すればいいから……，15×□＝6 の□は，6÷15 で求められるわ。」

そうだね。6÷15を筆算で計算して，答えを小数で求めると0.4だ。また，次のように計算して，答えを分数の$\frac{2}{5}$と求めることもできるよ。

$$6 \div 15 = \frac{6}{15} = \frac{2}{5}$$

「〜倍」という部分が割合だから，いま求める□は割合だね。(3)でも出てきたけど，**小数や分数で割合を表すこともある**ということをおさえておこう。

0.4$\left(\text{または}\frac{2}{5}\right)$ … 答え [例題]4-1 (4)

(4)では，単位をそろえてから計算するのがポイントだったね。単位をそろえないまま計算しないように気をつけよう。解説(かいせつ)ではLにそろえて解いたけど，dLにそろえて解くこともできるから自分で試(ため)してみよう。

別解 [例題]4-1 (4)

「15 Lの□倍は60 dLです」の単位をそろえて「15 Lの□倍は6 Lです」とするところまでは同じだよ。

15 L の □倍 は 6 L

もとにする量　割合　比べられる量

割合を求める問題だね。ここでは，割合の3用法を使って考えよう。

「比べられる量÷もとにする量＝割合」だから，6÷15＝0.4$\left(\text{または}\frac{2}{5}\right)$となるよ。

0.4$\left(\text{または}\frac{2}{5}\right)$ … 答え [例題]4-1 (4)

では，(5)「□円は180円の$\frac{5}{36}$です」という問題だね。この問題の割合は$\frac{5}{36}$だ。このように，**1より小さい分数で表された割合では「倍」をつけないこともある**よ。もちろん「倍」をつけて，$\frac{5}{36}$倍としても問題ない。

これも，**「は」は「＝」を表し，「の」は「×」を表す**ことをもとに考えると，次のような式に表すことができるね。

$$□円 は 180円 の \frac{5}{36}$$

↓

$$□ = 180 \times \frac{5}{36}$$

つまり，$□=180\times\frac{5}{36}$ という式の□を求めればいいんだね。$180\times\frac{5}{36}=25$ で，□は 25 と求められる。

25 … 答え [例題]4-1 (5)

別解 [例題]4-1 (5)

□円 は 180円 の $\frac{5}{36}$

□円：比べられる量　180円：もとにする量　$\frac{5}{36}$：割合

比べられる量を求める問題だね。割合の 3 用法を使って考えよう。

「もとにする量×割合＝比べられる量」だから，$180\times\frac{5}{36}=25$ となる。

25 … 答え [例題]4-1 (5)

では，(6)にいこう。「□時間の $5\frac{1}{7}$ 倍は 0.75 時間です。」という問題だね。これも，**「の」は「×」を表し，「は」は「＝」を表す**ことをもとに考えると，次のような式に表すことができる。

$$□時間 の 5\frac{1}{7}倍 は 0.75時間$$

↓

$$□ \times 5\frac{1}{7} = 0.75$$

つまり，$\square \times 5\frac{1}{7}=0.75$ という式の□を求めればいいんだね。□はどうやって求めればいいかな？　たとえば△×3＝6 なら，6 を 3 でわれば△が 2 と求められることを利用しよう。

「ということは，0.75 を $5\frac{1}{7}$ でわれば□が求められるんですね。$0.75\div 5\frac{1}{7}$ は……，どうやって計算するんだっけ。」

$0.75\div 5\frac{1}{7}$ は，小数÷分数という計算だね。このような計算では，小数を分数に直して，分数どうしのわり算の形にして計算しよう。$0.75=\frac{3}{4}$ は暗記しておいたほうがいいんだったね。$0.75=\frac{3}{4}$ であることを忘れてしまったなら，もう一度 2 06 の Point「よく出てくる分数と小数の変換」を復習しよう。

計算するとこうなるよ。

$$0.75\div 5\frac{1}{7}=\frac{3}{4}\div\frac{36}{7}=\frac{3}{4}\times\frac{7}{36}=\frac{\overset{1}{\cancel{3}}\times 7}{4\times\underset{12}{\cancel{36}}}=\frac{7}{48}$$

仮分数にする
分数に直す
わる数の逆数をかける
約分してからかける

$\frac{7}{48}$ … 答え ［例題］4-1 (6)

別解 ［例題］4-1 (6)

□時間 の $5\frac{1}{7}$ 倍 は 0.75時間

もとにする量　割合　比べられる量

もとにする量を求める問題だね。割合の 3 用法を使って考えよう。

「比べられる量÷割合＝もとにする量」だから，$0.75\div 5\frac{1}{7}$ で求められる。計算はさっきと同じだよ。

$\frac{7}{48}$ … 答え ［例題］4-1 (6)

Check 56 つまずき度 ●●○○○ ➡解答は別冊 p.62 へ

次の□にあてはまる数を求(もと)めなさい。

(1) □は 8 の 1.5 倍です。

(2) 12 個(こ)の□倍は 108 個です。

(3) □ cm の 0.3 倍は 6 m です。

(4) 21 人は 9 人の□倍です。

(5) 240 dL の $\frac{7}{8}$ は□ L です。

(6) $1\frac{1}{11}$ km は□ km の 0.375 倍です。

4 02 百分率と歩合

割合にはさまざまな表し方があるよ。ここでは，百分率や歩合という割合の表し方について見ていこう。

説明の動画は
こちらで見られます

4 01 では，もとにする量を 1 としたときに，比べられる量がいくつ（何倍）にあたるかを割合で表したね。割合は整数や分数や小数で表すんだった。ここでは小数で表した割合を，ほかの方法で表すやり方を見ていこう。

小数で表した**割合の 0.01（倍）を 1%（1 パーセント）と表す**ことがあるよ。このように %（パーセント）を使う表し方を**百分率**というんだ。スーパーなどのお店で「30%引き」などと値札に書かれているのを見たことはあるかな？

「あります！」

スーパーの値札のほかにも，天気予報の雨がふる確率など，私たちの生活のさまざまなところで百分率は使われているんだ。

百分率では，0.1（倍）を 10%と表し，1（倍）を 100%と表すよ。

Point 百分率の表し方

小数で表した割合の **0.01**（倍） ⟶ 百分率では **1%**
小数で表した割合の **0.1**（倍） ⟶ 百分率では **10%**
整数で表した割合の **1**（倍） ⟶ 百分率では **100%**

0.01 は百分率で表すと 1%，0.01 を 100 倍すると 1 だから，**小数や整数で表した割合を百分率にするには 100 倍すればいい**んだ。また，**百分率を小数で表すには 100 でわればいい**んだね。

Point 小数で表した割合と百分率の関係

小数で表した割合を百分率で表すには **100 倍すればよい。**
百分率を小数で表すには **100 でわればよい。**

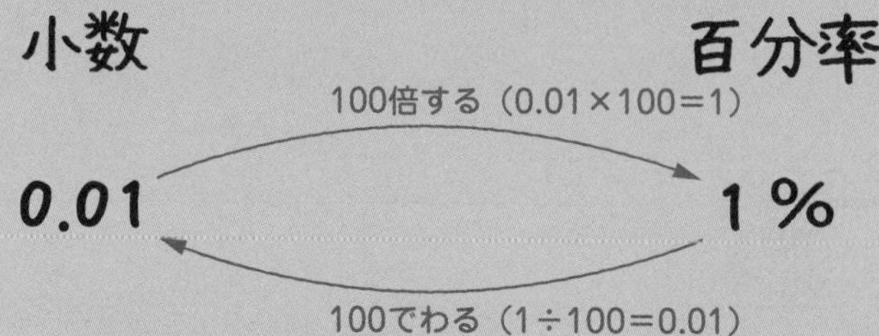

例 1 小数 0.75 を百分率で表す

$$0.75 \times \underbrace{100}_{100倍する} = 75\%$$

例 2 百分率の 32％を小数で表す

$$32 \div \underbrace{100}_{100でわる} = 0.32$$

Point の 例 1 では，小数の 0.75 を 100 倍して百分率の 75％に直している。

小数点を右に 1 つ動かすと 10 倍になるね。小数点を 2 つ右に動かせば 10×10＝100 で 100 倍になるんだよ。つまり，100 倍するということは，小数点を右に 2 つ動かせばいいんだ。

0.75.
×10 ×10
×100

「100 倍する」⇒「小数点を右に 2 つ移す」

小数の割合を百分率で表すには，小数点を右に 2 つ移せばいいということだね。

一方，Point の 例 2 では，百分率の 32％を 100 でわって小数の 0.32 にしたね。100 でわるということは，小数点を左に 2 つ動かせばいいんだ。

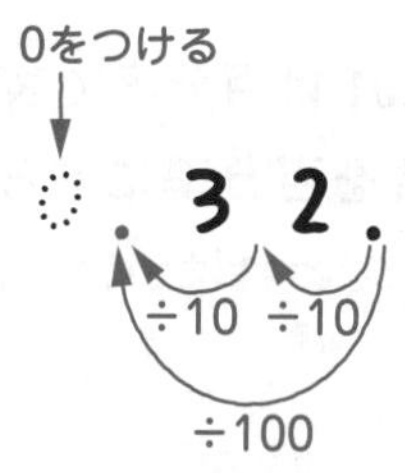

「100 でわる」⇒「小数点を左に 2 つ移す」

つまり，百分率を小数の割合で表すには小数点を左に 2 つ移せばいいということだね。

では，これをもとに例題を解いてみよう。

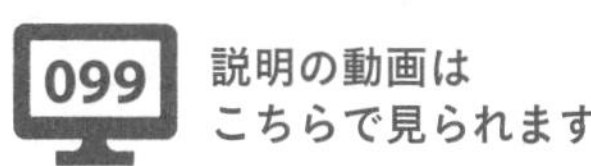

[例題]4-2　つまずき度 ●○○○○

次の(1)～(4)の小数や整数で表した割合を百分率で表しなさい。

(1)　0.9　　(2)　1.875　　(3)　0.009　　(4)　3

次の(5)～(8)の百分率を小数で表しなさい。

(5)　5%　　(6)　14%　　(7)　10.6%　　(8)　518.9%

(1)～(4)は，小数や整数で表した割合を百分率で表す問題だね。どうすればいいかな？

「100倍すればいいです！」

その通り。100倍するということは，小数点を左右どちらにいくつだけ移せばいいのかな？

「100倍するということは，小数点を右に2つ移せばいいです。」

そうだね。(1)～(4)の小数や整数の小数点を右に2つずつ移すと次のようになり，答えが求められるね。

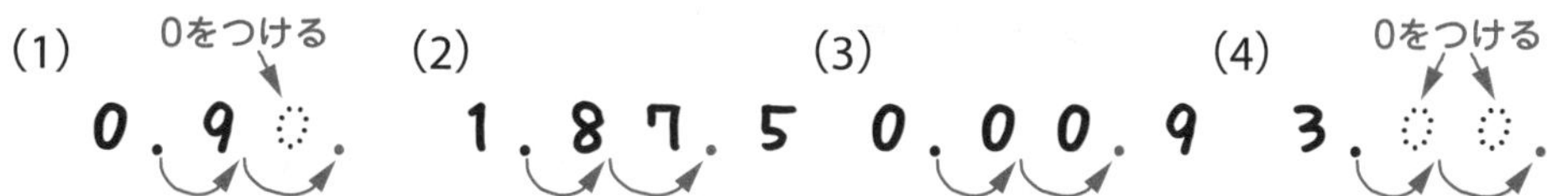

(1)や(4)のように，小数点を移したところに数がない場合は，0をつけ加えればいいんだ。

(1)90%　(2)187.5%　(3)0.9%　(4)300% …答え　[例題]4-2　(1)～(4)

(5)～(8)は百分率を小数で表す問題だね。この場合はどうすればいい？

「100でわればいいのね。」

その通り。100でわるということは，小数点を左右どちらにいくつだけ移せばいいのかな？

「100でわるということは，小数点を左に2つ移せばいいです！」

そうだね。だから，(5)～(8) の百分率の小数点を左に 2 つずつ移すと次のようになり，答えが求められるね。

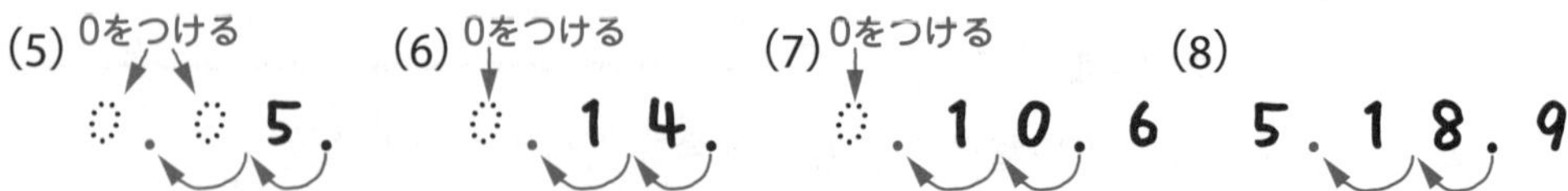

(5)，(6)，(7) のように，小数点を移したところに数がない場合は，0 をつけ加えればいいんだね。

(5)0.05 (6)0.14 (7)0.106 (8)5.189 … 答え ［例題］4-2 (5)～(8)

説明の動画はこちらで見られます

ところで，小数で表した割合では「もとにする量」を「1(倍)」とおいて比べたね。一方，百分率は「もとにする量」を「100(％)」とおく割合だということができる。

さらには「もとにする量」を 10 とおく割合もあるんだ。

「『もとにする量』を 10 とおく割合，ですか？」

うん。「もとにする量」を 10 とおく割合を歩合というよ。小数で表したときの**割合の 1(倍)を，歩合では 10 割と表す**んだ。歩合では，**0.1(倍)を 1 割**といい，**0.01(倍)を 1 分**といい，**0.001(倍)を 1 厘**というんだよ。野球のバッターの打率などは歩合が使われているね。「〇〇選手の打率は 2 割 8 分 5 厘です」って具合だよ。

Point 歩合の表し方

整数で表した割合の 1(倍) ⟶ 歩合では 10 割
小数で表した割合の 0.1(倍) ⟶ 歩合では 1 割
小数で表した割合の 0.01(倍) ⟶ 歩合では 1 分
小数で表した割合の 0.001(倍) ⟶ 歩合では 1 厘

たとえば，小数で表された割合の0.852を歩合に直してみよう。

0.852は0.1が8つ，0.01が5つ，0.001が2つからできているね。**0.1を1割，0.01を1分，0.001を1厘という**のだから，8割5分2厘と表すことができるというわけだ。

0. 8 5 2
0.1が8つ
0.01が5つ
0.001が2つ
8割 5分 2厘

次に，3割8分9厘を小数で表してみよう。

3割は0.1が3つ，8分は0.01が8つ，9厘は0.001が9つあることを表すね。だから，3割8分9厘は0.389ということになる。

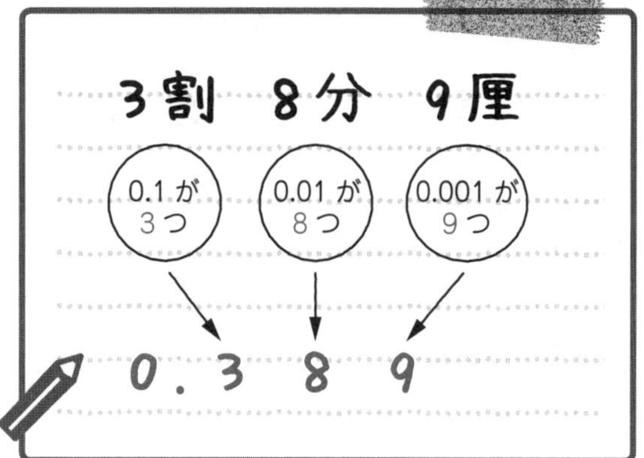

では，これをもとに例題(れいだい)を解(と)いてみよう。

101 説明の動画はこちらで見られます

[例題]4-3 つまずき度 ●○○○○

次の(1)～(4)の小数で表した割合を歩合で表しなさい。

(1) 0.7　(2) 0.561　(3) 0.203　(4) 3.001

次の(5)～(8)の歩合を小数で表しなさい。

(5) 1割3分9厘　(6) 5分2厘　(7) 6割4厘

(8) 28割2分1厘

(1)～(4)は，小数で表した割合を歩合で表す問題だ。**割合の0.1(倍)を1割，割合の0.01(倍)を1分，割合の0.001(倍)を1厘という**ことをもとにして考えればいいね。

(1)の 0.7 は，0.1 が 7 つだから，7 割(わり)だね。

(2)の 0.561 は，0.1 が 5 つ，0.01 が 6 つ，0.001 が 1 つだから，5 割 6 分(ぶ) 1 厘(りん)だ。

(3)の 0.203 は，0.1 が 2 つ，0.01 がなくて，0.001 が 3 つだから，2 割 3 厘だ。

「2 割 0 分 3 厘とは言わないんですか？」

言わないよ。歩合(ぶあい)では，0 のところは読まないんだ。**2 割 0 分 3 厘ではなく，2 割 3 厘と表す**ようにしよう。

(4)の 3.001 は 0.1 が 30 個(こ)，0.01 がなくて，0.001 が 1 つだから，30 割 1 厘だ。

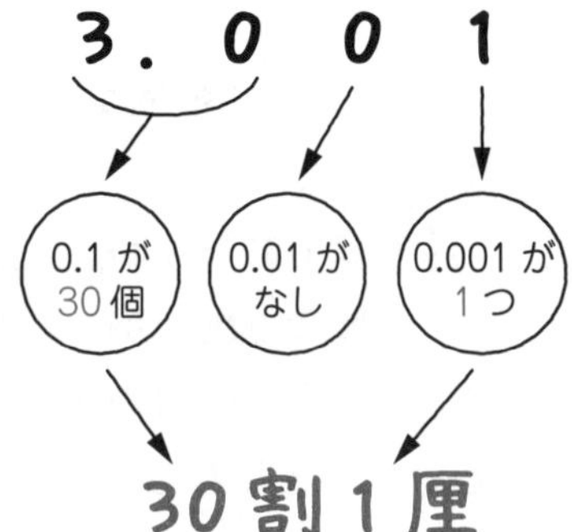

(1)7 割　(2)5 割 6 分 1 厘

(3)2 割 3 厘　(4)30 割 1 厘

…答え [例題]4-3 (1)～(4)

(5)～(8)は，歩合を小数で表す問題だ。

(5) 1 割 3 分 9 厘の 1 割は 0.1 が 1 つ，3 分は 0.01 が 3 つ，9 厘は 0.001 が 9 つあることを表すね。だから，1 割 3 分 9 厘は 0.139 ということになる。

(6)5 分 2 厘の 5 分は 0.01 が 5 つ, 2 厘は 0.001 が 2 つあることを表すね。だから，5 分 2 厘は 0.052 ということになる。

(7)6 割 4 厘の 6 割は 0.1 が 6 つ, 4 厘は 0.001 が 4 つあることを表すね。だから，6 割 4 厘は 0.604 ということになる。

(8) 28 割 2 分 1 厘の 28 割は 0.1 が 28 個，2 分は 0.01 が 2 つ，1 厘は 0.001 が 1 つあることを表すね。だから，28 割 2 分 1 厘は 2.821 ということになる。

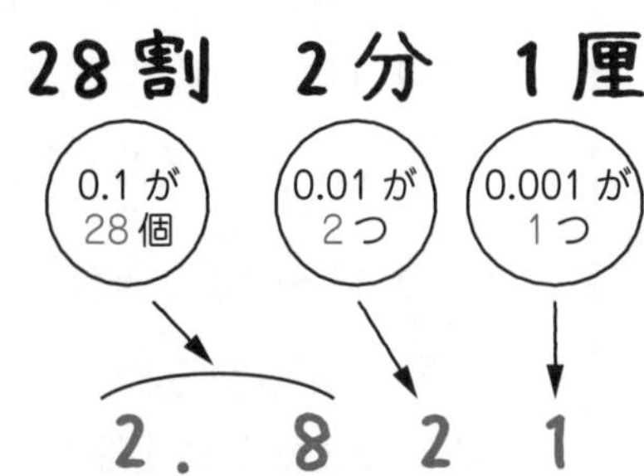

(5)0.139　(6)0.052　(7)0.604　(8)2.821…答え [例題]4-3 (5)～(8)

これで，百分率(ひゃくぶんりつ)や歩合を小数で表したり，小数を百分率や歩合で表したりすることができるようになったね。

では，いままでの内容をもとに百分率や歩合の問題を解いてみよう。次の［例題］4-4 のような「割合の 3 用法」を使う問題では，**先に百分率や歩合を小数で表した割合に直してから計算する**ことが大切だよ。

「割合の3用法」を使って計算するときの注意点

百分率や歩合のまま計算するのではなく，先に**小数で表した割合に直してから計算する。**

説明の動画はこちらで見られます

［例題］4-4　つまずき度 😵😵😵😵😵

次の□にあてはまる数を求めなさい。

(1)　220 g の 75%は□ g です。

(2)　□人は 600 人の 3 割 5 厘です。

(3)　□ m の 14%は 0.21 km です。

(4)　204 a は 8.5 ha の□%です。

(5)　7.8 m^2 の□割□分□厘は 7.683 m^2 です。

(6)　□ L の 4 割 8 分 5 厘は 155.2 cm^3 です。

(1) から見ていこう。「220 g の 75％は□ g です。」という問題だね。**先に百分率を小数で表した割合に直してから計算する**のがポイントだ。75％を小数で表すと何になるかな？

「75 を 100 でわればいいのね。**100 でわるということは，小数点を 2 つ左に移せばいい**んだから，75%は 0.75 に直せるわ。」

そうだね。75％は 0.75 倍に直せる。ということは，「220 g の 75％は□ g です」を「220 g の 0.75 倍は□ g です」に直すことができるね。**「の」は「×」で，「は」は「＝」である**ことをもとに考えると，「220 g の 0.75 倍は□ g です」は 220×0.75＝□と表すことができる。

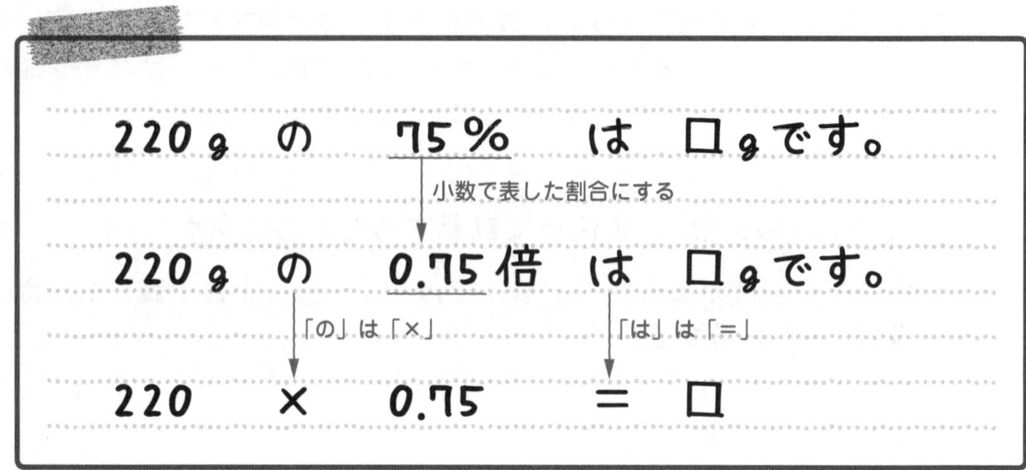

つまり，220×0.75を計算すれば□が求められるということだ。220×0.75＝165だから，答えは165だね。

165 … 答え [例題]4-4 (1)

別解 [例題]4-4 (1)

割合の3用法を使って解くこともできるから，別解として見ておこう。百分率を小数で表した割合にして「220gの0.75は□gです。」とするところまでは同じだよ。

220g の 0.75倍 は □g

もとにする量　割合　比べられる量

比べられる量を求める問題とわかったね。「もとにする量×割合＝比べられる量」だから，220×0.75＝165となるよ。

165 … 答え [例題]4-4 (1)

(2)にいこう。「□人は600人の3割5厘です。」という問題だ。これも，**先に歩合を小数で表した割合にしてから計算**しよう。3割5厘を小数で表すと何になるかな？

「えっと……，3割5厘の3割は0.1が3つ，5厘は0.001が5つあることを表すんですよね。だから3割5厘は0.305ですか？」

その通り。3割5厘は0.305倍に直せる。ということは「□人は600人の0.305倍です」という問題に直すことができるね。**「は」は「＝」**で，**「の」は「×」**であることをもとに考えると，「□人は600人の0.305倍です」は□＝600×0.305と表すことができる。

つまり，600×0.305 を計算すれば□が求められるということだね。600×0.305＝183 だから，答えは 183 だ。

183 … 答え [例題]4-4 (2)

別解 [例題]4-4 (2)

歩合を小数で表した割合にして「□人は 600 人の 0.305 倍です」とするところまでは同じだよ。

□人 は 600人 の 0.305倍

比べられる量　もとにする量　割合

比べられる量を求める問題とわかったね。割合の 3 用法を使って考えよう。

「もとにする量×割合＝比べられる量」だから, 600×0.305＝183 と求められるよ。

183 … 答え [例題]4-4 (2)

説明の動画は
こちらで見られます

(3)にいくよ。「□mの14％は0.21kmです。」という問題だね。さて，まずどうしたらいい？

「先に百分率を小数にしてから計算，ですよね！」

うん，そうだ。先に百分率を小数で表した割合に直そう。14％を小数で表すには小数点を2つ左に移せばいいから，0.14倍となるね。これで「□mの0.14倍は0.21kmです」という問題に直すことができる。ここからが注意なんだけど，この問題ではmとkmの2つの単位が出てきてるよね。

「あっ！　単位をそろえないといけないんだ！」

そうだね。**単位をそろえてから計算**しよう。□mの単位はmだから，mにそろえるよ。1km＝1000mだから，0.21km＝210mだ。単位換算は2 09でやったね。

0.21km＝210mということがわかれば，この問題は「□mの0.14倍は210mです」と表せるよ。

「これで，単位がそろいましたね。」

うん。単位がそろったから計算しよう。ここで，**「の」は「×」で，「は」は「＝」である**ことをもとに考えると，「□mの0.14倍は210mです」は□×0.14＝210と表すことができる。ここまでの流れをまとめておこう。

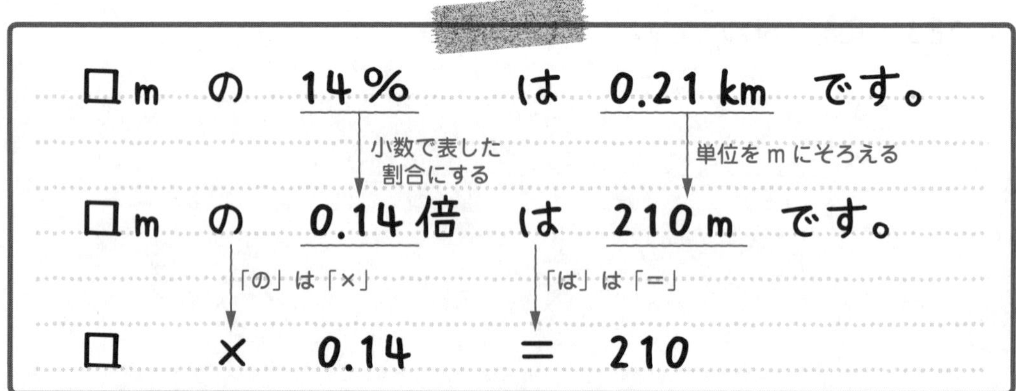

□×0.14＝210の□は210÷0.14を計算すれば求められる。210÷0.14＝1500だから，答えは1500だ。

1500…答え　[例題]4-4　(3)

別解 [例題]4-4 (3)

百分率を小数で表してから，単位をそろえて「□ m の 0.14 倍は 210 m です」とするところまでは同じだよ。

□ m の 0.14倍 は 210 m

もとにする量（□ m）　割合（0.14倍）　比べられる量（210 m）

もとにする量を求める問題とわかったね。割合の 3 用法を使って考えよう。

「比べられる量÷割合＝もとにする量」だから，210÷0.14＝1500 となるよ。

1500 … 答え [例題]4-4 (3)

(4) に進もう。「204 a は 8.5 ha の□％です。」という問題だね。**先に百分率を小数の割合に直してから計算する**のがポイントだったけど，この問題では何％かわからないね。□％を小数の割合に直すと△倍になるとしよう。そうすると「204 a は 8.5 ha の△倍（小数）です」と表せるね。ところで，この問題では a と ha の 2 つの単位が出てきてるよね。

「また，単位をそろえるんですね！」

そう。**単位をそろえてから計算**しよう。この問題では，ha と a のどちらにそろえても求めることができる。ただし，ha にそろえると小数どうしになって計算が少しだけ大変になるから，a にそろえようか。1 ha＝100 a だから，8.5 ha＝850 a ということになる。

8.5 ha＝850 a ということがわかれば，この問題は「204 a は 850 a の△倍（小数）です」と表せるね。単位がそろったから計算しよう。

ここで，**「は」は「＝」で，「の」は「×」である**ことをもとに考えると，「204 a は 850 a の△倍（小数）です」は 204＝850×△（小数）と表すことができる。ここまでの流れをまとめておくよ。

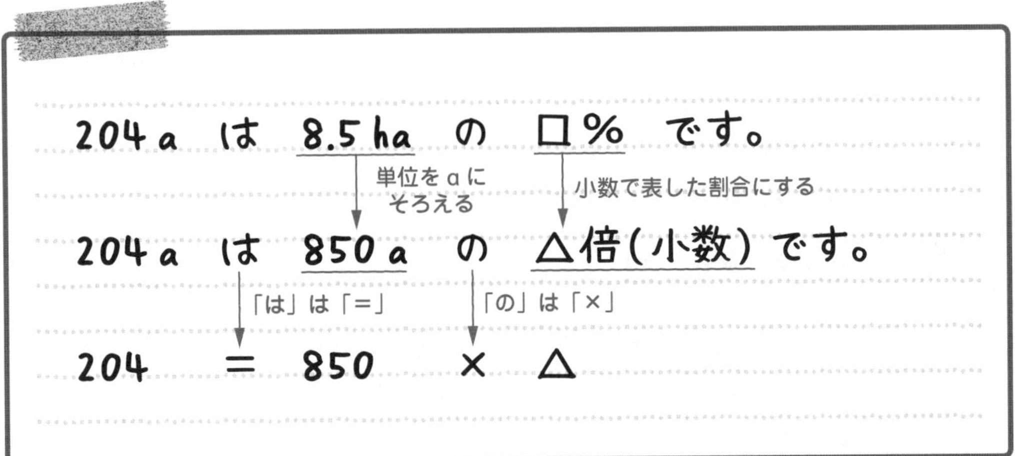

204＝850×△の△は, 204÷850 を計算すれば求められる。204÷850＝0.24 だね。この 0.24 を答えにしてもいいのかな？

「いいと思うけど……，だめなんですか？」

ユウトくん，0.24 はそのまま答えにしちゃいけないんだ。この問題は，小数で表した割合の△を求めるんじゃなくて，「204 a は 8.5 ha の□％です」の□を求める問題だったね。はじめに□％を小数の△に直したことを思い出そう。

「あっ！　**小数の 0.24 を百分率に直さないといけないんだ！**」

そうだね。△の 0.24 は小数で表した割合だから，これを百分率に直して答えにしよう。0.24 は 24％に直せるね。だから，答えは 24 だ。

24 … 答え ［例題］4−4　(4)

別解 ［例題］4−4　(4)

百分率を小数で表した割合に直し，単位をそろえて「204 a は 850 a の△倍（小数）です」とするところまでは同じだよ。

204 a は 850 a の △倍（小数）

比べられる量　もとにする量　割合

割合を求める問題とわかったね。割合の 3 用法を使って考えよう。

「比べられる量 ÷もとにする量＝割合」だから，204÷850＝0.24 だ。0.24 を百分率に直して 24(％)と求めることができる。

24 … 答え ［例題］4−4　(4)

104

説明の動画は
こちらで見られます

(5) にいくよ。「7.8 m^2 の□割□分□厘は 7.683 m^2 です。」という問題だ。**先に歩合を小数に直してから計算する**のがポイントだったけど，この問題では歩合がわからないね。□割□分□厘を小数に直すと△倍になるとしよう。そうすると「7.8 m^2 の△倍（小数）は 7.683 m^2 です」と表せる。

「(5) は単位が m^2 でそろっていますね。」

そうだね。(5) は単位が m^2 でそろっているから計算に進もう。**「の」は「×」で，「は」は「＝」である**ことをもとに考えると，「7.8 m^2 の△倍（小数）は 7.683 m^2 です」は 7.8×△＝7.683 と表すことができる。

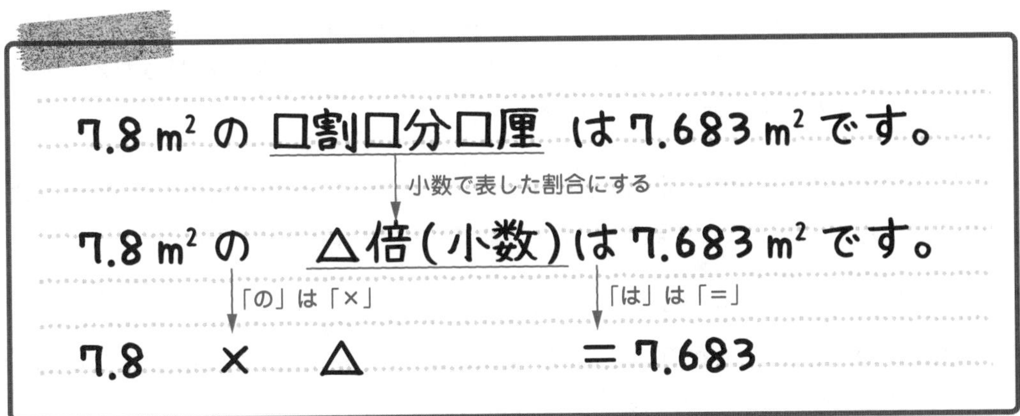

7.8×△＝7.683 の△を求めるには，7.683÷7.8 を計算すればいいね。
7.683÷7.8＝0.985 で，0.985 を答えにしてもいいのかな？

「ダメです！　0.985 は小数の割合だから歩合に直さなくちゃ。」

よく気づいたね。この問題は小数の割合の△を求めるんじゃなくて，歩合の□割□分□厘を求める問題だったね。0.985 を歩合に直すと何になるかな？

「0.985 は，0.1 が 9 つで，0.01 が 8 つで，0.001 が 5 つだから 9 割 8 分 5 厘になるわ。」

そうだね。0.985 を歩合に直すと 9 割 8 分 5 厘だ。だから，答えは 9(割)8(分)5(厘)だね。

9(割)8(分)5(厘) … 答え [例題]4-4 (5)

別解 [例題]4-4 (5)
歩合を小数で表して「7.8 m² の△倍（小数）は 7.683 m² です」とするところまでは同じだよ。

7.8 m² の △倍（小数）は 7.683 m²
（7.8：もとにする量　△：割合　7.683：比べられる量）

割合を求める問題だね。「比べられる量÷もとにする量＝割合」だから，7.683÷7.8＝0.985 だ。0.985 を歩合に直して 9(割)8(分)5(厘)と求めることができる。

9(割)8(分)5(厘) … 答え [例題]4-4 (5)

では，最後の (6) にいこう。「□ L の 4 割 8 分 5 厘は 155.2 cm³ です。」という問題だね。先に歩合を小数で表した割合に直してから計算するんだったね。4 割 8 分 5 厘を小数で表すと何になるかな？

「4 割 8 分 5 厘の 4 割は，0.1 が 4 つ，8 分は 0.01 が 8 つ，5 厘は 0.001 が 5 つあることを表すから，4 割 8 分 5 厘は 0.485 です！」

うん, だんだん慣れてきたようだね。4 割 8 分 5 厘は 0.485 だ。ということは「□ L の 0.485 倍は 155.2 cm³ です」と表すことができるね。この問題では L と cm³ の 2 つの単位が出てきてるね。どうしようか？

「□ L の L に単位をそろえます。」

そうだね。**□ L の L に単位をそろえてから計算**しよう。

1000 cm³＝1 L だから，155.2 cm³＝0.1552 L だ。

「の」は「×」で，「は」は「＝」であることをもとに考えると，「□ L の 0.485 倍は 0.1552 L です。」は，□×0.485＝0.1552 と表すことができる。

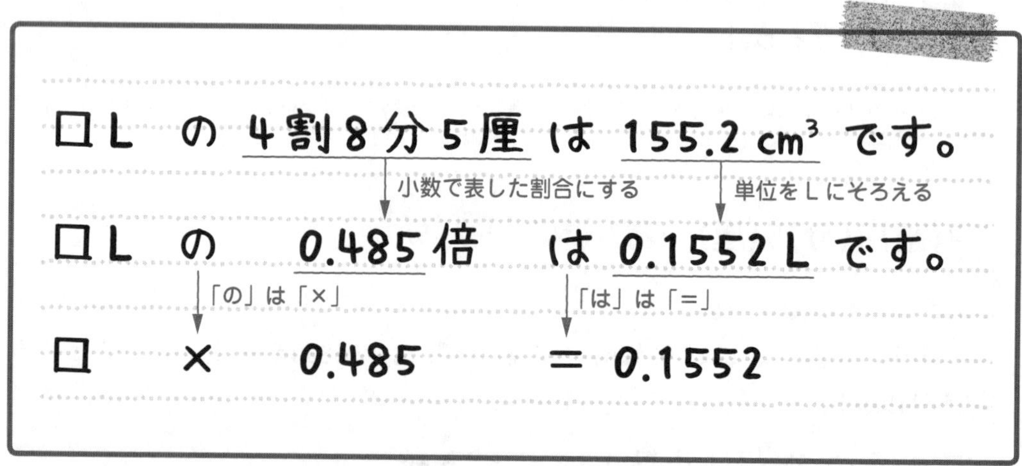

□×0.485＝0.1552 の□を求めるためには，0.1552÷0.485 を計算すればいいね。0.1552÷0.485＝0.32 だから，□は 0.32 ということだね。

0.32 … 答え　[例題]4-4　(6)

別解 [例題]4-4 (6)

歩合を小数で表してから，単位をそろえて「□ L の 0.485 倍は 0.1552 L です」とするところまでは同じだよ。

□ L の 0.485 倍 は 0.1552 L

もとにする量　割合　比べられる量

もとにする量を求める問題だね。割合の 3 用法を使って考えよう。

「比べられる量÷割合＝もとにする量」だから，0.1552÷0.485＝0.32 (L) と求めることができる。

0.32 … 答え [例題]4-4 (6)

これで 4 章は終わりだよ。何度もていねいに手順を教えたから，解き方はおさえられたかな？　自分でも解けるように復習しようね。

Check 57　つまずき度 ☹☹☹☹☹　➡解答は別冊 p.62 へ

次の(1)～(4)の小数や整数で表した割合を百分率で表しなさい。

(1)　0.67　　(2)　0.001　　(3)　5.098　　(4)　7

次の(5)～(8)の百分率で表した割合を小数で表しなさい。

(5)　55%　　(6)　2%　　(7)　3.06%　　(8)　104.1%

Check 58　つまずき度 ☹☹☹☹☹　➡解答は別冊 p.62 へ

次の(1)～(4)の小数で表した割合を歩合で表しなさい。

(1)　0.08　　(2)　0.223　　(3)　0.095　　(4)　1.068

次の(5)～(8)の歩合を小数で表しなさい。

(5)　7 割 1 分 2 厘　　(6)　9 分 7 厘　　(7)　2 割 8 厘

(8)　15 割 3 厘

Check 59　つまずき度 😵😵😵😵😵

➡解答は別冊 p.63 へ

次の□にあてはまる数（かず）を求めなさい。

（1）　18.6 cm^3 は 150 cm^3 の□割（わり）□分（ぶ）□厘（りん）です。

（2）　5 m^2 の 5 分 8 厘は□ cm^2 です。

（3）　75 dL の 98%は□ L です。

（4）　3 g は 0.12 kg の□%です。

（5）　□ kL の 8.1%は 0.729 m^3 です。

（6）　□ mm の 8 割 2 分 2 厘は 4.11 cm です。

COLUMN

中学入試算数のウラ側 6

なぜ，百分率，歩合などの表し方があるのか？

「先生，割合には，どうして百分率や歩合の表し方があるんですか？　小数で表した割合だけだったら，簡単でいいなぁと思ったんですけど……。」

たしかに，同じ割合にも，小数，百分率，歩合などの表し方があって，はじめのうちは，ややこしく感じてしまうかもしれないね。

少し復習すると，もとにする量を 1 と考えるのが，小数で表した割合だ。もとにする量を 100 と考えるのが百分率で, もとにする量を 10 と考えるのが歩合だったね。

割合の表し方	もとにする量を何とするか	単位
小数・整数	1	（倍）
百分率	100	%
歩合	10	割, 分, 厘

小数の割合での 0.3（倍）は，百分率だと 30％で，歩合だと 3 割となるね。このように割合の表し方がいくつもあるのには，理由があるよ。

「どんな理由ですか？」

たとえば，「生徒の人数が 0.08 倍増加した」という文と，「生徒の人数が 8％増加した」という文は，同じ意味を表すけど，どっちのほうがわかりやすいかな？

「『生徒の人数が 8%増加した』のほうがなんとなくわかりやすいわ。」

うん。なぜ，そちらのほうがわかりやすいと思った？

「『生徒の人数が 0.08 倍増加した』って，小数が出てきて，増えたのか減ったのかなんだかわかりにくいからです。」

そうだね。「0.08 倍」などの小数の表し方は，わかりにくい場合がある。「8％」のほうがスッキリしているよね。

では，こういう文はどうだろう？　「彼の打率は，0.285（倍）です」と「彼の打率は，2 割 8 分 5 厘です」なら，どちらがわかりやすいかな？　どちらも同じ意味を表すよ。

「『彼の打率は，2割8分5厘です』のほうがわかりやすいです。」

そうだね。「彼の打率は，0.285（倍）です」というように，小数で表されると少しわかりにくくなってしまう。**百分率や歩合を使うことによって，割合が整数で表されて，わかりやすくなることがある**んだ。

「だから，小数のほかにも，百分率や歩合があるのね。」

うん，そういうことだよ。

「百分率や歩合のほかにも，割合の表し方はあるんですか？」

あるよ。覚えなくてもいいけど，「‰（パーミル）」という単位を使って，割合を表すこともできるんだ。

「百分率の『%』に，丸がひとつ，ついているわ。」

%（パーセント）は，百分率の単位だったけど，‰（パーミル）は，千分率の単位なんだ。

「千分率？」

うん。千分率とは，もとにする量を1000（‰）とする割合だよ。たとえば，小数の割合の0.03は，百分率では3%だけど，千分率では30‰になるんだ。「そんな単位もあるんだ」くらいに思っておけば大丈夫だよ。

「割合って，いろいろな単位があるのね。」

第5章

比

これから「比」を教えていくよ。ところで「比」という字は訓読みで何と読むかわかるかな？

「『比べる（くらべる）』と読むわ。」

そうだね。「比」は「くらべる」と読む。

「第４章の割合でも２つの数を比べましたよね？」

うん。つまり，「割合」も「比」も数を比べるための考え方なんだね。

5 01 比とは

「比」は「比べる（くらべる）」とも読むね。「比」は2つ以上の数を比べるときに力を発揮するよ。

説明の動画はこちらで見られます

これから学ぶ「比」と第4章で学んだ「割合」はどちらも「数を比べるための道具」と考えてもいいよ。

「『数を比べるための道具』ですか。」

うん，比も割合も「数を比べるための道具」だから，共通点が多いんだ。それぞれ見ていこう。

【割合での表し方】

たとえば，6と2を比べるとき，「6は2の3倍」というのは割合での表し方だね。「6は2の3倍」というとき，6は「比べられる量」，2は「もとにする量」，3（倍）は「割合」だった。これは第4章で学んだよね。

6（比べられる量） は **2**（もとにする量） の **3倍**（割合）

【比での表しかた】

一方，「比」では，6と2を比べるとき，記号：を使って，次のように表すんだ。

6：2

このように表して，「6対2」と読むよ。そして，「A：B」のAとBをそれぞれ**項**というんだ。さらに，Aを**前項**，Bを**後項**というよ。「6：2」の前項は6，後項は2だね。

6（前項） **：** **2**（後項）

そして，前項を後項でわった商（わり算の答え）を**比の値**というんだ。「6：2」では前項が6，後項が2だから，6÷2＝3で比の値は3となるね。「割合」と「比」の考え方をたてにならべて書いてみるよ。

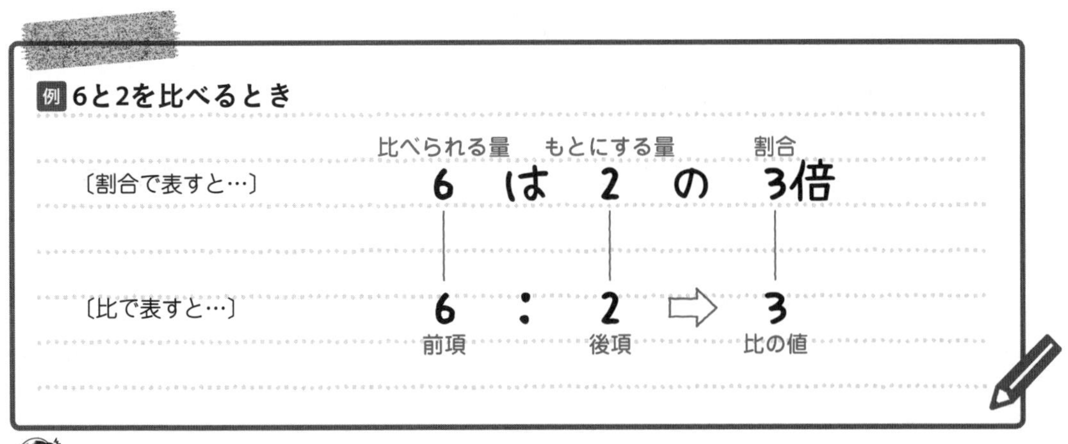

「6 と 2 と 3 がきれいにそろってる！」

そうだね。このように表すと,**「比べられる量」と「前項」,「もとにする量」と「後項」,「割合」と「比の値」がそれぞれ同じ**であるということがわかるね。このように 2 つの数を比べるとき, 割合と比はよく似ているんだ。割合では「6 は 2 の 3 倍」と表し，比では「6：2」と表すのだから，表し方にちがいがあるということだね。

[例題]5-1　つまずき度

次の比の値を求めなさい。

(1)　2：3　　　(2)　10：15

では，(1) の比の値を求めよう。前項の 2 を後項の 3 でわれば，比の値が求められるから，$2 \div 3 = \frac{2}{3}$

$\frac{2}{3}$ … 答え [例題]5-1 (1)

次に，(2) の比の値を求めよう。前項の 10 を後項の 15 でわれば，比の値が求められるから，$10 \div 15 = \frac{10}{15} = \frac{2}{3}$

$\frac{2}{3}$ … 答え [例題]5-1 (2)

「(1) も (2) も同じ $\frac{2}{3}$ が答えなんですね！」

そうだね。2：3 の比の値は $\frac{2}{3}$，10：15 の比の値も $\frac{2}{3}$ で，どちらも同じになったね。このように，比の値が等しいとき，「**比は等しい**」というんだ。

そして，等号(＝)を使って，比(ひ)が等しいことを次のように表せるよ。

2：3＝10：15

「2：3と10：15，それぞれの比どうしをイコールでつなげられるなんて，おもしろいですね！」

Check 60 つまずき度 ●○○○○ ➡解答は別冊 p.63 へ

次の比の値(あたい)を求(もと)めなさい。

(1) 24：6　　(2) 2：10

5 02 比を簡単にする

大きい整数で表された比は，できるだけ小さい整数の比に直して，わかりやすくしようというルールがあるんだ。

106 説明の動画はこちらで見られます

比の値が等しいとき，それらの「比は等しい」といったよね。等しい比には，次のような性質があるよ。

Point 等しい比の性質

(1)　A：B の**両方の数に同じ数をかけても，比は**A：B **に等しくなる。**

例 3：2＝9：6 (×3, ×3)

(2)　A：B の**両方の数を同じ数でわっても，比は**A：B **に等しくなる。**

例 9：6＝3：2 (÷3, ÷3)

等しい比で，できるだけ小さい整数の比に直すことを「**比を簡単にする**」というよ。「比を簡単にする」ためには，上の Point の「等しい比の性質」を使うんだ。問題を解きながら，理解していこう。

[例題]5-2　**つまずき度** ●○○○○

次の比を簡単にしなさい。

(1)　18：30　　(2)　1.6：2.4　　(3)　$\frac{7}{10}$：$\frac{14}{15}$

(4)　0.81：0.3　　(5)　$\frac{2}{3}$：6　　(6)　1800 m：5 km

では，(1)の18：30を簡単にしていこう。18：30を簡単にするとき，**「A：Bの両方の数を同じ数でわっても，比はA：Bに等しくなる」**という性質を使うよ。18と30の両方をわれる数は何かな？

「18と30は……，2でわれます！」

そうだね。では，18と30を2でわると何になるかな？

「18÷2＝9で，30÷2＝15です！」

そうだね。**「A：Bの両方の数を同じ数でわっても，比はA：Bに等しくなる」**のだから18：30＝9：15だ。

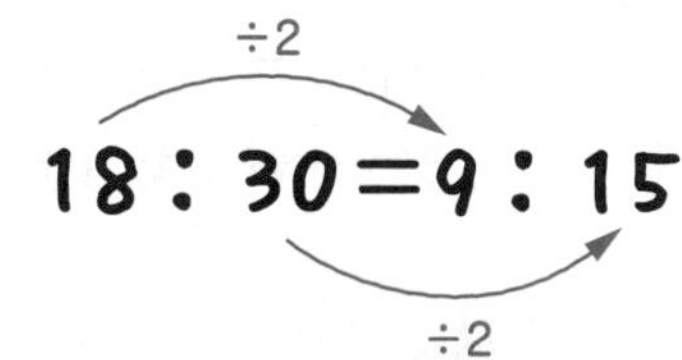

では，「18：30を簡単にしなさい。」という問題の答えは9：15かな？

「9：15を答えにしてもいいと思うけど……，うーん，どうだろう……。」

9：15を答えにするのはまちがいなんだ。「比を簡単にする」というのは**「できるだけ小さい整数の比に直す」**ということだったよね。9：15をもっと小さい整数の比に直せないかな？

「あっ！　9と15はどちらも3でわれます！」

そうだね。9と15はどちらも3でわれる。9÷3＝3，15÷3＝5だから，9：15＝3：5だ。

3：5の，3と5は1以外の整数でわることはできないね。3：5はこれ以上簡単にすることができないから，**3：5が答え**になるんだ。

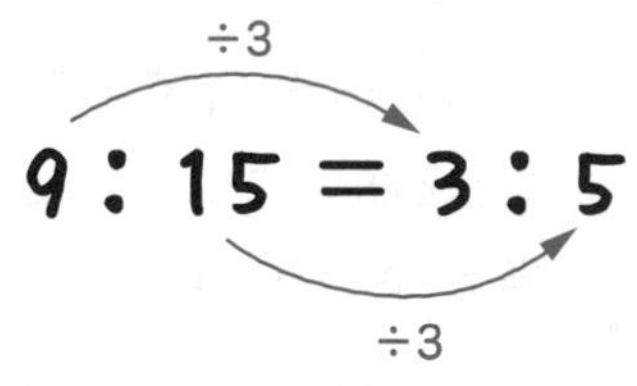

3：5…答え　[例題]5-2　(1)

まとめると，まず18：30の両方の数を2でわって9：15としたね。そして，9：15の両方の数を3でわって3：5としたわけだ。

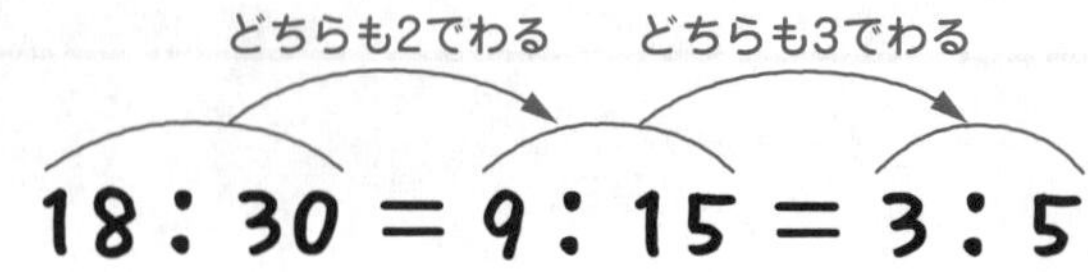

このように，できるだけ小さい整数の比になるまでわっていくのは，**分数の約分と似ている**よ。たとえば，$\frac{18}{30}$ を約分するとき，$\frac{18}{30}=\frac{9}{15}=\frac{3}{5}$ と順々に約分していくことができたよね。「比を簡単にすること」と「分数の約分」は似ていることをポイントとしてまとめておくよ。

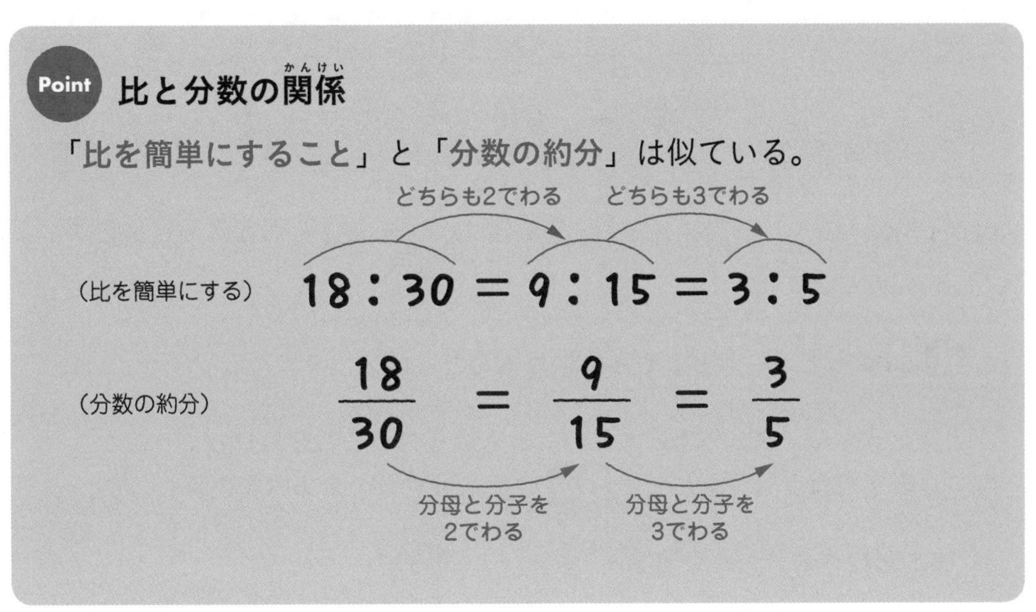

ところで，$\frac{18}{30}=\frac{9}{15}=\frac{3}{5}$ と順々に約分していくのではなくて，$\frac{18}{30}=\frac{3}{5}$ と 1 回で約分することもできたよね。$\frac{18}{30}=\frac{3}{5}$ と 1 回で約分するには $\frac{18}{30}$ の分母と分子を何でわればいいのかな？

「えっと……，$\frac{18}{30}$ の分母と分子をそれぞれ 6 でわれば $\frac{3}{5}$ に約分できるわ。」

そうだね。$\frac{18}{30}$ の分母と分子をそれぞれ 6 でわれば $\frac{3}{5}$ に約分できる。ここで，6 は，分母 30 と分子 18 の最大公約数だ。**分母と分子の最大公約数で約分すれば，1 回で約分できる**んだったね。

「あっ，思い出した！」

1 05 で教えたよね。ということは，**整数どうしの比を簡単にするときも，前項と後項をその最大公約数でわれば，1 回で比を簡単にすることができる**ということなんだ。18：30 の 18 と 30 を最大公約数の 6 でわれば 18：30＝3：5 と 1 回で比を簡単にできるよね。コツとしてまとめておこう。

比を簡単にする方法

整数どうしの比を簡単にするには，**前項と後項をその最大公約数でわる。**

18と30の最大公約数の6で
それぞれをわると一気に簡単にできる

$$18 : 30 = 3 : 5$$

ところで，18 と 30 の最大公約数は 6 だけど，最大公約数はどうやって求めればいいんだっけ？

「えっと……，どうやって求めるんだっけ？」

ユウトくん，連除法で最大公約数を求められることを忘れちゃったかな？　忘れてしまったならば，もう一度 1 05 の最大公約数の求め方を復習しよう。

18と30の最大公約数を連除法で求める（復習）

```
2 ) 18  30
3 )  9  15
     3   5
```

ここをかけて　2×3=6 ←18と30の最大公約数

説明の動画は
こちらで見られます

では，(2)に進もう。1.6：2.4 の比を簡単にする問題だね。

「小数どうしの比だ……。どうやって簡単にすればいいんだろう。」

小数どうしの比を簡単にするときには，まず整数どうしの比に直すことを考えよう。

1.6 と 2.4 はどちらも小数第一位(い)までの数だから，**それぞれ 10 倍すれば，小数点が右に 1 けた移(うつ)って，整数に直すことができる。「A：B の両方の数に同じ数をかけても，比は A：B に等しくなる」**という性質(せいしつ)を使うんだ。1.6 と 2.4 をそれぞれ 10 倍すると 16 と 24 になるね。だから，1.6：2.4＝16：24 に直せるよ。

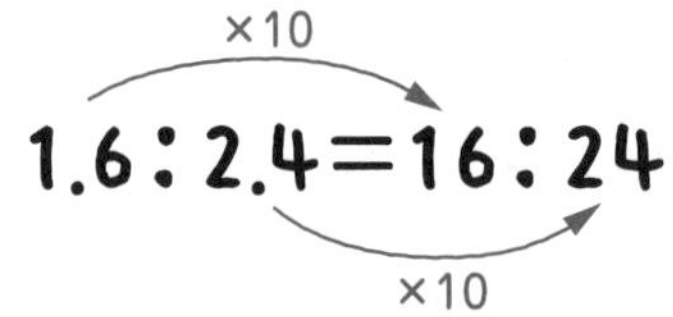

では，16：24 を答えにしてもいいのかな？

「『比を簡単にする』というのは『できるだけ小さい整数の比に直す』ということだったから，16：24 はもっと小さい整数の比に直すことができると思います。」

その通りだよ。できるだけ小さい整数の比に直して答えにしなければならないんだ。**整数どうしの比の 16：24 を簡単にするには，16 と 24 の最大公約数でそれぞれをわればいい**んだね。16 と 24 の最大公約数を連除法で求めると 8 になる。

「そっかぁ。16 と 24 をそれぞれ 8 でわればいいんだぁ。」

そうだね。16 と 24 をそれぞれ 8 でわると，2 と 3 になる。だから，16：24＝2：3 だ。

答えまでの流れをまとめておくよ。

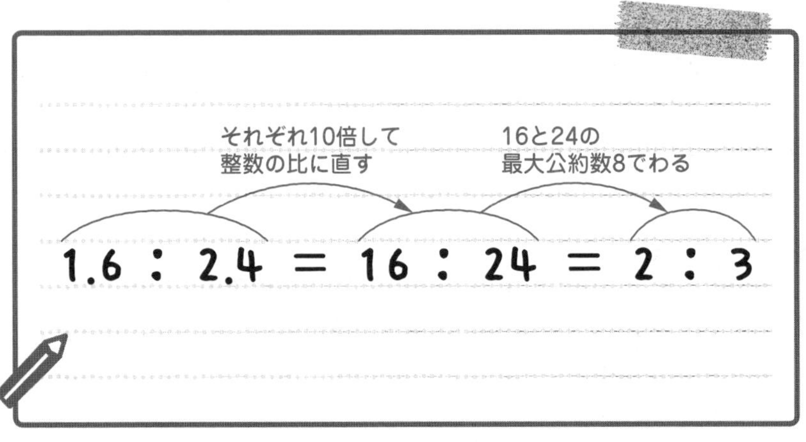

2：3…答え ［例題］5-2 (2)

説明の動画は
こちらで見られます

次は，(3)の $\frac{7}{10}:\frac{14}{15}$ を簡単にしよう。分数どうしの比だね。**分数どうしの比でもまず整数どうしの比にする**ことを考えよう。そのために，$\frac{7}{10}$ と $\frac{14}{15}$ を通分しよう。通分するときは，**分母をそれぞれの最小公倍数にそろえればいい**んだったね。10と15の最小公倍数は何かな？

「連除法で求めればいいのね。

```
5 ) 10   15
    ------
     2    3
```

L字形にかけて　5×2×3＝30
10と15の最小公倍数

L字形にかければいいんだから，5×2×3＝30で，30が最小公倍数よ。」

そうだね。最小公倍数を連除法で求める方法は，109 でやったね。忘れてしまった人は復習しておこう。

10と15の最小公倍数は30だから，$\frac{7}{10}$ と $\frac{14}{15}$ の分母を30にそろえれば通分できる。$\frac{7}{10}$ と $\frac{14}{15}$ の分母を30にそろえると，$\frac{21}{30}$ と $\frac{28}{30}$ になるね。

つまり，$\frac{7}{10}:\frac{14}{15}=\frac{21}{30}:\frac{28}{30}$ ということだ。ここで，$\frac{21}{30}:\frac{28}{30}$ を**整数の比に直すには，分母の30をそれぞれにかければいい**ね。分母の30をそれぞれにかけると次のようになる。

$$\frac{21}{30}:\frac{28}{30}=\left(\frac{21}{\cancel{30}_1}\times\cancel{30}^1\right):\left(\frac{28}{\cancel{30}_1}\times\cancel{30}^1\right)=21:28$$

それぞれに30をかけて約分する

これで $\frac{7}{10}:\frac{14}{15}$ を整数の比の21：28に直すことができたね。21：28を答えにしていいかな？

「21：28はまだ簡単にできます。21と28の最大公約数の7でそれぞれをわることができるもん！」

よく気づいたね。21：28 はそれぞれの最大公約数の 7 でわることができるから，それぞれを 7 でわると，21：28＝3：4 となる。この 3：4 が答えだね。答えまでの流れをまとめておくよ。

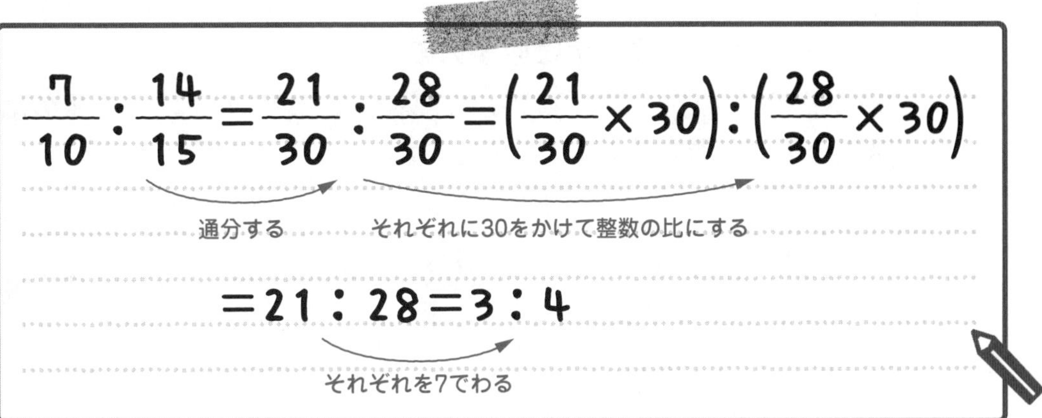

3：4…答え [例題]5-2 (3)

別解 [例題]5-2 (3)

先ほどの解き方では，まず $\frac{7}{10}:\frac{14}{15}=\frac{21}{30}:\frac{28}{30}$ と，通分してから，分母の 30 をかけて整数どうしの比に直したね。でも，わざわざ通分しなくても，**分母の最小公倍数をかければ，一気に整数どうしの比に直すことができる**んだ。

「えっ，通分しなくてもいいんですか？」

うん，通分しても分数の大きさ自体はかわらないからね。だから，もとの $\frac{7}{10}:\frac{14}{15}$ に分母の 10 と 15 の最小公倍数の 30 をかければ，整数どうしの比に直すことができるんだ。次のようにするんだよ。

$$\frac{7}{10}:\frac{14}{15}=\left(\frac{7}{\underset{1}{\cancel{10}}}\times\overset{3}{\cancel{30}}\right):\left(\frac{14}{\underset{1}{\cancel{15}}}\times\overset{2}{\cancel{30}}\right)=21:28=3:4$$

分母の10と15の最小公倍数30を
それぞれにかける

3：4…答え [例題]5-2 (3)

つまり，**「分数どうしの比」を「整数どうしの比」に直すには，分母の最小公倍数をそれぞれにかければよい**，ということなんだ。おさえておこうね。

分数の比を整数の比に直す方法

「分数どうしの比」を「整数どうしの比」に直すには，**分母の最小公倍数をそれぞれにかければよい。**

$$\frac{7}{10}:\frac{14}{15}=\left(\frac{7}{10}\times 30\right):\left(\frac{14}{15}\times 30\right)=21:28=3:4$$

分母の10と15の最小公倍数30を
それぞれにかける

説明の動画は
こちらで見られます

では，次。(4)の 0.81：0.3 を簡単にしよう。(2)で学んだように，**小数どうしの比を簡単にする**には，まず**整数どうしの比に直す**ことを考えるんだったね。(2)では，それぞれを 10 倍して整数に直したけど，(4)をそれぞれ 10 倍しても 8.1：3 となり，まだ小数の 8.1 が残ってしまう。**0.81 は 100 倍すれば，小数点が 2 けた右に移動するから，整数に直すことができる**ね。0.81：0.3 をそれぞれ 100 倍するとどうなるかな？

「0.81：0.3＝(0.81×100)：(0.3×100)＝81：30 になります。」

そうだね。0.81：0.3＝81：30 になる。そして，81 も 30 も 3 でわれるから，それぞれを 3 でわると，81：30＝27：10 になり，答えが求められたね。

27：10… 答え ［例題］5-2 (4)

(5)の $\frac{2}{3}$：6 は分数と整数の比だね。この場合も，まず分数の比を整数の比に直すことを考えよう。$\frac{2}{3}$ に何をかければ整数になるかな？

「$\frac{2}{3}$ に分母の 3 をかければ整数になると思います！」

そうだね。だから，$\frac{2}{3}$：6 にそれぞれ 3 をかけると，次のようになる。

$$\frac{2}{3}:6=\left(\frac{2}{\cancel{3}_1}\times\cancel{3}^1\right):(6\times3)=2:18$$

$\frac{2}{3}$：6＝2：18 となったね。2 も 18 も 2 でわれるから，それぞれを 2 でわると 2：18＝1：9 になり，これが答えとなる。

1：9…答え ［例題］5-2 (5)

では，(6)の 1800 m：5 km にいくよ。それぞれに単位（たんい）がついているね。

「でも m と km で単位がちがうわ。どうすればいいんだろう……。」

このように単位がちがう場合は単位をそろえてから，比を簡単にしていけばいいんだ。1800 m：5 km を m と km のどちらの単位にそろえてもいいんだけど，今回は m に単位をそろえて解（と）いてみよう。1 km＝1000 m だから，5 km＝5000 m だね。だから，1800 m：5 km＝1800 m：5000 m となる。これで単位が m にそろったね。

単位がそろったら，単位をとりのぞき，数どうしの比に表して，簡単にしよう。1800：5000 はどちらも 100 でわれるよね。右の連除法（れんじょほう）によって，200 が最大公約数（さいだいこうやくすう）とわかるから，1800：5000 を 200 でわると答えになる。

```
100 ) 1800  5000
  2 )   18    50
          9    25
```

100×2＝200 が最大公約数

答えまでの流れをまとめると，次のようになるよ。

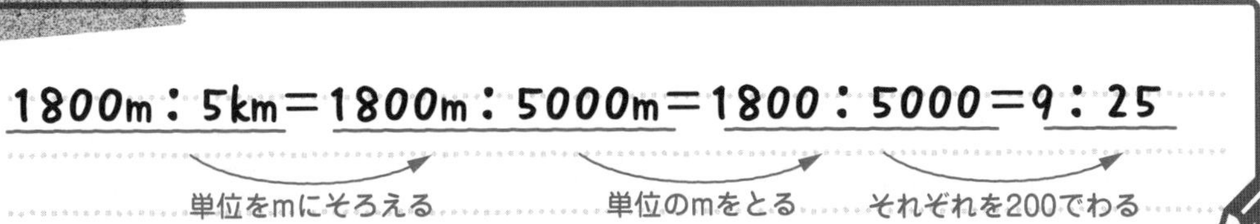

9：25…答え ［例題］5-2 (6)

1800 m : 5 km を m にそろえて解(と)いたけど，km にそろえて解くこともできるよ。km にそろえて解くと，次のようになる。もちろん，答えは同じ 9 : 25 となるよ。

1800m : 5km ＝ 1.8km : 5km ＝ 1.8 : 5 ＝ 18 : 50 ＝ 9 : 25

単位をkmにそろえる　単位のkmをとる　それぞれを10倍して整数に直す　それぞれを2でわる

Check 61　つまずき度 😵😐😐😐😐

➡解答は別冊 p.64 へ

次の比(ひ)を簡単(かんたん)にしなさい。

(1)　45 : 81　　(2)　3.3 : 0.6　　(3)　$\frac{5}{18} : \frac{20}{27}$

(4)　8 : 0.24　　(5)　$7 : 5\frac{1}{4}$　　(6)　0.32 ha : 1.5 a

5 03 比例式

「比例式の性質」をマスターすると，比の問題がぐっと解きやすくなるよ。

説明の動画は
こちらで見られます

○：□＝△：☆　のように，等しい比を＝(等号)で結んだものを**比例式**というよ。簡単な例をあげてみよう。2：3＝4：6 は比例式だね。比例式で，内側にある 2 つの数を**内項**，外側にある 2 つの数を**外項**というんだ。

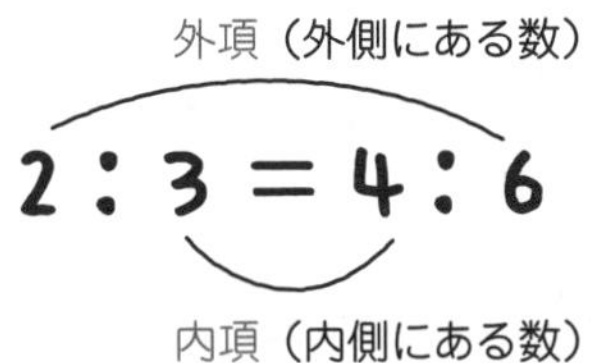

比例式には，**「内項の積と外項の積は等しい」**というとても大事な性質があるからおさえておこう。

積は「かけ算の答え」という意味だから，**「内項の積と外項の積は等しい」**を言いかえると，**「内側の 2 つの数をかけたものと，外側の 2 つの数をかけたものは等しい」**ということなんだ。2：3＝4：6 の例で見てみると，内側の 2 つの数をかけると 3×4＝12，外側の 2 つの数をかけると 2×6＝12 だから，12 で等しいね。

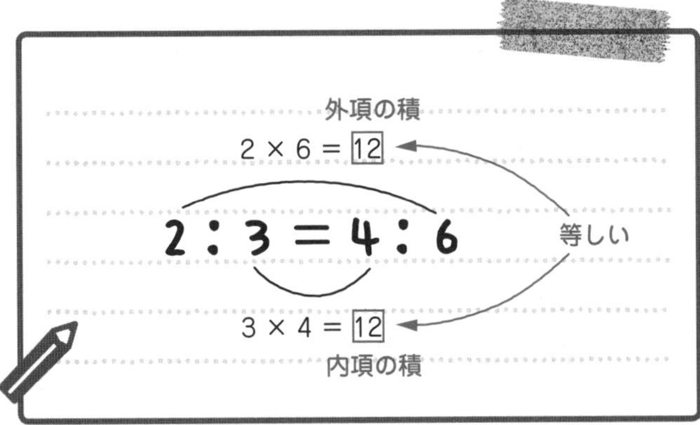

「ほんとだ！　これはどんな比でも成り立つんですか？」

うん，2 つの項どうしで，等しい比なら，どんな比でも成り立つよ。

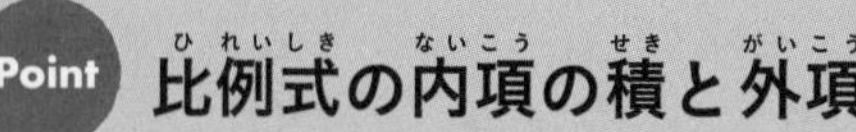

内側の2つの数をかけたものと外側の2つの数をかけたものは等しい。

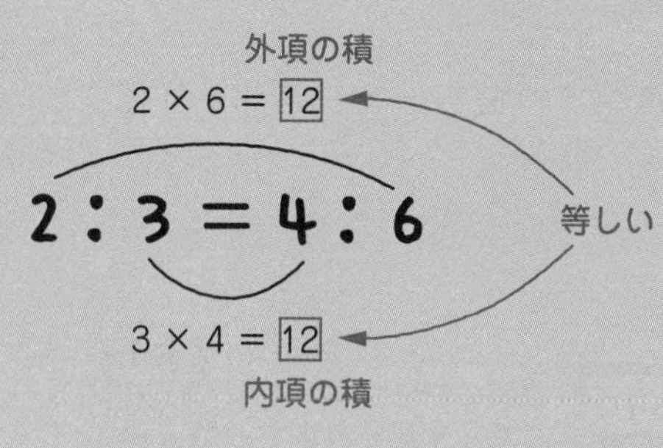

では，比例式の□を求める問題を解いていこう。

111 説明の動画はこちらで見られます

[例題]5-3 つまずき度

(1)～(4)の比例式で，□にあてはまる数を求めなさい。(5)は(　あ　)，(　い　)にあてはまる数を求めなさい。

(1)　7 : 9=56 : □　　　(2)　25 : □=10 : 32

(3)　3.6 : 3.2=6 : □　　　(4)　$2\frac{2}{3} : 3\frac{1}{2}$=□ : $1\frac{3}{4}$

(5)　6.5 : (　あ　) : $\frac{2}{3}$=(　い　) : 9 : 6

(1)7 : 9=56 : □の□を求めよう。2つの解き方があるから，分けて解説するよ。

【[例題]5-3 (1)の解き方1】

等しい比には**「A : Bの両方の数に同じ数をかけても，比はA : Bに等しくなる」**という性質があったね。前項に注目すると，7から56になっているよね。これは何倍になっているかな？

「56÷7=8で8倍になっています！」

そうだね。7を8倍して56になっている。ということは，後項も9を8倍して9×8=72で□は72と求められるわけだ。

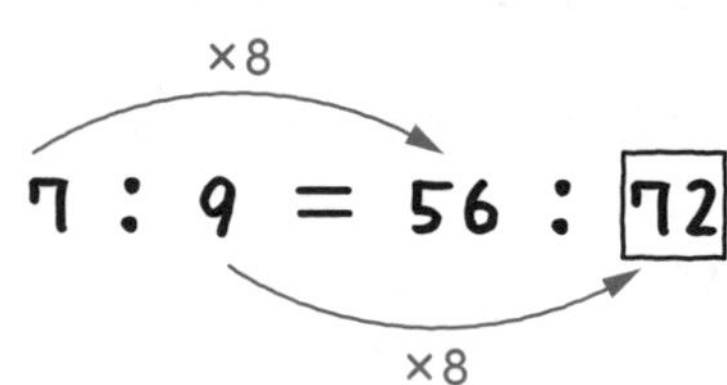

72…答え [例題]5-3 (1)

【［例題］5-3 (1) の解き方2】

「内項の積と外項の積は等しい」という性質を使って，□を求めることもできるよ。7：9＝56：□の**内側の 2 つの数をかけたものと，外側の 2 つの数をかけたものが等しい**ことを利用して□が求められるんだ。

7：9＝56：□の内項の積は 9×56＝504 だね。この 504 が外項の積と等しくなるから，7×□＝504 ということになる。

□は 504 を 7 でわれば求められるから，504÷7＝72 と求められるね。

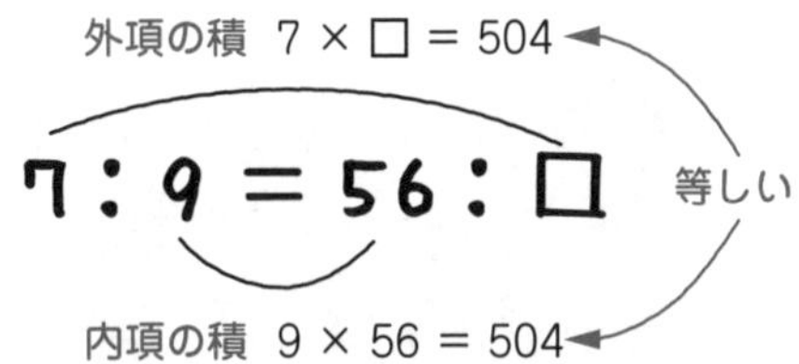

72 … 答え ［例題］5-3 (1)

まとめると，□は 9×56÷7＝72 という計算で求められた。まず，9×56＝504 を計算してから，504÷7＝72 と求めたね。計算が得意なら，暗算でできるかもしれないけど，そうでなければ，9×56 と 504÷7 の 2 回の筆算が必要になりそうだ。ここで，筆算を使わないで，もっと簡単に計算できる方法があるんだ。

「どんな方法ですか？」

「内項の積と外項の積は等しい」という性質を使って□を求めるとき，分数の計算に持ちこんで約分を利用すると，簡単に解ける場合が多いんだ。9×56÷7 の÷を×に直すことを考えよう。整数は $\frac{整数}{1}$ に直せるから，次のように変形できるね。

$$9\times 56\div 7=\frac{9}{1}\times\frac{56}{1}\div\frac{7}{1}=\frac{9}{1}\times\frac{56}{1}\times\frac{1}{7}=\frac{9\times 56}{7}$$

整数＝$\frac{整数}{1}$ に直す　　わり算をかけ算に直す　　まとめる

つまり，$9\times 56\div 7=\frac{9\times 56}{7}$ と変形できるということだ。このように変形すると，7 と 56 で約分できるね。約分して計算すると，右のようになる。

$$\frac{9\times \overset{8}{\cancel{56}}}{\underset{1}{\cancel{7}}}=\frac{72}{1}=72$$

この方法だと筆算を使わずに解くことができるね。筆算だと時間がかかってしまい，計算ミスをしやすくなってしまうことがあるけど，この方法だと素早く正確に計算できることが多いよ。活用していこう。

$9\times56\div7=\dfrac{9\times56}{7}$ の式の変形の手順を説明したけど，この計算パターンはよく出てくるから，次のように $○\times☆\div△=\dfrac{○\times☆}{△}$ と覚えておこう。2 07 で，**わる数は下に（分母に），かける数は上に（分子に）もっていく**という説明をしたよね。

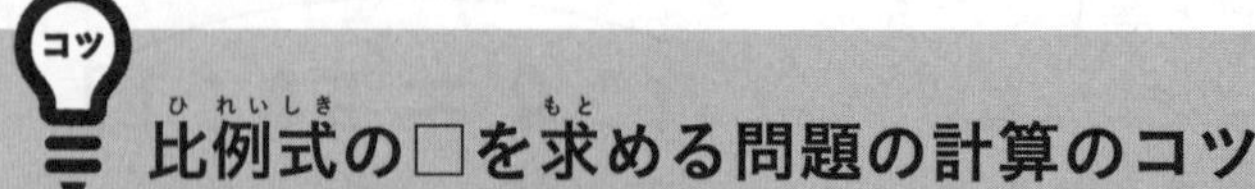

コツ 比例式の□を求める問題の計算のコツ

比例式の計算では，**変形**を使うとラクに計算できる場合が多い。

$$○\times☆\div△=\frac{○\times☆}{△}$$

上に　下に

例 7：9＝56：□　の□を求める。

9×56＝7×□

$□=9\times56\div7=\dfrac{9\times\overset{8}{\cancel{56}}}{\underset{1}{\cancel{7}}}=72$

このように，比例式には【解き方1】と【解き方2】の2つの解き方があるんだ。**どちらの解き方のほうが解きやすいかは問題によってちがう**から，問題によって解きやすいほうの解き方で解くようにしよう。

説明の動画は
こちらで見られます

では，(2)の 25：□＝10：32 にいこう。(1)の【解き方1】のように，25から10は何倍になっているか調べて……，と考えて解いていくこともできるけど，(2)は分数倍（小数倍）になるから少しややこしい。

「ということは，(2)は**『内項の積と外項の積は等しい』**という性質を使って解いたほうがいいんですか？」

うん，そうだね。**「内項の積と外項の積は等しい」**ことを利用しよう。(2)の外項の積は 25×32 だね。ここで 25×32 を筆算しないようにしよう。この 25×32 が内項の積の□×10 と等しいのだから，□×10＝25×32 となり，□は 25×32÷10 を計算すれば求められるよ。

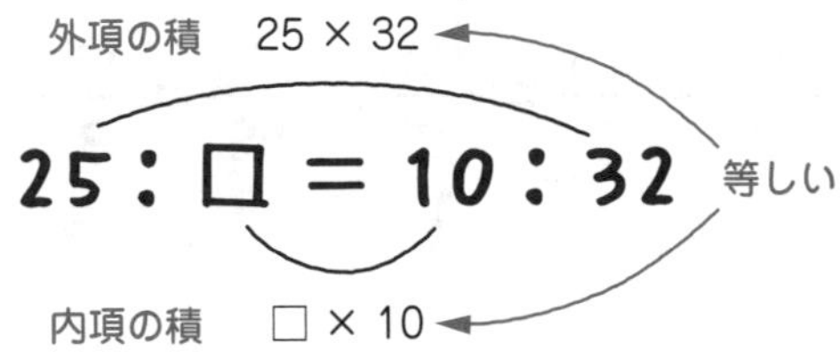

そして，この 25×32÷10 の計算は，$○\times☆\div△=\frac{○\times☆}{△}$ を使えばラクに計算できるんだったね。次のように計算しよう。

$$□=25\times32\div10=\frac{\overset{5}{\cancel{25}}\times\overset{16}{\cancel{32}}}{\underset{\cancel{2}\,1}{\cancel{10}}}=80$$

上に　下に　約分する

80…答え　[例題]5-3　(2)

次は (3) の 3.6：3.2＝6：□だね。(3) も**「内項の積と外項の積は等しい」**という性質を使って解いたほうが解きやすい。

(3) の内項の積は 3.2×6 だね。整数どうしの比ならば，計算しないで分数の計算にもちこんで解いたけど，小数が混(ま)じった計算だから，内項の積を 3.2×6＝19.2 と計算してしまおう。小数が分数の分子や分母にくるとややこしいからね。そして，この 19.2 が外項の積の 3.6×□に等しいから 3.6×□＝19.2 が成(な)り立つね。

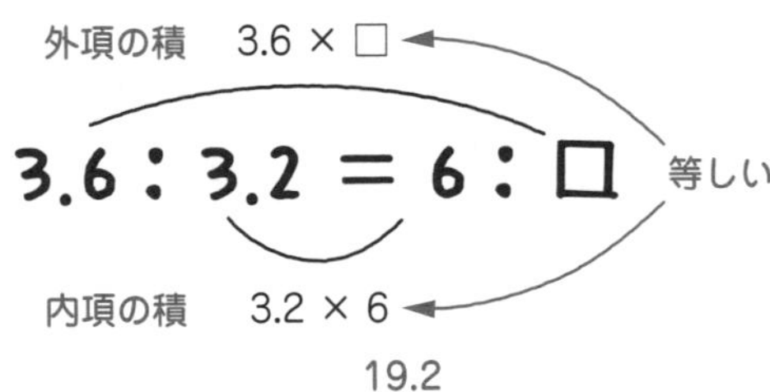

「ということは，□は 19.2÷3.6 で求められるんですね。19.2÷3.6 を筆算で解くと……。」

ユウトくん，ちょっと待って。**小数のまま計算するとわりきれないことがあるから，分数に直してから計算するほうがいいよ。分数どうしのわり算だと，小数どうしではわりきれない数も正確(せいかく)に表すことができる**からね。$0.2=\frac{1}{5}$ を使って 19.2÷3.6 を分数に直して計算すると，次のようになる。

$$19.2 \div 3.6 = 19\frac{1}{5} \div 3\frac{3}{5} = \frac{96}{5} \div \frac{18}{5} = \frac{\overset{16}{\cancel{96}}}{\underset{1}{\cancel{5}}} \times \frac{\overset{1}{\cancel{5}}}{\underset{3}{\cancel{18}}} = \frac{16}{3} = 5\frac{1}{3}$$

帯分数に直す　仮分数に直す　逆数をかけて約分する

$19.2 \div 3.6 = 5\frac{1}{3}$ となり，これで□は $5\frac{1}{3}$ と求めることができたね。

$5\frac{1}{3}$ … 答え [例題]5-3 (3)

113 説明の動画はこちらで見られます

次の(4) $2\frac{2}{3}：3\frac{1}{2}=□：1\frac{3}{4}$ も**「内項の積と外項の積は等しい」**という性質を使って解いたほうが解きやすいよ。

(4)の外項の積は $2\frac{2}{3}\times1\frac{3}{4}$ だね。これは計算しないでそのままにしておこう。この $2\frac{2}{3}\times1\frac{3}{4}$ が内項の積の $3\frac{1}{2}\times□$ と等しいのだから，$3\frac{1}{2}\times□=2\frac{2}{3}\times1\frac{3}{4}$ となり，□は $2\frac{2}{3}\times1\frac{3}{4}\div3\frac{1}{2}$ を計算すれば求められるね。

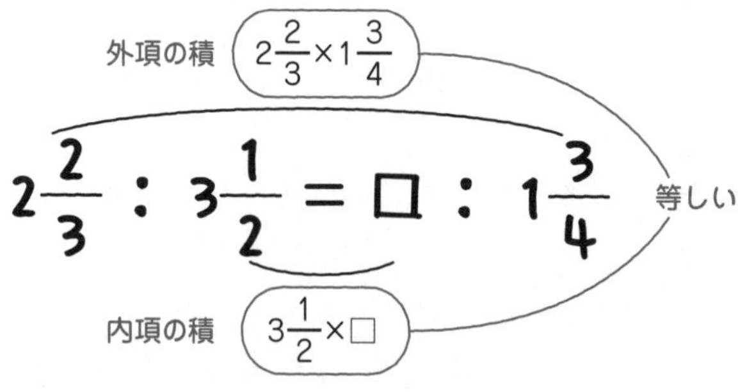

そして，この $2\frac{2}{3}\times1\frac{3}{4}\div3\frac{1}{2}$ を計算すると，次のようになる。

$$2\frac{2}{3}\times 1\frac{3}{4}\div 3\frac{1}{2}=\frac{8}{3}\times\frac{7}{4}\div\frac{7}{2}=\frac{\overset{2}{\cancel{8}}}{3}\times\frac{\overset{1}{\cancel{7}}}{\underset{1}{\cancel{4}}}\times\frac{2}{\underset{1}{\cancel{7}}}=\frac{4}{3}=1\frac{1}{3}$$

仮分数に直す

逆数をかけて約分する

これで□は $1\frac{1}{3}$ と求めることができたね。

$1\frac{1}{3}$ … 答え ［例題］5-3 (4)

「分数の計算をまちがえないようにしなきゃ！」

そうだね。式は合っているのに，計算でまちがえるともったいない。自信のない人は，第２章をちゃんと復習しておこう。

次の(5)は，6.5：(あ)：$\frac{2}{3}$＝(い)：9：6　の(あ)と(い)を求める問題だ。

「3つの比ですね！　これも『内項の積と外項の積は等しい』ことを使って解くんですか？」

3つ以上の項の比で「内項の積と外項の積は等しい」という性質を使う場合，2つずつの項の比に分けて考える必要があるから，ややこしくなるんだ。だから，比が何倍になっているか調べる方法で解こう。

まず，6.5：(あ)：$\frac{2}{3}$ と(い)：9：6を次のように左，まん中，右の3つに分けよう。

$$6.5:(\ あ\ ):\frac{2}{3}=(\ い\ ):9:6$$

左　まん中　右　左　まん中　右

「右」だけ2つとも数がわかっている

2つの数がわかっているのは「右」の $\frac{2}{3}$ と6だけだね。だから，$\frac{2}{3}$ から6に何倍になっているか調べればいいんだ。$6\div\frac{2}{3}=6\times\frac{3}{2}=9$ だから，9倍になっていることがわかる。

左　まん中　右　左　まん中　右

$$6.5 : (\text{あ}) : \frac{2}{3} = (\text{い}) : 9 : 6$$

$6 \div \frac{2}{3} = 9$（倍）

ということは，「まん中」の（　あ　）を9倍すれば9になることもわかるね。だから，9÷9=1で，（　あ　）は1と求められる。

9倍

$$6.5 : (\text{あ}) : \frac{2}{3} = (\text{い}) : 9 : 6$$

9÷9=1　9倍

同じように考えて，「左」の6.5を9倍すれば（　い　）が求められる。だから，6.5×9=58.5で（　い　）は58.5と求められるんだ。

9倍

$$6.5 : (\text{あ}) : \frac{2}{3} = (\text{い}) : 9 : 6$$

9倍　6.5×9=58.5

(あ)1　(い)58.5 …答え [例題]5-3 (5)

Check 62　つまずき度 😖😖😑😑😑　➡解答は別冊 p.64 へ

(1)〜(4)の比例式で，□にあてはまる数を求めなさい。(5)は（　あ　），（　い　）にあてはまる数を求めなさい。

(1)　8：5=40：□　　(2)　□：24=27：18

(3)　0.2：15=□：10　　(4)　$3.75 : 2\frac{5}{6} = \square : \frac{4}{9}$

(5)　（　あ　）：7：6=1：9：（　い　）

COLUMN

中学入試算数のウラ側 7

なぜ，比例式の「内項の積と外項の積は等しい」のか？

「ところで，先生。内項の積と外項の積は，なぜ等しくなるんですか？」

それは，等式(＝で結ばれた式)の性質を使って説明できます。

「等式の性質ですか。」

はい。具体的には，**「等式の両辺(＝の左右)に同じ数をかけても，等式は成り立つ」**という性質です。つまり「A＝B」のとき，両辺にCをかけた「A×C＝B×C」も成り立つということです。この性質を使って，次のように説明できます。

＊比例式の内項の積と外項の積が等しい理由

●：□＝▲：☆のとき，●：□と▲：☆の**比の値は等しい**から，$\frac{●}{□}=\frac{▲}{☆}$

分母を消すために，＝の左右に□×☆をかけると(※)

$$\frac{●}{□}\times □\times ☆=\frac{▲}{☆}\times □\times ☆$$

これを約分すると

●×☆＝□×▲

となる。だから，**比例式の内項の積と外項の積は等しい。**

(※)のところで，**「等式の両辺(＝の左右)に，同じ数をかけても等式は成り立つ」**という等式の性質を使っています。

「なるほど。比の値が等しいことから，『内項の積と外項の積は等しい』ことを導いていくんですね。」

5 04 連比

これまでは2つの項の比を中心に解説してきたね。
ここでは3つ以上の項の比を中心に解説していくよ。

説明の動画は
こちらで見られます

A：B：C：……のように，3つ以上の項の比を**連比**というよ。連比に関する問題を解いていこう。

［例題］5-4　つまずき度

(1)〜(4)のそれぞれで，A：B：Cを求めなさい。

(1) $\begin{cases} A:B=6:5 \\ B:C=10:3 \end{cases}$　(2) $\begin{cases} A:B=2:3 \\ B:C=2:5 \end{cases}$

(3) $\begin{cases} A:C=5:14 \\ B:C=8:21 \end{cases}$　(4) $\begin{cases} A:B=9:8 \\ A:C=12:11 \end{cases}$

(1)は，A：B＝6：5と，B：C＝10：3から，A：B：Cを求める問題だ。

「うーん，どうやって解くんですか？」

連比を求める問題では，次のように比をならべて書こう。

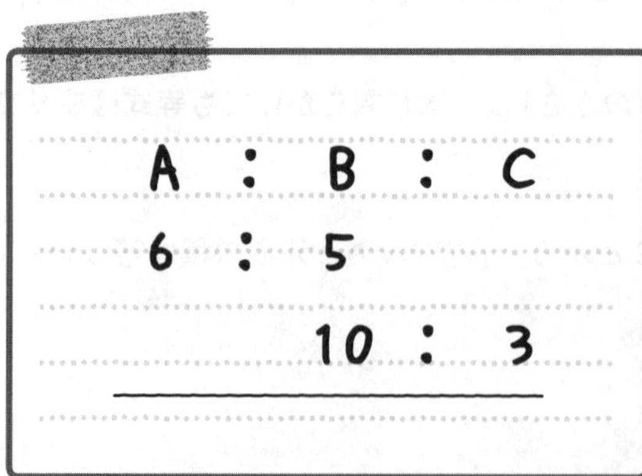

ならべて書くと，Bが5と10の2通りの数で表されているね。**Bの5と10をそろえることを考えればいい**んだ。5を2倍すれば10になるから，A：B＝6：5を2倍してA：B＝(6×2)：(5×2)＝12：10にすれば，Bを10でそろえることができる。

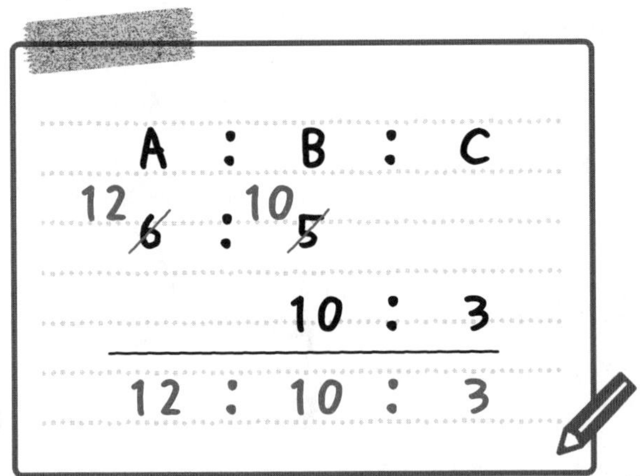

これで，A：B：C＝12：10：3 と求めることができたね。

12：10：3… 答え ［例題］5-4 (1)

「こうやって，数をそろえて連比を求めるんですね！」

そういうことだよ。やり方がわかったら難しくないよね。

(2) は，A：B＝2：3 と B：C＝2：5 から A：B：C を求める問題だ。これも，次のように比をならべて書こう。

A : B : C
2 : 3
2 : 5

B が 3 と 2 の 2 通りの数で表されているね。**B の 3 と 2 をそろえることを考えればいい**んだ。3 を 2 倍して 6，2 を 3 倍して 6 にすれば，B を 6 でそろえることができるね。つまり，3 と 2 の最小公倍数の 6 でそろえればいいんだ。このように，**連比を作るときは，最小公倍数にそろえることを考えよう**。

A：B＝2：3 を 2 倍して A：B＝(2×2)：(3×2)＝4：6 とし，B：C＝2：5 を 3 倍して A：B＝(2×3)：(5×3)＝6：15 とすれば，B を 6 でそろえることができる。

A : B : C
4 2 : 6 3
6 2 : 15 5
4 : 6 : 15

これで，A：B：C＝4：6：15 と求めることができたね。

4：6：15…答え ［例題］5-4 (2)

115 説明の動画はこちらで見られます

(3)は，A：C＝5：14 と B：C＝8：21 から A：B：C を求める問題だね。比をならべて書こう。

A	：	B	：	C
5	：			14
		8	：	21

C が 14 と 21 の 2 通りの数で表されているね。**この 14 と 21 をそろえることを考えればいい**んだけど，何にそろえればいいかな？

「14 と 21 の最小公倍数でそろえればいいのね。14 と 21 の最小公倍数は連除法で求めればいいから，右の計算より 14 と 21 の最小公倍数は 42 だわ。42 にそろえればいいのね。」

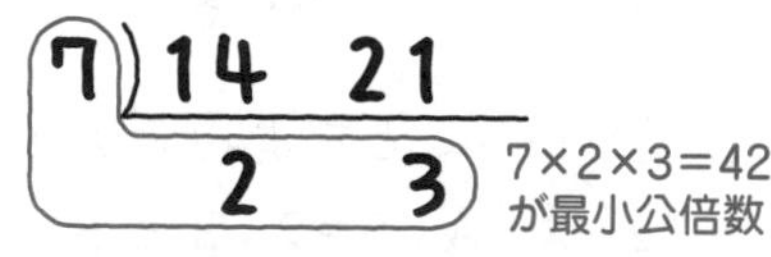

そうだね。C を 14 と 21 の最小公倍数の 42 にそろえればいい。A：C＝5：14 を 3 倍して
A：C＝(5×3)：(14×3)＝15：42 とし，
B：C＝8：21 を 2 倍して
B：C＝(8×2)：(21×2)＝16：42 とすれば，
C を 42 でそろえることができる。

A	：	B	：	C
~~5~~ 15	：			~~14~~ 42
		~~8~~ 16	：	~~21~~ 42
15	：	16	：	42

これで，A：B：C＝15：16：42 と求めることができたね。

15：16：42…答え ［例題］5-4 (3)

(4)は，A：B＝9：8 と A：C＝12：11 から A：B：C を求める問題だ。比をならべて書けばいいんだね。

A	：	B	：	C
9	：	8		
12			：	11

A が 9 と 12 の 2 通りの数で表されている。**この 9 と 12 をそろえることを考えればいい**んだけど，何にそろえればいい？

「9と12の最小公倍数でそろえます！
9と12の最小公倍数を連除法で求めると……，9と12の最小公倍数は36です。36にそろえればいいんですね！」

3）9　12
　　3　4

3×3×4＝36が最小公倍数

その通り。Aを9と12の最小公倍数の36にそろえればいい。A：B＝9：8を4倍して
A：B＝(9×4)：(8×4)＝36：32とし，
A：C＝12：11を3倍して
A：C＝(12×3)：(11×3)＝36：33とすれば，
Aを36でそろえることができるね。

A	:	B	:	C
~~9~~ 36	:	~~8~~ 32		
~~12~~ 36			:	~~11~~ 33
36	:	32	:	33

これで，A：B：C＝36：32：33と求めることができたね。

36：32：33…答え ［例題］5-4 (4)

Check 63　つまずき度 ●○○○○　➡解答は別冊 p.64へ

(1)～(4)のそれぞれで，A：B：Cを求めなさい。

(1) $\begin{cases} A:B=1:3 \\ B:C=15:7 \end{cases}$　(2) $\begin{cases} A:B=7:9 \\ B:C=8:9 \end{cases}$

(3) $\begin{cases} A:C=17:12 \\ B:C=3:10 \end{cases}$　(4) $\begin{cases} A:B=6:1 \\ A:C=9:5 \end{cases}$

5 05 比例配分

何人かでものを分けるとき，どのように分けるか。比を使って，ある数量を分ける考え方について見ていこう。

説明の動画はこちらで見られます

ある数量を決まった比に分けることを**比例配分**というよ。比例配分の問題を解いていこう。

[例題]5-5　つまずき度

1500 円を兄と弟の 2 人で 3：2 に分けるとき，兄のぶんと弟のぶんはそれぞれいくらですか。

1500 円を兄と弟の 2 人で 3：2 に分けるのだから，比の 1 を「1 山」で表すと，兄が「3 山」ぶん，弟が「2 山」ぶんになる。その様子を線分図に表すと，次のようになるね。

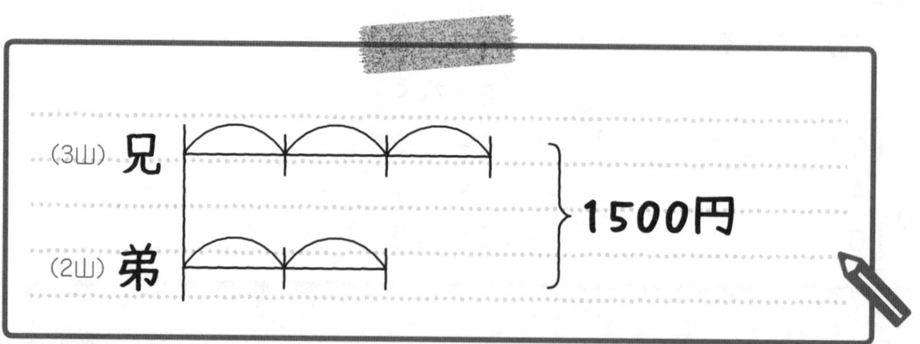

3 02 の分配算で習った線分図によく似ているでしょ？

「あっ，ほんとだ！　やりましたね，これ。」

分配算と同じように解いていけば，兄のぶんと弟のぶんが求められるよ。つまり，兄は「3 山」で，弟は「2 山」だから，合わせて 3＋2＝5 で「5 山」だね。この「5 山」ぶんが 1500 円だから，「1 山」ぶんは 1500÷5＝300 で，300 円とわかる。「1 山」ぶんが 300 円と求められたら，兄と弟の金額をそれぞれ求めることは簡単だね。

「はい！　兄は『3 山』だから，300×3＝900(円)です。弟は『2 山』だから，300×2＝600(円)です。」

兄 900 円，弟 600 円…答え [例題]5-5

よくできたね。では，次の例題(れいだい)にいこう。

[例題]5-6 つまずき度 😵😵😵😵😵

320 枚(まい)のカードを A，B，C の 3 人で 5：9：2 の比になるように分けます。A，B，C がもらったカードはそれぞれ何枚ですか。

320 枚のカードを A，B，C の 3 人で 5：9：2 の比になるように分けるのだから，その様子を線分図に表すと，次のようになるね。

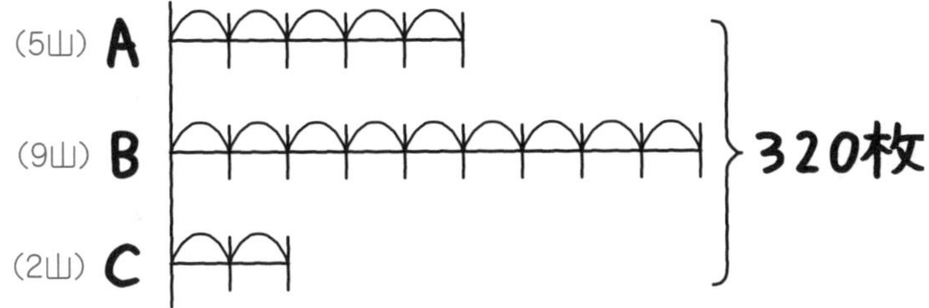

A は「5 山」，B は「9 山」，C は「2 山」だから，合わせて 5＋9＋2＝16 で，「16 山」だ。この「16 山」ぶんが 320 枚だから，「1 山」ぶんは 320÷16＝20 で，20 枚とわかるよ。

「1 山」ぶんが 20 枚とわかれば，A，B，C それぞれの枚数(まいすう)を求めることができるね。それぞれ求めてくれるかな？

「はい。A は『5 山』だから，20×5＝100(枚)です。
B は『9 山』だから，20×9＝180(枚)です。
C は『2 山』だから，20×2＝40(枚)です。」

A100 枚，B180 枚，C40 枚…答え [例題]5-6

その通り。よくできたね。では，次に進もう。

説明の動画は
こちらで見られます

[例題]5-7　つまずき度

75個のみかんをA, B, Cの3人で分けたところ，AとBの個数の比は5：6，BとCの個数の比は4：1になりました。A, B, Cがもらったみかんの個数はそれぞれいくつですか。

AとBの個数の比は5：6，BとCの個数の比は4：1のとき，A：B：Cの比はどうなるかな？

「連比を作ればいいんですね！」

そうだね。連比を作ればいい。

A：B＝5：6とB：C＝4：1からA：B：Cを求めるのだから，右のように比をならべて書こう。

A	：	B	：	C
5	：	6		
		4	：	1

Bが6と4の2通りの数で表されている。**この6と4をそろえることを考えればいい**んだけど，何にそろえればいい？

「6と4の最小公倍数は12だから，12にそろえればいいんですね！」

そうだね。Bを6と4の最小公倍数の12にそろえればいいんだ。A：B＝5：6を2倍して

A：B＝(5×2)：(6×2)＝10：12とし，

B：C＝4：1を3倍して

B：C＝(4×3)：(1×3)＝12：3とすれば，Bを12でそろえることができる。

A	：	B	：	C
10 ~~5~~	：	12 ~~6~~		
		12 ~~4~~	：	3 ~~1~~
10	：	12	：	3

これで，A：B：C＝10：12：3と求めることができたね。A：B：C＝10：12：3と求めることができれば，あとは[例題]5-6と同じ解き方で最後まで解けるよ。

75個のみかんをA, B, Cの3人で10：12：3の比になるように分けるのだから，その様子を線分図に表すと，次のようになる。10山や12山をかくのは多くて大変だから，山をかかずに表すよ。

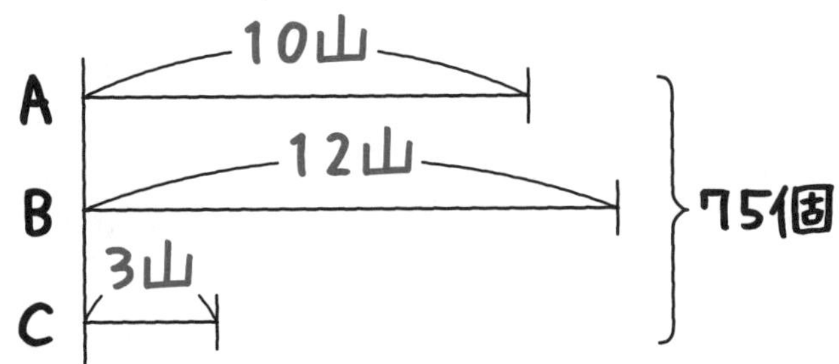

「1山ずつかかなくても線分図で表せるんですね。こっちのほうがラクだ！」

そうなんだ。**1山ずつかかなくても線分図で表せる。**たしかにこちらのほうが素早く線分図がかけるよね。Aは「10山」，Bは「12山」，Cは「3山」だから，10＋12＋3＝25で，合わせて「25山」だね。この「25山」ぶんが75個だから，75÷25＝3で，「1山」ぶんは3個とわかる。

「1山」ぶんが3個とわかれば，A，B，Cのみかんをそれぞれ求められるね。ハルカさん，求めてくれるかな？

「はい。Aは『10山』だから，3×10＝30(個)。
Bは『12山』だから，3×12＝36(個)ね。
Cは『3山』だから，3×3＝9(個)です。」

うん，正解。念のため，たしかめてみると，30＋36＋9＝75(個)になるよね。

A 30個，B 36個，C 9個…答え ［例題］5-7

では，次の例題に進もう。

118 説明の動画はこちらで見られます

［例題］5-8 つまずき度 😵😵😶😶😶

姉妹2人は合わせて62枚の折り紙を持っています。妹の折り紙が3枚多ければ，姉と妹の折り紙の枚数の比は7：6になります。2人の持っている折り紙の枚数はそれぞれ何枚ですか。

姉妹2人は合わせて62枚の折り紙を持っているということだから，線分図にかくと，次のようになるね。

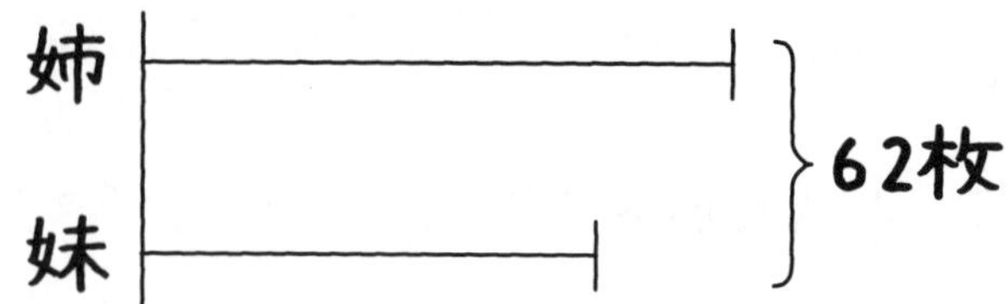

「これだけじゃ何もわからないわ。」

そうだね。さすがにこれだけだと姉妹の枚数(まいすう)を求(もと)めることはできないから，問題の続(つづ)きを読んでいこう。「妹の折(お)り紙が3枚多ければ，姉と妹の折り紙の枚数の比(ひ)は7：6になる」んだね。では，**もし「妹の折り紙が3枚多ければ」，姉妹の合計は何枚になるかな？**

「もし，妹の折り紙が3枚多ければ，えっと……，合計の枚数も3枚多くなると思うから……，62＋3＝65で，合計65枚になるのかな？」

そうだね。もし，**妹の折り紙が3枚多ければ，合計の枚数も3枚多くなる**から，62＋3＝65で，合計65枚になる。だから，線分図に表すと，次のようになるね。

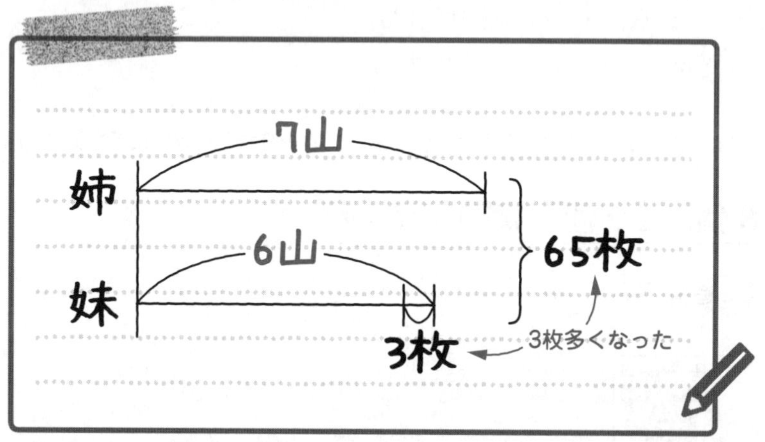

「妹の折り紙が3枚多ければ，姉と妹の折り紙の枚数の比は7：6になる」のだから，姉は「7山」で，妹は「6山」と表せるね。姉は「7山」で，妹は「6山」だから，7＋6＝13で，2人合わせて「13山」だ。この「13山」ぶんが65枚だから，65÷13＝5で，「1山」ぶんは5枚とわかるね。

「1山」ぶんが5枚とわかれば，姉と妹の枚数をそれぞれ求めることは簡単(かんたん)だね。

「はい。姉は『7山』だから，5×7＝35(枚)です。
妹は『6山』だから，5×6＝30(枚)です。」

そうだね。でも，姉35枚，妹30枚をこのまま答えにしてもいいのかな？

「『もし妹の折り紙が3枚多かったら』の線分図で考えていたから，このまま答えにしちゃダメです。」

ユウトくん，よく気づいたね。**「もし妹の折り紙が3枚多かったら」の場合を考えていたのだから，実際（じっさい）の妹の枚数は30枚より3枚少ない**んだね。30−3=27で27枚だよ。

姉35枚，妹27枚…答え ［例題］5-8

Check 64 つまずき度 ●○○○○ ➡解答は別冊 p.65 へ

48個のりんごをAとBの2人で5：3の比になるように分けるとき，A，Bがもらったりんごの個数（こすう）はそれぞれいくつですか。

Check 65 つまずき度 ●○○○○ ➡解答は別冊 p.65 へ

3400円をA，B，Cの3人で6：3：8の比になるように分けます。A，B，Cはそれぞれいくらずつもらえますか。

Check 66 つまずき度 ●●○○○ ➡解答は別冊 p.65 へ

4710円をA，B，Cの3人で分けたところ，AとCの金額（きんがく）の比は17：20，BとCの金額の比は23：30になりました。A，B，Cはそれぞれいくらずつもらえますか。

Check 67 つまずき度 ●●○○○ ➡解答は別冊 p.66 へ

兄と弟の2人は合わせて32本のえんぴつを持っています。兄のえんぴつが2本少なければ，兄と弟のえんぴつの本数の比は2：3になります。2人の持っているえんぴつの本数はそれぞれ何本ですか。

5 06

逆比

逆比って何だろう？　言葉を聞いただけじゃ意味がよくわからないけど，算数を得意にするためには，しっかり理解しておきたいところだよ。

119 説明の動画はこちらで見られます

[例題]5-9　つまずき度

次の長方形について，ア：イを求めなさい。

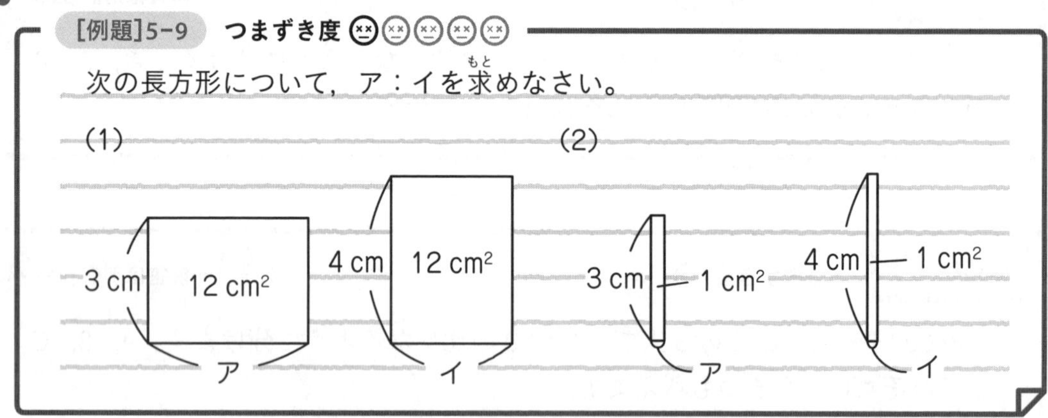

(1) では，2 つの長方形の面積はどちらも 12 cm^2 で同じだね。そして，長方形のたては 3 cm と 4 cm だから，たての長さの比は 3：4 だ。このとき，横の長さのアとイはどう求めればいい？

「面積をたての長さでわれば，横の長さが求められるから，アは 12÷3＝4(cm)で，イは 12÷4＝3(cm)です。」

そうだね。アが 4 cm で，イは 3 cm だ。つまり，横の長さの比はア：イ＝4：3 ということだね。

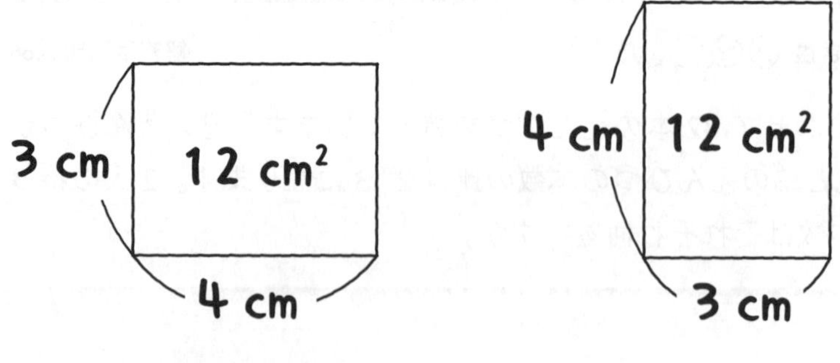

4：3… 答え [例題]5-9 (1)

長方形の面積が同じ 12 cm^2 で，たての長さの比が 3：4 のとき，横の長さの比は 4：3 になるということだね。たての長さの比が 3：4 で，その前項（ぜんこう）と後項（こうこう）を入れかえた 4：3 が横の長さの比になっているということだ。このように，**2 つの項の比では，前項と後項を入れかえた比を逆比（ぎゃくひ）というよ。**

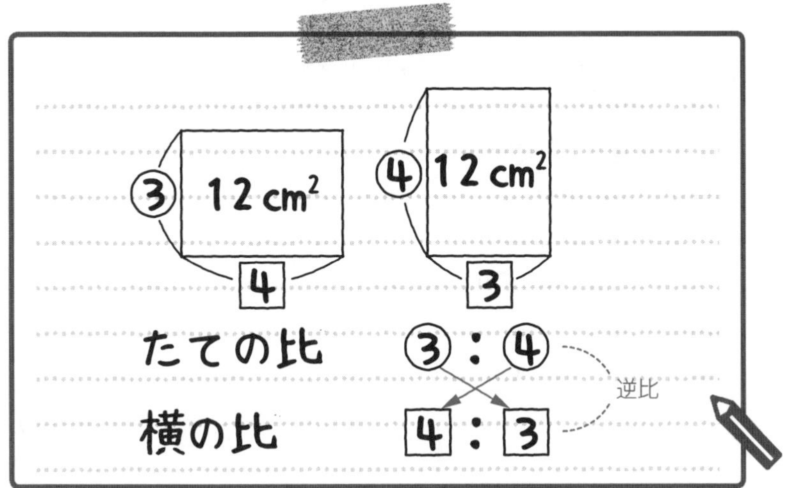

Point 逆比とは①

2 つの項の比では，前項と後項を入れかえた比を逆比という。

A：B の逆比は B：A

例 3：4 の逆比は 4：3

では，次。(2) のア：イを求めよう。(2) では，2 つの長方形の面積はどちらも 1 cm^2 だ。そして，長方形のたては (1) と同じ，3 cm と 4 cm だから，たての長さの比は 3：4 だね。このとき，横の長さのアとイはどう求めればいいだろう？

「面積をたての長さでわれば，横の長さが求められるんですよね。
だから……，アは $1\div3=\frac{1}{3}$(cm) で，イは $1\div4=\frac{1}{4}$(cm) です！」

その通り。アが $\frac{1}{3}$ cm，イは $\frac{1}{4}$ cm だ。つまり，横の長さの比はア：イ $=\frac{1}{3}:\frac{1}{4}$ ということだね。簡単（かんたん）な整数の比に直して答えにする必要（ひつよう）があるから，$\frac{1}{3}:\frac{1}{4}$ の分母の 3 と 4 の最小公倍数（さいしょうこうばいすう）12 をそれぞれにかけて，

$$ア:イ=\frac{1}{3}:\frac{1}{4}=\left(\frac{1}{3}\times 12\right):\left(\frac{1}{4}\times 12\right)=4:3$$

これで，ア：イ＝4：3 と求(もと)められたね。

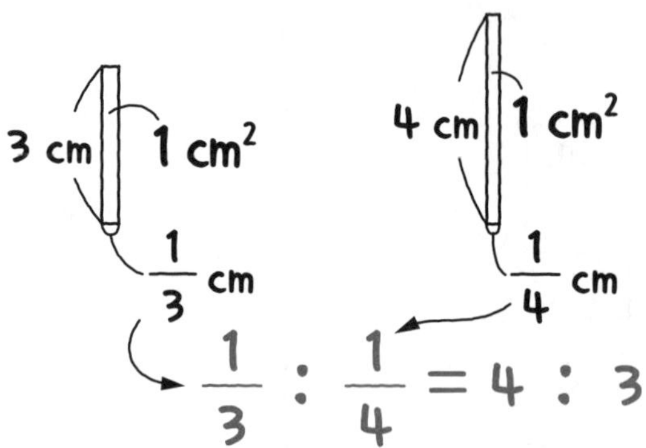

4：3… 答え [例題]5-9 (2)

「あっ，(1) と同じ答えの 4：3 になった！　これって偶然(ぐうぜん)ですか？」

これは偶然じゃないんだ。2 つの長方形の面積(めんせき)を (1) では 12 cm^2，(2) では 1 cm^2 としたけど，**面積の大小には関係(かんけい)ないんだ。つまり，面積が同じ 2 つの長方形では，たての長さの比(ひ)が 3：4 ならば，横の長さの比は逆比の 4：3 になる**んだよ。

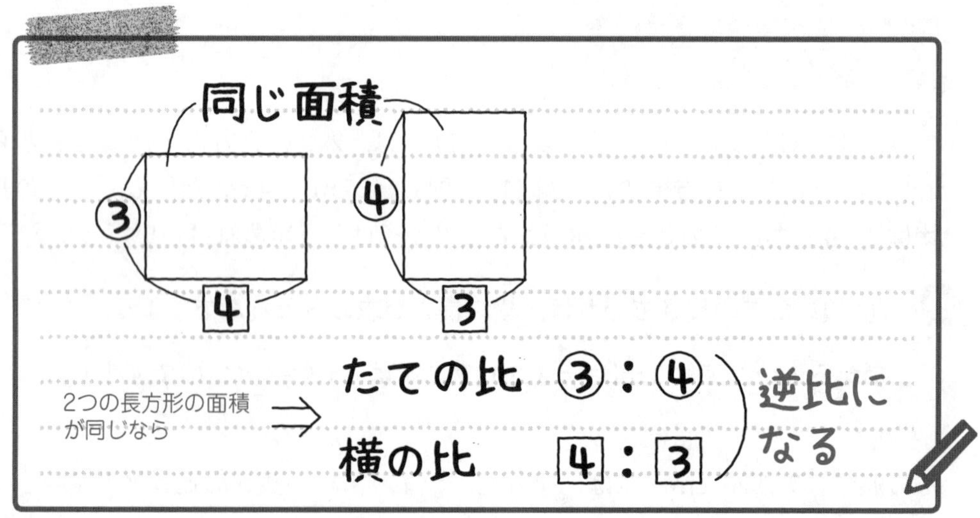

「へぇ～，面積が同じ 2 つの長方形は，たての長さの比と横の長さの比は逆(ぎゃく)比(ひ)になるんですね。」

うん，そうなんだ。ところで，(2)で，横の長さの比のア：イは$\frac{1}{3}$：$\frac{1}{4}$となったね。$\frac{1}{3}$は3の逆数（分母と分子を入れかえた分数）で$\frac{1}{4}$は4の逆数だ。そして，3：4の逆数の比が$\frac{1}{3}$：$\frac{1}{4}$=4：3としたんだね。実は，逆比とは，逆数の比のことなんだよ。**この「逆数の比」というのが逆比の正式な意味なんだ。**

Point 逆比とは②

逆比とは，逆数の比である。

$A:B$の逆比は$\frac{1}{A}:\frac{1}{B}(=B:A)$

例 3：4の逆比は$\frac{1}{3}$：$\frac{1}{4}$（=4：3）

120 説明の動画は
こちらで見られます

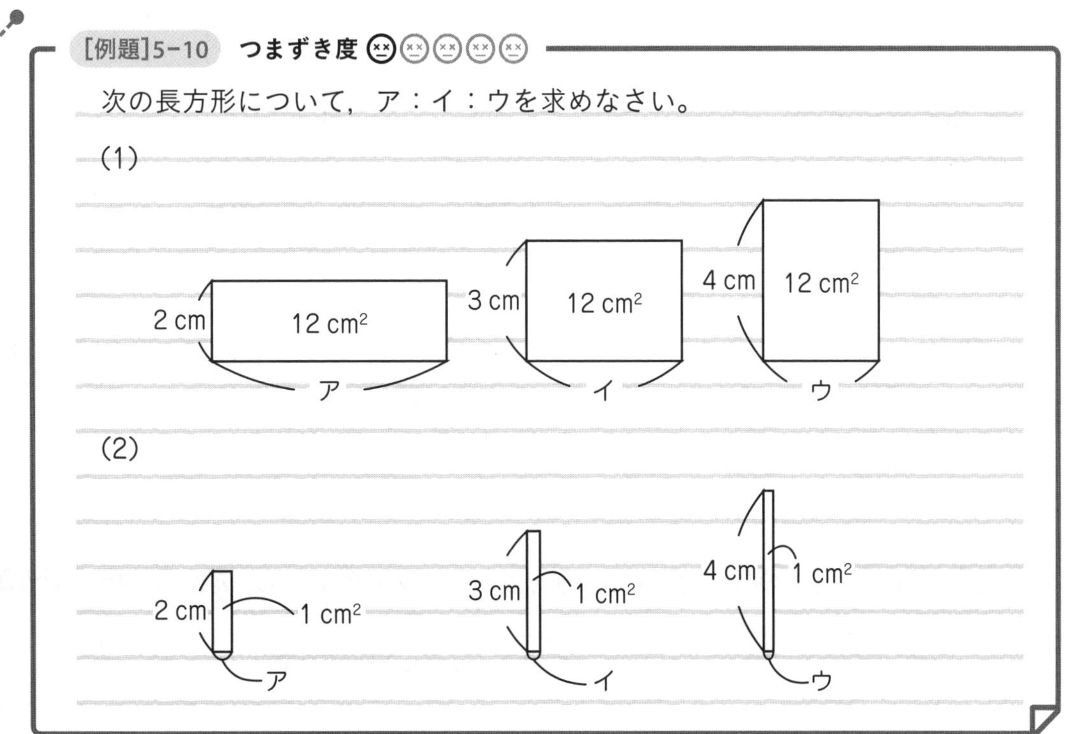

(1)のア：イ：ウを求めよう。(1)では，3つの長方形の面積はどれも12 cm^2 で同じだね。そして，長方形のたての長さは2 cmと3 cmと4 cmだから，たての長さの比は2：3：4だ。では，横の長さの比ア：イ：ウはどう求めればいいかな？

「えっと……，この問題でも，たての長さの比の逆比が横の長さの比になるはずだから，2：3：4の逆比を求めればいいんですね。2：3：4の前後をひっくり返して4：3：2かなぁ……。」

「ア：イ：ウは2：3：4の逆比になる」という考え方は正しいんだけど，**2：3：4の逆比は4：3：2ではない**んだ。**まちがえやすいところだから注意**しよう。

ここでは，計算して，ちゃんと比を求めてみようか。面積をそれぞれのたての長さでわって，横の長さを求めよう。ハルカさん，求めてくれるかな？

「はい。面積をたての長さでわれば，横の長さが求められるから，アは12÷2=6(cm)，イは12÷3=4(cm)，ウは12÷4=3(cm)です。」

その通り。アが6 cmで，イは4 cmで，ウは3 cmだ。つまり，横の長さの比はア：イ：ウ=6：4：3ということだね。

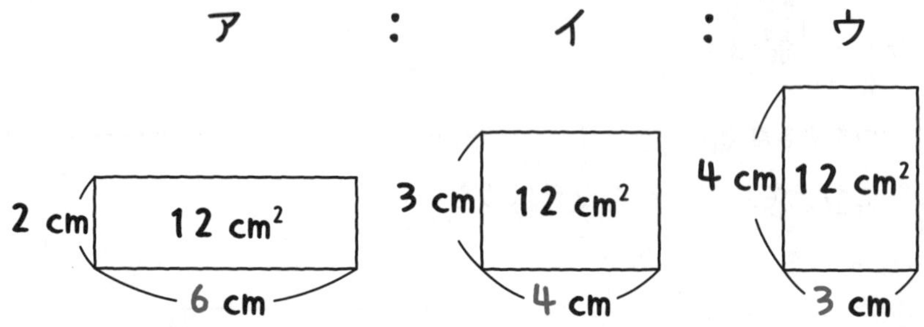

6：4：3…答え [例題]5-10 (1)

次は，(2)のア：イ：ウを求めていくよ。(2)では，3つの長方形の面積はどれも1 cm^2 で同じだね。そして，長方形のたての長さは(1)と同じ，2 cmと3 cmと4 cmだから，たての長さの比は2：3：4だね。このとき，横の長さのアとイとウはどう求めればいいだろう？

「面積をたての長さでわれば，横の長さが求められるから，アは $1\div2=\frac{1}{2}$(cm)で，イは $1\div3=\frac{1}{3}$(cm)で，ウは $1\div4=\frac{1}{4}$(cm)です！」

そうだね。アが $\frac{1}{2}$ cm で，イは $\frac{1}{3}$ cm で，ウは $\frac{1}{4}$ cm だ。つまり，横の長さの比はア：イ：ウ＝$\frac{1}{2}:\frac{1}{3}:\frac{1}{4}$ だね。たての長さの比 2：3：4 の逆数の比，つまり逆比の $\frac{1}{2}:\frac{1}{3}:\frac{1}{4}$ が横の長さの比になるということだ。

「ほんとだ！　逆数の比になってる。」

そして，この $\frac{1}{2}:\frac{1}{3}:\frac{1}{4}$ に分母の 2，3，4 の最小公倍数 12 をかければ，比を簡単にできるね。

$$ア：イ：ウ=\frac{1}{2}:\frac{1}{3}:\frac{1}{4}$$
$$=\left(\frac{1}{2}\times 12\right):\left(\frac{1}{3}\times 12\right):\left(\frac{1}{4}\times 12\right)$$
$$=6:4:3$$

やはり，(1)と同じようにア：イ：ウ＝6：4：3 になったね。

2 cm　1 cm²　$\frac{1}{2}$ cm
3 cm　1 cm²　$\frac{1}{3}$ cm
4 cm　1 cm²　$\frac{1}{4}$ cm

$$\frac{1}{2}:\frac{1}{3}:\frac{1}{4}=6:4:3$$

6：4：3… 答え [例題]5-10 (2)

ところで，3 つ以上の項の比を連比といったね。2：3：4 は連比だ。(1) でユウトくんがカンちがいしてしまったように，**連比である 2：3：4 の逆比を 4：3：2 としないようにしよう。** 2：3：4 の逆比は逆数の比の $\frac{1}{2}:\frac{1}{3}:\frac{1}{4}$ を簡単にした 6：4：3 ということだね。**2 つの項の比 A：B の逆比は B：A といえる**。一方，**連比 A：B：C の逆比は C：B：A ではなく，$\frac{1}{A}:\frac{1}{B}:\frac{1}{C}$ である**ことをおさえよう。

Point 連比(れんぴ)の逆比(ぎゃくひ)

連比 A：B：C の逆比は $\frac{1}{A}:\frac{1}{B}:\frac{1}{C}$

（C：B：A ではないことに注意！）

例 2：3：4 の逆比は $\frac{1}{2}:\frac{1}{3}:\frac{1}{4}$＝6：4：3

121 説明の動画はこちらで見られます

[例題]5-11 つまずき度 😵😵😵😵😵

次の問いに答えなさい。

(1) A×4＝B×6 のとき，A と B の比を求(もと)めなさい。

(2) A×3.2＝B×1$\frac{1}{3}$ のとき，A と B の比を求めなさい。

(3) A の 1.2 倍と B の 4 倍と C の $\frac{9}{20}$ が等しいとき，A：B：C を求めなさい。

(1) を解(と)いていこう。A×4＝B×6 が成(な)り立っているとき，A：B を求める問題だね。A×4＝B×6 を成り立たせるために A と B にどんな数を入れればいいかわかるかな？

「A×4＝B×6 の A と B にどんな数を入れればいいか……。うーん……。」

そんなに難(むずか)しく考えることはないよ。A に 6，B に 4 を入れると，6×4＝4×6（＝24）となり，等しくなるよね。**かけ算はかける順序(じゅんじょ)をかえても答えは同じ**という性質(せいしつ)があるからね。

A に 6，B に 4 を入れればいいのだから，

A：B＝6：4＝3：2 と求められる。

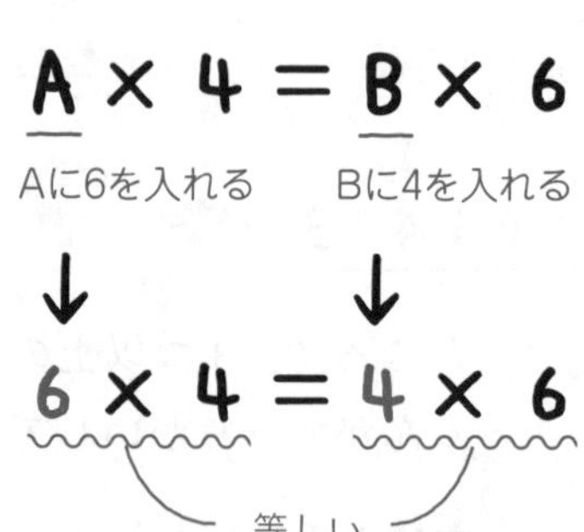

3：2… 答え [例題]5-11 (1)

別解 [例題]5-11 (1)

別解(べっかい)があるから見ていこう。A×4=B×6 の大きさを 1 とおく方法(ほうほう)だ。

つまり A×4=B×6=1 とおくんだよ。

A×4=1

B×6=1

A を 4 倍したら 1 になるのだから，A は $1\div4=\frac{1}{4}$

B を 6 倍したら 1 になるのだから，B は $1\div6=\frac{1}{6}$

A が $\frac{1}{4}$，B が $\frac{1}{6}$ だから，A：B=$\frac{1}{4}:\frac{1}{6}$ だね。これを簡単(かんたん)にすると，次のようになるよ。

$$A:B=\frac{1}{4}:\frac{1}{6}=\left(\frac{1}{4}\times12\right):\left(\frac{1}{6}\times12\right)=3:2$$

分母の4と6の最小公倍数12をかける

3：2… 答え [例題]5-11 (1)

(1) では，この別解より最初(さいしょ)の解き方のほうがラクに解けるね。でも別解の方法はあとの問題で役に立ってくるから，こういう解き方もあることをおさえておこう。

この別解でやったことは，面積(めんせき)が 1 で等しい次のような 2 つの長方形を考えたのと同じなんだ。

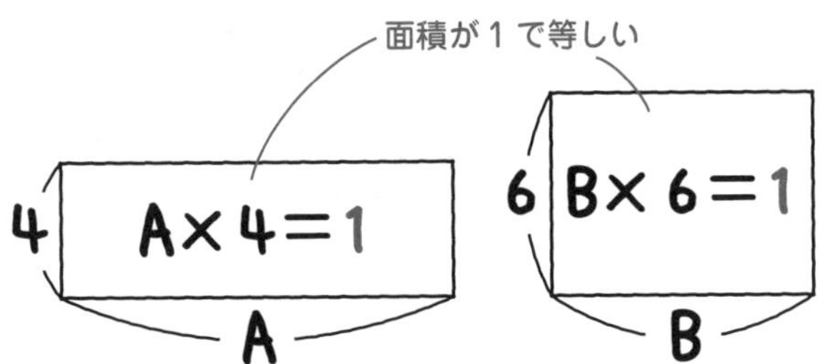

「[例題]5-9 の (2) と似(に)ていますね。」

うん，そうなんだ。ということは，A：B はたての長さ 4：6 の逆比，つまり，$\frac{1}{4}:\frac{1}{6}$ (=3：2) になるよね。

説明の動画はこちらで見られます

では，(2)にいくよ。$A\times3.2=B\times1\frac{1}{3}$ が成り立つとき，A：Bを求める問題だ。

$A\times3.2=B\times1\frac{1}{3}$ を成り立たせるためにAとBにどんな数を入れればいいかな？

「(1)と同じように考えると，$A\times3.2=B\times1\frac{1}{3}$ のAに $1\frac{1}{3}$ を入れて，Bに3.2を入れるといいんじゃないかなぁ。」

その通りだね。$A\times3.2=B\times1\frac{1}{3}$ のAに $1\frac{1}{3}$ を入れて，Bに3.2を入れると，

$1\frac{1}{3}\times3.2=3.2\times1\frac{1}{3}$ となり，等しくなる。

かけ算はかける順序をかえても答えは同じという性質を使うんだ。

$$\underline{A}\times3.2=\underline{B}\times1\frac{1}{3}$$

Aに $1\frac{1}{3}$ を入れる　Bに3.2を入れる

↓　↓

$$1\frac{1}{3}\times3.2=3.2\times1\frac{1}{3}$$

等しい

Aに $1\frac{1}{3}$，Bに3.2を入れればいいのだから，

A：B $=1\frac{1}{3}$：3.2 だね。これを簡単にすると，次のようになる。

$$A:B=1\frac{1}{3}:3.2=1\frac{1}{3}:3\frac{1}{5}=\frac{4}{3}:\frac{16}{5}=\left(\frac{4}{3}\times15\right):\left(\frac{16}{5}\times15\right)$$

分数に直す　仮分数に直す　分母の3と5の最小公倍数15をかける

$$=20:48$$

$$=\underline{5:12}$$

それぞれを4でわる

5：12…答え [例題]5-11 (2)

別解 [例題]5-11 (2)

(2)の別解を見ていこう。$A\times3.2=B\times1\frac{1}{3}$ の大きさを1とおく方法だ。

つまり，$A\times3.2=B\times1\frac{1}{3}=1$ とおこう。

$A\times3.2=1$

$B\times1\frac{1}{3}=1$

ここで，3.2 と $1\frac{1}{3}$ を仮分数に直そう。

$$3.2=3\frac{1}{5}=\frac{16}{5} \qquad 1\frac{1}{3}=\frac{4}{3}$$

こうすると，$A\times\frac{16}{5}=1$，$B\times\frac{4}{3}=1$ ということだね。これなら，A と B の値はわかるんじゃない？

「逆数ですね！　A は $\frac{16}{5}$ の逆数だから $\frac{5}{16}$，B は $\frac{4}{3}$ の逆数だから $\frac{3}{4}$ です。」

その通り。A には $\frac{5}{16}$ が入り，B に $\frac{3}{4}$ が入るから，$A:B=\frac{5}{16}:\frac{3}{4}$ だね。これを簡単にすると，次のようになるよ。

$$A:B=\frac{5}{16}:\frac{3}{4}=\left(\frac{5}{16}\times16\right):\left(\frac{3}{4}\times16\right)=\underline{5:12}$$

分母の16と4の最小公倍数16をかける

5：12…答え [例題]5-11 (2)

123 説明の動画はこちらで見られます 

では，(3) にいこう。A の 1.2 倍と B の 4 倍と C の $\frac{9}{20}$ が等しいのだから，これを式にすると，$A\times1.2=B\times4=C\times\frac{9}{20}$ だ。このとき，A：B：C を求める問題だ。

この問題では，「A×1.2＝B×4 だから，A に 4，B に 1.2 を入れて……」という解き方は使えないよ。$C\times\frac{9}{20}$ という式も関係してくるからね。別解の「1 とおく」方法じゃないと解けないんだ。

$A\times1.2=B\times4=C\times\frac{9}{20}$ の大きさを 1 とおこう。つまり，$A\times1.2=B\times4=C\times\frac{9}{20}=1$ とおけばいい。

$A\times1.2=1$

$B\times4=1$

$C\times\frac{9}{20}=1$

これより，$B=\frac{1}{4}$，$C=\frac{20}{9}$ というのがわかるね。A はこのままじゃわからないから，1.2 を仮分数にして求めよう。ユウトくん，できるかな？

「$1.2=1\frac{1}{5}=\frac{6}{5}$ だから，$A\times\frac{6}{5}=1$ になって，$A=\frac{5}{6}$ です。」

その通り。これで，$A:B:C=\frac{5}{6}:\frac{1}{4}:\frac{20}{9}$ とわかったね。これを簡単にすると，次のようになる。

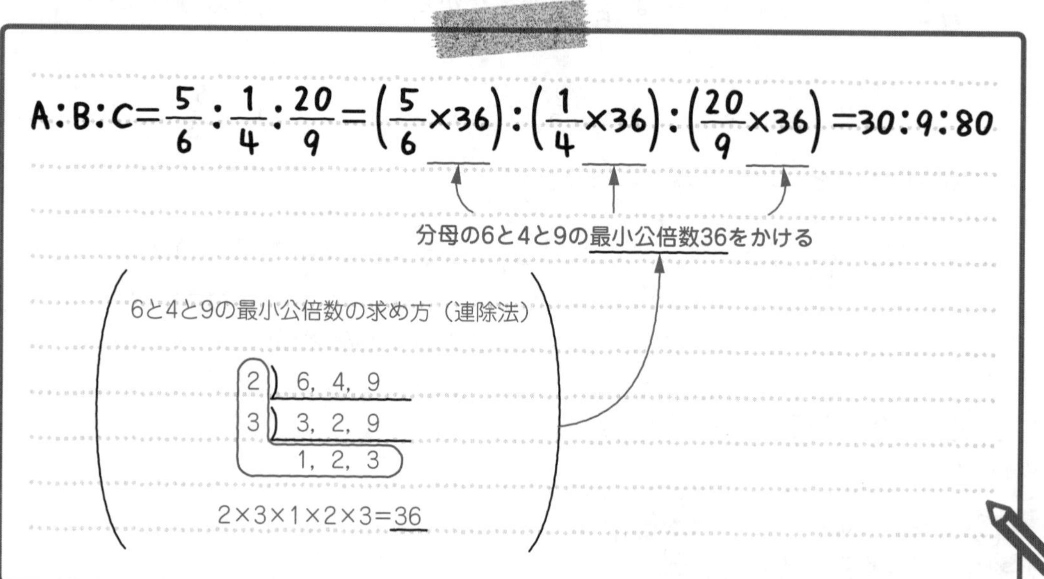

A：B：C＝30：9：80 と求められたね。

30：9：80…答え［例題］5-11（3）

124 説明の動画はこちらで見られます 

［例題］5-12 つまずき度 ●●●○○

Aさんの所持金の 0.7 倍と，Bさんの所持金の $2\frac{5}{8}$ 倍と，Cさんの所持金の 1.5 倍が等しく，3 人の所持金の合計は 2990 円です。このとき，次の問いに答えなさい。

（1） Aさん，Bさん，Cさんの所持金の比を求めなさい。

（2） Bさんの所持金はいくらですか。

では，(1)を解説(かいせつ)していくよ。この問題では，まず**Aさんの所持金をA，Bさんの所持金をB，Cさんの所持金をCとおこう。**すると，Aさんの所持金の0.7倍と，Bさんの所持金の$2\frac{5}{8}$倍と，Cさんの所持金の1.5倍が等しいのだから，

$A\times0.7=B\times2\frac{5}{8}=C\times1.5$ と表せるね。

「あっ！ [例題]5-11 (3)と同じ形だ！」

そうだね。$A\times0.7=B\times2\frac{5}{8}=C\times1.5$ からA：B：Cを導(みちび)こう。

$A\times0.7=B\times2\frac{5}{8}=C\times1.5$ の大きさを1とおくよ。

$A\times0.7=1$

$B\times2\frac{5}{8}=1$

$C\times1.5=1$

このままでは，A，B，Cが求めにくいから，0.7，$2\frac{5}{8}$，1.5を，それぞれ真分数(しんぶんすう)や仮分数にすると，次のようになるよ。

$$0.7=\frac{7}{10}$$

$$2\frac{5}{8}=\frac{21}{8}$$

$$1.5=1\frac{1}{2}=\frac{3}{2}$$

つまり，$A\times\frac{7}{10}=1$，$B\times\frac{21}{8}=1$，$C\times\frac{3}{2}=1$ なので，A，B，Cの値(あたい)はどうなるかな？

「Aは$\frac{10}{7}$，Bは$\frac{8}{21}$，Cは$\frac{2}{3}$です。」

そうだね。だから，$A:B:C=\frac{10}{7}:\frac{8}{21}:\frac{2}{3}$ となる。これを簡単にすると，次のようになるよ。

$$A:B:C=\frac{10}{7}:\frac{8}{21}:\frac{2}{3}$$

分母の7と21と3の最小公倍数21をかける

$$=\left(\frac{10}{7}\times 21\right):\left(\frac{8}{21}\times 21\right):\left(\frac{2}{3}\times 21\right)$$

$$=30:8:14$$

それぞれを2でわる

$$=15:4:7$$

A：B：C＝15：4：7と求められたね。

15：4：7…答え［例題］5-12（1）

（2）に進もう。Bさんの所持金を求める問題だね。（1）でAさん，Bさん，Cさんの所持金の比が15：4：7と求められたね。**比と実際の金額を区別するために，比を○で囲んで⑮：④：⑦としよう**か。それぞれの比を合計すると，⑮＋④＋⑦＝㉖となる。この**比の合計㉖が3人の所持金の合計の2990円にあたる**ということだね。

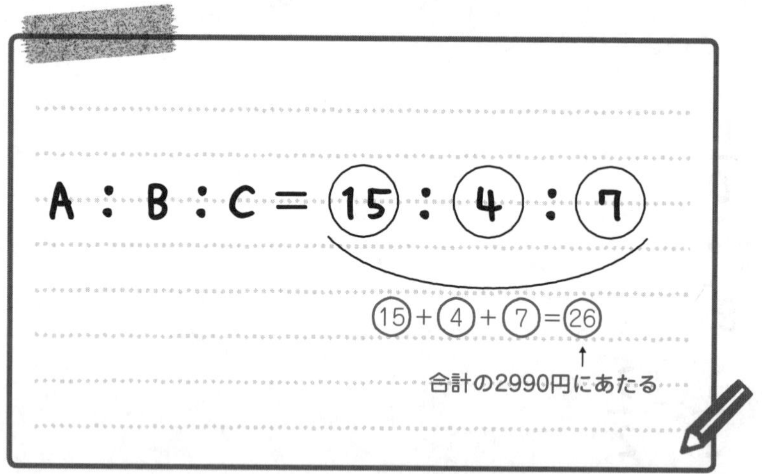

㉖が2990円であるということは，①は何円になるかな？

「えっと，①の26個分が㉖だから……，2990を26でわれば①が求められるわ。」

そうだね。①の26個分の26が2990だから，①を求めるには2990を26でわればいいんだ。2990÷26＝115が①ということだね。①が115（円）と求められた。ここからBの金額を求めるにはどうしたらいいかな？

「えっと……，①が115と求められて，Bの金額は……うーん。」

Bは比で表すと④だったよね。つまり，①の4個分がBということだ。

「あっ，そうか！　ということは，①が115なんだから，115を4倍すれば④が求められるんだ！」

その通りだね。115を4倍すれば④が求められる。115×4＝460でBの金額が460円と求められたね。

460円…答え［例題］5-12（2）

125 説明の動画はこちらで見られます

［例題］5-13　つまずき度

長さの差が81 cmの2本の棒A，Bがあります。この2本の棒を池の同じ場所にまっすぐ立てたら，Aの$\frac{3}{8}$，Bの$\frac{6}{7}$が水にぬれました。このとき，次の問いに答えなさい。

（1）　AとBの長さの比を求めなさい。

（2）　池の深さは何cmですか。

この問題は入試では定番だから，確実に解けるようになっておこう。この問題では，まず，池と2本の棒の様子を図に表してみよう。Aの$\frac{3}{8}$，Bの$\frac{6}{7}$が水にぬれたのだから，右のように表せるね。

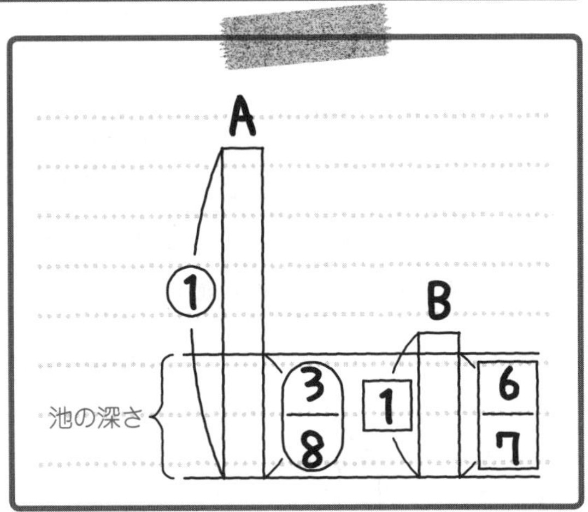

「すごい！　イメージしやすくなった！」

うん，そうだね。**問題の内容がよくわからない場合は，図に表すと状況がわかることが多い**よ。

図を見ると，Aの$\frac{3}{8}$とBの$\frac{6}{7}$の長さが池の深さと等しいことがわかるね。

棒Aの長さをA，棒Bの長さをBとおくと，$A\times\frac{3}{8}=B\times\frac{6}{7}$ということだ。

「あっ！　$A\times\frac{3}{8}=B\times\frac{6}{7}$ から A：B を求めることができるわ。」

そうだね。$A\times\frac{3}{8}=B\times\frac{6}{7}=1$ とおくと，A に入るのは $\frac{3}{8}$ の逆数の $\frac{8}{3}$ だね。B に入るのは $\frac{6}{7}$ の逆数の $\frac{7}{6}$ だ。だから，$A:B=\frac{8}{3}:\frac{7}{6}$ となる。これを簡単にすると，次のようになるね。

$$A:B=\frac{8}{3}:\frac{7}{6}=\left(\frac{8}{3}\times 6\right):\left(\frac{7}{6}\times 6\right)=16:7$$

分母の３と６の
最小公倍数６をかける

A：B＝16：7 と求められたね。

16：7 … 答え ［例題］5−13 (1)

(2) にいくよ。池の深さを求める問題だ。(1) で A と B の長さの比が 16：7 と求められたね。2 本の棒 A，B の長さの差が 81 cm と問題文に書いてあるけど，A，B どちらのほうが長いのかな？

「A：B＝16：7 で，A のほうが数が大きいから，A のほうが長いです！」

そうだね。A のほうが 81 cm 長いことがわかる。そして，A と B の長さの比が 16：7 ということだけど，**比と実際の長さを区別するために，比を○で囲んで⑯：⑦としよう。**この比の差を求めると，⑯－⑦＝⑨となる。この**比の差の⑨が，棒の長さの差の 81 cm にあたる**ということだ。

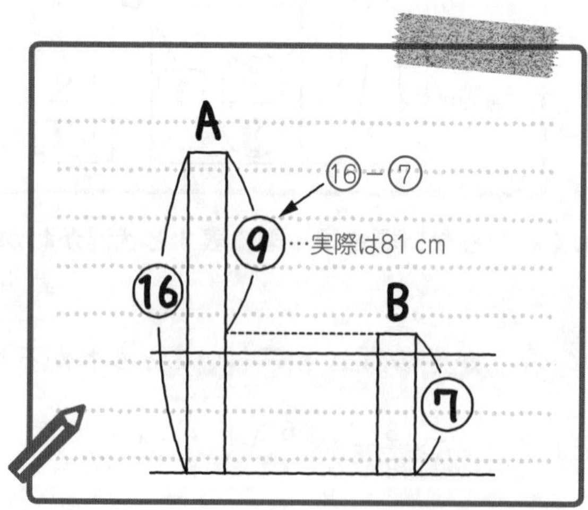

⑨が 81 cm であるということは，①は何 cm になる？

「①の 9 個ぶんが 81 cm ということだから……，81 を 9 でわれば①が求められると思うわ。」

その通り。①の 9 個ぶんの⑨が 81 だから，①は 81÷9=9 と求められる。①が 9(cm)とわかったね。ここで，棒 A の長さを求めてみよう。A の長さは比の⑯だね。つまり，①の 16 個ぶんということだ。

「①が 9 cm だから，A の長さは，9×16=144 で 144 cm です！」

そうだね。①が 9 cm だから，A の長さ⑯は 9×16=144 で 144 cm と求められる。A の $\frac{3}{8}$ が水にぬれたのだから，池の深さは，$144\times\frac{3}{8}=54$ で 54 cm と求められるね。

54 cm … 答え ［例題］5-13 (2)

A の長さを求めてから池の深さを求めたけど，B の長さを求めてから池の深さを求めることもできるよ。①が 9 cm だから，B の長さ⑦は 9×7=63 で 63 cm と求められる。B の $\frac{6}{7}$ が水にぬれたのだから，池の深さは，$63\times\frac{6}{7}=54$ で 54 cm と求められるね。

126 説明の動画はこちらで見られます

［例題］5-13 には，さらに別解があるので見ておこう。

別解 ［例題］5-13

まず，(1) から。A の $\frac{3}{8}$ が水にぬれたということは，A を 8 等分したうちの 3 つ分が池の中に入っているということだ。つまり，A の長さと池の深さの比は 8：3 ということだね。

同じように，B の $\frac{6}{7}$ が水にぬれたのだから，B を 7 等分したうちの 6 つ分が水の中に入っているということだ。つまり，B の長さと池の深さの比は 7：6 ということだね。A と B をならべてかくと，次のようになる。

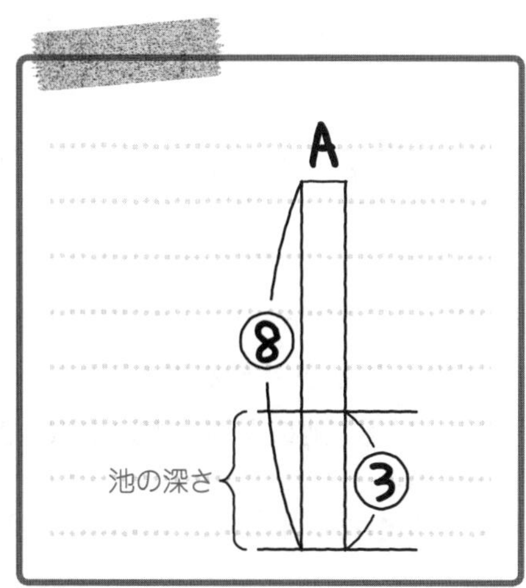

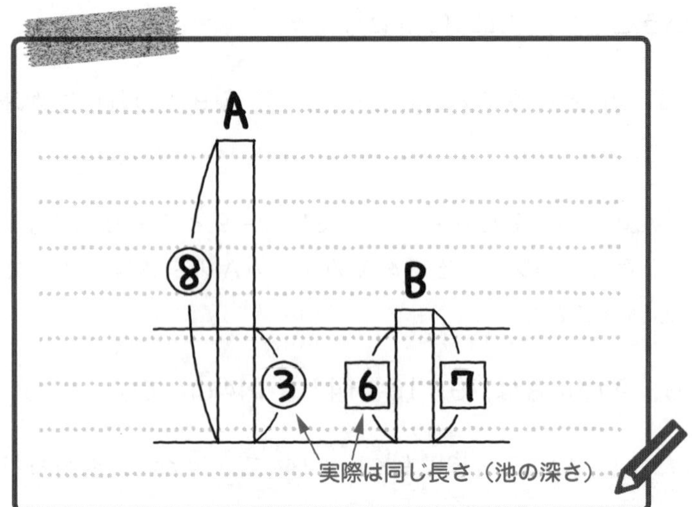

AとBをそれぞれ別々の比で表しているから，Aは○の比の⑧：③と書き，Bは□の比の[7]：[6]と書くよ。ここで，池の深さの③と[6]は実際では同じ長さだね。ということは，③と[6]をそろえて連比を作れば「A：B：池の深さ」を求めることができる。池の深さを③と[6]の最小公倍数の6にそろえると，次のように連比を作ることができるね。

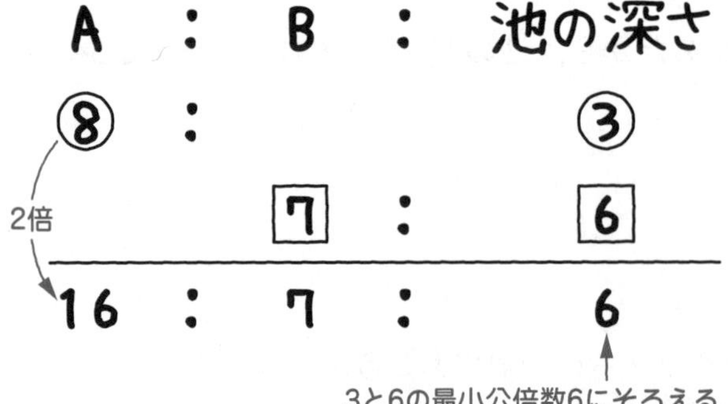

これで，「A：B：池の深さ＝16：7：6」が求められた。だから，A：B＝16：7ということだね。

16：7…答え ［例題］5-13 (1)

(2) は (1) で求めた「A：B：池の深さ＝16：7：6」を利用して解こう。AとBの比の差の16−7＝9が81 cmにあたる。だから，81÷9＝9で，比の1は9 cmと求めることができるね。

A：B：池の深さ＝16：7：6で，池の深さは比の6だから，9×6＝54で54 cmだ。

54 cm…答え ［例題］5-13 (2)

逆比について見てきたけど，逆比を使うと 3 07 で学んだ平均算をラクに解ける場合があるよ。3 07 の [例題]3-23 ～ [例題]3-25 を逆比を使って解いてみよう。それぞれの解き方は別解として解説しているよ。

Check 68 つまずき度 ●○○○○ ➡解答は別冊 p.66 へ

次の長方形について，ア：イを求めなさい。

(1)
5 cm
15 cm²
ア
3 cm
15 cm²
イ
(2)
5 cm
1 cm²
ア
3 cm
1 cm²
イ

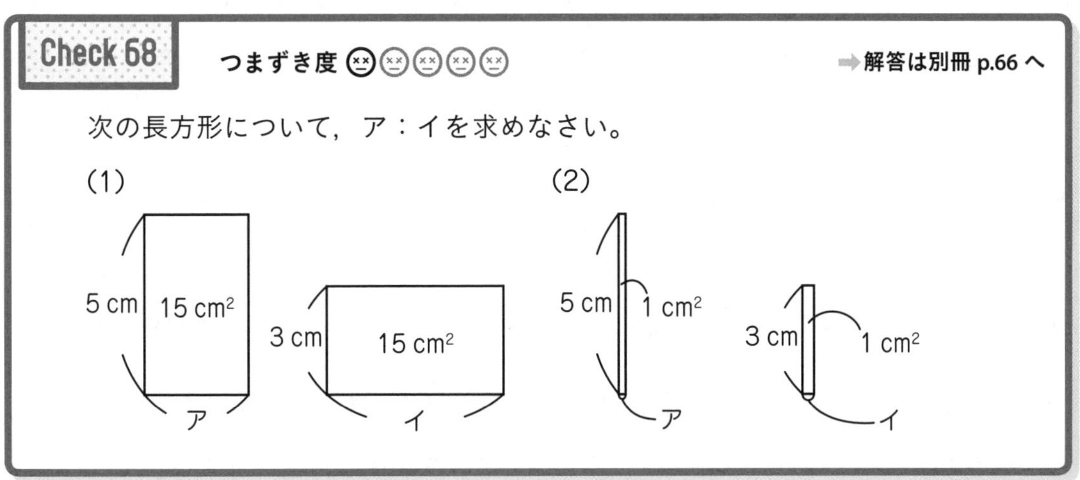

Check 69 つまずき度 ●○○○○ ➡解答は別冊 p.66 へ

次の長方形について，ア：イ：ウを求めなさい。

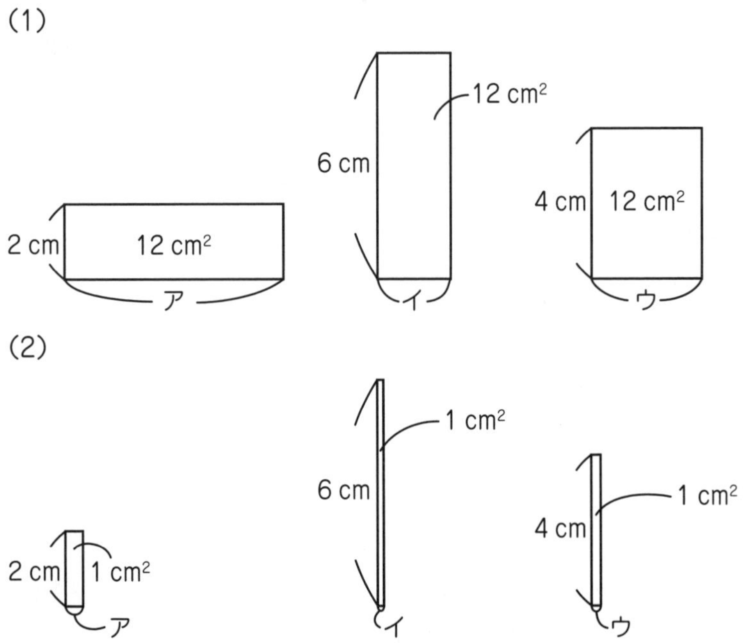

(1)
2 cm
12 cm²
ア
6 cm
12 cm²
イ
4 cm
12 cm²
ウ
(2)
2 cm
1 cm²
ア
6 cm
1 cm²
イ
4 cm
1 cm²
ウ

Check 70 つまずき度 ●●●○○ ➡解答は別冊 p.66 へ

次の問いに答えなさい。

(1) A の 16 倍と B の 14 倍が等しいとき，A と B の比(ひ)を求(もと)めなさい。

(2) $A\times1.1=B\times1\frac{1}{6}$ のとき，A と B の比を求めなさい。

(3) $A\times4\frac{4}{9}=B\times5.6=C\times5$ のとき，A：B：C を求めなさい。

Check 71 つまずき度 ●●●○○ ➡解答は別冊 p.67 へ

ある学年の男子の人数の $\frac{3}{4}$ と女子の人数の $\frac{2}{3}$ が同じでした。また，その学年の男女の人数の差(さ)は 9 人でした。このとき，次の問いに答えなさい。

(1) その学年の男子と女子の人数の比を求めなさい。

(2) その学年の女子は何人いますか。

Check 72 つまずき度 ●●●●○ ➡解答は別冊 p.67 へ

長さ 265 cm の棒(ぼう)を A，B の 2 本に切りました。その 2 本の棒を池の同じ場所にまっすぐ立てたら，A の $\frac{2}{9}$ と B の $\frac{3}{5}$ が水面より上に出ました。このとき，次の問いに答えなさい。

(1) A と B の長さの比を求めなさい。

(2) 池の深さは何 cm ですか。

5 07 比どうしの積と商

比どうしをかけたり，わったりするとどうなる⁉ その結果は……。これからいっしょに学んでいこう！

説明の動画は
こちらで見られます

[例題]5-14 つまずき度 ●●○○○

次の問いに答えなさい。

(1) 2つの長方形AとBがあります。AとBのたての長さの比が3：2，横の長さの比が5：3であるとき，AとBの面積の比を求めなさい。

(2) 2つの長方形CとDがあります。CとDの面積の比が10：21，横の長さの比が5：7であるとき，CとDのたての長さの比を求めなさい。

では，(1)を解いていこう。2つの長方形AとBの面積の比を求める問題だね。

「長方形の実際のたての長さも横の長さもわからないのに，面積の比が求められるんですか？」

たしかに，長方形の実際のたての長さも横の長さもわからないね。でも，長さの比がわかっていれば，面積の比を求めることはできるんだ。

「えっ，どういうことですか？」

解説していくね。長方形AとBのたての長さの比が3：2，横の長さの比が5：3だけど，たてと横の長さのもとにする大きさはちがうから，たての長さの比を③：②，横の長さの比を5̲：3̲として区別するよ。2つの長方形を図に表してみると，次のようになる。

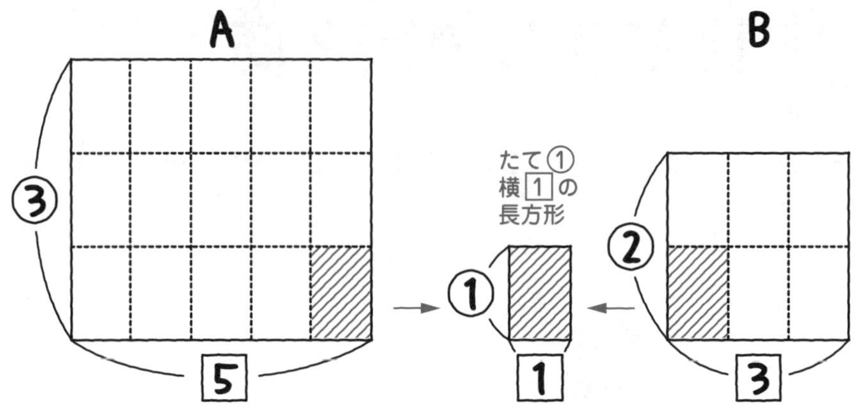

Aの中には，たての長さが①，横の長さが1の長方形が3×5＝15（個）あり，Bの中には，たての長さが①，横の長さが1の長方形が2×3＝6（個）あることがわかる。

だから，2つの長方形AとBの面積の比は，15：6＝5：2と求められるね。

5：2…答え［例題］5-14（1）

まとめると，たての長さの比を③：②，横の長さの比を5：3とし，それぞれの比をかけ合わせて，面積の比を15：6（＝5：2）と求めたということだ。

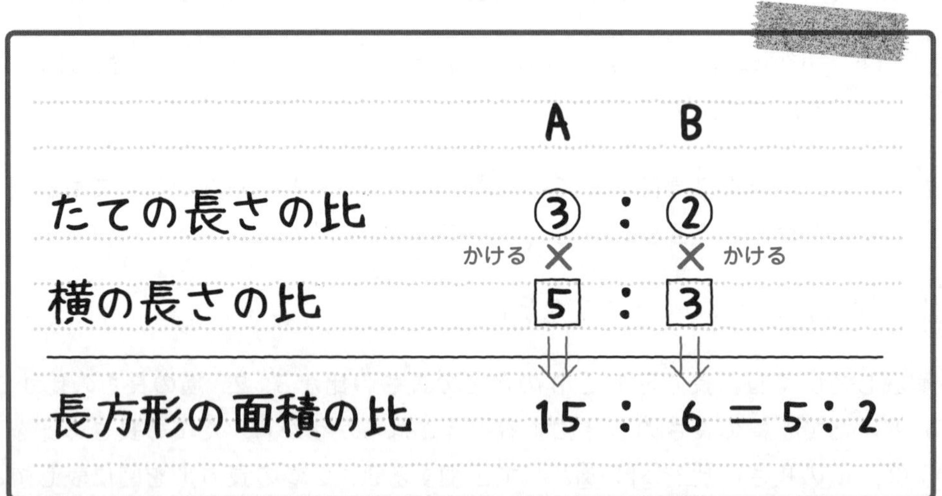

長方形の面積を求めるときは，**（たての長さ）×（横の長さ）＝（長方形の面積）**という公式を使うよね。この公式に「**の比**」をつけて，次のようにできるんだ。

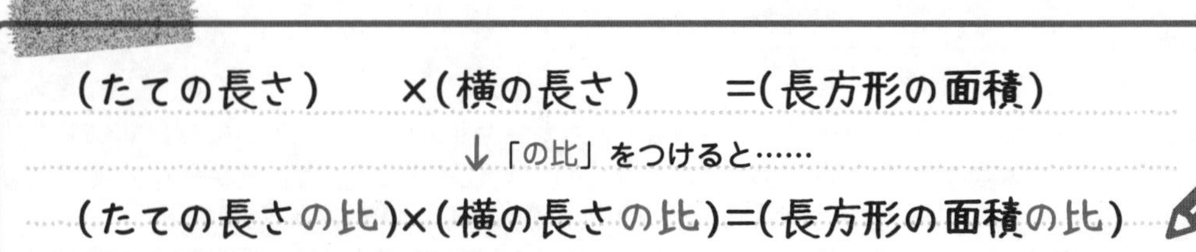

このように，**かけ算だけでできた公式では，「の比」をつけても成り立つ**よ。ここでは，**長方形の面積を求める公式だけについて考えたけど，それ以外でも，かけ算だけでできた公式ならどんな公式でも「の比」をつけても成り立つ**ことをおさえておこう。

説明の動画はこちらで見られます

では，(2) にいこう。2 つの長方形 C と D の面積の比が 10：21，横の長さの比が 5：7 であるとき，2 つの長方形 C と D のたての長さの比を求める問題だね。図で表すと右のようになる。

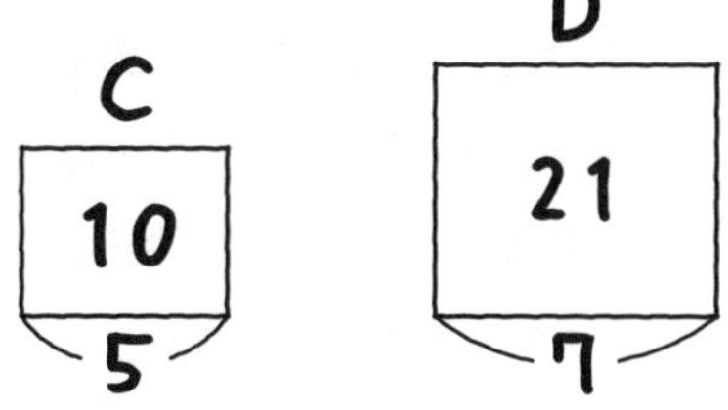

この問題を解くとき，ウラ技っぽい方法なんだけど，**実際に長さと面積を決めて考える**方法があるよ。どういうことかというと，長方形 C，D の面積をそれぞれ 10 cm^2，21 cm^2 と決めてしまうんだ。そして，長方形 C，D の横の長さをそれぞれ 5 cm，7 cm と決めてしまおう。

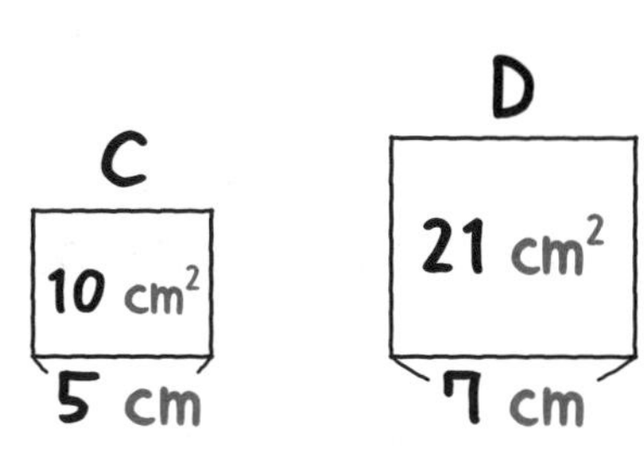

そうすると，たての長さは簡単に求められるね。C のたての長さは 10÷5＝2 で 2 cm，D のたての長さは，21÷7＝3 で 3 cm だ。C，D のたての長さがそれぞれ 2 cm と 3 cm だから，答えは 2：3 と求められるよ。

C　10 cm²　2 cm → 2：3 ← 3 cm　21 cm²　D
5 cm　7 cm

2：3 … 答え ［例題］5−14 (2)

「でも，実際の面積や，実際の横の長さがちがったときには，たての長さは 2：3 にならないんじゃないですか？」

(2)では，面積や横の長さがちがうときも，たての長さは2：3になるんだ。たとえば，CとDの面積の比は10：21だね。それぞれを2倍すると(10×2)：(21×2)＝20：42だから，長方形C，Dの面積をそれぞれ20 cm^2，42 cm^{2}と決めてしまおう。そして，長方形C，Dの横の長さはさっきと同じ，それぞれ5 cm，7 cmとしようか。

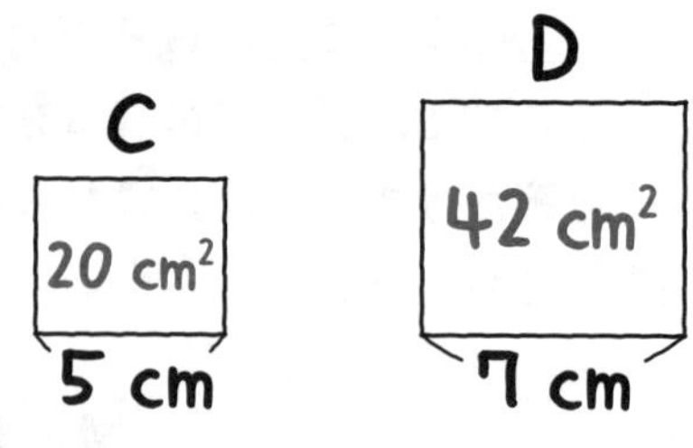

すると，Cのたての長さは，20÷5＝4で4 cm，Dのたての長さは，42÷7＝6で6 cmだから，答えは4：6＝2：3で，やっぱり2：3になるんだ。

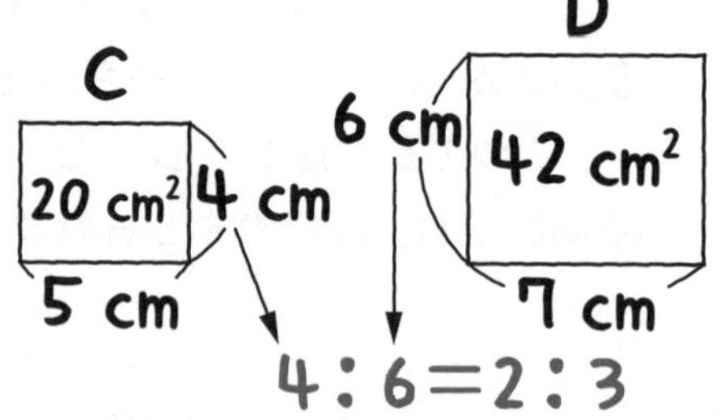

（面積が変わってもたての長さの比は同じ）

(2)の解き方をまとめると，長方形CとDの面積の比が10：21，横の長さの比が5：7なので，**(長方形の面積)÷(横の長さ)＝(たての長さ)**より，たての長さの比は，(10÷5)：(21÷7)＝2：3と求められるんだ。

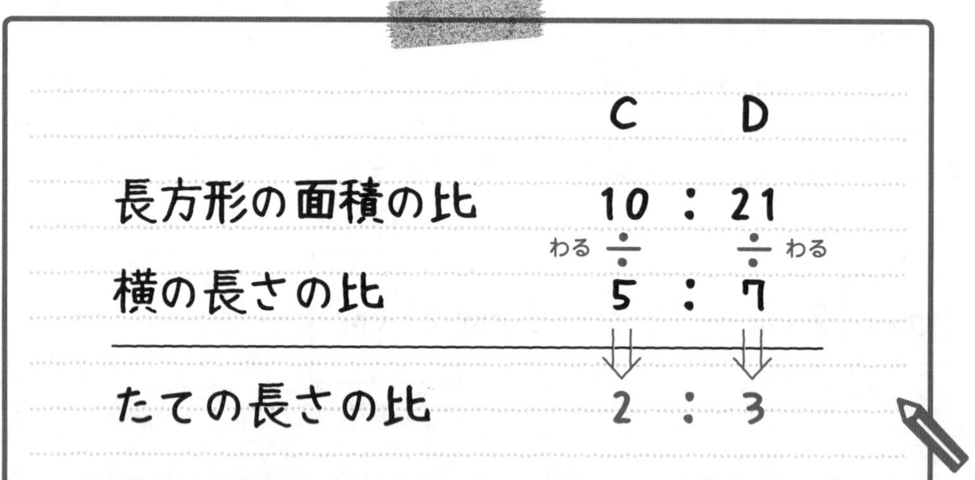

つまり，長方形のたての長さを求める公式に「**の比**」をつけて，次のようにできるということだよ。

（長方形の面積）÷（横の長さ）＝（たての長さ）

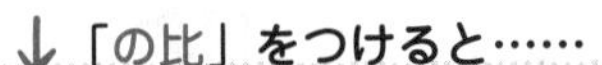

このように，**わり算だけでできた公式では，「の比」をつけても成り立つ**んだよ。ここでは，**長方形のたての長さを求める公式だけについて考えたけど，それ以外でも，わり算だけでできた公式ならどんな公式でも「の比」をつけても成り立つ**こともおさえておこう。

「かけ算の公式と同じですね。」

そうだね。(1) では，かけ算だけでできた公式なら，どんな公式でも「の比」をつけても成り立つことも学んだね。つまり，**かけ算とわり算だけでできた公式では，「の比」をつけても成り立つ**んだ。これらの公式は，第 8 章でも使うよ。

では，比どうしの積と商を使って解く文章題を解いていこう。

129 説明の動画はこちらで見られます

[例題]5−15 つまずき度 😵😵😵

1 つ 30 円のみかんと 1 つ 100 円のりんごをそれぞれいくつか買いました。みかんとりんごの個数の比は 4：5 で，代金の合計は 3720 円でした。りんごをいくつ買いましたか。

[例題]5−15 で，みかん 1 つとりんご 1 つの値段の比は何対何かな？

「みかんは 1 つ 30 円で，りんごは 1 つ 100 円だから，30：100＝3：10 です！」

そうだね。みかん 1 つとりんご 1 つの値段の比は 3：10 だ。

ところで，**（1 つの値段）に（個数）をかけると（代金の合計）が求められる**よね。つまり，次のような公式が成り立つということだ。

（1 つの値段）×（個数）＝（代金の合計）

ここで，**かけ算だけでできた公式では，「の比」をつけても成り立つ**ことを思い出そう。**(1つの値段)×(個数)＝(代金の合計)**という公式に「の比」をつけると，次のようになるね。

(1つの値段)　×(個数)　＝(代金の合計)

↓「の比」をつけると……

(1つの値段の比)×(個数の比)＝(代金の合計の比)

つまり，**(1つの値段の比)×(個数の比)＝(代金の合計の比)**という公式が成り立つんだよ。いま，みかん1つとりんご1つの値段の比は3：10だ。そして，個数の比は4：5だね。これらをかけ合わせて，代金の合計の比を求めてくれるかな？

「はい。次のようにかけ合わせればいいのね。」

	みかん		りんご
1つの値段の比	3	：	10
	かける ×		× かける
個数の比	4	：	5
	⇓		⇓
代金の合計の比	12	：	50＝6：25

そうだね。これで，みかんとりんごの(代金の合計の比)が12：50＝6：25と求められた。実際の数と区別するために，⑥：㉕としようか。(代金の合計の比)が⑥：㉕だから，⑥＋㉕＝㉛で㉛が代金の合計額の3720円にあたるということだね。

㉛が3720円ということは，①はどのように求めればいいかな？

「えっと……，①の31個分の㉛が3720円だから，3720を31でわれば，①が何円か求められます！」

その通り。3720÷31＝120で①が120(円)と求められるね。この問題では，りんごの個数を求めればいいから，まず，りんごの代金の合計を求めよう。りんごの代金の合計は㉕だから，①の120に25をかければ，㉕が求められるね。ハルカさん，㉕は何円か，求めてくれるかな？

「はい。120×25=3000(円)です。」

そうだね。これで，りんごの代金の合計が 3000 円と求められた。りんご 1 つの値段は 100 円だから，3000÷100=30 で買ったりんごの個数は 30 個と求められるよ。

りんごの代金の合計　120 × 25 = 3000 (円)
①　㉕

りんごは1つ100円だから，3000 ÷ 100 = 30 (個)

30 個…答え　[例題]5-15

説明の動画はこちらで見られます

別解　[例題]5-15

「の比」をつけて新しい公式を作る考え方は，慣れるまでは少し難しいよね。比の積で考えなくても解ける方法があるので，見ておこう。まず，みかんとりんごの個数の比は 4：5 ということから，みかんとりんごは最も少なくてそれぞれ 4 つと 5 つだよね。この**みかん 4 つとりんご 5 つを 1 組**とおこう。

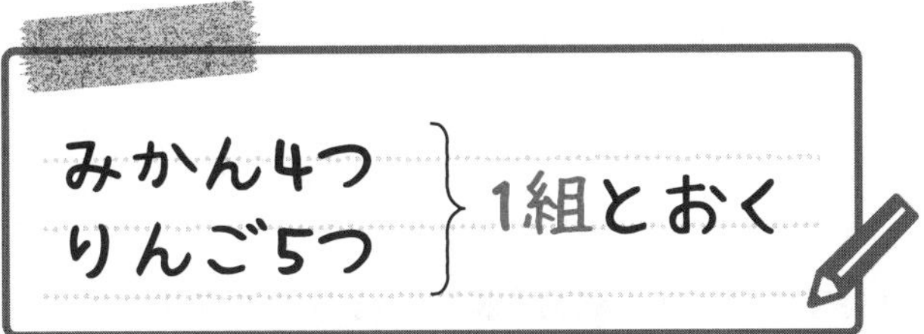

この 1 組(みかん 4 つとりんご 5 つ)の代金は合わせていくらかな？

「えっと，みかんは 1 つ 30 円で，りんごは 1 つ 100 円だから……，1 組(みかん 4 つとりんご 5 つ)の代金は，30×4+100×5=620(円)です！」

そうだね。1 組(みかん 4 つとりんご 5 つ)の代金は 620 円だ。いま，みかんとりんごの代金の合計は 3720 円だから，3720÷620=6 で，6 組あることがわかるね。1 組のりんごが 5 つで，それが 6 組あるのだから，5×6=30 で，りんごは 30 個と求められる。

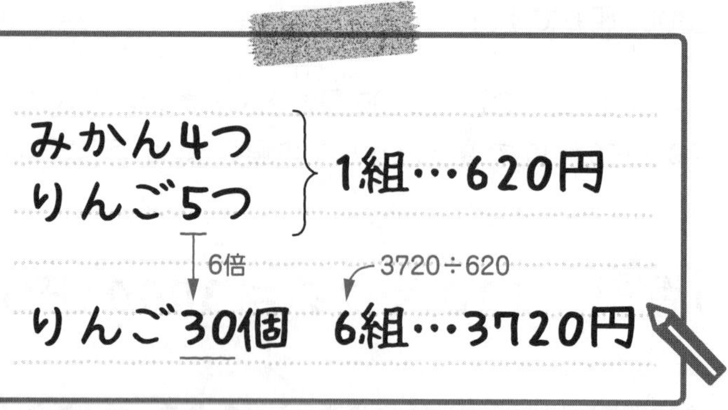

30個…答え [例題]5-15

131 説明の動画はこちらで見られます 

[例題]5-16 つまずき度

大人と子ども合わせて33人の団体が動物園に行きます。入園料は大人1人350円，子ども1人150円です。大人全員の入園料の合計額と子ども全員の入園料の合計額の比は35：18でした。子どもは何人いますか。

大人1人と子ども1人の入園料の比は何対何かな？

「入園料は大人1人350円，子ども1人150円だから，350：150＝7：3です。」

その通り。大人1人と子ども1人の入園料の比は7：3だね。ところで，**(入園料の合計額)を(1人あたりの入園料)でわると(人数)が求められる**。つまり，

(入園料の合計額)÷(1人あたりの入園料)＝(人数)

という公式が成り立つね。ここで，**わり算だけでできた公式では，「の比」をつけても成り立つ**ことを思い出そう。**(入園料の合計額)÷(1人あたりの入園料)＝(人数)** という公式に，「の比」をつけると次のようになる。

(入園料の合計額)　÷(1人あたりの入園料)　＝(人数)

↓「の比」をつけると……

(入園料の合計額の比)÷(1人あたりの入園料の比)＝(人数の比)

つまり，**(入園料の合計額の比)÷(1人あたりの入園料の比)＝(人数の比)**という公式が成り立つということだ。

いま，大人全員の入園料の合計額と子ども全員の入園料の合計額の比は35：18で，大人1人と子ども1人の入園料の比は7：3だね。

(入園料の合計額の比)を(1人あたりの入園料の比)でわって，(人数の比)を求めてくれるかな？

「えっと…次のように求めればいいですか？」

	大人		子ども
入園料の合計額の比	35	：	18
	わる ÷		÷ わる
1人あたりの入園料の比	7	：	3
	⇩		⇩
人数の比	5	：	6

その通り。これで，大人と子どもの(人数の比)が5：6と求められた。実際の人数と区別するために⑤：⑥としようか。(人数の比)が⑤：⑥だから，⑤＋⑥＝⑪で，⑪が人数の合計の33人にあたるということだ。

大人　子ども

人数の比　5　：　6

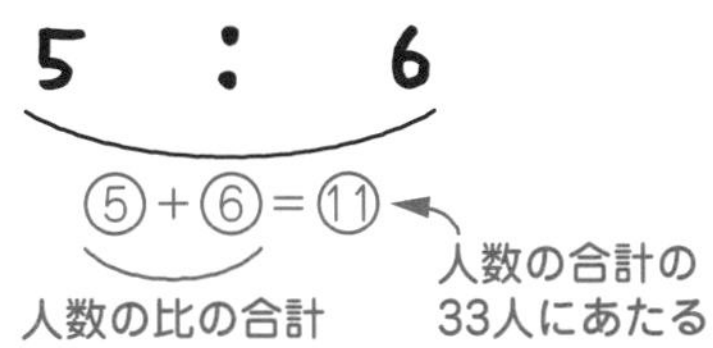

⑪が33人ということは，①はどのように求めればいい？

「①の11個ぶんの⑪が33人だから，33を11でわれば①が求められるのね。33÷11＝3で，①は3(人)です。」

そうだね。①が3(人)と求められる。この問題では，子どもの人数を求めればいいから，⑥の人数を求めるんだ。3×6＝18で，子どもの人数が18人とわかるね。

18人…答え　[例題]5-16

Check 73

つまずき度 ●●○○○

➡解答は別冊 p.68 へ

次の問いに答えなさい。

(1) 2つの長方形AとBがあります。AとBのたての長さの比(ひ)が5：6，横の長さの比が9：10であるとき，AとBの面積(めんせき)の比を求(もと)めなさい。

(2) 2つの長方形CとDがあります。CとDの面積の比が3：2，たての長さの比が6：11であるとき，CとDの横の長さの比を求めなさい。

Check 74

つまずき度 ●●●○○

➡解答は別冊 p.69 へ

10円玉と50円玉が何枚(なんまい)かあり，10円玉と50円玉の枚数の比が8：3で，金額(きんがく)の合計は1150円です。10円玉と50円玉はそれぞれ何枚ありますか。

Check 75

つまずき度 ●●●●○

➡解答は別冊 p.69 へ

1個60gのおもりAと1個80gのおもりBが合わせて57個(こ)あります。おもりA全部の重さの合計とおもりB全部の重さの合計の比が27：40でした。このとき，おもりAの個数は何個ですか。

第6章

割合と比の文章題

「割合」と「比」のさまざまな文章題を解いていくよ。第4章と第5章では「割合」と「比」の基礎を学んだね。それをもとにして，さまざまな問題を解いていこう。これから教える「割合」と「比」の文章題は，入試ではよく出題されるからね。

「じゃあ，さらに気を引きしめて学ばないとですね。」

そうだね。さまざまな文章題を解きながら，「割合」と「比」を自由自在に使えるようになっていこう。

「よし，がんばるぞ！」

6 01 相当算

「割合」を利用して解く文章題の1つが「相当算」だ。「割合」で習ったことを思い出しながら進めていこう。

132 説明の動画はこちらで見られます 

第4章で習った「割合」に関する文章題を解いていこう。まず「相当算」について見ていくよ。

[例題]6-1 つまずき度 ●○○○○

ある紙テープの $\frac{2}{5}$ を切り取ると，残りは21 cmになりました。この紙テープのはじめの長さは何cmですか。

この問題は，おもに次の2つの解き方があるよ。

解き方1 **線分図に山をかいて解く**

解き方2 **割合の考え方で解く**

では，順番に解説していくよ。

[例題]6-1 の 解き方1 線分図に山をかいて解く

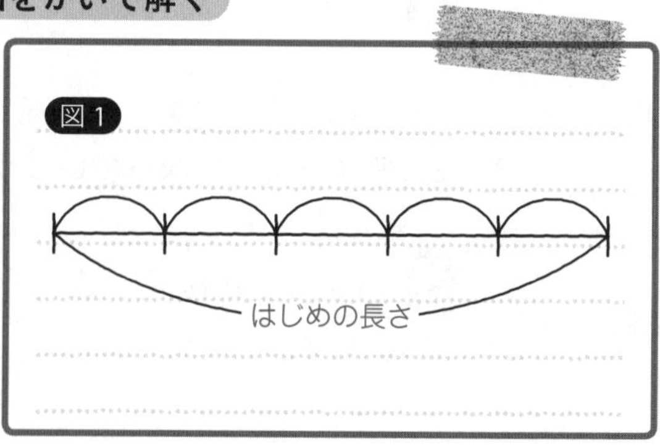

この解き方では，まず線分図をかこう。「紙テープの $\frac{2}{5}$ を切り取る」ということは，**「紙テープを5等分にしたうちの2つ分を切り取る」**ということだね。だから，紙テープを表す線分図をかいて，それを 図1 のように5等分しよう。5等分するのだから，山が5つ，つまり「5山」できるね。

紙テープを5つに分けたうちの2つ分を切り取って，残りは21 cmになったのだから，それを線分図に書きこむと 図2 のようになる。

つまり，5−2＝3で「3山」ぶんが21 cmということになるね。ということは，21÷3＝7で「1山」は7 cmだ。

紙テープのはじめの長さは「5山」だから，7×5＝35（cm）と求められるよ。**「割合」に慣れていないうちは，この解き方が解きやすい**かもしれないね。

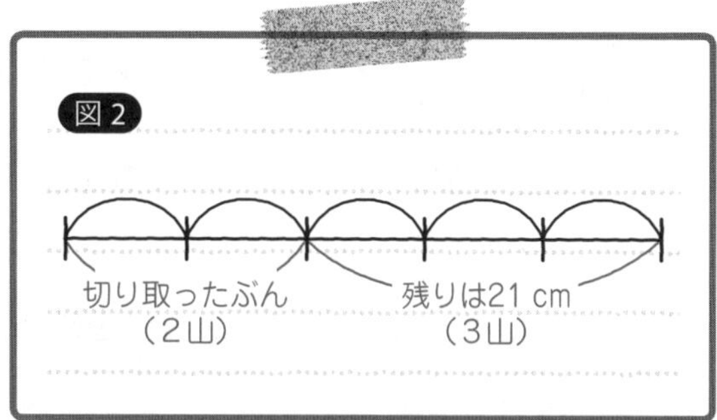

35 cm…答え ［例題］6-1

133 説明の動画はこちらで見られます

［例題］6-1 の 解き方2 割合の考え方で解く

では，割合で解く方法を解説するよ。この解き方でも，慣れないうちは線分図をかいて解いてほしいんだ。「紙テープの$\frac{2}{5}$を切り取る」とは，**「紙テープのはじめの長さを①とおいたときに，$\left(\frac{2}{5}\right)$を切り取る」**ということだ。そうすると，残りのテープの長さは，①$-\left(\frac{2}{5}\right)=\left(\frac{3}{5}\right)$だから，残った21 cmの割合は$\left(\frac{3}{5}\right)$となるね。

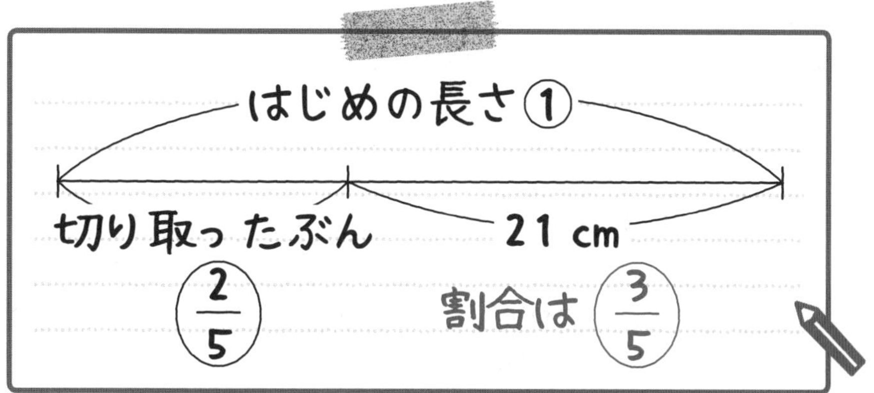

つまり，「紙テープのはじめの長さの$\frac{3}{5}$（倍）は21 cm」ということだ。ここで，紙テープのはじめの長さを□ cmとおくと

$$□\times\frac{3}{5}=21$$

という式に表せる。

この式から□（紙テープのはじめの長さ）を求めるには，どうすればいいかな？

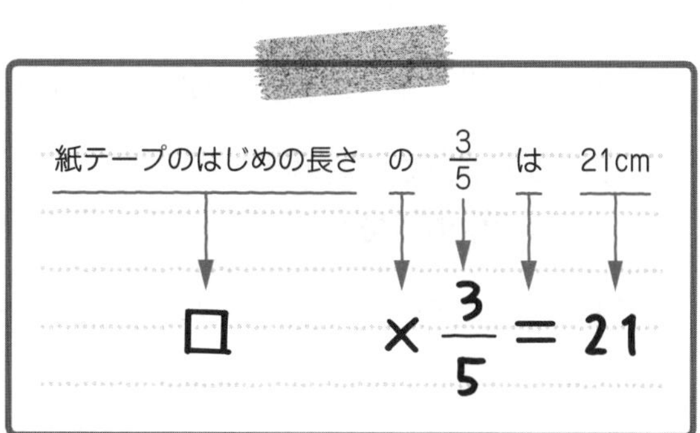

「$\square\times\frac{3}{5}=21$ から□を求めるには，21 を $\frac{3}{5}$ でわればいいわね。計算すると，$21\div\frac{3}{5}=21\times\frac{5}{3}=35$ で，□は 35 と求められるわ。」

そうだね。$\square\times\frac{3}{5}=21$ から□を求めるには，21 を $\frac{3}{5}$ でわればいいから，紙テープのはじめの長さは 35 cm と求められる。

35 cm … 答え ［例題］6−1

解き方 1 と 解き方 2 のどちらの方法でも解けるようになっておこう。

「解き方 2 は，もう少し練習しないと慣れないかも……。」

うん，練習すれば「割合」の考え方で解く方法にも慣れてくるよ。ところで，解き方 2 の「割合」の考え方で解く方法では，$\enclose{circle}{\frac{3}{5}}$ が 21 cm であることから，$21\div\frac{3}{5}$ を計算して①にあたる量（紙テープのはじめの長さ）を求めたよね。$\enclose{circle}{\frac{3}{5}}$ が 21 cm であることから，①にあたる量を求めるときに，どのように計算して求めるか，慣れないうちは迷ってしまう人も多いようだ。

「$\enclose{circle}{\frac{3}{5}}$ が 21 cm であることがわかって，そこから①にあたる量を求めるときに，21 に $\frac{3}{5}$ をかけるのか，21 を $\frac{3}{5}$ でわるのか迷いそうです。」

そうだよね。そんなときに，迷わずに①にあたる量を求められる合言葉があるから教えよう。それは **「マルでわる」** という合言葉だよ。

「マルでわる？」

そうだよ。$\enclose{circle}{\frac{3}{5}}$ が 21 cm であることから，$21\div\frac{3}{5}$ を計算して①にあたる量を求めたよね。つまり，21 をマルの中に書いている $\frac{3}{5}$ でわれば，①にあたる量が求められるということだ。

マルの中の数でわる，もっと短く言うと「マルでわる」 と覚えておけば，迷わず 21 をマルの中の $\frac{3}{5}$ でわって，①にあたる量を求めることができるんだよ。

解き方２では，21 cm が「比べられる量」で③/⑤（$\frac{3}{5}$ を○で囲んだもの）が「割合」だ。

「**比べられる量÷割合＝もとにする量（①にあたる量）**」だから，①にあたる量が，$21 \div \frac{3}{5} = 35$（cm）と求められる。つまり，**「マルでわる」というのは，もとにする量を求めるための方法**なんだよ。

「なるほど！　そういうことなんですね。」

うん。割合や比の問題では，**①にあたる量を求める場面がたくさん出てくる**んだ。そんなときに，**「マルでわる」という合言葉を覚えておけば，ミスをせず，確実に①にあたる量を求めることができる**んだよ。コツとしてまとめておこう。

コツ　割合の①にあたる数や量の求め方

①にあたる量を求めるときは，**「マルでわる」**

例 ③/⑤（$\frac{3}{5}$ を○で囲んだもの）が 21 cm であるとき，①を求める

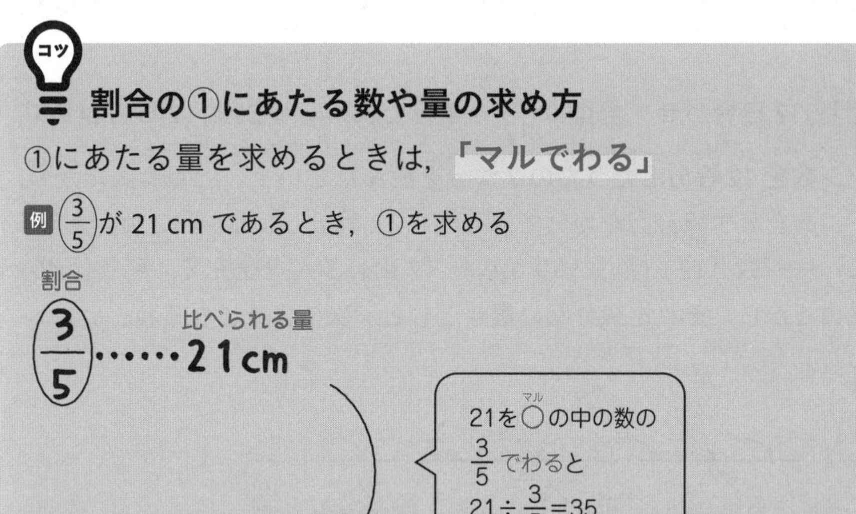

134 説明の動画はこちらで見られます

［例題］6-2　つまずき度 ●○○○○

ある本を１日目に全体の $\frac{1}{3}$ だけ読み，２日目に全体の $\frac{1}{4}$ を読んだところ，45 ページ残りました。この本は全部で何ページありますか。

この問題も線分図に山をかいて解く方法と，割合の考え方で解く方法の２つの解き方があるよ。それぞれ分けて解説するね。

[例題]6-2 の 解き方1 線分図に山をかいて解く

「1 日目に全体の $\frac{1}{3}$ だけ読み，2 日目に全体の $\frac{1}{4}$ を読んだ」ということだけど，このままだと分母がちがうから線分図に表しにくいね。まず，$\frac{1}{3}$ と $\frac{1}{4}$ を通分して分母をそろえよう。$\frac{1}{3}$ と $\frac{1}{4}$ を通分すると，$\frac{4}{12}$ と $\frac{3}{12}$ になる。つまり，「1 日目に全体の $\frac{4}{12}$ だけ読み，2 日目に全体の $\frac{3}{12}$ を読んだ」ということだ。ということは 2 日合わせて全体のどれだけ読んだのかな？」

「$\frac{4}{12}+\frac{3}{12}=\frac{7}{12}$ だから，2 日合わせて全体の $\frac{7}{12}$ を読んだのですね！」

そうだね。2 日合わせて全体の $\frac{7}{12}$ を読んだんだ。つまり，**2 日合わせて，本全体のページ数を 12 等分したうちの 7 つ分を読んだ**ということだね。だから，本全体のページ数を表す線分図をかいて，それを 12 等分しよう。「12 山」を作るんだ。本全体のページ数「12 山」ぶんのうちの「7 山」ぶんを読んで，残り（のこ）は 45 ページになったのだから，それを線分図に書きこむと，次のようになるね。

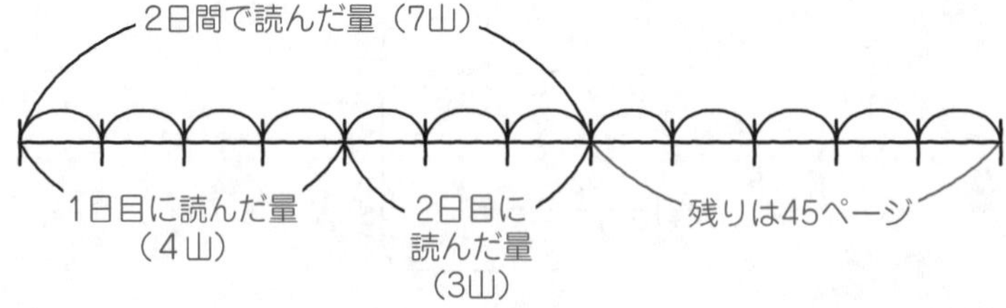

つまり，12−7＝5 で「5 山」ぶんが 45 ページということになる。ということは，45÷5＝9 で「1 山」は 9 ページだとわかる。本全体のページ数は「12 山」だから，9×12＝108 で，108 ページと求め（もと）られるね。

108 ページ … 答え [例題]6-2

この問題は 12 山だから線分図をかけたけど，山が多くなりすぎると線分図をかくのが大変（たいへん）になるよね。山が多くなりそうな場合は，次の「割合（わりあい）の考え方で解（と）く」方法（ほうほう）がおすすめだよ。山の多い少ないに関（かか）わらず，最終的（さいしゅうてき）には，次の解き方で解けるようになろう。

説明の動画は
こちらで見られます

[例題]6-2 の 解き方2 割合の考え方で解く

割合の考え方で解く方法を解説するね。途中までは 解き方1 と同じだよ。$\frac{1}{3}$と$\frac{1}{4}$を通分してたすと，$\frac{1}{3}+\frac{1}{4}=\frac{7}{12}$になったね。2日合わせて全体の$\frac{7}{12}$読んだということだ。ところで，$\frac{1}{3}$と$\frac{1}{4}$は，どちらも割合だね。つまり，$\frac{1}{3}+\frac{1}{4}=\frac{7}{12}$の式では，**割合どうしをたしている**わけだね。

「割合どうしをたすのってアリなんですか？」

もとにする量が同じ場合は，たしてもいいんだよ。さて，「2日合わせて全体の$\frac{7}{12}$を読んだ」というのは**「本全体のページ数を①とおいたときに，$\left(\frac{7}{12}\right)$を読んだ」**ということだね。ここで，①−$\left(\frac{7}{12}\right)$=$\left(\frac{5}{12}\right)$より，残った45ページの割合は$\left(\frac{5}{12}\right)$となる。ここまでを線分図にまとめると，次のようになるよ。

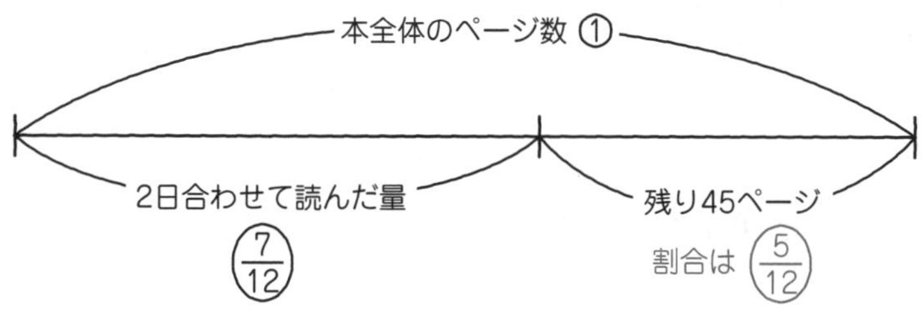

つまり，$\left(\frac{5}{12}\right)$が45ページということだ。このとき，①にあたる量（本全体のページ数）はどうやって求めればいいかな？　あの合言葉を思い出そう。

「①にあたる量を求めるときは，『マルでわる』ですね！」

そう。**マルでわればいい**んだね。45をマルの中の$\frac{5}{12}$でわれば，①にあたる量が求められるんだ。ユウトくん，計算してくれるかな？

「はい！　$45\div\frac{5}{12}=45\times\frac{12}{5}=108$で，108ページですね！」

うん，その通り。これで本全体のページ数が 108 ページと求められたね。

108 ページ… 答え　[例題]6-2

この問題でもわかる通り，割合の文章題で，もとにする量(①にあたる量)を求めたい場合，**実際の量(この問題では 45 ページ)とその割合(この問題では $\frac{5}{12}$ を○で囲んだもの)がどちらもわかるところを，まず探そう。そして，実際の量(比べられる量)をその割合でわって，全体の量(もとにする量)を求める**問題が多いんだ。**「マルでわる」というのは，実際の量をその割合でわることを表す**ということもできるんだね。大事なことだから，コツとしてまとめておくよ。

コツ

割合の文章題でもとにする量（①にあたる量）を求めたいときの流れ

❶　線分図をかく。

例

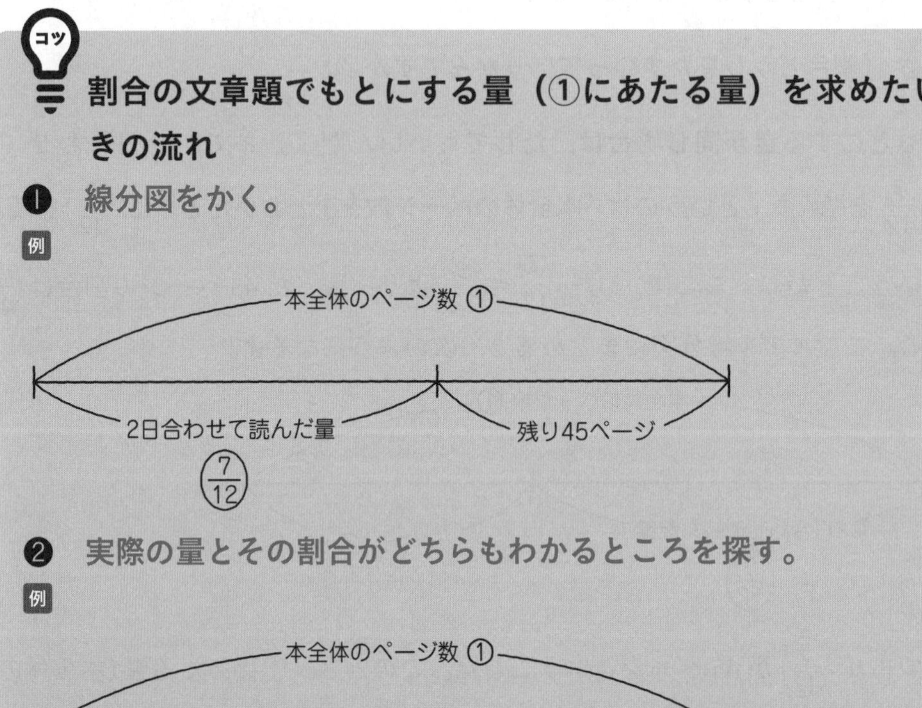

❷　実際の量とその割合がどちらもわかるところを探す。

例

本全体のページ数 ①
2日合わせて読んだ量
7/12
残り45ページ（実際の数量）
どちらもわかった
5/12
（割合）

❸「マルでわる(実際の量をその割合でわる)」をして全体の量を求める。

例　$45 \div \frac{5}{12} = 108$ となり，本全体のページ数が 108 ページと求められる。

説明の動画は
こちらで見られます

[例題]6−3　つまずき度

ある本を1日目に全体の $\frac{5}{9}$ だけ読み，2日目に残りの $\frac{2}{3}$ を読んだところ，24ページ残りました。この本は全部で何ページありますか。

「あれ？　数はちがうけど，さっきの [例題]6−2 とほとんど同じ問題ですよね？　ということは，[例題]6−2 と同じ解き方で解けるんですか？　割合の $\frac{5}{9}$ と $\frac{2}{3}$ をたして……。」

ユウトくん，たしかに**問題はよく似てるけど，同じ解き方では解けない**んだ。この問題では，割合どうしをたすとまちがいになってしまうんだよ。

では，2つの問題文をならべて比べてみよう。数以外にどの部分がちがうかわかるかな？

[例題]6−2　ある本を1日目に全体の $\frac{1}{3}$ だけ読み，2日目に全体の $\frac{1}{4}$ を読んだところ，45ページ残りました。この本は全部で何ページありますか。

[例題]6−3　ある本を1日目に全体の $\frac{5}{9}$ だけ読み，2日目に残りの $\frac{2}{3}$ を読んだところ，24ページ残りました。この本は全部で何ページありますか。

「あっ！　[例題]6−2 では2日目に『全体の〜』となっているけど，[例題]6−3 では2日目に『残りの〜』となっているわ。」

そうだね。2つの問題は，**「全体の〜」**と**「残りの〜」**の部分がちがっている。**たったこれだけのちがいで，解き方が大きくちがってくる**んだ。問題文は，正確に読まないといけないということだよね。

[例題]6-2 では，1日目に**全体の** $\frac{1}{3}$ だけ読み，2日目に**全体の** $\frac{1}{4}$ を読んだのだから，1日目も2日目もどちらも「本全体のページ数」をもとにしている。**もとにする量が同じだから割合どうしをたしてもいい**んだ。

でも，[例題]6-3 では，1日目に**全体の** $\frac{5}{9}$ だけ読み，2日目に**残りの** $\frac{2}{3}$ を読んだのだから，1日目は「本全体のページ数」をもとにしているけど，2日目は「1日目に読んだあとの残りのページ数」をもとにしているんだ。1日目と2日目で，**もとにする量がちがうから，割合どうしをたしてはいけない**んだよ。

「割合どうしをたしてはいけないとなると，どうやって解くんですか？」

この問題も解く方法がいくつかあるから，順々に解説していくね。おもに次の3つの解き方があるよ。

解き方1 線分図に山をかいて解く
解き方2 割合の考え方を使って順々に求める
解き方3 割合どうしをかけて解く

[例題]6-3 の 解き方1 線分図に山をかいて解く

「線分図に山をかいて解くのは…[例題]6-1 と [例題]6-2 のどちらでも使った方法ですね。」

そうだね。ただし，山が増えるとかくのが大変になるんだった。では，問題の様子を線分図に表していこう。

「ある本を1日目に全体の $\frac{5}{9}$ だけ読んだ」ということは，**「本全体のページ数を等しく9つに分けたうちの5つ分を読んだ」**ということだね。だから，本全体のページ数を表す線分図をかいて，それを次のように9等分しよう。9等分するのだから，山が9つ，つまり「9山」できるね。1日目に読んだ分は「5山」だ。

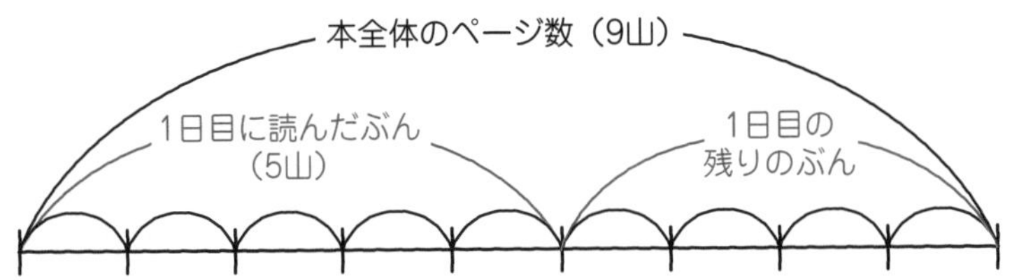

残りのページ数は，9−5＝4で「4山」ぶんとなる。「2日目に残りの $\frac{2}{3}$ を読んだところ，24ページ残った」のだから，**「2日目に，この『4山』ぶんのうちの $\frac{2}{3}$ を読んで24ページ残った」**ということになるんだ。この様子を線分図にかくと，次のようになる。**1日目と2日目でもとにする量がちがうから，上下に分けて線分図をかこう。**

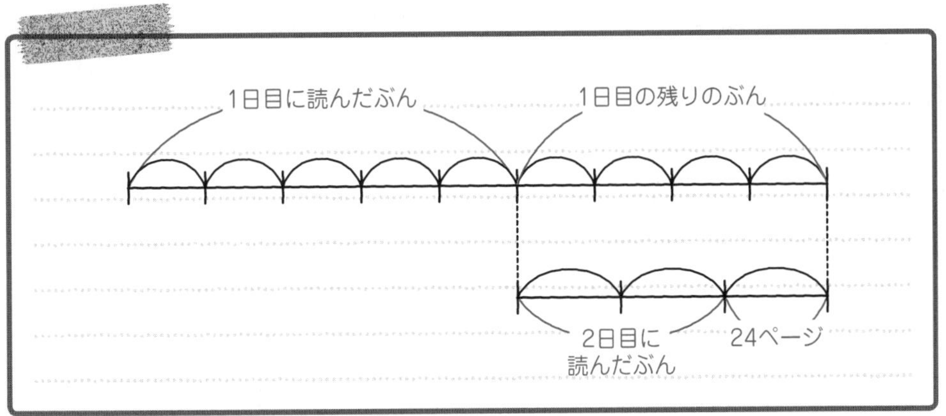

残りの $\frac{2}{3}$ を読んだということは，「残りのページ数を3等分したうちの2つ分を読んだ」ということだから，上のような線分図になるわけだね。そして，残りのページ数は，3−2＝1で「1山」ぶんとなる。この「1山」が24ページということだね。ということは，下のほうの線分図の「3山」ぶんは何ページになるかな？

「『1山』が24ページだから……，『3山』ぶんは24×3＝72で72ページね。」

うん，そうだね。この72ページは，上のほうの線分図の「4山」ぶんと同じだから，72÷4＝18で，上のほうの線分図の「1山」ぶんは18ページであることが求められる。次の図のようになるということだ。

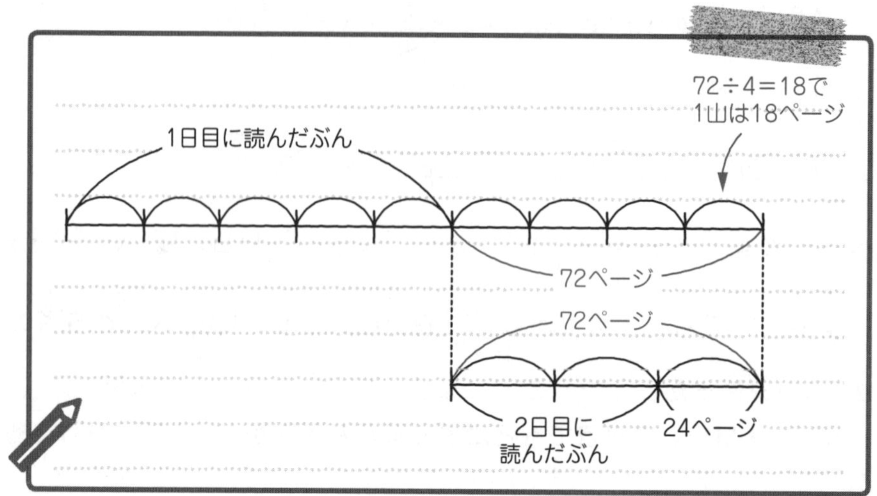

本全体のページ数は「9山」ぶんだから，18×9=162(ページ)とわかるね。

162ページ…答え [例題]6-3

説明の動画は
こちらで見られます

[例題]6-3 の 解き方2 割合の考え方を使って順々に求める

では，2つ目の解き方にいこう。

「ある本を1日目に全体の$\frac{5}{9}$だけ読んだ」ということは，本全体のページ数を①とおくと，1日目に$\left(\frac{5}{9}\right)$読んだということだね。そして，「2日目に残りの$\frac{2}{3}$を読んだところ，24ページ残った」ということは，1日目に読んで残ったページ数を1(四角)とおくと，2日目に$\boxed{\frac{2}{3}}$を読んで24ページ残った，ということだ。

「どうして①と$\boxed{1}$の2つの割合が出てきているんですか？」

ある本を「1日目に全体の$\frac{5}{9}$だけ読んだ」ときは，本全体のページ数(①)をもとにしていて，「2日目に残りの$\frac{2}{3}$を読んだところ，24ページ残った」ときには，1日目に読んで残ったページ数($\boxed{1}$)をもとにしているね。つまり，**1日目と2日目でもとにする量がちがうから，①と$\boxed{1}$の2種類の割合を登場させた**んだよ。

さて，この様子を線分図にかくと，次のようになる。残った 24 ページの割合は，$\boxed{1}-\boxed{\frac{2}{3}}=\boxed{\frac{1}{3}}$ だよ。

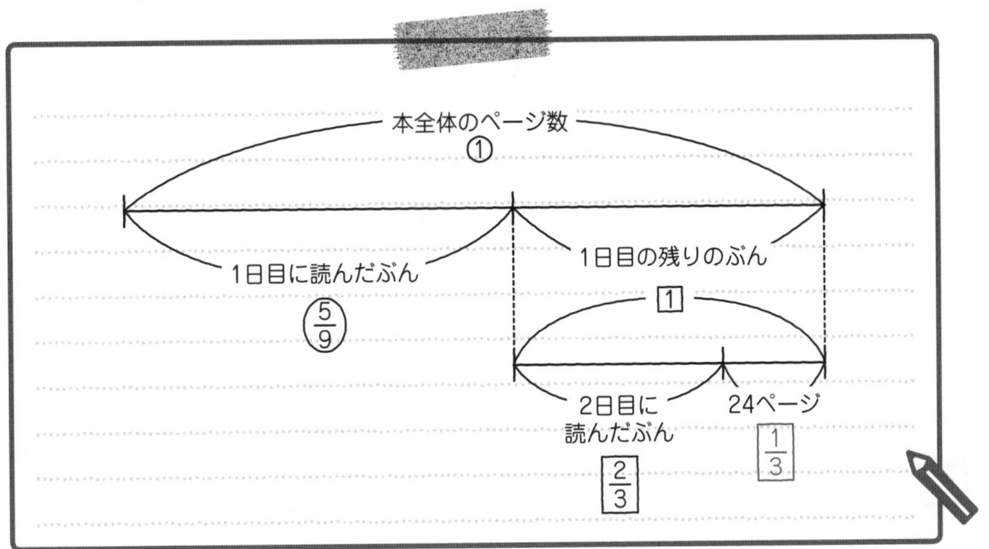

$\boxed{\frac{1}{3}}$ が 24 ページであることがわかったね。ここから$\boxed{1}$が何ページか求めることはできるかな？

「はい！　マルでわる……，でもこの問題では$\boxed{1}$が何ページかを求めるんだから，『四角でわる』かな。」

うん，そうだね。この場合は「マルでわる」ではなくて，「四角でわる」をすれば，$\boxed{1}$のページ数が求められるね。$\boxed{\frac{1}{3}}$ が 24 ページであるから，24 を四角の中の $\frac{1}{3}$ でわると，$24\div\frac{1}{3}=24\times\frac{3}{1}=72$ で，$\boxed{1}$が 72 ページと求められる。$\boxed{1}$が 72 ページと求められると，上のほうの線分図の 1 日目に読んで残った分が 72 ページとわかる。

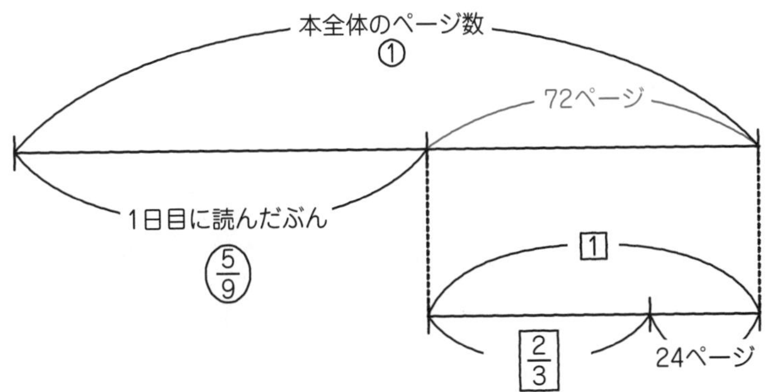

さて，この 72 ページは，マル(◯)の割合でいうとどれだけになるかな？

「本全体のページ数の割合が①で，①から1日目に読んだ分の$\left(\frac{5}{9}\right)$をひけば求められるから，①$-\left(\frac{5}{9}\right)=\left(\frac{4}{9}\right)$で……，72ページの割合は$\left(\frac{4}{9}\right)$です！」

ユウトくん，その通りだね。$\left(\frac{4}{9}\right)$が72ページであることがわかる。

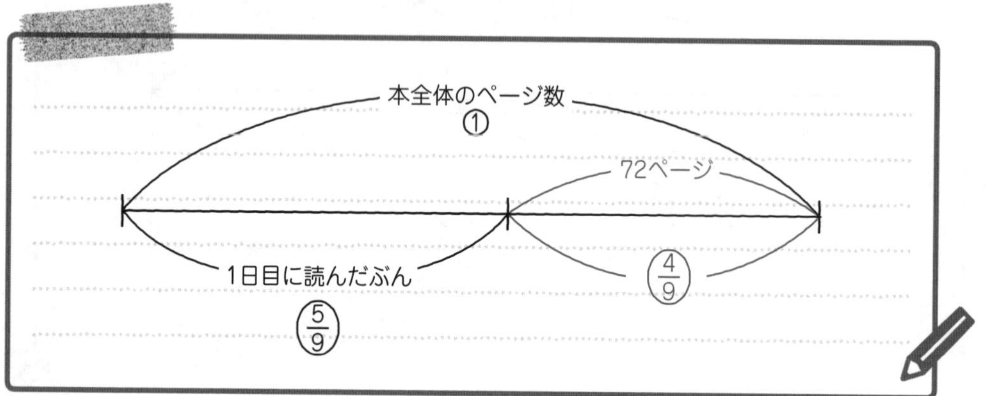

$\left(\frac{4}{9}\right)$が72ページなのだから，①(本全体のページ数)は何ページになるかな？

「①のページ数を求めるのだから，『マルでわる』ですね！　72をマルの中の$\frac{4}{9}$でわれば求められるわ。」

そうだね。$72\div\frac{4}{9}=72\times\frac{9}{4}=162$で，①(本全体のページ数)は162ページと求められるよ。

162ページ…答え　[例題]6-3

説明の動画は
こちらで見られます

[例題]6-3 の 解き方3 割合どうしをかけて解く

では，3つ目の解(と)き方にいこう。

解き方2 を参考(さんこう)にすると，次のような線分図がかける。

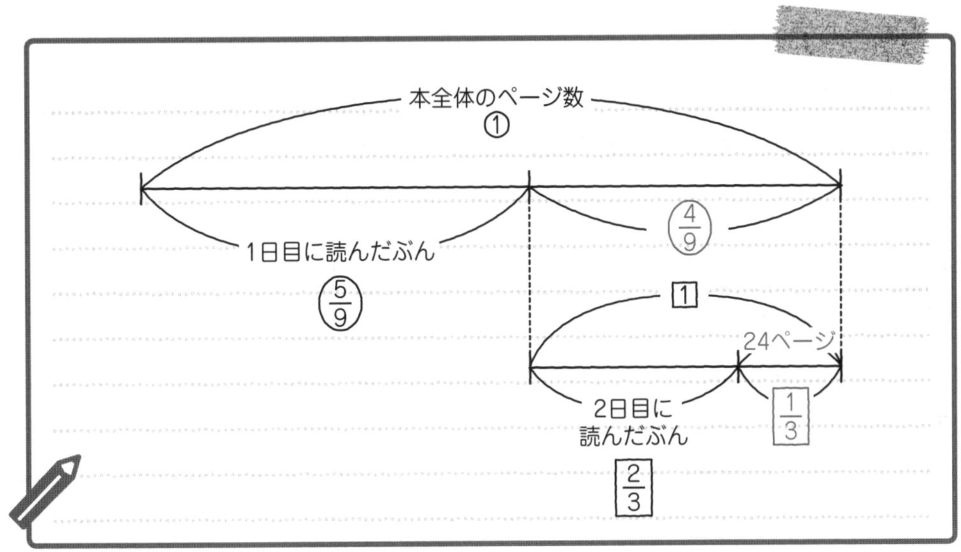

この線分図を見ると，「$\left(\frac{4}{9}\right)$ の $\frac{1}{3}$(倍)」が 24 ページだとわかる。

「$\left(\frac{4}{9}\right)$ の $\frac{1}{3}$ 倍」を計算すると，$\left(\frac{4}{9}\right)\times\frac{1}{3}=\left(\frac{4}{27}\right)$ となる。つまり，$\left(\frac{4}{27}\right)$ が 24 ページにあたるということだ。

$\left(\frac{4}{27}\right)$ が 24 ページであると求められたから，①(本全体のページ数)は「マルでわる」で求められるね。ハルカさん，求めてくれるかな？

「はい。24 をマルの中の $\frac{4}{27}$ でわればいいから，

$24\div\frac{4}{27}=24\times\frac{27}{4}=162$ で，162 ページですね。」

162 ページ … 答え [例題]6-3

うん，その通り。これで 162 ページと求められたね。

解き方3 では，「$\left(\frac{4}{9}\right)$ の $\frac{1}{3}$」が 24 ページであることから，$\left(\frac{4}{9}\right)\times\frac{1}{3}=\left(\frac{4}{27}\right)$ というように，割合の $\frac{4}{9}$ と割合の $\frac{1}{3}$ をかけて，割合の $\frac{4}{27}$ を求めたところがポイントだ。

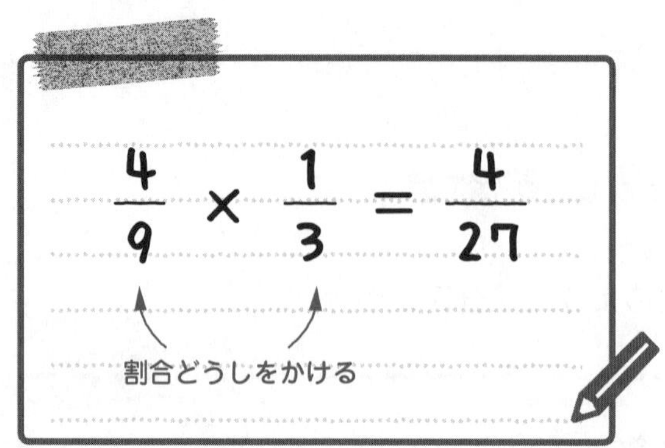

このように，**割合どうしをかけて新しい割合を求める**ことも，これから少しずつ慣(な)れていこう。

Check 76 つまずき度 ●○○○○ ➡解答は別冊 p.70 へ

あるクラスの45％は男子で，女子は22人いるそうです。このクラスは全員で何人ですか。

Check 77 つまずき度 ●○○○○ ➡解答は別冊 p.70 へ

所持金(しょじきん)の $\frac{5}{8}$ を貯金(ちょきん)し，$\frac{1}{6}$ で文房具(ぶんぼうぐ)を買い，さらに120円のボールペンを買ったところ，480円残(のこ)りました。はじめの所持金はいくらですか。

Check 78 つまずき度 ●●○○○ ➡解答は別冊 p.70 へ

Aくんはまず，はじめに持っていたお金の $\frac{1}{3}$ を電車代に使い，残りの $\frac{3}{7}$ をバス代に使ったところ，240円残りました。はじめに持っていたお金はいくらですか。

6 02 売買損益

スーパーマーケットなどで「3割引き」や「20%引き」と書いた値札を見たことはあるかな？

説明の動画はこちらで見られます

今日は，「おもちゃ屋さんの商売のしくみ」について考えてみよう。

「おもちゃ屋さんの商売のしくみって，どういうことですか？」

これから話していくね。さて，今日から「おもちゃ屋さん」を開店するとしよう。でも，いきなりおもちゃ屋さんを始めようと思っても，売るための品物が何もないよね。町にあるおもちゃ屋さんは，どのようにして店にならべるおもちゃを手に入れているか知っているかな？

「おもちゃ屋さんは，どこからおもちゃを手に入れているか……。うーん，考えたことなかったなぁ。」

おもちゃ屋さんは，**問屋**というところから，売るためのおもちゃ（品物）を買っているんだ。それを店にならべて，お客さんに売るわけだね。

「ということは，問屋は『お店のお店』のような感じですか？」

うん，そうだね。問屋は「お店のお店」だと考えてもいい。そして，おもちゃ屋さんが問屋からおもちゃ（品物）を買うことを**仕入れ**といい，おもちゃ屋さんが問屋からおもちゃ（品物）を買った値段を**仕入れ値**（または**原価**）というんだ。いま，おもちゃ屋さんが問屋から1000円の仕入れ値（原価）で1つだけプラモデルを仕入れたとしよう。

1000 円の仕入れ値（原価）で仕入れた 1 つのプラモデル。おもちゃ屋さんも商売だから，もうけがほしい。このプラモデルをこのまま 1000 円で売っても，もうけはないから，仕入れ値（原価）に「希望するもうけ（これを**見こみの利益**という）」を加えた**定価**で売ることを考えるんだ。ここでは，**「見こむ」「見こみ」という言葉がよく出てくるけど，これらは「予想(する)」という意味**だよ。

ここでは，1000 円の仕入れ値（原価）に 200 円の見こみの利益を加えた 1200 円を定価として，おもちゃ屋さんは売ろうとしたとしよう。

さて，このおもちゃ屋さん，1200 円を定価としてプラモデルをお店にならべてはみたものの，1 週間たっても 2 週間たってもなかなか売れなかったんだって。ユウトくんがおもちゃ屋さんなら，こんなときどうする？

「仕方ないから，プラモデルの値段を下げて売るしかないかなぁ。」

そうだね。定価の 1200 円ではなかなか売れないのだから，**値引き**，つまり**値段を下げて売る**のが 1 つの方法だ。

いま，定価を 150 円値引きして，1200－150＝1050（円）で新たに売り出したとしよう。プラモデルの定価は 1200 円だけど，実際は 1050 円で売り出したわけだ。

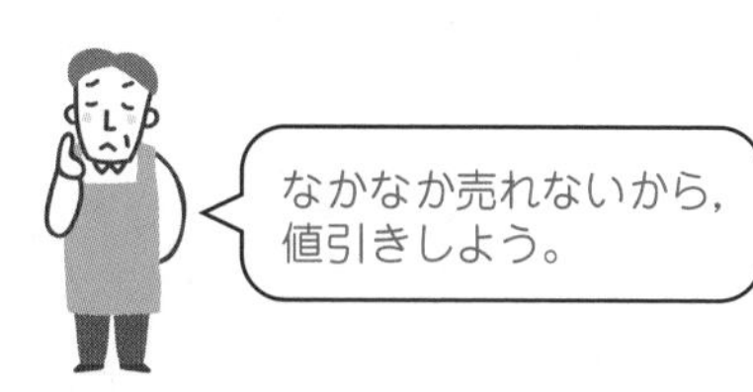

このとき，もし1050円で売れたら，実際(じっさい)のもうけ（これを**実際の利益**という）はいくらになるかな？

「もともと，おもちゃ屋さんは1000円でプラモデルを仕入れたのだから，1050円で売れたら，1050−1000＝50で，50円の利益があるわ。」

そうだね。1050円で売れたら，**見こみの利益の200円よりもうけは少なくなるけど，50円の実際の利益が出る**わけだ。

ただ，実際は……あまり人気がないプラモデルだったのか，1050円に値下げしたあとも，まったく売れなかったんだって。こんなとき，ハルカさんならどうする？

「うーん，売れるまでそのまま置(お)いておくしかないかなぁ。」

売れるまでずっと置いておくという手もあるけど，**もしずっと売れなかったら，仕入れ値（原価）の1000円ぶんまるまる損(そん)する**ことになっちゃうよね。それなら，**少し損をしてもいいから仕入れ値（原価）よりも安い金額(きんがく)で売ってしまうという最後の手段(しゅだん)もある**んだ。

「えっ，本当に最後の手段ですね。」

うん，お店はもうけるために営業(えいぎょう)しているから，損を覚悟(かくご)して値下げするのは本当に最後の手段だね。

このおもちゃ屋さん，1050円では売れなかったから，泣(な)く泣くさらに150円値引きして900円の値段で売り出した。そして，そこまで値下げしてやっと売れたんだって。この場合の900円，つまり**実際にお客さんに売った値段**を**売り値**というよ。

「なんとか売れてよかったですね。」

うん，売れないよりはよかったけど，900円の売り値で売ったときに，このおもちゃ屋さんはどれだけ損(または損失)をしたことになるかな？

「もともと1000円で仕入れて900円で売ったのだから，1000－900＝100で，100円の損をしたことになりますね。」

そうだね。なんとか売れたけど100円の損をしてしまったということだ。商売としては成功とは言えない結果になってしまったわけだね。

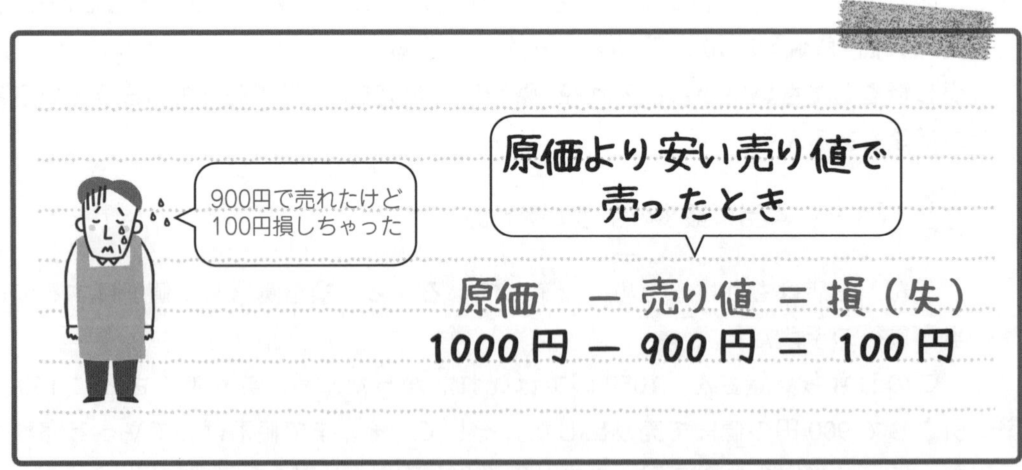

おもちゃ屋さんを例にあげて見てきたけど，物を売る仕事(八百屋，文房具屋，スーパーマーケットなど)は，みんな同じような仕組みで商売をしているんだ。

そして，この例では**仕入れ値，原価，利益，売り値など，あまりなじみのない言葉も出てきたね。これらの言葉の意味をまずおさえることが大切**だよ。次から実際の問題に入るけど，これらの言葉に自信のない人は，もう一度いまのところを読み返して，言葉の意味を確認しよう。

説明の動画は
こちらで見られます

[例題]6-4 つまずき度 😵😵😐😐😐

次の問いに答えなさい。

(1) 原価1500円の品物に2割増し（わりま）の定価をつけました。この品物の定価はいくらですか。

(2) ある品物に2割4分の利益を見こんで620円の定価をつけました。この品物の原価はいくらですか。

(3) 原価22000円の品物を，定価28600円で売りました。このとき，利益は原価の何割ですか。

[例題]6-4 のような問題もふくめて，これから解（と）いていく問題は「**売買損益**（ばいばいそんえき）」という問題だ。この単元（たんげん）では，**品物を売ったり買ったりしたときに，利益や損が出ることに関係（かんけい）する問題**が中心だよ。

売買損益では，割合を「～割」などの歩合（ぶあい）で表すことが多いんだ。歩合のほかに，百分率（ひゃくぶんりつ）が使われることもあるけどね。では，まず(1)の解説（かいせつ）をしよう。「原価1500円の品物に2割増しの定価をつけました」ということだね。**「～割増し」という言葉に気をつけよう。「～割増し」というのは，原価に，原価の～割の利益を見こんで定価をつける，という意味**なんだ。「見こむ」とは「予想（よそう）する」という意味だったね。

「～割増し」の意味

「～割増し」とは，
「原価に，原価の～割の利益を見こんで(加（くわ）えて)定価をつけること」

例 **「原価1500円の品物に** 2割増し **の定価をつけました」**
↓言いかえると……
「原価1500円の品物に， 原価の2割の利益を見こんで **定価をつけました」**

Point からもわかるように，「原価1500円の品物に**2割増し**の定価をつけた」ということは，「原価1500円の品物に，**原価の2割の利益を見こんで**定価をつけた」ということだ。さらにわかりやすく言うと，「原価1500円の品物に，原価の2割の利益を**加えて**定価をつけた」ということだよ。2割を小数で表すと何になるかな？

「2割を小数で表すと，0.2です。」

そうだね。つまり，「原価が1500円で，原価の0.2倍の利益を見こんだ」ということだ。原価1500円の0.2倍の利益を見こんだのだから，見こんだ利益は，1500×0.2＝300（円）と求められる。原価の1500円に300円の利益を見こんで（加えて）定価をつけたのだから，定価は，1500＋300＝1800（円）と求められるよ。

1800円…答え　[例題]6-4　(1)

(1)には別解があるから，解説しておこう。

別解　[例題]6-4　(1)

「原価が1500円で，原価の0.2倍の利益を見こんだ」ということは原価を①とすると，見こみの利益が⓪.②ということだ。だから，①＋(0.2)＝(1.2)で，定価を(1.2)と表すことができるね。この様子を線分図に表すと，右のようになる。

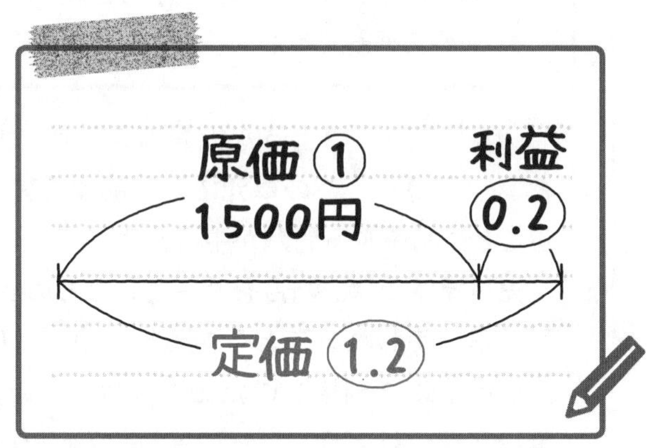

つまり，原価1500円の1.2倍が定価ということになる。だから，定価は，1500×1.2＝1800（円）と求められるんだ。慣れるとこちらのほうが早く解けるから，練習していこう。

1800円…答え　[例題]6-4　(1)

説明の動画はこちらで見られます

では，(2)にいこう。「ある品物に2割4分の利益を見こんで620円の定価をつけました。この品物の原価はいくらですか。」という問題だね。ここで，**この品物の原価を①とおこう。原価を「もとにする量」として利益が見こまれているから，原価を①とおく**んだ。原価を①とおいて，その原価に2割4分の利益を見こんで定価をつけたということだよ。ここで，2割4分を小数の割合に直すとどうなるかな？

「2割4分を小数の割合に直すと，0.24です！」

そうだね。つまり，原価①の 0.24 倍の利益を見こんだのだから，**見こみの利益は (0.24) と表せる。原価に，見こみの利益をたしたものが定価**だから，定価の割合は何になるかな？

「原価①に見こみの利益 (0.24) をたしたものが定価だから，①＋(0.24)＝(1.24) で，定価の割合は (1.24) と表せるわ。」

そうだね。つまり，定価 620 円の割合が (1.24) ということだ。

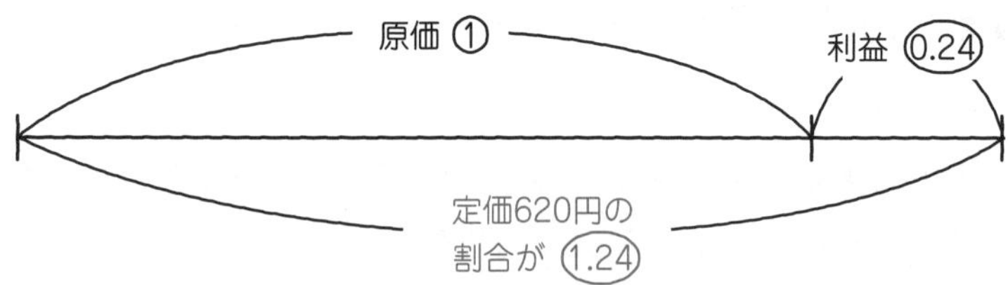

このとき，原価(①)を求めるにはどうしたらいいかな？

「①を求めるにはマルでわる，ですね！」

そうだね。6 01 で学んだ合言葉だ。定価 620 円の割合が (1.24) だから，「マルでわる」，つまり，620 をマルの中に書いてある 1.24 でわると，620÷1.24＝500 で，原価(①)は 500 円と求められるね。

500 円 … 答え [例題]6-4 (2)

(3) に進もう。「原価 22000 円の品物を，定価 28600 円で売りました。このとき，利益は原価の何割ですか。」という問題だ。利益は原価の何割かを求めるために，まず利益がいくらか求める必要(ひつよう)があるね。利益はいくらかな？

「定価 28600 円で売ったということは，**定価から原価をひけば利益が求められる**から……利益は，28600－22000＝6600 で，6600 円ね。」

そうだね。利益は 6600 円だ。**原価 22000 円をもとにしたときの利益 6600 円(比(くら)べられる量)の割合を求めれば，何割か求めることができる。**

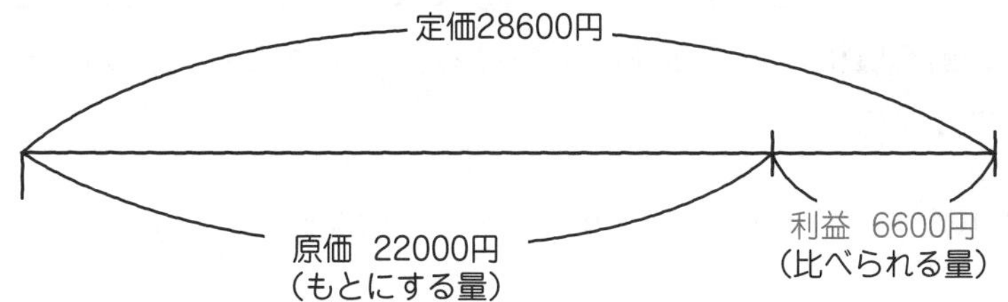

割合は「比べられる量÷もとにする量」で求められるから

6600÷22000＝0.3

小数で表された割合0.3を，歩合に直して3割が答えだ。

3割…答え [例題]6-4 (3)

142 説明の動画はこちらで見られます

[例題]6-5 つまずき度

次の問いに答えなさい。

(1) 定価が8700円の品物を3割引きで売ると，売り値はいくらになりますか。

(2) ある品物を定価の15％引きにして680円で売りました。この品物の定価はいくらですか。

(3) 定価が80円の品物を64円で売りました。このとき，定価を何割引きして売りましたか。

では，(1)を解説するよ。前の [例題]6-4 の(1)では，「〜割増し」という言葉に注意しようと言ったね。この例題では「3割引き」つまり**「〜割引き」という言葉に注意しよう。**「〜割引き」というのは，定価から，定価の〜割を値引きして売り値をつける，という意味なんだ。

Point 「〜割引き」の意味

「〜割引き」とは，

「定価から，定価の〜割を値引きして売り値をつけること」

例 「定価が8700円の品物を3割引きで売る」

↓言いかえると……

「定価が8700円の品物を，定価の3割を値引きして売り値をつける」

「定価が8700円の品物を**3割引き**で売る」ということは，「定価が8700円の品物を，**定価の3割を値引きして**売り値をつける」ということだ。3割を小数で表された割合に直すと何になる？

「3割を小数で表された割合に直すと，0.3になります！」

その通り。つまり，**「定価が8700円の品物から，定価の0.3倍を値引きして売り値をつける」**ということだ。8700×0.3＝2610で，2610円値引きしたということだよ。定価が8700円の品物から，2610円を値引きしたのだから，
8700－2610＝6090で，売り値は6090円と求められる。

6090円…答え ［例題］6-5 (1)

(1)には別解(べっかい)があるから，解説するよ。

別解 ［例題］6-5 (1)

「定価が8700円の品物から，定価の0.3倍を値引きして売り値をつける」ということは，定価の割合を①とすると，値引き額(がく)の割合が⓪.③だから，売り値の割合は，①－(0.3)＝(0.7)で，(0.7)と表すことができる。

この様子を線分図に表すと，右のようになるよ。

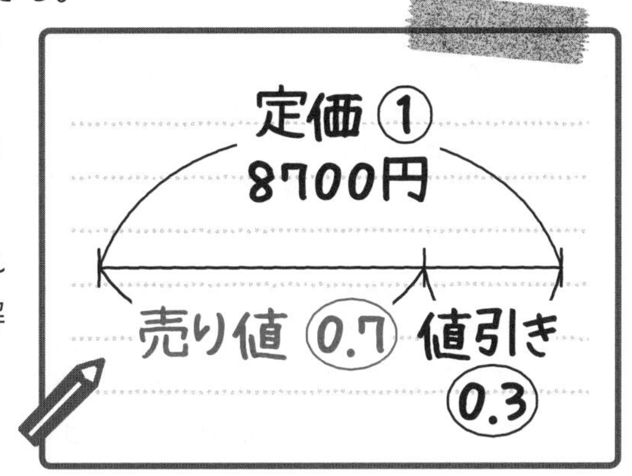

つまり，定価8700円の0.7倍が売り値ということになる。だから，売り値は，8700×0.7＝6090で6090円と求められるんだ。慣(な)れるとこちらのほうが速く解(と)けるから，練習していこう。

6090円…答え ［例題］6-5 (1)

143 説明の動画はこちらで見られます

では，(2)にいこう。「ある品物を定価の15％引きにして680円で売りました。この品物の定価はいくらですか。」という問題だ。この問題では，割合が「～割」ではなくて「～％」で表されているね。

売買損益(ばいばいそんえき)では，歩合(～割)が使われることが多いけど，百分率(ひゃくぶんりつ)(～％)が使われることもあるんだったね。この問題では，**定価を①とおいて考えよう。定価を「もとにする量」として値引きされているから，定価を①とおくんだ。**定価を①とおいて，その定価から，定価の15％を値引きして売り値をつけたんだね。15％を小数で表すと何になる？

「15%を小数で表すと，0.15になります！」

そうだね。つまり，定価(ていか)①の0.15倍を値引(ねび)きしたのだから，**値引き額(がく)の割合(わりあい)は 0.15 と表せる。定価から値引き額をひいたものが売り値**だから，売り値の割合は何になる？

「定価の①から値引き額の 0.15 をひいたものが売り値だから，
①－0.15＝0.85 で，売り値の割合は 0.85 と表せるわ。」

その通り。つまり，売り値680円の割合が 0.85 ということだ。

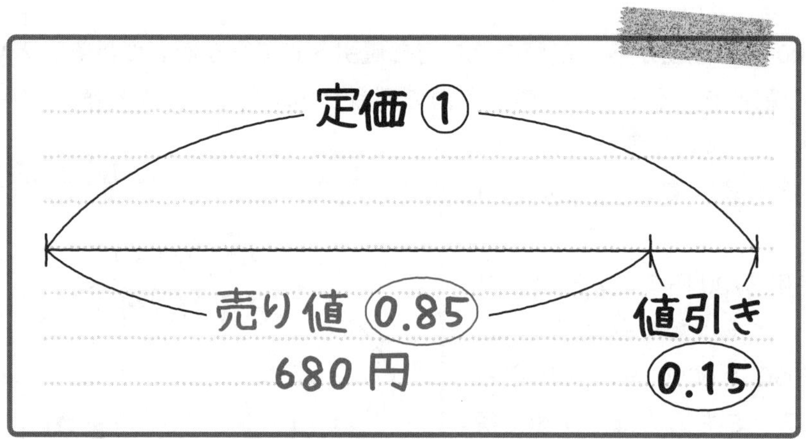

売り値680円の割合が 0.85 だから，「マルでわる」，つまり，680をマルの中に書いてある0.85でわると，定価の①が求(もと)められるね。680÷0.85＝800で，定価(①)は800円と求められる。

800円 … 答え ［例題］6-5 (2)

説明の動画は
こちらで見られます

では，(3)にいこう。「定価が80円の品物を64円で売りました。このとき，定価を何割引きして売りましたか。」という問題だね。定価が80円の品物を64円の売り値で売ったということだ。ということは，何円値引きして売ったのかな？

「80－64＝16で，16円値引きして売ったということですね！」

そうだね。16円値引きして売ったということだ。**定価80円をもとにしたときの値引き額16円(比(くら)べられる量(りょう))の割合を求めれば，何割引きか求めることができる**ね。

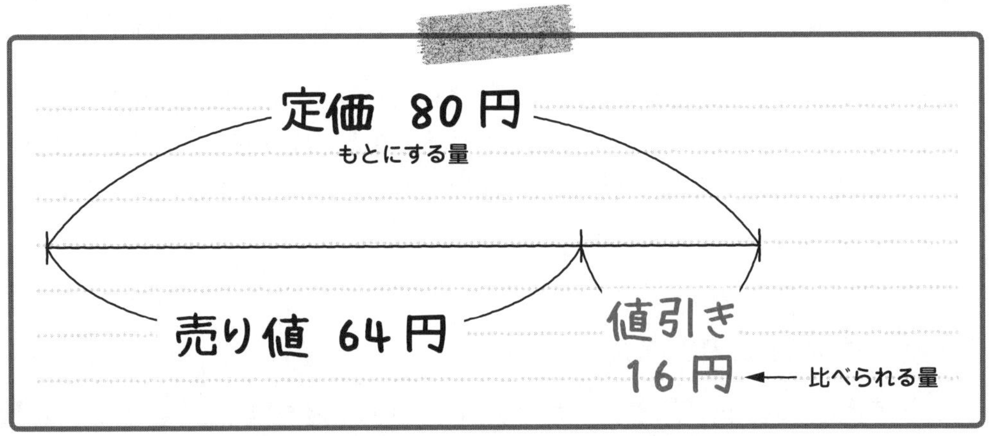

割合は「比べられる量÷もとにする量」で求められるから，16÷80＝0.2 より，小数で表された割合 0.2 を歩合(ぶあい)に直して 2 割。だから，2 割引きが答えだね。

2 割引き … 答え [例題]6-5 (3)

実は，[例題]6-4 は「原価から定価をつける」問題で，[例題]6-5 は「定価を値引きして売り値をつける」問題だったんだ。

[例題]6-4「原価から定価をつける」問題
[例題]6-5「定価を値引きして売り値をつける」問題

[例題]6-4 のような問題では，何を「もとにする量」として考えたかな？

「『原価から定価をつける』問題では，何を『もとにする量』とするか……。うーん……。」

たとえば，[例題]6-4 の (1)「原価 1500 円の品物に 2 割増(わりま)しの定価をつけました。この品物の定価はいくらですか。」という問題では，**原価を「もとにする量」の①として，見こみの利益を加(くわ)えて，定価を求めた**よね。

「ということは,『原価から定価をつける』ときは原価をもとにするんですね。」

そうだね。**「定価をつける」問題では，原価を「もとにする量」として考える**ことが多いんだ。

一方，「定価を値引きして売り値をつける」問題，たとえば，[例題]6-5 の (1)「定価が 8700 円の品物を 3 割引きで売ると，売り値はいくらになりますか。」という問題では，**定価を「もとにする量」の①として，値引き額をひいて，売り値を求める**んだ。

「『定価を値引きして売り値をつける』ときは定価をもとにするんですね。」

そうだね。**「売り値をつける」問題では，定価を「もとにする量」として考える**ことが多いんだ。つまり，**定価をつけるときと，売り値をつけるときでは，「もとにする量」がちがう**んだ。売買損益の問題では，これを理解することが大切だから，ポイントとしてまとめておくよ。

売買損益の注意点

「定価をつける」ときと「売り値をつける」ときでは，**「もとにする量」がちがうから区別しよう！**

定価をつけるとき ⟶ 原価をもとにする

売り値をつけるとき ⟶ 定価をもとにする

もとにする量がちがう

では，このPointに注意して，次の問題を解いてみよう。

説明の動画はこちらで見られます

[例題]6-6 **つまずき度** ●●●○○

原価が900円の品物に2割の利益を見こんで定価をつけました。しかし，売れなかったので，定価の1割引きで売りました。この品物の売り値はいくらですか。

「えっと…原価900円の品物に2割の利益を見こんで定価をつけて，1割引きで売ったんだから，2割−1割＝1割で，結局，原価の1割増しで売ったということかなぁ？」

ユウトくん，そのように考えるのはまちがいなんだ。ユウトくんの解き方だと定価をつけるときも売り値をつけるときも原価をもとにして考えているね。でも，**定価をつけるときと売り値をつけるときで，「もとにする量」はちがったよね。**

「あっ，そうか！　習ったばかりなのにはずかしい……。」

売買損益の問題を解くうちに身についてくるから大丈夫だよ。**「定価をつける」ときは原価をもとにして求めて，「売り値をつける」ときは定価をもとにして求める**ことに注意しながら解いていこう。

まず，原価が900円の品物に2割の利益を見こんで定価をつけたのだから，定価はいくらになるかな？　**定価をつけるときは原価をもとにする**から，原価を①とおいて考えよう。2割を小数で表すと，何になるかな？

「2割を小数で表すと，0.2になるわ。」

そうだね。「原価が900円の品物に**原価の**0.2倍の利益を見こんで定価をつけた」ということだ。原価を①とすると，見こみの利益が(0.2)と表せる。すると，定価は，①＋(0.2)＝(1.2)で，(1.2)と表すことができるね。この様子を線分図に表すと，次のようになる。

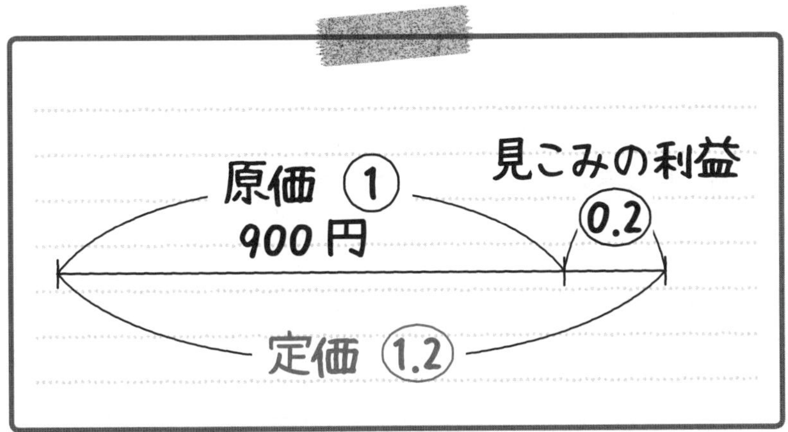

つまり，原価900円の1.2倍が定価ということになる。だから，定価は，$900\times1.2=1080$で，1080円と求められるんだ。

そして，定価1080円では売れなかったので，定価の1割引きで売ったということだね。1割を小数で表すと，何になるかな？

「1割を小数で表すと，0.1になります！」

そうだね。「定価が1080円の品物を**定価の**0.1倍ぶんの値引きをして売った」ということだ。**定価を値引きして売り値をつけるときは，定価をもとにする**から，定価を[1]とすると，値引き額が[0.1]となる。だから，[1]－[0.1]＝[0.9]より，売り値を[0.9]と表すことができる。この様子を線分図に表すと，次のようになるよ。

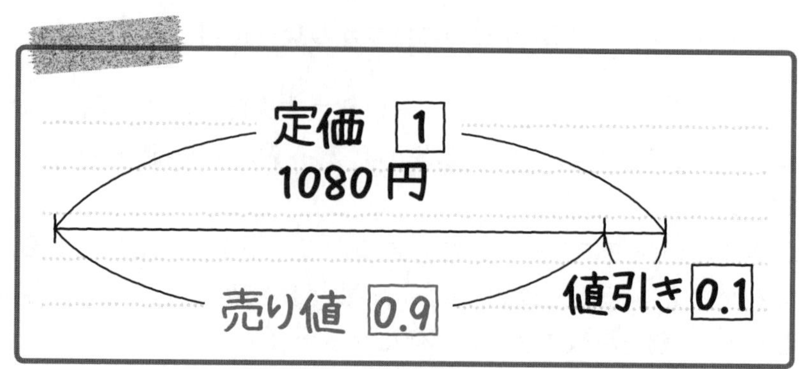

つまり，定価1080円の0.9倍が売り値ということになる。だから，売り値は，1080×0.9＝972で，972円と求められるんだ。

972円…答え　[例題]6-6

146　説明の動画はこちらで見られます

別解　[例題]6-6

まず，原価を①とおこう。「原価が900円の品物に0.2倍の利益を見こんで定価をつけた」のだから，見こみの利益が⓪.②と表せる。では，定価はマルを使った割合で何と表せるかな？

「原価に見こみの利益をたしたものが定価だから，定価は，①＋(0.2)＝(1.2)と表せます。」

そうだね。(1.2)と表せるね。そして，「売れなかったので定価の1割引きで売った」つまり，「定価の0.1倍ぶんの値引きをして売った」ということだ。だから，1－0.1＝0.9より，定価の0.9倍の値段で売ったということがわかる。定価が(1.2)でその0.9倍の値段で売ったのだから，売り値は，(1.2)×0.9＝(1.08)で，(1.08)と表せるよ。

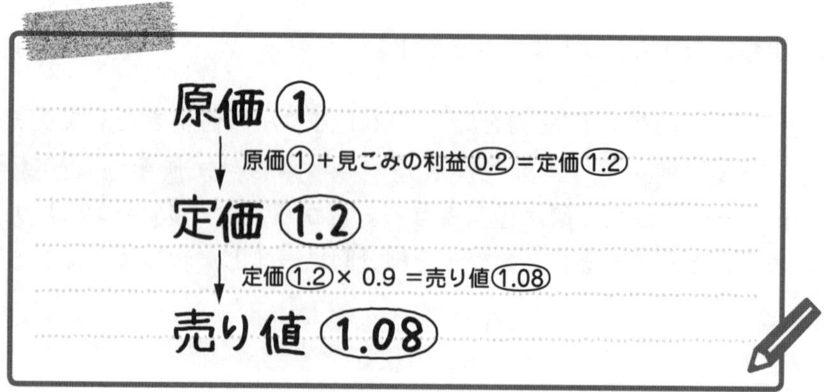

つまり，原価①の 1.08 倍が売り値であるとわかるんだ。さて，売り値はいくら になるだろう？

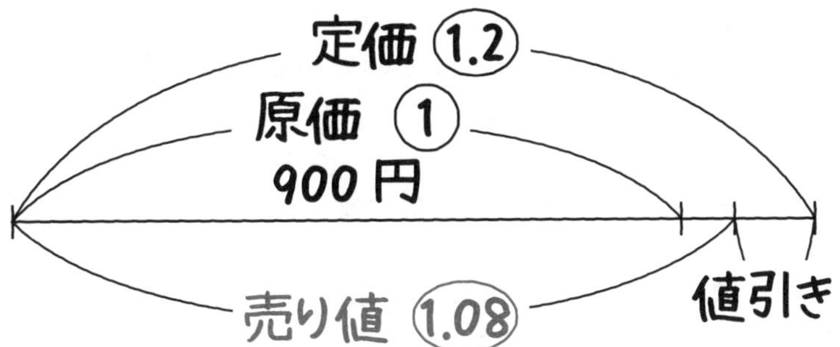

「原価が 900 円で，その 1.08 倍が売り値なんだから……，売り値は 900×1.08＝972 で，972 円です！」

その通り。これで売り値は 972 円と求められたね。

972 円… 答え ［例題］6−6

この方法は，(1.2)×0.9 のところで割合どうしをかけているよね。このように，割合どうしをかける方法でも求めることができるんだ。どちらの方法でも解けるように練習しよう。では，売買損益の最後の例題にいくよ。

説明の動画は こちらで見られます

［例題］6−7　つまずき度 😵😵😵😵😐

ある品物に原価の 3 割増しの定価をつけました。しかし，売れなかったので定価の 2 割引きで売ったところ，192 円の利益が出ました。この品物の原価はいくらですか。

この例題でも，「3 割増しの定価をつけて，それを 2 割引きで売った」からといって，3 割－2 割＝1 割の計算はしないようにしよう。

「定価を求めるときと，売り値を求めるときで，『もとにする量』がちがうからですね！」

その通り。気をつけようね。

「でも，この例題って，実際の金額が利益の 192 円しかわかっていませんよね？　このような問題はどのように解いていけばいいんですか？」

たしかに，この例題で実際の金額がわかっているのは，利益の 192 円だけだね。このような問題では，まず**原価を①とおこう**。原価の 3 割増しの定価をつけたんだね。3 割を小数で表すと 0.3 だから，「原価①の品物に 0.3 倍の利益を見こんで定価をつけた」ということだ。原価は①だから，見こみの利益が (0.3) と表せる。ということは，定価はマルを使った割合で何と表せるかな？

「原価に見こみの利益を加えたものが定価だから……，①＋(0.3)＝(1.3) ね。」

そうだね。そして，「定価 (1.3) の品物を定価の 2 割引き，つまり定価の 0.2 倍ぶんの値引きをして売った」んだ。だから，1－0.2＝0.8 より，定価の 0.8 倍の値段で売ったということがわかる。定価が (1.3) で，その 0.8 倍の値段で売ったのだから，売り値はマルを使った割合で何と表せるかな？

「定価が (1.3) で，その 0.8 倍の値段で売ったのだから，売り値はえっと……うーん。」

0.8 倍ということは「0.8 をかければよい」ということだよね。

「あっ，そうか！　ということは，(1.3) に 0.8 をかけて……，
(1.3)×0.8＝(1.04) だから，売り値は (1.04) と表せるんですね。」

そうだね。定価の (1.3) に 0.8 をかけて，売り値は (1.04) と表せる。

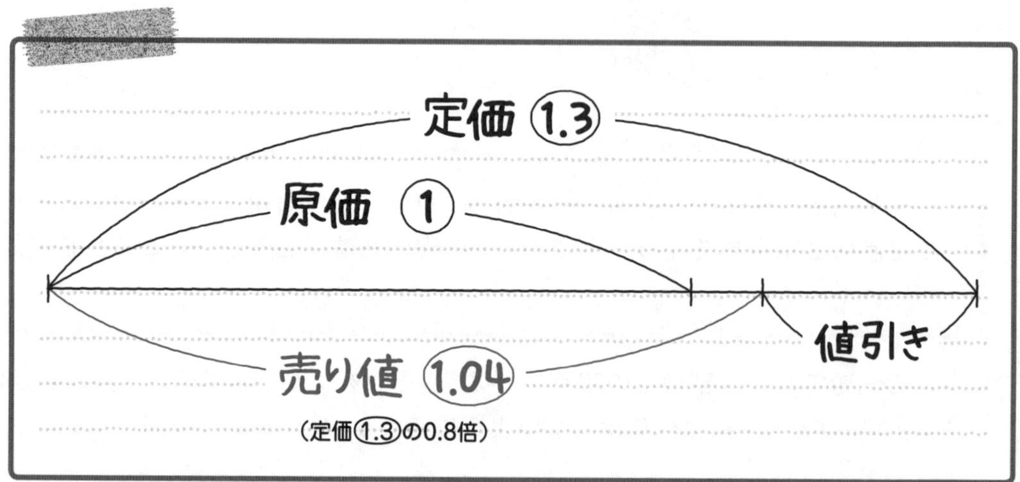

このとき，実際の利益はマルを使った割合で何と表せるかな？　**原価をこえたもうけが利益になる**よ。言いかえると，**売り値から原価をひいたぶんが利益だ。**

「わかったわ。**売り値 (1.04) から原価①をひいたぶんが利益になる**のね。
(1.04)－①＝(0.04) で，利益は (0.04) よ。」

そうだね。売り値 (1.04) から原価①をひいて，利益は (0.04) と求められる。

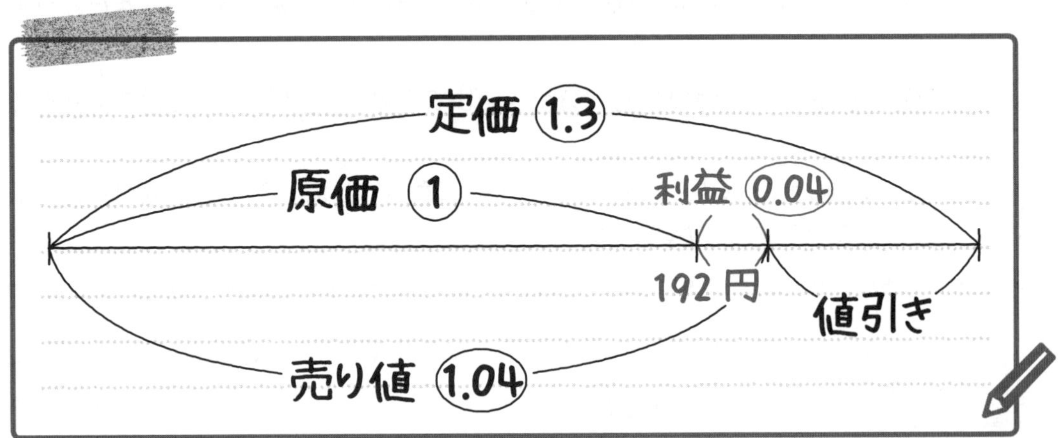

つまり，利益 192 円の割合が (0.04) ということだね。ここから，原価 (①) を求めるにはどうすればいいかな？

「『マルでわる』ですね！」

そうだね。192 をマルの中の 0.04 でわって，192÷0.04＝4800 より，原価は 4800 円と求められる。

4800 円 … 答え [例題] 6-7

Check 79　つまずき度 ●●○○○　➡解答は別冊 p.71 へ

次の問いに答えなさい。

(1)　原価 2400 円の品物に 1 割 5 分増しの定価をつけました。この品物の定価はいくらですか。

(2)　ある品物に 1 割 8 分の利益を見こんで 5310 円の定価をつけました。この品物の原価はいくらですか。

(3)　原価 4850 円の品物を，定価 5820 円で売りました。このとき，利益は原価の何割ですか。

Check 80

つまずき度 ●●○○○

➡解答は別冊 p.71 へ

次の問いに答えなさい。

(1) 定価(ていか)が 25000 円の品物を 1 割(わり) 2 分(ぶ)引きで売ると，売り値(ね)はいくらになりますか。

(2) ある品物を定価の 2 割 6 分引きにして 8880 円で売りました。この品物の定価はいくらですか。

(3) 定価が 19000 円の品物を 13680 円で売りました。このとき，定価を何％引きして売りましたか。

Check 81

つまずき度 ●●●○○

➡解答は別冊 p.72 へ

原価(げんか)が 3500 円の品物に 1 割の利益を見こんで定価をつけました。しかし，売れなかったので，定価の 1 割引きで売りました。このとき，いくらの利益(りえき)，または損失(そんしつ)になりますか。

Check 82

つまずき度 ●●●●○

➡解答は別冊 p.72 へ

ある品物に原価の 2 割 5 分増しの定価をつけました。しかし，売れなかったので定価の 3 割引きで売ったところ，50 円の損失が出ました。この品物の原価はいくらですか。

6 03 濃度

食塩を水にとかして食塩水をつくったことはあるかな？　ここでは，食塩水の濃さについての問題を解いていこう。

148 説明の動画はこちらで見られます

食塩水はどのようにしてつくるか知ってる？

「はい！　まず，コップに水を入れて，そこに食塩を加えて，かき混ぜればいいんですよね？」

うん，そうだね。水と食塩を混ぜれば，食塩水ができる。

つまり，**「食塩水の重さ＝食塩の重さ＋水の重さ」**という式が成り立つんだ。たとえば，食塩 30 g と水 170 g を混ぜると，何 g の食塩水ができるかな？

「30＋170＝200 で，200 g の食塩水ができるわ。」

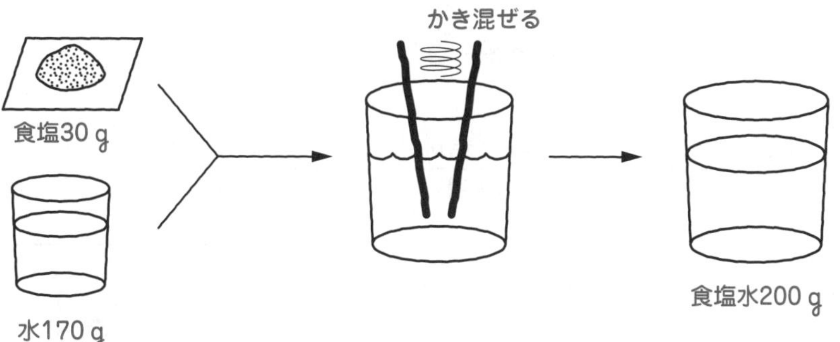

そうだね。そして，**食塩水全体の中にとけている食塩の重さの割合**を食塩水の濃度（または，食塩水の濃さ）というんだ。つまり，**食塩水の濃度を求めるには，「食塩の重さ÷食塩水の重さ」**を計算すればいい。ちなみに，**食塩水の濃度は百分率（%）で表されることが多い**よ。

Point　食塩の濃度を求める式

食塩水の濃度（小数で表された割合）＝食塩の重さ÷食塩水の重さ

次のような面積図を用いると，食塩水の濃度，食塩の重さ，食塩水の重さの 3 つの関係を理解できるよ。

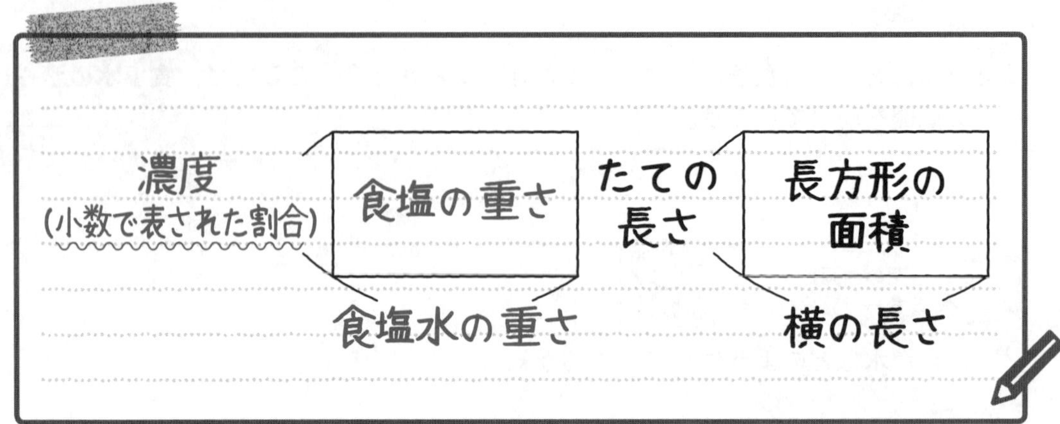

この面積図では，長方形の**たての長さが「濃度（小数で表された割合）」，横の長さが「食塩水の重さ」，面積が「食塩の重さ」**を表しているよ。濃度を小数で表された割合で表すことに注意しよう。この面積図では，「〜割」や「〜%」を使ってはいけないんだ。

ところで，長方形では，次の 3 つの公式が成り立つね。

「たての長さ　＝　長方形の面積　÷　横の長さ」
「長方形の面積　＝　横の長さ　×　たての長さ」
「横の長さ　＝　長方形の面積　÷　たての長さ」

だから，**面積図から，次の 3 つの関係を導ける**んだ。

食塩水の濃度（小数で表された割合）＝食塩の重さ÷食塩水の重さ
（たての長さ）　**（面積）**　**（横の長さ）**

食塩の重さ（面積）÷食塩水の重さ（横）

濃度
（小数で表された割合）

食塩の重さ

食塩水の重さ

食塩の重さ＝食塩水の重さ×食塩水の濃度（小数で表された割合）
（面積）　（横の長さ）　（たての長さ）

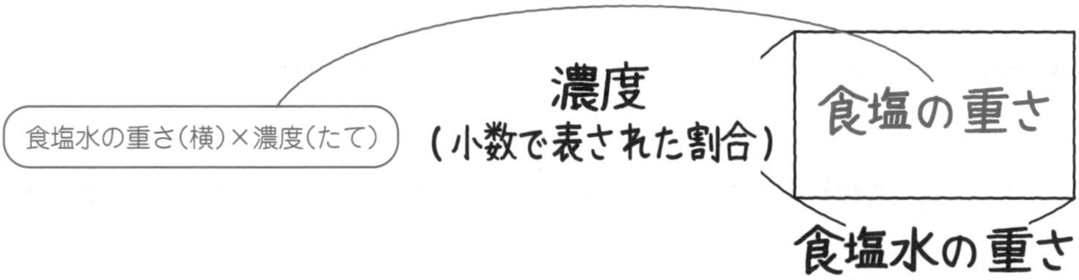

食塩水の重さ（横）×濃度（たて）

濃度（小数で表された割合）
食塩の重さ
食塩水の重さ

食塩水の重さ＝食塩の重さ÷食塩水の濃度（小数で表された割合）
（横の長さ）　（面積）　（たての長さ）

濃度（小数で表された割合）
食塩の重さ
食塩の重さ（面積）÷濃度（たて）
食塩水の重さ

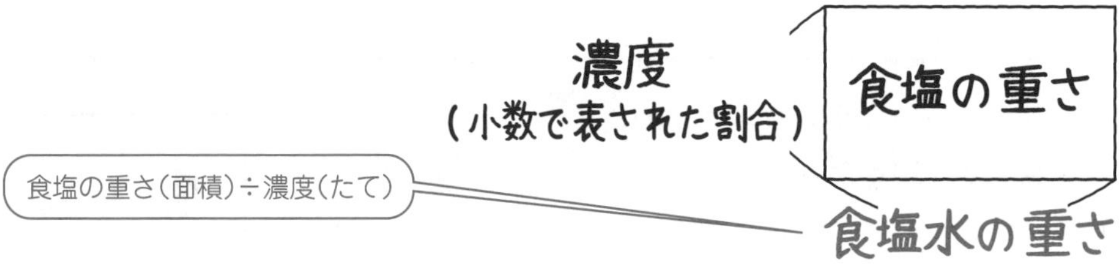

これら3つの公式は，これから何回も使う大事な公式だよ。でも，公式を覚える のは大変だから，面積図だけ覚えて，それぞれの公式を導けばいいんだね。

Point 濃度の面積図と，導ける3つの公式

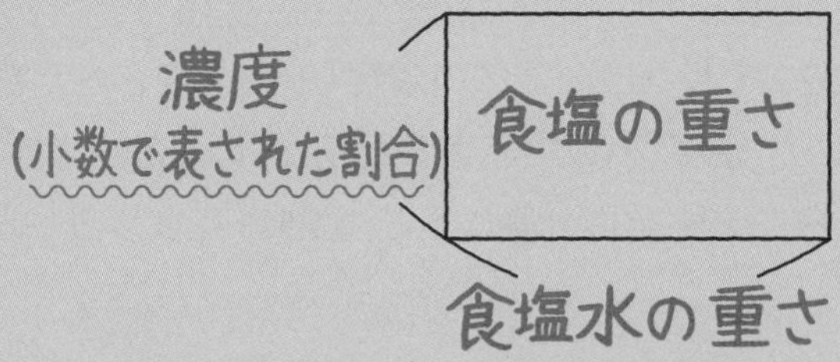

濃度（小数で表された割合）
食塩の重さ
食塩水の重さ

- 食塩水の濃度（小数で表された割合）＝食塩の重さ÷食塩水の重さ
  （たての長さ）　（面積）　（横の長さ）
- 食塩の重さ＝食塩水の重さ×食塩水の濃度（小数で表された割合）
  （面積）　（横の長さ）　（たての長さ）
- 食塩水の重さ＝食塩の重さ÷食塩水の濃度（小数で表された割合）
  （横の長さ）　（面積）　（たての長さ）

説明の動画はこちらで見られます

[例題]6-8　つまずき度 😵😵😵😵😵

次の問いに答えなさい。

(1)　30 g の食塩がとけている食塩水が 120 g あります。この食塩水濃度は何%ですか。

(2)　9%の食塩水が 200 g あります。この食塩水には何 g の食塩がとけていますか。

(3)　4%の食塩水に，3.2 g の食塩がとけています。この食塩水の重さは何 g ですか。

では，(1)からいこう。食塩が 30 g で，食塩水が 120 g だから，これを面積図に書きこむと，右のようになるね。

濃度（小数で表された割合）

食塩 30 g

食塩水 120 g

長方形の面積が 30 で，長方形の横が 120 だから，長方形のたてである濃度（小数で表された割合）はどのように求められるかな？

「面積の 30 を横の 120 でわれば，たての濃度（小数で表された割合）が求められるわ。」

そうだね。面積の 30 を横の 120 でわれば，たての濃度（小数で表された割合）が求められるから，30÷120＝0.25 より，濃度（小数で表された割合）は 0.25 と求められる。百分率（～%）で答えればよいから，0.25 を百分率に直して 25%と求められるね。

25% … 答え　[例題]6-8 (1)

「面積図に書きこめば求めやすいですね！」

そうだね。面積図に書きこんで考えれば，濃度の問題はそれほど苦労はしないよ。くり返しになるけど，**面積図では濃度を小数で表すことに注意**さえすれば，そんなに苦戦することもないはずだ。

(2) に進もう。(2) は濃度 9%と食塩水の重さ 200 g がわかっているんだね。これも面積図に書きこんで考えればいいんだけど，ひとつ注意しよう。

「面積図では，濃度を小数で表すことに注意，ですか？」

よくわかったね。**濃度9％を小数で表してから面積図に書きこもう。** 9％を小数で表すと0.09だね。これと，食塩水の重さ200 gを面積図に書きこむと，右のようになる。長方形の横が200で，たてが0.09だから，長方形の面積である食塩の重さは，どのように求められるかな？

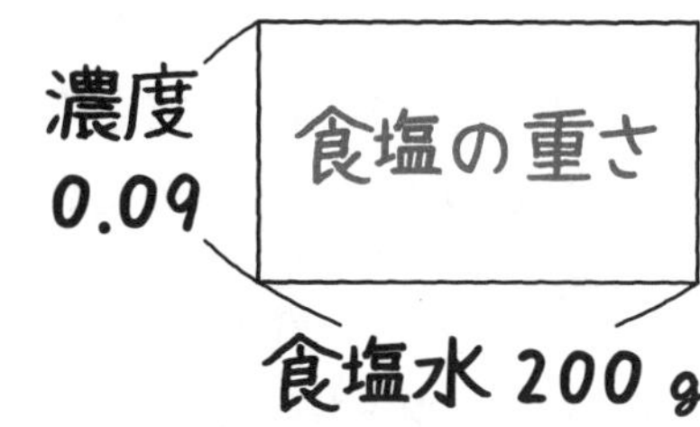

「長方形の横200とたて0.09をかければ，長方形の面積である食塩の重さが求められます！」

その通り。200×0.09＝18より，食塩の重さは18 gと求められるね。

18 g…答え ［例題］6-8 (2)

(3)に進もう。(3)は濃度4％と食塩の重さ3.2 gがわかっているね。濃度4％を小数の割合の0.04に直してから面積図に書きこもう。

長方形の面積が3.2で，たてが0.04だから，長方形の横である食塩水の重さは，どのように求められる？

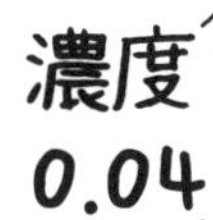

「長方形の面積3.2をたての0.04でわれば，長方形の横である食塩水の重さが求められるわ。」

そうだね。3.2÷0.04＝80より，食塩水の重さは80 gと求められるんだ。

80 g…答え ［例題］6-8 (3)

説明の動画は
こちらで見られます

［例題］6-9 つまずき度 ●●●○○

次の問いに答えなさい。

(1) 102 gの水に18 gの食塩をとかすと，何％の食塩水ができますか。

(2) 15％の食塩水が60 gあります。この食塩水には何 gの水がふくまれていますか。

(3) 食塩を水332 gにとかしたところ，17％の食塩水ができました。何 gの食塩をとかしましたか。

(1)を解説するよ。濃度が何％か求める問題だけど，**濃度を求めるためには，食塩の重さと食塩水の重さのどちらもわかっている必要がある。**食塩は18gとわかっているけど，食塩水の重さは，問題には書いていないね。

「でも，**食塩の重さと水の重さをたすと食塩水の重さになる**から，102＋18＝120で，食塩水の重さは120gとわかるんじゃないかしら。」

よく気づいたね。食塩18gと水102gをたして，食塩水は120gとわかる。これで，食塩18gと食塩水120gを面積図に書きこめるね。

長方形の面積が18で，長方形の横が120だから，長方形のたてである濃度（小数で表された割合）はどのように求められる？

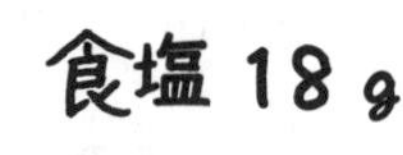

「面積の18を横の120でわれば，たての濃度（小数で表された割合）が求められます！」

そうだね。18÷120＝0.15より，濃度（小数で表された割合）は0.15とわかる。百分率で答えるのだから，0.15を百分率に直して15％だね。

15％…答え　［例題］6-9　(1)

(2)にいくよ。(2)は水の重さを求める問題だけど，濃度15％と食塩水の重さ60gがわかっているから，**まず食塩の重さを求めることができる**ね。濃度の15％を小数で表された割合0.15に直して，面積図に書きこもう。

長方形の横が60で，たてが0.15だから，長方形の面積である食塩の重さは，どのように求められる？

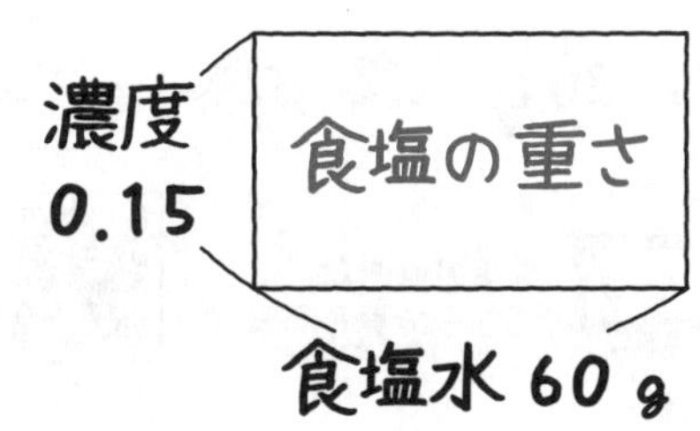

「長方形の横60とたて0.15をかければ，長方形の面積である食塩の重さが求められます。」

その通り。60×0.15＝9より，食塩の重さは9gと求められるね。これから，水の重さが何gか求めることはできるかな？

「食塩水の重さ60gから食塩の重さ9gをひけば，水の重さが求められると思います！」

そうだね。**「食塩水の重さ＝食塩の重さ＋水の重さ」**だから，
「水の重さ＝食塩水の重さ－食塩の重さ」という式も成り立つね。食塩水の重さ60 g から食塩の重さ 9 g をひけば，60－9＝51 より，水の重さは 51 g だね。

51 g… 答え ［例題］6-9 (2)

説明の動画はこちらで見られます

(3) に進もう。「食塩を水 332 g にとかしたところ，17％の食塩水ができました。何 g の食塩をとかしましたか。」という問題だね。濃度 17％と水 332 g がわかっているけど，面積図には濃度しか書きこめないね。

だから，この問題に苦戦する人はけっこういるようだ。この問題は面積図ではなく，線分図を使って解いてみよう。食塩水の濃度 17％を小数で表すと 0.17 だね。これは**「食塩水の重さを①とおいたとき，食塩の重さは (0.17) である」**という意味なんだ。

線分図で表すと，次のようになる。**水の重さは，食塩水の重さから食塩の重さをひいたもの**だから，水 332 g も，次のように線分図に書きこめるね。

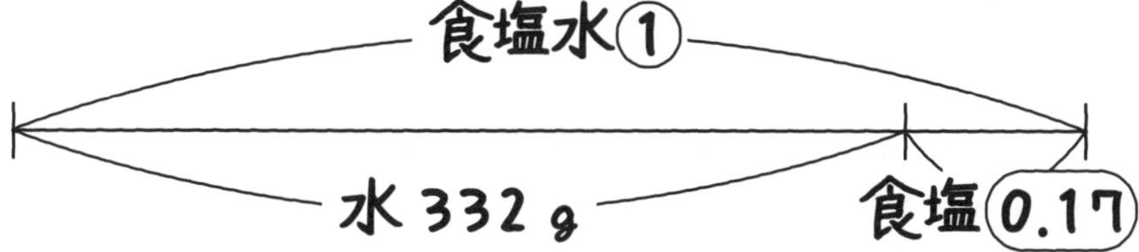

食塩水の重さ①から食塩の重さ (0.17) をひくと，水の重さの割合が求められるよ。つまり，①－(0.17)＝(0.83) より，水の重さの割合は (0.83) と求められる。これも線分図に書きこもう。

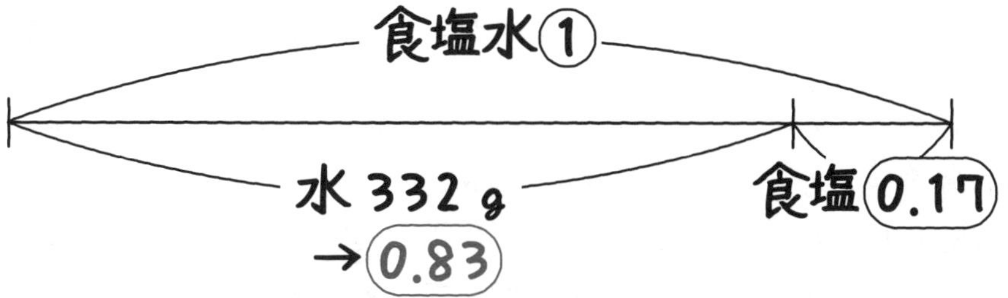

問題から水の重さが 332 g とわかっていて，その割合も (0.83) とわかったから，ここから食塩水の重さ(①)を求めるにはどうすればいいかな？

「『マルでわる』で食塩水の重さ(①)を求めることができますね！」

そうだね。①を求めるためには「マルでわる」だ。6 01 でやったね。332をマルの中の0.83でわって，332÷0.83＝400より，食塩水の重さは400gと求められるんだ。

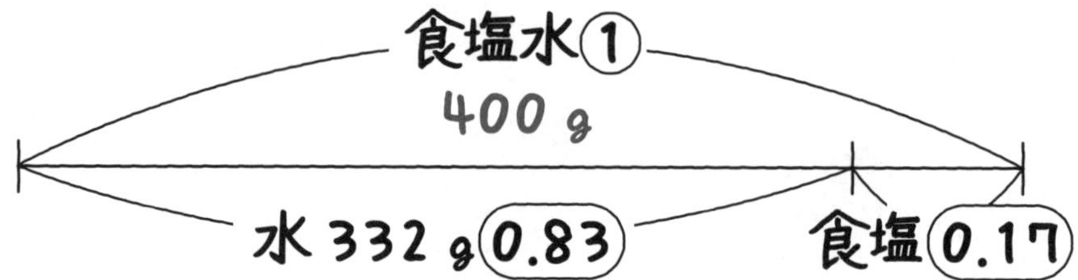

ここまできたら，あと１歩。食塩水の重さが400gとわかったから，それから水の重さ332gをひけば，食塩の重さが求められるね。400－332＝68より，食塩の重さは68gと求められる。

68g… 答え　[例題]6-9　(3)

152　説明の動画はこちらで見られます

[例題]6-10　つまずき度 ●●○○○

次の問いに答えなさい。

(1)　5%の食塩水が360gあります。これに食塩40gをさらにとかすと，何%の食塩水になりますか。

(2)　24%の食塩水が150gあります。これに水50gを加えると，何%の食塩水になりますか。

(3)　18%の食塩水250gに水を加えて，15%の食塩水をつくりました。何gの水を加えましたか。

(4)　12.5%の食塩水800gを20%の食塩水にするには，何gの水を蒸発させればよいですか。

では，(1)を解説するよ。5%の食塩水360gにとけている食塩の重さをまず求めよう。5%を小数で表された割合の0.05に直して，面積図に書きこむよ。

濃度
0.05
食塩の重さ
食塩水360g

そうすると，360×0.05＝18より，食塩の重さは18gと求められるね。5%の食塩水360gに食塩40gをとかすと，食塩水の重さは何gになるか考えよう。

360 g の食塩水に加えた食塩 40 g の分だけ食塩水は重くなるから，360＋40＝400 より，食塩水の重さは 400 g になる。では，食塩 40 g を加えたあとの食塩の重さは合わせて何 g になるかな？

「もともと 18 g の食塩がとけていて，そこに食塩 40 g を入れたのだから，18＋40＝58 より，食塩の重さは合わせて 58 g になると思います！」

その通り。食塩の重さは 58 g になったんだ。

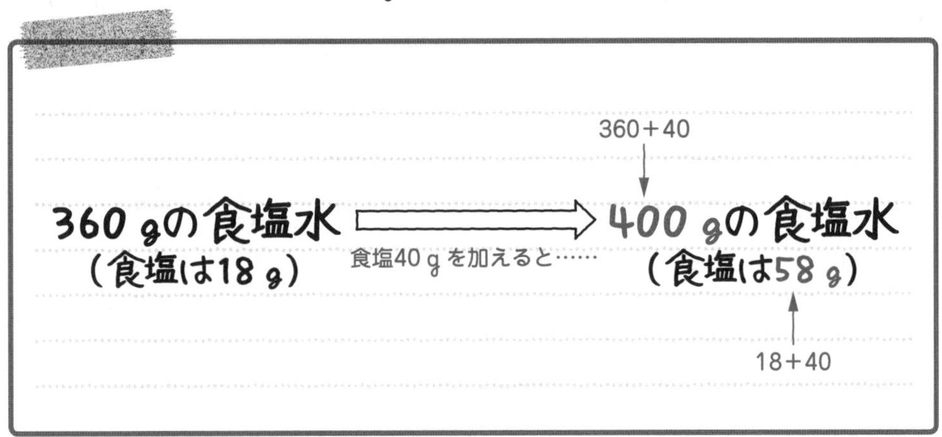

食塩水の重さは 400 g で，食塩の重さは 58 g だから，これを新たな面積図に書きこもう。

そうすると濃度は，58÷400＝0.145 とわかり，これを百分率に直して 14.5％と求めることができるね。

濃度
(小数で表された割合)
食塩 58 g
食塩水 400 g

14.5％…答え [例題]6-10 (1)

では，(2)にいこう。「24％の食塩水が 150 g あります。これに水 50 g を加えると何％の食塩水になりますか。」という問題だ。24％の食塩水 150 g にとけている食塩の重さをまず求めよう。24％を小数の 0.24 に直して，面積図に書きこむよ。

そうすると，150×0.24＝36 より，食塩の重さは 36 g と求められる。24％の食塩水 150 g に水 50 g を加えると，食塩水の重さは何 g になるか考えよう。**150 g の食塩水に加えた水 50 g の分だけ食塩水は重くなる**から，150＋50＝200 より，食塩水の重さは 200 g になる。**水を加えても食塩の量は変わらない**から，食塩の重さは 36 g のままだね。

濃度
0.24
食塩の重さ
食塩水 150 g

「食塩水の重さは 200 g で，食塩の重さは 36 g だから，これを新たな面積図に書きこめば，濃度を求めることができますね。」

そうだね。面積図をかいて求めよう。面積図から濃度は 36÷200＝0.18 で，これを百分率に直して 18%と求められる。

濃度
（小数で表された割合）
食塩 36 g
食塩水 200 g

18% … 答え ［例題］6-10（2）

153 説明の動画はこちらで見られます

（3）は，「18％の食塩水 250 g に水を加えて，15％の食塩水をつくりました。何 g の水を加えましたか」という問題だ。18％の食塩水 250 g にとけている食塩の重さをまず求めよう。18％を小数の 0.18 に直して，面積図に書きこんで，250×0.18＝45 より，食塩の重さは 45 g と求められる。18％の食塩水 250 g に水を加えて，15％の食塩水をつくるんだね。水を何 g 加えたかはまだわからないけど，**水を加えても食塩の量は変わらない**から，水を加えたあとも食塩の重さは 45 g のままだ。

濃度
0.18
食塩の重さ
食塩水 250 g

18%の食塩水250 g
（食塩は45 g）
水何 g かを加えると……
15%の食塩水 ? g
（食塩は45 gのまま）

つまり，水を加えたあとは 15％の食塩水が何 g かできて，その食塩水には 45 g の食塩がとけているということだ。濃度 15％を小数で表した 0.15 と食塩の重さ 45 g を新たな面積図に書きこもう。

面積図から，45÷0.15＝300 より，食塩水の重さは，300 g と求めることができる。この 300 g を答えにしないようにしよう。なぜ答えにしてはいけないかわかるかな？

濃度 0.15
食塩 45 g
食塩水の重さ

「えっと……，この問題は食塩水の重さを求めるのではなくて，加えた水の重さを求めるからですね。」

そうだね。250 g の食塩水に水を加えて 300 g の食塩水ができた，ということだから，300－250＝50 で，50 g の水を加えたことがわかる。

50 g… 答え ［例題］6-10 (3)

では，(4) だ。「12.5％の食塩水 800 g を 20％の食塩水にするには，何 g の水を蒸発させればよいですか。」という問題だけど，はじめに何を求めればいい？

「12.5%の食塩水 800 g にとけている食塩の重さを求められると思うわ。」

そうだね。12.5％の食塩水 800 g にとけている食塩の重さを求めよう。12.5％を小数の 0.125 に直して，面積図に書きこめばいいね。

面積図から，800×0.125＝100 より，食塩の重さは 100 g と求められる。さて，12.5％の食塩水 800 g から何 g かの水を蒸発させて 20％の食塩水にするんだね。ここで「**食塩水から水が蒸発しても食塩の量は変わらない**」ことをおさえよう。つまり，**水が蒸発したあとも食塩の量は 100 g のまま**ということになる。

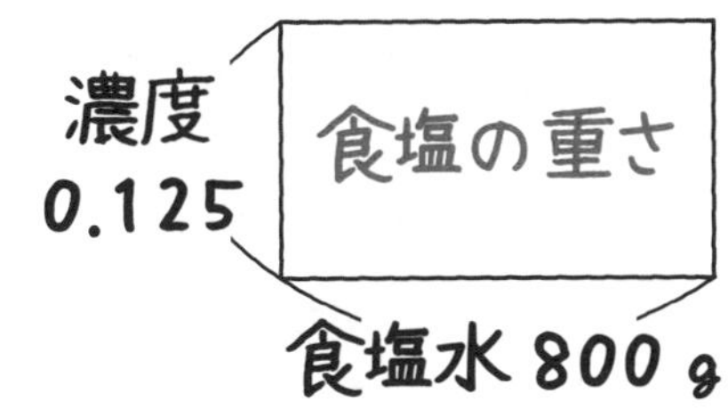

12.5%の食塩水800 g（食塩は100 g）
水何 g かを蒸発させると……
20%の食塩水 ? g（食塩は100 gのまま）

水を蒸発させたあとは 20％の食塩水が何 g かできて，その食塩水には 100 g の食塩がとけているということだね。濃度 20％を小数で表した 0.2 と食塩の重さ 100 g を新たな面積図に書きこもう。

面積図から，100÷0.2＝500 より，食塩水の重さは，500 g と求めることができる。蒸発させたあとの食塩水の重さが 500 g ということだ。ということは，何 g の水が蒸発したのかな？

濃度 0.2
食塩 100 g
食塩水の重さ

「もともとの食塩水の量が 800 g で，水が蒸発して 500 g になったんだから，800－500＝300 より，300 g の水が蒸発したと思います！」

その通り。蒸発した水の量は 300 g だね。

300 g … 答え [例題]6-10 (4)

次の例題にいこう。次の例題は「食塩水と食塩水を混ぜる」問題だ。

説明の動画はこちらで見られます

[例題]6-11 つまずき度

次の問いに答えなさい。

(1) 5%の食塩水 60 g と 15%の食塩水 140 g を混ぜました。できた食塩水の濃度は何%ですか。

(2) 11%の食塩水 300 g にある濃さの食塩水 200 g を加えると，9.8%の食塩水ができました。加えた食塩水の濃度は何%ですか。

(1)では，5%の食塩水 60 g と 15%の食塩水 140 g を混ぜるんだね。

「5%と 15%を混ぜるんだから，5＋15＝20 で，20%ですか？」

ユウトくん，濃度がちがう食塩水を混ぜたとき，**それぞれの濃度をたしても混ぜ合わせた食塩水の濃度にはならない**んだ。

「えっ，そうなんですか？」

うん。(1)では，**5%と 15%の食塩水を混ぜると，混ぜ合わせた食塩水の濃度は 5%より高く，15%より低い濃度になる**ことからも，答えが 20%ではないとわかる。

では，解き方を説明していくよ。まず，5%の食塩水 60g にとけている食塩の重さを求めよう。5%を小数の 0.05 に直して，面積図に書きこむよ。面積図から，60×0.05＝3 より，食塩の重さは 3g と求められる。

濃度 0.05
食塩の重さ
食塩水 60g

次に，15%の食塩水 140g にとけている食塩の重さを求めよう。15%を小数の 0.15 に直して，新たな面積図に書きこむと，右のようになる。面積図から，140×0.15＝21 より，食塩の重さは 21g と求められるよ。

濃度 0.15
食塩の重さ
食塩水 140g

それぞれの食塩水にとけている食塩の重さがわかったね。そして，食塩水と食塩水を混ぜた様子は，次のようになるんだ。

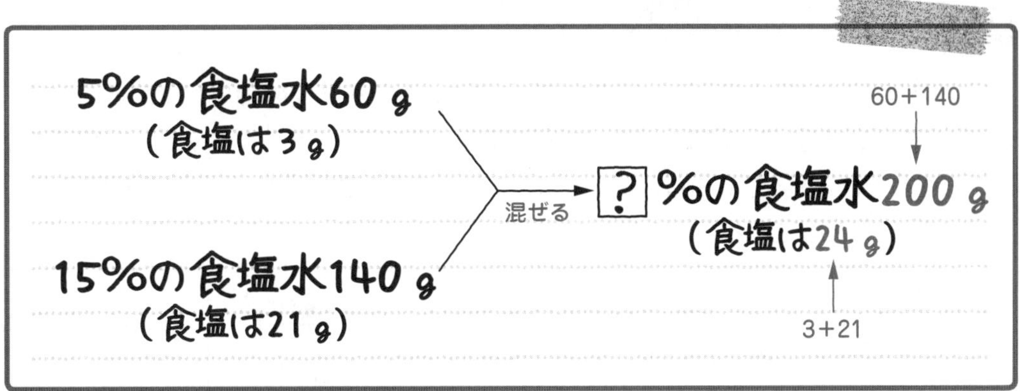

60g の食塩水と 140g の食塩水を混ぜるので，**60＋140＝200 より，200g の食塩水ができる**ね。その **60g の食塩水と 140g の食塩水には，食塩がそれぞれ 3g と 21g とけていた**から，**食塩の量は，3＋21＝24 より，24g になる**。これで，混ぜ合わせた食塩水の重さと，それにとけている食塩の重さがどちらも求められたね。

「これでなんとか解けそうですね。」

そうだね。混ぜ合わせたあとの食塩水の重さが 200g で，とけている食塩の重さが 24g と求められたから，これを新たな面積図に書きこむと，次のようになる。

面積図から，24÷200＝0.12 で，これを百分率に直して，濃度を 12%と求めることができる。

濃度（小数で表された割合）
食塩 24g
食塩水 200g

12% … 答え ［例題］6-11 (1)

ちなみに，この**12%という濃度は，もともとの2つの食塩水の濃度である5%と15%の間の濃度になっているね。答えが5%と15%の間でなければ，どこかでまちがっている**ということだよ。

答えの見直しをしている人は意外に少ないから，必ずチェックするようにしよう。

食塩水と食塩水を混ぜる問題の見直しのしかた

□%（低い濃度）の食塩水と△%（高い濃度）の食塩水を混ぜた食塩水の濃度は，必ず□%より高く，△%より低いから，答えがその範囲に入っているかどうか見直そう。

説明の動画はこちらで見られます

では，(2)にいこう。「11%の食塩水300gにある濃度の食塩水200gを加えると，9.8%の食塩水ができました。加えた食塩水の濃度は何%ですか。」という問題だ。まず，11%の食塩水300gにとけている食塩の重さを求めることができるね。ユウトくん，求めてくれるかな？

「はい！　11%を小数の0.11に直して，面積図に書きこむんですね。面積図から，300×0.11＝33より，食塩の重さは33gと求められます！」

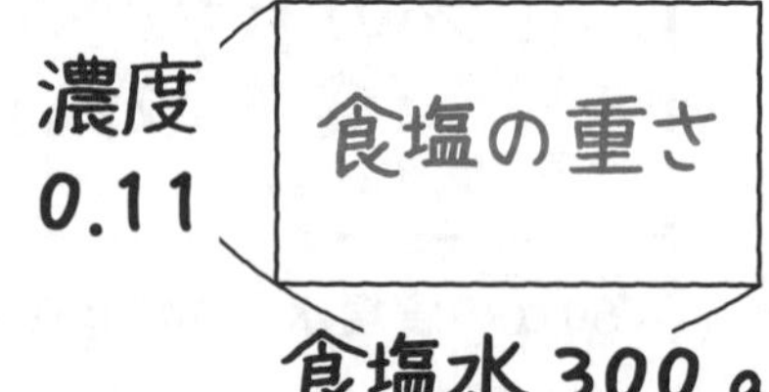

その通り。だいぶ慣れてきたようだね。11%の食塩水300gには33gの食塩がとけている。食塩水と食塩水を混ぜた様子は，次のようになるね。まだ量がわかっていないところは，□，△，○の記号で表すよ。

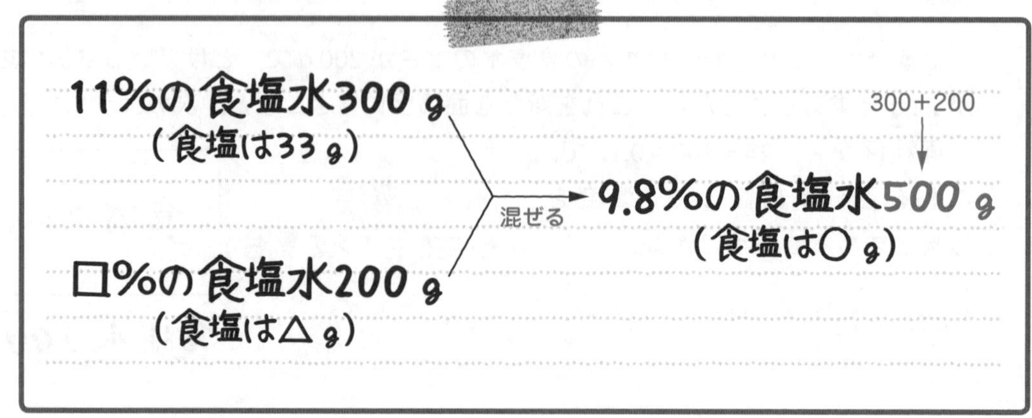

300 g の食塩水と 200 g の食塩水を混ぜると，300＋200＝500 より，500 g の食塩水ができるね。ところで，(2)は加えた食塩水の濃さ（図では□％）を求める問題だけど，すぐに求めることはできないようだ。だから，わかるところから求めていこう。量を求められるところはあるかな？

「あっ！　混ぜ合わせたあとの 9.8％の食塩水 500 g にとけている食塩の量は求めることができそうだわ。」

うん，そうだね。混ぜ合わせたあとの 9.8％の食塩水 500 g にとけている食塩の量は求めることができる。9.8％を小数の 0.098 に直して，新たな面積図に書きこもう。

濃度
0.098
食塩の重さ
食塩水 500 g

面積図から，500×0.098＝49 より，とけている食塩の重さは 49 g と求められるよ。

この 49 g をさっきの図に書きこむと，次のようになる。

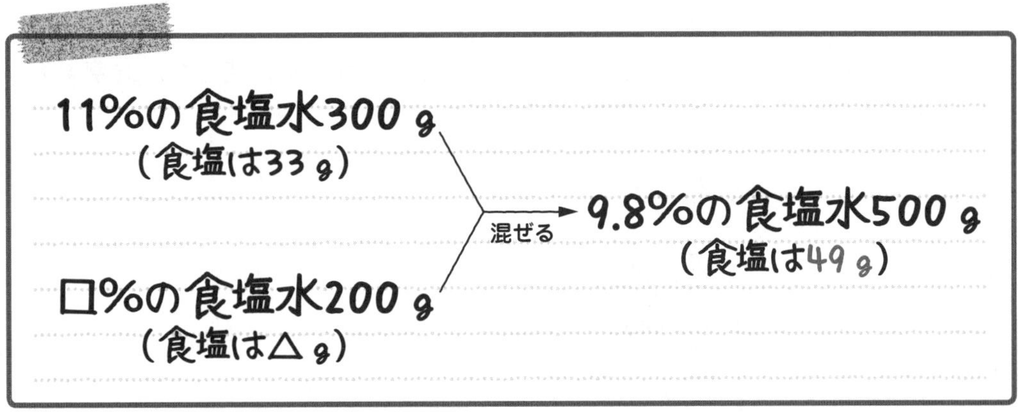

混ぜ合わせたあとの食塩水にとけている食塩の重さが 49 g とわかれば，△の部分，つまり，200 g の食塩水にとけている食塩の重さを求めることができるんだ。**混ぜ合わせたあとの食塩水には 49 g の食塩がとけていて，300 g の食塩水には 33 g の食塩がとけているから，49－33＝16 より，200 g の食塩水には 16 g の食塩がとけている**ことがわかる。

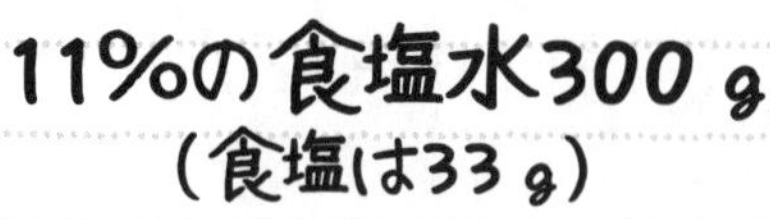

加えた食塩水の重さが 200 g で，16 g の食塩がとけていることがわかったね。これでやっと加えた食塩水の濃度を求めることができそうだ。食塩水の重さ 200 g と食塩の重さ 16 g を新たな面積図に書きこもう。面積図から，16÷200＝0.08 で，これを百分率に直して，濃度を 8%と求めることができるんだ。

濃度（小数で表された割合）
食塩 16 g
食塩水 200 g

8% … 答え　[例題]6-11　(2)

156　説明の動画はこちらで見られます

[例題]6-12　つまずき度 ●●●○○

18%の食塩水 60 g に 9%の食塩水何 g を混ぜたら，12%の食塩水になりますか。

この例題でも面積図をかきながら解いていくよ。ただ，[例題]6-11 とちがって，混ぜたあとの食塩水の重さがたし算でわからない。この例題では，**百分率を小数で表さずに，百分率（～%）のままの面積図をかこう。**百分率のまま面積図をかいていい理由は，あとで話すね。

では，まず18％の食塩水60gの面積図 図1 をかくよ。18％を小数で表さず，そのままかこう。

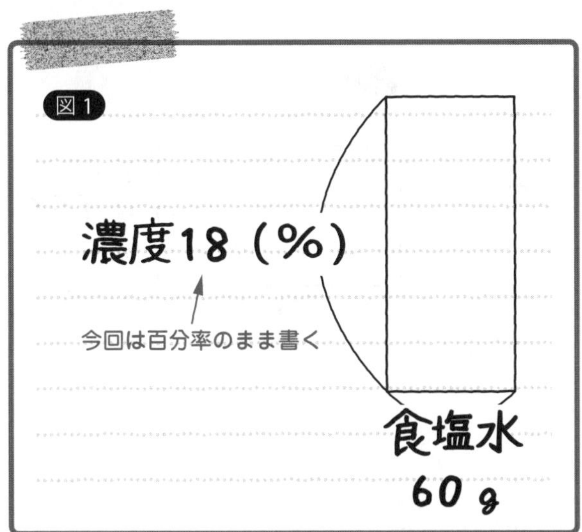

次に，9％の食塩水の新たな面積図 図2 をかこう。9％の食塩水の重さはわかっていないから□gと書いておこう。

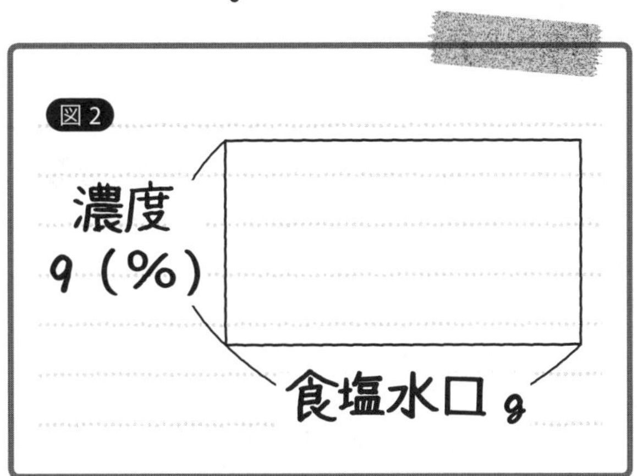

いま，図1 図2 の2つの面積図をかいたけど，2つの食塩水を混ぜ合わせるんだから，2つの面積図を 図3 のように合体させよう。

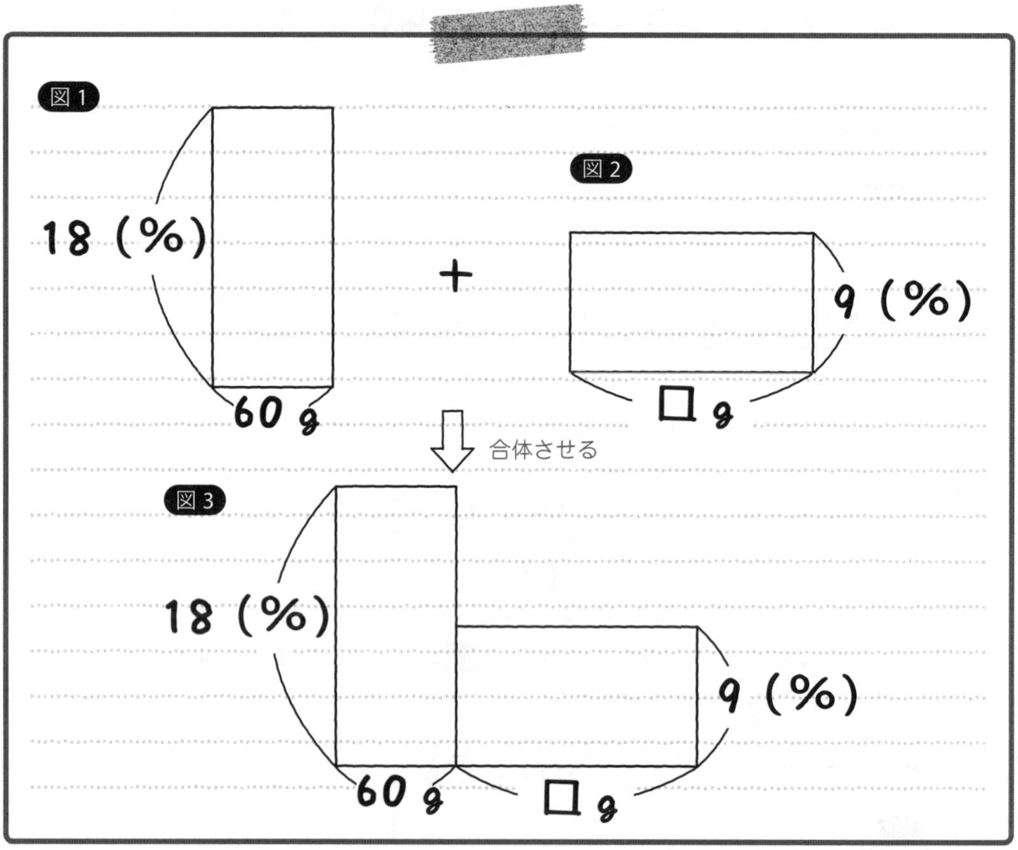

図 1

18（%）

60 g

＋

図 2

9（%）

□ g

合体させる

図 3

18（%）

9（%）

60 g　□ g

そうすると，つるかめ算のように，2 つの長方形をくっつけた面積図 図 3 ができたね。さて，これで混ぜ合わせる前の 2 つの食塩水は面積図にかけた。次に，混ぜ合わせたあとの食塩水の濃度 12% も面積図に書きこみたいね。

「えっと……，どうやって書きこめばいいのかしら？」

いまは混ぜ合わせる前の食塩水の面積図をくっつけただけだから，濃度の差によってデコボコ（凸凹）があるよね。でも，混ぜ合わると 12% になったということは，**デコボコの出っぱっている部分（凸）をけずって，その面積をへこんでいる部分（凹）に移動させて平らにすると 12% になった**，ということなんだ。これを面積図に表すと，次のようになるよ。

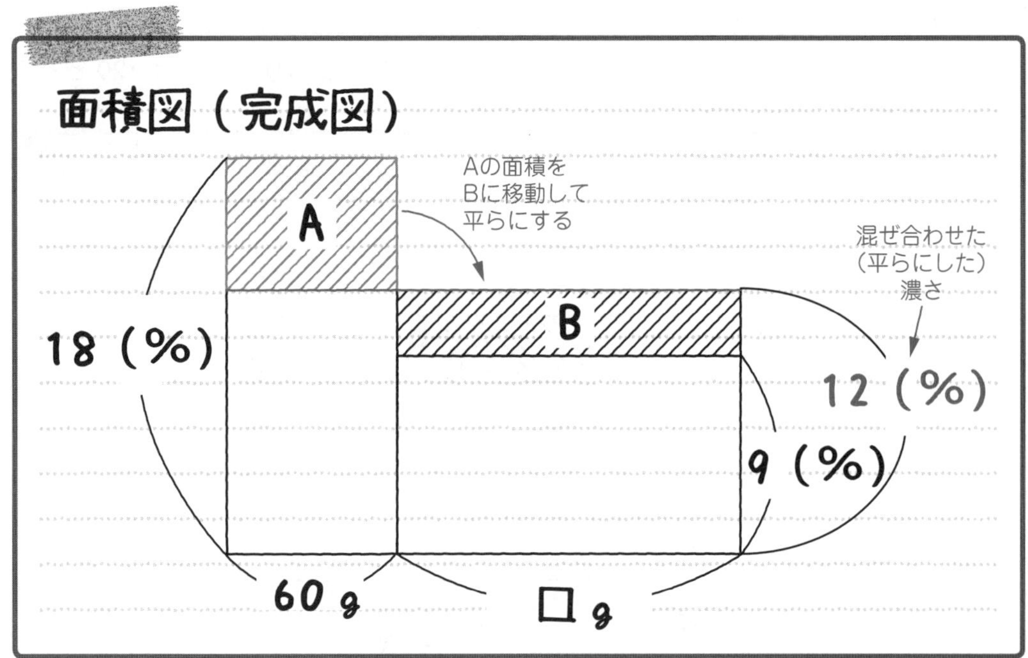

これで面積図は完成だ。**この面積図は，** 3 07 **で習った平均算の面積図と同じだ**ね。この面積図で，出っぱっている部分（A）の面積をへこんでいる部分（B）に移動させて平らにしたのだから，**AとBの面積は同じ**だよ。

「AとBの面積が同じであることを利用すれば，解けそうな気がします。」

うん，その通りなんだ。まず，Aの面積を求めることができる。18－12＝6より，長方形Aのたての長さは6，横の長さは60だから，6×60＝360より，Aの面積は360と求められる。

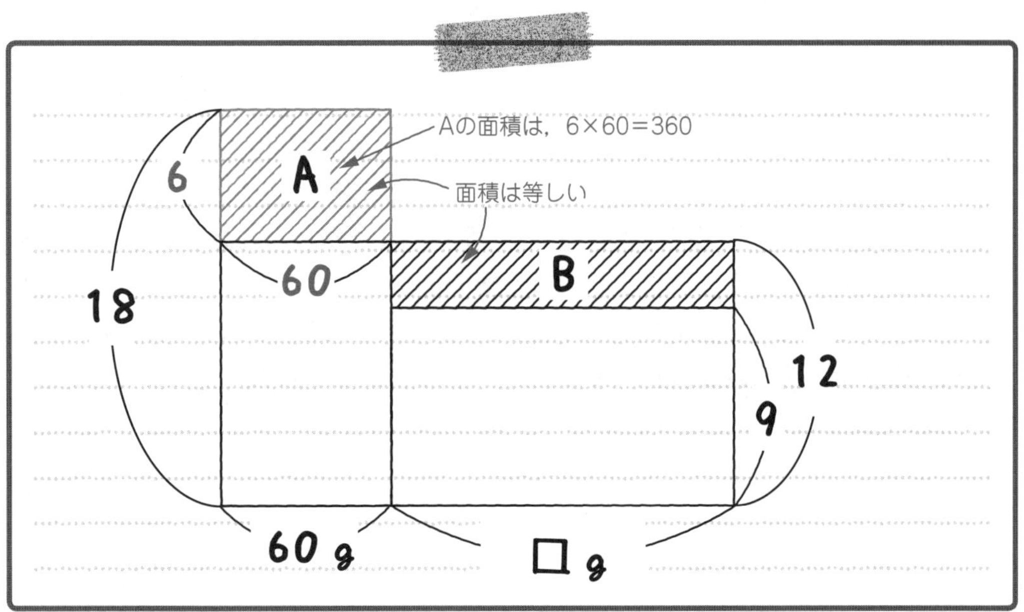

AとBの面積は等しいから，Bの面積も360とわかるね。12－9＝3より，長方形Bのたての長さは3だから，360÷3＝120より，Bの横の長さは120とわかる。

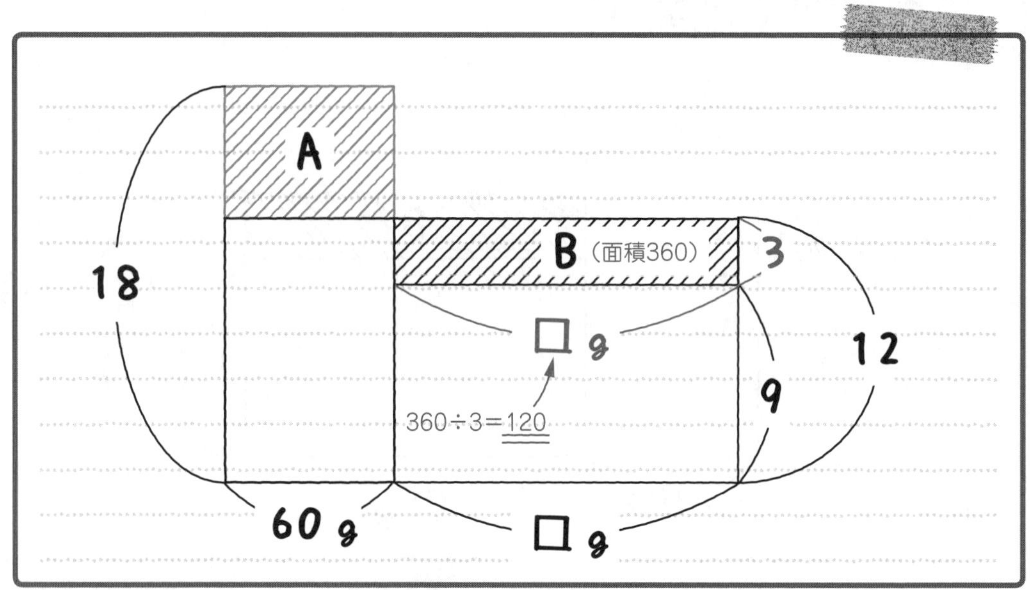

Bの横の長さは，9%の食塩水の重さ（□g）を表すから，答えが120gと求められるんだ。

120g…答え [例題]6-12

[例題]6-12 で，百分率のまま面積図をかいていい理由を説明しよう。この例題では，百分率（18%と9%）を小数（0.18と0.09）に直して面積図に書きこんでも解くことはできるんだ。

ところで，百分率をそのまま書きこんだ面積図では，長方形AとBの面積はそれぞれ360になった。

一方，小数で表された割合を面積図にかいて解くと，長方形Aの面積は0.06×60＝3.6となる。そして，長方形Bの面積は0.03×120＝3.6となる。百分率のまま解くとき，長方形A，Bともにたての長さが（小数の割合の）100倍になる。どちらの長方形の面積も100倍となり等しくなるから，百分率のままでも解けるんだ。そして，小数に直すより，百分率のまま解いたほうが計算がラクだから，この例題では百分率のまま解いたんだよ。だから，「平均算のような面積図を使う場合，百分率をそのまま書きこんでも解ける」ことをおさえよう。

説明の動画は
こちらで見られます

[例題]6−13　つまずき度 😵😵😵😵😵

8％の食塩水 160 g があります。これに何 g の食塩を加えたら，20％の食塩水になりますか。

この例題も，前の [例題]6−12 と同じような面積図をかいて，解いていこう。

「でも，[例題]6−12 は食塩水と食塩水を混ぜる問題だから，面積図に表せたけど……，この例題は，食塩水と食塩を混ぜる問題ですよね。これも面積図に表せるんですか？」

うん，この例題も面積図に表せるよ。ポイントは**「食塩を『100％の食塩水』と考える」**ということなんだ。

「食塩を『100％の食塩水』と考える？」

うん，食塩水全体を (100) としたときに，その中に食塩がいくら入っているかで，濃度が何％になるか決まるんだよ。たとえば，食塩水全体を (100) としたときに，食塩が⑳（水が㊵）入っていれば，濃度は 20％だ。だから，食塩水全体を (100) としたときに食塩が (100) 入っている状態（水が⓪），つまり食塩水全体がすべて食塩ならば，その濃度は 100％と言うことができるんだ。

「でも，先生。すべて食塩で水がない状態なのに，食塩水って言葉に水がついているのは変ですよ。」

たしかにそうだね。でも，面積図をうまくかくために，「食塩を『100％の食塩水』と考える」だけだから，ガマンしてね。

さて，8％の食塩水 160 g の面積図は  のようになるね。この問題でも平均算型の面積図を使うから，濃度を百分率のまま，面積図に書きこもう。

図1

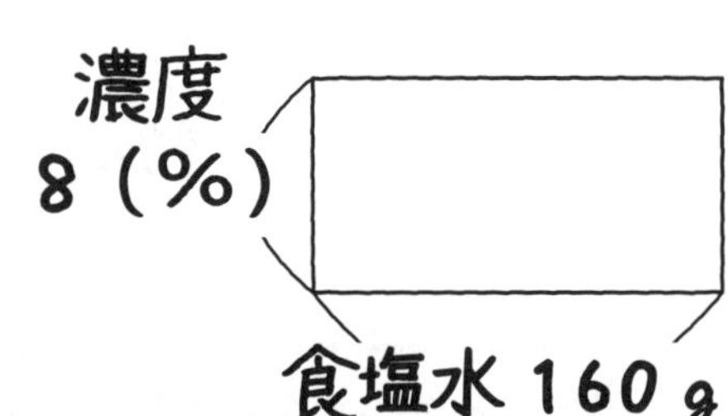

次に，加える食塩の面積図をかこう。「食塩を100％の食塩水と考える」のだから，濃度は100％だね。加える食塩の量はわかっていないから□gとおくと，図2のように加えた食塩の面積図がかけるよ。

そして，図1と図2を合体させよう。そうすると，次の図3のような面積図がかけるね。

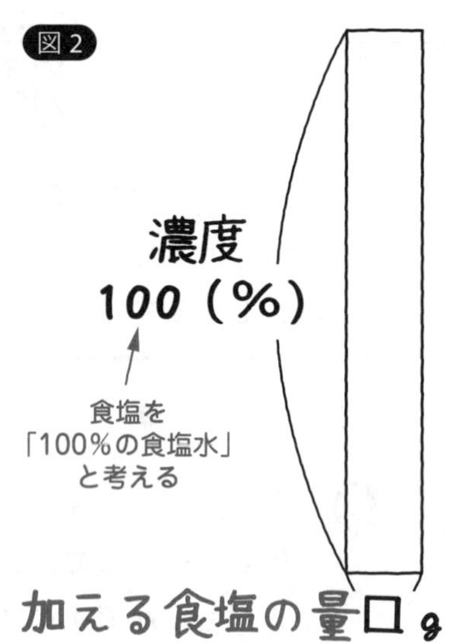

図1
8（％）
160g

＋

図2
100（％）
□g

合体させる

図3
100（％）
8（％）
160g　□g

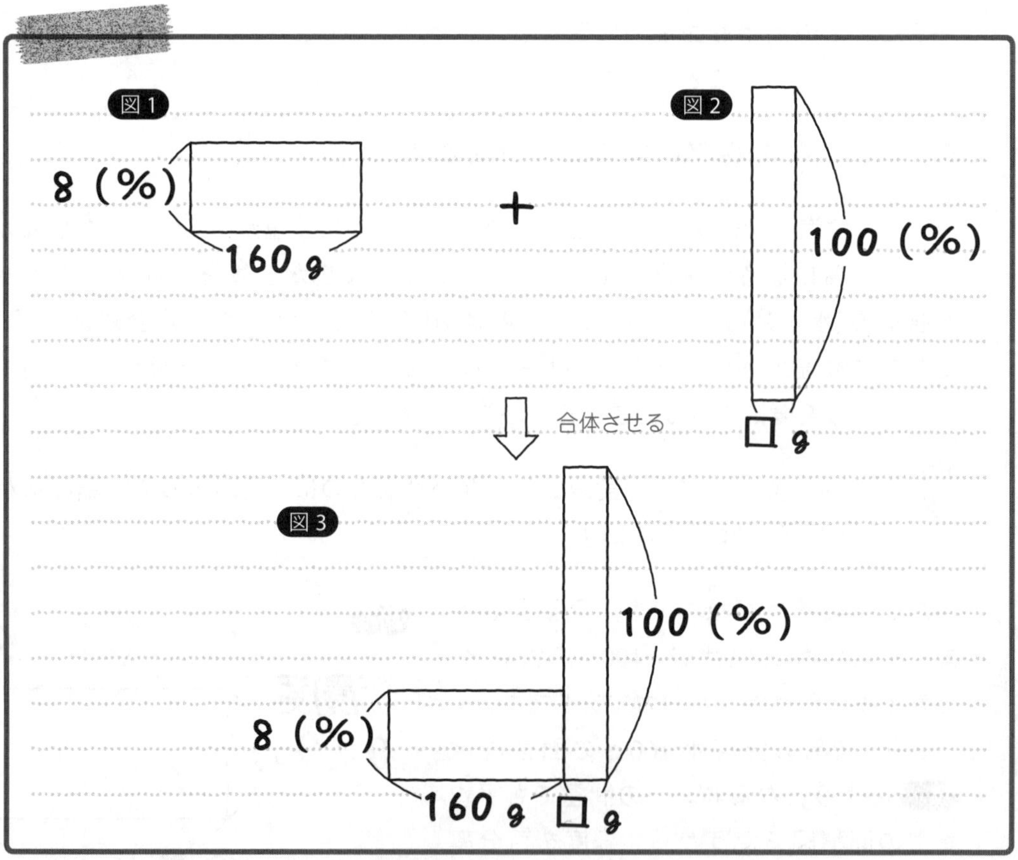

混ぜると20％の食塩水になるのだから，それも書きこむと，次のようになる。

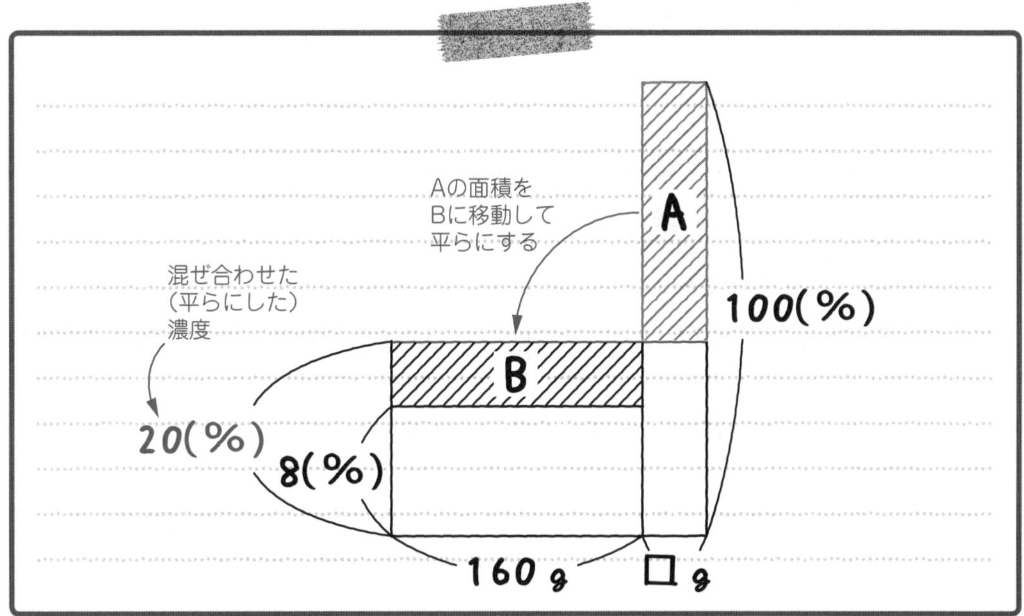

これで面積図は完成だ。出っぱった部分（A）の面積をへこんだ部分（B）に移動して平らにした（混ぜ合わせた）のだから，AとBの面積は同じだね。まず，Bの面積を求めることができる。20−8＝12より，長方形Bのたての長さは12，横の長さは160だから，12×160＝1920より，Bの面積は1920と求められる。

AとBの面積は等しいから，Aの面積も1920とわかる。100−20＝80より，長方形Aのたての長さは80だから，1920÷80＝24より，Aの横の長さは24とわかるよ。

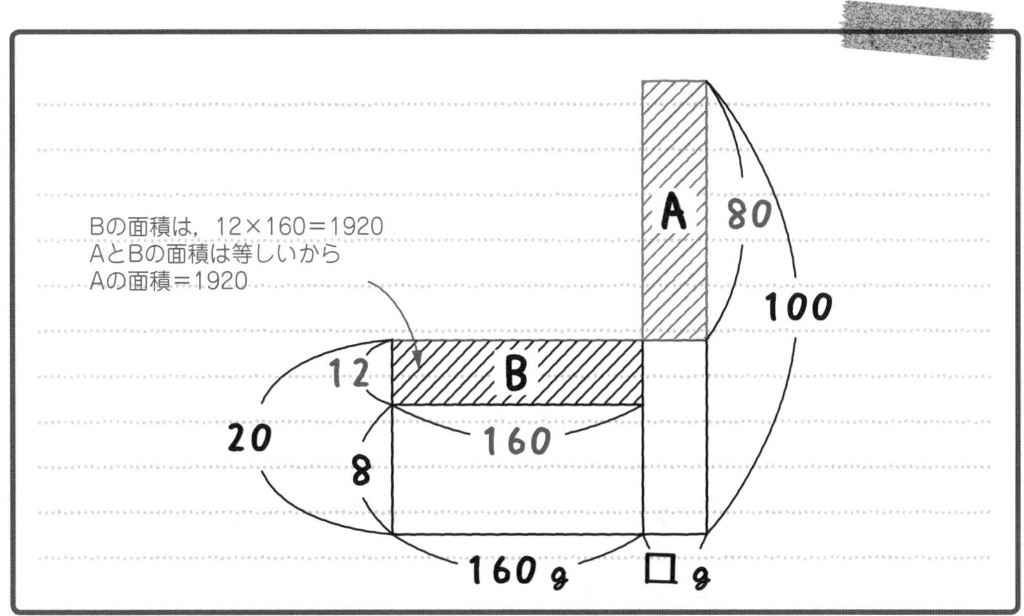

Ａの横の長さは，加えた食塩の重さ（□ g）を表すから，答えが 24 g とわかるんだ。

24 g… 答え ［例題］6-13

Check 83

つまずき度 ●○○○○

➡解答は別冊 p.73 へ

次の問いに答えなさい。

（1）　21.6 g の食塩がとけている食塩水が 180 g あります。この食塩水の濃度は何％ですか。

（2）　14％の食塩水が 500 g あります。この食塩水には何 g の食塩がとけていますか。

（3）　21％の食塩水に，63 g の食塩がとけています。この食塩水の重さは何 g ですか。

Check 84

つまずき度 ●●●○○

➡解答は別冊 p.73 へ

次の問いに答えなさい。

（1）　230 g の水に 20 g の食塩をとかすと，何％の食塩水ができますか。

（2）　2％の食塩水が 900 g あります。この食塩水には，何 g の水がふくまれていますか。

（3）　食塩を水 67.2 g にとかしたところ，20％の食塩水ができました。何 g の食塩をとかしましたか。

Check 85

つまずき度 ●●○○○

➡解答は別冊 p.73 へ

次の問いに答えなさい。

（1）　10％の食塩水が 48 g あります。これに食塩 2 g をさらにとかすと，何％の食塩水になりますか。

（2）　10％の食塩水が 230 g あります。これに水 20 g を加えると，何％の食塩水になりますか。

（3）　8％の食塩水 450 g に水を加えて，6％の食塩水をつくりました。何 g の水を加えましたか。

（4）　4％の食塩水 150 g を 5％の食塩水にするには，何 g の水を蒸発させればよいですか。

Check 86

つまずき度 ●●●○○

➡解答は別冊 p.75 へ

次の問いに答えなさい。

(1) 20%の食塩水 640 g と 8%の食塩水 160 g を混(ま)ぜました。できた食塩水の濃度は何%ですか。

(2) 2%の食塩水 950 g に，ある濃度の食塩水 300 g を加えると，3.2%の食塩水ができました。加えた食塩水の濃度は何%ですか。

Check 87

つまずき度 ●●●○○

➡解答は別冊 p.75 へ

15%の食塩水 165 g に 20%の食塩水を何 g 混ぜたら，17%の食塩水になりますか。

Check 88

つまずき度 ●●●●○

➡解答は別冊 p.76 へ

2%の食塩水 170 g があります。これに何 g の食塩を加えたら，15%の食塩水になりますか。

6 04 年令算

1年に1才ずつ増える年令。その年令が算数の問題になると……。

158 説明の動画はこちらで見られます

[例題]6-14　つまずき度

現在，子どもは5才で，父は29才です。父の年令が子どもの年令の4倍になるのは，いまから何年後ですか。

1つ聞くけど，子どもと父の年令の差は，時間がたつと変わるかな？　それとも変わらないかな？

「変わらないです。子どもと親の年の差はずっと同じよ。」

そうだね。子どもが1才年を取れば，父も1才年を取るから，**何年たっても，または何年前でも，子どもと父の年令の差は変わらない**。**年令算では，この性質を利用して解くことが多い**んだ。[例題]6-14では，子どもは5才で，父は29才だから，29−5＝24より，父と子の年令の差は24才だね。

「何年たっても，父と子の年令の差は24才っていうことですね！」

そうだね。何年たっても，父と子の年令の差は24才だ。そして，現在，子どもは5才で，父は29才だから，それを線分図に表すと，図1のようになるね。

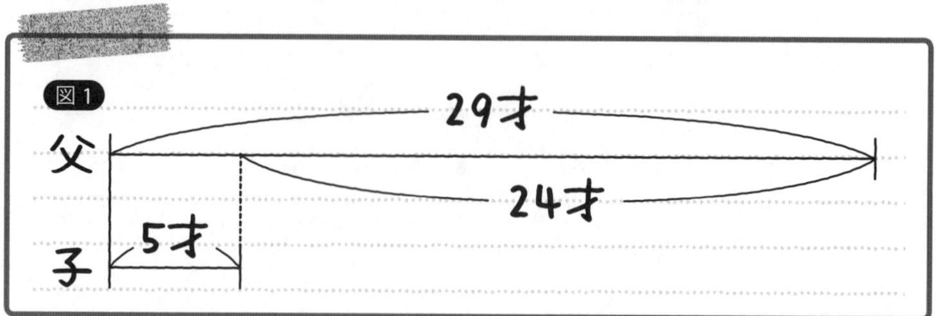

この例題は,「父の年令が子どもの年令の4倍になるのは,いまから何年後か」を求める問題だから,**父の年令が子どもの年令の4倍になるのをいまから□年後とおくことにしよう。**図2のように,図1の**線分図の左側に□年後をつけたすと,□年後の線分図がかけるね。**

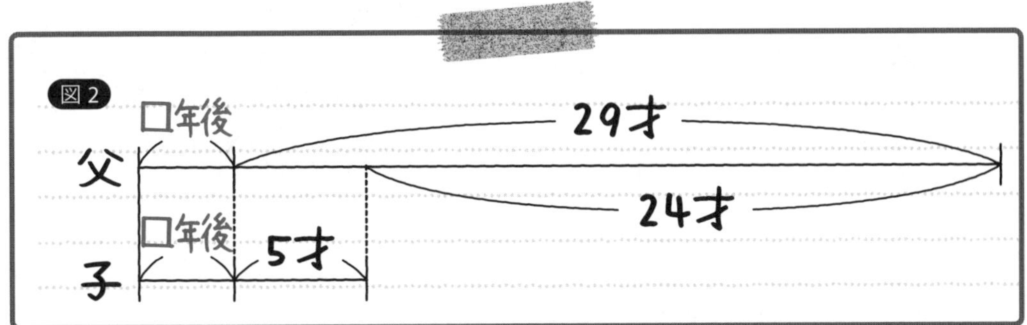

図2のように,線分図の右側ではなく,左側に□年後をかくことによって,**父と子の年令の差が24才のままであることがはっきりする**んだ。□年後に,父の年令が子どもの年令の4倍になるということは,□年後に父の年令と子どもの年令は4:1になるということだね。この4:1にマルをつけ,④:①として図に書きこむと,次のようになる。

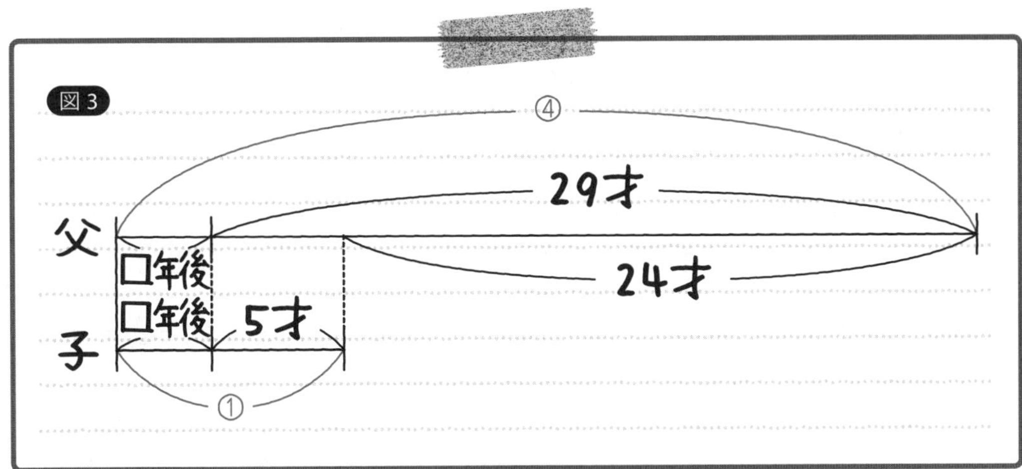

図3から,④:①の差の部分の年令が24才であることがわかるね。つまり,比の差は,④−①=③より,比の③が24才であることがわかる。

「③が24才なら,24÷3=8で,①は8才と求められますね。」

そうだね。図3の①の部分が8才と求められる。だから,8−5=3より,□は3と求められるよ。

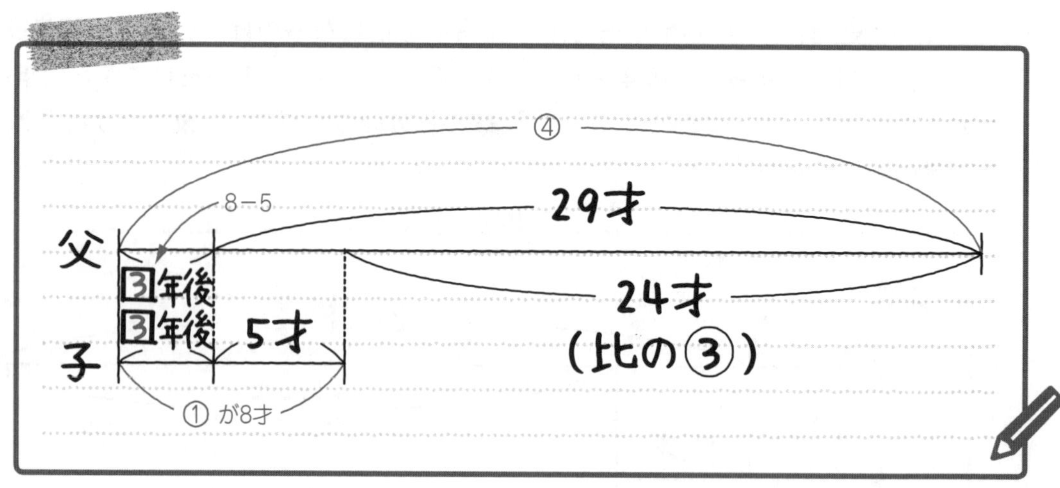

つまり，答えは「3 年後」ということだね。

3 年後…答え　[例題]6−14

説明の動画はこちらで見られます

[例題]6−15　つまずき度 ●●○○○

現在，子どもは 14 才で，父は 42 才です。父の年令が子どもの年令の 5 倍だったのは，いまから何年前ですか。

ひとつ前の [例題]6−14 は何年後か求める問題だったけど，この例題は何年前か求める問題だ。**子どもと父の年令の差は，未来でも過去でも同じ**だよね。

「この例題では，42−14＝28 より，父と子の年令の差は 28 才のままですね。」

そうだね。何年前でも父と子の年令の差は 28 才のままだ。現在，子どもは 14 才で，父は 42 才だから，それを線分図に表すと，次の 図1 のようになる。

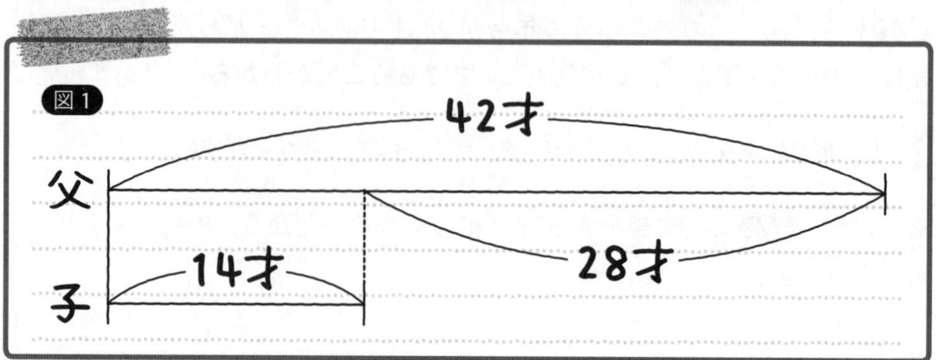

この問題は，「父の年令が子どもの年令の5倍だったのは，いまから何年前か」を求める問題だから，**父の年令が子どもの年令の5倍だったのをいまから□年前とおくことにしよう。**そして，線分図に「□年前」と書きこむと，図2のようになる。

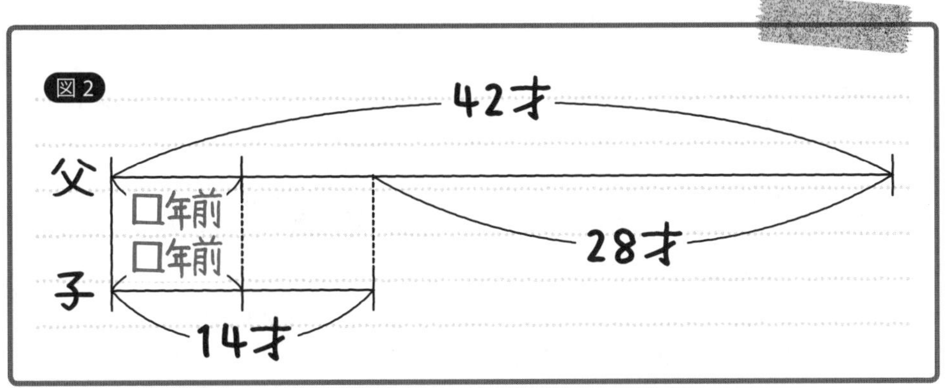

□年前に，父の年令が子どもの年令の5倍だったということは，□年前に父の年令と子どもの年令は5：1だったということだ。この5：1にマルをつけ，⑤：①として図に書きこむと，次のようになるよ。

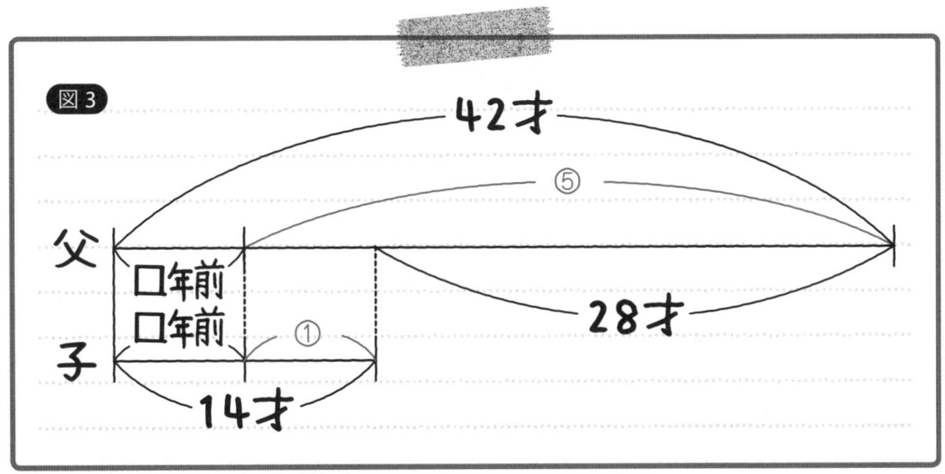

図3から，⑤と①の差の部分の年令が28才であることがわかる。つまり，比(ひ)の差は，⑤－①＝④より，比の④が28才であることがわかる。ここから①を求めるにはどうすればいいかな？

「④が28才だから，28÷4=7で，①は7才と求められます！」

そうだね。図3の①の部分が7才と求められる。だから，14－7=7より，□は7と求められるんだ。

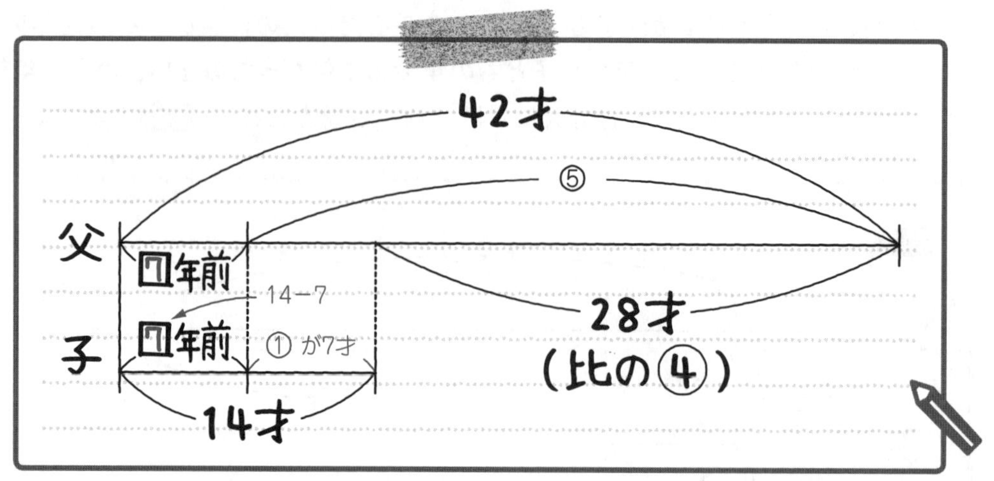

つまり，答えは「7 年前」ということだね。

7 年前 … 答え [例題]6-15

Check 89 つまずき度 ●●○○○ ➡解答は別冊 p.76 へ

現在(げんざい)，子どもは 10 才で，父は 40 才です。父の年令(ねんれい)が子どもの年令の 3 倍になるのは，いまから何年後ですか。

Check 90 つまずき度 ●●○○○ ➡解答は別冊 p.76 へ

現在, 子どもは 11 才で, 父は 36 才です。父の年令が子どもの年令の 6 倍だったのは，いまから何年前ですか。

6 05 倍数算

倍数算では「比」がたくさん出てくるよ。点数の差がつきやすいところでもあるから，じっくり学んでいこう！

160 説明の動画はこちらで見られます

ここで説明する**倍数算**では比をよく使うから，比の基本をマスターしてから取り組もう。

[例題]6−16　つまずき度 😵😵😵😐😐

はじめ，兄と弟が持っているお金の比は4：3でした。兄が600円使ったので，兄と弟の持っているお金の比は1：2になりました。はじめ，兄と弟はそれぞれいくら持っていましたか。

この例題をわかりやすく表すと，図1のようになる(ちがう比であることをはっきりさせるために，○と△の比を使って表すよ)。

④：③だった所持金の比が，兄が600円使ったために1△：2△になったということだ。使ったのは兄だけだから，**弟の持っているお金は変わらない**ね。でも，図2のように，兄が600円を使う前の弟の比が③，使ったあとの弟の比が2△，とちがう数になっている。

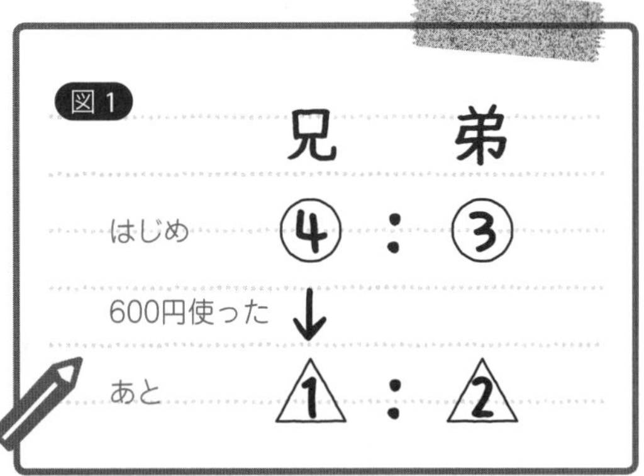

弟の持っているお金は変わらないのに，比がちがうのだから，このままでは解けない。だから，**弟の比をそろえることを考えよう**。③と△2をそれぞれ何倍かして数をそろえたいんだけど，何にそろえればいいかな？

「えっと……，③を2倍すると6になるし，△2を3倍すると6になるから，6にそろえればいいと思うわ。」

そうだね。6にそろえればいい。**最小公倍数にそろえればいい**ということなんだ。3と2の最小公倍数は6だね。比の問題なのに「倍数算」と言われるのはこれが理由だよ。はじめ，兄と弟が持っているお金の比は④：③だったのだから，弟の比の数を6にそろえるためには，それぞれ何倍すればいい？　弟の比をそろえたあとの比を□を使って表すよ。

「③を2倍すれば6になるから，④：③をそれぞれ2倍して，④：③＝□8：□6とすればいいです！」

そうだね。次に，兄が600円使ったあとの兄と弟の持っているお金の比は△1：△2だから，弟の比の数を□6にそろえるためには，それぞれ何倍すればいい？」

「△2を3倍すれば6になるから，△1：△2をそれぞれ3倍して，△1：△2＝□3：□6とすればいいんですね。」

その通り。いままでのことをまとめると，次のようになる。

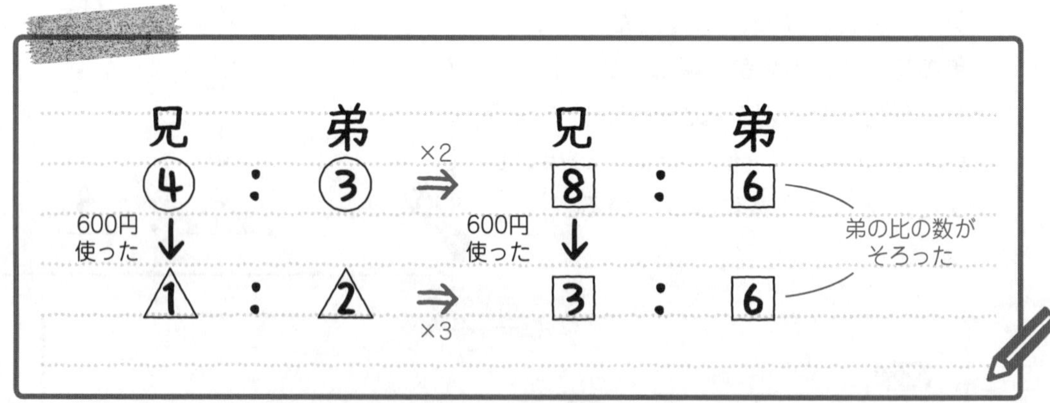

これで，弟の比を□6にそろえることができた。はじめ，兄の比は□8だったのに，600円使って□3になったのだから，□8－□3＝□5で，□5減ったということだね。この減った□5が，使った600円にあたるんだ。□5が600円にあたるということは，□1は何円になるかな？

「5が600円にあたるんだから，600÷5＝120で，1は120円ですね。」

そうだね。1は120円だ。はじめ，兄と弟が持っているお金の比は8：6だったのだから，
はじめ兄が持っていたお金は120×8＝960（円）
はじめ弟が持っていたお金は120×6＝720（円）
と求められるよ。

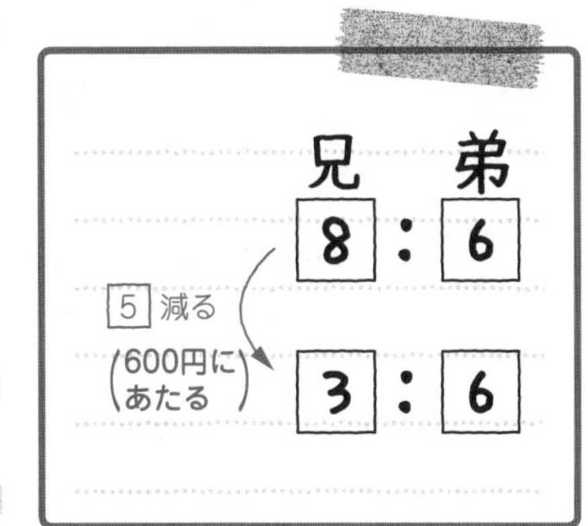

兄960円，弟720円…答え ［例題］6-16

このように，**倍数算は“前とあと”で値は変わっていないのに，比での表し方が変わったものに注目**して，**“前とあと”の比をそろえる計算**なんだ。［例題］6-16では，弟のお金が“前とあと”で変わっていなかったから，弟の比をそろえたんだね。

説明の動画はこちらで見られます

では，次の例題もやってみよう。

［例題］6-17 つまずき度 ●●●●○

はじめ，兄と弟が持っているお金の比は7：3でした。兄が弟に240円あげたところ，兄と弟の持っているお金の比は5：3になりました。はじめ，兄と弟はそれぞれいくら持っていましたか。

この例題をわかりやすく表すと，右のようになる（ちがう比であることをはっきりさせるために，○と△の比を使って表すよ）。

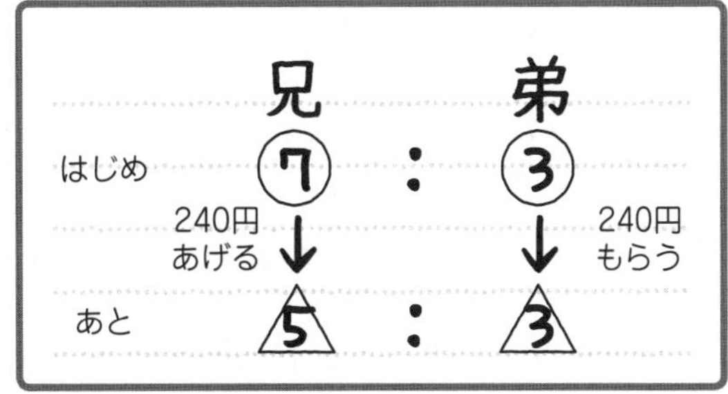

⑦：③だった所持金の比が，兄が弟に240円あげたために△5：△3になったということだ。「兄が弟に240円あげた」ということは，兄の所持金が240円減って，弟の所持金は240円増えたんだね。だから，240円あげる前とあとで，**兄と弟の持っているお金の和は変わらない**。ここで，兄が弟に240円あげる前とあとのお金の比の和をそれぞれ求めよう。はじめ，兄と弟が持っていたお金の比の和は何かな？

「はじめ，兄と弟が持っているお金の比(ひ)は⑦：③だったのだから，⑦＋③＝⑩より，比の和は⑩です。」

そうだね。次に，兄が弟に240円あげたあとの兄と弟が持っているお金の比の和は何かな？

「兄が弟に240円あげたあとの兄と弟が持っているお金の比は，△5：△3だから，△5＋△3＝△8で，比の和は△8です！」

その通り。比の和をはっきりさせて書くと，次のようになる。兄と弟の持っているお金の和は変(か)わらないのに，比の和が⑩と△8でちがっているということだね。

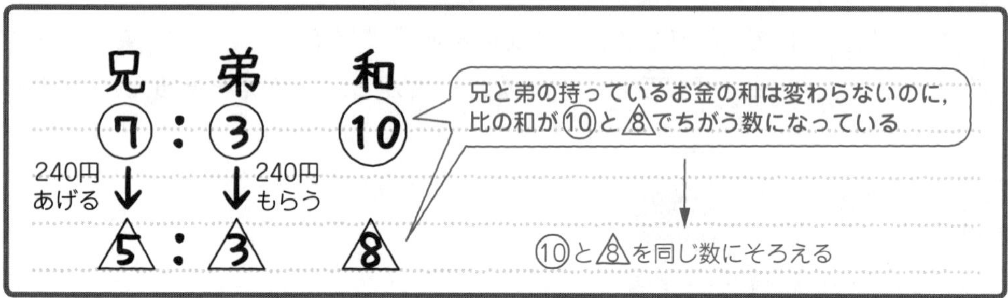

兄と弟の持っているお金の和は変わらないのに，比の和がちがうのだから，**比の和をそろえることを考えよう**。比の和である⑩と△8はどのようにそろえればいいかな？

「えっと……，⑩と△8の比をそろえるには，**最小公倍数(さいしょうこうばいすう)にそろえればいい**のよね。だから40でそろえます！」

そうだね。はじめ，兄と弟が持っているお金の比は⑦:③で，比の和は⑩だから，比の和を40にそろえるためには，それぞれの比を何倍すればいい？　兄と弟の比の和をそろえたあとの比を□を使って表すよ。

「⑩を4倍すれば[40]になるから，⑦：③をそれぞれ4倍して，⑦：③＝(7×4)：(3×4)＝[28]：[12]とすればいいです！」

その通り。次に，兄が弟に240円あげたあとの兄と弟の持っているお金の比は△5：△3で，比の和は△8だから，比の和を[40]にそろえるためには，それぞれ5倍しよう。△5：△3をそれぞれ5倍すると，△5：△3＝(5×5)：(3×5)＝[25]：[15]となるね。

いままでのことをまとめると，次のようになる。

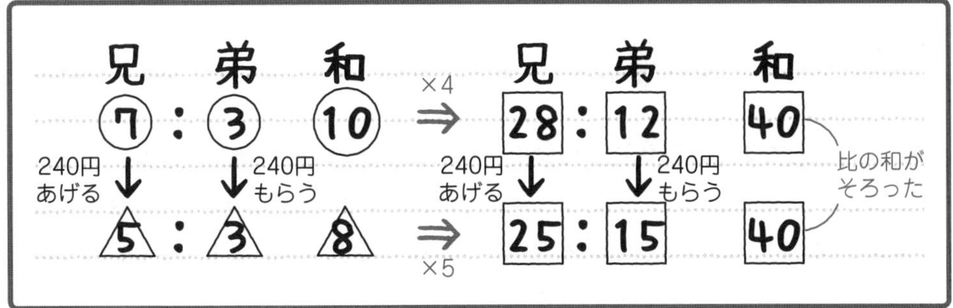

これで兄と弟の比の和を[40]にそろえることができたね。はじめ，兄の比は[28]だったのに，240 円あげて[25]になったのだから，[28]－[25]＝[3]より，[3]減ったということだね。弟も[12]から[15]に[3]増えているね。この[3]が，240 円にあたるんだ。

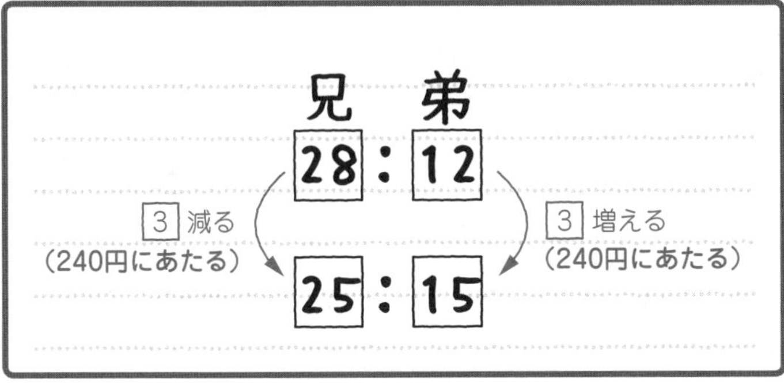

[3]が 240 円にあたるということは，[1]は何円になる？

「[3]が 240 円にあたるから，240÷3＝80 で，[1]は 80 円です！」

その通り。[1]は 80 円だ。はじめ，兄と弟が持っているお金の比は[28]：[12]だったのだから，はじめ兄が持っていたお金は 80×28＝2240（円），はじめ弟が持っていたお金は 80×12＝960（円）と求められる。

[例題]6-17 は，**“ 前とあと ” で金額の和が変わらないのに，比での表し方がちがう**倍数算だったね。

兄 2240 円，弟 960 円 … 答え [例題]6-17

説明の動画は
こちらで見られます

[例題]6-18 つまずき度 😵😵😵😵😵

はじめ，姉と妹が持っているお金の比は4：1でした。2人ともお父さんから840円ずつもらったので，持っているお金の比が5：3になりました。はじめ，姉と妹はそれぞれいくら持っていましたか。

この例題をわかりやすく表すと，次のようになる（ちがう比であることをはっきりさせるために○と△の比を使って表すよ）。

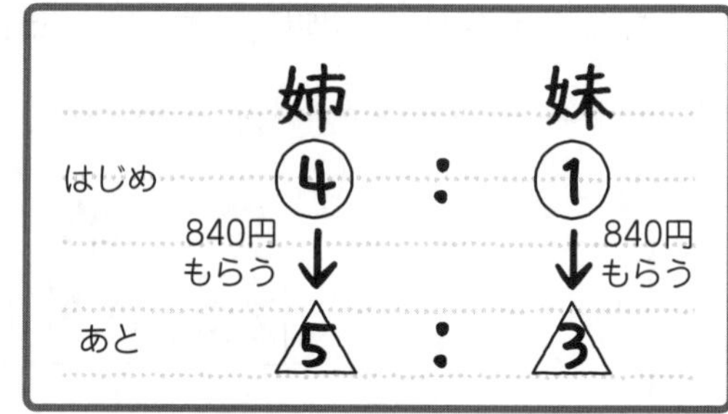

④：①だった所持金の比が，2人ともお父さんから840円ずつもらったために△5：△3になったということだ。「2人ともお父さんから840円ずつもらった」ということは，姉の所持金も，妹の所持金も840円増えたんだね。だから，もらう前とあとで，**姉と妹の持っているお金の差は変わらない**。ここで，840円ずつもらう前とあとのお金の比の差をそれぞれ求めよう。はじめ，姉と妹が持っているお金の比の差はいくつかな？

「えっと……，はじめ，姉と妹が持っているお金の比は，④：①だったのだから，④－①＝③で，比の差は③です！」

そうだね。次に，お父さんから840円ずつもらったあとの姉と妹が持っているお金の比の差はいくつかな？

「お父さんから840円ずつもらったあとの姉と妹が持っているお金の比は，△5：△3だから，△5－△3＝△2より，比の差は△2です！」

そうだね。比の差をはっきりさせて書くと，次のようになる。姉と妹の持っているお金の差は変わらないのに，比の差が③と△2でちがっているということだ。

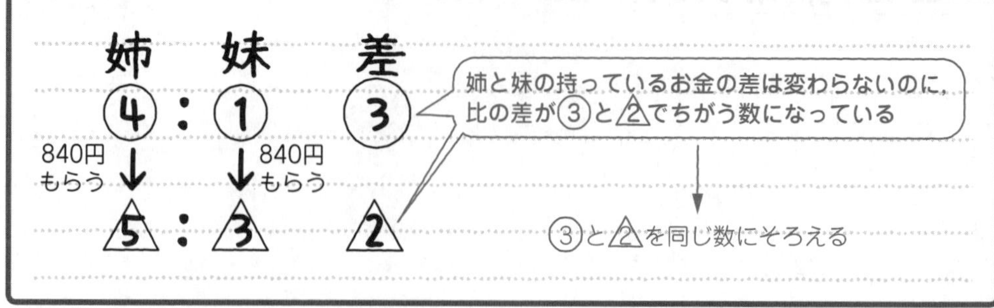

姉と妹の持っているお金の差は変わらないのに，比の差がちがうのだから，**比の差をそろえることを考えよう**。比の差である③と2(△)を最小公倍数(さいしょうこうばいすう)にそろえればいいんだね。3と2の最小公倍数は何かな？

「3と2の最小公倍数は6です！」

そうだね。3と2の最小公倍数は6だ。はじめ，姉と妹が持っているお金の比は④：①で，比の差は③だから，比の差を6にするためには，それぞれ何倍すればいい？　姉と妹の比の差をそろえたあとの比を□を使って表すよ。

「③を2倍すれば[6]になるから，④：①をそれぞれ2倍して，
④：①＝(4×2)：(1×2)＝[8]：[2]とすればいいです！」

その通り。次に，お父さんから840円ずつもらったあとの姉と妹の持っているお金の比は5(△)：3(△)で，比の差は2(△)だから，比の差を[6]にするためには，それぞれ3倍しよう。5(△)：3(△)をそれぞれ3倍して，5(△)：3(△)＝(5×3)：(3×3)＝[15]：[9]となるよ。

ここまでのことをまとめると，次のようになる。

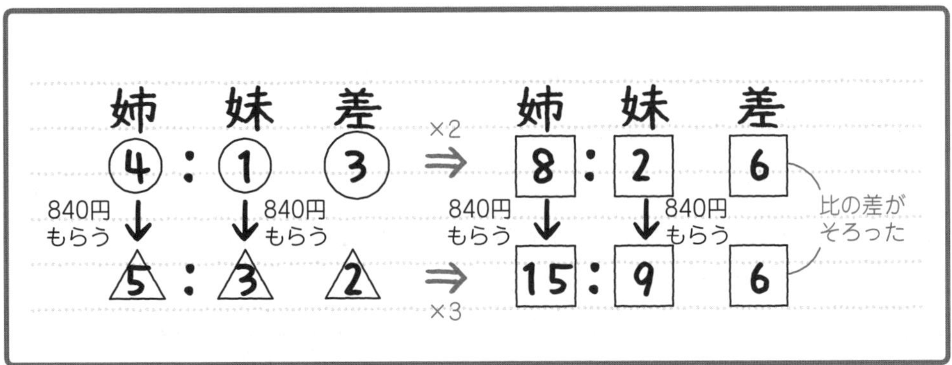

これで姉と妹の比の差を[6]にそろえることができたね。はじめ，姉の比は[8]だったのに，840円もらって[15]になったのだから，[15]－[8]＝[7]より，[7]増えたということだね。妹も[2]から[9]に[7]増えているね。この[7]が840円にあたるんだ。

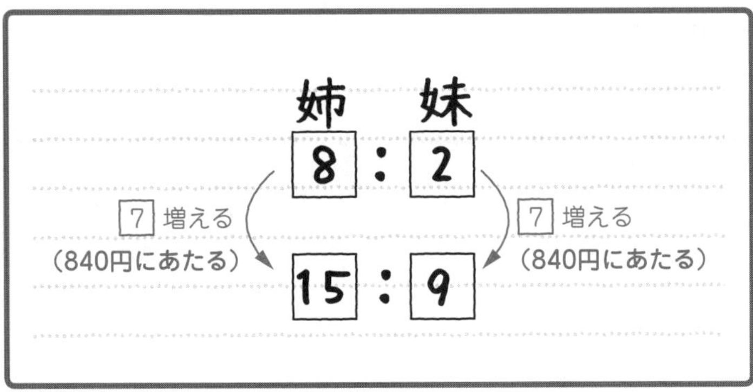

7が840円にあたるということは，1は何円になるかな？

「7が840円にあたるんだから，840÷7＝120で，1は120円です。」

その通り。1は120円だ。はじめ，姉と妹が持っているお金の比(ひ)は8：2だったのだから，はじめ姉が持っていたお金は120×8＝960(円)，はじめ妹が持っていたお金は120×2＝240(円)と求(もと)められる。

[例題]6-18は，**“前とあと”で金額(きんがく)の差が変わらないのに，比での表し方がちがう**倍数算(ばいすうざん)だったね。

姉960円，妹240円…答え [例題]6-18

Check 91 つまずき度 ●●●○○ ➡解答は別冊p.76へ

はじめ，容器(ようき)Aと容器Bに入っている水の重さの比(ひ)は8：5でした。容器Aから水が210gこぼれたので，容器Aと容器Bに入っている水の重さの比は5：4になりました。容器Aには，はじめ何gの水が入っていましたか。

Check 92 つまずき度 ●●●●○ ➡解答は別冊p.77へ

はじめ，姉と妹が持っているお金の比は3：2でした。姉が妹に220円あげたところ，姉と妹の持っているお金の比は2：5になりました。はじめ，姉と妹はそれぞれいくら持っていましたか。

Check 93 つまずき度 ●●●●○ ➡解答は別冊p.77へ

はじめ，兄と弟が持っているお金の比は9：4でした。2人ともそれぞれ180円ずつ使ったので，持っているお金の比は5：2になりました。はじめ，兄と弟はそれぞれいくら持っていましたか。

中学入試算数のウラ側
8

“前とあと”で和も差も一定でない(変わってしまう)倍数算はどう解く？

「先日，子どもたちの志望校の入試問題を見ていたら，次のような問題があったんですよ。」

問題 はじめ，兄と弟が持っているお金の比は6：5でした。兄は150円もらい，弟は50円使ったので，兄と弟の持っているお金の比が3：2になりました。はじめ，兄と弟はそれぞれいくら持っていましたか。

「この問題は，［例題］6-17 のように「和が一定」でもないし，［例題］6-18 のように「差が一定」でもないですよね。方程式を使えば解けると思うんですけど，方程式をそのまま教えるわけにはいかないし，子どもに教えるときにどう教えればいいですか？」

なるほど。たしかにこの問題は，「和が一定」でも「差が一定」でもないですね。このような問題は，中堅～難関の中学校の入試問題でときどき出題されます。ところで，前に「中学入試算数のウラ側5」で，方程式に類似した解法としてマルイチ算を紹介しましたよね？

「はい，覚えています。」

この問題でもマルイチ算を使って解くことをおすすめします。はじめ，兄と弟が持っているお金の比は6：5なので，はじめの兄の所持金を⑥，はじめの弟の所持金を⑤とおきましょう。兄は150円もらい，弟は50円使ったのだから，兄と弟の所持金は，それぞれ⑥＋150，⑤−50と表せますね。そして，この比が3：2になるのだから

(⑥＋150)：(⑤−50)＝3：2

と表せます。比例式の内項の積と外項の積は等しいから

(⑤−50)×3＝(⑥＋150)×2

となります。この式のかっこをはずすために分配法則を利用しましょう。分配法則とは，次のような法則です。

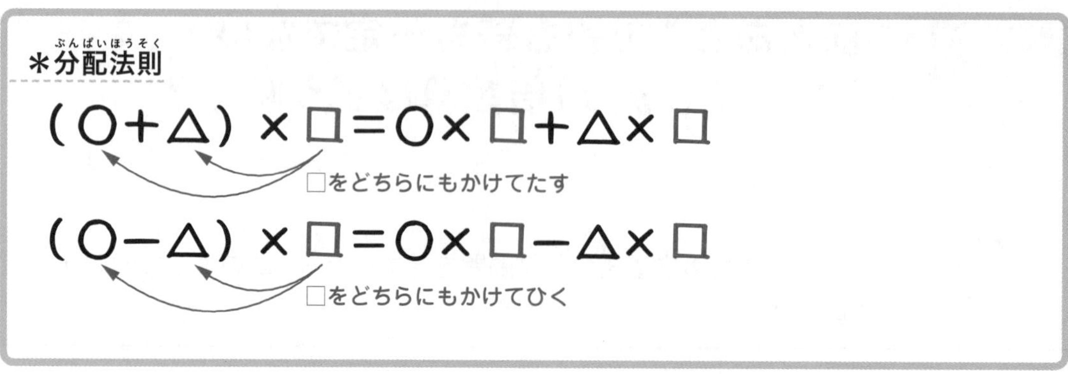

この分配法則を使って，（⑤－50）×3＝（⑥＋150）×2 のかっこをはずすと，次のようになります。

（⑤－50）×3＝（⑥＋150）×2

3 をどちらにもかけてひく　　2 をどちらにもかけてたす

⑤×3－50×3＝⑥×2＋150×2

⑮－150＝⑫＋300

⑮－150＝⑫＋300 を線分図で表してみましょう。

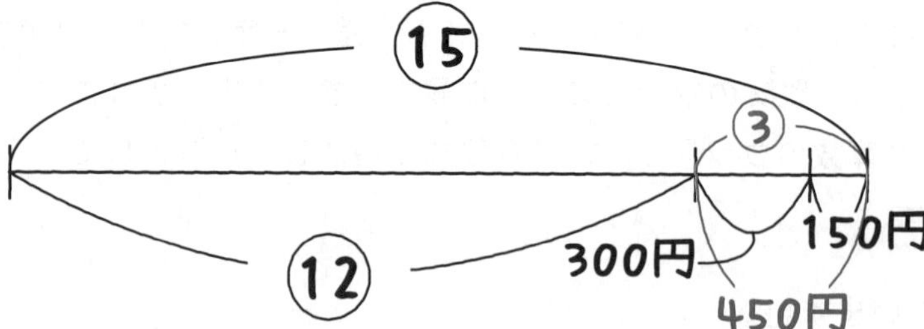

線分図を見ると，⑮から⑫をひいた③の部分が，300＋150＝450（円）となっています。

③＝450 だから，①は 450÷3＝150（円）ですね。

はじめの兄の所持金は⑥なので，150×6＝900（円）とわかります。

はじめの弟の所持金は⑤なので，150×5＝750（円）とわかります。

兄 900 円，弟 750 円

これで答えが求められましたね。中堅～難関と言われる中学校を受験するなら，身につけておきたい解き方です。

「なるほど。そのように教えればよいのですね。」

6 06 仕事算

1人ですると時間がかかることも，みんなですると短時間でできちゃう。仕事もみんなで協力すると，早く終えることができるんだ。

163 説明の動画はこちらで見られます

[例題]6-19 つまずき度

ある仕事をするのに，Aさん1人では15日，Bさん1人では10日かかります。この仕事をAさん，Bさん2人がいっしょにすると，何日で終えることができますか。

このような問題を仕事算というよ。仕事算には，おもに次の2つの解き方があるから，順番に解説していくよ。

解き方1 **全体の仕事量を1とおいて解く。**

解き方2 **全体の仕事量を最小公倍数とおいて解く。**

[例題]6-19 の 解き方1 全体の仕事量を1とおいて解く

まず，**全体の仕事量を1とおこう。**この仕事をするのにAさん1人では15日かかるから，$1\div15=\frac{1}{15}$で，**Aさんは1日で全体の$\frac{1}{15}$だけ仕事をする。**Bさん1人では10日かかるから，$1\div10=\frac{1}{10}$で，**Bさんは1日で全体の$\frac{1}{10}$だけ仕事をする。**Aさん，Bさんの2人がいっしょだと，1日で全体のどれだけの仕事ができるかな？

「Aさんは1日で全体の$\frac{1}{15}$，Bさんは1日で全体の$\frac{1}{10}$の仕事をするんだから，$\frac{1}{15}$と$\frac{1}{10}$をたせばいいのかしら？」

そうだね。$\frac{1}{15}+\frac{1}{10}=\frac{2}{30}+\frac{3}{30}=\frac{5}{30}=\frac{1}{6}$で，**Aさん，Bさんの2人がいっしょにすると，1日で全体の$\frac{1}{6}$の仕事ができる**んだ。全体の仕事量は1で，1日に$\frac{1}{6}$ずつ仕事をするのだから，仕事を終えるのに，**$1\div\frac{1}{6}=6$で，6日かかる。**

6日 … 答え [例題]6-19

解き方1 には，分数の計算が出てくるよね。分数の計算をあまり好まない人もいるだろう。次に紹介する 解き方2 には分数の計算が出てこないから，ラクに計算できる場合が多いよ。

[例題]6-19 の 解き方2 全体の仕事量を最小公倍数とおいて解く

仕事をするのに，Aさん1人では15日，Bさん1人では10日かかるよね。この解き方では，**15と10の最小公倍数を求めて，それを全体の仕事量とおく**んだ。15と10の最小公倍数は何かな？

「15と10の最小公倍数は，えっと……，30です！」

そうだね。15と10の最小公倍数は30だ。15と10の最小公倍数を求めるのは簡単だけど，最小公倍数を見つけにくいときは，1 09 でやったように連除法で求めるようにしよう。

15と10の最小公倍数は30だから，全体の仕事量を㉚とおこう。この仕事をするのにAさん1人では15日かかるのだから，**Aさんは1日で㉚÷15＝②だけ仕事をする。**Bさん1人では10日かかるのだから，**Bさんは1日で㉚÷10＝③だけ仕事をする。**Aさん，Bさんの2人がいっしょにすると，1日で全体のどれだけの仕事ができるかな？

「Aさんは1日で②，Bさんは1日で③の仕事をするんだから……，
②＋③＝⑤の仕事をすると思います！」

そうだね。②＋③＝⑤で，Aさん，Bさんの**2人がいっしょにすると，1日で⑤の仕事ができる**んだ。全体の仕事量は㉚で，1日に⑤ずつ仕事をするのだから，**㉚÷⑤＝6で，6日と求められる**んだね。

6日 … 答え [例題]6-19

「この解き方だと，たしかに計算がラクだわ。」

そうだよね。**最小公倍数を求めるところがスムーズにできれば，** 解き方1 **より計算がラクになる場合が多い**よ。だから，これから仕事算の解説は，最小公倍数を求めて解く方法で解説していくよ。

説明の動画は
こちらで見られます

[例題]6-20　つまずき度 😵😵😵😵😵

ある水そうを満水（まんすい）にするのに，A管（かん）だけでは15分かかり，B管だけでは45分かかります。A，B2本の管を同時に使って水を入れると，この水そうが満水になるのに何分何秒かかりますか。

「さっきの例題（れいだい）とちがうような気もするけど，これも仕事算なんですか？」

うん，仕事算だよ。この例題も同じ解き方で解けるんだ。解き方1 でも解けるけど，解き方2 として紹介した最小公倍数を求めて解く方法で進めていこう。**15（分）と45（分）の最小公倍数は45だから，水そうの容積（ようせき）を㊺とおこう。**容積とは，入れ物いっぱいに入る水の体積のことだよ。水そうの容積を㊺とおくと，A管が1分で入れる量はどうなるかな？

「この水そうを満水にするのに，A管だけでは15分かかるから，㊺÷15＝③で，A管が1分で入れる量は③ということね。」

そうだね。㊺÷15＝③で，A管が1分で入れる量は③とわかる。この水そうを満水にするのに，B管だけでは45分かかるから，㊺÷45＝①で，B管が1分で入れる量は①とわかる。では，A，B2本の管を同時に使うと1分でどれだけの量を入れられるかな？

「A管が1分で入れる量③と，B管が1分で入れる量①をたして，③＋①＝④ですね！」

そうだね。③＋①＝④だから，A，B2本の管を同時に使うと1分で④の水を入れられることがわかる。水そうの容積は㊺で，1分に④ずつの水を入れるのだから，㊺÷④＝$\frac{45}{4}$＝$11\frac{1}{4}$より，$11\frac{1}{4}$分かかるということだね。この例題では「何分何秒」の形にするのを忘（わす）れてはいけないよ。$11\frac{1}{4}$分が「何分何秒か」求めてくれるかな？

「$11\frac{1}{4}$分を『何分何秒』に直すには……，うーん。」

$11\frac{1}{4}$ 分というのは「**11 分と $\frac{1}{4}$ 分をたし合わせたもの**」だね。$\frac{1}{4}$ 分というのは，「1 分，つまり 60 秒の $\frac{1}{4}$」ということだ。$60\times\frac{1}{4}=15$ で，15 秒と求められるね。

「つまり，$11\frac{1}{4}$ 分は，11 分 15 秒ですね。」

うん，その通り。

11 分 15 秒…答え　[例題]6-20

165 説明の動画はこちらで見られます

[例題]6-21　つまずき度

ある仕事をするのに，A さん 1 人では 24 日，B さん 1 人では 36 日かかります。この仕事を A さんだけが 10 日働(はたら)いたあと，残(のこ)りを B さんだけで働きました。仕事が終わるまでに全部で何日かかりますか。

24 と 36 の最小公倍数(さいしょうこうばいすう)は 72 だから，全体の仕事量(しごとりょう)を⑫とおこう。 この仕事をするのに，A さん 1 人では 24 日かかるのだから，⑫÷24＝③で，A さんは 1 日で③だけ仕事をする。B さん 1 人では 36 日かかるのだから，⑫÷36＝②で，B さんは 1 日で②だけ仕事をする。この仕事をはじめ A さんだけが 10 日働くと，どれだけの仕事ができるかな？

「A さんは 1 日で③の仕事をするんだから，③×10＝㉚で，A さんは 10 日で㉚の仕事をするのね。」

そうだね。A さんは 10 日で㉚の仕事をする。全体の仕事量は⑫だから，残っている仕事は，⑫－㉚＝㊷だね。残り㊷の仕事を B さんだけで働くと，B さんは何日で終えることができるかな？

「B さんは 1 日で②の仕事をするんだから，㊷÷②＝21 で，B さんは 21 日で残りの仕事をするんですね！」

その通り。残り㊷の仕事をBさんは21日で仕上げる。**この21日を答えにしないようにしよう。**「仕事が終わるまでに全部で何日かかるか」を求めるのだから，Aさんが働いた10日をたす必要があるんだ。10＋21＝31だから，全部で31日かかるということだね。

31日…答え ［例題］6-21

説明の動画はこちらで見られます

［例題］6-22　つまずき度

15人で働くと8日かかる仕事を，12人で働くと何日で終えることができますか。

「［例題］6-19～［例題］6-21とはちがった問題ですね。どうやって解くんですか？」

［例題］6-19の 解き方1 のように，全体の仕事量を①とおいて解くこともできるんだけど，その解き方だと分数が出てきて，計算が少し面倒になってしまう。

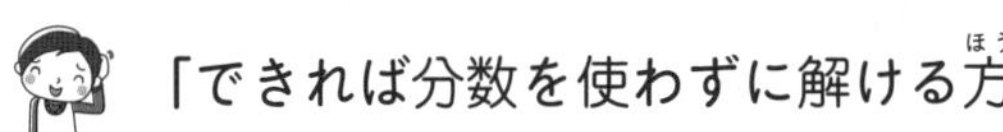

「できれば分数を使わずに解ける方法がいいんですけど……。」

そういう方法もあるよ。**1人が1日にする仕事量を①とおく**と，分数の計算をせずに解くことができるんだ。1人が1日にする仕事量を①とおくと，15人で8日かかる仕事量は，①×15×8＝⑫⓪と計算できる。12人が1日でできる仕事量は，①×12＝⑫だから，全体の仕事量⑫⓪を⑫でわって，⑫⓪÷⑫＝10（日）と求められる。

10日…答え ［例題］6-22

［例題］6-19の 解き方1 では，**全体の仕事量を**①としておいて解いたけど，この例題では，**1人が1日にする仕事量を**①とおいて解いたね。このように，**仕事算では，問題によって「何を1をおくと解きやすいか」が変わることがある**ので気をつけよう。

説明の動画は
こちらで見られます

[例題]6-23 つまずき度 😵😵😵😵😵

16人で働く(はたら)と9日かかる仕事があります。この仕事を，はじめ15人で4日間したあと，残り(のこ)の仕事を12人で行い，終えることができました。仕事を終えるのに全部で何日かかりましたか。

この例題(れいだい)も，**1人が1日にする仕事量(しごとりょう)を①とおく**と，「16人で働くと9日かかる仕事」の量は，①×16×9=⑭④と表せる。「この仕事を，はじめ15人で4日間した」ということだけど，15人で4日間した仕事量はどれだけかな？

「1人が1日にする仕事量が①だから……，15人で4日間した仕事量は，①×15×4=⑥⓪ね。」

そうだね。15人で4日間した仕事量は⑥⓪だ。全体の仕事量が⑭④だから，⑭④−⑥⓪=⑧④で，⑧④の仕事が残っているということだね。この残った⑧④の仕事を12人で行うと，何日で終えることができるかな？

「えっと……，1人が1日にする仕事量が①だから……，あれ？」

1人が1日にする仕事量が①だから，12人が1日にする仕事量は，①×12=⑫だね。残った⑧④の仕事を1日に⑫ずつ行うのだから，何日でできるかな？

「わかったぞ。⑧④の仕事を1日に⑫ずつ行うのだから，⑧④÷⑫=7(日)ですね！」

そうだね。「仕事を終えるのに全部で何日か」を求める(もと)問題だから，はじめの4日と，あとの7日をたして，4+7=11(日)と求められる。

11日…答え [例題]6-23

Check 94

つまずき度 ●○○○○

➡解答は別冊 p.77 へ

ある仕事をするのに，Aさん1人では30日，Bさん1人では20日かかります。この仕事をAさん，Bさんの2人がいっしょにすると，何日で終えることができますか。

Check 95

つまずき度 ●●○○○

➡解答は別冊 p.78 へ

ある水そうを満水（まんすい）にするのに，A管（かん）だけでは16分かかり，B管だけでは24分かかります。A，B2本の管を同時に使って水を入れると，この水そうが満水になるのに何分何秒かかりますか。

Check 96

つまずき度 ●●○○○

➡解答は別冊 p.78 へ

ある水そうを満水にするのに，A管だけでは25分かかり，B管だけでは35分かかります。この水そうに，はじめはA管だけで15分水を入れ，残りをB管だけで入れました。満水になるのに全部で何分かかりますか。

Check 97

つまずき度 ●●○○○

➡解答は別冊 p.78 へ

8人で働くと6日かかる仕事を，3人で働くと何日で終えることができますか。

Check 98

つまずき度 ●●●○○

➡解答は別冊 p.78 へ

31人で働くと6日かかる仕事があります。この仕事を，はじめ11人で8日間したあと，残りの仕事を7人で行い，終えることができました。仕事を終えるのに全部で何日間かかりましたか。

6 07 ニュートン算

ニュートン算って何だろう？　科学者ニュートンと関係があるのかな？

説明の動画は
こちらで見られます

イギリスの偉大な科学者ニュートンの名前は聞いたことがあるかな？

「はい！　りんごが木から落ちるのを見て，引力に気づいた人ですよね。」

そうだね。万有引力に気づいた人であることはたしかなんだけど，りんごが木から落ちるのを見たことがきっかけだ，というのは作り話だとも言われているんだけどね。

「へー，そうなんですか？」

うん。それはさておき，そのニュートンが考えたと言われているのが**ニュートン算**なんだ。ニュートンが大学の講義の中で，「牧場と牛」についての問題を話したのがニュートン算の始まりと言われている。ニュートン算とは，たとえば，次のような問題のことだよ。

[例題]6-24　つまずき度

サッカーの試合会場の前に350人が行列をつくって入場を待っていて，その後も1分ごとに15人の割合で行列に人が加わっていきます。入り口を1つにすると35分で行列がなくなります。入り口を2つにすると何分で行列がなくなりますか。

「うわ〜，難しいです……。」

ちゃんと解説するから安心してね。**ニュートン算とは「はじめの量」「増える量」「減る量」の3つの量の関係を考えながら解いていく方法**なんだ。ニュートン算の問題を解くときに，まず**「はじめの量」「増える量」「減る量」はそれぞれ何か，確認してから解く**ことが大切だよ。

ニュートン算の解き方

ニュートン算は
① **はじめの量**
② **増える量**
③ **減る量**
の 3 つの量はそれぞれ何か，確認してから解く。

[例題]6-24 の状況(じょうきょう)は，次のように表せる。

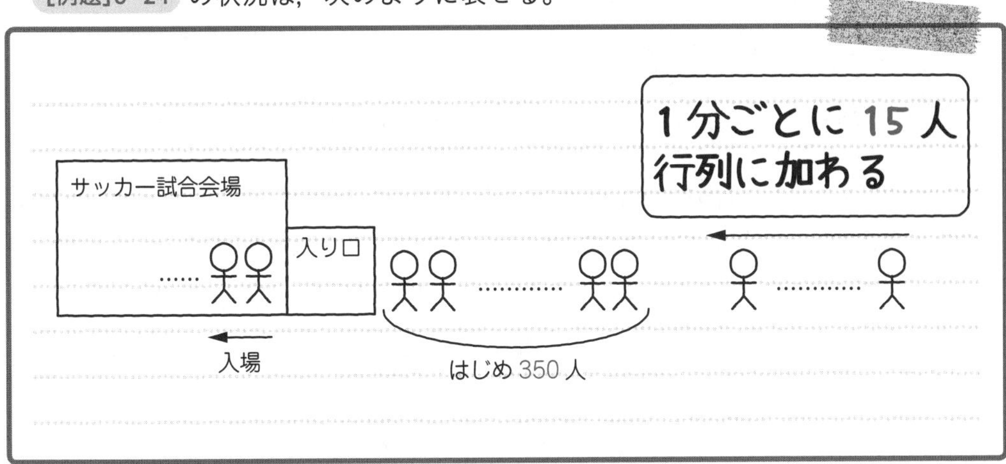

まず，**「はじめの量」は「はじめにならんでいた人数」の 350 人**だね。**「増える量」は「行列に加わる人数」で，1 分ごとに 15 人**だ。**「減る量」は，行列から減る人数，つまり「1 つの入り口から入場する人数」**だ。

[例題]6-24 の 3 つの量

	何の人数か	人数・割合
① はじめの量	はじめにならんでいた人数	350 人
② 増える量	行列に加わる人数	1 分ごとに 15 人
③ 減る量	1つの入り口から入場する人数（行列から減る人数）	1 分ごとに何人か問題文には書かれていない

「増える量」は 1 分ごとに 15 人と問題文に書いてあるけど，**「減る量」は 1 分ごとに何人か書いていないから，「減る量」つまり「1 つの入り口から入場する人数」が 1 分ごとに何人か，を求(もと)めることが解くカギではないかと推理(すいり)できる**ね。

「推理なんて探偵みたいですね！」

算数では，どのように考えれば解けるのか推理する力も大切なんだ。さて，問題にもどろう。「入り口を１つにすると35分で行列がなくなる」ということだけど，35分間に入り口１つから入場した人は何人かな？

「はじめにならんでいた350人が入場したんじゃないかしら？」

350人だけが入場したのかな？　たしかにはじめ350人が待っていたけど，「その後も１分ごとに15人の割合で行列に人が加わる」ことに注意しよう。35分で行列がなくなったのだから，35分間ずっと，１分ごとに15人の割合で行列に人が加わったということなんだ。

「あっ。ということは，15×35＝525(人)が35分間で行列に加わったのね。」

その通り。35分間に525人が行列に加わったんだね。つまり，**はじめにならんでいた350人とその後に行列に加わった525人をたして，350＋525＝875（人）が35分間に入場した**ということなんだ。線分図に表すと，次のようになる。

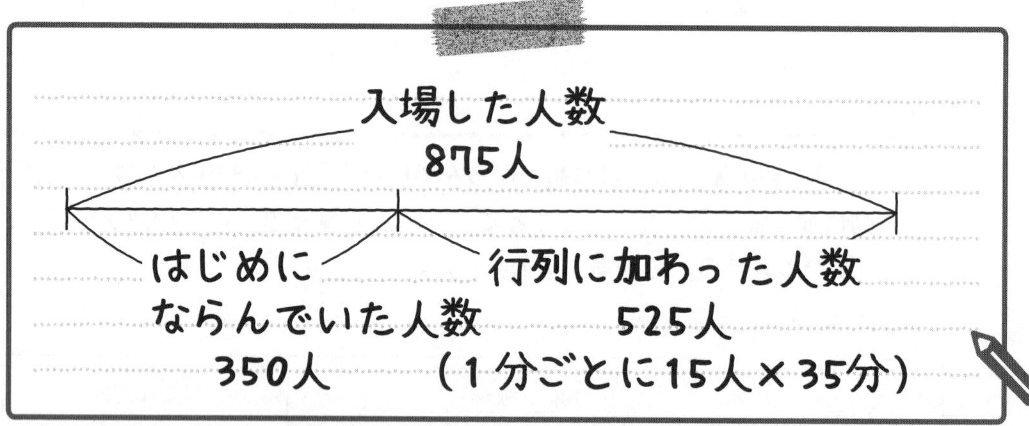

これをもとに，入り口１つから１分間に入場できる人数は何人と求められる？

「875人が35分間に入場したんだから，１つの入り口から１分間に入場できる人数は，875÷35＝25(人)と求められるわ。」

そうだね。１つの入り口から１分間に入場できる人数は25人だ。

「これで『減る量』が１分ごとに25人と求められたんですね。」

そうだね。これでニュートン算の３つの量である「はじめの量」「増える量」「減る量」の人数がすべて求められたんだ。

[例題]6-24 の3つの量

	何の人数か	人数・割合
① はじめの量	はじめにならんでいた人数	350人
② 増える量	行列に加わる人数	1分ごとに15人
③ 減る量	1つの入り口から入場する人数（行列から減る人数）	1分ごとに25人と求められた

この例題(れいだい)では「入り口を2つにすると何分で行列がなくなるか」を求めたいんだよね。入り口1つから1分間に入場できる人数は25人だから，**入り口2つから1分間に入場できる人数は，25×2＝50(人)**と求められる。「入り口を2つにすると何分で行列がなくなるか」わかるかな？

「うーん，何だかこんがらがってきちゃった……。」

じゃあ，ここまでの情報(じょうほう)を整理しよう。

はじめにならんでいた人数 →350人
行列に加わる人数 →1分ごとに15人
入り口2つから入場する人数 →1分ごとに50人

この情報から「入り口を2つにすると何分で行列がなくなるか」求めることができるよ。行列に1分間に15人ずつ加わりながらも，1分間に50人ずつ入場しているということは，**行列が1分間に15人ずつ増えながらも，50人ずつ減っている**，ということだ。次のように言いかえることができるんだね。

はじめの量 → 350 人

（行列が）増える量 → 1 分ごとに 15 人

（行列が）減る量 → 1 分ごとに 50 人

「行列が 1 分ごとに 15 人ずつ増えながらも, 50 人ずつ減っている」ということは, 行列は何人ずつ増減(ぞうげん)していることになるのかな？

「減る人数のほうが多いから……, 50－15＝35(人)ずつ減っていくんだと思います！」

そうだね。はじめの行列の 350 人が, 1 分ごとに 35 人ずつ減っていくんだから, 350÷35＝10 で, 10 分と求(もと)められる。

10 分… 答え ［例題］6−24

このように,「はじめの量(りょう)」「増(ふ)える量」「減る量」の 3 つを考えることで, 解(と)くことができるんだよ。では, もう 1 問やってみよう。

169 説明の動画はこちらで見られます

［例題］6−25 つまずき度 😵😵😵😵😵

ある牧場(ぼくじょう)で, 牛を 11 頭飼(か)うと 15 日で草がなくなり, 牛を 8 頭飼うと 24 日で草がなくなります。牛を 7 頭飼うと何日で草がなくなりますか。草は毎日一定の割合(わりあい)で生えるものとします。

この例題(れいだい)は, 科学者ニュートンが大学の講義(こうぎ)の中で話した「牧場と牛」の問題の類題(るいだい)だけど, これが入試算数(にゅうしさんすう)で出題されることがあるんだ。天才科学者が考え出した問題に挑戦(ちょうせん)してみよう。さて, ニュートン算を解くときには, まず何を確認(かくにん)すればよかったかな？

「ニュートン算を解くときには，**まず『はじめの量』『増える量』『減る量』の3つの量が，それぞれ何かを確認すればいいん**ですよね！」

そうだね。この例題で**「はじめの量」は「はじめに生えていた草の量」**だ。「草は毎日一定の割合で生える」と問題文にあるから，**「増える量」は「1日に生える草の量」**だよ。**「減る量」は，草が減るということだから「牛1頭が1日に食べる草の量」**だ。「はじめの量」「増える量」「減る量」のそれぞれの内容をまとめておくよ。

はじめの量	はじめに生えていた草の量
増える量	1日に生える草の量
減る量	牛1頭が1日に食べる草の量

これでニュートン算の3つの量がそれぞれ何か確認できたね。

「でも先生。この例題では,『はじめの量』『増える量』『減る量』のどれも,まったくわかっていないですよ。どうやって解いていけばいいんですか？」

たしかにそうだね。前の [例題]6-24 では，3つの量のうち2つの量が問題文に書いてあったけど，この問題では，3つの量のうちどれも数や割合がわかっていない。そこで，仕事算と同じように「何かの量を①とおく」方法で解いていこう。

「うーん，何の量を①とおけばいいのかな……。」

何を①とおくか迷ってしまうよね。結論から言うと，**「牛1頭が1日に食べる草の量」を①とおく**と解きやすいよ。

「仕事算でも同じような考え方を使いましたよね。」

うん，6 06 の [例題]6-22 [例題]6-23 では，「1人が1日にする仕事量」を①とおいたから，考え方はよく似ているね。忘れてしまった人はもう一度復習しておこう。

さて，「牛を11頭飼うと15日で草がなくなる」ということから，「牛1頭が1日に食べる草の量」を①とおくと，牛11頭が15日間で食べる量は何になるかな？

「えっと，『牛1頭が1日に食べる草の量』が①だから，①×11×15=⑯⑤で，牛11頭が15日間で食べる量は(165)と表せます！」

その通り。では，「牛を8頭飼うと24日で草がなくなる」ということから，「牛1頭が1日に食べる草の量」を①とおくと，牛8頭が24日間で食べる量は何になるかな？」

「①×8×24=(192)で，牛8頭が24日間で食べる量は(192)と表せるわ。」

そうだね。牛11頭が15日間で食べる量は(165)で，牛8頭が24日間で食べる量は(192)だ。では，ここでひとつ質問だよ。同じ牧場の草を食べきったのに，(165)と(192)で，牛が草を食べきった量がちがうのはなぜだろう？　牛はそれぞれ食べる量は同じだよ。

「うーん，どこかで計算まちがいしちゃったからかなぁ……。」

計算まちがいはしていないよ。牛11頭が15日間で食べる量は(165)で，牛8頭が24日間で食べる量は(192)でまちがいない。**15日間と24日間で，食べた日数がちがうことに注目**してほしいな。(192)−(165)=㉗より，**15日間で食べた草の量より24日間で食べた草の量のほうが㉗多い**のはなぜだろう？

「あっ！　24日−15日=9日だから，『9日間のうちに㉗の新しい草が生えてきた』ということじゃないかしら？」

うん，その通りなんだ。**「9日間のうちに㉗の新しい草が生えてきた」**ということなんだよ。**だから，15日間で食べきる草の量より24日間で食べきる草の量のほうが㉗多かった**んだね。「はじめに生えていた草の量」と「新しく生えた草の量」の関係を線分図に表すと，次のようになるよ。

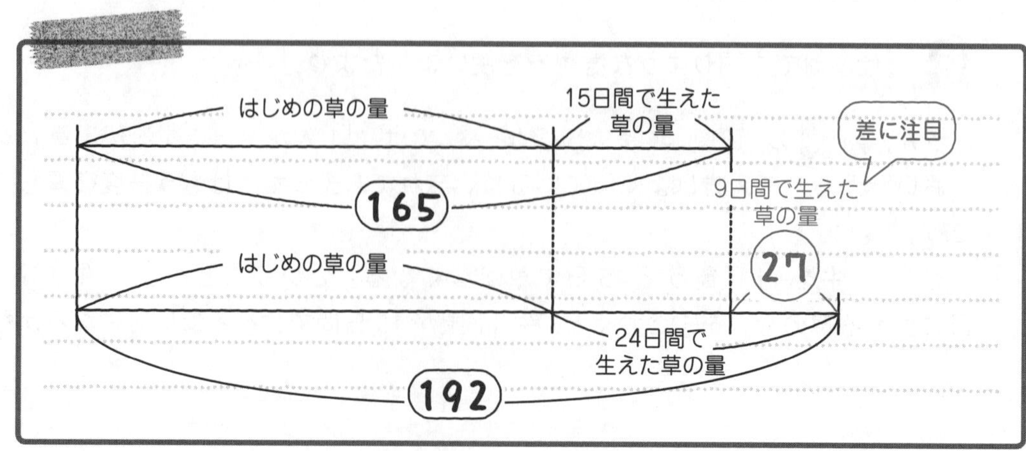

「9日間のうちに㉗の新しい草が生えてきた」ということは，㉗÷9＝③より，「1日に生える草の量」は，③と求められる。「1日に生える草の量」は③だから，③×15＝㊺より，「15日で生える草の量」は㊺とわかる。これを図に書きこむと，次のようになるね。

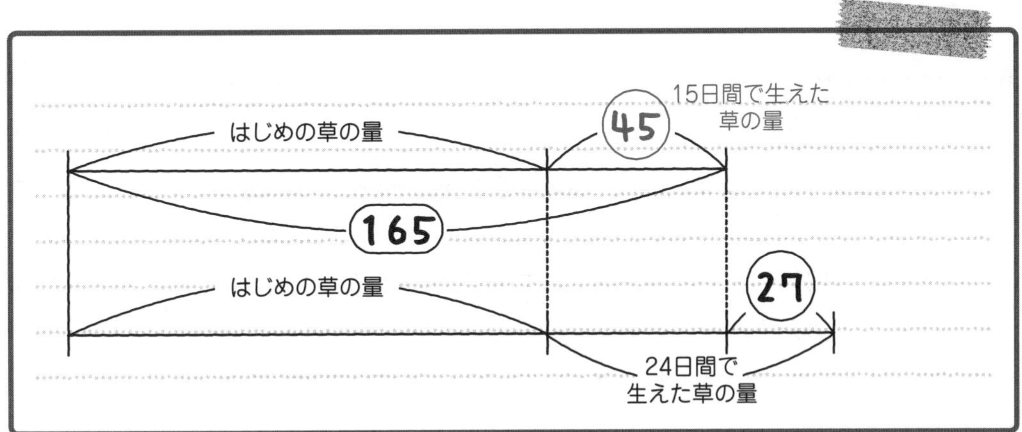

図より，(165)から㊺をひけば「はじめに生えていた草の量」を求めることができるから，(165)－㊺＝(120)で，「はじめに生えていた草の量」は(120)だ。いまは，上のほうの線分図から求めたけど，「24日で生える草の量」を，③×24＝㊲と求めて，(192)－㊲＝(120)で，「はじめに生えていた草の量」を(120)と求めることもできるね。

「ここまでくれば何とか解けそうな気がしてきました！」

そうだよね。問題では，「牛を7頭飼うと何日で草がなくなるか」求めればいいんだ。「牛1頭が1日に食べる草の量」が①だから,「牛7頭が1日に食べる草の量」は，①×7＝⑦だね。これまで求めた数量を整理しよう。

はじめの量	はじめに生えていた草の量	(120)
増える量	1日に生える草の量	③
減る量	牛7頭が1日に食べる草の量	⑦

つまり，草の量は1日に③ずつ生えながらも，⑦ずつ食べられているということだ。ということは，**⑦－③＝④で，1日に④ずつ草の量が減っている**ということだ。「はじめに生えていた草の量」が(120)で,④ずつ減っていくから，(120)÷④＝30(日)で草がなくなってしまうということだね。

30 日 … 答え [例題]6-25

この問題では「はじめの量」「増(ふ)える量」「減る量」の，どの量もわかっていないから，「牛 1 頭が 1 日に食べる草の量」を①とおいて考えていくところがポイントだよ。

Check 99　つまずき度 😵😵😵😵😵

➡解答は別冊 p.78 へ

あるコンサート会場の前に 560 人が行列をつくって入場を待っていて，その後も 1 分ごとに 20 人の割合(わりあい)で行列に人が加(くわ)わっていきます。入り口を 2 つにすると 14 分で行列がなくなります。入り口を 3 つにすると何分で行列がなくなりますか。

Check 100　つまずき度 😵😵😵😵😵

➡解答は別冊 p.79 へ

ある牧場(ぼくじょう)で，牛を 8 頭飼(か)うと 50 日で草がなくなり，牛を 20 頭飼うと 10 日で草がなくなります。牛を 11 頭飼うと何日で草がなくなりますか。草は毎日一定の割合で生えるものとします。

第 7 章

速さと旅人算(たびびとざん)

この世でいちばん速いものは何かな？

「えっ，何だろう？」

「光の速さがいちばん速いって聞いたわ。」

そうだね。光は１秒間に地球を７周半する速さで進むんだ。では，逆(ぎゃく)に，おそいものを考えよう。たとえば，カタツムリはどれくらいの速さで進むかな？

「うーん，考えたことありません。」

カタツムリは１時間に約６ｍだけ進めるそうだよ。

「1 時間に約６ｍかぁ。かなりゆっくりですね。」

そうだよね。日常生活(にちじょうせいかつ)でも「速さ」の話が出てくる場面は多いね。ここでは，その「速さ」について見ていこう。

7 01 速さ

人の歩く速さ，走る速さ，電車の速さ…など，いろんな速さはどのように表せるのか見ていこう！

説明の動画はこちらで見られます

ここではまず，速さ，道のり，時間の3つの関係をおさえることが大切なんだ。

「道のり，って何ですか？」

道のりとは，ある場所からほかの場所への道の長さのことだ。たとえば，家から学校までの道の長さが2kmのときは，「家から学校までの道のりが2km」と表すんだ。そして，速さを表すときは「**時速**」「**分速**」「**秒速**」の3つの表し方があるよ。

Point 速さの3つの表し方

時速 … **1時間に進む道のり**で表した速さ
分速 … **1分間に進む道のり**で表した速さ
秒速 … **1秒間に進む道のり**で表した速さ

たとえば，1時間に5km歩く人の速さは，**時速5km**と表せる。5km＝5000mだから，**時速5km＝時速5000m**と言いかえることもできるよ。**時速5kmを「毎時5kmの速さ」や「5km/時」と表すこともある。**問題によって表し方がちがう場合があるから覚えておこう。

では，1分間に200m走る自転車の速さは，どのように表せるかな？

「えっと，『1分間に進む道のりで表した速さ』の『分速』を使えばいいのね。1分間に200m走る自転車の速さは，**分速200m**だと思うわ。」

その通り。1分間に200m走る自転車の速さは，分速200mと表せるね。**分速200mを「毎分200mの速さ」や「200m/分」と表すこともある**よ。

では，1秒間に10m走る車の速さは，どのように表せるかな？

「『秒速』は『1 秒間に進む道のりで表した速さ』だから，1 秒間に 10 m 走る車の速さは，**秒速 10 m** ですか？」

うん，そうだね。「1 秒間に 10 m 走る車の速さ」は，「秒速 10 m」と表せる。**「秒速 10 m」**を**「毎秒 10 m の速さ」**や**「10 m / 秒」**と表すこともあるよ。

【速さのいろいろな表し方】

例 1 時間に 5 km 進む速さ

⇒ 時速 5 km，毎時 5 km の速さ，5 km / 時

例 1 分間に 200 m 進む速さ

⇒ 分速 200 m，毎分 200 m の速さ，200 m / 分

例 1 秒間に 10 m 進む速さ

⇒ 秒速 10 m，毎秒 10 m の速さ，10 m / 秒

説明の動画はこちらで見られます

「時速〜 km」「分速〜 m」「秒速〜 m」などの単位(たんい)を使えば，いろいろな速さを表すことができるんだ。ここで，算数の問題によく登場する速さをまとめておこう。知っておくといいよ！

算数の問題によく登場する「人や乗り物の大体の速さ」

子どもの歩く速さ ⟶ 分速 60 m（時速 3.6 km）ぐらい
大人の歩く速さ ⟶ 分速 80 m（時速 4.8 km）ぐらい
人が走る速さ ⟶ 分速 120 〜 200 m（時速 10 km）ぐらい
自転車が走る速さ ⟶ 時速 10 〜 20 km ぐらい
自動車の速さ ⟶ 時速 25 〜 60 km（高速道路では時速 50 〜 100 km）ぐらい
電車の速さ ⟶ 時速 30 〜 150 km（新幹線(しんかんせん)では時速 270 km）ぐらい

※上にあげた速さの範囲(はんい)はおおよそのものであり，この範囲外の速さになる場合もあります。

「どうして，これらの速さを知っておくといいんですか？」

たとえば，「A くんの歩く速さは分速何 m ですか。」という速さの問題で，答えが分速 200 m と求められたとしよう。この答えは正解，不正解どちらだと思う？

「えっ，どんな問題か内容がわからないのに，正解か不正解かわからないですよ。」

そうかな。前ページの算数の問題によく登場する「人や乗り物の大体の速さ」を見てみよう。人の歩く速さは分速 60 〜 80 m ぐらいだ。分速 200 m というと，人が走るときの速さなんだね。だから，「A くんの歩く速さを求めなさい。」という問題で，答えが分速 200 m と求められたときは，まちがいの可能性が高いんだ。どこかで解き方や計算をまちがえていないか見直したほうがいいんだよ。

「なるほど！」

算数の問題によく登場する「人や乗り物の大体の速さ」を知っていると，その速さから大きくずれた答えが出たときに，見直すことができるんだね。

説明の動画はこちらで見られます

では，次の例題を解きながら，速さ，道のり，時間の 3 つの関係を見ていこう。

[例題]7-1　つまずき度 ☹☺☺☺☺

次の□にあてはまる数を求めなさい。

(1)　560 m を 4 分で走る人の速さは分速□ m です。

(2)　時速 4 km で 3 時間歩くと□ km 進みます。

(3)　秒速 5 m の自転車が 20 m 走るのに□秒かかります。

(1)を解いていくよ。560 m を 4 分で走る人の速さが分速何 m かを求める問題だ。560 m の**道のり**を 4 分の**時間**で進むときの**速さ**を求める問題だね。「分速」とは，どういう意味だったかな？

「『分速』は『1 分間に進む道のりで表した速さ』です！」

そうだね。だから，「560 m を 4 分で走るとき，1 分間で何 m 走るか」求めればいいんだ。これは 560÷4＝140 で，分速 140 m と求めることができるよ。

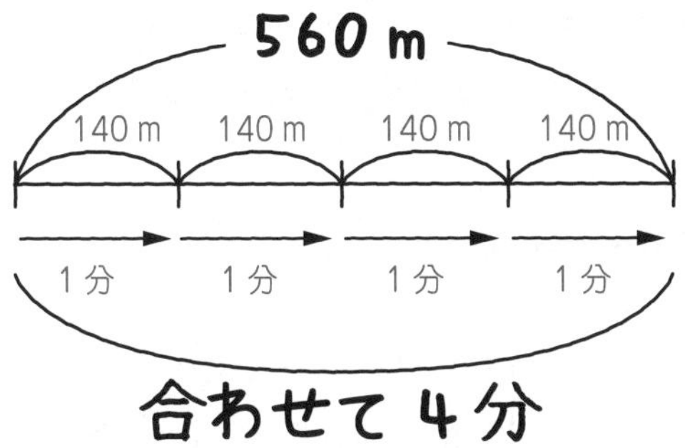

140 … 答え [例題]7-1 (1)

つまり，**道のりを時間でわれば，速さが求められる**ということだ。

560 ÷ **4** ＝ **140**
（道のり）　（時間）　（速さ）

道のり÷時間＝速さという公式が成り立つんだね。

では，(2) にいこう。時速 4 km で 3 時間歩くと何 km 進むかを求める問題だ。時速 4 km の**速さ**で 3 時間の**時間**を歩くときの**道のり**を求める問題だね。「時速 4 km」ってどんな速さかな？

「『時速』は『1 時間に進む道のりで表した速さ』だから，『時速 4 km』は『1 時間に 4 km 進む速さ』ってことね。」

そうだね。だから，「1 時間に 4 km 進むとき，3 時間で何 km 進むか」を求めればいいんだ。これは 4×3＝12 で，12 km と求めることができるよ。

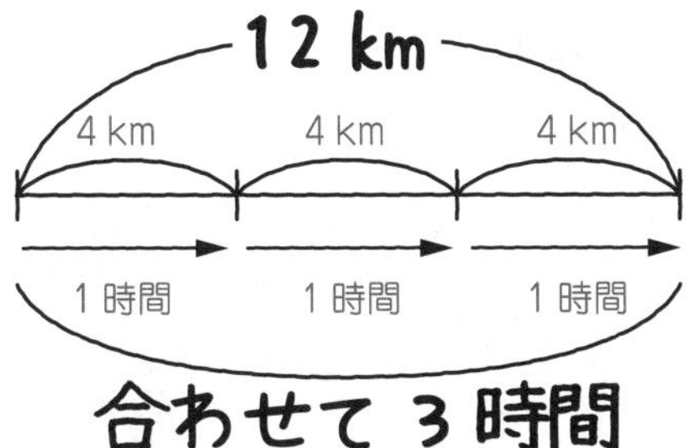

12 … 答え [例題]7-1 (2)

つまり，**速さに時間をかければ，道のりが求められる**ということだ。

4 × **3** ＝ **12**
（速さ）　（時間）　（道のり）

速さ×時間＝道のりという公式が成り立つんだね。

次は (3) だ。秒速 5 m の自転車が 20 m 走るのに何秒かかるかを求める問題だ。秒速 5 m の**速さ**で 20 m の**道のり**を走るときの**時間**を求める問題だね。「秒速 5 m」ってどんな速さかな？

「『秒速』は『1 秒間に進む道のりで表した速さ』だから，
『秒速 5 m』は『1 秒間に 5 m 進む速さ』です！」

そうだね。だから，「1 秒間に 5 m 進むとき，20 m を何秒で進むか」を求めればいいんだ。これは 20÷5＝4 で，4 秒と求めることができるね。

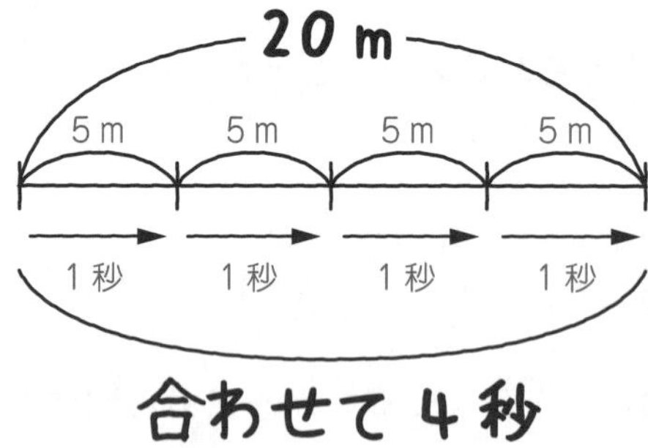

4 …答え　[例題]7−1　(3)

つまり，**道のりを速さでわれば，時間が求められる**ということだ。

20 ÷ **5** ＝ **4**
道のり　速さ　時間

道のり÷速さ＝時間という公式が成り立つんだ。この例題から，速さでは 3 つの公式が成り立つことがわかったね。この**速さの 3 つの公式は，これから速さの様々な問題を解くための基本中の基本**だから必ずおさえよう。

速さの3つの公式

- **道のり÷時間＝速さ**
- **速さ×時間＝道のり**
- **道のり÷速さ＝時間**

説明の動画はこちらで見られます

「この３つの式をそのまま覚えるのはちょっと大変そうなんですけど……。何かいい覚え方はありますか？」

うん，２つの覚え方があるから，覚えやすいほうで覚えておくといいよ。

・速さの3つの公式の覚え方（その1）面積図で覚える

速さ，道のり，時間の関係は，次の面積図で表すことができるよ。

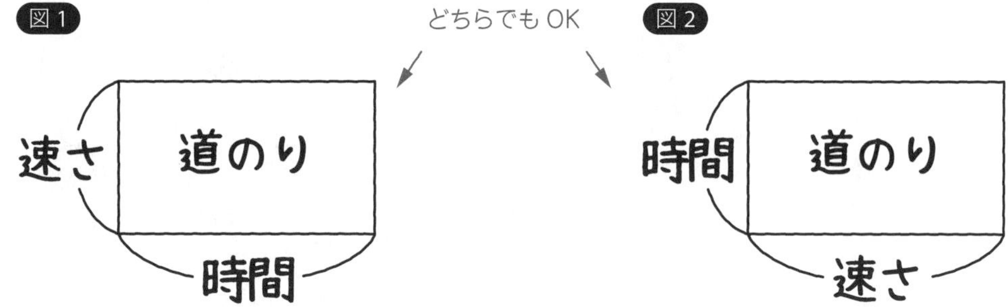

図１は，長方形のたてが速さ，横が時間，面積が道のりを表しているね。また，図２のように，速さと時間が入れかわってもいい。つまり，**「面積は道のりを表して，残りの２つはたてと横」と覚えておけばいい**んだ。図１で，
(長方形の面積)÷(横の長さ)＝(たての長さ)だから，どんな公式が導けるかな？

「(長方形の面積)÷(横の長さ)＝(たての長さ)だから，図１から，『道のり÷時間＝速さ』の公式が導けるわ。」

そうだね。では，図１で，(たての長さ)×(横の長さ)＝(長方形の面積)だから，どんな公式が導けるかな？

「(たての長さ)×(横の長さ)＝(長方形の面積)だから，図１から，『速さ×時間＝道のり』の公式が導けます！」

そうだね。では，図１で，(長方形の面積)÷(たての長さ)＝(横の長さ)だから，どんな公式が導けるかな？

「(長方形の面積)÷(たての長さ)＝(横の長さ)だから，図１から，『道のり÷速さ＝時間』の公式が導けるわ。」

その通り。これで，長方形から，速さの３つの公式を導くことができたね。

・速さの3つの公式の覚え方（その2）「み・は・じ」で覚える

次は「み・は・じ」で速さの3つの公式を覚える方法を教えよう。

「えっ，『みはじ』って何ですか？」

「み・は・じ」というのは，「**み**ちのり」「**は**やさ」「**じ**かん」の頭文字をとったものだよ。次のような図で覚えるんだ。

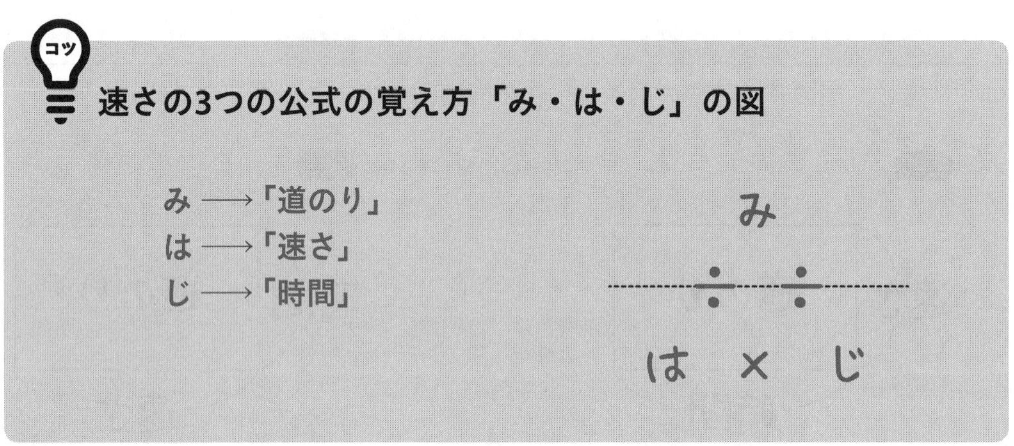

「なんか見たことある！　そうだ!! 割合の3用法の覚え方の『く・も・わ』と似ていますね。」

うん，そうだね。4 01 で説明した割合の3用法の覚え方の「く・も・わ」と似たような覚え方だよ。「み・は・じ」の図も**求めたいものを指でかくせば，求め方がわかる**んだ。たとえば，「速さ」の求め方を調べたいときは，「は」を指でかくせばいい。「は」を指でかくすと「み÷じ」，つまり**「道のり÷時間」で「速さ」が求められる**ことがわかるね。

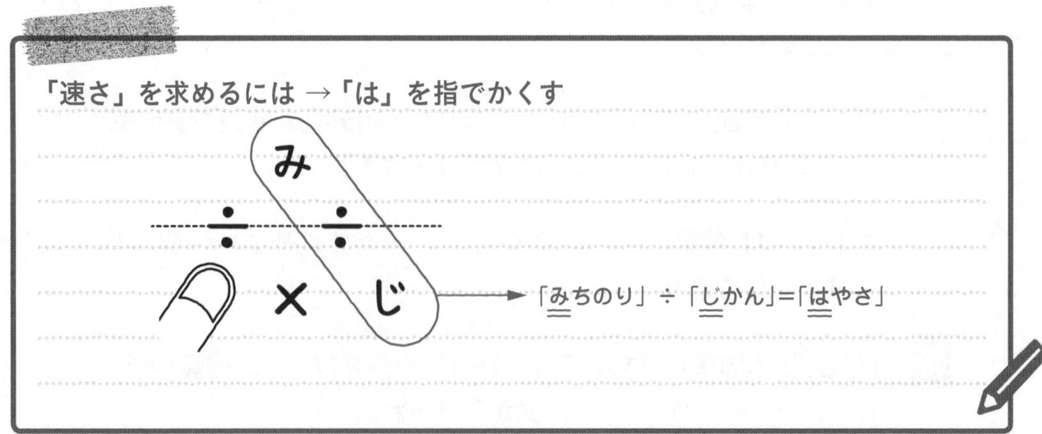

「道のり」の求め方を調べたいときは，「み」を指でかくそう。「み」を指でかくすと「は×じ」，つまり**「速さ×時間」で「道のり」が求められる**ことがわかる。

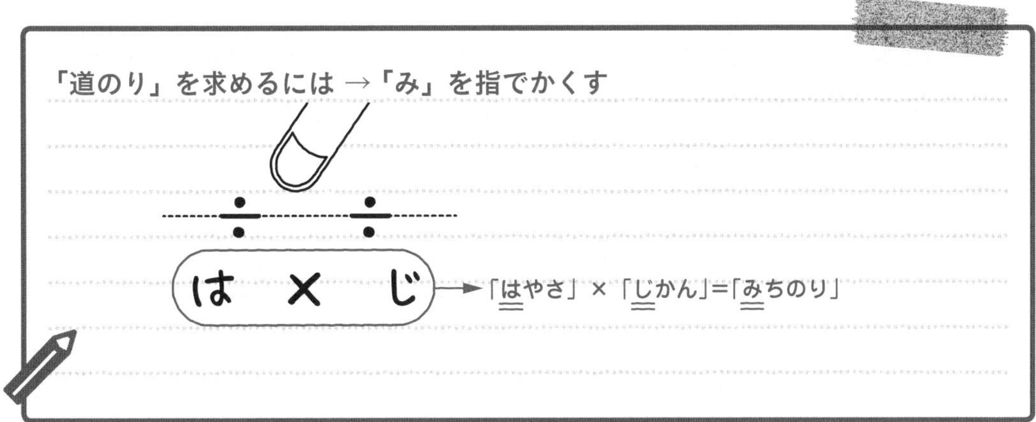

「時間」の求め方を調べたいときは，「じ」を指でかくせばいい。「じ」を指でかくすと「み÷は」，つまり**「道のり÷速さ」で「時間」が求められる**ことがわかるね。

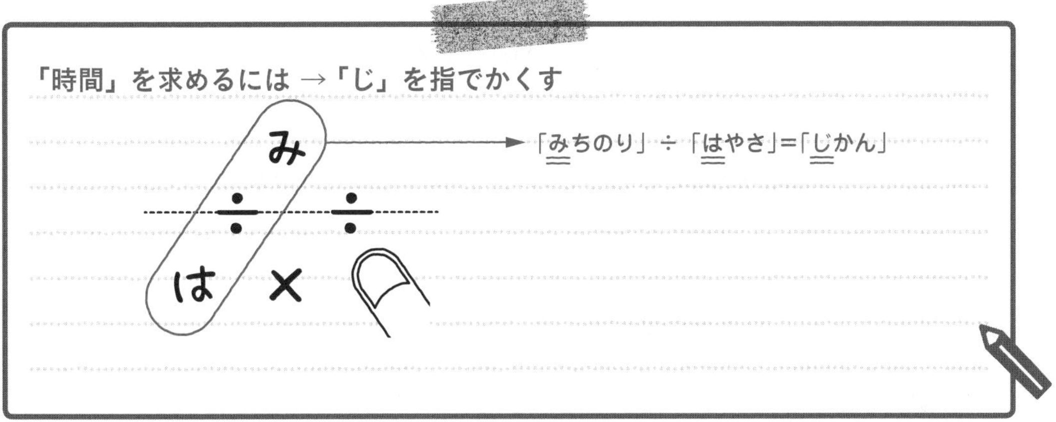

「み・は・じ」の図で速さの3つの公式が導けるということだ。「速さ」に慣(な)れてきたら，このような覚え方を利用(りよう)しなくても3つの公式を自由自在(じゆうじざい)に使えるようになるから，そうなるように練習していこう。

説明の動画は
こちらで見られます

[例題]7-2 つまずき度

次の□にあてはまる数を求めなさい。

(1) 時速 72 km＝分速□ m＝秒速□ m

(2) 時速□ km＝分速 150 m＝秒速□ m

(3) 時速□ km＝分速□ m＝秒速 15 m

では，(1) から解いていこう。時速 72 km を分速 ～ m と，秒速 ～ m に直す問題だね。速さの問題では，この例題のような単位換算をスムーズにできるようになる必要があるんだ。まず，時速 72 km が分速何 m か求めよう。**時速 72 km は「1 時間に 72 km 進む速さ」**のことだよね。分速何 m か求めるのだから，72 km を m に直そう。72 km は何 m かな？

「1 km＝1000 m だから，72 km は 72000 m です。」

そうだね。72 km＝72000 m だ。つまり，1 時間に 72000 m 進む速さ，ということだね。**1 時間＝60 分**だから，60 分に 72000 m 進む速さ，ということもできる。

「単位換算がいっぱいで，何だかこんがらがってきちゃいました。」

では，ここまでの内容を整理しよう。

いままでの流れを整理してみると，時速 72 km が「60 分に 72000 m 進む速さ」であることがわかったね。これが分速何 m になるか求めよう。分速何 m かということは，言いかえると「1 分間に何 m 進むか」ということだ。60 分に 72000 m 進むとき，1 分間に何 m 進むかな？

「72000÷60＝1200だから，1分間では1200m進むと思います。」

そうだね。60分に72000m進むとき，72000÷60＝1200だから，1分間では1200m進む，つまり**分速1200m**であることが求められる。**「道のり÷時間＝速さ」**の公式を使っているんだね。分速は求められたから，次は秒速を求めよう。分速1200mは秒速何mになるだろう？

「うーん，どうすればいいんだろう？」

1分＝60秒だよね。だから，分速1200mとは，「60秒で1200m進む速さ」ということだ。

「あっ，そうか！　60秒で1200m進むってことは1200÷60＝20で，1秒間に20m進むってことなんですね。」

その通り。60秒で1200m進むんだから，1200÷60＝20より，1秒間に20m進む，つまり秒速20mであることが求められるんだね。ここでも**「道のり÷時間＝速さ」**の公式を使って求めるんだ。

(分速)1200(m)，(秒速)20(m) … 答え [例題]7-2 (1)

説明の動画はこちらで見られます

(1)では，秒速20mを求めるために，まず，時速72kmを分速に直して，その後，分速を秒速に直したよね。でも，**分速を求めないで，いきなり時速72kmから秒速20mを求める方法もある**んだよ。

「えっ，どんな方法ですか？」

1時間＝60分，1分＝60秒だから，1時間は，60×60＝3600(秒)となるね。
「1時間＝3600秒」という関係は覚えておいてもいいだろう。

また，72×1000＝72000だから，72km＝72000mとなるね。1時間＝3600秒だから，時速72kmは「3600秒で72000m進む速さ」ということができるんだ。「3600秒で72000m進む速さ」は秒速何mだろう？

「えっと……，3600秒で72000m進むんだから，72000÷3600＝20で，秒速20mです！」

そうだね。結局，次の式で，時速 72 km から秒速 20 m を求めることができたというわけだ。

$$\underset{\text{時速 72 km}}{\underline{72}} \times \underset{\text{km を m に直す}}{\underline{1000}} \div \underset{\text{時速を秒速に直す}}{\underline{3600}} = \underset{\text{秒速 20 m}}{\underline{20}}$$

72×1000÷3600 は，次のように変形することができるよ。

$$72 \times 1000 \div 3600$$

$$= 72 \times 1000 \times \frac{1}{3600}$$

「÷3600」を「$\times\frac{1}{3600}$」に直す

$$= 72 \times \left(1000 \times \frac{1}{3600}\right)$$

← かけ算だけの式はどこにかっこをつけてもよい

$$= 72 \times \frac{1000}{3600}$$

$\frac{1000}{3600}$の分母と分子を 1000 でわると$\frac{1}{3.6}$になる

$$= 72 \times \frac{1}{3.6}$$

「$\times\frac{1}{3.6}$」を「÷3.6」に直す

$$= 72 \div 3.6$$

「1000 をかけて 3600 でわる」ということは，「3.6 でわる」ことと同じなんだ。そして，時速□ km を秒速○ m に直すときは，いつも「1000 をかけて 3600 でわる」のだから，**3.6 でわればいい**，ということがわかるんだよ。逆に，**秒速○ m を時速□ km に直すときは 3.6 をかければいい**，ということもできるんだ。役に立つ方法だから，コツとしてまとめておくよ。

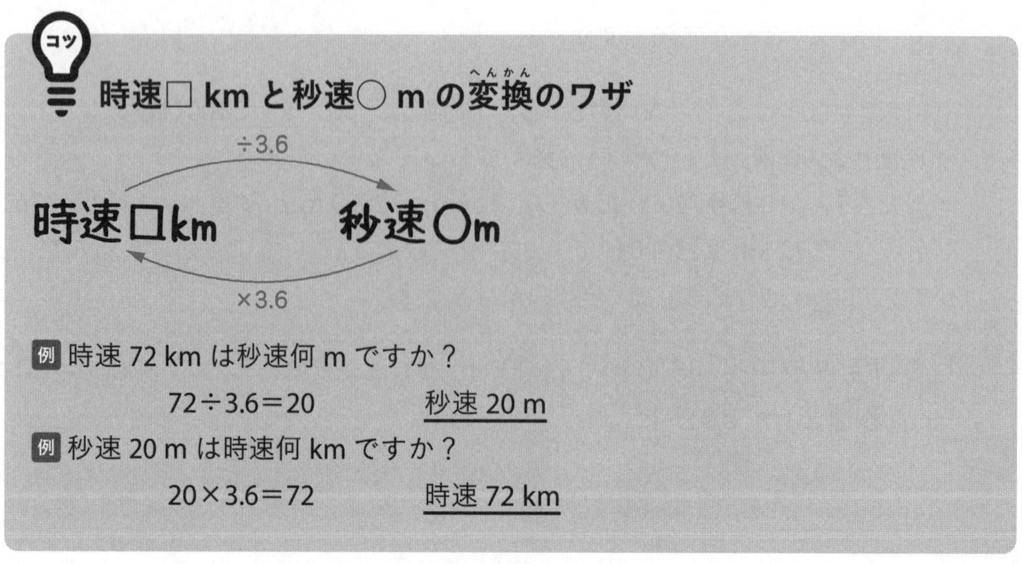

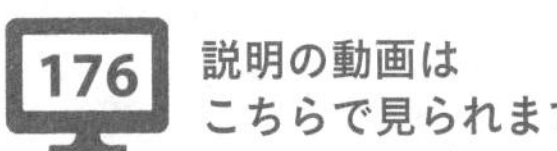

では，(2) に進もう。分速 150 m を時速と秒速に直す問題だ。まず，分速 150 m が時速何 km か求めよう。分速 150 m は「1 分で 150 m 進む速さ」のことだよね。**1 時間＝60 分**だから，60 分でどれだけの道のりを進むのかがわかれば，時速が求められる。どのように時速を求めればいいと思う？

「1 分間に 150 m 進むのだから，60 分では，150×60＝9000(m)進むと思います。」

そうだね。分速 150 m は「1 分で 150 m 進む速さ」だから, 1 時間(＝60 分)では, 150×60＝9000 (m) 進むということだ。時速何 km か求めないといけないから，9000 m を 9 km に直して，**時速 9 km** と求められるんだ。

では，次に，分速 150 m が秒速何 m か求めよう。分速を秒速に直すのは，(1) でも解(と)いたよね。分速 150 m は「1 分，つまり 60 秒で 150 m 進む速さ」だから，150÷60＝2.5 で，**秒速 2.5 m** と求められるんだ。

(時速)9(km)，(秒速)2.5(m) … 答え [例題]7-2 (2)

時速 9 km とわかったら，さきほどの コツ を使って「3.6 でわる」と秒速何 m かがわかるから，そうやって求めてもいいよ。

9÷3.6＝2.5

だから，秒速 2.5 m とわかるね。

「計算の確認(かくにん)にも使えますね。」

そうだね。では，(3) にいくよ。秒速 15 m を時速と分速に直す問題だ。まず，秒速 15 m が分速何 m か求めよう。秒速 15 m は「1 秒で 15 m 進む速さ」のことだよね。**1 分＝60 秒**だから，60 秒でどれだけの道のりを進むのかがわかれば分速が求められる。どのように分速を求めればいいかな？

「1 秒で 15 m 進むのだから, 1 分では, 15×60＝900(m)進むと思います！」

よくできたね。秒速 15 m は「1 秒で 15 m 進む速さ」だから, 1 分(＝60 秒)では, 15×60＝900(m)進むということだ。これで**分速 900 m** と求められたね。では，次に，分速 900 m が時速何 km か求めよう。

「分速 900 m は『1 分で 900 m 進む速さ』で，**1 時間＝60 分**だから，60 分でどれだけの道のりを進むのかがわかれば，時速が求められるんですね。1 分間に 900 m 進むのだから，60 分では，900×60＝54000(m)進むと思います。だから，答えは 54000 かなぁ。」

ハルカさん，いいところまで解けたんだけど，時速何 km か求めないといけないから，54000 m を km に直して答えにしよう。

「あっ，そうでした！　54000 m＝54 km だから，答えは時速 54 km です。」

うん，その通り，**km で求めるのか，m で求めるのか，気をつけて答える**ようにしよう。

(時速)54(km)，(分速)900(m) … 答え ［例題］7-2 (3)

これも コツ の方法で確認すると，秒速 15 m だから

15×3.6＝54

で，時速 54 km とわかるね。

説明の動画はこちらで見られます

［例題］7-3　つまずき度 ☹☹☹☹☹

次の□にあてはまる数を求めなさい。

(1)　分速 240 m の自転車は，5 分 8 秒で□ m 進みます。

(2)　117 km を 2 時間 36 分で走る車の速さは，時速□ km です。

(3)　7 km を時速 4 km で歩くと□時間□分かかります。

「速さ」の問題を苦手としている人は，単位換算でてこずっている場合が多いんだ。逆に言えば，**速さの単位換算をスムーズにできるようになれば，速さを得意分野にしていける**ってことだよ。単位換算に気をつけながら解いていこう。

では，(1)にいくよ。分速 240 m の自転車は 5 分 8 秒で何 m 進むかを求める問題だ。まず聞くけど，5 分 8 秒は何秒かな？

「えっと……，1 分＝60 秒だから，5 分 8 秒は，60×5＋8＝308(秒)です！」

そうだね。5 分 8 秒は 308 秒だ。

「速さ×時間＝道のり　だから，240×308 で答えが求められるのかな。」

ユウトくん，240×308 の式では答えは求められないんだ。まず，分速 240 m は「1 分で 240 m 進む速さ」だね。その（分速）240 m に 308（秒）をかけても，**「分（速）」と「秒」で単位がそろってないから，道のりを求めることができない**んだ。

「**分速に何秒か**をかけても道のりを求めることはできないのですね。」

その通り。一方，**秒速に何秒か**をかけると道のりが求められる。また，**分速に何分か**をかけると道のりが求められる。そして，**時速に何時間か**をかけると道のりが求められる。このように，**速さと時間の単位をそろえれば道のりを求めることができる**よ。でも，分速に何秒かをかけても単位がそろってないから道のりを求められないんだ。

Point **単位換算と速さについて**

単位換算が必要な速さの問題では，**単位をそろえて計算しよう！**

例 いろいろな「速さ×時間＝道のり」

○ 秒速☆ m × □秒 ＝△ m
○ 分速☆ m × □分 ＝△ m
○ 時速☆ km × □時間 ＝△ km

（そろっているから道のりが求められる）

× 分速☆ m × □秒 ⇒ 求められない

（そろっていない）

単位換算が必要な速さの問題では，単位をそろえてから計算しなければいけないことがわかったね。この問題の場合，分速 240 m を秒速に直して単位をそろえてから，308 秒をかけて道のりを求めるのがいいだろう。分速 240 m を秒速に直すとどうなるかな？

「分速 240 m は，1 分で 240 m 進む速さだから，60 秒で 240 m 進む速さってことですよね。240÷60＝4 だから，秒速 4 m です！」

そうだね。分速 240 m は秒速 4 m に直せる。1 秒に 4 m 進む速さで 308 秒進むときの道のりを求めるんだから，$4\times308=1232$ で，道のりは 1232 m と求められる。秒速（速さ）と何秒か（時間）の単位をそろえたから，かけると道のりが求められるんだ。

1232（m） … 答え ［例題］7-3 （1）

178 説明の動画はこちらで見られます

（2）にいこう。（2）は，117 km を 2 時間 36 分で走る車の時速が何 km かを求める問題だ。この問題は，時速（1 時間で進む道のりで表した速さ）を求める問題だから，「道のり（単位は km）÷時間（単位は時間）」で時速何 km か求めることができるね。道のりの 117 km はそのままでいいけど，**2 時間 36 分を～時間に直してから計算する必要があるよ**。2 時間 36 分は何時間かな？

「えっと…2時間36分は何時間か……。どうやって求めればいいんだろう？」

36 分が何時間か求めて，それに 2（時間）をたせば求められるよ。60 分は 1 時間だから，1 分は 1 時間を 60 等分したものだね。**36 分は 1 時間を 60 等分したうちの 36 個分**だ。だから，36 分$=\frac{36}{60}$時間だよ。$\frac{36}{60}$時間を約分すると$\frac{3}{5}$時間だね。

つまり，2 時間 36 分は 2 時間$+\frac{3}{5}$時間だから，$2\frac{3}{5}$時間と表せるんだ。

2 時間 36 分＝$2\frac{3}{5}$時間

36 分$=\frac{36}{60}$時間$=\frac{3}{5}$時間

「道のり（単位は km）÷時間（単位は時間）」で時速を求めることができるから，道のりの 117 km を$2\frac{3}{5}$時間でわると，次のように計算できる。

$$117\div2\frac{3}{5}=117\div\frac{13}{5}=117\times\frac{5}{13}=45$$

これにより，時速 45 km と求めることができたね。

（時速）45（km） … 答え ［例題］7-3 （2）

では，(3) に進もう。7 km を時速 4 km で歩くと何時間何分かかるかを求める問題だね。道のりの 7 km と速さの時速 4 km は単位がそろってるから，そのまま（道のり）÷（速さ）を計算すれば何時間か求められるよ。道のりの 7（km）を速さの 4（km/時）でわって，時間を求めてくれるかな？　分数で答えてね。

「はい，$7\div4=\frac{7}{4}=1\frac{3}{4}$ だから，$1\frac{3}{4}$ 時間です。」

そうだね。$1\frac{3}{4}$ 時間だ。$1\frac{3}{4}$ 時間が何時間何分か求めて答えにしよう。

$1\frac{3}{4}=1+\frac{3}{4}$ だから 1 時間□分であることはわかるね。あとは $\frac{3}{4}$ 時間が何分か求めればいいんだ。$\frac{3}{4}$ 時間ということは，1 時間を 4 つに分けたうちの 3 つぶん，すなわち，60 分を 4 つに分けたうちの 3 つぶん，ということだ。だから，$\frac{3}{4}$ 時間は何分になるかな？

「『60 分を 4 つに分けたうちの 3 つぶん』だから，$60\div4\times3=45$（分）です。」

そうだね。または，$60\times\frac{3}{4}=45$（分）と計算して求めることもできる。

だから，$1\frac{3}{4}$ 時間＝1 時間 45 分だ。これが答えになるね。

$1\frac{3}{4}$ 時間＝1 時間 45 分

$\frac{3}{4}$ 時間→60 分 $\times\frac{3}{4}=45$ 分

1（時間）45（分） … 答え　[例題]7-3　(3)

説明の動画は
こちらで見られます

[例題]7-4　**つまずき度**

家と，家から 120 km はなれた A 町の間を車で往復しました。行きは時速 60 km，帰りは時速 40 km で走りました。往復の平均の速さは時速何 km ですか。

平均の速さを求める問題だね。問題の様子を線分図に表すと，次のようになる。

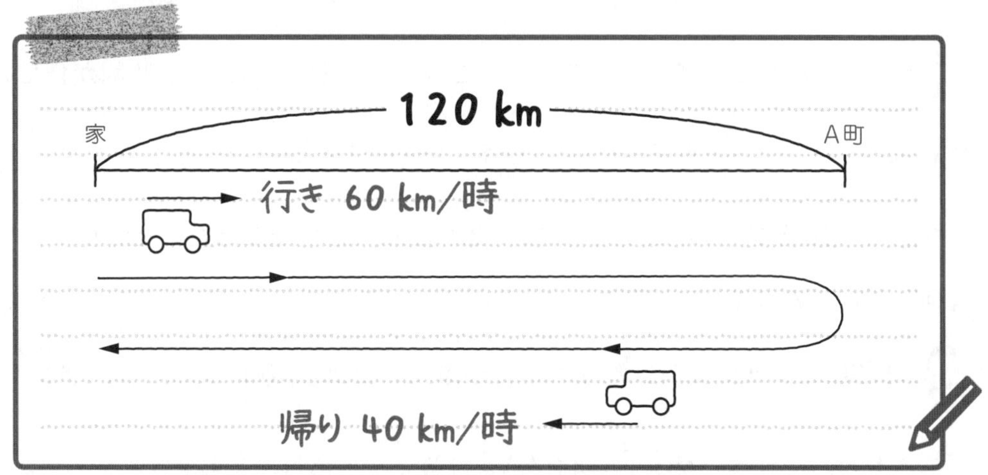

「これは簡単ですね！　行きは時速 60 km，帰りは時速 40 km で走ったんだから，(60＋40)÷2＝50 で，平均は時速 50 km です！」

そういうふうに解いてしまう人がけっこういるんだけど，**(60＋40)÷2＝50 で，平均を時速 50 km とするのはまちがい**なんだ。

「えっ！　だって，平均って，合計÷個数で求められるから，その通りに計算したんですけど……。どうしてまちがいなんですか？」

速さというのは，簡単にたし算をして 2 でわれば平均が求められるわけではないんだ。たとえば，時速 40 km で 4 時間走り，時速 60 km で 1 時間走ったという場合を考えよう。この場合の平均の時速を，時速 50 km としてはいけないのはわかるかな？

「何となくわかります。時速 60 km で走っていた時間よりも，かなり長く時速 40 km で走っていたから，時速 40 km に近い速さになる気がします。」

うん，そうだ。いま，ユウトくんは何となくの感覚で答えたけど，時速の平均を求めるには，**どれくらいの時間をその速度で走っていたか**も大事になるんだよ。

では，［例題］7-4 の話にもどろう。行きは時速 60 km で走り，帰りは時速 40 km で走ったんだけど，行きと帰りではどっちが時間がかかるかな？

「帰りのほうが時間がかかります。速さがおそいですもんね。」

その通り。ということは，時速 40 km で走っていた時間のほうが，時速 60 km で走っていた時間よりも長いということでしょ？　だったら 2 でわった速さの時速 50 km にはならないよね。

「あ，そうか！　わかりました。」

ちがう速さで**同じ時間ずつ走った場合は，たして 2 でわれば平均の速さがわかる**よ。時速 40 km で 2 時間，時速 60 km で 2 時間走った場合などは，平均の時速は時速 50 km になる。

でも，多くの問題では同じ時間だけ走る設定ではないから，次の公式で平均の速さを求めよう。

（往復の）平均の速さを求める公式

（往復の）**平均の速さ**＝（往復の）**道のりの合計**÷（往復に）**かかった時間の合計**

この公式で求めれば，行きと帰りにかかった時間がちがっても，平均の速さを求めることができる。では，この公式を使って，往復の平均の速さが時速何 km か求めてみよう。まず，往復の道のりの合計は何 km かな？

「家から A 町まで 120 km で，往復したんだから，
往復の道のりの合計は，120×2＝240(km)ね。」

そうだね。往復の道のりの合計は 240 km だ。次に，往復にかかった時間の合計を求めよう。行きの速さは時速 60 km だから，行きにかかった時間は何時間かな？

「120 km の道のりを時速 60 km の速さで走ったんだから，
行きにかかった時間は，120÷60＝2(時間)です！」

そうだね。行きに 2 時間かかったということだ。帰りの速さは時速 40 km だから，帰りにかかった時間は何時間かな？

「120 km の道のりを時速 40 km の速さで走ったんだから，帰りにかかった時間は，120÷40＝3(時間)ね。」

そうだね。帰りに 3 時間かかったということだ。行きにかかった 2 時間と帰りにかかった 3 時間をたして**往復に 5 時間かかった**ということだね。これで，**往復の道のりの合計が 240 km で，往復に 5 時間かかった**と求められた。

「(往復の) 道のりの合計÷(往復に) かかった時間の合計」で往復の平均の速さが**求められる**から，240÷5＝48 より，往復の平均の速さは時速 48 km だよ。

「たしかに，時速 50 km とちがう答えが出ましたね。」

うん。(60＋40) ÷2＝50 で時速 50 km と答えたのとは，ちがう答えが求められたね。公式を使って求めた時速 48 km が正しい答えだよ。

時速 48 km … 答え　[例題]7-4

説明の動画はこちらで見られます

[例題]7-5　つまずき度 ●●●○○

Ａくんが家と公園の間を往復するのに，行きは分速 60 m で歩き，帰りは分速 140 m で走りました。往復の平均の速さは分速何 m ですか。

この例題は，1 つ前の [例題]7-4 とよく似た問題だね。この例題でも，**速さどうしをたして 2 でわっても，平均の速さは求められないから注意**しよう。

「あれ？　でも，この例題ではさっきの例題とちがって，道のりがわかっていないわ。」

そうだね。家から公園までの道のりがわかっていない。このような問題では，**行きの分速の 60 (m) と帰りの分速の 140 (m) の最小公倍数を道のりとおいて求めていく**といいんだ。60 と 140 の最小公倍数は何かな？

1 09 でやったように，連除法で求めてみよう。

「60 と 140 の最小公倍数は 420 です！」

そうだね。だから，**家と公園の間の道のりを 420 m とおく**んだ。ここで，次の公式を思い出そう。

```
2 ) 60   140
2 ) 30    70
5 ) 15    35
     3     7
```

2×2×5×3×7＝420

(往復の)**平均の速さ**＝(往復の)**道のりの合計**÷(往復に)**かかった時間の合計**

平均の速さを求めるために，まず，往復の道のりの合計を求めよう。家と公園の間の道のりを 420 m とおいたから，420×2＝840 より，**往復の道のりの合計は 840 m** だね。

次に，往復にかかった時間の合計を求めよう。行きにかかった時間は何分かな？

「道のりが 420 m で，行きの速さが分速 60 m だから，
行きにかかった時間は，420÷60＝7(分)ね。」

そうだね。次に，帰りにかかった時間は何分かな？

「道のりが 420 m で，帰りの速さが分速 140 m だから，
帰りにかかった時間は，420÷140＝3(分)です！」

その通り。行きにかかった時間が 7 分，帰りにかかった時間が 3 分だから，往復にかかった時間の合計は，7＋3＝10(分)だ。これで，**往復の道のりの合計が 840 m で，往復にかかった時間の合計が 10 分**と求められた。

「(往復の)道のりの合計÷(往復に)かかった時間の合計」で往復の平均の速さが求められるから，840÷10＝84 より，往復の平均の速さは分速 84 m とわかるね。

分速 84 m … 答え ［例題］7-5

「いまは道のりを 420 m として解(と)きましたけど，道のりをほかの数において計算しても同じ答えが出るんですか？」

うん。いまは道のりを 60 と 140 の最小公倍数の 420 m とおいて求めたけど，**道のりをほかの数でおいても同じ答えが出るよ。最小公倍数を道のりとおいた理由は，そのあとの計算に整数が出てきて計算がラクになるから**なんだ。たとえば，道のりを 1 とおいても同じ答えが出るから試(ため)してみるのもいいだろう。ただし，その場合は計算の途中(とちゅう)で分数が出てくるから，少し面倒(めんどう)になるけどね。

説明の動画は
こちらで見られます

[例題]7-6　つまずき度

太郎くんは，家から 950 m はなれた公園に，8 分で行きました。はじめは分速 70 m で歩き，途中から分速 200 m で走ったそうです。太郎くんは何分間走りましたか。

「うーん，走った道のりがわかっていないのに，どうやって何分走ったか求めるんだろう？」

家から公園までの道のりは 950 m とわかっているけど，歩いた道のりと走った道のりがわかっていないから，どうやって解いていけばいいか，とまどってしまうよね。このような問題は，面積図を使って解くと，つまずかずに解くことができるよ。速さ，道のり，時間の関係は，右のような面積図で表すことができたね。

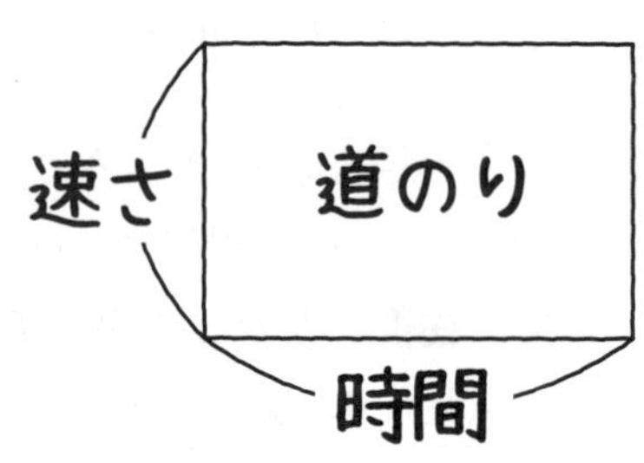

この面積図をもとに考えてみよう。はじめは分速 70 m で歩いたのだから，それを面積図に表すと，図1のようになる。そして，途中から分速 200 m で走ったのだから，図2のような面積図に表せるね。

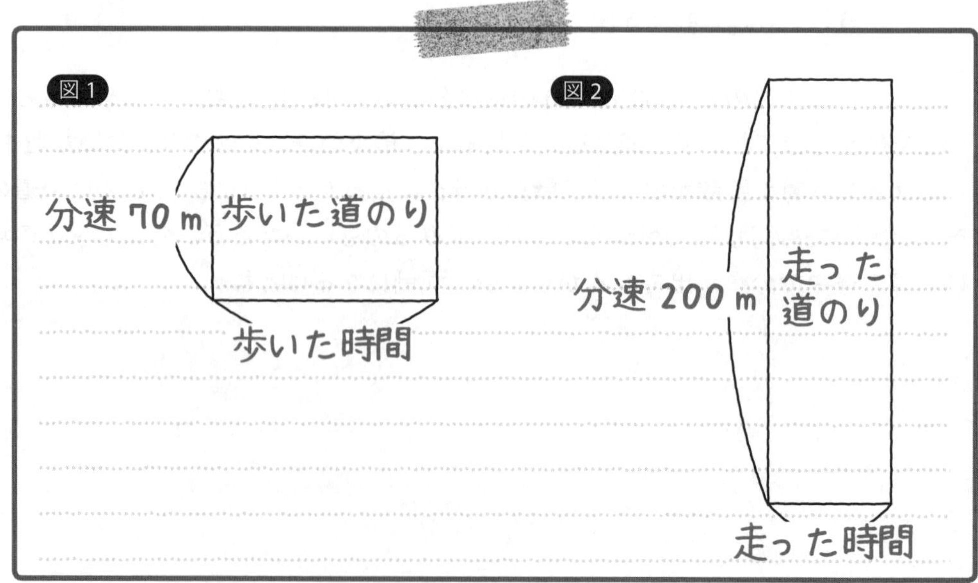

そして，図1と図2を合体させると，図3のようになる。

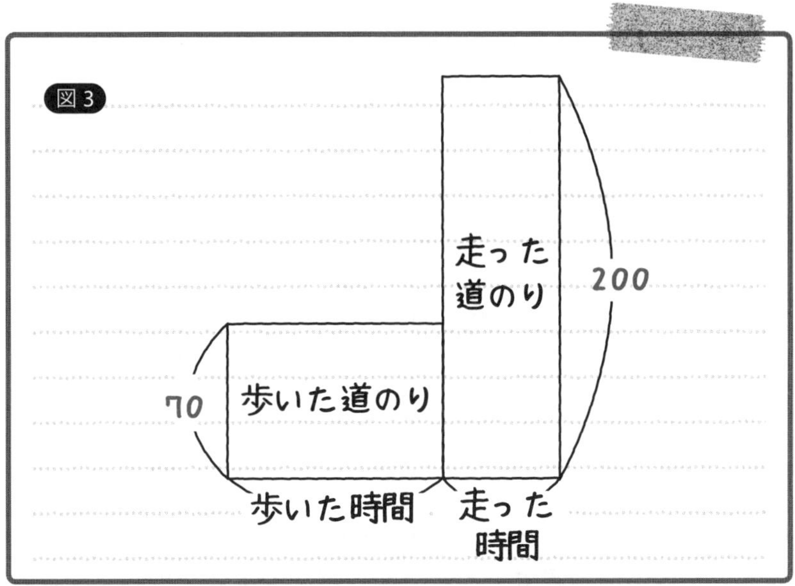

歩いた道のりと走った道のりの合計が 950 m だから，図3の面積の合計が 950 になるということだね。また，歩いた時間と走った時間の合計が 8 分だから，それも図3に書きこむと，次の図4で表せる。

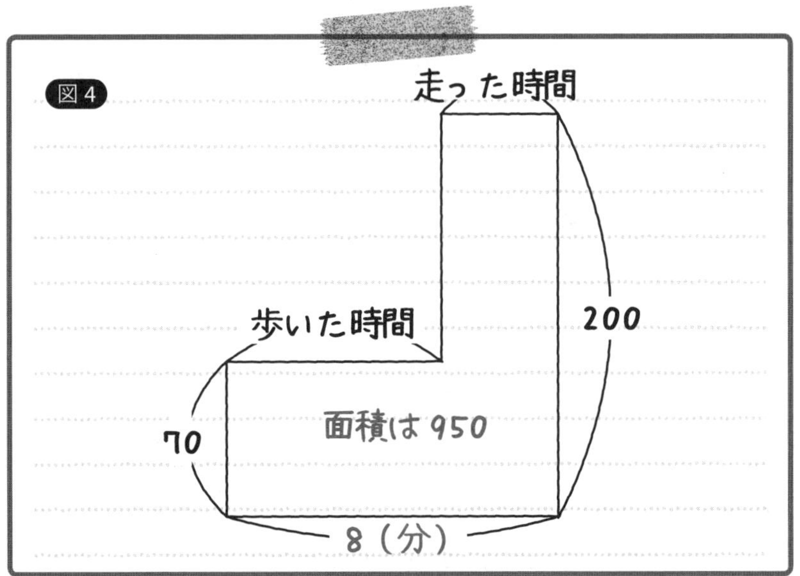

これで，面積図の完成（かんせい）だ。この面積図，どこかで見たことはないかな？

「あっ，つるかめ算の面積図と同じですね。」

そうだね。3 04 でやったつるかめ算の面積図だ。だから，このような問題は，**「速さのつるかめ算」** とよばれることもあるんだよ。面積図をもとに，走った時間を求めよう。解き方は，ふつうのつるかめ算と同じだ。

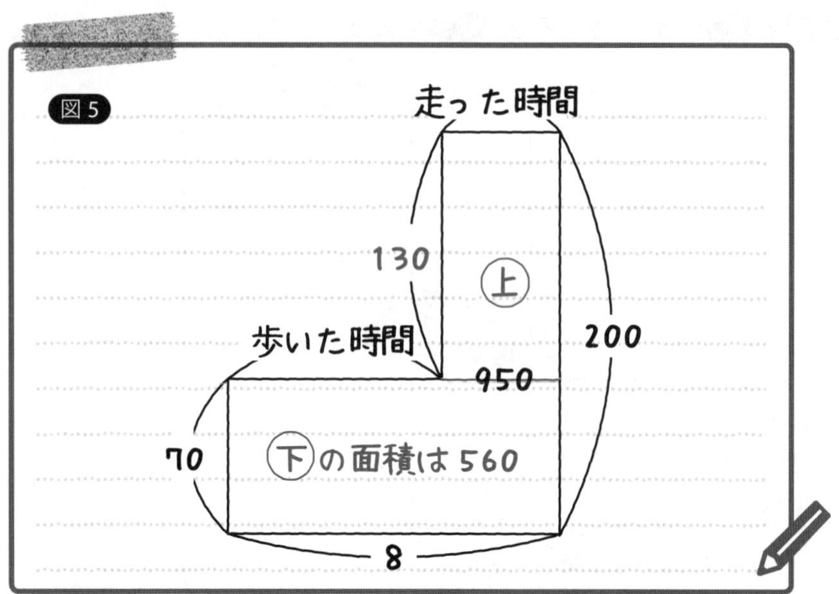

図5の赤い線のように，補助線を引くと，面積図が上下２つの長方形に分けられるね。

下の長方形の面積は，70×8＝560だ。全体の面積から下の長方形の面積をひいて，950－560＝390より，上の長方形の面積が390とわかる。

上の長方形のたての長さは，200－70＝130だから，面積の390をたての130でわって，横の長さ，つまり走った時間が，390÷130＝3(分)と求められるね。

3分…答え　[例題]7-6

この問題のように，全体の道のり，全体にかかった時間，２種類の速さはわかっているけど，それぞれの道のりや時間がわからない問題は，速さのつるかめ算で解くようにしよう。

Check 101　つまずき度 ●○○○○　➡解答は別冊 p.79へ

次の□にあてはまる数を求めなさい。

(1)　180kmを４時間で走る車の速さは，時速□kmです。

(2)　秒速５mで18秒進むと□m進みます。

(3)　分速210mの自転車が1470m走るのに□分かかります。

Check 102

つまずき度 ●●○○○ ➡解答は別冊 p.79 へ

次の□にあてはまる数を求めなさい。

(1) 時速 27 km＝分速□ m＝秒速□ m

(2) 時速□ km＝分速 120 m＝秒速□ m

(3) 時速□ km＝分速□ m＝秒速 12 m

Check 103

つまずき度 ●●●○○ ➡解答は別冊 p.79 へ

次の□にあてはまる数を求めなさい。

(1) 時速 70 km の電車は，1 分 12 秒で□ m 進みます。

(2) 115 km を 2 時間 18 分で走る車の速さは，時速□ km です。

(3) 825 m を分速 180 m で歩くと□分□秒かかります。

Check 104

つまずき度 ●●○○○ ➡解答は別冊 p.80 へ

家と，家から 1200 m はなれた A 駅の間を往復（おうふく）しました。行きは分速 50 m で歩き，帰りは分速 200 m で走りました。往復の平均（へいきん）の速さは分速何 m ですか。

Check 105

つまずき度 ●●●○○ ➡解答は別冊 p.80 へ

バスが A 駅と B 駅の間を往復するのに，行きは時速 40 km，帰りは時速 30 km で走りました。往復の平均の速さは時速何 km ですか。

Check 106

つまずき度 ●●●○○ ➡解答は別冊 p.80 へ

太郎（たろう）くんは，家から 1200 m はなれた公園に，9 分で行きました。はじめは分速 75 m で歩き，途中（とちゅう）から分速 180 m で走ったそうです。太郎くんは何分間走りましたか。

中学入試算数のウラ側 9

単位換算が必要な速さの問題に効く「2本ビーム法」

「[例題]7-3 のように，単位換算が必要な速さの問題を，子どもたちは苦手にしているようです。何かよい教え方はありますか？」

[例題]7-3 のような問題を楽しく教えるために，**「2本ビーム法」**というのを使ってみてはどうでしょうか。

「『2本ビーム法』ですか？」

はい。たとえば，「時速4kmで3時間歩くと，□km進みます」という問題の□は，4×3＝12(km)と求めますね。この式に単位をつけて書くと，「時速4km×3時間＝12km」となります。そして，同じ部分を探して矢印をつけます。この式では，2つの「時」と2つの「km」に矢印をつけて，次のようになります。

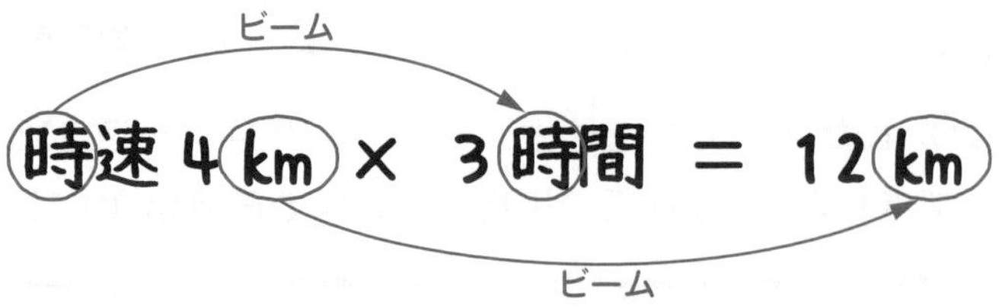

この2本の矢印を「**ビーム**」と名づけます。**速さの単位換算が正しく行われている式では，このように必ず2本のビームが引けます。2本のビームが引けなければ，式がまちがっている**ということです。

「なるほど。」

「『ビーム』といわれると，楽しく感じますね。」

[例題]7-3 の(1)は，「分速240mの自転車は5分8秒で□m進みます」の□を求める問題でした。

5分8秒＝308秒です。ここで，単位をそろえずに，240×308＝73920(m)と求めるのはまちがいです。

「子どもがまちがえそうなミスですね。」

はい。「分速 240 m×308 秒＝73920 m」というまちがった式で，「ビーム」を引こうとすると，次のように，1 本のビームしか引けないことがわかります。

「分」と「秒」はちがうので，2 本目のビームが引けないのですね。だから，この式はまちがっているのだと確認（かくにん）できます。では，正しい式ではどうなるでしょうか。まず，分速 240 m＝秒速 4 m と直して，「秒速 4 m×308 秒＝1232 m」と求めるのが正しい式でした。この式では，次のように，2 本のビームが引けます。

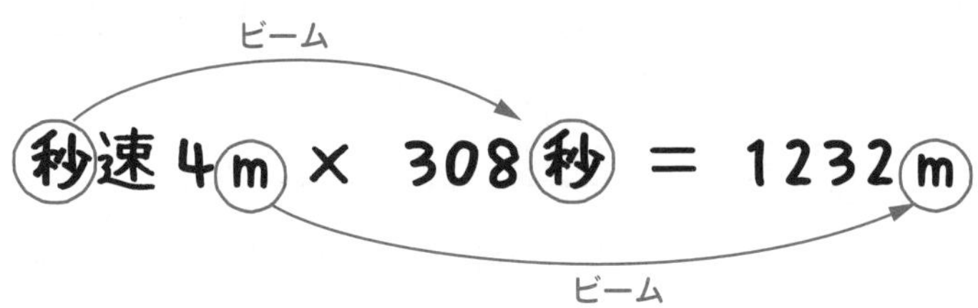

慣（な）れれば，このように 2 本のビームを引かなくても解けるようになります。でも，習いはじめのお子さんや，このような問題を苦手にしているお子さんには，この方法を教えるのもひとつの手でしょう。

「そうですね。今度，『2 本ビーム法』を使って教えてみます。」

7 02 旅人算

町で偶然知ってる人と会うことってあるよね。2人の人が出会ったり，追いついたり，はなれたり。それらが算数の問題になると…？

182 説明の動画はこちらで見られます

ここでは「旅人算」について見ていこう。旅人算とは，**2人（2つ）以上の人や乗り物などが移動するときに，出会ったり，はなれたり，追いかけたりすることに関係する問題**のことをいうよ。では，さっそく例題を解いていこう。

［例題］7-7　つまずき度

3.3 km はなれた A，B の 2 地点間を，兄は分速 90 m で A 地点から，弟は分速 75 m で B 地点から，同時に向かい合って出発しました。このとき，次の問いに答えなさい。

（1）2人が出会うのは出発してから何分後ですか。

（2）2人が出会う地点は A 地点から何 km のところですか。

（1）から見ていこう。この問題で出てくる数は，3.3 km，分速 90 m，分速 75 m だね。km と m の 2 つの単位が出てくるから，**まず単位をそろえることを考えよう。** この場合は，km を m に直すほうが簡単だよ。3.3 km を m に直すとどうなる？

「1 km＝1000 m だから，3.3 km＝3300 m です！」

そうだね。3.3 km＝3300 m だ。これで，問題に出てくる数の単位をすべて m にそろえることができた。そして，問題の様子を線分図に表すと，次のようになる。

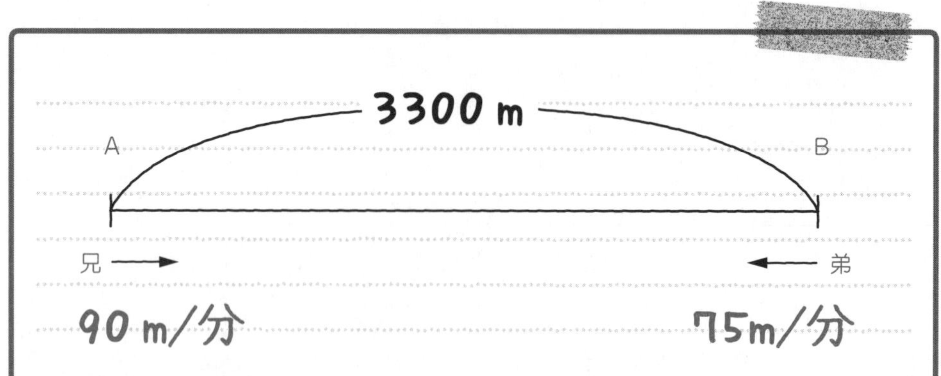

[例題]7-7 に出てくる数は，3300 m，分速 90 m，分速 75 m だね。このように，**線分図をかくときは，問題に出てくる数をすべて線分図に記入する**ようにしよう。問題に出てくる数の一部だけを線分図に書きこむのは，あまり感心しない。問題に出てくる数をすべて書きこむことで，図だけを見て考えられるようになるんだ。

さて，線分図を見ながら解いていこう。兄は分速 90 m で A 地点から，弟は分速 75 m で B 地点から，同時に向かい合って出発するわけだけど，兄と弟は 1 分間に何 m 近づくかな？

「兄と弟は 1 分間に何 m 近づくか？　えっと……，うーん。」

兄の速さの分速 90 m とは，1 分間に 90 m 進む速さだね。一方，弟の速さの分速 75 m とは，1 分間に 75 m 進む速さだ。それぞれの速さで進み，進むごとに近づくわけだから，兄と弟は 1 分間に何 m 近づくか求められるんじゃないかな。

「あっ，わかった。90＋75＝165 で，2 人は 1 分間に 165 m 近づくのね。」

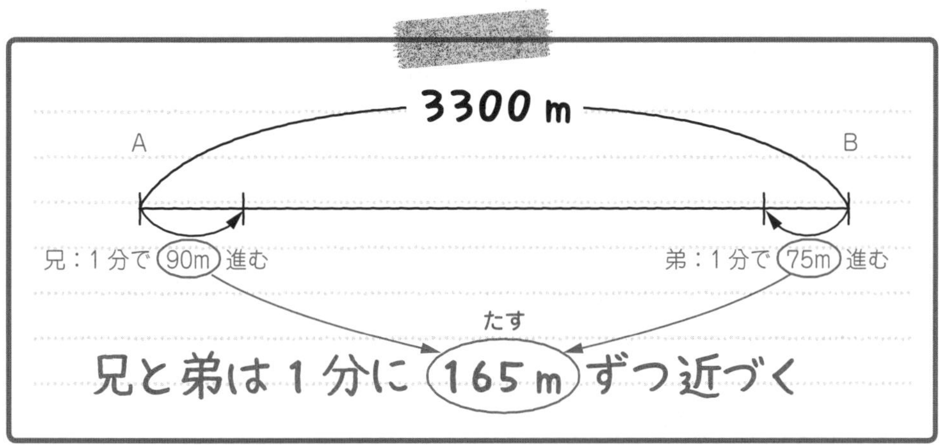

もともと 3300 m はなれていた 2 人が 1 分ごとに 165 m ずつ近づくのだから，3300÷165＝20 より，出発してから 20 分後に出会うんだ。答えを求めるのに必要なのは，次の 2 つの式だね。

90＋75＝165　……　2 人の**速さの和**を求める
3300÷165＝20　……　道のりを速さの和でわる

20 分後… 答え [例題]7-7 (1)

では，(2) にいこう。2 人が出会う地点は A 地点から何 km のところかを求める問題だ。A 地点から出発するのは兄だね。その兄の速さは分速 90 m で，これは 1 分間に 90 m 進む速さだね。1 分間に 90 m 進む速さで 20 分間進んで出会ったのだから，90×20＝1800 より，A 地点から 1800 m の地点で出会ったということだ。

「速さ×時間＝道のり」の公式で求められるんだね。

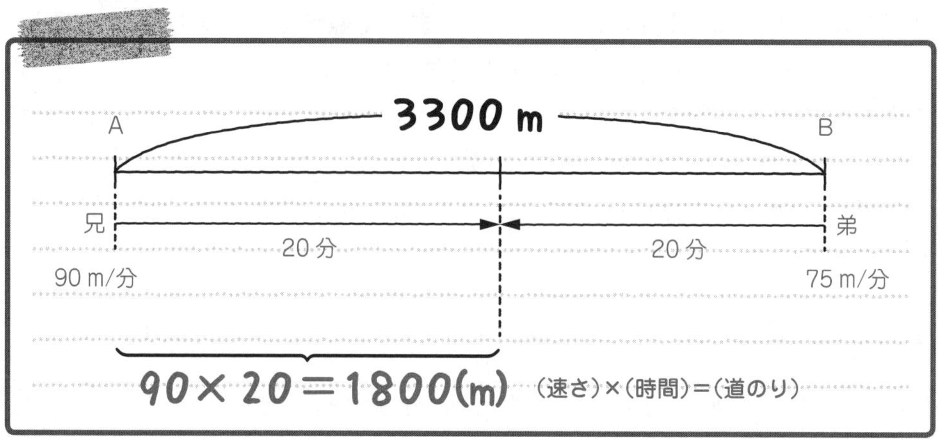

ここで，1800 m を答えにするとバツになるんだけど，なぜかわかる？

「あっ，わかった。『A 地点から何 km』かを答えないといけないから，1800 m を km に直して，1.8 km とするんですね。」

そうだね。**どの単位で答えればいいか，問題文をよく見てケアレスミスしないように注意しよう。**

1.8 km … 答え ［例題］7-7 (2)

さて，このように**旅人算を解くときは，線分図をかくと，問題の様子がよくわかるよ。面倒くさがらずに，線分図をかいて考えることが，旅人算を得意にする秘けつだよ。**

183 説明の動画はこちらで見られます

［例題］7-8 **つまずき度** ☹☹☹☹☹

姉と妹は，同じ道を通って同じ方向に進んでいます。姉は分速 85 m，妹は分速 60 m で歩きます。いま，妹は姉の 425 m 前を歩いています。姉はあと何分で妹に追いつきますか。

1つ前の ［例題］7-7 は，向かい合って進む旅人算だったけど，この例題は，同じ方向に進む（追いかける）旅人算だ。この例題もまず，次のように線分図に表してみよう。

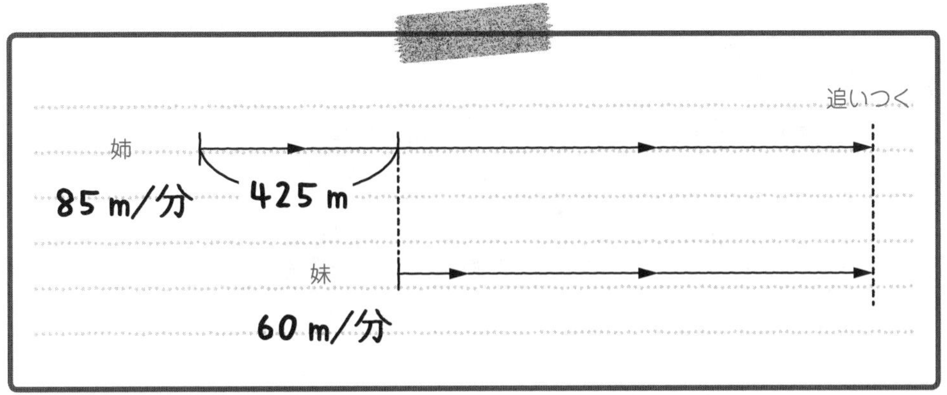

姉は分速 85 m，妹は分速 60 m で歩くということは，姉は 1 分間に 85 m 歩き，妹は 1 分間に 60 m 歩くということだ。ということは，姉は妹より 1 分間に何 m 多く進むということかな？

「85－60＝25 で，姉は妹より 1 分間に 25 m 多く進みます！」

そうだね。姉は妹より 1 分間に 25 m 多く進む。つまり，**はじめ 425 m はなれていて，その差が 1 分ごとに 25 m ずつ縮まっていく**ということだ。はじめ 425 m はなれていて，その差が 1 分ごとに 25 m ずつ縮まっていくのだから，姉が妹に追いつくのは何分後かな？

追いつくということは，2 人の間の距離が 0 m になるということだね。

「はじめ 425 m はなれていて，その差が 1 分ごとに 25 m ずつ縮まっていくんだから，425÷25＝17(分後)に追いつくと思います。」

その通り。425÷25＝17（分後）に追いつくんだ。答えを求めるのに必要なのは，次の 2 つの式だね。

85－60＝25　……　2 人の**速さの差**を求める
425÷25＝17　……　道のりを速さの差でわる

17 分…答え　[例題]7-8

[例題]7-7 のように，**2 人が向かい合って反対方向に移動する場合は，速さの和に注目して解くことが多い**よ。また，[例題]7-8 のように，**2 人が同じ方向に移動する場合は，速さの差に注目して解くことが多い。**ポイントとしてまとめておくよ。

Point　速さの和と差

・２人が**反対方向**に移動する（近づく）旅人算
　──→２人の**速さの和**に注目して解くことが多い。
・２人が**同じ方向**に移動する（追いかける）旅人算
　──→２人の**速さの差**に注目して解くことが多い。

184　説明の動画はこちらで見られます

[例題]7-9　つまずき度

弟が家を出発してから８分後に，兄が家を出発して弟を追いかけました。弟は分速 70 m で歩き，兄は分速 150 m で走ります。このとき，次の問いに答えなさい。

（1）　兄は出発してから何分後に弟に追いつきましたか。
（2）　弟は出発してから何分後に兄に追いつかれましたか。
（3）　兄が弟に追いついたのは家から何 m のところですか。

では，(1) を解いていこう。この例題も１つ前の [例題]7-8 と同じように，追いかける（同じ方向に進む）旅人算だね。まず，問題の様子を線分図に表そう。**兄が出発してから弟に追いつくまでの時間を□分**として線分図に書くよ。

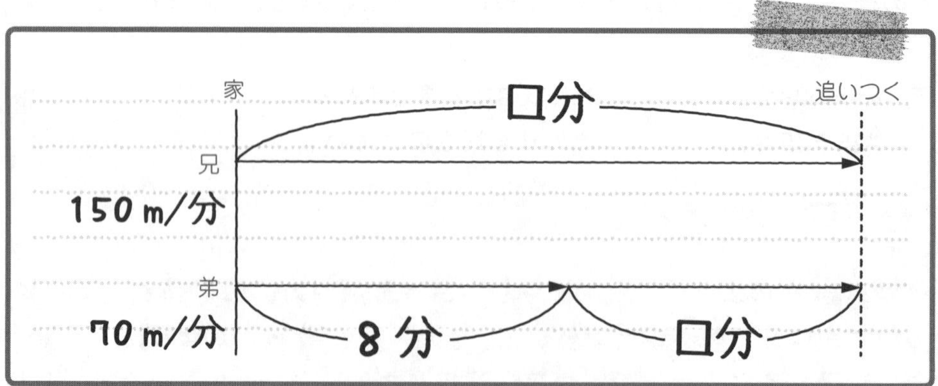

弟が家を出発してから８分後に，兄が家を出発して弟を追いかけるのだから，**弟が出発してからの８分間は弟だけが移動している**んだね。この８分間で弟は何 m 進んだのかな？

「弟の速さは分速70 mで，1分間に70 m進むということだから，8分間では，70×8＝560(m)進みます！」

そうだね。弟が出発したあとの8分間で，弟は，70×8＝560(m)進むね。これを線分図に書きこもう。

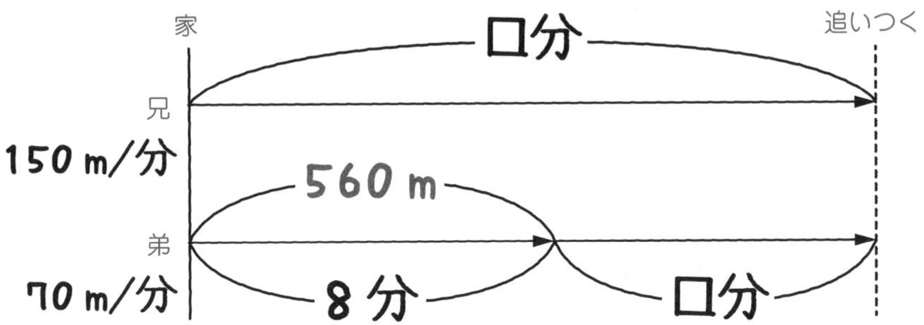

兄は分速150 mで走り，弟は分速70 mで歩くということは，兄は1分間に150 m走り，弟は1分間に70 m歩くということだ。ということは，兄は弟より1分間に何m多く進むということかな？

「150－70＝80で，兄は弟より1分間に80 m多く進みます。」

そうだね。150－70＝80で，兄は弟より1分間に80 m多く進む。つまり，**兄が出発したとき560 mはなれていて，その差が1分ごとに80 mずつ縮(ちぢ)まっていく**ということだ。はじめ560 mはなれていて，その差が1分ごとに80 mずつ縮まっていくのだから，兄が弟に追いつくのは兄が出発してから何分後かな？

「兄が出発したとき560 mはなれていて，その差が1分ごとに80 mずつ縮まっていくんだから，兄が出発してから，560÷80＝7(分後)に追いつくと思います！」

その通り。兄が出発してから，560÷80＝7(分後)に弟に追いつくんだ。

7分後… 答え [例題]7-9 (1)

説明の動画はこちらで見られます

(2)に進もう。弟は出発してから何分後に兄に追いつかれたかを求(もと)める問題だ。(1)より，兄は出発してから7分後に弟に追いつくとわかったね。弟が家を出発してから8分後に，兄が家を出発したのだから，その8分に7分をたして，8＋7＝15(分後)と求められるね。

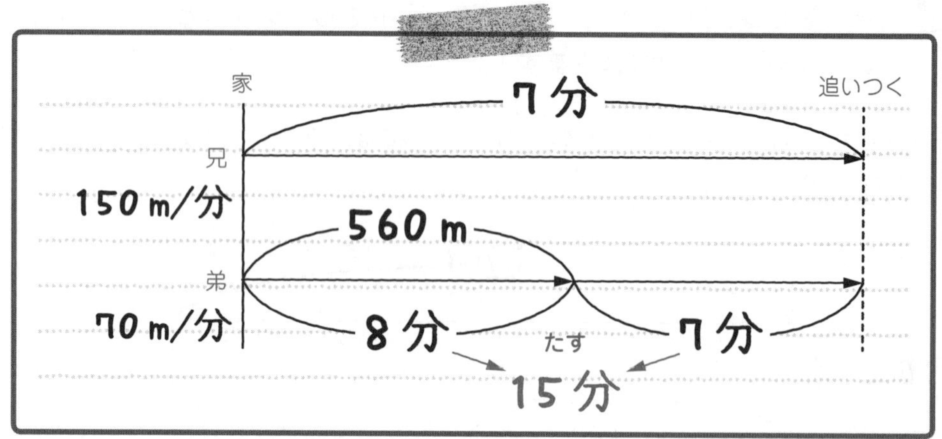

15分後…答え ［例題］7−9 (2)

(1)で兄が出発してから７分後に弟に追いつくことを求めたあとに，(2)を求めたから解きやすかったね。でも，(1)がなくて，いきなり「弟は出発してから何分後に兄に追いつかれましたか。」という問題を解く場合，答えを「７分後」としないように気をつけよう。**弟が１人で移動していた８分間をたすのを忘れてはいけない**よ。

(3)にいこう。兄が弟に追いついたのは家から何 m のところかを求める問題だ。もう一度，線分図を見てみよう。

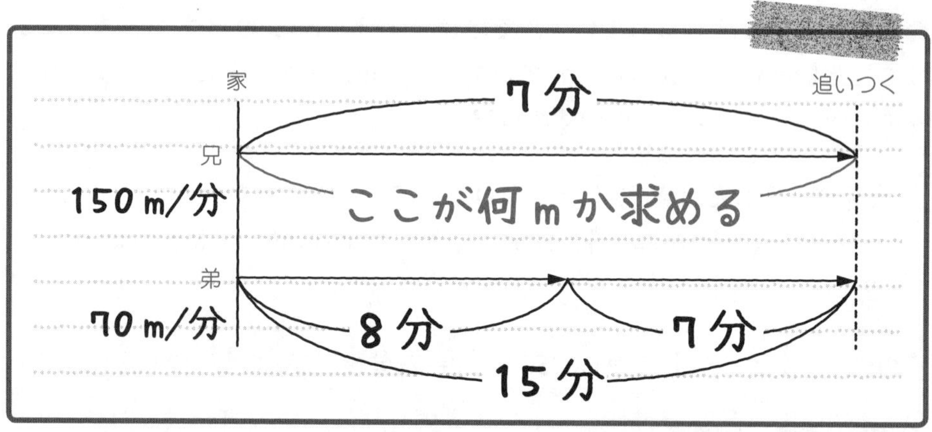

兄が出発してから７分後に弟に追いついたんだね。兄の速さは分速 150 m だから，兄は１分間に 150 m 走るということだ。１分間に 150 m 進む速さで走って７分後に弟に追いついたのだから，150×7＝1050 より，兄が弟に追いついたのは家から 1050 m のところであることがわかる。

1050 m…答え ［例題］7−9 (3)

また，弟が出発してから兄に追いつかれるまで 15 分間歩いたのだから，弟の速さの分速 70 m に 15 分をかけて，70×15＝1050(m)と求めることもできる。

説明の動画は
こちらで見られます

[例題]7-10　つまずき度

1周 1500 m の池があります。姉は分速 85 m，妹は分速 65 m の速さで同じ地点を同時に出発しました。このとき，次の問いに答えなさい。

(1)　反対方向に進むとき，姉と妹がはじめて出会うのは何分後ですか。
(2)　同じ方向に進むとき，姉が妹にはじめて追いつくのは何分後ですか。

いままでの例題(れいだい)は直線上での旅人算(たびびとざん)だったけど，この例題は池のまわりをまわる問題だ。このように，何かのまわりをまわる旅人算もよく出題されるので慣(な)れていこう。(1)は「反対方向に進むとき，姉と妹がはじめて出会うのは何分後か」を求める問題だよ。図に表すと，右のようになるね(2人の動きを区別(くべつ)できるように姉の動きを色の線でかくよ)。

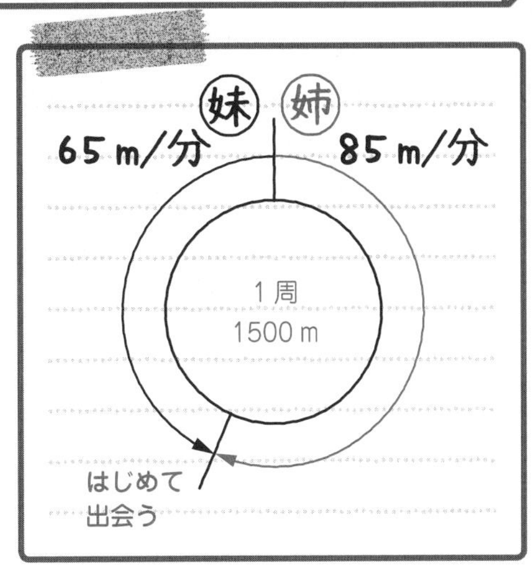

1周 1500 m の池があって，姉は分速 85 m，妹は分速 65 m の速さで同じ地点から反対方向に進むのだから，姉妹2人合わせて何 m 進んだところで出会うかな？

「姉妹2人合わせて1周分の 1500 m 進んだら出会うと思います。」

そうだね。**姉妹2人合わせて1周分の 1500 m 進んだら出会う**んだ。姉妹は1分間に合わせて何 m 進むかな？

「姉は分速 85 m，妹は分速 65 m だから，姉妹は1分間に合わせて 85＋65＝150(m)進みます！」

そうだね。**姉妹は1分間に合わせて 150 m 進み，姉妹合わせてちょうど 1500 m 進んだら出会う**のだから，1500÷150＝10(分後)に出会うと求められるんだ。答えを求めるのに必要(ひつよう)なのは，次の2つの式だね。

85＋65＝150　……　2人の**速さの和**を求める
1500÷150＝10　……　道のりを速さの和でわる

10 分後… 答え [例題]7-10 (1)

まず，2人の速さの和を求めて，道のりを速さの和でわって答えを「10分後」と求めたけど，これは [例題]7-7 (1)の2地点から向かい合って進むときの求め方と同じだね。どちらも，**反対方向に向かい合って進むパターンの問題だから，求め方も同じになる**んだ。

では，(2)にいこう。今度は同じ方向に進むとき，姉が妹にはじめて追いつくのは何分後かを求める問題だ。スタート時の様子だけ図に表すと，右のようになるよ。

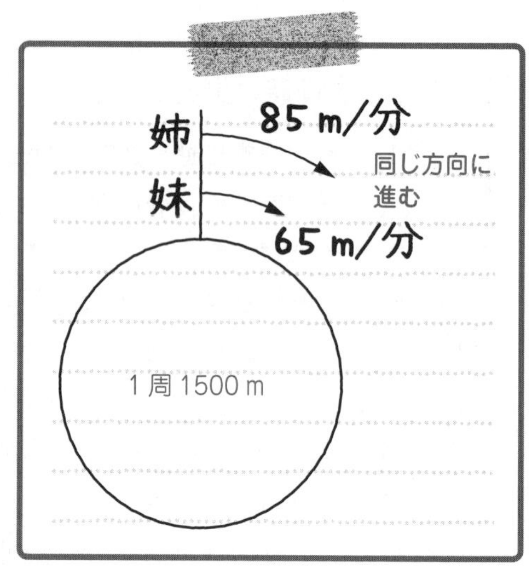

「同じ方向に進むとき，姉が妹にはじめて追いつく」という状態を想像するために，運動場のトラックを何周もまわるマラソン大会を考えてほしい。

同じ地点から同時にスタートして，同じ方向に走っているのに，何周かまわっていると，マラソンの得意な子が，マラソンの苦手な子に追いついちゃうときがあるよね。

「あります。マラソンの得意な子が，苦手な子より1周多く進んじゃって追いつくんですよね。」

そう。つまり，「**同じ方向に進むとき，速い人がおそい人よりも1周多く進むと追いつく**」ということなんだ。(2)では，**分速85 mの姉が，分速65 mの妹よりも1周分の1500 m多く進むと追いつく**と言えるんだね。

分速85 mの姉が，分速65 mの妹よりも1周分の1500 m多く進むと追いつくということだけど，姉は妹より1分間に何m多く進むのかな？

「85－65＝20だから，姉は妹より1分間に20 m多く進みます！」

そうだね。**姉は妹より1分間に20 m多く進み，姉が妹よりも1周分の1500 m多く進むと追いつく**のだから，1500÷20＝75（分後）に追いつくと求められるんだ。
答えを求めるのに必要なのは，次の2つの式だね。

85－65＝20 …… 2人の**速さの差**を求める
1500÷20＝75 …… 道のりを速さの差でわる

75分後 …答え [例題]7-10 (2)

まず，2人の速さの差を求めて，道のりを速さの差でわって答えを「75分後」と求めたけど，これは [例題]7-8 の同じ方向に進んで追いかけるときの求め方と同じだね。どちらも，**同じ方向に進んで追いかけるパターンの問題だから，求め方も同じになる**んだ。

説明の動画はこちらで見られます

[例題]7-11 つまずき度 ●●●●○

1周800 mの池のまわりを兄弟2人が歩きます。ある地点から同時に出発し，反対の方向に進むと2人は5分後にはじめて出会い，同じ方向に進むと兄は弟に40分後にはじめて追いつきます。兄と弟の速さは，それぞれ分速何 mですか。

「1周800 mの池のまわりを，ある地点から同時に出発し，反対の方向に進むと，2人は5分後にはじめて出会う」というところにまず注目しよう。1つ前の [例題]7-10 の (1) で見たように，**2人合わせて1周分を進んだら出会う**んだったね。この問題では，2人合わせて何 m進んだら出会うのかな？

「池のまわりは1周800 mだから，2人合わせて800 m進んだら出会います。」

そうだね。2人合わせて1周分の800 m進んだら出会うということだ。「5分で出会う」のだから，**2人合わせて5分で800 mを進んで出会った**ということだね。図に表すと，右のようになる（2人の動きを区別（くべつ）できるように兄の動きを赤い線でかくよ）。

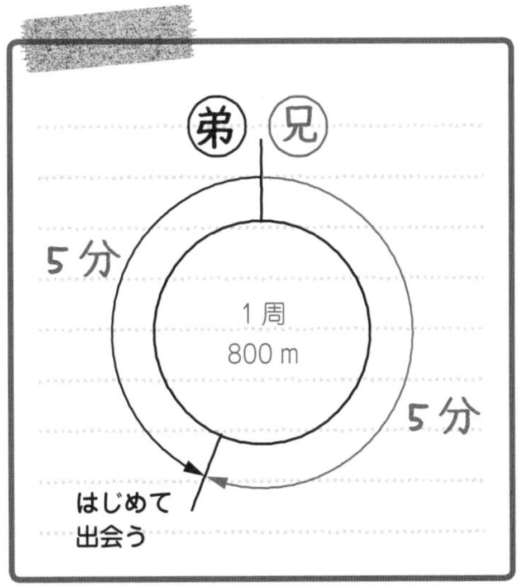

では，2人合わせて1分間に何 m進むのかな？

「2人合わせて5分間で800 mを進んだから，800÷5＝160で，1分間に160 m進むと思うわ。」

その通り。**2人合わせて1分間に160 m進むということは，2人の速さ（分速）の和が160 m**ということがわかるね。

では，次に「1周800 mの池のまわりを，ある地点から同時に出発し，同じ方向に進むと，兄は弟に40分後にはじめて追いつく」というところに注目しよう。1つ前の [例題]7-10 の(2)で見たように，**同じ方向に進むとき，速いほうがおそいほうよりも1周多く進むと追いつく**んだったね。この問題では，速いほうの兄がおそいほうの弟よりも何m多く進んだら追いつくのかな？

「速い兄がおそい弟よりも1周多く進むと追いつくんですね。池のまわりは1周800 mだから，兄が弟より1周分の800 m多く進むと追いつくということですね。」

その通り。兄が弟より1周分の800 m多く進むと追いつくということだ。「40分後に追いつく」のだから，**兄が弟より40分で800 m多く進んで追いついた**ということだね。ということは，兄は弟より1分間に何m多く進むのかな？

「えっと……，800÷40＝20で，兄は弟より1分間に20 m多く進みます。」

そうだね。**兄が弟より1分間に20 m多く進むということは，2人の速さ(分速)の差が20 m**ということがわかるね。

ここまできたら，答えまであと一歩だ。**兄弟の速さ(分速)の和が160 m，兄弟の速さ(分速)の差が20 m**ということだね。つまり，**兄弟の速さの和と差がわかった**わけだ。和と差がわかれば，それぞれの速さが求められるんだけど，どのように求めればいいと思う？

「和と差がわかれば……うーん。」

「わかったわ！　和と差がわかれば，和差算でもとの2つの数を求めることができるわ。」

その通り。和と差がわかれば，3 01 で説明した和差算で，もとの2つの数を求めることができるね。

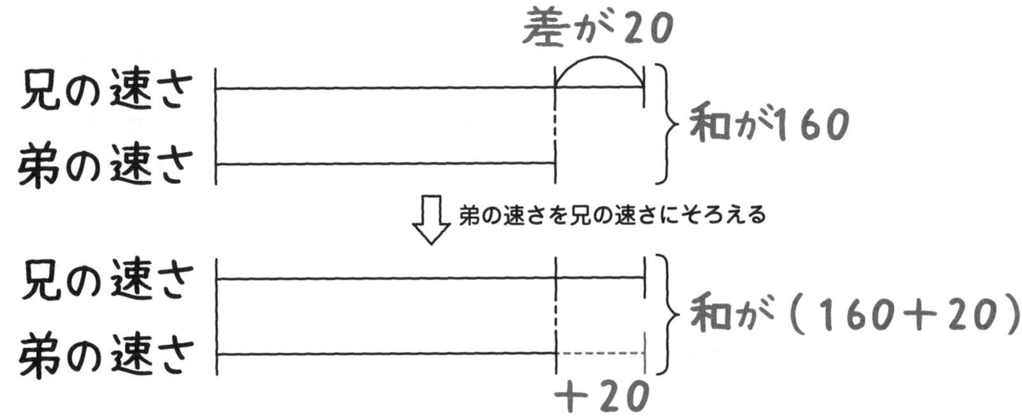

線分図からもわかるように，兄弟の速さの和が 160 で差が 20 だから，兄の速さは，（160＋20）÷2＝90 で，分速 90 m と求められるね。一方，弟の速さは兄の速さより分速 20 m おそいから，90－20＝70 で，分速 70 m と求められる。

兄の速さ…分速 90 m，弟の速さ…分速 70 m … 答え ［例題］7-11

答えを求めるために必要なのは，次の 4 つの式だけなんだけど，考え方が少し難しい問題だったね。

800÷5＝160 …… 2 人の速さの和を求める
800÷40＝20 …… 2 人の速さの差を求める
（160＋20）÷2＝90 …… 和差算によって兄の速さを求める
90－20＝70 …… 弟の速さを求める

Check 107 つまずき度 ●●○○○ ➡解答は別冊 p.80 へ

2.1 km はなれた A，B の 2 地点間を，兄は分速 85 m で A 地点から，弟は分速 65 m で B 地点から，同時に向かい合って出発しました。このとき，次の問いに答えなさい。

(1) 2 人が出会うのは，出発してから何分後ですか。
(2) 2 人が出会う地点は，A 地点から何 km のところですか。

Check 108　つまずき度 ●●○○○　➡解答は別冊 p.81 へ

姉と妹は同じ道を通って同じ方向に進んでいます。姉は分速 75 m，妹は分速 65 m で歩きます。いま，妹は姉の 312 m 前を歩いています。姉はあと何分何秒で妹に追いつきますか。

Check 109　つまずき度 ●●●○○　➡解答は別冊 p.81 へ

弟が家を出発してから 10 分後に，兄が家を出発して弟を追いかけました。弟は分速 75 m で歩き，兄は分速 125 m で走ります。このとき，次の問いに答えなさい。

（1）弟は，出発してから何分後に兄に追いつかれましたか。

（2）兄が弟に追いついたのは，家から何 m のところですか。

Check 110　つまずき度 ●●●○○　➡解答は別冊 p.81 へ

1 周 1000 m の池があります。姉は分速 90 m，妹は分速 60 m の速さで同じ地点を同時に出発しました。このとき，次の問いに答えなさい。

（1）反対方向に進むとき，姉と妹がはじめて出会うのは何分何秒後ですか。

（2）同じ方向に進むとき，姉が妹にはじめて追いつくのは何分何秒後ですか。

Check 111　つまずき度 ●●●●○　➡解答は別冊 p.81 へ

1 周 1080 m の池のまわりを兄弟 2 人が歩きます。ある地点から同時に出発し，反対の方向に進むと 2 人は 6 分後にはじめて出会い，同じ方向に進むと兄は弟に 1 時間 48 分後にはじめて追いつきます。兄と弟の速さは，それぞれ分速何 m ですか。

7 03 速さとグラフ

速さの様子は，人や車などが行ったり来たりする様子をグラフに表すとよくわかるんだ。

説明の動画は
こちらで見られます

グラフを使った速さの問題は，よく出題されるよ。たとえば，次のような問題だ。

[例題]7-12　**つまずき度**

右のグラフは太郎くんが家から公園まで歩いて行き，公園で何分か遊んだあと，家に走って帰った様子を表しています。このとき，次の問いに答えなさい。

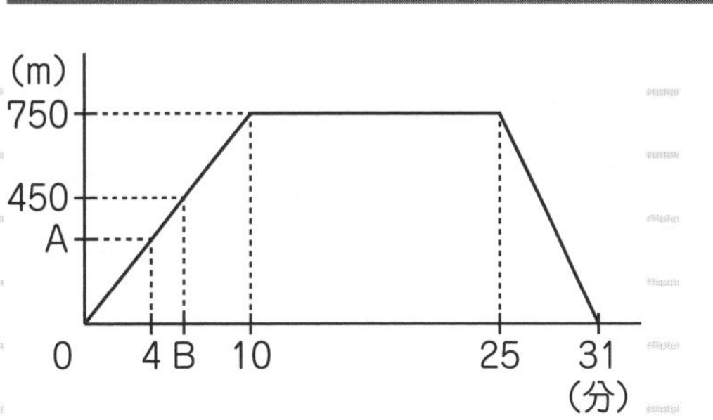

(1)　家から公園まで何 m ですか。

(2)　家を出発してから，何分後に公園に着きましたか。

(3)　家から公園まで歩いた速さは，分速何 m ですか。

(4)　グラフのAにあてはまる数を求めなさい。

(5)　グラフのBにあてはまる数を求めなさい。

(6)　公園で遊んでいたのは，何分間ですか。

(7)　公園から家まで走った速さは，分速何 m ですか。

この例題にあるような，人や車が動く様子を表したグラフをダイヤグラム(もしくは進行グラフ)というんだ。**ダイヤグラムでは，たて軸が道のりを表し，横軸が時間を表すことが多い**よ。

「グラフですか……。難しそうですね……。」

グラフの読み取りを苦手にしている人はけっこう多いけど，算数だけでなく理科でもグラフはよく出てくるし，受験のためには必ず得意にしておきたいところだね。**グラフを読み取るときは，まず，たて軸(道のり)と横軸(時間)の単位を確認しよう。**
[例題]7-12 の**たて軸の単位は(m)，横軸の単位は(分)**と書かれているね。

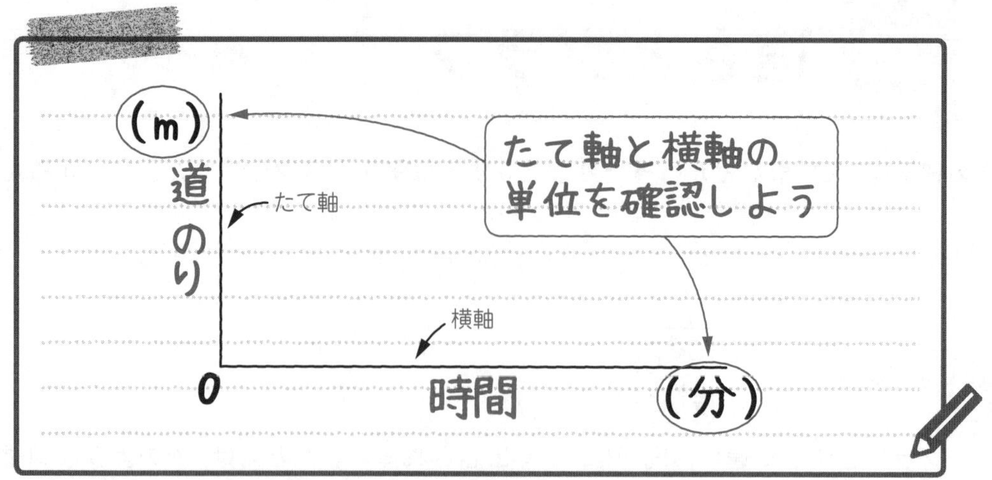

つまり，この問題では，**たて軸は「何ｍか」という道のり，横軸は「何分か」という時間を表している**ということだよ。このグラフは，家から公園まで歩いて行き，公園で何分か遊んだあと，家に走って帰った様子を表しているのだから，はじめ**グラフが右上がり（右にいくにしたがって上がっている）になっているところは，家から公園まで歩いて行った様子を表している**んだ。

では，途中でグラフが横軸と平行になっているところは何を表しているんだろう？

「公園で何分か遊んだのだから，そのときの様子を表しているんじゃないかしら？」

そうだね。**公園で遊んでいる間は公園の中から移動しないわけだから，道のりが変化しない。だから，グラフが横軸に平行になっている**んだ。

では，最後にグラフが右下がり（右にいくにしたがって下がっている）になっているところは何を表しているかな？

「家に走って帰った様子を表していると思います！」

そうだね。**グラフが右下がりになっているところは，家に走って帰った様子を表している。**

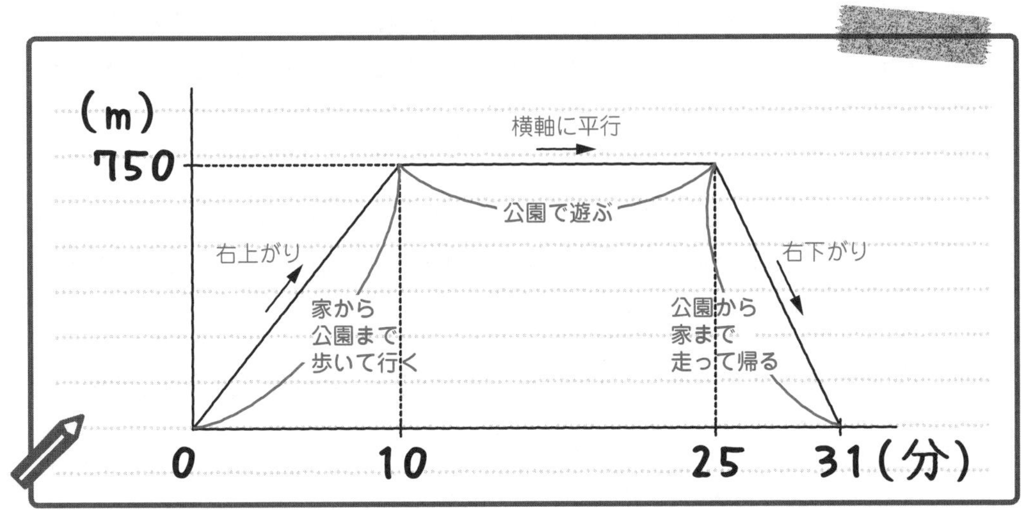

このように**ダイヤグラムの問題では，たて軸と横軸の単位（たんい），グラフのそれぞれの線が何を表しているかの確認（かくにん）をしてから，問題を解（と）いていくようにしよう。**

説明の動画はこちらで見られます

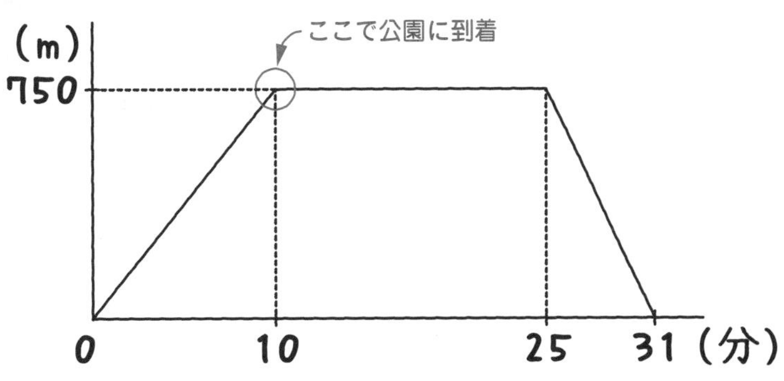

では，(1) にいくよ。家から公園まで何 m かを求（もと）める問題だ。グラフが右上がりになっているところは，太郎（たろう）くんが家から公園まで歩いて行った様子を表しているんだったね。つまり，上のグラフで丸く印（しるし）をつけたところで公園に到着（とうちゃく）したということだ。ということは，家から公園まで何 m かな？

「公園に着いたところの点の道のりが 750 m ってことは，家から公園まで 750 m ってことかしら？」

その通り。たて軸の道のりの目盛（めも）りが 750 m だね。750 m 進んで公園に着いたということだから，家から公園まで 750 m だ。

750 m … 答え ［例題］7-12 (1)

(2) にいこう。家を出発してから何分後に公園に着いたかを求める問題だ。公園に着いたところの横軸の時間の目盛りが 10 分だね。だから答えは 10 分後だ。

10 分後…答え [例題]7−12 (2)

(3) に進むよ。家から公園まで歩いた速さは分速何 m かを求めよう。(1) と (2) から，家から公園までの道のりが 750 m で，10 分で着いたことが求まったね。ここから速さが分速何 m か求められるかな？

「『道のり÷時間＝速さ』だから……，750÷10＝75 で，分速 75 m です！」

その通り。

分速 75 m…答え [例題]7−12 (3)

次は (4) だ。グラフの A にあてはまる数を求める問題だね。まず，A の単位は何かな？

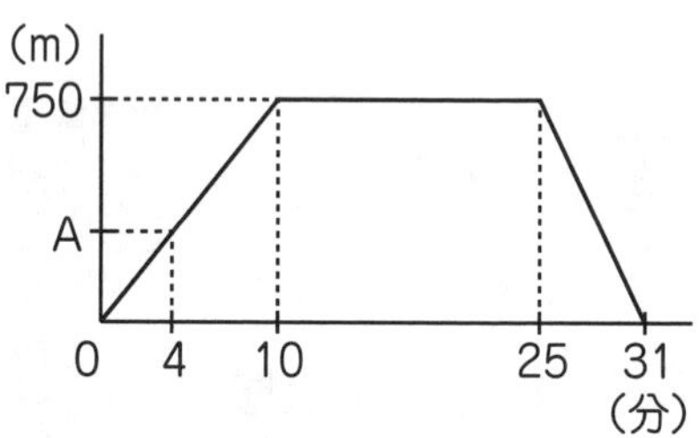

「A はたて軸にあるから，A の単位は m ね。」

そうだね。A の単位は m だ。また，**A があるところは，太郎くんが家から公園まで歩いて行く途中**だね。つまり，「家から A m のところにいる」ということだ。太郎くんが家から公園まで歩く速さは，(3) で**分速 75 m** と求められたね。では，太郎くんが A m 進むのは，家を出発して何分後のことか，グラフを見てわかるかな？

「グラフから，太郎くんが A m 進むのは，家を出発してから 4 分後です！」

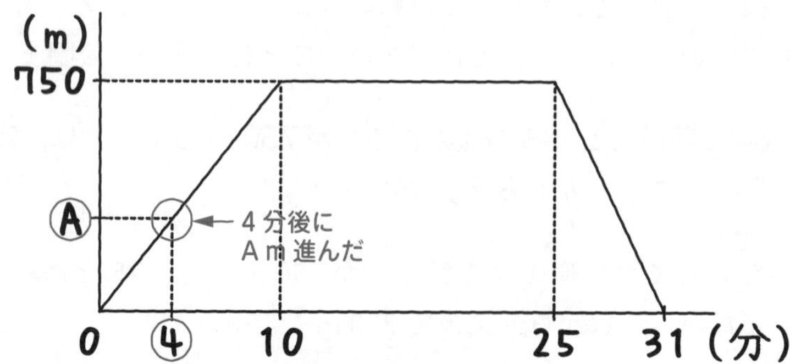

その通り。つまり，**家から分速 75 m の速さで歩いて 4 分で A m 進んだ**ということだ。A m が何 m かわかるかな？

「『速さ×時間＝道のり』だから……，75×4＝300で，Aは300mね。」

はい，正解。

300…答え［例題］7-12（4）

では，(5)の「グラフのBにあてはまる数を求めなさい」という問題に進もう。まず，Bの単位は何かな？

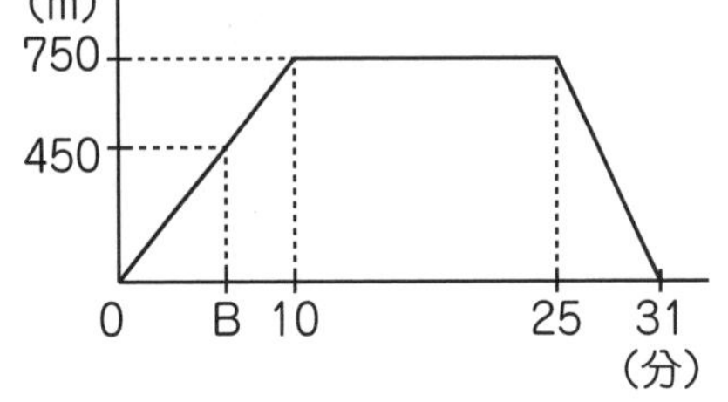

「Bは横軸にあるから，Bの単位は分です！」

うん，Bの単位は分だ。また，**Bがあるところは，太郎くんが家から公園まで歩いて行く途中**だね。つまり，「家を出発してからB分」ということだ。太郎くんが家から公園まで歩く速さは，(3)で分速75mと求められたね。では，太郎くんはB分で何m進んだのかな？

「グラフを見ると，太郎くんはB分で450m進んだと思うわ。」

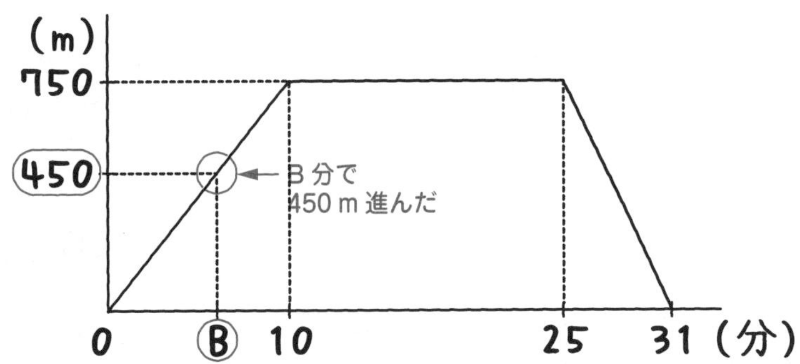

その通り。つまり，**家から分速75mの速さで歩いてB分で450m進んだ**ということだ。B分が何分か求められるかな？

「『道のり÷速さ＝時間』だから，450÷75＝6で，Bは6分です！」

そうだね。正解だよ。

6…答え［例題］7-12（5）

(6) にいこう。太郎(たろう)くんが公園で遊んでいたのは何分間かを求(もと)める問題だ。太郎くんが公園で遊んでいたのは，グラフが横軸(よこじく)に平行になっているところだったね。家を出発して何分後から何分後まで公園で遊んでいたのかな？

「家を出発して 10 分後から 25 分後まで公園で遊んでいたと思います！」

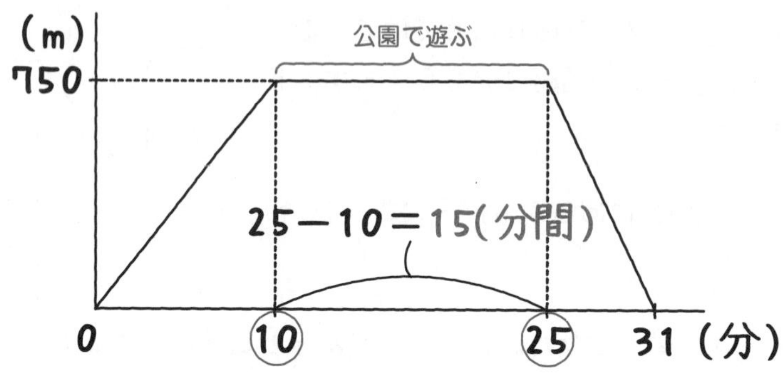

そうだね。家を出発して 10 分後から 25 分後まで公園で遊んでいたんだ。だから，25−10＝15(分間)，公園で遊んでいたということだね。

15 分間 … 答え [例題]7−12 (6)

では，最後(さいご)の (7) にいくよ。「公園から家まで走った速さは分速何 m ですか」という問題だ。太郎くんが公園から家に走って帰ったのは，グラフでいうと右下がりになっているところだったね。グラフから，帰りにかかった時間は，31−25＝6(分)とわかる。

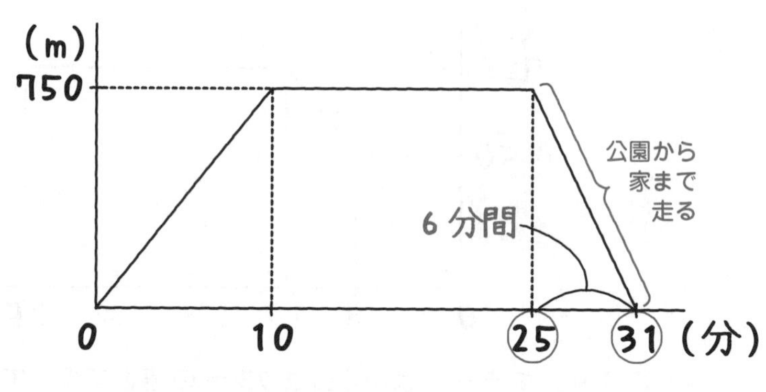

公園から家までの道のり 750 m を 6 分で走って帰ったのだから，帰りの速さは分速何 m かな？

「『道のり÷時間＝速さ』だから，750÷6＝125 で，帰りの速さは分速 125 m だと思うわ。」

その通り。

分速 125 m … 答え [例題]7−12 (7)

このようにダイヤグラムの問題では，ダイヤグラムからわかることを読み取って，それをもとに計算して答えを求めていくんだ。慣れないうちはグラフの読み取りに苦戦することもあるかもしれないけど，問題を解いていくうちに慣れてくるから，根気強く取り組んでいこう。では，次の例題にいくよ。

説明の動画はこちらで見られます

[例題]7-13　つまずき度

妹と兄が 1800 m はなれた 2 地点から向かい合って進みました。右のグラフはその様子を表したものです。このとき，次の問いに答えなさい。

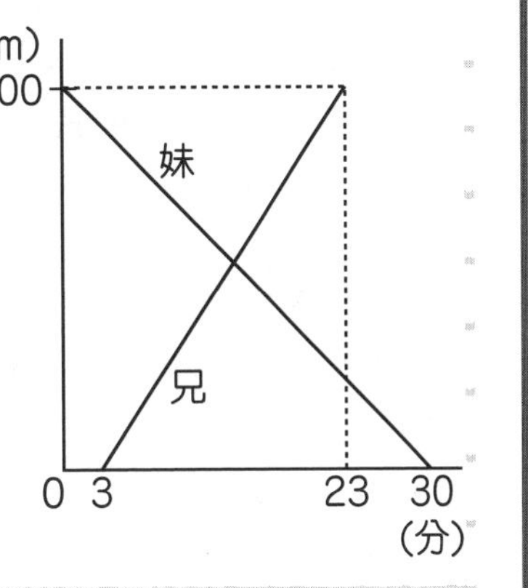

(1)　妹と兄の速さはそれぞれ分速何 m ですか。

(2)　2 人が出会ったのは妹が出発してから何分何秒後ですか。

(3)　2 人が出会った地点は兄が出発した地点から何 m はなれていますか。

1 つ前の [例題]7-12 のダイヤグラムは，登場人物が 1 人だったから 1 本線のグラフだったけど，今回は**登場人物が兄と妹の 2 人だから 2 本線のグラフ**になっているね。この例題の (1) は妹と兄の速さをそれぞれ求める問題だ。まず妹の速さを求めるために，妹のグラフを見てみよう。妹のグラフを見ると，妹は何分で何 m 進んだことがわかるかな？

「えっと，30 分で 1800 m 進んだと読み取れるわ。」

そうだね。妹は 30 分で 1800 m 進んだんだ。

30 分で 1800 m 進んだということは，道のりの 1800 m を時間の 30 分でわれば，速さが求められるね。1800÷30＝60 で，**妹の速さは分速 60 m** だ。

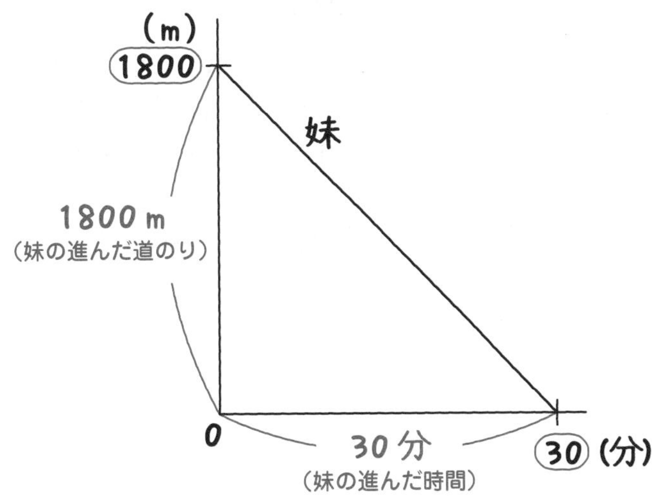

次に，兄の速さを求(もと)めるために，兄のグラフを見てみよう。兄のグラフを見ると，兄は何分で何 m 進んだことがわかるかな？

「うーん……，23 分で 1800 m 進んだのかなぁ。」

ユウトくん，兄は 23 分で 1800 m 進んだんじゃないよ。兄のグラフをよく見てみよう。特(とく)に横軸(よこじく)（単位(たんい)は分）に注目するんだ。グラフの横軸に注目すると，兄は 3（分後）から 23（分後）の時間に 1800 m を進んだんだよね。

「あっ！　ということは，兄は，23－3＝20（分）で 1800 m を進んだんですね！」

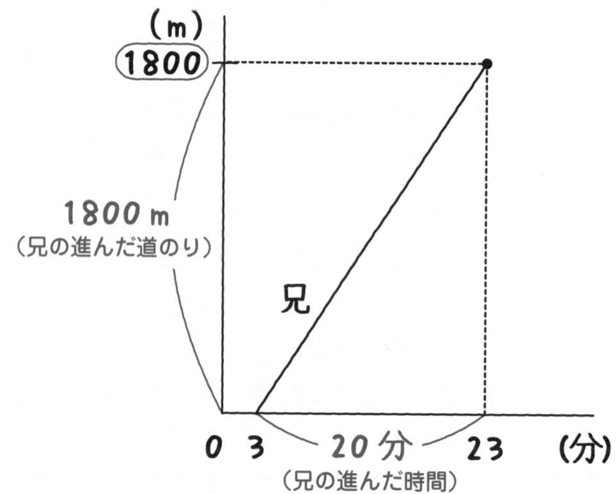

その通り。23－3＝20（分）だから，兄は 20 分で 1800 m を進んだんだよ。23 分で 1800 m 進んだのではないから注意しよう。

兄は 20 分で 1800 m を進んだということは，道のりの 1800 m を時間の 20 分でわれば速さが求められるね。

1800÷20＝90 で，**兄の速さは分速 90 m** だ。

妹の速さ…分速 60 m，兄の速さ…分速 90 m … 答え ［例題］7－13（1）

191 説明の動画はこちらで見られます

では，(2) にいこう。2 人が出会ったのは妹が出発してから何分何秒後かを求める問題だ。ところで，右下がりの線が妹のグラフで，右上がりの線が兄のグラフだけど，兄と妹どちらのほうが先に出発したと思う？

「うーん，どちらかしら……。」

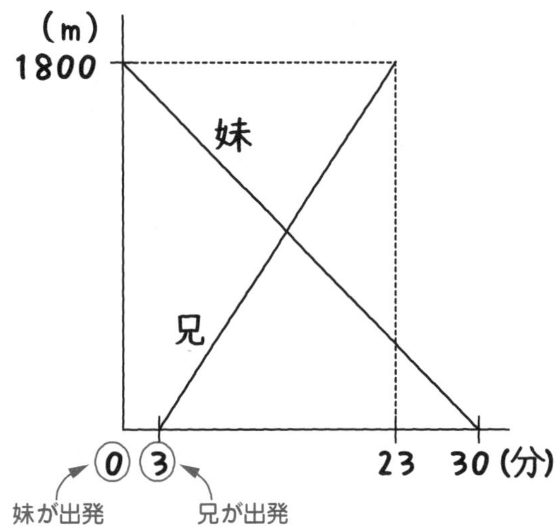

グラフの横軸に注目してみよう。妹が出発したのは横軸の0(分)のところで，兄が出発したのは横軸の3(分)のところだ。

つまり，妹が出発した3分後に兄が出発したということだね。このように，**一方のグラフが右下がりで，もう一方のグラフが右上がりの場合，2人は反対方向に向かっている**ということなんだ。そして，妹と兄のグラフが交わっているところがあるね。これは何を表していると思う？

「妹と兄のグラフが交わっているってことは，妹と兄が出会うことを表すと思います！」

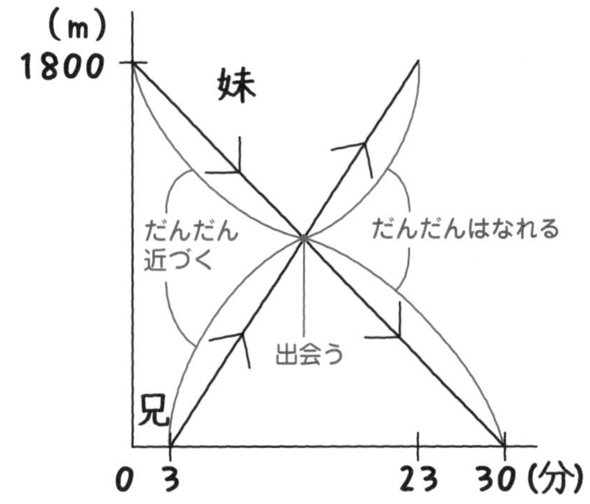

その通り。**妹と兄のグラフが交わるところは，妹と兄が出会うことを表している**んだ。つまり，このグラフは，**妹と兄がだんだん近づいて，出会い，そしてだんだんはなれていく様子を表している**んだよ。

妹が出発してから3分後に兄が出発したわけだけど，はじめの3分で妹は何m進んだのかな？

「えっと，(1)で妹の速さが分速60mと求められたから，妹がはじめの3分で進んだ道のりは，60×3＝180(m)ね。」

その通り。妹の速さの分速60mに進んだ時間の3分をかけて，進んだ道のりは180mと求められるね。**妹が180m進んだときに，兄が出発し，兄と妹が向かい合って進んでいく**んだね。妹が180m進んだのだから，1800−180＝1620で，残りの道のりは1620mだ。

「ということは，兄が出発したときに，妹と兄は1620mはなれていたということですか？」

うん，そうなんだ。兄が出発したとき，妹と兄は 1620 m はなれていて，この **1620 m を妹と兄が向かい合って進む**ということができるんだ。ダイヤグラムで見ると，180 m と 1620 m は，次の部分だよ。

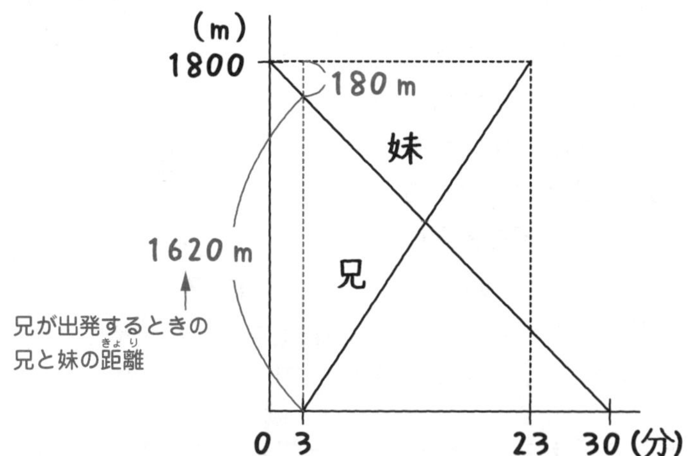

(1) から妹の速さは分速 60 m で，兄の速さは分速 90 m だね。1620 m を妹と兄が向かい合って進むわけだけど，妹と兄は１分ごとに何 m ずつ近づくのかな？

「妹の速さは分速 60 m で，兄の速さは分速 90 m だから，60＋90＝150 で，妹と兄は１分ごとに 150 m ずつ近づくと思います！」

そうだね。1620 m はなれていた妹と兄が１分ごとに 150 m ずつ近づくのだから，1620÷150＝10.8（分後）に出会うと求められる。60×0.8＝48 より，0.8 分＝48 秒だ。つまり，10.8 分後＝10 分 48 秒後となり，10 分 48 秒後に妹と兄が出会うことが求められたね。でも，**10 分 48 秒後を答えにするとまちがいになる**から気をつけよう。

「この問題では，『兄が』ではなくて，『妹が』出発してから何分何秒後かを問われているからですよね！」

よく気がついたね。もしも，「兄が出発してから何分何秒後ですか」という問題なら，答えは 10 分 48 秒後でマルになる。でも，(2) では，「妹が出発してから何分何秒後ですか」という問題だから，10 分 48 秒後ではバツになってしまうんだ。**妹は兄より３分早く出発した**から，10 分 48 秒＋3 分＝13 分 48 秒後が答えになるんだね。引っかからないように，気をつけよう。

13 分 48 秒後…答え ［例題］7-13 (2)

では，(3) の「2 人が出会った地点は兄が出発した地点から何 m はなれていますか。」という問題に進もう。この問題でも，「兄が」なのか「妹が」なのか気をつけよう。

「『兄が』出発した地点から何 m はなれているか求める問題ですね。」

そうだね。兄は出発してから 10 分 48 秒後に妹に出会ったんだ。10 分 48 秒は 10.8 分だったね。**兄の速さは分速 90 m で，兄が出発してから 10.8 分後に出会った**のだから，2 人が出会った地点は兄が出発した地点から何 m はなれているかな？

「『速さ×時間＝道のり』だから，90×10.8＝972 で，972 m です！」

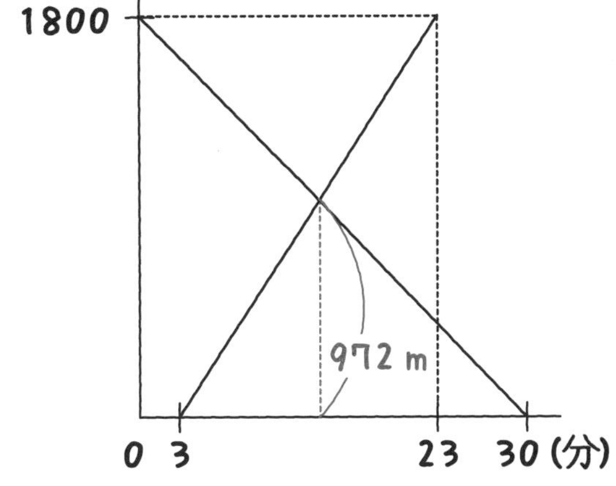

その通り。兄の速さの分速 90 m に時間の 10.8 分をかけて 972 m と求められるね。ちなみに 972 m は，ダイヤグラムでは右の部分にあたるよ。

972 m … 答え ［例題］7−13 (3)

文において，「〜が」の部分を主語というよね。(2)，(3) ともに「兄が」なのか「妹が」なのか注意する必要(ひつよう)があった。つまり，主語に注意しないとケアレスミスするおそれがあるということなんだ。**ミスしないように，問題文の主語に注意するようにしよう。**

Check 112　つまずき度 😵😵😐😐😐

➡解答は別冊 p.82 へ

右のグラフは，ある家族が家から車で遊園地に行き，遊園地で何時間か過(す)ごした後，家まで車でもどった様子を表しています。このとき，次の問いに答えなさい。

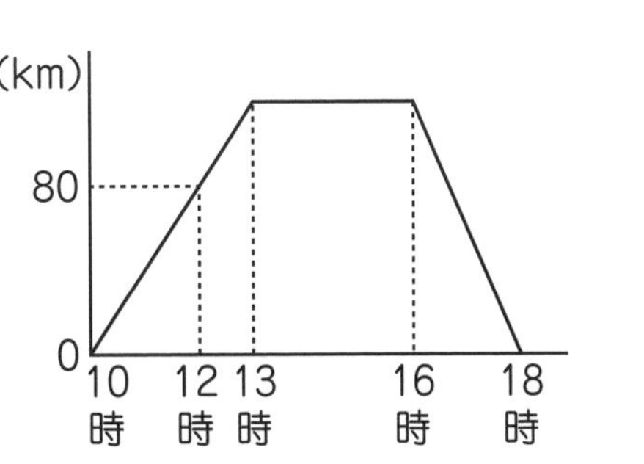

(1)　家から遊園地までの道のりは，何 km ですか。

(2)　遊園地には何時間いましたか。

(3)　帰りの速さは時速何 km ですか。

Check 113　つまずき度 😵😵😵😵😐　➡解答は別冊 p.82 へ

兄と妹が 2160 m はなれた２地点から向かい合って進みました。右のグラフはその様子を表したものです。このとき，次の問いに答えなさい。

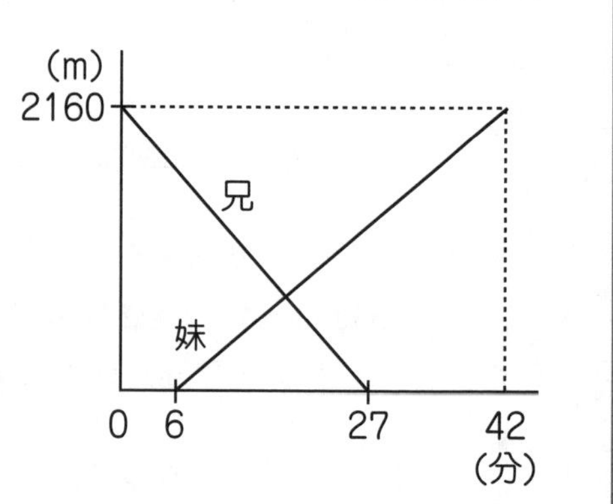

(1)　２人が出会ったのは，兄が出発してから何分後ですか。

(2)　２人が出会った地点は，兄が出発した地点から何 m はなれていますか。

第 8 章

速さの文章題

ここでは電車，船，時計の長針と短針が出てくる文章題を勉強するよ。これらに共通するものは何だろう？

「電車，船，時計の長針と短針？　電車と船はどちらも乗り物だけど……。」

「でも，時計の長針と短針は乗り物じゃないわ。」

電車，船，時計の長針と短針に共通すること……，それは「動く」ってことなんだ。

「そうか！　『動く』ということですね」

動くものには「速さ」がある。それらの「速さ」に関する文章題について，学んでいこう。

8 01 通過算

電車がトンネルを通過したり，電車どうしがすれちがったりする場面を考えるよ。電車が好きなら，きっと通過算も好きになるはず !?

192 説明の動画はこちらで見られます 

電車などのように**長さがあるものが動く**とき，その長さを考えながら速さについて解く問題を通過算というよ。では，通過算の問題をさっそくやってみよう。

[例題]8-1 つまずき度 2/5

長さが 150 m で，時速 54 km で走る電車があります。この電車がふみきりで立っている人の前を通り過ぎるのに，何秒かかりますか。

この例題を解くためには，まず，単位に注目しよう。電車の速さは**時速 54 km**，つまり 1 時間で 54 km 進む速さだね。一方，電車の長さは **150 m** で，求める答えは「何**秒**か」だ。

長さの単位がそろっていない

長さが 150ⓜで，時速 54 km で走る電車が

時間の単位がそろっていない

あります。 ～ 何秒かかりますか。

「単位が全然そろっていないですね。」

そうだね。だから，**まず単位をそろえる**んだ。**どの部分をどの単位に直せば単位がそろうか考えることが大切**だよ。この問題では，**時速 54 km を秒速～ m に直せば，時間の単位を「秒」，長さの単位を「m」にそろえることができる。**

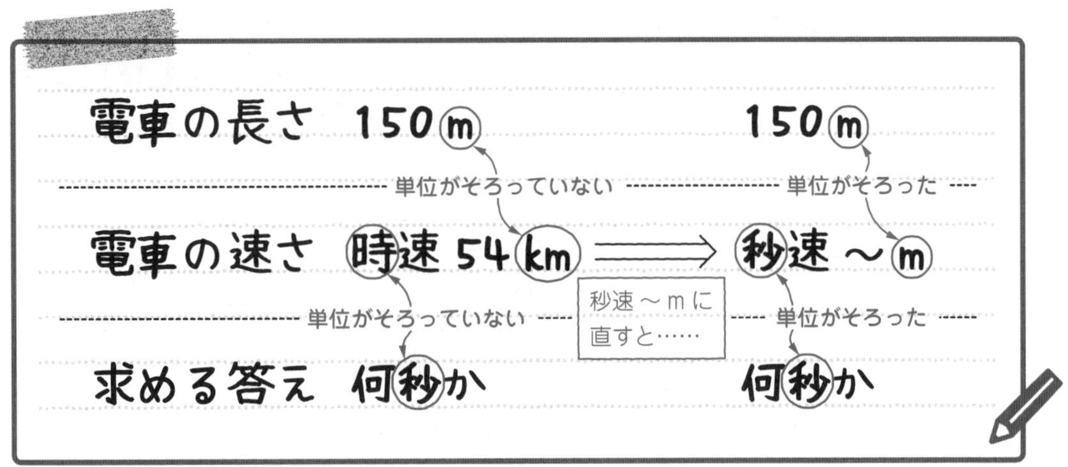

時速□ km を秒速○ m に直すには 7 01 で教えた裏(うら)ワザを使えばいいよ。**□を 3.6 でわればいい**んだったね。時速 54 km を秒速～ m に直すとどうなるかな？

「54÷3.6＝15 だから，時速 54 km を秒速 15 m に直すことができます！」

そうだね。時速 54 km を秒速 15 m に直せる。これで単位がそろったね。時速 54 km の部分を秒速 15 m に直すと，この例題は，次のようになるよ。

> **問題** 長さが 150 m で，**秒速 15 m** で走る電車があります。この電車がふみきりで立っている人の前を通り過ぎるのに，何秒かかりますか。

単位がそろったから解き進めていこう。この電車がふみきりで立っている人の前にさしかかった(通過(つうか)し始める)ときの様子は，図 1 のようになる。

図 1

また，この電車が，ふみきりで立っている人の前を通過し終えたときの様子は，図 2 のようになる。

図 2

つまり，**「電車が人の前を通り過ぎる」**とは，**「電車の先頭が人の前にさしかかったときの図1から，電車の最後尾が人の前のところに来たときの図2まで」**をいうんだね。そして，図1と図2を同じ図にかくと，図3のようになる。

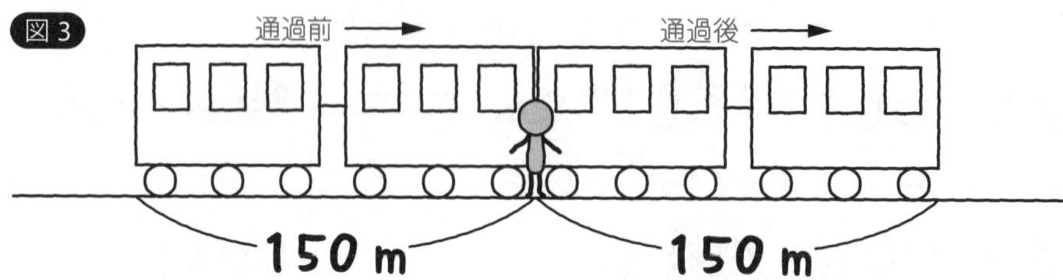

ここで考えてほしいんだけど，**この電車がふみきりで立っている人の前にさしかかってから通過し終わるまでに，電車は何 m 進むのかな？** それをはっきりさせるために，図4のように，ふみきりで立っている人の前にさしかかったときと通過し終わったときのそれぞれについて，**電車の先頭に矢印(↑)をかきこもう。**

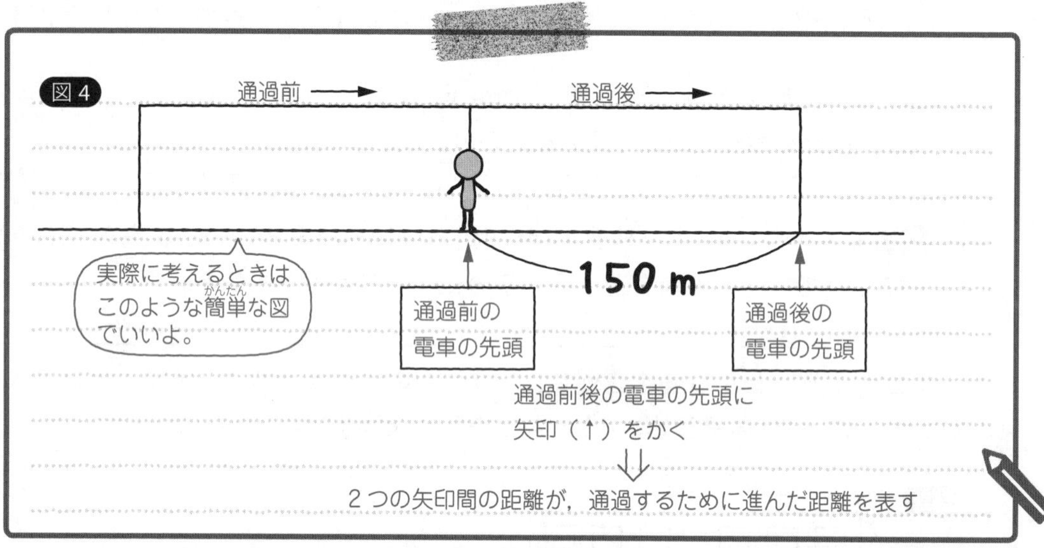

通過前と通過後の電車の先頭に矢印(↑)をつけて，その **2 つの矢印間の距離に注目**しよう。その **2 つの矢印間の距離が，電車が通過するために進んだ距離を表す**んだ。電車が通過するのに進んだ距離を読み取るために，**通過算の図をかくときは，必ずこの 2 つの矢印をかくようにしよう。**

「矢印どうしを見てみると，**2 つの矢印は電車の長さ分の 150 m はなれているから，通過するのに 150 m 進んだことがわかる**わ。」

そうだね。通過するのに 150 m 進んだことがわかる。この電車は，人の前を通過するために，150 m の距離を秒速 15 m の速さで進んだから，通り過ぎるのに何秒かかるのかな？

「えっと，150 m の距離を秒速 15 m の速さで進んだから 150÷15＝10 で，通り過ぎるのにかかる時間は，10 秒ですね！」

その通り。通過するのに 10 秒かかったんだ。つまり，答えは 10 秒だよ。

10 秒…答え ［例題］8−1

答えを求めるために，次の 2 つの式が必要だったね。

54÷3.6＝15 ←時速 54 km を秒速 15 m に直して単位をそろえる

150÷15＝10 ←通過するのにかかった時間を求める

では，次の例題にいこう。

説明の動画はこちらで見られます

［例題］8−2　つまずき度 ☒☒☐☐☐

長さが 110 m で，時速 57.6 km で走る電車があります。この電車が長さ 370 m の鉄橋をわたるのに，何秒かかりますか。

この例題でも，まず単位をそろえよう。時速 57.6 km を秒速〜 m に直す裏ワザは 3.6 でわればいいんだったね。だから，57.6÷3.6＝16 で，秒速 16 m に直せる。

そして，この電車が鉄橋にさしかかった（わたり始める）様子は，図1のようになる。電車の先頭には矢印（↑）をかいておこう。

図1

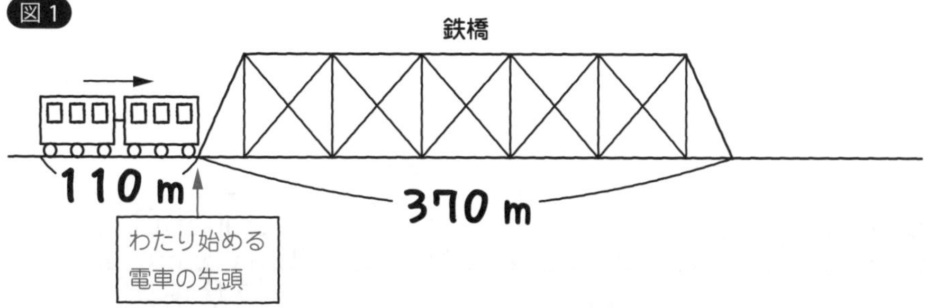

また，この電車が鉄橋を完全にわたり終わる様子は，図2のようになる。こちらも電車の先頭には矢印（↑）をかいておこう。

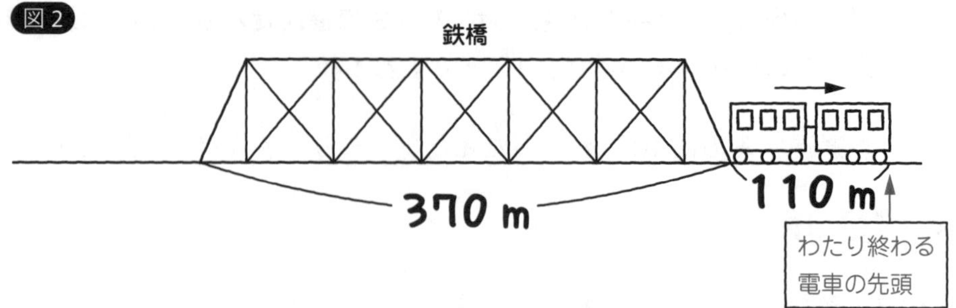

つまり，**「電車が鉄橋をわたる」**とは，**「電車の先頭が鉄橋にさしかかったときの図 1 から，電車の最後尾が鉄橋の終わりのところに来たときの図 2 まで」**をいうんだね。そして，図 1 と図 2 を同じ図にかくと，図 3 のようになる。

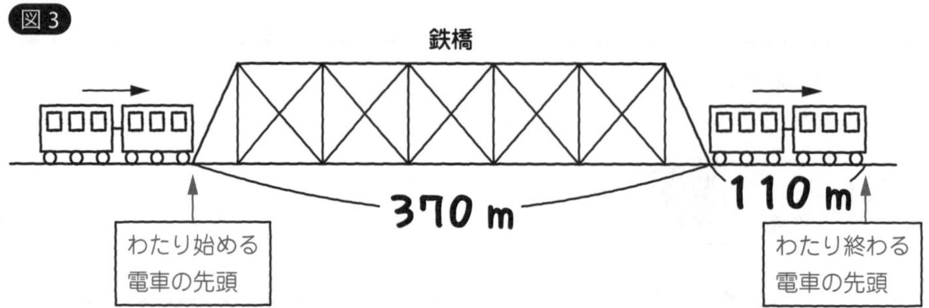

この電車が鉄橋にさしかかってから，完全にわたり終わるまでに，電車は何 m 進むのかな？

「うーん，鉄橋をわたるのに何 m 進むかってことですよね。どうやって求めればいいんだろう……。」

通過前と通過後の 2 つの矢印（電車の先頭）がどれだけはなれているかを調べれば，電車が鉄橋をわたるのに何 m 進むのかがわかるんだ。

図 3 を見ると，2 つの矢印は，鉄橋の長さ 370 m と電車の長さ 110 m の和だけはなれている。つまり，370＋110＝480（m）はなれていることがわかるよ。

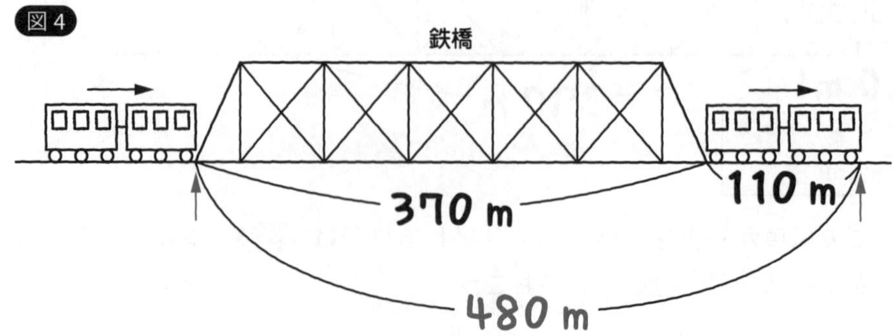

「ということは，電車が鉄橋をわたるのに 480 m 進むということですね。」

そうだね。秒速 16 m の電車が鉄橋をわたるのに 480 m 進むということだから，この鉄橋をわたるのに何秒かかるのかな？

「480÷16＝30（秒）です。」

その通り。答えは 30 秒だね。

30 秒…答え ［例題］8－2

［例題］8－1 と ［例題］8－2 のどちらも，図をかいて，**通過前から通過後までどれだけの距離を進むか**を求めれば，ラクに解けたね。では，次の例題にいこう。

説明の動画はこちらで見られます

［例題］8－3 **つまずき度** 😵😵😵😵😵

長さが 168 m で，時速 61.2 km で走る電車があります。この電車が長さ 542 m のトンネルを通過するとき，電車がトンネルの中に完全にかくれている時間は何秒ですか。

「あれ？　この例題って，1 つ前の ［例題］8－2 と同じ解き方で解けるんじゃないですか？」

たしかに， ［例題］8－2 と ［例題］8－3 は似ているね。でも，同じ解き方では解けないんだ。 ［例題］8－2 は「（鉄橋を）**わたる（通過する）のに何秒かかるか**」を求める問題だったね。でも，今回の例題は「（トンネルを）通過するのに何秒かかるか」を求める問題ではなくて，「（トンネルの中に）**完全にかくれているのは何秒か**」を求める問題だ。

「『通過する時間』と『かくれている時間』はちがうってことですね。」

うん，**「通過する時間」と「かくれている時間」はちがう。**そのちがいを見きわめることがポイントだよ。

まず，単位をそろえよう。時速 61.2 km を秒速～ m に直すには 3.6 でわればいいから，61.2÷3.6＝17 で，秒速 17 m に直せる。

そして，この電車がトンネルに完全にかくれたときの最初の図は，図1のようになるね。電車の先頭には矢印（↑）をかいておこう。

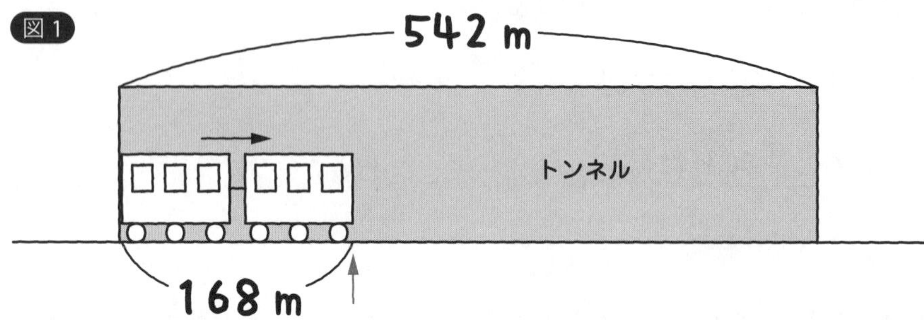

また，この電車がトンネルに完全にかくれたときの最後の図は，図2のようになる。こちらも電車の先頭には矢印（↑）をかいておこう。

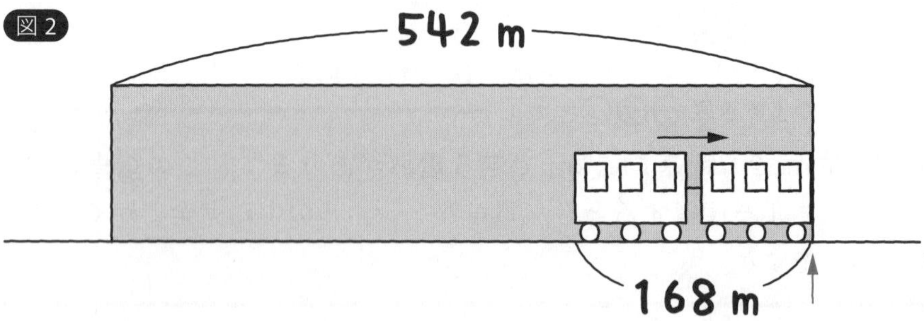

つまり，**「電車がトンネルの中に完全にかくれている」**とは，**「電車の最後尾がトンネルのはじめのところに来たときの図1から，電車の先頭がトンネルの終わりのところに来たときの図2まで」**をいうんだね。そして，図1と図2を同じ図にかくと，図3のようになる。

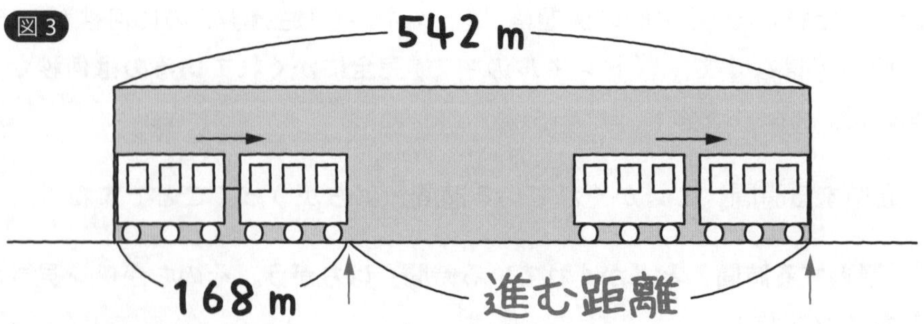

トンネルの中に完全にかくれている間に，電車は何 m 進むのかな？

「これも **2 つの矢印（電車の先頭）の距離を調べればわかる**んですよね。図3を見ると，2 つの矢印は，トンネルの長さ 542 m と電車の長さ 168 m の差だけはなれているわ。つまり，542－168＝374（m）はなれているのね。」

その通り。トンネルの中に完全にかくれている間に 374 m 進むということだ。秒速 17 m で，374 m 進むということだから，トンネルの中に完全にかくれている時間は何秒かな？

「374÷17＝22(秒)かくれていたということですね！」

その通り。答えは 22 秒だね。

22 秒…答え ［例題］8-3

［例題］8-2 と ［例題］8-3 は似ているけど，**「通過する(わたる)」のと「かくれている」のはちがう**，ということに気をつけよう。電車の図をかいて，先頭に矢印（↑）をかけばイメージできるよ。

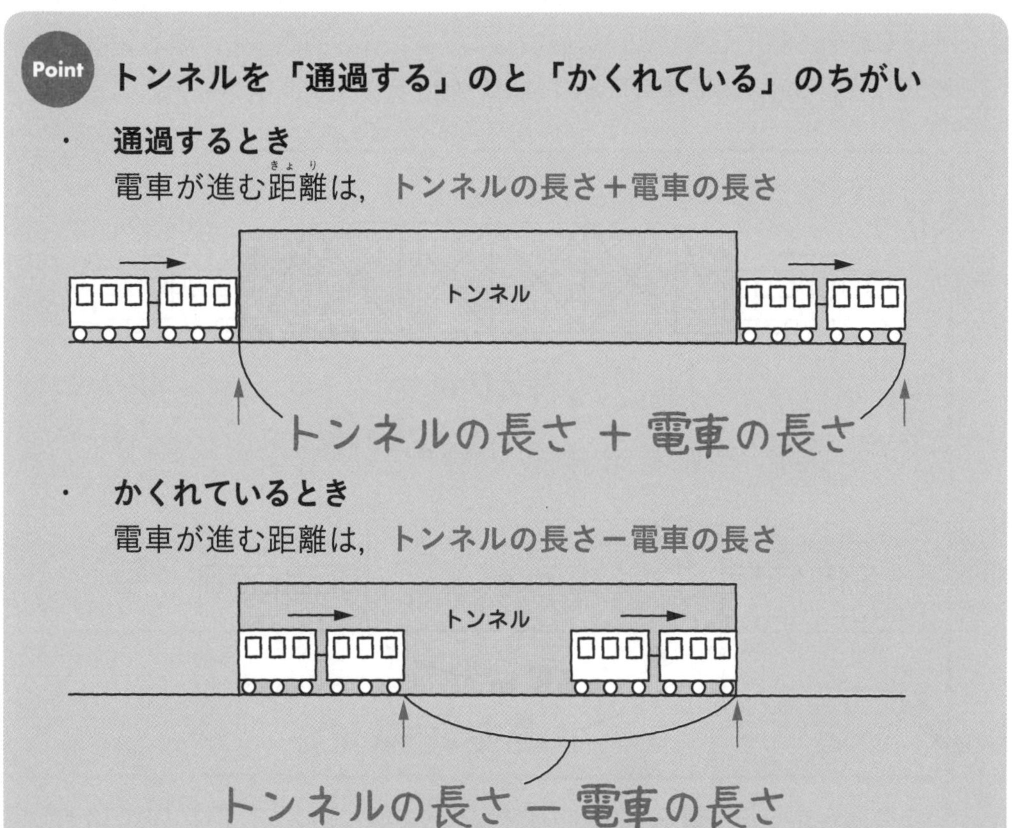

説明の動画は
こちらで見られます

では，次の例題にいこう。

[例題]8-4　つまずき度 😵😵😵😵🙁

長さ 420 m の鉄橋をわたるのに 30 秒かかる電車があります。この電車が長さ 325 m のトンネルを通過するのに 25 秒かかりました。このとき，次の問いに答えなさい。

（1）　この電車の速さは時速何 km ですか。
（2）　この電車の長さは何 m ですか。

この電車は鉄橋とトンネルを通過しているね。それぞれの通過し始める様子と，通過し終わる様子をかくと，次のようになる。この問題でも，通過し始めるときと通過し終わるときの電車の先頭には矢印（↑）をかくようにしよう。

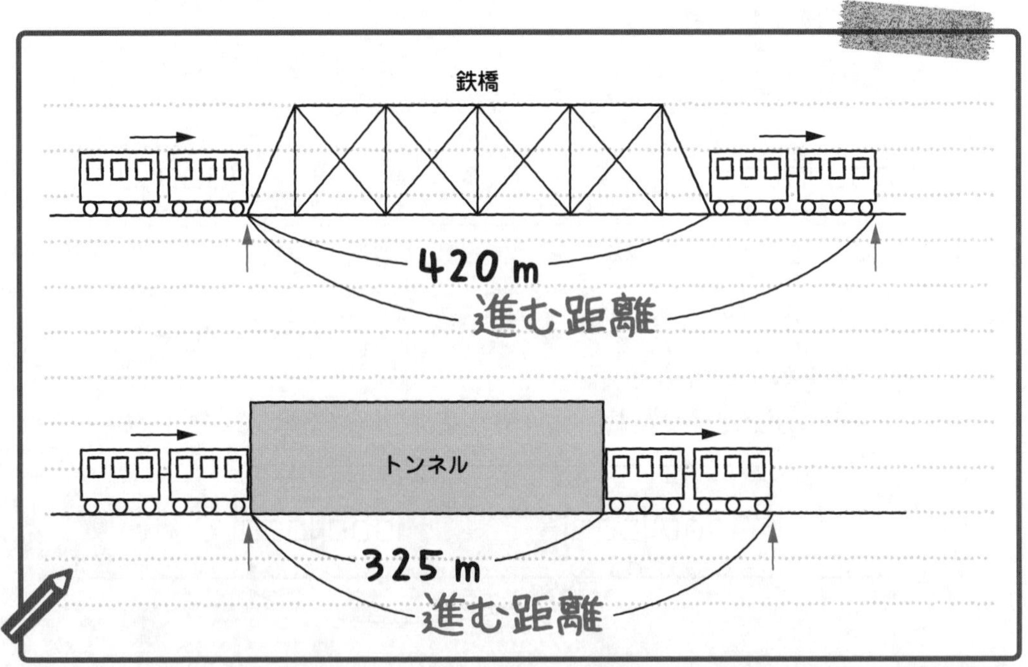

この図を見ると，長さ 420 m の鉄橋をわたるときに，電車は「420 m＋電車の長さ」を進んでいることがわかるね。一方，長さ 325 m のトンネルを通過するときに，電車は「325 m＋電車の長さ」を進んでいることがわかる。

これをまとめると，次のようになるよ。

	進む距離	かかった時間
鉄橋をわたるとき	420 m＋電車の長さ	30 秒
トンネルを通過するとき	325 m＋電車の長さ	25 秒

ここで，それぞれの「進む距離」と「かかった時間」の差に注目しよう。

「差に注目？　どういうことですか？」

次のように，「鉄橋をわたるとき」と「トンネルを通過するとき」のそれぞれの距離と時間の差を求めるんだ。

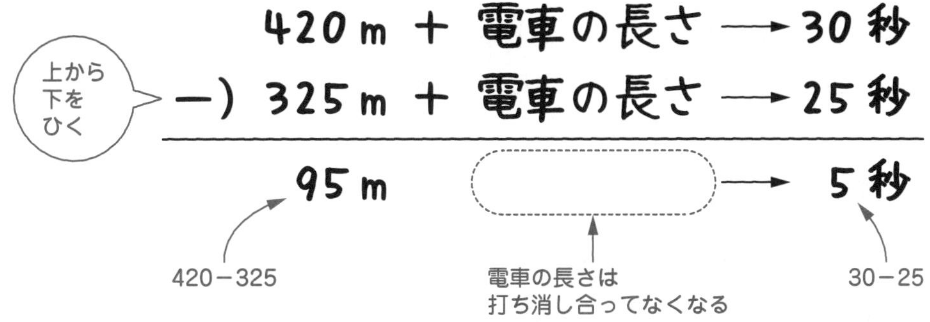

そうすると**電車の長さが打ち消し合ってなくなり**，この電車は **95 m を 5 秒で進む**とわかるね。95 m を 5 秒で進むということは，この電車の速さはどうなるかな？

「95÷5＝19 で，秒速 19 m ね。」

そうだね。秒速 19 m だ。「時速何 km か」と聞かれているから，秒速 19 m を時速に直そう。**秒速○ m を時速□ km に直す裏ワザは，○に 3.6 をかければいい**んだったね。だから，19×3.6＝68.4 で，時速 68.4 km と求められるんだ。

時速 68.4 km … 答え [例題]8-4 (1)

(2) に進もう。この電車の長さは何 m かを求める問題だね。(1) で電車の速さが求められたから，これはそんなに難しくないよ。「長さ 420 m の鉄橋をわたるのに 30 秒かかる」ことをもとに解いていこう。30 秒でこの電車は何 m 進むかな？

「電車の速さが秒速 19 m だから，30 秒では，19×30＝570(m) 進みます！」

そうだね。30 秒では，19×30＝570（m）進む。そして，長さ 420 m の鉄橋をわたるときに，電車は「420 m＋電車の長さ」を進むんだったね。

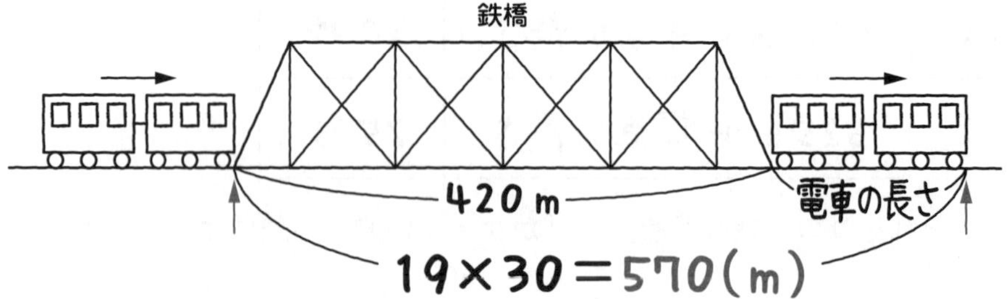

上の図より，570 m から 420 m をひけば，電車の長さは求められるよ。
570－420＝150 で，電車の長さは 150 m だ。

150 m … 答え ［例題］8-4 (2)

いまは，「長さ 420 m の鉄橋をわたるのに 30 秒かかる」ことをもとに解いたけど，「長さ 325 m のトンネルを通過するのに 25 秒かかる」ことをもとに解いても，次のように同じ答えが求められるよ。

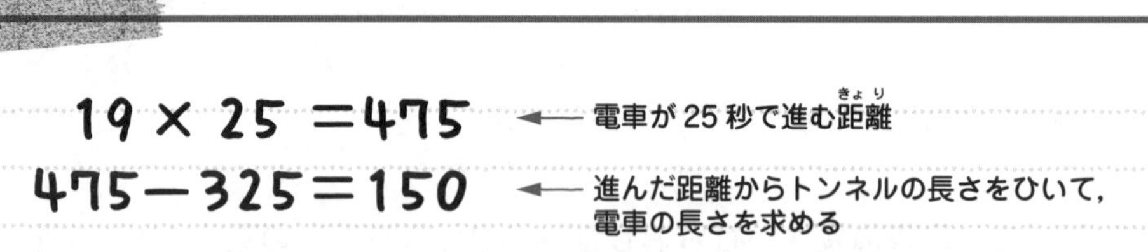

196 説明の動画はこちらで見られます 

［例題］8-5　つまずき度

長さが 165 m で時速 54 km の普通電車と，長さが 195 m で時速 90 km の急行電車があります。このとき，次の問いに答えなさい。

（1）この 2 つの電車が向かい合って進むとき，すれちがうのに何秒かかりますか。
（2）この 2 つの電車が同じ方向に進むとき，急行電車が普通電車を追いこすのに何秒かかりますか。

(1) を見ていこう。まず，この問題でも単位をそろえるところから始めよう。時速～ km を秒速～ m に直すと単位がそろうね。時速 54 km と時速 90 km をそれぞれ秒速～ m に直してくれるかな？

「はい。時速 54 km を秒速〜 m にするには 3.6 でわればいいから，54÷3.6=15 で，秒速 15 m に直せるわ。時速 90 km を秒速〜 m にするのも 3.6 でわればいいから，90÷3.6=25 で，秒速 25 m に直せるわね。」

その通り。これで普通電車の速さが秒速 15 m，急行電車の速さが秒速 25 m と求(もと)められた。この問題も図をかいて考えるんだけど，ちゃんとした図をかこうとすると，けっこう大変(たいへん)なんだ。

「どうして大変なんですか？」

ためしにかいてみるとわかるけど，どちらの電車も動いているので，すれちがい終わったあとの図が，特(とく)にかきづらいんだ。

「じゃあ，どのようにして図をかいたらいいんですか？」

このような 2 つの電車のすれちがいや追いこしの問題では，**片方(かたほう)の電車が止まっているものとして図をかくと，かきやすいし考えやすくなる**んだ。

「電車が止まっているものとして？　どのようにかくんですか？」

実際(じっさい)に図をかきながら考えていこう。2 つの電車がすれちがい始めるときと，すれちがい終わったときの様子を 1 つの図にかくよ。**片方(かたほう)の電車が止まっているものとして図をかくとかきやすい**と言ったね。今回は，**急行電車が止まっているものとして図をかく**と，次のようになる。

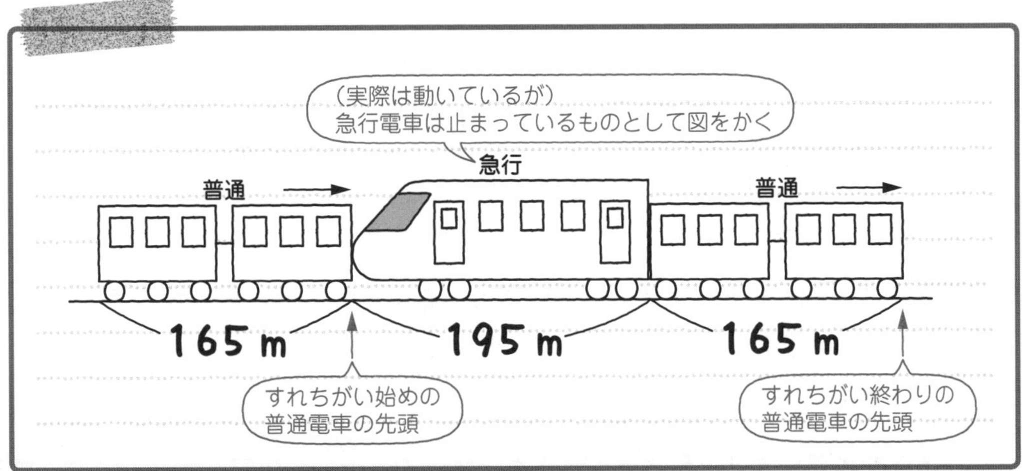

急行電車は止まっており，動いているのは普通電車だけとして考えているよ。**すれちがい始めの普通電車の先頭と，すれちがい終わりの普通電車の先頭には矢印(やじるし)(↑)をつける**ことを忘(わす)れないようにしよう。2 つの矢印を比(くら)べると，すれちがい始めてからすれちがい終わるまでに，普通電車は何 m 進んでいるように見えるかな？

「2つの矢印の距離を調べればいいんだから，195＋165＝360で，360 m進んでいるように見えるわ。」

そうだね。すれちがい始めてからすれちがい終わるまでに，普通電車は360 m進んでいるように見える。急行電車が止まっているものとしてかいた図だから，普通電車だけが360 m進んだように見えるけど，**実際は急行電車も動いている**んだよね。

「そうですよね。じゃあ，この360 mは何を表しているんですか？」

実際は急行電車も動いているのだから，2つの電車がすれちがい始めてからすれちがい終わるまでに，**2つの電車が合わせて360 m進む**ということを表しているんだ。

「なるほど。そういうことかぁ！」

うん。ここで，電車の速さに注目しよう。普通電車の速さが秒速15 m，急行電車の速さが秒速25 mだったね。15＋25＝40だから，2つの電車は1秒間に合わせて40 m進む。いま，すれちがうのに「合わせて360 m進む」ということは，すれちがうのに何秒かかるのかな？

2つの電車は，すれちがうのに合わせて360 m進む。

↓

2つの電車は，1秒間に合わせて40 m進む。

↓

2つの電車は，すれちがうのに何秒かかる？

「1秒間に合わせて40 m進む2つの電車が，すれちがうのに『合わせて360 m進む』のだから，360÷40＝9で，すれちがうのに9秒かかるということね。」

そうだね。今回は，急行電車が止まっているものとして図をかいたけど，普通電車が止まっているものとして図をかいても，同じように求めることができるよ。

9秒…答え　[例題]8-5　(1)

説明の動画は
こちらで見られます

(2)に進もう。(1)は「すれちがい」の問題だったけど，(2)は「追いこし」の問題だ。やはり図をかいて考えていくんだけど，「追いこし」の場合も，**片方(かたほう)の電車が止まっているものとして図をかくと考えやすい**んだ。

「『追いこし』の場合は，追いこすほうと追いこされるほうのどちらが止まっているものとして図をかけばいいんですか？」

「追いこし」の場合は，追いこされるほうを止まっているものとして図をかくようにしよう。(2)では，追いこされるほうの普通電車を止まっているものとして図をかけばいいんだ。追いこし始めるときと追いこし終わったときの様子を1つの図にかくと，次のようになる。

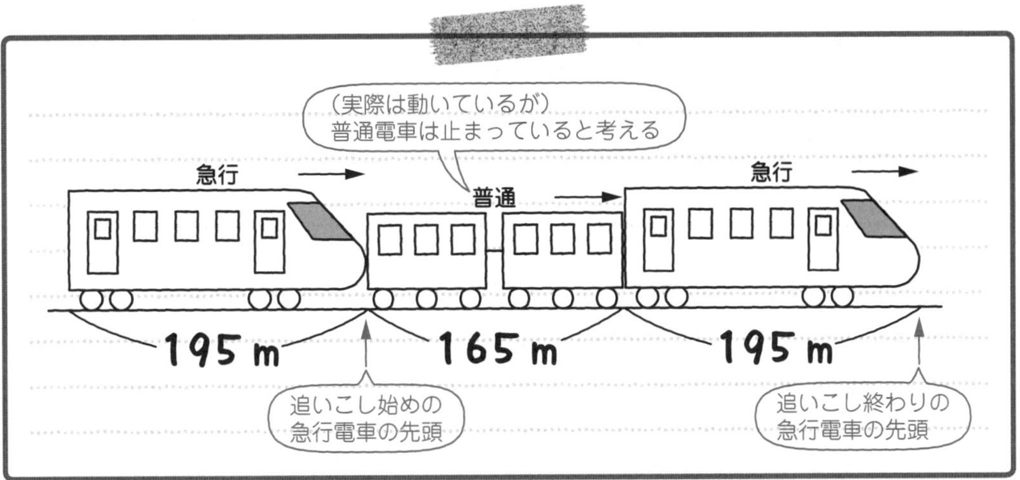

普通電車は止まっており，動いているのは急行電車だけとして考えているよ。**追いこし始めの急行電車の先頭と，追いこし終わりの急行電車の先頭には矢印（↑）をつける**ことを忘(わす)れないようにしよう。2つの矢印を比(くら)べると，追いこし始めてから追いこし終わるまでに，急行電車は何m進んでいるように見えるかな？

「2つの矢印の距離を調べればいいから，195＋165＝360で，360 m進んでいるように見えます！」

そうだね。追いこし始めてから追いこし終わるまでに，急行電車は360 m進んでいるように見える。ただし，普通電車が止まっているものとしてかいた図だから，急行電車だけが360 m進んだように見えるけど，**実際は普通電車も動いている**んだ。

「ってことは，また360 mが何を表すか考えないといけないのね。」

そうだね。実際は普通電車も動いているのだから，追いこし始めてから追いこし終わるまでに，**急行電車が普通電車より 360 m 多く進む**ということを表しているよ。

「なるほど。急行電車が普通電車より 360 m 多く進んで，追いこし終わるってことね。」

うん。ここで，電車の速さに注目しよう。普通電車の速さが秒速 15 m，急行電車の速さが秒速 25 m だったよね。25－15＝10 だから，急行電車は普通電車より 1 秒間で 10 m 多く進む。いま，追いこすのに「急行電車が普通電車より 360 m 多く進む」ということは，追いこすのに何秒かかるかな？

追いこすのに，急行電車が普通電車より 360 m 多く進む。
↓
急行電車は普通電車より，1 秒間で 10 m 多く進む。
↓
追いこすのに何秒かかる？

「急行電車は普通電車より 1 秒間で 10 m 多く進むんですね。そして，追いこすために『急行電車が普通電車より 360 m 多く進む』のだから，360÷10＝36 で，追いこすのに 36 秒かかるということですね！」

そうだね。追いこすのに 36 秒かかるということだ。これが答えだね。

36 秒…答え [例題]8-5 (2)

(1) は電車のすれちがい，(2) は電車の追いこしの問題だったけど，どちらも図をかくときに，**片方の電車が止まっているものとして図をかくと，考えやすい**んだったね。あとは，それぞれの**電車の速さの和や差に注目して解いていけばいい**。この問題に限らず，通過算に慣れないうちは，できるだけ図をかいて考えよう。

Check 114 つまずき度 ●●○○○ ➡解答は別冊 p.82 へ

長さが 140 m で，時速 72 km で走る電車があります。この電車が電柱の前を通り過ぎるのに，何秒かかりますか。

Check 115

つまずき度 ●●○○○

➡解答は別冊 p.83 へ

長さが 125 m で，時速 36 km で走る電車があります。この電車が長さ 185 m の鉄橋をわたるのに，何秒かかりますか。

Check 116

つまずき度 ●●●○○

➡解答は別冊 p.83 へ

長さが 123 m で，時速 54 km で走る電車があります。この電車が長さ 1098 m のトンネルを通過（つうか）するとき，電車がトンネルの中に完全（かんぜん）にかくれている時間は何分何秒ですか。

Check 117

つまずき度 ●●●●○

➡解答は別冊 p.83 へ

長さ 394 m の鉄橋をわたるのに 41 秒かかる電車があります。この電車が長さ 156 m のトンネルを通過するのに 24 秒かかりました。このとき，次の問いに答えなさい。

（1） この電車の速さは，時速何 km ですか。

（2） この電車の長さは，何 m ですか。

Check 118

つまずき度 ●●●●○

➡解答は別冊 p.84 へ

長さが 120 m で時速 64.8 km の普通電車と，長さが 216 m で時速 108 km の急行電車があります。このとき，次の問いに答えなさい。

（1） この 2 つの電車が向かい合って進むとき，すれちがうのに何秒かかりますか。

（2） この 2 つの電車が同じ方向に進むとき，急行電車が普通電車を追いこすのに何秒かかりますか。

8 02 流水算

川を上るときはゆっくりだけど，川を下るときはスーイスイ。流れのある川で，船などが上ったり下ったりするときの速さに関する問題を解いてみよう。

説明の動画はこちらで見られます

流れのある川で，同じ船が川を上るのと下るのとでは，どちらが速いと思う？

「下りのほうが速いと思います。川の流れにのって進めるからです。」

うん，そうだね。一方，上るときは川の流れに逆らって進むから，おそくなるんだ。船が川を上ったり下ったりすることをもとに考える，速さの問題を**流水算**というんだ。

流水算では，おもに４つの速さが出てくるよ。

① 船が川を上るときの**上りの速さ**。

② 船が川を下るときの**下りの速さ**。

③ 湖などの流れのないところでの船の速さ。これを**静水時の速さ**というよ。船のもともとの速さのことだね。

④ **川の流れの速さ**。これを**流速**ともいうんだ。

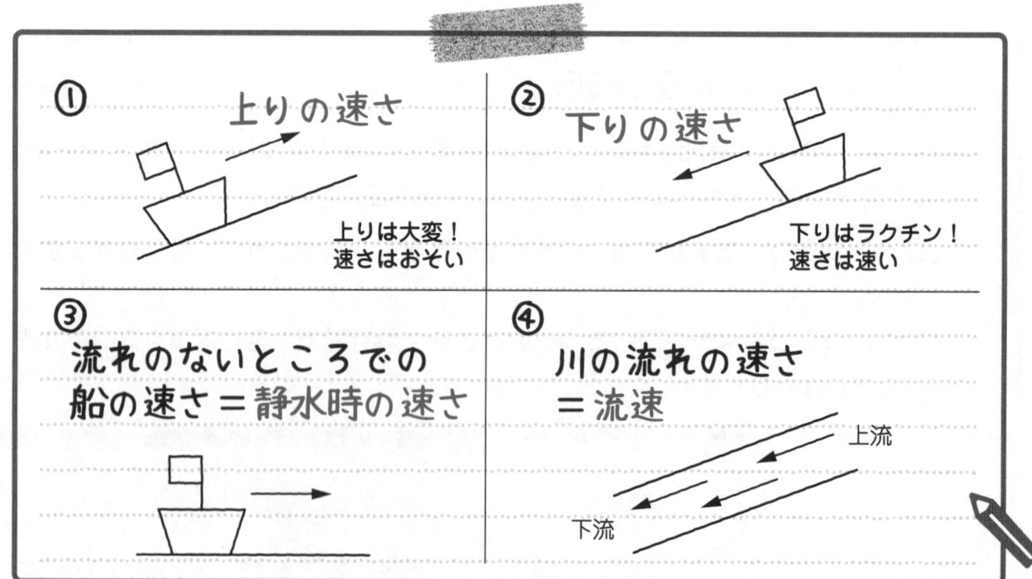

「４つの速さが出てくるなんて大変そう。」

はじめはそう思うかもしれない。でも，慣れてくると，この４つの速さを自由自在にあつかえるようになるからね。そして，この４つの速さの関係を知るために，次の図をおさえてほしいんだ。いっしょにノートにかいてみよう。

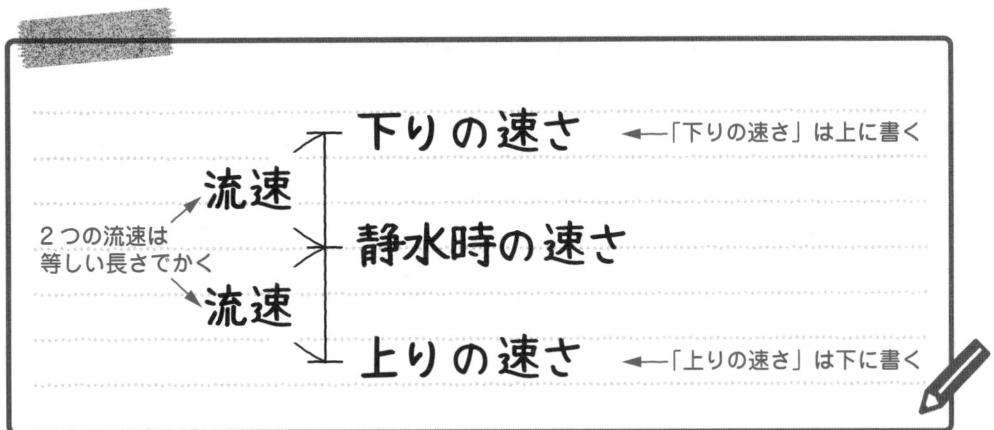

「下りの速さ」には「下」という字があるから，下に書いてしまいそうになるけど，この図では**「下りの速さ」は上に書く**ので注意しよう。そして，**「上りの速さ」は下に書く**のでこれも注意だ。また，**２つの流速は等しい長さ**でかこう。**「下りの速さ」と「上りの速さ」のちょうどまん中に「静水時の速さ」がある**ように書けばいいんだ。

「はい，わかりました。」

この図をおさえるだけで，４つの速さの関係をすべて理解できるんだ。ただ，この図は「下りの速さ」「静水時の速さ」「上りの速さ」「流速」という言葉をわざわざ書かないといけないのが大変だね。だから，次のように頭文字だけを書けば，早く図をかくことができるよ。

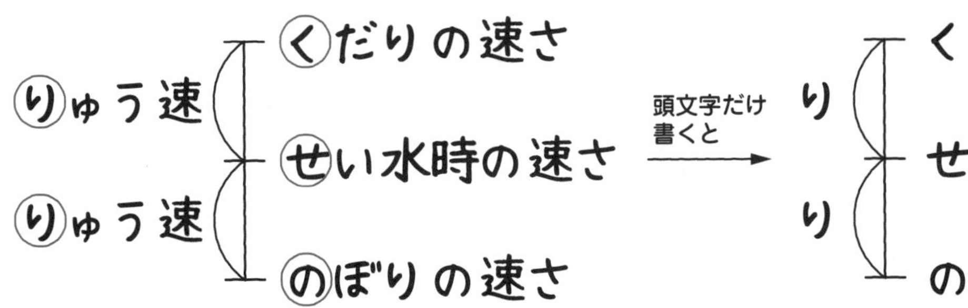

この図では，上から「く・せ・の」の順にひらがながならんでいるね。だから，**「く・せ・の」の図**とよぶことにしよう。

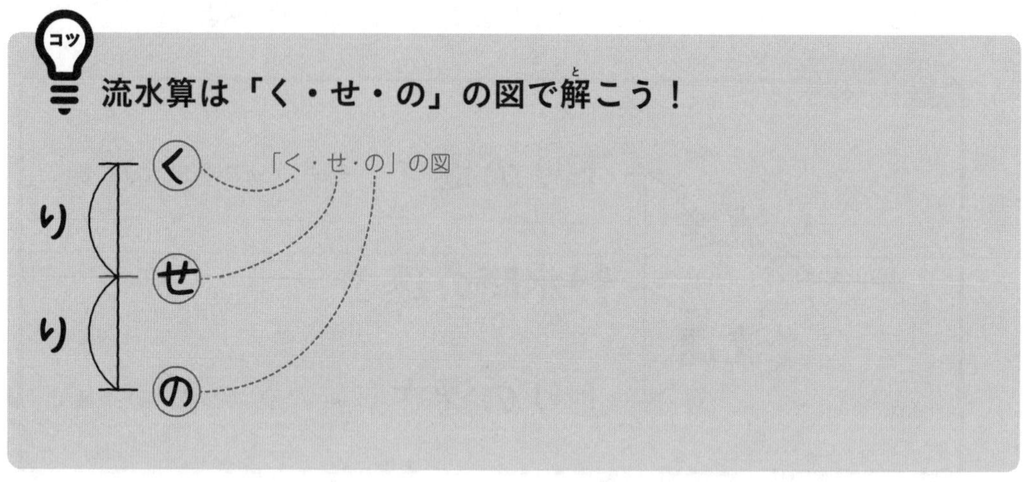

では，この「く・せ・の」の図が成り立つ理由とその仕組みを，例題を解きながら教えていくよ。

199 説明の動画はこちらで見られます 

[例題]8−6 つまずき度

流速が時速 2 km の川を，静水時の速さが時速 10 km の船が進みます。このとき，この船の上りの速さと下りの速さはそれぞれ時速何 km ですか。

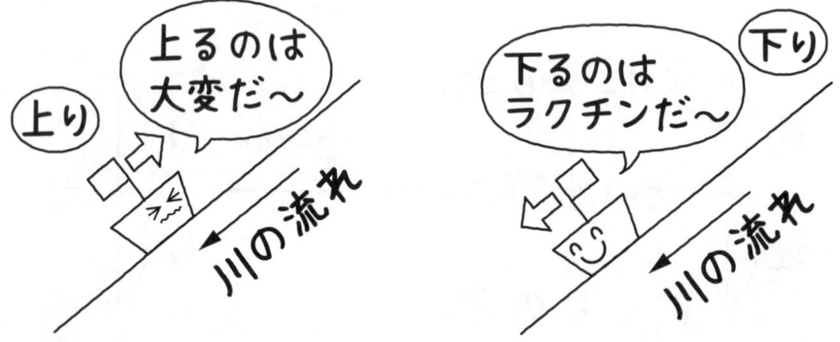

船が川を上るとき，船の静水時の速さから川の流れの速さ（流速）をひいた速さで進むんだ。船が川を上るときは，川の流れに逆らって進むわけだから，流れのないところを進むよりも流速の分だけおそくなってしまうということだよ。

つまり，**「上りの速さ＝静水時の速さ−川の流れの速さ（流速）」**という式が成り立つんだ。

「上りでは，流速がジャマするから，船がおそくなるんですね。」

そういうことだね。静水時の速さの時速 10 km から，流速の時速 2 km をひいて，10－2＝8 で，**時速 8 km が上りの速さ**だ。

一方，**船が川を下るとき，船の静水時の速さに川の流れの速さ（流速）が加わる**んだ。船が川を下るときは，川が流れるのと同じ方向に進むわけだから，川の流れの速さだけ船が速くなるんだよ。

つまり，**「下りの速さ＝静水時の速さ＋川の流れの速さ（流速）」**という式が成り立つんだ。

「下りでは，流速が加わって，船が速くなるんですね。」

そうだね。いま，静水時の速さが時速 10 km だから，それに流速の時速 2 km をたして，10＋2＝12 で，**時速 12 km が下りの速さ**だ。これで上りの速さも下りの速さも求められたね。

上りの速さ…時速 8 km，下りの速さ…時速 12 km … 答え [例題]8-6

[例題]8-6 について，「上りの速さ」「静水時の速さ」「下りの速さ」「流速」の4つをまとめると，次のようになるね。

[例題]8-6 の 4 つの速さ
上りの速さ　……時速 8 km
静水時の速さ　……時速 10 km
下りの速さ　……時速 12 km
流速　……時速 2 km

これら 4 つの速さを，さきほどの「く・せ・の」の図に書きこんでいこう。

「く・せ・の」の図の**「く」は「下りの速さ」を表しているん**だったね。下りの速さの時速 12 km の「12」を「く」の横に書きこもう。

「せ」は「静水時の速さ」を表しているんだったね。静水時の速さの時速 10 km の「10」を「せ」の横に書きこもう。

「の」は「上りの速さ」を表しているんだったね。上りの速さの時速 8 km の「8」を「の」の横に書きこもう。

最後に「く・せ・の」の図の**2つの「り」は「流速」を表しているん**だったね。流速の時速 2 km の「2」を「り」の横に書きこもう。

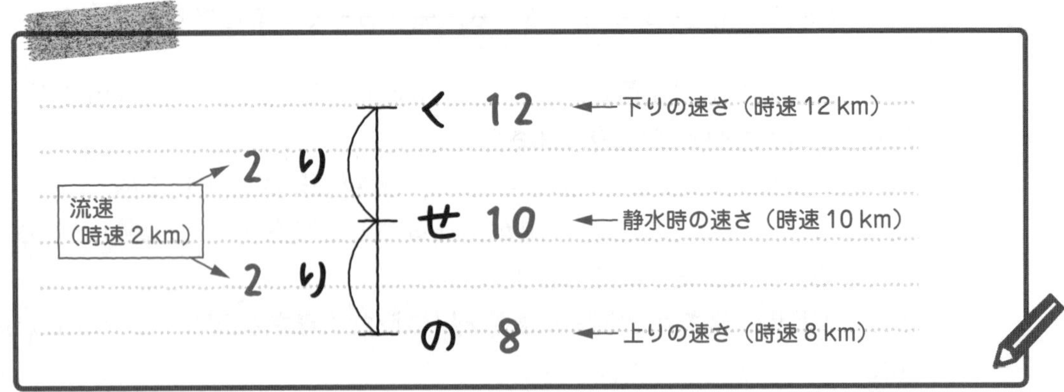

これで，「く・せ・の」の図に，4 つの速さを書きこむことができたね。ここで，さっきの「**静水時の速さー川の流れの速さ（流速）＝上りの速さ**」の式を思い出そう。「く・せ・の」の図を見ると，静水時の速さの時速 10 km から流速の時速 2 km ぶんだけ下のところに，上りの速さの時速 8 km があるね。

く 12
2 り
せ 10
2 り
の 8

$$10 - 2 = 8$$

静水時の速さ － 流速 ＝ 上りの速さ

次に，「**静水時の速さ＋川の流れの速さ（流速）＝下りの速さ**」の式を思い出そう。「く・せ・の」の図を見ると，静水時の速さの時速 10 km から流速の時速 2 km ぶんだけ上のところに，下りの速さの時速 12 km があるね。

く 12
2 り
せ 10
2 り
の 8

$$10 + 2 = 12$$

静水時の速さ ＋ 流速 ＝ 下りの速さ

つまり，**「く・せ・の」の図は，「上りの速さ」「静水時の速さ」「下りの速さ」「流速」という流水算の 4 つの速さの関係を 1 つの図に表したもの**なんだ。そして，この図は流水算の問題を解くときに，とても役に立つんだよ。

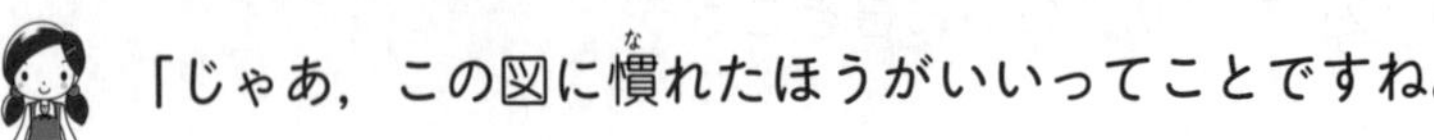

「じゃあ，この図に慣れたほうがいいってことですね。」

そういうこと。では，この「く・せ・の」の図の使い方を，次の例題で見ていこう。

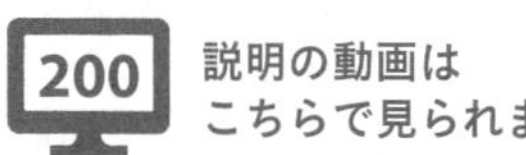

[例題]8-7 つまずき度

川下(かわしも)のA町と川上(かわかみ)のB町は36 kmはなれています。ある船がA町とB町を往復(おうふく)するのに，上りは6時間，下りは3時間かかりました。このとき，次の問いに答えなさい。

(1) この船の上りの速さは時速何kmですか。
(2) この船の下りの速さは時速何kmですか。
(3) この船の静水時の速さは時速何kmですか。
(4) この川の流れの速さ(流速)は時速何kmですか。

右のように，簡単(かんたん)な図をかいて考えると，様子がよくわかるよ。

では，(1)から解いていこう。この船の上りの速さを求(もと)める問題だ。川下のA町から川上のB町までの道のりは36 kmで，上るのにかかった時間が6時間だから，速さを求めるのは簡単だね。

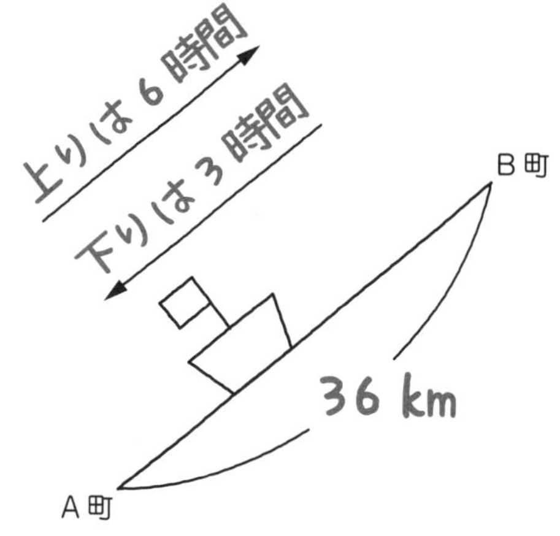

「はい！『道のり÷時間＝速さ』だから，36÷6=6で，時速6 kmです。」

その通り。上りの速さは時速6 kmだね。

時速6 km…答え [例題]8-7 (1)

(2)にいくよ。この船の下りの速さを求める問題だ。道のりは同じく36 kmで，下るのにかかった時間が3時間だから，これも速さは求められるね。

「はい。36÷3=12で，時速12 kmです。」

その通り。下りの速さは時速12 kmだね。

時速12 km…答え [例題]8-7 (2)

(3) は，この船の静水時の速さが時速何 km かを求める問題だね。この問題を解くために，「く・せ・の」の図を使おう。

(1) と (2) で上りの速さは時速 6 km，下りの速さは時速 12 km と求めたから，この図に，上りの速さと下りの速さを書きこもう。図の**「の」は「上りの速さ」を表している**んだったね。上りの速さの時速 6 km の「6」を「の」の横に書きこもう。そして，**図の「く」は「下りの速さ」を表している**んだったね。下りの速さの時速 12 km の「12」を「く」の横に書きこもう。

「せ (静水時の速さ)」は「の (上りの速さ)」と「く (下りの速さ)」のまん中にあることに注目しよう。つまり，上りの速さと下りの速さをたして 2 でわれば，静水時の速さを求めることができる。

上りの速さは時速 6 km，下りの速さは時速 12 km だから，それらをたすと，6＋12＝18 となる。そして，18 を 2 でわって，18÷2＝9 だから，静水時の速さを時速 9 km と求めることができるんだ。

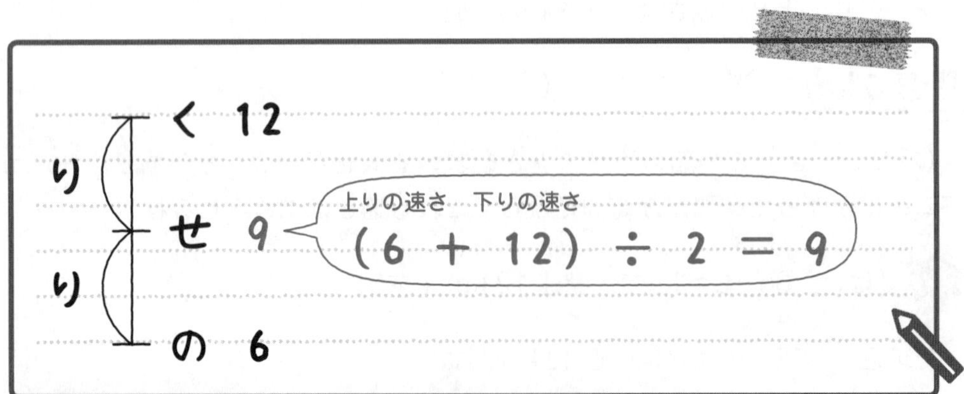

時速 9 km … 答え [例題]8-7 (3)

上りの速さ，下りの速さ，静水時の速さの関係をポイントとしてまとめておくね。

上りの速さ，下りの速さ，静水時の速さの関係

(上りの速さ＋下りの速さ)÷2＝静水時の速さ

(4) にいこう。この川の流れの速さ (流速) を求める問題だ。「く・せ・の」の図は, (3) までで右のように書きこむことができているね。図を見てわかるように, **「り (流速)」は, 「く (下りの速さ)」と「せ (静水時の速さ)」の差**になっている。もしくは, **「り (流速)」は, 「せ (静水時の速さ)」と「の (上りの速さ)」の差**になっている。

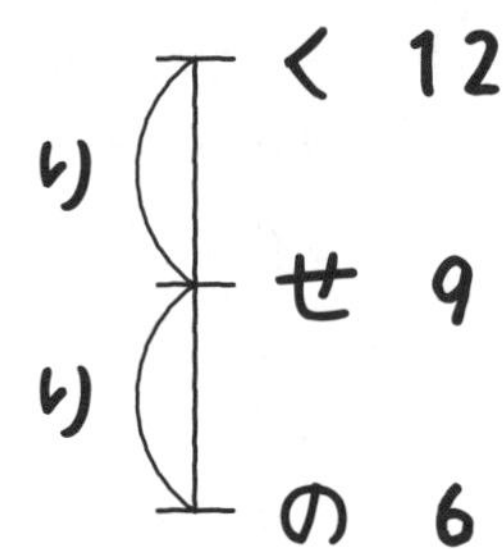

つまり, 「く」の 12 から「せ」の 9 をひいて, 12－9＝3 で, 流速を時速 3 km と求めることができるんだ。もしくは, 「せ」の 9 から「の」の 6 をひいて, 9－6＝3 で, 流速を時速 3 km と求めることもできる。

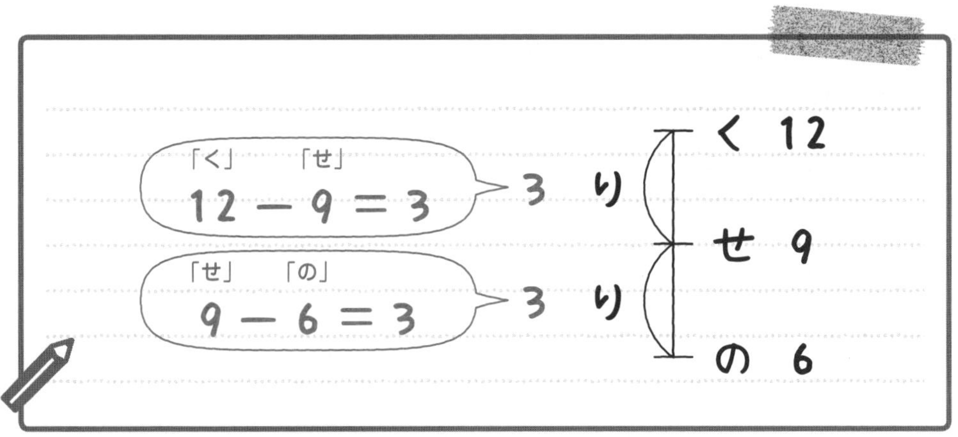

時速 3 km … 答え [例題]8-7 (4)

川の流れの速さ (流速) の求め方を，ポイントとしてまとめておくね。

Point

川の流れの速さ (流速) の求め方

川の流れの速さ (流速)＝下りの速さ－静水時の速さ
川の流れの速さ (流速)＝静水時の速さ－上りの速さ

Point として，川の流れの速さ (流速) の求め方をまとめたけど，**「く・せ・の」の図さえかけるようになれば，これらの公式は覚えなくても導くことができる**よね。

説明の動画は
こちらで見られます

[例題]8−8　つまずき度

静水時の速さが時速 18 km の船が，ある川を 80 km 下るのに 4 時間かかりました。この船が同じ川を上るのに何時間かかりますか。

この問題も「く・せ・の」の図で考えていこう。静水時の速さが時速 18 km だとわかっているから，これを「く・せ・の」の図に書くと，右のようになる。

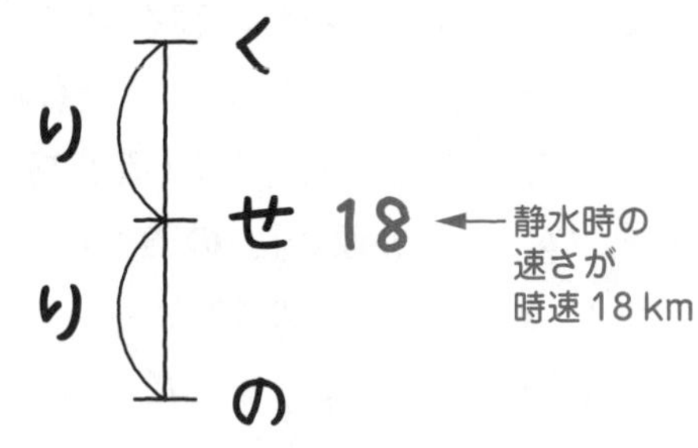

ある川を 80 km 下るのに 4 時間かかったのだから，この船の下りの速さを求めることができるね。

「はい。80 km 下るのに 4 時間かかったのだから，80÷4＝20 で，この船の下りの速さは時速 20 km ね。」

そうだね。下りの速さは時速 20 km だ。これを「く・せ・の」の図に書きこもう。右のようになるね。

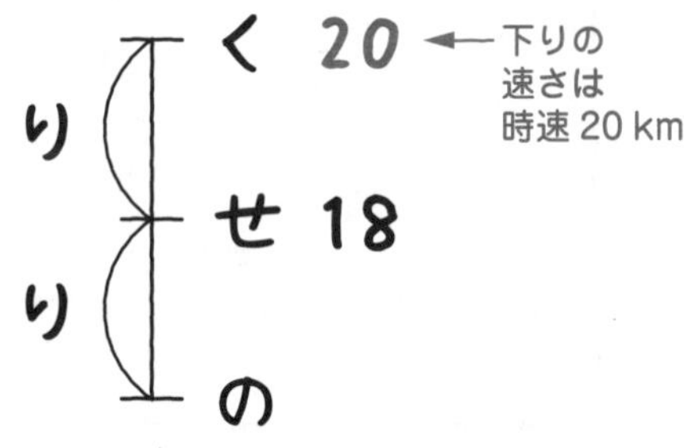

そうすると，川の流れの速さ（流速）を求めることができるんじゃないかな？

「はい！　流速は下りの速さから静水時の速さをひけば求められるから，
20−18＝2 で，この川の流れの速さ（流速）は時速 2 km です！」

その通り。この川の流れの速さ（流速）は時速 2 km だ。これも「く・せ・の」の図に書きこむと，右のようになる。流速（図の「り」）は 2 か所あるから，どちらにも時速 2 km の「2」を書きこもう。

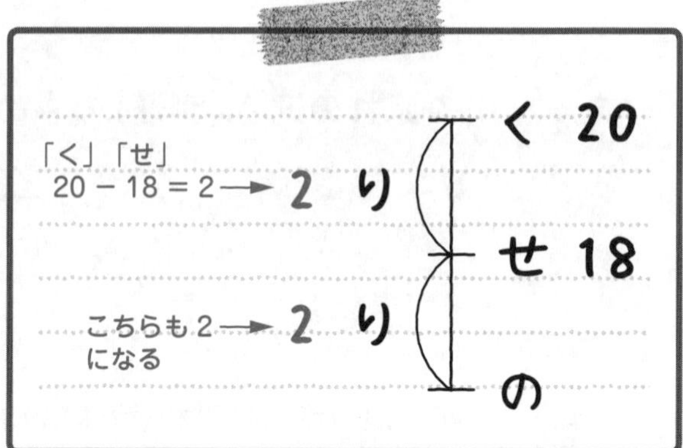

これで，上りの速さを求めることができるね。

「はい。図から，上りの速さは静水時の速さから流速をひけば求められるから，18−2=16で，上りの速さは時速16 kmね。」

そうだね。上りの速さは時速16 kmだ。これも図に書きこもう。

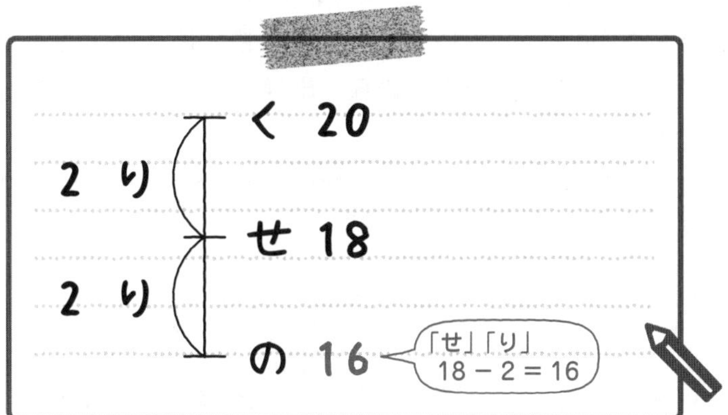

これで，「く・せ・の」の図のすべての部分に数を書くことができた。この問題は「この船が同じ川を上るのに何時間かかるか」を求めればいいんだね。道のりは80 kmで，上りの速さは時速16 kmだから，上るのにかかる時間は何時間かな？

「『道のり÷速さ=時間』だから，80÷16=5で，上るのにかかる時間は5時間です！」

その通り。上るのにかかる時間は5時間だね。

5時間 … 答え ［例題］8-8

この問題は「く・せ・の」の図を使って，順々(じゅんじゅん)に速さを求めていくところがポイントだった。では，流水算の最後(さいご)の例題(れいだい)にいこう。

説明の動画は
こちらで見られます

[例題]8-9　つまずき度

川下のＰ町と川上のＱ町は 96 km はなれています。いま，船Ａが P 町から，船 B が Q 町から向かい合って同時に出発しました。静水時の速さは，船 A が時速 14 km，船 B が時速 18 km です。船 A と船 B は出発してから何時間後に出会いますか。

この例題の様子を図に表すと，次のようになるよ。

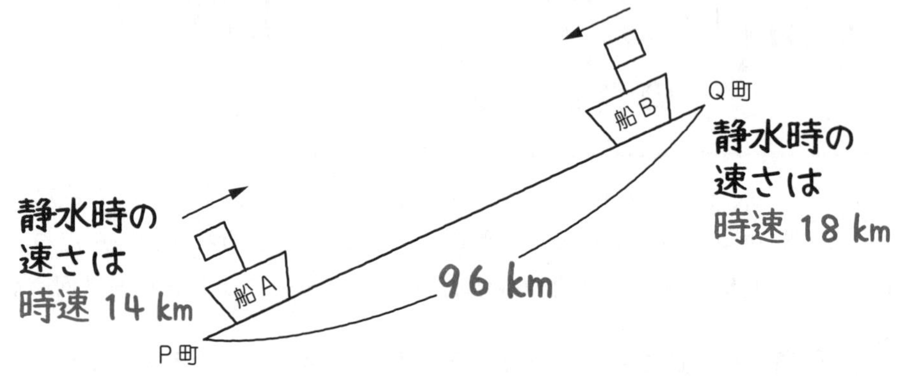

船２せきが向かい合って進むのだから，**出会いの旅人算のように考えればいい**んだ。

「先生，でもいま，２せきの船の静水時の速さだけがわかっていて，川の流れの速さ（流速）がわかっていないわ。ということは，船Ａの上りの速さも，船Ｂの下りの速さも求められないんじゃないですか？」

うん。たしかに，川の流れの速さ（流速）がわかっていないから，船Ａの上りの速さも，船Ｂの下りの速さも求めることができない。でも，それらを求めることができなくても，この問題を解くことはできるんだ。

「えっ，どうやってですか？」

まず，船Ａに注目しよう。船Ａは川下のＰ町を出発して上っていくのだから，**船Ａの上りの速さが知りたい。**船Ａについて「く・せ・の」の図をかくと，次のようになるよ。船Ａの静水時の速さが時速 14 km だから，それを書きこんでおこう。

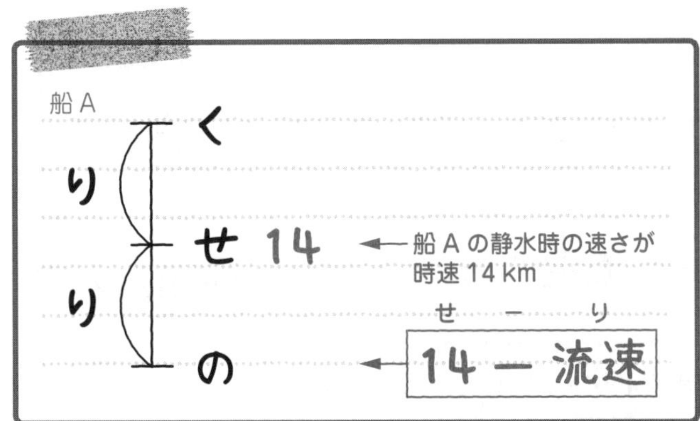

上の図より，**船Aの上りの速さは，静水時の速さの時速14 kmから，流速をひいた速さである**ことがわかる。だから，「船Aの上りの速さ＝14－流速」と表すことができるね。

次に，船Bに注目しよう。船Bは川上のQ町を出発して下っていくのだから，**船Bの下りの速さが知りたい。**船Bについて「く・せ・の」の図をかくと，次のようになるね。船Bの静水時の速さが，時速18 kmだから，それを図に書きこんでおこう。

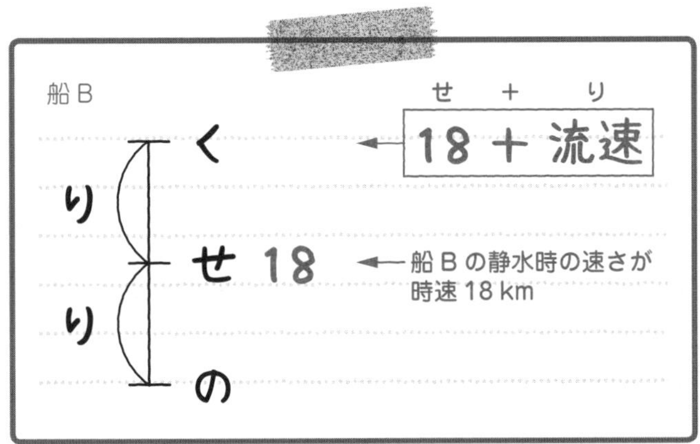

上の図から，**船Bの下りの速さは，静水時の速さの時速18 kmに，流速をたした速さである**ことがわかるね。だから，「船Bの下りの速さ＝18＋流速」と表すことができる。

まとめると，**「船Aの上りの速さ＝14－流速」「船Bの下りの速さ＝18＋流速」**と表すことができた。この問題では，96 kmはなれたところから，船Aと船Bが向かい合って進んで，何時間後に出会うか求めるんだね。だから，96 kmを速さの和でわればいい。つまり，

96÷(船Bの下りの速さ＋船Aの上りの速さ)

という式で何時間後に出会うか求められるはずだ。この式に，先ほどの「船Bの下りの速さ＝18＋流速」「船Aの上りの速さ＝14－流速」を入れてみると，次のようになる。

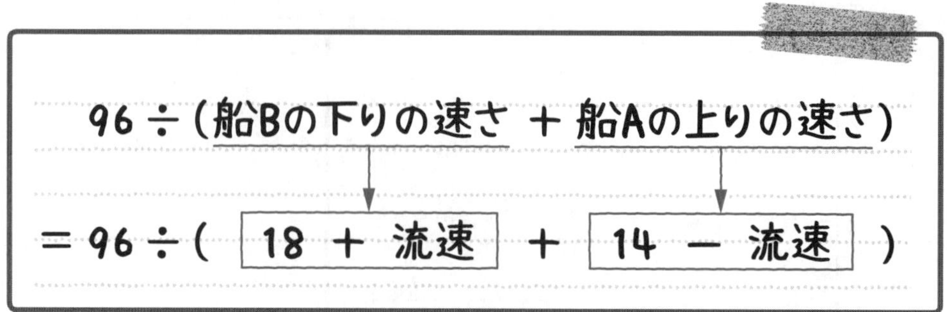

そうすると，**96÷(18＋流速＋14－流速)** という式になる。

「あっ！　流速を消すことができるんじゃない？」

よく気づいたね。**96÷(18＋流速＋14－流速) という式で，流速はたしひきされているから，消すことができる**んだ。つまり，次のようになるんだよ。

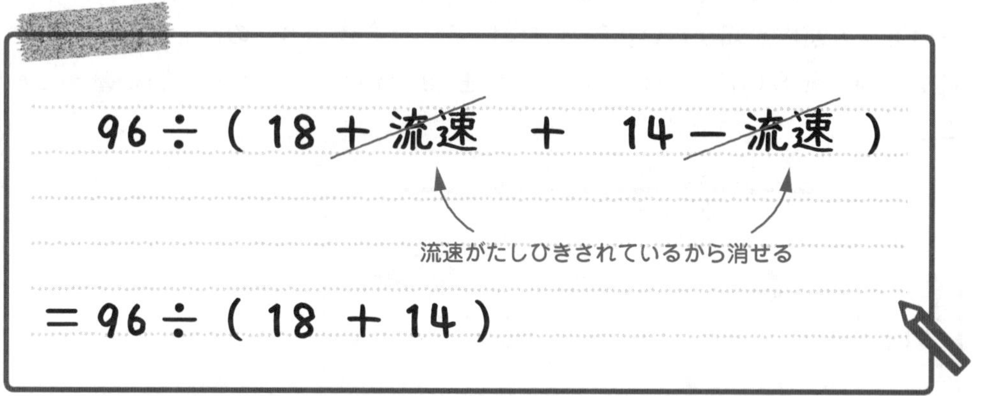

上のように，流速が消えて，96÷(18＋14)になった。これを計算すると

96÷(18＋14)＝96÷32＝3

より，3 時間後に出会うと求(もと)めることができるんだ。

3 時間後 … 答え　[例題]8-9

「流速が消えるところがおもしろいなぁ。」

そうだね。この問題では，流速がわかっていなくても，流速が消去(しょうきょ)されて，2 つの船が何時間後に出会うかを求めることができたね。

Check 119　つまずき度 ●●○○○　➡解答は別冊 p.84 へ

川下(かわしも)のA町と川上(かわかみ)のB町は40 kmはなれています。ある船がA町とB町を往復(おうふく)するのに，上りは5時間，下りは4時間かかりました。このとき，次の問いに答えなさい。

(1)　この船の上りの速さは，時速何kmですか。
(2)　この船の下りの速さは，時速何kmですか。
(3)　この船の静水時(せいすいじ)の速さは，時速何kmですか。
(4)　この川の流れの速さ(流速)は，時速何kmですか。

Check 120　つまずき度 ●●●○○　➡解答は別冊 p.85 へ

静水時の速さが時速12 kmの船が，ある川を36 km上るのに4時間かかりました。この船が同じ川を下るのに何時間何分かかりますか。

Check 121　つまずき度 ●●●●○　➡解答は別冊 p.85 へ

川下のP町と川上のQ町は21 kmはなれています。いま，船AがP町から，船BがQ町から向かい合って同時に出発しました。静水時の速さは，船Aが時速11 km，船Bが時速7 kmです。船Aと船Bは出発してから何時間何分後に出会いますか。

中学入試算数のウラ側 10

流速が変化する流水算をどう解くか？

「先生，次のような問題を，ユウトに質問されたんですけど，どう解説していいか困ってしまって。」

> **問題** 川を 24 km 上るのに，いつもは 4 時間かかる船があります。今日は雨のため，川の流れの速さがいつもの 2 倍になっているので，同じ 24 km を下るのに，2 時間かかりました。この船の静水時の速さは，時速何 km ですか。

「流速が 2 倍に変化するというところが，ちょっとわからなくて……。どのように，子どもに教えればいいのでしょうか？」

流速が変化する問題も，いままでの考え方を使って解くことができます。まず，いつもの上りの速さは，24÷4＝6 で，時速 6 km ですね。そして，今日は雨のため流速が 2 倍になり，下りの速さが，24÷2＝12 で，時速 12 km になったわけです。

「そこまでは私もわかりました。でも，ここからどう考えればいいのでしょうか？」

いままでのように，「く・せ・の」の図で考えればいいのです。ただ，**今日の流速が 2 倍になっているので，右のように，静水時の速さと下りの速さの間に，流速を 2 つ分かきましょう。**そうすると，流速 3 つ分が，12－6＝6 で，時速 6 km になります。ですから，いつもの流速は，6÷3＝2 で，時速 2 km です。つまり，この船の静水時の速さは，6＋2＝8 で，時速 8 km と求められます。

く 12
り
流速 2 つ分
り
せ
り
の 6

時速 8 km…答え

「なるほど。そういうふうに教えればいいのですね。」

8 03 時計算

長針が短針を追いかけて，追いついて，引きはなして……。時計の両針がつくる角度を求めたり，ある角度をつくる時刻を求めたりするような問題を，時計算というんだよ。

203 説明の動画はこちらで見られます

時計はおもに，次の2つの種類があるよ。

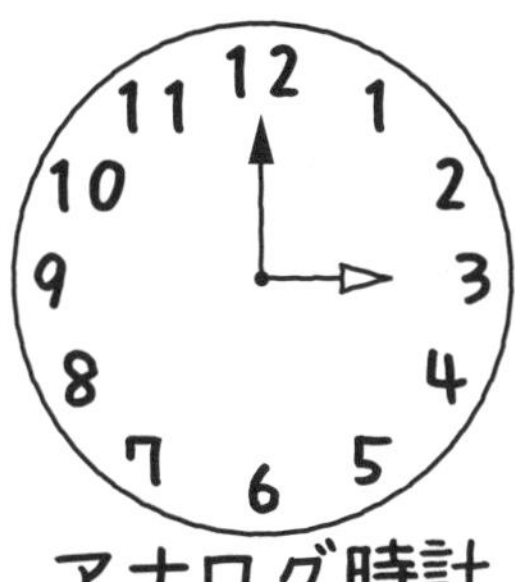

アナログ時計

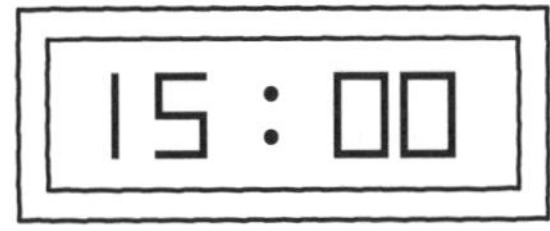

デジタル時計

時計算は，長い針の**長針**と短い針の**短針**があるアナログ時計に関する問題だ。
時計算では，角度についての知識が必要だから，まとめておくね。

Point 時計算に必要な角度の知識

直角＝90°　直線（まっすぐ）＝180°　円（ぐるっと1周）＝360°

※ 長針と短針を区別するために，長針は ──▶ で，短針は ──▷ で表します。

「90度，180度，360度ですね！」

うん。では，さっそく時計算の例題を解いていこう。

説明の動画は
こちらで見られます

[例題]8-10　つまずき度

次の問いに答えなさい。

(1)　時計の長針と短針は，それぞれ 1 時間に何度進みますか。

(2)　時計の長針と短針は，それぞれ 1 分間に何度進みますか。

では，(1)を解説していくよ。例をあげたほうがわかりやすいから，2 時から 3 時までの 1 時間の時計の様子を見てみよう。

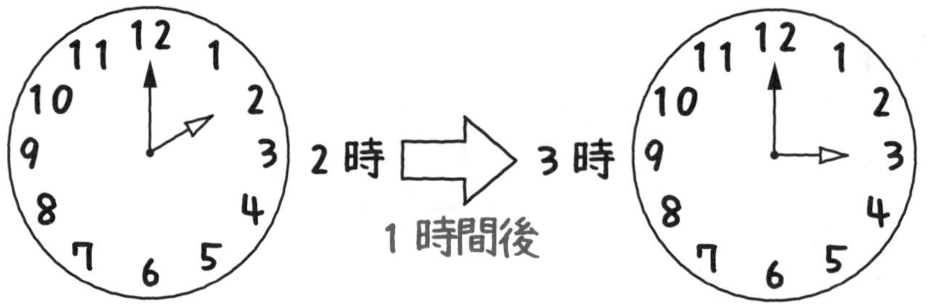

まず，長針が 1 時間に何度進むかを求めよう。

「長針は 1 時間で時計をちょうど 1 周するわ。1 周は，角度でいうと 360 度だから，**長針は 1 時間に 360 度進むのね。**」

その通り。長針は 1 時間に 360 度進む。

次に，短針が 1 時間に何度進むかを求めよう。たとえば，2 時から 3 時までの短針の動きをかくと，右のようになる。

図の「□度」の角度が，2 時から 3 時までの 1 時間で短針が動いた角度だね。□度は何度だと思う？

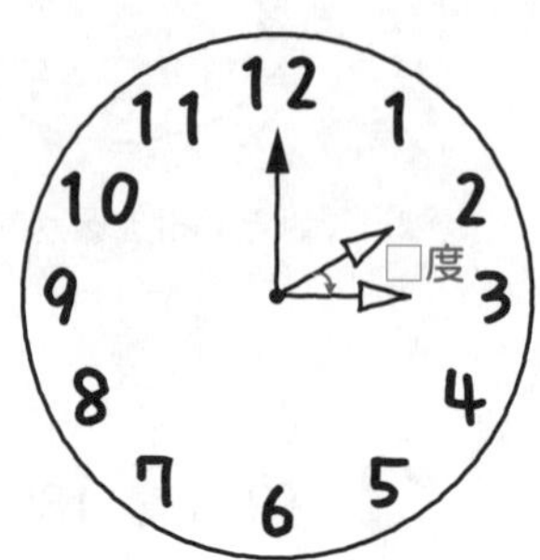

「時計の『2』と『3』の間の角度ですよね。うーん，何度だろう。」

では，右のように，時計の1周(360度)を12等分して，点線をかいてみよう。

1周(360度)が12等分されるのだから，1つぶんの角度は，360÷12＝30(度)とわかる。時計の「**文字ばんの目盛り1つ分は30度である**」ということをおさえよう。

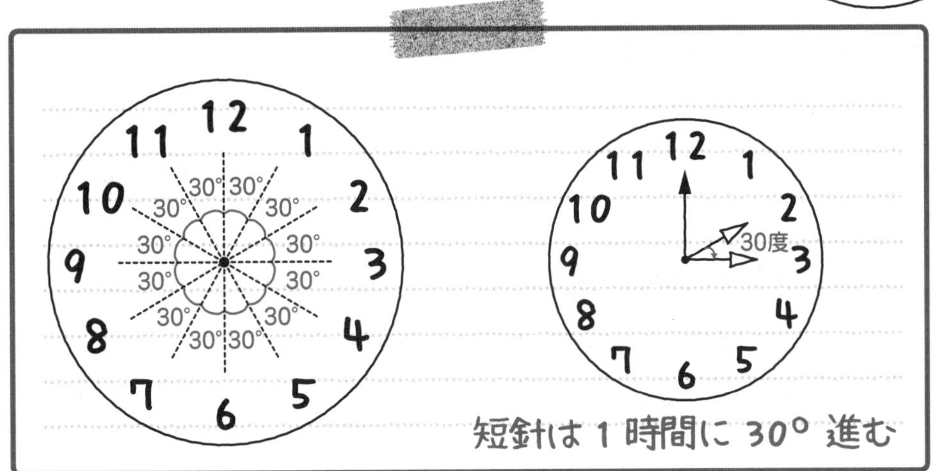

「そうすると，2時から3時までに短針が動いた角度は30度とわかりますね。」

そうだね。2時から3時までの1時間に短針が動いた角度は30度だ。

短針は1時間に30度進むことがわかる。

長針360度，短針30度…答え [例題]8-10 (1)

(1)は，2時から3時までを例にあげて考えたけど，いつでも「**長針は1時間に360度進み，短針は1時間に30度進む**」ことをおさえよう。

では，(2)にいくよ。今度は，時計の長針と短針が，それぞれ1分間に何度進むかを求める問題だ。(1)で，**「長針は1時間に360度進み，短針は1時間に30度進む」**ことがわかったから，それをもとに求めよう。まず，長針から求めるよ。

1時間＝60分だから，**長針は60分間で360度進む**ということができるね。ということは，長針は1分間に何度進むのかな？

「長針(ちょうしん)は60分間で360度進むのだから，360÷60＝6より，

1分間に6度進むのね。」

その通り。**長針は 1 分間に 6 度進む**。では，短針（たんしん）も求（もと）めよう。1 時間＝60 分だから，**短針は 60 分間で 30 度進む**といえるね。ということは，短針は 1 分間に何度進むのかな？

「短針は 60 分間で 30 度進むのだから……，30÷60＝0.5 より，
1 分間に 0.5 度進むんですね！」

そうだね。**短針は 1 分間に 0.5 度進む**。

長針 6 度，短針 0.5 度 … 答え ［例題］8-10 (2)

「長針は 1 分間に 6 度進み，短針は 1 分間に 0.5 度進む」というのは，時計算を解（と）くのにとても大事なことだから，ポイントとしてまとめておくよ。

Point　長針と短針の進む角度

- **長針は 1 時間(60 分間)で 360 度進む。**
  360÷60＝6 より，
  長針は 1 分間に 6 度進む。
- **短針は 1 時間(60 分間)で 30 度進む。**
  30÷60＝0.5 より，
  短針は 1 分間に 0.5 度進む。

説明の動画はこちらで見られます

［例題］8-11　つまずき度 😵😵😵😵😵

次の時刻（じこく）のとき，時計の長針と短針がつくる小さいほうの角度は何度ですか。

(1) 7 時　　(2) 3 時 10 分
(3) 5 時 36 分　　(4) 11 時 22 分

では，(1)を解説しよう。7時のとき，時計の長針と短針がつくる小さいほうの角度が何度かを求める問題だ。7時のときの時計は右のようになる。長針と短針がつくる角度は，図のように**大きいほう（180度より大きい角度）と小さいほう（180度より小さい角度）**に分けられるね。

この問題では，小さいほうの角度を求めればいいんだ。時計の「**文字ばんの目盛り1つ分は30度である**」というのは前に教えたね。7時のとき，時計の長針と短針がつくる小さいほうの角度は，文字ばんの目盛り5つ分だから，30×5＝150(度)と求めることができる。

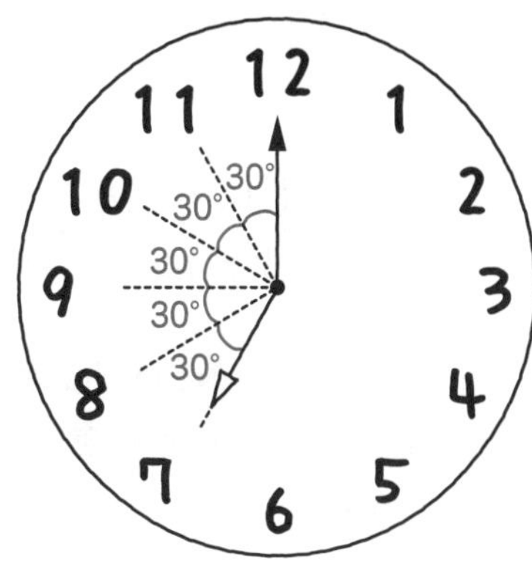

150度…答え［例題］8-11 (1)

ここで，時計算の解き始めのコツを教えよう。

時計算の解き始めの基本

○時と□時の間の角度を求める場合，○時を基準とする。

次に，30（文字ばんの目盛りの角度）と○時の○をかけて，○時での長針と短針のつくる角度を求める。

これからも，**解き始めはこのコツの通りに解く**から，この流れをきちんとおさえておこう。では，(2)もコツの通りに進めていくよ。

3時10分は，**3時と4時の間の角度だから，3時を基準**としよう。

次に，**30と3時の3をかけると，30×3＝90(度)**となる。これで，**3時での長針と短針のつくる角が90度**だと求められるんだ。

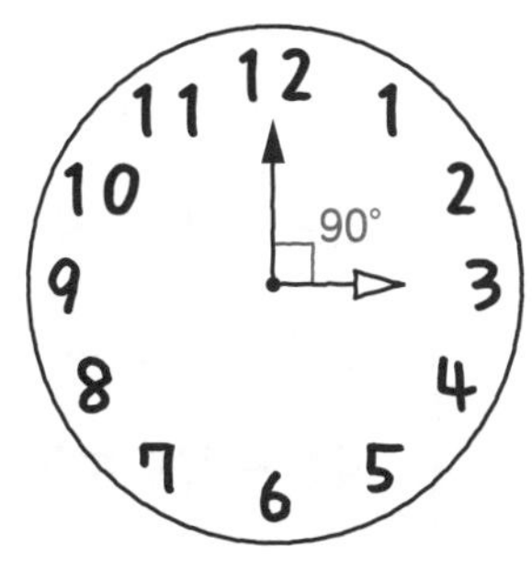

3時の場合，時計の文字ばんの12から3は文字ばんの目盛り3つ分はなれているから，長針と短針のつくる角度は，30×3＝90(度)と求められるんだね。3時の時点で90度はなれていることはわかったけど，3時10分では何度はなれているか，どうやって求めればいいかな？

「うーん，わからないです。」

長針は 1 分間に 6 度進み，短針は 1 分間に 0.5 度進むことを利用して求めるんだ。短針より長針のほうが速いから，**長針が短針を追いかける**んだね。

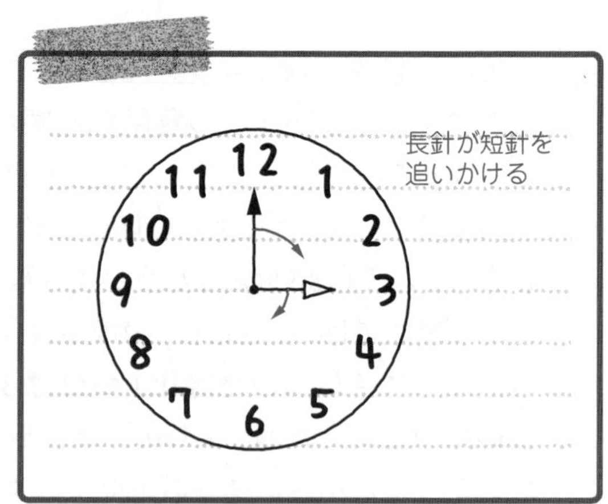

長針は 1 分間に 6 度進み，短針は 1 分間に 0.5 度進むから，長針は短針より 1 分間に何度多く進むのかな？

「長針は 1 分間に 6 度進み，短針は 1 分間に 0.5 度進むから，6－0.5＝5.5 で，長針は短針より 1 分間に 5.5 度多く進みます！」

そうだね。**長針は短針より 1 分間に 5.5 度多く進む。**この 5.5 度も，時計算にはよく出てくるから覚えておこう。長針は短針より 1 分間に 5.5 度多く進むから，3 時から 3 時 10 分までの 10 分間に長針は短針より何度多く進むかな？

「長針は短針より 1 分間に 5.5 度多く進むから，5.5×10＝55 で，10 分間に長針は短針より 55 度多く進みます！」

その通り。3 時のとき 90 度はなれていた。その後の 10 分間に長針は短針より 55 度多く進んで，差が 55 度縮まったのだから，答えは，90－55＝35（度）と求められるね。

35 度… 答え ［例題］8－11 (2)

(2)を解くのに必要な式をまとめると，次のようになる。

30×3＝90 ←― 3 時に長針と短針は 90 度はなれていた

6－0.5＝5.5 ←― 長針は短針より 1 分間に 5.5 度多く進む

5.5×10＝55 ←― 10 分間に長針は短針より 55 度多く進む

90－55＝35 ←― 3 時 10 分の長針と短針のつくる角度が求められる

長針を長くん，短針を短くんという人におきかえて，さらに**角度を長さの単位の m** におきかえると，(2)は次のような問題に変形することができるよ。

> **問題** 長くんは1分に6m進む。短くんは1分に0.5m進む。3時の時点で，短くんは長くんより90m前にいる。3時に2人は同時に同じ方向に出発して，長くんが短くんを追いかけた。3時10分に2人は何mはなれているか。

これを解くと35mと求められる。つまり，**時計算は旅人算におきかえることができる**んだね。時計算が「速さ」の分野に入る理由はこういうことなんだ。

206 説明の動画は こちらで見られます

では，(3)にいこう。5時36分のとき，時計の長針と短針がつくる小さいほうの角度が何度かを求める問題だ。この問題も コツ の通りに進めてみよう。

5時36分は，**5時と6時の間の角度だから，5時を基準**としよう。

次に，**30と5時の5をかけて，30×5＝150(度)**となる。これで，**5時での長針と短針のつくる角度が150度**だと求められたね。

5時の時点で150度はなれていることはわかったけど，5時36分では何度はなれているか，どうやって求めればいいかな？

「**長針は1分間に6度進み，短針は1分間に0.5度進む**ことを利用するのね。6−0.5＝5.5で，**長針は短針より1分間に5.5度多く進む**ことを使います。」

そうだね。長針は短針より1分間に5.5度多く進むから，5時から5時36分までの36分間で長針は短針より何度多く進むかな？

「長針は短針より1分間に5.5度多く進むから，5.5×36＝198で，36分間で長針は短針より198度多く進みます！」

その通り。5時のとき150度はなれていた。その後の36分間で長針は短針より198度多く進んだんだ。つまり，**長針が短針より150度多く進んで，長針が短針に追いついた(重なった)あと，さらに，198−150＝48(度)引きはなした**ということなんだ。だから，答えは48度だよ。

48度…答え [例題]8-11 (3)

(3) を解くのに必要な式をまとめると，次のようになる。

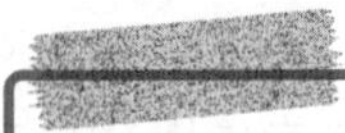

30×5＝150	← 5 時に長針と短針は 150 度はなれていた
6－0.5＝5.5	← 長針は短針より 1 分間に 5.5 度多く進む
5.5×36＝198	← 36 分間で長針は短針より 198 度多く進む
198－150＝48	← 5 時 36 分の長針と短針のつくる角度が求められる

説明の動画は
こちらで見られます

(4) にいこう。11 時 22 分のとき，時計の長針と短針がつくる小さいほうの角度が何度かを求める問題だ。(4) も 💡 の通りに進めてみよう。

11 時 22 分は，**11 時と 12 時の間の角度だから，11 時を基準**としよう。

次に，**30 と 11 時の 11 をかけて，30×11＝330 (度)** となる。これで **11 時での長針と短針のつくる角度が 330 度**と求められたね。

「330 度は 180 度より大きいけど, いいんですか？小さいほうは 360－330＝30(度) なんじゃないんですか？」

うん，いまの時点では，このままでもいいんだ。**解き始めのときは，30 と○時の○をかけた角度をもとに解いていこう。** 11 時の時点で 330 度はなれていることはわかったけど, 11 時 22 分では何度はなれているか, どうやって求めればいいかな？

「長針は 1 分間に 6 度進み, 短針は 1 分間に 0.5 度進むから, 6－0.5＝5.5 で, **長針は短針より 1 分間に 5.5 度多く進む**ことを使って解くんですね！」

そうだね。長針は短針より 1 分間に 5.5 度多く進むから，11 時から 11 時 22 分までの 22 分間に長針は短針より何度多く進むかな？

「長針は短針より 1 分間に 5.5 度多く進むから，5.5×22＝121 で，22 分間に長針は短針より 121 度多く進みます！」

その通り。11 時のとき 330 度はなれていたけど，22 分間に長針は短針より 121 度多く進んで，差(さ)が 121 度縮(ちぢ)まったのだから，11 時 22 分に長針と短針のつくる角度は，330－121＝209(度)だ。この 209 度を答えにしていいかな？

「答えにしていいと思いますけど……，ダメですか？」

この 209 度を答えにしてはダメなんだ。長針と短針のつくる**小さいほうの角度**を求めるんだったね。**209 度は 180 度より大きいから，大きいほうの角度なんだ。**

「そういうことかぁ。360 度から 209 度をひけば，小さいほうの角度が求められるんですね。
360－209＝151(度)が答えです！」

その通り。**209 度を答えにするケアレスミスをしないように注意**しよう。151 度が答えだね。

151 度…答え ［例題］8-11 (4)

(4)を解くのに必要な式をまとめると，次のようになるよ。

式	
30×11＝330	← 11 時に長針と短針は 330 度はなれていた
6－0.5＝5.5	← 長針は短針より 1 分間に 5.5 度多く進む
5.5×22＝121	← 22 分間に長針は短針より 121 度多く進む
330－121＝209	← 11 時 22 分の長針と短針のつくる大きいほうの角度が求められる
360－209＝151	← 11 時 22 分の長針と短針のつくる小さいほうの角度が求められる

説明の動画は
こちらで見られます

[例題]8-12 つまずき度

次の問いに答えなさい。

(1) 3時から4時までの間で，長針と短針がぴったり重なるのは3時何分ですか。

(2) 7時から8時までの間で，長針と短針がぴったり重なるのは7時何分ですか。

(1)を解説するよ。この問題も，時計算の解き始めの コツ の通りに進めよう。

(1) の場合，**3時から4時までの間だから，3時を基準とすればいいん**だね。**30(文字ばんの1目盛りの角度)と3時の3をかけて，30×3＝90** となり，**3時に長針と短針のつくる角度は90度**であることがわかる。

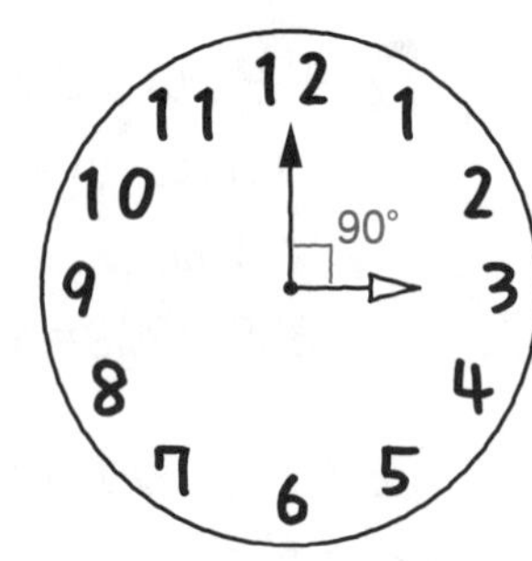

3時の時点で，長針と短針が90度はなれていて，長針が短針を追いかけてぴったり重なるのは3時何分か，どうやって求めればいいと思う？

「うーん。これも6－0.5＝5.5で，**長針は短針より1分間に5.5度多く進むことを使って解くんですか？**」

そうなんだ。長針は短針より1分間に5.5度多く進む。だから，**3時の時点で90度はなれていたのが，1分間あたり5.5度ずつ縮まっていく**と考えられるよね。

3時の時点で，長針と短針が90度はなれている。
↓
長針は短針より1分間に5.5度多く進む。
↓
90度が1分間あたり5.5度ずつ縮まっていく。

「90度が1分間あたり5.5度ずつ縮まっていくなら，90÷5.5を計算すれば，3時から何分後に長針が短針に追いつく(重なる)かを求められますね。」

ユウトくん，その通りだよ。90度が1分間あたり5.5度ずつ縮まっていくのだから，90÷5.5を計算すれば，3時から何分後に長針が短針に追いつく(重なる)かを求められる。90÷5.5はわりきれないから，5.5を分数に直して計算しよう。

$$90 \div 5.5 = 90 \div 5\frac{1}{2} = 90 \div \frac{11}{2} = 90 \times \frac{2}{11} = \frac{180}{11} = 16\frac{4}{11}$$

3時$16\frac{4}{11}$分に長針と短針が重なることが求められたね。

3時$16\frac{4}{11}$分…答え［例題］8-12（1）

ここで，3時16分$\frac{4}{11}$秒と答えないように注意しよう。3時$16\frac{4}{11}$分だよ。答えを書きまちがえてしまうと計算が合っていてもバツになってしまうからね。

さて，時計算では，このように数を5.5でわる計算をすることが多いから，次のように**5.5でわることは，$\frac{2}{11}$をかけることと同じ**だと覚えておいてもいいだろう。

時計算でよく出てくる計算

$○ \div 5.5 = ○ \times \frac{2}{11}$ の式の変形を覚えておくと，計算が速くなる。

$$90 \div 5.5 = 90 \div \frac{11}{2} = 90 \times \frac{2}{11}$$ ← 5.5でわることは$\frac{2}{11}$をかけることと同じ

(2)も(1)と同じように解けばいいんだよ。これも時計算の解き始めのコツの通りに進めよう。ハルカさん，どのように解き始めればいいのかな？

「えっと，7時から8時までの間だから，7時を基準とするのね。30(文字ばんの1目盛りの角度)と7時の7をかけて，30×7=210より，7時に長針と短針のつくる角度は210度とわかるわ。」

そうだね。7時の時点で，長針と短針が210度はなれている。そして，長針が短針を追いかけてぴったり重なるのは7時何分かを求めるために，**長針は短針より1分間に5.5度多く進む**ことを使って解くんだ。**7時の時点で210度はなれていたのが，1分間あたり5.5度ずつ縮まっていく**ってことだね。

7 時の時点で，長針と短針が 210 度はなれている。
↓
長針は短針より 1 分間に 5.5 度多く進む。
↓
210 度が 1 分間あたり 5.5 度ずつ縮まっていく。

「210 度が 1 分間あたり 5.5 度ずつ縮まっていくんだから，210÷5.5 を計算して，7 時から何分後に長針が短針に追いつく（重なる）か求めればいいんですよね！」

その通り。210÷5.5 もわりきれないから，5.5 を分数に直して計算しよう。

$$210 \div 5.5 = 210 \div 5\frac{1}{2} = 210 \div \frac{11}{2} = 210 \times \frac{2}{11} = \frac{420}{11} = 38\frac{2}{11}$$

7 時 $38\frac{2}{11}$ 分に長針と短針が重なることが求められたね。

7 時 $38\frac{2}{11}$ 分 … 答え ［例題］8−12（2）

説明の動画はこちらで見られます

［例題］8−13　つまずき度

次の問いに答えなさい。

（1）　8 時から 9 時までの間で，長針と短針が反対方向に一直線になるのは 8 時何分ですか。

（2）　4 時から 5 時までの間で，長針と短針が反対方向に一直線になるのは 4 時何分ですか。

この問題も，時計算の解き始めの（コツ）の通りに進めよう。（1）の場合，8 時から 9 時までの間だから，8 時を基準とすればいいんだね。

30（文字ばんの 1 目盛りの角度）と 8 時の 8 をかけて，30×8＝240 となり，8 時に長針と短針のつくる角度は 240 度であることがわかる。

8時の時点で，長針と短針が240度はなれていて，長針が短針を追いかけて，長針と短針が反対方向に一直線になるのは8時何分か，という問題だね。「長針と短針が反対方向に一直線になる」というのは，長針と短針が何度はなれるということかな。

「えっと……，『長針と短針が反対方向に一直線になる』っていうのは，一直線だから180度かな？」

ユウトくん，その通り。**「長針と短針が反対方向に一直線になる」**というのは，**長針と短針のつくる角度が180度になるとき**ということなんだ。

つまり，**8時の時点で長針と短針が240度はなれていて，長針が短針を追いかけて240度が縮まっていき，180度になるのは，8時何分か**を求める問題なんだね。240度が縮まっていき，180度になるまでの時間を求めるということだ。だから，240−180＝60より，8時の時点から**60度縮まるのは8時何分かを求めればいい**んだ。

「これも6−0.5＝5.5で，**長針は短針より1分間に5.5度多く進む**ことを使って解けばいいんですね。」

そうだね。長針は短針より1分間に5.5度多く進む。つまり，8時の時点で長針と短針が240度はなれていて，それが1分間あたり5.5度ずつ縮まっていくんだ。そして，60度縮まったときに，長針と短針が反対方向に一直線になる。だから，60÷5.5を計算すれば，長針と短針が反対方向に一直線になる時刻(じこく)を求めることができるね。

$$60 \div 5.5 = 60 \times \frac{2}{11} = \frac{120}{11} = 10\frac{10}{11}$$

これで，8時$10\frac{10}{11}$分に長針と短針が反対方向に一直線になることがわかったね。

8時$10\frac{10}{11}$分…答え [例題]8-13 (1)

(1)を解くのに必要な式をまとめておくよ。

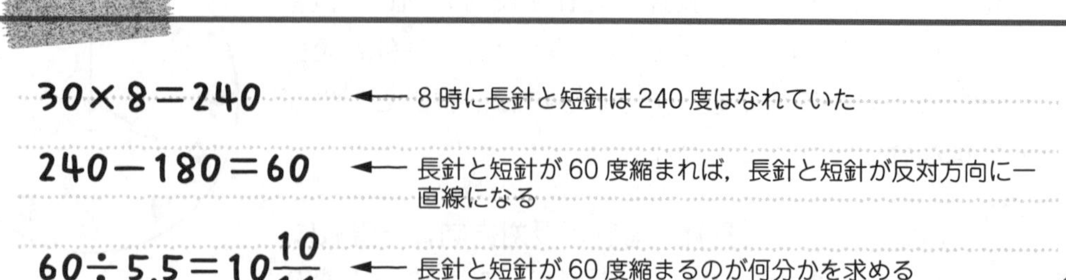

$30\times8=240$ ← 8時に長針と短針は240度はなれていた

$240-180=60$ ← 長針と短針が60度縮まれば，長針と短針が反対方向に一直線になる

$60\div5.5=10\frac{10}{11}$ ← 長針と短針が60度縮まるのが何分かを求める

では，(2)にいこう。「4時から5時までの間で，長針と短針が反対方向に一直線になるのは4時何分か」を求める問題だ。この問題も，時計算の解き始めの コツ の通りに進めよう。ユウトくん，どうやって解き始めればいいのかな？

「はい！　(2)の場合，4時から5時までの間だから，4時を基準とすればいいんですね！ 30(文字ばんの1目盛りの角度)と4時の4をかけて，30×4＝120となり，4時に長針と短針のつくる角度は120度であることがわかります！」

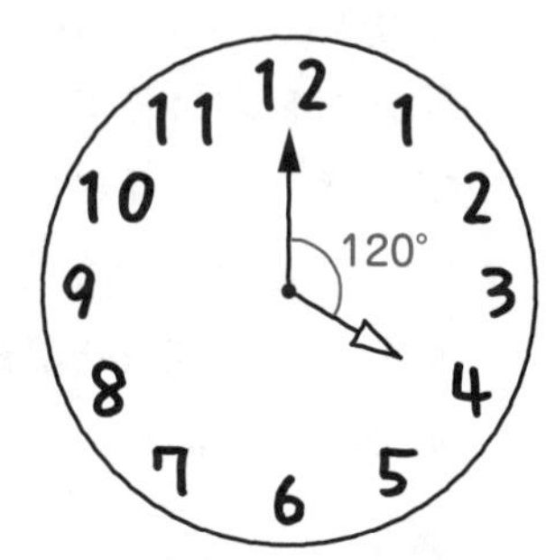

そうだね。4時の時点で，長針と短針が120度はなれていることがわかった。「長針と短針が反対方向に一直線になる」というのは，長針と短針が180度はなれるということだったよね。

「でも，4時の時点で長針と短針が120度はなれていて，長針が短針を追いかけるから，120度はどんどん縮まっていくんですよね？　120度がどんどん小さくなっていくんだから，180度にはならないんじゃないですか？」

うん，たしかに，4時の時点で長針と短針が120度はなれていて，長針が短針を追いかけるから，120度はどんどん縮まっていく。120度がどんどん縮まって，長針は短針に重なる。そして，**重なったあと，今度は長針が短針をどんどん引きはなして，さらに180度引きはなすのが4時何分かを求めればいい**ということなんだ。

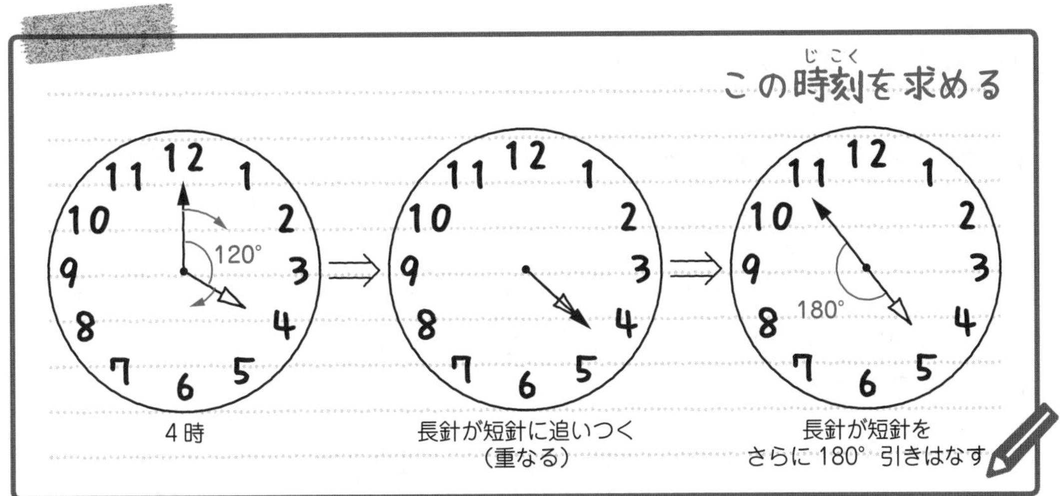

つまり，4時の時点から，長針が短針より120度多く進んで重なり，重なったあと，長針が短針より180度さらに多く進んで，「長針と短針が反対方向に一直線になる」ということなんだ。

「ということは，長針が短針より，120＋180＝300(度)多く進むのは何分後かを求めればいいということですか？」

うん，そういうことなんだ。長針は短針より1分間に5.5度多く進むね。4時の時点からスタートして，長針が短針より300度多く進んだときに，長針と短針が反対方向に一直線になる。だから，300÷5.5を計算すれば，長針と短針が反対方向に一直線になる時間を求めることができるよ。

$$300 \div 5.5 = 300 \times \frac{2}{11} = \frac{600}{11} = 54\frac{6}{11}$$

これで，4時$54\frac{6}{11}$分に，長針と短針が反対方向に一直線になることがわかったね。

4時$54\frac{6}{11}$分…答え ［例題］8-13 (2)

(2)を解くのに必要な式をまとめておくよ。

$30 \times 4 = 120$ ← 4時に長針と短針は120度はなれていた

$120 + 180 = 300$ ← 長針が短針より300度多く進めば，長針と短針が反対方向に一直線になる

$300 \div 5.5 = 54\frac{6}{11}$ ← 長針が短針より300度多く進むのが何分かを求める

説明の動画は
こちらで見られます

[例題]8-14 つまずき度 ☹☹☹☹☺

7時から8時までの間で，長針（ちょうしん）と短針（たんしん）が直角になるのは7時何分ですか。すべて求（もと）めなさい。

この問題も，時計算の解（と）き始めのコツの通りに進めよう。ハルカさん，どうやって解き始めればいいのかな？

「7時から8時までの間だから，7時を基準（きじゅん）とすればいいんですね。30（文字ばんの1目盛（めも）りの角度）と7時の7をかけて，30×7=210となり，7時に長針と短針のつくる角度は210度であることがわかるわ。」

そうだね。7時の時点で，長針と短針が210度はなれていることがわかった。「長針と短針が直角になる」というのは，長針と短針が90度はなれるということだよ。つまり，**7時の時点で長針と短針が210度はなれていて，長針が短針を追いかけて210度が縮（ちぢ）まっていき，90度になるのは，7時何分か**求めればいいんだね。

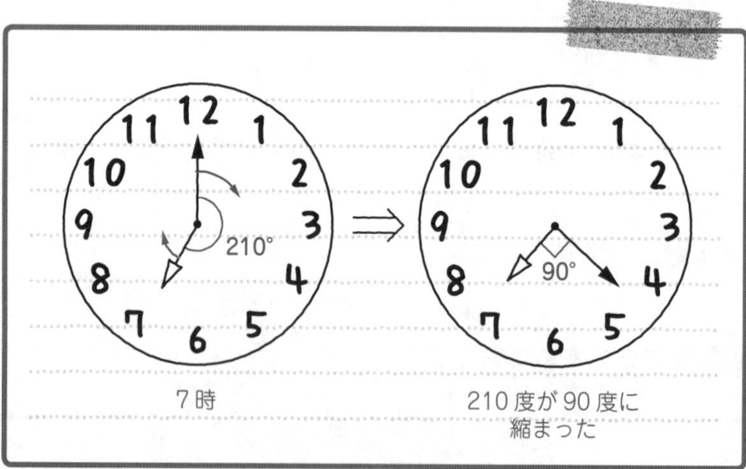

「210度が縮まっていき，90度になる時刻（じこく）を求めるんですね。ということは，210−90=120で，7時の時点から**120度縮まるのは7時何分かを求めればいいんですね！**」

その通り。これも，**長針は短針より 1 分間に 5.5 度多く進む**ことを使って解けばいいんだ。つまり，7 時の時点で長針と短針が 210 度はなれていて，それが 1 分につき 5.5 度ずつ縮まっていく。120 度縮まったときに，長針と短針が直角になる。だから，120÷5.5 を計算すれば，長針と短針が直角になる時刻を求めることができるね。

$$120 \div 5.5 = 120 \times \frac{2}{11} = \frac{240}{11} = 21\frac{9}{11}$$

これにより，7 時 $21\frac{9}{11}$ 分に長針と短針が直角になることがわかった。答えはこれだけかな？

「えっ，ほかにも答えがあるんですか？」

うん。実は，答えはもう 1 つあるんだ。7 時の時点で長針と短針が 210 度はなれていて，長針が短針を追いかけて 210 度が縮まっていき，90 度になるよね。さらに追いかけて，長針が短針に重なったあと，長針が短針をさらに 90 度引きはなしたときも「長針と短針が直角になる」んだ。

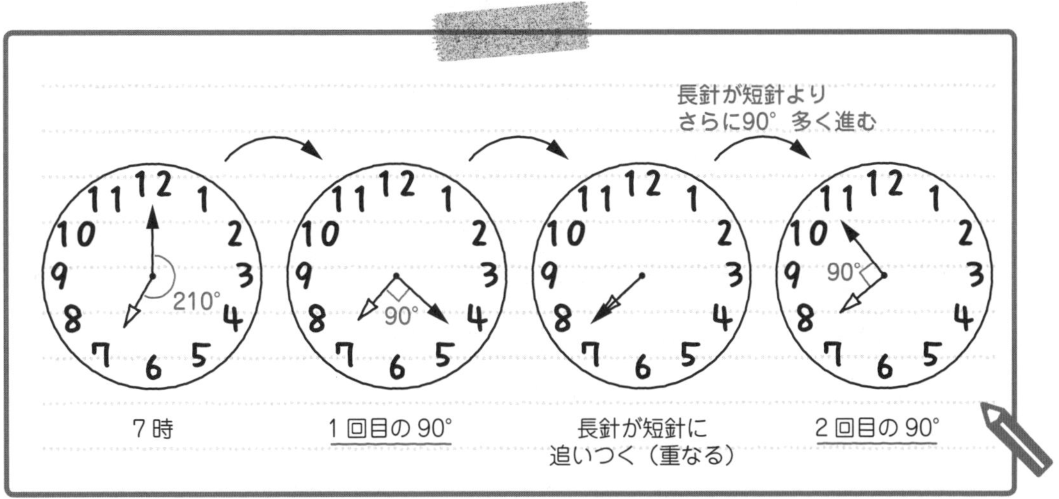

「そうか。7 時の時点から，長針が短針に追いついて，長針が短針よりさらに 90 度多く進んだときにも『長針と短針が直角になる』ということですね。」

その通り。7 時の時点から，長針が短針より 210 度多く進むと，長針は短針に重なる。重なってから，長針が短針よりさらに 90 度多く進んだときに，長針と短針のつくる角は 2 回目の直角になる。つまり，長針が短針より，210＋90＝300（度）多く進んだときにも，長針と短針が直角になるということだ。長針は短針より 1 分間に 5.5 度多く進むから，300÷5.5 を計算すれば，長針と短針が直角になる 2 回目の時刻を求められるんだよ。

$$300 \div 5.5 = 300 \times \frac{2}{11} = \frac{600}{11} = 54\frac{6}{11}$$

これにより，7時$54\frac{6}{11}$分にも長針と短針が直角になることがわかったね。つまり，答えは次の2つということだ。

7時$21\frac{9}{11}$分，7時$54\frac{6}{11}$分…答え [例題]8-14

[例題]8-14 を解くのに必要な式をまとめておくよ。

式	
$30 \times 7 = 210$	← 7時に長針と短針は210度はなれていた
$210 - 90 = 120$	← 長針が短針より120度多く進めば，長針と短針が1回目に直角になる
$120 \div 5.5 = 21\frac{9}{11}$	← 1回目に直角になるのが何分かを求める
$210 + 90 = 300$	← 長針が短針より300度多く進めば，長針と短針が2回目に直角になる
$300 \div 5.5 = 54\frac{6}{11}$	← 2回目に直角になるのが何分かを求める

Check 122 つまずき度 ●●●○○ ➡解答は別冊 p.85 へ

次の時刻のとき，時計の長針と短針がつくる小さいほうの角度は何度ですか。

(1) 2時　　(2) 6時20分

(3) 9時56分　　(4) 1時48分

Check 123 つまずき度 ●●●○○ ➡解答は別冊 p.86 へ

次の問いに答えなさい。

(1) 2時から3時までの間で，長針と短針がぴったり重なるのは2時何分ですか。

(2) 6時から7時までの間で，長針と短針がぴったり重なるのは6時何分ですか。

Check 124　つまずき度 😵😵😵😵😶　➡解答は別冊 p.86 へ

次の問いに答えなさい。

(1)　7時から8時までの間で，長針と短針が反対方向に一直線になるのは，7時何分ですか。

(2)　3時から4時までの間で，長針と短針が反対方向に一直線になるのは，3時何分ですか。

Check 125　つまずき度 😵😵😵😵😶　➡解答は別冊 p.86 へ

11時から12時までの間で，長針と短針のつくる角度が60度になるのは11時何分ですか。すべて求めなさい。

8 04 速さと比

「速さと比」は難関中学の入試でもよく出題される分野だ。得意にしていこう！

説明の動画は
こちらで見られます

「速さと比」について，これから教えていくんだけど，必ずおさえないといけないとっても大事な３つの決まりがあるから，最初にまとめておくよ。

速さと比の３つの決まり

❶ 同じ速さで進むとき，時間の比と道のりの比は等しい。
❷ 同じ時間を進むとき，速さの比と道のりの比は等しい。
❸ 同じ道のりを進むとき，速さの比と時間の比は逆比になる。

「これがすごく大事な３つの決まりですか。でもこれ，覚えにくそう。」

そうだよね。これらの決まりがどうして成り立つかはあとで説明するとして，まずは速さと比の３つの決まりの覚え方のコツを教えよう。

覚え方の１つ目のコツは，**それぞれの決まりには必ず，速さ，時間，道のりの３つの言葉が１つずつ入っている**ということだ。

❶ 同じ**速さ**で進むとき，**時間**の比と**道のり**の比は等しい。
❷ 同じ**時間**を進むとき，**速さ**の比と**道のり**の比は等しい。
❸ 同じ**道のり**を進むとき，**速さ**の比と**時間**の比は逆比になる。

「どの決まりにも，速さ，時間，道のりの３つの言葉が１つずつ入っていることを知っていれば，たしかに覚えやすくなりますね。」

うん。そして，覚え方の２つ目のコツは，**「速さの比と時間の比だけ逆比」**ということだ。❸の決まりの**速さの比と時間の比だけ逆比**だけど，❶，❷では比は等しくなるよね。

❶ 同じ速さで進むとき，時間の比と道のりの比は等しい。
❷ 同じ時間を進むとき，速さの比と道のりの比は等しい。
❸ 同じ道のりを進むとき，**速さの比と時間の比は逆比になる。**

「**『速さの比と時間の比だけ逆比』で，残りは等しい**って覚えるんですね。」

うん，その通り。最後に覚え方のコツというか，ポイントでもあるんだけど，**必ず決まりの前半の「同じ～進むとき」というところも覚える**ことが大切なんだ。

❶ **同じ速さで進むとき，**時間の比と道のりの比は等しい。
❷ **同じ時間を進むとき，**速さの比と道のりの比は等しい。
❸ **同じ道のりを進むとき，**速さの比と時間の比は逆比になる。
前半の部分も大事　　**後半だけ覚えるのでは不十分**

説明の動画は
こちらで見られます

「速さと比の3つの決まりの覚え方はわかりました。それぞれの決まりはどうして成り立つんですか？」

では，それぞれの決まりが成り立つ理由について，❶から順番に話していこう。

❶ 同じ速さで進むとき，時間の比と道のりの比は等しい。

たとえば，同じ速さの分速 100 m で進むとき，次の表のように，進む時間が 2 倍，3 倍，……になれば，進む道のりも 2 倍，3 倍……になるよ。

例 速さが分速100 mのとき（速さが同じまま）

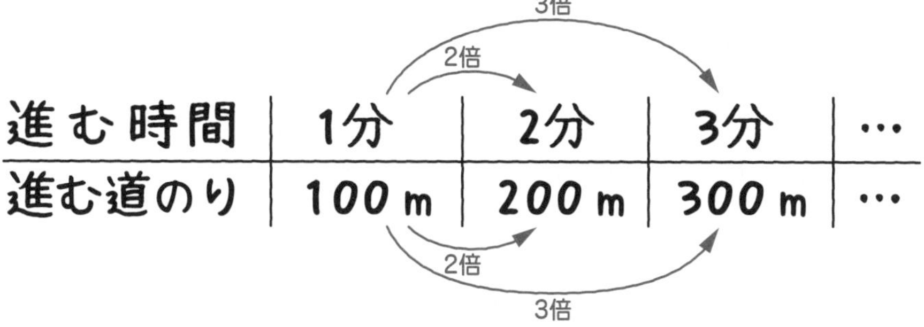

進む時間	1分	2分	3分	…
進む道のり	100 m	200 m	300 m	…

上の表の進む時間の「1 分」と「3 分」を比べてみよう。この場合の時間の比は「1 分：3 分＝1：3」だ。一方，このときに進む道のりの比も「100 m：300 m＝1：3」となる。同じ速さで進むとき，どんな例でためしても，時間の比と道のりの比は等しくなるんだ。

だから「同じ速さで進むとき, 時間の比と道のりの比は等しい」といえるんだよ。

「この決まりは同じ速さで進むときだけ成り立つんですか？」

うん，そうだよ。たとえば，はじめの 1 分間だけ分速 100 m で，それ以降は分速 120 m に速さが変化するとしよう。このとき, 次の表のように, 進む時間が 2 倍, 3 倍，……になっても，進む道のりは 2 倍，3 倍，……にならないね。

例 はじめの 1 分間だけ分速 100 m でそれ以降，分速 120 m のとき
(速さが同じではない)

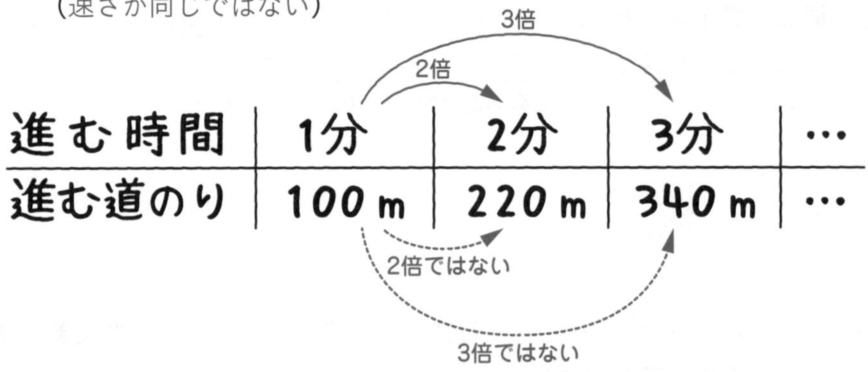

進む時間	1分	2分	3分	…
進む道のり	100 m	220 m	340 m	…

上の表の「1 分」と「3 分」を比べると，時間の比は
「1 分：3 分＝1：3」になる。一方，このときに進む道のりの比は
「100 m：340 m＝5：17」となり，「1：3」と等しくならない。

だから, この決まりは**同じ速さで進むときだけ成り立つ**んだ。決まりの後半の「時間の比と道のりの比は等しい」だけじゃなくて，決まりの前半の「同じ速さで進むとき」というところも覚えておこうと言ったのは，そういうわけなんだよ。

では，次。❷の決まりを見てみよう。

❷ 同じ時間を進むとき，速さの比と道のりの比は等しい。

たとえば，同じ 3 時間を進むとき，次の表のように，進む速さが 2 倍，3 倍，……になれば，進む道のりも 2 倍，3 倍，……になるよ。

例 時間が 3 時間のとき（時間が同じ 3 時間のまま）

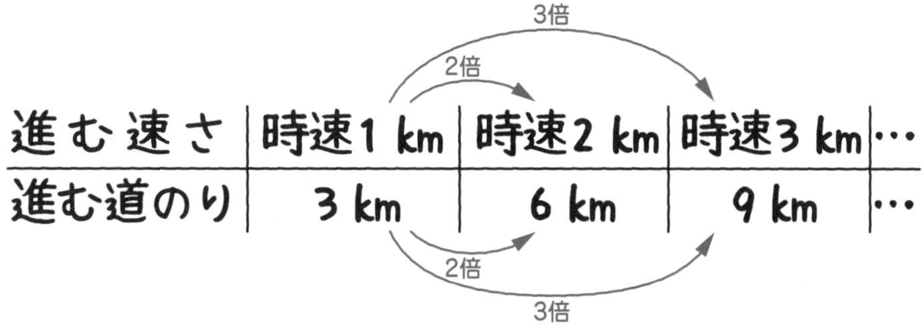

進む速さ	時速1 km	時速2 km	時速3 km	…
進む道のり	3 km	6 km	9 km	…

上の表で，たとえば，進む速さの「時速 1 km」と「時速 2 km」を比べてみよう。この場合の速さの比は「時速 1 km：時速 2 km＝1：2」だ。一方，このときに進む道のりの比も「3 km：6 km＝1：2」となる。同じ時間を進むとき，どんな例でためしても，速さの比と道のりの比は等しくなるんだよ。

だから，「同じ時間を進むとき，速さの比と道のりの比は等しい」といえる。進む時間がちがうと，進む速さが 2 倍，3 倍，……になっても，進む道のりは 2 倍，3 倍，……にならないんだ。だから，❷の決まりは**同じ時間を進むときだけ成り立つ**んだよ。

では，次。❸の決まりを見てみよう。

❸ 同じ道のりを進むとき，速さの比と時間の比は逆比になる。

これだけは逆比になるんだったね。たとえば，同じ 12 km の道のりを進むとき，次の表のように，進む速さが 2 倍，3 倍，……になれば，進む時間は $\frac{1}{2}$ 倍，$\frac{1}{3}$ 倍，……になる。

例 12 kmの道のりを進むとき（道のりが同じ12 kmのまま）

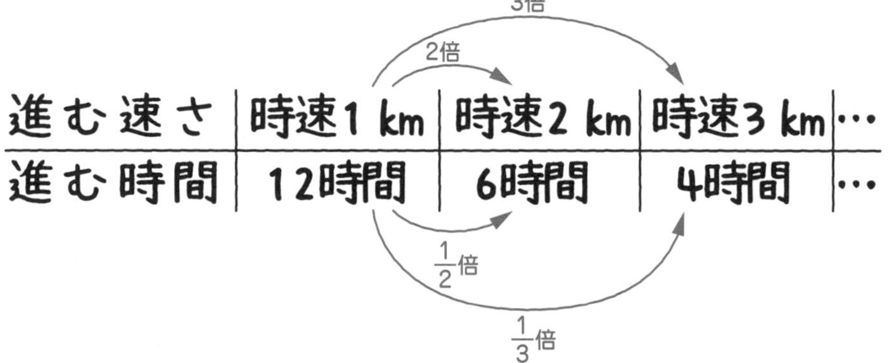

進む速さ	時速1 km	時速2 km	時速3 km	…
進む時間	12時間	6時間	4時間	…

上の表で，たとえば，進む速さの「時速 1 km」と「時速 3 km」を比べると，速さの比は「時速 1 km：時速 3 km＝1：3」になる。一方，このとき進む時間の比は「12 時間：4 時間＝3：1」となり，速さの比と逆比になる。同じ道のりを進むとき，どんな例でためしても，速さの比と時間の比は逆比になるんだよ。

だから，「同じ道のりを進むとき，速さの比と時間の比は逆比になる」といえるんだ。同じ道のりなら，速いほうがかかる時間（進む時間）は短いともいえる。

でも，道のりがちがうと，進む速さが２倍，３倍，……になっても，進む時間は $\frac{1}{2}$ 倍，$\frac{1}{3}$ 倍，……にならないんだ。だから，❸の決まりは**同じ道のりを進むときだけ成り立つ**んだよ。

「決まりが成り立つ理由を理解できた気がします。」

では，速さと比の３つの決まりを使って，さっそく例題を解いてみよう。

説明の動画はこちらで見られます

[例題]8-15　つまずき度

次の問いに答えなさい。

(1)　春子さんと夏子さんが同じ速さで歩きます。春子さんは 450 m 歩き，夏子さんは 350 m 歩いたとき，春子さんと夏子さんの歩いた時間の比を求めなさい。

(2)　分速 90 m で歩く兄と，分速 60 m で歩く弟が，同じ時間を歩くとき，兄と弟の進んだ道のりの比を求めなさい。

(3)　まなぶくんは分速 150 m で，たけしくんは分速 200 m で同じ道のりを走るとき，まなぶくんとたけしくんの走った時間の比を求めなさい。

では，(1)からだ。速さと比の３つの決まりのうち，どれかを使って解くんだけど，どれを使って解くと思う？　ヒントは，春子さんと夏子さんが**「同じ速さで」**歩くということだ。

「**『同じ速さで進むとき，時間の比と道のりの比は等しい』**という決まりを使うんじゃないですか？」

その通り。(1)では，「同じ速さで進むとき，時間の比と道のりの比は等しい」という決まりを使うんだ。春子さんと夏子さんが**同じ速さ**で歩くから，**時間の比と道のりの比は等しい**。春子さんと夏子さんが歩いた道のりの比は何対何かな？

「春子さんは 450 m 歩き，夏子さんは 350 m 歩いたんだから，道のりの比は，450：350＝9：7 ですね！」

そうだね。春子さんと夏子さんが歩いた道のりの比(ひ)は9：7だ。「同じ速さで進むとき，時間の比と道のりの比は等しい」のだから，**時間の比も9：7になる。**これで答えが求められたね。

9：7…答え ［例題］8-15 (1)

では，(2) にいこう。(2) は，速さと比の3つの決まりのうち，どれを使って解くと思う？　ヒントは，兄と弟が「**同じ時間を**」歩くということだ。

「同じ時間を歩くんだから，『**同じ時間を進むとき，速さの比と道のりの比は等しい**』という決まりを使うと思います！」

そうだね。(2)では，「同じ時間を進むとき，速さの比と道のりの比は等しい」という決まりを使うよ。兄と弟が**同じ時間**を歩くから，**速さの比と道のりの比は等しい。**兄と弟が歩いた速さの比は何対何かな？

「えっと……，兄は分速 90 m の速さで歩き，弟は分速 60 m の速さで歩いたんだから，速さの比は，90：60＝3：2ですね。」

その通り。兄と弟が歩いた速さの比は3：2だ。「同じ時間を進むとき，速さの比と道のりの比は等しい」のだから，**道のりの比も3：2になる。**

3：2…答え ［例題］8-15 (2)

(3) にいくよ。(3) はどの決まりを使って解くと思う？　ヒントは，まなぶくんとたけしくんが「**同じ道のりを**」走るということだ。

「同じ道のりを走るんだから，『**同じ道のりを進むとき，速さの比と時間の比は逆比になる**』という決まりを使うと思うわ。」

そうだね。(3)では，「同じ道のりを進むとき，速さの比と時間の比は逆比になる」という決まりを使うんだ。**速さの比と時間の比だけは逆比になることに注意**しよう。まなぶくんとたけしくんが**同じ道のりを**走るから，**速さの比と時間の比は逆比になる。**まなぶくんとたけしくんが走った速さの比は何対何かな？

「まなぶくんは分速 150 m の速さで走り，たけしくんは分速 200 m の速さで走ったんだから，速さの比は，150：200＝3：4ですね。」

その通り。まなぶくんとたけしくんの走る速さの比は3：4だ。「同じ道のりを進むとき，速さの比と時間の比は逆比になる」のだから，**3：4を逆比にして，時間の比は4：3になる**よ。逆比について忘れてしまった人は，5 06 をもう一度見てみよう。

4：3…答え [例題]8-15 (3)

214 説明の動画はこちらで見られます

[例題]8-16 つまずき度

次の問いに答えなさい。

(1) しんやくんとまさるくんの歩く速さの比は3：5です。しんやくんが2km，まさるくんが8km歩いたとき，しんやくんとまさるくんの歩いた時間の比を求めなさい。

(2) Aさんは分速90mで歩き，Bさんは分速60mで歩きました。AさんとBさんが歩いた時間の比が7：6のとき，AさんとBさんが歩いた道のりの比を求めなさい。

(3) 兄が3km，弟が4km歩きました。兄と弟が歩いた時間の比が2：3のとき，兄と弟の速さの比を求めなさい。

結論から言うと，[例題]8-16 は，速さと比の3つの決まりでは解けないんだ。

「えっ，解けないんですか？　じゃあ，どうやって解くんですか？」

この例題を解くために，7 01 で教えた「速さの3つの公式」を使うんだ。「速さの3つの公式」は次の公式だけど，これはもう身についているよね。

- **道のり÷時間＝速さ**
- **速さ×時間＝道のり**
- **道のり÷速さ＝時間**

そして，5 07 の「比どうしの積と商」で，**かけ算とわり算だけでできた公式では，「の比」をつけても成り立つ**ということを教えたね。

速さの3つの公式は，かけ算とわり算だけでできた公式だから，「の比」をつけても成り立つんだ。速さの3つの公式のそれぞれに「の比」をつけると，次の新しい公式ができる。

速さ「の比」の3つの公式

- 道のりの比÷時間の比＝速さの比
- 速さの比×時間の比＝道のりの比
- 道のりの比÷速さの比＝時間の比

[例題]8-16 は，これらの「の比」をつけた公式を使って解くんだ。

では，(1)から解いていこう。もう一度問題を見てみるよ。

(1)　しんやくんとまさるくんの歩く速さの比は3：5です。しんやくんが2 km，まさるくんが8 km歩いたとき，しんやくんとまさるくんの歩いた時間の比を求めなさい。

時間の比を求める問題だから，**「道のりの比÷速さの比＝時間の比」**の公式を使うと解くことができるんだ。まず，しんやくんとまさるくんが歩いた道のりの比は何対何かな？

「しんやくんが2 km，まさるくんが8 km歩いたのだから，しんやくんとまさるくんが歩いた道のりの比は，2：8＝1：4 ね。」

そうだね。しんやくんとまさるくんが歩いた道のりの比は1：4 だ。次に，しんやくんとまさるくんの歩く速さの比は3：5 だね。これらをならべて書くと，右のようになる。

	しんや		まさる
道のりの比	1	：	4
速さの比	3	：	5

「道のりの比÷速さの比＝時間の比」だから，しんやくんとまさるくんの道のりの比を速さの比でそれぞれわると，次のようになって，時間の比が求められるんだ。

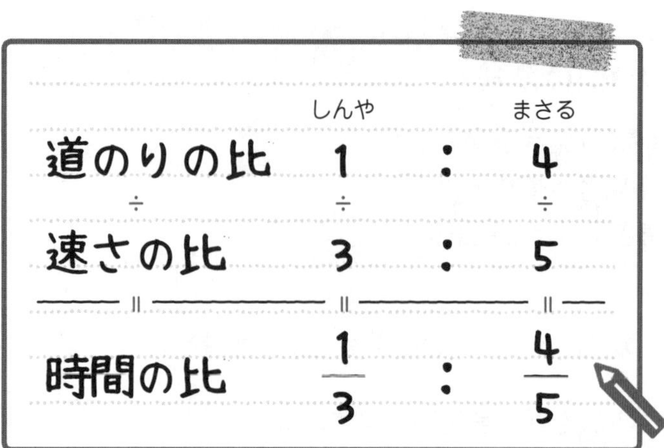

上のように，道のりの比をそれぞれの速さの比でわると，しんやくんとまさるくんの歩いた時間の比は，$(1\div3):(4\div5)=\frac{1}{3}:\frac{4}{5}$ と求められる。でも，答えはできるだけ簡単な比に直す必要があるね。ユウトくん，簡単な比に直してくれるかな？

「えっと……，$\frac{1}{3}$ と $\frac{4}{5}$ の分母の3と5の最小公倍数15をそれぞれにかければいいんですよね！ $\left(\frac{1}{3}\times15\right):\left(\frac{4}{5}\times15\right)=5:12$ ですね！」

そうだね。答えは5：12だ。

5：12…答え [例題]8-16 (1)

説明の動画はこちらで見られます

では，(2)にいこう。(2)をもう一度見てみるよ。

(2) Aさんは分速90mで歩き，Bさんは分速60mで歩きました。AさんとBさんが歩いた時間の比が7：6のとき，AさんとBさんが歩いた道のりの比を求めなさい。

道のりの比を求める問題だから，「**速さの比×時間の比＝道のりの比**」の公式を使って解くことができるんだ。まず，AさんとBさんの速さの比は何対何かな？

「Aさんは分速90mで歩き，Bさんは分速60mで歩いたのだから，AさんとBさんの速さの比は，90：60＝3：2ですね！」

そうだね。AさんとBさんの速さの比は3：2だ。次に，AさんとBさんが歩いた時間の比は7：6だね。これらをならべて書くと，右のようになる。

	A		B
速さの比	3	：	2
時間の比	7	：	6

「速さの比×時間の比＝道のりの比」

だから，AさんとBさんの速さの比にそれぞれの時間の比をかけると，次のようになって，道のりの比が求められるんだ。

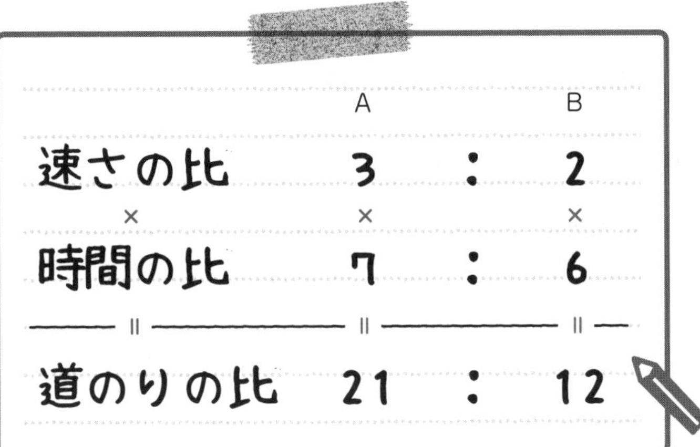

上のように，速さの比にそれぞれの時間の比をかけると，AさんとBさんの歩いた道のりの比は，(3×7)：(2×6)＝21：12＝7：4とわかるね。

7：4…答え [例題]8-16 (2)

216 説明の動画はこちらで見られます

では，(3)だ。問題文をおさらいするよ。

> (3)　兄が3 km，弟が4 km歩きました。兄と弟が歩いた時間の比が2：3のとき，兄と弟の速さの比を求めなさい。

速さの比を求める問題だから，**「道のりの比÷時間の比＝速さの比」**の公式を使って解くことができるね。

まず，兄と弟が歩いた道のりの比は3：4だ。そして，兄と弟が歩いた時間の比が2：3だね。これらをならべて書くと，右のようになる。

	兄		弟
道のりの比	3	：	4
時間の比	2	：	3

「道のりの比÷時間の比＝速さの比」だから，兄と弟の道のりの比をそれぞれの時間の比でわると，次のようになって，速さの比が求められるんだ。

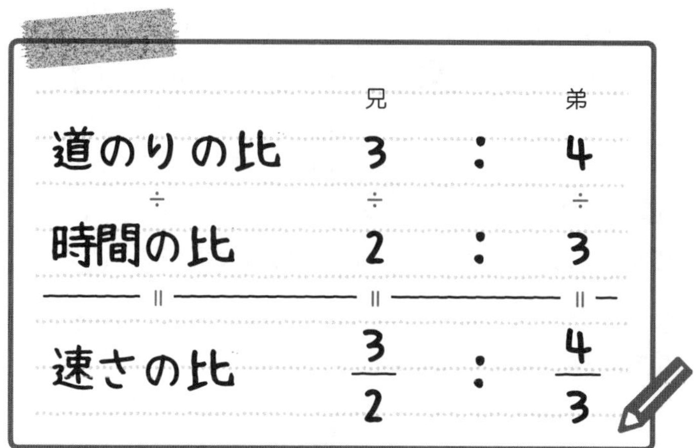

上のように，道のりの比をそれぞれの時間の比でわると，兄と弟の速さの比は，(3÷2)：(4÷3)＝$\frac{3}{2}$：$\frac{4}{3}$と求められる。でも，答えはできるだけ簡単な比に直す必要があるね。ハルカさん，簡単な比に直してくれるかな？

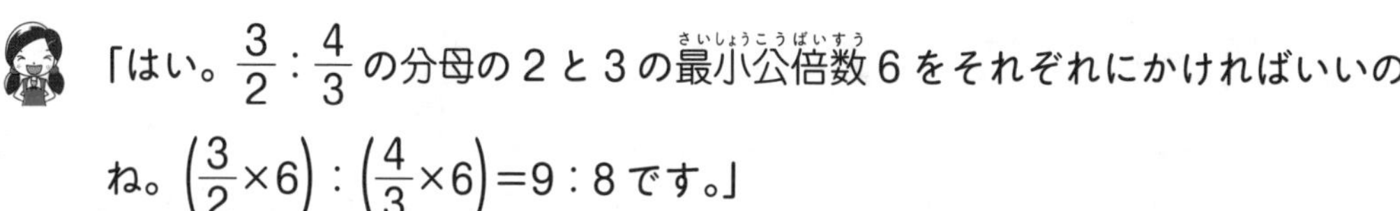

「はい。$\frac{3}{2}$：$\frac{4}{3}$の分母の２と３の最小公倍数６をそれぞれにかければいいのね。$\left(\frac{3}{2}\times 6\right)$：$\left(\frac{4}{3}\times 6\right)$=9：8です。」

そうだね。答えは9：8だ。

9：8…答え　[例題]8-16 (3)

この例題では，速さの３つの公式に「の比」をつけた公式をもとに解いたね。この「の比」をつけた公式も使いこなせるようにしていこう。

説明の動画はこちらで見られます

では，次の例題にいくよ。

[例題]8-17　つまずき度

家と公園の間を往復しました。行きは時速 4 km，帰りは時速 5 km の速さで歩いたところ，往復にかかった時間の合計は 54 分でした。家から公園までの道のりは何 km ですか。

まず，この例題の様子を線分図に表してみると，次のようになるよ。速さの問題では，線分図をかくと問題の様子がよくわかるね。

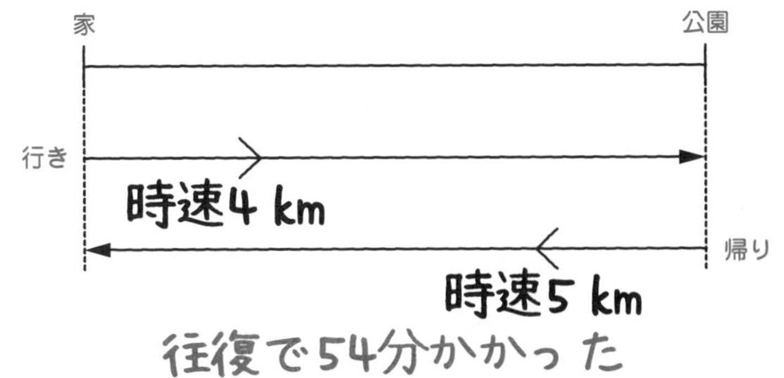

家と公園の間を往復したのだから，行きも帰りも進んだ道のりは同じだね。そして，行きは時速 4 km，帰りは時速 5 km だから，行きと帰りの**速さの比は 4：5** だ。ここで，速さと比の 3 つの決まりを思い出そう。

❶ **同じ速さで進むとき，時間の比と道のりの比は等しい。**

❷ **同じ時間を進むとき，速さの比と道のりの比は等しい。**

❸ **同じ道のりを進むとき，速さの比と時間の比は逆比(ぎゃくひ)になる。**

3 つの決まりのうち，この例題で使うのは，どれだと思う？

「えっと……，行きも帰りも進んだ道のりは同じで，行きと帰りの速さの比は 4：5 とわかっているから，❸の『**同じ道のりを進むとき，速さの比と時間の比は逆比になる**』という決まりが使えると思います。」

そうだね。❸の「**同じ道のりを進むとき，速さの比と時間の比は逆比になる**」という決まりが使える。行きも帰りも進んだ道のりは同じで，行きと帰りの速さの比は 4：5 だから，行きと帰りの時間の比はどうなるかな？

「行きと帰りの速さの比は 4：5 で，速さの比と時間の比は逆比になるから，4：5 をひっくり返して，**行きと帰りの時間の比は 5：4** だと思います！」

その通り。行きと帰りの時間の比は 5：4 になるね。

往復にかかった時間の合計は 54 分で，行きと帰りの時間の比は 5：4 ということは，行きと帰りにかかった時間はそれぞれ何分かな？

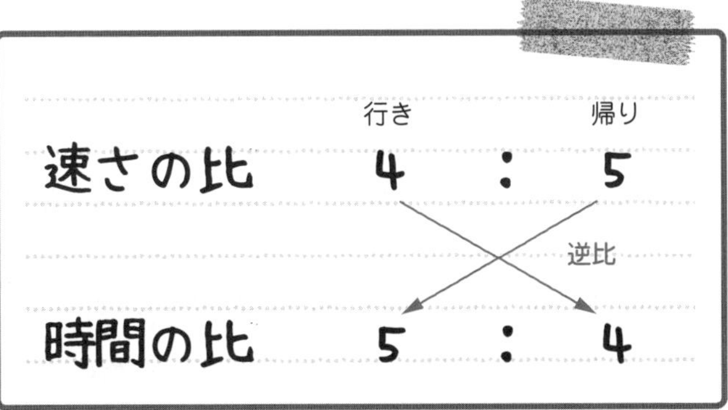

「えっと，5：4 にマルをつけて⑤と④として考えるわ。⑤：④の比をたして，⑤＋④＝⑨だから，比の⑨が 54 分にあたるのね。

行き　帰り

時間の比　⑤ ： ④

和の⑨が 54 分にあたる

54÷⑨＝6 で，比の①は 6 分よ。ということは，行きにかかった時間は，6×5＝30(分)で，帰りにかかった時間は，6×4＝24(分)ね。」

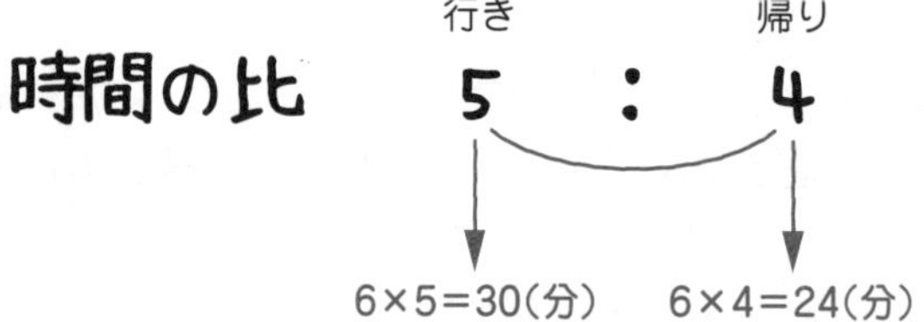

その通り。**行きにかかった時間は 30 分で，帰りにかかった時間は 24 分**だ。ここまでくれば，家から公園までの道のりを求めることができるね。行きは時速 4 km で，30 分かかったということだ。速さと時間をかければ道のりが求められるけど，単位をそろえてから計算しよう。行きにかかった時間は 30 分＝$\frac{1}{2}$時間だ。時速 4 km と $\frac{1}{2}$ 時間をかけて，道のりは，$4\times\frac{1}{2}=2$(km)と求められる。

時速4 km×$\frac{1}{2}$時間＝2 km

（行きの）速さ　（行きの）時間　道のり

2 km … 答え ［例題］8-17

ちなみに，帰りの速さの時速 5 km に，帰りにかかった時間の 24 分＝$\frac{2}{5}$時間をかけて，$5\times\frac{2}{5}=2$(km)と求めることもできるよ。この例題では，**「同じ道のりを進むとき，速さの比と時間の比は逆比になる」**という決まりを使って解けたね。行きと帰りの道のりが同じだからこそ，この決まりを使えたことに注意しよう。

「もし，道のりがちがったら，この公式が使えなかったということですね？」

うん，そういうことだよ。では，次の例題にいこう。

説明の動画は
こちらで見られます

[例題]8-18　つまずき度 😵😵😵😵😶

太郎(たろう)くんと次郎(じろう)くんが 100 m の競走(きょうそう)をしました。2 人は同時にスタートし，太郎くんがゴールしたとき，次郎くんはゴールの 36 m 手前のところにいました。太郎くんのスタートラインを何 m うしろにすれば，2 人は同時にゴールしますか。

太郎くんと次郎くんが 100 m の競走をして，太郎くんがゴールしたとき，次郎くんはゴールの 36 m 手前のところにいたんだね。つまり，太郎くんがゴールしたときに，次郎くんはスタート地点から，100－36＝64(m)進んでいたということだ。この様子を線分図にかいてみよう。

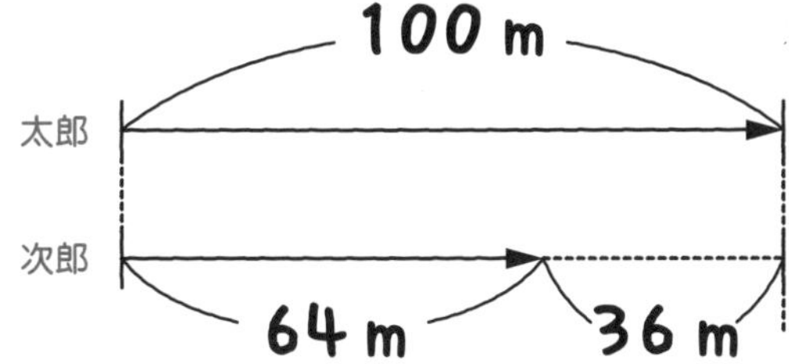

ユウトくん，太郎くんと次郎くんの速さの比はどうやったら求められるかな？

「えっと……，うーん……。」

ここで，**「同じ時間を進むとき，速さの比と道のりの比は等しい」**という決まりを思い出そう。太郎くんが 100 m を進むうちに，次郎くんは 64 m 進んだんだね。つまり，「同じ時間で」太郎くんは 100 m，次郎くんは 64 m 進んだといえる。

「あっ，わかった！　同じ時間を進んだので，道のりの比が速さの比に等しくなるんですね。」

その通り。太郎くんと次郎くんが同じ時間で進んだ道のりの比は，
100：64＝25：16 だから，速さの比も 25：16 になるよ。

そして，問題では，太郎くんのスタートラインを何 m うしろにすれば，2 人は同時にゴールするか求めるんだね。

「太郎くんはスタートラインを何 m かうしろにして，100 m より長く走るんですね。大変(たいへん)そう。」

そうだね。太郎くんのスタートラインを□ m うしろにするとして線分図で表すと，次のようになる。

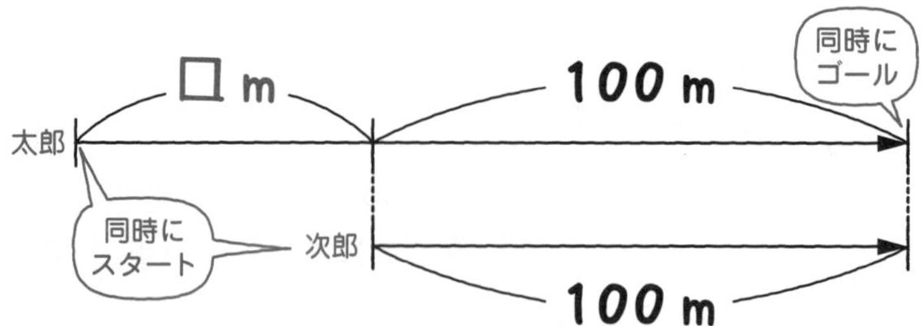

太郎くんと次郎くんの速さの比は 25：16 だね。太郎くんのスタートラインを何 m かうしろにして，2 人は同時に出発し，同時にゴールするから，今回も **2 人の進んだ時間は同じだ。「同じ時間を進むとき，速さの比と道のりの比は等しい」** という決まりをまた思い出そう。このとき，太郎くんと次郎くんの走った道のりの比は何対何かな？

「あっ！　太郎くんと次郎くんの走る時間は同じで，太郎くんと次郎くんの速さの比は 25：16 だから，道のりの比も 25：16 になるんですね！」

その通り。道のりの比は 25：16 になる。比と実際の道のりを区別するために比に○をつけて㉕：⑯として，次のように図に書きこもう。太郎くんのスタートラインを□ m うしろにするわけだけど，㉕−⑯＝⑨より，□ m は比の⑨にあたるね。

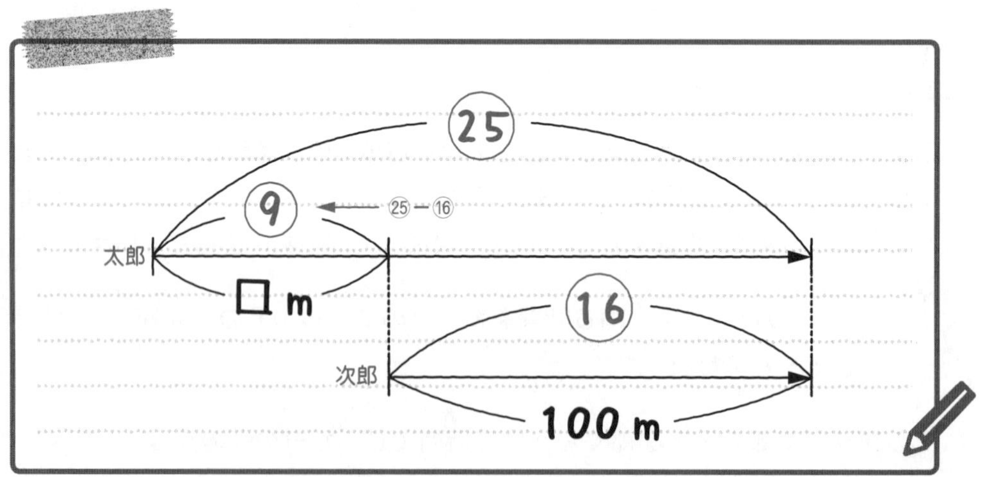

線分図から，比の⑯が 100 m にあたるね。①を求めるにはどうすればいい？

「『マルでわる』で求められますね。100 をマルの中の 16 でわって，

$100\div16=\frac{100}{16}=\frac{25}{4}$ より，①は $\frac{25}{4}$ m ですね。」

そうだね。 で教えたように，①を求めるには「マルでわる」だよ。①は $\frac{25}{4}$ mとわかった。太郎くんのスタートラインをうしろにした長さの□ m は⑨だから，$\frac{25}{4}\times9=\frac{225}{4}=56\frac{1}{4}$ で，答えは $56\frac{1}{4}$ m と求められる。小数の 56.25 m でも正解だよ。

$56\frac{1}{4}$ m（56.25 m） … 答え [例題]8-18

219 説明の動画はこちらで見られます

[例題]8-19 つまずき度 ×××××

7 時 50 分に家を出発して学校まで向かうのに，分速 75 m で歩くと始業時刻に 2 分おくれますが，分速 90 m で歩くと始業時刻より 5 分早く着きます。このとき，次の問いに答えなさい。

（1） 始業時刻は何時何分ですか。

（2） 家から学校までの道のりは何 m ですか。

では，(1)を解説していくよ。まず，問題の様子を線分図に表そう。

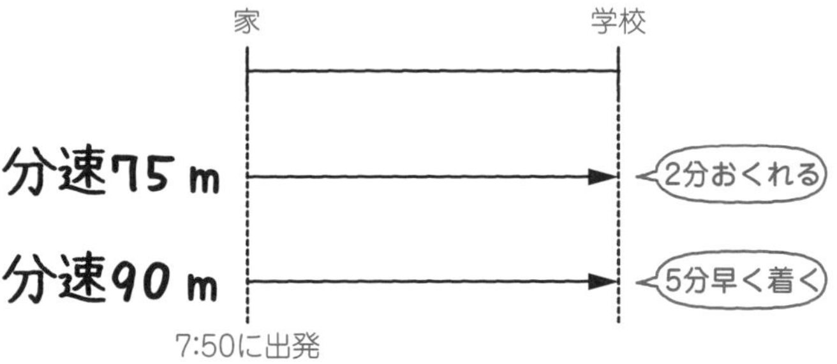

分速 75 m で進むときと分速 90 m で進むときの速さの比は，75：90＝5：6 だね。**どちらの速さで行くときも，家から学校までの同じ道のりを進む**わけだから，「**同じ道のりを進むとき，速さの比と時間の比は逆比になる**」という決まりが使える。この公式から，かかる時間の比は何対何になるかな？

「速さの比は 5：6 で，時間の比はその逆比だから 6：5 です。」

そうだね。速さの比は 5：6 で，かかる時間の比は，速さの逆比の 6：5 になる。

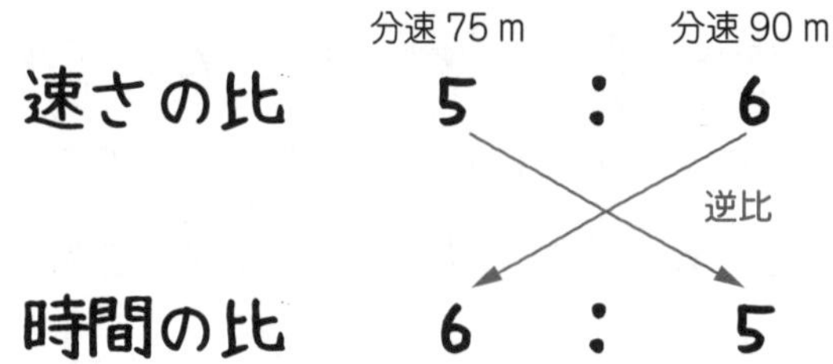

かかる時間の比は6：5になるけど，分速 75 m と分速 90 m で進むときの実際の時間の差は何分かな？

「えっと……，分速 75 m で歩くと始業時刻に2分おくれるけど，分速 90 m で歩くと始業時刻より5分早く着くから，2+5=7(分)の差があるってことですか？」

その通り。2分おくれるのと5分早く着く時間の差は，2+5=7(分)だ。

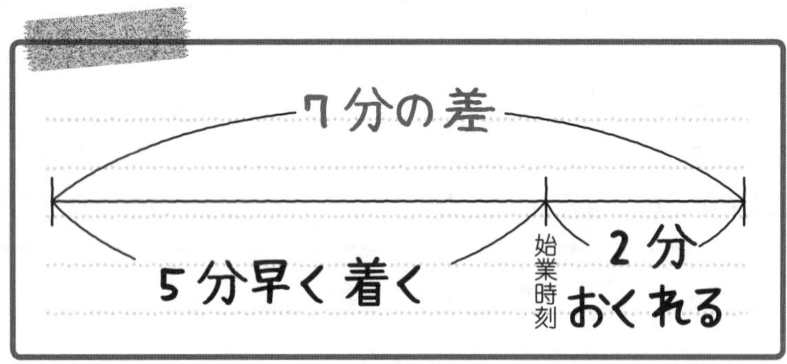

かかる時間の比を⑥：⑤とすると，比の差の⑥−⑤=①が7分にあたるんだね。

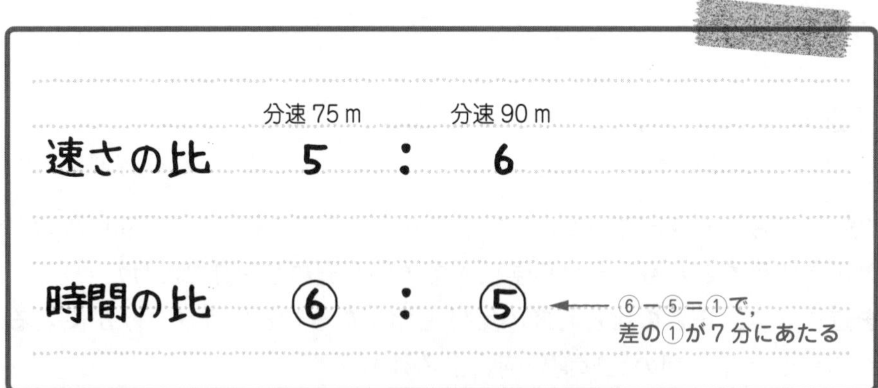

比の①が7分にあたるということは，時間の比の⑥：⑤がそれぞれ何分か求めることができるね。

「はい。①が7分だから，⑥が 7×6=42(分)，⑤が 7×5=35(分)です。」

そうだね。つまり，分速 75 m で歩くと 42 分かかり，分速 90 m で歩くと 35 分かかると求められる。そうすると，始業時刻は何時何分かな？

「えっと……，分速 75 m で歩くと 42 分かかるんですよね。家を出発する時刻が 7 時 50 分で，42 分歩くと学校に着くけど，始業時刻に 2 分おくれるんだから，7 時 50 分＋42 分－2 分＝8 時 30 分で，始業時刻は 8 時 30 分ですね！」

その通り。始業時刻は 8 時 30 分だ。分速 90 m で歩くときで考えてもいいよね。ハルカさん，分速 90 m で歩くときで考えて，始業時刻を求めてくれるかな？

「はい。分速 90 m で歩くと 35 分かかるんですね。家を出発する時刻が 7 時 50 分で，35 分歩くと学校に着くけど，始業時刻より 5 分早く着くんだから，7 時 50 分＋35 分＋5 分＝8 時 30 分で，始業時刻は 8 時 30 分です。」

そうだね。どちらの方法でも，始業時刻は 8 時 30 分と求めることができたね。

8 時 30 分 … 答え [例題]8−19 (1)

では，(2) にいこう。(2) は簡単だ。(1) から，分速 75 m で 42 分歩くと学校に着くんだから，求める道のりは，75×42＝3150(m)だね。

「分速 90 m で 35 分歩くと学校に着くんだから，90×35＝3150(m)と求めることもできますね！」

その通りだよ。

3150 m … 答え [例題]8−19 (2)

説明の動画は
こちらで見られます

[例題]8−20 つまずき度 ●●●○○

Aさんが出発してから 8 分後に，BさんがAさんを追いかけました。Bさんは出発してから 20 分後にAさんに追いつきました。AさんとBさんの速さの比を求めなさい。

まず，この問題の様子を線分図に表してみよう。

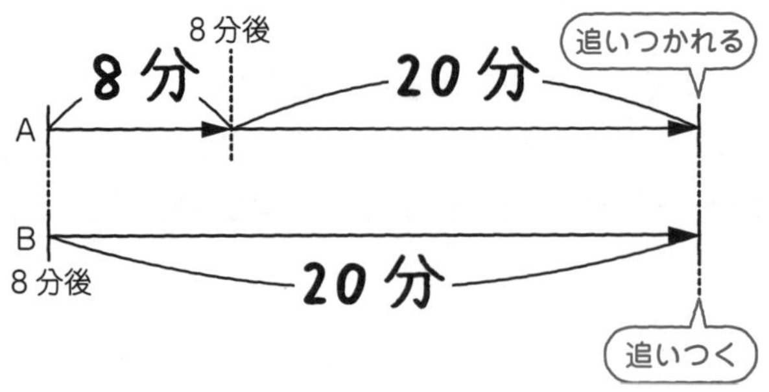

このときの，Aさんと Bさんの速さの比を求める問題だけど，どのように解いていったらいいだろう？

「うーん……，よくわからないです。」

では，出発してから追いつく（追いつかれる）までのAさんとBさんの進んだ時間はそれぞれ何分かな？

「えっと……，Aさんは出発してから追いつかれるまでに，8+20=28(分)進んで，Bさんは出発してから追いつくまでに20分進みました。」

そうだね。出発してから追いつく（追いつかれる）までのAさんとBさんの進んだ時間はそれぞれ28分と20分だ。AさんとBさんの進んだ時間の比は，28：20=7：5だね。そして，**出発してから追いつく（追いつかれる）までにAさんとBさんの進んだ道のりは同じだ。**

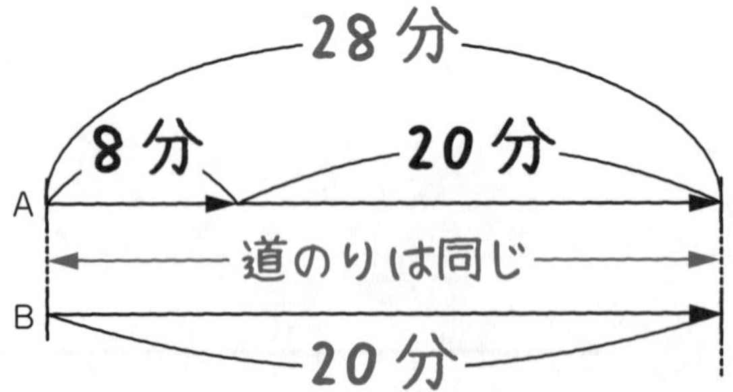

出発してから追いつく（追いつかれる）までの，AさんとBさんの進んだ道のりは同じだから，**「同じ道のりを進むとき，速さの比と時間の比は逆比になる」**という決まりが使える。

「AさんとBさんのかかった時間の比は7：5で，速さの比と時間の比は逆比になるから，AさんとBさんの速さの比は5：7になるんですね！」

その通り。時間の比は7：5で，速さの比は，時間の逆比で5：7になるんだ。

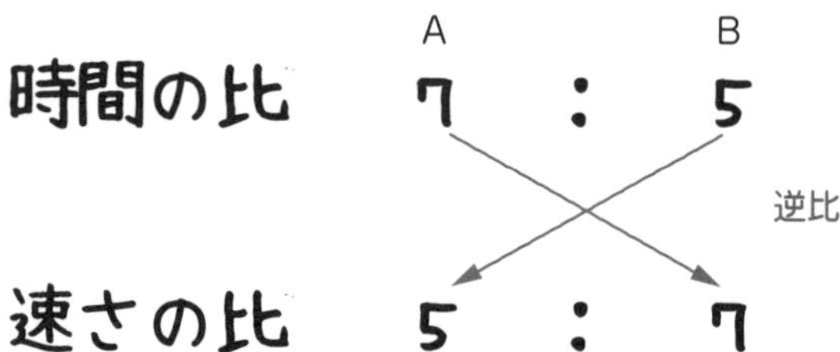

5：7…答え [例題]8-20

説明の動画はこちらで見られます

[例題]8-21 つまずき度

A，Bの2地点があり，まゆみさんがA地点から，ゆいさんがB地点から向かい合って同時に出発しました。出発して24分後に2人は出会い，出会ってから20分後にまゆみさんがB地点に着きました。このとき，次の問いに答えなさい。

(1) まゆみさんとゆいさんの速さの比を求めなさい。
(2) ゆいさんがA地点に着くのは，出発してから何分何秒後ですか。

(1)を解いていこう。この例題の様子を線分図に表すと，次のようになるよ。

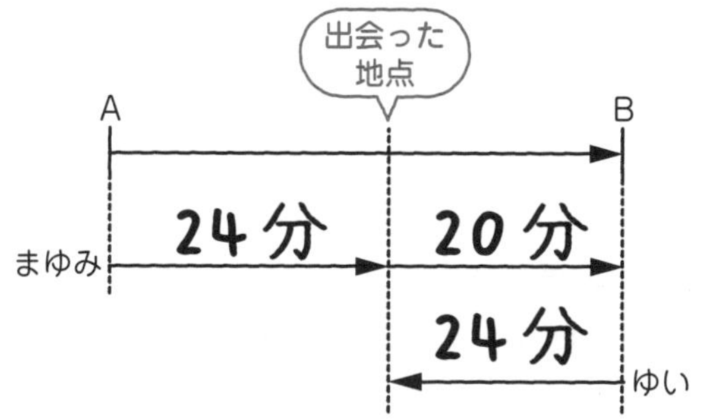

まゆみさんとゆいさんの速さの比を求めたいんだけど，道のりも速さも問題文に書かれてないからわからないね。わかっているのは時間だけだ。

「うーん，どうやったら速さの比がわかるのかな？」

さっきの線分図を見てごらん。まゆみさんとゆいさんが**同じ道のりを進んでいて，それぞれのかかった時間がわかっているところ**はないかな？

「あっ！　ありました。2人が出会った地点からB地点までのところですね。」

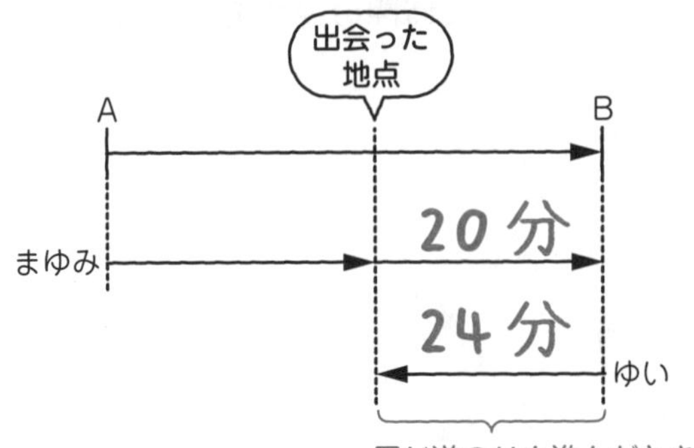

そうだね。そこに注目だ。**「同じ道のりを進むとき，速さの比と時間の比が逆比になる」**決まりを使おう。2人が出会った地点からB地点までの道のりに注目すると，かかった時間は，まゆみさんが20分で，ゆいさんが24分だ。つまり，同じ道のりを進むときの，まゆみさんとゆいさんのかかった時間の比は，20:24＝5:6だね。ということは，2人の速さの比は何対何かな？

「2人のかかった時間の比が5：6で，その逆比だから，6：5ですね！」

そうだね。時間の比は5：6，速さの比は，時間の逆比の6：5だ。

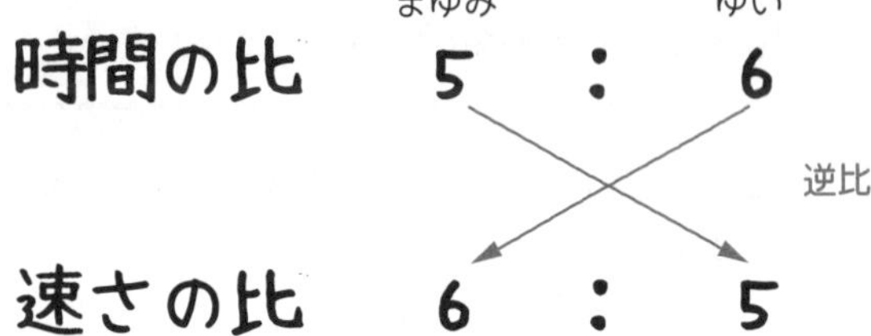

6：5…答え［例題］8-21 (1)

この解き方のように，**2人が同じ道のりを進んでいて，かかった時間がどちらもわかっているところを探して，速さと時間が逆比になることを利用して解く方法は大切**だからマスターしていこう。

速さと比の問題を解くコツ

2人が同じ道のりを進んでいて，かかった時間がどちらもわかっているところを探して，**速さと時間が逆比になること**を利用して解く。

別解 [例題]8-21 (1)

(1)には別解(べっかい)があるから見ておこう。

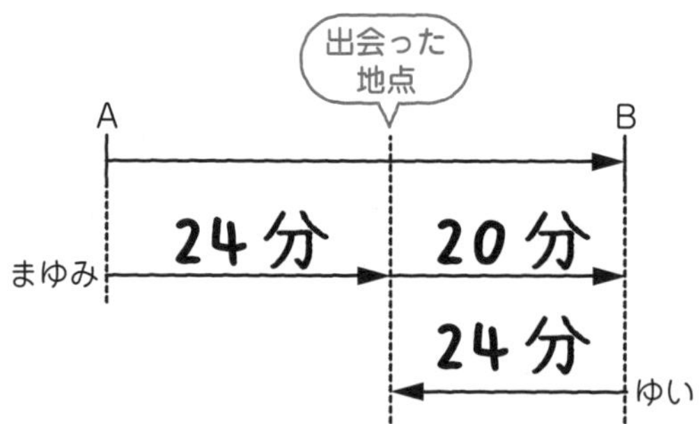

まゆみさんの動きに注目しよう。A地点からゆいさんと出会うまでにかかった時間は24分で，出会ってからB地点まで進んだ時間は20分だね。つまり，それぞれにかかった時間の比は，24：20＝6：5だ。**「同じ速さで進むとき，時間の比と道のりの比は等しい」**のだから，A地点から出会った地点までの道のりと，出会った地点からB地点までの道のりの比も6：5だね。

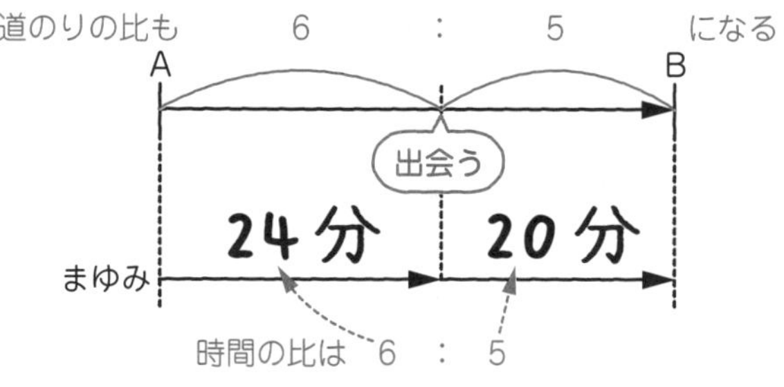

ここで，2人が出発してから出会うまでを考えると，まゆみさんとゆいさんが出会うまでに進んだ道のりの比は6：5ということになるよね。

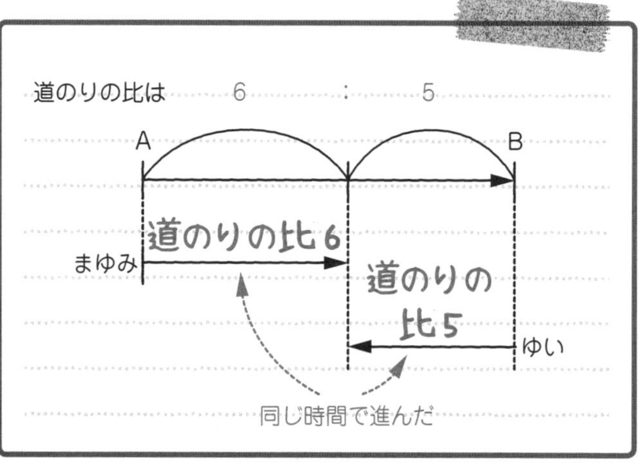

2人が出発してから出会うまでの時間は同じだから，「同じ時間を進むとき，速さの比と道のりの比は等しい」という決まりから，まゆみさんとゆいさんの速さの比も，道のりの比と同じ6：5になるんだ。

	まゆみ		ゆい	
道のりの比	**6**	**：**	**5**	同じ
速さの比	**6**	**：**	**5**	

6：5…答え ［例題］8-21 (1)

説明の動画はこちらで見られます

では，(2)にいこう。「ゆいさんがA地点に着くのは，出発してから何分何秒後か」を求める問題だ。(1)で，まゆみさんとゆいさんの速さの比は6：5と求められたね。まゆみさんはA地点からB地点まで，24＋20＝44(分)かかったね。**A地点からB地点までの同じ道のりを進むとき，速さの比と時間の比は逆比になる。**2人のかかった時間の比は何対何かな？

「まゆみさんとゆいさんの速さの比は6：5だから，かかった時間の比は，速さの逆比の5：6ですね。」

そうだね。A地点からB地点までの同じ道のりを進むときに，2人がかかった時間の比は5：6だ。ゆいさんがB地点からA地点まで□分かかったとして図をかくと，次のようになる。

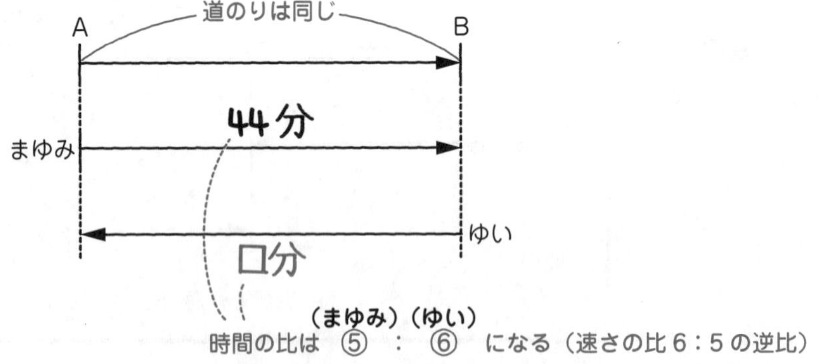

まゆみさんとゆいさんが，A地点からB地点まで実際にかかった時間はそれぞれ44分と□分だ。そして，この時間の比が5：6になるんだよ。

この5：6にマルをつけて，⑤：⑥としよう。⑤が44分にあたり，⑥が□分にあたるということだ。⑤が44分だから，①は，44÷5＝8.8(分)だとわかる。

そして，⑥は 8.8×6＝52.8 だから，□は 52.8 と求められるよ。つまり，ゆいさんが A 地点に着くのは，出発してから 52.8 分後とわかったんだね。0.8 分は，60×0.8＝48(秒)だから，出発してから 52 分 48 秒後に A 地点に着くということだ。

52 分 48 秒後… 答え [例題]8-21 (2)

別解 [例題]8-21 (2)

(2) にも別解（べっかい）があるよ。(1) の別解で，A 地点から出会った地点までの道のりと，出会った地点から B 地点までの道のりの比は 6：5 になることが求められたね。

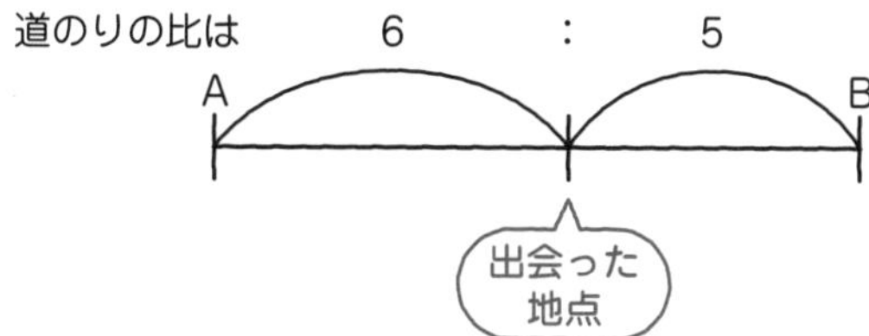

ゆいさんはずっと同じ速さのまま進むのだから，**「同じ速さで進むとき，時間の比と道のりの比は等しい」**という決まりより，出会った地点から A 地点までかかった時間と，B 地点から出会った地点までかかった時間の比も⑥：⑤になるんだ。

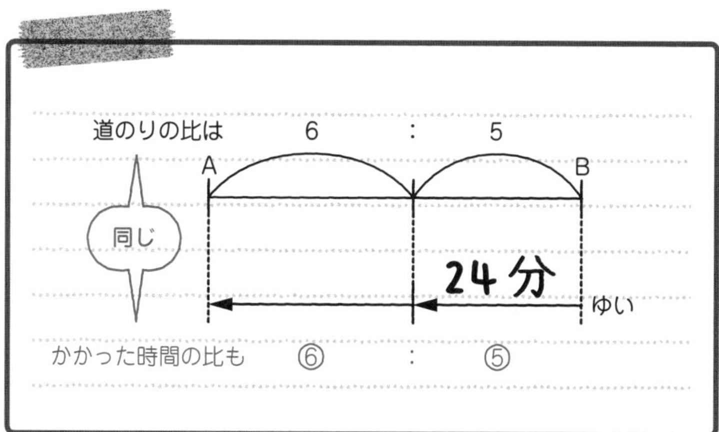

図から，⑤が 24 分にあたることがわかるね。⑤が 24 分だから，24÷5＝4.8 で，①は 4.8 分だ。ゆいさんが B 地点から A 地点に行くのに，⑤＋⑥＝⑪の時間がかかったのだから，4.8×11＝52.8 で，⑪が 52.8 分と求められるよ。

「ゆいさんが B 地点から A 地点に行くのに 52.8 分かかったということですね。」

うん，そういうことだね。52.8 分＝52 分 48 秒だから，答えは 52 分 48 秒後と求められる。

52 分 48 秒後 … 答え ［例題］8−21 （2）

「(1)も(2)も別解がありましたけど，どちらかの解き方だけをできるようにしておけばいいですか？」

できれば，どちらの方法でも解けるようになっておこう。さまざまな解き方ができるようになることで応用力が身につくからね。

説明の動画は
こちらで見られます

では，次の例題にいきたいんだけど，その前に少し解説するね。次の例題は，「**歩はばと歩数**」についての問題だ。この「歩はばと歩数」の問題を苦手にしている人は多いようだよ。でも，説明をゆっくり順序よく聞いていくとスッキリわかるからね。まず，歩はばや歩数といった言葉の意味について話そう。**歩はば**というのは，**「歩くときに一歩で進む長さ（はば）」**のことだ。

子どもの歩はばの平均は 50 cm ぐらい，大人の歩はばの平均は 60 ～ 70 cm ぐらいだよ。次に，**歩数**というのは，**「何歩進むか」**ということだ。たとえば，歩はばが 60 cm で，歩数を 3 歩進んだとき，何 cm の道のりを進むかな？

「歩はばが 60 cm で 3 歩進むと，60×3＝180(cm)の道のりを進みます。」

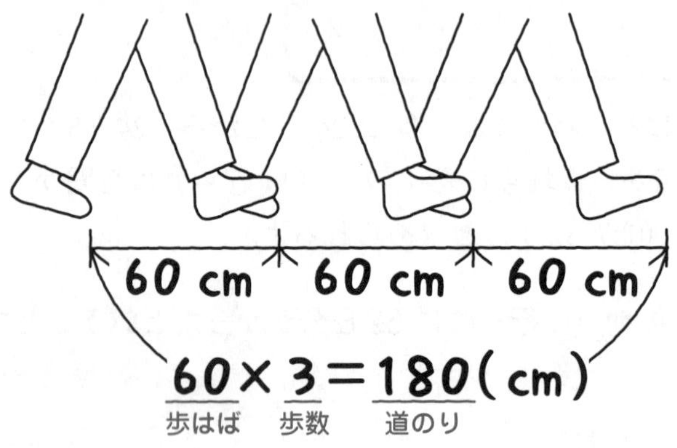

そうだね。歩はばの 60 cm に歩数の 3 をかけて，180 cm の道のりを進むことがわかる。つまり「**歩はば×歩数＝道のり**」という公式が成り立つんだ。

「1 歩で進む長さに，何歩進むかをかければ，どれだけの道のりを進んだか求められるってことですよね。」

そうだね。そして，かけ算でできた公式は「の比」をつけても成り立つから，「**歩はば×歩数＝道のり**」に「の比」をつけると

歩はばの比×歩数の比＝道のりの比

という公式が成り立つんだ。

また，**「同じ時間を進むとき，速さの比と道のりの比は等しい」**から，この公式を次のように直すこともできる。

歩はばの比 × 歩数の比＝道のりの比

同じ時間を進むとき
道のりの比と
速さの比は等しい

歩はばの比 × 歩数の比＝速さの比

つまり，**同じ時間を進むとき**，「**歩はばの比×歩数の比＝速さの比**」という公式も成り立つんだ。歩はばと歩数の問題では，この「歩はばの比×歩数の比＝速さの比」という公式を使うことが多いから，この公式はそのまま覚えておこう。

Point 歩はばと歩数の公式（同じ時間を進むとき）

歩はばの比×歩数の比＝速さの比

では，歩はばと歩数について教えたことをもとに，次の例題を解いてみよう。

説明の動画は
こちらで見られます

[例題]8-22 つまずき度 ●●●○○

次の問いに答えなさい。

(1) AくんとBくんの歩はばの比は 4：3 で，同じ時間に歩く歩数の比は 5：6 です。AくんとBくんの速さの比を求めなさい。

(2) Cくんが 3 歩で歩く距離を，Dくんは 5 歩で歩きます。また，Cくんが 4 歩歩く間に，Dくんは 5 歩歩きます。CくんとDくんの速さの比を求めなさい。

(1) から見ていくよ。AくんとBくんの歩はばの比は④：③だ。1 歩で進む長さの比が④：③ということだから，図で表すと右のようになる。

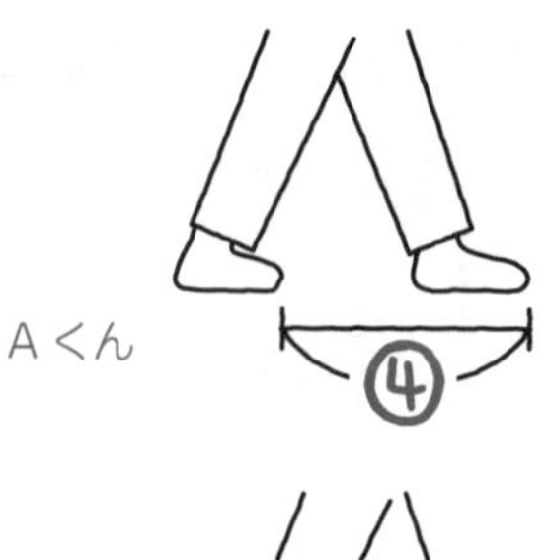

同じ時間に歩く歩数の比は 5：6 だ。これは，「Aくんが 5 歩進む間に，Bくんが 6 歩進む」ということだよ。Aくんの歩はばの比は④で 5 歩進むのだから，進む道のりは，④×5＝⑳だ。Bくんの歩はばの比は③で 6 歩進むのだから，進む道のりは，③×6＝⑱だよ。AくんとBくんの進む道のりの比は，⑳：⑱＝10：9 になる。

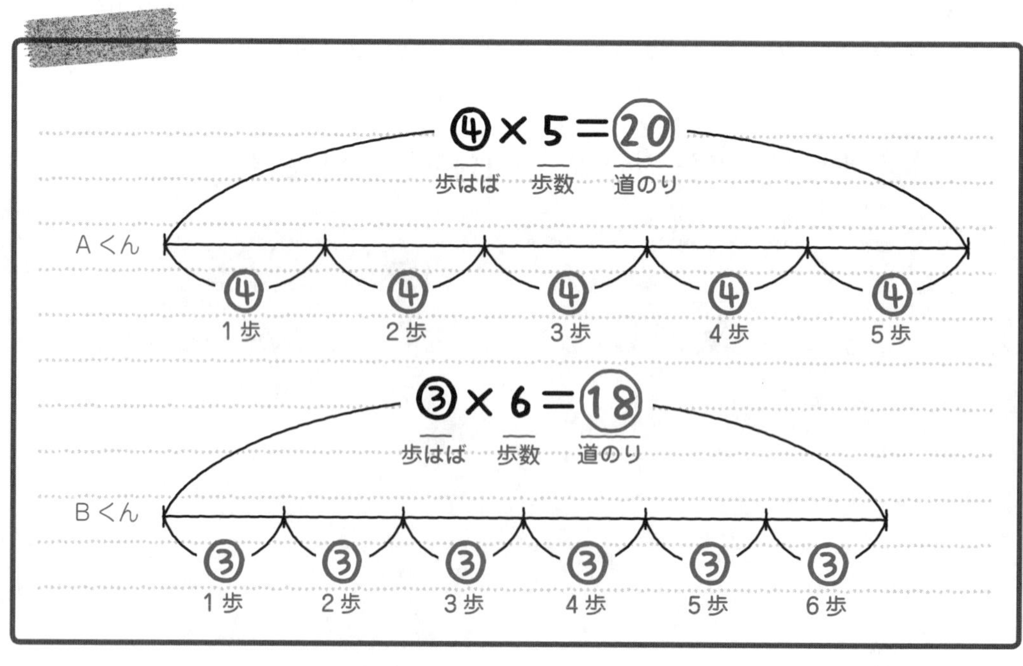

同じ時間にAくんは⑳進み，Bくんは⑱進むのだから，速さの比も同じになる。Aくんと Bくんの速さの比も，⑳：⑱＝10：9とわかるんだ。

10：9…答え［例題］8-22（1）

実は，(1)は，さきほど解説した「**歩はばの比×歩数の比＝速さの比**」の公式を使って解いたんだよ。

「えっ，どういうことですか？」

では，説明しよう。(1)では，AくんとBくんの歩はばの比は4：3で，同じ時間に歩く歩数の比は5：6だから，それらをならべて書くと，次のようになる。

	A		B
歩はばの比	4	：	3
歩数の比	5	：	6

ここで，「**歩はばの比×歩数の比＝速さの比**」の公式を思い出そう。歩はばの比と歩数の比をかけると速さの比になるから，それぞれかけ合わせると次のようになり，速さの比が求められる。

	A		B				
歩はばの比	4	：	3				
×	×		×				
歩数の比	5	：	6				
‖	‖		‖				
速さの比	20	：	18	＝	10	：	9

これで，AくんとBくんの速さの比が，20：18＝10：9と求められたというわけだ。さっきと同じ式で求めることができたよね。

「きちんと問題の意味を理解しておくことも大事だけど，公式を使って解くと素早く解けそうな気がするわ。」

そうだよね。問題に応じて，公式を自在に使えるようになっておくと，スムーズに解けるよ。

説明の動画は
こちらで見られます

では，(2)にいこう。「Cくんが3歩で歩く距離を，Dくんは5歩で歩きます。また，Cくんが4歩歩く間に，Dくんは5歩歩きます。CくんとDくんの速さの比を求めなさい。」という問題だ。

「あれ？　でも，この問題では(1)のように，歩はばの比と歩数の比がそれぞれ何対何か，ちゃんと書かれてないですね？」

そうだね。たしかにこの問題では，歩はばの比と歩数の比が，(1)のようにはっきりとは書かれていない。だから，**歩はばの比と歩数の比がそれぞれどうなるか読み取る必要がある**んだ。まず，CくんとDくんの歩はばの比は，何対何かな？

「えっと……，『Cくんが3歩で歩く距離を，Dくんは5歩で歩く』って書いてあるから，CくんとDくんの歩はばの比は……，3：5かなぁ。」

ハルカさん，CくんとDくんの歩はばの比は3：5ではないんだ。**「3，5の順に書かれているから，単純に3：5かな」と思う人が多いようだけど，それはまちがい**だから気をつけよう。

「やっぱりまちがいだったんですね。自信はなかったです。」

解説を聞くとわかるからね。「Cくんが3歩で歩く距離を，Dくんは5歩で歩く」というのを図にかくと，右のようになる。

Cくん
1歩　2歩　3歩

Dくん
1歩　2歩　3歩　4歩　5歩

そして，はしからはしまでの道のりを3と5の最小公倍数の⑮とおこう。

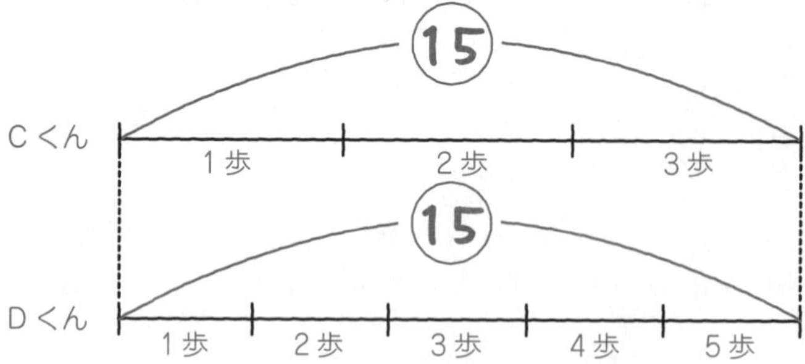

Cくんは⑮の道のりを3歩で歩くから，Cくんの1歩の歩はばは⑮÷3＝⑤だ。一方，Dくんは⑮の道のりを5歩で歩くから，Dくんの1歩の歩はばは⑮÷5＝③だね。つまり，CくんとDくんの歩はばの比は5：3になるんだ。

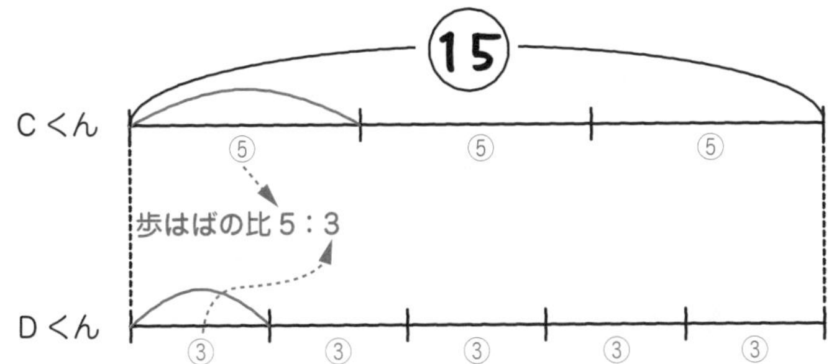

「3：5じゃなくて，CくんとDくんの歩はばの比は5：3なんですね。」

そうなんだよ。ここでミスをしてしまう人が多いから気をつけよう。つまり，**「Cくんが○歩で歩く距離(きょり)を，Dくんは□歩で歩く」と問題にあったとき，CくんとDくんの歩はばの比は○：□ではなくて，□：○になるんだ。**

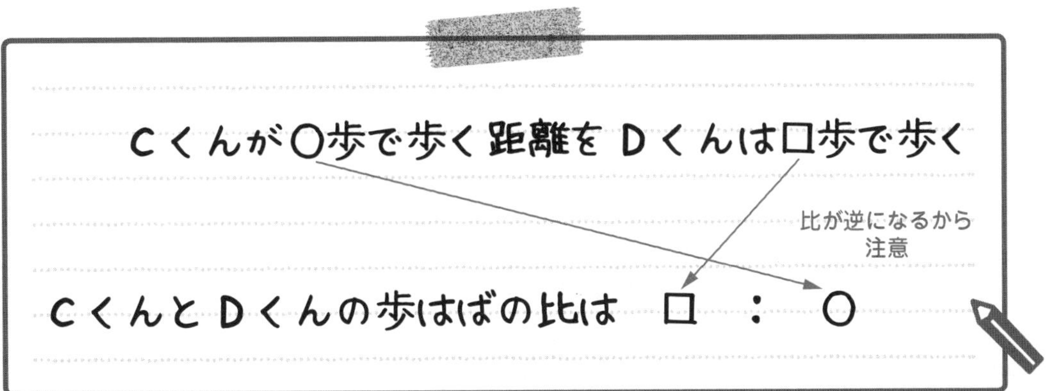

では，次にCくんとDくんの歩数の比(ひ)を求めよう。「Cくんが4歩歩く間に，Dくんは5歩歩く」ということは，同じ時間で歩くCくんとDくんの歩数の比は，そのままの4：5だ。

「こちらは比を逆(ぎゃく)にしなくていいんですね。」

そうだね。同じ時間を進むときだから，歩数は比を逆にしなくていい。これで，CくんとDくんの歩はばの比は5：3，歩数の比は4：5と求められた。

	C		D
歩はばの比	5	:	3
歩数の比	4	:	5

ここからCくんとDくんの速さの比(ひ)は，どうやって求(もと)めればいいんだっけ？

「『歩はばの比×歩数の比＝速さの比』の公式を使うんですね。」

そうだね。歩はばの比と歩数の比をかけると，速さの比になるから，それぞれかけ合わせると次のようになり，速さの比が求められる。

	C		D		
歩はばの比	5	:	3		
×	×		×		
歩数の比	4	:	5		
＝	＝		＝		
速さの比	20	:	15	＝	4：3

これで，CくんとDくんの速さの比が，20：15＝4：3とわかったね。

4：3…答え [例題]8-22 (2)

[例題]8-22 の(2)では，「Cくんが3歩で歩く距離(きょり)を，Dくんは5歩で歩く」とき，**CくんとDくんの歩はばの比が，3：5ではなく5：3になる**ところがポイントだったね。まちがえないように気をつけよう。

Check 126 つまずき度 ●●○○○ ➡解答は別冊 p.87 へ

次の問いに答えなさい。

(1) 姉と妹が同じ速さで歩きます。姉は1時間15分歩き，妹は45分歩いたとき，姉と妹の歩いた道のりの比を求めなさい。

(2) 太郎(たろう)くんと次郎(じろう)くんが同じ時間を歩き，進んだ道のりがそれぞれ840mと640mでした。このとき，太郎くんと次郎くんの速さの比を求めなさい。

(3) しんじくんが50分で歩いた道のりを，たかしくんは32分で歩きました。しんじくんとたかしくんの歩く速さの比を求めなさい。

Check 127　つまずき度 ●●○○○

→解答は別冊 p.87 へ

次の問いに答えなさい。

(1)　姉の速さは分速 80 m で，妹の速さは分速 60 m です。姉と妹の進んだ道のりの比が 8：5 のとき，姉と妹の進んだ時間の比を求めなさい。

(2)　A さんと B さんの歩く速さの比は，9：10 です。A さんが 50 分歩き，B さんが 55 分歩いたとき，A さんと B さんの歩いた道のりの比を求めなさい。

(3)　ひとみさんと友子さんの歩いた道のりの比は，30：29 です。ひとみさんが 55 分歩き，友子さんが 58 分歩いたとき，ひとみさんと友子さんの速さの比を求めなさい。

Check 128　つまずき度 ●●●○○

→解答は別冊 p.87 へ

A 町と B 町の間を車で往復（おうふく）しました。行きは時速 45 km，帰りは時速 50 km で進んだところ，往復にかかった時間の合計は 38 分でした。A 町から B 町までの道のりは何 km ですか。

Check 129　つまずき度 ●●●●○

→解答は別冊 p.88 へ

太郎（たろう）くんと次郎（じろう）くんが 200 m の競走（きょうそう）をしました。2 人は同時にスタートし，太郎くんがゴールしたとき，次郎くんはゴールの 40 m 手前のところにいました。太郎くんのスタートラインを何 m うしろにすれば，2 人は同時にゴールしますか。

Check 130　つまずき度 ●●●●○

→解答は別冊 p.88 へ

8 時 15 分に家を出発して学校まで向かうのに，分速 60 m で歩くと始業時刻（しぎょうじこく）に 4 分おくれますが，分速 80 m で歩くと始業時刻より 2 分早く着きます。このとき，次の問いに答えなさい。

(1)　始業時刻は，何時何分ですか。

(2)　家から学校までの道のりは，何 m ですか。

Check 131　つまずき度 😵😵😵😐😐　➡解答は別冊 p.89 へ

A さんが出発してから 18 分後に，B さんが A さんを追いかけました。B さんは出発してから 32 分後に A さんに追いつきました。A さんと B さんの速さの比(ひ)を求(もと)めなさい。

Check 132　つまずき度 😵😵😵😵😐　➡解答は別冊 p.89 へ

A，B の 2 地点があり，こうたくんが A 地点から，まさとくんが B 地点から向かい合って同時に出発しました。出発して 12 分後に 2 人は出会い，出会ってから 15 分後にこうたくんが B 地点に着きました。このとき，次の問いに答えなさい。

(1)　こうたくんとまさとくんの速さの比を求めなさい。

(2)　まさとくんが A 地点に着くのは，出発してから何分何秒後ですか。

Check 133　つまずき度 😵😵😵😐😐　➡解答は別冊 p.90 へ

次の問いに答えなさい。

(1)　A くんと B くんの歩はばの比は 7：10 で，同じ時間に歩く歩数の比は 8：5 です。A くんと B くんの速さの比を求めなさい。

(2)　C くんが 12 歩で歩く距離(きょり)を，D くんは 11 歩で歩きます。また，C くんが 8 歩歩く間に，D くんは 9 歩歩きます。C くんと D くんの速さの比を求めなさい。

第 9 章

規則性

123÷999 を筆算で計算してごらん。

「はい。えっと……

⋮

あっ，すごい！　123÷999＝0.123123123……とずっと，123 がくり返し，続くんですね。」

「ほんとだ，すごい！」

そうだね。0.123123123……と規則正しく 123 がずっと続くんだ。
この章では，このように規則正しく，数やものがならんだときの問題について見ていくよ。

9 01 植木算

木の本数とその間の数にはどんな関係があるのかな？

説明の動画はこちらで見られます

等しい間かくをあけて木などを植えていくときに，必要な木の本数や，間の距離などを求める問題を**植木算**というんだ。植木算には次の 3 つのパターンがあるよ。

＊植木算の 3 つのパターン

（1） 両はしに植えるとき

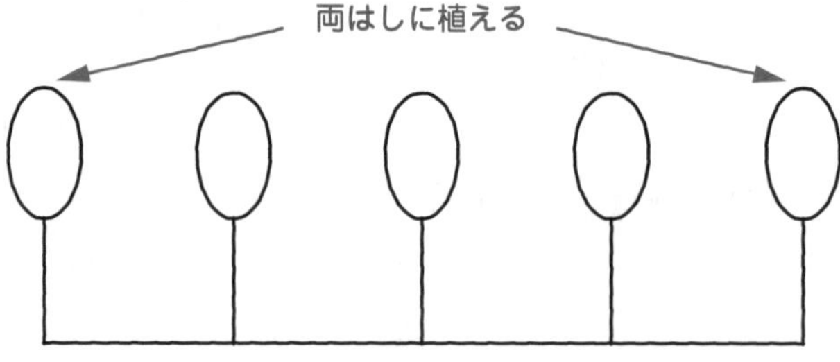

（2） 両はしに植えないとき

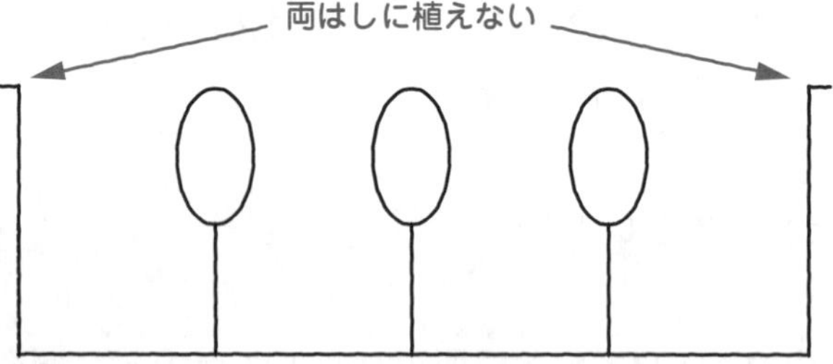

（3） 池などのまわりに植えるとき

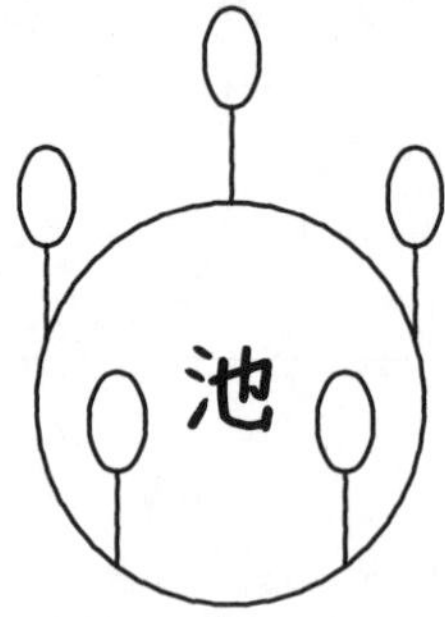

この3つのパターンをきちんと区別することが植木算の基本だよ。では，それぞれの3つのパターンを理解するために，［例題］9−1 を解いていこう。

［例題］9−1　つまずき度

次の問いに答えなさい。

(1)　長さが10mある道の片側に，2mおきに木を植えます。両はしにも植えると，木は何本いりますか。

(2)　長さが10mある道の片側に，2mおきに木を植えます。両はしに植えないとき，木は何本いりますか。

(3)　まわりの長さが10mある池のまわりに，2mおきに木を植えます。木は何本いりますか。

「(1)は簡単です！　10mの道に2mおきに木を植えるんだから，10÷2＝5(本)の木を植えるんですね！」

それではまちがいなんだ。(1)の答えは5本ではないよ。

「えっ！　なぜですか？」

図をかいて考えてみよう。長さが10mある道に，2mおきに木を植えるんだよね。そして，**両はしにも植える**のだから，次の図を見ればわかる通り，木は6本だね。

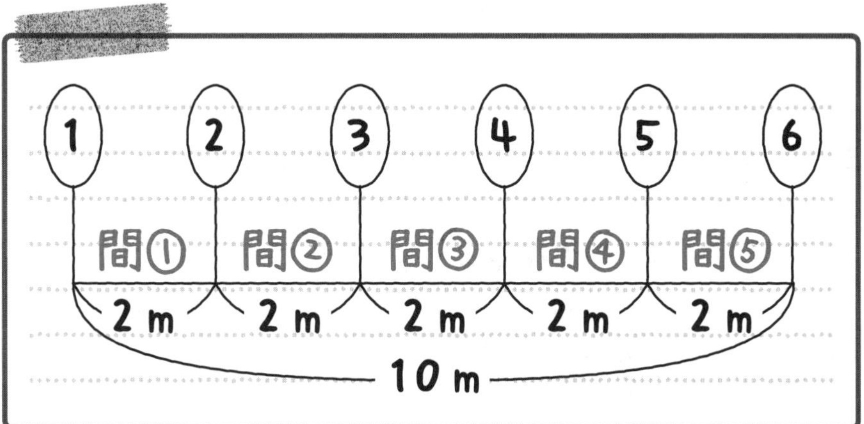

「ほんとだ！」

10÷2＝5という式の意味は，10mの中に2mが5つあるということだよ。だから，**10÷2＝5の5は，木と木の間の数が5つあることを表す**んだ。そして，**両はしに木を植えるとき，間の数に1をたした数が木の本数になる**。「**間の数＋1＝木の本数**」ということだね。

つまり，間の数が 10÷2＝5（つ）で，それに 1 をたして，木の本数を 5＋1＝6（本）と求めればいいんだ。

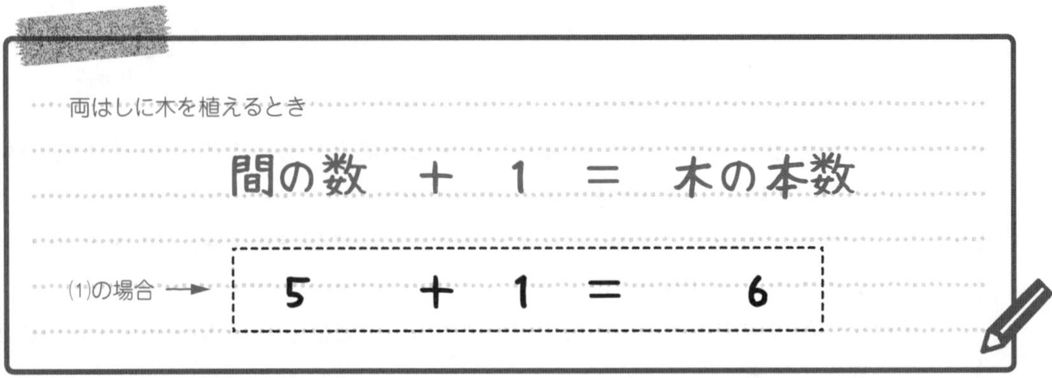

6 本…答え　［例題］9-1　(1)

説明の動画は
こちらで見られます

(2) にいこう。これも図をかいて考えていくよ。長さが 10 m ある道に，2 m おきに木を植えるんだよね。そして，**両はしには植えない**のだから，次のような図になる。

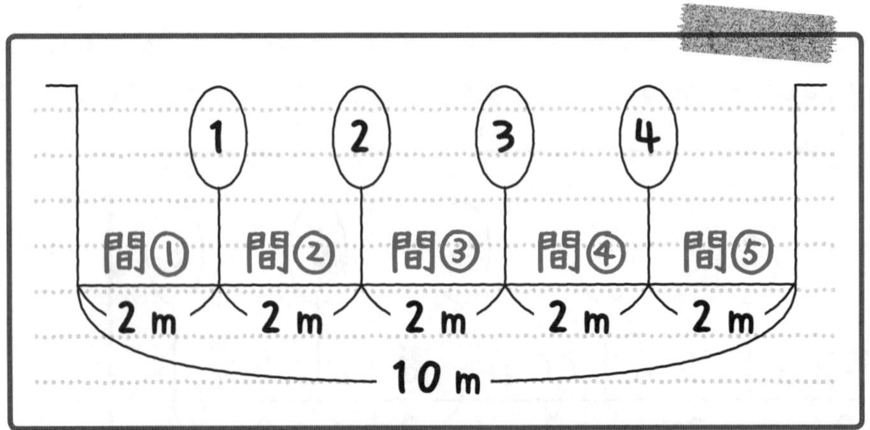

図を見ればわかる通り，木は 4 本だね。

「今度は，間の数の 5 つより 1 つ少ないんですね。」

そうだね。**両はしに木を植えないとき，間の数から 1 をひいた数が木の本数になる**ということなんだ。「**間の数－1＝木の本数**」ということだね。つまり，間の数が 10÷2＝5（つ）で，それから 1 をひいて，木の本数を 5－1＝4（本）と求めればいいんだ。

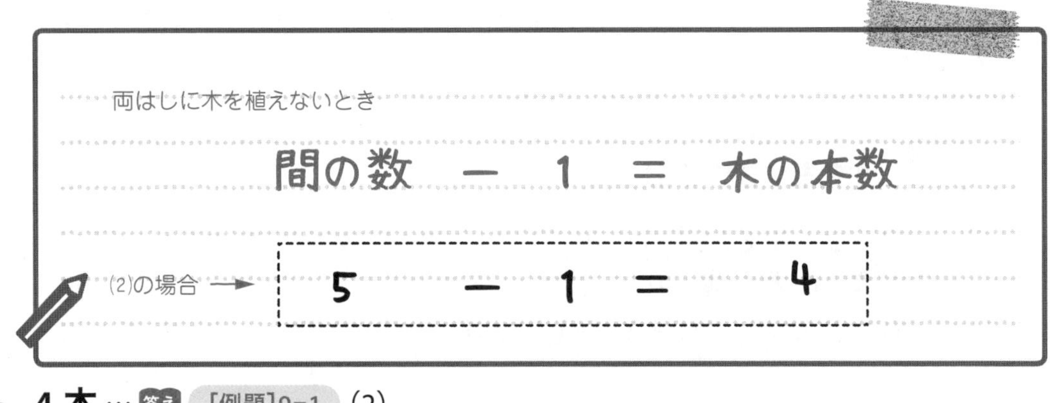

4 本…答え ［例題］9−1 (2)

228 説明の動画はこちらで見られます

(3) にいこう。(3) も図をかいて考えるよ。まわりの長さが 10 m ある池のまわりに，2 m おきに木を植えるんだよね。右のような図になるよ。

図を見ればわかる通り，木は 5 本だね。

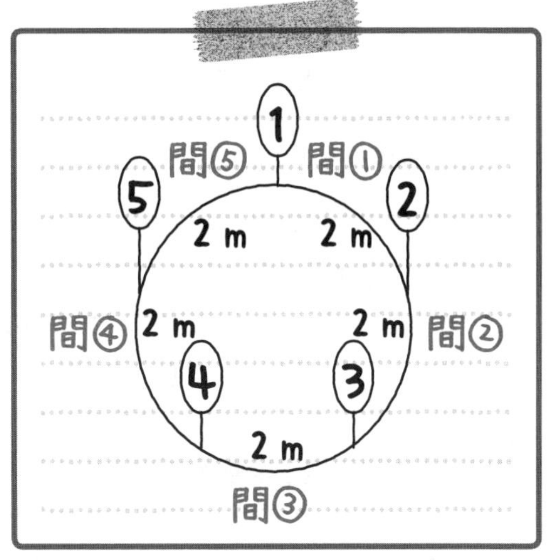

「あっ！　今回は，間の数と木の本数がどちらも 5 になった！」

そうだね。**池のまわりに木を植えるとき，間の数と木の本数は同じになる**ということなんだ。「**間の数＝木の本数**」ということだね。つまり，間の数は，10÷2＝5（つ）で，間の数と木の本数は同じだから，木の本数も 5 本と求められるんだ。

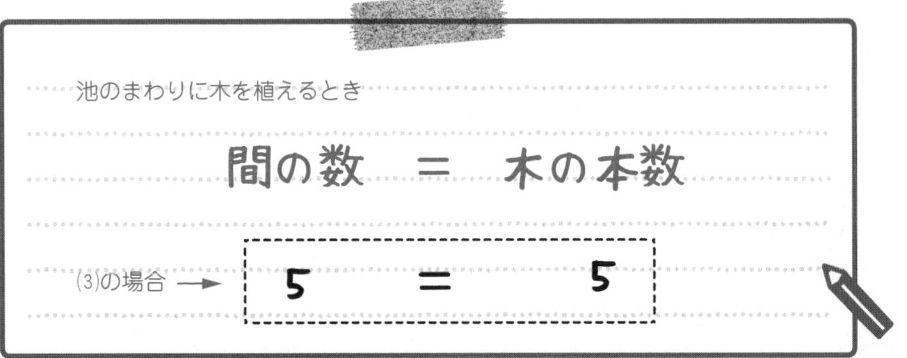

5 本…答え ［例題］9−1 (3)

[例題]9-1 のポイントをまとめておくね。**植木算を解くうえでいちばん大事な公式**だから，すべておさえるようにしよう。

Point 植木算の3つの公式

- **両はしに木を植えるとき** ⟹ 間の数＋1＝木の本数
- **両はしに木を植えないとき** ⟹ 間の数－1＝木の本数
- **池などのまわりに木を植えるとき** ⟹ 間の数＝木の本数

説明の動画はこちらで見られます

では，次の問題にいこう！

[例題]9-2 **つまずき度**

次の問いに答えなさい。

(1) Ａ地点からＢ地点まで７本の木が，両はしをふくめて８ｍおきに立っています。Ａ地点からＢ地点まで何ｍありますか。

(2) 54ｍはなれた２本の電柱の間に，同じ間かくで５本の木を植えます。木と木の間かくは何ｍですか。

(3) ある池のまわりに，７本の木が15ｍおきに立っています。この池のまわりの長さは何ｍですか。

(1)を解説するよ。この問題を解くとき，8×7＝56(m)と求めないようにしよう。図をかくと，次のようになる。

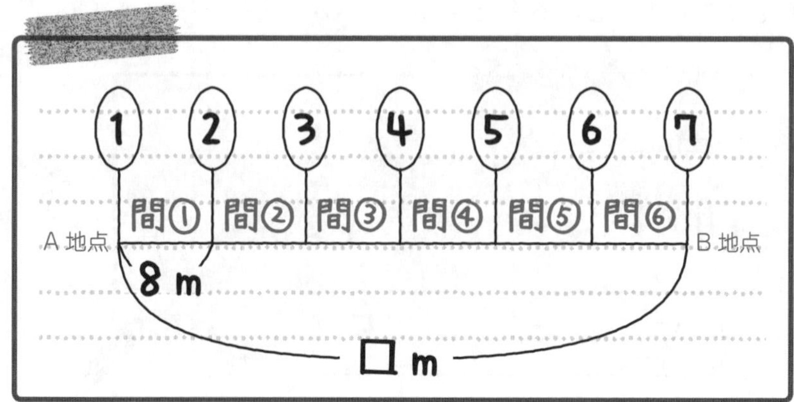

(1) は，両はしに木を植える問題だね。つまり，**“木の本数＝間の数＋1” だから，間の数は木より 1 つ少ない。**間の数はいくつかな？

「**木の本数から 1 ひいた数が間の数**だから，7−1=6 で，間の数は 6 つね。」

そうだね。間の数は，7−1=6 だ。つまり，8 m の間かくが 6 つあるということだよ。だから，A 地点から B 地点までの距離（きょり）は，8×6=48(m) とわかる。

48 m … 答え ［例題］9−2 (1)

(2) にいくよ。この問題も，54÷5 で答えは求められないから注意しよう。図をかくと次のようになる。

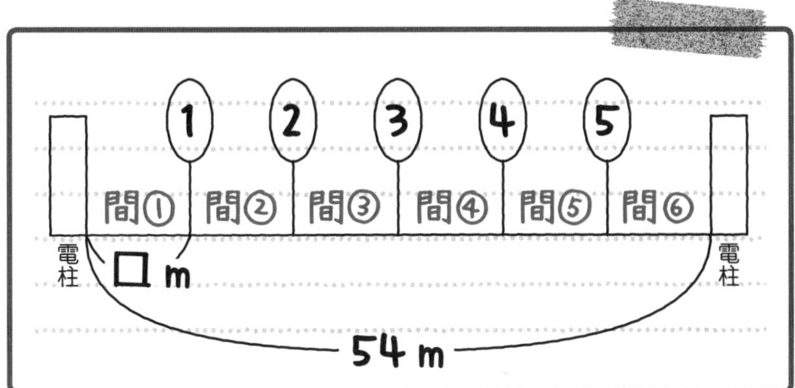

(2) は，両はしに電柱があって木を植えられないから，両はしに木を植えない場合だね。**“木の本数＝間の数−1” だから，間の数のほうが木より 1 つ多い。**間の数はいくつかな？

「**木の本数に 1 たした数が間の数**だから，5+1=6 で，間の数は 6 つですね！」

そうだね。間の数は，5+1=6 だ。つまり，54 m はなれた 2 本の電柱の間に 6 つの間かくがあるということだよ。だから，木と木の間かくは，54÷6=9(m) とわかる。

9 m … 答え ［例題］9−2 (2)

(3) にいこう。図をかくと右のようになる。

(3) は，池のまわりに木を植える問題だね。間の数はいくつかな？

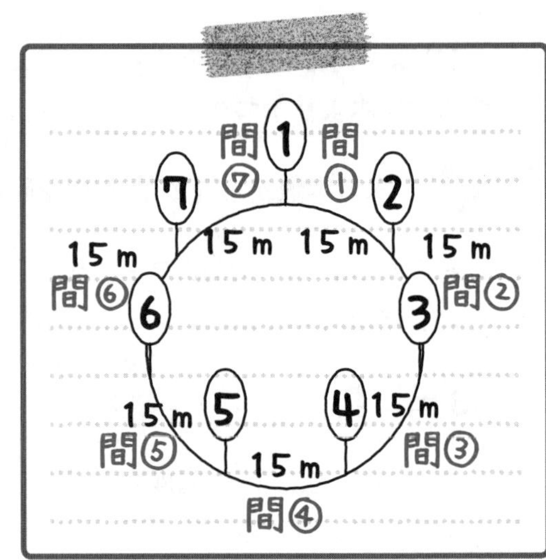

「**池のまわりに木を植えるとき，木の本数と間の数は同じになる**から，間の数も７つですね。」

そうだね。間の数も７つだ。つまり，**池のまわりに 15 m の間かくが７つある**ということだよ。だから，池のまわりの長さは，15×7＝105(m) とわかる。

105 m … 答え [例題]9-2 (3)

説明の動画はこちらで見られます

[例題]9-3　つまずき度 😵😵😵😐😐

右の図のような長方形の土地のまわりに，3 m おきに木を植えていきます。４すみにも木を植えるとすると，木は何本いりますか。

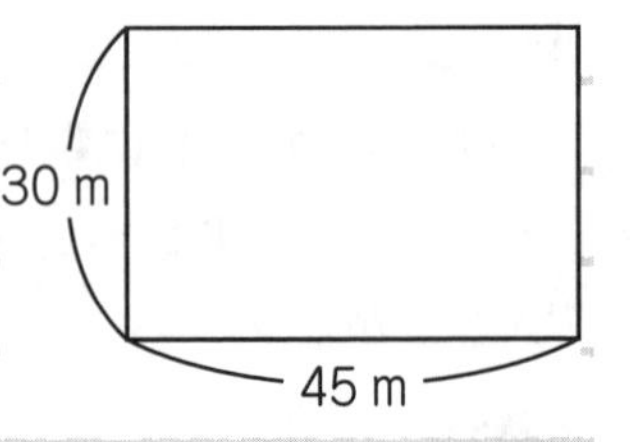

「長方形ですか。４すみに木を植えるとなると……。うーん。」

[例題]9-3 のような問題を解くときに，長方形の土地の１辺に植える木の数を求めるなどして，難しく考えてまちがえてしまう人がいるんだけど，もっと簡単に考えることができるんだ。

「簡単に考えるって，どういうことですか？」

この例題は長方形の土地だから，まわりをぐるっと囲まれているよね。**まわりをぐるっと囲まれているということは，池のまわりに木を植える問題と同じように考える**ことができるんだ。

「池のまわりに木を植える問題と同じように考える……つまり，まず，この長方形の土地のまわりの長さを求めるということですか？」

うん，その通り。池のまわりに木を植える問題では，池のまわりの長さをもとに木の数を求めたよね。この問題でも，まずは長方形の土地のまわりの長さを求めよう。長方形の土地のまわりは何 m かな？

「長方形の土地のまわりは，たての長さと横の長さの和を 2 倍すれば求められるから……，(30＋45)×2＝150(m)ですね！」

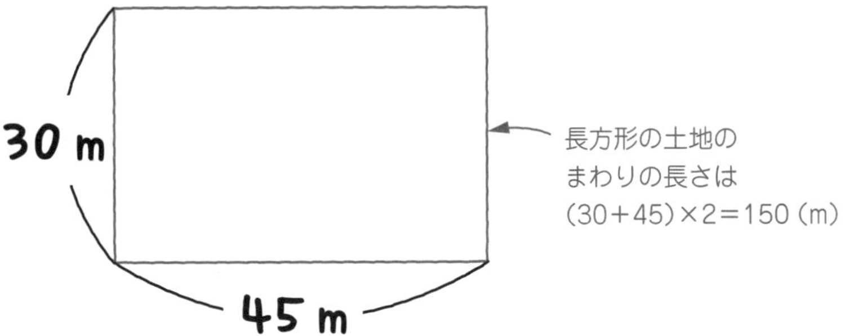

そうだね。長方形の土地のまわりの長さは 150 m だ。

次に，間の数がいくつになるかを考えていこう。まわりの長さが 150 m の長方形の土地に，3 m おきに木を植えていくのだから，150÷3＝50 で，間の数は 50 と求められる。では，間の数が 50 のとき，木は何本になるかな？

「えっと，長方形の場合はどう考えればいいんだろう……？」

まわりをぐるっと囲まれているということは，池のまわりに木を植える問題と同じように考えていいんだよ。

「ということは，この例題も，池のまわりに木を植える問題と同じように，『間の数＝木の本数』なんですね。間の数と木の本数が同じだから，木の本数も 50 本なんだわ。」

その通り。木の本数も間の数と同じ 50 本になる。

50 本… 答え [例題]9-3

[例題]9-3 は，一見ややこしく見えるけど，池の問題と同じように考えればいいんだね。つまり，長方形のまわりの長さを求めれば，あとは池の問題と同じように解けるんだ。この問題の場合，「4 すみに木を植える」という条件(じょうけん)はあまり気にしないでいいんだ。

「でも，本当に池のまわりと同じように考えていいのか，ちょっとピンとこないです。」

図で木の本数と間の数を確認(かくにん)できなかったからかな。では，木の本数が少ない場合で確認しよう。右の図のようにたてが3m，横が5mの長方形の土地のまわりに，1mおきに木を植えるとする。木は・で表すよ。このときの土地のまわりの長さは何mになる？

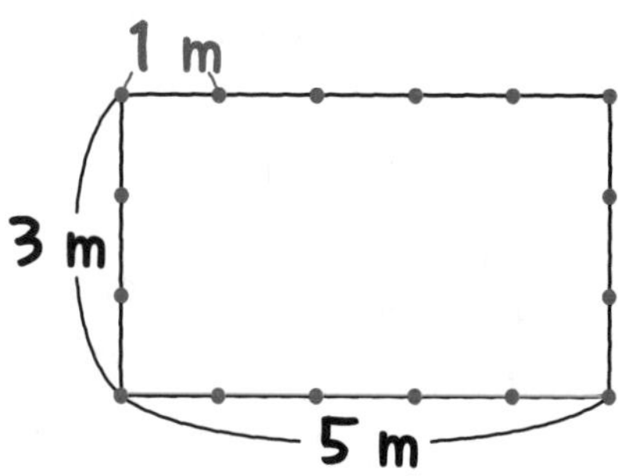

「(3+5)×2=16(m)です。」

そうだね。間の数は，16÷1＝16で16になり，木の本数も16本となるはずだ。下のように4すみを点A，B，C，Dとして，A→B→C→Dの順に番号をふると，間の数も木の本数も16になっているとわかるよ（間の数は①などとし，木の本数は色の数で表している）。

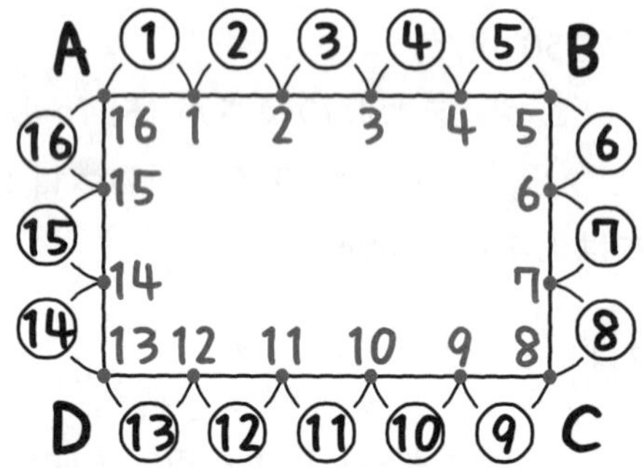

「本当！　どちらも16ですね。」

そうだよ。これで長方形の場合も，池のまわりに木を植えるのと同じように考えていいとわかったね。

Check 134

つまずき度 ●●○○○

➡解答は別冊 p.90 へ

次の問いに答えなさい。

(1) 長さが 63 m ある道の片側(かたがわ)に，9 m おきに，はしからはしまで木を植えます。木は何本いりますか。

(2) 長さが 140 m ある道の片側に，7 m おきに木を植えます。両はしに木を植えないとき，木は何本いりますか。

(3) まわりの長さが 205 m ある池のまわりに，5 m おきに木を植えます。木は何本いりますか。

Check 135

つまずき度 ●●○○○

➡解答は別冊 p.90 へ

次の問いに答えなさい。

(1) 長さが 154 m ある道の片側に，15 本の木が，両はしもふくめて同じ間かくで立っています。木と木は何 m の間かくで立っていますか。

(2) 2 本の電柱の間に，10 m おきに 14 本の木を植えます。2 本の電柱は何 m はなれていますか。

(3) まわりの長さが 476 m ある池のまわりに，28 本の木が同じ間かくで立っています。木と木は何 m の間かくで立っていますか。

Check 136

つまずき度 ●●●○○

➡解答は別冊 p.90 へ

右の図のような長方形の土地のまわりに，2 m おきに木を植えていきます。4 すみにも木を植えるとすると，木は何本いりますか。

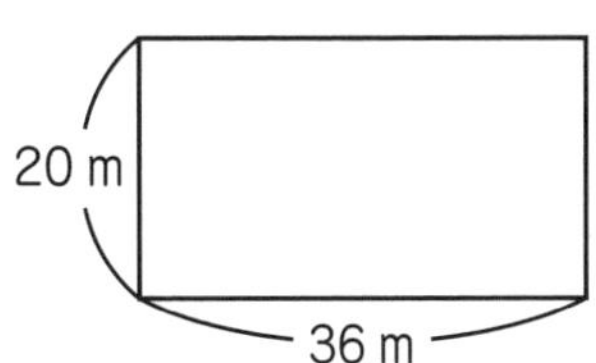

9 02 規則性

よーく見ると，何かの規則が見つかる？　その規則に注目だ！

231 説明の動画はこちらで見られます

[例題]9-4　つまずき度 ●●○○○

次のように，ある決まりにしたがって数をならべました。

4，7，10，13，16，19，……

次の問いに答えなさい。

(1)　左から12番目の数はいくつですか。

(2)　154は左から何番目の数ですか。

(3)　1番目の数から12番目の数までの和はいくつですか。

ある決まり（規則）にしたがってならんでいる数の列を**数列**というよ。この例題の4，7，10，13，16，19，……も数列だ。この数列はどんな決まりにしたがってならんでいるかな？

「えっと……，7−4＝3，10−7＝3，……だから，3ずつ増えているのね。」

そうだね。このように，**同じ数ずつ増えていく（または減っていく）数列**を**等差数列**というよ。

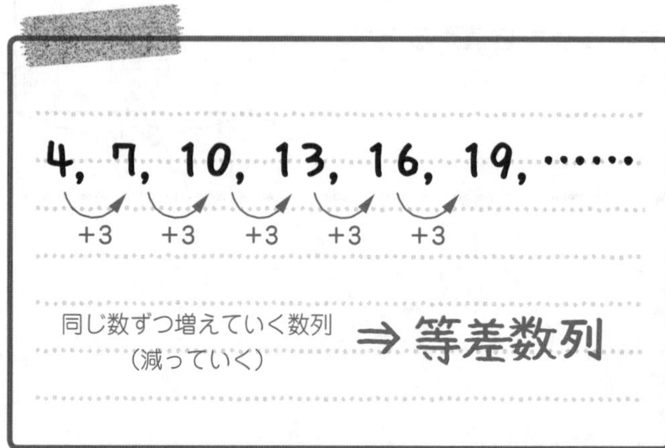

(1)は，この等差数列の12番目の数を求める問題だ。

「12番目の数は……，力ずくで求めればいいんですね！　4，7，10，13，16，19，22，25，28，31，34，37だから……，答えは37です！」

うん，正解(せいかい)だよ。この問題では12番目だから力ずくで求めることができたけど，100番目の数や1000番目の数を求めるような問題では，力ずくで求めるのは大変(たいへん)だね。解(と)くのに時間がかかるし，ケアレスミスもしやすい。

「力ずく以外(いがい)では，どんな方法(ほうほう)があるんですか？」

植木算の考え方を使って，解(と)く方法があるよ。4，7，10，13，16，19，……のそれぞれの数字を「木」として図をかくと，次のようになる。

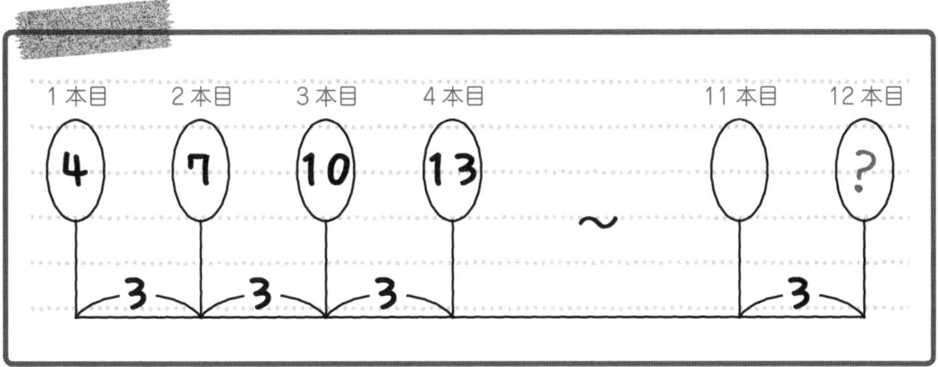

1本目の木には「4」，2本目の木には「7」，……と順(じゅん)に書いてある。図で12本目(12番目)の木に書いてある数を求めればいいんだね。間の数はいくつかな？

「両はしに木を植えるとき，“木の本数＝間の数＋1” だったから，**間の数は木の本数より1少なくなる。** だから，12−1＝11で，間の数は11です！」

そうだね。間の数は11だ。つまり，差の3に間の数の11をかけた3×11＝33が，はしからはしまでの長さということだね。

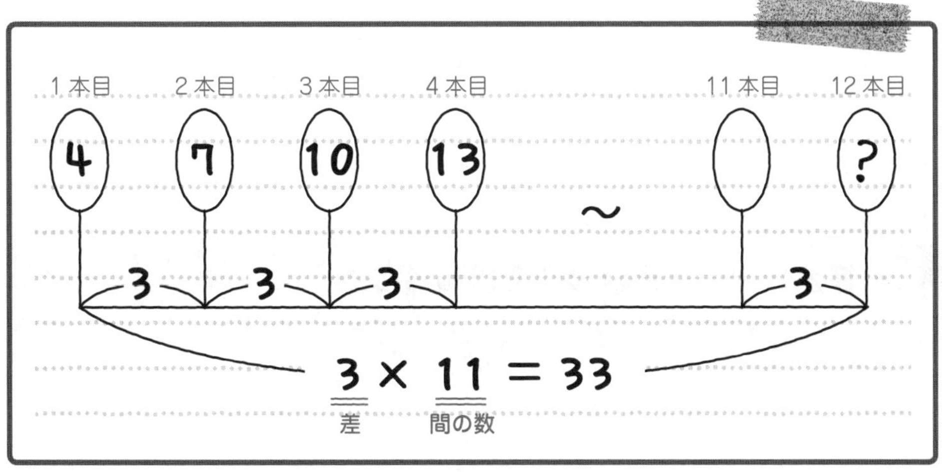

はじめの数が 4 で，それに 33 をたした数が 12 番目の数ということだから，12 本目（12 番目）の木に書いてある数は，4＋33＝37 だ。答えは，37 ということだね。

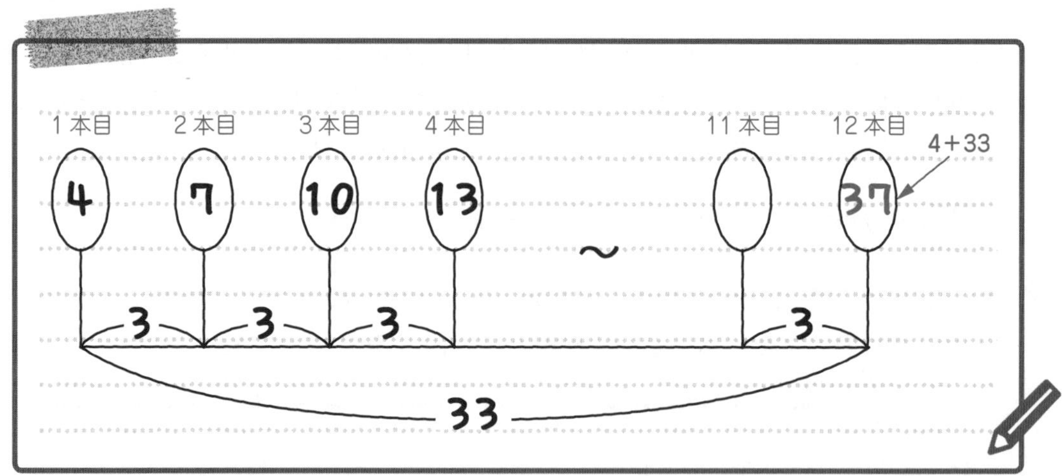

37 … 答え　［例題］9-4　(1)

この 37 を求めるために必要だったのは，次の 3 つの式だ。

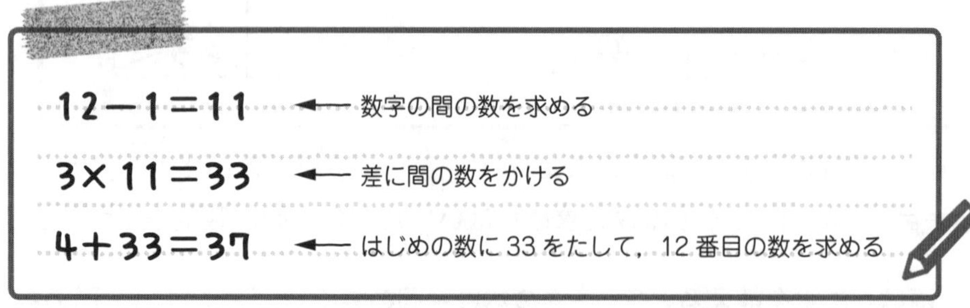

この 3 つの式を 1 つの式にまとめると，次のようになる。

$$4 + 3 \times (12 - 1) = 37$$

はじめの数　差　12 番目　12 番目の数

間の数

そして，**すべての等差数列において，同じように□番目の数を求めることができる**んだ。つまり，**□番目の数＝はじめの数＋差×（□－1）**で，求められるということだよ。この公式は覚えておく必要があるので，ポイントとしてまとめておくね。

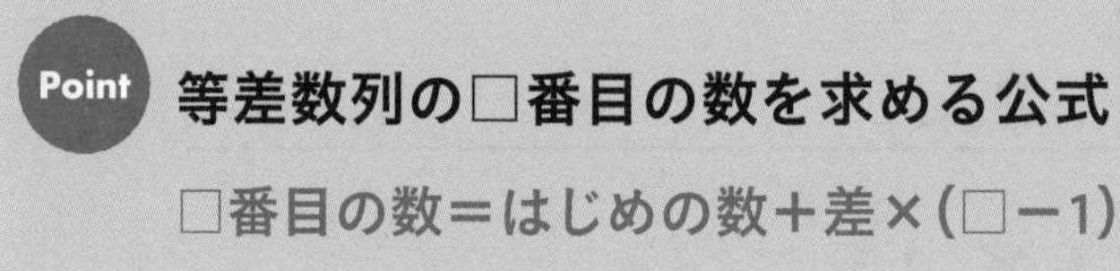

Point　等差数列の□番目の数を求める公式

□番目の数＝はじめの数＋差×（□－1）

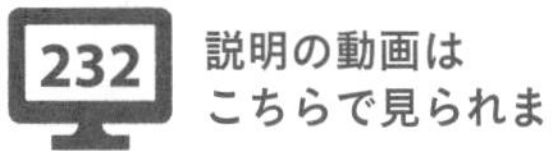

では，(2) にいこう。この等差数列で，154 は何番目の数か求める問題だ。(1) で，等差数列の□番目の数は，**はじめの数＋差×(□ー1)** という公式で求められることがわかったね。この公式をさっそく使おう。この等差数列では，はじめの数が 4，差が 3 だから，□番目の数が 154 になることを，この公式にあてはめてみると，次のようになる。

$$\underset{\text{はじめの数}}{\underline{4}} + \underset{\text{差}}{\underline{3}} \times (\underset{\text{□番目}}{\underline{□}} - 1) = \underset{\text{□番目の数}}{\underline{154}}$$

この□を求めれば，154 が何番目の数か求められるね。このような□を求める計算は 2 08 で教えたから，解き方を忘れた人は復習しておこう。順々に求めていくと，次のようになるよ。

4＋3×(□－1)＝154
3×(□－1)＝154－4＝150
□－1＝150÷3＝50
□＝50＋1＝51

これで，154 は 51 番目の数と求められたよ。

51 番目 … 答え [例題]9-4 (2)

(3) にいこう。1 番目から 12 番目までの和を求める問題だよ。ちなみに，12 番目の数は(1)で 37 と求められたね。

「1 番目から 12 番目までの和かぁ。ということは，1 つずつ書き出していって，4+7+10+13+16+19+22+25+28+31＋34+37 を計算すればいいんですね。えっと，筆算で……。」

ユウトくん，たしかに力ずくでも求められるんだけど，もっとラクな方法があるから教えよう。4+7＋10＋13＋16＋19＋22＋25＋28＋31＋34＋37 のたし算を逆からならべてみるよ。37＋34＋31＋28＋25＋22＋19＋16＋13＋10＋7＋4 だね。たし算は順番を変えても答えは変わらないから，逆にしても答えは同じだ。そして，この 2 つの式を，次のように上下にならべてみよう。

4 ＋ 7 ＋10＋13＋16＋19＋22＋25＋28＋31＋34＋37

37＋34＋31＋28＋25＋22＋19＋16＋13＋10＋ 7 ＋ 4

そして，この 2 つの式の上下をたすと，次のようになる。

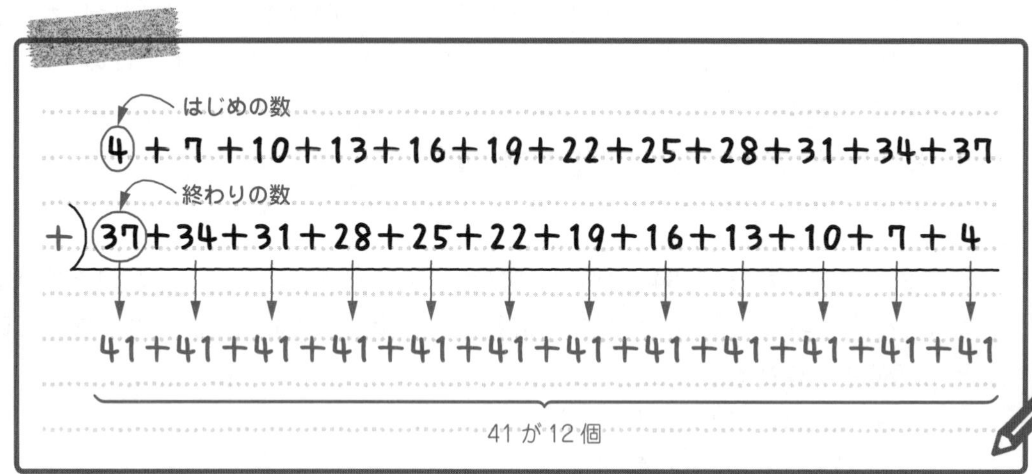

上の計算で，たとえば，左はしに注目しよう。**はじめの数の 4 と終わりの数の 37 をたすと，4＋37＝41 となる。**そして，それ以外にも，どの上下をたしても 41 になるんだ。

「へぇ～！　おもしろい !!」

おもしろいよね。さて，和が 41 の組が 12 個あるから，合計は 41×12＝492 となる。この 492 を答えにしていいかな？

「えっと，もとの等差数列と，逆にした等差数列の和が 492 だから，2 でわらないといけないんじゃないかしら？」

そうだね。もとの等差数列の和を求めるためには，2 でわらないといけない。だから，492÷2＝246 で，答えは 246 だ。

246 … 答え　[例題]9−4　(3)

41×12 の答えを 2 でわって答えを求めたわけだけど，41 を求めるためには，はじめの数の 4 と終わりの数（12 番目の数）の 37 をたせばいいんだね。だから，この問題を 1 つの式で求めると，次のようになる。

$(4+37)\times 12\div 2=246$

はじめの数　終わりの数　個数　等差数列の和

そして，**すべての等差数列において，同じように等差数列の和を求めることができる**んだ。つまり，等差数列の和＝(はじめの数＋終わりの数)×個数÷2 で求められるということだね。

この公式は覚えておく必要があるので，ポイントとしてまとめておくよ。(1) で教えた，等差数列の□番目の数を求める公式とともにしっかり覚えておこう。

Point　等差数列の和を求める公式

等差数列の和＝(はじめの数＋終わりの数)×個数÷2

233　説明の動画はこちらで見られます

では，次の問題だ。

[例題]9-5　つまずき度 😵😵😵😐😐

長さ 11 cm の長方形の紙を，のりしろ(のりをつける部分)を 2 cm にして次々につなぎます。この紙を 20 枚つなぐとき，全体の長さは何 cm になりますか。

このような問題は，頭の中で考えていても，こんがらがっちゃうので，図にかきながら考えるといいよ。まず，長さ 11 cm の長方形の紙を 1 枚だけかいてみよう。

11 cm

この紙に，のりしろ(のりをつける部分)を 2 cm にして同じ紙をもう 1 枚つなぐと，下のようになるね。

1 枚だけのときに比べると，何 cm 長くなったかな？

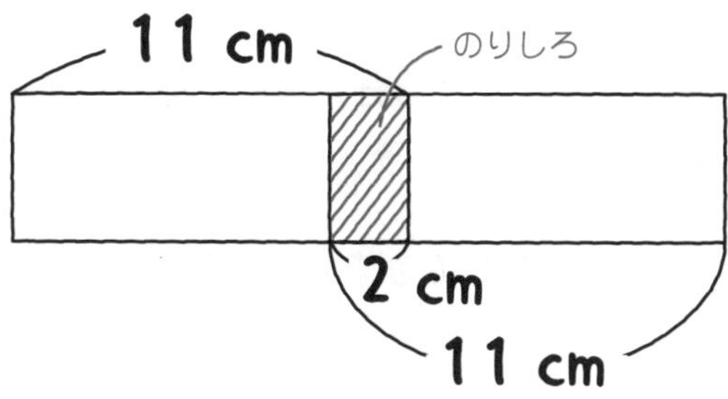

「1枚だけのときに比べて，
11－2＝9(cm)だけ長くなりました！」

そうだね。1枚だけのときに比べて，11－2＝9(cm)だけ長くなった。全体の長さは，11＋9＝20(cm)になったということだね。

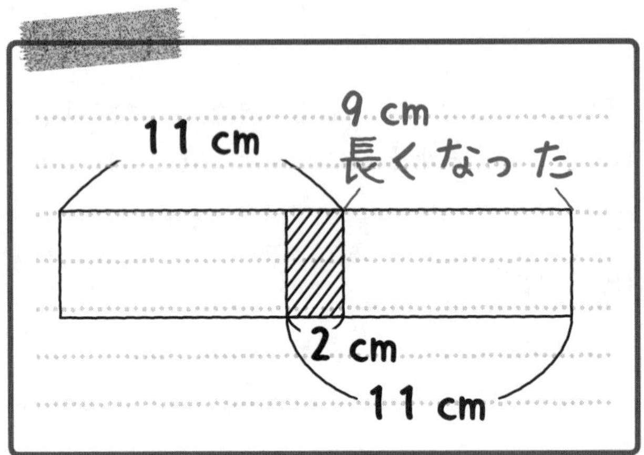

では，さらにもう1枚つないでみよう。同じ紙をもう1枚つなぐと，次のようになるね。さらに何cm長くなったかな？

「11－2＝9で，今回もさらに9cm長くなると思います。」

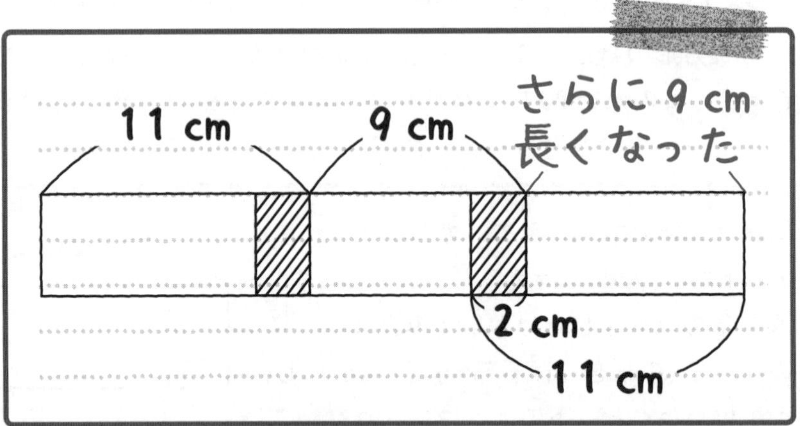

そうだね。今回も9cm長くなる。つまり，**はじめ(1枚だけ)の長さは11cmで，1枚つなぐごとに9cmずつ長くなる**ことがわかる。1枚つなぐごとに9cmずつ長くなるという規則がわかったわけだけど，このように**自分で規則を見つけて解いていく問題は，入試でよく出題される**から得意にしていこう。

「規則がわかったら，何だか解けそうな気がしてきました！」

うん。この例題では，20 枚つないだときの全体の長さを求めるんだね。この 20 枚は，はじめの 1 枚と残りの 19 枚に分けられる。はじめ 11 cm の 1 枚があって，それに 19 枚の紙を順々につないでいくんだね。はじめ 11 cm だったのが，1 枚つなぐごとに 9 cm ずつ長くなっていくのだから，次の式で全体の長さが求められる。

$$\underbrace{11}_{\text{はじめの1枚の長さ}} + \underbrace{9 \times 19}_{\text{19枚つなげた長さ}} = \underbrace{182\,(\text{cm})}_{\text{全体の長さ}}$$

これで，全体の長さは 182 cm と求めることができたね。

182 cm … 答え ［例題］9−5

説明の動画はこちらで見られます

別解 ［例題］9−5

［例題］9−5 が実は，**等差数列の問題**であることに気がついたかな？

「えっ，等差数列？」

うん。はじめの 1 枚の長さは 11 cm だったね。次に，2 枚目をつけると 9 cm のびて，全体の長さは，11＋9＝20 (cm) になる。そして 3 枚目をつけると，全体の長さは，20＋9＝29 (cm) となる。全体の長さは 11 cm，20 cm，29 cm，……というように 9 cm ずつのびていくんだね。これをまとめると，次のようになる。

	1枚目	2枚目	3枚目	4枚目	……	20枚目
全体の長さ	11 cm	20 cm	29 cm	38 cm	……	? cm
	+9	+9	+9			

こうすると，全体の長さは 9 ずつ増える等差数列になっているのがよくわかるね。

「あっ，本当だ！　等差数列ですね。」

うん。この等差数列の 20 番目の長さ (20 枚つないだときの全体の長さ) がわかれば，答えが求められるんだ。ハルカさん，「**□番目の数＝はじめの数＋差×(□−1)**」の公式を使って答えを求めてくれるかな？

「はい。この等差数列のはじめの数は 11，差は 9 だから，20 番目の数は

11＋9×(20−1)＝11＋171＝182

これで，答えが 182 cm と求められるわ。」

うん，正解だよ。

182 cm… 答え ［例題］9−5

はじめの解き方も別解も，実は同じ解き方なんだ。別解を細かく考えて解いていったのが，はじめの解き方だということもできるよ。

235 説明の動画はこちらで見られます

［例題］9−6 つまずき度

長さ 15 cm の長方形の紙を，のりしろを 3 cm にして次々につなぎます。全体の長さを 195 cm にするには，紙は何枚必要ですか。

［例題］9−5 は，全体の長さを求める問題だったけど，今回の例題は，紙の枚数を求める問題だ。はじめ，長さ 15 cm の紙が 1 枚だけあったとしよう。この 1 枚の紙に，のりしろを 3 cm にして，同じ紙をもう 1 枚つなぐと，右のようになるね。1 枚だけのときに比べると何 cm 長くなったかな？

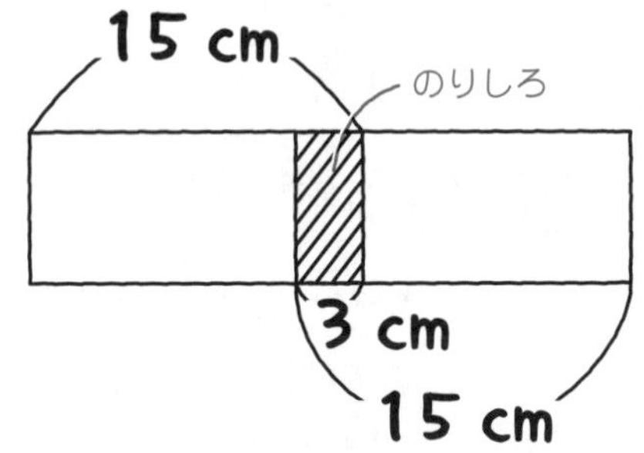

「15−2＝12(cm)だけ長くなります。」

そうだね。**はじめ(1 枚だけ)の長さは 15 cm で，1 枚つなぐごとに 12 cm ずつ長くなる**ことがわかる。

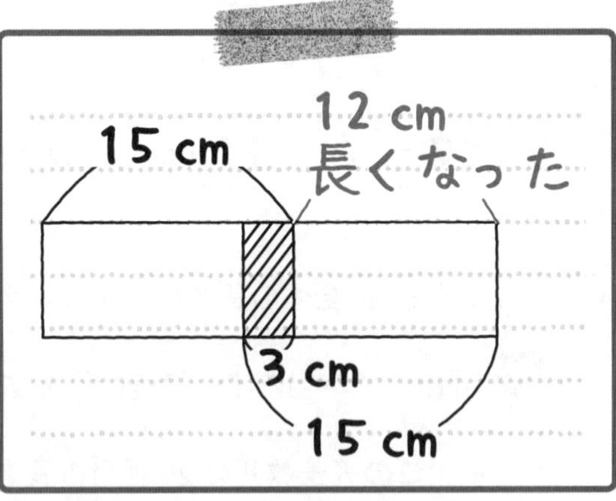

「この決まりにしたがって何枚つなげば，全体が 195 cm になるかを求めればいいんですね。」

その通り。全体の長さ 195 cm から，はじめの 1 枚の 15 cm の長さをひくと，195−15＝180(cm)になる。1 枚つなぐごとに 12 cm ずつ長くなるのだから，180÷12＝15(枚)つないだことがわかる。はじめの 1 枚に，さらに 15 枚つないだのだから，1＋15＝16 で，合計 16 枚つないだということだね。

16 枚… 答え ［例題］9−6

別解 [例題]9-6

[例題]9-6 も等差数列の考え方で解くことができるんだ。

「**□番目の数＝はじめの数＋差×(□－1)**」の公式をもとに考えていこう。

はじめの数（長さ）は 15（cm）だね。12 cm ずつ長くなるのだから，差は 12 だ。そして，□枚つないだときの全体の長さが 195 cm になるとすると，次の式が成り立つよ。

$$15 + 12 \times (\square - 1) = 195$$

15：はじめの数（はじめの長さ）
12：差
□－1：何番目か（何枚目か）
195：□番目の数（全体の長さ）

そして，順々に解いて□を求めると，次のようになる。

15＋12×（□－1）＝195
12×（□－1）＝195－15＝180
□－1＝180÷12＝15
□＝15＋1＝16

これで，答えが 16 枚と求められたね。

16 枚…答え [例題]9-6

説明の動画はこちらで見られます

では，次の問題にいこう。

[例題]9-7 つまずき度 ☹☹☹☹☹

次の計算をしなさい。

(1) 1+2+3+4+5+6+7+8+9

(2) 1+2+3+4+5+…+998+999+1000

(3) 28+52+76+100+124+148+172

では，(1)からいこう。1＋2＋3＋4＋5＋6＋7＋8＋9 の答えを求める問題だ。

「順にたしていけばいいんですね。1+2 は 3 で，3+3 は 6 で……。」

ユウトくん，ストップ。順にたしていっても求められるけど，もっと簡単な方法があるんだ。(1)は「1，2，3，4，5，6，7，8，9 という数列の和を求める問題」と考えることもできるね。ここで質問だけど，1，2，3，4，5，6，7，8，9 という数列は等差数列かな？

「**同じ数ずつ増えていく数列が等差数列**よね。あっ！　1，2，3，4，5，6，7，8，9は，**1ずつ増えていっているから，等差数列**なんだわ！」

そうだね。**1，2，3，4，5，6，7，8，9という数列は，1ずつ増えていく等差数列**なんだ。

1，2，3，4，5，6，7，8，9

+1　+1　+1　+1　+1　+1　+1　+1　←差が１の等差数列

ということは，「等差数列の和を求める公式」が使えるということだね。

「そういうことかぁ。」

等差数列の和＝(はじめの数＋終わりの数)×個数÷2という公式だったね。はじめの数は1，終わりの数は9，個数は9個を，公式にあてはめよう。

$$(1+9)\times 9\div 2 = 10\times 9\div 2$$

（1：はじめの数，9：終わりの数，9：個数）　先に10÷2を計算

$$= 5\times 9$$

$$= 45$$

10×9÷2の計算では，左から順に計算するより，先に10÷2=5を求めてから，5×9=45と求めたほうが計算はラクだよ。**等差数列の和を求める公式では，この計算の工夫がよく使える**んだ。これで，1+2+3+4+5+6+7+8+9=45と求められたね。

45…答え　[例題]9-7 (1)

１から９までの和を，(1+9)×9÷2=45と簡単な計算で求めたね。「**1から9までの和が45**」というのは，さまざまな問題を解くなかで使うことがあるから，この45という数を覚えてしまおう。

「はい。１から９までの和が45ね。覚えちゃおうっと！」

うん。それから，**「1 から 10 までの和が 55」**であることもついでに覚えておこう。「1 から 9 までの和が 45」だから，その 45 に 10 をたした 55 が「1 から 10 までの和」なんだね。

「1 から 9 までの和」と「1 から10までの和」は覚えておこう

1 から 9 までの和 → 45

1 から 10 までの和 → 55

(+10)

説明の動画は
こちらで見られます

では，(2) にいこう。1＋2＋3＋4＋5＋…＋998＋999＋1000 を求める問題だ。

「力ずくで解こうとすると何時間もかかっちゃいそうですね。」

うん。でも，力ずくで解く必要（ひつよう）はないよね。「1，2，3，…，998，999，1000」も，1 ずつ増えていく等差数列だから，これも等差数列の和を求める公式で求めることができる。はじめの数は 1，終わりの数は 1000，個数は 1000 個だから，次のように和を求めることができるよ。

$$(\underset{\text{はじめの数}}{1} + \underset{\text{終わりの数}}{1000}) \times \underset{\text{個数}}{1000} \div 2 = 1001 \times 1000 \div 2$$
$$= 1001 \times 500$$
$$= 500500$$

1001×1000÷2 の計算では，左から順に計算するより，先に 1000÷2＝500 を求めてから，1001×500＝500500 と求めたほうが計算はラクだよ。

500500… 答え [例題]9-7 (2)

では，(3) にいこう。28＋52＋76＋100＋124＋148＋172 を計算する問題だけど，「28，52，76，100，124，148，172」は等差数列であることはわかるかな？

「あっ，ほんとだ！　24 ずつ増えていってますね！」

+24　+24　+24　+24　+24　+24　← 差が 24 の等差数列

そうだね。差が 24 の等差数列だ。ということは，これも等差数列の和を求める公式が使えるんだね。はじめの数が 28 で，終わりの数は 172，個数はいくつかな？

「えっと……，1 個，2 個，3 個，4 個，5 個，6 個，7 個。7 個ね。」

そうだね。はじめの数が 28 で，終わりの数は 172，個数は 7 個だから，次のように和を求めることができる。

$$(28 + 172) \times 7 \div 2 = 200 \times 7 \div 2$$

（28：はじめの数　172：終わりの数　7：個数）

$$= 100 \times 7$$

（先に 200÷2 を計算）

$$= 700$$

700 … 答え　［例題］9-7（3）

238　説明の動画はこちらで見られます

［例題］9-8　つまずき度 😵😵😵😑😑

次の図のように，マッチ棒をならべて，正三角形をつくっていきます。

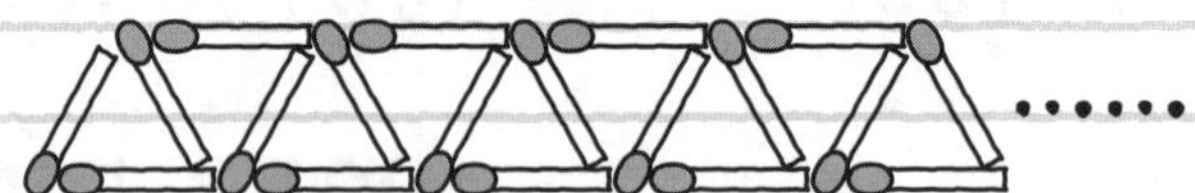

次の問いに答えなさい。

（1）　正三角形を 77 個つくるのに，マッチ棒は何本必要ですか。

（2）　247 本のマッチ棒を使うと，正三角形は何個できますか。

(1) を解説していくよ。この問題も力ずくで解くのは大変そうだね。だから，力ずく以外の方法を考える必要がある。

「うーん，どうやって求めるんだろう……。」

9 02 の ［例題］9-4 もそうだったけど，このように解く手がかりがすぐにわからない問題では，**「自分で規則を見つけることが大事」**なんだ。規則を見つけるためにまず聞きたいけど，正三角形を 1 つつくるのにマッチ棒は何本必要かな？

「3本です。」

そうだね。正三角形を1つつくるのにマッチ棒は3本必要だ。

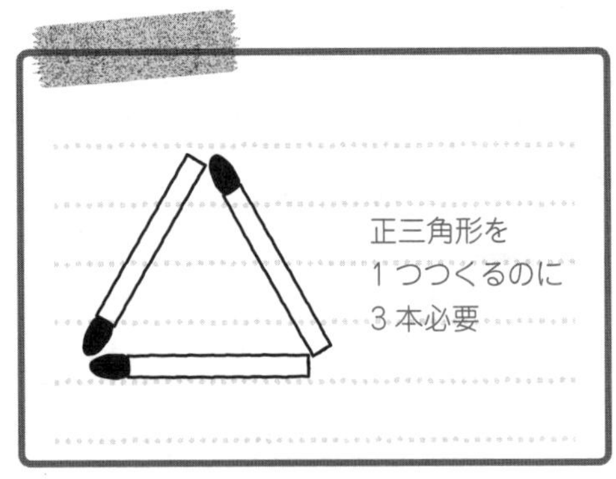

では，正三角形を2つつくるのにマッチ棒は何本必要かな？

「ちょっと待ってくださいね。図をかいて考えてみるわ。」

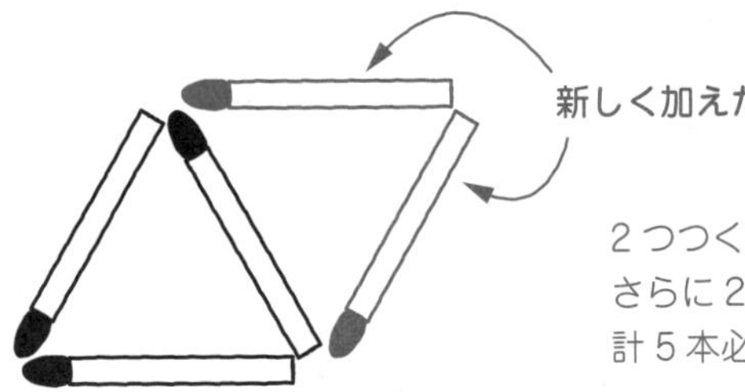

「えっと……，正三角形を2つつくるのにマッチ棒は5本いるのね。」

そうだね。正三角形を2つつくるのにマッチ棒は5本必要だ。1つ目の正三角形でマッチ棒を3本使ったから，それに**マッチ棒を2本加える（くわ）と，2つ目の正三角形ができた**んだね。

では，次。正三角形を3つつくるのにマッチ棒は何本必要かな？

「図をかいて考えます！

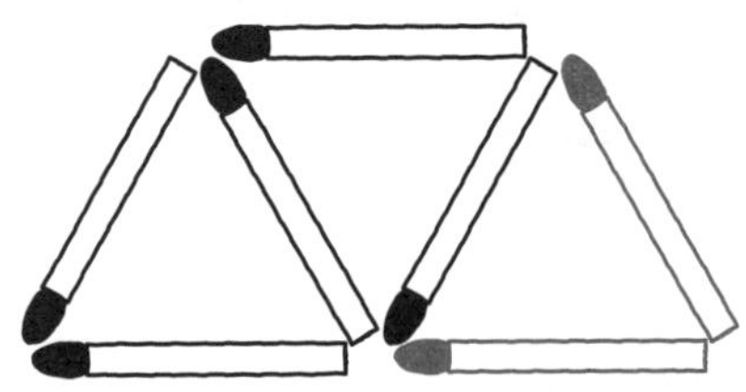

正三角形を3つつくるのにマッチ棒は7本いるんですね！」

その通り。正三角形を 3 つつくるのにマッチ棒は 7 本必要だ。2 つ目の正三角形でマッチ棒を 5 本使ったから，それに**マッチ棒を 2 本加えると，3 つ目の正三角形ができた**んだね。

「あっ！　ということは，マッチ棒を 2 本加えるごとに正三角形が 1 つずつ増えていくんですね。」

そうだね。**はじめ 1 つの正三角形をつくるのにマッチ棒は 3 本必要で，そこからマッチ棒を 2 本ずつ加えていくごとに正三角形が 1 つずつ増えていく**んだ。正三角形の個数と必要なマッチ棒の本数の関係を表にすると，次のようになるよ。

正三角形の個数	1	2	3	4	…	77
必要なマッチ棒の本数	3	5	7	9	…	?

+2　+2　+2

表を見ればわかるように，**必要なマッチ棒の本数は，3，5，7，9，……と 2 ずつ増える等差数列になっている**ね。この等差数列の 77 番目の数を求めれば，答え（77 個の正三角形をつくるのに必要なマッチ棒の数）を求めることができるんだ。等差数列の□番目の数を求める公式は何だったかな？

「覚えています！　『**□番目の数＝はじめの数＋差×（□－1）**』ですね！」

その通り。いま，77 番目の数を求めたいんだから，次のように求めることができるね。

$$3+2\times(77-1)=3+2\times76$$

（3：はじめの数，2：差，77：77 番目）

$$=3+152$$

$$=155$$

だから，答え（77 個の正三角形をつくるのに必要なマッチ棒の数）は 155 本だ。

155 本 … 答え 【例題】9-8 (1)

解説のはじめに，「**自分で規則を見つけることが大事**」だと言ったね。この例題では，「はじめ 1 つの正三角形をつくるのにマッチ棒は 3 本必要で，そこからマッチ棒を 2 本ずつ加えていくごとに正三角形が 1 つずつ増えていく」という規則を自分で見つけることで，解くことができたんだ。

「だから，『自分で規則を見つけることが大事』なんですね。」

うん，そうだね。

説明の動画は
こちらで見られます

では，(2)に進もう。247 本のマッチ棒を使うと，正三角形は何個できるか求める問題だ。(1)で規則はすでに見つかったから，この問題を解くための表をかくよ。

正三角形の個数	1	2	3	4	…	?
必要なマッチ棒の本数	3	5	7	9	…	247

+2　+2　+2

つまり，「247 本のマッチ棒を使うのは何番目か」を求めればいいんだね。ここでも「**□番目の数＝はじめの数＋差×(□－1)**」の公式が使える。この公式に数をあてはめると，次のようになるよ。

$$\underset{\text{はじめの数}}{3} + \underset{\text{差}}{2} \times (\underset{\text{□番目}}{□} - 1) = \underset{\text{□番目の数}}{247}$$

そして，これを順々(じゅんじゅん)に解いて□を求めていくと，次のようになる。

3＋2×(□－1)＝247
2×(□－1)＝247－3＝244
□－1＝244÷2＝122
□＝122＋1＝123

これで□が 123 と求められた。つまり，247 本のマッチ棒を使うと，正三角形は 123 個できるということだね。

123 個… 答え [例題]9-8 (2)

□を求める計算がわからなかったら，2 08 を復習(ふくしゅう)しておくんだよ。

説明の動画は
こちらで見られます

[例題]9-9　つまずき度

次の数列は，ある決まりにしたがってならんでいます。

9，1，8，2，9，1，8，2，9，……

次の問いに答えなさい。

(1)　31番目の数はいくつですか。

(2)　1番目の数から31番目の数までの和はいくつになりますか。

では，(1)からいこう。9，1，8，2，9，1，8，2，9，……という数列だけど，これは等差数列かな？　同じ数ずつ増えていく（または減っていく）数列を，等差数列といったんだよね。

「同じ数ずつ増えたり減ったりしていないから，等差数列ではないです。」

そうだね。9，1，8，2，9，1，8，2，9，……という数列は等差数列ではない。では，この数列はどんな決まりにしたがってならんでいるかな？

「この数列は，4つの数字の9，1，8，2がくり返しならんでいるわ。」

そうだね。この数列は，9，1，8，2という4つの数字がくり返しならんでいるね。わかりやすくするために，次のように「しきり」をかいてみよう。

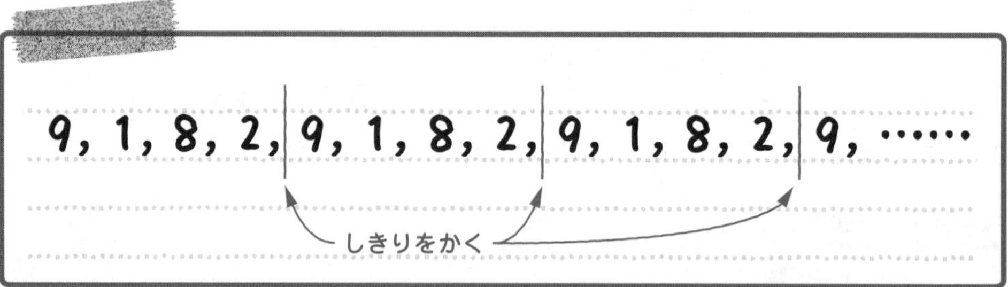

そして，ここで大切なことを言うよ。**しきりをかいた数列では，しきりごとに第1組，第2組，第3組，……というように，組の番号を書く**ようにしよう。次のように書くということだね。

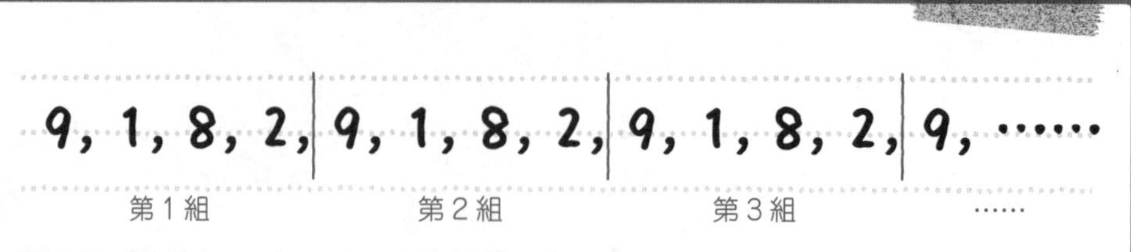

このように，**組の番号を書くと考えやすくなる**んだ。(1)は，31番目の数がいくつかを求める問題だね。31番目の数は，第何組の何番目にあるかな？

「えっと，『9，1，8，2』の4つの数字ごとに組になっているんだから……，31番目の数は，31÷4=7あまり3で，第7組の3番目にあるのかなぁ。」

ユウトくん，「31÷4=7あまり3」の式で考えるのは正しいんだけど，第7組というのはまちがっているよ。なぜなら，**「7あまり3」は「第7組が終わって，さらに3つの数があまっている」ことを表すから**だ。だから，7に1をたして，**第8組の3番目**ということなんだよ。「9，1，8，2」の3番目の数は8だから，答えは8と求められる。

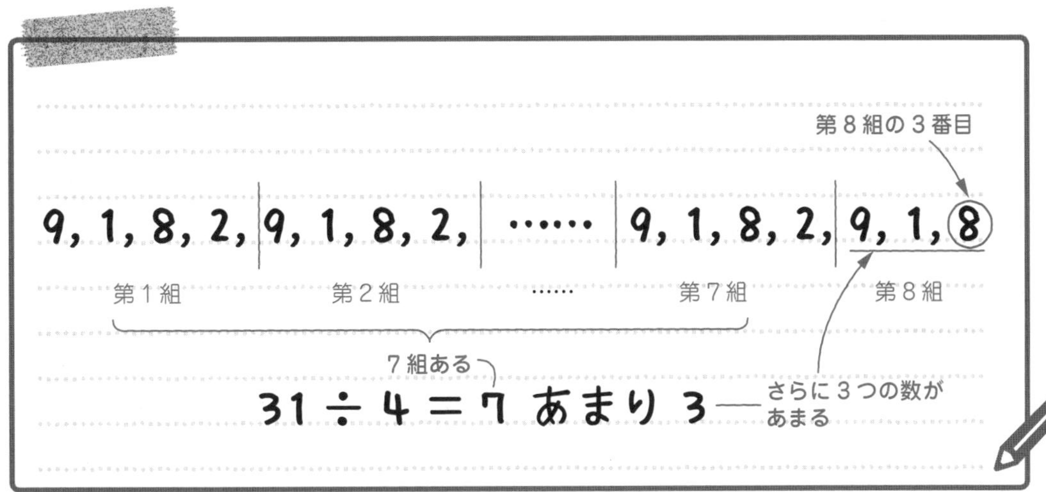

8…答え [例題]9-9 (1)

説明の動画はこちらで見られます

では，(2)にいこう。1番目の数から31番目の数までの和を求める問題だね。(1)で31番目の数は，第8組の3番目の「8」であることがわかった。

1つの組にある4つの数の和はいくつかな？

「1つの組は『9，1，8，2』だから，9+1+8+2=20よ。」

そうだね。1つの組の数をたすと20になる。第1組から第7組までの数をすべてたすと，20×7=140となるということだね。この140に，第8組の「9，1，8」をたして，140+9+1+8=158が答えだよ。

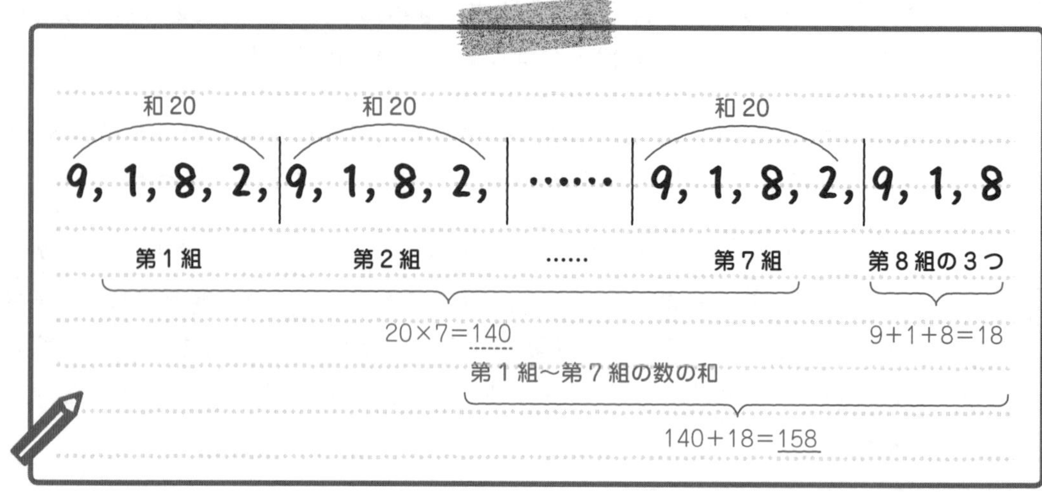

158 … 答え [例題]9-9 (2)

この例題では，数列にしきりをかくことができた。そして，しきりをかいた数列では，しきりごとに組の番号をつけて考えていくとよいと教えたね。これをコツとしてまとめておくよ。

しきりをかける数列の解き方

しきりをかける数列では，**しきりごとに，第 1 組，第 2 組，第 3 組，……というように，組の番号を書いて**考えるようにしよう。

242 説明の動画はこちらで見られます

[例題]9-10　つまずき度 ●●●○○

$\frac{18}{37}$ を小数に直したとき，小数第 100 位の数は何ですか。

「えっ！　筆算で小数第 100 位なんて求められないですよ。」

ユウトくん，力ずくで求める問題ではないから安心しよう。このように，**力ずくで求められそうにない問題は，別の解き方を考えることが大切**だ。さて，$\frac{18}{37}$ を小数に直すには，18÷37 を計算する必要があるね。これを筆算してみよう。

「えっ，やっぱり筆算してみるんですか？」

小数第 100 位まで筆算で求めるわけではないよ。たとえば，小数第 6 位まで筆算で求めてみると，右のようになる。

```
      0.486486……
37)18.0
   148
    320
    296
     240
     222
      180
      148
       320
       296
        240
        222
         180
          ⋮
```

「あっ, 486 がくり返されているわ。」

そうだね。途中(とちゅう)まで筆算をすれば，18÷37＝0.486486……と，486 が無限(むげん)にくり返されることがわかる。**小数第 100 位まで計算しなくても，どういう決まりがくり返されているか見つけることができる**んだね。

「なるほど！」

さて，$\frac{18}{37}$＝0.486486……と，小数点以(い)下(か)に 486 がくり返されることがわかったから, 次のように 486 ごとにしきりをかこう。

$$\frac{18}{37} = 0.\,|\,486\,|\,486\,|\,486\,|\,486\,|\,4\cdots\cdots$$

しきりをかく

このように，しきりをかいた数列では，どのように解いていけばいいんだっけ？

「しきりをかいた数列では，しきりごとに，第 1 組，第 2 組，第 3 組，……というように，組の番号を書くんですよね」

その通り。しきりごとに組の番号を書くと，次のようになる。

$$\frac{18}{37} = 0.\,|\,486\,|\,486\,|\,486\,|\,486\,|\,4\cdots\cdots$$

第 1 組　第 2 組　第 3 組　第 4 組　……

小数第 100 位の数を求めればいいのだから,「100 番目の数が, 第何組の何番目か」を考えればいいんだね。「4，8，6」という 3 つの数字ごとに組になっているんだから,「100÷3＝33 あまり 1」という計算が必要だ。これによって, 100 番目の数は, 第何組の何番目といえるかな？

「さっきの例題では，これでまちがっちゃったんだよな。えっと…… **「33 あまり 1」は『第 33 組が終わって，数が 1 つあまっている』ことを表す**から，33 に 1 をたして，33＋1＝34 で，**第 34 組の 1 番目**ということですか？」

その通り。よくできたね。100 番目，つまり小数第 100 位の数は，「第 34 組の 1 番目」ということだ。「4，8，6」の 1 番目の数は 4 だから，答えは 4 だよ。

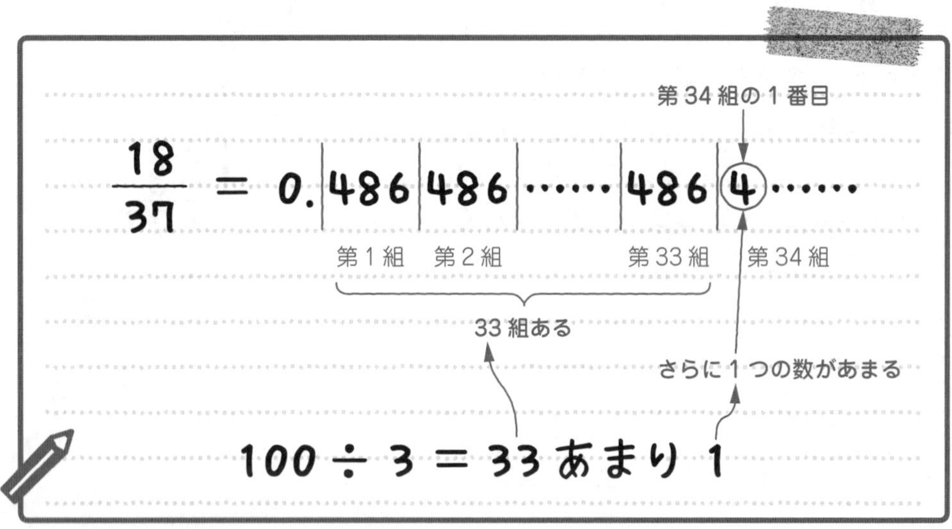

<u>4</u>… 答え ［例題］9-10

説明の動画は こちらで見られます

［例題］9-11 つまずき度 ●●●●○

次の数列は，ある決まりにしたがってならんでいます。

1，1，2，1，2，3，1，2，3，4，1，……

次の問いに答えなさい。

(1) 14 番目の数はいくつですか。

(2) 60 番目の数はいくつですか。

(3) はじめて 15 が出てくるのは何番目ですか。

(1) は，この数列の 14 番目の数を求める問題だね。この数列は，どんな決まりにしたがってならんでいるかな？

「うーん，どんな決まりだろう……。」

ジーッと見ていると，しきりをかけるとわかるんじゃないかな。**しきりをかける数列では，組の番号を書くといい**から，組の番号も書くと，次のようになるよ。

1, | 1, 2, | 1, 2, 3, | 1, 2, 3, 4, | 1, ……

第1組　第2組　第3組　第4組　……

「あっ！　組ごとに『1』『1, 2』『1, 2, 3』『1, 2, 3, 4』と1つずつ個数が増えていっているんですね！」

その通り。組ごとに1つずつ個数が増えていく決まりが見つかったね。

「決まりがわかれば，14番目くらいなら力ずくで求められそうね。」

1	2	3	4	5	6	7	8	9	10	11	12	13	14
1,	1,	2,	1,	2,	3,	1,	2,	3,	4,	1,	2,	3,	④……
第1組	第2組		第3組			第4組				第5組			

そうだね。14番目まで書いていくと，14番目の数が4とわかるね。

4… 答え [例題]9-11 (1)

別解 [例題]9-11 (1)

ところで，14番目の数が4であることを，計算で求めることはできるかな？

「計算で求めるかぁ……。うーん。」

この数列では，次のように，**『第何組かと，その組に入っている数の個数が同じ」という決まりもある**よ。

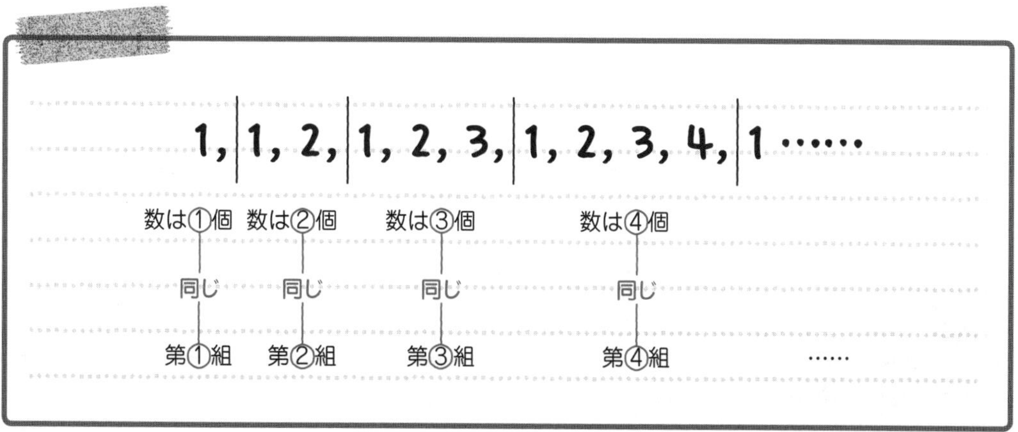

「ほんとだ。第1組には1個の数が入っていて，第2組には2個の数が入っていて，第3組には3個の数が入っていて……，と続いているんですね。」

そうだね。ここで，次の図を見てくれるかな。

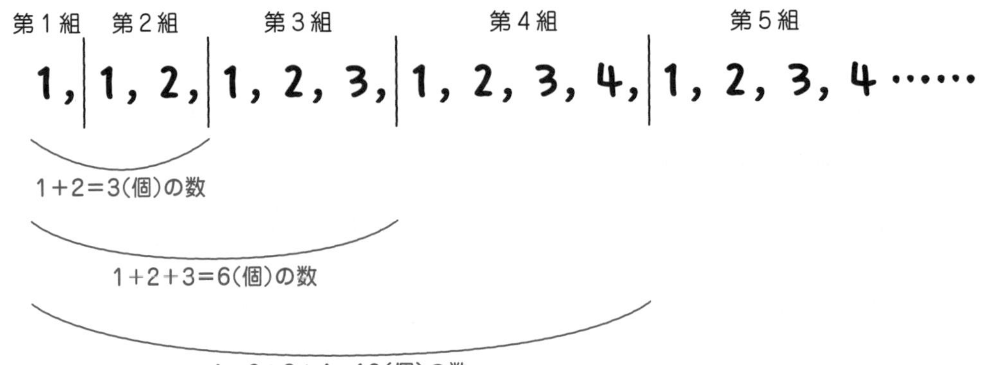

たとえば，第1組と第2組には，1+2=3で合わせて3個の数がある。第1組から第3組には，1+2+3=6で合わせて6個の数があるということだ。第1組から第4組には，1+2+3+4=10で合わせて10個の数がある。このように，**1から順にたしていって，14に近い数を求めることができれば，14番目の数が第何組の何番目かを求めることができる**んだよ。

「第1組から第4組には，1+2+3+4=10(個)の数があるということだから，14番目の数にけっこう近いですね。」

そうだね。第4組の終わりの数は，10番目の数ということだね。14−10=4だから，14番目の数は，第5組の4番目ということになる。4番目の数は4だから，答えは4とわかるわけだ。

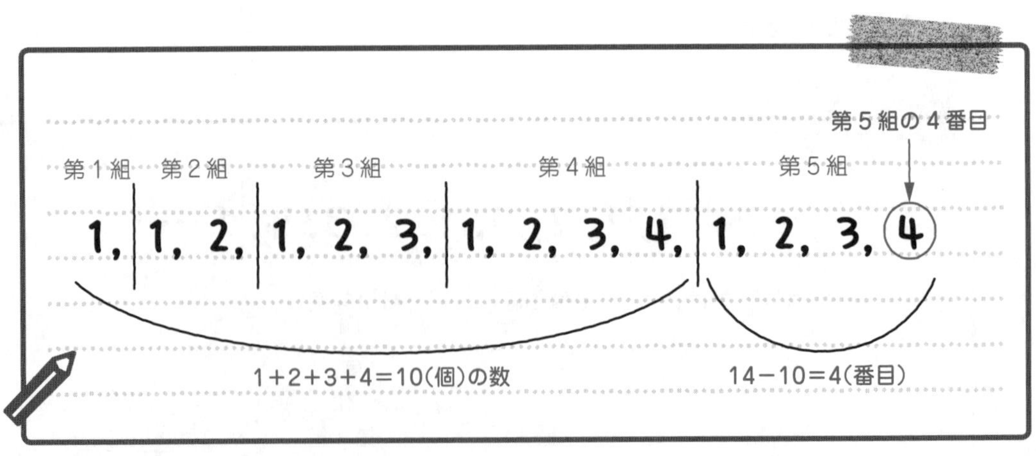

4…答え [例題]9-11 (1)

説明の動画は
こちらで見られます

では，(2) にいくよ。(2) は，この数列の 60 番目の数を求める問題だ。力ずくで解けなくはないけど，時間がかかるし，ミスもしやすいから，計算で求めていこう。**「60 番目の数が，第何組の何番目か」**を，どのように求めればいいかな？

「(1)の別解のように計算で求めるんですね。1+2+3+4+…と 1 から順に，60 に近い数になるまでたしていけばいいんじゃないかな。」

ユウトくん，その通りだね。そうすれば，60 番目の数が，第何組の何番目か調べることができる。ハルカさん，1+2+3+4+……と 1 から順にたしていって，60 に近い数にするには，1 から何までたしていけばいいかな？

「1 から順にたしていって，60 に近い数にするのね。ちょっと待ってください。1+2=3 で，1+2+3=6 で……。」

ハルカさん，ストップ。[例題]9-7 で教えたコツだけど，「1 から 9 までの和」と「1 から 10 までの和」は覚えているかな？

「そういえば，『1 から 9 までの和』と『1 から 10 までの和』を覚えようって習ったわ。でも……，ごめんなさい。ちょっと忘れちゃいました。」

「1 から 9 までの和」は 45，「1 から 10 までの和」は 55 だよ。覚えておいてね。

さて，(2) は 60 番目の数を求める問題だけど，**60 は，「1 から 10 までの和」の 55 に近いね。「1 から 10 までの和」が 55 ということは，第 1 組から第 10 組に数が 55 個あることを意味する**よ。そして，60−55=5 だから，60 番目の数は，「第 11 組の 5 番目」にあることがわかる。だから，答えは 5 だね。

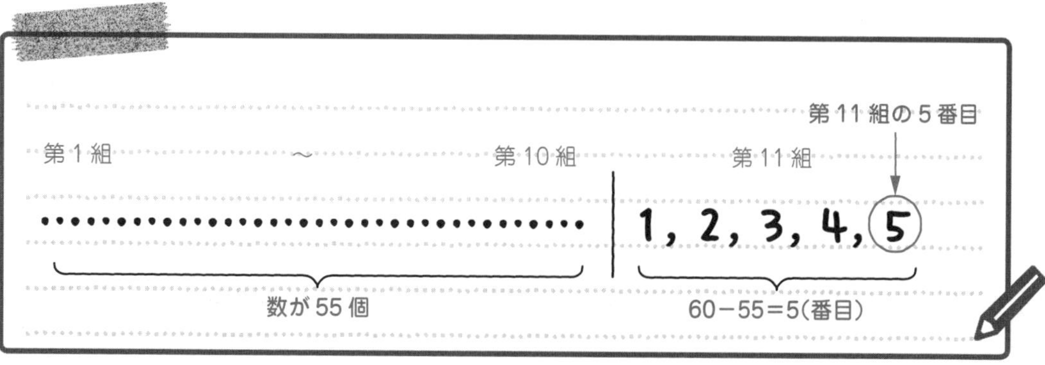

5 … 答え [例題]9-11 (2)

説明の動画は
こちらで見られます

では, (3)にいこう。「はじめて 15 が出てくるのは何番目ですか。」という問題だ。この問題も, **「はじめて 15 が出てくるのは, 第何組の何番目か」**を求(もと)めることができれば答えの見当(けんとう)がつくので, それを目指そう。

「『はじめて 15 が出てくるのは, 第何組の何番目か』かぁ。どうやって考えていけばいいんだろう？」

考え方がよくわからないときは, 小さい数から考えてみよう。たとえば, はじめて 1 が出てくるのは第何組の何番目かな？

「はじめて 1 が出てくるのは第 1 組の 1 番目です！」

そうだね。では, はじめて 2 が出てくるのは第何組の何番目かな？

「はじめて 2 が出てくるのは第 2 組の 2 番目よ。」

そうだね。では, はじめて 3 が出てくるのは第何組の何番目かな？

「はじめて 3 が出てくるのは第 3 組の 3 番目です！」

規則(きそく)がわかったかな？　つまり, **「はじめて□という数が出てくるのは, 第□組の□番目」**ということなんだ。だから, **「はじめて 15 が出てくるのは, 第 15 組の 15 番目」**であることがわかるね。

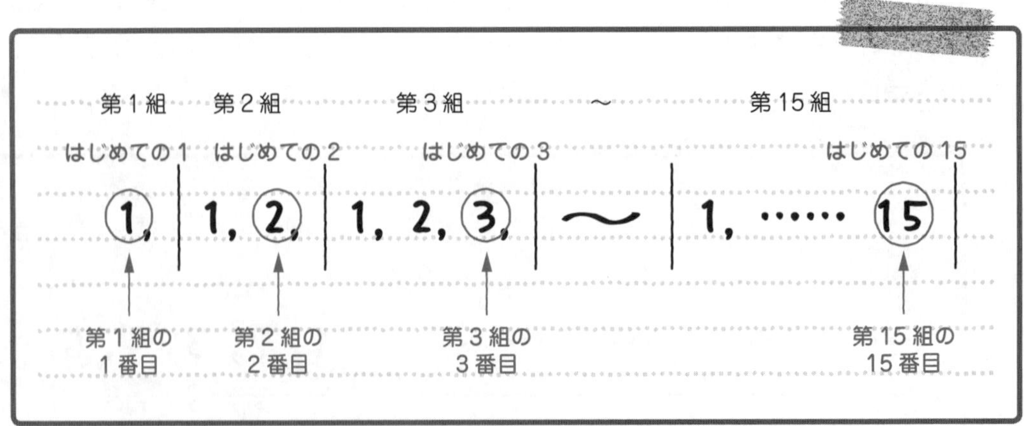

「はじめて 15 が出てくるのは, 第 15 組の 15 番目」であることがわかったから,「第 15 組の 15 番目」がはじめから数えて何番目か求めよう。

「『第 15 組の 15 番目』がはじめから数えて何番目か…どうやって求めたらいいんだろう？」

(1) で見たように, たとえば, 第 1 組から第 4 組には, 1＋2＋3＋4＝10 で合わせて 10 個の数があったね。いま, 第 1 組から第 15 組にいくつ数があるかを求めればいいんだ。だから, 1＋2＋3＋……＋14＋15 を計算すれば,「第 15 組の 15 番目」がはじめから数えて何番目か求めることができるよ。

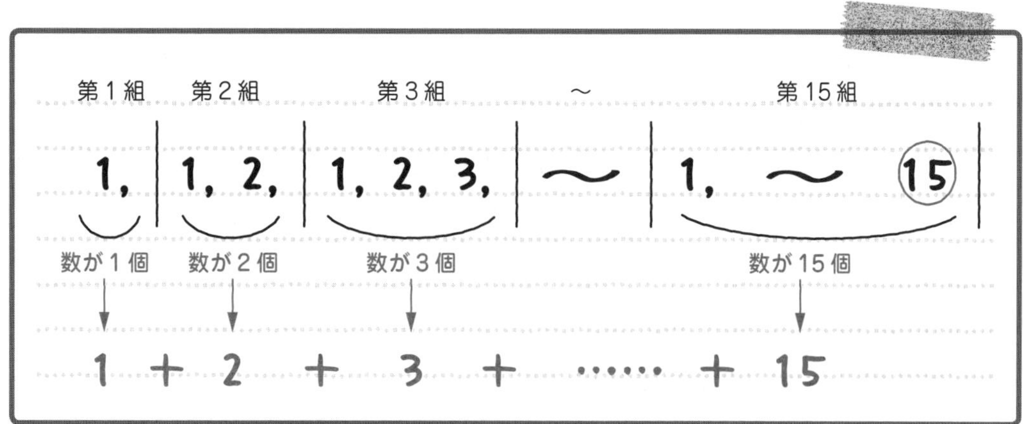

1＋2＋3＋…＋14＋15 は, 等差数列(とうさすうれつ)の和の公式で求(もと)めることができるね。はじめの数が 1, 終わりの数が 15, 個数(こすう)が 15 だから

1＋2＋3＋…＋14＋15＝(1＋15)×15÷2＝120

よって, 答えは 120 番目と求められるんだ。

120 番目 … 答え [例題]9-11 (3)

Check 137 つまずき度 ●●○○○ ➡解答は別冊 p.90 へ

次のように，ある決まりにしたがって数をならべました。

5，12，19，26，33，40，…

次の問いに答えなさい。

(1) 85 番目の数はいくつですか。

(2) 1097 は何番目の数ですか。

(3) 1 番目の数から 85 番目の数までの和はいくつですか。

Check 138 つまずき度 ●●●○○ ➡解答は別冊 p.91 へ

長さ 6 cm の長方形の紙を，のりしろを 1 cm にして次々につなぎます。この紙を 77 枚(まい)つなぐとき，全体の長さは何 cm になりますか。

Check 139 つまずき度 ●●●○○ ➡解答は別冊 p.91 へ

長さ 10 cm の長方形の紙を，のりしろを 2 cm にして次々につなぎます。全体の長さを 410 cm にするには，紙は何枚必要(ひつよう)ですか。

Check 140 つまずき度 ●●○○○ ➡解答は別冊 p.92 へ

次の計算をしなさい。

(1) 1+2+3+4+5+6+7+8+9+10+11

(2) 1+2+3+4+5+…+775+776+777

(3) 118+120+122+124+126+128+130+132

Check 141

つまずき度 ●●●○○

➡解答は別冊 p.92 へ

次の図のように，マッチ棒(ぼう)をならべて，正方形をつくっていきます。

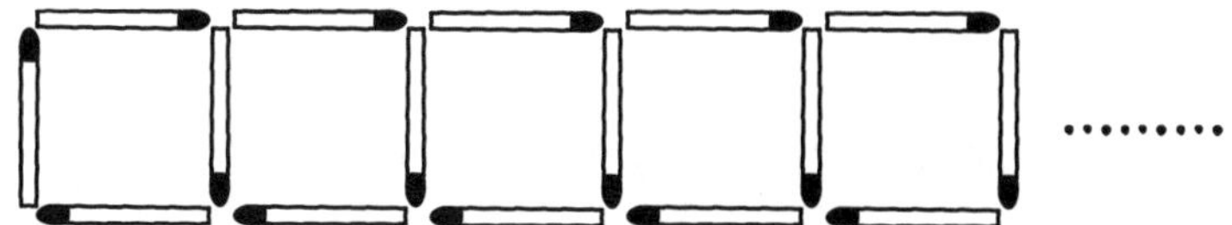

次の問いに答えなさい。

(1) 正方形を 105 個(こ)つくるのに，マッチ棒は何本必要ですか。

(2) 115 本のマッチ棒を使うと，正方形は何個できますか。

Check 142

つまずき度 ●●○○○

➡解答は別冊 p.92 へ

次の数列は，ある決まりにしたがってならんでいます。

7, 9, 3, 6, 1, 7, 9, 3, 6, 1, 7, 9, …

次の問いに答えなさい。

(1) 84 番目の数はいくつですか。

(2) 1 番目の数から 84 番目の数までの和はいくつになりますか。

Check 143

つまずき度 ●●●○○

➡解答は別冊 p.93 へ

$\frac{6}{7}$ を小数に直したとき，小数第 50 位(い)の数は何ですか。

Check 144

つまずき度 ●●●●○

➡解答は別冊 p.93 へ

次の数列は，ある決まりにしたがってならんでいます。

1, 2, 1, 3, 2, 1, 4, 3, 2, 1, 5, 4…

次の問いに答えなさい。

(1) 40 番目の数はいくつですか。

(2) はじめて 20 が出てくるのは何番目ですか。

中学入試算数のウラ側
11

じゅんかん小数を分数に直すには？

ここではちょっと発展的な内容の話をするよ。

「難しいってことですか？　私にわかるかなぁ。」

くわしく説明するから大丈夫だよ。［例題］9-10 は，$\frac{18}{37}$ を小数に直したとき，小数第 100 位の数は何かを求める問題だったね。18÷37＝0.486486……と，486 が無限にくり返されることを利用して解いた。このように，同じ数のならびが無限にくり返される小数を，**じゅんかん小数**というんだ。分数を小数に直すには，「分子÷分母」を計算すればよかったけど，じゅんかん小数を分数に直すには，どうすればいいだろう？

「えっ，どういうことですか？」

たとえば，次のような問題は，どう解くかということだよ。

> **問題** 0.272727…と，小数部分に 27 が無限に続くじゅんかん小数があります。このじゅんかん小数を分数に直しなさい。

「うーん，わからないわ。」

はじめて見ていきなり解くのは難しいよね。では，どのように解くか解説するよ。まず，このじゅんかん小数の 0.272727……を①とおこう。そうすると，(100) はどんな小数になるかな？

「①が 0.272727……なんですよね。このとき，(100) は，100 倍になるってことだから，うーん……。」

①が 0.272727……だ。そして，(100) は，①の 100 倍だね。100 倍するということは，小数点が右に 2 つ移動することだから，(100) は，27.272727……になるんだ。

$$①=0.272727\cdots\cdots$$

↓ 100倍（小数点が右に2ケタ移動）

$$⑩⓪=27.272727\cdots\cdots$$

①も ⑩⓪ も小数部分は，272727……と続くんだね。ということは，⑩⓪ の 27.272727……から，①の 0.272727……をひくと，小数部分がなくなるということだ。

$$
\begin{array}{rl}
 & ⑩⓪ = 27.272727\cdots\cdots \\
-) & ① = 0.272727\cdots\cdots \\
\hline
 & ⑨⑨ = 27
\end{array}
$$

ひくと小数部分がなくなる

つまり，⑨⑨=27 になるんだよ。ということは，①$=27\div99=\frac{27}{99}=\frac{3}{11}$となり，答えが求められるんだ。

$\frac{3}{11}$…答え

「難しかったけど，なんだか不思議な解き方ね。」

そうだよね。この方法で，どんなじゅんかん小数も分数に直すことができるんだよ。

9 03 日暦算

カレンダーがなくても，その日が何曜日かあてる方法を教えよう！

246 説明の動画はこちらで見られます

ここではカレンダーに関する問題（日暦算）について見ていこう。日暦算を苦手にしている人は多いよ。

「苦手にしている人が多いのね。私にも解けるのかなぁ。」

心配はいらないよ。スムーズに解けるようになるコツを教えていくからね。まず，日暦算を解くために，1月～12月のうち，**大の月**と**小の月**の区別をはっきりしておこう。

「大の月と小の月，ですか？」

そうだよ。**大の月とは日数が31日の月**のことをいうんだ。そして，**それ以外の月（日数が30日以下の月）を小の月**というよ。

1年の月
- **大の月**（1か月が31日の月）
- **小の月**（1か月が30日以下の月）

ユウトくん，1年のうちで，小の月は何月かな？　わかる？

「ええっ？　わからないです。」

これは，常識としても覚えておこう。すべての**小の月をゴロ合わせで覚える方法**があるから教えるね。「西向く士」というゴロ合わせで覚えるんだ。

「にしむくさむらい？」

そうだよ。「西向く士」は，次のように小の月を表しているんだ。

「こんな覚え方があるんですね。でも，士はどうして11月なんですか？」

士という漢字は「十」と「一」に分解（ぶんかい）できるね。だから「11月」なんだ。

さむらい 士 → 十 一 月

さて，このゴロ合わせで，**2月，4月，6月，9月，11月が小の月**であることがわかった。それ以外の**1月,3月,5月，7月，8月，10月，12月を大の月**（31日の月）というんだ。

ところで，**小の月のうち，4月，6月，9月，11月は日数が30日**だけど，2月だけは30日ではないんだ。2月の日数は何日かな？

「2月の日数はたしか……28日ですね！」

そうだね。**2月の日数は28日**だ。ただし，うるう年（**西暦（せいれき）年号（ねんごう）が4の倍数**※**で，1年間366日の年**）の**2月の日数は29日になる**から注意しよう。

※西暦年号が4の倍数の年がうるう年だが，100の倍数の年は平年（1年間365日）である。ただし，400の倍数の年はうるう年である。たとえば，1900年は平年で，2000年はうるう年。

説明の動画はこちらで見られます

さて，いままで教えた知識（ちしき）をもとにして，次の例題（れいだい）を解いてみよう。

［例題］9-12 つまずき度 😵😵😵😵😵

次の問いに答えなさい。

(1) ある月の15日から同じ月の20日までは，全部で何日ありますか（15日もふくむ）。

(2) ある月の8日から同じ月の30日までは，全部で何日ありますか（8日もふくむ）。

(3) ある年の3月21日から同じ年の6月15日までは，全部で何日ありますか（3月21日もふくむ）。

では，(1)から解説するよ。ある月の 15 日から同じ月の 20 日まで(15 日もふくめて)全部で何日あるかを求める問題だ。

「15 日から 20 日までだから，20－15＝5 で，5 日ですか？」

ハルカさん，**5 日を答えとするのはまちがい**なんだ。15 日から 20 日まで (15 日もふくめて)全部で何日あるか，ノートに書き出して考えてごらん。

「えっと，15 日，16 日，17 日，18 日，19 日，20 日だから……，あっ，5 日じゃなくて 6 日だわ。」

そうだね。15 日から 20 日まで(15 日もふくめて)全部で 6 日あるんだ。
20－15＝5(日)と求めないようにしよう。

6 日…答え　[例題]9-12　(1)

「なんだか，引っかけ問題みたいですね。」

そうだね。ここでまちがえる人はけっこう多いんだ。

「ところで，20－15＝5 で求めた 5 は，何を表しているんですか？」

20－15＝5 で求めた 5 は，いったい何なのか，それは植木算で説明できるよ。日にちを木として図をかいてみると，次のようになる。

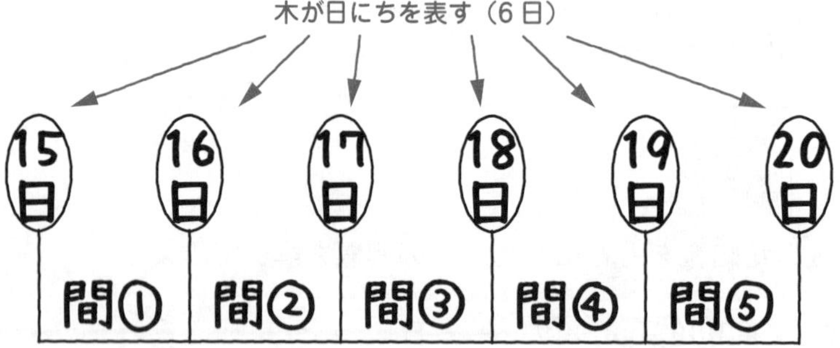

このように，両はしに木を植えるタイプの図がかけるね。この図を見ると，20－15＝5 で求めた 5 が何を意味するかわかるんじゃないかな？

「あっ！　20－15＝5 で求めた 5 は，間の数を表しているんですね！」

そうだね。20－15＝5 で求めた 5 は，間の数を表しているんだ。

両はしに木を植える場合，「間の数＋1＝木の本数」という公式が成り立つから，木の本数(何日か)を求めるために，間の数に 1 をたして，5＋1＝6(日)と求めるんだ。(1)の解き方をまとめておくよ。

20－15＝5 ←── 間の数を求める

5＋1＝6 ←── 間の数に1をたして日数を求める

15日から20日までなら，順に数えて6日と求めることもできたね。でも，**もっと日数が増えると数えるのは難しい。そんなときは植木算の考え方を使って計算して求めよう。**

(2) にいくよ。(2) も (1) と同じように植木算の考え方を使おう。ある月の8日から同じ月の30日まで何日あるかを求めるのだから，次の式で解けるね。

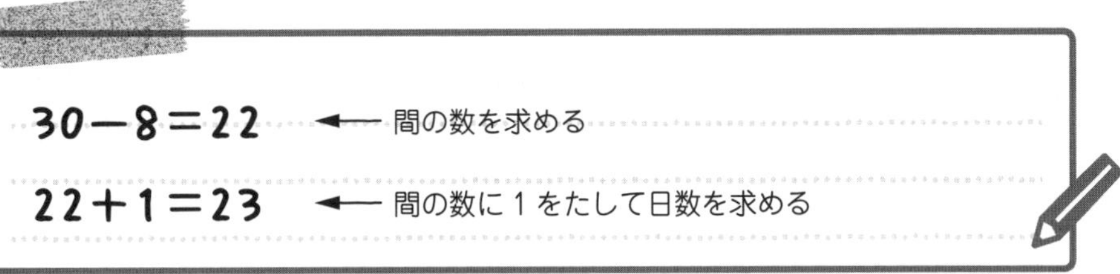

23日 … 答え [例題]9-12 (2)

説明の動画はこちらで見られます

次は(3)だ。3月21日から同じ年の6月15日まで，全部で何日あるかを求めよう。

「(3)は，ちがう月の日にちまでの日数を求めるんですね。」

そうだね。3月21日から同じ年の6月15日までの日数だから，**月ごとに考えていく必要がある。**まず，3月から見ていこう。ユウトくん，3月は何日まであるかな？

「『二四六九士』じゃないから，3月は大の月で，31日まであります！」

そうだね。3月は31日まである。3月21日から3月31日まで全部で何日あるかというと，次の式で求められるね。

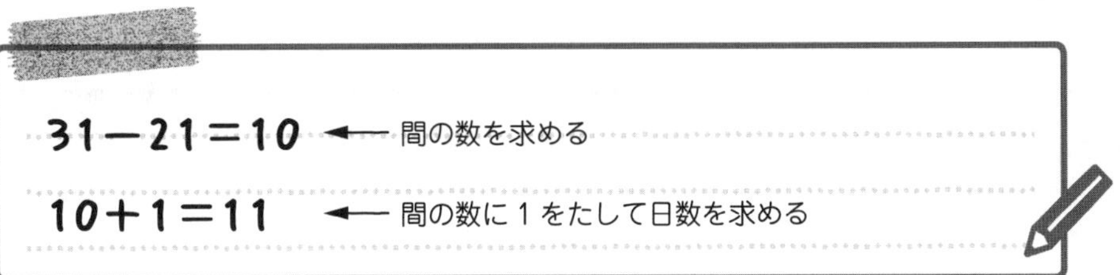

1をたすのを忘れないようにしよう。これで，3月21日から3月31日まで11日あることがわかった。次に4月と5月はそれぞれ何日まであるかな？

「4月は小の月だから30日までよ。5月は大の月だから31日までね。」

そうだね。4月は30日まで，5月は31日まである。最後に6月を見てみよう。6月1日から6月15日までの日数は，次のように求められる。

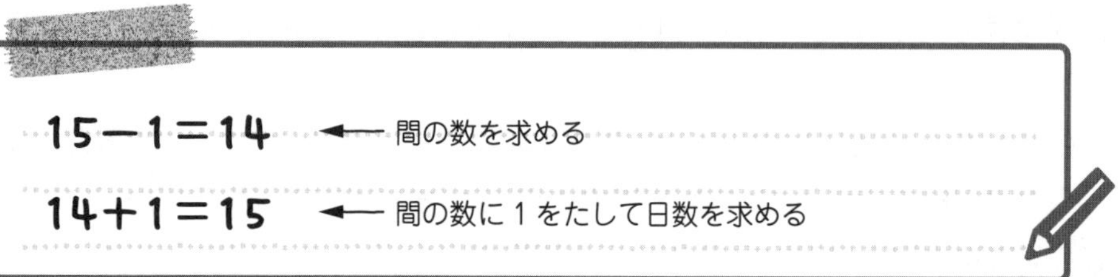

これで，6月1日から6月15日まで全部で15日であることが求められた。

「結局，6月15日の15と同じ日数なんですね。」

そうだね。**1(日)から始まる場合は，終わりの数(今回の場合は15)がそのまま日数になる**んだ。さて，3月，4月，5月，6月と順に見てきたわけだけど，ここまでの結果をまとめたのが右の表だ。

期間	日数
3月21日～3月31日	11日
4月	30日
5月	31日
6月1日～6月15日	15日

3月21日から6月15日までの日数をたせば，答えが求められるね。

$$11+30+31+15=87$$

で，答えは87日だ。

87日 … 答え [例題]9−12 (3)

説明の動画は
こちらで見られます

[例題]9−13 つまずき度 ☹☹☹☹☹

ある年の7月10日は木曜日です。同じ年の10月14日は何曜日ですか。

ユウトくんなら，この問題をどうやって解くかな？

「うーん，7 月 10 日から 10 月 14 日までのカレンダーを全部書いて，力ずくで解くかなぁ。でも，大変そう。」

その方法でも解けなくはないけど，時間はかかるし，ケアレスミスのおそれもある。だから，計算によって求める方法（ほうほう）を教えよう。

まずは，1 つ前の [例題]9-12 (3) と同じ解き方で，7 月 10 日から 10 月 14 日まで，(7 月 10 日もふくめて) 全部で何日かを求めるんだ。まず，7 月から求めていこう。7 月は大の月だから，7 月 10 日から 7 月 31 日までは何日あるかな？

「7 月 10 日から 7 月 31 日までは……，31－10＋1＝22 だから，(7 月 10 日もふくめて) 22 日あるわ。」

そうだね。そして，8 月は大の月だから 31 日あり，9 月は小の月だから 30 日ある。10 月 1 日から 14 日までは何日あるかな？

「10 月 1 日から 14 日までは 14－1＋1＝14 で，14 日あります！ **1(日)から始まる場合は，終わりの数(今回の場合は 14)がそのまま日数になる**んでしたね。」

その通り。まとめると右のようになるよ。

7 月 10 日から 10 月 14 日までの日数をたすと，22＋31＋30＋14＝97 だ。これで，7 月 10 日から 10 月 14 日まで 97 日あることがわかったね。

期間	日数
7月10日～7月31日	22日
8月	31日
9月	30日
10月1日～10月14日	14日

「でも，ここから 10 月 14 日が何曜日かをどうやって求めるんですか？」

10 月 14 日が何曜日かを求めるために，まず次のように，7 月 10 日から 2 週間分ぐらいの，横に長いカレンダーを書いてみよう。

7/10	11	12	13	14	15	16	17	18	19	20	21	22	23	24…
木	金	土	日	月	火	水	木	金	土	日	月	火	水	木…

7 月 10 日は木曜日だから，**木曜から水曜までの 1 週間 (7 日) ずつしきりを入れていって，第 1 組，第 2 組，第 3 組，……と組に分けていく**と，次のようになる。

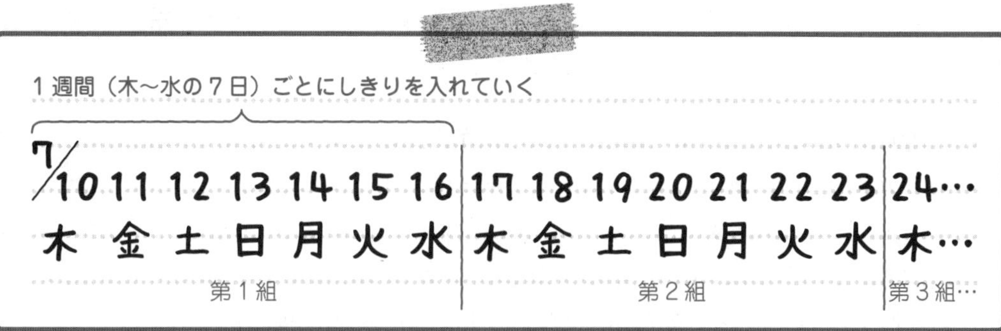

このように組に分けたとき，**10 月 14 日が第何組の何番目かわかれば，10 月 14 日が何曜日かを求められる**んだ。10 月 14 日が第何組の何番目か，どうやって求めればいいかな？

「えっと……，7 月 10 日から 10 月 14 日まで，97 日あるんですよね。7 日(1 週間)ずつ区切るのだから，97 を 7 でわればいいのかなぁ。」

その通りだよ。7 月 10 日から 10 月 14 日まで 97 日あるから，97 を 7 でわればいいんだ。「**97÷7=13 あまり 6**」だね。これは「**第 13 組が終わって，さらに 6 番目**」ということだから，10 月 14 日は「**第 14 組の 6 番目**」であるとわかる。

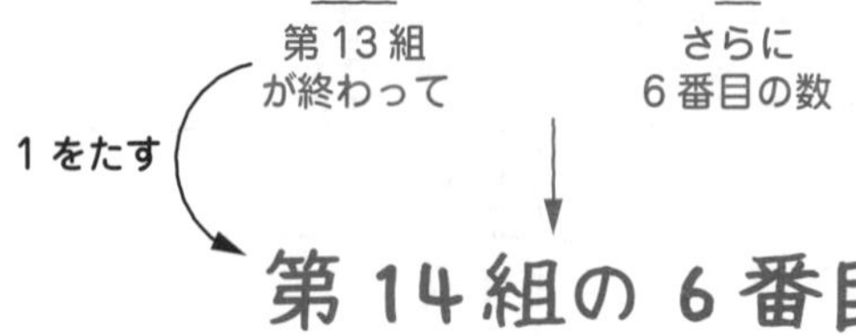

そして，第 14 組の 6 番目が何曜日かを考えよう。それぞれの組はどれも木曜日から始まっているから，順に見ていくよ。木 (1 番目)，金 (2 番目)，土 (3 番目)，日 (4 番目)，月 (5 番目)，火 (6 番目) だから，6 番目は火曜日であるとわかる。つまり，10 月 14 日は火曜日ということだ。

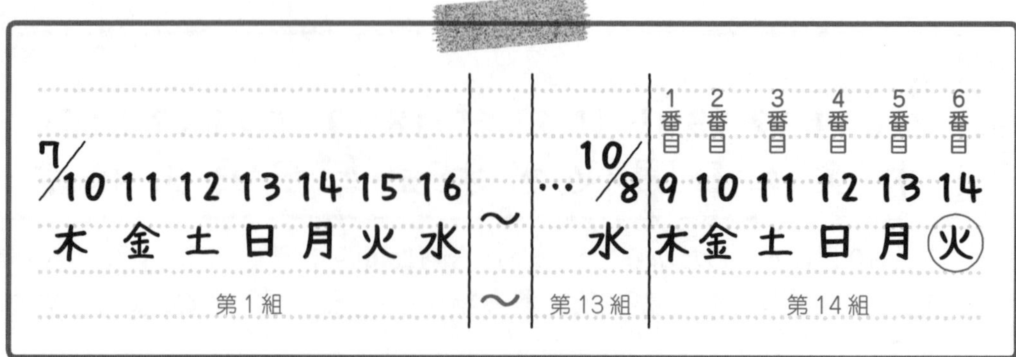

火曜日 … 答え [例題]9-13

まとめると，7 月 10 日から 10 月 14 日まで何日あるかを求めて，その日数を 7 でわるんだ。そして，10 月 14 日が第何組の何番目かがわかり，それによって何曜日かが求められたということだね。苦手にしている人が多い問題だけど，スムーズに解けるように練習していこう。では，次の例題にいくよ。

250 説明の動画は こちらで見られます 

[例題]9-14 つまずき度 😵😵😵😵😵

ある年の 12 月 28 日は土曜日です。同じ年の 8 月 20 日は何曜日ですか。

12 月 28 日から見ると，同じ年の 8 月 20 日は，**過去の日にち**だ。ところで，1 つ前の [例題]9-13 は，ある日にちの曜日をもとに，未来の日にちの曜日を求める問題だったね。それに対して，この例題では，**ある日にちの曜日をもとに，過去の日にちの曜日を求める問題**ということだ。

「過去の日にちの曜日も，カレンダーなしで求められるんですか？」

うん，求められるよ。この例題でも，8 月 20 日から 12 月 28 日まで（8 月 20 日もふくめて）何日あるか，はじめに求めよう。まず，8 月は大の月だから，8 月 20 日から 8 月 31 日までは何日あるかな？

「8 月 20 日から 8 月 31 日までは，31－20＋1＝12 だから，（8 月 20 日もふくめて）12 日あります！」

そうだね。そして，9 月は小の月だから 30 日あり，10 月は大の月だから 31 日あり，11 月は小の月だから 30 日ある。12 月 1 日から 28 日までは何日あるかな？

「**1（日）から始まる場合は，終わりの数（今回の場合は 28）がそのまま日数になる**から，12 月 1 日から 28 日までは 28 日ね。」

そうだね。まとめると，右のようになるよ。

期間	日数
8月20日～8月31日	12日
9月	30日
10月	31日
11月	30日
12月1日～28日	28日

８月 20 日から 12 月 28 日までの日数をたすと，12＋30＋31＋30＋28＝131 だ。これで，８月 20 日から 12 月 28 日まで，131 日あることがわかったね。

「ここから，また２週間分ぐらいのカレンダーを書くんですか？」

そうだね。ただし，今回の例題は，過去の日にちの曜日を求める問題だから，次のように，**12 月 28 日から過去にさかのぼっていくカレンダーを書いて考える**んだ。**曜日も土曜，金曜，木曜，水曜，……と，さかのぼっていく**ということだね。

→ さかのぼっていく

12/28　27　26　25　24　23　22　21　20　19　18　17　16　15　14…
土　金　木　水　火　月　日　土　金　木　水　火　月　日　土…

12 月 28 日は土曜日だから，土曜からさかのぼって日曜までの１週間（７日）ずつしきりを入れていって，第１組，第２組，第３組，……と組に分けていこう。

１週間（土～日の７日）ごとにしきりを入れていく

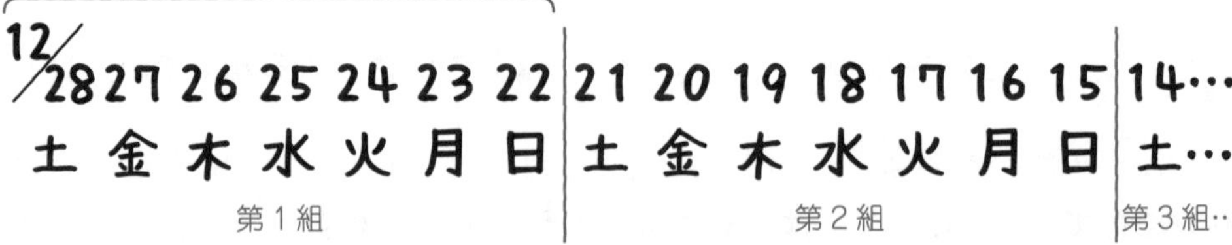

このように組に分けたとき，**８月 20 日が第何組の何番目かわかれば，８月 20 日が何曜日かを求めることができる**んだ。８月 20 日が第何組の何番目か，どうやって求めればいい？

「えっと，８月 20 日から 12 月 28 日まで 131 日あるんですよね。７日（１週間）ずつ組が区切られているのだから，131 を７でわればいいんですね！」

そうだね。８月 20 日から 12 月 28 日まで 131 日あるから，131 を７でわればいい。**「131÷7＝18 あまり 5」**だね。これは**「第 18 組が終わって，さらに５番目」**ということだから，８月 20 日は**「第 19 組の５番目」**であるとわかる。

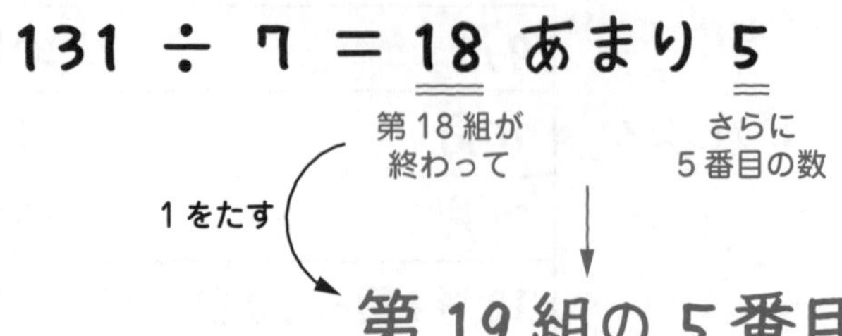

次に，第 19 組の 5 番目ということは何曜日か求めればいいんだね。それぞれの組はどれも土曜日から始まっているから，順に見ていこう。土(1 番目)，金(2 番目)，木(3 番目)，水(4 番目)，火(5 番目)だから，5 番目は火曜日だとわかる。つまり，8 月 20 日は火曜日ということだ。

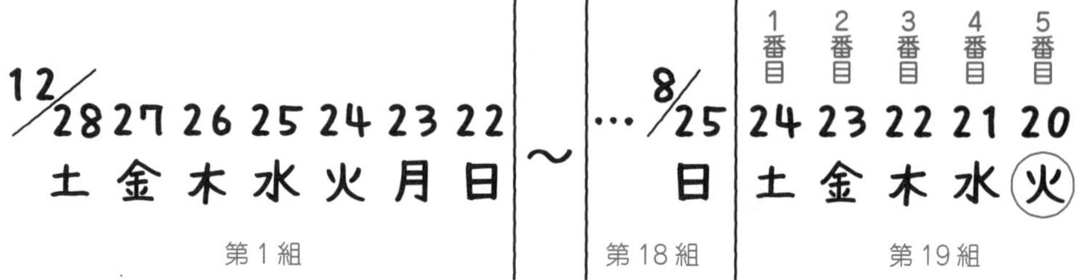

火曜日 … 答え [例題]9-14

1 つ前の [例題]9-13 と解き方がよく似ていたけど，**日にちをさかのぼっていくカレンダーを書いて考えるところがポイント**だったね。

Check 145 つまずき度 ●●○○○

➡解答は別冊 p.93 へ

次の問いに答えなさい。

(1) ある月の 7 日から同じ月の 26 日までは，全部で何日ありますか(7 日もふくむ)。

(2) ある年の 5 月 2 日から同じ年の 7 月 7 日までは，全部で何日ありますか(5 月 2 日もふくむ)。

Check 146 つまずき度 ●●●●○

➡解答は別冊 p.93 へ

ある年の 4 月 5 日は木曜日です。同じ年の 7 月 22 日は何曜日ですか。

Check 147 つまずき度 ●●●●●

➡解答は別冊 p.94 へ

ある年の 11 月 10 日は水曜日です。同じ年の 9 月 16 日は何曜日ですか。

9 04 方陣算

ご石をきれいにならべて，四角形の形にすると……？

251 説明の動画はこちらで見られます

ここで学ぶ**方陣算**では，「ご石」がよく出てくるんだけど,「ご石」とは何か知ってる？

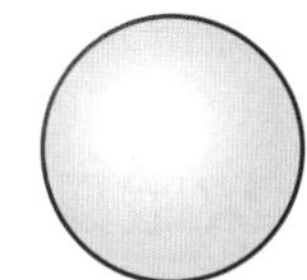

黒いご石　白いご石

「ごいし？　わからないです。」

囲碁(または碁)という古くから伝わるゲームを聞いたことはあるかな？

「囲碁なら，ウチのおじいちゃんが好きですよ！」

そうなんだね。その囲碁で使われるのがご石で，ご石には黒と白がある。

ご石やおはじきを四角形などの形にならべてしきつめたときの，個数などを求める問題が方陣算なんだ。

[例題]9-15　つまずき度

ご石を１辺に７個ずつしきつめて，正方形の形をつくりました。このとき，次の問いに答えなさい。

(1)　ご石を全部で何個使いましたか。

(2)　いちばん外側のまわりにならんだご石は何個ですか。

(1) から解説していくよ。ご石を１辺に７個ずつ，ぎっしりしきつめてならべ，正方形の形をつくると右のようになる。

このように，ご石が中までぎっしりつまったものを**中実方陣**というよ。

(1) はご石を全部で何個使ったかを求める問題だ。１辺に７個ずつならんでいるから，7×7＝49 で，全部で 49 個と求められるね。

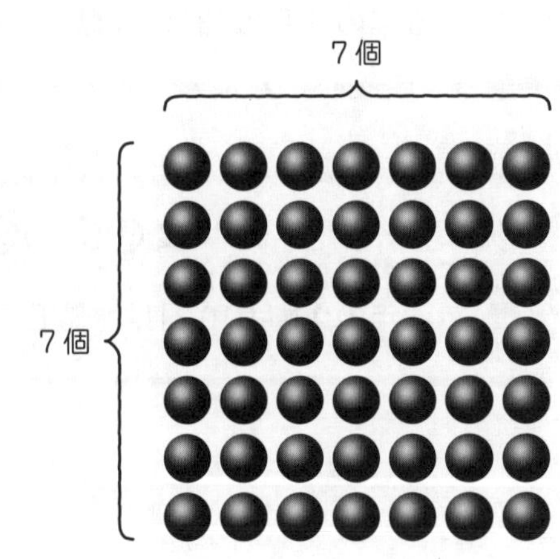

49 個 … 答え [例題]9-15 (1)

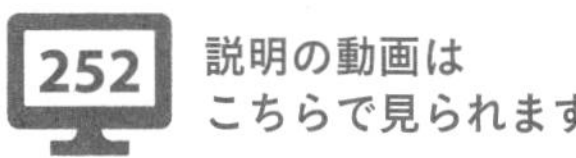

(2)は，いちばん外側のまわりにならんだご石は何個かを求める問題だ。

「1辺に7個ずつならんでいて，4辺あるから，7×4＝28(個)でしょう？」

そのように求めるのはまちがいなんだ。なぜかというと，7×4＝28(個)という計算では，次の図のように，4すみのご石を2回ずつ数えてしまっているんだ。

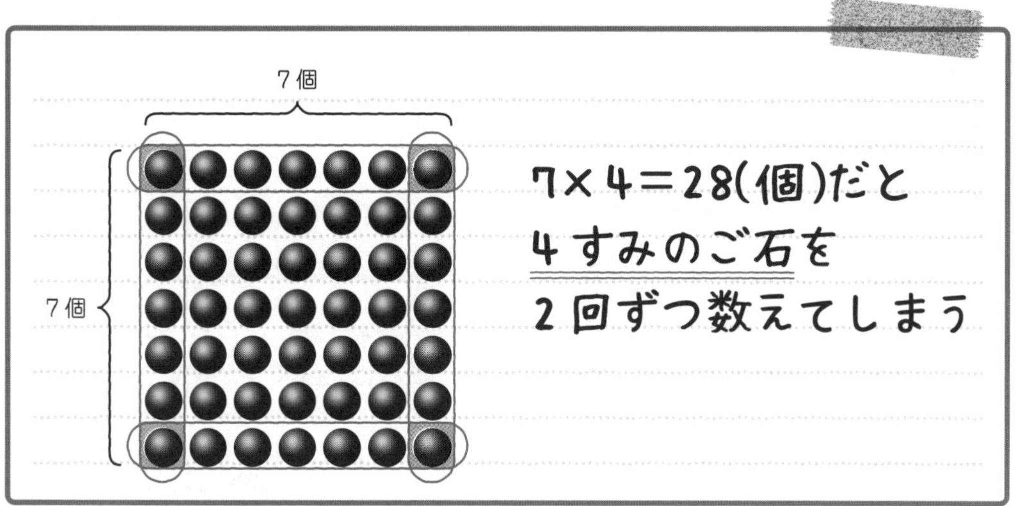

「ということは，2回数えてしまったご石の数を28個からひけば，ご石の数は求められそうね。」

そうだね。2回数えてしまったご石は4すみの4個だから，それを28個からひいて，28－4＝24(個)と求めることができる。

24個…答え [例題]9-15 (2)

別解 [例題]9-15 (2)

いまの方法(ほうほう)だと，2回数えてしまった4個をひくというところで，ややこしく感じる人もいるかもしれない。いちばん外側のまわりにならんだご石を，右のように4組の部分に区切って考えるとわかりやすいよ。

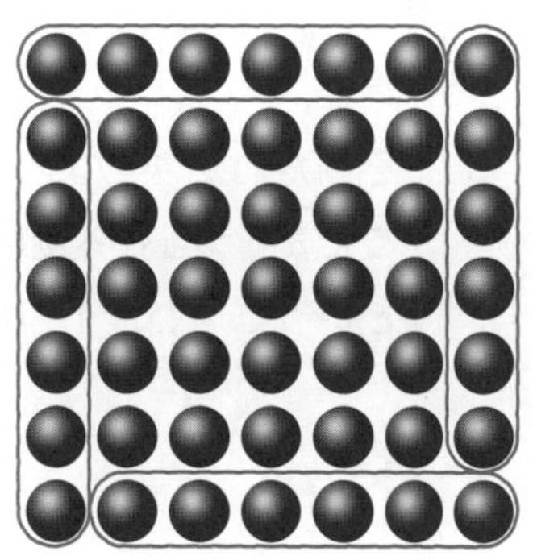

このように，いちばん外側のまわりにならんだご石を，7−1＝6（個）ずつ 4 組に区切って考えることができるんだ。だから，いちばん外側のまわりにならんだご石は，6×4＝24（個）と求められるね。この区切り方だと，さっきの解き方のように，2 回数えるご石がないから考えやすいよ。

24 個 … 答え ［例題］9−15 （2）

「なるほど。ぼくは別解のほうが解きやすく感じるなぁ。」

うん，別解のほうが解きやすく感じる人も多いと思う。これからの例題でも，別解の解き方で解いていくよ。

253 説明の動画はこちらで見られます

［例題］9−16 つまずき度 ××○○○

ご石をぎっしりしきつめて，正方形の形をつくったところ，いちばん外側のまわりに 32 個のご石がならびました。ご石は全部で何個使いましたか。

ご石をぎっしりしきつめて，正方形の形をつくったら，いちばん外側のまわりに 32 個のご石がならんだということだね。まず **1 辺に何個のご石がならんでいるか**を求めよう。［例題］9−15 （2）の 別解 で教えたように，**いちばん外側のまわりにならんだご石は，右のように同じ数ずつ 4 組に区切ることができる**。本当は中もつまっているけど，外側のまわりだけかくよ。

いちばん外側のまわりに 32 個のご石がならんだのだから，色の線で囲った部分（1 組）に，ご石は何個ずつあるのかな？

「いちばん外側のまわりに 32 個のご石がならんでいて，それを同じ数ずつ 4 組に区切ったのだから，1 組には，32÷4＝8（個）ずつあるということね。」

そうだね。次のように，色の線で囲った部分（1 組）にはご石は 8 個ずつあるということだ（今回も外側のまわりだけかくよ）。

ということは，1 辺にならんでいるご石の数は，8＋1＝9（個）であるとわかる。

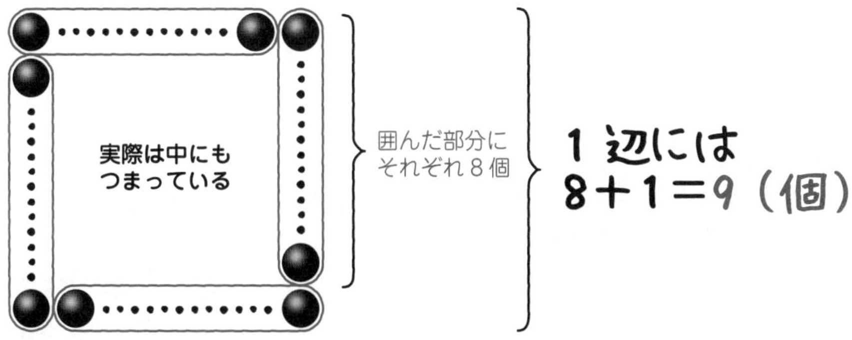

1 辺に 9 個ずつならんでいるから，9×9＝81 で，ご石は全部で 81 個とわかるよ。

81 個…答え [例題]9-16

254 説明の動画は
こちらで見られます

[例題]9-17 つまずき度

ご石をならべて，いちばん外側の 1 辺が 7 個で，2 列の中空方陣(ちゅうくうほうじん)をつくりました。全部で何個のご石を使いましたか。

[例題]9-15 と [例題]9-16 は，中がぎっしりつまった中実方陣(ちゅうじつほうじん)の問題だったけど，今回の例題は**中空方陣**(ちゅうくうほうじん)の問題だ。

「中空方陣って何ですか？」

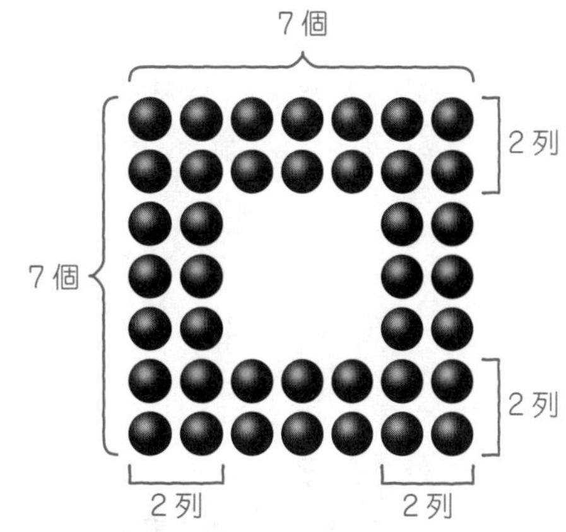

ぎっしりつまっているわけでなく，中が空いているものを中空方陣というんだ。この例題では，いちばん外側の 1 辺が 7 個で，2 列の中空方陣ということだから，図で表すと右のようになるよ。2 列ずつご石がならぶんだ。

さて，全部で何個のご石を使うかを求める問題だけど，中空方陣は次のページの図のように，同じ数ずつ 4 つの部分に分けることができるんだ。

4 つの長方形に分けることができたら，1 つの長方形に入っているご石の数を求めよう。

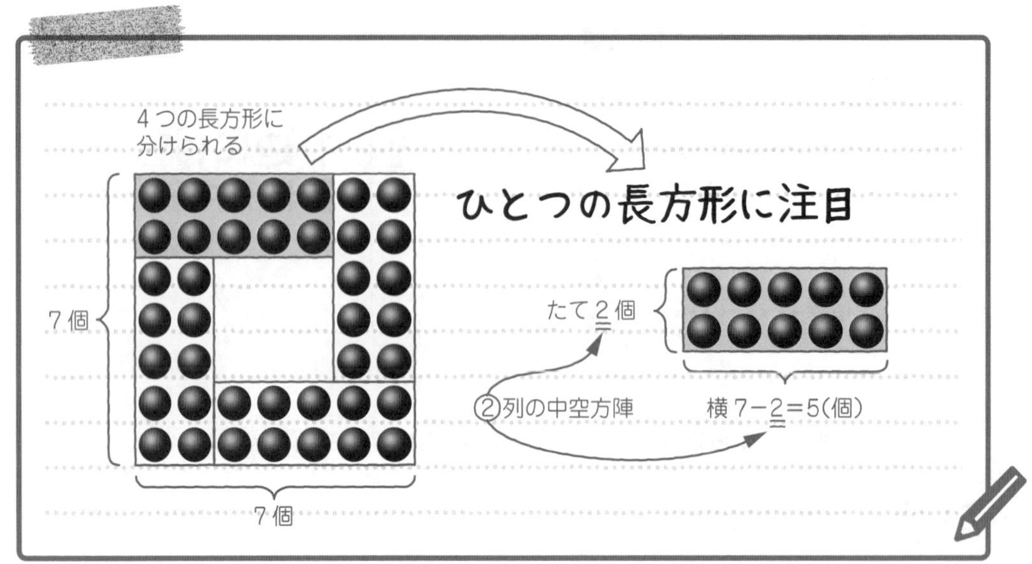

上の図の左上の色がついた長方形は，たてに2個(2列の2と同じ)のご石がならんでいる。横には1辺の7個から2個(2列の2)をひいた7−2=5(個)のご石がならんでいる。

だから，左上の色がついた長方形には，2×5=10(個)のご石があるとわかる。4つの長方形には，同じ数のご石があるのだから，ご石は全部で10×4=40(個)あると求められるんだ。

40個…答え [例題]9−17

コツ 中空方陣の考え方

中空方陣は4つの同じ長方形に分けて考えよう。

例 いちばん外側の1辺が7個で，2列の中空方陣

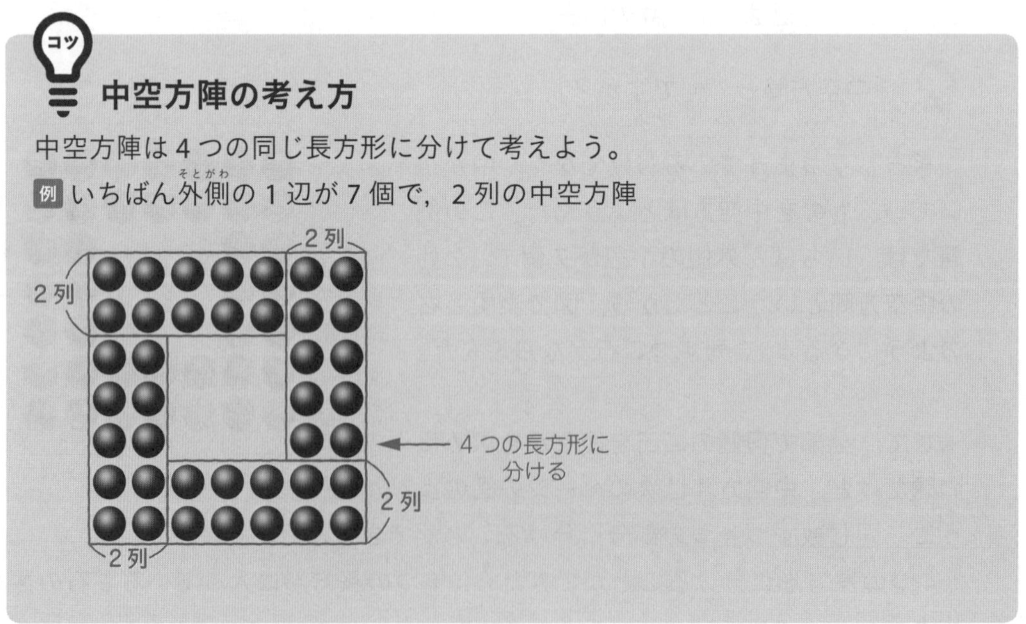

説明の動画は
こちらで見られます

[例題]9−18　つまずき度

ご石 84 個をならべて，3 列の中空方陣をつくりました。いちばん外側の 1 辺に何個のご石がならんでいますか。

ご石 84 個をならべて，3 列の中空方陣をつくったということだけど，この中空方陣も，次のように 4 つの長方形に分けることができる。ご石をかくのはけっこう大変だから，下の右図のように，長方形の部分だけかいて表すこともできるよ。

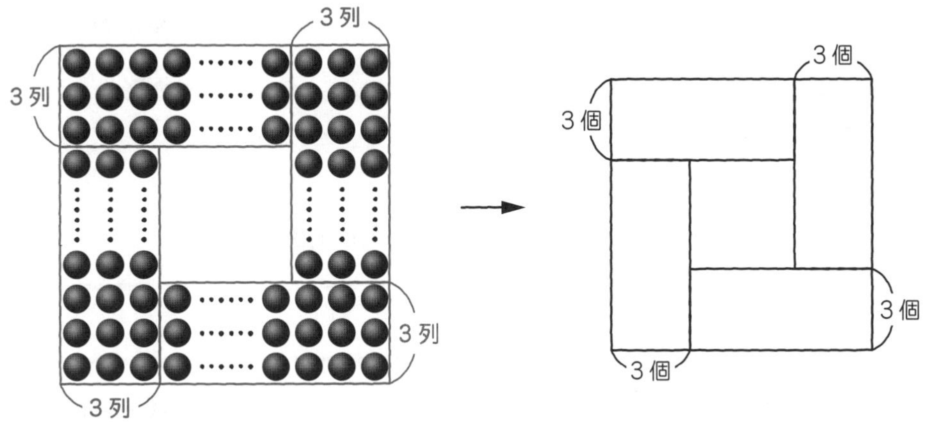

「長方形だけだと，かきやすいですね。」

うん。自分で勉強するときや，テストで方陣算の問題を解くときなどは，簡単な図のほうがいいよね。ここからは，この簡単な図で解説していくよ。さて，ご石を全部で 84 個ならべて，それが**同じ数ずつ 4 つの長方形に分けられる**のだから，1 つの長方形には，84÷4＝21(個)ずつのご石があることがわかる。

たとえば，左上の赤い長方形の，たてにならんでいるご石は 3 個だね。では，この長方形の横にならんでいるご石は何個になるかな？

「1 つの長方形には 21 個ずつのご石があって，たてにご石が 3 個ならんでいるから，横には，21÷3＝7(個)のご石がならんでいるんじゃないかな？」

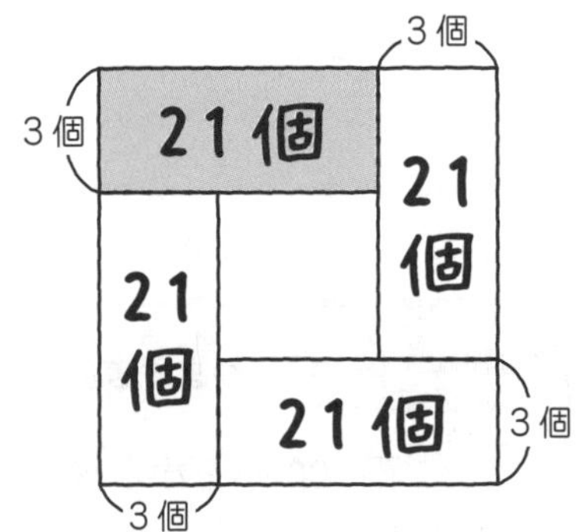

その通り。21÷3=7 で，横には 7 個のご石がならんでいることがわかる。図で表すと，右のようになるよ。

これより，いちばん外側の 1 辺にならんでいるご石は，7+3=10(個)であることがわかるんだ。

10 個 … 答え [例題]9-18

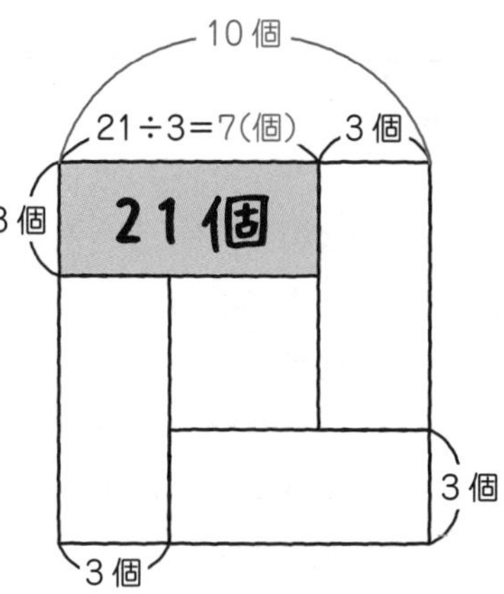

Check 148 つまずき度 ●●○○○ ➡解答は別冊 p.94 へ

ご石を 1 辺に 10 個ずつ，ぎっしりしきつめてならべ，正方形の形をつくりました。このとき，次の問いに答えなさい。

(1) ご石を全部で何個使いましたか。

(2) いちばん外側のまわりにならんだご石は何個ですか。

Check 149 つまずき度 ●●○○○ ➡解答は別冊 p.95 へ

ご石をぎっしりしきつめてならべ，正方形の形をつくったところ，いちばん外側のまわりに 104 個のご石がならびました。ご石は全部で何個使いましたか。

Check 150 つまずき度 ●●●○○ ➡解答は別冊 p.95 へ

ご石をならべて，いちばん外側の 1 辺が 14 個で，4 列の中空方陣をつくりました。全部で何個のご石を使いましたか。

Check 151 つまずき度 ●●●○○ ➡解答は別冊 p.96 へ

ご石 400 個をならべて，5 列の中空方陣をつくりました。いちばん外側の 1 辺に何個のご石がならんでいますか。

第10章

場合の数

すごろくなどで，サイコロを使ったことはあるよね。1つのサイコロをふるとき，出る目は何通りかな？

「サイコロは，1から6の目があるから，出る目は6通りだと思います！」

そうだね。では，大小2つのサイコロを同時にふるとき，出る目は何通りあると思う？

「大小2つのサイコロ？　うーん，何通りになるのかしら。6+6で，12通りとか？」

答えは36通りだよ。なぜ，36通りになるかは，あとで教えるね。
この章では，「何通りあるか」を求める問題を中心に解いていくよ。

和の法則と積の法則

どういうときにたして，どういうときにかければいいの？　それをまずおさえよう！

説明の動画は
こちらで見られます

この章では，場合の数について学んでいくよ。場合の数とは，大まかに言うと，**「あることがらが起きるのは全部で何通りあるか」**ということなんだ。いろいろなことがらが起こるのが，何通りあるか求める問題を中心に解いていくよ。そして，場合の数の問題を解くときに，まずおさえたいのが，**和の法則**と**積の法則**だ。

「和の法則と積の法則？」

うん。簡単に言うと，**場合の数の問題で，「どういうときにたすか，どういうときにかけるか」**についての法則なんだ。**たすべきところでかけたり，かけるべきところでたしたりして，まちがってしまう人が多い。これらのまちがいは，たいてい，和の法則と積の法則の区別がついていないことが原因**なんだ。

この２つの法則を理解するために，まずは，次の例題を解いてみよう。

[例題]10-1　**つまずき度**

和食屋は，A 店，B 店，C 店の３店があり，洋食屋は，D 店，E 店の２店があります。このとき，次の問いに答えなさい。

(1)　ある日，和食屋３店，洋食屋２店のうち，どれか１店でご飯を食べることにしました。このとき，店の選び方は，全部で何通りありますか。

(2)　別の日，昼は和食屋で食べて，夜は洋食屋で食べることにしました。このとき，和食屋と洋食屋の組み合わせは，全部で何通りありますか。

(1) からいこう。和食屋３店，洋食屋２店のうち，どれか１店で外食するとき，店の選び方は，全部で何通りあるかを求める問題だ。これは簡単だね。

「はい，和食屋が３店，洋食屋が２店ですね。たして 3+2=5(店)の中から選ぶのだから，選び方は５通りあると思います！」

その通り。和食屋３店，洋食屋２店の計５店あり，その中から選ぶのだから，全部で５通りだ。3+2=5(通り)と求めることができるんだね。

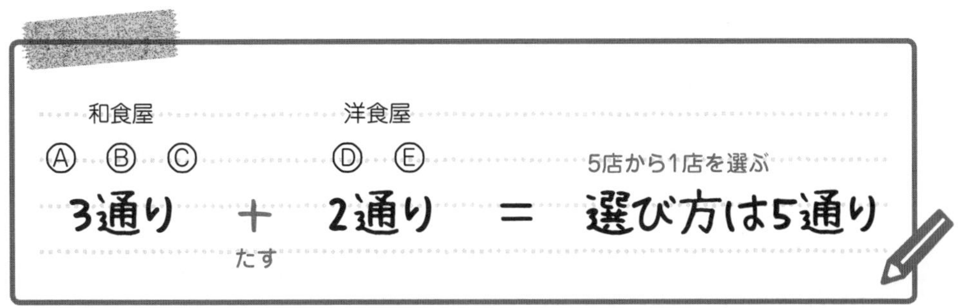

5 通り … 答え [例題]10−1 (1)

(2) にいこう。昼は和食屋で食べて，夜は洋食屋で食べるとき，和食屋と洋食屋の組み合わせは，全部で何通りあるかを求める問題だ。

「たとえば，お昼に A 店で食べて，夜に D 店で食べるとき，これを 1 通りと考えればいいのかしら。」

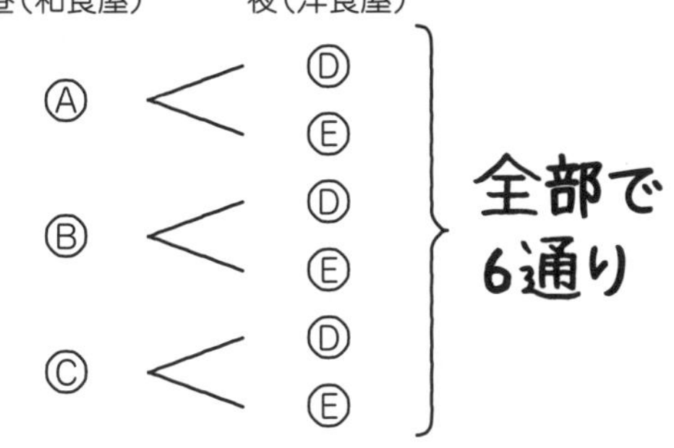

そうだよ。お昼に A 店で食べる場合，夜のお店の選び方は D 店と E 店の 2 通りある。また，お昼に B 店，C 店で食べる場合も，それぞれ夜のお店の選び方は D 店と E 店の 2 通りずつある。和食屋と洋食屋の組み合わせをすべて書くと，右のように，答えは 6 通りだとわかるよ。

すべての組み合わせを書き出さなくても，計算で求める方法（ほうほう）もあるんだ。お昼の和食屋の選び方は A 店，B 店，C 店の 3 通りあり，それぞれについて，夜の洋食屋の選び方が 2 通りずつあるのだから，3×2＝6(通り) と求めることができる。

和食屋　Ⓐ Ⓑ Ⓒ　　洋食屋　Ⓓ Ⓔ　　和食屋と洋食屋から1店ずつ選ぶ

3通り × 2通り ＝ 組み合わせは6通り
（×：かける）

6 通り … 答え [例題]10−1 (2)

説明の動画は
こちらで見られます

この例題で, **(1) では和の法則を, (2) では積の法則を使って解いた**といえるんだ。和の法則, 積の法則とは, 次のような法則だよ。

和の法則と積の法則

- **和の法則**

同時には起こらない 2 つのことがら X と Y がある。X の起こり方が m 通り, Y の起こり方が n 通りあるとき, X **または** Y が起こるのは, (m＋n) 通りある。

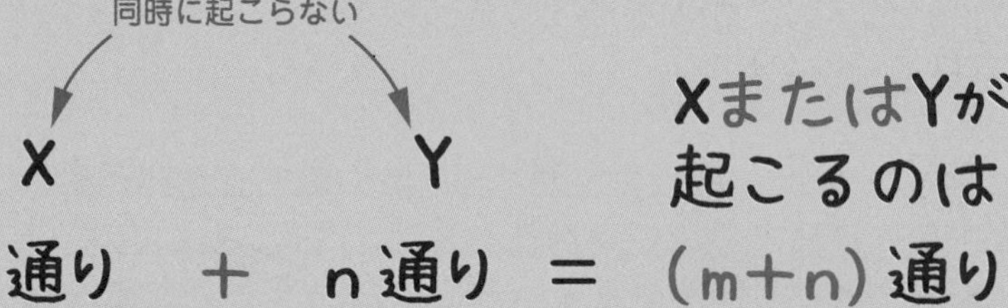

- **積の法則**

2 つのことがら X と Y があり, X の起こり方が m 通りあり, X の起こり方ひとつひとつについて, Y の起こり方が n 通りある。このとき, X と Y が**ともに(同時に)**起こるのは, (m× n) 通りある。

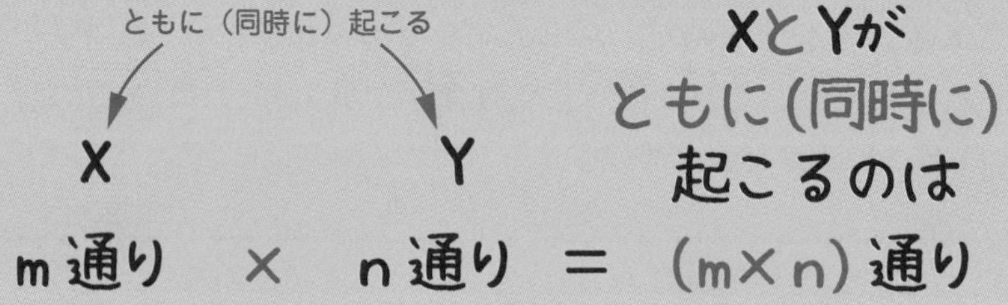

「何だか難しいなぁ。」

ちょっと難しく感じたかもしれないね。簡単にいうと, 2 つのことがらがあって, **同時に起こらないときの場合の数を求めるときは, たせばいい**。一方, 2 つのことがらがあって, **ともに(同時に)起こるときは, かければいい**んだ。

「同時に起こるか，起こらないかで見分けるということですか？」

その通りだよ。(1) では，和食屋と洋食屋を同時に（ともに）選ぶことはできないね。だから，3＋2＝5（通り）と和を求めればいいんだ。一方，(2) では，和食屋と洋食屋をともに選ぶのだから，3×2＝6（通り）と積を求めればいいんだよ。

和食屋　洋食屋

(1)　3通り ＋ 2通り ＝ 5通り
（和の法則）

(2)　3通り × 2通り ＝ 6通り
（積の法則）

慣れも必要だから，たすべきところでかけたり，かけるべきところでたしたりするミスをしないように，練習していこう。次の例題も，和の法則と積の法則を使う問題だよ。

説明の動画は
こちらで見られます

[例題] 10-2　つまずき度

右の図は，A 町，B 町，C 町，D 町を結ぶ道路を表したものです。このとき，次の問いに答えなさい。

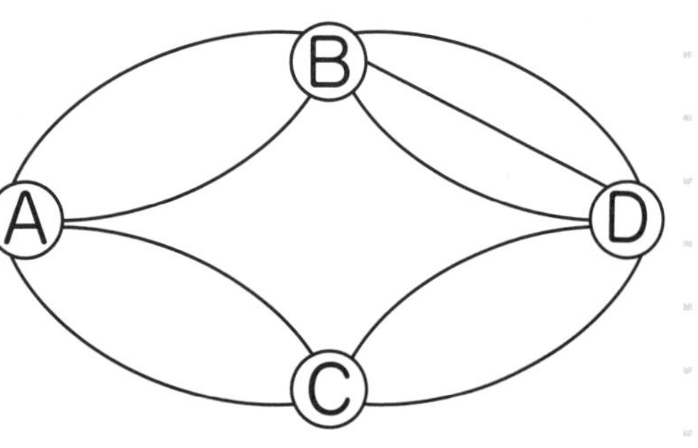

(1)　A 町から B 町を通って，D 町に行く行き方は，全部で何通りありますか。

(2)　A 町から C 町を通って，D 町に行く行き方は，全部で何通りありますか。

(3)　A 町から D 町に行く行き方は，全部で何通りありますか。

(1) からいこう。A 町から B 町を通って，D 町に行く行き方は，全部で何通りあるかを求める問題だね。A 町から B 町に行く道は 2 通りあり，B 町から D 町に行く道は 3 通りあるね。それぞれの道をア〜オとすると，次の図のようになる。

アの道を通ったあと，ウ，エ，オの3通りの道を選ぶことができ，イの道を通ったあともウ，エ，オの3通りの道を選ぶことができる。だから，全部で，2×3＝6(通り)あるんだね。**積の法則を使って，2×3＝6(通り)と求められる**んだ。

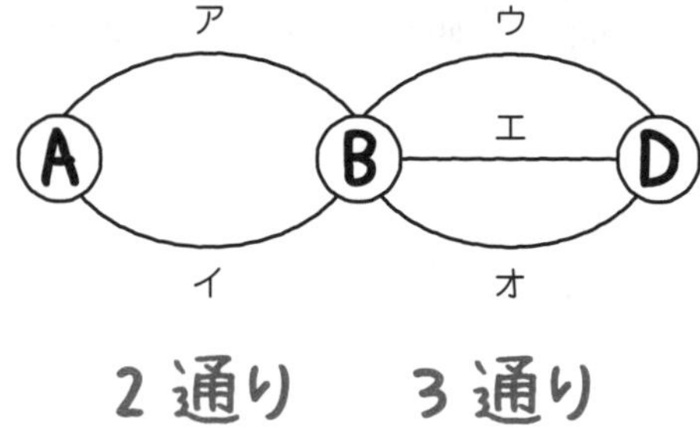

6通り … 答え [例題]10-2 (1)

(2)にいこう。A町からC町を通って，D町に行く行き方は，全部で何通りかを求める問題だね。ハルカさん，解いてくれるかな？

「(2)も積の法則で解けるわ。A町からC町に行く道は2通りあり，C町からD町に行く道も2通りあるのね。だから，全部で，2×2＝4(通り)よ。」

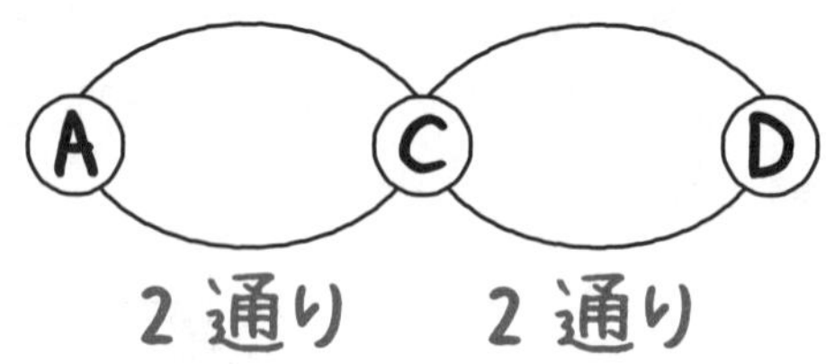

そうだね。**積の法則を使って，2×2＝4(通り)と求められる。**

4通り … 答え [例題]10-2 (2)

(3)にいこう。A町からD町に行く行き方は，全部で何通りあるかを求めるんだね。(1)と(2)から，B町を通ってD町に行く行き方は6通り，C町を通ってD町に行く行き方は4通りある。だから，**和の法則によって，答えは，6＋4＝10(通り)と求められる**んだ。B町を通ることと，C町を通ることは「同時に起こらない」から，和を求めるんだね。

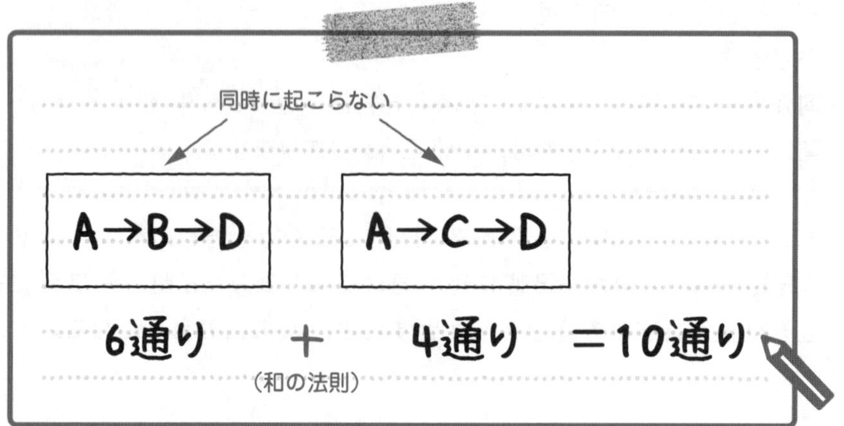

10通り … 答え [例題]10-2 (3)

Check 152 つまずき度 ●○○○○ ➡解答は別冊 p.96 へ

ファーストフード店は，A 店，B 店，C 店の 3 店，和食屋は，D 店，E 店の 2 店，洋食屋は，F 店，G 店，H 店の 3 店があります。このとき，次の問いに答えなさい。

(1) ある日，ファーストフード店 3 店，和食屋 2 店，洋食屋 3 店のうち，どれか 1 店で食事をすることにしました。このとき，店の選び方は，全部で何通りありますか。

(2) 別(べつ)の日，朝はファーストフード店，昼は和食屋，夜は洋食屋で食事をすることにしました。このとき，朝，昼，夜の店の組み合わせは，全部で何通りありますか。

Check 153 つまずき度 ●●○○○ ➡解答は別冊 p.96 へ

右の図は，A 町，B 町，C 町，D 町，E 町を結(むす)ぶ道路を表したものです。このとき，次の問いに答えなさい。

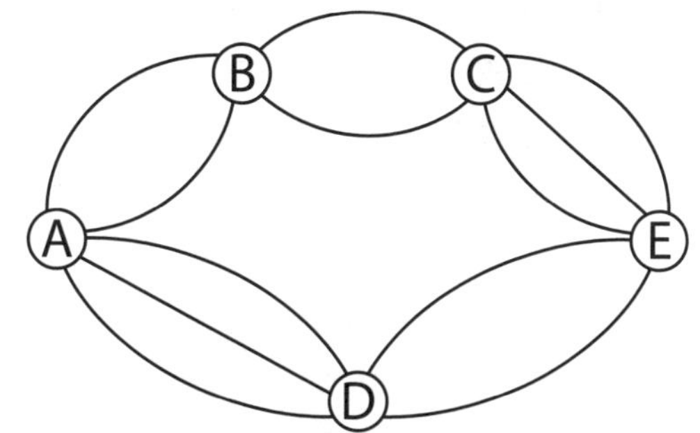

(1) A 町から B 町と C 町を通って，E 町に行く行き方は，全部で何通りありますか。

(2) A 町から D 町を通って，E 町に行く行き方は，全部で何通りありますか。

(3) A 町から E 町に行く行き方は，全部で何通りありますか。

10 02 順列と組み合わせ

順列と組み合わせのちがいをおさえよう。

説明の動画は
こちらで見られます

[例題]10-3　つまずき度

A, B, C, D, Eの5枚のカードがあります。このとき，次の問いに答えなさい。

(1)　5枚のカードのうち，2枚をならべるならべ方は，全部で何通りありますか。
(2)　5枚のカードのうち，2枚を選ぶ選び方は，全部で何通りありますか。
(3)　5枚のカードのうち，3枚をならべるならべ方は，全部で何通りありますか。
(4)　5枚のカードのうち，3枚を選ぶ選び方は，全部で何通りありますか。
(5)　5枚のカードのうち，4枚をならべるならべ方は，全部で何通りありますか。
(6)　5枚のカードのうち，1枚を選ぶ選び方は，全部で何通りありますか。
(7)　5枚のカードのうち，4枚を選ぶ選び方は，全部で何通りありますか。
(8)　5枚のカードのうち，5枚をならべるならべ方は，全部で何通りありますか。

では，(1)から解いていこう。5枚のカードのうち，2枚をならべるならべ方が何通りあるかを求める問題だ。

「力ずくで書き出していけばいいのかな。」

それも1つの方法だね。でも，**力ずくでばらばらに調べていくと，もれや重なりが出る場合が多い。**そこで，すべてのパターンをもれなく書き出せる図を教えよう。それを樹形図というよ。

「樹形図？」

うん。5枚のカードのうち，2枚をならべるとき，左から順に1枚ずつならべていくとしよう。いちばん左にAを置くとき，左から2番目には，残りのカードB, C, D, Eのどれかを置くことができる。樹形図では，これを次のように表すんだ。

いちばん左のカード　左から2番目のカード

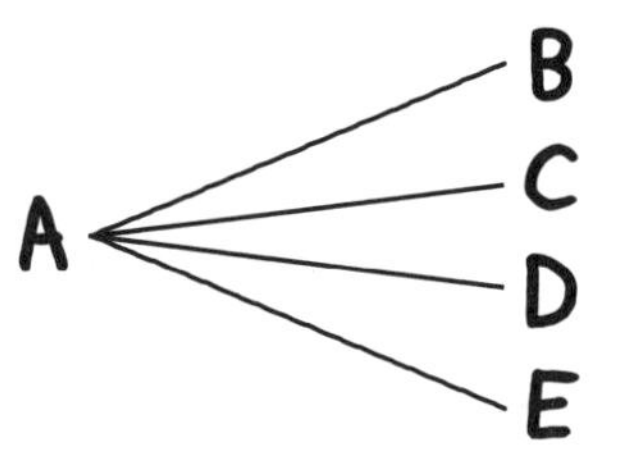

いちばん左がAのときのならべ方は4通り

いちばん左に[A]を置くとき，4 通りのならべ方があることがわかるね。木（樹）の枝が分かれているように見えるから，樹の形をした図ということで，樹形図というんだ。

次に，たとえば，いちばん左に[B]を置くとき，左から 2 番目には，[A]，[C]，[D]，[E]のどれかをならべることになる。同じように順に調べていって，いちばん左に[A]，[B]，[C]，[D]，[E]を置くときのすべての場合を樹形図に表すと，右のようになる。**すべてアルファベット順に調べていくのがポイント**だよ。

いちばん左のカード　左から2番目のカード

A ― B, C, D, E
B ― A, C, D, E
C ― A, B, D, E
D ― A, B, C, E
E ― A, B, C, D

ならべ方は全部で20通り

全部のパターンを樹形図に表すことができたね。これを数えると 20 通りある。だから，5 枚のカードのうち，2 枚をならべるならべ方は，全部で 20 通りと求められるんだ。

20 通り … 答え ［例題］10-3 (1)

「キレイに順序よくならんだ図になりましたね！」

そうだね。たとえば，AD，EC，BA，……というように，ばらばらに書き出していっても，もれや重なりが出てしまうことが多い。でも，樹形図を使うと，**アルファベット順に調べるので，もれや重なりがないように求めることができる**。これが**樹形図の長所**なんだ。

説明の動画は
こちらで見られます

別解　[例題]10-3 (1)

(1) には別解があるから見ておこう。いちばん左にAを置くとき，樹形図は次のようになり，4 通りあることがわかったね。

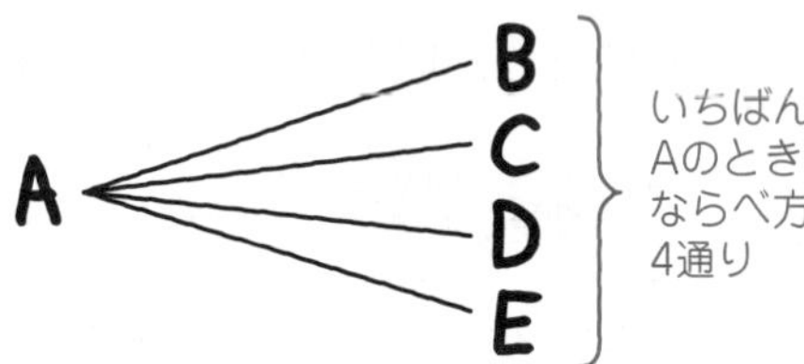

いちばん左にB，C，D，Eを置くときも，それぞれ，いちばん左のカード以外の 4 枚を，左から 2 番目に置くことができるから，4 通りずつある。いちばん左にならべられるカードは，A〜Eの 5 通りで，それぞれについて，左から 2 番目に 4 通りずつならべられるのだから，5×4＝20(通り)と求めることができるんだ。

20 通り … 答え　[例題]10-3 (1)

「いちばん左に A を置くときの樹形図だけをかいて，あとは計算で求めるということね。」

その通り。20 通りすべての樹形図をかくのは大変だ。だから，いちばん左に A を置くときの樹形図だけをかいて，あとは計算で求めればいい。さらに慣れてきて，いちばん左に A を置くときの樹形図を頭の中で考えることができるようになれば，5×4＝20(通り)と**樹形図をかかなくても答えが求められるようになる**よ。

「樹形図をかかなくても求められるように練習しなきゃ。」

最終的にはそうできるように，練習していこうね。

説明の動画は
こちらで見られます

では，(2) にいこう。5 枚のカードのうち，2 枚を選ぶ選び方は何通りあるかを求める問題だ。

「あれ？　(1)と同じ問題じゃないかな？」

ユウトくん，よく見て。(1) は，**2 枚をならべるならべ方**が何通りあるかを求める問題だ。一方，(2) は，2 枚を**選ぶ選び方**が何通りあるかを求める問題だよ。

「『ならべる』と『選ぶ』がちがうけど，答えは同じではないですか？」

答えは同じじゃないんだ。(1) では，**左からA，Bとならべるときと，B，Aとならべるときは区別して 2 通りとした**ね。でも，(2) では，**選ぶだけで，ならべる順序は関係ない**から，**A，BとB，Aを区別せず 1 通りとする**んだ。

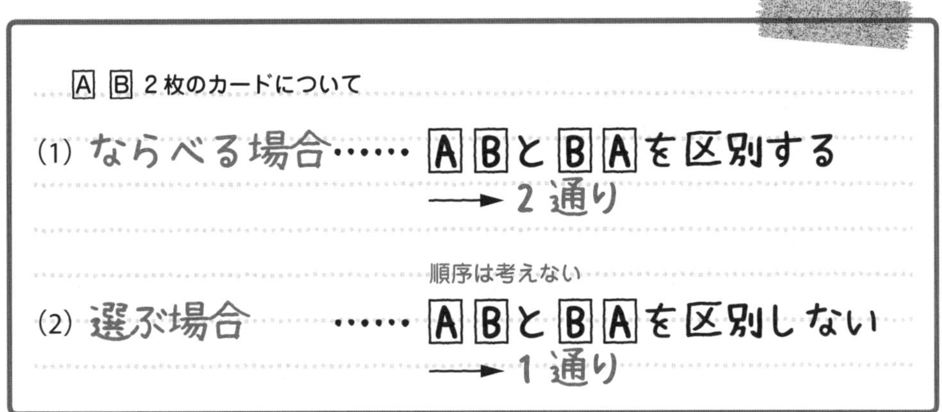

だから，(1) と (2) の問題はよく似てるけど，答えはちがってくるんだよ。

「『ならべるならべ方』と『選ぶ選び方』だけのちがいだけど，答えはちがってくるのね。おもしろいわ。」

そうだよ。(1) の 20 通りの樹形図から，A，BとB，Aのように，重なっている組み合わせを消すと，右のようになる。

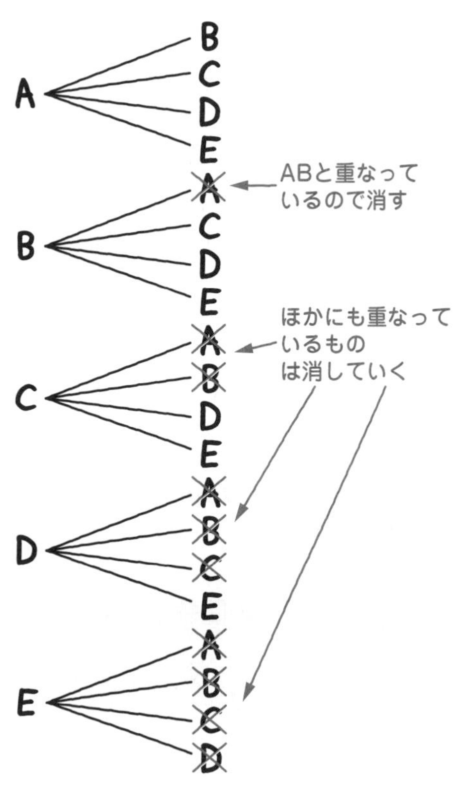

残った組み合わせだけを樹形図に表すと，次のようになるよ。

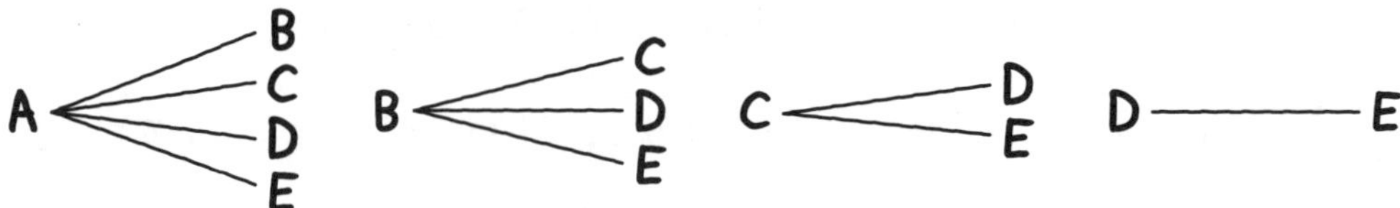

選び方は全部で10通り

これを数えて，10 通りと求めることができる。

10 通り … 答え [例題]10-3 (2)

説明の動画はこちらで見られます

別解 [例題]10-3 (2)

(2) にも別解があるから見ておこう。(1) のならべ方は 20 通りだった。(2) では，Ａ，ＢとＢ，Ａを区別せず 1 通りとするんだね。Ａ，ＢとＢ，Ａの組み合わせだけでなく，Ａ，ＥとＥ，Ａや，Ｂ，ＣとＣ，Ｂなど，ほかの組み合わせも，**ならべ方では 2 通りと数えていたものを，選び方ではすべて 1 通りと数える**のだから，20÷2＝10(通り) と求めることができるんだ。

10 通り … 答え [例題]10-3 (2)

「樹形図をかかなくても，計算で求められるということですね。」

そういうことだよ。**ならべ方が 20 通りあって，ならべ方の 2 通りを 1 通りと考えるから，20÷2＝10 (通り) と求めることができた**んだ。先ほども言った通り，(1) と (2) の問題はよく似てるけど，考え方に大きなちがいがあるね。

「『ならべ方』と『選び方』，きちんと区別しないといけないわね。」

そうだね。(1) のように，**いくつかのものから何個か取り出して，順序を考えて 1 列にならべるならべ方**を**順列**といい，一方，(2) のように，**いくつかのものから何個かを，取り出す順序を考えずに選ぶ選び方**を**組み合わせ**というよ。場合の数の問題は，**「順列の問題か，組み合わせの問題か」見分けてから解く必要がある**んだ。

「順列の問題か，組み合わせの問題か，どうやって区別すればいいんですか？」

「**順序を考えるのが順列，順序を考えないのが組み合わせ**」とシンプルにおさえておこう。

「順序を考えるかどうかなんですね。」

うん。ただ，1つ注意してほしいのは，**「ならび方」や「選び方」という言葉だけでは，順列の問題か，組み合わせの問題か判断できないことがある**ということなんだ。あとの例題にも出てくるけど，**「選び方は何通りありますか」という問題でも，組み合わせの問題ではなく，順列の問題の場合もあるし，その逆の場合もあるから，注意しよう。**

いくつか問題を解いて，慣れていく必要があるよ。ここでは，ひとまず，順列と組み合わせをしっかり区別すべきだということをおさえておこう。

説明の動画は
こちらで見られます

では，(3)にいくよ。5枚のカードのうち，3枚をならべるならべ方は何通りあるかを求める問題だね。これは，順列，組み合わせ，どっちの問題かな？

「ならべる順序を考えるから，順列の問題ですね。」

その通り。順列の問題だ。さっそく樹形図をかいて考えよう。いちばん左にⒶを置くときの樹形図をかくと，次のようになる。

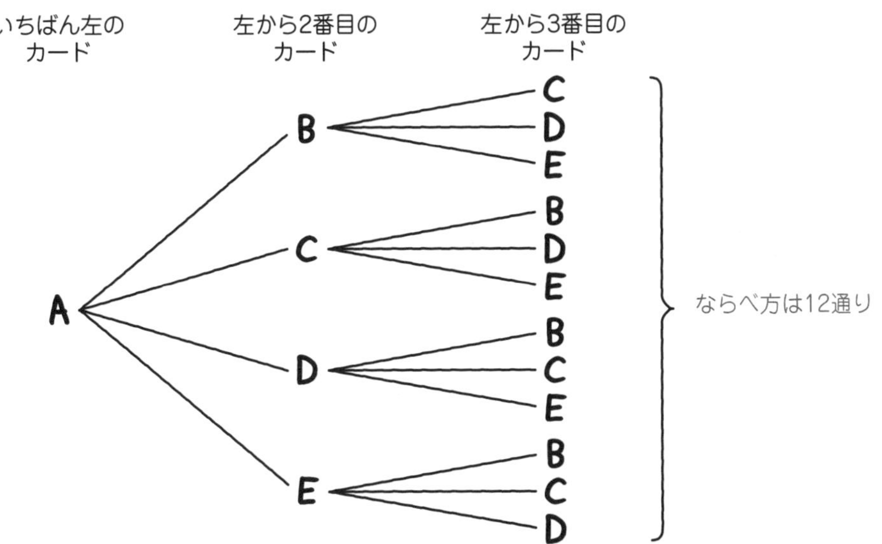

いちばん左にⒶを置くとき，12通りのならべ方があることがわかるね。いちばん左にⒷ，Ⓒ，Ⓓ，Ⓔを置くときも，それぞれ12通りのならべ方があるから，全部で，12×5＝60(通り)と求められる。

60通り…答え ［例題］10-3 (3)

説明の動画は
こちらで見られます

別解 [例題]10-3 (3)

樹形図のいちばん左には，A，B，C，D，Eの 5 通りのカードが置ける。左から 2 番目には，それぞれについて，いちばん左に置いたカード以外の 4 通りずつのカードが置ける。そして，左から 3 番目には，左から 1 番目と 2 番目に置いたカード以外の 3 通りずつのカードが置ける。

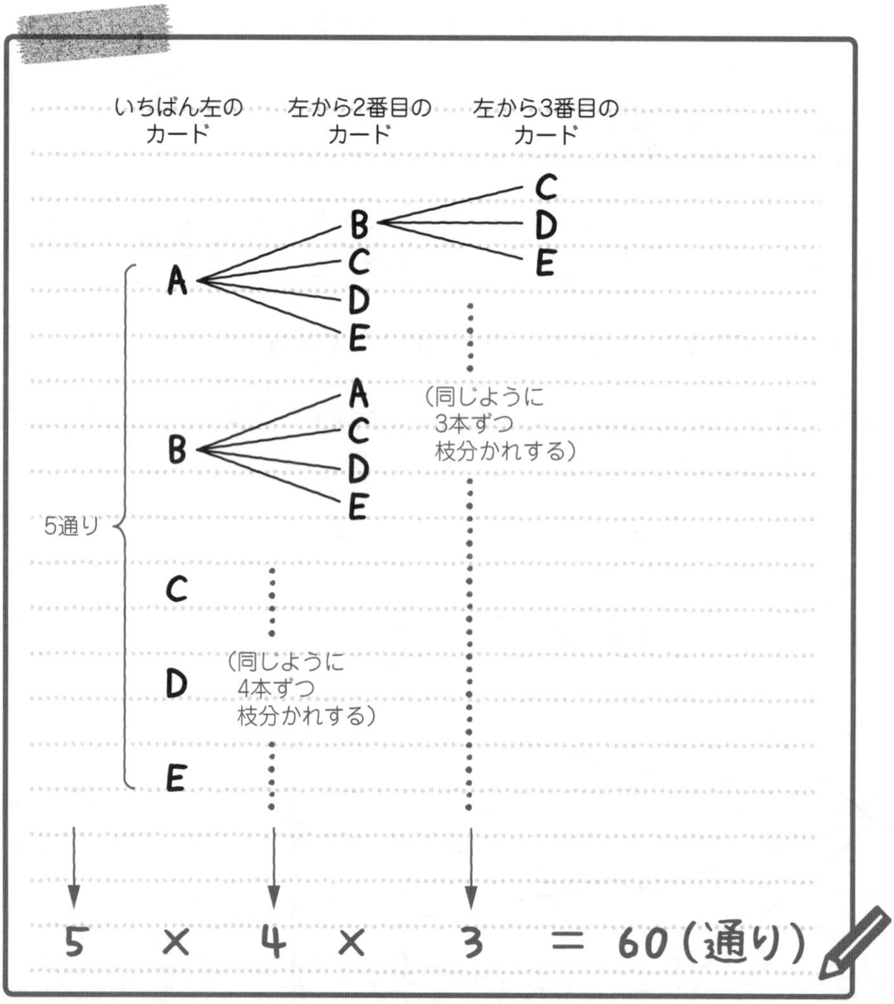

左から 1 番目には 5 枚のカードが置けて，そこからそれぞれ 4 本に枝分かれし，さらにそれぞれ 3 本に枝分かれするのだから，全部で，5×4×3＝60(通り)と求められるんだ。樹形図をかかなくても，この計算で 60 通りと求めることができるように，練習していこう。

60 通り … 答え [例題]10-3 (3)

(3) は，5×4×3＝60 (通り) と求められたけど，これは，**5，4，3 と，1 ずつ少なくなる整数の積によって求めることができた**ね。**すでに左にならべたものはならべられなくなるから 1 ずつ減る**んだ。「異なる□個から○個をならべるならべ方」を求める**順列の問題**が出てきたら，次の，**順列の公式**を使って解くようにしよう。

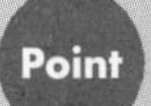

順列の公式

異なる□個から○個を取り出してならべるならべ方は

□×(□－1)×(□－2)×…×(□－○＋1)

○個の数をかける

例 1 異なる 5 個から 3 個を取り出してならべるならべ方

5×4×3 ＝ 60(通り)

3 個の数をかける

例 2 異なる 7 個から 4 個取り出してならべるならべ方

7×6×5×4 ＝ 840(通り)

4 個の数をかける

この公式を使えるようにマスターしていこうね！

説明の動画は
こちらで見られます

では，(4) にいくよ。5 枚のカードのうち，3 枚を選ぶ選び方が何通りあるかを求める**組み合わせの問題**だ。

ここでたとえば，A，B，C の 3 枚のカードのならべ方について考えてみよう。A，B，C の 3 枚のカードのならべ方は，次の 6 通りがある。

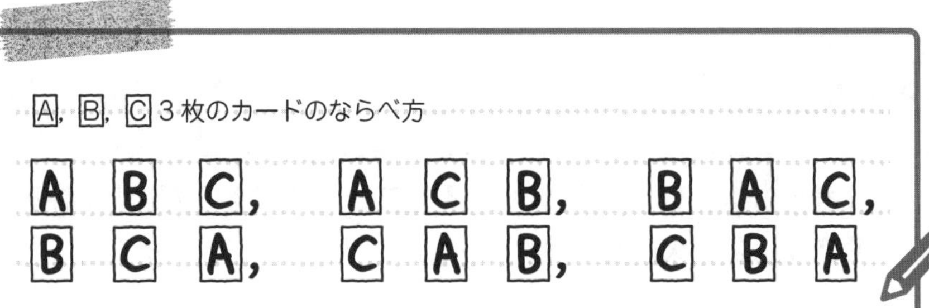

(3)のならべ方では，これらの6通りをそれぞれ区別して考えていたんだ。でも(4)は，**3枚を選ぶ選び方を求める問題だから，これら6通りをそれぞれ区別せず，1通りと考える**んだ。

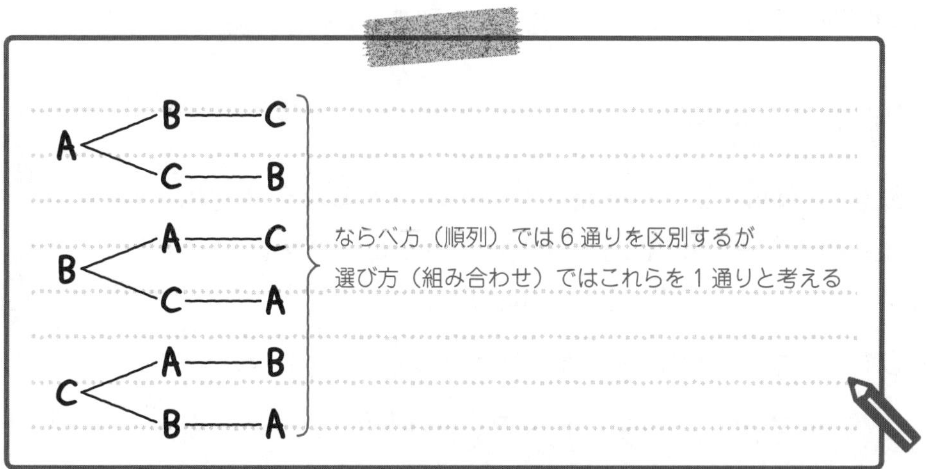

(3)で求めた通り，5枚のカードのうち，3枚をならべるならべ方は60通りあった。その中の6通りの組をそれぞれ1通りとして数えるのだから，60÷6＝10(通り)と求めることができるんだ。

10通り … 答え ［例題］10-3 (4)

5枚のカードのうち，3枚をならべるならべ方は，5×4×3＝60(通り)だね。そして，3枚のうち，3枚のカードのならべ方は，3×2×1＝6(通り)あった。それをもとに，5枚のカードのうち，3枚を選ぶ選び方を，60÷6＝10(通り)と求めたんだね。

わり算は分数として表せるから，次のように計算して求めたということもできる。

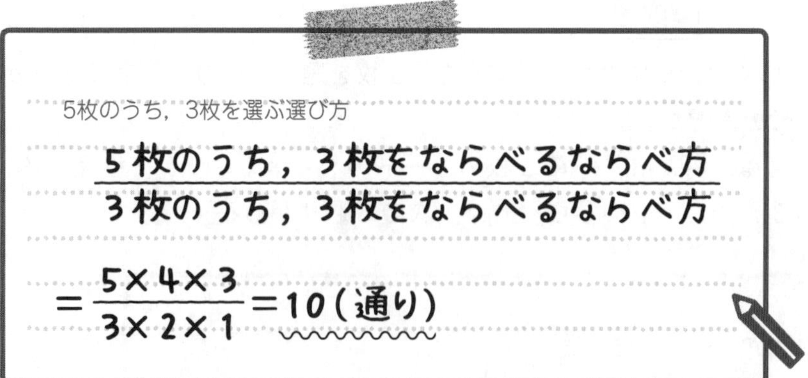

そして，この考え方は，公式としておさえることができるんだ。「異なる□個から○個を選ぶ選び方」を，次の**組み合わせの公式**としておさえておこう。

Point 組み合わせの公式

異なる□個から○個を選ぶ選び方は

$$\frac{\text{異なる□個のうち○個をならべるならべ方}}{\text{異なる○個のうち，○個をならべるならべ方}}$$

$$=\frac{\overbrace{\square\times(\square-1)\times(\square-2)\times\cdots\times(\square-\bigcirc+1)}^{\text{○個の数をかける}}}{\underbrace{\bigcirc\times(\bigcirc-1)\times(\bigcirc-2)\times\cdots\times2\times1}_{\text{○個の数をかける}}}$$

分母も分子もかける数の個数は同じ○個

例1 異なる5個から3個を選ぶ選び方は

分母と分子どちらも3個の数をかける

$$\frac{5\times4\times3}{3\times2\times1}=\frac{5\times\overset{2}{\cancel{4}}\times\overset{1}{\cancel{3}}}{\underset{1}{\cancel{3}}\times\underset{1}{\cancel{2}}\times1}=10\text{（通り）}$$

例2 異なる7個から4個を選ぶ選び方

分母と分子どちらも4個の数をかける

$$\frac{7\times6\times5\times4}{4\times3\times2\times1}$$

$$=\frac{7\times\overset{1}{\cancel{6}}\times5\times\overset{1}{\cancel{4}}}{\underset{1}{\cancel{4}}\times\underset{1}{\cancel{3}}\times\underset{1}{\cancel{2}}\times1}=35\text{（通り）}$$

説明の動画はこちらで見られます

別解 [例題]10-3 (4)

(4)には別解(べっかい)があるから見ていこう。(4)は，5枚のカードのうち，3枚を選ぶ選び方が何通りあるかを求める問題だ。5枚のカードのうち，3枚を選ぶということは，選ばれないカードは何枚あるかな？

「5枚のカードのうち，3枚を選ぶのだから，5−3=2(枚)が選ばれないのね。」

そうだね。たとえば，5 枚のカードのうち，A，B，Cの 3 枚のカードを選ぶ場合は，D，Eの 2 枚が選ばれない。このように，**選ばれない 2 枚の組み合わせが何通りあるかわかれば，(4)の答えが求められる**んだよ。つまり，**5 枚のうち，3 枚を選ぶ選び方と，2 枚を選ぶ選び方がそれぞれ何通りあるかは同じになる**んだ。

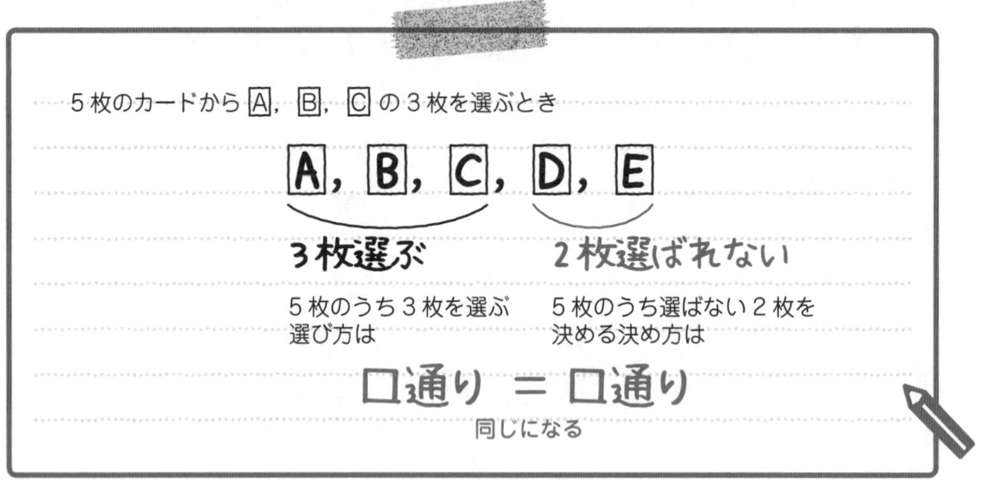

(2)から，5 枚のカードのうち，2 枚を選ぶ選び方は，5×4÷2＝10（通り）だ。だから，5 枚のカードのうち，3 枚を選ぶ選び方も 10 通りと求められるんだ。

10 通り … 答え ［例題］10-3 (4)

「考え方を変えれば，(2)の答えがそのまま使えたんですね！　すごい。」

そうだね。この考え方は大事だから，コツとしておさえておこう。

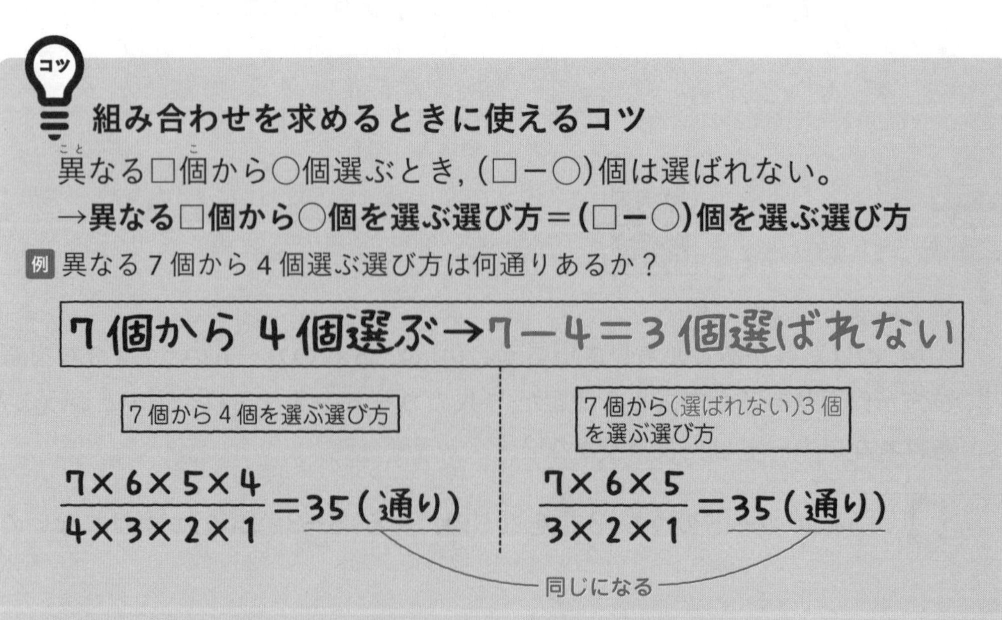

説明の動画は
こちらで見られます

(5) にいこう。5 枚のカードのうち，4 枚をならべるならべ方は何通りあるかを求める順列（じゅんれつ）の問題だね。これは順列の公式で解（と）ける。5×4×3×2＝120（通り）と求められるよ。

120 通り … 答え [例題] 10-3 (5)

次は (6) だ。5 枚のカードのうち，1 枚を選ぶ選び方は何通りあるか，という問題だ。A，B，C，D，E の 5 枚のカードから 1 枚選ぶ選び方だから，5 通りだね。

5 通り … 答え [例題] 10-3 (6)

(7) にいこう。5 枚のカードのうち，4 枚を選ぶ選び方は何通りあるかを求める組み合わせの問題だ。

「さっきの（コツ）が使えそうですね！」

よく気づいたね。5 枚のカードのうち，**4 枚を選ぶということは，1 枚が選ばれない**。だから，**5 枚のカードのうち，1 枚を選ぶ選び方と「何通りか」が同じになる**んだ。

「5 枚のカードのうち，1 枚を選ぶ選び方は，(6) で 5 通りと求めましたね。」

その通り。だから，5 枚のカードのうち，4 枚を選ぶ選び方も 5 通りだ。5 枚のカードのうち，4 枚を選ぶ選び方を，組み合わせの公式を使って解くこともできるけど，こちらの解き方のほうがラクだね。

5 通り … 答え [例題] 10-3 (7)

では，最後（さいご）の (8) にいこう。5 枚のカードのうち，5 枚をならべるならべ方は何通りあるかを求める順列の問題だね。これは順列の公式で解ける。
5×4×3×2×1＝120（通り）と求められるよ。

120 通り … 答え [例題] 10-3 (8)

場合の数の問題を解くとき，順列の問題なのか，組み合わせの問題なのか，それともそれ以外（いがい）の問題なのか，見分けてから解く必要（ひつよう）がある。**「順序（じゅんじょ）を考えるのが順列，順序を考えないのが組み合わせ」**とおさえておこう。

 説明の動画は こちらで見られます 

では，次の例題にいくよ。

[例題]10-4　つまずき度

男子3人，女子5人からなる8人のグループがあります。このとき，次の問いに答えなさい。

(1)　この8人から，班長と副班長を1人ずつ選ぶとき，全部で何通りの選び方がありますか。

(2)　班長を女子，副班長を男子から1人ずつ選ぶとき，全部で何通りの選び方がありますか。

(3)　この8人から，そうじ係を2人選ぶとき，全部で何通りの選び方がありますか。

(4)　この8人から，男子2人と女子3人を選ぶとき，全部で何通りの選び方がありますか。

では，(1)からいこう。班長，副班長の順に決めていくとするよ。8人のグループだから，班長の選び方は，8通りある。そして，副班長は，班長以外の7人から選ぶんだね。班長の選び方が8通りあって，それぞれについて副班長の選び方が7通りずつあるのだから，全部で，8×7＝56(通り)と求められる。

56通り … 答え [例題]10-4 (1)

(1)の問題は，「8人のうち，2人を班長，副班長の順にならべるならべ方は何通りか」と言いかえることもできる。順序を考えてならべるのだから，(1)は，**順列の問題**だね。

「あれ，でも，(1)の問題では，『何通りの選び方がありますか』と書いてあって，それだけだと組み合わせの問題のようにも見えますね。」

たとえば「8人から班長を2人選ぶ」というのであれば，どちらも同じで順序がないから組み合わせの問題だ。でも「8人から班長と副班長を1人ずつ選ぶ」場合は，それぞれの呼び方がちがうから区別をするね。だから順列の問題だ。8人のグループからAさんとBくんの2人が選ばれるとして，ちがいを図にすると，次のようになるよ。

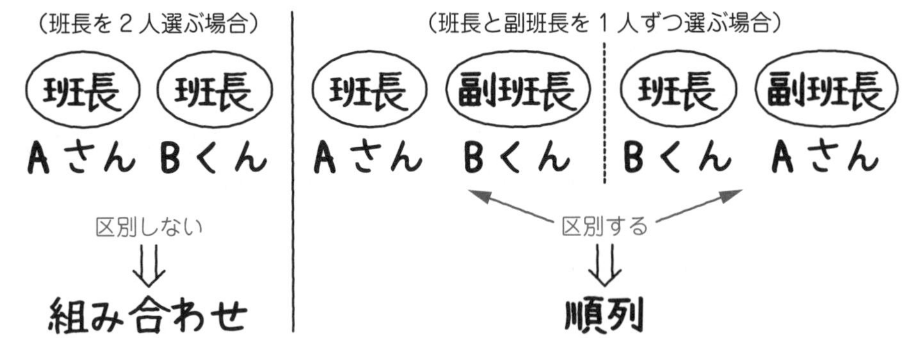

問題だけ見ると組み合わせの問題とかんちがいしてしまいそうだけど，**順序を考えるので，順列の問題**なんだ。１つ前の［例題］10-3 でも言ったように，**「選び方は何通りありますか」という問題でも，組み合わせの問題ではなく，順列の問題があるから注意**する必要（ひつよう）があるよ。

「順列か組み合わせか，きちんと見分けないといけないのね。」

そういうことだよ。

では，(2) にいこう。班長を女子，副班長を男子から１人ずつ選ぶとき，何通りの選び方があるかを求（もと）める問題だ。まず，班長は女子５人の中から選ぶから，班長の選び方は５通りだよ。そして，副班長は男子３人の中から選ぶから，副班長の選び方は３通りだ。ということは，(2)の答えはどうなるかな？

「えっと，5+3 で８通りかな。それとも 5×3=15(通り)かな。うーん……。」

班長の選び方は５通りあって，それぞれについて，副班長の選び方が３通りあるのだから，5×3=15（通り）と求められるよ。班長と副班長はともに（同時に）選ばれると考えられるから，10 01 で教えた**積（せき）の法則（ほうそく）**を使うんだ。

班長の選び方　副班長の選び方

5通り × 3通り ＝ 15通り

積の法則

15通り … 答え ［例題］10-4 (2)

説明の動画はこちらで見られます

(3)にいこう。この8人から，そうじ係を2人選ぶとき，何通りの選び方があるかを求める問題だ。このとき，選ぶ順序は気にしなくていいね。

「ということは，組み合わせの問題ね。」

そうだね。8人の中から2人を選ぶ選び方を，組み合わせの公式で求めればいいんだ。だから，$\frac{8 \times 7}{2 \times 1}=28$(通り)と求められる。

28通り … 答え [例題]10-4 (3)

(4)にいくよ。この8人から，男子2人と女子3人を選ぶとき，何通りの選び方があるかを求めればいいんだね。この問題では，**男子と女子に分けて考えよう**。

「男子と女子に分けて考えるってどういうことですか？」

はじめに，男子の選び方と女子の選び方を，別々に求めるということだよ。

男子は3人の中から2人選ばれるんだよね。3人の中から2人選ぶ選び方は，組み合わせの公式より，$\frac{3 \times 2}{2 \times 1}=3$(通り)と求められる。

「選ばれない1人の選び方を考えてもいいのかしら？」

よく気づいたね。3人の中から2人選ぶということは，選ばれない1人を選ぶことと同じだ。3人の中から1人選ぶ選び方は3通りと求めることもできる。

「なるほど。そして次は，女子の選び方を考えるんですね。」

そういうことだよ。女子は5人の中から3人選ばれる。5人の中から3人選ぶ選び方は，組み合わせの公式より，$\frac{5 \times 4 \times 3}{3 \times 2 \times 1}=10$(通り)と求められる。

「これで，男子，女子それぞれの選び方が求められたのね。」

そうだね。男子2人の選び方は3通りあり，それぞれについて，女子3人の選び方が10通りずつあると考えられるから，積の法則により答えは，$3 \times 10=30$(通り)と求められるんだよ。

30通り … 答え [例題]10-4 (4)

この例題でもそうだったけど，順列や組み合わせの公式，積の法則などを正しく使っていくことで，場合の数の問題がスムーズに解けることが多いよ。

270 説明の動画はこちらで見られます 

では，次の例題にいこう。

[例題]10-5　つまずき度

A，B，C，D，Eの5人がいます。このとき，次の問いに答えなさい。

(1)　この5人が横一列にならぶとき，ならび方は，全部で何通りありますか。

(2)　この5人が横一列にならぶとき，AとBがとなりにくるならび方は，全部で何通りありますか。

(1)は，A，B，C，D，Eの5人が横一列にならぶときのならび方が何通りかを求めるんだね。5人のならび方は，順列の公式から，5×4×3×2×1＝120（通り）と求められるよ。

120通り…答え [例題]10-5 (1)

(2)にいくよ。この5人が横一列にならぶとき，AとBがとなりにくるならび方は全部で何通りあるかということだね。AとBが必ずとなりになるのだから，**AとBを合わせて1人と考えればいい**んだ。AとBを合わせて1人と考えたら，全員で4人になるから，4人のならび方を考えればいいことになる。

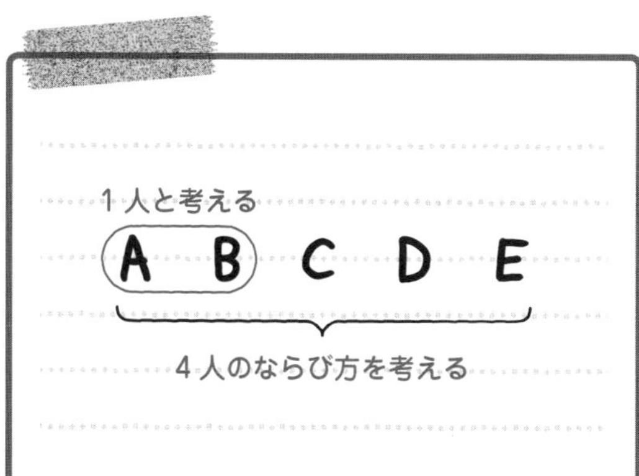

4人のならび方は，順列の公式から，4×3×2×1＝24(通り)だ。

「答えは24通りということですね。」

いや，答えは24通りではないんだ。

「えっ，なぜですか？」

AとBを合わせて1人と考えたけど，**ABとならぶときと，BAとならぶときの2通りがある**から，それを考えないといけないんだ。たとえば，AとBが左はしにならび，その右にC，D，Eと順にならぶときも，次の2通りがある。

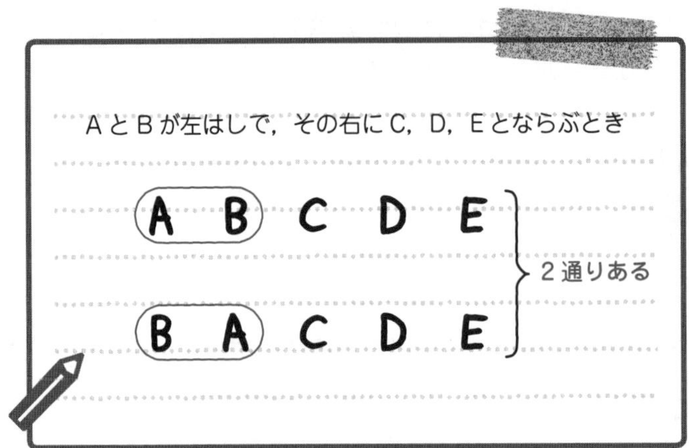

24通りそれぞれについて，AB，BAの2通りずつあるから，全部で，
24×2＝48(通り)と求(もと)められる。

48通り … 答え ［例題］10-5 (2)

271 説明の動画はこちらで見られます 

では，次の例題(れいだい)にいくよ。

［例題］10-6 つまずき度

白いボール2個(こ)と黒いボール3個の，合わせて5個のボールがあります。これら5個のボールを，横に一列にそろえてならべるとき，次の問いに答えなさい。

(1) 5個のボールのならべ方は，全部で何通りありますか。

(2) 白いボール2個を必(かなら)ずとなり合わせてならべるとき，5個のボールのならべ方は，全部で何通りありますか。

(1)からいこう。

「すべてのならべ方を，力ずくで書き出していけばいいのかしら？」

力ずくでも求められるけど，計算で確実(かくじつ)に求める方法(ほうほう)があるから教えるね。合わせて5個のボールをならべるのだから，**5つの置(お)き場所があると考える**んだ。

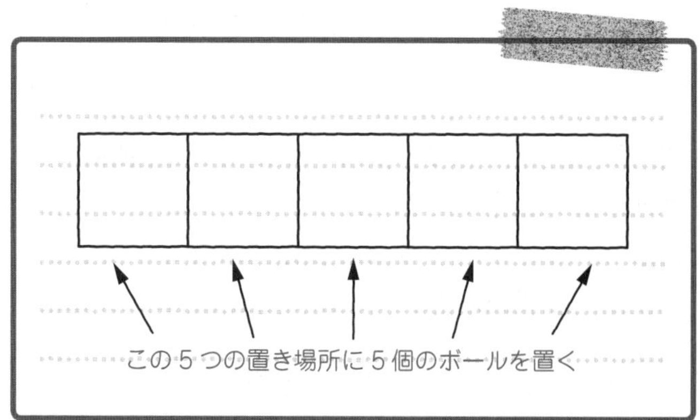

「この５つの置き場所に，２個の白いボールを置く置き方は，何通りあるか」を考えれば，答えが求められるよ。

「黒いボール３個のことは，考えなくていいんですか？」

５つの置き場所のどれかに，２個の白いボールを置くと，残り(のこ)の黒いボール３個の置き場所は，決まってしまうね。

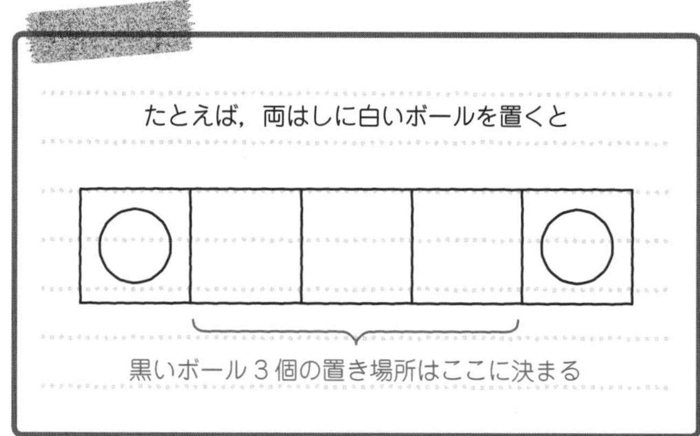

だから，**白いボールの置き方だけを考えれば答えが求められる**んだ。

「たしかに，白いボールを２個置いたら，黒いボールの置き場所は決まりますね。」

うん。**５つの置き場所から，白いボールを置くための２つの置き場所を選ぶ選び方を求めればいい**から，組み合わせの公式より，$\frac{5\times4}{2\times1}=10$（通り）と求められる。(1)は，**「５つの置き場所がある」と考えるのがポイント**だったね。

10通り …答え ［例題］10-6 (1)

「(1)は，『ならべ方』が全部で何通りあるかを求める問題なのに，組み合わせの公式を使うのね。」

そうだね。**「ならべ方は全部で何通りありますか」という問題でも，順列ではなく，組み合わせの問題である場合があるから気をつけよう。**

ところで，白いボールではなく，黒いボール 3 個の置き場所をもとに，同じ答えを出すこともできるよ。5 つの置き場所から黒いボールの 3 つの置き場所を選べばよいから，組み合わせの公式から，$\frac{5\times4\times3}{3\times2\times1}=10$(通り)と同じ答えが求められる。

説明の動画は
こちらで見られます

では，(2) にいくよ。白いボール 2 個を必ずとなり合わせてならべるとき，ならべ方は全部で何通りあるかを求める問題だ。

「1 つ前の [例題]10-5 の(2)と似ていますね。」

そうだね。ただ，1 つ前の [例題]10-5 の (2) では，A と B を区別したけど，今回の白いボール 2 個は見分けがつかないから区別しない。白いボール 2 個を必ずとなり合わせにするのだから，**白いボール 2 個を 1 セットとして考えよう。**

「白いボール 2 個を 1 セットとして考えて……，そこから，どう考えればいいのかしら？」

次に，この**白いボール 2 個セットの置き場所を考えればいい**んだ。黒いボールを 3 個ならべてみると，白いボール 2 個セットの置き場所は，左右どちらかのはしか，黒いボールと黒いボールの間のいずれかになる。

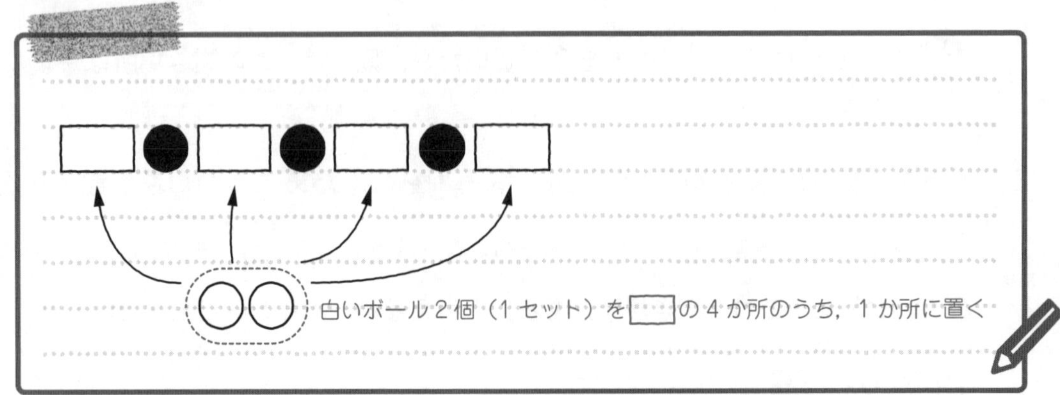

図で表すと，4か所のどこかに，白いボール2個セットを置くことができる。4つの置き場所から1つを選ぶのだから, 置き方は4通りあるということだ。だから, 答えは4通りだよ。

4通り … 答え ［例題］10-6 (2)

273 説明の動画はこちらで見られます

では，次の例題にいこう。

［例題］10-7 つまずき度 😵😵😵😵😵

A, B, C, D, E, Fの6チームでバスケットボールの試合をします。このとき，次の問いに答えなさい。

(1) この6チームがトーナメント戦(勝ちぬき戦)を行うとき，全部で何試合になりますか。

(2) この6チームがリーグ戦(総当たり戦)を行うとき, 全部で何試合になりますか。ただし，全6チームが，他の全チームと1回ずつ対戦するリーグ戦とします。

(1)からいこう。トーナメント戦って何か，知ってるかな？

「はい。甲子園での高校野球は，トーナメント戦ですね。」

たしかにそうだね。**勝ったチームは次の試合に進み，負けたチームはその時点で終わり，最終的に勝ち残った2チームで優勝を争う形式を，トーナメント戦(勝ちぬき戦)**というよ。A, B, C, D, E, Fの6チームでトーナメント戦を行うとき，たとえば，右のようなトーナメント表で争うんだ。

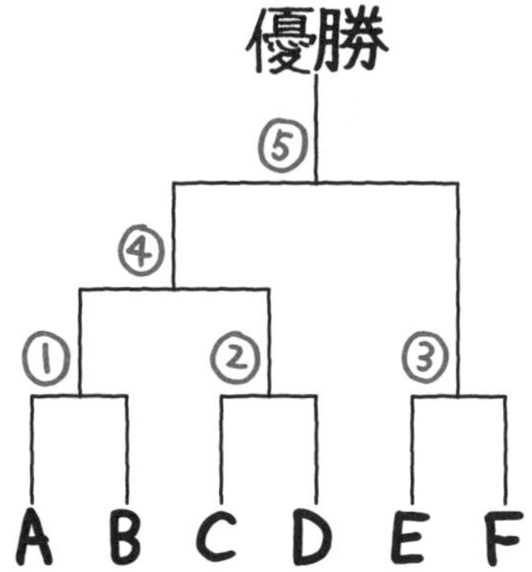

このトーナメント表で行われる各試合に，①～⑤の番号もつけ加えたよ。つまり，このトーナメント表から，5試合行われることがわかる。

5試合 … 答え ［例題］10-7 (1)

別解 [例題]10-7 (1)

6 チームだからトーナメント表をかけたけど，チーム数が増えると，トーナメント表をかくのが大変だ。トーナメント戦で行われる試合数は，トーナメント表をかかなくても，実は簡単に求められるんだ。

「どのように求めるんですか？」

トーナメント戦では，何チームかが出場するわけだけど，1 回も負けないチームは何チームあるかな？

「1 回も負けないチームは，優勝するチームだけだから，1 チームだけです！」

その通り。**1 回も負けないチームは，優勝する 1 チームだけ**だ。そして，**優勝チーム以外は，必ず 1 回負ける**ということだよ。**1 試合ごとに負けるチームが 1 チームずつ出てくる**のだから，**優勝できなかったチーム数と，試合数が同じになる。**優勝できなかったチーム数は，「全チーム数−1」だから，これが試合数になるんだ。

トーナメント戦（勝ちぬき戦）の試合数の求め方

全チーム数−1＝トーナメント戦の全試合数

優勝するチーム以外は，1回負ける。

1試合すると必ず1チーム負ける（試合数＝負けるチームの数）。

⇓

全チーム数−1＝トーナメントの全試合数

（1＝優勝チーム）

いま，全部で 6 チームあるのだから，試合数は，6−1＝5(試合)と求められるね。

5 試合 … 答え [例題]10-7 (1)

「すごい！　おもしろい考え方ですね。」

そうだね。この方法なら，たとえば，全部で 50 チームなら，50−1＝49(試合)行われて，全部で 300 チームなら，300−1＝299(試合)行われるというように，チーム数が増えてもすぐに求めることができるよ。

説明の動画は
こちらで見られます

では，(2) にいこう。リーグ戦（総当たり戦）の意味はわかるかな？

「リーグ戦？　よくわからないです。」

すべての参加チームが，少なくとも 1 回ずつ，ほかの全チームと対戦する形式をリーグ戦（総当たり戦）というんだ。(2) では，全 6 チームがほかの全チームと 1 回ずつ対戦する場合について考えるんだね。リーグ戦では，表 1 のような対戦表が使われることが多い。

表 1

＼	A	B	C	D	E	F
A	＼					
B		＼				
C			＼			
D				＼		
E					＼	
F						＼

A と A など，同じチームどうしで対戦することはありえないから，ななめに線がひかれているんだ。ななめの線によって，右上と左下の 2 つの部分に分けられるけど，どちらか一方のマスの合計が試合数になるよ。右上のマスを数えると，表 2 のように，全部で 15 試合であることがわかる。

表 2

＼	A	B	C	D	E	F
A	＼	○	○	○	○	○
B		＼	○	○	○	○
C			＼	○	○	○
D				＼	○	○
E					＼	○
F						＼

マスの数（○の数）を数えると 15 試合とわかる

15 試合…答え ［例題］10-7 (2)

別解 ［例題］10-7 (2)

リーグ戦でも，試合数が増えると表をかくのが大変だ。そこで，表をかかなくても，計算でラクに求められる方法があるよ。(2) では，全部で 6 チームがあり，そのうち 2 チームが 1 回ずつ対戦していく。つまり，**「6 チームのうち，対戦する 2 チームを選ぶ選び方が何通りあるか」を求めれば，試合数がわかる**んだよ。

「ということは，組み合わせの公式で解けるのね。」

その通り。**リーグ戦の試合数は，組み合わせの公式で求めることができる。**「6 チームのうち，対戦する 2 チームを選ぶ選び方が何通りあるか」は，組み合わせの公式より，$\frac{6\times5}{2\times1}=15$（通り），つまり 15 試合と求められる。

15 試合…答え［例題］10-7（2）

$\frac{6\times5}{2\times1}$を分数を使わずに表すと，$6\times5\div2=15$（試合）となるね。だから，リーグ戦の試合数の求め方を公式にすると，次のようになるよ。

コツ

リーグ戦（総当たり戦）の試合数の求め方

全チーム数×（全チーム数－1）÷2＝リーグ戦の試合数

（1）はトーナメント戦，（2）はリーグ戦についての問題だったけど，それぞれの試合数を求める公式と，その公式が成り立つ理由についておさえておこう。

275 説明の動画はこちらで見られます

では，次の例題にいくよ。

［例題］10-8　つまずき度

右の図の A，B，C，D の 4 つの部分を，となり合う部分が同じ色にならないようにぬり分けます。このとき，次の問いに答えなさい。

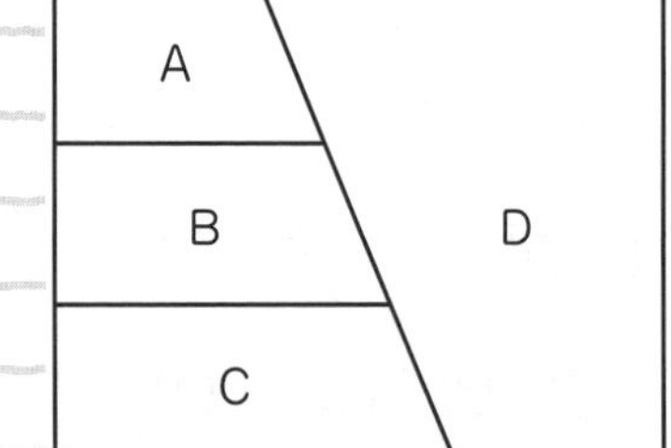

（1）　赤，青，黄，緑の 4 色すべてを使ってぬり分ける方法は，全部で何通りありますか。

（2）　赤，青，黄，緑の 4 色を使ってぬり分ける方法は，全部で何通りありますか。ただし，使わない色があってもよいものとします。

（3）　赤，青，黄の 3 色すべてを使ってぬり分ける方法は，全部で何通りありますか。

（1）からいくよ。赤，青，黄，緑の 4 色すべてを使ってぬり分ける方法は，全部で何通りあるかを求める問題だね。

「（1）は，使わない色はなくて，4 色全部を使うんですね。」

そうだよ。A, B, C, Dの順に色をぬっていくとして，樹形図を想像しながら解いていこう。Aの部分には，赤，青，黄，緑の4通りの色をぬれる（選べる）。次に，Bの部分には，Aで使った以外の残り3色がぬれる（選べる）。次に，Cの部分には，AとBで使った以外の残り2色がぬれる（選べる）。最後に，Dの部分には，残った1色がぬれる（選べる）。

$$\underset{(\text{通り})}{\overset{A}{4}} \times \underset{(\text{通り})}{\overset{B}{3}} \times \underset{(\text{通り})}{\overset{C}{2}} \times \underset{(\text{通り})}{\overset{D}{1}} = \underset{(\text{通り})}{24}$$

だから，ぬり方は全部で，4×3×2×1＝24（通り）と求められるんだ。(1)は，順列の問題だったんだね。

24通り … 答え ［例題］10-8 (1)

説明の動画はこちらで見られます

では，(2)にいこう。(1)とのちがいは，「使わない色があってもよい」というところだ。A, B, C, Dの4つの部分を，4色でぬり分けられるのは当然として，3色だけで，となり合う部分が同じ色にならないようにぬり分けることはできると思う？

「えっと……，AとCに同じ色をぬれば，3色でもぬり分けられる気がするわ。」

よく気づいたね。たしかに，AとCに同じ色をぬれば，あとはBとDをちがう色にすれば3色でぬり分けられる。

では，2色で，となり合う部分が同じ色にならないようにぬり分けることはできるかな？

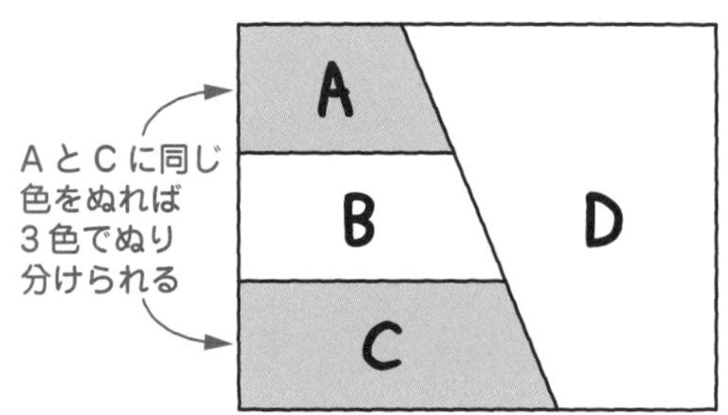

「まず，AとCに1色目をぬるとして，BとDに2色目をぬると……，うーん，できるようなできないような……。」

AとCに1色目をぬって，BとDに2色目をぬると，BとDのさかい目がぬり分けられないよ。

ほかのぬり方を考えても，2 色でぬり分けることはできないんだ。D は A ～ C のすべてととなり合っているから，D に使った色は A，B，C では使えない。D とはちがう色のうち，A と C で同じ色を使っても，B では A，C，D とちがう色を使う必要があるから，どうしても 3 色以上は必要になるんだ。つまり，4 色または 3 色ならぬり分けることができるということだよ。**4 色でぬる場合と，3 色でぬる場合に分けて考えよう。**このように，**場合に分けて考える方法は大事**だよ。

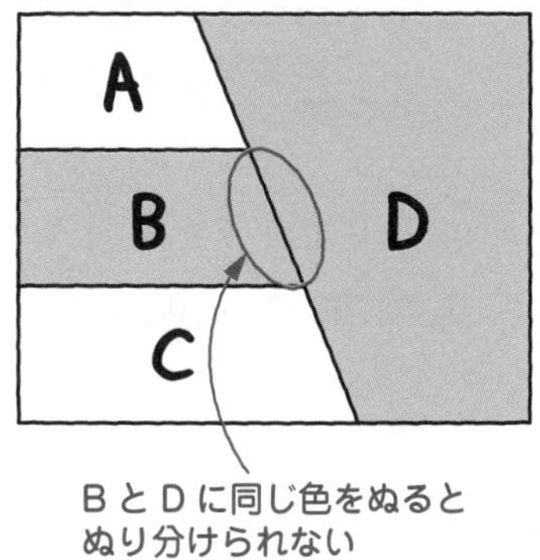

B と D に同じ色をぬると
ぬり分けられない

まず，4 色すべてを使ってぬり分ける場合は何通りかな？

「4 色すべてを使ってぬり分ける場合は，(1)から 24 通りです！」

そうだね。4 色すべてを使ってぬり分ける場合は，(1)から 24 通りとわかる。

次に，3 色を使ってぬり分ける場合を考えよう。3 色を使ってぬり分ける場合は，A と C に同じ色をぬる必要があるね。A と C → B → D の順にぬっていくとしよう。まず，A と C には，何通りの色がぬれるかな？

「えっと，3 通りの色かしら。あれ？　それとも 4 通りの色かしら。なんだか，こんがらがってきちゃったわ。」

3 色を使ってぬり分けるんだけど，A と C には，赤，青，黄，緑の 4 通りの色のどれかをぬることができるから，4 通りだよ。次に，B には，残りの 3 通りの色がぬれる。そして，D には，残りの 2 通りの色のどちらかがぬれるよ。

AとC		B		D		
4	×	3	×	2	＝	24
(通り)		(通り)		(通り)		(通り)

だから，3 色でぬり分けるぬり方は，全部で，4×3×2＝24(通り)あるんだ。

まとめると，4 色すべてを使ってぬり分けるぬり方は 24 通りで，3 色でぬり分けるぬり方も 24 通りだよ。だから，全部で，24＋24＝48(通り)と求められるんだ。

4 色使う場合		3 色使う場合		
24 通り	＋	24 通り	＝	48 通り
	和の法則			

48 通り … 答え ［例題］10-8 (2)

ここで，4色すべてを使ってぬり分ける場合と，3色でぬり分ける場合は，**同時には起こらない**から，10 01 で教えた**和の法則**を使っているんだ。このように，**場合に分けて考えなければいけない問題があるから注意**しよう。

では，(3) にいくよ。赤，青，黄の3色すべてを使ってぬり分ける方法は，全部で何通りあるか求める問題だ。

「3色でぬり分けるから，AとCを同じ色にするのね。」

そうだね。AとCを同じ色にする必要がある。AとC→B→Dの順にぬっていくとしよう。まず，AとCには，赤，青，黄の3通りの色がぬれるね。次に，Bには残りの2通りの色がぬれて，Dには残りの1通りの色がぬれる。

AとC		B		D		
3	×	2	×	1	=	6
(通り)		(通り)		(通り)		(通り)

だから，3×2×1＝6(通り)と求められるんだ。

6通り … 答え [例題]10-8 (3)

277 説明の動画はこちらで見られます

[例題]10-9 つまずき度

右の図の円で，点ア～点カは円周を6等分した点です。このとき，次の問いに答えなさい。

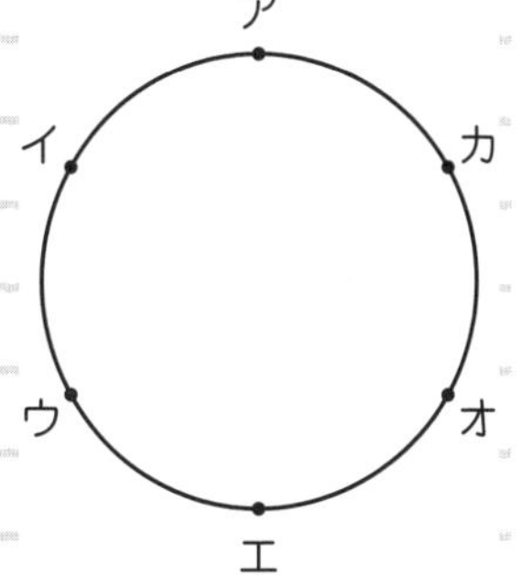

(1) 点ア～点カのうち，2点を結んでできる直線は，全部で何本ありますか。

(2) 点ア～点カのうち，3点を結んでできる三角形は，全部で何個ありますか。

(3) 点ア～点カのうち，4点を結んでできる四角形は，全部で何個ありますか。

(4) 点ア～点カのうち，3点を結んでできる直角三角形は，全部で何個ありますか。

(1) からいこう。点ア～点カの 6 点のうち，2 点を結んでできる直線は何本あるかを求める問題だ。6 点から 2 点を選んで，線を引けば直線になる。だから，「6 点から 2 点を選ぶ選び方」が何通りあるかを求めればいい。

「組み合わせの問題なんですね。」

たとえば，点エと点カの 2 点を結ぶと

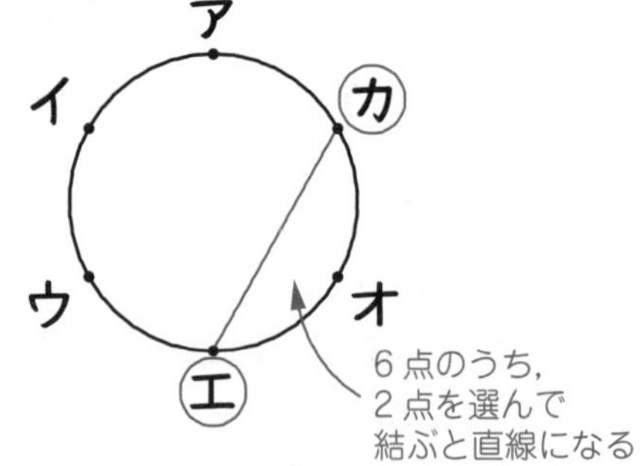

そうだね。6 点から 2 点を選ぶ選び方は，組み合わせの公式から，$\frac{6\times5}{2\times1}=15$(通り)だから，答えは 15 本と求められるよ。

15 本…答え　[例題]10-9 (1)

(2) にいこう。点ア～点カのうち，3 点を結んでできる三角形は何個あるかを求める問題だね。6 点から 3 点を選んで，3 点を結べば三角形になるので，「6 点から 3 点を選ぶ選び方」が何通りあるかを求めればいい。

6 点から 3 点を選ぶ選び方は，組み合わせの公式から，

$\frac{6\times5\times4}{3\times2\times1}=20$(通り)だから，

答えは 20 個と求められる。

20 個…答え　[例題]10-9 (2)

たとえば，点ア，点オ，点カの 3 点を結ぶと

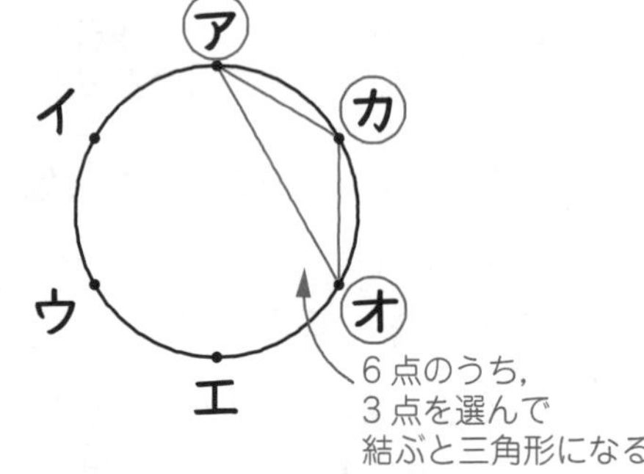

(3) も同じように解くことができる。6 点から 4 点を選んで，4 点を結べば四角形になるので，「6 点から 4 点を選ぶ選び方」が何通りあるかを求めればいい。

6 点から 4 点を選ぶ選び方は，組み合わせの公式から，

$\frac{6\times5\times4\times3}{4\times3\times2\times1}=15$(通り)だから，

答えは 15 個と求められる。

15 個…答え　[例題]10-9 (3)

たとえば，点イ，点エ，点オ，点カの 4 点を結ぶと

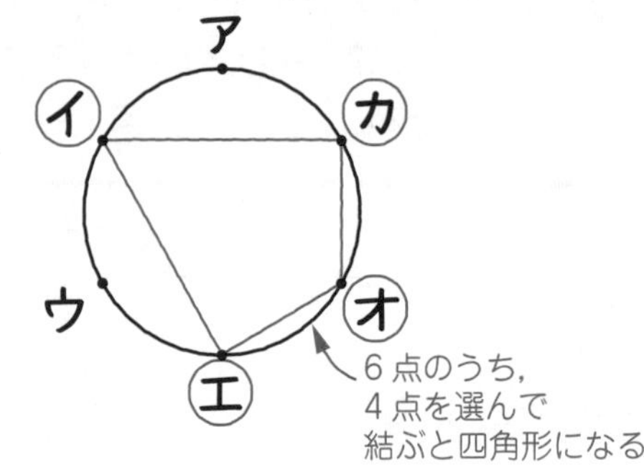

(3)では，「6点から4点を選ぶ選び方」を組み合わせの公式で求めたけど，**6点から4点を選ぶということは，選ばれない2点の選び方を考えてもいい**んだったね。

「そうすると，『6点から2点を選ぶ選び方』を考えればいいから……，(1)から15個と求められますね。」

うん，そういうことだね。

説明の動画はこちらで見られます

では，(4)にいこう。点ア〜点カのうち，3点を結んでできる直角三角形は何個あるかを求める問題だ。

「どの3点を結んだら直角三角形になるのかしら……。」

たしかに，どの3点を結んだら直角三角形になるのか，迷ってしまいそうだけど，この問題を解くには，円のある性質を知っておく必要があるんだ。

「どんな性質ですか？」

「円の直径の両はしの2点と，(その2点以外の)円周上のどの1点を結んでも，直角三角形になる」という性質だよ。**円の直径とは，円の中心を通る線**のことだ。たとえば次のように，円の直径の両はしの2点と，円周上のどの1点を結んでも，直角三角形ができるんだ。

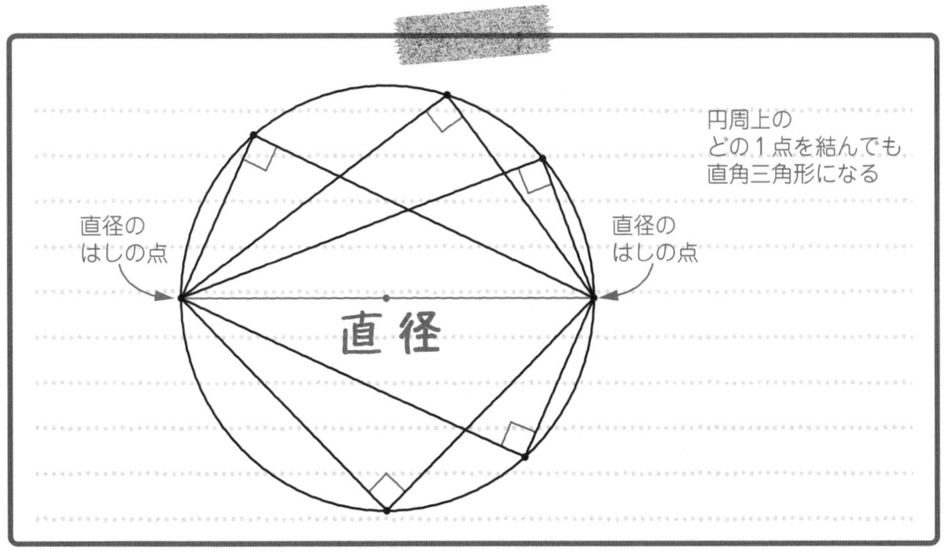

「へぇ，何だか不思議な性質ね。」

この機会に，円のこの性質を覚えておこう。たとえば，点アと点エを結んだ直線アエは直径だ。「円の直径の両はしの 2 点と，円周上のどの 1 点を結んでも，直角三角形になる」のだから，三角形アイエ，三角形アウエ，三角形アエオ，三角形アエカは，すべて直角三角形になるということだ。

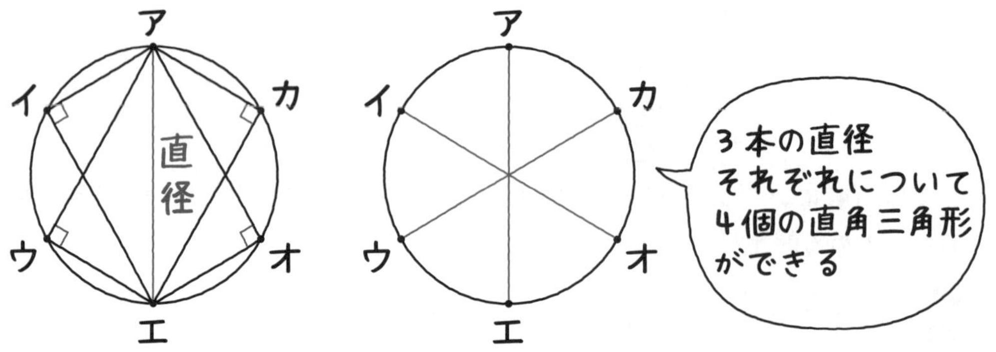

直径アエによってつくられる直角三角形はこの 4 個だけだね。それ以外に，直径イオと直径ウカも，それぞれ 4 個の直角三角形をつくることができる。アエ，イオ，ウカの 3 本の直径それぞれについて，4 個の直角三角形をつくれるから，全部で，$4\times3=12$(個)の直角三角形をつくることができるんだ。

12 個…答え　[例題]10-9　(4)

説明の動画は
こちらで見られます

では，次の例題にいこう。

[例題]10-10　つまずき度 ●●●○○

1，2，3，4，5の 5 枚のカードから 3 枚を取り出してならべ，3 けたの整数をつくります。このとき，次の問いに答えなさい。

(1)　3 けたの整数は，全部で何通りできますか。
(2)　3 けたの偶数は，全部で何通りできますか。
(3)　3 けたの奇数は，全部で何通りできますか。
(4)　3 けたの整数で，5 の倍数は，全部で何通りできますか。
(5)　3 けたの整数で，3 の倍数は，全部で何通りできますか。

この例題のように，数が書かれたカードをならべて，整数をつくる問題もよく出題される。(1) からいくよ。[1]，[2]，[3]，[4]，[5]の 5 枚のカードから 3 枚を取り出して，3 けたの整数をつくるんだね。このとき，3 けたの整数は全部で何通りできるかを求める問題だ。**5 枚のカードから，3 枚取り出してならべるならべ方**を考えればいいんだよ。

「順列の公式で解けそうですね！」

そうだね。**百の位，十の位，一の位に分けて考えよう。**百の位，十の位，一の位の順に，カードをならべていくとするよ。まず，百の位には，[1]，[2]，[3]，[4]，[5]の 5 通りのカードのどれかが置ける。次に，十の位には，残りの 4 通りのカードが置ける。そして，一の位には，残りの 3 通りのカードが置ける。

百の位		十の位		一の位		
5	×	4	×	3	=	60
(通り)		(通り)		(通り)		(通り)

だから，3 けたの整数は全部で，5×4×3＝60(通り)できるんだ。

60 通り … 答え [例題]10-10 (1)

(2) にいこう。3 けたの偶数は全部で何通りできるかを求めればいいんだね。偶数とは，2 でわりきれる整数のことだ。そして，**偶数とは，「一の位が，0，2，4，6，8 の整数」**ということもできる。

「ということは，この例題でいうと，一の位に[2]か[4]のカードを置いたら，その数は偶数になるのね。」

その通り。この例題では，**一の位に[2]か[4]のカードを置いたら，その数は偶数になる。**

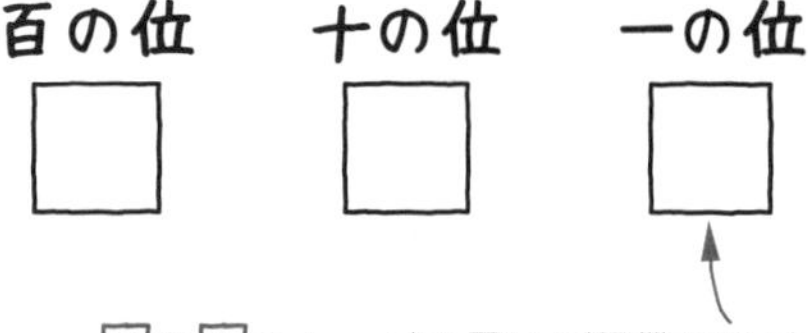

まず，一の位に[2]を置く場合が何通りか考えよう。一の位は[2]と決まっているわけだから，百の位と十の位がそれぞれ何通りか考えればいいんだよ。まず，百の位には何通り置けるかな？

「えっと……，全部で 5 枚のカードがあるから 5 通りかな。」

5通りではないよ。一の位はもう2と決まっているのだから，2は百の位に使うことはできないんだ。

「あっそうか。じゃあ，百の位には，2以外の4枚のカードが置けるんですね。」

うん。百の位には，2以外の4通りのカードが置ける。そして，百の位で1枚使ったから，十の位には，4−1＝3（通り）のカードが置けるよ。一の位には，2のカードの1通りしか置けないね。

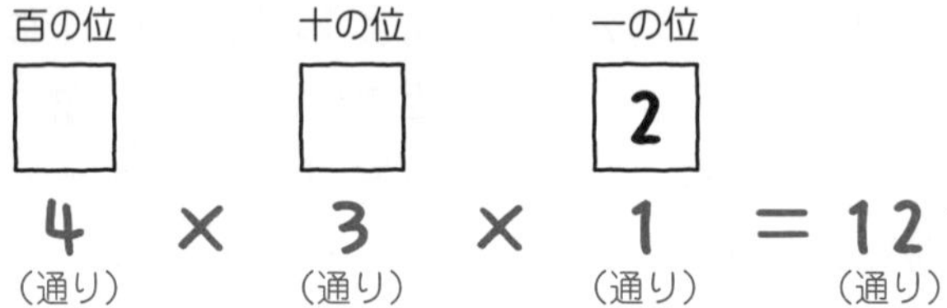

だから，一の位が2の偶数は，4×3×1＝12（通り）できる。

次に，一の位に4がくる場合を考えよう。一の位に4を置く場合も，百の位が4通り，十の位が3通りとなる。だから，一の位が4の偶数も，4×3×1＝12（通り）できる。だから，3けたの偶数は全部で，12＋12＝24（通り）できるんだ。

24通り … 答え ［例題］10-10（2）

説明の動画はこちらで見られます

（3）にいこう。3けたの奇数は全部で何通りできるかを求める問題だね。奇数とは，2でわりきれない整数のことだ。（2）と同じように考えて解くこともできるけど，もっと簡単に解くことができるよ。

「どのように解くんですか？」

すべての整数は，偶数と奇数のどちらかだよね。（1）で，3けたの整数は全部で60通りできるとわかった。そして，（2）で，3けたの偶数は全部で24通りできると求めたね。3けたの整数が60通りできて，そのうち偶数が24通りだから，残りの60−24＝36（通り）が3けたの奇数であることがわかる。

3けたの整数		3けたの偶数		3けたの奇数
60	−	24	＝	36
（通り）		（通り）		（通り）

36通り … 答え ［例題］10-10（3）

(2)と同じように考えて解くと，**「一の位が 1，3，5，7，9 の整数」が奇数**だから，この例題では，一の位に1か3か5のカードを置いたら，その数は奇数ということだね。だから，一の位に1，3，5のカードを置く場合の数は，それぞれ，4×3×1＝12(通り)だから，12＋12＋12＝36(通り)と求められるんだ。

「でも，60－24＝36(通り)と求めるほうが簡単ですね。」

そうだよね。どちらの方法でも解けるようにしておきたいけど，テストなどでは，60－24＝36(通り)と求めるほうが速く解ける。

では，(4)にいこう。3 けたの整数で，5 の倍数は全部で何通りできるかを求める問題だね。**5 の倍数とは，「一の位が 0 か 5 の整数」**ということもできる。

「この例題では，0のカードはないから，一の位に5のカードを置いたら，その数は 5 の倍数になるのね。」

その通り。この例題では，**一の位に5のカードを置いたら，その数は 5 の倍数になる**。だから，一の位に5を置く場合が何通りあるか考えよう。まず，百の位には，5以外の 4 通りのカードが置ける。そして，百の位で 1 枚使ったから，十の位には，4－1＝3(通り)のカードが置けるよ。一の位には，5のカードの 1 通りしか置けないね。

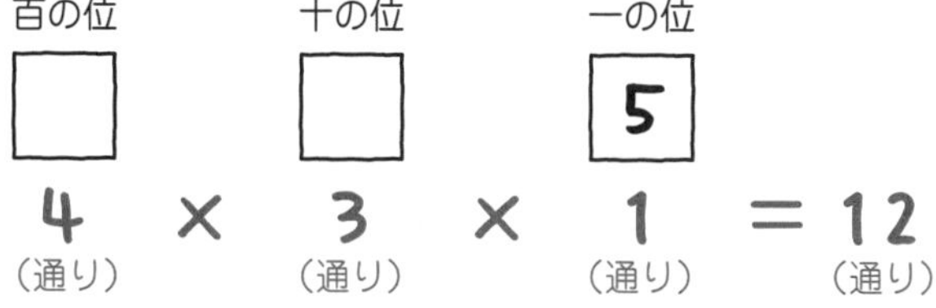

だから，一の位が5の整数は，全部で，4×3×1＝12(通り)できる。つまり，3 けたの 5 の倍数は全部で 12 通りできるんだ。

12 通り … 答え [例題]10-10 (4)

説明の動画はこちらで見られます

(5)にいくよ。3 けたの整数で，3 の倍数は全部で何通りできるかを求める問題だ。

(4)では 5 の倍数が全部で何通りかも求めたところだし，ここで“ある整数が何の倍数か”を見分ける倍数判定法をまとめておこう。

倍数判定法（ある整数が何の倍数か見分ける方法）

・　**2 の倍数の見分け方**

→ 一の位が偶数のとき

・　**3 の倍数の見分け方**

→ すべての位の数の和が 3 の倍数になるとき

例　7419 のすべての位の数をたすと 7＋4＋1＋9＝21
21 は 3 の倍数なので，7419 は 3 の倍数である。

・　**4 の倍数の見分け方**

→ 下 2 ケタの数が 00 か 4 の倍数のとき

例　40532 は下 2 ケタが 4 の倍数の 32。
だから，40532 は 4 の倍数である。

・　**5 の倍数の見分け方**

→ 一の位が 0 か 5 のとき

・　**6 の倍数の見分け方**

→ 一の位が偶数で，すべての位の数の和が 3 の倍数になるとき
（2 の倍数と 3 の倍数のどちらでもあるとき）

例　714 は一の位が偶数で，7＋1＋4＝12 より，3 の倍数。
だから，714 は 6 の倍数である。

・　**8 の倍数の見分け方**

→ 下 3 ケタの数が 000 か 8 の倍数のとき

例　25784 は下 3 ケタの 784 が 8 の倍数（784÷8＝98）。
だから，25784 は 8 の倍数である。

・　**9 の倍数の見分け方**

→ すべての位の数の和が 9 の倍数になるとき

例　81765 のすべての位の数をたすと，8＋1＋7＋6＋5＝27
27 は 9 の倍数なので，81765 は 9 の倍数である。

「こんな見分け方があるんですね！　おもしろい！」

「2 と 5 の倍数は簡単ですね。すべて覚えたほうがいいですか？」

うん，できれば覚えておこう。特に，3 の倍数，4 の倍数，9 の倍数は，問題で出されることも多いんだ。

では，例題の解説にもどるよ。1～5の5枚のカードから3枚を取り出してならべるときに，その3ケタの整数が3の倍数になるのは，全部で何通りかを求めよう。Pointの「3の倍数の見分け方」をもう1度見てみよう。**すべての位の数の和が3の倍数であるとき，その数は3の倍数**といえるんだね。5枚のカードのうち，たとえば，2，3，4のカードをならべてつくった234のすべての位の数をたすと，2+3+4=9だね。9は3の倍数だから，234は3の倍数とわかるんだ。

「じゃあ，234のような3の倍数を，力ずくですべて探していくんですか？」

すべてを力ずくで探すのは大変だよ。たとえば，さきほどの2，3，4のカードをならべかえると，次の6通りの整数ができる。

2，3，4 のカードをならべてできる整数（全6通り）

234，243，324，
342，423，432

そして，これら3けたの整数（全6通り）のすべての位の数の和は，どれも9だ。だから，2，3，**4のカードをならべてできる3けたの整数（全6通り）は，どれも3の倍数になる。**

「ということは，2，3，4のように，和が3の倍数になる組み合わせをまず探せばいいのかしら。」

その通りだよ。2，3，**4のように，和が3の倍数になる組み合わせをまず探して，それらをならべかえたら全部で何通りになるかは，あとで考えればいい**んだ。だから，まず，和が3の倍数になる組み合わせを探そう。もれや重なりがないように慎重に探すと，次の組み合わせが見つかる。

和が3の倍数になる組み合わせ（全4組）

- 和が6の組み合わせ

（1，2，3）

- 和が9の組み合わせ

（1，3，5）（2，3，4）

- 和が12の組み合わせ

（3，4，5）

和が 3 の倍数になる組み合わせは，これら 4 組だ。たとえば，1，2，3のカードをならべかえてできる整数は，3×2×1=6(通り)だ。それ以外の 3 組も，ならべかえるとそれぞれ 6 通りずつの整数ができる。だから，3 けたの整数で，3 の倍数は，全部で，6×4=24(通り)できると求められるんだ。

24 通り … 答え [例題]10-10 (5)

説明の動画はこちらで見られます

では，次の例題にいこう。

[例題]10-11 つまずき度 😵😵😵😵😐

0，1，2，3，4の 5 枚のカードから 3 枚を取り出してならべ，3 けたの整数をつくります。このとき，次の問いに答えなさい。

(1) 3 けたの整数は，全部で何通りできますか。
(2) 3 けたの偶数は，全部で何通りできますか。
(3) 3 けたの奇数は，全部で何通りできますか。
(4) 3 けたの整数で，3 の倍数は，全部で何通りできますか。

1 つ前の [例題]10-10 とよく似た問題だね。では，(1) からいこう。3 けたの整数は全部で何通りできるかを求める問題だ。

「[例題]10-10 の(1)と同じように，5×4×3=60(通り)だと思います。」

ハルカさん，そのように解くのはまちがいなんだ。

「えっ，なぜですか？」

1 つ前の [例題]10-10 は，0のカードはなかったけど，今回の例題では，0のカードがふくまれている。**3 けたの整数をつくるとき，0のカードは百の位に置けない**から，解き方が変わってくるんだ。0のカードを百の位に置くと，たとえば，0，2，3のようになって，3 けたの整数にならないんだよ。

「そういうことですか！ 0のカードがふくまれているときは，気をつけないといけないのね。」

うん。では，何通りできるか考えていこう。百の位，十の位，一の位の順に，カードをならべていくとするよ。百の位に1のカードを置く場合の樹形図をかくと，次のようになる。**数が小さい順に，樹形図をかいていくのがコツ**だよ。

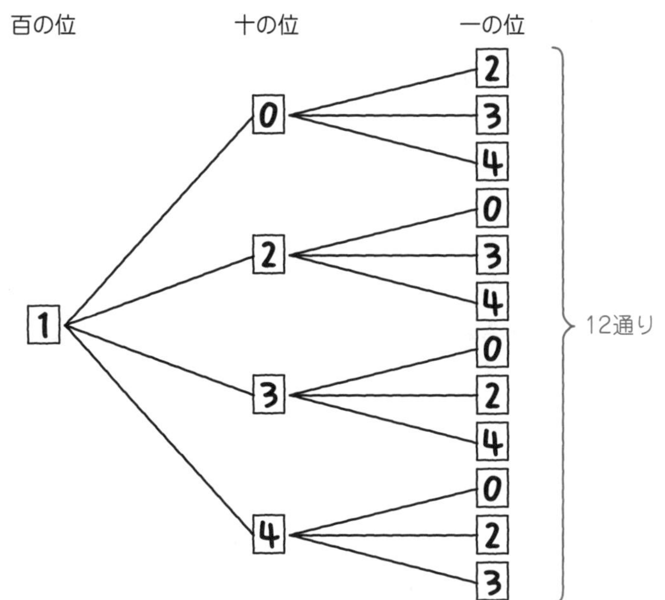

百の位に[1]のカードを置くとき，3けたの整数は12通りできる。百の位に，[2]，[3]，[4]のカードを置くときも，それぞれ12通りずつできるのだから，全部で，12×4＝48(通り)と求めることができるんだ。

48通り … 答え [例題]10-11 (1)

説明の動画はこちらで見られます

別解 [例題]10-11 (1)

樹形図をかいて解く方法を教えたけど，樹形図をかくのは時間がかかるから，計算だけで解く方法もマスターしておこう。百の位，十の位，一の位の順に，カードをならべていくとするよ。先ほどの，百の位に[1]のカードを置く場合の樹形図を見ながら，頭で想像しながら解いていこう。

「うーん，頭で想像するのは大変だから，さっきの樹形図を見ながら考えます。」

慣れないうちは見ながらでも大丈夫だよ。まず，百の位には，[0]のカード以外の[1]，[2]，[3]，[4]の4通りのカードが置ける。次に，十の位にも4通りのカードが置けたね。

「いままでの例題では，4 通り→3 通り→2 通り……というように，1 つずつ減っていくパターンが多かったけど，今回は，百の位にも十の位にも 4 通りずつ置けるのね。」

うん。百の位で[1]，[2]，[3]，[4]の 4 枚から 1 枚使うから，十の位は 3 通りのカードが置けると考えてしまうのはまちがいだよ。**百の位では使えなかった[0]のカードが十の位に置けるようになる**から，十の位では，3＋1＝4（通り）のカードが置けるんだ。樹形図を見ればわかるね。そして，一の位では，残りの 4−1＝3（通り）のカードが置ける。

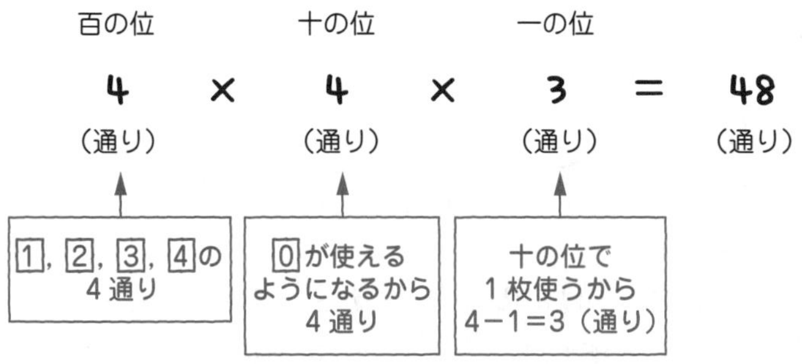

百の位と十の位には，それぞれ 4 通り置けて，一の位には 3 通り置けるから，3 けたの整数は，全部で，4×4×3＝48(通り)できるんだ。

48 通り … 答え [例題]10-11（1）

樹形図をかかずに，別解のように計算で解く方法もマスターしていこう。(2) 以降は計算で解く方法で解説していくね。

説明の動画はこちらで見られます

では，(2)にいくよ。3 けたの偶数が全部で何通りできるかを求める問題だね。

「1 つ前の [例題]10-10 の(2)と同じように解いていけばいいんですか？」

うん。解き方の流れは同じだよ。ただ，今回は[0]のカードがふくまれているから注意しよう。**偶数とは，「一の位が 0，2，4，6，8 の整数」**ということができたね。

「この例題では，一の位に[0]か[2]か[4]のカードを置いたら，その数は偶数になるのね。」

その通り。

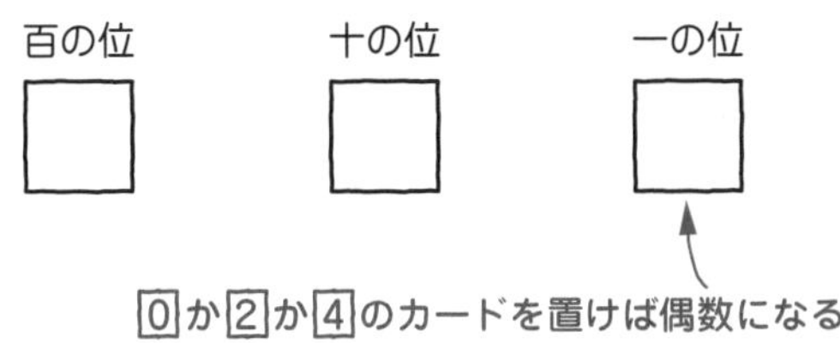

だから，**一の位に0，2，4のカードを置く場合について，それぞれ場合分けしながら考えていく**必要(ひつよう)があるよ。まず，一の位に0を置く場合が何通りあるか考えよう。一の位は0と決まっているわけだから，百の位と十の位がそれぞれ何通りあるか考えればいい。まず，百の位には，0以外(いがい)の，1，2，3，4の4通りのカードが置ける。

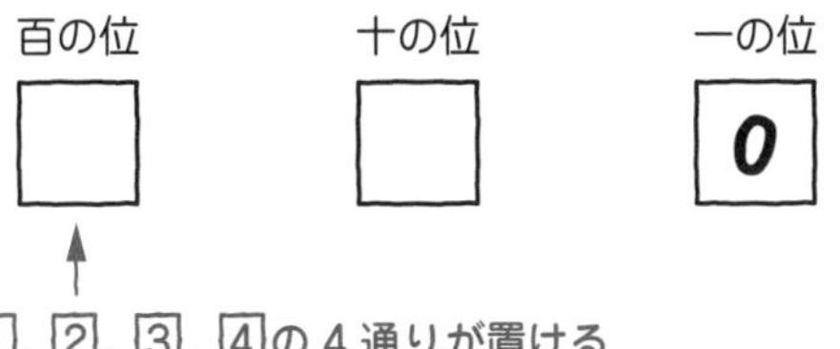

次に，十の位に，何通りのカードが置けるか考えよう。百の位で1枚使ったから，十の位では，4−1＝3（通り）のカードが置ける。一の位には，0のカードの1通りしか置けないね。

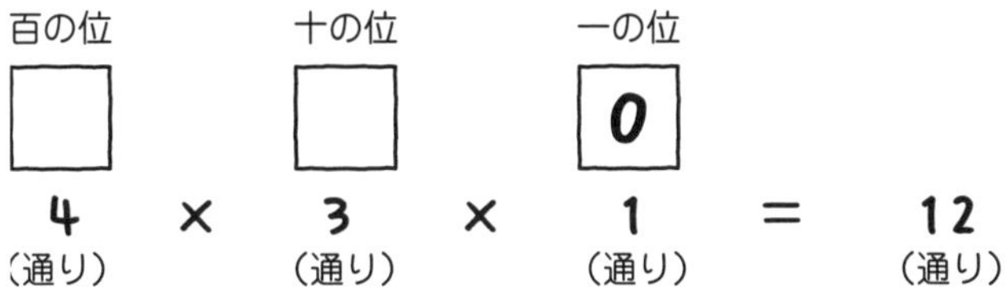

だから，一の位が0の偶数は，4×3×1＝12（通り）できる。

次に，一の位に2を置く場合が何通りか考えよう。一の位は2と決まっているわけだから，百の位と十の位がそれぞれ何通りか考えればいい。まず，百の位には，0のカードは置けないし，一の位の2のカードも置けないから，1，3，4の3通りのカードが置ける。

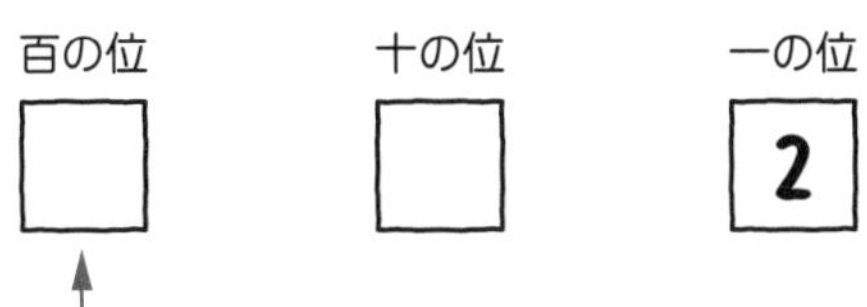

次に，十の位には，何通りのカードが置けるか考えよう。百の位で 1 枚使ったけど，0のカードが使えるようになるから，十の位も 3 通りのカードが置けるよ。一の位には，2のカードの 1 通りしか置けないね。

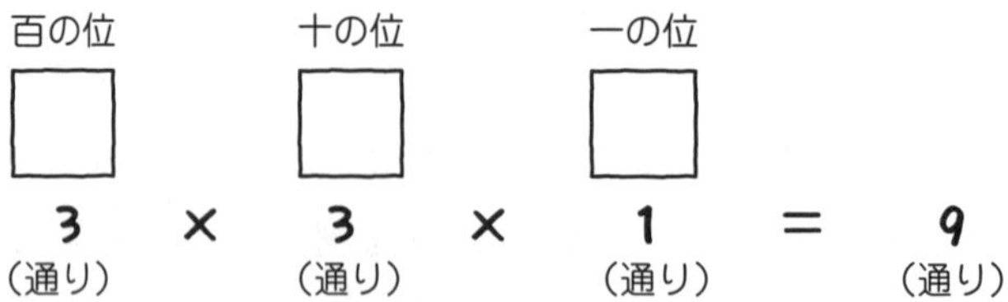

だから，一の位が2の偶数は，3×3×1＝9(通り)できる。

次に，一の位に4がくる場合が何通りか考えよう。一の位に4を置く場合も，2のときと同じように百の位が 3 通り，十の位が 3 通りとなる。だから，一の位が4の偶数も，3×3×1＝9(通り)できる。だから，3 けたの偶数は全部で，12＋9＋9＝30(通り)できるんだ。

一の位が0の偶数　12通り
一の位が2の偶数　9通り
一の位が4の偶数　9通り
全部で30通り

30 通り … 答え [例題]10-11 (2)

説明の動画はこちらで見られます

(3) にいこう。3 けたの奇数は全部で何通りあるかを求める問題だ。**すべての整数は，偶数と奇数のどちらか**だね。(1) で，3 けたの整数は全部で 48 通りできるとわかった。そして，(2) で，3 けたの偶数は全部で 30 通りできると求めたね。3 けたの整数が 48 通りできて，そのうち偶数が 30 通りだから，残りの 48－30＝18(通り)が，3 けたの奇数であることがわかるよ。

3 けたの整数		3 けたの偶数		3 けたの奇数
48	－	30	＝	18
（通り）		（通り）		（通り）

18 通り … 答え [例題]10-11 (3)

「(2) と同じように考えて解くこともできるんですよね？」

うん。(2) と同じように考えて解くこともできるよ。**「一の位が 1，3，5，7，9 の整数」が奇数**ということもできるから，この例題では，**一の位に[1]か[3]のカードを置いたら，その数は奇数だ。**一の位に[1]，[3]のカードを置く場合の数はそれぞれ 3×3×1＝9(通り)だから，9＋9＝18(通り)と求めることもできる。

「48－30＝18(通り)と求めるほうが簡単ね。」

そうだよね。

説明の動画は
こちらで見られます

では，(4) にいこう。3 けたの整数で，3 の倍数は全部で何通りできるかを求める問題だ。1 つ前の [例題]10-10 の(5)と同じように解いていけばいい。

「和が 3 の倍数になる組み合わせを探していけばいいんですね？」

その通り。**すべての位の数の和が 3 の倍数になるとき，その数は，3 の倍数**だったね。**和が 3 の倍数になる組み合わせをまず探して，それらをならべかえたら全部で何通りになるかは，あとで考えればいい**んだ。だから，まず，和が 3 の倍数になる組み合わせを探そう。もれがないように探すと，次の組み合わせが見つかる。

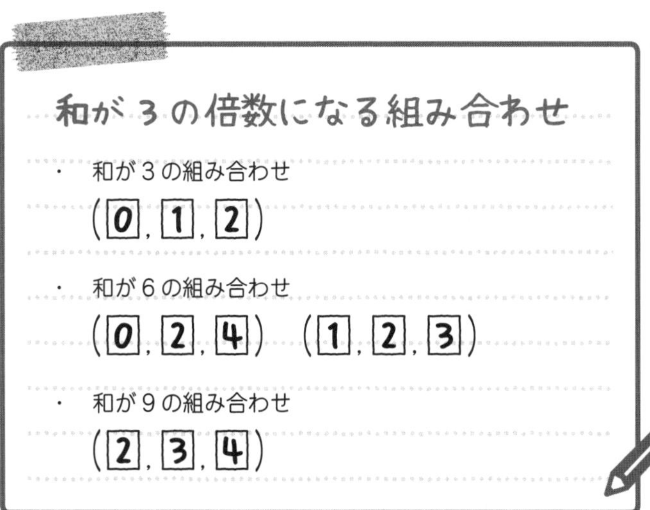

和が 3 の倍数になる組み合わせは，これら 4 組だ。この 4 組は，[0]のカードをふくむ([0]，[1]，[2])，([0]，[2]，[4])と，[0]のカードをふくまない([1]，[2]，[3])，([2]，[3]，[4])に分けられる。**[0]のカードをふくむかふくまないかによって，それぞれ何通りあるかが変わってくる**ので，場合分けして考えよう。

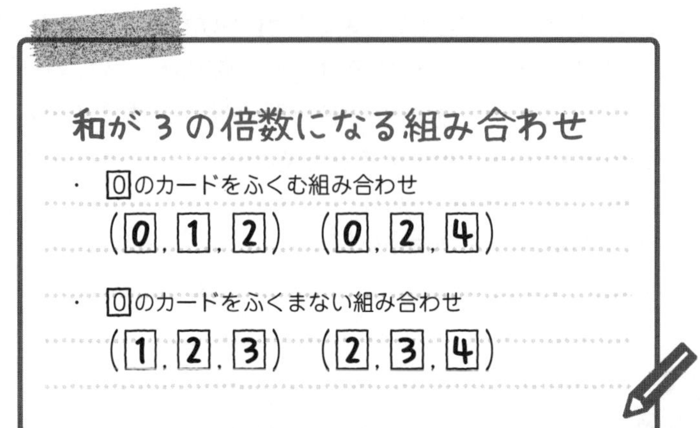

まず，[0]のカードをふくむ組み合わせである([0]，[1]，[2])をならべかえてできる整数が何通りできるか考えよう。百の位には，[1]，[2]の 2 通りが置ける。十の位には，[1]，[2]のどちらか 1 枚と[0]の 2 通りが置けるよ。そして，一の位には残りの 1 通りが置ける。だから，2×2×1＝4(通り)の整数ができる。([0]，[2]，[4])をならべかえてできる整数も同じように考えると 4 通りだ。

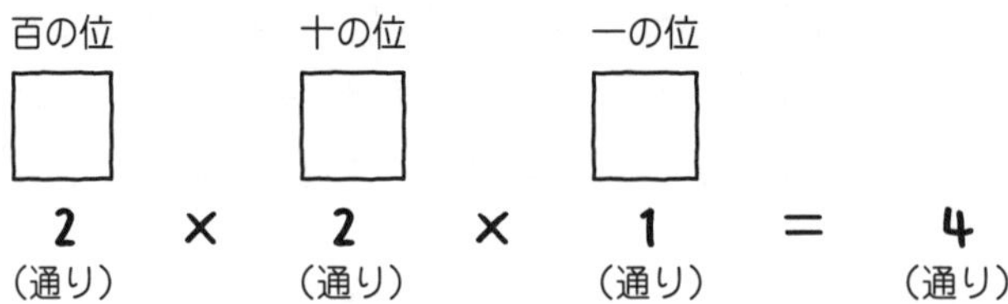

次に，[0]のカードをふくまない組み合わせである([1]，[2]，[3])をならべかえてできる整数が何通りできるか考えよう。百の位には，[1]，[2]，[3]の 3 通りが置ける。十の位には，3－1＝2(通り)が置けるよ。そして，一の位には残りの 1 通りが置ける。だから，3×2×1＝6(通り)の整数ができる。([2]，[3]，[4])をならべかえてできる整数も同じように考えると 6 通りだ。

百の位		十の位		一の位		
□		□		□		
3	×	2	×	1	＝	6
(通り)		(通り)		(通り)		(通り)

まとめると，0のカードをふくむ組み合わせである(0，1，2)と(0，2，4)をならべかえてできる整数がそれぞれ4通りある。そして，0のカードをふくまない組み合わせである(1，2，3)と(2，3，4)をならべかえてできる整数がそれぞれ6通りあるということだね。だから，3けたの整数で，3の倍数は，全部で，
$4\times2+6\times2=20$(通り)と求められる。

20通り …答え［例題］10-11 (4)

順列や組み合わせの問題を中心に見てきたけど，順列と組み合わせの公式，和の法則，積の法則，樹形図，場合分けなどの方法を正しく使えば，さまざまな場合の数の問題が解けるようになる。得意になるためには練習あるのみ，だよ。

Check 154　つまずき度 ●●●○○　➡解答は別冊 p.96へ

A，B，C，Dの4枚のカードがあります。このとき，次の問いに答えなさい。

(1)　4枚のカードのうち，2枚をならべるならべ方は，全部で何通りありますか。

(2)　4枚のカードのうち，2枚を選ぶ選び方は，全部で何通りありますか。

(3)　4枚のカードのうち，3枚をならべるならべ方は，全部で何通りありますか。

(4)　4枚のカードのうち，3枚を選ぶ選び方は，全部で何通りありますか。

Check 155　つまずき度 ●●●○○　➡解答は別冊 p.97へ

男子6人，女子5人からなる11人のグループがあります。このとき，次の問いに答えなさい。

(1)　この11人から，班長と副班長を1人ずつ選ぶとき，何通りの選び方がありますか。

(2)　班長を男子，副班長を女子から1人ずつ選ぶとき，何通りの選び方がありますか。

(3)　この11人から，そうじ係を2人選ぶとき，何通りの選び方がありますか。

(4)　この11人から，男子3人と女子2人を選ぶとき，何通りの選び方がありますか。

Check 156　**つまずき度**

➡解答は別冊 p.97 へ

A, B, C, D, E, F の 6 人がいます。このとき，次の問いに答えなさい。

(1)　この 6 人が横一列にならぶとき，ならび方は，全部で何通りありますか。

(2)　この 6 人が横一列にならぶとき，A と B がとなりにくるならび方は，全部で何通りありますか。

Check 157　**つまずき度**

➡解答は別冊 p.97 へ

白いボール 2 個(こ)と黒いボール 5 個の，合わせて 7 個のボールがあります。これら 7 個のボールを，横に一列にそろえてならべるとき，次の問いに答えなさい。

(1)　7 個のボールのならべ方は，全部で何通りありますか。

(2)　白いボール 2 個を必(かなら)ずとなり合わせてならべるとき，7 個のボールのならべ方は，全部で何通りありますか。

Check 158　**つまずき度**

➡解答は別冊 p.98 へ

30 チームでバスケットボールの試合(しあい)をします。このとき，次の問いに答えなさい。

(1)　この 30 チームがトーナメント戦(勝ちぬき戦)を行うとき，全部で何試合になりますか。

(2)　この 30 チームがリーグ戦(せん)(総当(そうあ)たり戦)を行うとき，全部で何試合になりますか。ただし，全 30 チームが，ほかの全チームと 1 回ずつ対戦するリーグ戦とします。

Check 159

つまずき度

➡解答は別冊 p.98 へ

右の図の A，B，C，D の 4 つの部分を，となり合う部分が同じ色にならないようにぬり分けます。このとき，次の問いに答えなさい。

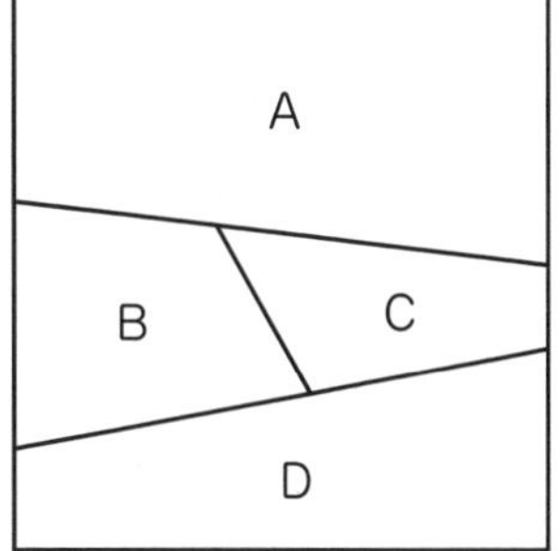

(1) 赤，青，黄，緑の 4 色すべてを使ってぬり分ける方法は，全部で何通りありますか。

(2) 赤，青，黄，緑の 4 色を使ってぬり分ける方法は，全部で何通りありますか。ただし，使わない色があってもよいものとします。

(3) 赤，青，黄の 3 色すべてを使ってぬり分ける方法は，全部で何通りありますか。

Check 160

つまずき度

➡解答は別冊 p.98 へ

右の図のように，2 本の直線 l，m 上に，A ～ H の合わせて 8 点があります。この 8 点から 3 点を選んで三角形をつくるとき，全部で何通りの三角形ができますか。

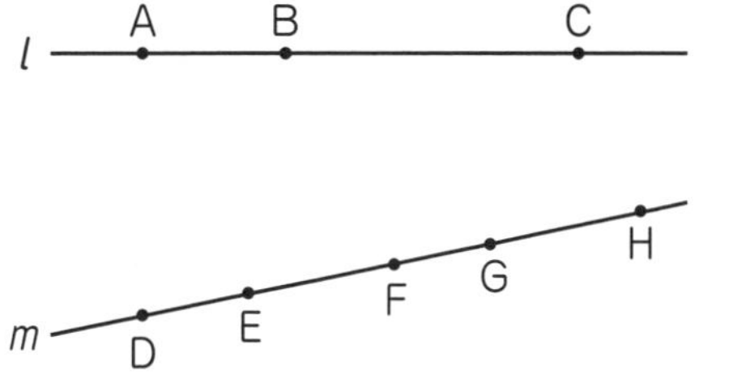

Check 161

つまずき度

➡解答は別冊 p.99 へ

1，2，3，4，5，6の 6 枚のカードから 3 枚を取り出してならべ，3 けたの整数をつくります。このとき，次の問いに答えなさい。

(1) 3 けたの整数は，全部で何通りできますか。

(2) 3 けたの偶数は，全部で何通りできますか。

(3) 3 けたの奇数は，全部で何通りできますか。

(4) 3 けたの整数で，5 の倍数は，全部で何通りできますか。

(5) 3 けたの整数で，3 の倍数は，全部で何通りできますか。

Check 162　つまずき度 😵😵😵😵😵

➡解答は別冊 p.100 へ

[0], [1], [2], [3], [4], [5]の 6 枚のカードから 3 枚を取り出してならべ，3 けたの整数をつくります。このとき，次の問いに答えなさい。

(1)　3 けたの整数は，全部で何通りできますか。

(2)　3 けたの偶数(ぐうすう)は，全部で何通りできますか。

(3)　3 けたの奇数(きすう)は，全部で何通りできますか。

(4)　3 けたの整数で，3 の倍数は，全部で何通りできますか。

10 03 場合の数のいろいろな問題

道順やサイコロの問題を解いてみよう。

説明の動画はこちらで見られます

[例題]10-12　つまずき度

右の図のような道があります。遠回りしないで，Aから B に行くとき，次の問いに答えなさい。

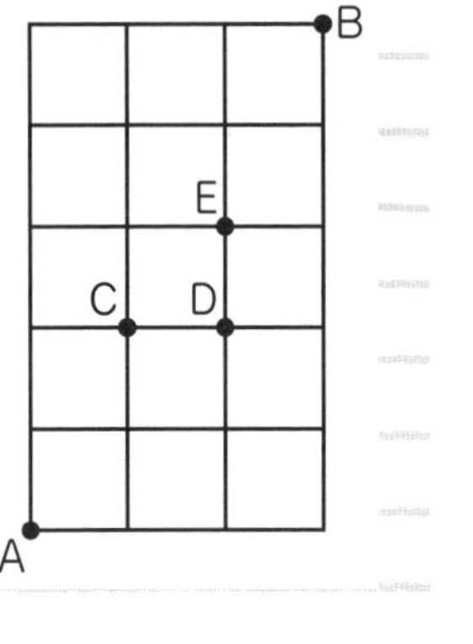

(1)　A から B に行くには，全部で何通りの方法がありますか。

(2)　A から C を通って B に行くには，全部で何通りの方法がありますか。

(3)　A から C を通らずに B に行くには，全部で何通りの方法がありますか。

(4)　D と E を結ぶ道が通れないとき，A から B に行くには，全部で何通りの方法がありますか。

(1) からいこう。このような道順の問題では，**道が交わる点に，何通りかをそれぞれ記入して解いていこう。**

「道が交わる点に，何通りかをそれぞれ記入していくって，どのようにするんですか？」

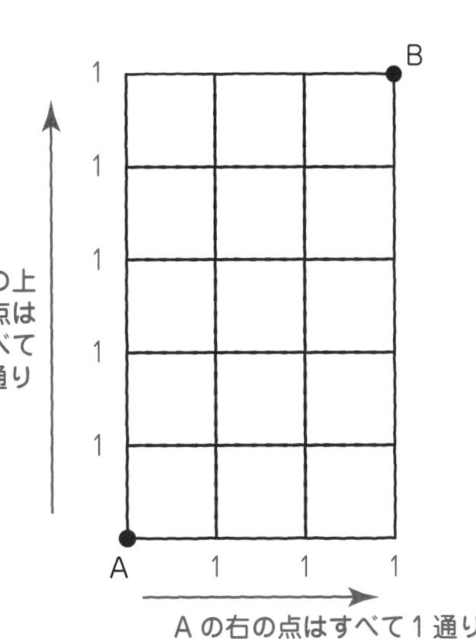

これから説明していくね。遠回りせずに，A から B に行くのだから，**右と上にだけ進める**んだ。左と下に進んだら，遠回りになってしまうからね。まず，**A の上と右にある点への行き方は，すべて 1 通り**だ。そこで，**A の上と右にあるすべての点に，1 (通り) を記入しよう。**

Aの上と右にあるすべての点に，1(通り)を記入したら，次は，ほかの点に何通りかを記入していくよ。説明のために，右の図のように，4つの点を点F～点Iとするね。

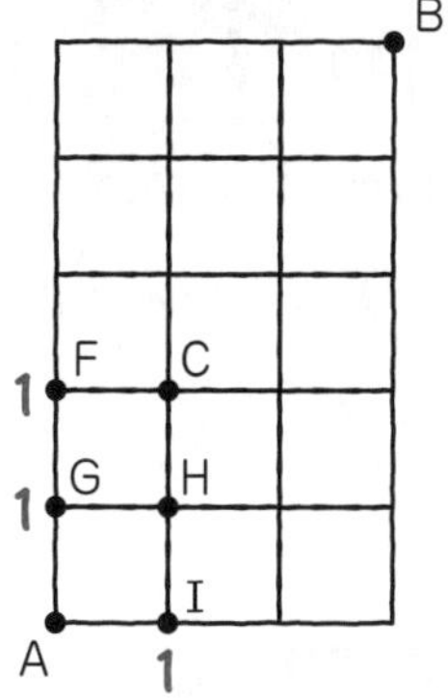

まずは，点Hへの行き方が何通りか考えよう。**点Hに行くための，1つ前の2点に注目すればいい**よ。点Hに行くには，点Gを通って行く方法と，点Iを通って行く方法がある。点Aから点Gに行く方法は1通り，点Aから点Iに行く方法も1通りだから，点Hに行く方法は，**和(わ)の法則(ほうそく)**により，1+1=2(通り)と求(もと)められるんだ。

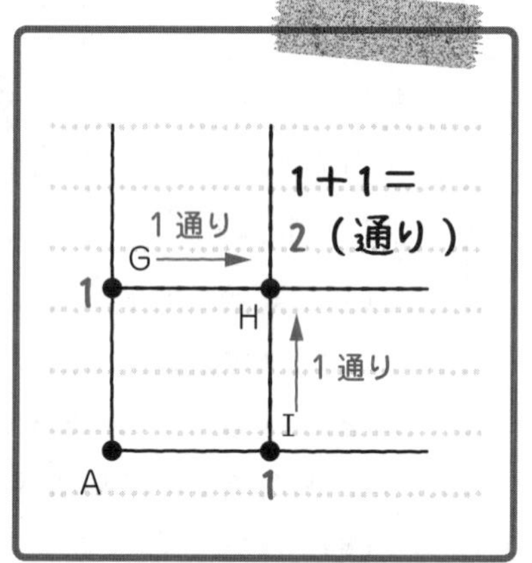

次に，点Cへの行き方が何通りか考えよう。今回も，**点Cに行くための，1つ前の2点に注目すればいい**よ。点Cに行くには，点Fを通って行く方法と，点Hを通って行く方法がある。点Aから点Fに行く方法は1通り，点Aから点Hに行く方法は2通りだから，点Cに行く方法は，**和の法則**により，1+2=3(通り)と求められるんだよ。

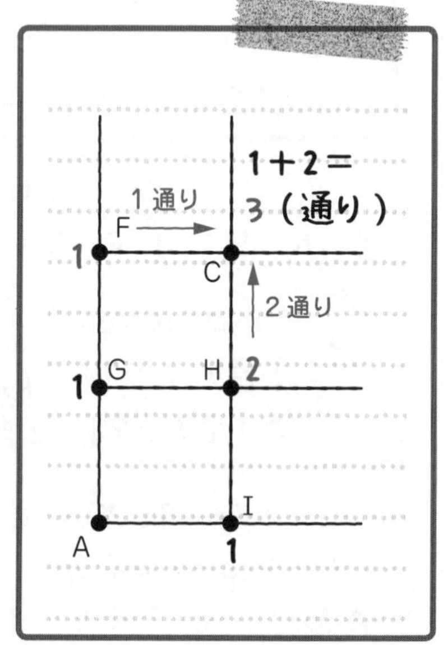

つまり，次のようなルールで，それぞれの点に何通りか記入していけばいいんだ。

道順(みちじゅん)の問題で，何通りか記入する方法(ほうほう)

ある点に行くための，1つ前の2点への行き方が，それぞれX通りとY通りであるとき，ある点への行き方は(X+Y)通りになる。

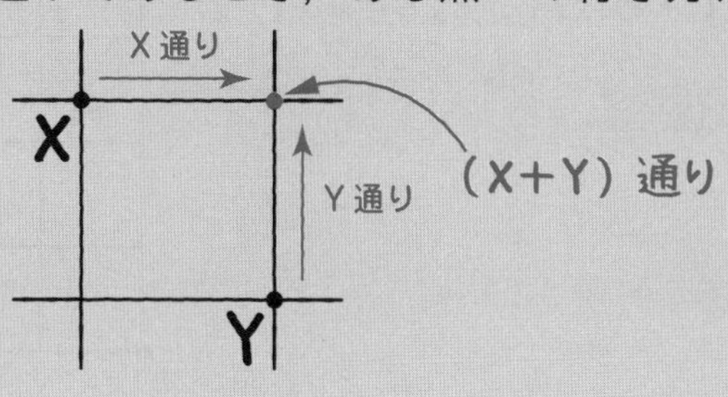

このにしたがって，それぞれの点に何通りか記入していくと，右のようになる。

右の図より，AからBに行くには，全部で56通りと求(もと)められるよ。

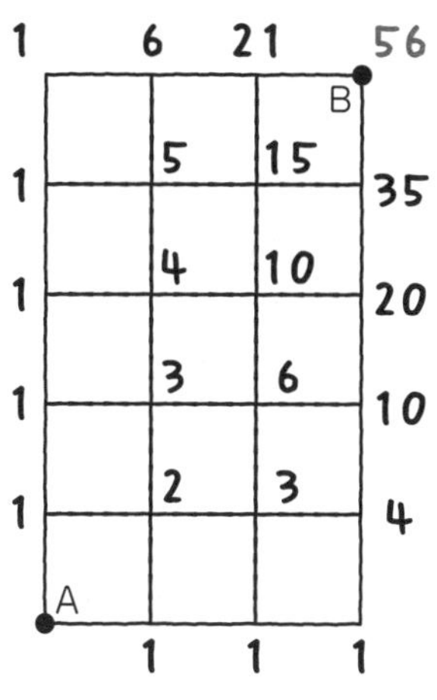

56通り … 答え [例題]10-12 (1)

説明の動画はこちらで見られます

(2) にいこう。AからCを通ってBに行くには，全部で何通りの方法があるかを求める問題だ。(2) では，**AからCに行く場合と，CからBに行く場合を分けて考える**といいよ。まず，AからCに行くには，図1のように3通りの行き方がある。

次に，**Cをスタート地点と考えて，Bまで行く行き方は何通りか考えればいい**んだ。CからBに行く行き方を調べると，図2のように10通りの行き方がある。

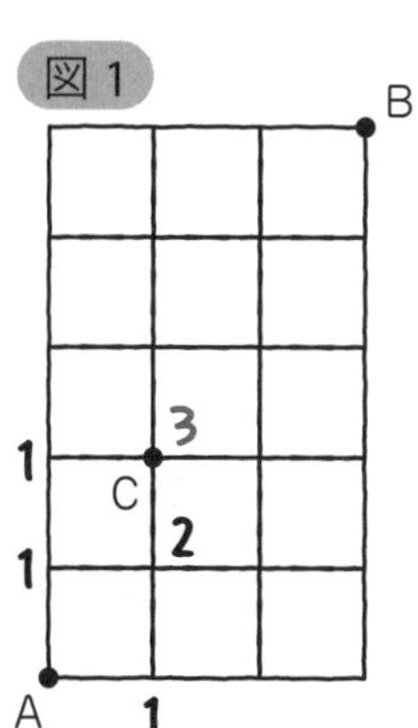

AからCに行く行き方が3通りあり，それぞれについて，CからBに行く行き方が10通りずつあるから，AからCを通ってBに行く行き方は，全部で，3×10＝30（通り）と求められるんだ。積の法則を使って求めたんだよ。

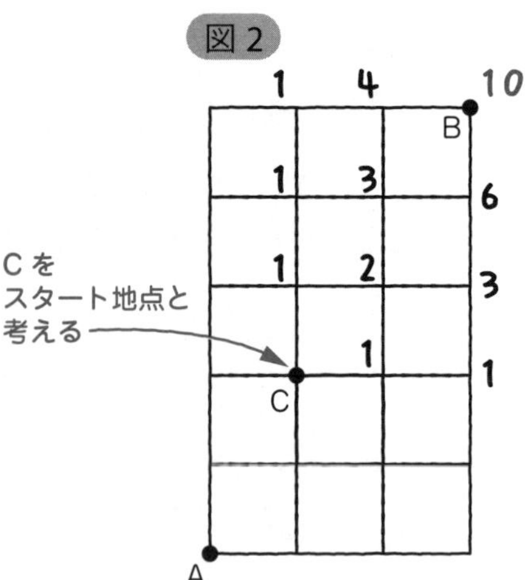

30 通り…答え［例題］10−12（2）

では，（3）にいこう。AからCを通らずにBに行くには，全部で何通りの方法があるかを求める問題だ。（1）より，AからBに行くすべての行き方は56通りだ。（2）より，AからCを通ってBに行く行き方は30通りだ。だから，AからCを通らずにBに行く行き方は，56−30＝26（通り）と求められる。

［AからBに行くすべての行き方］－［AからCを通ってBに行く行き方］＝［AからCを通らずにBに行く行き方］

56（通り）－ 30（通り）＝ 26（通り）

26 通り…答え［例題］10−12（3）

説明の動画はこちらで見られます

（4）にいくよ。DとEを結ぶ道が通れないとき，AからBに行くには，全部で何通りの方法があるかを求める問題だ。AからBに行くすべての行き方は56通りだね。だから，この**全56通りから，DとEを結ぶ道を通って行く行き方をひけば，（4）の答えが求められる。**

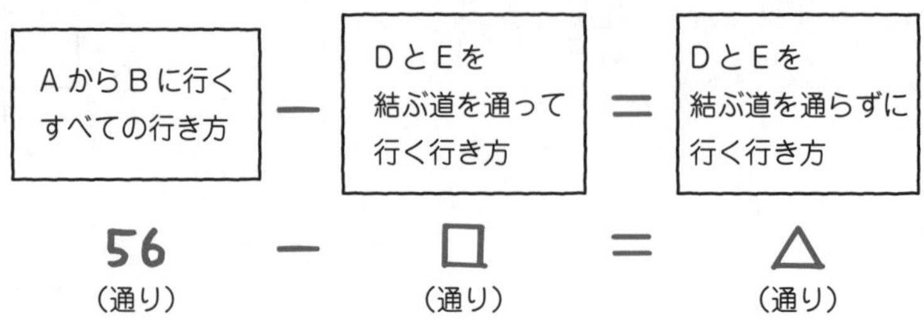

「ということは，DとEを結ぶ道を通って，AからBに行く行き方が何通りか，まず求めればいいのね。」

そういうことだよ。DとEを結ぶ道を通って，AからBに行く行き方が何通りか求めよう。DとEを結ぶ道を通るためには，AからまずDに行って，そして，EからBに行く必要がある。

DとEを結ぶ道を通って，AからBに行くには……

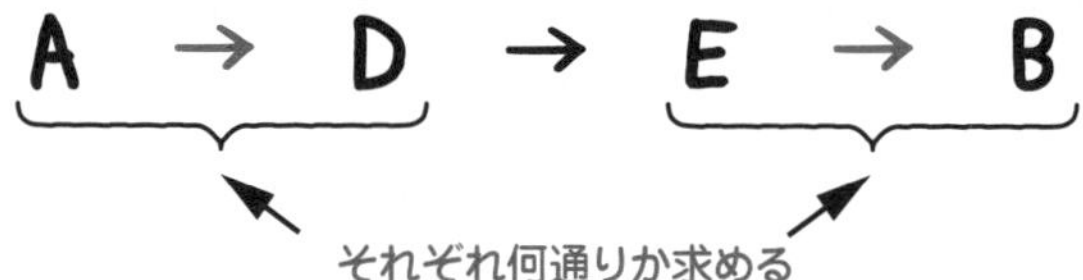

だから，AからDに行く行き方と，EからBに行く行き方を分けて考えて，それぞれ何通りか求めよう。右の図からわかるように，まず，AからDに行く行き方は6通りある。そして，EからBに行く行き方は3通りだ。

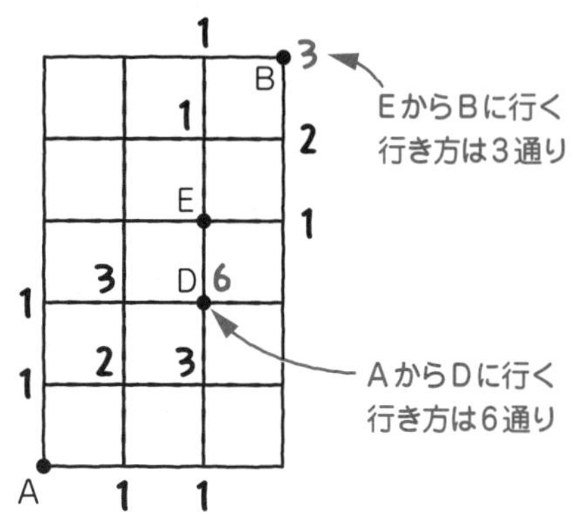

AからDに行く行き方が6通りで，それぞれについて，EからBに行く行き方が3通りずつあるのだから，DとEを結ぶ道を通って，AからBに行く行き方は，6×3＝18(通り)あるということだ。

「これを56通りからひけばいいんですね。」

その通り。AからBに行くすべての行き方は56通りあり，DとEを結ぶ道を通って行く行き方が18通りあるのだから，DとEを結ぶ道を通らずに，AからBに行く行き方は，56－18＝38(通り)あるんだ。

AからBに行くすべての行き方	－	DとEを結ぶ道を通って行く行き方	＝	DとEを結ぶ道を通らずに行く行き方
56(通り)	－	18(通り)	＝	38(通り)

38通り … 答え [例題]10-12 (4)

説明の動画は
こちらで見られます

では，次の例題にいこう！

[例題] 10-13　つまずき度

大小 2 つのさいころを同時にふるとき，次の問いに答えなさい。

(1)　出た目の数の和が 6 になるのは，全部で何通りありますか。

(2)　出た目の数の積が 4 の倍数になるのは，全部で何通りありますか。

(1) からいこう。1 つのさいころの目の出方は何通りあるかな？

「さいころには，1 から 6 の目があるから，1 つのさいころの目の出方は 6 通りです。」

そうだね。この例題では，**大小 2 つのさいころを区別する**必要がある。大小 2 つのさいころの目の出方は，それぞれ 6 通りだ。大きいさいころの目の出方は 6 通りで，それぞれについて，小さいさいころの目の出方が 6 通りずつあるのだから，**大小 2 つのさいころの目の出方は，全部で，6×6＝36 (通り)** ある。これは，右のように**表にするとわかりやすい**よ。

小＼大	1	2	3	4	5	6
1						
2						
3						
4						
5						
6						

表にすると，マスの数が，6×6＝36 (通り) あるのがよくわかるね。(1) は，出た目の数の和が 6 になるのは，全部で何通りあるかを求める問題だ。たとえば，大きなさいころの目が 5 で，小さなさいころの目が 1 であれば，出た目の数の和は，5+1＝6 になる。このように，出た目の数の和が 6 になる組み合わせに○をつけると，右の表のようになる。

小＼大	1	2	3	4	5	6
1					○	
2				○		
3			○			
4		○				
5	○					
6						

「○が，ななめにならぶんですね。」

そうだね。表を使うと，このように規則正しく○がならぶことが多い。出た目の数の和が 6 になるのは，○をつけた 5 つの組み合わせだから，答えは 5 通りだね。

5 通り … 答え [例題]10－13（1）

説明の動画はこちらで見られます

別解 [例題]10－13（1）

表をかけばわかりやすいけど，テストなどでこの問題が出たときに，わざわざ表をかく時間がもったいないね。だから，表をかかなくても解ける方法を教えよう。**かっこを使って表す方法**だ。

「かっこを使って，どのように表すんですか？」

説明するね。たとえば，大きなさいころの目が 3 で，小さなさいころの目が 2 であるとき，(大，小)の順に，(3，2)と表す方法だ。

大小 2 つのさいころの目の出方は，全部で，6×6＝36（通り）あるね。(大，小)の順に，この 36 通りの目の出方をすべて表すと，次のようになる。

(1，1)，(1，2)，(1，3)，(1，4)，(1，5)，(1，6)

(2，1)，(2，2)，(2，3)，(2，4)，(2，5)，(2，6)

(3，1)，(3，2)，(3，3)，(3，4)，(3，5)，(3，6)

(4，1)，(4，2)，(4，3)，(4，4)，(4，5)，(4，6)

(5，1)，(5，2)，(5，3)，(5，4)，(5，5)，(5，6)

(6，1)，(6，2)，(6，3)，(6，4)，(6，5)，(6，6)

これで全 36 通りの目の出方を表せた。テストのときは，この 36 通り全部を書く必要はないからね。(1) は，出た目の数の和が 6 になるのは，全部で何通りあるかを求める問題だ。この 36 通りの中から，出た目の数の和が 6 になる組み合わせを探して，(大，小)の順に表すと，次のようになる。

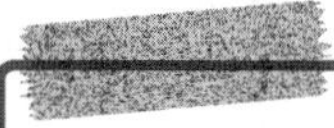

出た目の数の和が 6 になる組み合わせ

(1, 5), (2, 4), (3, 3), (4, 2), (5, 1)

この 5 通りがあてはまるね。**テストのときは，この 5 通りの組み合わせだけ書き出せばいい**んだ。この方法なら，素早(すばや)く解くことができる。

5 通り … 答え [例題] 10-13 (1)

292 説明の動画はこちらで見られます

では，(2) にいこう。出た目の数の積(せき)が 4 の倍数になるのは，全部で何通りあるかを求める問題だ。たとえば，大きなさいころの目が 2 で，小さなさいころの目が 6 であれば，出た目の数の積は，2×6＝12 になる。12 は 4 の倍数だからあてはまるね。このように，出た目の数の積が 4 の倍数になる組み合わせに○をつけると，右のようになる。

小＼大	1	2	3	4	5	6
1				○		
2		○		○		○
3				○		
4	○	○	○	○	○	○
5				○		
6		○		○		○

「面白い形に，○がならんだわ。」

たしかにそうだね。出た目の数の積が 4 の倍数になるのは，○をつけた 15 個(こ)の組み合わせだ。だから，答えは 15 通りだよ。

15 通り … 答え [例題] 10-13 (2)

別解 [例題] 10-13 (2)

(2) も，かっこを使って表す方法で解けるよ。(大，小) の順に表すんだったね。出た目の数の積が 4 の倍数になる組み合わせを探すと，次のようになる。

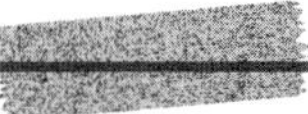

出た目の数の積が4の倍数になる組み合わせ

(1, 4), (2, 2), (2, 4), (2, 6), (3, 4),

(4, 1), (4, 2), (4, 3), (4, 4), (4, 5), (4, 6),

(5, 4), (6, 2), (6, 4), (6, 6)

この15通りがあてはまるね。

15通り … 答え [例題]10-13 (2)

Check 163 つまずき度 ◉◉◉○○ ➡解答は別冊 p.100 へ

右の図のような道があります。遠回りしないで，AからBに行くとき，次の問いに答えなさい。

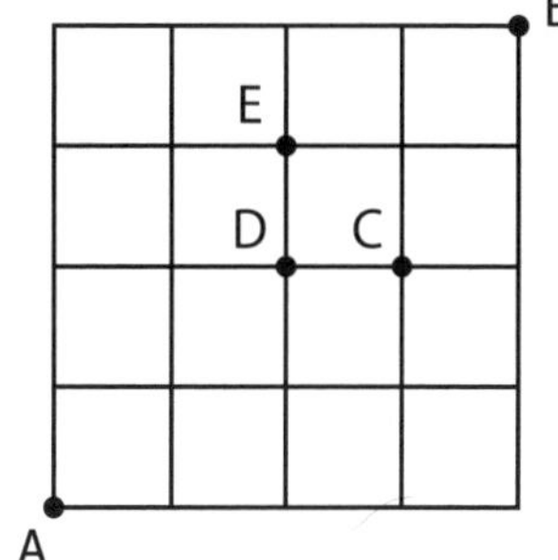

(1) AからBに行くには，全部で何通りの方法がありますか。

(2) AからCを通ってBに行くには，全部で何通りの方法がありますか。

(3) AからCを通らずにBに行くには，全部で何通りの方法がありますか。

(4) DとEを結ぶ道が通れないとき，AからBに行くには，全部で何通りの方法がありますか。

Check 164 つまずき度 ◉◉◉○○ ➡解答は別冊 p.101 へ

大小2つのさいころを同時にふるとき，次の問いに答えなさい。

(1) 出た目の数の差が3になるのは，全部で何通りありますか。

(2) 出た目の数の和が6の倍数になるのは，全部で何通りありますか。

中学入試算数のウラ側 12

確率(確からしさ)について

確率という言葉は聞いたことあるかな？

「はい，あります。天気予報の降水確率とか……。」

そうだよね。たとえば，「明日の降水確率は80％」，「成功する確率は高い」などのように，確率という言葉は日常でも使われる。中学校で学ぶから，算数の入試問題ではめったに出されることはないんだけど，確率っていったい何か，簡単に見ておこう。確率は，次の公式で表すことができるよ。

＊確率の公式

$$確率=\frac{あることがらが起こる場合の数}{すべての場合の数}$$

「うーん，どういう意味かしら？」

では，次の例題を解きながら，解説していこう。

問題 大小2つのさいころを同時にふるとき，次の問いに答えなさい。

(1)　出た目の数の和が6になる確率を求めなさい。

(2)　出た目の数の積が4の倍数になる確率を求めなさい。

これは，[例題]10-13 を確率の問題にかえたものだよ。まず，(1)から見てみよう。

「$確率=\frac{あることがらが起こる場合の数}{すべての場合の数}$」だから，「すべての場合の数」と「あることがらが起こる場合の数」がわかればいいんだ。

「すべての場合の数は36通りですか？」

よくわかったね。大小 2 つのさいころの目の出方は，全部で，6×6＝36（通り）あるから，すべての場合の数は 36 通りだ。

「じゃあ，『あることがらが起こる場合の数』って何通りなのかしら？」

次に，それを考えないといけないね。(1)の場合，「あることがら」というのは，「出た目の数の和が 6 になること」だ。つまり，「あることがらが起こる場合の数」というのは，「出た目の数の和が 6 になる場合の数」を表すんだ。

「[例題]10-13 の(1)で，出た目の数の和が 6 になるのは，5 通りだったわ。」

そうだね。[例題]10-13 の (1) から，出た目の数の和が 6 になるのは 5 通りだったから，「あることがらが起こる場合の数」は 5 通りだ。

$$確率=\frac{あることがらが起こる場合の数}{すべての場合の数}=\frac{5}{36}$$

だから，出た目の数の和が 6 になる確率は，$\frac{5}{36}$ と求められるんだ。(2) も同じように解けるよ。

「(2)も，すべての場合の数は 36 通りですね。」

そうだね。(2) も，すべての場合の数は 36 通りだ。そして，出た目の数の積が 4 の倍数になる場合の数は，15 通りだから，

$$確率=\frac{あることがらが起こる場合の数}{すべての場合の数}=\frac{15}{36}$$

より，出た目の数の積が 4 の倍数になる確率は，$\frac{15}{36}=\frac{5}{12}$ と求められるんだ。

(1) $\frac{5}{36}$　(2) $\frac{5}{12}$ … 答え

「なんとなく確率の意味がわかったわ。」

うん。くわしくは，中学校になってから習うんだけど，日常でも使われるし，確率の意味をおさえておいて損はないと思うよ。

これで，中学入試算数の「計算・文章題」の授業はおしまいだよ。2人ともよくがんばったね。授業をしっかり聞いてくれてありがとう！

「やったぁ！　長かったけど，いろいろ身につきました！」

「学び始めたときに比べて，ずいぶん算数の力がついた気がします！」

そうだよね。2人とも算数の力をぐんとのばすことができたと思うよ。ところで，中学入試の算数には，まだ大事な分野が残っているんだ。

「えっ，まだ終わりじゃないんですか？」

「計算・文章題」はここで終了だけど，まだ「図形」という大事な分野が残っているんだ。

「前に中学入試の問題を見たんですけど，たしかに図形の問題がけっこう出ていました！」

うん。平面図形と立体図形という図形分野は，中学入試ではとても大事な分野なんだ。

「受験に合格するために，図形もがんばって身につけるわ！」

「ぼくもがんばるぞ！」

2人ともその意気だよ。「計算・文章題」でわからなくなったり，忘れてしまったりしたときは，そのつど，復習して自分の力にしていこう。

「はい！」

では，長かったけど，「計算・文章題」はここまでにしよう。おつかれさま！

「ありがとうございました！」

さくいん

あ

か

さ

た

な

は

ま

や

ら

わ

おわりに

—算数は、子どもの「生きる力」を育てる—

算数の問題を解くうえで、論理的思考力は必須の能力です。論理的思考力とは、「A だから B、B だから C、C だから……」というように、正しく順序立てて考える力のことです。

論理的思考力が必要なのは、算数に限りません。話が大きくなりますが、子どもが成長して大人になって逞しく生きていくうえでも、論理的思考力は必要不可欠な力です。

「人生は選択の連続だ」と言われることがありますが、人生のさまざまな選択をするときに、論理的に正しく考えることが欠かせないからです。その意味で、算数で論理的思考力を鍛えることは、子どもの生きる力を育てることだと言えます。

この本を執筆するにあたっても「子どもの論理力を伸ばす本にする」「徹底的にかみくだいて、論理的にわかりやすく説明する」ことを非常に重視しました。

最後になりましたが、学研プラスの宮﨑純氏に心から感謝を申し上げます。数々の有意なアドバイスをいただき、わかりやすい本になるよう多大なるご尽力をしていただきました。また、この本の製作に関わっていただいたすべての方々にも感謝しております。誠にありがとうございました。

そして、誰よりも、この本を読んで学んでくださったみなさま、本当にありがとうございます。中学入試をする子どもたちが合格をつかむために、本書がお役に立ったとしたら、こんなにうれしいことはありません。さらには、その先の幸せな人生のために、子どもたちの論理的思考力を伸ばすことに貢献できれば、著者として、喜ばしい限りです。次は、「図形編」でお会いしましょう！

東大卒プロ算数講師　　小杉　拓也

中学入試

三つ星の授業あります。

算数【計算・文章題】

著者　小杉 拓也

動画授業講師　栗原 慎（市進学院）【1 ～ 3章，9 ～ 10章】
大谷 知仁（市進学院）【4 ～ 8章】

ブックデザイン　ホリウチ ミホ（ニクスインク）

キャラクターイラスト　池田 圭吾

データ作成　株式会社 四国写研

編集協力　相原 沙弥
内山 とも子
佐藤 玲子

校正　佐々木 豊（編集工房 SATTO）
澤田 裕子
杉本 丈典
曽我　佳代子（パピルス21）
林 千珠子

企画・編集　宮﨑 純

①

三つ星の授業 あります。

算数

計算・文章題

別冊問題集

（check問題と解答・解説）

Gakken

第 1 章　約数と倍数

Check 1　つまずき度 ●○○○○　➡解答は p.44 へ

次の数の約数をすべて書き出しなさい。

（1） 36　（2） 60

Check 2　つまずき度 ●●○○○　➡解答は p.44 へ

30 から 40 までの整数について，素数をすべて書き出しなさい。

Check 3　つまずき度 ●○○○○　➡解答は p.44 へ

次の数を素数の積の形で表しなさい。

（1） 21　（2） 60

Check 4　つまずき度 ●●○○○　➡解答は p.44 へ

次の問いに答えなさい。

（1） 20 と 30 の公約数をすべて書き出しなさい。

（2） 20 と 30 の最大公約数を答えなさい。

（3） 右のベン図を完成させなさい。

Check 5　つまずき度 ●●○○○　➡解答は p.45 へ

次の問いに答えなさい。

（1） 28，56，70 の最大公約数を答えなさい。

（2） 28，56，70 の公約数をすべて書き出しなさい。

Check 6

つまずき度 ⊗⊗⊗⊗⊗

➡解答は p.45 へ

次の問いに答えなさい。

（1） 45 をわりきることのできる整数をすべて書き出しなさい。

（2） 65 をわると 5 あまる整数をすべて書き出しなさい。

（3） みかんが 65 個あります。何人かの子どもに同じ数ずつ分けたところ，5 個あまりました。子どもは何人いますか。考えられる人数をすべて答えなさい。

Check 7

つまずき度 ⊗⊗⊗⊗⊗

➡解答は p.45 へ

次の問いに答えなさい。

（1） 78 と 52 をある整数でわると，両方ともわりきれました。ある整数のうち，最も大きい整数を求めなさい。

（2） 78 個のりんごと，52 個のみかんを何人かの子どもに等しく分けたところ，どちらもちょうど分けることができました。子どもの人数は最も多くて何人ですか。

Check 8

つまずき度 ⊗⊗⊗⊗⊗

➡解答は p.45 へ

次の問いに答えなさい。

（1） 101 をわっても 341 をわっても 5 あまる数をすべて書き出しなさい。

（2） 101 本のボールペンと，341 本のえんぴつを何人かに等しく分けたら，どちらも 5 本あまりました。何人に分けましたか。考えられる人数をすべて書き出しなさい。

Check 9

つまずき度 ⊗⊗⊗⊗⊗

➡解答は p.46 へ

37 の倍数を小さい順に 3 つ書き出しなさい。

Check 10

つまずき度 ●●○○○

➡解答は p.46 へ

次の問いに答えなさい。

(1)　1 から 200 までの整数の中に，11 の倍数は何個ありますか。

(2)　400 から 800 までの整数の中に，8 の倍数は何個ありますか。

Check 11

つまずき度 ●●○○○

➡解答は p.46 へ

次の問いに答えなさい。

(1)　1 から 100 までの整数について，10 と 15 の公倍数をすべて書き出しなさい。

(2)　10 と 15 の最小公倍数を答えなさい。

(3)　右のベン図で(ア)（イ）（ウ)にあてはまる数を，それぞれすべて書き出しなさい。

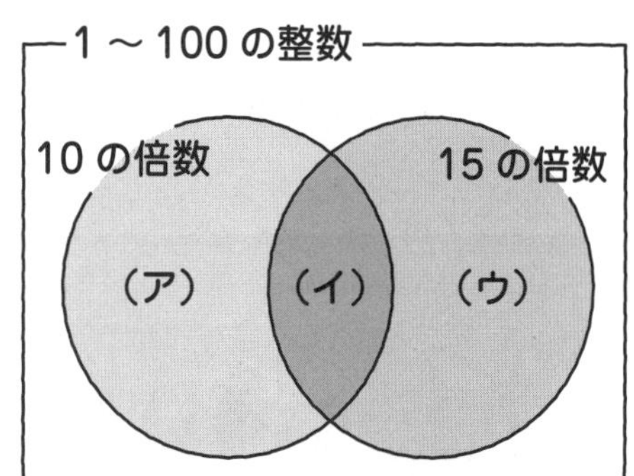

Check 12

つまずき度 ●●○○○

➡解答は p.47 へ

次の問いに答えなさい。

(1)　36 と 48 の最小公倍数を求めなさい。

(2)　36 と 48 の公倍数を小さい順に 5 つ書き出しなさい。

(3)　3 と 7 の最小公倍数を求めなさい。

Check 13

つまずき度 ●●●○○

➡解答は p.47 へ

45 と 50 と 60 と 75 の最大公約数と最小公倍数を，それぞれ求めなさい。

Check 14　つまずき度 ★★★☆☆

➡解答は p.47 へ

1 から 200 までの整数について，次の問いに答えなさい。

(1)　10 でわりきれる数は，何個ありますか。

(2)　15 でわりきれる数は，何個ありますか。

(3)　10 でも 15 でもわりきれる数は，何個ありますか。

(4)　10 でも 15 でもわりきれない数は，何個ありますか。

Check 15　つまずき度 ★★★★☆

➡解答は p.47 へ

次の問いに答えなさい。

(1)　6 でわっても 9 でわっても 5 あまる 2 けたの整数を，小さい順に 3 つ書き出しなさい。

(2)　6 でわっても 9 でわっても 2 あまる数で，300 に最も近い整数を求めなさい。

第 2 章　いろいろな計算

Check 16　つまずき度 ★☆☆☆☆

➡解答は p.48 へ

次の計算をしなさい。

(1)　7.09×8.97

(2)　0.092×0.75

Check 17　つまずき度 ★☆☆☆☆

➡解答は p.48 へ

次の計算をわりきれるまでしなさい。

(1)　0.5÷8

(2)　15.81÷1.55

Check 18

つまずき度 ●●●○○

➡解答は p.48 へ

次の問いに答えなさい。

(1)　3÷11 を，商は小数第一位まで求めて，あまりも答えなさい。

(2)　8÷0.15 を，商は一の位まで求めて，あまりも答えなさい。

Check 19

つまずき度 ●○○○○

➡解答は p.48 へ

次の計算をしなさい。

(1)　$2\frac{2}{3}+1\frac{1}{2}$

(2)　$3\frac{3}{20}-1\frac{11}{15}$

Check 20

つまずき度 ●○○○○

➡解答は p.49 へ

次の計算をしなさい。

(1)　$\frac{10}{11}\times\frac{2}{5}$　　(2)　$7\frac{1}{2}\times7\frac{1}{5}$

(3)　$\frac{5}{18}\div\frac{1}{20}$　　(4)　$4\frac{2}{5}\div3\frac{3}{10}$

Check 21

つまずき度 ●○○○○

➡解答は p.49 へ

次の小数を分数に直しなさい。

(1)　21.2　　(2)　1.005

Check 22

つまずき度 ●○○○○

➡解答は p.49 へ

次の分数を小数に直しなさい。

(1)　$\frac{3}{20}$　　(2)　$3\frac{7}{8}$

Check 23 つまずき度 😵😵😵😵😵 ➡解答は p.50 へ

次の計算をしなさい。

(1)　$11-2\times4+12\div4$

(2)　$(12-3\times2)+6\div2$

(3)　$5\times[3+\{5\times(8-6)-7+12\div6\}]$

Check 24 つまずき度 😵😵😵😵😵 ➡解答は p.50 へ

次の計算をしなさい。

(1)　$14-8+7+6+3$

(2)　$42+75+58+25$

(3)　$5\times19\times2$

(4)　$18\div15\times20\div6$

Check 25 つまずき度 😵😵😵😵😵 ➡解答は p.50 へ

次の□にあてはまる数を求めなさい。

(1)　$\square\times0.45=2\frac{2}{5}$

(2)　$3.12-\square\div\frac{3}{23}=2.2$

(3)　$5\frac{1}{8}-\left\{2.875-1\frac{1}{7}\div(\square+2)\right\}=2\frac{3}{4}$

Check 26 つまずき度 😵😵😵😵😵 ➡解答は p.51 へ

次の□にあてはまる数を求めなさい。

(1)　60000 cm＝□ km

(2)　0.038 ha＝□ m^2

Check 27　つまずき度 ●●●○○　➡解答は p.51 へ

次の□にあてはまる数を求めなさい。

(1)　0.02 kL＋70 dL－5900 mL＝□ L

(2)　80000 mg＋540 g＋0.007t＝□ kg

第 3 章　和と差に関する文章題

Check 28　つまずき度 ●○○○○　➡解答は p.52 へ

A，B 2つのおもりがあります。A と B の重さの和は 6 kg で，A は B より 1.2 kg 重いそうです。A の重さは何 kg ですか？

Check 29　つまずき度 ●●○○○　➡解答は p.52 へ

A くん，B くん，C くんの 3 人の所持金の合計は 4700 円です。A くんの所持金は B くんの所持金より 800 円多く，C くんの所持金は A くんの所持金より 500 円少ないです。C くんの所持金はいくらですか。

Check 30　つまずき度 ●○○○○　➡解答は p.52 へ

兄と弟がお金を出し合って 900 円のプラモデルを買いました。兄が出したお金は，弟が出したお金の 5 倍です。兄が出したお金はいくらですか。

Check 31　つまずき度 ●●○○○　➡解答は p.52 へ

83 cm のテープを 2 つに切ったら，一方は他方の 4 倍より 8 cm 長くなりました。短いほうのテープは何 cm ですか。

Check 32 つまずき度 ●●○○○ ➡解答は p.53 へ

兄の貯金額は弟の貯金額の 3 倍で，兄は弟より 5400 円多く貯金しています。兄の貯金額はいくらですか。

Check 33 つまずき度 ●●○○○ ➡解答は p.53 へ

A，B，C 3 つの整数があります。A，B，C の合計は 534 で，A は B の 3 倍，C は B の 2 倍です。A はいくつですか。

Check 34 つまずき度 ●●●○○ ➡解答は p.53 へ

10 円玉，50 円玉，100 円玉が合わせて 80 枚あります。50 円玉の枚数は 10 円玉の枚数の 3 倍で，100 円玉の枚数は 10 円玉の枚数の 2 倍より 8 枚多いです。50 円玉は何枚ありますか。

Check 35 つまずき度 ●○○○○ ➡解答は p.53 へ

トマト 3 個とレモン 1 個の代金は 440 円で，同じトマト 2 個とレモン 3 個の代金は 480 円です。このトマト 1 個とレモン 1 個の値段はそれぞれ何円ですか。

Check 36 つまずき度 ●●○○○ ➡解答は p.54 へ

お茶 4 本とジュース 7 本の代金は 1380 円で，同じお茶 6 本とジュース 5 本の代金は 1300 円です。このお茶 1 本とジュース 1 本の値段はそれぞれ何円ですか。

Check 37 つまずき度 ●○○○○ ➡解答は p.54 へ

スイカ 1 個の値段はメロン 1 個の値段より 170 円安いです。メロン 3 個とスイカ 1 個の代金は3030円です。メロン 1 個とスイカ 1 個の値段はそれぞれ何円ですか。

Check 38 つまずき度 ●●○○○ ➡解答は p.54 へ

おもりA 1個の重さはおもりB 4個の重さより35 g軽いです。おもりA 3個とおもりB 2個の重さの合計は1225 gです。おもりA 1個とおもりB 1個の重さはそれぞれ何gですか。

Check 39 つまずき度 ●○○○○ ➡解答は p.54 へ

1個30円のチョコレートと，1個50円のビスケットを合わせて60個買ったら，合計の金額が2500円になりました。ビスケットを何個買いましたか。

Check 40 つまずき度 ●●●○○ ➡解答は p.55 へ

たけるくんはカードを30枚持っています。クイズに正解するとカードが3枚増え，不正解だとカードが2枚減ります。クイズに15問答えたあとに，カードは40枚になっていました。何問正解しましたか。

Check 41 つまずき度 ●○○○○ ➡解答は p.55 へ

30円のみかんと100円のりんごを同じ個数ずつ買ったところ，みかんとりんごの代金の差は350円になりました。みかんとりんごをそれぞれ何個ずつ買いましたか。

Check 42 つまずき度 ●●○○○ ➡解答は p.55 へ

箱の中に，白い玉と赤い玉が同じ個数ずつ入っています。この箱の中から，白い玉11個と赤い玉9個を同時に取り出す作業を何回かくり返すと白い玉はなくなり，赤い玉は24個残りました。このとき，次の問いに答えなさい。

（1）　この作業を何回くり返しましたか。

（2）　はじめ，箱の中には白い玉が何個ありましたか。

Check 43 つまずき度 😵😵😵😵😵 ➡解答は p.56 へ

1冊150円のノートを何冊か買う予定で，ちょうど買える金額を持っていきました。ところが，1冊90円に値下がりしていたので，予定より6冊多く買えて，おつりはありませんでした。はじめに持っていたお金は何円ですか。

Check 44 つまずき度 😵😵😵😵😵 ➡解答は p.56 へ

みかんを何人かの子どもたちに同じ個数ずつ配ります。1人3個ずつ配ると35個あまり，1人6個ずつ配ると2個あまります。このとき，次の問いに答えなさい。

(1)　子どもは何人いますか。

(2)　みかんは全部で何個ありますか。

Check 45 つまずき度 😵😵😵😵😵 ➡解答は p.56 へ

カードを何人かの子どもたちに同じ枚数ずつ配ります。1人18枚ずつ配ると21枚不足し，1人14枚ずつ配っても5枚不足します。このとき，次の問いに答えなさい。

(1)　子どもは何人いますか。

(2)　カードは全部で何枚ありますか。

Check 46 つまずき度 😵😵😵😵😵 ➡解答は p.57 へ

おはじきを何人かの子どもたちに同じ個数ずつ配ります。1人7個ずつ配ると17個不足し，1人4個ずつ配ると7個あまります。このとき，次の問いに答えなさい。

(1)　子どもは何人いますか。

(2)　おはじきは全部で何個ありますか。

Check 47　つまずき度 ●●●●○

➡解答は p.57 へ

長いすに子どもたちがすわります。1 脚に 6 人ずつすわると，2 人だけすわった長いすが 1 脚と，だれもすわらない長いすが 7 脚できます。また，1 脚に 4 人ずつすわると，だれもすわらない長いすが 1 脚できます。このとき，次の問いに答えなさい。

(1)　長いすは全部で何脚ありますか。

(2)　子どもは何人いますか。

Check 48　つまずき度 ●○○○○

➡解答は p.58 へ

次の問いに答えなさい。

(1)　ある家の先週のお客さんの来客数は，次のようになりました。

曜日	日	月	火	水	木	金	土
来客数（人）	1	3	0	2	5	0	3

先週，1 日に平均何人の来客がありましたか。

(2)　A さんは，5 科目の試験を受けました。1 科目の平均点が 62.4 点のとき，5 科目の合計点は何点ですか。

(3)　きゅうりが何本かあり，全部の重さの合計は 511 g です。1 本の平均の重さが 102.2 g のとき，きゅうりは何本ありますか。

Check 49　つまずき度 ●●○○○

➡解答は p.58 へ

次の問いに答えなさい。

(1)　6 つの数 A，B，C，D，E，F があり，6 つの数の平均は 35 です。A，B，C，D の平均が 38 のとき，E と F の平均を求めなさい。

(2)　いままで 5 回テストを受けて，その 5 回の平均点は 81 点でした。6 回目のテストで 93 点をとると，全 6 回のテストの平均点は何点になりますか。

Check 50

つまずき度 😵😵😵😵😵

➡解答は p.58 へ

いままで何回かのテストを受け，その平均点は 65 点でした。今回のテストで 83 点をとったので，平均点は 67 点になりました。テストを全部で何回受けましたか。

Check 51

つまずき度 😵😵😵😵😵

➡解答は p.59 へ

ある試験で，受験者全体の平均点は 65 点でした。受験者のうち，不合格者 77 人の平均点が 61 点で，合格者の平均点は 79 点でした。このとき，合格者の人数は何人ですか。

Check 52

つまずき度 😵😵😵😵😵

➡解答は p.60 へ

125 人の受験者が，ある試験を受けて，受験者全体の平均点は 75 点になりました。受験者のうち 50 人が合格し，合格者の平均点は，不合格者の平均点より，20 点高い点数でした。このとき，合格者の平均点は何点ですか。

Check 53

つまずき度 😵😵😵😵😵

➡解答は p.60 へ

40 人のグループで，A と B の 2 問の算数のテストを行いました。A の問題ができた人は 25 人，B の問題ができた人は 23 人，A，B どちらの問題もできた人は 12 人いました。このとき，次の問いに答えなさい。

（1） B の問題だけできた人は何人ですか。

（2） A，B どちらの問題もできなかった人は何人ですか。

Check 54

つまずき度 😵😵😵😵😵

➡解答は p.61 へ

41 人にアンケートをとったところ，通学に電車を使う人は 20 人，バスを使う人は 23 人，電車もバスも使わない人は 11 人でした。このとき，次の問いに答えなさい。

（1） 通学に電車もバスも使う人は何人いますか。

（2） 通学にバスだけを使う人は何人いますか。

Check 55 つまずき度 ●●●●○ ➡解答は p.61 へ

43 人でパーティーを行い，A と B の 2 問のクイズをしました。A のクイズができた人は 15 人，B のクイズができた人は 18 人でした。このとき，A，B どちらのクイズもできなかった人は，何人以上何人以下ですか。

第 4 章　割合

Check 56 つまずき度 ●●○○○ ➡解答は p.62 へ

次の□にあてはまる数を求めなさい。

(1)　□は 8 の 1.5 倍です。

(2)　12 個の□倍は 108 個です。

(3)　□ cm の 0.3 倍は 6 m です。

(4)　21 人は 9 人の□倍です。

(5)　240 dL の $\frac{7}{8}$ は□ L です。

(6)　$1\frac{1}{11}$ km は□ km の 0.375 倍です。

Check 57 つまずき度 ●○○○○ ➡解答は p.62 へ

次の (1)～(4) の小数や整数で表した割合を百分率で表しなさい。

(1)　0.67　　(2)　0.001　　(3)　5.098　　(4)　7

次の (5)～(8) の百分率で表した割合を小数で表しなさい。

(5)　55%　　(6)　2%　　(7)　3.06%　　(8)　104.1%

Check 58 つまずき度 ●○○○○ ➡解答は p.62 へ

次の(1)～(4)の小数で表した割合を歩合で表しなさい。

(1) 0.08　(2) 0.223　(3) 0.095　(4) 1.068

次の(5)～(8)の歩合を小数で表しなさい。

(5) 7割1分2厘　(6) 9分7厘　(7) 2割8厘

(8) 15割3厘

Check 59 つまずき度 ●●○○○ ➡解答は p.63 へ

次の□にあてはまる数を求めなさい。

(1) 18.6 cm^3 は 150 cm^3 の□割□分□厘です。

(2) 5 m^2 の 5 分 8 厘は□ cm^2 です。

(3) 75 dL の 98％は□ L です。

(4) 3 g は 0.12 kg の□％です。

(5) □ kL の 8.1％は 0.729 m^3 です。

(6) □ mm の 8 割 2 分 2 厘は 4.11 cm です。

第5章 比

Check 60 つまずき度 ●○○○○ ➡解答は p.63 へ

次の比の値を求めなさい。

(1) 24：6　(2) 2：10

Check 61

つまずき度 ●○○○○

➡解答は p.64 へ

次の比を簡単にしなさい。

(1) 45 : 81　　(2) 3.3 : 0.6　　(3) $\frac{5}{18} : \frac{20}{27}$

(4) 8 : 0.24　　(5) $7 : 5\frac{1}{4}$　　(6) 0.32 ha : 1.5 a

Check 62

つまずき度 ●●○○○

➡解答は p.64 へ

(1)～(4) の比例式で，□にあてはまる数を求めなさい。(5) は (　あ　), (　い　) にあてはまる数を求めなさい。

(1) 8 : 5＝40 : □　　(2) □ : 24＝27 : 18

(3) 0.2 : 15＝□ : 10　　(4) $3.75 : 2\frac{5}{6}$＝□ : $\frac{4}{9}$

(5) (　あ　) : 7 : 6＝1 : 9 : (　い　)

Check 63

つまずき度 ●○○○○

➡解答は p.64 へ

(1)～(4)のそれぞれで，A : B : C を求めなさい。

(1) $\begin{cases} A:B=1:3 \\ B:C=15:7 \end{cases}$　　(2) $\begin{cases} A:B=7:9 \\ B:C=8:9 \end{cases}$

(3) $\begin{cases} A:C=17:12 \\ B:C=3:10 \end{cases}$　　(4) $\begin{cases} A:B=6:1 \\ A:C=9:5 \end{cases}$

Check 64

つまずき度 ●○○○○

➡解答は p.65 へ

48 個のりんごを A と B の 2 人で 5:3 の比になるように分けるとき, A, B がもらったりんごの個数はそれぞれいくつですか。

Check 65

つまずき度 ●○○○○

➡解答は p.65 へ

3400 円を A，B，C の 3 人で 6：3：8 の比になるように分けます。A，B，C はそれぞれいくらずつもらえますか。

Check 66

つまずき度 ●●○○○

➡解答は p.65 へ

4710 円を A，B，C の 3 人で分けたところ，A と C の金額の比は 17：20，B と C の金額の比は 23：30 になりました。A，B，C はそれぞれいくらずつもらえますか。

Check 67

つまずき度 ●●○○○

➡解答は p.66 へ

兄と弟の 2 人は合わせて 32 本のえんぴつを持っています。兄のえんぴつが 2 本少なければ，兄と弟のえんぴつの本数の比は 2：3 になります。2 人の持っているえんぴつの本数はそれぞれ何本ですか。

Check 68

つまずき度 ●○○○○

➡解答は p.66 へ

次の長方形について，ア：イを求めなさい。

(1)

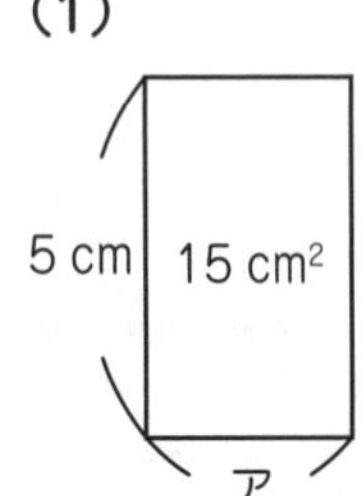

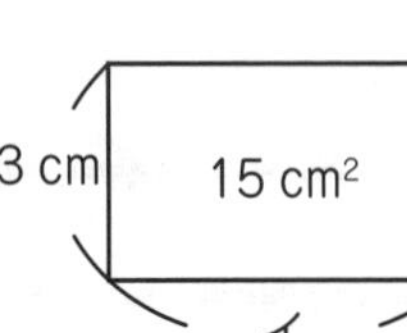

(2)

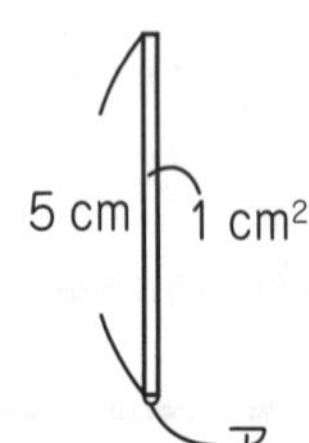

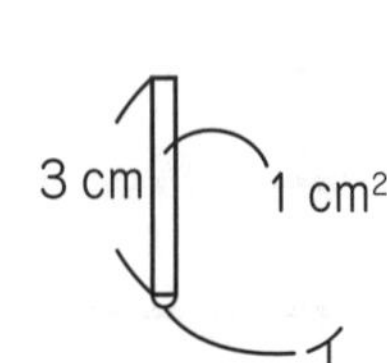

Check 69

つまずき度 ●○○○○

➡解答は p.66 へ

次の長方形について，ア：イ：ウを求めなさい。

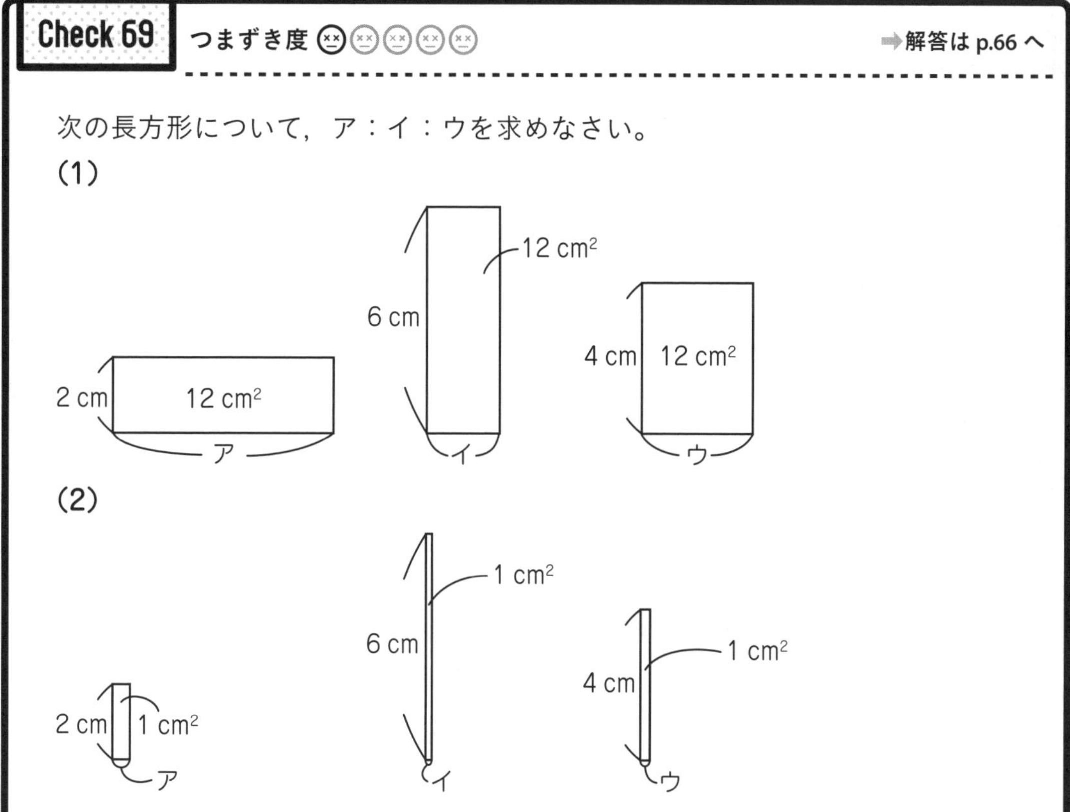

Check 70

つまずき度 ●●●○○

➡解答は p.66 へ

次の問いに答えなさい。

(1)　A の 16 倍と B の 14 倍が等しいとき，A と B の比を求めなさい。

(2)　$A\times1.1=B\times1\frac{1}{6}$ のとき，A と B の比を求めなさい。

(3)　$A\times4\frac{4}{9}=B\times5.6=C\times5$ のとき，A：B：C を求めなさい。

Check 71

つまずき度 ●●●○○

➡解答は p.67 へ

ある学年の男子の人数の $\frac{3}{4}$ と女子の人数の $\frac{2}{3}$ が同じでした。また，その学年の男女の人数の差は 9 人でした。このとき，次の問いに答えなさい。

(1)　その学年の男子と女子の人数の比を求めなさい。

(2)　その学年の女子は何人いますか。

Check 72

つまずき度 ●●●●○

➡解答は p.67 へ

長さ 265 cm の棒を A, B の 2 本に切りました。その 2 本の棒を池の同じ場所にまっすぐ立てたら，A の $\frac{2}{9}$ と B の $\frac{3}{5}$ が水面より上に出ました。このとき，次の問いに答えなさい。

(1)　A と B の長さの比を求めなさい。

(2)　池の深さは何 cm ですか。

Check 73

つまずき度 ●●○○○

➡解答は p.68 へ

次の問いに答えなさい。

(1)　2 つの長方形 A と B があります。A と B のたての長さの比が 5：6, 横の長さの比が 9：10 であるとき，A と B の面積の比を求めなさい。

(2)　2 つの長方形 C と D があります。C と D の面積の比が 3：2, たての長さの比が 6：11 であるとき，C と D の横の長さの比を求めなさい。

Check 74

つまずき度 ●●●○○

➡解答は p.69 へ

10 円玉と 50 円玉が何枚かあり，10 円玉と 50 円玉の枚数の比が 8：3 で，金額の合計は 1150 円です。10 円玉と 50 円玉はそれぞれ何枚ありますか。

Check 75

つまずき度 ●●●●○

➡解答は p.69 へ

1 個 60 g のおもり A と 1 個 80 g のおもり B が合わせて 57 個あります。おもり A 全部の重さの合計とおもり B 全部の重さの合計の比が 27：40 でした。このとき，おもり A の個数は何個ですか。

第6章　割合と比の文章題

Check 76　つまずき度 ●○○○○　➡解答は p.70 へ

あるクラスの 45％は男子で，女子は 22 人いるそうです。このクラスは全員で何人ですか。

Check 77　つまずき度 ●○○○○　➡解答は p.70 へ

所持金の $\frac{5}{8}$ を貯金し，$\frac{1}{6}$ で文房具を買い，さらに 120 円のボールペンを買ったところ，480 円残りました。はじめの所持金はいくらですか。

Check 78　つまずき度 ●●○○○　➡解答は p.70 へ

A くんはまず，はじめに持っていたお金の $\frac{1}{3}$ を電車代に使い，残りの $\frac{3}{7}$ をバス代に使ったところ，240 円残りました。はじめに持っていたお金はいくらですか。

Check 79　つまずき度 ●●○○○　➡解答は p.71 へ

次の問いに答えなさい。

(1)　原価 2400 円の品物に 1 割 5 分増しの定価をつけました。この品物の定価はいくらですか。

(2)　ある品物に 1 割 8 分の利益を見こんで 5310 円の定価をつけました。この品物の原価はいくらですか。

(3)　原価 4850 円の品物を，定価 5820 円で売りました。このとき，利益は原価の何割ですか。

Check 80 つまずき度 ●●○○○

➡解答は p.71 へ

次の問いに答えなさい。

(1)　定価が 25000 円の品物を 1 割 2 分引きで売ると，売り値はいくらになりますか。

(2)　ある品物を定価の 2 割 6 分引きにして 8880 円で売りました。この品物の定価はいくらですか。

(3)　定価が 19000 円の品物を 13680 円で売りました。このとき，定価を何％引きして売りましたか。

Check 81 つまずき度 ●●●○○

➡解答は p.72 へ

原価が 3500 円の品物に 1 割の利益を見こんで定価をつけました。しかし，売れなかったので，定価の 1 割引きで売りました。このとき，いくらの利益，または損失になりますか。

Check 82 つまずき度 ●●●●○

➡解答は p.72 へ

ある品物に原価の 2 割 5 分増しの定価をつけました。しかし，売れなかったので定価の 3 割引きで売ったところ，50 円の損失が出ました。この品物の原価はいくらですか。

Check 83 つまずき度 ●○○○○

➡解答は p.73 へ

次の問いに答えなさい。

(1)　21.6 g の食塩がとけている食塩水が 180 g あります。この食塩水の濃度は何％ですか。

(2)　14％の食塩水が 500 g あります。この食塩水には何 g の食塩がとけていますか。

(3)　21％の食塩水に，63 g の食塩がとけています。この食塩水の重さは何 g ですか。

Check 84

つまずき度 😵😵😵😵😵

➡解答は p.73 へ

次の問いに答えなさい。

(1) 230 g の水に 20 g の食塩をとかすと，何％の食塩水ができますか。

(2) 2％の食塩水が 900 g あります。この食塩水には，何 g の水がふくまれていますか。

(3) 食塩を水 67.2 g にとかしたところ，20％の食塩水ができました。何 g の食塩をとかしましたか。

Check 85

つまずき度 😵😵😵😵😵

➡解答は p.73 へ

次の問いに答えなさい。

(1) 10％の食塩水が 48 g あります。これに食塩 2 g をさらにとかすと，何％の食塩水になりますか。

(2) 10％の食塩水が 230 g あります。これに水 20 g を加えると，何％の食塩水になりますか。

(3) 8％の食塩水 450 g に水を加えて，6％の食塩水をつくりました。何 g の水を加えましたか。

(4) 4％の食塩水 150 g を 5％の食塩水にするには，何 g の水を蒸発させればよいですか。

Check 86

つまずき度 😵😵😵😵😵

➡解答は p.75 へ

次の問いに答えなさい。

(1) 20％の食塩水 640 g と 8％の食塩水 160 g を混ぜました。できた食塩水の濃度は何％ですか。

(2) 2％の食塩水 950 g に，ある濃度の食塩水 300 g を加えると，3.2％の食塩水ができました。加えた食塩水の濃度は何％ですか。

Check 87

つまずき度 ●●●○○

➡解答は p.75 へ

15％の食塩水 165 g に 20％の食塩水を何 g 混ぜたら，17％の食塩水になりますか。

Check 88

つまずき度 ●●●●○

➡解答は p.76 へ

2％の食塩水 170 g があります。これに何 g の食塩を加えたら，15％の食塩水になりますか。

Check 89

つまずき度 ●●○○○

➡解答は p.76 へ

現在，子どもは 10 才で，父は 40 才です。父の年令が子どもの年令の 3 倍になるのは，いまから何年後ですか。

Check 90

つまずき度 ●●○○○

➡解答は p.76 へ

現在，子どもは 11 才で，父は 36 才です。父の年令が子どもの年令の 6 倍だったのは，いまから何年前ですか。

Check 91

つまずき度 ●●●○○

➡解答は p.76 へ

はじめ，容器 A と容器 B に入っている水の重さの比は 8：5 でした。容器 A から水が 210 g こぼれたので，容器 A と容器 B に入っている水の重さの比は 5：4 になりました。容器 A には，はじめ何 g の水が入っていましたか。

Check 92

つまずき度 ●●●●○

➡解答は p.77 へ

はじめ，姉と妹が持っているお金の比は 3：2 でした。姉が妹に 220 円あげたところ，姉と妹の持っているお金の比は 2：5 になりました。はじめ，姉と妹はそれぞれいくら持っていましたか。

Check 93

つまずき度 ●●●●○

➡解答は p.77 へ

はじめ，兄と弟が持っているお金の比は 9：4 でした。2 人ともそれぞれ 180 円ずつ使ったので，持っているお金の比は 5：2 になりました。はじめ，兄と弟はそれぞれいくら持っていましたか。

Check 94

つまずき度 ●○○○○

➡解答は p.77 へ

ある仕事をするのに，A さん 1 人では 30 日，B さん 1 人では 20 日かかります。この仕事を A さん，B さんの 2 人がいっしょにすると，何日で終えることができますか。

Check 95

つまずき度 ●●○○○

➡解答は p.78 へ

ある水そうを満水にするのに，A 管だけでは 16 分かかり，B 管だけでは 24 分かかります。A，B 2 本の管を同時に使って水を入れると，この水そうが満水になるのに何分何秒かかりますか。

Check 96

つまずき度 ●●○○○

➡解答は p.78 へ

ある水そうを満水にするのに，A 管だけでは 25 分かかり，B 管だけでは 35 分かかります。この水そうに，はじめは A 管だけで 15 分水を入れ，残りを B 管だけで入れました。満水になるのに全部で何分かかりますか。

Check 97 つまずき度 😵😵😵😵😵

➡解答は p.78 へ

8 人で働くと 6 日かかる仕事を，3 人で働くと何日で終えることができますか。

Check 98 つまずき度 😵😵😵😵😵

➡解答は p.78 へ

31 人で働くと 6 日かかる仕事があります。この仕事を，はじめ 11 人で 8 日間したあと，残りの仕事を 7 人で行い，終えることができました。仕事を終えるのに全部で何日間かかりましたか。

Check 99 つまずき度 😵😵😵😵😵

➡解答は p.78 へ

あるコンサート会場の前に 560 人が行列をつくって入場を待っていて，その後も 1 分ごとに 20 人の割合で行列に人が加わっていきます。入り口を 2 つにすると 14 分で行列がなくなります。入り口を 3 つにすると何分で行列がなくなりますか。

Check 100 つまずき度 😵😵😵😵😵

➡解答は p.79 へ

ある牧場で，牛を 8 頭飼うと 50 日で草がなくなり，牛を 20 頭飼うと 10 日で草がなくなります。牛を 11 頭飼うと何日で草がなくなりますか。草は毎日一定の割合で生えるものとします。

第7章 速さと旅人算

Check 101 つまずき度 ●○○○○ ➡解答は p.79 へ

次の□にあてはまる数を求めなさい。

(1) 180 km を 4 時間で走る車の速さは，時速□ km です。

(2) 秒速 5 m で 18 秒進むと□ m 進みます。

(3) 分速 210 m の自転車が 1470 m 走るのに□分かかります。

Check 102 つまずき度 ●●○○○ ➡解答は p.79 へ

次の□にあてはまる数を求めなさい。

(1) 時速 27 km＝分速□ m＝秒速□ m

(2) 時速□ km＝分速 120 m＝秒速□ m

(3) 時速□ km＝分速□ m＝秒速 12 m

Check 103 つまずき度 ●●●○○ ➡解答は p.79 へ

次の□にあてはまる数を求めなさい。

(1) 時速 70 km の電車は，1 分 12 秒で□ m 進みます。

(2) 115 km を 2 時間 18 分で走る車の速さは，時速□ km です。

(3) 825 m を分速 180 m で歩くと□分□秒かかります。

Check 104 つまずき度 ●●○○○ ➡解答は p.80 へ

家と，家から 1200 m はなれた A 駅の間を往復しました。行きは分速 50 m で歩き，帰りは分速 200 m で走りました。往復の平均の速さは分速何 m ですか。

Check 105 つまずき度 😵😵😵😐😐 ➡解答は p.80 へ

バスが A 駅と B 駅の間を往復するのに，行きは時速 40 km，帰りは時速 30 km で走りました。往復の平均の速さは時速何 km ですか。

Check 106 つまずき度 😵😵😵😐😐 ➡解答は p.80 へ

太郎くんは，家から 1200 m はなれた公園に，9 分で行きました。はじめは分速 75 m で歩き，途中から分速 180 m で走ったそうです。太郎くんは何分間走りましたか。

Check 107 つまずき度 😵😵😐😐😐 ➡解答は p.80 へ

2.1 km はなれた A，B の 2 地点間を，兄は分速 85 m で A 地点から，弟は分速 65 m で B 地点から，同時に向かい合って出発しました。このとき，次の問いに答えなさい。

（1） 2 人が出会うのは，出発してから何分後ですか。

（2） 2 人が出会う地点は，A 地点から何 km のところですか。

Check 108 つまずき度 😵😵😐😐😐 ➡解答は p.81 へ

姉と妹は同じ道を通って同じ方向に進んでいます。姉は分速 75 m，妹は分速 65 m で歩きます。いま，妹は姉の 312 m 前を歩いています。姉はあと何分何秒で妹に追いつきますか。

Check 109 つまずき度 😵😵😵😐😐 ➡解答は p.81 へ

弟が家を出発してから 10 分後に，兄が家を出発して弟を追いかけました。弟は分速 75 m で歩き，兄は分速 125 m で走ります。このとき，次の問いに答えなさい。

（1） 弟は，出発してから何分後に兄に追いつかれましたか。

（2） 兄が弟に追いついたのは，家から何 m のところですか。

Check 110

つまずき度 😵😵😵😐😐

➡解答は p.81 へ

1 周 1000 m の池があります。姉は分速 90 m，妹は分速 60 m の速さで同じ地点を同時に出発しました。このとき，次の問いに答えなさい。

(1)　反対方向に進むとき，姉と妹がはじめて出会うのは何分何秒後ですか。

(2)　同じ方向に進むとき，姉が妹にはじめて追いつくのは何分何秒後ですか。

Check 111

つまずき度 😵😵😵😵😐

➡解答は p.81 へ

1 周 1080 m の池のまわりを兄弟 2 人が歩きます。ある地点から同時に出発し，反対の方向に進むと 2 人は 6 分後にはじめて出会い，同じ方向に進むと兄は弟に 1 時間 48 分後にはじめて追いつきます。兄と弟の速さは，それぞれ分速何 m ですか。

Check 112

つまずき度 😵😵😐😐😐

➡解答は p.82 へ

右のグラフは，ある家族が家から車で遊園地に行き，遊園地で何時間か過ごした後，家まで車でもどった様子を表しています。このとき，次の問いに答えなさい。

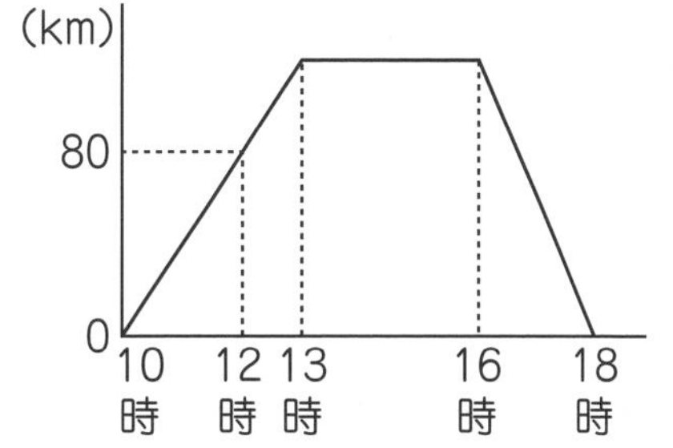

(1)　家から遊園地までの道のりは，何 km ですか。

(2)　遊園地には何時間いましたか。

(3)　帰りの速さは時速何 km ですか。

Check 113

つまずき度 😵😵😵😵😐

➡解答は p.82 へ

兄と妹が 2160 m はなれた 2 地点から向かい合って進みました。右のグラフはその様子を表したものです。このとき，次の問いに答えなさい。

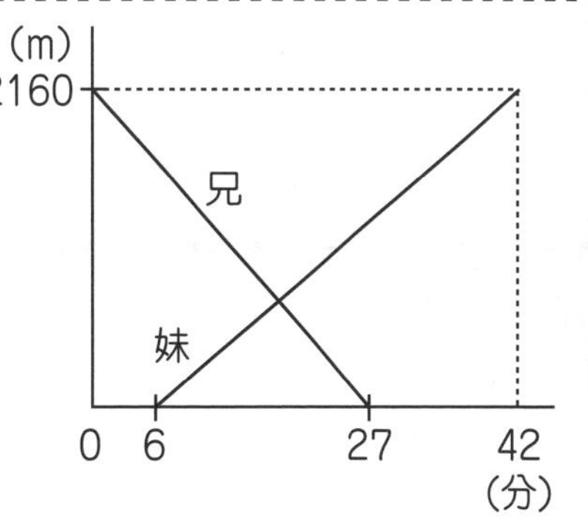

(1)　2 人が出会ったのは，兄が出発してから何分後ですか。

(2)　2 人が出会った地点は，兄が出発した地点から何 m はなれていますか。

第 8 章　速さの文章題

Check 114　つまずき度 ●●○○○　➡解答は p.82 へ

長さが 140 m で，時速 72 km で走る電車があります。この電車が電柱の前を通り過ぎるのに，何秒かかりますか。

Check 115　つまずき度 ●●○○○　➡解答は p.83 へ

長さが 125 m で，時速 36 km で走る電車があります。この電車が長さ 185 m の鉄橋をわたるのに，何秒かかりますか。

Check 116　つまずき度 ●●●○○　➡解答は p.83 へ

長さが 123 m で，時速 54 km で走る電車があります。この電車が長さ 1098 m のトンネルを通過するとき，電車がトンネルの中に完全にかくれている時間は何分何秒ですか。

Check 117　つまずき度 ●●●●○　➡解答は p.83 へ

長さ 394 m の鉄橋をわたるのに 41 秒かかる電車があります。この電車が長さ 156 m のトンネルを通過するのに 24 秒かかりました。このとき，次の問いに答えなさい。

（1）　この電車の速さは，時速何 km ですか。

（2）　この電車の長さは，何 m ですか。

Check 118　つまずき度 😵😵😵😵😵

➡解答は p.84 へ

長さが 120 m で時速 64.8 km の普通電車と，長さが 216 m で時速 108 km の急行電車があります。このとき，次の問いに答えなさい。

（1）　この 2 つの電車が向かい合って進むとき，すれちがうのに何秒かかりますか。

（2）　この 2 つの電車が同じ方向に進むとき，急行電車が普通電車を追いこすのに何秒かかりますか。

Check 119　つまずき度 😵😵😵😵😵

➡解答は p.84 へ

川下の A 町と川上の B 町は 40 km はなれています。ある船が A 町と B 町を往復するのに，上りは 5 時間，下りは 4 時間かかりました。このとき，次の問いに答えなさい。

（1）　この船の上りの速さは，時速何 km ですか。

（2）　この船の下りの速さは，時速何 km ですか。

（3）　この船の静水時の速さは，時速何 km ですか。

（4）　この川の流れの速さ（流速）は，時速何 km ですか。

Check 120　つまずき度 😵😵😵😵😵

➡解答は p.85 へ

静水時の速さが時速 12 km の船が，ある川を 36 km 上るのに 4 時間かかりました。この船が同じ川を下るのに何時間何分かかりますか。

Check 121　つまずき度 😵😵😵😵😵

➡解答は p.85 へ

川下の P 町と川上の Q 町は 21 km はなれています。いま，船 A が P 町から，船 B が Q 町から向かい合って同時に出発しました。静水時の速さは，船 A が時速 11 km，船 B が時速 7 km です。船 A と船 B は出発してから何時間何分後に出会いますか。

Check 122

つまずき度 😵😵😵

➡解答は p.85 へ

次の時刻のとき，時計の長針と短針がつくる小さいほうの角度は何度ですか。

（1）　2 時　　　　**（2）　6 時 20 分**

（3）　9 時 56 分　　**（4）　1 時 48 分**

Check 123

つまずき度 😵😵😵

➡解答は p.86 へ

次の問いに答えなさい。

（1）　2 時から 3 時までの間で，長針と短針がぴったり重なるのは 2 時何分ですか。

（2）　6 時から 7 時までの間で，長針と短針がぴったり重なるのは 6 時何分ですか。

Check 124

つまずき度 😵😵😵😵

➡解答は p.86 へ

次の問いに答えなさい。

（1）　7 時から 8 時までの間で，長針と短針が反対方向に一直線になるのは，7 時何分ですか。

（2）　3 時から 4 時までの間で，長針と短針が反対方向に一直線になるのは，3 時何分ですか。

Check 125

つまずき度 😵😵😵😵

➡解答は p.86 へ

11 時から 12 時までの間で，長針と短針のつくる角度が 60 度になるのは 11 時何分ですか。すべて求めなさい。

Check 126　つまずき度 ●●○○○

➡解答は p.87 へ

次の問いに答えなさい。

（1）　姉と妹が同じ速さで歩きます。姉は1時間15分歩き，妹は45分歩いたとき，姉と妹の歩いた道のりの比を求めなさい。

（2）　太郎くんと次郎くんが同じ時間を歩き，進んだ道のりがそれぞれ840 m と640 m でした。このとき，太郎くんと次郎くんの速さの比を求めなさい。

（3）　しんじくんが50分で歩いた道のりを，たかしくんは32分で歩きました。しんじくんとたかしくんの歩く速さの比を求めなさい。

Check 127　つまずき度 ●●○○○

➡解答は p.87 へ

次の問いに答えなさい。

（1）　姉の速さは分速80 m で，妹の速さは分速60 m です。姉と妹の進んだ道のりの比が8：5のとき，姉と妹の進んだ時間の比を求めなさい。

（2）　AさんとBさんの歩く速さの比は，9：10です。Aさんが50分歩き，Bさんが55分歩いたとき，AさんとBさんの歩いた道のりの比を求めなさい。

（3）　ひとみさんと友子さんの歩いた道のりの比は，30：29です。ひとみさんが55分歩き，友子さんが58分歩いたとき，ひとみさんと友子さんの速さの比を求めなさい。

Check 128　つまずき度 ●●●○○

➡解答は p.87 へ

A町とB町の間を車で往復しました。行きは時速45 km，帰りは時速50 km で進んだところ，往復にかかった時間の合計は38分でした。A町からB町までの道のりは何 km ですか。

Check 129　つまずき度 ●●●●○

➡解答は p.88 へ

太郎くんと次郎くんが200 m の競走をしました。2人は同時にスタートし，太郎くんがゴールしたとき，次郎くんはゴールの40 m 手前のところにいました。太郎くんのスタートラインを何 m うしろにすれば，2人は同時にゴールしますか。

Check 130 つまずき度 ●●●●○

➡解答は p.88 へ

8 時 15 分に家を出発して学校まで向かうのに，分速 60 m で歩くと始業時刻に 4 分おくれますが，分速 80 m で歩くと始業時刻より 2 分早く着きます。このとき，次の問いに答えなさい。

（1） 始業時刻は，何時何分ですか。

（2） 家から学校までの道のりは，何 m ですか。

Check 131 つまずき度 ●●●○○

➡解答は p.89 へ

A さんが出発してから 18 分後に，B さんが A さんを追いかけました。B さんは出発してから 32 分後に A さんに追いつきました。A さんと B さんの速さの比を求めなさい。

Check 132 つまずき度 ●●●●○

➡解答は p.89 へ

A，B の 2 地点があり，こうたくんが A 地点から，まさとくんが B 地点から向かい合って同時に出発しました。出発して 12 分後に 2 人は出会い，出会ってから 15 分後にこうたくんが B 地点に着きました。このとき，次の問いに答えなさい。

（1） こうたくんとまさとくんの速さの比を求めなさい。

（2） まさとくんが A 地点に着くのは，出発してから何分何秒後ですか。

Check 133 つまずき度 ●●●○○

➡解答は p.90 へ

次の問いに答えなさい。

（1） A くんと B くんの歩はばの比は 7：10 で，同じ時間に歩く歩数の比は 8：5 です。A くんと B くんの速さの比を求めなさい。

（2） C くんが 12 歩で歩く距離を，D くんは 11 歩で歩きます。また，C くんが 8 歩歩く間に，D くんは 9 歩歩きます。C くんと D くんの速さの比を求めなさい。

第9章 規則性

Check 134

つまずき度 ⊗⊗○○○

➡解答は p.90 へ

次の問いに答えなさい。

(1) 長さが63 m ある道の片側に, 9 m おきに, はしからはしまで木を植えます。木は何本いりますか。

(2) 長さが140 m ある道の片側に, 7 m おきに木を植えます。両はしに木を植えないとき, 木は何本いりますか。

(3) まわりの長さが205 m ある池のまわりに, 5 m おきに木を植えます。木は何本いりますか。

Check 135

つまずき度 ⊗⊗○○○

➡解答は p.90 へ

次の問いに答えなさい。

(1) 長さが154 m ある道の片側に, 15本の木が, 両はしもふくめて同じ間かくで立っています。木と木は何 m の間かくで立っていますか。

(2) 2本の電柱の間に, 10 m おきに14本の木を植えます。2本の電柱は何 m はなれていますか。

(3) まわりの長さが476 m ある池のまわりに, 28本の木が同じ間かくで立っています。木と木は何 m の間かくで立っていますか。

Check 136

つまずき度 ⊗⊗⊗○○

➡解答は p.90 へ

右の図のような長方形の土地のまわりに, 2 m おきに木を植えていきます。4すみにも木を植えるとすると, 木は何本いりますか。

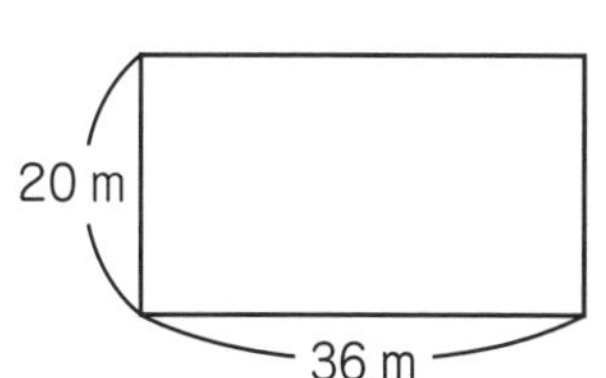

Check 137 つまずき度 ●●○○○ ➡解答は p.90 へ

次のように，ある決まりにしたがって数をならべました。

5，12，19，26，33，40，…

次の問いに答えなさい。

（1） 85 番目の数はいくつですか。

（2） 1097 は何番目の数ですか。

（3） 1 番目の数から 85 番目の数までの和はいくつですか。

Check 138 つまずき度 ●●●○○ ➡解答は p.91 へ

長さ 6 cm の長方形の紙を，のりしろを 1 cm にして次々につなぎます。この紙を 77 枚つなぐとき，全体の長さは何 cm になりますか。

Check 139 つまずき度 ●●●○○ ➡解答は p.91 へ

長さ 10 cm の長方形の紙を，のりしろを 2 cm にして次々につなぎます。全体の長さを 410 cm にするには，紙は何枚必要ですか。

Check 140 つまずき度 ●●○○○ ➡解答は p.92 へ

次の計算をしなさい。

（1） 1＋2＋3＋4＋5＋6＋7＋8＋9＋10＋11

（2） 1＋2＋3＋4＋5＋…＋775＋776＋777

（3） 118＋120＋122＋124＋126＋128＋130＋132

Check 141

つまずき度 ●●●○○

➡解答は p.92 へ

次の図のように，マッチ棒をならべて，正方形をつくっていきます。

次の問いに答えなさい。

(1)　正方形を 105 個つくるのに，マッチ棒は何本必要ですか。

(2)　115 本のマッチ棒を使うと，正方形は何個できますか。

Check 142

つまずき度 ●●○○○

➡解答は p.92 へ

次の数列は，ある決まりにしたがってならんでいます。

7，9，3，6，1，7，9，3，6，1，7，9，…

次の問いに答えなさい。

(1)　84 番目の数はいくつですか。

(2)　1 番目の数から 84 番目の数までの和はいくつになりますか。

Check 143

つまずき度 ●●●○○

➡解答は p.93 へ

$\frac{6}{7}$ を小数に直したとき，小数第 50 位の数は何ですか。

Check 144

つまずき度 ●●●●○

➡解答は p.93 へ

次の数列は，ある決まりにしたがってならんでいます。

1，2，1，3，2，1，4，3，2，1，5，4…

次の問いに答えなさい。

(1)　40 番目の数はいくつですか。

(2)　はじめて 20 が出てくるのは何番目ですか。

Check 145

つまずき度 ●●○○○

➡解答は p.93 へ

次の問いに答えなさい。

（1） **ある月の 7 日から同じ月の 26 日までは，全部で何日ありますか(7 日もふくむ)。**

（2） **ある年の 5 月 2 日から同じ年の 7 月 7 日までは，全部で何日ありますか(5 月 2 日もふくむ)。**

Check 146

つまずき度 ●●●●○

➡解答は p.93 へ

ある年の 4 月 5 日は木曜日です。同じ年の 7 月 22 日は何曜日ですか。

Check 147

つまずき度 ●●●●●

➡解答は p.94 へ

ある年の 11 月 10 日は水曜日です。同じ年の 9 月 16 日は何曜日ですか。

Check 148

つまずき度 ●●○○○

➡解答は p.94 へ

ご石を 1 辺に 10 個ずつ，ぎっしりしきつめてならべ，正方形の形をつくりました。このとき，次の問いに答えなさい。

（1） **ご石を全部で何個使いましたか。**

（2） **いちばん外側のまわりにならんだご石は何個ですか。**

Check 149

つまずき度 ●●○○○

➡解答は p.95 へ

ご石をぎっしりしきつめてならべ，正方形の形をつくったところ，いちばん外側のまわりに 104 個のご石がならびました。ご石は全部で何個使いましたか。

Check 150 つまずき度 ●●●○○ ➡解答は p.95 へ

ご石をならべて, いちばん外側の 1 辺が 14 個で, 4 列の中空方陣をつくりました。全部で何個のご石を使いましたか。

Check 151 つまずき度 ●●●○○ ➡解答は p.96 へ

ご石 400 個をならべて, 5 列の中空方陣をつくりました。いちばん外側の 1 辺に何個のご石がならんでいますか。

第10章　場合の数

Check 152 つまずき度 ●○○○○ ➡解答は p.96 へ

ファーストフード店は, A 店, B 店, C 店の 3 店, 和食屋は, D 店, E 店の 2 店, 洋食屋は, F 店, G 店, H 店の 3 店があります。このとき, 次の問いに答えなさい。

(1)　ある日, ファーストフード店 3 店, 和食屋 2 店, 洋食屋 3 店のうち, どれか 1 店で食事をすることにしました。このとき, 店の選び方は, 全部で何通りありますか。

(2)　別の日, 朝はファーストフード店, 昼は和食屋, 夜は洋食屋で食事をすることにしました。このとき, 朝, 昼, 夜の店の組み合わせは, 全部で何通りありますか。

Check 153

つまずき度 ●●○○○

➡解答は p.96 へ

右の図は，A 町，B 町，C 町，D 町，E 町を結ぶ道路を表したものです。このとき，次の問いに答えなさい。

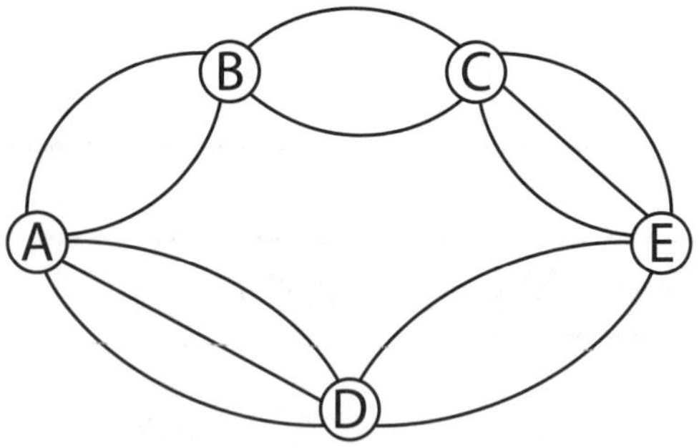

(1)　A 町から B 町と C 町を通って，E 町に行く行き方は，全部で何通りありますか。

(2)　A 町から D 町を通って，E 町に行く行き方は，全部で何通りありますか。

(3)　A 町から E 町に行く行き方は，全部で何通りありますか。

Check 154

つまずき度 ●●●○○

➡解答は p.96 へ

A，B，C，Dの 4 枚のカードがあります。このとき，次の問いに答えなさい。

(1)　4 枚のカードのうち，2 枚をならべるならべ方は，全部で何通りありますか。

(2)　4 枚のカードのうち，2 枚を選ぶ選び方は，全部で何通りありますか。

(3)　4 枚のカードのうち，3 枚をならべるならべ方は，全部で何通りありますか。

(4)　4 枚のカードのうち，3 枚を選ぶ選び方は，全部で何通りありますか。

Check 155

つまずき度 ●●●○○

➡解答は p.97 へ

男子 6 人，女子 5 人からなる 11 人のグループがあります。このとき，次の問いに答えなさい。

(1) この 11 人から，班長と副班長を 1 人ずつ選ぶとき，何通りの選び方がありますか。

(2) 班長を男子，副班長を女子から 1 人ずつ選ぶとき，何通りの選び方がありますか。

(3) この 11 人から，そうじ係を 2 人選ぶとき，何通りの選び方がありますか。

(4) この 11 人から，男子 3 人と女子 2 人を選ぶとき，何通りの選び方がありますか。

Check 156

つまずき度 ●●●○○

➡解答は p.97 へ

A，B，C，D，E，F の 6 人がいます。このとき，次の問いに答えなさい。

(1) この 6 人が横一列にならぶとき，ならび方は，全部で何通りありますか。

(2) この 6 人が横一列にならぶとき，A と B がとなりにくるならび方は，全部で何通りありますか。

Check 157

つまずき度 ●●●○○

➡解答は p.97 へ

白いボール 2 個と黒いボール 5 個の，合わせて 7 個のボールがあります。これら 7 個のボールを，横に一列にそろえてならべるとき，次の問いに答えなさい。

(1) 7 個のボールのならべ方は，全部で何通りありますか。

(2) 白いボール 2 個を必ずとなり合わせてならべるとき，7 個のボールのならべ方は，全部で何通りありますか。

Check 158

つまずき度 😵😵😵😵😵

➡解答は p.98 へ

30 チームでバスケットボールの試合をします。このとき, 次の問いに答えなさい。

(1)　この 30 チームがトーナメント戦(勝ちぬき戦)を行うとき，全部で何試合になりますか。

(2)　この 30 チームがリーグ戦(総当たり戦)を行うとき，全部で何試合になりますか。ただし，全 30 チームが，ほかの全チームと 1 回ずつ対戦するリーグ戦とします。

Check 159

つまずき度 😵😵😵😵😵

➡解答は p.98 へ

右の図の A，B，C，D の 4 つの部分を，となり合う部分が同じ色にならないようにぬり分けます。このとき，次の問いに答えなさい。

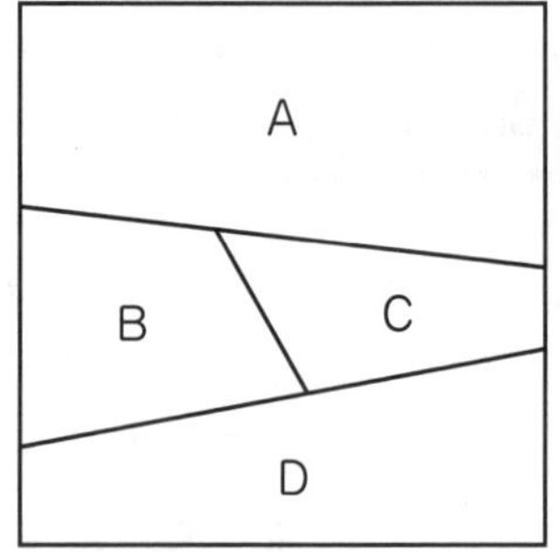

(1)　赤，青，黄，緑の 4 色すべてを使ってぬり分ける方法は，全部で何通りありますか。

(2)　赤，青，黄，緑の 4 色を使ってぬり分ける方法は，全部で何通りありますか。ただし，使わない色があってもよいものとします。

(3)　赤，青，黄の 3 色すべてを使ってぬり分ける方法は，全部で何通りありますか。

Check 160

つまずき度 😵😵😵😵😵

➡解答は p.98 へ

右の図のように，2 本の直線 l，m 上に，A ～ H の合わせて 8 点があります。この 8 点から 3 点を選んで三角形をつくるとき，全部で何通りの三角形ができますか。

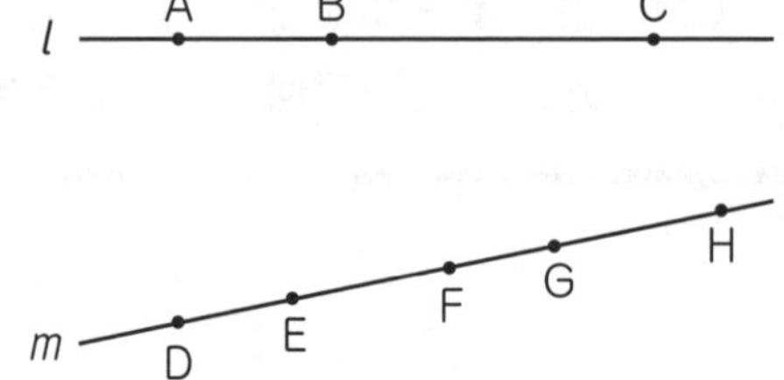

Check 161 つまずき度 ●●●○○ ➡解答は p.99 へ

[1], [2], [3], [4], [5], [6]の 6 枚のカードから 3 枚を取り出してならべ，3 けたの整数をつくります。このとき，次の問いに答えなさい。

(1)　3 けたの整数は，全部で何通りできますか。

(2)　3 けたの偶数は，全部で何通りできますか。

(3)　3 けたの奇数は，全部で何通りできますか。

(4)　3 けたの整数で，5 の倍数は，全部で何通りできますか。

(5)　3 けたの整数で，3 の倍数は，全部で何通りできますか。

Check 162 つまずき度 ●●●●○ ➡解答は p.100 へ

[0], [1], [2], [3], [4], [5]の 6 枚のカードから 3 枚を取り出してならべ，3 けたの整数をつくります。このとき，次の問いに答えなさい。

(1)　3 けたの整数は，全部で何通りできますか。

(2)　3 けたの偶数は，全部で何通りできますか。

(3)　3 けたの奇数は，全部で何通りできますか。

(4)　3 けたの整数で，3 の倍数は，全部で何通りできますか。

Check 163 つまずき度 ●●●○○ ➡解答は p.100 へ

右の図のような道があります。遠回りしないで，A から B に行くとき，次の問いに答えなさい。

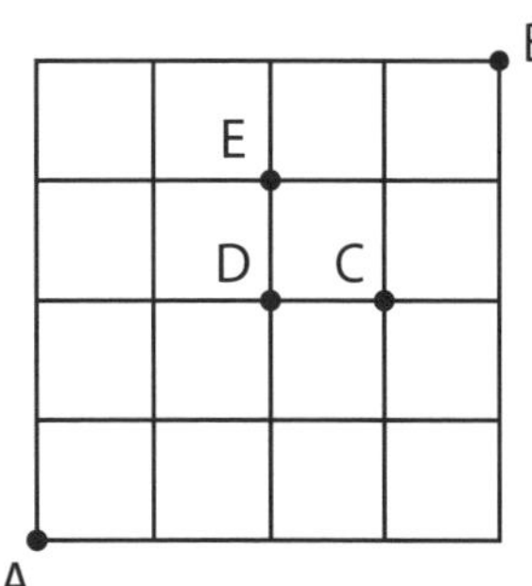

(1)　A から B に行くには，全部で何通りの方法がありますか。

(2)　A から C を通って B に行くには，全部で何通りの方法がありますか。

(3)　A から C を通らずに B に行くには，全部で何通りの方法がありますか。

(4)　D と E を結ぶ道が通れないとき，A から B に行くには，全部で何通りの方法がありますか。

Check 164　つまずき度 😵😵😵😵😵

➡解答は p.101 へ

大小 2 つのさいころを同時にふるとき，次の問いに答えなさい。

(1)　出た目の数の差が 3 になるのは，全部で何通りありますか。

(2)　出た目の数の和が 6 の倍数になるのは，全部で何通りありますか。

次ページから解答です➡

解答

第1章　約数と倍数

Check 1

(1)　「かけたら 36 になる組み合わせ」をオリの上下にすべて書き入れていくと

1	2	3	4	6
36	18	12	9	6

だから，36 の約数は

1, 2, 3, 4, 6, 9, 12, 18, 36 答え

(2)　「かけたら 60 になる組み合わせ」をオリの上下にすべて書き入れていくと

1	2	3	4	5	6
60	30	20	15	12	10

だから，60 の約数は

1，2，3，4，5，6，10，12，15，20，30，60 答え

Check 2

30 から 40 までの整数で，3 の倍数でも，5 の倍数でも 7 の倍数でもない奇数を探せばよい。

31，37 答え

Check 3

(1)　21 を素因数分解すると

```
3) 21
    7
```

よって　**21＝3×7** 答え

(2)　60 を素因数分解すると

```
2) 60
2) 30
3) 15
    5
```

よって　**60＝2×2×3×5** 答え

Check 4

(1)　20 の約数を求める。

「かけたら 20 になる組み合わせ」をオリの上下にすべて書き入れていくと

1	2	4
20	10	5

よって，20 の約数は

1，2，4，5，10，20

30 の約数を求める。

「かけたら 30 になる組み合わせ」をオリの上下にすべて書き入れていくと

1	2	3	5
30	15	10	6

よって，30 の約数は

1，2，3，5，6，10，15，30

20 と 30 の公約数（共通の約数）は

1，2，5，10 答え

(2)　公約数の中でいちばん大きい数が最大公約数なので

10 答え

(3)　次ページの図の通り。

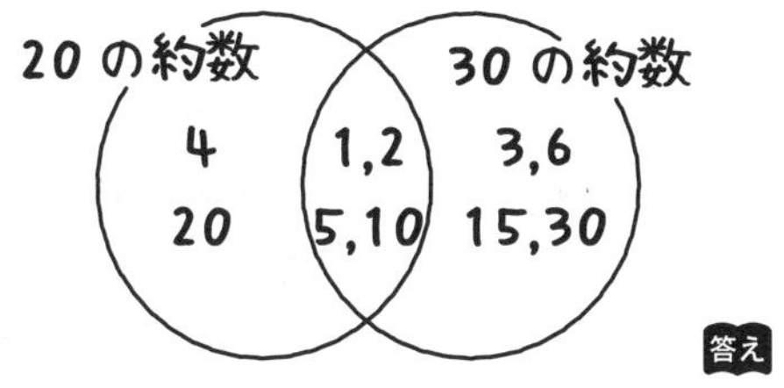

答え

Check 5

(1)　28，56，70 の最大公約数を連除法で求める。

```
2)28 56 70
7)14 28 35
   2  4  5
```

左にならんだ数をかけると

2×7＝14 答え

(2)　公約数は「最大公約数の約数」と同じだから，28，56，70 の公約数は「最大公約数 14 の約数」と同じ。14 の約数，すなわち 28，56，70 の公約数は

1，2，7，14 答え

Check 6

(1)　「45 をわりきることのできる整数」は，45 の約数なので

「かけたら 45 になる組み合わせ」をオリの上下にすべて書き入れていくと

1	3	5
45	15	9

よって，約数は

1，3，5，9，15，45 答え

(2)　「65 をわると 5 あまる整数」を□とすると，65÷□＝商あまり 5

だから

(65－5)÷□＝商

つまり

60÷□＝商

なので，□は 60 の約数。

「かけたら 60 になる組み合わせ」をオリの上下に書き入れて，60 の約数を求めると

1	2	3	4	5	6
60	30	20	15	12	10

60 の約数(1，2，3，4，5，6，10，12，15，20，30，60)のうち，あまりの 5 より大きい数が答えになる。

6，10，12，15，20，30，60 答え

(3)　(2)と同じ考え方の問題なので，

6 人，10 人，12 人，15 人，20 人，30 人，60 人 答え

Check 7

(1)　78 と 52 の最大公約数を求めればよい。

```
 2)78 52
13)39 26
    3  2
```

2×13＝26

26 答え

(2)　(1)と同じ考え方の問題なので

26 人 答え

Check 8

(1)　「101 をわると 5 あまる数」は，

101－5＝96 で「96 をわりきることができる数」，つまり 96 の約数である。

「341 をわると 5 あまる数」は，

341－5＝336 で「336 をわりきることができる数」，つまり 336 の約数である。

つまり，「101 をわっても 341 をわっても 5 あまる数」というのは，「96 と 336 の公約数」である。

「96 と 336 の公約数」は「96 と 336 の最大公約数の約数」だから，まず，96 と 336 の最大公約数を求めると

```
2) 96  336
2) 48  168
2) 24   84
2) 12   42
3)  6   21
    2    7
```
→ 2×2×2×2×3=48

よって, 最大公約数は 48

「かけたら 48 になる組み合わせ」をオリの上下に書き入れて, 48 の約数を求めると

1	2	3	4	6
48	24	16	12	8

1, 2, 3, 4, 6, 8, 12, 16, 24, 48 のうち, あまりの 5 より大きいものが答えになる。

6, 8, 12, 16, 24, 48 答え

(2)　(1)と同じ考え方の問題なので

6 人, 8 人, 12 人, 16 人, 24 人, 48 人 答え

Check 9

37 を 1 倍, 2 倍, 3 倍すればよいので

37×1=37　　37×2=74

37×3=111

37, 74, 111 答え

Check 10

(1)　200÷11=18 あまり 2 で,

答えは, **18 個** 答え

(2)　1 から 399 と 400 から 800 に分けて考える。

1 から 399 までの 8 の倍数の個数は

399÷8=49 あまり 7 で, 49 個

1 から 800 までの 8 の倍数の個数は

800÷8=100 で, 100 個

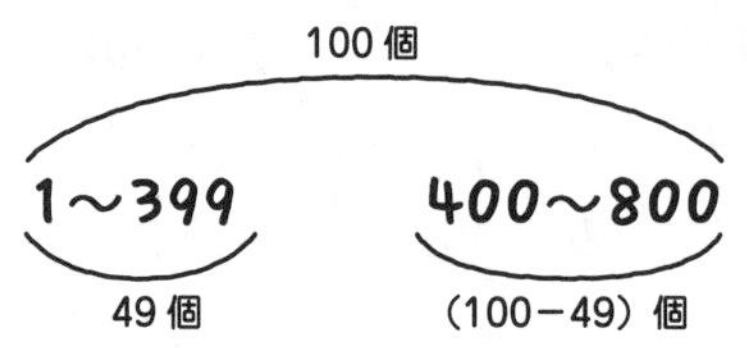

100 から 49 をひけば, 400 から 800 までの 8 の倍数の個数が求められるから

100−49=51 で, **51 個** 答え

Check11

(1)　1 から 100 までの整数について,

10 の倍数は

10, 20, 30, 40, 50, 60, 70, 80, 90, 100

15 の倍数は

15, 30, 45, 60, 75, 90

10 と 15 の公倍数(共通の倍数)は

30, 60, 90 答え

(2)　公倍数の中でいちばん小さい数が最小公倍数だから, 答えは

30 答え

(3)　下図のようになる。

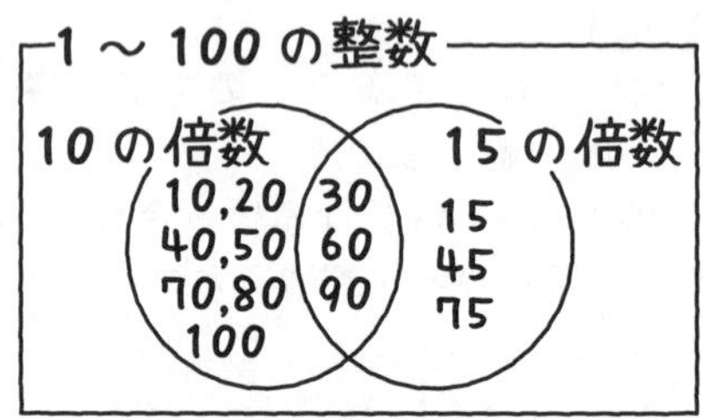

(ア)10, 20, 40, 50, 70, 80, 100

(イ)30, 60, 90

(ウ)15, 45, 75 答え

Check 12

(1)　36と48の最小公倍数を連除法で求める。

```
2)36 48
2)18 24
3) 9 12
   3  4
```

左と下にならんだ数をL字形にかければよいので

$2 \times 2 \times 3 \times 3 \times 4 = 144$

144 答え

(2)　公倍数は「最小公倍数の倍数」だから，36と48の公倍数は「最小公倍数144の倍数」である。144の倍数，すなわち36と48の公倍数は

144，288，432，576，720 答え

(3)　3と7を1以外の共通の数でわることはできないので，3と7の最小公倍数は

$3 \times 7 = 21$ で，**21** 答え

Check 13

45と50と60と75の最大公約数を連除法で求める。

```
5)45 50 60 75
   9 10 12 15
```

最大公約数…**5** 答え

45と50と60と75の最小公倍数を連除法で求める。

```
5)45 50 60 75
2) 9 10 12 15
3) 9  5  6 15
5) 3  5  2  5
   3  1  2  1
```

$5 \times 2 \times 3 \times 5 \times 3 \times 1 \times 2 \times 1 = 900$

最小公倍数…**900** 答え

Check 14

(1)　10でわりきれる数（10の倍数）は

$200 \div 10 = 20$ で，**20個** 答え

(2)　15でわりきれる数（15の倍数）は

$200 \div 15 = 13$ あまり 5

で，**13個** 答え

(3)　10でも15でもわりきれる数（10と15の公倍数）は，10と15の最小公倍数である30の倍数なので

$200 \div 30 = 6$ あまり 20

で，**6個** 答え

(4)　ベン図に表すと，次のようになる。

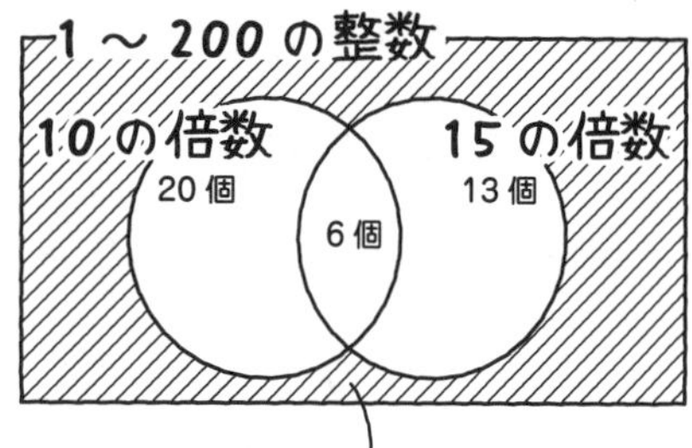

よって，10でも15でもわりきれない数は

$200 - (20 + 13 - 6) = 173$

173個 答え

Check 15

(1)　6でわっても9でわっても5あまる数は6と9の公倍数に5をたした数。6と9の公倍数は，6と9の最小公倍数である18の倍数である。

つまり，6でわっても9でわっても5あまる数とは，18の倍数に5をたした数である。

18，36，54のそれぞれに5をたして

23，41，59 答え

(2)　6でわっても9でわっても2あまる数は，18の倍数に2をたした数である。

$300 \div 18 = 16$ あまり 12

なので，1から300の中に18の倍数が16個あることがわかる。

$18 \times 16 = 288$　　$288 + 2 = 290$

「300に最も近い整数」を求めるので，

300 以上の数も調べる。

$18\times(16+1)=306$　$306+2=308$

290 と 308 だと 308 のほうが 300 に近いので，答えは，**308** 答え

第 2 章　いろいろな計算

Check 16

(1)

$$\begin{array}{r} 7.09 \\ \times\ 8.97 \\ \hline 4963 \\ 6381 \\ 5672 \\ \hline 63.5973 \end{array}$$

63.5973 答え

(2)

$$\begin{array}{r} 0.092 \\ \times\ 0.75 \\ \hline 460 \\ 644 \\ \hline 0.06900 \end{array}$$

0.069 答え

Check17

(1)

$$\begin{array}{r} 0.0625 \\ 8\overline{)0.5000} \\ 48 \\ \hline 20 \\ 16 \\ \hline 40 \\ 40 \\ \hline 0 \end{array}$$

0.0625 答え

(2)

$$\begin{array}{r} 10.2 \\ 1.55\overline{)15.810} \\ 155 \\ \hline 310 \\ 310 \\ \hline 0 \end{array}$$

10.2 答え

Check18

(1)

$$\begin{array}{r} 0.2 \\ 11\overline{)3.0} \\ 2\,2 \\ \hline 0.8 \end{array}$$

0.2 あまり 0.8 答え

(2)

$$\begin{array}{r} 53 \\ 0.15\overline{)8.00} \\ 75 \\ \hline 50 \\ 45 \\ \hline 0.05 \end{array}$$

53 あまり 0.05 答え

Check19

(1)

$$2\frac{2}{3}+1\frac{1}{2}=2\frac{4}{6}+1\frac{3}{6}$$

通分する

$$=3\frac{7}{6}=4\frac{1}{6}$$

$\frac{7}{6}$を$1\frac{1}{6}$に直して 3 をたす

(2)

$$3\frac{3}{20}-1\frac{11}{15}=3\frac{9}{60}-1\frac{44}{60}$$

通分する

$3\frac{9}{60}$を$2\frac{69}{60}$に変形

$$=2\frac{69}{60}-1\frac{44}{60}$$

$$=1\frac{25}{60}=1\frac{5}{12}$$

約分する

(1)$4\frac{1}{6}$　(2)$1\frac{5}{12}$ 答え

(4)

$$4\frac{2}{5}\div3\frac{3}{10}=\frac{22}{5}\div\frac{33}{10}$$

仮分数に直す　わる数の逆数をかける

$$=\frac{22}{5}\times\frac{10}{33}=\frac{\overset{2}{\cancel{22}}\times\overset{2}{\cancel{10}}}{\underset{1}{\cancel{5}}\times\underset{3}{\cancel{33}}}$$

かける前に約分する

$$=\frac{4}{3}=1\frac{1}{3}$$

(1)$\frac{4}{11}$　(2)54　(3)$5\frac{5}{9}$　(4)$1\frac{1}{3}$ 答え

Check20

(1)

$$\frac{10}{11}\times\frac{2}{5}=\frac{\overset{2}{\cancel{10}}\times2}{11\times\underset{1}{\cancel{5}}}=\frac{4}{11}$$

かける前に約分する

(2)

$$7\frac{1}{2}\times7\frac{1}{5}=\frac{15}{2}\times\frac{36}{5}$$

仮分数に直す

$$=\frac{\overset{3}{\cancel{15}}\times\overset{18}{\cancel{36}}}{\underset{1}{\cancel{2}}\times\underset{1}{\cancel{5}}}=\frac{54}{1}=54$$

かける前に約分する

(3)

$$\frac{5}{18}\div\frac{1}{20}=\frac{5}{18}\times\frac{20}{1}$$

わる数の逆数をかける

$$=\frac{5\times\overset{10}{\cancel{20}}}{\underset{9}{\cancel{18}}\times1}=\frac{50}{9}=5\frac{5}{9}$$

かける前に約分する

Check21

(1)

$$21.2=21+0.2=21+\frac{2}{10}$$

分数にする

$$=21\frac{2}{10}=21\frac{1}{5}$$

約分する

(2)

$$1.005=1+0.005=1+\frac{5}{1000}$$

分数にする

$$=1\frac{5}{1000}=1\frac{1}{200}$$

約分する

(1)$21\frac{1}{5}$　(2)$1\frac{1}{200}$ 答え

Check22

(1)　$\frac{3}{20}$の分子を分母でわれば小数に直せるので

$$3\div20=0.15$$

(2) $3\frac{7}{8}$ の分数部分の $\frac{7}{8}$ を小数に直す。

$\frac{7}{8}$ の分子を分母でわれば小数に直せるので

$$7 \div 8 = 0.875$$

整数部分の 3 に，この 0.875 をたして，3.875

(1)0.15 (2)3.875 答え

別解 (2) $\frac{7}{8}$=0.875 を暗記していれば

$$3\frac{7}{8} = 3 + 0.875$$
$$= 3.875$$

とすぐに求められる。

(2)3.875 答え

Check23

(1) $11 - \underset{8}{\underline{2 \times 4}} + \underset{3}{\underline{12 \div 4}} = 11 - 8 + 3$
$= 6$

(2) $(12 - \underset{6}{\underline{3 \times 2}}) + 6 \div 2$
$= (\underset{6}{\underline{12 - 6}}) + 6 \div 2$
$= 6 + \underset{3}{\underline{6 \div 2}}$
$= 6 + 3$
$= 9$

(3)
$5 \times [3 + \{5 \times (\underset{2}{\underline{8 - 6}}) - 7 + 12 \div 6\}]$
$= 5 \times \{3 + (\underset{10}{\underline{5 \times 2}} - 7 + \underset{2}{\underline{12 \div 6}})\}$
$= 5 \times \{3 + (\underset{5}{\underline{10 - 7 + 2}})\}$
$= 5 \times (\underset{8}{\underline{3 + 5}})$
$= 5 \times 8$
$= 40$

(1)6 (2)9 (3)40 答え

Check24

(1) $14 - 8 + 7 + 6 + 3$
$= \underset{20}{\underline{14 + 6}} + \underset{10}{\underline{7 + 3}} - 8$
$= 22$

(2) $42 + 75 + 58 + 25$
$= \underset{100}{\underline{42 + 58}} + \underset{100}{\underline{75 + 25}}$
$= 200$

(3) $5 \times 19 \times 2$
$= \underset{10}{\underline{5 \times 2}} \times 19$
$= 190$

(4) $18 \div 15 \times 20 \div 6 = \dfrac{\overset{\overset{1}{\cancel{3}}}{\cancel{18}} \times \overset{4}{\cancel{20}}}{\underset{\underset{1}{\cancel{3}}}{\cancel{15}} \times \underset{1}{\cancel{6}}} = 4$

(1)22 (2)200 (3)190 (4)4 答え

Check25

(1) $\square = 2\frac{2}{5} \div 0.45 = \frac{12}{5} \div \frac{45}{100}$

$= \frac{12}{5} \div \frac{9}{20} = \frac{\overset{4}{\cancel{12}}}{\underset{1}{\cancel{5}}} \times \frac{\overset{4}{\cancel{20}}}{\underset{3}{\cancel{9}}}$

$= \frac{16}{3} = 5\frac{1}{3}$

(2) $3.12 - \boxed{\square \div \frac{3}{23}} = 2.2$ （②が「－」，①が「÷」）

$\boxed{}$ = 3.12 − 2.2 = 0.92 より

$$\square \div \frac{3}{23} = 0.92$$

だから

$$□=0.92\times\frac{3}{23}=\frac{92}{100}\times\frac{3}{23}$$

$$=\frac{\overset{1}{\cancel{23}}}{25}\times\frac{3}{\underset{1}{\cancel{23}}}=\frac{3}{25}$$

(3) $5\frac{1}{8}-\left\{2.875-1\frac{1}{7}\div(□+2)\right\}$ ④ ③ ② ①

$$=2\frac{3}{4}$$

$[\quad]=5\frac{1}{8}-2\frac{3}{4}=4\frac{9}{8}-2\frac{6}{8}$

$=2\frac{3}{8}$ より

$$2.875-\left[1\frac{1}{7}\div(□+2)\right]=2\frac{3}{8}$$ ③ ② ①

$[\quad]=2.875-2\frac{3}{8}=2\frac{7}{8}-2\frac{3}{8}$

$=\frac{4}{8}=\frac{1}{2}$ より

$$1\frac{1}{7}\div\boxed{(□+2)}=\frac{1}{2}$$ ② ①

$\boxed{\quad}=1\frac{1}{7}\div\frac{1}{2}=\frac{8}{7}\times\frac{2}{1}$

$=\frac{16}{7}=2\frac{2}{7}$ より

$$□+2=2\frac{2}{7}$$

だから

$$□=2\frac{2}{7}-2=\frac{2}{7}$$

(1) $5\frac{1}{3}$　(2) $\frac{3}{25}$　(3) $\frac{2}{7}$ 答え

Check26

(1)　1 km＝1000 m, 1 m＝100 cm である。
だから，1000×100＝100000 より，
100000 cm＝1 km である。
つまり, cm を km に直すには 100000 でわればよい。

60000÷100000＝0.6 なので,
60000 cm＝0.6 km と求められる。

100000 cm＝1 km
（100000 でわる）

60000 cm＝$\boxed{0.6}$ km
（100000 でわる）

0.6 答え

(2)　1 ha＝100 a, 1 a＝100 m^2 である。
だから，100×100＝10000 より，
1 ha＝10000 m^2 である。
つまり，ha を m^2 に直すには 10000 倍すればよい。

0.038×10000＝380 なので
0.038 ha＝380 m^2 と求められる。

1 ha＝10000 m^2
（10000 倍する）

0.038 ha＝$\boxed{380}$ m^2
（10000 倍する）

380 答え

Check27

(1)　まず, それぞれの単位を L に直してから計算する。

- 1 kL＝1000 L，0.02 kL＝$\boxed{20}$ L
（×1000）（×1000）
- 10 dL＝1 L，70 dL＝$\boxed{7}$ L
（÷10）（÷10）
- 1000 mL＝1 L，5900 mL＝$\boxed{5.9}$ L
（÷1000）（÷1000）

だから,

0.02 kL＋70 dL－5900 mL
＝20 L＋7 L－5.9 L＝21.1 L

21.1 答え

(2)　まず, それぞれの単位を kg に直してから計算する。

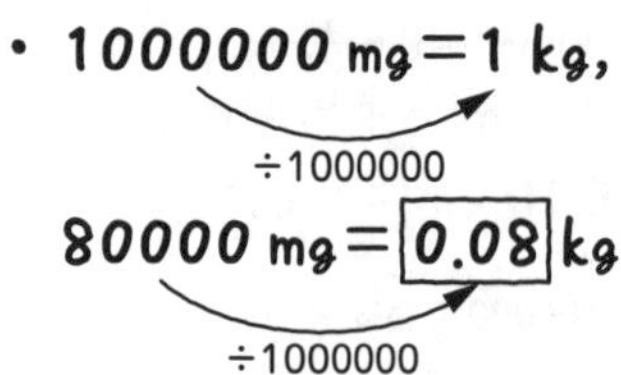

・1000 g＝1 kg，540 g＝0.54 kg

÷1000　÷1000

・1 t＝1000 kg，0.007 t＝7 kg

×1000　×1000

だから

80000 mg＋540 g＋0.007 t
＝0.08 kg＋0.54 kg＋7 kg
＝7.62 kg

7.62 答え

第3章　和と差に関する文章題

Check28

Aの重さを求めたいので，Aにそろえて考える。

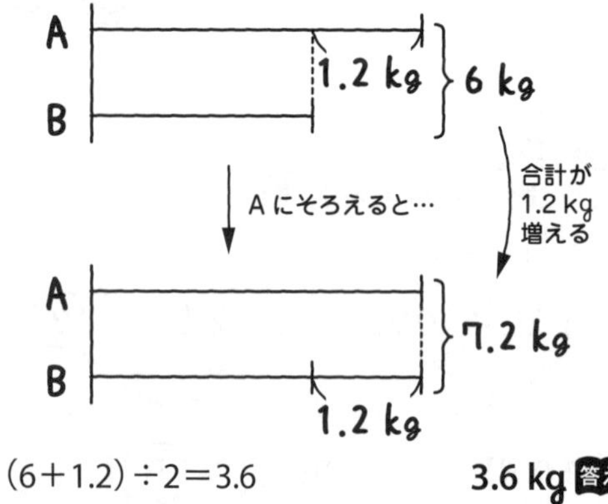

(6＋1.2)÷2＝3.6　**3.6 kg** 答え

Check29

Cくんの所持金を求めたいので，Cくんにそろえて考える。

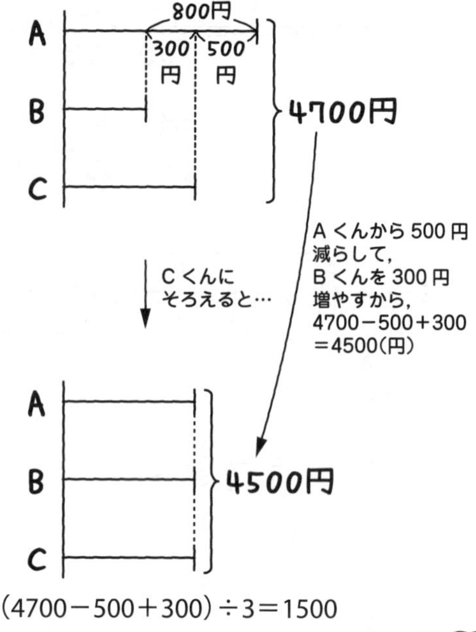

(4700－500＋300)÷3＝1500

1500円 答え

Check30

出したお金が少ないほうの弟を「1山」として考える。

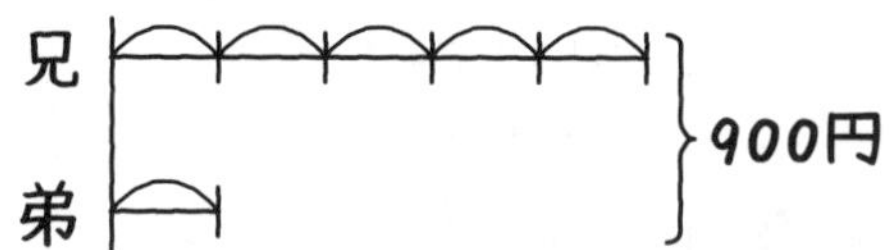

合計の900円は「6山」ぶんだから，900を6でわれば「1山」ぶんが求められる。

900÷6＝150←「1山」ぶん，つまり，弟の出したお金

兄は「5山」ぶんだから，「1山」ぶんの150円を5倍して求める。

150×5＝750　**750円** 答え

Check31

短いほうのテープの長さを「1山」として考える。

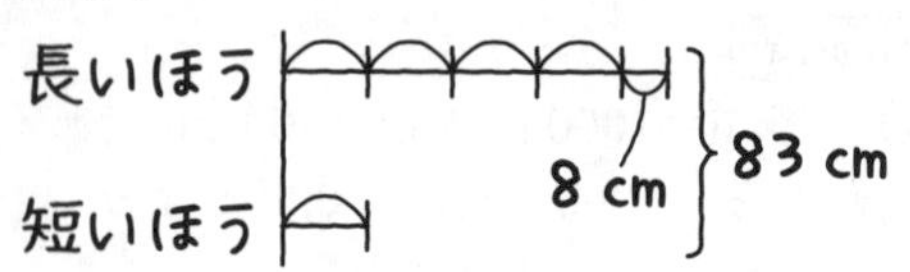

合計の83 cmから8 cmをひけば，「5山」ぶんになる。

83－8＝75←「5 山」ぶん

「5 山」ぶんの 75 cm を 5 でわれば「1 山」ぶんが求められる。

75÷5＝15←「1 山」ぶん，つまり短いテープの長さ

15 cm 答え

Check32

貯金額が少ないほうの弟を「1 山」として考える。

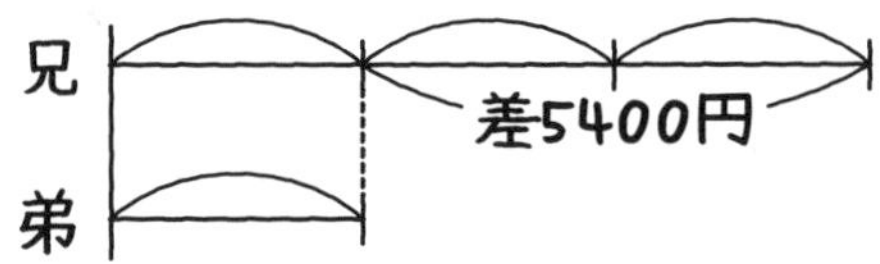

差の 5400 円は「2 山」ぶんだから，5400 を 2 でわれば「1 山」ぶんが求められる。

5400÷2＝2700←「1 山」ぶん，つまり弟の貯金額

兄は「3 山」ぶんだから，「1 山」ぶんの 2700 円を 3 倍して求める。

2700×3＝8100

8100 円 答え

Check33

いちばん小さい整数の B を「1 山」として考える。

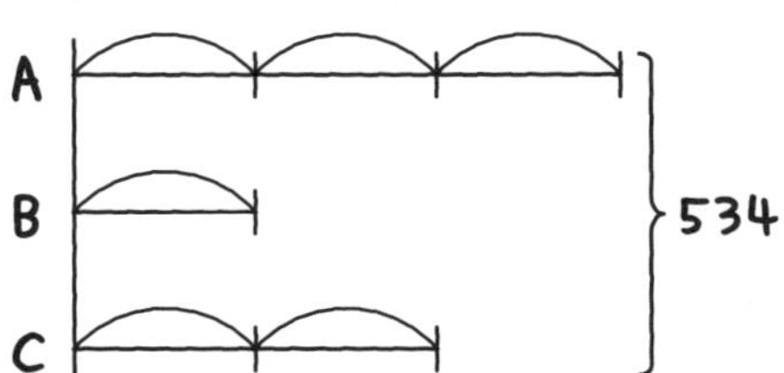

合計の 534 は「6 山」ぶんだから，534 を 6 でわれば「1 山」ぶんが求められる。

534÷6＝89←「1 山」ぶん，つまり B

A は「3 山」ぶんだから，「1 山」ぶんの 89 を 3 倍して求める。

89×3＝267

267 答え

Check34

いちばん少ない 10 円玉の枚数を「1 山」として考える。

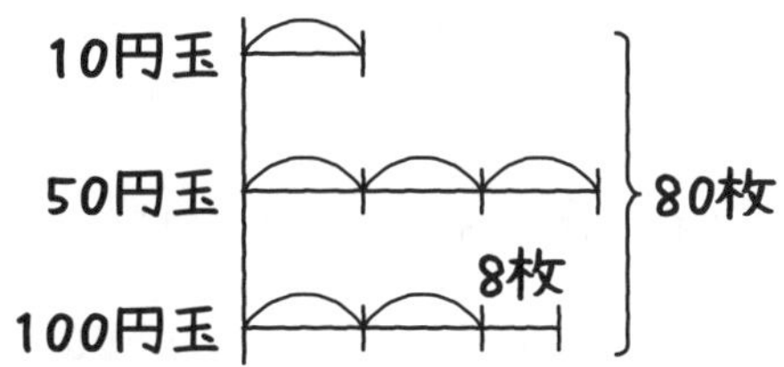

合計の 80 枚から 8 枚ひけば，「6 山」ぶんになる。

80－8＝72←「6 山」ぶん

72 枚が「6 山」ぶんであるから，72 を 6 でわれば「1 山」ぶんが求められる。

72÷6＝12←「1 山」ぶん，つまり 10 円玉の枚数

50 円玉の枚数は 10 円玉の枚数の 3 倍だから

12×3＝36

36 枚 答え

Check35

トマト 1 個の値段を①，レモン 1 個の値段を$\boxed{1}$とおくと，次のような式に表せる。

（式 1）　③ ＋ $\boxed{1}$ ＝ 440

（式 2）　② ＋ $\boxed{3}$ ＝ 480

ここで（式 1）全体を 3 倍した式から（式 2）全体をひくと

（式1）×3　　⑨＋$\boxed{3}$＝1320

（式2）　　－）②＋$\boxed{3}$＝ 480

　　　　　　⑦　　　＝ 840

840÷7＝120 で①＝120，つまり，トマト 1 個の値段は 120 円と求められる。

③＝120×3＝360 だから，（式 1）の③に 360 を入れると 360＋$\boxed{1}$＝440 となる。

レモン 1 個の値段$\boxed{1}$は 440－360＝80（円）と求められる。

トマト 1 個 120 円，レモン 1 個 80 円 答え

Check36

お茶1本の値段を①, ジュース1本の値段を1とおくと, 次のような式に表せる。

(式1)　④ + [7] = 1380
(式2)　⑥ + [5] = 1300

(式1)の④と(式2)の⑥を最小公倍数の⑫にそろえることを考える。(式1)全体を3倍した式から(式2)全体を2倍した式をひくと

(式1)×3　　⑫ + [21] = 4140
(式2)×2　−) ⑫ + [10] = 2600
　　　　　　　　[11] = 1540

1540÷11=140で[1]=140, つまり, ジュース1本の値段は140円と求められる。

[5]=140×5=700だから, (式2)の[5]に700を入れると⑥+700=1300となる。

⑥=1300−700=600だから, お茶1本の値段①は600÷6=100(円)と求められる。

お茶1本100円, ジュース1本140円 答え

Check37

メロン1個の値段を①, スイカ1個の値段を[1]とおくと, 次のような式に表せる。

(式1)　[1] = ① − 170
(式2)　③ + [1] = 3030

(式1)と(式2)で[1]が共通なので, (式2)の[1]を(式1)の①−170におきかえると, ③+①−170=3030となる。③と①をたして ④−170=3030, ④=3030+170=3200となる。

④=3200だから, ①=3200÷4=800, つまり, メロン1個の値段が800円と求められる。

「スイカ1個の値段はメロン1個の値段より170円安い」ので, スイカ1個の値段は, 800−170=630(円)である。

メロン1個800円, スイカ1個630円 答え

Check38

おもりA1個の重さを①, おもりB1個の重さを[1]とおくと, 次のような式に表せる。

(式1)　① = [4] − 35
(式2)　③ + [2] = 1225

ここで, (式1)全体を3倍する。

(式1)×3　③ = [12] − 105

(式1)×3と(式2)で③が共通なので, (式2)の③を(式1)×3の[12]−105におきかえると, [12]−105+[2]=1225となる。[12]と[2]をたして[14]−105=1225, [14]=1225+105=1330となる。[14]=1330だから, [1]=1330÷14=95, つまり, おもりB1個の重さが95gと求められる。

「おもりA1個の重さはおもりB4個の重さより35g軽い」ので, おもりA1個の重さは95×4−35=345(g)である。

おもりA1個345g, おもりB1個95g 答え

Check39

チョコレートの数を○個, ビスケットの数を□個として, たてをそれぞれの値段にした面積図は, 次のようになる。

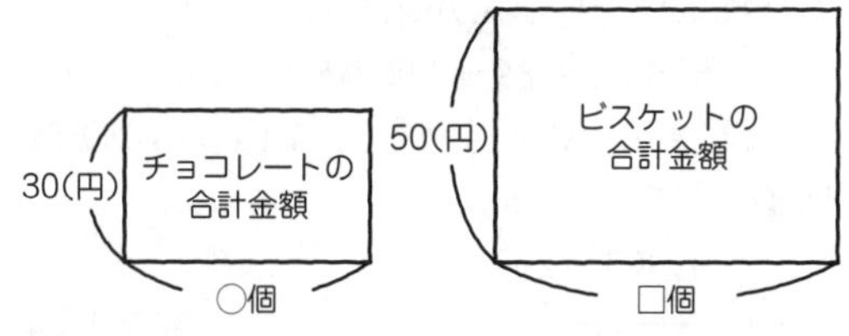

この2つの長方形をくっつけて, 補助線(点線)をひくと, 次のようになる。

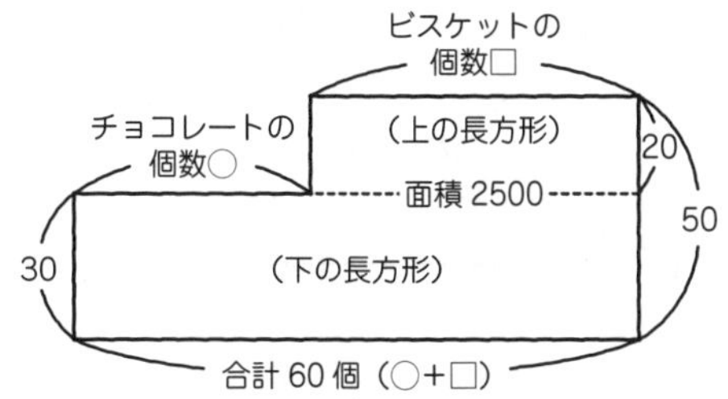

(下の長方形の面積)は

　　30×60＝1800

(上の長方形の面積)は(面積図全体)から(下の長方形の面積)をひけば求められるので

　　2500－1800＝700

(上の長方形の面積)を(たての長さ)でわれば(横の長さ)すなわち(ビスケットの個数)が求められるので, 700÷(50－30)＝35

35 個 答え

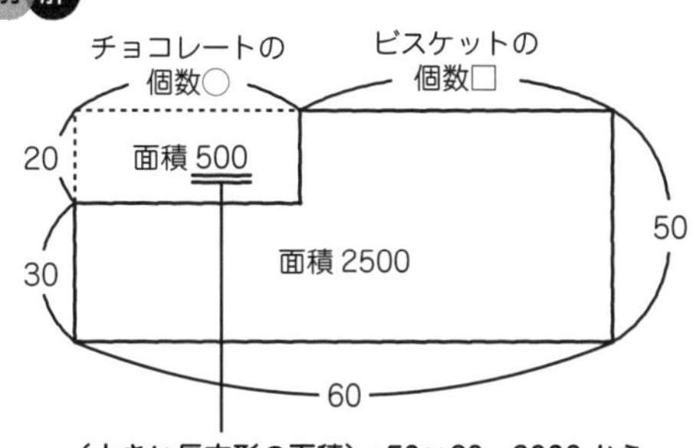

(大きい長方形の面積)＝50×60＝3000 から
(面積図全体)＝2500 をひいて
3000－2500＝500

上図より, チョコレートの個数○は

　　500÷20＝25(個)

○＋□＝60 より, ビスケットの個数は

　　60－25＝35

35 個 答え

Check40

15 問全問正解していたら, 3×15＝45(枚)もらえて, 30＋45＝75(枚)になっていた。

しかし, 実際は 40 枚のカードが残った。ということは, 75－40＝35 で, 35 枚の差がある。正解と不正解のときの差を線分図に表すと, 次のようになる。

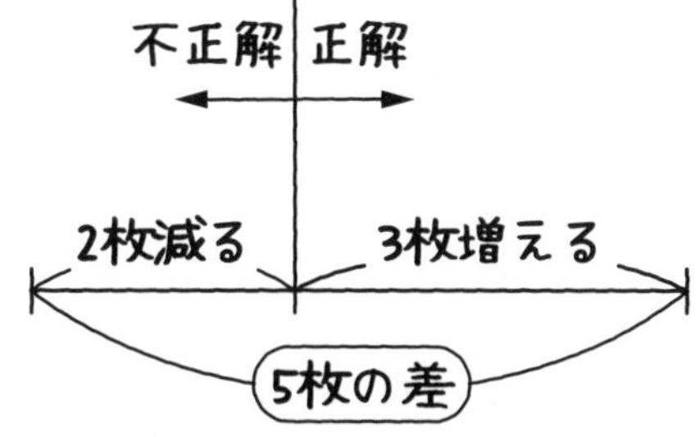

2＋3＝5 だから, 正解のときと不正解のときとは 5 枚の差ができる。この 5 枚で差の 35 枚をわれば, 不正解の問題数がわかる。

　　35÷5＝7

不正解が 7 問だから, 正解は

15－7＝8(問)である。

8 問 答え

Check41

30 円のみかんと 100 円のりんごの 1 個ずつの代金の差は, 100－30＝70(円)

個数	1 個ずつ	⇒	□個ずつ
代金の差	70円		350円

1 個ずつの代金の差が 70 円で, 何個ずつ買えば代金の差が 350 円になるかということだから, 350÷70＝5(個)ずつ買ったことがわかる。

5 個ずつ 答え

Check42

(1)　1 回の作業で取り出す白い玉と赤い玉の個数の差は, 11－9＝2(個)。作業を何回かくり返したあとに, 白い玉はなくなり, 赤い玉は 24 個残ったのだから, (全体の差)は 24 個となる。

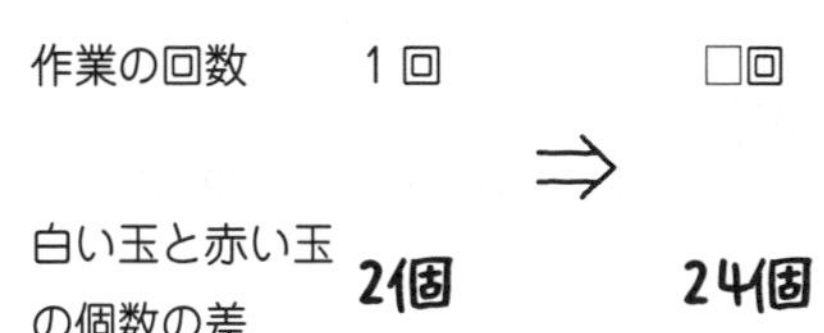

1回の作業で取り出す白い玉と赤い玉の個数の差は2個で，何回作業すれば個数の差が24個になるかということだから，作業の回数は，24÷2＝12(回)と求められる。

12回 答え

(2)　白い玉を11個取り出す作業を12回くり返したら，白い玉はなくなったのだから，白い玉の個数は

11×12＝132(個)

132個 答え

Check43

150円のノートと90円のノートを1冊ずつ買ったときの代金の差は，150－90＝60(円)である。1冊90円に値下がりしても，予定と同じ冊数のノートを買ったとすると，90円のノート6冊分の代金90×6＝540(円)あまったということになる。

つまり，150円のノートと90円のノートを予定の冊数ずつ買ったときの代金の差が540円になる。

買う冊数	1冊ずつ		□冊ずつ
		⇒	
代金の差	60円		540円

1冊ずつ買ったときの代金の差が60円で，何冊ずつ買えば代金の差が540円になるかということだから，540÷60＝9(冊)ずつとわかる。

つまり，150円のノートを9冊買う予定であったということだから，はじめに持っていたお金は

150×9＝1350(円)

1350円 答え

Check44

(1)　子ども1人に配る個数の差は

6－3＝3(個)

35個あまる場合と2個あまる場合があるのだから，それを線分図にすると

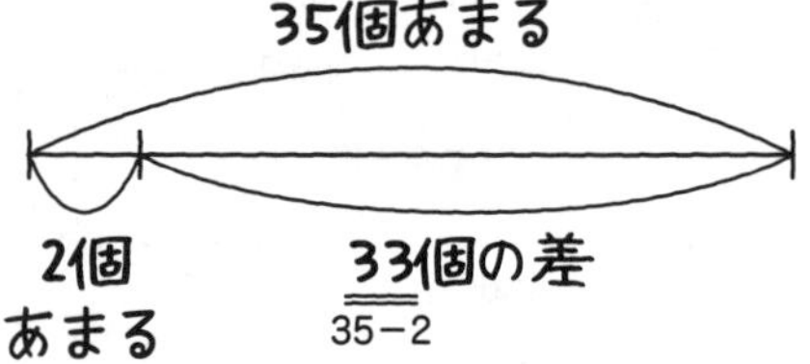

線分図から(全体の差)は35－2＝33(個)であることがわかる。

子どもの人数	1人		□人
		⇒	
個数の差	3個		33個

子ども1人に配る個数の差は3個で，何人いれば個数の差が33個になるかということだから，子どもの人数は

33÷3＝11(人)

11人 答え

(2)　子どもの人数は11人で，1人3個ずつ配ると35個あまるのだから，みかんは全部で

3×11＋35＝68(個)

68個 答え

別解 (2)

子どもの人数は11人で，1人6個ずつ配ると2個あまるのだから，みかんは全部で

6×11＋2＝68(個)

68個 答え

Check45

(1)　子ども1人に配る枚数の差は

18－14＝4(枚)

21枚不足する場合と5枚不足する場合があるのだから，それを線分図に表すと

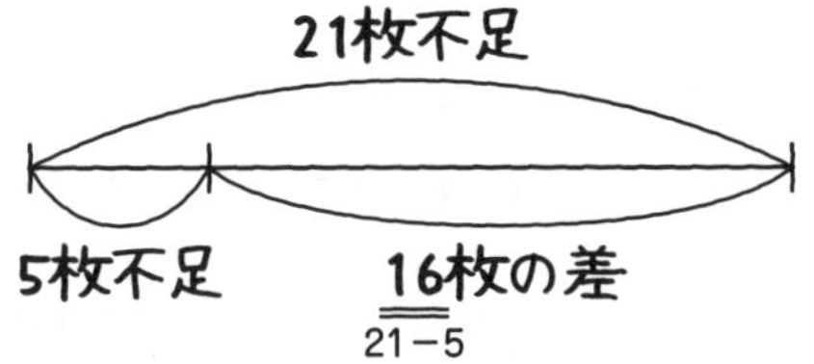

線分図から(全体の差)は 21−5＝16 (枚)であることがわかる。

子どもの人数　1人　⇒　□人

枚数の差　4枚　⇒　16枚

子ども1人に配る枚数の差は4枚で, 何人いれば枚数の差が16枚になるかということだから, 子どもの人数は

16÷4＝4(人)

4人 答え

(2)　子どもの人数は4人で, 1人18枚ずつ配ると21枚不足するのだから, カードは全部で

18×4−21＝51(枚)

51枚 答え

別解 (2)

子どもの人数は4人で, 1人14枚ずつ配っても5枚不足するのだから, カードは全部で

14×4−5＝51(枚)

51枚 答え

Check46

(1)　子ども1人に配る個数の差は

7−4＝3(個)

17個不足する場合と7個あまる場合があるのだから, それを線分図に表すと

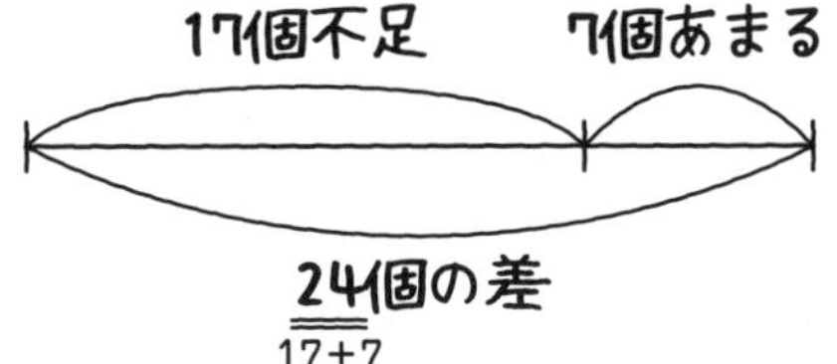

線分図から(全体の差)は 17+7＝24 (個)であることがわかる。

子どもの人数　1人　⇒　□人

個数の差　3個　⇒　24個

子ども1人に配る個数の差は3個で, 何人いれば個数の差が24個になるかということだから, 子どもの人数は

24÷3＝8(人)

8人 答え

(2)　子どもの人数は8人で, 1人7個ずつ配ると17個不足するのだから, おはじきは全部で

7×8−17＝39(個)

39個 答え

別解 (2)

子どもの人数は8人で, 1人4個ずつ配ると7個あまるのだから, おはじきは全部で

4×8+7＝39(個)

39個 答え

Check47

(1)　1脚に6人ずつすわると, 2人だけすわった長いすが1脚と, だれもすわらない長いすが7脚できるのだから, 2人だけすわった長いすには 6−2＝4(人)ぶんの空席が, だれもすわらない7脚の長いすには 6×7＝42(人)ぶんの空席ができる。合わせて 4+42＝46(人)ぶんの空席ができるのだから, 長いすを満席にするには46人たりない。

また, 1脚に4人ずつすわると, だれもすわらない長いすが1脚できるのだから, だれもすわらない1脚の長いすには4人ぶんの空席ができる。つまり, 長いすを満席にするには4人たりない。

だから,「1 脚に 6 人ずつすわると長いすを満席にするには 46 人たりず, 1 脚に 4 人ずつすわると長いすを満席にするには 4 人たりない」ということになる。

長いす 1 脚にすわる人数の差は
6−4=2(人)。満席にするのに, 46 人たりない場合と 4 人たりない場合があるのだからそれを線分図に表すと

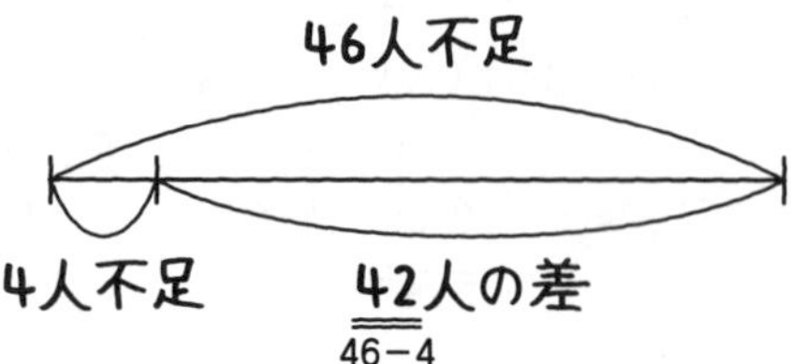

線分図から(全体の差)は 46−4=42(人)であることがわかる。

長いすの数	1 脚	⇒	□脚
人数の差	2人		42人

1 脚にすわる人数の差が 2 人のとき, 何脚あれば人数の差が 42 人になるかということだから, 長いすの数は

42÷2=21(脚)

21 脚 答え

(2) 長いすの数が 21 脚で, 1 脚に 6 人ずつすわると 46 人ぶんの席があまるのだから, 子どもの人数は

6×21−46=80(人)

80 人 答え

別解 (2)

長いすの数が 21 脚で, 1 脚に 4 人ずつすわると 4 人ぶんの席があまるのだから, 子どもの人数は

4×21−4=80(人)

80 人 答え

Check48

(1) 「平均=合計÷個数」だから, 平均は

(1+3+0+2+5+0+3)÷7=14÷7
=2(人)

2 人 答え

(2) 「合計=平均×個数」だから, 合計(点)は

62.4×5=312(点)

312 点 答え

(3) 「個数=合計÷平均」だから, 個数(本数)は

511÷102.2=5(本)

5 本 答え

Check49

(1) 「合計=平均×個数」だから, A, B, C, D, E, F の合計は, 35×6=210
A, B, C, D の合計は, 38×4=152
だから, E と F の合計は, 210−152=58
「平均=合計÷個数」だから, E と F の平均は, 58÷2=29

29 答え

(2) 「合計=平均×個数」だから, 5 回目までの合計点は, 81×5=405(点)
6 回目のテストで 93 点をとると, 6 回目までの合計点が, 405+93=498(点)
「平均=合計÷個数」だから, 全 6 回の平均点は, 498÷6=83(点)

83 点 答え

Check50

いままで, □回のテストを受けたとすると, 面積図は次ページのように表すことができる。

Xのたての長さは，67－65＝2
Yのたての長さは，83－67＝16

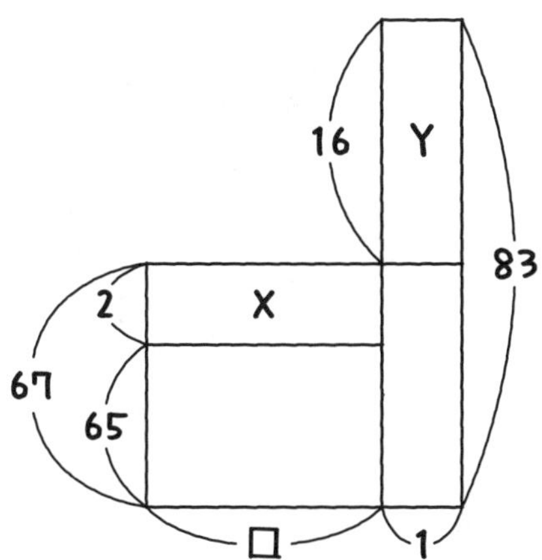

XとYの長方形の面積は等しい。
Yの面積は，16×1＝16
だから，Xの面積も16である。
よって，□＝16÷2＝8
今回受けた1回をたして，8＋1＝9(回)

9回 答え

別解 (※すでに比を習った人向け)
XとYの長方形のたての長さの比は
2：16＝①：⑧
XとYの長方形の面積は等しいから，たての長さの比の逆比が，横の長さの比になる。
だから，XとYの長方形の横の長さの比は△8：△1

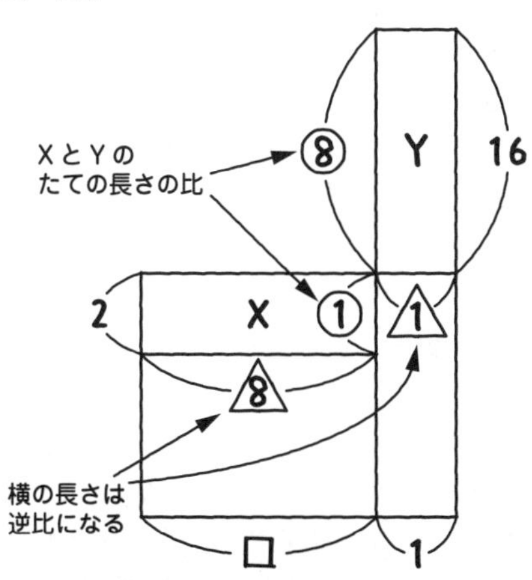

Yの長方形の横の長さがテスト1回ぶんで，これが比の△1にあたる。
Xの横の長さ(図の□)は，比の△8にあたるから，テスト8回ぶんである。
だから全部で，8＋1＝9(回)

9回 答え

Check51

合格者の人数を□人とおくと，面積図は次のように表すことができる(Xのたての長さは，65－61＝4で，Yのたての長さは，79－65＝14である)。

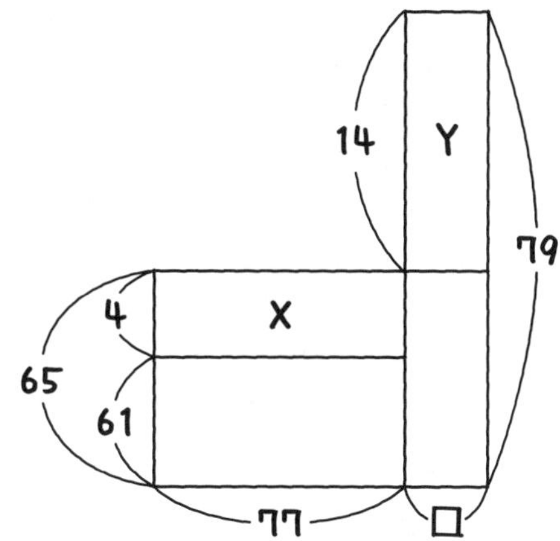

XとYの長方形の面積は等しい。
Xの面積は，4×77＝308
だから，Yの面積も308である。
よって，□＝308÷14＝22(人)

22人 答え

別解 (※すでに比を習った人向け)
XとYの長方形のたての長さの比は，
4：14＝②：⑦
XとYの長方形の面積は等しいから，たての長さの逆比が，横の長さの比になる。
だから，XとYの長方形の横の長さの比は，△7：△2

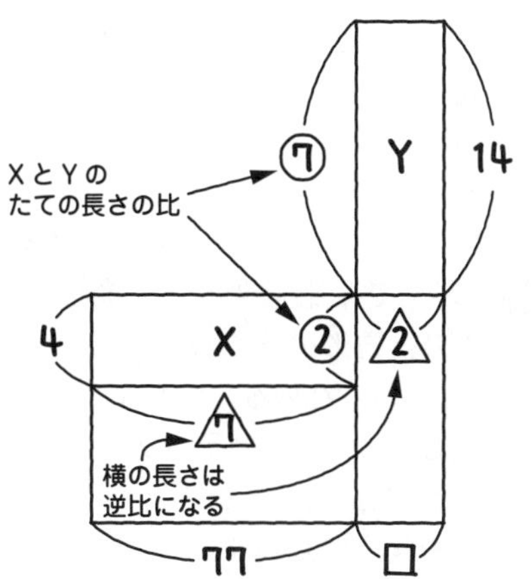

Xの長方形の横の長さが77人で，これが比の⑦(三角)にあたるから，比の①(三角)は，77÷7＝11(人)にあたる。

Yの横の長さ(図の□)は，比の②(三角)にあたるので，11×2＝22(人)

22人 答え

Check52

125人の受験者のうち50人が合格したから，不合格者は125－50＝75(人)である。面積図は次のように表すことができる(Xの長方形の下の辺を，右にのばした補助線をひき，それによってできた長方形をZとする)。

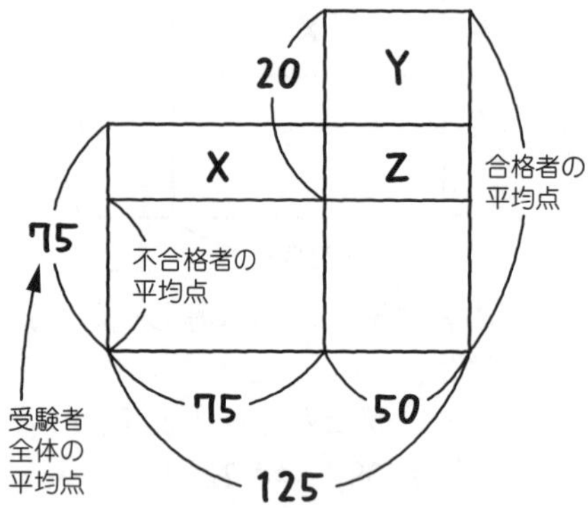

XとYの長方形の面積は等しいので，それぞれにZの部分をたした，X+Zの長方形とY+Zの長方形の面積も等しい。

Y+Zの長方形の面積は，20×50＝1000だから，X+Zの長方形の面積も1000である。

X+Zの長方形の横の長さは125人だから，たての長さは，1000÷125＝8(点)

ゆえに，長方形Yのたての長さは

20－8＝12(点)

合格者の平均点は

75＋12＝87(点)

87点 答え

別解 (※すでに比を習った人向け)

XとYの長方形の横の長さの比は，75：50＝③：②(四角)である。XとYの長方形の面積は等しいから，横の長さの逆比が，たての長さの比になる。だから，XとYの長方形のたての長さの比は②：③である。

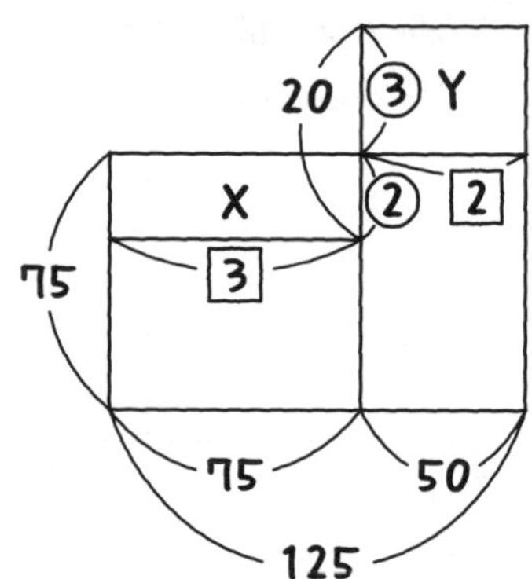

XとYの長方形のたての長さの比の合計②＋③＝⑤が20点にあたるから，①は，20÷5＝4(点)。だから，③は4×3＝12(点)。

よって，合格者の平均点は

75＋12＝87(点)

87点 答え

Check53

(1) ベン図を使って表すと，次のようになる。

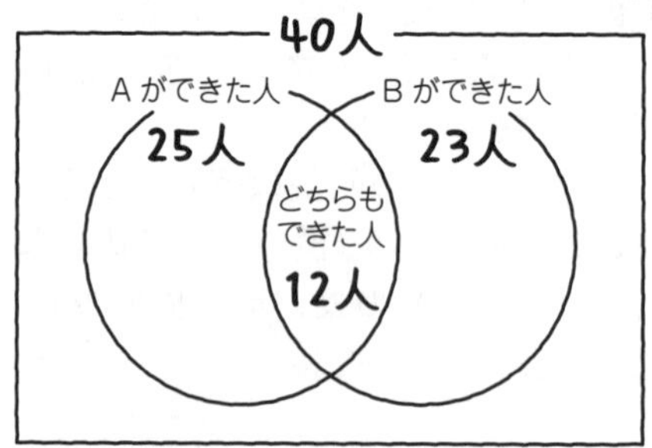

Bの問題だけできた人数は，Bの問題ができた23人から，A，Bどちらの問題もできた12人をひけば求められる。

23－12＝11(人)

11人 答え

(2) (1)から，Bの問題だけできたのは11人である。

この11人に，Aの問題ができた25人をたすと，11＋25＝36(人)(AかBの少なくともどちらか一方ができた人数)となる。クラス全体の人数の40人から，この36人をひくと，40－36＝4(人)(A，Bどちらの問題もできなかった人数)が求められる。

4人 答え

別解 (2)

Aの問題ができた25人とBの問題ができた23人の和から，A，Bどちらの問題もできた12人をひくと，25＋23－12＝36(人)(AかBの少なくとも一方ができた人数)となる。クラス全体の人数の40人から，この36人をひくと，40－36＝4(人) (A，Bどちらの問題もできなかった人数)が求められる。

4人 答え

Check54

(1)　ベン図を使って表すと，次のようになる。

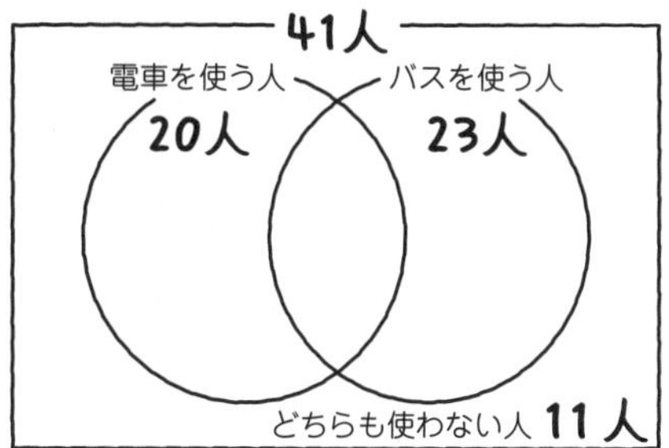

電車を使う20人と，バスを使う23人と，電車もバスも使わない11人の和から，クラス全体の人数の41人をひけばよい。だから，通学に電車もバスも使う人は

(20＋23＋11)－41＝13(人)

13人 答え

(2)　バスを使う23人から，電車もバスも使う13人をひけばよい。だから，通学にバスだけを使う人は

23－13＝10(人)

10人 答え

Check55

A，Bどちらのクイズもできなかった人数は，次の図のとき(A，Bどちらのクイズもできた人が0人のとき)に最も少なくなる。

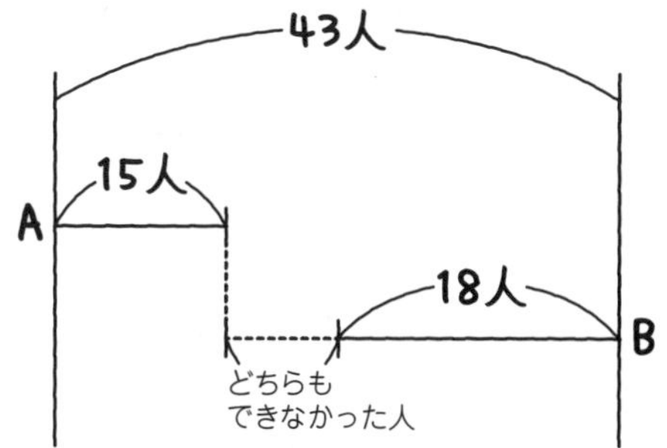

このとき，A，Bどちらのクイズもできなかった人は，43－(15＋18)＝10(人)である。

A，Bどちらのクイズもできなかった人数は，次の図のとき(Aのクイズができた人全員がBのクイズもできたとき)に最も多くなる。

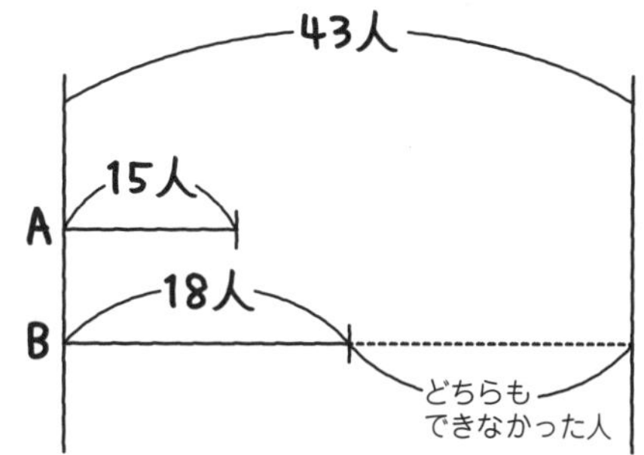

このとき，A，Bどちらのクイズもできなかった人は，43－18＝25(人)である。

10人以上25人以下 答え

別解

A，Bどちらのクイズもできなかった人数は，次のベン図のとき(A，Bどちらのクイズもできた人が0人のとき)に最も少なくなる。

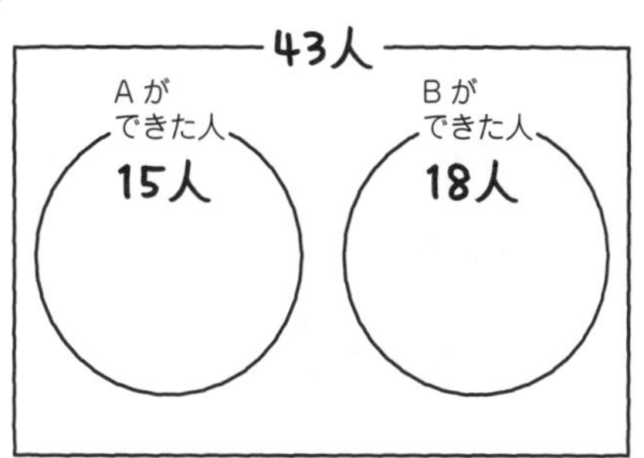

このとき，A，B どちらのクイズもできなかった人は，43－(15＋18)＝10(人)である。

A, B どちらのクイズもできなかった人数は，次のベン図のとき(A のクイズができた人全員が B のクイズもできたとき)に最も多くなる。

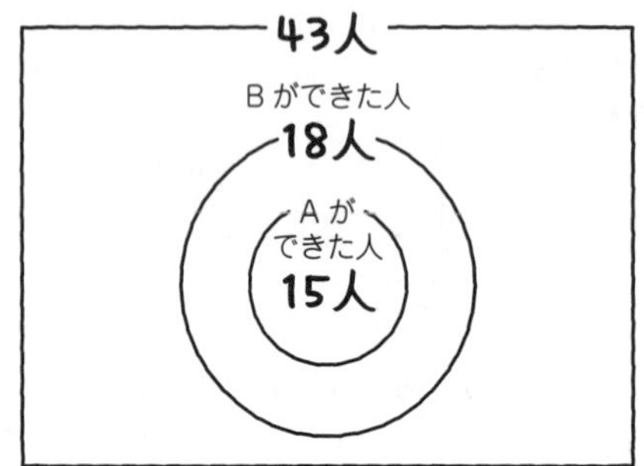

このとき，A，B どちらのクイズもできなかった人は，43－18＝25(人)である。

10 人以上 25 人以下 答え

第 4 章　割合

Check56

それぞれ，「の」は「×」を表し，「は」は「＝」を表すことをもとに考える。

(1)　□は 8 の 1.5 倍　⇒　□＝8×1.5

□＝8×1.5＝12　**12** 答え

(2)　12 個の□倍は 108 個

⇒　12×□＝108

□＝108÷12＝9　**9** 答え

(3)　「□ cm の 0.3 倍は 6 m」の単位を cm にそろえると「□ cm の 0.3 倍は 600 cm」となる。

□ cm の 0.3 倍は 600 cm

⇒　□×0.3＝600

□＝600÷0.3＝2000　**2000** 答え

(4)　21 人は 9 人の□倍　⇒　21＝9×□

$□=21\div9=\frac{7}{3}=2\frac{1}{3}$

$2\frac{1}{3}$ 答え

(5)　「240 dL の $\frac{7}{8}$ は□ L」の単位を L にそろえると「24 L の $\frac{7}{8}$ は□ L」となる。

24 L の $\frac{7}{8}$ は□ L　⇒　$24\times\frac{7}{8}=□$

$□=24\times\frac{7}{8}=21$　**21** 答え

(6)　$1\frac{1}{11}$ km は□ km の 0.375 倍

⇒　$1\frac{1}{11}=□\times0.375$

$□=1\frac{1}{11}\div0.375=\frac{12}{11}\div\frac{3}{8}=\frac{32}{11}$

$=2\frac{10}{11}$

$2\frac{10}{11}$ 答え

Check57

小数や整数で表した割合を百分率で表すには 100 倍すれば(小数点を右に 2 つ移せば)よい。

(1)　0.67×100＝67　**67%** 答え

(2)　0.001×100＝0.1　**0.1%** 答え

(3)　5.098×100＝509.8　**509.8%** 答え

(4)　7×100＝700　**700%** 答え

百分率を小数で表すには 100 でわれば(小数点を左に 2 つ移せば)よい。

(5)　55÷100＝0.55　**0.55** 答え

(6)　2÷100＝0.02　**0.02** 答え

(7)　3.06÷100＝0.0306　**0.0306** 答え

(8)　104.1÷100＝1.041　**1.041** 答え

Check58

(1)　0.08 は 0.01 が 8 つだから，**8 分** 答え

(2)　0.223 は 0.1 が 2 つ，0.01 が 2 つ，0.001 が 3 つだから，**2 割 2 分 3 厘** 答え

(3)　0.095 は 0.01 が 9 つ，0.001 が 5 つだから，**9 分 5 厘** 答え

(4)　1.068 は 0.1 が 10，0.01 が 6 つ，0.001 が 8 つだから，**10 割 6 分 8 厘** 答え

(5)　7 割 1 分 2 厘の 7 割は 0.1 が 7 つ，1 分は 0.01 が 1 つ，2 厘は 0.001 が 2 つあることを表すから，**0.712** 答え

(6)　9 分 7 厘の 9 分は 0.01 が 9 つ，7 厘は 0.001 が 7 つあることを表すから，

0.097 答え

(7)　2割8厘の2割は0.1が2つ，8厘は0.001が8つあることを表すから，

0.208 答え

(8)　15割3厘の15割は0.1が15個, 3厘は0.001が3つあることを表すから,

1.503 答え

Check59

(1)　18.6 cm^3 は 150 cm^3 の □割□分□厘

↓小数に直す

18.6 cm^3 は 150 cm^3 の△倍(小数)

↓「は」は「=」　↓「の」は「×」

18.6 ＝ 150 ×△

△＝18.6÷150＝0.124

↓歩合に直す

1割2分4厘

1(割)2(分)4(厘) 答え

(2)　5 m^2 の 5分8厘 は□ cm^2

↓単位を cm^2 にそろえる　↓小数に直す

50000 cm^2 の 0.058 倍は□ cm^2

↓「の」は「×」　↓「は」は「=」

50000 × 0.058 ＝ □

50000×0.058＝2900

2900 答え

(3)　75 dL の 98％ は □L

↓単位をLにそろえる　↓小数に直す

7.5 L の 0.98 倍は □L

↓「の」は「×」　↓「は」は「=」

7.5 × 0.98 ＝ □

7.5 × 0.98 ＝ 7.35

7.35 答え

(4)　3 g は 0.12 kg の □％

↓単位をgにそろえる　↓小数に直す

3 g は 120 g の △倍(小数)

↓「は」は「=」　↓「の」は「×」

3 ＝ 120 × △

△＝3÷120＝0.025

↓百分率に直す

2.5％

2.5 答え

(5)　□ kL の 8.1％ は 0.729 m^3

↓小数に直す　↓単位を kL にそろえる

□ kL の 0.081 倍は 0.729 kL

↓「の」は「×」　↓「は」は「=」

□ × 0.081 ＝ 0.729

□＝0.729÷0.081＝9

9 答え

(6)　□ mm の 8割2分2厘 は 4.11 cm

↓小数に直す　↓単位を mm にそろえる

□ mm の 0.822 倍 は 41.1 mm

↓「の」は「×」　↓「は」は「=」

□ × 0.822 ＝ 41.1

□＝41.1÷0.822＝50

50 答え

第5章　比

Check60

前項を後項でわった商(わり算の答え)が比の値である。

(1)　前項の24を後項の6でわると,

24÷6＝4　**4** 答え

(2)　前項の2を後項の10でわると,

$$2\div10=\frac{1}{5}\text{(または 0.2)}$$

$\frac{1}{5}$(または 0.2) 答え

Check61

(1)　$45:81=\underline{\mathbf{5:9}}$ 答え

(2)　$3.3:0.6=(3.3\times10):(0.6\times10)$

$=33:6=\underline{\mathbf{11:2}}$ 答え

(3)　$\frac{5}{18}:\frac{20}{27}=\left(\frac{5}{18}\times54\right):\left(\frac{20}{27}\times54\right)$

$=15:40=\underline{\mathbf{3:8}}$ 答え

(4)　$8:0.24=(8\times100):(0.24\times100)$

$=800:24=\underline{\mathbf{100:3}}$ 答え

(5)　$7:5\frac{1}{4}=7:\frac{21}{4}=(7\times4):\left(\frac{21}{4}\times4\right)$

$=28:21=\underline{\mathbf{4:3}}$ 答え

(6)　$0.32\ \mathrm{ha}:1.5\ \mathrm{a}=32\ \mathrm{a}:1.5\ \mathrm{a}$

$=320:15=\underline{\mathbf{64:3}}$ 答え

Check62

(1)　前項が 8 から 40 に 5 倍になっているので, 後項の 5 も 5 倍して, $5\times5=25$

$\underline{\mathbf{25}}$ 答え

(2)　内項の積と外項の積は等しいことを利用する。内項の積は 24×27 で, 外項の積は$□\times18$ だから

$□=24\times27\div18=\frac{\overset{4}{\cancel{24}}\times\overset{9}{\cancel{27}}}{\underset{}{\cancel{18}}\ \underset{1}{\cancel{3}}}=36$

$\underline{\mathbf{36}}$ 答え

(3)　内項の積と外項の積は等しいことを利用する。内項の積は $15\times□$で, 外項の積は 0.2×10 だから

$□=0.2\times10\div15$　←0.2×10 を先に計算するとラク

$=2\div15$

$=\frac{2}{15}$　　　$\underline{\mathbf{\frac{2}{15}}}$ 答え

(4)　内項の積と外項の積は等しいことを利用する。内項の積は $2\frac{5}{6}\times□$で, 外項の積は $3.75\times\frac{4}{9}$ だから

$□=3.75\times\frac{4}{9}\div2\frac{5}{6}$

$=3\frac{3}{4}\times\frac{4}{9}\div\frac{17}{6}$

$=\frac{\overset{5}{\cancel{15}}}{\underset{1}{\cancel{4}}}\times\frac{\overset{1}{\cancel{4}}}{\underset{\cancel{3}\,1}{\cancel{9}}}\times\frac{\overset{2}{\cancel{6}}}{17}$

$=\frac{10}{17}$　　　$\underline{\mathbf{\frac{10}{17}}}$ 答え

(5)　まん中の項が 7 から 9 に $\frac{9}{7}$ 倍になっているので, 左の項の(　あ　)を $\frac{9}{7}$ 倍すると 1 になる。つまり, (　あ　)$\times\frac{9}{7}=1$ である。

だから　(　あ　)$=1\div\frac{9}{7}=\frac{7}{9}$

右の項の 6 を $\frac{9}{7}$ 倍すると(　い　)になるから　(　い　)$=6\times\frac{9}{7}=\frac{54}{7}=7\frac{5}{7}$

$\underline{\mathbf{(あ)\frac{7}{9}\quad(い)7\frac{5}{7}}}$ 答え

Check63

(1)

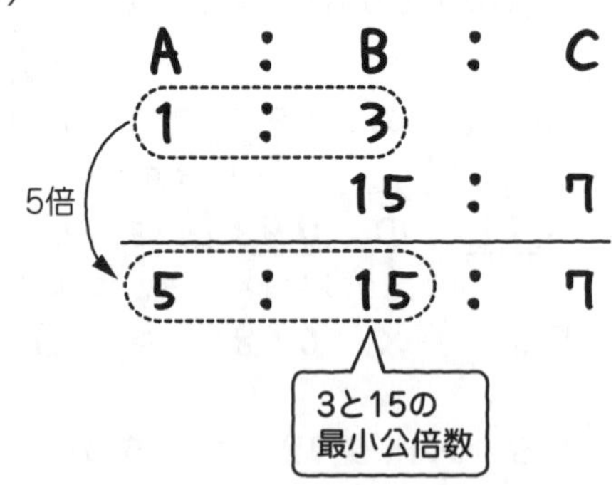

$\underline{\mathbf{5:15:7}}$ 答え

(2)

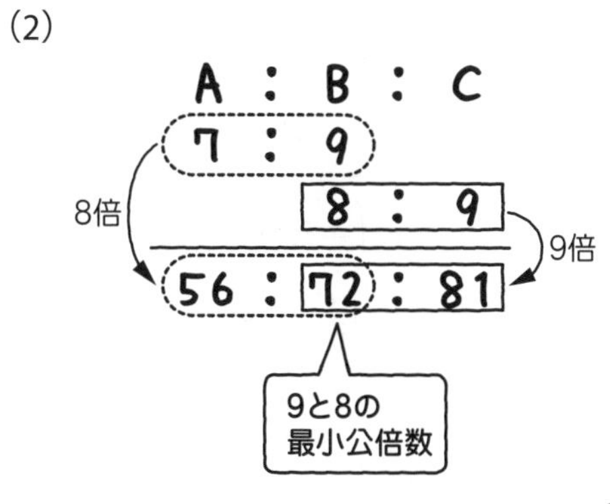

56：72：81 答え

(3)

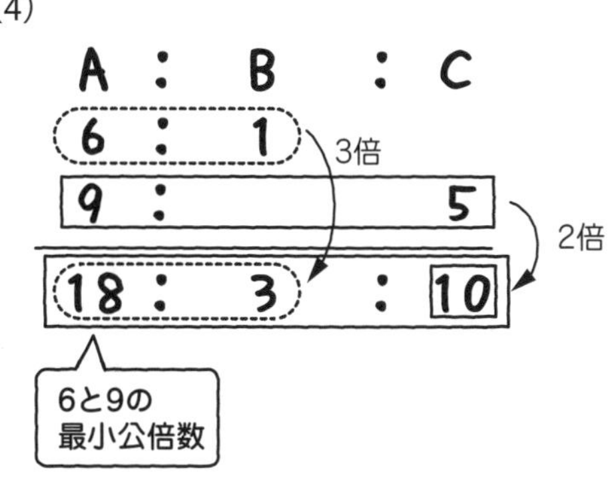

85：18：60 答え

(4)

A : B : C

6 : 1 (3倍)

9 : 5 (2倍)

18 : 3 : 10

6と9の最小公倍数

18：3：10 答え

Check64

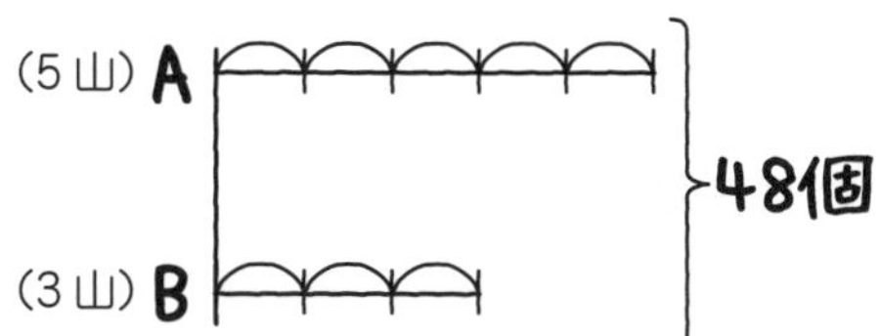

Aは「5山」で，Bは「3山」だから，5＋3＝8で，合わせて「8山」となる。この「8山」ぶんが48個だから，48÷8＝6で，「1山」ぶんは6個とわかる。

Aは「5山」だから，6×5＝30(個)

Bは「3山」だから，6×3＝18(個)

A 30個，B 18個 答え

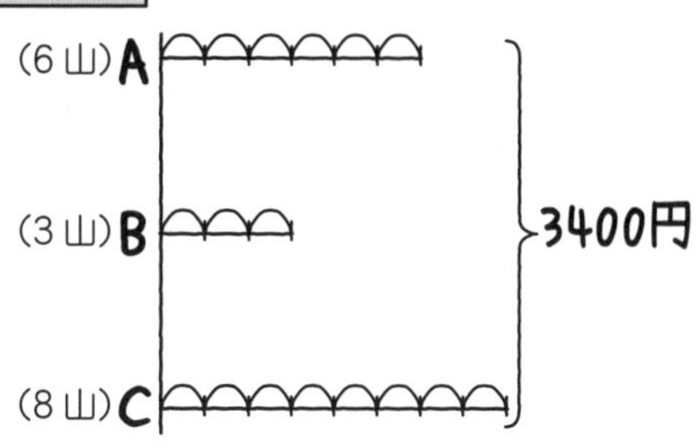

Aは「6山」で，Bは「3山」で，Cは「8山」だから，6＋3＋8＝17で，合わせて「17山」となる。この「17山」ぶんが3400円だから，3400÷17＝200で「1山」ぶんは200円と求められる。

Aは「6山」だから，200×6＝1200(円)

Bは「3山」だから，200×3＝600(円)

Cは「8山」だから，200×8＝1600(円)

A 1200円，B 600円，C 1600円 答え

Check66

AとCの金額の比は17：20，BとCの金額の比は23：30だから，それをもとに連比をつくる。

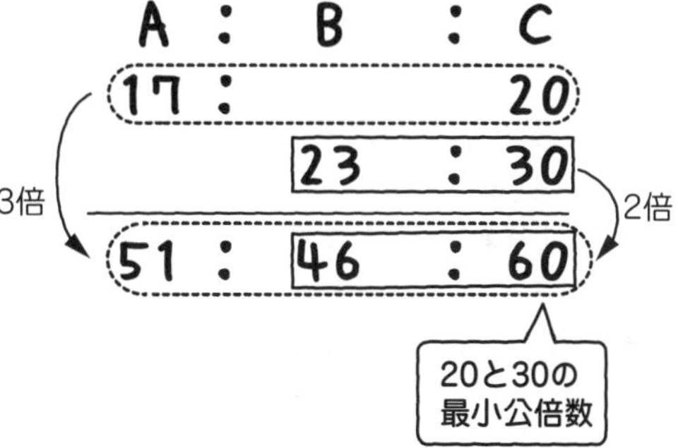

A：B：C＝51：46：60だから，それをもとに線分図をかく。

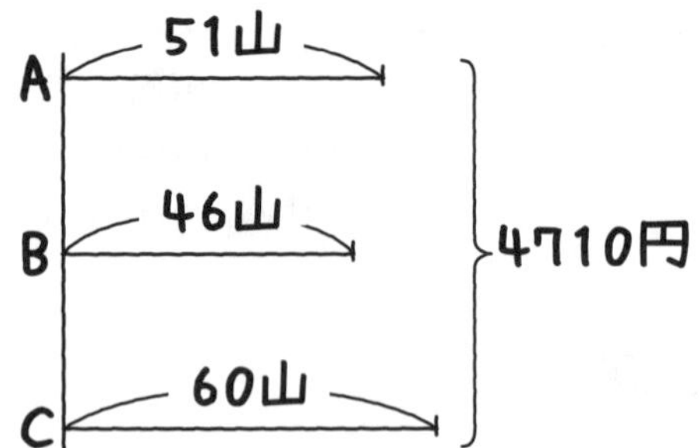

Aは「51山」で，Bは「46山」で，Cは「60山」だから，51＋46＋60＝157で，合わせて「157山」となる。この「157山」ぶんが4710円だから，4710÷157＝30で，「1山」ぶんは30円とわかる。

Aは「51山」だから，30×51＝1530(円)
Bは「46山」だから，30×46＝1380(円)
Cは「60山」だから，30×60＝1800(円)

A 1530円，B 1380円，C 1800円 答え

Check67

兄のえんぴつを2本少なくすると，合計も2本少なくなるから，合計は32−2＝30(本)となる。兄のえんぴつが2本少ない場合の線分図をかく。

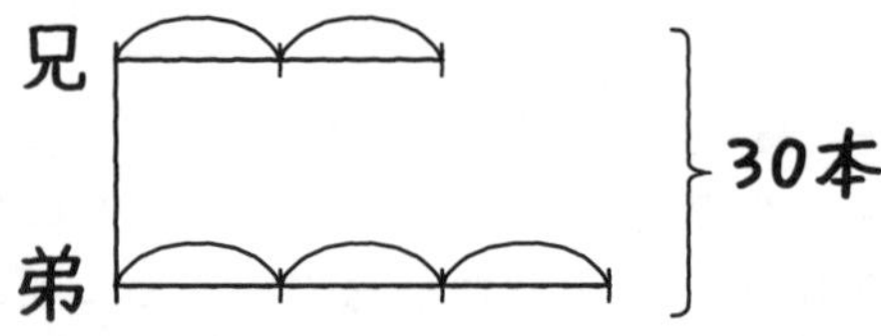

兄は「2山」で，弟は「3山」だから，2＋3＝5で，合わせて「5山」となる。この「5山」ぶんが30本だから，30÷5＝6で，「1山」ぶんは6本とわかる。兄は「2山」だから，6×2＝12(本)

実際はそれより2本多く持っているのだから，12＋2＝14(本)

弟は「3山」だから，6×3＝18(本)

兄14本，弟18本 答え

Check68

(1)　ア＝15÷5＝3，イ＝15÷3＝5だから
ア：イ＝**3：5** 答え

(2)　ア＝1÷5＝$\frac{1}{5}$，イ＝1÷3＝$\frac{1}{3}$だから

ア：イ＝$\frac{1}{5}$：$\frac{1}{3}$
＝$\left(\frac{1}{5}\times15\right)$：$\left(\frac{1}{3}\times15\right)$
＝**3：5** 答え

Check69

(1)　ア＝12÷2＝6，イ＝12÷6＝2，ウ＝12÷4＝3だから
ア：イ：ウ＝**6：2：3** 答え

(2)　ア＝1÷2＝$\frac{1}{2}$，イ＝1÷6＝$\frac{1}{6}$，ウ＝1÷4＝$\frac{1}{4}$だから

ア：イ：ウ
＝$\frac{1}{2}$：$\frac{1}{6}$：$\frac{1}{4}$
＝$\left(\frac{1}{2}\times12\right)$：$\left(\frac{1}{6}\times12\right)$：$\left(\frac{1}{4}\times12\right)$
＝**6：2：3** 答え

Check70

(1)　Aの16倍とBの14倍が等しいから，A×16＝B×14と表せる。
ここで，Aに14，Bに16を入れると，14×16＝16×14(＝224)となり，等しくなる。だから，A：B＝14：16＝7：8

7：8 答え

別解

A×16＝B×14＝1とすると
A×16＝1
B×14＝1

より，Aには16の逆数の$\frac{1}{16}$が入り，Bには14の逆数の$\frac{1}{14}$が入るから

A：B＝$\frac{1}{16}$：$\frac{1}{14}$
＝$\left(\frac{1}{16}\times112\right)$：$\left(\frac{1}{14}\times112\right)$
＝**7：8** 答え

(2)　$A\times 1.1=B\times 1\frac{1}{6}$ で，A に $1\frac{1}{6}$，B に 1.1 を入れると，$1\frac{1}{6}\times 1.1=1.1\times 1\frac{1}{6}$ となり，等しくなる。だから

$$A:B=1\frac{1}{6}:1.1=\frac{7}{6}:\frac{11}{10}$$
$$=\left(\frac{7}{6}\times 30\right):\left(\frac{11}{10}\times 30\right)$$

分母の 6 と 10 の
最小公倍数 30 をかける

$$=35:33$$

35：33 答え

別解

$A\times 1.1=B\times 1\frac{1}{6}=1$ とすると

$A\times 1.1=1$

$B\times 1\frac{1}{6}=1$

より $A\times\frac{11}{10}=1$，$B\times\frac{7}{6}=1$ と変形できる。

A には $\frac{11}{10}$ の逆数の $\frac{10}{11}$ が入り，B には $\frac{7}{6}$ の逆数の $\frac{6}{7}$ が入るから

$$A:B=\frac{10}{11}:\frac{6}{7}=\left(\frac{10}{11}\times 77\right):\left(\frac{6}{7}\times 77\right)$$
$$=70:66=35:33$$

35：33 答え

(3)　$A\times 4\frac{4}{9}=B\times 5.6=C\times 5=1$ とする。

$4\frac{4}{9}$ と 5.6 と 5 を仮分数に直すと

$A\times\frac{40}{9}=1$

$B\times\frac{28}{5}=1$

$C\times\frac{5}{1}=1$

と変形できる。

A には $\frac{40}{9}$ の逆数の $\frac{9}{40}$ が入り，B には $\frac{28}{5}$ の逆数の $\frac{5}{28}$ が入り，C には $\frac{5}{1}$ の逆数の $\frac{1}{5}$ が入るから

$$A:B:C=\frac{9}{40}:\frac{5}{28}:\frac{1}{5}$$
$$=\left(\frac{9}{40}\times 280\right):\left(\frac{5}{28}\times 280\right):\left(\frac{1}{5}\times 280\right)$$
$$=63:50:56$$

63：50：56 答え

Check71

(1)　男子の人数の $\frac{3}{4}$ と女子の人数の $\frac{2}{3}$ が同じだから，

男子$\times\frac{3}{4}$＝女子$\times\frac{2}{3}$ と表せる。

男子$\times\frac{3}{4}$＝女子$\times\frac{2}{3}=1$ とおくと，

男子には $\frac{3}{4}$ の逆数の $\frac{4}{3}$ が入り，女子には $\frac{2}{3}$ の逆数の $\frac{3}{2}$ が入る。だから

男子：女子$=\frac{4}{3}:\frac{3}{2}=\left(\frac{4}{3}\times 6\right):\left(\frac{3}{2}\times 6\right)$

$=8:9$

8：9 答え

(2)　男子と女子の人数の比は⑧：⑨である（実際の数と区別するために比に○をつけて表す）。男子と女子の比の差は，⑨－⑧＝①。この①が実際の人数の差の 9 人にあたる。女子の人数は⑨だから，9×9＝81（人）と求められる。

81 人 答え

Check72

(1)　A の $\frac{2}{9}$ が水面より上に出たということは，$1-\frac{2}{9}=\frac{7}{9}$ で，A の $\frac{7}{9}$ が池の中に入っている。B の $\frac{3}{5}$ が水面より上に出たということは，$1-\frac{3}{5}=\frac{2}{5}$ で，

B の $\frac{2}{5}$ が池の中に入っている。

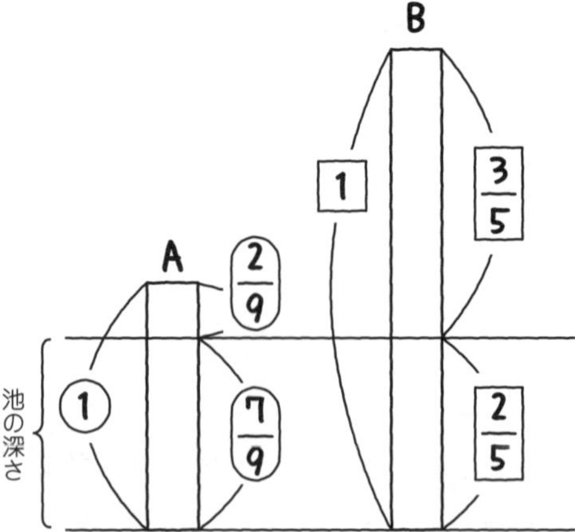

池の中に入っている長さは等しいから，Aの $\frac{7}{9}$ とBの $\frac{2}{5}$ が等しい。つまり，$A\times\frac{7}{9}=B\times\frac{2}{5}$ ということである。

ここで，$A\times\frac{7}{9}=B\times\frac{2}{5}=1$ とする。Aには $\frac{7}{9}$ の逆数の $\frac{9}{7}$ が入り，Bには $\frac{2}{5}$ の逆数の $\frac{5}{2}$ が入るから

$$A:B=\frac{9}{7}:\frac{5}{2}=\left(\frac{9}{7}\times14\right):\left(\frac{5}{2}\times14\right)$$
$$=18:35$$

18：35 答え

(2)　A，Bの2本の長さの合計は265 cm。A：B＝⑱：㉟(実際の数と区別するために比に○をつけて表す)。だから，比の合計は⑱＋㉟＝(53)である。
この(53)が265 cmにあたる。

265÷53＝5で，①は5 cmと求められる。Aは⑱の長さだから，Aの実際の長さは，5×18＝90(cm)である。Aの $\frac{7}{9}$ が池の中に入っているのだから，池の深さは

$90\times\frac{7}{9}=70$(cm)

70 cm 答え

別解

(1)　Aの $\frac{2}{9}$ が水面より上に出たということは，Aを9等分した2つぶんが水面より上に出ている。そして，9－2＝7だから，9等分した7つぶんが池の中に入っているということである。

Bの $\frac{3}{5}$ が水面より上に出たということは，Bを5等分した3つぶんが水面より上に出ている。そして，5－3＝2だから，5等分した2つぶんが池の中に入っているということである。

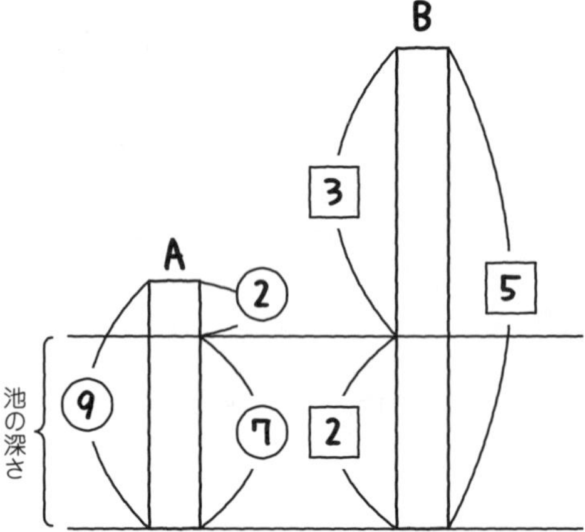

(AとBをそれぞれ別々の比で表しているから，Aは○の比，Bは□の比で表している。)ここで，池の深さの⑦と[2]は同じ長さである。池の深さを⑦と[2]の最小公倍数の14にそろえると，次のように連比をつくることができる。

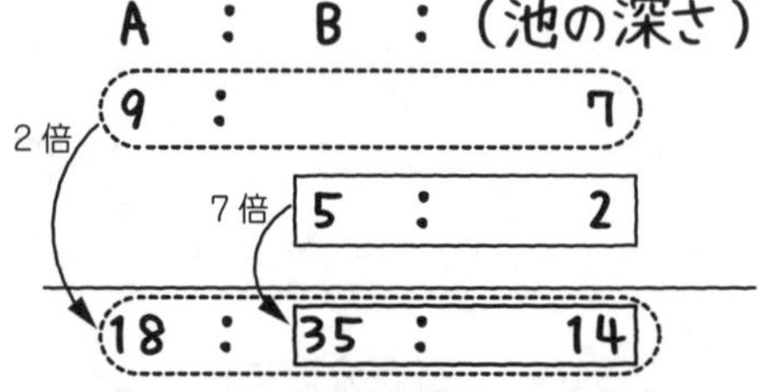

A：B：(池の深さ)＝18：35：14と求められた。だから，**18：35** 答え

(2)　A：B：(池の深さ)＝18：35：14
AとBの比の合計18＋35＝53が265 cmにあたるから，265÷53＝5で，比の1は5 cmとわかる。

A：B：(池の深さ)＝18：35：14で，池の深さは比の14だから，5×14＝70で，**70 cm** 答え

Check73

(1)　(たての長さの比)×(横の長さの比)

＝(長方形の面積の比)をもとに求める。
たての長さの比が 5：6，横の長さの比が 9：10 だから，それぞれをかけ合わせると

(5×9)：(6×10)＝45：60＝3：4

3：4 答え

(2)　(長方形の面積の比)÷(たての長さの比)＝(横の長さの比)をもとに求める。
面積の比が 3：2，たての長さの比が 6：11 だから，面積の比をたての長さの比でわると

$(3\div6):(2\div11)=\frac{1}{2}:\frac{2}{11}$

$=\left(\frac{1}{2}\times22\right):\left(\frac{2}{11}\times22\right)=11:4$

11：4 答え

Check74

(1 枚の金額)×(枚数)＝(金額の合計)という公式に「の比」をつけると，(1 枚の金額の比)×(枚数の比)＝(金額の合計の比)という公式が成り立つ。

10 円玉と 50 円玉で，それぞれ 1 枚の金額の比は 10：50＝1：5

問題文より，枚数の比が 8：3

これらをかけ合わせて，(金額の合計の)比)を求める。

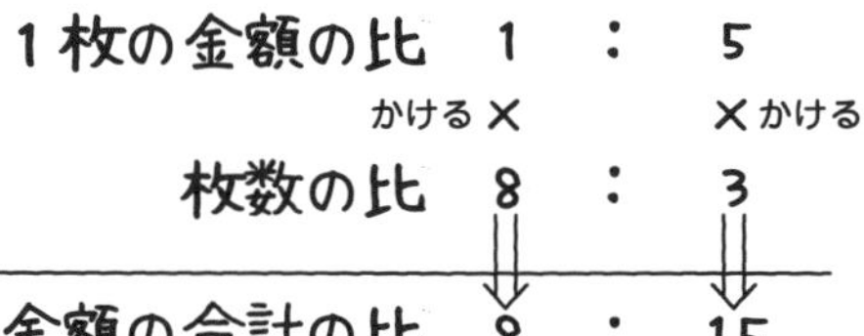

これにより，(金額の合計の比)が 8：15 と求められた。実際の数と区別するために⑧：⑮とする。(金額の合計の比)が⑧：⑮だから，⑧＋⑮＝㉓で，㉓が金額の合計の 1150 円にあたる。

㉓が 1150 円にあたるから 1150÷23＝50 で，①は 50(円)と求められる。

10 円玉の金額の合計は 50×8＝400(円)
50 円玉の金額の合計は 50×15＝750(円)
10 円玉の枚数は，400÷10＝40(枚)
50 円玉の枚数は，750÷50＝15(枚)

10 円玉 40 枚，50 円玉 15 枚 答え

10 円玉と 50 円玉の枚数の比が 8：3 だから，10 円玉 8 枚と 50 円玉 3 枚を 1 組とおく。この 1 組(10 円玉 8 枚と 50 円玉 3 枚)の金額の合計は，10×8＋50×3＝230(円)

いま，10 円玉と 50 円玉の金額の合計は 1150 円だから，1150÷230＝5 で，5 組あることがわかる。1 組(10 円玉 8 枚と 50 円玉 3 枚)の枚数を 5 倍すれば，それぞれの枚数が求められるから，8×5＝40 で 10 円玉の枚数は 40 枚，3×5＝15 で，50 円玉の枚数は 15 枚。

10 円玉 40 枚，50 円玉 15 枚 答え

Check75

(おもりの重さの合計)÷(1 個のおもりの重さ)＝(おもりの個数)という公式に「の比」をつけると，(おもりの重さの合計の比)÷(1 個のおもりの重さの比)＝(おもりの個数の比)という公式が成り立つ。

おもり A 全部の重さの合計とおもり B 全部の重さの合計の比が 27：40 で，1 個のおもりの重さの比が 60 g：80 g＝3：4

(おもりの重さの合計の比)を(1 個のおもりの重さの比)でわって，(おもりの個数の比)を求める。

	A		B
おもりの重さの合計の比	27	：	40
	わる÷		÷わる
1個のおもりの重さの比	3	：	4
おもりの個数の比	9	：	10

これにより，(おもりの個数の比)が 9：10 と求められた。実際の数と区別するために⑨：⑩とする。

⑨＋⑩＝⑲で，⑲が個数の合計の 57 個にあたる。⑲が 57 個にあたるから，
57÷19＝3 で，①は 3 個と求められる。
おもり A の個数は⑨だから，3×9＝27(個)

27 個 答え

Check76

45％を小数に直すと 0.45 となる。クラス全体の人数を①とすると，男子の割合は (0.45) で，女子は 22 人いるのだから，これを線分図に表すと，次のようになる。

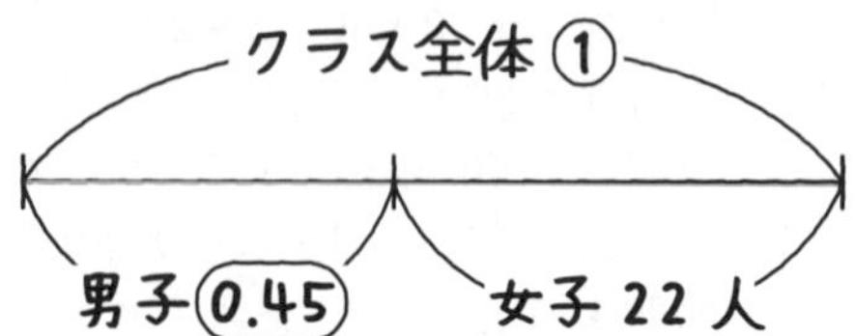

女子の割合は，①－(0.45)＝(0.55)。この (0.55) が 22 人なのだから，①(クラス全体の人数)を求めるためには「マルでわる」で，
22÷0.55＝40(人)

40 人 答え

Check77

はじめの所持金を①とすると，$\left(\frac{5}{8}\right)$ を貯金し，$\left(\frac{1}{6}\right)$ で文房具を買ったということになる。

$\frac{5}{8}+\frac{1}{6}=\frac{15}{24}+\frac{4}{24}=\frac{19}{24}$ だから，$\left(\frac{19}{24}\right)$ が貯金と文房具の合計の割合である。

さらに 120 円のボールペンを買ったところ，480 円残ったのだから，これを線分図に表すと，次のようになる。

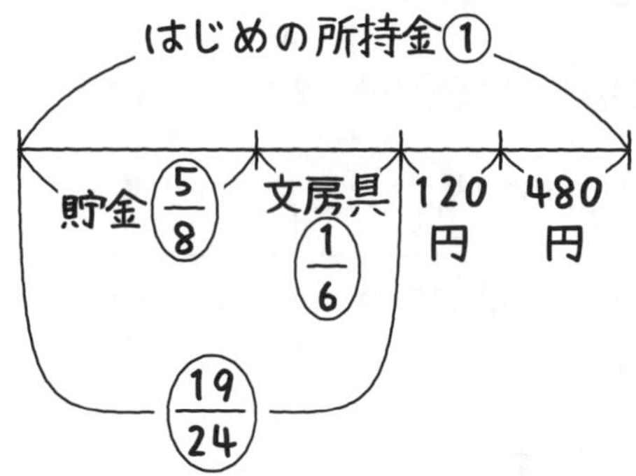

120＋480＝600 より，600 円の割合が ①－$\left(\frac{19}{24}\right)=\left(\frac{5}{24}\right)$ となる。$\left(\frac{5}{24}\right)$ が 600 円なのだから，①(はじめの所持金)を求めるためには「マルでわる」で，$600\div\frac{5}{24}=2880$(円)

2880 円 答え

Check78

はじめに持っていたお金の $\frac{1}{3}$ を電車代に使い，残りの $\frac{3}{7}$ をバス代に使ったところ，240 円残ったのだから，はじめに持っていたお金を①，電車代を使った残りのお金を $\boxed{1}$ として線分図に表すと，次のようになる。

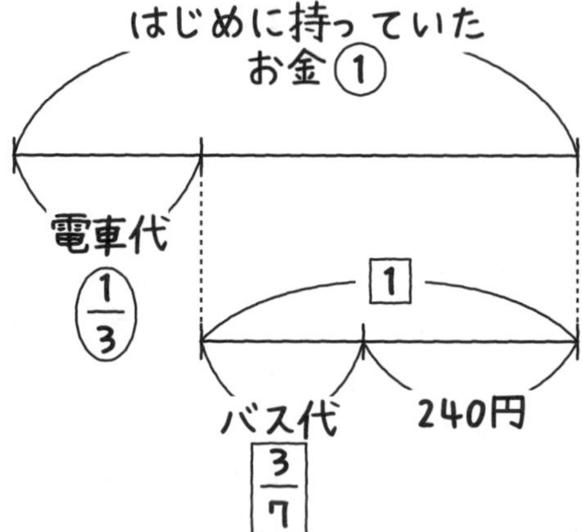

残った 240 円の割合は，$\boxed{1}-\boxed{\frac{3}{7}}=\boxed{\frac{4}{7}}$。$\boxed{\frac{4}{7}}$ が 240 円だから，$\boxed{1}$ は $240\div\frac{4}{7}=420$(円)。①－$\left(\frac{1}{3}\right)=\left(\frac{2}{3}\right)$ で，$\left(\frac{2}{3}\right)$ が 420 円だから，①は，$420\div\frac{2}{3}=630$(円)

630 円 答え

別解

はじめに持っていたお金を①とすると，電車代を使った残りの割合は

①－$\left(\frac{1}{3}\right)=\left(\frac{2}{3}\right)$

この $\left(\frac{2}{3}\right)$ のうち，$1-\frac{3}{7}=\frac{4}{7}$(倍)が 240 円にあたる。「$\left(\frac{2}{3}\right)$ のうちの $\frac{4}{7}$」ということは，$\left(\frac{2}{3}\right)\times\frac{4}{7}=\left(\frac{8}{21}\right)$ が 240 円にあたる。つまり，

はじめに持っていたお金の $\frac{8}{21}$（丸囲み）が240円だとわかる。240円が $\frac{8}{21}$（丸囲み）であるから，①（はじめに持っていたお金）は，

$240 \div \frac{8}{21} = 630$（円）

630円 答え

Check79

(1)　「原価2400円の品物に1割5分増しの定価をつけた」ということは「原価が2400円で，原価の1割5分（0.15倍）の利益を見こんだ」ということである。原価を①とすると，見こみの利益が(0.15)である。そして，①＋(0.15)＝(1.15)より，定価を(1.15)と表すことができる。

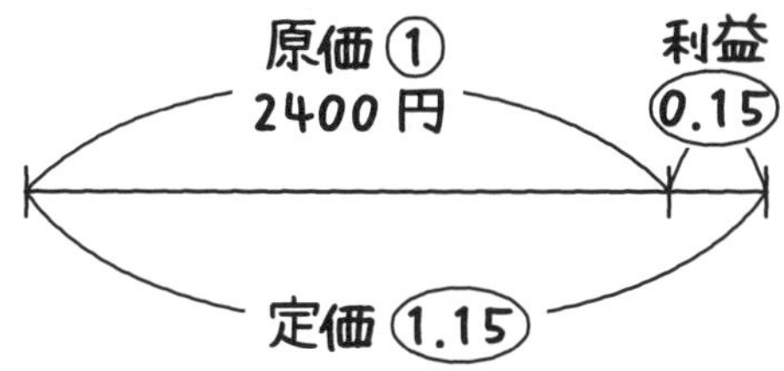

つまり，原価2400円の1.15倍が定価ということだから，定価は

2400×1.15＝2760（円）

2760円 答え

(2)　「ある品物に原価の1割8分（0.18倍）の利益を見こんで5310円の定価をつけた」ということだから，原価を①とすると，見こみの利益が(0.18)である。そして，①＋(0.18)＝(1.18)より，定価を(1.18)と表すことができる。

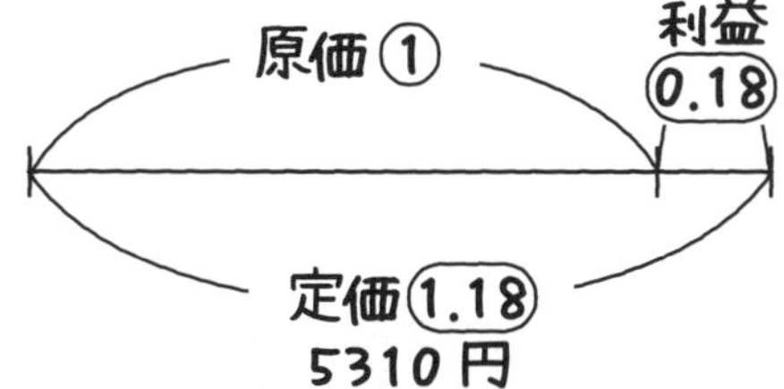

つまり，定価5310円の割合が(1.18)である。原価（①）を求めるには，「マルでわる」で，5310÷1.18＝4500（円）

4500円 答え

(3)　原価が4850円の品物を定価5820円で売ったのだから，5820－4850＝970より，利益は970円。利益（970円）は原価（4850円）の何割か求めればよいのだから，970÷4850＝0.2

小数で表された割合の0.2を歩合に直して2割と求められる。

2割 答え

Check80

(1)　「定価が25000円の品物を1割2分引きで売る」ということは，「定価が25000円の品物から，定価の0.12倍を値引きして売り値をつける」ということである。ここで，定価を①とすると，値引き額が(0.12)である。そして，①－(0.12)＝(0.88)より，売り値を(0.88)と表すことができる。

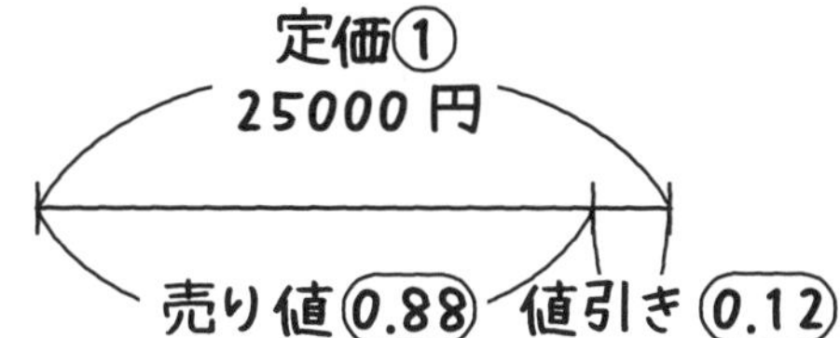

つまり，定価25000円の0.88倍が売り値である。だから，25000×0.88＝22000より，売り値は22000円である。

22000円 答え

(2)　「ある品物を定価の2割6分引きにして8880円で売る」ということは，「定価の0.26倍を値引きして売り値をつける」ということである。ここで，定価を①とすると，値引き額が(0.26)である。そして，①－(0.26)＝(0.74)より，売り値を(0.74)と表すことができる。

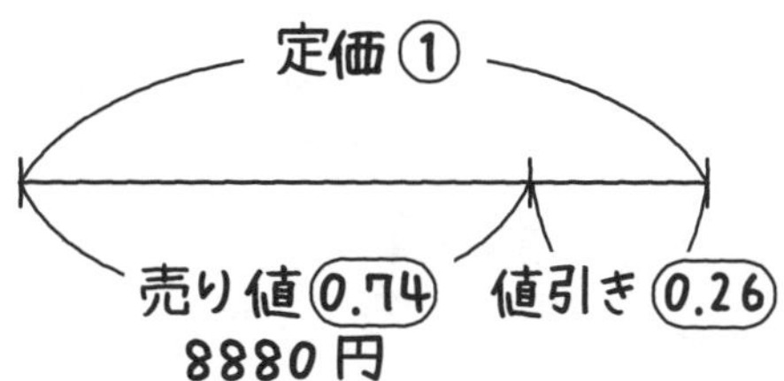

売り値8880円の割合が(0.74)だから，定価（①）を求めるには，「マルでわる」

で，8880÷0.74＝12000（円）

12000円 答え

(3)　定価が19000円の品物を13680円で売ったのだから，19000－13680＝5320で，値引き額は5320円である。定価19000円をもとにしたときの値引き額5320円（比べられる量）の割合を求めれば何％引きか求めることができる。割合は「（比べられる量）÷（もとにする量）」で求めることができるから
5320÷19000＝0.28となり，0.28を百分率に直して28％引きと求められる。

28％引き 答え

Check81

「原価が3500円の品物に1割の利益を見こんで定価をつけた」ということは「原価が3500円の品物に原価の0.1倍の利益を見こんで定価をつけた」ということである。原価を①とすると，見こみの利益が(0.1)と表せる。すると，①＋(0.1)＝(1.1)で，定価を(1.1)と表すことができる。

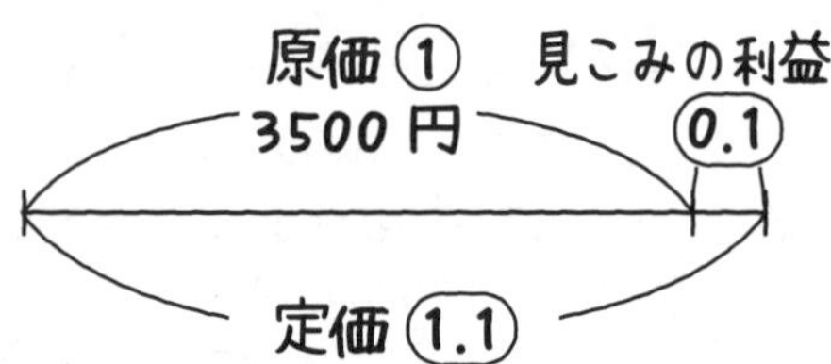

つまり，原価3500円の1.1倍が定価ということになる。だから，3500×1.1＝3850より，定価は3850円と求められる。そして，定価を3850円にしたが，売れなかったので「定価の1割引きで売った」ということは「定価3850円の品物を定価の0.1倍ぶんの値引きをして売った」ということである。ここで定価を[1]とすると，値引き額が[0.1]である。そして，[1]－[0.1]＝[0.9]より，売り値を[0.9]と表すことができる。

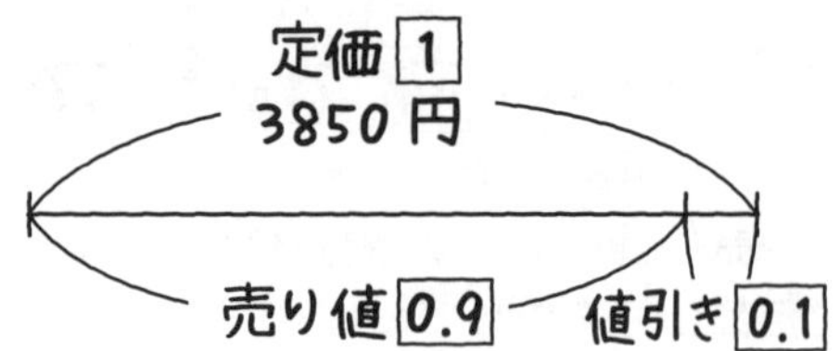

つまり，定価3850円の0.9倍が売り値ということになる。だから，3850×0.9＝3465より，売り値は3465円と求められる。

売り値3465円が原価3500円より安いということは，3500－3465＝35より，35円の損失である。

35円の損失 答え

別解

原価を①とすると，見こみの利益が(0.1)と表せる。そして，①＋(0.1)＝(1.1)より，定価を(1.1)と表すことができる。「売れないので定価の0.1倍ぶんの値引きをして売った」のだから，1－0.1＝0.9より，定価の0.9倍の値段で売ったということがわかる。

定価が(1.1)で，その0.9倍の値段で売ったのだから，(1.1)×0.9＝(0.99)より，売り値は(0.99)。売り値(0.99)は原価①より割合が小さいので，①－(0.99)＝(0.01)より，(0.01)だけ損をしたことがわかる。

つまり，原価3500円（①）の0.01倍だけ損をしたのだから，3500×0.01＝35より，35円の損をしたということである。

35円の損失 答え

Check82

原価を①とおく。原価の2割5分増し（0.25倍増し）の定価をつけたのだから，見こみの利益を(0.25)と表せる。

①＋(0.25)＝(1.25)より，定価は(1.25)と表せる。

そして，「定価(1.25)の品物を定価の3割引き，つまり0.3倍ぶんの値引きをして売った」のだから，1－0.3＝0.7より，定価の0.7倍の値段で売ったということである。定価が(1.25)でその0.7倍の値段で売ったのだから，(1.25)×0.7＝(0.875)より，売り値は(0.875)と表せる。原価から売り値をひいた分が損失になるから，①－(0.875)＝(0.125)より，損失は(0.125)である。

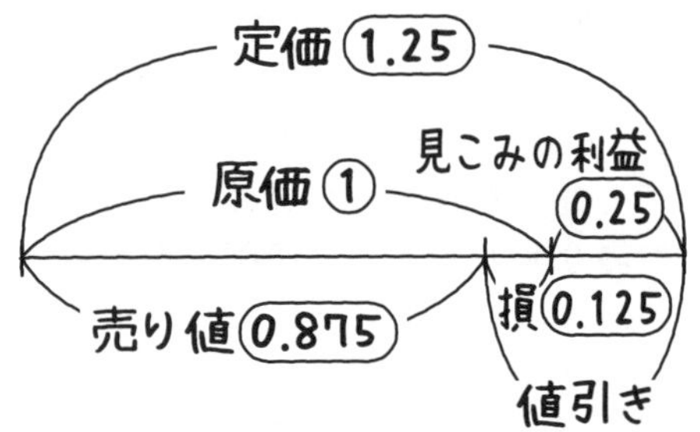

損失50円の割合が(0.125)ということだから，原価①を求めるには「マルでわる」をすればよい。
50÷0.125＝400で，原価は400円。

400円 答え

Check83

(1)

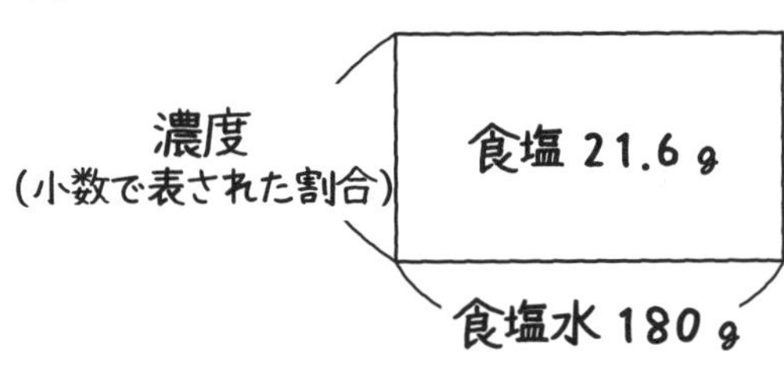

面積図より，21.6÷180＝0.12
0.12を百分率に直して12％

12％ 答え

(2)　14％を小数の0.14に直す。

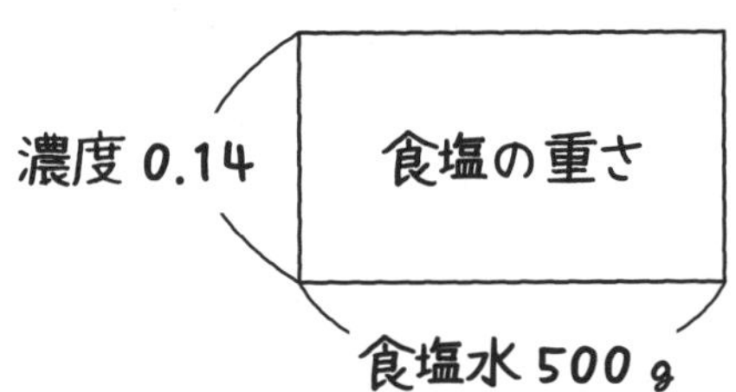

面積図より，500×0.14＝70(g)

70g 答え

(3)　21％を小数の0.21に直す。

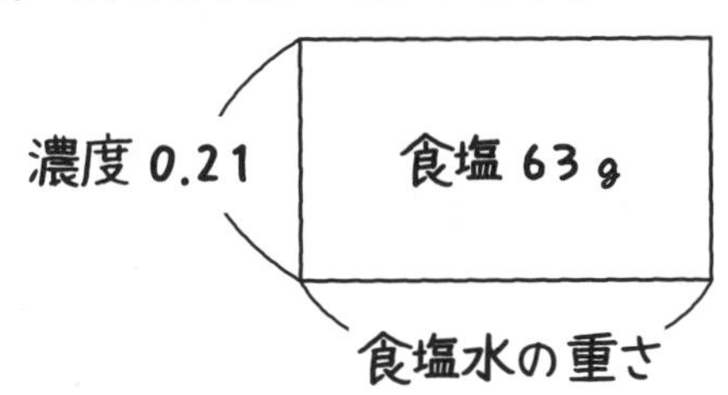

面積図より，63÷0.21＝300(g)

300g 答え

Check84

(1)　230g(水)＋20g(食塩)＝250g(食塩水)

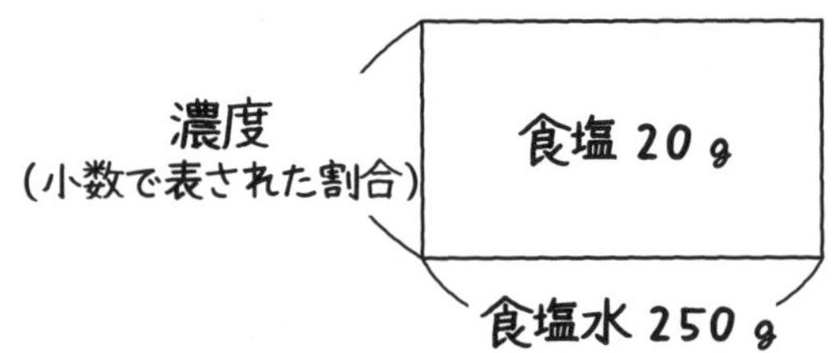

面積図より，20÷250＝0.08
0.08を百分率に直して8％

8％ 答え

(2)　2％を小数の0.02に直す。

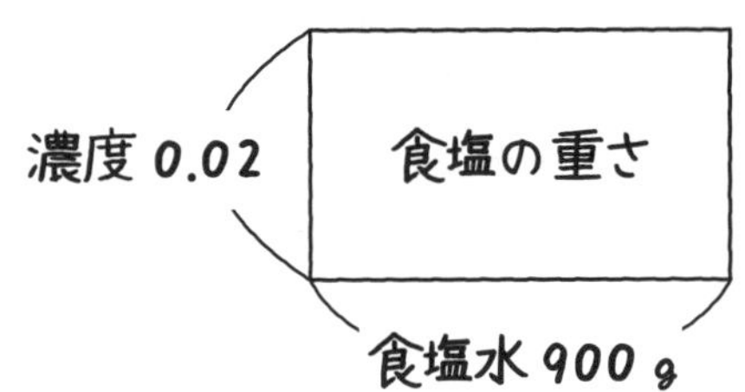

面積図より，900×0.02＝18で，食塩の重さが18gと求められる。
900g(食塩水)－18g(食塩)
＝882g(水)

882g 答え

(3)　20％の食塩水の重さを①とおくと，とけている食塩の重さは(0.2)とおける。食塩水中の水の割合は①－(0.2)＝(0.8)である。この(0.8)が67.2gだから，食塩水の重さ①は「マルでわる」で，
67.2÷0.8＝84(g)と求められる。
84g(食塩水)－67.2g(水)＝16.8g(食塩)

16.8g 答え

Check85

(1)　10％を小数の0.1に直す。

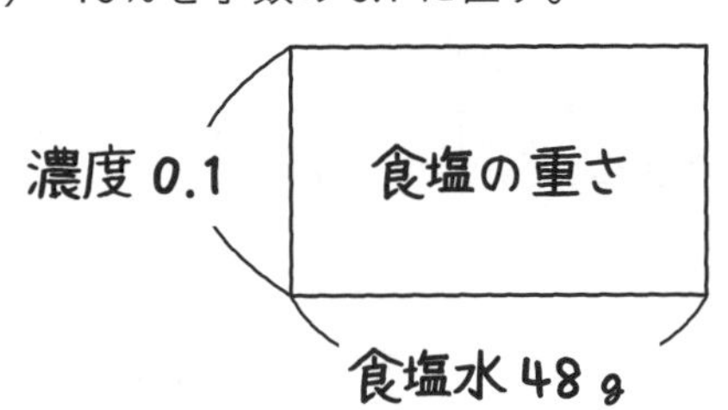

面積図より，10％の食塩水 48 g にとけている食塩の重さは 48×0.1＝4.8(g)である。48 g の食塩水に 2 g の食塩を加えたから，食塩水の重さは 48＋2＝50(g)になる。そして 4.8＋2＝6.8 で，食塩の重さは 6.8 g になる。

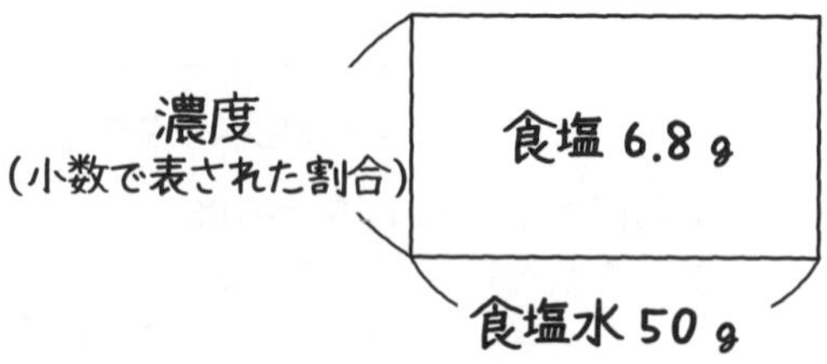

面積図より，6.8÷50＝0.136
これを百分率に直して 13.6％

13.6％ 答え

(2)　10％を小数の 0.1 に直す。

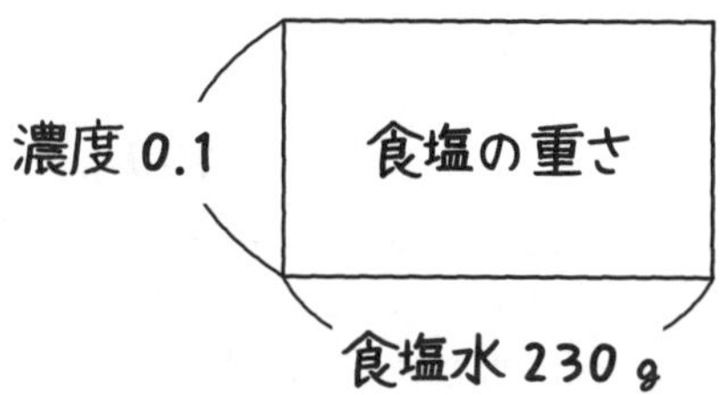

面積図より，10％の食塩水 230 g にとけている食塩の重さは 230×0.1＝23(g)である。230 g の食塩水に水 20 g を加えたから，食塩水の重さは 230＋20＝250(g)になる。食塩の重さは 23 g のまま。

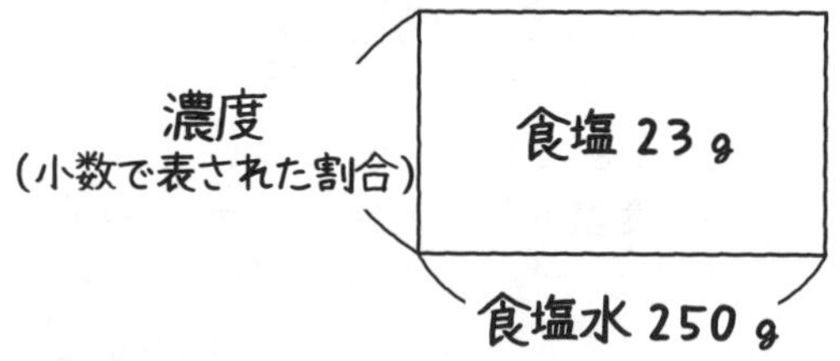

面積図より，23÷250＝0.092
これを百分率に直して 9.2％

9.2％ 答え

(3)　8％を小数の 0.08 に直す。

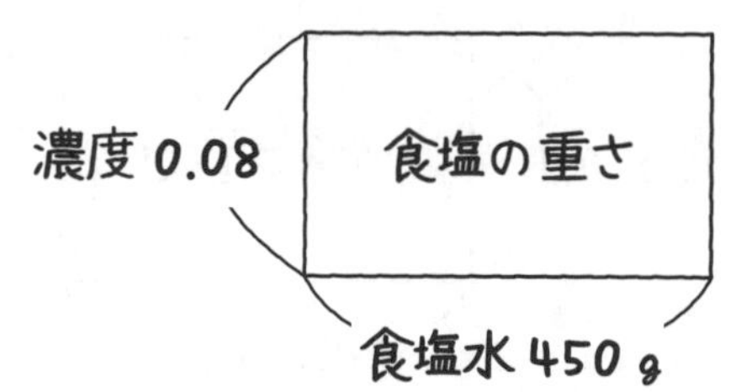

面積図より，8％の食塩水 450 g にとけている食塩の重さは 450×0.08＝36(g)である。450 g の食塩水に水に加えても食塩の重さは 36 g のまま。6％を小数の 0.06 に直して面積図をかく。

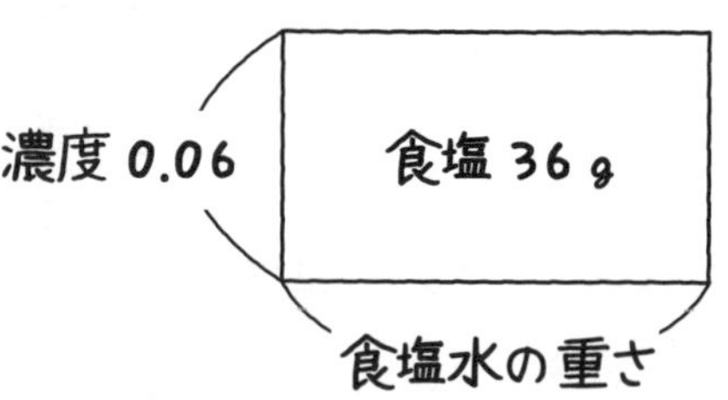

面積図より，36÷0.06＝600(g)
食塩水の重さが 600 g だから，もとの食塩水の重さ 450 g をひいて，
600－450＝150(g)の水を加えた。

150 g 答え

(4)　4％を小数の 0.04 に直す。

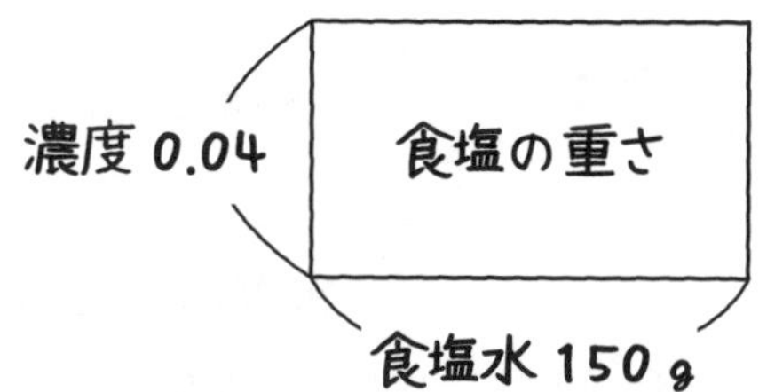

面積図より，4％の食塩水 150 g にとけている食塩の重さは 150×0.04＝6(g)である。150 g の食塩水から水を蒸発させても食塩の重さは 6 g のまま。5％を小数の 0.05 に直して面積図をかく。

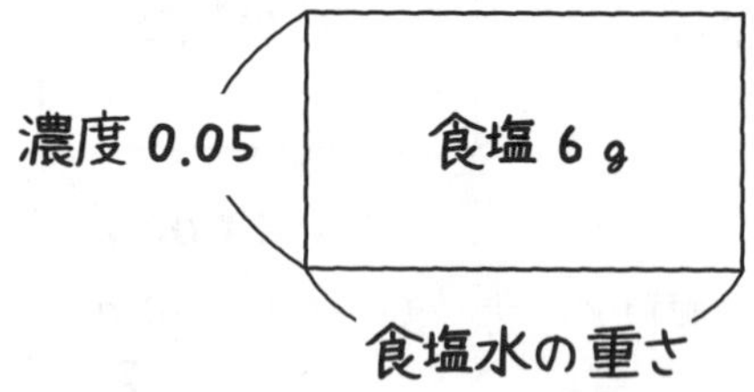

面積図より，6÷0.05＝120(g)
水が蒸発したあとの食塩水の重さが 120 g だから，もとの食塩水の重さ 150 g からひいて，150－120＝30(g)の水を蒸発させればよい。

30 g 答え

Check86

(1) 20%を小数の0.2に直す。

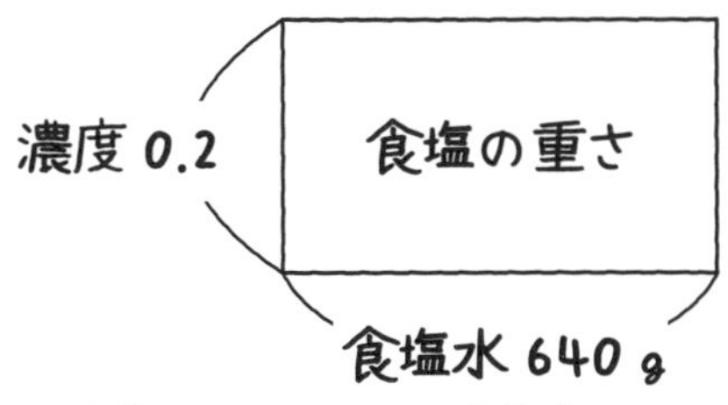

面積図より，20%の食塩水640gにとけている食塩の重さは640×0.2＝128(g)である。8%を小数の0.08に直す。

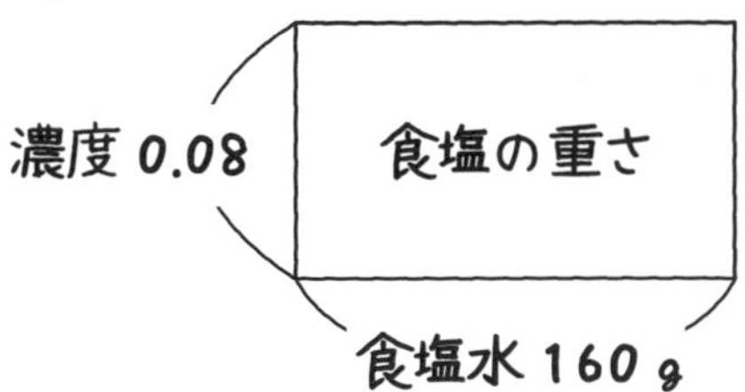

面積図より，8%の食塩水160gにとけている食塩の重さは160×0.08＝12.8(g)である。混ぜたあとの食塩水の重さは640＋160＝800(g)

混ぜたあとの食塩水にとけている食塩の重さは，128＋12.8＝140.8(g)になる。

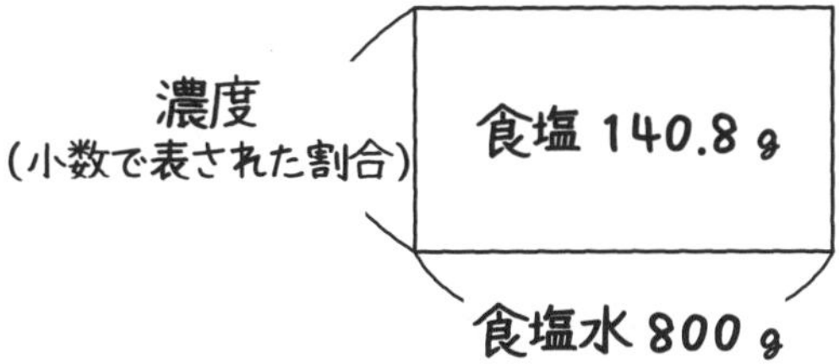

面積図より，140.8÷800＝0.176

これを百分率に直して17.6%

17.6% 答え

(2) 2%を小数の0.02に直す。

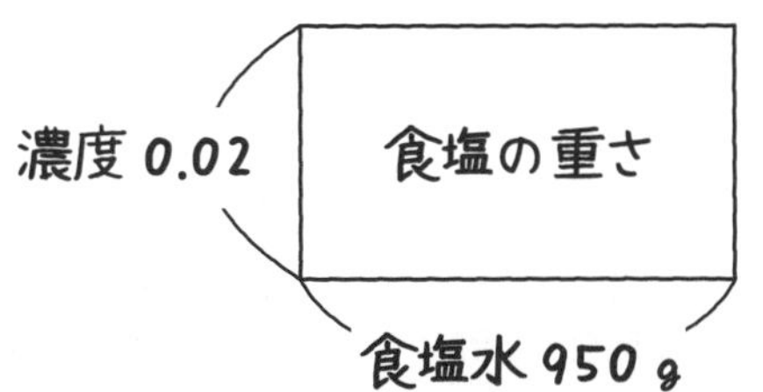

面積図より，2%の食塩水950gにとけている食塩の重さは950×0.02＝19(g)である。2%の食塩水950gに食塩水300gを加えると，950＋300＝1250(g)の食塩水になる。1250gの食塩水の濃度が3.2%だから，これを小数の0.032に直す。

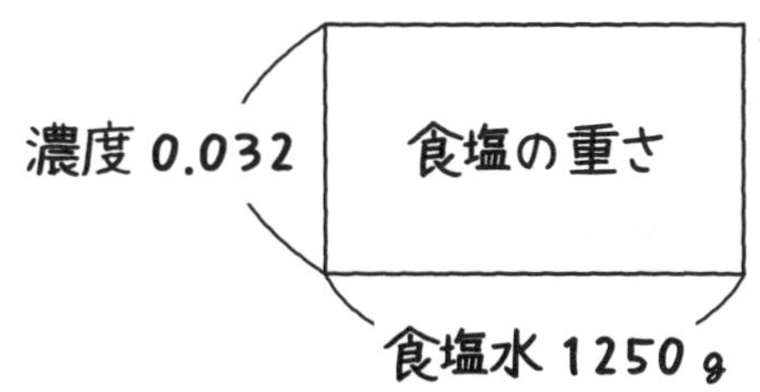

面積図より，3.2%の食塩水1250gにとけている食塩の重さは1250×0.032＝40(g)である。40－19＝21(g)より，加えた食塩水300gに21gの食塩がとけていることがわかる。

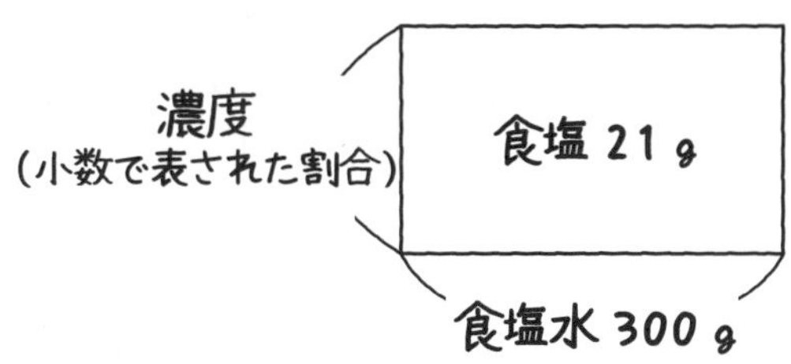

面積図より，21÷300＝0.07

これを百分率に直して7%

7% 答え

Check87

15%の食塩水165gに20%の食塩水□gを混ぜて17%の食塩水になった様子を面積図に表すと，次のようになる。

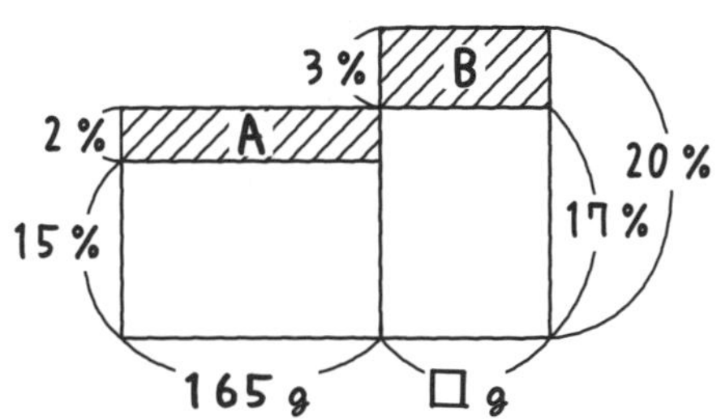

面積図でAとBの面積は同じである。2×165＝330で，Aの面積は330。

Bの面積も330とわかる。20－17＝3より，長方形Bのたての長さは3%なので，長方形Bの面積330をたての長さの3でわると，横の長さの□が求められる。

330÷3＝110より，20%の食塩水は110g

とわかる。

110g 答え

Check88

2%の食塩水 170g に食塩□g を加えて15%の食塩水になった様子を面積図に表すと, 次のようになる(加えた食塩を100%の食塩水と考える)。

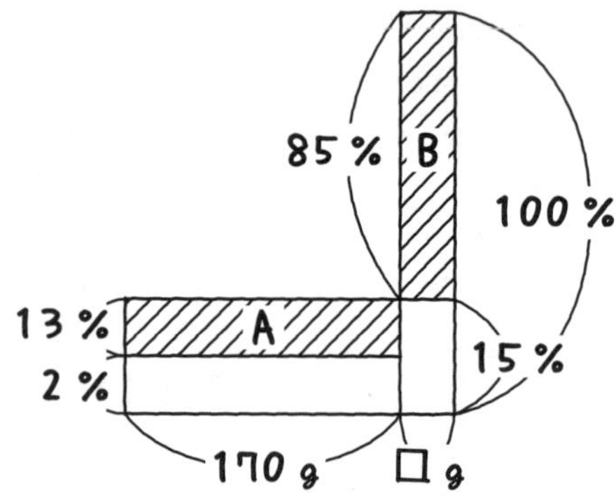

面積図より, AとBの面積は同じである。13×170＝2210 より, Aの面積は 2210。Bの面積も 2210 とわかる。100－15＝85 より, 長方形Bのたての長さは 85%なので, 長方形Bの面積 2210 をたての長さの 85 でわると, 横の長さの□が求められる。
2210÷85＝26 より, 加えた食塩の重さは 26g と求められる。

26g 答え

Check89

40－10＝30 より, 父と子の年令の差は何年たっても 30 才のままである。父の年令が子どもの年令の 3 倍になるのをいまから□年後とおくと, 次のような線分図がかける。

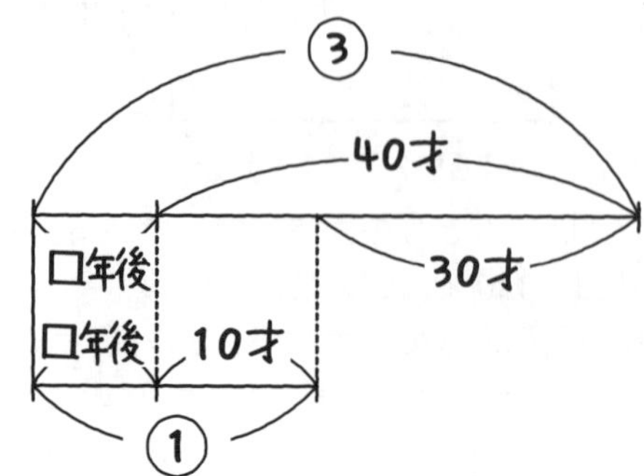

③－①＝②だから, 比の②が 30 才にあたる。だから, 30÷2＝15 より, 比の①が 15 才。15－10＝5 より, □は 5 と求められる。

5 年後 答え

Check90

36－11＝25 より, 父と子の年令の差は何年前でも 25 才のままである。父の年令が子どもの年令の 6 倍だったのを, いまから□年前とおくと, 次のような線分図がかける。

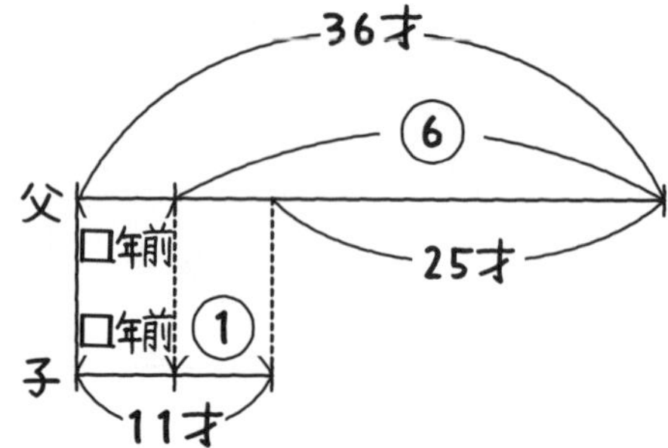

⑥－①＝⑤だから, 比の⑤が 25 才にあたる。だから, 25÷5＝5 より, 比の①が 5 才。11－5＝6 より, □は 6 と求められる。

6 年前 答え

Check91

容器Bに入っている水の重さは変わっていないので, 容器Bに入っている水の重さの比を 5 と 4 の最小公倍数の 20 にそろえると, 次のようになる。

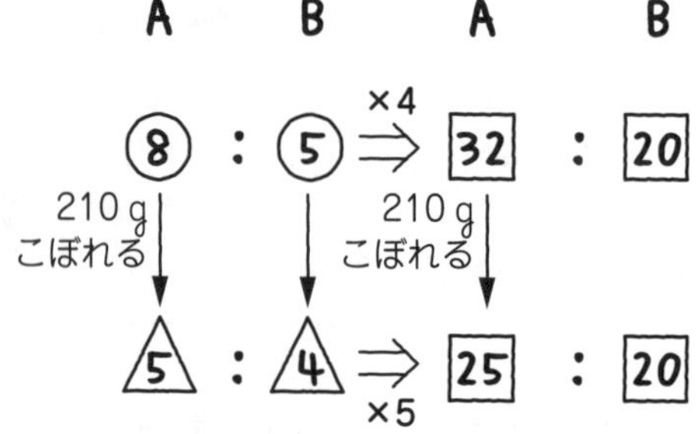

はじめ, Aの比は32で, 210g こぼれて25になったのだから, 32－25＝7 より, 7が 210g にあたる。210÷7＝30 より, 1は 30g である。

はじめ, 容器Aと容器Bに入っていた水量の比は32：20だったのだから, はじめ容器Aに入っていた水の量は,

30×32＝960(g)とわかる。

960 g 答え

Check92

はじめ，姉と妹のお金の比は③：②で比の和は③＋②＝⑤である。姉が妹に 220 円あげたあとのお金の比は△2：△5で比の和は△2＋△5＝△7である。姉が妹に 220 円あげても姉と妹の持っているお金の和は変わらないので，姉と妹の持っているお金の比の和を⑤と△7の最小公倍数の 35 にそろえると，次のようになる。

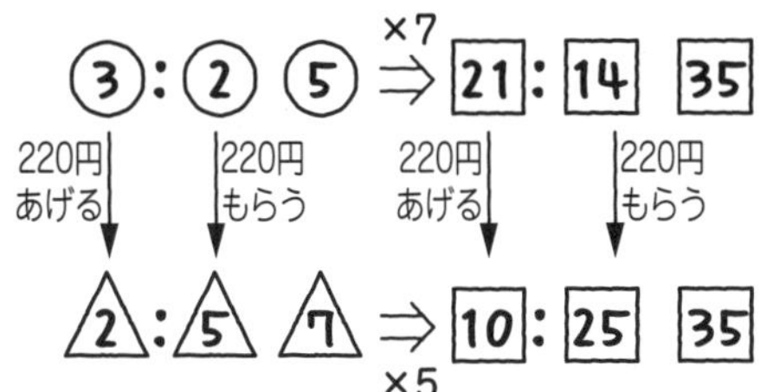

はじめ，姉の比は[21]で，220 円あげて[10]になったのだから，[21]－[10]＝[11]より，[11]が 220 円にあたる。220÷11＝20 より，[1]は 20 円である。

はじめ，姉と妹のお金の比は[21]：[14]だったのだから，はじめ，姉が持っていたお金は 20×21＝420(円)，妹が持っていたお金は 20×14＝280(円)とわかる。

姉 420 円，妹 280 円 答え

Check93

はじめ，兄と弟のお金の比は⑨：④で比の差は⑨－④＝⑤である。2 人ともそれぞれ 180 円ずつ使ったあとのお金の比は△5：△2で比の差は△5－△2＝△3である。2 人ともそれぞれ 180 円ずつ使っても，兄と弟の持っているお金の差は変わらないので，兄と弟の持っているお金の比の差を⑤と△3の最小公倍数の[15]にそろえると，次のようになる。

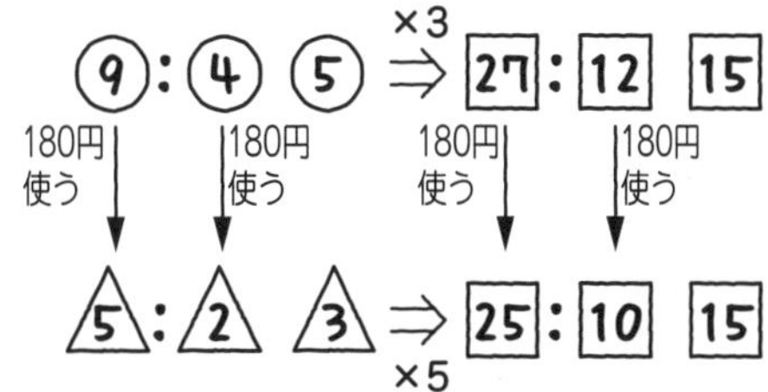

はじめ，兄の比は[27]で，180 円使って[25]になったのだから，[27]－[25]＝[2]より，[2]が 180 円にあたる。180÷2＝90 より，[1]は 90 円である。また，兄と弟のお金の比は[27]：[12]だったのだから，はじめ，兄が持っていたお金は 90×27＝2430(円)，弟が持っていたお金は 90×12＝1080(円)とわかる。

兄 2430 円，弟 1080 円 答え

Check94

全体の仕事量を 1 とおく。この仕事をするのに A さん 1 人では 30 日かかるから，$1\div30=\frac{1}{30}$ で，A さんは 1 日で全体の $\frac{1}{30}$ だけ仕事をする。B さん 1 人では 20 日かかるから，$1\div20=\frac{1}{20}$ で，B さんは 1 日で全体の $\frac{1}{20}$ だけ仕事をする。

$\frac{1}{30}+\frac{1}{20}=\frac{1}{12}$ で，A さん，B さんの 2 人がいっしょにすると 1 日で全体の $\frac{1}{12}$ の仕事ができる。

全体の仕事量は 1 で，1 日に $\frac{1}{12}$ ずつ仕事をするのだから，$1\div\frac{1}{12}=12$(日)かかる。

12 日 答え

別解

全体の仕事量を 30 と 20 の最小公倍数の㊵とおく。㊵÷30＝②で，A さんは 1 日で②だけ仕事をする。㊵÷20＝③で，B さんは 1 日で③だけ仕事をする。②＋③＝⑤で，A さ

ん，Bさんの2人がいっしょにすると1日で⑤の仕事をする。⑥⓪÷⑤＝12で，12日と求められる。

12日 答え

Check95

水そうの容積を16と24の最小公倍数の㊽とおく。㊽÷16＝③で，A管が1分で入れる量は③である。

㊽÷24＝②で，B管が1分で入れる量は②である。

③＋②＝⑤だから，A，B2本の管を同時に使うと1分で⑤の水を入れられる。

水そうの容積は㊽で，1分に⑤ずつの水を入れるのだから，㊽÷⑤＝$\frac{48}{5}$＝9$\frac{3}{5}$(分)かかる。

60×$\frac{3}{5}$＝36だから，9$\frac{3}{5}$分→9分36秒

9分36秒 答え

Check96

水そうの容積を25と35の最小公倍数の⑰⑤とおく。

⑰⑤÷25＝⑦で，A管が1分で入れる量は⑦である。

⑰⑤÷35＝⑤で，B管が1分で入れる量は⑤である。

はじめA管だけで15分水を入れるから，⑦×15＝⑩⑤の水が入り，残りは，⑰⑤－⑩⑤＝⑦⓪である。

残り⑦⓪をB管だけで入れるから，⑦⓪÷⑤＝14(分)かかる。

全部で15＋14＝29(分)と求められる。

29分 答え

Check97

1人が1日にする仕事量を①とおく。8人で働くと6日かかる仕事量は，①×8×6＝㊽である。

3人が1日でできる仕事量は，①×3＝③だから，全体の仕事量㊽を③でわって，㊽÷③＝16(日)と求められる。

16日 答え

Check98

1人が1日にする仕事量を①とおくと，31人で働くと6日かかる仕事量は，①×31×6＝⑱⑥である。

この仕事をはじめ11人で8日間した仕事量は，①×11×8＝⑧⑧である。

全体の仕事量が⑱⑥だから⑱⑥－⑧⑧＝⑨⑧の仕事が残っている。

この残った⑨⑧の仕事を7人で行う。

7人が1日にする仕事量は，①×7＝⑦だから，⑨⑧÷⑦＝14(日)かかる。

全部で，8＋14＝22(日)と求められる。

22日 答え

Check99

毎分20人の割合で行列に人が加わるから，14分で行列に加わった人数は，20×14＝280(人)

この280人にはじめにならんでいた人560人をたして，280＋560＝840(人)

この840人が14分間で入り口2つから入場したということである。840÷14＝60で，1分間に入り口2つから入場する人数は60人と求められる。

60÷2＝30より，1分間に入り口1つから入場する人数は30人である。いま，入り口を3つにしたのだから30×3＝90より，1分間に入り口3つから入場する人数は90人。

毎分20人の割合で行列に人が加わりつつ，毎分90人ずつ入場するということは，90－20＝70より，毎分70人ずつ行列が減っていく。

はじめにならんでいた560人が，毎分70人ずつ減っていくのだから，560÷70＝8(分)で行列がなくなる。

8分 答え

Check100

「牛 1 頭が 1 日に食べる草の量」を①とすると，牛 8 頭が 50 日間で食べる量は，
①×8×50＝(400)

牛 20 頭が 10 日間で食べる量は，
①×20×10＝(200)

牛 8 頭が 50 日間で食べるときと，牛 20 頭が 10 日間で食べるときの日数の差は，
50－10＝40（日間），食べる量の差は，
(400)－(200)＝(200) である。

つまり，40 日間で (200) の草が生える。

(200)÷40＝⑤より，1 日に⑤の草が生える。

「牛 8 頭が 50 日間で食べる量が (400)」であることをもとに考えると，50 日間で生える草の量は，⑤×50＝(250) だから，「はじめに生えていた草の量」は，
(400)－(250)＝(150)

牛 11 頭が 1 日で食べる草の量は⑪である。

草の量は 1 日に⑤ずつ生えながらも，⑪ずつ食べられているということである。

ということは，⑪－⑤＝⑥より，1 日に⑥ずつ草の量が減っている。

「はじめに生えていた草の量」が (150) で，⑥ずつ減っていくのだから，
(150)÷⑥＝25（日）で草がなくなる。

25 日 答え

第 7 章　速さと旅人算

Check101

(1)　道のり÷時間＝速さ　だから
180÷4＝45

45 答え

(2)　速さ×時間＝道のり　だから
5×18＝90

90 答え

(3)　道のり÷速さ＝時間　だから
1470÷210＝7

7 答え

Check102

(1)　時速 27 km → 1 時間に 27 km 進む
→ 60 分に 27000 m 進む

分速は「1 分間に進む道のりで表した速さ」なので
27000÷60＝450 →分速 450 m

分速 450 m → 1 分間つまり 60 秒間に 450 m 進む

秒速は「1 秒間に進む道のりで表した速さ」なので
450÷60＝7.5 →秒速 7.5 m

（分速）450（m），（秒速）7.5（m） 答え

(2)　分速 120 m → 1 分間に 120 m 進む

時速は「1 時間つまり 60 分間に進む道のりで表した速さ」なので
120×60＝7200（m）→時速 7.2 km

分速 120 m → 1 分間つまり 60 秒間に 120 m 進む

秒速は「1 秒間に進む道のりで表した速さ」なので
120÷60＝2 →秒速 2 m

（時速）7.2（ km），（秒速）2（m） 答え

(3)　秒速 12 m → 1 秒間に 12 m 進む

分速は「1 分間つまり 60 秒間に進む道のりで表した速さ」なので
12×60＝720 →分速 720 m

分速 720 m → 1 分間に 720 m 進む

時速は「1 時間つまり 60 分間に進む道のりで表した速さ」なので
720×60＝43200（m）→時速 43.2 km

（時速）43.2（km），（分速）720（m） 答え

Check103

(1)　1 分 12 秒＝72 秒

1 時間＝3600 秒なので

72 秒＝$\frac{72}{3600}$ 時間＝$\frac{1}{50}$ 時間

時速 70 km＝時速 70000 m

「速さ×時間＝道のり」だから

70000×$\frac{1}{50}$＝1400（m）

1400 答え

(2)　2 時間 18 分 $=2\frac{18}{60}$時間 $=2\frac{3}{10}$時間

「道のり÷時間＝速さ」だから

$115\div2\frac{3}{10}=115\div\frac{23}{10}=115\times\frac{10}{23}$

$=50$ →時速 50 km

50 答え

(3)　「道のり÷速さ＝時間」だから，

$825\div180=\frac{825}{180}=4\frac{105}{180}=4\frac{7}{12}$(分)

$\frac{7}{12}$分は 1 分，つまり 60 秒の $\frac{7}{12}$ にあたるので，$60\times\frac{7}{12}=35$(秒)

よって，$4\frac{7}{12}$ 分は 4 分 35 秒。

4(分)35(秒) 答え

Check104

「(往復の)平均の速さ＝(往復の)道のりの合計÷(往復に)かかった時間の合計」の公式をもとに求める。

往復の道のりの合計は 1200×2＝2400(m)

行きにかかった時間は 1200÷50＝24(分)

帰りにかかった時間は 1200÷200＝6(分)

よって，往復にかかった時間は

24＋6＝30(分)

だから，平均の速さは

2400÷30＝80 →分速 80 m

分速 80 m 答え

Check105

道のりを 40 と 30 の最小公倍数の 120 km とおく。「(往復の)平均の速さ＝(往復の)道のりの合計÷(往復に)かかった時間の合計」の公式をもとに求める。

往復の道のりの合計は 120×2＝240(km)

行きにかかった時間は 120÷40＝3(時間)

帰りにかかった時間は 120÷30＝4(時間)

よって，往復にかかった時間は

3＋4＝7(時間)

だから，平均の速さは $240\div7=\frac{240}{7}=34\frac{2}{7}$

→時速 $34\frac{2}{7}$ km

時速 $34\frac{2}{7}$ km 答え

Check106

つるかめ算の面積図に表すと，次のようになる。

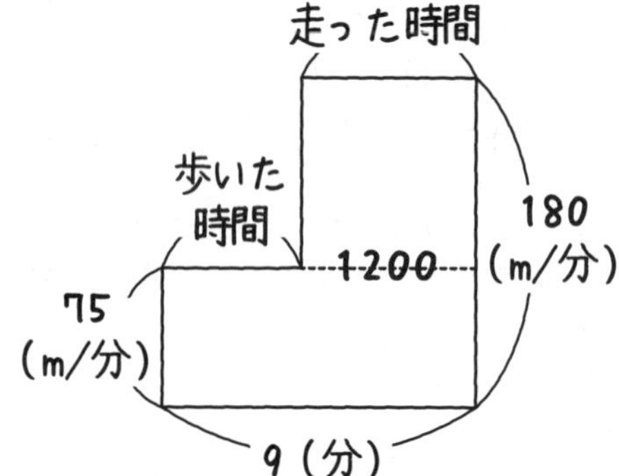

補助線(点線)をひくと，上下 2 つの長方形に分けられる。

下の長方形の面積は，75×9＝675

これを全体の面積の 1200 からひいて，

1200－675＝525 より，

上の長方形の面積は 525

上の長方形のたての長さは 180－75＝105

上の長方形の面積 525 をたての長さの 105 でわって，走った時間は，525÷105＝5(分)と求められる。

5 分 答え

Check107

(1)　A, B 間の道のりは 2.1 km＝2100 m だから，問題の様子を線分図に表すと次のようになる。

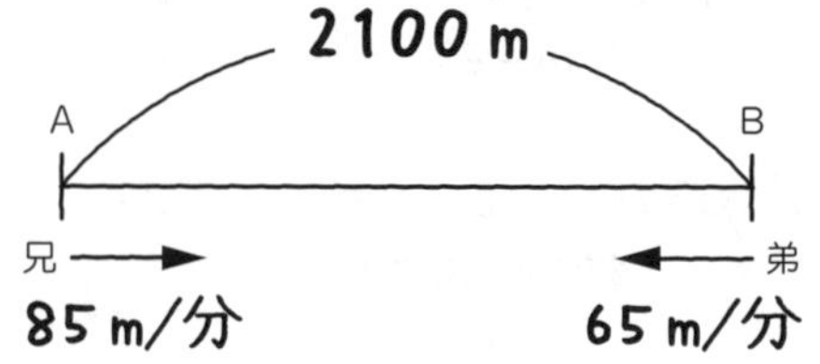

85＋65＝150 だから，2 人は 1 分間に 150 m 近づく。もともと 2100 m はなれていた 2 人が 1 分ごとに 150 m ずつ近

づくのだから，2100÷150＝14（分後）に出会う。

14 分後 答え

(2)　「速さ×時間＝道のり」だから，兄の速さの分速 85 m に 14 分をかけて

85×14＝1190（m）

1190 m を 1.19 km に直す。

1.19 km 答え

Check108

線分図に表すと，次のようになる。

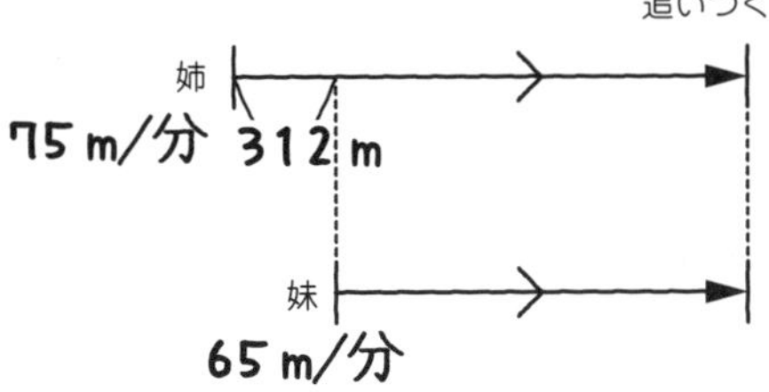

75－65＝10 だから，姉は妹より 1 分間に 10 m 多く進む。はじめ 312 m はなれていて，その差が 1 分ごとに 10m ずつ縮まっていくのだから，312÷10＝31.2（分後）に追いつく。60×0.2＝12（秒）だから，31.2 分を 31 分 12 秒に直して答えとする。

31 分 12 秒 答え

Check109

(1)　弟が出発してから何分後に兄に追いつかれるかを求める問題だが，兄が出発してから□分後に弟に追いつく，として線分図をかく。

弟ははじめの 10 分で 75×10＝750（m）進んだからそれも書きこむ。

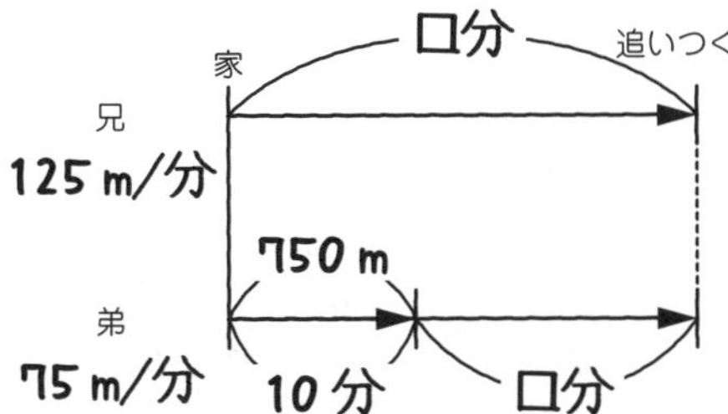

125－75＝50 だから，兄は弟より 1 分間に 50 m 多く進む。兄が出発したとき 750 m はなれていて，その差が 1 分ごとに 50 m ずつ縮まっていくから，

750÷50＝15 より，兄が出発してから 15 分後に弟に追いつく（線分図の□分が 15 分と求められた）。弟が出発してから何分後に兄に追いつかれるか求めるのだから，10＋15＝25（分後）

25 分後 答え

(2)　分速 125 m の兄が出発してから 15 分後に弟に追いつくのだから，

125×15＝1875（m）

（分速 75 m の弟が出発してから 25 分後に兄に追いつかれるから，

75×25＝1875 と求めてもよい。）

1875 m 答え

Check110

(1)　姉妹 2 人合わせて 1 周分の 1000 m 進んだら出会う。90＋60＝150 より，姉妹は 1 分間に合わせて 150 m 進み，姉妹合わせてちょうど 1000 m 進んだら出会うのだから，$1000 \div 150 = 6\frac{2}{3}$（分後）に出会う。$60 \times \frac{2}{3} = 40$（秒）だから，

$6\frac{2}{3}$ 分＝6 分 40 秒

6 分 40 秒後 答え

(2)　同じ方向に進むとき，速いほうがおそいほうよりも 1 周多く進むと追いつく。90－60＝30 だから，姉は妹より 1 分間に 30 m 多く進み，姉が妹よりも 1 周 1000 m 多く進むと追いつくのだから，

$1000 \div 30 = 33\frac{1}{3}$（分後）に追いつく。

$60 \times \frac{1}{3} = 20$（秒）だから，

$33\frac{1}{3}$ 分＝33 分 20 秒

33 分 20 秒後 答え

Check111

池のまわりを反対方向に進むとき，2 人合わせて 1 周分を進んだら出会う。この問

題では, 2 人合わせて 1 周分の 1080 m 進んだら出会う。2 人合わせて 6 分で 1080 m 進んで出会うのだから，1080÷6＝180 より，2 人合わせて 1 分間に 180 m 進むことがわかる。つまり，2 人の速さ(分速)の和が 180 m である。

池のまわりを同じ方向に進むとき, 速いほうがおそいほうよりも 1 周分多く進むと追いつく。この問題では, 兄が弟より 1 周分の 1080 m 多く進むと追いつく。兄が 1 時間 48 分(＝108 分)で弟より 1080 m 多く進むと追いつく。1080÷108＝10だから, 兄は弟より 1 分間に 10 m 多く進むことがわかる。つまり，2 人の速さ(分速)の差が 10 m である。

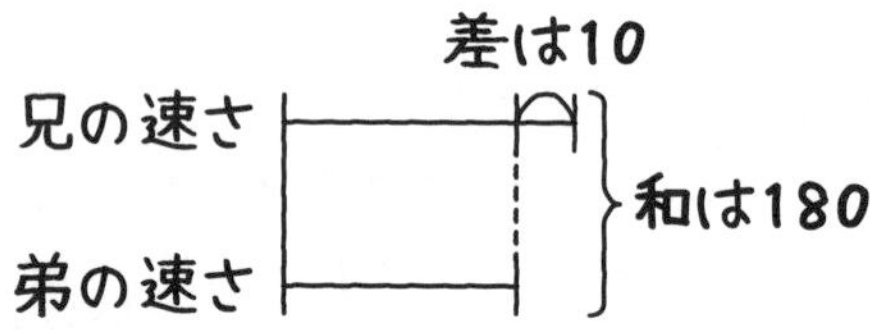

2 人の速さの和が 180 m, 速さの差が 10 m だから和差算により，(180＋10)÷2＝95 で, 兄の速さは分速 95 m。弟は兄より分速 10 m おそいから，95－10＝85 で, 弟の速さは分速 85 m。

兄…分速 95 m, 弟…分速 85 m 答え

Check112

(1)　グラフを見ると家を 10 時に出発して，12 時には 80 km 進んでいることがわかる。つまり，12－10＝2(時間)で 80 km 進んでいる。だから, 行きの速さは 80÷2＝40 →時速 40km。遊園地に到着したのは 13 時だから, 13－10＝3 で, 出発してから 3 時間後に遊園地に着いたことがわかる。時速 40 km で 3 時間走って遊園地に着いたのだから, 家から遊園地までの道のりは,
40×3＝120(km)

120 km 答え

(2)　遊園地にいたのは, 横軸に平行になっているところ(13 時から 16 時まで)だから，16－13＝3(時間)

3 時間 答え

(3)　グラフが右下がりになっているところ(16 時から 18 時まで)が帰りを表している。18－16＝2 で, 帰りにかかった時間は 2 時間。その 2 時間で 120 km の道のりを進んだのだから, 帰りの速さは 120÷2＝60 →時速 60 km

時速 60 km 答え

Check113

(1)　兄は 27 分で 2160 m 進んでいるから, 2160÷27＝80 より, 兄の速さは分速 80 m。妹は 42－6＝36(分)で 2160 m 進んでいるから, 2160÷36＝60 で, 妹の速さは分速 60 m。
グラフから, 兄が出発した 6 分後に妹が出発したことがわかる。はじめの 6 分で兄は，80×6＝480(m)進む。
2160－480＝1680 だから, 妹が出発したとき, 兄と妹は 1680 m はなれている。
80＋60＝140 だから, 兄と妹は 1 分間で合わせて 140 m 進む。1680÷140＝12 だから, 妹が出発してから 12 分後に出会う。妹が出発する 6 分前に兄は出発しているから, 兄が出発してから,
12＋6＝18(分後)に妹に出会うとわかる。

18 分後 答え

(2)　兄の速さは分速 80 m で, 兄が出発してから 18 分後に妹に出会ったのだから,
80×18＝1440(m)

1440 m 答え

第 8 章　速さの文章題

Check114

時速 72 km は，72÷3.6＝20 より, 秒速 20 m に直せる。この電車が電柱の前を通り過ぎる前後の様子は, 次のようになる。

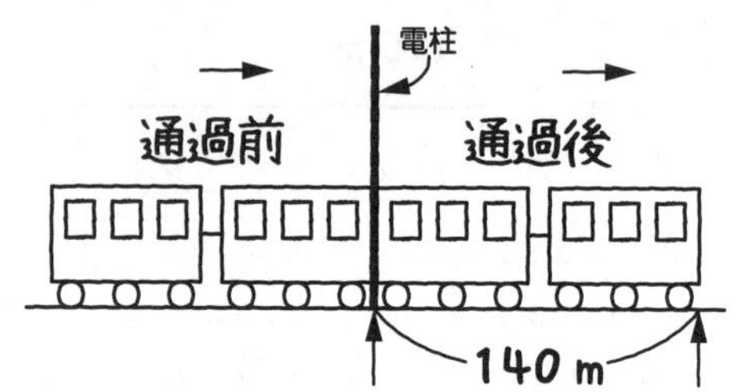

電車の先頭につけた 2 つの矢印は, 電車の長さ 1 つぶんの 140 m はなれているから, 通過するのに 140 m 進んだことがわかる。通過するために, 140 m の距離を秒速 20 m の速さで進むのだから, 140÷20＝7(秒)かかる。

7 秒 答え

Check115

時速 36km は, 36÷3.6＝10 より,
秒速 10 m に直せる。この電車が鉄橋をわたる前後の様子は, 次のようになる。

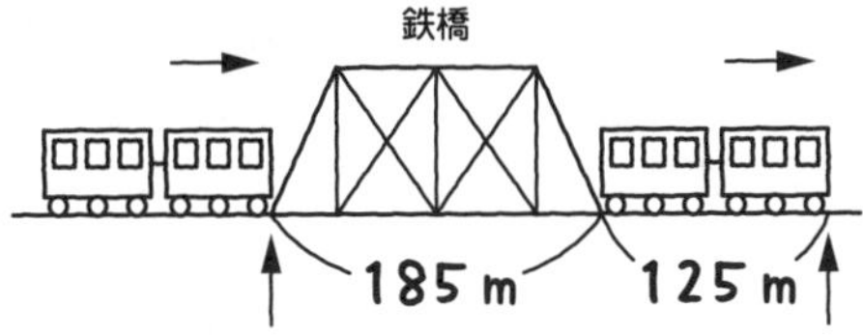

電車の先頭につけた 2 つの矢印は, (鉄橋の長さ 185 m と電車の長さ 125 m の和の) 185＋125＝310(m)はなれている。だから, 鉄橋をわたるのに 310 m 進むことがわかる。鉄橋をわたるのに, 310 m の距離を秒速 10 m の速さで進むのだから,
310÷10＝31(秒)かかる。

31 秒 答え

Check116

時速 54 km は, 54÷3.6＝15 より,
秒速 15 m に直せる。この電車がトンネルの中に完全にかくれている最初と最後の様子は, 次のようになる。

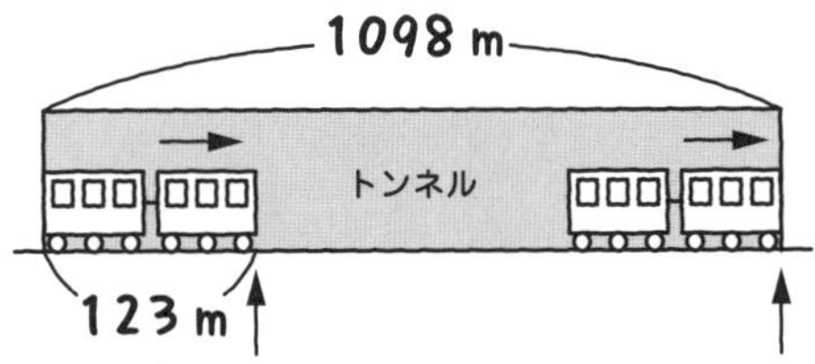

電車の先頭につけた 2 つの矢印は, (トンネルの長さ 1098 m と電車の長さ 123 m の差の) 1098－123＝975(m) はなれている。だから, トンネルに完全にかくれている間に 975 m 進んだことがわかる。975 m の距離を秒速 15 m の速さで進むのだから, 完全にかくれているのは, 975÷15＝65(秒), つまり, 1 分 5 秒である。

1 分 5 秒 答え

Check117

(1) この電車が鉄橋をわたる前後とトンネルを通過する前後の様子は, 次のようになる。

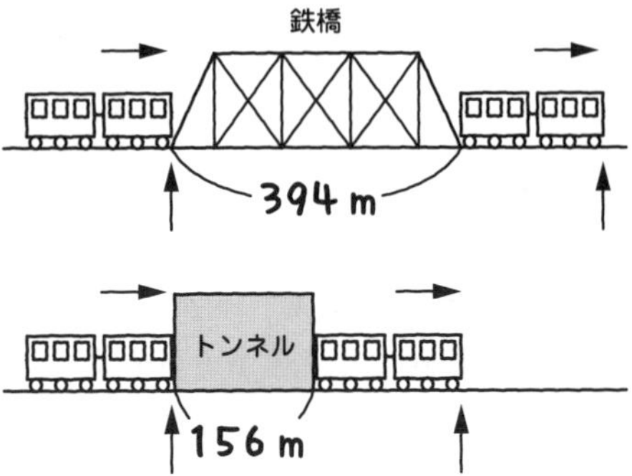

図より, 鉄橋をわたるときとトンネルを通過するときに進んだ距離とかかった時間は, 次の表のようになる。

	進んだ距離	かかった時間
鉄橋をわたるとき	394 m＋電車の長さ	41秒
トンネルを通過するとき	156 m＋電車の長さ	24秒

それぞれの「進んだ距離」と「かかった時間」の差を求めると, 電車の長さが打ち消しあってなくなる。そして,
394－156＝238(m)進むのに,
41－24＝17(秒)かかったことがわかる。238÷17＝14 より, 電車の速さは秒速 14 m と求められる。14×3.6＝50.4 より, 電車の速さは時速 50.4 km である。

時速 50.4 km 答え

(2) 長さ 394m の鉄橋をわたるのに 41 秒かかる。41 秒で電車は, 14×41＝574(m)進む。

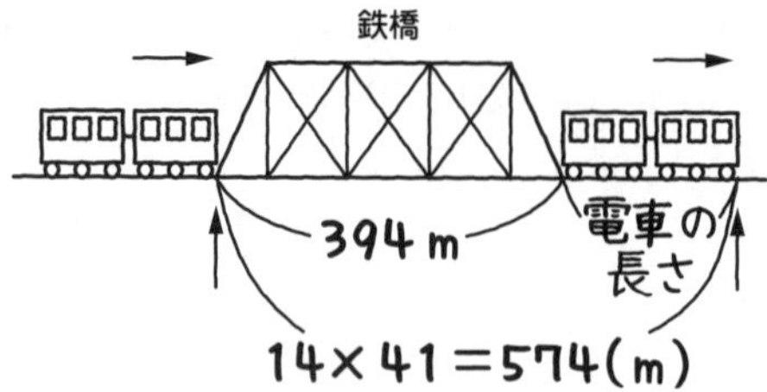

電車の進む距離から，鉄橋の長さをひくと電車の長さが求められるので，電車の長さは，574−394=180(m)である。

180 m 答え

Check118

(1)　普通電車の時速 64.8 km は，64.8÷3.6=18 より，秒速 18 m に直せる。急行電車の時速 108 km は，108÷3.6=30 より，秒速 30 m に直せる。急行電車が止まっているものとして，すれちがう前後の図をかくと，次のようになる(普通電車の先頭に矢印をつける)。

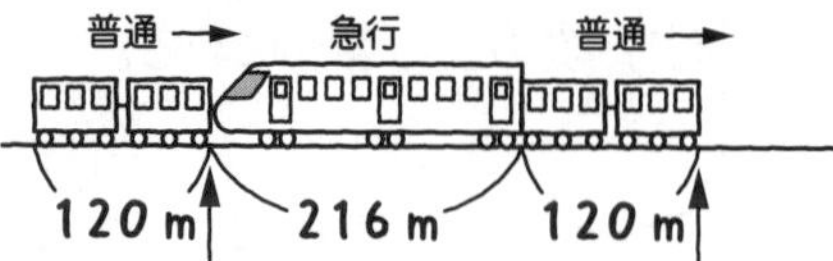

普通電車の先頭につけた 2 つの矢印は 216+120=336(m)はなれており，2 つの電車が合わせて 336 m 進むことがわかる。2 つの電車は 1 秒間に合わせて，18+30=48(m)進む。2 つの電車がすれちがうのに合わせて 336 m 進むから，すれちがうのにかかる時間は，336÷48=7(秒)である。

7 秒 答え

(2)　普通電車が止まっているものとして，追いこす前後の図をかくと，次のようになる(急行電車の先頭に矢印をつける)。

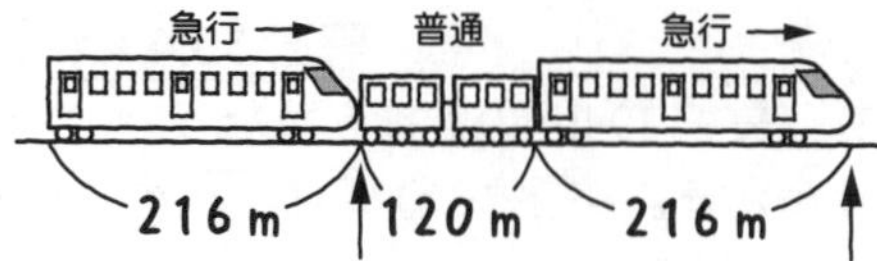

急行電車の先頭につけた 2 つの矢印は，120+216=336(m)はなれており，追いこし始めてから追いこし終わるまでに，急行電車が普通電車より 336 m 多く進むことがわかる。30−18=12 だから，急行電車は普通電車より 1 秒間に 12 m 多く進む。追いこすために急行電車が普通電車より 336 m 多く進むのだから，追いこすのに，336÷12=28(秒)かかる。

28 秒 答え

Check119

(1)　40 km を 5 時間で上ったのだから，上りの速さは，40÷5=8 で，時速 8 km である。

時速 8 km 答え

(2)　40 km を 4 時間で下ったのだから，下りの速さは，40÷4=10 で，時速 10 km である。

時速 10 km 答え

(3)　「く・せ・の」の図をかくと，次のようになる。

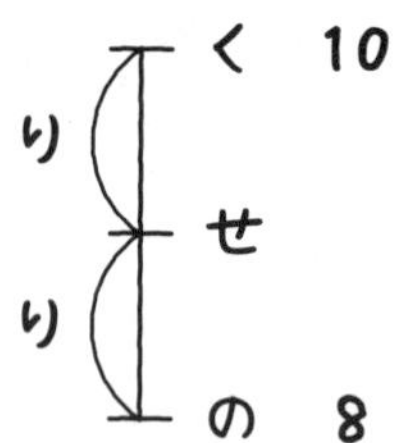

上りの速さと下りの速さをたして 2 でわれば，静水時の速さを求められる。だから，(8+10)÷2=9 より，静水時の速さは時速 9 km である。

時速 9 km 答え

(4)　「く・せ・の」の図に静水時の速さを書きこむと，次のようになる。

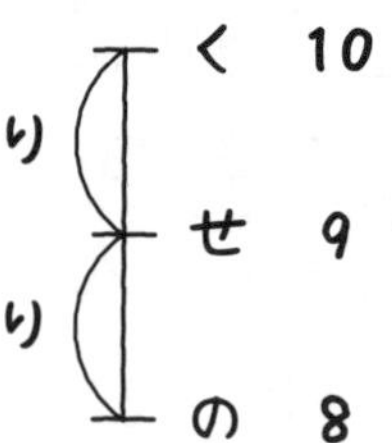

「川の流れの速さ(流速)=下りの速さ−静水時の速さ」であることがわかる。だから，10−9=1 より，流速は時速 1 km である。

時速 1 km 答え

Check120

36 km上るのに4時間かかったのだから，36÷4＝9 より，この船の上りの速さは時速9 km。静水時の速さと上りの速さを「く・せ・の」の図に書くと，次のようになる。

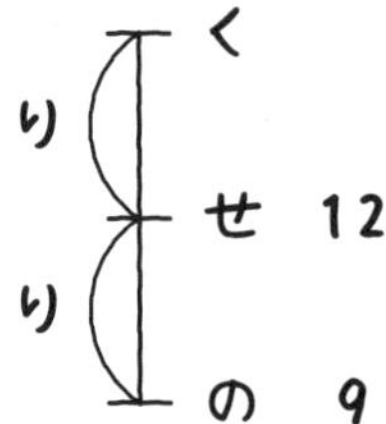

流速は静水時の速さから上りの速さをひけば求められる。だから，12－9＝3 より，流速は時速3 kmである。下りの速さは静水時の速さに流速をたせば求められる。だから，12＋3＝15 より，下りの速さは時速15 km。36 kmを時速15 kmで下るのにかかる時間は

$$36\div15=2\frac{2}{5}\text{(時間)}$$

$\frac{2}{5}$ 時間は，$60\times\frac{2}{5}=24$(分)だから，2時間24分と求められる。

2時間24分 答え

Check121

船Aの上りの速さは「時速11 km－流速」，船Bの下りの速さは「時速7 km＋流速」と表すことができる。21 kmはなれたところから，船Aと船Bが向かい合って進んで，いつ出会うかを求める問題だから，出会う時間は，「21÷(船Bの下りの速さ＋船Aの上りの速さ)」で求められる。この式にそれぞれの速さを入れると，

21÷(7＋流速＋11－流速)となる。流速がたしひきされて消えるので，かかる時間は

21÷(7＋流速＋11－流速)

＝21÷(7＋11)

$$=21\div18=1\frac{1}{6}\text{(時間)}$$

$\frac{1}{6}$ 時間は，$60\times\frac{1}{6}=10$(分)なので，1時間10分後に出会うと求められる。

1時間10分後 答え

Check122

(1)　30×2＝60

60度 答え

(2)　6時の時点では，長針と短針が，
30×6＝180(度)はなれている。
6－0.5＝5.5で，長針は短針より1分間に5.5度多く進む。
5.5×20＝110で，20分間に長針は短針より110度多く進む。
6時の時点で180度はなれていたが，差が110度縮まったのだから，
180－110＝70(度)である。

70度 答え

(3)　9時の時点では，長針と短針が，
30×9＝270(度)はなれている。
6－0.5＝5.5で，長針は短針より1分間に5.5度多く進む。
5.5×56＝308で，56分間に長針は短針より308度多く進む。
9時の時点で270度はなれていたが，長針は短針より308度多く進むのだから，長針が短針に追いついて，追いついたあとに，308－270＝38(度)引きはなしたということである。

38度 答え

(4)　1時の時点では，長針と短針が，
30×1＝30(度)はなれている。
6－0.5＝5.5で，長針は短針より1分間に5.5度多く進む。
5.5×48＝264で，48分間に長針は短針より264度多く進む。
1時の時点で30度はなれていたが，長針は短針より264度多く進むのだから，長針が短針に追いついて，追いついたあとに，264－30＝234(度)引きはなしたということである。
234度は180度より大きいので，360度からひいて小さいほうの角度を求めると，360－234＝126(度)である。

126度 答え

Check123

(1) 2時の時点では, 長針と短針が,
30×2＝60(度)はなれている。
6－0.5＝5.5で, 長針は短針より1分間に5.5度多く進む。
2時の時点で60度はなれていたのが, 1分につき5.5度ずつ縮まっていくから, 重なる時刻(分)を求めるために, 60を5.5でわればよいから,

$60 \div 5.5 = 60 \times \frac{2}{11} = 10\frac{10}{11}$(分)である。

2時$10\frac{10}{11}$分 答え

(2) 6時の時点では, 長針と短針が,
30×6＝180(度)はなれている。
6－0.5＝5.5で, 長針は短針より1分間に5.5度多く進む。
6時の時点で180度はなれていたのが, 1分につき5.5度ずつ縮まっていくから, 重なる時刻(分)を求めるために, 180を5.5でわればよい。

$180 \div 5.5 = 180 \times \frac{2}{11} = 32\frac{8}{11}$(分)である。

6時$32\frac{8}{11}$分 答え

Check124

(1) 7時の時点では, 長針と短針が,
30×7＝210(度)はなれている。
210度が縮まっていき, 180度になる時間を求める。だから, 210－180＝30で, 7時の時点から30度縮まるのは7時何分か求めればよい。
6－0.5＝5.5で, 長針は短針より1分間に5.5度多く進む。
1分につき5.5度ずつ縮まるのだから, 30度縮まる時刻(分)を求めるために, 30を5.5でわればよい。

$30 \div 5.5 = 30 \times \frac{2}{11} = 5\frac{5}{11}$(分)である。

7時$5\frac{5}{11}$分 答え

(2) 3時の時点では, 長針と短針が,
30×3＝90(度)はなれている。
90度が縮まり, 長針が短針に重なったあと, さらに長針が短針より180度多く進む時間を求める。だから,
90＋180＝270で, 3時の時点から長針が短針より270度多く進むのは3時何分か求めればよい。
6－0.5＝5.5で, 長針は短針より1分間に5.5度多く進むのだから, 270を5.5でわればよい。

$270 \div 5.5 = 270 \times \frac{2}{11} = 49\frac{1}{11}$(分)である。

3時$49\frac{1}{11}$分 答え

Check125

11時の時点では, 長針と短針が,
30×11＝330(度)はなれている。
330度が縮まっていき, 長針と短針のつくる角度が, 360－60＝300(度)になれば, 長針と短針が1回目に60度になる。

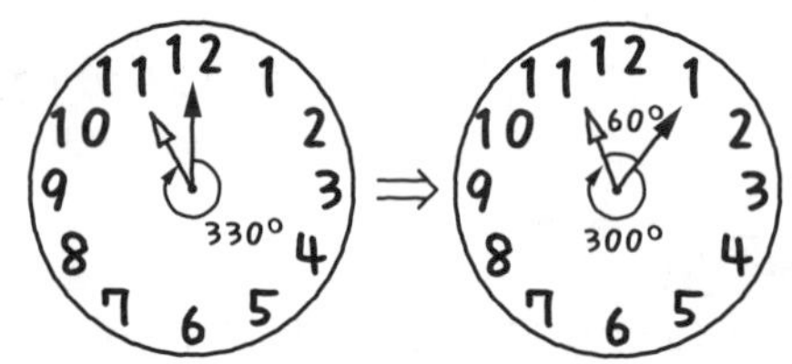

330度が縮まっていき, 300度になる時刻を求める。だから, 330－300＝30で, 11時の時点から30度縮まるのは11時何分か求めればよい。
6－0.5＝5.5で, 長針は短針より1分間に5.5度多く進む。1分につき5.5度ずつ縮まるのだから, 30度縮まる時刻(分)を求めるために, 30を5.5でわればよい。

$30 \div 5.5 = 30 \times \frac{2}{11} = 5\frac{5}{11}$ だから, 1回目に60度になるのは11時$5\frac{5}{11}$(分)である。

11時の時点で330度はなれていた角度が縮まっていき, 60度になったときが2回目である。

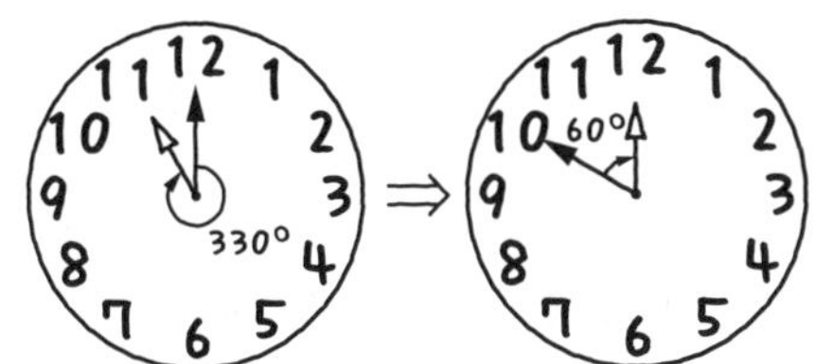

330 度が縮まっていき，60 度になる時刻を求める。だから，330−60＝270 で，11 時の時点から 270 度縮まるのは 11 時何分か求めればよい。
1 分につき 5.5 度ずつ縮まるのだから，270 度縮まる時刻（分）を求めるために，270 を 5.5 でわればよい。
$270 \div 5.5 = 270 \times \frac{2}{11} = 49\frac{1}{11}$ だから，2 回目に 60 度になるのは 11 時 $49\frac{1}{11}$（分）である。

11 時 $5\frac{5}{11}$ 分，11 時 $49\frac{1}{11}$ 分 答え

Check126

（1）　姉と妹の歩いた時間の比は，1 時間 15 分：45 分＝75 分：45 分＝5：3 である。「同じ速さで進むとき，時間の比と道のりの比は等しい」から，道のりの比も 5：3 である。

5：3 答え

（2）　太郎くんと次郎くんが進んだ道のりの比は，840：640＝21：16 である。「同じ時間を進むとき，速さの比と道のりの比は等しい」から，太郎くんと次郎くんの速さの比も 21：16 である。

21：16 答え

（3）　しんじくんとたかしくんが歩いた時間の比は，50：32＝25：16 である。「同じ道のりを進むとき，速さの比と時間の比は逆比になる」から，しんじくんとたかしくんの歩く速さの比は 16：25 である。

16：25 答え

Check127

（1）　姉と妹の速さの比は，80：60＝4：3 で，姉と妹の進んだ道のりの比が 8：5 である。「道のりの比÷速さの比＝時間の比」だから，姉と妹の時間の比は，
$(8 \div 4) : (5 \div 3) = 2 : \frac{5}{3} = 6 : 5$ である。

6：5 答え

（2）　A さんと B さんの歩く速さの比は 9：10 で，A さんと B さんの歩いた時間の比は，50：55＝10：11 である。「速さの比×時間の比＝道のりの比」だから，A さんと B さんの歩いた道のりの比は，$(9 \times 10) : (10 \times 11) = 9 : 11$ である。

9：11 答え

（3）　ひとみさんと友子さんの歩いた道のりの比は 30：29 で，ひとみさんと友子さんの歩いた時間の比は 55：58 である。「道のりの比÷時間の比＝速さの比」だから，ひとみさんと友子さんの速さの比は，$(30 \div 55) : (29 \div 58) = \frac{30}{55} : \frac{29}{58}$
$= \frac{6}{11} : \frac{1}{2} = 12 : 11$ である。

12：11 答え

Check128

行きと帰りの速さの比は，45：50＝9：10 である。
行きも帰りも進んだ道のりは同じで，「同じ道のりを進むとき，速さの比と時間の比は逆比になる」のだから，行きと帰りの時間の比は速さの逆比の 10：9 になる。
⑩＋⑨＝⑲で，比の⑲が 38 分にあたる。38÷19＝2 で，比の①は 2 分にあたる。だから，行きにかかった時間は 2×10＝20（分）で，帰りにかかった時間は 2×9＝18（分）である。
行きにかかった時間は，20 分＝$\frac{1}{3}$ 時間である。
行きの時速 45 km と $\frac{1}{3}$ 時間をかけて，

$45 \times \frac{1}{3} = 15$ で, 道のりは 15 km と求められる。

(帰りにかかった時間は, 18 分 $= \frac{3}{10}$ 時間である。帰りの時速 50 km と $\frac{3}{10}$ 時間をかけて, $50 \times \frac{3}{10} = 15$ で, 道のりを 15 km と求めることもできる。)

15 km 答え

Check129

太郎くんがゴールしたとき, 次郎くんはゴールの 40 m 手前のところにいたから, 太郎くんが 200 m 走る間に, 次郎くんは
200−40＝160(m)走る。

つまり, 太郎くんと次郎くんの進んだ道のりの比は, 200：160＝5：4 である。
「同じ時間を進むとき, 速さの比と道のりの比は等しい」から, 太郎くんと次郎くんの速さの比も 5：4 である。

太郎くんのスタートラインを何 m かうしろにするときも, 2 人は同時に出発し, 同時にゴールするから, 2 人の進む時間は同じである。「同じ時間を進むとき, 速さの比と道のりの比は等しい」から, 太郎くんと次郎くんの進む道のりの比は 5：4 である。

太郎くんと次郎くんの進む道のりの比を⑤：④として, 太郎くんのスタートラインを□ m うしろにするとする。

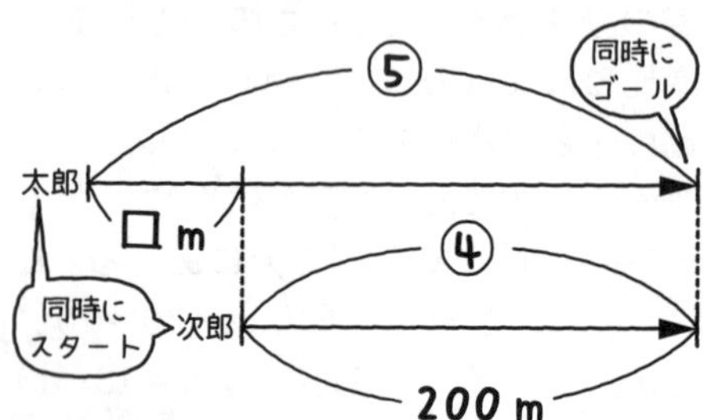

⑤−④＝①で, □ m は比の①にあたる。
線分図から, 比の④が 200 m にあたるから,
200÷4＝50 で, ①は 50 m である。
よって, 太郎くんのスタートラインを 50 m うしろにすればよい。

50 m 答え

Check130

(1) 分速 60 m で進むときと分速 80 m で進むときの速さの比は, 60：80＝3：4 である。どちらの速さで行くときも, 家から学校までの同じ道のりを進む。
「同じ道のりを進むとき, 速さの比と時間の比は逆比になる」から, 分速 60 m で進むときと分速 80 m で進むときにかかる時間の比は, 速さの逆比の 4：3 になる。
分速 60 m で歩くと始業時刻に 4 分おくれるが, 分速 80 m で歩くと始業時刻より 2 分早く着くのだから, 分速 60 m と分速 80 m で進んだときの実際の時間の差は, 4＋2＝6(分)である。
時間の比の④：③の差は④−③＝①であり, この比の①が 6 分にあたる。

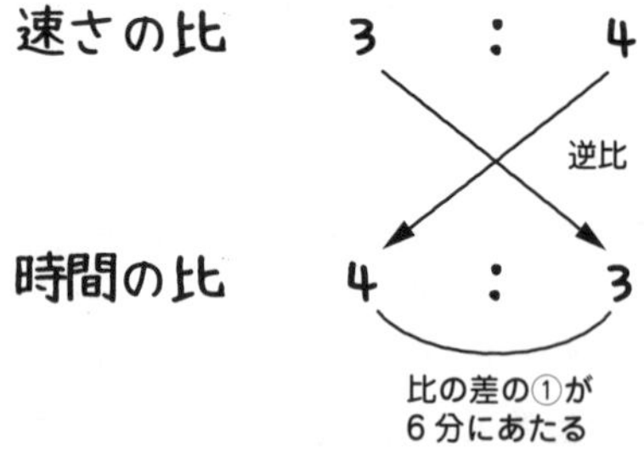

よって, 分速 60 m でかかる時間は
6×4＝24(分), 分速 80 m でかかる時間は 6×3＝18(分)である。
分速 60 m で歩くと始業時刻に 4 分おくれたのだから,
8 時 15 分＋24 分−4 分＝8 時 35 分が始業時刻である。
(分速 80 m で歩くと始業時刻より 2 分早く着いたのだから, 8 時 15 分＋18 分＋2 分＝8 時 35 分と求めることもできる。)

8 時 35 分 答え

(2) 分速 60 m で 24 分歩くと学校に着くから, 60×24＝1440(m)と求められる。
(分速 80 m で 18 分歩くと学校に着くから, 80×18＝1440(m)と求めることもできる。)

1440 m 答え

Check131

Aさんは出発してから，18＋32＝50(分)後にBさんに追いつかれた。

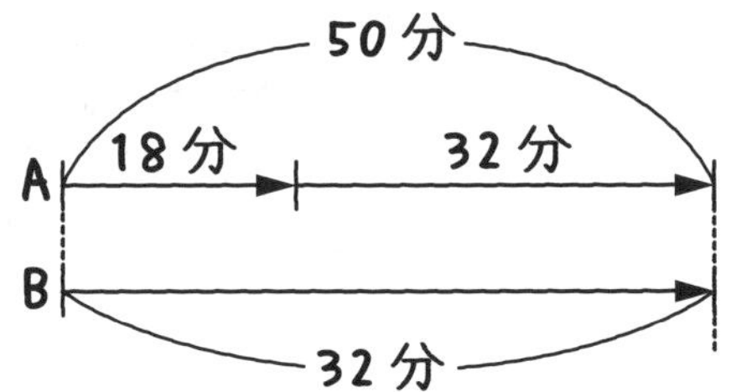

出発してから追いつく(追いつかれる)までのAさんとBさんのかかった時間はそれぞれ50分と32分だから，AさんとBさんのかかった時間の比は，50：32＝25：16である。

出発してから追いつく(追いつかれる)までにAさんとBさんの進んだ道のりは同じである。「同じ道のりを進むとき，速さの比と時間の比は逆比になる」から，AさんとBさんの速さの比は，時間の逆比の16：25である。

16：25 答え

Check132

(1)　2人が出会った地点からB地点までの道のりを進むのにかかった時間は，こうたくんが15分で，まさとくんが12分である。

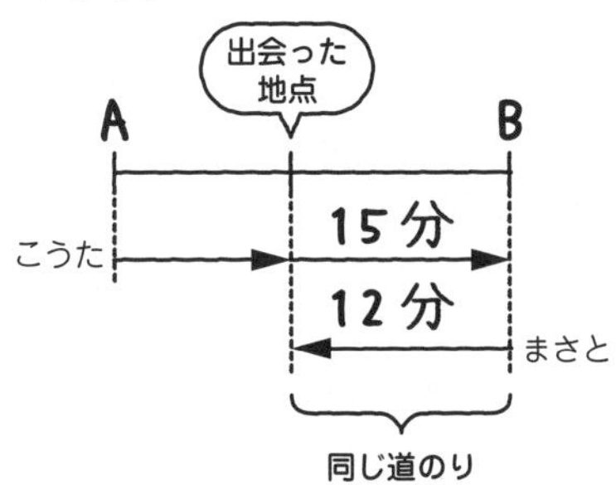

同じ道のりを進むときの，こうたくんとまさとくんの時間の比は
15：12＝5：4である。
「同じ道のりを進むとき，速さの比と時間の比は逆比になる」から，こうたくんとまさとくんの速さの比は，
時間の逆比の4：5である。

4：5 答え

別解 (1)

こうたくんがA地点から出会うまでにかかった時間は12分で，出会ってからB地点に着くまでの時間は15分である。つまり，それぞれにかかった時間の比は
12：15＝4：5である。

「同じ速さで進むとき，時間の比と道のりの比は等しい」から，A地点から出会った地点までの道のりと，出会った地点からB地点までの道のりの比も4：5である。

出発してから出会うまでに，こうたくんとまさとくんの進んだ道のりの比は4：5ということである。

2人が出発してから出会うまでの時間は同じである。「同じ時間を進むとき，速さの比と道のりの比は等しい」ので，こうたくんとまさとくんの速さの比も，道のりの比と同じ4：5になる。

4：5 答え

(2)　(1)から，こうたくんとまさとくんの速さの比は4：5である。A地点からB地点までの同じ道のりを進むとき，速さの比と時間の比は逆比になる。だから，2人のかかった時間の比は5：4となり，これを⑤：④とする。
こうたくんはA地点からB地点まで
12＋15＝27(分)かかった。
つまり，⑤が27分にあたるので，①は，27÷5＝5.4(分)。まさとくんがB地点からA地点にかかった時間は④にあたる。
④は，5.4×4＝21.6(分後)と求められる。
0.6分は，60×0.6＝36(秒)だから，出発してから21分36秒後にA地点に着くということである。

21分36秒後 答え

別解 (2)

(1)の別解で，A地点から出会った地点までの道のりと，出会った地点からB地点までの道のりの比は4：5になることが求められた。

まさとくんは，ずっと同じ速さのまま進むのだから，「同じ速さで進むとき，時間の比と道のりの比は等しい」ことより, 出会った地点からA地点までかかった時間と, B地点から出会った地点までかかった時間の比も④：⑤になる。

⑤が 12 分にあたるから, 12÷5＝2.4 で, ①は 2.4 分である。

まさとくんがB地点からA地点に行くのに, ⑤＋④＝⑨の時間がかかったのだから, 2.4×9＝21.6 で, ⑨が 21.6 分と求められる。21.6 分＝21 分 36 秒である。

21 分 36 秒後 答え

Check133

(1)　AくんとBくんの歩はばの比は 7：10 で, 同じ時間に歩く歩数の比は 8：5 である。

「歩はばの比×歩数の比＝速さの比」だから, AくんとBくんの速さの比は,
(7×8)：(10×5)＝56：50＝28：25 である。

28：25 答え

(2)　Cくんが 12 歩で歩く距離を, Dくんは 11 歩で歩くということは, CくんとDくんの歩はばの比は 11：12 である。

Cくんが 8 歩歩く間に, Dくんは 9 歩歩くということは, CくんとDくんの歩数の比は 8：9 である。

「歩はばの比×歩数の比＝速さの比」だから, CくんとDくんの速さの比は,
(11×8)：(12×9)＝22：27 である。

22：27 答え

第 9 章　規則性

Check134

(1)　63÷9＝7 で, 間の数は 7 つある。

両はしに木を植えるとき,「間の数＋1＝木の本数」だから, 木の本数は

7＋1＝8(本)

8 本 答え

(2)　140÷7＝20 で, 間の数は 20 ある。

両はしに木を植えないとき,「間の数－1＝木の本数」だから, 木の本数は

20－1＝19(本)

19 本 答え

(3)　205÷5＝41 で, 間の数は 41 ある。

池のまわりに木を植えるとき,「間の数＝木の本数」だから, 木の本数は 41 本。

41 本 答え

Check135

(1)　両はしに木を植えるとき,「木の本数－1＝間の数」だから, 15－1＝14 で, 間の数は 14。

だから, 木と木の間かくは

154÷14＝11(m)

11 m 答え

(2)　両はしに木を植えないとき,「木の本数＋1＝間の数」だから, 14＋1＝15 で, 間の数は 15。10 m の間かくが 15 あるから, 2 本の電柱は, 10×15＝150(m) はなれている。

150 m 答え

(3)　池のまわりに木を植えるとき,「間の数＝木の本数」だから, 間の数も 28。だから, 木と木の間かくは

476÷28＝17(m)

17 m 答え

Check136

池のまわりに木を植える問題と同じように考えればよい。長方形のまわりの長さは,
(20＋36)×2＝112(m)

まわりの長さが 112 m のところに 2 m おきに木を植えるから,
112÷2＝56 で, 間の数は 56。

池のまわりに木を植えるときと同じように,「間の数＝木の本数」だから, 木の本数は 56 本。

56 本 答え

Check137

(1)　等差数列の□番目の数を求める公式を利用して求める。「□番目の数＝はじ

めの数＋差×(□－1)」である。

はじめの数は 5, 差は 7, そして 85 番目の数を求めるのだから,

5＋7×(85－1)＝593

593 答え

(2) 等差数列の□番目の数を求める公式を利用して求める。

「□番目の数＝はじめの数＋差×(□－1)」である。

はじめの数は 5, 差は 7, □番目の数が 1097 だから, 5＋7×(□－1)＝1097 という式が成り立つ。

これを順々に解いていって, □を求めればよい。

5＋7×(□－1)＝1097

7×(□－1)＝1097－5＝1092

□－1＝1092÷7＝156

□＝156＋1＝157

これより, 157 番目の数と求められる。

157 番目 答え

(3) 等差数列の和を求める公式を利用して求める。

「等差数列の和＝(はじめの数＋終わりの数)×個数÷2」である。

はじめの数は 5, (1)より終わりの数(85 番目の数)は 593, 個数は 85 だから,

(5＋593)×85÷2＝25415

25415 答え

Check138

はじめの 1 枚が 6 cm で, 1 枚つなぐごとに 6－1＝5(cm)ずつ長くなる(1 枚の長さ 6 cm から, のりしろの 1 cm をひいた 5 cm だけ長くなる)。

はじめの 1 枚に, 残りの 77－1＝76(枚)をつなぐと考えると, 6＋5×76＝386 で, 全体の長さは 386 cm になる。

386 cm 答え

別解

等差数列の考え方で解く。

はじめの数(はじめの長さ)が 6(cm)で, 1 枚つなぐごとに 5 cm ずつ長くなるから, 差は 5 である。

77 枚つないだときの全体の長さを求めればいいのだから, 「□番目の数＝はじめの数＋差×(□－1)」の公式より,

6＋5×(77－1)＝386(cm)と求められる。

386 cm 答え

Check139

はじめの 1 枚が 10 cm で, 1 枚つなぐごとに 10－2＝8(cm)ずつ長くなる(1 枚の長さ 10 cm から, のりしろの 2 cm をひいた 8 cm だけ長くなる)。

全体の長さの 410 cm から, はじめの 1 枚の長さの 10 cm をひくと, 410－10＝400(cm)になる。

1 枚つなぐごとに 8 cm ずつ長くなるから, 400÷8＝50(枚)つないだことになる。はじめの 1 枚に, 50 枚つないだのだから, 全部で, 1＋50＝51(枚)つないだということである。

51 枚 答え

別解

等差数列の考え方で解く。

はじめの数(はじめの長さ)が 10(cm)で, 1 枚つなぐごとに 8 cm ずつ長くなるから, 差は 8 である。□枚つないだときの全体の長さが 410 cm だから,

「□番目の数＝はじめの数＋差×(□－1)」の公式より, 10＋8×(□－1)＝410(cm)という式が成り立つ。

□を求めていくと次のようになる。

10＋8×(□－1)＝410

8×(□－1)＝410－10＝400

□－1＝400÷8＝50

□＝50＋1＝51

51 枚 答え

Check140

(1)～(3)は，等差数列の和を求める公式を利用して求める。「等差数列の和＝(はじめの数＋終わりの数)×個数÷2」である。

(1)　はじめの数は 1，終わりの数は 11，個数は 11 だから，(1＋11)×11÷2＝66

66 答え

別解 (1)

1 から 10 までの和が 55 であることを覚えていれば，55＋11＝66 と求めることができる。

66 答え

(2)　はじめの数は 1，終わりの数は 777，個数は 777 だから，

(1＋777)×777÷2＝302253

302253 答え

(3)　はじめの数は 118，終わりの数は 132，個数は 8 だから，

(118＋132)×8÷2＝1000　**1000** 答え

Check141

(1)

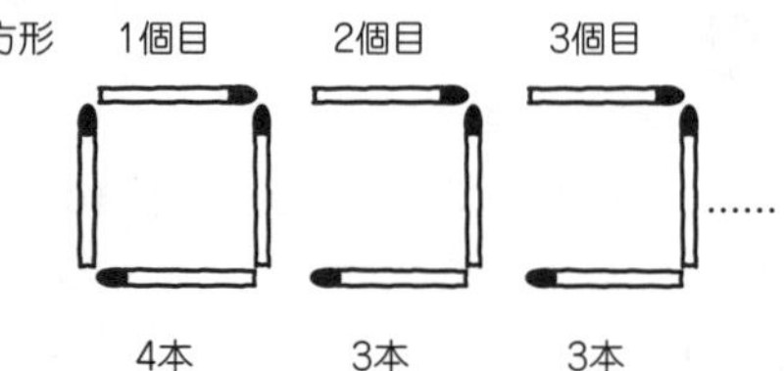

上の図のように，1 個目の正方形をつくるのにマッチ棒は 4 本必要である。

2 個目の正方形をつくるには，マッチ棒を 3 本追加して，4＋3=7 より，計 7 本のマッチ棒が必要である。

その後も正方形を 1 個増やすたびにマッチ棒は 3 本ずついる。

正方形の個数と必要なマッチ棒の数を表にすると，次のようになる。

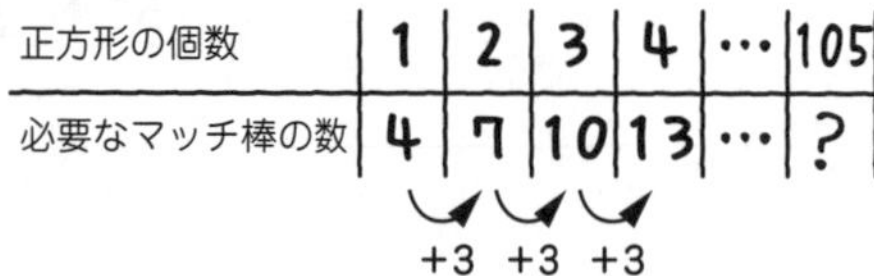

正方形の個数	1	2	3	4	…	105
必要なマッチ棒の数	4	7	10	13	…	?

必要なマッチ棒の数は，はじめの数が 4 で，差が 3 の等差数列になる。

105 個の正方形をつくるために必要なマッチ棒の数を求めるには，等差数列の□番目の数を求める公式を利用すればよい。

「□番目の数＝はじめの数＋差×(□－1)」である。

はじめの数は 4，差は 3，そして 105 番目の数を求めるのだから，

4＋3×(105－1)＝316(本)のマッチ棒が必要である。

316 本 答え

(2)　必要なマッチ棒の数が等差数列になることがわかったから，等差数列の□番目の数を求める公式を利用して求める。

「□番目の数＝はじめの数＋差×(□－1)」である。

はじめの数は 4，差は 3，そして□番目の数が 115 だから，4＋3×(□－1)＝115 という式が成り立つ。

4＋3×(□－1)＝115

3×(□－1)＝115－4＝111

□－1＝111÷3＝37

□＝37＋1＝38

これより，38 個の正方形ができると求められる。

38 個 答え

Check142

(1)　7，9，3，6，1 がくり返されている数列だから，7，9，3，6，1 ごとにしきりを入れて，組の番号を書いていくと，次のようになる。

7,9,3,6,1,｜7,9,3,6,1,｜7,9,3,6,1,｜7…

第1組　第2組　第3組　……

5 個ずつ数が区切られているから，

84÷5＝16 あまり 4 で，84 番目の数は「第 17 組の 4 番目」の数であるとわかる。

7(1 番目)，9(2 番目)，3(3 番目)，6(4 番目)だから，84 番目の数は 6 である。

6 答え

(2)　7＋9＋3＋6＋1＝26 だから，1 組の 5 つの数の和は 26 である。

(1)から, 84 番目の数は「第 17 組の 4 番目」の数である。
第 1 組から第 16 組までの数の和は,
26×16＝416 である。
この 416 に, 第 17 組の「7, 9, 3, 6」をたして, 416＋7＋9＋3＋6＝441 が答えである。

441 答え

Check143

6÷7 を筆算で計算すると,
6÷7＝0.8571428571428……
と小数点以下に 857142 がくり返される。
857142 ごとにしきりを入れて, 組の番号をつけると, 次のようになる。

6÷7＝0.|857142|857142|857142|…
第1組　第2組　第3組　…

6 個ずつ数が区切られているから,
50÷6＝8 あまり 2 で, 小数第 50 位は「第 9 組の 2 番目」の数であるとわかる。
「857142」の 2 番目の数は 5 である。

5 答え

Check144

(1)　「1」「2, 1」「3, 2, 1」「4, 3, 2, 1」という順に, 数がならんでいるので, しきりを入れて組の番号を書くと, 次のようになる。

1,|2, 1,|3, 2, 1,|4, 3, 2, 1,|5, 4, …
第1組　第2組　第3組　第4組　……

第 1 組には 1 個の数が入っていて, 第 2 組には 2 個の数が入っていて, 第 3 組には 3 個の数が入っていて, ……というように続いている。
40 番目の数を求めるためには, 1＋2＋3＋4＋…と順にたしていって, 和が 40 に近くなる数を探せばよい。
探していくと, 1 から 8 までの和が,
(1＋8)×8÷2＝36 となり, 40 に近い。
40－36＝4 だから, 40 番目の数は「第 9 組の 4 番目」であることがわかる。
第 9 組は, 9 から始まり, 「9, 8, 7, 6, …」と 1 つずつ数が減っていく。
この 4 番目の数が答えだから, 答えは 6 である。

6 答え

(2)　はじめて 20 が出てくるのは, 第 20 組の 1 番目である。
第 1 組から第 19 組までには,
(1＋19)×19÷2＝190(個)の数がある。
「第 20 組の 1 番目」は, はじめから数えて, 190＋1＝191(番目)の数である。

191 番目 答え

Check145

(1)　26－7＝19　　……間の数を求める
19＋1＝20　　……間の数に 1 をたして日数を求める

20 日 答え

(2)　5 月は 31 日まで, 6 月は 30 日まである。
5 月 2 日から 5 月 31 日までは,
31－2＋1＝30(日)。
6 月は 30 日。
7 月 1 日から 7 月 7 日までは 7 日ある。
だから, 5 月 2 日から同じ年の 7 月 7 日までは全部で, 30＋30＋7＝67(日)となる。

67 日 答え

Check146

まず, 4 月 5 日から 7 月 22 日までの日数を求める。
4 月は 30 日まで, 5 月は 31 日まで, 6 月は 30 日まである。
4 月 5 日から 4 月 30 日までは(4 月 5 日もふくめて), 30－5＋1＝26(日)。
5 月は 31 日ある。
6 月は 30 日ある。
7 月 1 日から 7 月 22 日までは 22 日。
だから, 4 月 5 日から 7 月 22 日までは, 全部で, 26＋31＋30＋22＝109(日)。
4 月 5 日から 1 週間(7 日)ごとに区切り,

第 1 組, 第 2 組, 第 3 組, ……と組に分けていくと, 次のようになる。

4/5	6	7	8	9	10	11
木	金	土	日	月	火	水

第1組

12	13	14	15	16	17	18
木	金	土	日	月	火	水

第2組

19 …
木 …
第3組 …

4 月 5 日から 7 月 22 日まで 109 日あるから，7 でわると，109÷7＝15 あまり 4 となる。

だから，7 月 22 日は第 16 組の 4 番目であることがわかる。

木(1 番目), 金(2 番目), 土(3 番目), 日(4 番目)だから，4 番目は日曜日である。

つまり，7 月 22 日は日曜日である。

日曜日 答え

Check147

まず, 9 月 16 日から 11 月 10 日までの日数を求める。

9 月は 30 日まで, 10 月は 31 日まである。9 月 16 日から 9 月 30 日までは(9 月 16 日もふくめて)，30－16＋1＝15(日)。

10 月は 31 日ある。

11 月 1 日から 11 月 10 日までは 10 日。

だから，9 月 16 日から 11 月 10 日までは, 全部で，15＋31＋10＝56(日)。

11 月 10 日から過去にさかのぼって, 1 週間(7 日)ごとにしきりを入れて, 第 1 組, 第 2 組, 第 3 組, ……と組に分けていくと, 次のようになる。

1週間（水〜木の7日）ごとに区切っていく

11/10	9	8	7	6	5	4
水	火	月	日	土	金	木

3	2	1	10/31	30	29	28
水	火	月	日	土	金	木

27 …
水 …

9 月 16 日から 11 月 10 日まで 56 日あるから, 7 でわると, 56÷7＝8 とわりきれる。わりきれるということは，9 月 16 日は第 8 組の最後の数, つまり, 第 8 組の 7 番目であることがわかる。

水(1 番目), 火(2 番目), 月(3 番目), 日(4 番目), 土(5 番目), 金(6 番目), 木(7 番目)だから，7 番目は木曜日である。

つまり，9 月 16 日は木曜日である。

木曜日 答え

Check148

(1) ご石を 1 辺に 10 個ずつならべるのだから, 全部で，10×10＝100(個)のご石がある。

100 個 答え

(2) 1 辺に 10 個ずつならべて，4 つの辺にならべるのだから，1 辺にならぶ個数を 4 倍すると，10×4＝40(個)
ただし, この 40 個は, 4 すみの 4 つのご石を 2 回数えているから, いちばん外側のまわりにならんだご石は
40－4＝36(個)

36 個 答え

別解 (2)

いちばん外側のまわりにならんだご石は, 次のように，10－1＝9(個)ずつ 4 組の部分に分けることができる。

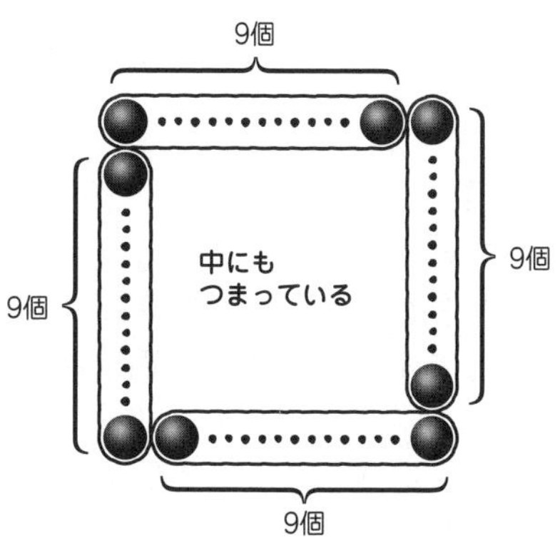

9個ずつ4組の部分に分けられたから, いちばん外側のまわりにならんだご石は

9×4＝36(個)

36個 答え

Check149

いちばん外側のまわりにならんだ104個のご石は, 次のように, 同じ数ずつ4組の部分に区切ることができる。

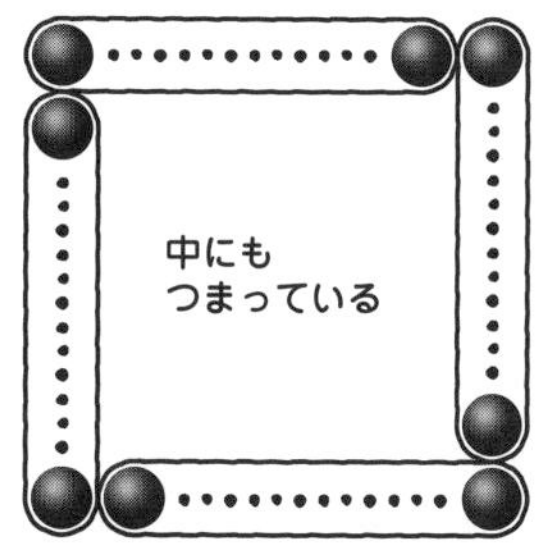

104個のご石を, 同じ数ずつ4組の部分に区切ったのだから, 1組の部分には

104÷4＝26(個)

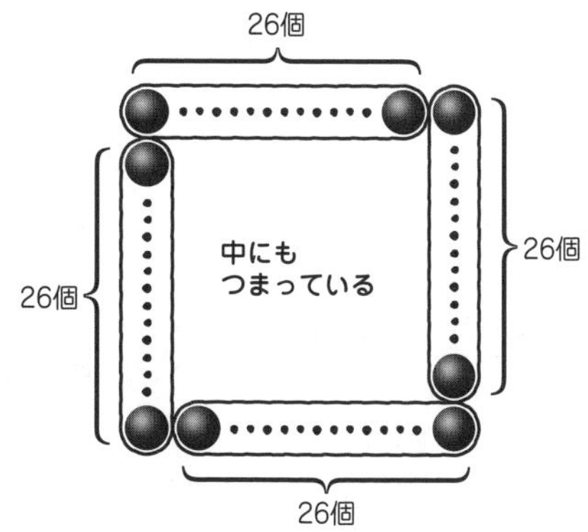

つまり, 1辺にならんでいるご石は

26＋1＝27(個)

1辺に27個のご石がならんでいるのだから, 27×27＝729で, ご石は全部で729個と求められる。

729個 答え

Check150

いちばん外側の1辺が14個で, 4列の中空方陣は, 次のように, 同じ数ずつ4つの長方形に分けることができる(4や14はご石の個数を表す)。

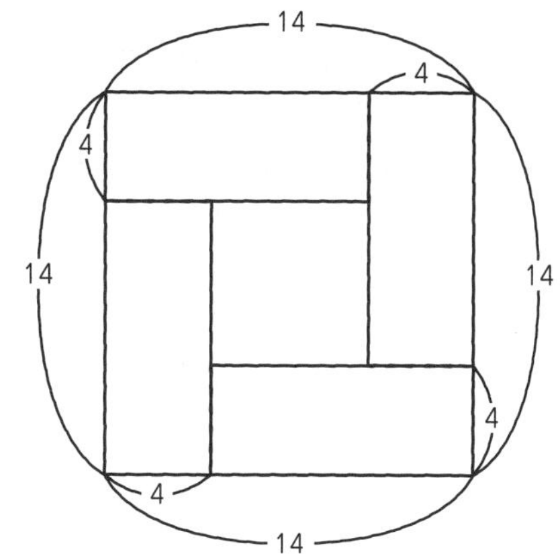

左上の長方形に注目すると, たてには4個のご石がならんでいて, 横には, 14−4＝10(個)のご石がならんでいる。

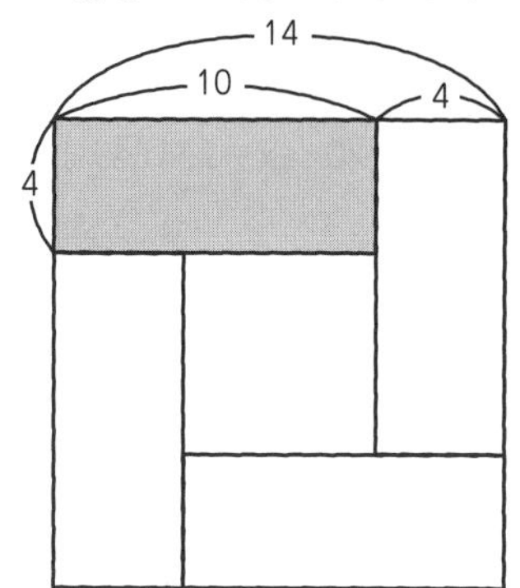

つまり, 1つの長方形には, 4×10＝40(個)のご石がならんでいる。

4つの長方形があるのだから, 全部で, 40×4＝160(個)のご石がならんでいる。

160個 答え

Check151

5列の中空方陣は, 次のように, 同じ数ずつ4つの長方形に分けることができる。

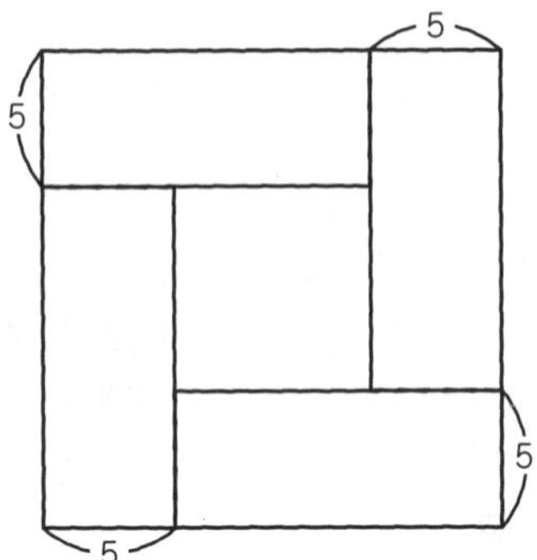

1つの長方形には, 400÷4=100(個)のご石がならんでいる。

左上の長方形に注目すると, たてには5個のご石がならんでいて, 横には, 100÷5=20(個)のご石がならんでいる。

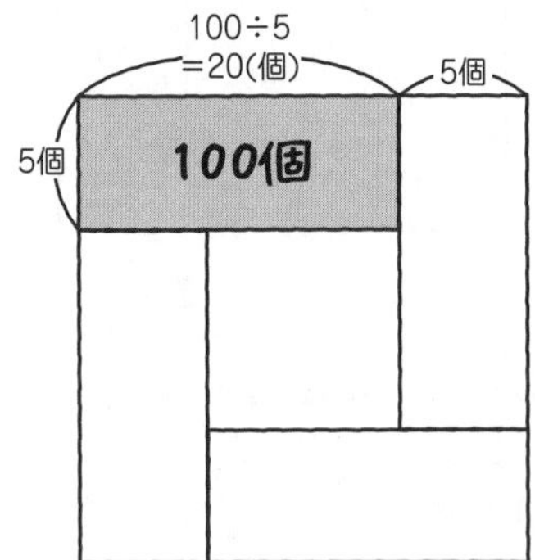

これより, いちばん外側の1辺にならんでいるご石は, 20+5=25(個)と求められる。

25個 答え

第10章　場合の数

Check152

(1)　ファーストフード店3店, 和食屋2店, 洋食屋3店のうち, どこか1店で食事をするのだから, 和の法則により, 全部で, 3+2+3=8(通り)である。

8通り 答え

(2)　朝のファーストフード店, 昼の和食屋, 夜の洋食屋の店の選び方は, それぞれ3通り, 2通り, 3通りだから, 積の法則より, 全部で, 3×2×3=18(通り)である。

18通り 答え

Check153

(1)　A町からB町に行く道は2通りあり, B町からC町に行く道は2通りあり, C町からE町に行く道は3通りある。
積の法則より, A町からB町とC町を通って, E町に行く行き方は, 全部で, 2×2×3=12(通り)ある。

12通り 答え

(2)　A町からD町に行く道は3通りあり, D町からE町に行く道は2通りある。
積の法則より, A町からD町を通って, E町に行く行き方は, 全部で, 3×2=6(通り)ある。

6通り 答え

(3)　A町からB町とC町を通って, E町に行く行き方は12通り, A町からD町を通って, E町に行く行き方は6通りある。
和の法則より, A町からE町に行く行き方は, 全部で, 12+6=18(通り)ある。

18通り 答え

Check154

(1)　4枚のカードのうち, 2枚をならべるならべ方は, 順列の公式より, 4×3=12(通り)である。

12通り 答え

(2)　4枚のカードのうち, 2枚を選ぶ選び方は, 組み合わせの公式より, $\frac{4\times3}{2\times1}=6$(通り)である。

6通り 答え

(3)　4枚のカードのうち, 3枚をならべるならべ方は, 順列の公式より, 4×3×2=24(通り)である。

24通り 答え

(4)　4枚のカードのうち, 3枚を選ぶということは, 選ばれない1枚の選び方を考えればよい。4枚のカードのうち, 1枚を選ぶ選び方は4通りだから, 答えは4

通りである。

4通り 答え

別解 (4)
4枚のカードのうち，3枚を選ぶ選び方は，組み合わせの公式より，
$\frac{4\times3\times2}{3\times2\times1}=4$(通り)である。

4通り 答え

Check155

(1)　班長の選び方は，11通りある。
副班長は，班長以外の10人から選ぶ。
班長の選び方が11通りあって，それぞれについて，副班長の選び方が10通りずつあるから，全部で，$11\times10=110$(通り)である。

110通り 答え

(2)　班長は男子6人の中から選ぶから，班長の選び方は6通りである。
副班長は女子5人の中から選ぶから，副班長の選び方は5通りである。
班長の選び方は6通りあって，それぞれについて，副班長の選び方が5通りずつあるのだから，積の法則より，全部で，
$6\times5=30$(通り)である。

30通り 答え

(3)　11人の中から2人を選ぶ選び方は，組み合わせの公式より，$\frac{11\times10}{2\times1}=55$(通り)である。

55通り 答え

(4)　男子と女子に分けて考える。
男子6人の中から3人を選ぶ選び方は，組み合わせの公式より，$\frac{6\times5\times4}{3\times2\times1}=20$(通り)である。
女子5人の中から2人を選ぶ選び方は，組み合わせの公式より，$\frac{5\times4}{2\times1}=10$(通り)である。
男子3人の選び方は20通りあり，それぞれについて，女子2人の選び方が10通りずつあるから，積の法則より，答えは，$20\times10=200$(通り)である。

200通り 答え

Check156

(1)　6人のならび方は，順列の公式から，
$6\times5\times4\times3\times2\times1=720$(通り)である。

720通り 答え

(2)　AとBを合わせて1人と考える。AとBを合わせて1人と考えるのだから，全員で5人のならび方を考えればよい。
5人のならび方は，順列の公式から，
$5\times4\times3\times2\times1=120$(通り)である。
AとBを合わせて1人と考えたが，ABとならぶときと，BAとならぶときの2通りがある。
120通りそれぞれについて，AB，BAの2通りずつがあるから，全部で，
$120\times2=240$(通り)である。

240通り 答え

Check157

(1)　合わせて7個のボールをならべるのだから，7か所の置き場所があると考える。
7か所の置き場所に，2個の白いボールを置く置き方は何通りあるか考えればよい(7か所の置き場所のどれかに，2個の白いボールを置くと，残りの黒いボール5個の置き場所が決まる)。
7か所の置き場所から，白いボールを置くための2か所の置き場所を選ぶ選び方を求めればいいから，組み合わせの公式より，$\frac{7\times6}{2\times1}=21$(通り)と求められる。

21通り 答え

(2)　白いボール2個を1セットと考える。
黒いボール5個をならべたとき，白いボール2個のセットの置き場所は，左右どちらかのはしか，黒いボールと黒いボールの間のいずれかになる。

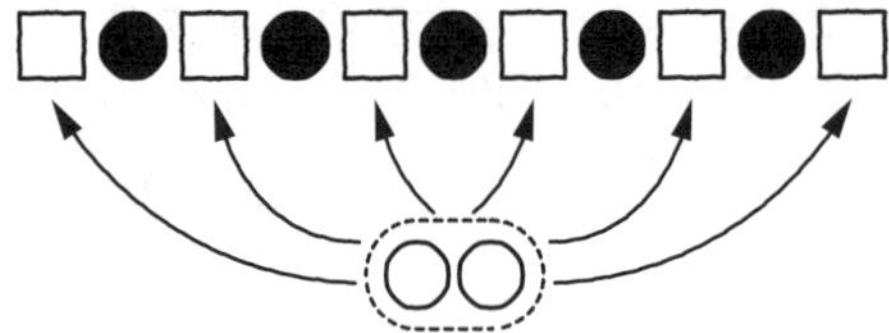
白いボール2個（1セット）を
6か所の□のうち，1か所に置く

6か所のいずれかに，白いボール2個のセットを置くことができる。
6か所の置き場所から1か所を選ぶのだから，置き方は6通りあり，ならべ方も6通りある。

6通り 答え

Check158

(1)「トーナメント戦（勝ちぬき戦）の試合数＝全チーム数－1」だから，試合数は，30－1＝29（試合）である。

29試合 答え

(2)「リーグ戦（総当たり戦）の試合数＝全チーム数×（全チーム数－1）÷2」だから，試合数は，30×29÷2＝435（試合）である。

435試合 答え

Check159

(1) A，B，C，Dの順に色をぬっていくとする。
Aの部分には，赤，青，黄，緑の4通りの色をぬれる。
Bの部分には，Aで使った以外の残り3色がぬれる。
次に，Cの部分には，AとBで使った以外の残り2色がぬれる。
最後に，Dの部分には，残った1色がぬれる。だから，ぬり方は全部で，
4×3×2×1＝24（通り）である。

24通り 答え

(2) 3色でぬり分ける場合と4色でぬり分ける場合に分けて考える。
まず，3色を使ってぬり分ける場合は，AとDに同じ色をぬる必要がある。
（AとD）→B→Cの順にぬっていくとすると，AとDには4通りの色をぬれて，Bには残りの3通りの色をぬれて，Cには残りの2通りの色をぬれる。
だから，3色でぬり分けるぬり方は，全部で，4×3×2＝24（通り）ある。
一方，4色すべてを使ってぬり分ける場合は，(1)から，24通りである。
3色でぬり分ける場合と4色でぬり分ける場合は，どちらも24通りだから，和の法則より，合わせて，24＋24＝48（通り）である。

48通り 答え

(3) 3色でぬり分けるから，AとDを同じ色にする。
（AとD）→B→Cの順にぬっていくとすると，AとDには3通りの色をぬれて，Bには残りの2通りの色をぬれて，Cには残りの1通りの色をぬれる。
だから，3色すべてを使ってぬり分けるぬり方は，全部で，3×2×1＝6（通り）である。

6通り 答え

Check160

三角形をつくるためには，
① l 上のA，B，Cから1点と，m 上のD～Hから2点を選ぶ場合
② l 上のA，B，Cから2点と，m 上のD～Hから1点を選ぶ場合
がある。

〔①の例〕3点B，E，Gを選ぶ場合

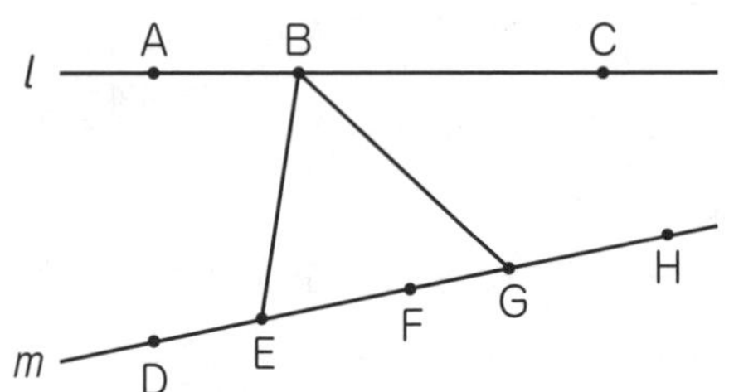

〔②の例〕3点A，C，Fを選ぶ場合

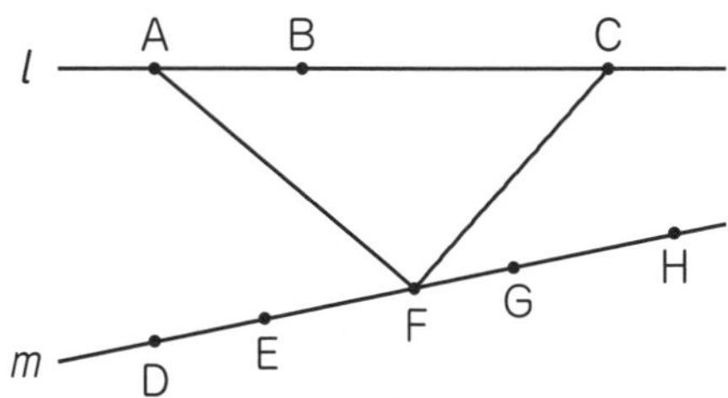

そのため，①と②の場合に分けて考える。①の場合，l 上の3点A，B，Cから1点を選ぶ選び方は3通りで，m 上の5点D〜Hから2点を選ぶ選び方は，$\frac{5\times4}{2\times1}=10$(通り)である。だから，①の場合，$3\times10=30$(通り)の三角形ができる。

②の場合，l 上の3点A，B，Cから2点を選ぶ選び方は，$\frac{3\times2}{2\times1}=3$(通り)で，$m$ 上の5点D〜Hから1点を選ぶ選び方は5通りである。

だから，②の場合，$3\times5=15$(通り)の三角形ができる。

①の場合には30通り，②の場合には15通りの三角形ができるから，和の法則より，合わせて，$30+15=45$(通り)の三角形ができる。

45通り 答え

Check161

(1)　百の位には，1，2，3，4，5，6の6通りのカードが置ける。次に，十の位には，残りの5通りのカードが置ける。
そして，一の位には，残りの4通りのカードが置ける。
だから，3けたの整数は全部で，
$6\times5\times4=120$(通り)できる。

120通り 答え

(2)　一の位に2か4か6のカードを置くと，その数は偶数になる。
一の位に2を置く場合，百の位には，2以外の5枚のカードが置ける。
十の位には，$5-1=4$(通り)のカードが置ける。
だから，一の位が2の偶数は，
$5\times4\times1=20$(通り)できる。
一の位に4か6を置く場合も，それぞれ20通りできる。
だから，3けたの偶数は全部で，
$20\times3=60$(通り)できる。

60通り 答え

(3)　すべての整数は，偶数と奇数に分けられる。
(1)より，3けたの整数は全部で120通りできる。そして，(2)より，3けたの偶数は全部で60通りできる。
3けたの整数が120通りできて，そのうち偶数が60通りだから，3けたの奇数は，残りの$120-60=60$(通り)である。

60通り 答え

(4)　一の位に5のカードを置くと，その数は5の倍数になる。
だから，一の位に5を置く場合が何通りあるか考えればよい。
まず，百の位には，5以外の5通りのカードが置ける。
次に，十の位には，$5-1=4$(通り)のカードが置ける。
だから，一の位が5の整数，すなわち，3けたの5の倍数は，$5\times4\times1=20$(通り)できる。

20通り 答え

(5)　すべての位の数の和が3の倍数になるとき，その数は，3の倍数である。
和が3の倍数になる組み合わせを調べると，次の8組が見つかる。
(1，2，3)，(1，2，6)，(1，3，5)，
(1，5，6)，(2，3，4)，(2，4，6)，
(3，4，5)，(4，5，6)
これら8組のカードを，それぞれならべかえてできる整数は，$3\times2\times1=6$(通り)ずつある。
だから，3けたの整数で，3の倍数は全部で，$6\times8=48$(通り)できる。

48通り 答え

Check162

(1)　百の位には, 0のカード以外の1, 2, 3, 4, 5の5通りのカードが置ける。
百の位では使えなかった0のカードが十の位に置けるようになるから, 十の位では, 4+1=5(通り)のカードが置ける。
一の位では, 残りの5−1=4(通り)のカードが置ける。
百の位と十の位にはそれぞれ5通り置けて, 一の位には4通り置けるから, 3けたの整数は全部で, 5×5×4=100(通り)できる。

100通り 答え

(2)　一の位に, 0か2か4のカードを置くと, その数は偶数になる。
まず, 一の位に0を置く場合が何通りか考える。
百の位には, 0のカード以外の, 1, 2, 3, 4, 5の5通りのカードが置ける。
十の位には, 5−1=4(通り)のカードが置ける。
だから, 一の位が0の偶数は,
5×4×1=20(通り)できる。
一の位に2を置く場合, 百の位には, 0と2のカードが置けないから, 1, 3, 4, 5の4通りのカードが置ける。
百の位で1枚使ったが, 0のカードが使えるようになるから, 十の位も4通りのカードが置ける。
だから, 一の位が2の偶数は,
4×4×1=16(通り)できる。
一の位に4を置く場合も, 4×4×1=16(通り)できる。
だから, 3けたの偶数は全部で,
20+16+16=52(通り)できる。

52通り 答え

(3)　すべての整数は, 偶数と奇数に分けられる。
(1)より, 3けたの整数は全部で100通りできる。
そして, (2)より, 3けたの偶数は全部で52通りできる。
3けたの整数が100通りできて, そのうち偶数が52通りだから, 残りの100−52=48(通り)が3けたの奇数である。

48通り 答え

(4)　すべての位の数の和が3の倍数になるとき, その数は, 3の倍数である。
和が3の倍数になる組み合わせを探すと, 次の8組の組み合わせが見つかる。
・0のカードをふくむ組み合わせ(計4組)
(0, 1, 2), (0, 1, 5), (0, 2, 4), (0, 4, 5)
・0のカードをふくまない組み合わせ(計4組)
(1, 2, 3), (1, 3, 5), (2, 3, 4), (3, 4, 5)
0のカードをふくむ4組のカードをそれぞれならべかえてできる整数は,
2×2×1=4(通り)ずつある。
0のカードをふくまない4組のカードをそれぞれならべかえてできる整数は,
3×2×1=6(通り)ずつある。
0のカードをふくむ4組をならべかえてできる整数がそれぞれ4通りあり, 0のカードをふくまない4組をならべかえてできる整数がそれぞれ6通りある。
だから, 3けたの整数で, 3の倍数は全部で, 4×4+6×4=40(通り)できる。

40通り 答え

Check163

(1)　道が交わるすべての点に, 何通りか記入すると, 次のようになる。

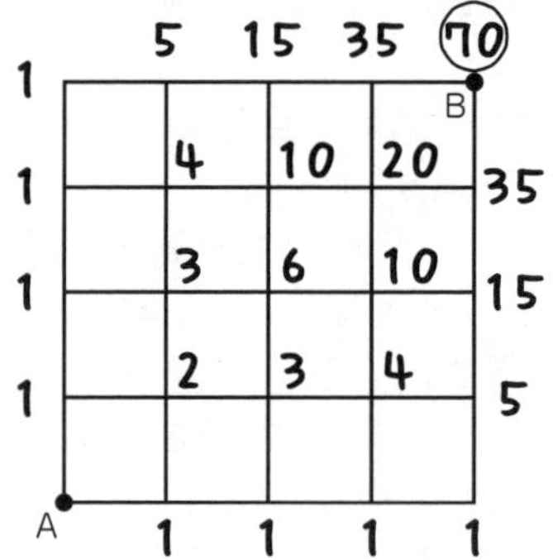

70通り 答え

(2)　AからCに行くには10通りの行き方があり，CからBに行くには3通りの行き方がある。

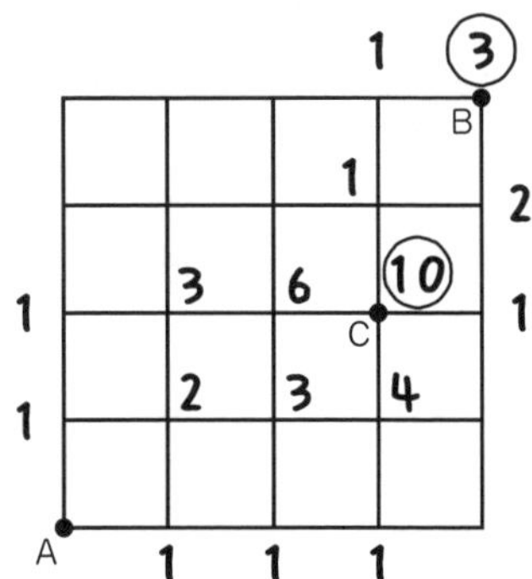

AからCに行く行き方が10通りあり，それぞれについて，CからBに行く行き方が3通りずつあるから，AからCを通ってBに行く行き方は，全部で，
10×3＝30(通り)である。

30通り 答え

(3)　(1)より，AからBに行くすべての行き方は，70通りである。
(2)より，AからCを通ってBに行く行き方は，30通りである。
だから，AからCを通らずにBに行く行き方は，70−30＝40(通り)である。

40通り 答え

(4)　DとEを結ぶ道を通って，AからBに行く行き方が何通りあるか，まず求める。

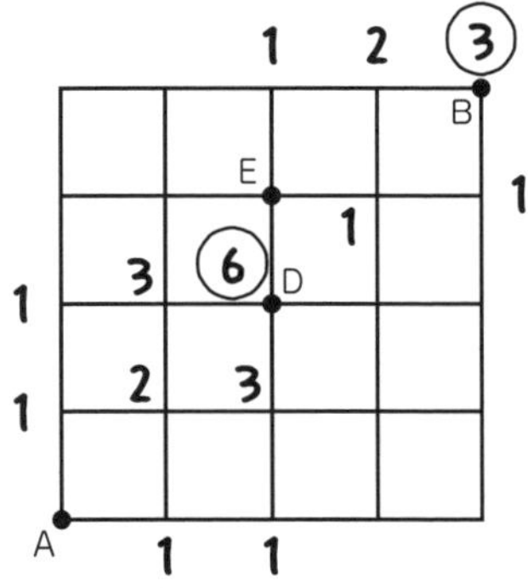

AからDに行く行き方は6通りである。そして，EからBに行く行き方は3通りである。
AからDに行く行き方が6通りで，それぞれについて，EからBに行く行き方が3通りずつあるから，DとEを結ぶ道を通って，AからBに行く行き方は，
6×3＝18(通り)ある。
AからBに行くすべての行き方は70通りあり，DとEを結ぶ道を通って行く行き方が18通りあるのだから，DとEを結ぶ道を通らずに，AからBに行く行き方は，70−18＝52(通り)である。

52通り 答え

Check164

(1)　出た目の数の差が3になる組み合わせを表に表すと，次のようになる。

小＼大	1	2	3	4	5	6
1				○		
2					○	
3						○
4	○					
5		○				
6			○			

出た目の数の差が3になるのは，○をつけた6通りの組み合わせである。

6通り 答え

別解 (1)
出た目の数の差が3になる組み合わせを，(大，小)の順に表すと，
(1，4)，(2，5)，(3，6)，(4，1)，(5，2)，(6，3)
の6通りである。

6通り 答え

(2)　出た目の数の和が6の倍数になる組み合わせを表に表すと，次のようになる。

小＼大	1	2	3	4	5	6
1					○	
2				○		
3			○			
4		○				
5	○					
6						○

出た目の数の和が6の倍数になるのは，○をつけた6通りの組み合わせである。

6通り 答え

別解 (2)

出た目の数の和が6の倍数になる組み合わせを，(大, 小)の順に表すと，
(1，5)，(2，4)，(3，3)，(4，2)，(5，1)，(6，6)
の6通りである。

6通り 答え

おつかれさまでした。
ここまでがんばった
あなたたちなら
きっと大丈夫！
自信をもって
試験にのぞみましょう‼

小杉先生